Jörg Böttcher (Hrsg.)

Stromleitungsnetze

Jörg Böttcher (Hrsg.)

Stromleitungsnetze

Rechtliche und wirtschaftliche Aspekte

DE GRUYTER
OLDENBOURG

ISBN 978-3-11-034644-2
e-ISBN (PDF) 978-3-035340-2
e-ISBN (EPUB) 978-3-039730-7

Library of Congress Cataloging-in-Publication Data
A CIP catalog record for this book has been applied for at the Library of Congress.

Bibliografische Information der Deutschen Nationalbibliothek
Die Deutsche Nationalbibliothek verzeichnet diese Publikation in der Deutschen Nationalbibliografie; detaillierte bibliografische Daten sind im Internet über http://dnb.dnb.de abrufbar.

Ein Unternehmen von Walter De Gruyter GmbH, Berlin/Boston
Lektorat: Dr. Stefan Giesen
Titelbild: thinkstockphotos.de
Herstellung: Tina Bonertz
Druck und Bindung: CPI books GmbH, Leck
♾ Gedruckt auf säurefreiem Papier
Printed in Germany

www.degruyter.com

Vorwort

Das Thema Erneuerbare Energien hat in der politischen und öffentlichen Wahrnehmung seit der 2011 in Deutschland beschlossenen Energiewende nochmals an Aufmerksamkeit gewonnen. Dabei geht die nationale Abkehr von der Atomenergie auch mit einer Überprüfung und Anpassung von Fördersystemen der erneuerbaren Energien einher, die zu deutlichen strukturellen Veränderungen im Energie-Mix führen. Daraus ergeben sich zwei Konsequenzen: Zunächst sind die Kernkraftwerke eher im Norden und Süden Deutschlands belegen, während Erneuerbare Energien – in unterschiedlichen Ausprägungen – über das Gebiet der Bundesrepublik verteilt sind. Damit korrespondiert die bestehende Struktur des Stromleitungsnetzes nicht mit dem sich ändernden Angebotsmix. Und weiter fluktuiert die Stromerzeugung aus den meisten Erneuerbaren Energien nach dem jeweiligen Ressourcenaufkommen, was zu natürlichen Angebotsspitzen an sonnigen bzw. windstarken Tagen führt. Damit ändern sich auch die technischen Anforderungen an das Leitungsnetz, das mit einem fluktuierenden Stromangebot umgehen muss. In der Summe erfordern allein diese nationalen Entwicklungen eine Umgestaltung des deutschen Stromleitungsnetzes. Hinzu kommt: Deutschland ist durch seine zentrale Lage in Europa auch von einer Ertüchtigung der europäischen Netze betroffen.

Bei all der Fach- und Medienpräsenz des Themas Leitungsnetze ist ein Aspekt erstaunlich: Zumeist findet die Diskussion auf (energie-)politischer Ebene statt, die schnell in eine Kostendiskussion mündet. Eine zusammenhängende Darstellung der rechtlichen, technischen und wirtschaftlichen Aspekte, die gleichermaßen erfüllt sein müssen, damit Stromleitungsnetze realisiert werden können und den gestiegenen und neuen Anforderungen im Energiemarkt der Zukunft gerecht zu werden, liegt bislang nicht vor. Dies mag damit zusammenhängen, dass die Dynamik im Energie-Mix der letzten Jahre erheblich war und die „Energiewende" nochmals einen politischen Schub gebracht hat. Andererseits: Die Notwendigkeiten einer Netzertüchtigung sind wesentlich länger bekannt als die gerade genannten Gründe. Jedenfalls besteht nunmehr erheblicher und unmittelbarer Handlungsbedarf. Dies kommt zu einer Zeit, als neue Investorengruppen den Bereich Infrastruktur und insbesondere Stromleitungsnetze als ein potenziell interessantes Investitionsfeld erkannt haben. In einer aus diesem Aspekt jungen Branche müssen sich rechtliche und wirtschaftliche Spielregeln erst einmal etablieren.

Dieses Buch ist aus der Wahrnehmung entstanden, dass es eines gemeinsamen Verständnisses und konzertierten Vorgehens von Vertretern aus Recht und Wirtschaft bedarf, um Leitungsnetze zu realisieren. Daher wird in dieser Publikation der Weg beschritten, verschiedene Experten aus den genannten Bereichen zu Wort kommen zu lassen, so dass in der Gesamtschau vermittelt wird, welche Aspekte bei der Realisierung von Stromleitungsnetzen zu beachten sind.

Wir wollen im Folgenden darlegen, welche rechtlichen und wirtschaftlichen Voraussetzungen zum derzeitigen Zeitpunkt erfüllt sein müssen, um Stromleitungsnetze zu realisieren. Dabei muss man sich zum einen bewusst sein, dass sich insbesondere die Technik dynamisch weiterentwickelt sowie die rechtlichen Rahmendaten auf die Marktgegebenheiten reagieren und übergeordneten energiepolitischen Vorgaben gehorchen, so dass Leitungsprojekte insbesondere während der Entwicklungsphase dynamisch und flexibel gesteuert werden müssen. Durch den interdisziplinären Ansatz soll erreicht werden, dass der Leser für die Anforderungen der verschiedenen Teilbereiche sensibilisiert wird. Diese Darstellung ersetzt aber umgekehrt nicht eine projektspezifische Unterstützung und Beratung durch Spezialisten aus den jeweiligen Bereichen – dafür sind die Vorhaben einerseits zu spezifisch und andererseits befinden sich rechtliche, technische und wirtschaftliche Aspekte auch in einer beständigen Weiterentwicklung.

Zur Finanzierung von Stromleitungsnetzen stehen regelmäßig zwei Finanzierungsmethoden zur Verfügung – die Methode der Unternehmensfinanzierung und die der Projektfinanzierung. Bei einer Unternehmensfinanzierung nimmt ein Unternehmen ein Darlehen für ein bestimmtes Vorhaben auf, und haftet während der Laufzeit der Darlehen auch für dessen Rückführung. Bei einer Projektfinanzierung erfolgt die Bedienung der Darlehen allein aus den Cashflows des Vorhabens (Cashflow-Orientierung) und die Investoren haften – wenn überhaupt – nur während der Errichtungsphase des Vorhabens (Non-Recourse-Finanzierung). Neben diese Cashflow-Orientierung der Projektbeurteilung tritt eine vertragliche Einbindung verschiedener Projektbeteiligter, die den Erfolg des Vorhabens unterstützen sollten (*Risk Sharing*). Damit eine Projektfinanzierungen erfolgreich umgesetzt werden kann, müssen mindestens zwei Voraussetzungen erfüllt sein: Die Technik muss langfristig einen stabilen und prognostizierbaren Ertrag liefern und der Staat hat ein klares, planbares und verlässliches Rechts- und Regulierungsumfeld vorzugeben, das den Investoren und Fremdkapitalgebern eine hinreichende Planungssicherheit für einen wirtschaftlichen Betrieb verschafft. Während im internationalen Maßstab Stromleitungsnetze durchaus auch als Projektfinanzierung dargestellt werden, dominiert in Deutschland eindeutig die Finanzierung der Netzbetreiber, die damit den Netzausbau und die Netzertüchtigung finanzieren.

Die Arbeit ist wie folgt aufgebaut: Im ersten, einführenden Kapitel beschreiben DR. HEINZ-JÜRGEN SCHEID, ULRIKE SPURNY und MAYBRITT OTREMBA, welche Zukunftsperspektiven der Ausbau der Stromnetze in Deutschland hat und vor welchen Herausforderungen er steht. EVA HAUSER beschäftigt sich mit den Rahmendaten für eine Neugestaltung der Stromnetze. DR. JÖRG BÖTTCHER beschreibt im Anschluss, welche Aspekte bei der Finanzierung von Stromnetze zu beachten sind.

Im rechtlichen Teil stellt GUIDO BRUCKER zunächst die Energiemarktregulierung und ihre Instrumente vor. DR. MARKUS EHRMANN und PETER KÖCHLING informieren uns über die rechtlichen Anforderungen, die bei der Planung von Stromleitungen zu berücksichtigen sind. DR. LUDGER GIESBERTS und ANDREAS TIEDGE beschäftigen sich mit den EU-Vorgaben zur Planung, Genehmigung und Finanzierung von Stromnetzen. Die gesetzlichen Grundlagen des Netzentwicklungsplans und ihre Bewertung bringen uns DR. CONRAD SEIFERTH und DR. BENJAMIN SCHIRMER nahe. DR. CLAIRE DIETZ und DR. TIM HEITLING stellen uns in ihrem Beitrag die Entflechtungsregelungen vor. RALPH KREMP, MICHAEL SEIDEL und MICHAEL JÄSCHKE beschäftigen sich mit dem Thema Netzentgelte und Anreizregulierung. Abgeschlossen wird der rechtliche Teil mit dem Beitrag von DR. BEATE TREIBMANN und FLORIAN DEGENHARDT, die die wesentlichen rechtlichen Anforderungen an ein Sicherheitenkonzept aus Bankensicht beschreiben.

Im wirtschaftlichen Teil wird auf den Ergebnissen der rechtlichen Darstellung aufgesetzt, die um verschiedene, komplementäre wirtschaftliche Teilaspekte ergänzt werden. Den Auftakt dieses Kapitels gestalten PROF. DR. GÖTZ, SVEN HEIM und DR. DOMINIK SCHOBER, die sich mit den ökonomischen Aspekten von Stromleitungsnetzen auseinandersetzen. RALPH KREMP, DR. LUKAS D. SCHUCHARDT und MICHAEL SEIDEL beschäftigen sich mit der betriebswirtschaftlichen Steuerung von Netzbetreibern im regulatorischen Umfeld. DR. MICHAEL HÄRIG stellt das Thema „Versicherung von Stromleitungsnetzen“ dar. DR. PHILIP VON BOEHM-BEZING und MATTHIAS KREBS beurteilen Leitungsnetze aus Kapitalgebersicht. DOMINIK HÜBLER und TOMAS HAUG analysieren die Anreizregulierung aus ökonomischer Sicht. THOMAS GRÜNKE bringt uns das Thema der Bürgerbeteiligung nahe. DR. JÖRG BÖTTCHER gibt Hinweise zur Optimierung der Finanzierungsstruktur.

Die Realisierung von Leitungsnetzen nach dem Paradigmawechsel „Energiewende“ ist für viele Beteiligten ein Betätigungsfeld, in dem vieles neu ist: die Fragestellungen, die Zusammenarbeit der Beteiligten und die allgemein akzeptierten Spielregeln.

Der guten Ordnung halber sei angemerkt, dass die Autoren ihre individuelle Meinung vertreten. Ihre Aussagen und Wertungen müssen weder notwendigerweise die Meinung der Unternehmen oder Institutionen widerspiegeln, für die die Autoren arbeiten, noch die Auffassung der übrigen Autoren treffen. Fehler habe ich selbstverständlich selbst zu vertreten.

Mein aufrichtiger Dank gilt den Autorinnen und Autoren dieses Buches, die mit großem Enthusiasmus und Engagement seine Realisierung erst ermöglicht haben.

Kiel, im August 2014 Dr. Jörg Böttcher

Inhaltsverzeichnis

Abbildungsverzeichnis

Tabellenverzeichnis

1 Perspektiven der Entwicklung von Stromnetzen in Deutschland

1.1 Zukunftsperspektiven und Herausforderungen bei der Entwicklung von Stromnetzen in Deutschland

DR. HEINZ-JÜRGEN SCHEID, ULRIKE SPURNY UND MAYBRITT OTREMBA

Dr. Heinz-Jürgen Scheid leitet seit Mitte 2012 die Abteilung Netzausbau bei der Bundesnetzagentur. Nach dem Studium der Volkswirtschaftslehre an den Universitäten Bonn, Köln und Penn State (USA) mit anschließender Promotion folgten berufliche Stationen beim Bundesministerium für Wirtschaft, beim Internationalen Währungsfonds, im Bundeskanzleramt und bei der Europäischen Zentralbank. Von 2000 bis 2008 war er als Hauptamtlicher Beigeordneter und Dezernent u. a. für Wirtschaft und Verkehr, Umwelt und Landesplanung bei der Kreisverwaltung in Neuwied tätig. Vor seinem Wechsel zur Bundesnetzagentur war er Referatsleiter für Grundsatzfragen der Energiepolitik und anschließend Leiter der Unterabteilung Grundsatzfragen der Wirtschaftspolitik im Bundesministerium für Wirtschaft und Technologie.

Ulrike Spurny studierte Geographie an der Martin-Luther-Universität Halle-Wittenberg und spezialisierte sich dabei auf das Gebiet Raum- und Umweltplanung. Nach ihrem Diplom hat sie drei Jahre als Infrastrukturplanerin bei der britischen Firma Amey in Edinburgh gearbeitet, bevor sie 2011 zur Bundesnetzagentur gewechselt ist. Dort ist sie im Umweltreferat der Abteilung Netzausbau tätig und mit Aufgaben zu Umweltprüfungen sowie mit europäischen Fragestellungen zum Thema Netzausbau in allen relevanten Planungsschritten betraut.

Maybritt Otremba studierte Rechtswissenschaften an den Universitäten Bonn, Köln und Clermont-Ferrand (Frankreich) mit dem Schwerpunkt Europa- und Völkerrecht. Praktika und Referendariatstage absolvierte sie u. a. im Deutschen Bundestag, der Staatskanzlei NRW und Anwaltskanzleien mit dem Schwerpunkt auf das öffentliche Wirtschafts- und Vergaberecht. In der Bundesnetzagentur ist sie im Beteiligungsreferat der Abteilung Netzausbau tätig.

1.1.1 Ziel des Kapitels

Im Zuge der Energiewende befindet sich die deutsche Energielandschaft in einem grundlegenden Wandel. Der dynamische Ausbau der erneuerbaren Energien und die damit verbundene zunehmende räumliche wie zeitliche Trennung von Stromerzeugungs- und verbrauchsschwerpunkten stellen das deutsche Stromnetz vor rasch wachsende Herausforderungen. Hinzu kommt die immer wichtiger werdende Dimension eines europäischen Strommarktes mit wachsenden grenzüberschreitenden Stromübertragungsmengen.

Die bestehenden Stromnetze sind noch nicht für diese Aufgaben ausgelegt. Deshalb sind erhebliche Anstrengungen notwendig, die Netzinfrastruktur sowohl im Höchstspannungs- wie im Verteilnetzbereich zu modernisieren und auszubauen. Vielfältige technische, rechtliche und wirtschaftliche Aspekte müssen erfüllt sein, um die Leitungsnetze in dem notwendigen Umfang und zugleich möglichst rasch ausbauen zu können. Darüber hinaus bedarf es auch der Raum- und Umweltplanung, um den geplanten Infrastrukturausbau mit den sozialen, wirtschaftlichen, rechtlichen und ökologischen Ansprüchen im Raum in Einklang zu bringen. Die Raum- und Umweltplanung steht damit vor der Herausforderung, Instrumente und Maßnahmen zur Verfügung zu stellen und anzuwenden, um nicht nur ein möglichst hohes Maß an Versorgungssicherheit, Bezahlbarkeit sowie Klima- und Umweltverträglichkeit der Energieversorgung sicherzustellen, sondern zugleich auch die notwendige Akzeptanz in der Bevölkerung zu erreichen.

Angesichts der Komplexität und Vielschichtigkeit des Themas können im Rahmen dieses Kapitels nur einige Aspekte der Stromnetzplanung in den Fokus gerückt werden. Ziel ist es, die wichtigsten energiepolitischen und rechtlichen Rahmenbedingungen aufzeigen und ausgewählte Herausforderungen für die Zukunft zu beleuchten.

Das Thema Stromnetze entwickelt eine hohe Dynamik und steht zunehmend in der öffentlichen Diskussion, wie die Vielzahl an Artikeln in der Tages- und Fachpresse zeigt, aber auch die intensive und zum Teil hochemotionale Debatte bei den Betroffenen vor Ort. Vor diesem Hintergrund ist zu berücksichtigen, dass dieser Aufsatz den Stand zum Ende des Jahres 2013 abbildet.

1.1.2 Energiepolitische und rechtliche Rahmenbedingungen

1.1.2.1 Ausgangslage

Bis zum Inkrafttreten des Netzausbaubeschleunigungsgesetzes (NABEG) im Jahr 2011 erfolgte die Genehmigung von Hochspannungsfreileitungen allein auf Ebene der Bundesländer.

Die Errichtung von Hochspannungsfreileitungen mit einer Nennspannung von 110 kV oder mehr erfordert, ein Raumordnungsverfahren durchzuführen (§ 15 Abs. 1 S. 1 Raumordnungsgesetz (ROG) i.V.m § 1 S. 3 Nr. 14 Raumordnungsverordnung (ROV)), wenn das Vorhaben im Einzelfall raumbedeutsam ist und ihm überörtliche Bedeutung zukommt. Im Anschluss daran bedürfen die Errichtung, der Betrieb und die Änderung von bestimmten Hochspannungsfreileitungen eines Planfeststellungs- bzw. Plangenehmigungsverfahrens (§ 43 S. 1 EnWG).

Bereits vor 2011 zeigte sich, dass der zunehmende Anteil an erneuerbaren Energien in der Stromerzeugung zusätzliche Anforderungen an eine Ertüchtigung des deutschen Stromübertragungsnetzes mit sich brachte und dass es bei der Realisierung vieler Leitungsprojekte insbesondere auf Höchstspannungsebene zu erheblichen Verzögerung kommt.

Im Jahr 2009 verabschiedeten Bundestag und Bundesrat deshalb das Energieleitungsausbaugesetz (EnLAG), um den Ausbau der Übertragungsnetze zu beschleunigen. Es nennt in der aktuellen Fassung 23 Vorhaben, die für die künftige Energieversorgung in Deutschland notwendig sind und die in der Zuständigkeit der Länder geplant werden.

Die Ergebnisse des Monitoring[1] zum vierten Quartal 2013 zeigen allerdings, dass sich die Inbetriebnahme eines Großteils der geplanten Leitungen verzögern wird. Von insgesamt 1.876 km EnLAG-Leitungen sind erst 322 km (ca. 15 Prozent) realisiert und tatsächlich in Betrieb genommen.

Diese Verzögerungen hängen vor allem mit den komplexen Genehmigungsverfahren und dem Koordinierungs- und Abstimmungsbedarf bei länderübergreifenden Projekten zusammen. Hinzu kommen aber vor allem erhebliche Widerstände vor Ort. Die mangelnde gesellschaftliche Akzeptanz schlägt sich erkennbar auch in der Zeitplanung nieder. Eine hohe Zahl von Einwendungen und gerichtliche Auseinandersetzungen blockieren die Vorhaben oft über Jahre hinweg.[2]

1.1.2.2 Relevante Gesetzesänderungen

Mit dem verheerenden Erdbeben am 11.03.2011 in Japan und dem schweren Reaktorunglück in Fukushima vollzog die deutsche Energiepolitik einen massiv forcierten Umstieg weg von der Kernenergie und hin zum Ausbau der erneuerbaren Energien. In nur knapp vier Monaten wurde hierfür ein umfassendes Gesetzespaket mit sieben Artikelgesetzen und einer Verordnung erarbeitet und beschlossen.

Für die Stromnetzplanung sind dabei vor allem die folgenden gesetzlichen Veränderungen maßgeblich:

- 13. Gesetz zur Änderung des Atomgesetzes vom 31.07.2011,
- Novellierung des Erneuerbaren-Energien Gesetzes (EEG) vom 28.07.2011,
- Novellierung des Energiewirtschaftsgesetzes (EnWG) vom 28.07.2011,
- Inkrafttreten des Netzausbaubeschleunigungsgesetzes (NABEG) vom 28.07.2011.

Über eine zentrale Erfolgsbedingung bestand und besteht auch weiterhin ein breiter Grundkonsens: Um den politisch beschleunigten Ausstieg aus der Kernenergienutzung zu schaffen und den Ausbau der erneuerbaren Energien zu beschleunigen, ohne die Versorgungssicherheit zu gefährden, ist ein umfangreicher Ausbau des Stromnetzes unabdingbar.[3]

Ein wichtiger Schritt des novellierten Verfahrens ist die enge Verknüpfung der Ausbauplanung nach dem EnWG und die Zulassung der länderübergreifenden und grenzüberschreitenden Ausbaumaßnahmen nach NABEG. Durch einen bundesweit koordinierten Ausbau des Übertragungsnetzes soll das gesamtstaatliche Interesse an einer sicheren Energieversorgung gewährleistet werden. Weiterhin ist es Intention des Gesetzgebers gewesen, die Öffentlichkeitsbeteiligung und die Beteiligung der Fachöffentlichkeit zu stärken.[4]

---

1 www.netzausbau.de/enlag.

2 Steinbach in: Steinbach, NABEG/EnLAG/EnWG, Einleitung Rn. 43.

3 BT-Drs. 17/4890, S. 28.

4 BT-Drs. 17/6073, S. 18; Steinbach in: Steinbach, NABEG/EnLAG/EnWG, Einleitung Rn. 49.

Im Ergebnis sollen die Verfahren effizienter und somit in einer kürzeren Zeitspanne durchgeführt werden.

1.1.2.3 Ablauf des Verfahrens

Mit der Novellierung des EnWG und dem Inkrafttreten des NABEG erfolgt das Verfahren zum Ausbau des Stromübertragungsnetzes in fünf aufeinander aufbauenden Schritten und unter breiter Beteiligung der Öffentlichkeit.

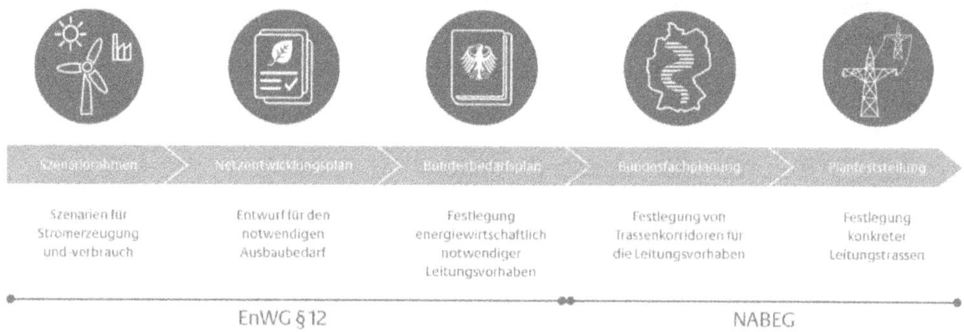

Abbildung 1: Fünf Schritte zum Netzausbau

1. Szenariorahmen

Wie viel Strom werden wir in den kommenden zehn bzw. zwanzig Jahren verbrauchen? Welche Rolle werden künftig Kohlekraftwerke und Windenergieanlagen spielen? Mögliche Antworten liefert einmal im Jahr der so genannte Szenariorahmen. Dieser wird von den vier deutschen Übertragungsnetzbetreibern (Amprion, TransnetBW, 50Hertz Transmission, TenneT TSO) gemeinsam entwickelt. Die Bundesnetzagentur prüft den Szenariorahmen, konsultiert den Entwurf mit der Öffentlichkeit und genehmigt diesen entsprechend der gesetzlichen Vorgaben.

2. Netzentwicklungspläne

Auf dem Szenariorahmen aufbauend erstellen die vier Übertragungsnetzbetreiber jährlich gemeinsam einen Netzentwicklungsplan Strom (NEP), um den Ausbaubedarf im Übertragungsnetz zu ermitteln. Der NEP enthält die notwendigen Maßnahmen zur bedarfsgerechten Optimierung, Verstärkung und zum Ausbau des Stromnetzes und gilt für das gesamte Bundesgebiet. Seit 2013 entwickeln die Übertragungsnetzbetreiber neben dem NEP für den Landbereich auch für Nord- und Ostsee den sog. Offshore-Netzentwicklungsplan (O-NEP). Dieser legt den Bedarf an Anbindungsleitungen im Küstenmeer für Offshore-Windparks fest und ermittelt die zeitliche Reihenfolge, in der die Anbindungsleitungen errichtet werden sollen. Die Bundesnetzagentur prüft die vorgeschlagenen Maßnahmen hinsichtlich ihrer energiewirtschaftlichen Notwendigkeit. Bürgerinnen und Bürger, Verbände und Behörden können in mehreren Beteiligungsrunden Stellungnahmen zum NEP und O-NEP abgeben.

Über die energiewirtschaftliche Prüfung des NEP bzw. O-NEP hinaus werden von der Bundesnetzagentur die voraussichtlichen erheblichen Umweltauswirkungen in einer Strategischen Umweltprüfung (SUP) ermittelt, beschrieben und bewertet. Diese im Verfahrensablauf erste SUP ist eine Art Frühwarnsystem, um schon zu Beginn des Prozesses potenzielle Konflikte mit den berechtigten Schutzbelangen von Mensch und Natur zu identifizieren und in der Folge möglichst wirksam zu verringern oder am besten ganz zu vermeiden. Die Ergebnisse werden in einem Umweltbericht festgehalten. Der Umweltbericht wird parallel zum überarbeiteten NEP und O-NEP zur Konsultation gestellt.

3. Bundesbedarfsplan

Die bestätigten Netzentwicklungspläne und der überarbeitete Umweltbericht werden mindestens alle drei Jahre von der Bundesnetzagentur der Bundesregierung als Entwurf eines Bundesbedarfsplans vorgelegt. Dieser enthält eine Liste der benötigten Leitungsvorhaben – jeweils mit Angabe der Netzverknüpfungspunkte als Start- und Endpunkte der einzelnen Leitungen. Der Bundesbedarfsplan durchläuft das Gesetzgebungsverfahren und mündet schließlich in ein Bundesbedarfsplangesetz. Auf Basis des Netzentwicklungsplans 2012 und des zugehörigen Umweltberichts ist im Juli 2013 erstmals das Bundesbedarfsplangesetz in Kraft getreten.[5]

4. Bundesfachplanung

Auf der Grundlage des Bundesbedarfsplangesetzes werden im nächsten Verfahrensschritt der Bundesfachplanung auf Antrag der Vorhabenträger raum- und umweltverträgliche Trassenkorridore – 500 Meter bis 1.000 Meter breite Gebietsstreifen – verbindlich festgelegt. Dabei werden verschiedene Alternativen betrachtet, öffentlich diskutiert und auf ihre voraussichtlichen erheblichen Umweltauswirkungen geprüft. Für die Leitungen, die im Bundesbedarfsplangesetz als länderübergreifend oder grenzüberschreitend gekennzeichnet sind, ist nunmehr die Bundesnetzagentur zuständig. Betrifft ein Leitungsvorhaben nur ein Bundesland, bleibt das Verfahren in der Verantwortung der jeweiligen Landesbehörde (dann evtl. Raumordnungsverfahren).

5. Planfeststellung

Die im vierten Schritt ermittelten Trassenkorridore bilden die Grundlage für das Planfeststellungsverfahren, in dem die exakten Trassenverläufe wie auch die konkreten Maststandorte festgelegt werden. Auch hier werden Alternativen betrachtet, öffentlich diskutiert und auf ihre Umweltverträglichkeit geprüft. Am Ende steht ein Planfeststellungsbeschluss mit den Trassenverläufen, die die geringsten Belastungen für Mensch und Umwelt versprechen. Für die im Bundesbedarfsplangesetz gekennzeichneten länder- und grenzüberschreitenden Vorhaben übernimmt die Bundesnetzagentur auch die Planfeststellungsverfahren.

1.1.3 Aktueller Stand

Mit Erlass des Bundesbedarfsplangesetzes und dem Inkrafttreten der Planfeststellungszuweisungsverordnung im Sommer 2013 wurden für den bundesweiten Netzausbau bereits wichtige Weichen gestellt. In dem Bundesbedarfsplangesetz werden für die darin enthaltenen 36 bundesweiten Vorhaben die energiewirtschaftliche Notwendigkeit und der vordringliche Bedarf

---

5 BGBl. I S. 2543.

zur Gewährleistung eines sicheren und zuverlässigen Netzbetriebes auch in zehn Jahren festgestellt.

Von den 36 Vorhaben sind 16 als länderübergreifend oder grenzüberschreitend im Sinne des Netzausbaubeschleunigungsgesetzes gekennzeichnet. Für diese Vorhaben führt die Bundesnetzagentur die Bundesfachplanung und im Anschluss die Planfeststellungsverfahren durch.

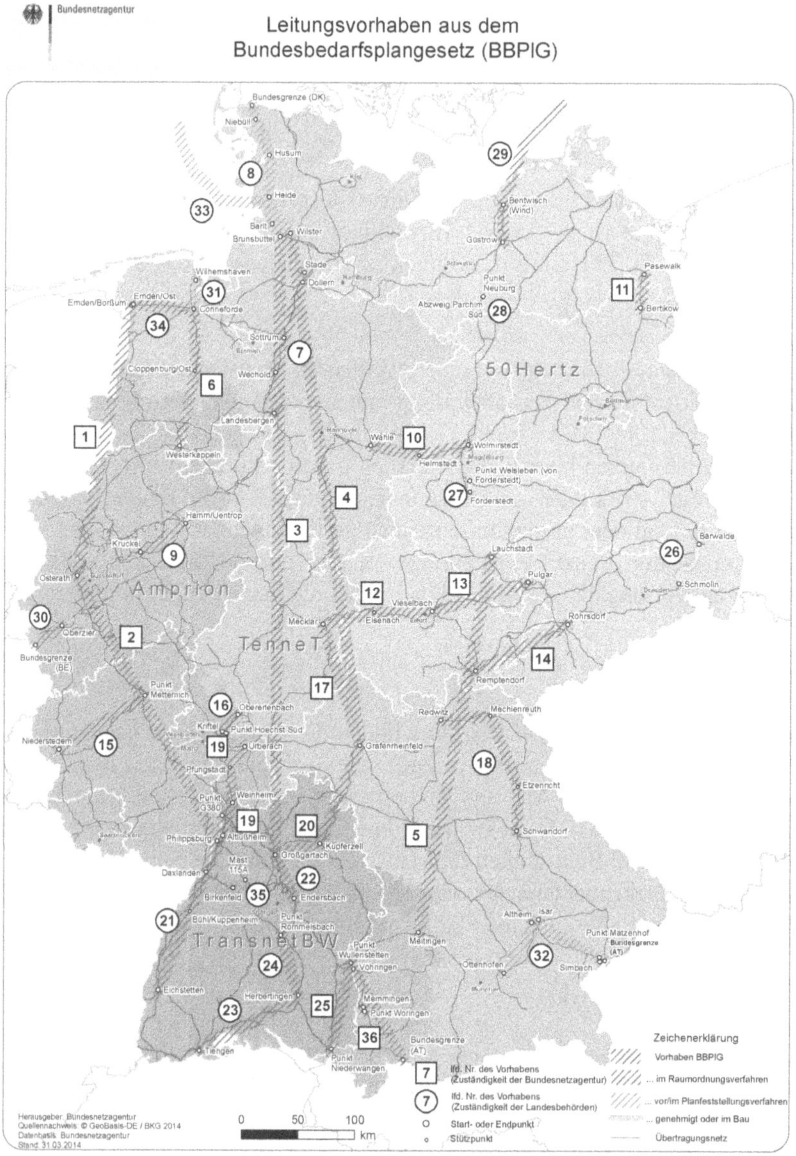

Abbildung 2: Vorhaben nach dem Bundesbedarfsplangesetz

Im Anschluss beginnen die konkreten Planungs- und Genehmigungsverfahren. Die Bundesnetzagentur bereitet sich bereits intensiv auf die anstehenden Verfahren der Bundesfachplanung vor.

1.1.4 Aktuelle Herausforderungen der Netzausbauplanung

1.1.4.1 Herausforderung „Planung aus einer Hand" (Aufgaben der Bundesnetzagentur)

Das Netzausbaubeschleunigungsgesetz, das Energiewirtschaftsgesetz und die Planfeststellungszuweisungsverordnung (PlfZV) haben der Bundesnetzagentur umfangreiche Aufgaben im Rahmen des Ausbaus der deutschen Höchstspannungsnetze übertragen.

Die Bundesnetzagentur

- genehmigt den Szenariorahmen unter Berücksichtigung der Konsultationsergebnisse,
- prüft, konsultiert und bestätigt den Netzentwicklungsplan Strom und den Offshore-Netzentwicklungsplan,
- bewertet die Umweltauswirkungen der Vorhaben und erstellt einen Umweltbericht,
- übermittelt der Bundesregierung den Netzentwicklungsplan Strom und den Offshore-Netzentwicklungsplan als Entwurf eines Bundesbedarfsplans,
- entscheidet in der Bundesfachplanung über Trassenkorridore
- und entscheidet schließlich in der Planfeststellung über den konkreten Trassenverlauf.

Ziel der Zuständigkeitsbündelung ist es, die Planungs- und Genehmigungsverfahren deutlich zu beschleunigen. So soll eine Harmonisierung der Prozesse und Verfahren die Effizienz verbessern helfen, beispielsweise durch einheitliche Anforderungen an die Antragsunterlagen, Vermeidung von doppelter Beteiligung der Träger öffentlicher Belange und durch zentrale Ansprechpartner.

Das heißt aber nicht, dass die Länder und Kommunen im Planungsverfahren keine Rolle mehr spielen. Im Gegenteil – die Aufgabe der Bundesfachplanung wird nur dann zu bewältigen sein, wenn Bund, Länder und Kommunen intensiv und vertrauensvoll zusammenarbeiten, um den Netzausbau eng abzustimmen und die Abläufe zu koordinieren.

Die Bundesnetzagentur ist deshalb bestrebt, Städte und Gemeinden von Anfang an in die Planungen für den Netzausbau einzubinden, damit die entsprechenden Erfahrungen der Länder- und Regionalbehörden effektiv in das Verfahren mit einfließen. Zu diesem Zweck setzt die Bundesnetzagentur auf einen engen Dialog mit den Länderbehörden, auch unter Einbindung der kommunalen Spitzenverbände, im Interesse eines engen Austauschs mit den Trägern der Regionalplanung, den berührten Fachressorts über die anstehenden konkreten Verfahren der Bundesfachplanung. Darüber hinaus ist der eigens geschaffene Bundesfachplanungsbeirat ein wichtiges Gremium, in dem die Bundesländer, aber auch die entsprechenden Bundesbehörden vertreten sind.

Vor dem Hintergrund der sich bundesweit stellenden Anforderungen hat die Bundesnetzagentur frühzeitig damit begonnen, einheitliche methodische Standards für die länderübergreifenden und grenzüberschreitenden Vorhaben zu entwickeln. So hat die Bundesnetzagentur bereits 2012 einen Leitfaden zur Bundesfachplanung und eine Mustergliederung für den Antrag auf

Bundesfachplanung veröffentlicht. Diese Dokumente sollen über Verfahren, Prüfinhalte und Methodik der Bundesfachplanung informieren und insbesondere den Übertragungsnetzbetreibern Empfehlungen für die einzureichenden Unterlagen geben.

Auf diesen Grundlagen aufbauend, haben die Übertragungsnetzbetreiber die inhaltlichen und methodischen Anforderungen an die Antragsunterlagen – nach intensiver Vorabstimmung mit der Bundesnetzagentur – einen Musterantrag erarbeitet und ebenfalls veröffentlicht.[6]

1.1.4.2 Herausforderung Akzeptanz

Aus Fehlern der Vergangenheit zu lernen beginnt damit, schon in einem sehr frühen Planungsstadium über ein so wichtiges Infrastrukturvorhaben wie den Netzausbau umfassend zu informieren und mit den Bürgerinnen und Bürgern zu diskutieren. Für einen Erfolg der Energiewende kommt es in hohem Maße darauf an, dass es gelingt, bei den Menschen Verständnis und Akzeptanz für die notwendigen Netzmaßnahmen zu schaffen.

An erster Stelle ist ein Höchstmaß an Transparenz in den Entscheidungsprozessen erforderlich. Es ist deshalb ein besonderes Anliegen der Bundesnetzagentur, die Informationen zum Prozess so bereitzustellen, dass sie für jedermann verständlich und in einem vertretbaren Zeitrahmen zu erfassen sind. Begleitend zu den Konsultationsprozessen zum Netzentwicklungsplan und Umweltbericht veröffentlicht die Bundesnetzagentur beispielsweise eine komprimierte Zusammenfassung der Ergebnisse aus den sehr umfangreichen Gesamtdokumenten und führt bundesweit eine Reihe von Informationsveranstaltungen durch, um aktiv den Dialog vor Ort zu suchen.

Transparenz allein ist allerdings nicht ausreichend. Die Öffentlichkeit muss darüber hinaus aktiv in den Prozess eingebunden werden. In dem neuen Verfahren zum Stromnetzausbau sind deshalb auf allen Stufen Beteiligungsmöglichkeiten vorgesehen (z. B. Konsultationen bei der Bedarfsermittlung). Die Öffentlichkeit wird nicht erst dann beteiligt, wenn es um konkrete Entscheidungen über Trassen- und Leitungsverläufe geht. Die Einbindung der Öffentlichkeit setzt deutlich früher an, nämlich schon bei der Frage, wie groß der Transportbedarf für Strom überhaupt ist, das heißt, welcher Stromverbrauch wird zukünftig erwartet und wo und aus welchen Energiequellen wird dieser Strom in Zukunft produziert.

Aus Sicht der Bundesnetzagentur ist es aber mit den gesetzlich vorgeschriebenen Beteiligungsverfahren nicht getan. Begleitend zu dem Gesamtprozess sind zusätzliche Dialogoffensiven und Informationsangebote notwendig, um der Öffentlichkeit das hochkomplexe Verfahren näher zu bringen. Denn nur, wenn die Betroffenen wissen, wie das Verfahren funktioniert, können sie ihre Argumente geltend machen. Und nur, wenn die Bundesnetzagentur im direkten Austausch mit den Bürgerinnen und Bürger steht, kann sie Interessenkonflikte erkennen und Lösungen vor Ort finden.

Die Bundesnetzagentur setzt auf eine starke Verzahnung von formeller und informeller Beteiligung der Öffentlichkeit. Begleitend zu der Konsultation des Netzentwicklungsplans Strom führt die Bundesnetzagentur deshalb über die Bundesrepublik Deutschland verteilt gezielte

---

6 http://www.netzentwicklungsplan.de/sites/default/files/pdf/NABEG_Musterantrag_Teil1.pdf.

öffentliche Informationsveranstaltungen durch, um das Verfahren zu erläutern und Raum für Diskussionen zu schaffen.

Weiterhin veranstaltet die Bundesnetzagentur Dialogforen zu speziellen Themengebieten. Im Rahmen des Technik-Dialogs und Umwelt-Dialogs standen zum Beispiel die Themen „Speichertechnologien", „Dezentralisierung und Netzausbau" oder „Freileitungen und Erdkabel" im Fokus. Insgesamt soll damit der Austausch zwischen Akteuren der Wirtschaft, Wissenschaft, Politik sowie den Bürgerinnen und Bürgern zu entsprechenden Fragestellungen gefördert und die unterschiedlichen Sichtweisen verstanden und transparent gemacht werden.

Sämtliche Informationen rund um das Thema sind auch online abrufbar.
Unter www.netzausbau.de finden interessierte Bürgerinnen und Bürger ein zentrales Informationsportal über die Planung, Genehmigung und Realisierung des Netzausbaus im Höchstspannungsbereich. Transparenz wird in Zukunft insbesondere durch das Netzausbau-Monitoring geschaffen. Mit Hilfe einer interaktiven Deutschlandkarte kann jeder Interessierte ein konkretes Vorhaben ansteuern und mehr darüber erfahren.

Natürlich wird es am Ende notwendig sein, Entscheidungen zu treffen. Klar ist auch, dass dabei nicht alle unterschiedlichen Interessen zufrieden gestellt werden können. In einem dicht besiedelten Land wie Deutschland wird der notwendige Leitungsbau zwangsläufig mit Belastungen verbunden sein und deshalb auch zu Konflikten führen. Im Ergebnis gilt es, die Belastungen für Mensch und Natur so gering wie möglich zu halten. Dies wird u. a. durch das sogenannte NOVA-Prinzip gewährleistet. Demnach müssen die Netzbetreiber zunächst versuchen, die Nutzung des bestehenden Stromnetzes zu optimieren. Reicht das für einen sicheren Netzbetrieb nicht aus, können einzelne Komponenten bestehender Trassen durch leistungsfähigere ersetzt werden. Nur wo es notwendig ist, dürfen schließlich neue Trassen gebaut werden.

Ob eine frühe und breite Beteiligung am Ende zur notwendigen Beschleunigung der Planungs- und Genehmigungsverfahren für den Netzausbau führt, kann heute noch nicht vorhergesagt werden. Im Interesse der Energiewende ist es aber wichtig, diesen eingeschlagenen Weg konsequent fortzusetzen.

Im Ergebnis geht es darum, nachvollziehbare Abwägungsentscheidungen, die von möglichst vielen mitgetragen werden, in einem vertretbaren Zeitrahmen herbeizuführen.

1.1.4.3 Herausforderung Versorgungssicherheit

Das Stromnetz in Deutschland zählt zu den ausfallsichersten und zuverlässigsten der Welt. Dies gilt es auch zukünftig aufrecht zu erhalten – denn gerade eine hohe Zuverlässigkeit ist nicht nur von zentraler Bedeutung für unser tägliches Leben, sie ist auch eine Grundvoraussetzung für die Wettbewerbsfähigkeit der deutschen Wirtschaft und für die Zukunft des Industriestandortes Deutschland.

Anhand des im Herbst 2013 von der Bundesnetzagentur veröffentlichten SAIDI-Wertes (System Average Interruption Duration Index), der die Zuverlässigkeit der Stromversorgung im Jahr 2012 wiedergibt, wird deutlich, dass Deutschland im europäischen Vergleich weiterhin gut abschneidet. So lag die durchschnittliche Dauer der Versorgungsunterbrechung je angeschlossenem Letztverbraucher im Jahr 2012 bei 15,91 Minuten. In den Jahren 2006 bis 2011 lag der Mittelwert bei 17,09 Minuten. Die Energiewende und die damit einhergehende steigende dezentrale Erzeugungsleistung haben demnach zumindest bislang keinen maßgeblichen Einfluss auf die Versorgungsqualität.

Allerdings lässt dies keinesfalls den Schluss zu, dass die Versorgungsqualität ohne weiteres Zutun auch künftig auf diesem hohen Niveau bleiben wird. Die Situation im Winter 2011/12 hat gezeigt, dass in Ausnahmefällen strukturelle Engpässe im Übertragungsnetz vorkommen können. Für die künftigen Winter wird daher seitens der Übertragungsnetzbetreiber analysiert, in welcher Höhe konventionelle Kraftwerksleistung vorgehalten werden muss, um einen sicheren und zuverlässigen Netzbetrieb gewährleisten zu können.

Der sichere Betrieb des Elektrizitätsversorgungsnetzes liegt selbstverständlich in der Zuständigkeit der Netzbetreiber. Aufgabe der Bundesnetzagentur ist es allerdings dafür zu sorgen, dass ausreichend viele konventionelle Kraftwerke am Netz bleiben, um eine Gefährdung der Versorgungssicherheit ausschließen zu können. Um auch kurzfristig sicherzustellen, dass keine systemrelevanten Kraftwerke abgeschaltet werden, hat der Gesetzgeber der Bundesnetzagentur weitreichende Befugnisse zum Eingriff in den Erzeugungsmarkt übertragen.

Zum einen entscheidet die Bundesnetzagentur über die Höhe des Bedarfs an Reserveleistung für die jeweils folgenden Winterhalbjahre, zum anderen entscheidet sie über die Anträge der Übertragungsnetzbetreiber, ein Kraftwerk als „systemrelevant" auszuweisen. Derartige administrative Eingriffe in den Kraftwerksbetrieb sind nicht das, was mit marktwirtschaftlichen Grundsätzen unbedingt vereinbar wäre – aber zur kurzfristigen Absicherung der Versorgungssicherheit sind diese bis Ende 2017 befristeten Regelungen unabdingbar.

Umso wichtiger ist es, durch einen zügigen und umfassenden Netzausbau eine dauerhaft wirksame Entlastung zu schaffen.

1.1.4.4 Herausforderung technische Innovation

Die Energiewende wird für den Wirtschaftsstandort Deutschland nur dann erfolgreich sein, wenn sie sich weiter zum Innovationsmotor entwickelt. Deshalb ist es von zentraler Bedeutung, dass im Rahmen der Diskussionen um den Netzausbau der Bereich Forschung und technisches Innovationspotenzial fortlaufend unterstützt und vorangetrieben wird.

Bei der Planung des Netzausbaus geht es neben der Frage „wo wird ausgebaut" auch darum, „wie wird ausgebaut". Je besser technologische Innovationen und intelligente Lösungen weiterentwickelt werden, desto verträglicher kann der Netzausbau gestaltet werden.

Für den weiten Transport von Leistung aus dem Norden Deutschlands in den Süden und Westen sieht das Bundesbedarfsplangesetz beispielsweise Hochspannungs-Gleichstrom-Übertragung (HGÜ) vor. Diese Technik kommt damit in Deutschland erstmals zum Einsatz. Sie bietet die Möglichkeit, Leistung über große Strecken verlustarm zu transportieren.

Weitere Fragen drehen sich um den Themenkomplex Freileitung oder Erdkabel. Beide Technikalternativen haben Vor- und Nachteile in Bau und Betrieb. Bei der Abwägung spielen Umweltaspekte eine Rolle, aber auch die Versorgungssicherheit und nicht zuletzt die Kosten. Die Entscheidung, ob eine Freileitung gebaut oder ein Erdkabel gelegt werden soll, kann nur nach sorgfältiger Prüfung dieser Aspekte und je nach den örtlichen Gegebenheiten getroffen werden.

Ein weiteres spannendes Forschungsfeld ist die Entwicklung und Erprobung von neuen, innovativen Masttypen für die Höchstspannung. TenneT setzt z. B. in den Niederlanden bereits einen neuen Kompaktmasttyp „Wintrack" ein, der eine geringere Trassenbreite in Anspruch nimmt.

Bei der Umstrukturierung unseres Stromnetzes handelt es sich um eine Generationenaufgabe. Umso wichtiger ist es, dass das System flexibel auf technische Entwicklungen reagieren kann. Die Kunst ist es, diese Flexibilität mit einer hinreichenden Planungssicherheit für die Investoren in Einklang zu bringen.

1.1.5 Fazit

Durch den endgültigen Wegfall der Stromerzeugung aus Kernkraft bis zum Jahr 2022 besteht ein großer zeitlicher Druck, unser Stromnetz an die veränderten Rahmenbedingungen anzupassen. Es gilt, strukturelle Engpässe bei der Stromübertragung zu vermeiden, damit die Energieversorgung auch in Zukunft sicher, bezahlbar und zuverlässig bleibt. Wir brauchen den Ausbau des Übertragungsnetzes schnell, aber er muss gleichzeitig auch gut und sorgfältig geplant sein und möglichst umweltverträglich gestaltet werden. Nur so ist in den betroffenen Regionen das notwendige Maß an Verständnis für die erforderlichen Maßnahmen zu erreichen.

Fest steht, der Weg in das Zeitalter der erneuerbaren Energien ist mit enormen politischen, wirtschaftlichen und technologischen Herausforderungen verbunden – gleichzeitig bietet dies aber auch eine große Chance für Investitionen und Innovationen. Genau diese Chance gilt es, gemeinsam zu nutzen.

1.2 Systemaufbau eines künftigen Stromsystems

EVA HAUSER

Eva Hauser ist seit 2008 wissenschaftliche Mitarbeiterin des Instituts für Zukunftsenergiesysteme mit Sitz in Saarbrücken und einer Geschäftsstelle in Berlin. Sie erforscht insbesondere die Empirie der Teilmärkte des Stromsektors und die politischen und marktwirtschaftlichen Instrumente der Transformation des Stromsystems.

1.2.1 Einführung

Die in der Bundesrepublik angestrebte Energiewende besitzt mit großer Wahrscheinlichkeit kaum historische Vorbilder.[7] Obwohl die Versorgung mit Strom in der Bundesrepublik als hervorragend gelten kann, da sie mit sehr hoher Zuverlässigkeit[8] und einer beinah, wenn nicht ganz, vollständigen geographischen und mengenmäßigen Abdeckung des gesamten Territoriums und seiner Bevölkerung funktioniert, soll die bestehende Stromversorgung auf eine vollständig neue Basis gestellt werden. Mehrere Gründe veranlassten den bundesdeutschen Gesetzgeber[9] dazu, diesen Schritt zu wagen und seine Umsetzung anzugehen:

- die mit dem Klimawandel verbundenen Gefahren,
- die zukünftige Sicherstellung der Versorgungssicherheit mit Strom vor dem Hintergrund insbesondere der knapper und teurer werdenden fossilen Brennstoffe,
- aber auch die negativen externen Effekte der fossil-nuklearen Strombereitstellung, wie z. B. die ungelöste Frage der Endlagerung atomarer Reststoffe, die Gefahren von Unfällen in Atomkraftwerken oder die Proliferation nuklearer Brennstoffe, aber auch nicht minder die Umweltgefährdungen, die durch die Nutzung fossiler Brennstoffe (und der in ihnen enthaltenen Fremd- oder Reststoffe wie z. B. Quecksilber und weitere Schwermetalle) ausgehen.

Diese Motivationen führen dazu, dass gegenwärtig das gesamte bundesdeutsche Stromsystem umgebaut werden soll. Sowohl die Infrastruktur selbst (d. h. die Erzeugungsanlagen und die Netzinfrastruktur), aber auch die Prozesse und Strukturen des Stromsystems sollen dahingehend reorganisiert werden, dass Erneuerbare Energien künftig die Basis der Energieversorgung im Strommarkt darstellen können. Im folgenden Beitrag[10] sollen Leitideen dafür vorgestellt werden, wie sich – aus heutiger Perspektive – das zukünftige, insbesondere auf fluktuierende, erneuerbare, Energiequellen basierte Stromsystem darstellen könnte. Auf der Basis dieser Leitideen wird erörtert, welche energiewirtschaftlichen und energiepolitischen Rahmenbedingungen dann geschaffen oder weiterentwickelt werden müssten, damit das skizzierte, grundsätzlich auf Erneuerbaren Energien basierte Stromsystem Wirklichkeit und die Energiewende erfolgreich umgesetzt werden kann.

---

7 Vgl. Bartosch et al. [Hrsg.] (2014), S. 9f.

8 Vgl. CEER (2014), insb. S. 8.

9 Dies zeigt sich insbesondere in der zeitlichen Entwicklung der Ausformulierung des § 1 des EEG (Zweck des Gesetzes) seit seiner Einführung im Jahr 2000.

10 Die Grundlagen dieses Beitrages beruhen auf der ‚Kompassstudie Marktdesign‘, [vgl. IZES 2012] die von der IZES gGmbH im Auftrag des Bundesverbandes Erneuerbare Energien e.V. und von Greenpeace Energy e.G. erarbeitet worden ist sowie auf Artikeln der Autorin [Hauser (2013); Hauser/Zipp (2013)], die jedoch um aktuelle Forschungsergebnisse oder die Benennung aktueller Forschungsdesiderata ergänzt werden.

Diese Transformation hin zu einem im Wesentlichen auf Erneuerbaren Energiequellen basierten Stromsystem kommt einem grundlegenden Paradigmenwechsel in der Energiewirtschaft gleich: Sie werden wesentliche Veränderungen nicht nur im ‚Strommärktedesign' im engeren Sinne, sondern im gesamten Stromsystem mit sich bringen. Daher soll hier gerade keine verkürzte Perspektive auf die Neugestaltung eines (in dieser simplen Form überhaupt nicht existenten) „Strommarktes"[11] beschrieben werden, sondern die des Stromsystems. Dies nimmt nicht nur Bezug auf die Tatsache, dass es nicht ‚den einen Strommarkt' gibt, sondern auch darauf, dass Strom – als essentielles Gut unseres heutigen Wirtschaftslebens – sich als leitungsgebundene und nicht-speicherbare Energieform sehr stark von anderen Handelsgütern unterscheidet.

1.2.2 Grundlegende Merkmale des zukünftigen Stromsystems

1.2.2.1 Technische Komponenten neuen Systems

Während es in allen Teilen der Welt bereits Stromsysteme gibt, die von Erneuerbaren Energien geprägt werden, unterscheidet sich das aufzubauende System in Deutschland fundamental von den bestehenden hydro- oder biomassegeprägten Systemen: Es wird ein System aufgebaut, das um die fluktuierenden Erneuerbaren Energien (vor allem Wind und Photovoltaik, aber auch die Laufwasserkraft, im Folgenden mit „**FEE**" abgekürzt) herum konstruiert werden soll. Dafür gibt es eine Reihe von guten Gründen:

- Wind- und Photovoltaikanlagen können selbst in Deutschland erhebliche Beiträge zur Stromversorgung erbringen.
- Wind- und Photovoltaikanlagen haben das Potenzial, sehr kostengünstig elektrische Arbeit bereitzustellen.
- Beide Energieträger funktionieren ohne einen Verbrennungsprozess und damit ohne die damit verursachten negativen externen Effekte, d. h. Umweltschädigungen.
- Durch den dezentralen Charakter von Wind- und Photovoltaikanlagen sind sehr viele Akteure in der Lage, diese Anlagen zu errichten und zu betreiben.
- Akteursvielfalt durch einen breiten energiewirtschaftlichen Mittelstand ist unter Marktmachtgesichtspunkten sehr positiv zu bewerten.
- Die Akzeptanz von Wind- und Photovoltaikanlagen ist auch gerade durch die Beteiligungsmöglichkeiten im Vergleich zu vielen anderen, insbesondere zentraleren Erzeugungstechnologien sehr hoch.

Die Entscheidung, in Deutschland auf eine umfassende Nutzung von Wind und PV zu setzen, erscheint aus energiewirtschaftlicher und umweltpolitischer Sicht als besonders vorteilhafte Option. Das zentrale ökonomische Ziel besteht darin, die volkswirtschaftlichen Kosten der Energieversorgung auch durch die Einbeziehung langfristiger externer Effekte zu verringern.[12]

---

[11] Weitaus angemessener ist der Ausdruck ‚Teilmärkte des Stromsektors', denn innerhalb des Stromsektors gibt es viele Märkte, in denen mit unterschiedlichen Fristigkeiten unterschiedliche Güter (elektrische Leistung, elektrische Arbeit oder beide oder z. B. auch Blindleistung) zwischen unterschiedlichen Anbietern und Nachfragern gehandelt werden.

[12] Vgl. EEG-Entwurf vom 8.4.2014.

Dieses Ziel kann durch den Einsatz von EE erreicht werden, wie eine Vielzahl wissenschaftlicher Studien belegt.[13]

In diesen Studien werden Langfristszenarien mit verschiedenen Ausbaupfaden für EE in Bezug auf die volkswirtschaftlichen Systemkosten untersucht. Dabei zeigt sich, dass unter bestimmten Bedingungen ein stärkerer EE-Ausbau langfristig vorteilhaft ist. In der kurzen Frist ist zwar durchaus mit Mehrkosten zu rechnen. Der Vorteil des Ausbaus ist umso größer, je stärker die Primärenergieträgerpreise steigen, je stärker die Kostendegression der EE-Techniken ausfällt und je höher die CO_2-Zertifikatspreise sind. Zusätzlich verdeutlicht z. B. der Stern-Report[14], dass die CO_2-Zertifikatspreise im Vergleich zum heutigen Niveau deutlich höher sein müssten, um die externen Kosten des Klimawandels widerzuspiegeln[15], während die Kosten zur Vermeidung des Klimawandels als geringer eingestuft werden.

Daher sollte die Politik sich weniger von der Frage nach dem 'ob', sondern dem ‚wie' leiten lassen.

Die beschriebene historische Herausforderung im Rahmen der Energiewende liegt dabei gerade darin, dass diese ‚dargebotsabhängigen' Energieträger, deren Vorkommen und aktuelle Produktion nicht vom Menschen beeinflusst werden können, wiederum in den Vordergrund der Strombereitstellung rücken sollen. Aus einer historischen Perspektive betrachtet ging der ‚Siegeszug der Elektrizität' hierzulande damit einher, dass die Dargebotsabhängigkeit und damit die begrenzte Verfügbarkeit von Wind- und Wasserkraft durch die vom Menschen förderbaren und speicherbaren fossil-nuklearen Brennstoffe überwunden werden sollte.[16] Gerade dadurch konnte die Elektrizität ihre universelle Bedeutung erhalten und in der Zwischenzeit zur beinahe unersetzlichen Grundlage unseres Wirtschaftslebens werden. Aus der heutigen Perspektive heraus bestehen die technischen, finanziellen und organisatorischen[17] und auch vielfältigen gesellschaftlichen Herausforderungen nun gerade daraus, die zuverlässige und allumfassende Versorgung mit der umweltfreundlichen und nachhaltigen Elektrizität aus Erneuerbaren Energien mit, gar trotz ihrer Dargebotsabhängigkeit zu gewährleisten.

Im gleichen Maß wie die fluktuierenden Energieträger Wind und Photovoltaik zu den prägenden Systemsäulen werden, müssen sie daher von vielfältigen ‚Flexibilitätsoptionen' (vgl. Abschnitt 1.2.2.2) zur Überbrückung kurz-, mittel- und langfristiger Angebotslücken und der Bereitstellung der notwendigen Systemsicherheit durch unterschiedliche ‚Must-Run-Anlagen' flankiert werden.

---

13 Z. B. DLR et al. (2012); FVEE (2010) und Fraunhofer ISE (2012.)

14 Vgl. Stern (2006).

15 So z. B. Krewitt/ Schlomann (2006), S. 21ff., wo ein Wert von 14 €/t CO_2 als Untergrenze genannt und ein hoher Schätzwert – keine Obergrenze – mit 280 €/t CO_2 angegeben wird. Dort ist auch eine Diskussion zu weiteren möglichen externen Effekten von Stromerzeugungstechniken zu finden.

16 Vgl. Reiche (2005). Reiche spricht von einem „regenerativen Zeitalter" (S. 11).

17 Vgl. DLR et al. (2011a), S. 4.

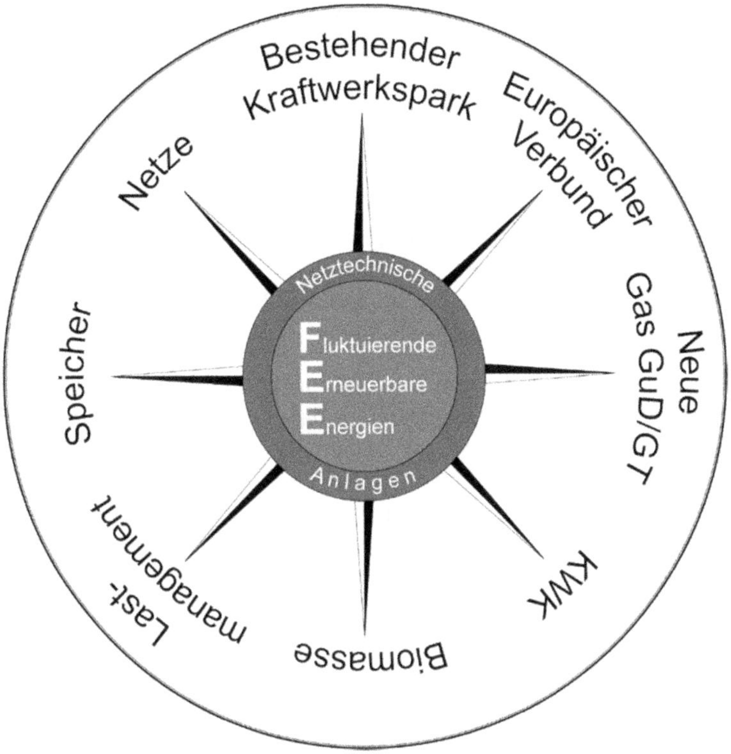

Abbildung 3: Technische Segmente des neuen Stromsystems

Somit lassen sich zusammenfassend im zukünftigen Stromsektor erzeugungsseitig drei Hauptbestandteile unterscheiden (vgl. Abbildung 3):

- Anlagen zur Nutzung fluktuierender Erneuerbarer Energien (FEE),
- die sog. ‚Flexibilitätsoptionen' zur Flankierung der FEE, sowie
- ‚Must-Run-Anlagen' zur Aufrechterhaltung der Systemstabilität. Diese stellen per se keinen eigenen Typ von Erzeugungsanlagen dar. Vielmehr übernehmen verschiedene (Typen von) Erzeugungsanlagen aufgrund ihrer spezifischen Charakteristika verschiedene Must-Run-Funktionen. Der gesetzlich bedingte Einspeisevorrang der EE und die zukünftige Rolle der FEE als Grundpfeiler der Regenerativwirtschaft bedingen, dass der Stromsektor danach ausgerichtet werden sollte, dass auch die netztechnischen Notwendigkeiten sukzessive von den FEE und den Flexibilitätsoptionen übernommen werden sollten.

Diese technischen Bestandteile des neuen Systems und insbesondere dessen Ausrichtung an den FEE führen auch zu Änderungsnotwendigkeiten in der Energiewirtschaft. Dies bedeutet, dass die heutige Form der Refinanzierung der technischen Systemkomponenten zur Stromerzeugung und auch der verschiedenen Formen der ‚Stromspeicher' oder des Lastmanagements angepasst werden sollten. Im folgenden Abschnitt sollen daher einige grundlegende Merkmale des neuen Stromsystems beschrieben werden. Dabei steht die Frage im Vordergrund, inwieweit sich die FEE nicht nur technisch, sondern auch in Bezug auf ökonomische Aspekte von den konventionellen, steuerbaren Stromerzeugern unterscheiden.

1.2.2.2 Energiewirtschaftliche Merkmale des neuen Systems

1998 wurde der hauptsächlich durch abgeschriebene Großkraftwerke und hohe Überkapazitäten geprägte deutsche Strommarkt liberalisiert. Für diejenigen Kraftwerke, die vor Beginn der Liberalisierung risikolos gebaut und bis zur Einführung des Großhandelsmarktes von den gefangenen Endkunden vollständig oder größtenteils bezahlt wurden, bedeutete die Liberalisierung, dass sie hierdurch sog. „Stranded Benefits" erzielen können.[18] Neuinvestitionen hingegen sollen sich seither im Prinzip vollständig durch den Stromverkauf im Wettbewerb, v.a. an den sog. ‚Kilowattstundenmärkten' (d. h. die Märkte, in denen ausschließlich elektrische Arbeit gehandelt wird), refinanzieren. Im folgenden Abschnitt soll dargestellt werden, inwieweit dies im neuen Stromsystem möglich sein könnte.

Das erste wichtige Merkmal der Preisbildung an diesen Kilowattstundenmärkten ist, dass diese prinzipiell ‚grenzkostenbasiert' stattfindet: Das bedeutet, dass für einen bestimmten, kurzfristigen Lieferzeitraum (zumeist eine Stunde, auf kurzfristiger Basis sogar Viertelstunden) genau die Kosten pro angebotene Megawattstunde geboten und gezahlt werden, die ausschließlich zur Bereitstellung dieser Megawattstunde notwendig werden. Zu den Grenzkosten gehören die Brennstoffkosten, die CO_2-Zertifikatekosten und die übrigen laufenden Kosten, die bei der Produktion dieser Megawattstunde anfallen. Darunter fallen auch Kosten für das Anfahren eines Kraftwerks aus dem Kalt- oder Warmstart oder die Kosten einer kurzfristigen Drosselung und der folgenden Leistungserhöhung. Das Prinzip der Grenzkosten und der einfachen Vergleichbarkeit der Gebote anhand des Kriteriums ‚Preis pro Megawattstunde' führt dazu, dass alle Anbieter und alle Nachfrager entlang der sog. ‚Merit Order' sortiert werden können, was zu einer im Grundsatz einfachen Preisbildungsregel führt. Der konkrete Einsatz der Kraftwerke im Stunden- und Tagesverlauf (Dispatch) ergibt sich durch die ‚Merit-Order' des im Day-ahead-Marktes erzielbaren Strompreis.

Das zweite Merkmal der heute angewendeten Preisbildung ist, dass es einen einheitlichen Markträumungspreis gibt. Das bedeutet, dass zu jeder Stunde im Day-ahead-Markt alle Bieter den Preis bekommen, den das letzte, noch benötigte Kraftwerk erzielt und alle Käufer diesen Preis zahlen. Dieser für jede einzelne Stunde am Day-ahead-Markt ermittelte Preis gilt als Referenzpreis bzw. als Opportunität für die Terminmärkte und für weitere Kilowattstundenmärkte, da den Marktteilnehmern grundsätzlich die Möglichkeit offen steht, im Day-ahead-Markt zu handeln.

Die der Liberalisierung der Strommärkte zu Grunde liegende Prämisse war, dass der einheitliche Markträumungspreis den Kraftwerken, die zwar hohe Investitionskosten, aber eher niedrige Grenzkosten aufweisen, (die ‚Grundlastkraftwerke', d. h. Atom und Braunkohle) in vielen Stunden des Jahres hohe Deckungsbeiträge erzielen können und dadurch in der Lage sein sollten, die Investitionskosten zu refinanzieren. Umgekehrt sollte es sich mit den sog. Spitzenlastkraftwerken (Gas und Öl) verhalten, die eher geringe Investitionskosten aufweisen, aber hohe Grenzkosten. Deren Deckungsbeiträge sollten dann durch Knappheitspreise erzielt werden, die in Stunden mit sehr hoher Nachfrage eintreten sollten. Steinkohlekraftwerke fungieren in diesem System als Mittellastkraftwerke.

---

18 DLR et al. (2011b), S. 24.

Ob eine reine Refinanzierung von Neuinvestitionen an einem Grenzkostenmarkt (bzw. einem reinen ‚Energy-Only-Markt', d. h. einem Markt, in dem ausschließlich gelieferte Arbeit gehandelt und vergütet wird), möglich ist, wird unter dem Stichwort „Missing-Money-Problem" bereits seit einigen Jahren diskutiert[19]. Das Hauptproblem wird hier darin gesehen, dass in liberalisierten Märkten keine ausreichend hohe Anzahl von Stunden mit hohen Spotmarktpreisen besteht, um neue (insbesondere Spitzenlast-)Kapazitäten zu refinanzieren. Zwar besteht im bundesdeutschen Stromsektor kein reiner ‚Energy-Only-Markt', da dieser auch durch leistungsbezogene Komponenten, wie z. B. die Regelenergiemärkte, ergänzt wird. Diese sind gegenwärtig jedoch großteils von Überkapazitäten und hohem Wettbewerbsdruck geprägt und weisen ein recht geringes Preisniveau auf. Damit dienen sie sicherlich zu einer Ko-Finanzierung bereits bestehender Kraftwerke; sie sind aber hierzulande nicht maßgeblich bei der Investitionsentscheidung von Kraftwerksneubauten.

Dieses „Missing-Money-Problem" wird verstärkt durch den Ausbau der Erneuerbaren Energien und den damit verbundenen Merit-Order-Effekt der EE: Erneuerbare Energien werden unlimitiert an der Börse eingestellt und verdrängen die übrigen Erzeugungstechnologien damit auf der Merit-Order ‚nach rechts'[20]. Entsprechend werden Kraftwerke mit niedrigeren Grenzkosten zu preissetzenden Kraftwerken. Durch den sinkenden Spotmarktpreis sinken die Erträge nicht nur für alle konventionellen Technologien, sondern auch für die EE. Der Merit-Order-Effekt der EE findet sich aber auch in den Terminmärkten des Stromsektors wieder, so dass auch hier geringere oder kaum Deckungsbeiträge erzielt werden können. Zusätzlich sinkt nicht nur der durchschnittliche Strompreis, sondern für viele Kraftwerke auch die Zahl der Einsatzstunden. Je höher der Anteil der Erneuerbaren, desto häufiger wird es zu Zeiten kommen, in denen große Anteile des Strombedarfs aus Erneuerbaren gedeckt werden können. Da aufgrund der Logik der Merit-Order, die die Einsatzreihenfolge gemäß der Grenzkosten bestimmt, die annähernd grenzkostenfreien FEE grundsätzlich am linken Ende der Einsatzreihenfolge[21] platziert werden, ist zukünftig mit immer mehr Stunden mit niedrigen Markträumungspreisen zu rechnen. Damit erscheint auch eine rein grenzkostenbasierte Refinanzierung von FEE-Neuinvestitionen als eher unwahrscheinlich.

Für die steuerbaren Stromerzeugungsanlagen ergibt sich daraus die Herausforderung, dass die Berechnung ihrer eigenen Grenzkosten einen stärker probabilistischen Charakter erhält. Während die Kraftwerke ihre Grenzkosten im konventionellen System anhand der oben benannten drei Komponenten (Brennstoffe, CO_2-Zertifikatepreise und laufende Arbeitskosten berechnet werden konnten, müssen sie nun auch die probabilistische Komponente der Dauer der notwendigen Drosselung oder Abschaltung aufgrund der FEE-Einspeisung einrechnen. Hierfür müssen sie jedoch im Voraus Annahmen bezüglich der FEE-Einspeisung (Menge und Dauer) und bezüglich des Gebotsverhaltens der anderen Marktteilnehmer bilden. Die Berechnung der Grenzkosten wird dann eine Funktion dieser getroffenen Annahmen.

Neben der Frage der Refinanzierbarkeit von Neuinvestitionen im grenzkostenbasierten Stromsystem stellt sich auch die Frage, inwieweit die FEE in dieser Art von Markt gegenüber

19 Cramton/Stoft (2006) und Joskow (2006).

20 Durch die FEE entsteht ein zusätzliches, annähernd grenzkostenfreies Angebot zu dem bereits bestehenden Angebot aus konventionellen Kraftwerken; die Angebotskurve verlängert sich also und die konventionellen Anbieter rücken somit weiter nach rechts.

21 D. h., zu den Anbietern mit den niedrigsten Grenzkosten.

den konventionellen, regelbaren Stromerzeugungsanlagen gleichwertige Marktteilnehmer sein können. Prinzipiell ist zu konstatieren, dass das Dargebot der FEE nicht beeinflussbar ist. Die ‚Produzenten' der FEE können die Menge des von ihrer Anlage gelieferten Stroms nur beeinflussen, indem sie ihre Anlage drosseln oder abregeln und dadurch ggf. ein bestehendes Dargebot nicht nutzen. Weitere Anpassungsmöglichkeiten an die Schwankungen der Nachfrage haben die FEE-Produzenten nicht, wovon sie sich quasi ‚typ-bedingt' von den brennstoffbasierten steuerbaren Stromerzeugungsanlagen unterscheiden. Dies hat auch Auswirkungen auf das Verhalten der FEE als Marktteilnehmer. Während die brennstoffbasierten Stromerzeuger in der Lage sind, ihre Produktion längerfristig, d. h. in den Terminmärkten, eigenständig zu verkaufen, können die FEE dies nur in Kombination mit irgendeiner Form einer Back-up-Kapazität für den Fall, dass ihnen nicht ausreichend Dargebot zur Verfügung steht. Dies verteuert das Angebot, denn die FEE-Erzeuger müssen nicht nur die Ersatzarbeit bezahlen, sondern ggf. auch die Vorhaltung der Ersatzkapazität. Konventionellen Stromerzeuger hingegen, die ihre Arbeit im Voraus in den Terminmärkten vermarkten können, steht die Möglichkeit einer beständigen Optimierung offen, da sie (im Rahmen ihres Flexibilitätspotenzials) tägliche Make-or-buy-Entscheidungen treffen können und sich durch diese Portfoliooptimierung besserstellen können. Auch der Einsatz von Stromspeichern ändert diese Situation mindestens so lange nicht, wie noch konventionelle Stromerzeuger vorhanden sind, die sich im Voraus auf den Terminmärkten absichern können.

Dies bedeutet, dass es in der Zukunft im Stromsystem zwei unterschiedliche und damit auch unterschiedlich zu behandelnde technische Komponenten geben wird: die brennstofffreien, fluktuierenden Stromerzeuger und die steuerbaren Stromerzeuger bzw. die übrigen lastseitigen Flexibilitätsoptionen. Im folgenden Abschnitt 1.2.3 soll kurz erläutert werden, welche wesentliche regulatorischen Schlussfolgerungen hieraus zu ziehen sind.

1.2.3 Regulatorische Herausforderungen: divergierende Regeln für die unterschiedlichen Segmente

Die Transformation des Stromsystems ist als systemische Fragestellung zu betrachten, und als solche auch im weiteren Kontext des (stark vernetzten) europäischen Stromsystems und im Kontext des gesamten Energiesystems (der drei Sektoren Strom, Wärme und Mobilität zu betrachten). Damit ergeben sich u. a. die folgenden Bereiche, in denen die künftige Gestaltung des Stromsystems zu verorten ist:

1. das Zusammenspiel der Sektoren Strom, Wärme und Mobilität sowie die Nutzung des Überschuss-Stroms in den anderen Sektoren,
2. die Einbettung des deutschen Stromsystems innerhalb des europäischen Verbundes,
3. die notwendige Differenzierung der verschiedenen FEE und ihre systemdienliche Ausrichtung bereits bei ihrer Installation,
4. die Schaffung verlässlicher Refinanzierungsmechanismen für FEE und steuerbare EE und
5. die technische und prozedurale Anpassung des Systems an die hauptsächlich kurzfristige Prognostizierbarkeit des FEE-Stroms.

Die vielen Fragen bezüglich der Kopplung des Stromsektors mit den anderen Energiesektoren und die Schilderung der hierzu betriebenen Forschung würden sicherlich den Rahmen dieses Beitrags bei weitem übersteigen. Die Herausforderungen in den übrigen Punkten sollen hier kurz geschildert werden:

1.2.3.1 Europäische Einbettung des bundesdeutschen Systems

Prinzipiell sollte im Rahmen der Systemtransformation ein Stromsystem gestaltet werden, das auch europaweit eine auf EE basierte Strom- (bzw. gesamte Energie-)versorgung möglich machen kann. Hierfür wäre es notwendig, dass von wissenschaftlicher Seite Szenarien entwickelt werden, die eine weitgehende Versorgung Europas mit EE und den notwendigen Ausbaubedarf auch in den anderen Staaten Europas modellieren.[22] Anhand solcher Szenarien wäre es möglich, eine koordinierte europäische Energiewendestrategie und -politik zu entwickeln.

Unabhängig von der Erarbeitung solcher Szenarien erscheint es empfehlenswert, dass die Systemtransformation im Sinne einer „leistungsautarken Energiewende"[23] umgesetzt wird: Die in Deutschland installierten Erzeugungskapazitäten sollten zur Deckung der nationalen Höchstlast ausreichen, müssen diese jedoch nicht zu jeder Zeit erbringen, wobei die Import-/Exportbilanz auf längere Sicht ausgeglichen sein sollte. Dieser Leitgedanke bedeutet tendenziell eine Fokussierung auf den Ausbau der inländisch verfügbaren erneuerbaren Stromerzeugungstechnologien zur Erfüllung der Klimaschutzziele.

Aus energiewirtschaftlicher Sicht wäre es wünschenswert, dass die Bemühungen zur Systemtransformation in einzelnen EU-Staaten durch eine europäische Rahmenregelung unterstützt würde, die der Unterstützung der Ziele der Systemtransformation dienen sollte: Eine weitergehende Harmonisierung der Stromsektoren bzw. -märkte innerhalb der EU sollte nicht die Möglichkeit zum nationalen Aufbau einer umweltschonenden energetischen Infrastruktur der einzelnen EU-Staaten einschränken. ‚Pionierstaaten', die neue Wege in Richtung Transformation gehen, sollten die hierfür notwendigen rechtlichen Rahmenbedingungen zur systemischen Innovation vorfinden. Die europäische Gesetzgebung sollte es eher flankierend ergänzen (und erleichtern!), wenn es um den Aufbau gesamteuropäischer Infrastrukturen oder um die Anpassung von (Binnenmarkt-) Regeln oder der Netz-/ Infrastrukturregulierung geht. Die europäische Integration der nationalen Märkte soll dementsprechend weiterhin durch einen Prozess stattfinden, in dem marktbasiert und immer stärker dargebotsabhängig Stromaustausche stattfinden sollen. Dies umfasst sowohl den Stromaustausch aus den bestehenden Kraftwerken und den europaweit zu installierenden dezentralen EE-Kraftwerken mittels der Grenzkuppelstellen und deren Ausbau als auch zukünftig die Erzeugung in solarthermischen Kraftwerken im Süden Europas sowie Speicherkapazitäten in Norwegen und den an Deutschland angrenzenden Alpenländern.

1.2.3.2 Systemdienliche Auslegung der FEE bei ihrer Errichtung

Die heute gebauten Photovoltaik- und Windkraftanlagen besitzen Lebensdauern von zwei bis teilweise mehr als drei Jahrzehnten (v. a. die PV-Anlagen). Dies bedeutet, dass sie auch län-

22 Ein im Auftrag der EU-Kommission berechnetes Szenario (von E3M-Lab et al., vgl. European Commission 2014, S. 86f.) geht für die EU 28 z. B. von einem Anteil der Kernenergie an der Stromversorgung im Jahr 2050 von etwas mehr als 20%, einem Anteil von Kraftwerken mit CCS-Technik von knapp 7 % sowie einem Anteil von EE an der Stromversorgung von etwas mehr als 50 % aus. Dies würde gewährleistet durch eine gesamt installierte Leistung zur Stromerzeugung von rund 1.382 GW installierter Leistung zur Stromversorgung, davon gut 121 GW an Atomkraftwerken und gesamt gut 780 GW installierter EE-Leistung. An der gesamten Energieversorgung über alle Sektoren hinweg geht dieses Szenario von knapp einem Viertel EE-Anteil aus.

23 Sterner et al. (2011).

gerfristig Teil des Stromsystems sein werden und in vieler Hinsicht Funktionen der Systemstabilisierung übernehmen können sollten. Unter ‚systemdienlich'[24] wird hierbei verstanden, dass die Anlagen sich in ein künftiges Stromsystem mit einem hohen Anteil von FEE-Anlagen gut einfügen sollten. Danach bedeutet systemdienlich folgendes:

- Die Anlagenauslegung sollte nicht dazu führen, dass die Netzinfrastruktur so weit ausgebaut werden muss, jede einzelne EE-Kilowattstunde am entlegensten Anknüpfungspunkt des Netzes aufnehmen zu können.
- Hauptsächlich ins öffentliche Netz einspeisende Anlagen sollten die Vermeidung signifikanter Mengen an Überschussstrom anstreben. Anlagen, die auf einen einzelwirtschaftlichen Betrieb und hauptsächlich (aber eben nicht ausschließlich) auf Eigenverbrauch ausgelegt sind, sollten hingegen ökologisch sinnvoll mit möglichen Überschussstromsenken gekoppelt werden und nicht bei EE-Flauten auf die Einspeisung konventioneller Kraftwerke angewiesen sein.[25]
- Weiterhin gehört zu einer systemdienlichen Auslegung der FEE-Anlagen auch, dass sie gemäß des Standes der Technik in der Lage sein sollten, während ihres Betriebes passiv und aktiv zur Stabilisierung des Stromnetzes beizutragen.

Es gilt als fraglich, ob die Preissignale aus den verschiedenen Teilmärkten des Stromsektors und insbesondere den für eine Investitionsentscheidung bedeutenden Kilowattstundenmärkten ausreichen, eine systemdienliche Auslegung von FEE-Anlagen anzureizen. Dies wird für den Standort damit begründet, dass der Stromhandel nur eine Preiszone kennt und somit die Preise innerhalb dieser Preiszone für alle gleich sind. In Bezug auf die konkrete Anlagenauslegung bestehen sehr viele Einflussfaktoren: Die Annahmen (sowie die mögliche Treffsicherheit dieser Annahmen) des Anlagenbauers an die künftige Strompreisentwicklung sind nur ein Teil dessen. Dass der Anlagenbauer also in der Lage wäre, aufgrund seiner Erwartungen an die künftige Strompreisentwicklung (und unter Beachtung seiner jeweiligen sonstigen Restriktionen) eine aus gesamtsystemischer Sicht optimierte Anlage zu errichten, erscheint dann eher unwahrscheinlich. Zuletzt sind (mit Ausnahme der Regelenergie zur Frequenzhaltung) die wenigsten Systemdienstleistungen Güter, die standardisiert an Märkten oder Börsen gehandelt werden oder werden können. Viele Systemdienstleistungen werden (zum heutigen Zeitpunkt) in bilateralen Verträgen zwischen Anbietern (Stromerzeugern oder weiteren Netzbetriebsmitteln) und Nachfragern (Netzbetreibern) bepreist und gehandelt oder sie sind Gegenstand von in diversen Netzkodizes enthaltenen Vorschriften. Somit ist die Lenkungswirkung der Strompreissignale eher als gering einzuschätzen. [26]

Daher wird hier die These vertreten, dass es notwendig werden wird, den EE-Ausbau nicht ‚dem Zufall' oder den (angenommenen) Steuerungssignalen ‚des Marktes' zu überlassen, sondern grundsätzlich stärker zu koordinieren. Um dies zu erreichen, muss jedoch danach gefragt werden, was dies genau für die einzelnen FEE-Technologien bedeutet. Für Wind und PV gilt, dass sie aufgrund ihrer Leistungselektronik bzw. der Wechselrichter in der Lage sind, diverse

---

[24] Hier wird die Definition von Grashof/Weber (2013), S. 35 zu Grunde gelegt und leicht erweitert.

[25] Es kann sich als problematisch erweisen, wenn ‚Stromspeicher' bzw. ‚Stromsenken' eine zusätzliche Last verursachen, die nicht durch FEE-Überschüsse abgedeckt wird, sondern durch zusätzliche konventionelle Kraftwerke. Vgl. Hauser/Gerhardt (2014).

[26] Vgl. Grashof/Weber (2013), S. 35-38.

Systemdienstleistungen in und für alle Spannungsebenen, in denen sie installiert sind, zu erbringen. Weiterhin ergeben sich für Wind und PV und die Laufwasserkraft jeweils besondere Herausforderungen, die hier kurz erläutert werden sollen.

PV:

Bereits zum heutigen Zeitpunkt bis zum Erreichen der 52 GW-Marke sollte über eine stärkere Differenzierung innerhalb der PV-Anlagenvergütung nachgedacht werden. In der momentanen Vergütung wird lediglich die Einspeisemenge unabhängig von der Einspeisezeit berücksichtigt. Dies führte zu einem starken Zubau an Südanlagen, die über eine vergleichsweise kurze Tagesdauer relativ viel Energie einspeisen. Diese vor allem auf die Menge an eingespeisten kWh ausgerichtete Förderung hatte durchaus ihre Berechtigung, da sie merklich zum Abbau der mittäglichen Preisspitzen sowie zur Degression der PV-Systempreise beitragen konnte. Es ist allerdings davon auszugehen, dass sich zukünftige Anlagenbauer nicht wegen der Marktwertunterschiede verschiedener Anlagenausrichtungen gegen eine Südausrichtung ihrer Anlage entscheiden werden oder dass die Marktwerte verstärkte Anreize zum Bau von Ost- oder Westanlagen geben werden.[27] Aus Gründen der Lastabdeckung erscheint es jedoch notwendig, künftig auch die Ost-West-Ausrichtung oder die Nachführung neuer PV-Anlagen durch gezielte (Investitions-)anreize zu initiieren. Nachgeführte Anlagen verlangen zwar höhere Investitionskosten, stehen aber in deutlich mehr Stunden zur Energieerzeugung bereit. Hierfür wären dann v. a. regulatorische Anreize notwendig. Dadurch könnte die Photovoltaik über den Tag verteilt länger Energie bereitstellen als es heute der Fall ist. Im Sinne einer optimierten Lastabdeckung und Anlagennutzung sowie zur Vermeidung steiler PV-Gradienten sind Steuerungsmechanismen in diese Richtung relativ zeitnah umzusetzen.

Als weitere Maßnahmen zur lastoptimierten Integration der PV bietet sich die weitere Erforschung und Nutzung einer (architektonisch anspruchsvollen) Gebäudeintegration an. Diese kann dazu führen, dass PV-Elemente z. B. zusätzlich zur Energieerzeugung eine zweite Funktion wahrnehmen als architektonische Bauteile (z. B. Balkongeländer, Verandadächer), als Verschattungselemente bzw. Teile von Dämmelementen oder dass diese direkt auf elektrische Verbraucher (z. B. Außenrollos mit elektrischer Ansteuerung) angebracht werden. Es gilt zu untersuchen, inwieweit diese sog. ‚objektbezogene PV‘ (im Gegensatz zur heute hauptsächlich genutzten ‚netzbezogenen PV‘) auch über das EEG hinaus Bestandteil weiterer Gesetze oder Verordnungen werden könnte. Durch die Tatsache, dass sie entweder eine Doppelfunktion in einem Gebäudeteil wahrnehmen oder direkt zur Stromversorgung eines spezifischen Gerätes dienen könnte, besitzt die PV eine weitere Funktion und eine zusätzliche Refinanzierungsquelle.

Wind onshore:

Für Wind onshore (unabhängig davon, ob es sich um echten Zubau oder um Anlagenrepowering handelt) bestehen insbesondere zwei Herausforderungen in Bezug auf eine systemdienliche Anlagenauslegung: Erstens gilt es zu erforschen, welchen energiewirtschaftlichen Wert höhere Volllaststunden und ein gleichmäßigeres Einspeiseprofil, aber verminderte Einspeisemengen haben, die durch optimierte Flügelprofile und -durchmesser, eine verbesserte Technik (von Getriebe-Windenergieanlagen sowie getriebeloser Anlagen) sowie größere

27 Vgl. Zipp/Lukits (2014).

Turmhöhen erreicht werden können. Dabei ist zu fragen, ob solche Anforderungen ggf. generalisiert werden sollten oder nur in bestimmten Regionen oder bei bestimmten Anlagen gelten sollten, um sich nicht unnötig der Einspeisung an weniger windhöffigen Standorten zu entledigen.

Zweitens wäre es von Belang, eine systemdienliche regionale Verteilung der Windenergieanlagen zu finden und umzusetzen, um einen bundesweiten Ausgleich der Anlagen selbst und ihrer Einspeisung und auch die Vermeidung zukünftiger Fehlinvestitionen (wegen übermäßigen Engpassmanagements oder sonstiger Abregelungen) zu erreichen. Weiterhin sollten klare, anspruchsvolle und bundesweit akzeptierte Regeln bzgl. der Abstände zur Wohnbebauung oder zum Umgang mit Naturschutzbelangen (z. B. bei der Nutzung von Waldstandorten) geschaffen werden, die an die regionalen Belange angepasst sind und die die Akzeptanz der Technologien sichern bzw. befördern. Nicht zuletzt bedeutet die Netzintegration der Windkraftanlagen aus marktlich-monetärer Sicht ggf. auch den Verzicht auf eingespeiste Arbeit, die nicht in der Vergütungshöhe inbegriffen ist und das betriebswirtschaftliche Ertragskalkül von Anlagenbauern zusätzlich erschweren kann.

Laufwasserkraft

Sie sollte generell den fluktuierenden Erneuerbaren Energien zugeordnet werden, da diese Anlagen ebenso grenzkostenfrei und dargebotsabhängig sowie langfristig kaum präzise prognostizierbar sind. Die technische Entwicklung der Wasserkraft ist relativ ausgereift. Auch das Flächenpotenzial für Neubauten ist unter ökologischen und ökonomischen Gesichtspunkten nahezu ausgeschöpft. Steigerungen bei den Energieerzeugungsmengen sind daher v. a. durch ein Repowering bestehender Altanlagen zu erwarten. Um dieses Repowering anzureizen und den bestehenden naturschutzrechtlichen Anforderungen genügen zu können, sollte diese Erzeugungsart weiterhin von den FEE-Refinanzierungsmechanismen bzw. ihrer Weiterentwicklungen profitieren können. Diese Mechanismen (insbesondere beim Repowering) sollten ebenso die zukünftige Möglichkeit zur Erbringung von Systemdienstleistungen berücksichtigen.

Zusammenfassend lässt sich sagen, dass zur Netz- und Systemintegration der FEE nicht nur rein technische Lösungen gehören, sondern auch prozessuale und marktliche. Die zukünftige Errichtung systemdienlicher Anlagen sollte dementsprechend vom Gesetzgeber entsprechend begleitet und flankiert werden.

1.2.3.3 Schaffung verlässlicher Refinanzierungsmechanismen für FEE und die erneuerbaren Flexibilitätsoptionen

Aus den vorhergehenden Ausführungen folgen zwei handlungsleitende Thesen für die zukünftige Herangehensweise an die erzeugungsseitigen Komponenten des Stromsektors:

- Die brennstofffreien FEE weisen durch ihre v.a. kurzfristige Prognostizierbarkeit und die prinzipielle Tatsache, dass ihr Dargebot grundsätzlich nicht gesteuert werden kann, sondern ggf. nur auf die Nutzung ihres Dargebots verzichtet werden kann, eine intrinsische Ungleichheit im Vergleich zur ‚regelbaren' Stromerzeugung auf.

- Die zweite Ausgangsthese liegt in der Ungewissheit, ob die Refinanzierung von FEE-Stromerzeugungsanlagen über die bestehenden, grenzkostenbasierten Strommärkte gewährleistet werden kann.

Aus den obigen Ausführungen ergibt sich, dass zukünftige Refinanzierungsmechanismen der FEE einerseits hinreichend und andererseits verlässlich sein sollten, wenn weiterhin ausreichend Investitionen in diese Techniken getätigt werden sollen. ‚Hinreichend' bedeutet, dass die Gesamtkosten der Anlagen inklusive einer angemessenen Verzinsung des eingesetzten Kapitals innerhalb der üblichen Abschreibungszeiträume erzielt werden können sollten. ‚Verlässlich' bedeutet, dass bei der Bewertung jeglicher Instrumente stets die Frage nach der gebotenen Investitionssicherheit beantwortet werden muss.

Grundsätzlich lassen sich zwei Kategorien von Finanzierungsmodellen unterscheiden:[28]

- technologieneutrale Modelle, die alle erneuerbaren Energien ‚in einen Topf werfen' mit dem Ziel, nur die jeweils kostengünstigsten im Hinblick auf die vorgegebene Zielsetzung zu nutzen,
- Modelle, die zwischen den einzelnen Technologien differenzieren und neben der Kostendifferenz noch andere Differenzierungsmerkmale wie z. B. regionale Unterschiede, Technologieentwicklung, Erhalt der Akteursvielfalt oder die Verteilungsgerechtigkeit berücksichtigen.

Eine Bewertung der unterschiedlichen Finanzierungsmodelle, die das Kriterium der – zumeist statischen – Kosteneffizienz ausschließlich oder prioritär berücksichtigt, greift sicherlich zu kurz, zumal die Kosteneffizienz keinen unbedingten Vorrang vor den anderen Kriterien genießt. Vielmehr sollte eine umfassende Bewertung eines Refinanzierungsinstrumentes auch die folgenden Kriterien berücksichtigen:

- technisch-ökologische Kriterien,
- Umsetzbarkeit/Steuerbarkeit,
- die gesellschaftliche Einbettung und
- ökonomische Eigenschaften/Wirkungen[29].

Dabei bestehen zwischen diesen einzelnen Kriterien sowohl Komplementaritäts- als auch Konfliktbeziehungen, wobei die Abwägung zwischen den einzelnen Zielen politischer Natur und Gegenstand eines offenen politischen Diskurses sein sollte.

Technologieneutrale Modelle erscheinen den nach Technologien differenzierenden Modellen gegenwärtig unterlegen und ihre Implementierung aktuell nicht anzuraten, da sie die Vergütungen bzw. Prämien nicht differenzieren und demzufolge unnötig hohe Gewinne („Produzentenrenten") ermöglichen. Sie reizen auch die weitere Technologieentwicklung nicht an und können langfristig zu höheren Kosten wegen einer ausbleibenden Kostenderegression führen.

Bei den nach Technologie differenzierenden Modellen besteht eine grundsätzliche Unterteilung in solche, bei denen die (vollständige oder anteilige, nach Abzug der Vermarktungserlöse) Vergütungshöhe für die FEE ‚marktbasiert' mittels Ausschreibungen ermittelt wird und solchen, bei denen die Ermittlung der Vergütungshöhe ‚administrativ' erfolgt. Dabei besitzen

[28] Vgl. zur Bewertung der Refinanzierungsmechanismen Leprich/Klann (2014).

[29] Vgl. zur näheren Erläuterung IZES/Bofinger/BET (2013), S. 35-38.

Ausschreibungen theoretisch den Ruf, zu einer präziseren Beurteilung der Refinanzierungshöhe durch die Marktteilnehmer zu gelangen. Ihr effektives Nutzen-Kosten-Verhältnis ist allerdings aktuell nicht wissenschaftlich belastbar abzuschätzen. In der praktischen Umsetzung kann die theoretisch höhere Kosteneffizienz des Instruments durch deutlich höhere Transaktions- und Finanzierungskosten konterkariert werden und sogar in ihr Gegenteil umschlagen. Die Folge wären in der Summe höhere Kosten für die Erreichung der Ausbauziele. Insbesondere die Beobachtung ausländischer Erfahrungen zeigt, dass Ausschreibungen nicht unbedingt zu verlässlichen Zubaumengen oder zu einer langfristigen Kostendegression der Vergütungshöhen führen.[30]

Die Modelle mit einer administrativen Festlegung der Vergütungshöhen werden weiterhin unterteilt in solche, die auf eine Vermarktung des FEE-Stroms in den Teilmärkten des Stromsektors setzen und zusätzlich zu den Vermarktungserlösen eine fixe oder gleitende Marktprämie gewähren, und solche, die andere ‚Vertriebskanäle' des EE-Stroms (s.u., Abschnitt 1.2.3.4) nutzen. Dieser Unterscheidung liegt die grundsätzliche Frage zu Grunde, ob durch die Vermarktung Anreize zu einer besseren Systemintegration und damit zu marktlichen oder technischen Entwicklungen angereizt werden können oder nicht (s.o., Abschnitt 1.2.3.2). Die generelle Entscheidung für oder gegen die Vermarktung der FEE-Mengen führt allerdings zu höheren Investitionsrisiken und damit zu einer Verteuerung der Finanzierung. Im Umkehrschluss bedeutet dies, dass die Risikoprämien für die Investoren in FEE-Anlagen durch eine weitgehende Vergemeinschaftung der Risiken bei der Investition und dem Betrieb so gering wie möglich gehalten werden können und auch sollen.

Als weitere Option zur Refinanzierung der EE wird häufig die Inanspruchnahme des Direktverbrauchs, der gegenwärtig vor allem die PV betrifft, genannt. Es bleibt zu klären, inwieweit spezifische Verbrauchertypen kurz- bis mittelfristig in der Lage sein werden, ihre PV-Anlagen hiermit zu refinanzieren und welche Verbrauchertypen dies sind. Bedingung hierfür ist entweder ein relativ gut an den Sonnengang angepasstes Verbrauchsprofil (wie z. B. bei Supermärkten) oder die Verfügbarkeit ausreichend günstiger Speichertechnologien. Solange die (wirtschaftlich abbildbare) Verfügbarkeit dieser Speichertechnologien ohne den Rückgriff auf die Netzeinspeisung nicht gewährleistet ist, stellt der Direktverbrauch zur PV-Refinanzierung keine alleinige Lösung dar. Der Direktverbrauch sollte als Option gesehen werden, der (neue) Beiträge zur Refinanzierung der Anlagen testen und ermöglichen kann. Jedoch kann der Direktverbrauch (mit oder ohne Speicher) kein Ersatz für einen gesicherten Refinanzierungsmechanismus der FEE und insbesondere der Photovoltaik sein.[31] Zusätzlich bleiben die Fragen nach der ‚unsteten' Netznutzung und dem technischen und bilanzkreisbezogenen Umgang der Netzbetreiber hiermit zu klären. Auch die entfallenden Netznutzungsentgelte bei intermittierender Netznutzung stellen eine zu lösende Frage dar.[32] Grundsätzlich stellt der Direktverbrauch juristisches Neuland dar, da diese PV-Anlagen auf Möglichkeiten zur Entwicklung neuer Geschäftsmodelle zur Vermarktung auch geringer Mengen an Strom angewiesen sind.

---

30 Vgl. zu EE-Ausschreibungen Grashof (2013), IZES (2014a) und IZES (2014b), noch unveröffentlicht.

31 Vgl. Breyer (2013).

32 Es ist eher nicht davon auszugehen, dass die im aktuellen Entwurf des EEG 2014 gefundene Regel zur pauschalen Beteiligung der Eigenstromnutzung an der EEG-Umlage diese Probleme sachlich angemessen und rechtssicher löst.

Hier besteht ein starkes und potenziell konfliktreiches Spannungsverhältnis zwischen den Optimierungsanforderungen des Eigenverbrauchs, den bestehenden Handels- und Bilanzierungsregeln sowie den Regelungen der Netznutzung.

Unabhängig vom präferierten Refinanzierungsmodell für FEE-Anlagen sollte die wesentliche Schlussfolgerung jedoch sein, nicht die FEE an die bestehenden (fast ausschließlich grenzkostenbasierten) Teilmärkte des Stromsektors anzupassen, sondern den Stromsektor generell und seine Teilmärkte an die wachsende und später tragende Rolle der FEE anzupassen. Einige der empfohlenen Anpassungen werden im folgenden Abschnitt 1.2.3.4 skizziert.

Auch die brennstoffbasierten EE (d. h. die biogenen Energieträger) sollten sich in den existierenden Dispatchmärkten allein nicht refinanzieren können. Gleichzeitig stellen sie aber ein wichtiges Bindeglied zwischen dem Strom- und Wärmesektor dar, da sie dank der Kraft-Wärme-Kopplung beides gleichzeitig mit hoher Primärenergienutzung erbringen können. Bioenergie kann auch als einziger EE-Energieträger planbar zur Erbringung der verschiedenen Systemdienstleistungen beitragen und hier fossile Must-Run-Kapazitäten ersetzen. Nicht zuletzt reduziert die Nutzung der Bioenergie die Abhängigkeit von Importen fossiler Rohstoffe insbesondere aus politischen instabilen Staaten und trägt somit zur Versorgungssicherheit bei.

Die biogenen Primärenergieträger werden sicherlich auf längere Frist fast immer ein Preisniveau über dem der fossil-nuklearen Brennstoffe aufweisen. Ihr Anbau muss stets mindestens so rentabel wie alternative Flächennutzungen sein. Außerdem konkurriert das gewonnene Biomasseprodukt mit anderen Nutzungen, denen teilweise eine höhere Wertigkeit zugeschrieben wird. Biomasse kann ebenso als Nahrungsmittel oder als Ausgangsstoff für verschiedenste Konsum- oder Investitionsgüter genutzt werden. Biomasseanlagen sind in der Merit-Order demnach relativ weit rechts einzuordnen. Das bedeutet, dass sie bereits bei den heutigen Börsenpreisen nur bei verhältnismäßig geringem Energieangebot und gleichzeitig hoher Nachfrage auf dem Strommarkt links des Markträumungspreises rutschen würden. Selbst dann wäre der Spread zwischen Grenzkostenpreis und Markträumungspreis vermutlich meist zu gering für eine Deckung der Investitionskosten über den Lebenszyklus der Anlagen. Der weitere Ausbau aller Erneuerbaren wird den Börsenpreis langfristig zudem drücken, sodass Energie aus Biomasse zum einen noch seltener nachgefragt, zum anderen der Investitionsdeckungsbetrag noch weiter abnehmen würde. Aus diesem Grund erscheint der Erhalt eines Mechanismus für eine hinreichende und zuverlässige Refinanzierung der Biomasse weiterhin notwendig. Dieser Refinanzierungsmechanismus sollte jedoch die Besonderheiten der Bioenergie – ihre grundsätzlich flexible Nutzbarkeit wegen der Speicherbarkeit der Energieträger und ihre hocheffiziente Nutzung bei der gleichzeitigen Erzeugung von Strom und Wärme – berücksichtigen sowie den Ausbau der zur Flexibilisierung notwendigen ‚Peripherie' (Biogasspeicher, Wärmespeicher und Wärmenetze und zusätzliche Spitzenlastkapazitäten) gezielt anreizen.[33]

1.2.3.4 Anpassung des Systems an die hauptsächlich kurzfristige Prognostizierbarkeit des FEE-Stroms

Häufig wird hier angemerkt, dass mit der Energiewende ‚mehr Regelenergie' notwendig werde. Wendet man den Begriff ‚Regelenergie' nur auf die drei bereits gehandelten Arten von Regelenergie (Primär-, Sekundär- und Minutenreserve) an, ist er im engen Sinne unpassend.

33 Vgl. hierzu IZES (2014c).

Besser wäre es, beispielsweise von ‚Residualenergie' zu sprechen, da es genau um die Bereitstellung der notwendigen Residuallast bzw. -arbeit geht. Wichtig ist aber auch, dass bei steigenden Mengen an EE-Strom nicht mehr Residualenergie notwendig wird. Einerseits ist von einer weiteren Verbesserung der FEE-Prognosen auszugehen und andererseits sollte gerade eine verstärkte Kurzfristigkeit des Handels die Nutzung verbesserter FEE-Prognosen ermöglichen.

Die wesentliche Änderung im Rahmen der Energiewende in Bezug auf die Nutzung der Flexibilitätsoptionen wird jedoch sein, dass die Residualarbeit flexibler bereitgestellt werden muss. Daher wird die Bedeutung flexibler Kraftwerke und Kraftwerkstypen entscheidend zunehmen. Vor allem drei Charakteristika von Flexibilität sollten eine Rolle spielen: die Möglichkeit zu schnellen Lastwechseln, hohe oder zumindest akzeptable Wirkungsgrade im Niedriglastbereich der Kraftwerke und die Möglichkeit häufigen und günstigen An- und Abfahrens der jeweiligen Kraftwerke.

Im Rahmen der Transformation des Stromsystems werden somit zwei wesentliche Herausforderungen darin bestehen,

- die Allokation der erzeugten Strommengen (im Sinne einer bilanziellen und monetären Weiterleitung vom Anlagenbetreiber bis zum Endkunden) und
- die bestehenden Prozesse des Kraftwerkseinsatzes

an die Charakteristika der FEE anzupassen.

Bei genauerer Betrachtung der Kostenstrukturen fossiler Kraftwerke mit niedrigen variablen Kosten bedeutet eine verpflichtende Direktvermarktung der FEE implizit eine Aushöhlung des gesetzlichen Einspeisevorrangs und letztlich eine geringere FEE-Einspeisung. Denn ein Betreiber von konventioneller und FEE-Kapazität wird bei seinen Dispatch-Entscheidungen grundsätzlich An- und Abfahrkosten seiner konventionellen Erzeugungskapazität einsparen können, indem er stattdessen die (an Grenzkosten günstigeren) FEE abregelt. Das gleiche Ergebnis stellt sich im börslichen Handel ein, da hier die Betreiber von FEE-Anlagen nicht mit negativen Preisen bieten werden, sondern stattdessen ihre Anlagen abregeln. Aus Sicht der Systemtransformation hin zu einem Ersatz konventioneller Energieträger sollte die vorrangige Nutzung der FEE vor den zu ihrer Flankierung dienenden Flexibilitätsoptionen – soweit keine Netzrestriktionen vorliegen, die dem definitiv entgegenstehen – auch in den marktlichen Prozessen durchgesetzt werden.

Eine Möglichkeit zur prozeduralen Verankerung des Einspeisevorrangs bestünde in der Umsetzung zweier Vorschläge zur Neugestaltung der Allokationsmechanismen der FEE und der Flexibilitätsoptionen[34]:

Als Allokationsmechanismus der FEE wird eine ‚**Echtzeitwälzung**' vorgeschlagen: Dabei sammelt ein Bündler die nationale FEE-Einspeisung ein, aggregiert diese zu einem gemeinsamen FEE-Lastprofil und wälzt diese viertelstündlich anteilig auf alle Stromlieferanten. Dabei

---

34 Vgl. IZES (2011): Systemintegration von Erneuerbaren Energien durch Nutzung von Marktmechanismen im Stromsektor, Abschlussbericht, Saarbrücken 2011 und in der Folge Leprich/Hauser (2012): Vertriebe zu Akteuren aufwerten. In: Zeitung für kommunale Wirtschaft, Ausgabe 8/2012, S. 9 sowie Hauser, E., Ausgleich der fluktuierenden Erzeugung – neue Akteure, Prozesse und zeitliche Dimensionen, Vortrag im Rahmen des 2. Saarbrücker Energiekongress des IZES, 13.3.2013 sowie BET/IZES/SUER (2013) (noch unveröffentlicht).

trägt der Bündler die Verantwortung für die Güte der Einspeiseprognosen. Das Einstellen bzw. Wälzen des Profils erfolgt stets mit wenigen Stunden Vorlaufzeit. Der individuelle (monatlich gültige) Zuteilungsschlüssel errechnet sich aus dem Verhältnis der individuellen Absatzprognose zur bundesweit aggregierten Prognose. Zusammen mit dem Zuteilungsschlüssel werden auch die spezifischen Vergütungskosten bekannt gegeben. Den Lieferanten fällt damit die Aufgabe zu, ihre Residuallast (Differenz von Kundenlast und Wälzungslastgang) kurzfristig an den Märkten oder durch die Beanspruchung weiterer Flexibilitätsoptionen zu decken. Die vom Bündler zu erfüllenden Aufgaben sowie deren Koordinierung können im Sinne einer möglichst hohen Kosteneffizienz und Effektivität wettbewerblich ausgeschrieben werden. Zu diesen Aufgaben zählen die Erstellung der FEE-Einspeiseprognosen, die anteilsmäßige Zuteilung des prognostizierten Profils sowie der bilanzielle Ausgleich zwischen der eingewälzten Prognose und der späteren Ist-Einspeisung. Die Organisation dieser Aufgaben kann auch durch einen Zusammenschluss der Übertragungsnetzbetreiber erfolgen.

Die Flexibilitätsoptionen, deren Produktion steuerbar ist, sollen dann in einem ‚**Residuallastmarkt**' gehandelt werden. Die Stromlieferanten als wichtiges Bindeglied zwischen Erzeugern und Verbrauchern und als Kenner des Stromhandels werden für die wettbewerbliche Beschaffung der viertelstündlich notwendigen Residualenergie zuständig. Insbesondere für die verbrauchsseitige Kenntnis von benötigten Mengen und Flexibilitäten ist eine hohe Kundenkenntnis erforderlich, welche die Vertriebe meist über mehrere Jahre durch eine enge Kundenbindung aufgebaut haben und weiterhin vertiefen können. Sie tragen dabei die Verantwortung für die Güte ihrer Lastprognosen. Zielsetzung ist, dass auf der Verbrauchs- und Erzeugungsseite von den Marktakteuren systematisch Ausgleichsoptionen für fluktuierende Erneuerbare Energien (FEE) gesucht und erschlossen werden. Mit der aktiven Bewirtschaftung der FEE-Mengen steigt der Anreiz bzw. Wettbewerbsdruck hin zu einem möglichst kosteneffizienten Ausgleich. Somit kann sich die Umsetzung evtl. bislang aufgrund operativer Hemmnisse ausgebliebener Portfoliooptimierungen (z. B. durch DSM-Maßnahmen) etablieren. Entsprechend wird daher auch das Handling zukünftig auftretender FEE-Überdeckungen bewusst in den Verantwortungsbereich der Lieferanten übertragen.

Dieser Schritt hin zu einem zukünftigen Residuallastmarkt benötigt eine Anpassung der Dispatchmärkte an die Notwendigkeiten der zukünftigen Regenerativwirtschaft. Die Veränderung des Erzeugungsmix mit einem stetig größer werdenden Anteil an FEE bedeutet zugleich eine Zunahme an Kurzfristigkeit und eine Abnahme an langfristiger Planbarkeit. Dies betrifft sowohl den Strom aus FEE-Anlagen als auch die Vermarktung des konventionell erzeugten Stroms. Es wird ein Wandel hin zu einem wesentlich kurzfristigeren Handel notwendig sein, indem der Verkauf von Strom an die Kurzfristigkeit der EE angepasst wird. So sollte über eine Neustrukturierung der Kurzfristmärkte nachgedacht werden (z. B. eine generelle Stärkung des Intraday-Marktes gegenüber dem Day-ahead-Markt oder neue, kürzere Handelsfristen über 4-6 Stunden), um die höheren Prognosegüten der Kürzestfristprognosen nutzen zu können. Generell ist auch eine Anpassung der Handelszeiträume (heute stündlich) an die Bilanzierungszeiträume (heute viertelstündlich) in Erwägung zu ziehen. Diese Lösung würde den teilweise sehr steilen Leistungsgradienten der Erneuerbaren Energien, insbesondere der PV, besser gerecht werden und auch die Betriebsweise konventioneller Kraftwerke (mit ihren Kraftwerksrampen) besser abbilden und somit den Ausgleichsenergiebedarf senken. Durch den engeren Zeitraum könnte evtl. auch einer größeren Anzahl an flexiblen Lasten der Zugang zum Residuallastmarkt ermöglicht werden. Weiterhin erscheint auch eine Verkürzung der Handelszeiträume der Regelenergiearten oder eine Verlegung der Minutenreserve in den Intraday-Handelszeitraum als ein wichtiger Schritt zur Anpassung der Fristigkeiten des Residuallastmarktes an die Kurzfristigkeit der Prognosen der FEE.

Mit einer vermehrt kurzfristig orientierten Beschaffung des Händlers sowie einer Erzeugungsvermarktung der Kraftwerksbetreiber entfallen zunehmend die Möglichkeiten der längerfristigen Preisabsicherung. Der längerfristige Handel mit Bändern dürfte demnach in einem kurzfristigen FEE-dominierten System in der jetzigen Form nicht mehr aufrechtzuerhalten sein. Dies eröffnet bereits per se einen Such- und Forschungsprozess nach neuen Absicherungsstrategien und entsprechenden Hedginginstrumenten.

Zuletzt erscheint es als angemessen, die Frage zu stellen, inwieweit in einem zukünftigen Stromsektordesign die bisherigen Prämissen der Liberalisierung des Stromsektors vollständig aufrechterhalten werden können. So ist z. B. zu fragen, inwieweit die Übertragungsnetzbetreiber, die im Zusammenspiel mit den Verteilungsnetzbetreibern für die Sicherheit und Stabilität des Stromnetzes verantwortlich sind, in Zukunft nicht die Möglichkeit besitzen sollten, an den für die Versorgungssicherheit notwendigen Standorten neue Kraftwerkskapazitäten auszuschreiben und sie ggf. aus Gründen der Vermeidung von Marktmacht auch selbst zu besitzen oder zu betreiben.[35]

1.2.4 Fazit: regulatorische und energiewirtschaftliche Grundlagen der Systemtransformation

Die die mit dem Klimawandel verbundenen Gefahren, die zukünftige Sicherstellung der Versorgungssicherheit mit Strom vor dem Hintergrund insbesondere der knapper und teurer werdenden fossilen Brennstoffe, aber auch die negativen externen Effekte der fossil-nuklearen Strombereitstellung führen dazu, dass gegenwärtig das gesamte bundesdeutsche Stromsystem umgebaut werden soll. Es wird ein System geschaffen, in dem erneuerbare Energieträger die bisher genutzten fossil-nuklearen Brennstoffe weitestgehend ersetzen sollen. Dabei werden in der Bundesrepublik insbesondere die fluktuierenden Energieträger Wind und Photovoltaik zu den prägenden Systemsäulen werden, die von verschiedenen steuerbaren Flexibilitätsoptionen flankiert werden sollen.

Diese Systemtransformation bedeutet, dass sowohl die Infrastruktur selbst (d. h. die Erzeugungsanlagen und die Netzinfrastruktur), aber auch die Prozesse und Strukturen des Stromsystems dahingehend reorganisiert werden sollen, dass Erneuerbare Energien künftig die Basis der Energieversorgung im Strommarkt darstellen können.

In diesem Beitrag sind Leitideen dafür vorgestellt werden, wie sich – aus heutiger Perspektive – das zukünftige, insbesondere auf fluktuierenden erneuerbaren Energiequellen basierte Stromsystem darstellen könnte. Diese beruhen auf der Ausgangsthese, dass die fluktuierenden erneuerbaren Energieträger Wind und Photovoltaik zwar dank ihrer Brennstofffreiheit ohne die negativen externen Effekte der konventionellen Energieträger auskommen, aber nur kurzfristig präzise prognostizierbar sind. Ein weiterer wesentlicher und systemprägender Unter-

---

[35] Vgl. Leprich (2014).

schied ist die Tatsache, dass die FEE annähernd grenzkostenfrei sind und nicht in ihrem Dargebot beeinflusst werden können. Beide Merkmale unterscheiden sie grundlegend von brennstoffbasierten Energieträgern und schaffen so die Notwendigkeit, das Stromsystem an die Merkmale der FEE anzupassen. Dafür wurden die folgenden Handlungsnotwendigkeiten identifiziert und in ihren Grundzügen erläutert:

Zuerst wird die notwendige Einbettung des deutschen Stromsystems innerhalb des europäischen Verbundes beschrieben. Wünschenswert wäre einerseits die Umsetzung einer sog. ‚leistungsautarken Energiewende' und die Einbettung der bundesrepublikanischen Systemtransformation in eine europäische Energiepolitik, die selbst auf eine gesamteuropäische Energiewende hinarbeiten sollte. Pionierstaaten, die jedoch schneller voranschreiten wollen, sollten auch im zusammenwachsenden europäischen Stromsektor die Möglichkeit zur Erprobung und Umsetzung notwendiger Transformationsmaßnahmen bekommen. Weiterhin erscheint eine energiepolitisch-instrumentelle Differenzierung der verschiedenen FEE nach ihren Charakteristika notwendig, insbesondere was ihre systemdienliche Ausrichtung bereits bei ihrer Installation betrifft. Ausgehend von der These, dass die Preissignale der Teilmärkte des Stromsektors keine ausreichenden Signale zur systemdienlichen Auslegung der FEE liefern, ist hier ein flankierendes Handeln der Politik notwendig. Ebenso bedingt die Grenzkostenfreiheit und Dargebotsabhängigkeit der FEE, dass sie von hinreichenden und verlässlichen Refinanzierungsmechanismen profitieren können sollten. Die Auswahl der zukünftigen Refinanzierungsmechanismen sollte nicht alleine nach dem Kriterium der statischen Kosteneffizienz geschehen, sondern auch weitere technische, gesellschaftliche, geographische und ökonomische Kriterien einbeziehen. Es erscheint empfehlenswert, eine weitgehende Vergemeinschaftung der Risiken bei der Investition und dem Betrieb der FEE umzusetzen, was in der Folge zu geringeren Risikoprämien und damit Gesamtkosten der Refinanzierungsmechanismen der FEE führen sollte. Nicht zuletzt erscheinen auch maßgebliche technische und prozedurale Anpassungen des gesamten Stromsystems an die hauptsächlich kurzfristige Prognostizierbarkeit des FEE-Stroms als angebracht. Auch hierbei ist davon auszugehen, dass eine unterschiedliche Behandlung der FEE und der Flexibilitätsoptionen in Bezug auf ihren Einsatz notwendig sein wird, um den Vorrang der FEE aufrecht zu erhalten.

2 Finanzierung von Stromleitungsnetzen

DR. JÖRG BÖTTCHER

Dr. Jörg Böttcher studierte Wirtschaftswissenschaften an der RUHR-UNIVERSITÄT BOCHUM und promovierte 2011 an der JUSTUS-LIEBIG-UNIVERSITÄT GIEßEN. Seit 1995 ist er bei der HSH NORDBANK AG tätig. Als Senior Credit Adviser ist er dort mit der Strukturierung und dem Risikomanagement von Projekten im Bereich Erneuerbare Energien befasst. Er hat in den letzten Jahren eine Reihe von Publikationen zu den Themen Erneuerbare Energien und Projektfinanzierung veröffentlicht. Er ist Lehrbeauftragter an der Universität Oldenburg und der Frankfurt School of Finance.

2.1 Einleitung

Die INTERNATIONAL ENERGY AGENCY (IEA) prognostiziert in einer ihrer Studien (WORLD ENERGY OUTLOOK 2009), dass der weltweite primäre Energiebedarf zwischen 2007 und 2030 mit einer jährlichen Wachstumsrate von 1,5 % ansteigen wird, wobei Asien und der Mittlere Osten Hauptträger des Bedarfs sein werden. Die Stromnachfrage wird im gleichen Zeitraum sogar um 2,5 % ansteigen. Dieser erwartete Energiebedarf lässt sich nur dann decken, wenn auch hinreichende Finanzierungsmittel zur Verfügung stehen, was vor dem Hintergrund der andauernden Umbrüche im Finanzsektor eine Herausforderung sein wird. Die IEA sieht bis 2030 einen kumulierten Kapitalbedarf von etwa 26 Billionen USD, wobei etwa die Hälfte der Investitionen in Entwicklungsländern benötigt wird. Im gleichen Zeitraum steigen die CO_2-Emissionen – ohne einen Politikwechsel – ebenfalls mit einer jährlichen Wachstumsrate von 1,5 % an mit den vielfach beschriebenen Folgen für das globale Klima. Um den Temperaturanstieg unter 2°C zu begrenzen, bedarf es erheblicher politischer Anstrengungen und umfangreicher Investitionen in umweltverträgliche Energieträger. Der STERN-REPORT hat darüber hinaus deutlich gemacht, welche weltweiten ökonomischen Folgen sich aus dem Klimawandel ergeben: Die jährlichen Kosten entsprechen, sofern nicht gehandelt wird, einem jährlichen Verlust zwischen 5 % bis 20 % des globalen Bruttoinlandsprodukts, wobei Entwicklungs- und Schwellenländer noch wesentlich härter betroffen sein können.

Die genannten Aspekte umreißen das politische Spannungsfeld der Energiepolitik, die eine langfristige Versorgungssicherheit zu akzeptablen Preisen und ökologisch verträglichen Rahmenbedingungen sicherstellen will. Erneuerbaren Energien kommt in diesem Umfeld eine hohe Bedeutung zu, da sie benötigt werden, um den Treibhauseffekt möglichst klein zu halten. Während bestimmte Formen – wie Wasserkraft, Onshore-Windenergie und Photovoltaik – mittlerweile als etablierte Technologien angesehen werden können, befinden sich andere

Technologien – wie Offshore-Windenergie, Solarthermie und tiefe Geothermie – in einer frühen Marktphase, die zumindest in Teilen aber gleichwohl erhebliches Ausbaupotenzial versprechen. Die fluktuierenden Erneuerbaren Energien unterscheiden sich von brennstoffbasierten Energieträgern in mehreren Eigenschaften[1]: Ihre Produktion erfolgt praktisch ohne Grenzkosten, ihr Angebot kann nicht gesteuert werden und der Produktionsstandort kann üblicherweise nicht in den Verbrauchszentren erfolgen. Diese Eigenschaften haben Auswirkungen auf das Stromsystem, in dem sie eingebettet sind, aber auch auf die Anforderungen an Stromnetze.

Im Rahmen dieser Darstellung wollen wir darstellen, welche Rahmenbedingungen bei der Realisierung von Stromleitungsnetzen zu beachten sind. Dieses bedarf, wie im Vorwort beschrieben, eines abgestimmten Vorgehens von Spezialisten aus den Bereichen Recht und Wirtschaft, was sich hier in einer Aufteilung in zwei entsprechende Themenblöcke widerspiegelt. Ziel ist es, Hinweise und Handlungsempfehlungen zu entwickeln, die bei der Realisierung von Stromnetzen beachtet werden sollten.

Starten wollen wir mit einer kurzen Einführung zu Charakteristika von Stromleitungsnetzen, einer Skizzierung des Marktumfeldes (also der „Spieler“ und der „Spielregeln“) sowie der Bedeutung des Themas für das Ziel der Energiewende.

2.2 Spieler und Spielregeln

2.2.1 Charakteristika von Netzen und Stromangebot

Zwei Eigenschaften von Strom sind für das Thema Leitungsnetze zentral: Strom muss dann verfügbar sein, wenn er benötigt wird. Tatsächlich fallen aber das Stromangebot und die Stromnachfrage zeitlich häufig auseinander; eine Situation, die sich durch die größeren Anteile an EE-Strom in den letzten Jahren verschärft hat. Und zweitens kann Strom häufig nicht dort produziert werden, wo er benötigt wird, sondern muss über größere Distanzen herangeführt werden. Eine technisch effiziente Stromübertragung ist damit für die Stromversorgung genauso wichtig wie eine effiziente Stromproduktion.

Für verschiedene Übertragungsaufgaben haben sich unterschiedliche Transportformen als technische Standards etabliert, die sich wesentlich aus der zu übertragenden Leistung sowie der Leitungsdistanz ableiten. Das Übertragungsnetz dient dem Transport von elektrischer Energie über längere Distanzen und erfolgt über Höchstspannung, also einem Spannungsniveau von entweder 220 oder 380 Kilovolt.

Als Stromform kann Gleichstrom oder Drehstrom zum Einsatz kommen: Gleichstrom ist Strom, dessen Stärke und Richtung sich im Zeitablauf nicht ändert. Aufgrund dieser Eigenschaft kann die Übertragung relativ verlustarm erfolgen. Dem gegenüber steht der Nachteil, dass Gleichstrom nur unter hohen Kosten für den Transport auf höhere Spannungen transformiert werden kann. Drehstrom ist mehrphasiger Wechselstrom. Seine Richtung ändert sich kontinuierlich, woraus relativ höhere Leitungsverluste resultieren. Umgekehrt lässt er sich aber deutlich kostengünstiger zwischen Spannungsebenen für den Transport transformieren. Als

[1] Siehe hierzu den Beitrag von Hauser (Kapitel 1.2).

Übertragungstechnologie kommen regelmäßig Freileitungen zum Einsatz, vereinzelt auch Erdkabel.

Die Verteilnetze dienen dazu, den überregional erzeugten Strom an den regionalen Endverbraucher weiterzuleiten. Dies geschieht über mehrere Stufen auf mehreren Spannungsebenen: Der von den Übertragungsnetzen empfangene Strom wird zunächst auf ein Spannungsniveau von 10 bis 110 Kilovolt herunter geregelt. Dieser Strom wird dann über das Hochspannungsnetz zum einen an stromintensive Verbraucher weitergeleitet, zum anderen an regionale Umspannwerke weitergeleitet. In den Umspannwerken wird der Strom dann auf eine Spannungsebene von einem bis 75 Kilovolt transformiert („Mittelspannung“). Kleinere Erzeugungseinheiten wie Windparks oder PV-Freiflächenanlagen speisen regelmäßig in das Mittelspannungsnetz ein. Der größte Teil der Endverbraucher wird über das Niederspannungsnetz versorgt: Dazu wird über Transformatorenstationen der Mittelspannungsstrom auf ein Spannungsniveau zwischen 230 und 1.000 Volt transformiert. Als Übertragungstechnologie werden im städtischen Bereich Erdkabel verwendet, im ländlichen Bereich auch Freileitungen. Auf allen Transportebenen entstehen Verluste im Rahmen des Transports und durch die Transformation.

Bei der Altersstruktur des Verteilnetzes ist zu beachten, dass sie ein Indikator für den zeitlichen Rahmen und das Ausmaß des Ausbau- und Erneuerungsbedarfs ist. Das Durchschnittsalter der Netzkomponenten liegt in Deutschland bei etwa 30 Jahren, was den zusätzlichen Investitionsbedarf verdeutlicht:

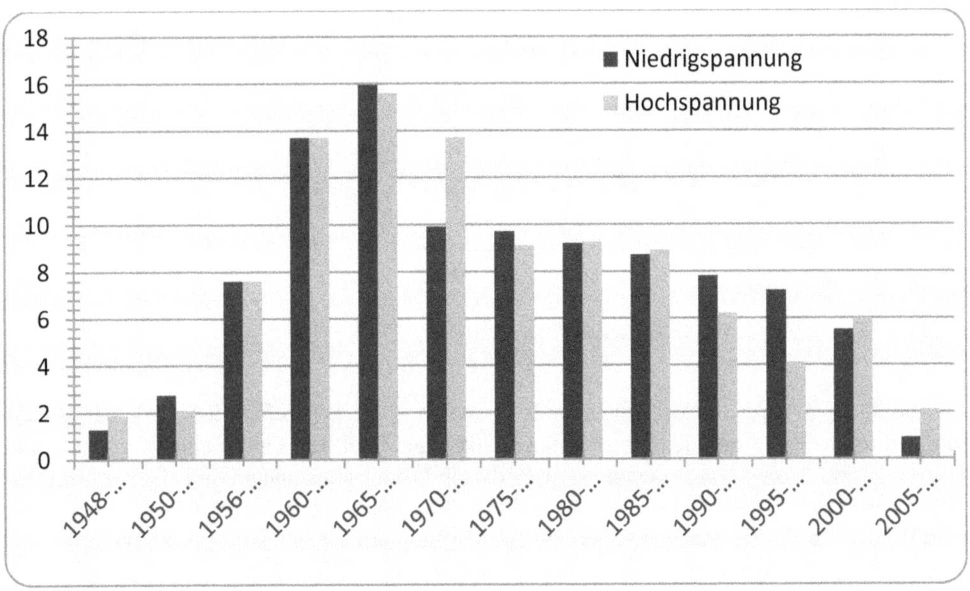

Abbildung 4: Übersicht über die Altersstruktur des Verteilnetzes in Deutschland

Allerdings: In der Praxis werden lediglich einzelne Netzteile erneuert, die nicht mehr dem aktuellen Stand der Technik entsprechen oder das Ende ihrer betriebsgewöhnlichen Nutzung erreicht haben. Dies geschieht als rollierender Prozess, in dem die Stromnetze durch Re-Investitionen erneuert und modernisiert werden. Die technischen Berater gehen im Rahmen ihrer

Due Diligence meist davon aus, dass innerhalb eines Zeitraums von 50 Jahren ein bestehendes Stromnetz einmal vollständig erneuert wird. Neben der technischen Nutzungsdauer ist noch die rechtliche Nutzungsdauer, die Laufzeit der Konzessionen, zu berücksichtigen. Während Übertragungsnetze den betreffenden Eigentümern grundsätzlich unbegrenzt zur Verfügung stehen, sind bei Verteilnetzen die Konzessionen aufgrund § 46 Abs. 2 EnWG auf maximal 20 Jahre begrenzt.

Aus ökonomischer Sicht handelt es sich bei Netzen regelmäßig um natürliche Monopole[2]. Ein natürliches Monopol liegt dann vor, wenn der Anbieter eine subadditive Kostenfunktion aufweist. Die Versorgung zusätzlicher Nachfrager ist zu immer geringeren zusätzlichen Kosten möglich, so dass die gesamte Nachfrage am effizientesten durch einen Anbieter erfolgen kann. Jeder weitere Anbieter würde die volkswirtschaftlichen Kosten des Angebots dieses Gutes lediglich erhöhen, was eine Fehlallokation von Ressourcen darstellen würde. Der Sachverhalt lässt sich wie in Abbildung 5 darstellen[3]:

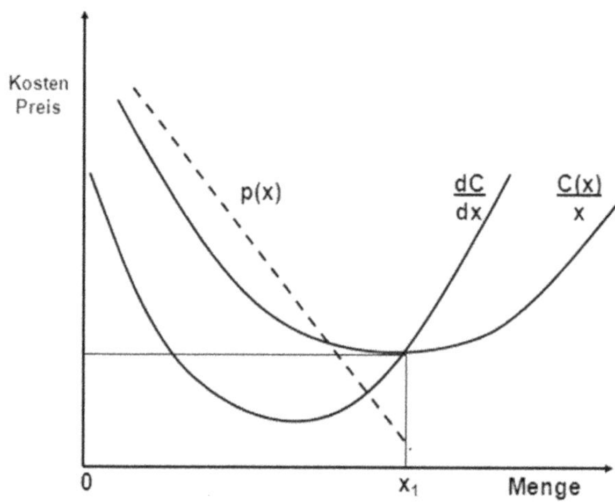

Abbildung 5: Kostenstruktur bei einem natürlichen Monopol

In Abbildung 5 wird der Verlauf einer – normalen – Nachfragefunktion p(x), der Durchschnittskosten C(x)/x und der Grenzkosten dC/dx abgebildet. Die Durchschnittskosten C(x)/x fallen bis zur Ausbringungsmenge x_1. Bei dieser Produktionsmenge sind die Grenzkosten gleich den Durchschnittskosten. Zunehmende Skalenerträge liegen damit im Bereich zwischen 0 und x_1 vor. In diesem Bereich liegen die Grenzkosten unter den Durchschnittskosten[4].

Wie würde der Markt unter einem natürlichen Monopol funktionieren? Zunächst würde sich der natürliche Monopolist wie ein normaler Monopolist verhalten, bei der Menge von Grenz-

---

2 Siehe hierzu insbesondere die Ausführungen von Heim, Schober und Goetz in Kapitel 4.1.

3 van Suntum (1986), S. 68.

4 Finsinger (1991), S. 82.

umsatz gleich Grenzpreis produzieren und dabei einen Preis realisieren, der oberhalb des Preises unter Wettbewerbsbedingungen liegt. Langfristig ist aber fraglich, ob sich dieser Monopolpreis halten lässt. Als Knappheitssignal würde der Preis weitere Wettbewerber anlocken, die den Preis im Idealfall auf das Niveau drücken, dass sich auch unter Wettbewerbsbedingungen ergeben würde. Die Besonderheit beim natürlichen Monopol ist, dass in einer dynamischen Betrachtung wiederum nur ein Anbieter verbleibt, der aber nicht den Monopolpreis durchsetzen kann. Der Preiswettbewerb wird allerdings kaum friktionslos erfolgen, da der jeweilige Anbieter irreversible Investitionen getätigt hat. Es liegen versunkene Kosten vor, die im Falle eines Marktaustritts nicht mehr verdient werden können. Im wettbewerblichen Prozess sind für die etablierten Unternehmen lediglich die Grenzkosten entscheidungsrelevant. Das etablierte Unternehmen kann damit drohen, bei Markteintritt eines neuen Wettbewerbers die Preise bis auf die Grenzkosten zu senken. Für den potenziellen Wettbewerber sind aber die gesamten Kosten entscheidungsrelevant. Diese Asymmetrie kann potenzielle Wettbewerber abschrecken, so dass etablierte Unternehmen letztlich doch einen höheren Preis als den Wettbewerbspreis durchsetzen können[5].

Vermutet wird die Existenz von natürlichen Monopolen insbesondere bei Schienen- und Leitungsnetzen. Ein zweites Angebot eines Netzes, das parallel neben dem bestehenden Netz verläuft, kann – sofern die Kapazität des bestehenden Netzes noch nicht ausgeschöpft ist – nicht pareto-optimal sein. Ein Wettbewerb verschiedener Anbieter um die Stromeinspeisung in das Netz braucht deshalb zwar nicht ausgeschlossen werden, aber für die eigentliche Transportleistung erscheint eine wettbewerbliche Organisation ökonomisch nicht sinnvoll. Würden konkurrierende Leitungen etabliert, würde jeder Anbieter versuchen, zu minimalen Durchschnittskosten anzubieten, und da dies wegen der begrenzten Nachfrage immer nur einem einzigen Anbieter gelingen kann, würde sich eine ruinöse Konkurrenz ergeben, in deren Verlauf letztlich nur ein Anbieter verbliebe, so dass der Wettbewerb zu beschränken wäre. Andererseits sollte das so geschützte Monopolunternehmen seine Monopolstellung nicht zum Nachteil der Konsumenten ausnutzen und müsste daher vom Staat reguliert werden. Monopolistisch überhöhte Preise seien durch eine Preisregulierung zu verhindern[6,7].

Der Strombedarf und damit korrespondierend der Stromtransport sind kaum substituierbare Grundbedürfnisse einer Volkswirtschaft, so dass die Nachfrage nach dieser Dienstleistung über einen längeren Zeitraum als weitgehend[8] feste Größe angenommen werden kann.

Aus der Erkenntnis heraus, dass leitungsgebundene Netze zu einem natürlichen Monopol mit dem damit verbundenen Marktversagen führen können, hat der Gesetzgeber in diesen Fällen häufig ein Unbundling vorgenommen. Unbundling bedeutet, dass für den Netzinfrastrukturbetrieb und den vor- und nachgelagerten Wertschöpfungsstufen unterschiedliche Regeln gelten. Da es in den letztgenannten Bereichen regelmäßig keine Tendenz zu einem natürlichen Monopol gibt, können diese Bereiche auch marktlich organisiert sein, während die Netzinfrastruktur Gegenstand einer weiter reichenden Regulierung ist[9].

---

5 Blankart (2006), S. 74.

6 Finsinger (1991), S. 79.

7 Heim, Schober und Götz stellen in Kapitel 4.1 verschiedene Regulierungsmöglichkeiten vor und bewerten diese.

8 „Weitgehend“ deshalb, weil bei einer zunehmenden Eigenversorgung etwa durch lokale PV-Anlagen der Bedarf an Stromleitungsnetzen tendenziell zurückgeht.

9 Eickhof/Kreikenbaum (1998), S. 2 ff.

Der Netzausbau muss die Netzcharakteristika sowie die Struktur und Entwicklung des Stromangebotes und der Stromnachfrage berücksichtigen. Die energiepolitischen Ziele der Bundesregierung sehen ein sukzessives und vollständiges Auslaufen der Nutzung der Kernenergie bei einem weiteren Ausbau der Erneuerbaren Energien vor. Der Verbrauchsanteil der EE-Träger in Deutschland macht 2012 etwa 23 Prozent aus und der Anteil an installierter Leistung ist noch deutlich höher. Dies liegt an der geringen durchschnittlichen Kapazitätsauslastung von Windenergie- und PV-Einheiten[10]:

Tabelle 1: Stundenanzahl vollständiger Kapazitätsauslastung

	Kernkraft	Braunkohle	Steinkohle	Wasser	Wind	Photovoltaik
Volllaststunden	7.640	6.850	3.790	3.500	1.650	970

Der Trend eines weiteren Ausbaus der erneuerbaren Energien wird sich voraussichtlich fortsetzen: Einerseits verfolgt die Bundesregierung weiter ambitionierte Ziele beim Ausbau der Erneuerbaren Energien, andererseits führen die derzeitigen Anreize dazu, dass ein Ausbau insbesondere der Photovoltaik auch oberhalb des Deckels von 52 GW Photovoltaik wahrscheinlich ist, solange etwa ¾ des Stromentgeltes bei einem Eigenverbrauch eingespart werden kann.

Die Angebotsschwankungen beeinträchtigen die Netzsicherheit. Dabei gibt es durch die garantierte Mindestvergütung praktisch keinen Anreiz für die Erneuerbaren Energien, ihre Einspeisung an den aktuell an der Strombörse gezahlten Preisen auszurichten[11].

Die geänderte Geografie der Stromerzeugung führt ebenfalls zu einem Ausbaubedarf der Leitungsnetze: Die bestehende Stromnetzstruktur ist wesentlich in Zeiten entstanden, als konventionelle Kraftwerke in der Nähe der großen Verbrauchszentren errichtet werden konnten. Dieses System wird nun durch Erzeugungseinheiten ersetzt, die stark von klimatischen Bedingungen abhängig sind und sich daher nicht an den Verbrauchsstandorten ausrichten. Windenergie kann besonders effizient an den Küsten betrieben werden und Photovoltaik wird attraktiver, je weiter südlich der Standort belegen ist[12]. Insgesamt ergibt sich jedenfalls ein Auseinanderdriften von Stromangebot und Stromnachfrage mit einer deutlichen Notwendigkeit eines Nord-Süd-Transfers, was insbesondere zunehmende Kapazitätsanforderungen an das Übertragungsnetz stellt.

2.2.2 Die Netzbetreiber als zentrale Marktteilnehmer

Im Zentrum des Netzausbaus und der Netzumgestaltung stehen die Netzbetreiber. Das deutsche Übertragungsnetz zum Stromtransport ist auf die vier Betreiber TenneT, 50Hertz, Amprion und Transnet BW in vier sogenannte Regelzonen aufgeteilt. Das Verteilnetz zur Distribution des Stroms an die Endkunden ist dem gegenüber unter derzeit 942 Unternehmen aufgeteilt, die auf verschiedenen oder auch mehreren Spannungsebenen tätig sind.

---

10 BDEW (2013).

11 Auf die sich daraus ergebende Notwendigkeit einer Umgestaltung des bestehenden Stromsystems geht Hauser in ihrem Beitrag ein (siehe Kapitel 1.2).

12 Dabei ist die Ausprägung bei beiden Erzeugungsformen deutlich verschieden. Küstenstandorte können – bei sonst gleichen Rahmendaten – mehr als 80 % Mehrertrag gegenüber einem Binnenstandort erzielen, während sich bei Solarvorhaben die Steigerung innerhalb Deutschlands etwa in der Größenordnung von max. 25 % bewegt.

- Innerhalb der Regelzone von Amprion dominiert die Westnetz GmbH, eine 100 %-ige Tochter der RWE AG.
- In der Regelzone der TenneT ist die E.ON Netz GmbH der größte Verteilnetzbetreiber, die mehr als ein Drittel der Fläche Deutschlands abdeckt. Der zweite große Netzbetreiber ist die Bayernwerk GmbH, ebenfalls eine 100 %-ige Tochter der E.ON-Gruppe.
- Die EnBW Regional AG ist größter Verteilnetzbetreiber in Baden-Württemberg und damit innerhalb der Regelzone von Transnet BW. Beide Unternehmen gehören zum EnBW-Konzern.
- In der Regelzone von 50Hertz Transmission ist die Mitteldeutsche Netzgesellschaft Strom mbH der größte Verteilnetzbetreiber, eine Tochter der enviaM AG. Die enviaM AG ist mittelbar und unmittelbar zu 58,6 % im Besitz der RWE AG, der Rest ist im Besitz von etwa 700 ostdeutschen Kommunen.

Die Übertragungsnetzbetreiber sind Eigentümer und operative Betreiber der Höchstspannungsnetze in Deutschland. Sie erlauben den Stromerzeugern, Strom einzuspeisen und Stromhändlern, Strom abzunehmen, wofür sie eine gesetzlich regulierte Vergütung in Form von Netzentgelten erhalten.

Die Struktur der Verteilnetzbetreiber unterliegt einem beständigen Wandel. Dies bezieht sich insbesondere auf die zusammenhängenden Aspekte Neukonzessionierung und Rekommunalisierung:

- **Fortwährende Neukonzessionierung:** Für den Betrieb eines Verteilnetzes bedarf es einer Konzession. Ohne auf die Historie der Konzessionsvergabe einzugehen[13], haben die Konzessionen regelmäßig eine Laufzeit von 20 Jahren, was zu einem fortlaufenden Neuvergabeprozess der auslaufenden Konzessionen führt. Nach einer Studie der Unternehmensberatung ecoprog werden zwischen 2012 und 2016 mehrere Tausend Konzessionen auslaufen. Nach § 46 EnWG sind Kommunen zwei Jahre vor Auslaufen eines Konzessionsvertrages verpflichtet, dies bekannt zu geben und die Konzession neu zu vergeben. Der Altkonzessionär hat vor Auslaufen der Konzession eine Bestandsaufnahme der Netzstruktur, der Auslastung und dem qualitativen Zustand der Netzanlagen zu geben. Ökonomisch sind dabei zwei Aspekte kritisch:
  - Es besteht die Gefahr, dass der Altkonzessionär seinen Informationsvorsprung ausnutzt, um sich Vorteile bei der Neuvergabe zu verschaffen.
  - Vor Auslaufen der Konzession wird die Investitionsneigung tendenziell zurückgehen, da bei der Neuvergabe die Gefahr besteht, dass sich die Erweiterungsinvestitionen vor Konzessionsende nicht mehr amortisieren. Dies kann zu einem Bremsen der Investitionsanstrengungen in Stromnetze insgesamt führen.
- **Trend zur Rekommunalisierung:** In den vergangenen Jahren ist das Thema des Rückkaufs der Verteilnetze durch die Kommunen immer wichtiger geworden. Dabei ist abzuwägen, ob der Erwerb eines Netzes durch eine Kommune sinnvoll ist.
  - Einzelwirtschaftlich betrachtet, mag es für eine Kommune einerseits attraktiv sein, relativ sichere Netzentgelte zu beziehen und langfristig angelegte Nachhaltigkeitsziele zu verfolgen. Dem gegenüber steht das Risiko, einen überhöhten Kaufpreis zu bezahlen,

[13] Brucker stellt dies in Kapitel 3.1 umfänglich dar.

möglicherweise einen Investitionsstau vorzufinden und damit mit Kosten konfrontiert zu werden, die vorher nicht eingepreist waren (s.o.).

- Aus volkswirtschaftlicher Sicht kann man erwarten, dass eine Fragmentierung der Netze zu höheren Kosten führt, da zusätzliche Fixkosten anfallen. Da diese Fixkosten nach der Anreizregulierung auch entgolten würden, gibt es auch keinen Anreiz, diese zu vermeiden. Die Besonderheit von Netzen – subadditive Kostenfunktion – verlangt eher nach einem oder wenigen Beteiligten, aber nicht einer weiten, oligopolistischen Marktstruktur. Das System beinhaltet damit einen Anreiz zu einer weniger effizienten Marktstruktur.

2.2.3 Spielregeln

Der rechtliche Rahmen für die Liberalisierung der Strom- und Gasnetze wurde im Rahmen der Novelle des Energiewirtschaftsgesetzes (EnWG) in 2005 geschaffen. Die Netzentgelte werden durch die Strom- und Gasnetzentgeltverordnungen („StromNEV“) und die seit Anfang 2009 geltende Anreizregulierungsverordnung („ARegV“) reguliert.

Die Aufgaben der Übertragungsnetzbetreiber sind in § 11 Energiewirtschaftsgesetz (EnWG) formuliert, ein „sicheres, zuverlässiges und leistungsfähiges Energieversorgungsnetz diskriminierungsfrei zu betreiben, zu warten und bedarfsgerecht zu optimieren, zu verstärken und auszubauen.“

Damit sind die Netzbetreiber verpflichtet, die operative Bewirtschaftung der Netze sicherzustellen und für Netzstabilität und Versorgungssicherheit zu sorgen. Schwankungen in der Erzeugungsleistung und den Verbrauchsmustern führen aber dennoch regelmäßig zu Divergenzen. Aufgabe des Übertragungsnetzbetreibers ist es, diese Divergenzen über die Bereitstellung von Regelleistung zeitpunktgenau auszugleichen. Damit Regelleistung kurzfristig zugeführt werden kann, bedarf es schnell anlaufender Spitzenlastkraftwerke wie Gasturbinenkraftwerke und Pumpspeicherkraftwerke. Dabei erfolgt der Ankauf der Regelleistung aus Sicherheitsgründen über langfristige Ausschreibungen. Sofern über die Regelleitung allein eine Gefährdungslage nicht abgewendet werden kann, darf der Übertragungsnetzbetreiber gemäß § 13 EnWG aber auch andere Erzeuger vom Netz nehmen.

Der Netzbetreiber ist verpflichtet, längerfristige systemgefährdende Ungleichgewichte abzuwenden und das Netz zu optimieren, um die steigende Einspeisevolatilität abzusichern. Dies schließt Maßnahmen der Netzverstärkung und des Netzausbaus ein, sofern dies wirtschaftlich zumutbar ist. Dazu ist nach der Novellierung des EnWG 2011 zusätzlich ein jährlicher Netzentwicklungsplan gemeinschaftlich durch die Übertragungsnetzbetreiber zu erarbeiten. Die Notwendigkeit der Netzoptimierung verstärkt sich durch den Grundsatz der Netzneutralität: Dieser untersagt es Netzbetreibern, Erzeuger im Hinblick auf Umfang oder Volatilität ihrer Erzeugung abzulehnen. Der Zugang zu den Netzen hat diskriminierungsfrei zu erfolgen, die Netzbetreiber nehmen die Rolle eines passiven Dienstleisters ein. Eine besondere Privilegierung erfahren die erneuerbaren Energien, die ein vorrangiges Recht auf Einspeisung genießen.

Die Verteilnetzbetreiber umfassen derzeit 942 Unternehmen, deren Aufgabe der Transport des Stroms zu den Endverbrauchern aus Wirtschaft und privaten Konsumenten auf regionaler Ebene ist. Sie sind nach § 14 (1c) EnWG aber auch verpflichtet, die Übertragungsnetzbetreiber im Bereich der ihnen vorgelagerten Netze in ihren systemstabilisierenden Aktivitäten angemessen zu unterstützen. Ferner sieht der Gesetzgeber eine Steuerungsmöglichkeit hinsichtlich der Nachfrage vor: nach § 14 a EnWG haben die Verteilnetzbetreiber die Möglichkeit, Verträge mit Endverbrauchern zu schließen, die ihnen im Gefährdungsfall die Steuerung unterbrechbarer Verbrauchseinrichtungen erlauben, sofern als Gegenleistung eine Senkung des Netzentgelts vereinbart wird.

Da es sich bei Stromnetzen um natürliche Monopole handelt, sind diese Gegenstand der Netzregulierung, die – abhängig von Größe und Ort – entweder von der Bundesnetzagentur[14] oder den Landesregulierungsbehörden vorgenommen wird.

Die Regulierung der Netzentgelte erfolgt durch die Anreizregulierungsverordnung. Die seit 2009 geltende Anreizregulierung ist in zwei Regulierungsperioden unterteilt, die die Zeiträume von 2009 bis 2013 (1. Regulierungsperiode) bzw. 2014 bis 2018 (2. Regulierungsperiode) umfassen. Wie die Netzentgelte nach 2018 reguliert werden, ist derzeit noch nicht klar.

Ziel der Anreizregulierung ist es, durch die Definition von in der Regel jährlich real sinkenden Erlösobergrenzen, Anreize zur Effizienzsteuerung bei den Verteilnetzbetreibern zu setzen, damit Netzentgelte nicht künstlich überhöht angesetzt werden. Die Erlösobergrenze entspricht den zulässigen Umsatzerlösen aus Netzentgelten auf Basis von genehmigten Netzkosten. Die den Verteilnetzbetreibern entstehenden Kosten werden in drei Kategorien eingeordnet, die dann Eingang in die Anreizregulierungsformel (siehe hierzu vertieft Abschnitt 3.6.6) finden:

$$EO_t = KA_{dnb,t} + \left(KA_{vnb,0} + (1 - V_t) \times KA_{b,0}\right) \times \left(\frac{VPI_t}{VPI_0} - PF_t\right) \times EF_t + Q_t + (VK_t - VK_0) + S_t$$

Dabei lassen sich inhaltlich drei Kostengruppen unterscheiden:

- Permanent nicht beeinflussbare Kosten ($KA_{dnb,t}$): Die Bestandteile dieser Kostenposition sind in der Positivliste in § 11 Abs. 2 ARegV enthalten und gehen mit ihrer tatsächlichen Höhe in die Erlösobergrenze ein. Hierzu zählen Konzessionsabgaben, genehmigte Investitionsmaßnahmen, Kosten aus der Inanspruchnahme vorgelagerter Netze sowie Zusatz- und Versorgungsleistungen an die Belegschaft. Einzelne Kosten gehen ohne Zeitverzug in die Erlösobergrenze ein (Kosten für vorgelagerte Netze und vermiedene Netzentgelte), alle anderen mit einem Zeitverzug von zwei Jahren.
- Temporäre nicht beeinflussbare Kosten ($KA_{vnb,0}$) nach § 11 Abs. 3 ARegV: Diese Kostenkomponente ergibt sich nach Abzug der permanent nicht beeinflussbaren Kosten von den Gesamtkosten und der anschließenden Multiplikation mit einem so genannten Effizienzwert. Der Effizienzwert ist das Ergebnis eines bundesweiten Effizienzvergleichs für die Betreiber von Stromverteilnetzen. Diese Kostenkomponente enthält den Personalaufwand, den sonstigen betrieblichen Aufwand, Materialaufwand und bezogene Leistungen.
- Beeinflussbare Kosten ($KA_{b,0}$) nach § 11 Abs. 4 ARegV: Als beeinflussbare Kosten gelten alle Kosten, bei denen es sich nicht um permanent oder temporär beeinflussbare Kostenanteile handelt. Hierunter fallen Kostenkomponenten, die noch nicht in einer der vorgelagerten Stufen erfasst worden sind.

[14] Siehe hierzu den Beitrag von Scheid, Spurny und Otremba in Kapitel 1.1.

Darüber hinaus bestehen folgende Faktoren und Summanden, die sich wie folgt erklären:

- EF_t: Die Erlösobergrenze wird über den Erweiterungsfaktor um die Kosten der Erweiterungsinvestitionen erhöht. Dazu gehören Änderungen der Anschluss- bzw. Ausspeisepunkte, Änderungen der versorgten Fläche und Abweichungen der Jahreshöchstlast.
- Der Summand Q_t bildet Zu- und Abschläge auf die Erlösobergrenzen ab. Dieses so genannte Qualitätselement ist seit 2012 für die Verteilnetzbetreiber erlöswirksam, die am regulären Verfahren teilnehmen. Die Versorgungsqualität wird zunächst anhand der Versorgungsunterbrechungen gemessen, wobei jeder Netzbetreiber einen individuellen Referenzwert erhält. Unterschreitet der Netzbetreiber diesen Wert, erhöht sich die Erlösobergrenze um einen Bonus, im umgekehrten Fall sinkt sie um einen Malus. Der Qualitätsbonus bzw. Qualitätsmalus soll allerdings auf 2 bis 4 % der Erlösobergrenze beschränkt sein.
- Sonderregelung für volatile Kosten ($Vk_t - Vk_0$): Volatile Kosten sind Kosten, deren Höhe sich im Vergleich von zwei Kalenderjahren erheblich unterscheiden können. Sie führen zu Zu- oder Abschlägen auf die Erlösobergrenze. Die Veränderung der Erlösobergrenze berechnet sich als Differenz der Kosten des jeweiligen Basisjahres zu den Kosten des relevanten Jahres. Die Regulierungsbehörde legt gemäß § 32 Abs. 1 Nr. 4a ARegV die Höhe der volatilen Kosten fest.
- Saldo des Regulierungskontos S_t: Da die in einem Jahr jährlich durchgeleitete Strommenge nur geschätzt werden kann, aber die Netzentgelte zum Jahresanfang kalkuliert werden, ergibt sich eine Differenz der tatsächlich erzielten Netzerlöse zu den genehmigten Netzerlösen. Der Saldo dieses Regulierungskontos wird in der folgenden Regulierungsperiode als Zu- oder Abschlag auf die Erlösobergrenze verrechnet.

Nach § 11 ARegV werden dauerhaft nicht beeinflussbare Kosten immer erstattet, jedoch müssen die temporär nicht beeinflussbaren Kosten um den so genannten Produktivitätsfortschritt verringert werden. Ziel der Anreizregulierung ist es, insbesondere den Kostenblock der „beeinflussbaren Kosten" zu minimieren, die zum Teil als die Ineffizienz des jeweiligen Versorgungsnetzbetreibers interpretiert werden[15]. Die Versorgungsnetzbetreiber werden im Rahmen der ARegV in Gruppen unterteilt, um dann über den jeweils effizientesten Vertreter der jeweiligen Gruppe auf die beeinflussbaren kosten zu schließen. Diese werden bei der Netzentgeltkalkulation für die übrigen Mitglieder der Gruppe als nicht akzeptabel angesehen und nicht berücksichtigt. Jedoch erlaubt der Erweiterungsfaktor, die Erlösobergrenzen aufgrund von Anpassungen vom Netz der der Netzqualität im Einzelfall zu korrigieren.

Diese Form der Regulierung weist allerdings eine Reihe von Nachteilen auf: Durch den zeitlichen Ablauf der Erlösanpassung ergibt sich ein Zeitverzugsproblem, da entstehende Investitionskosten auf Seiten der Netzbetreiber erst mit einem Zeitverzug in den kalenderjährlichen Erlösobergrenzen abgebildet werden. Die von einer Investition verursachten höheren Kosten setzen sich während der laufenden Regulierungsperiode nicht in die Erlösobergrenze um, so dass die Kosten nicht mehr gedeckt werden (negativer Sockeleffekt). Diese Investitionskosten können erst in der Folgeperiode in der Entgeltberechnung berücksichtigt werden, so dass es für die Investitionsentscheidung ausschlaggebend ist, in welchem Verhältnis dieser anfängliche negative Sockeleffekt zu den in den Folgeperioden generierten positiven Sockeleffekten

[15] Kritisch zu dieser Interpretation die Ausführungen von Haug und Hübler in Kapitel 4.5.

steht. Dieses Problem gewinnt vor dem Hintergrund der bereits angesprochenen Altersstruktur der Verteilnetze in Deutschland (Abbildung 4) an Brisanz.

Der gerade beschriebene Regulierungsrahmen gilt allerdings nur für die großen Verteilnetze, welche durch das Regelverfahren erfasst werden. Nach § 24 Abs. 1 ARegV können „Netzbetreiber, ... an deren Elektrizitätsverteilnetz weniger als 30.000 Kunden unmittelbar oder mittelbar angeschlossen sind, ... bezüglich des jeweiligen Netzes statt des Effizienzvergleichs zur Ermittlung von Effizienzwerten nach den §§ 12 bis 14 die Teilnahme an dem vereinfachten Verfahren nach Maßgabe des Absatzes 2 wählen." Nach § 24 Abs. 2 ARegV betrug der Effizienzwert für Verteilnetzbetreiber im vereinfachten Verfahren in der ersten Regulierungsperiode automatisch 87,5 Prozent. Ab der zweiten Regulierungsperiode, welche 2014 begonnen hat, wird der Effizienzwert als gemittelter Effizienzwert aller in dem bundesweiten Effizienzvergleich teilnehmenden Verteilungsnetzbetreiber ermittelt. Pauschal gelten im vereinfachten Verfahren 45 Prozent der ermittelten Gesamtkosten als dauerhaft nicht beeinflussbare Kostenanteile.

Bedeutsam für Investitionsvorhaben ist, dass die Genehmigung von Investitionsvorhaben nach § 23 ARegV für VNB im vereinfachten Verfahren nicht anwendbar und für VNB im Regelverfahren praktisch nur in wenigen Fällen zur Berücksichtigung von Investitionen während der Regulierungsperiode geeignet ist. Zudem bestehen Abgrenzungsschwierigkeiten zwischen Erweiterungs- und Umstrukturierungsinvestitionen einerseits und den bereits in den Erlösobergrenzen abgebildeten Ersatzinvestitionen andererseits.

Aus dieser Sachlage leiten sich verschiedene Anforderungen an den Gesetzgeber ab: Zum einen müssen für Übertragungsnetzbetreiber sowie für Verteilnetzbetreiber, die in das reguläre Verfahren fallen, Möglichkeiten geschaffen werden, ihre Investitionsaufwendungen bereits innerhalb der laufenden Regulierungsperioden über eine Anrechnung in den Netzentgelten amortisieren zu können. Zum anderen muss für kleinere Verteilnetzbetreiber, für die das vereinfachte Verfahren Anwendung findet, mehr rechtliche Transparenz hinsichtlich der Definition und Anrechenbarkeit der verschiedenen Investitionsformen geschaffen werden, um die Rechtssicherheit im Vorfeld zu erhöhen.

2.2.4 Mögliche Änderungen der Spielregeln

Es gibt mehrere Entwicklungstendenzen, die Einfluss auf die zukünftigen Spielregeln haben können und die wir in den folgenden drei Abschnitten 2.2.4.1 bis 2.2.4.3 skizzieren möchten.

2.2.4.1 Einfluss der Netzparität

Unter Netzparität wird eine Situation verstanden, in der die individuellen Kosten des Strombezugs gleich oder über denen der Eigenerzeugung liegen. Bei einem Strombezugspreis von aktuell 28 Cent/kWh ist die Netzparität für viele Nachfrager gegeben, so dass es für sie günstiger ist, selbst Solarstrom zu erzeugen und zu verbrauchen, als Strom aus dem Netz zu beziehen[16]. Steigt nun die Anzahl der Eigenverbraucher, wie es individuell-rational ist, müssen

[16] Der wesentliche Grund für die schnellere Annäherung der Kundenpreise liegt darin, dass der Eigenverbrauch von Strom nicht mit EEG-Umlage, Netzentgelten, Steuern oder Abgaben belegt ist. Diese Kostenkomponenten machen etwa ¾ des gesamten Strompreises aus. Die Wettbewerbsfähigkeit des eigenerzeugten Solarstroms ist damit zwar künstlich, aber faktisch gegeben.

Netzentgelte und EEG-Umlage auf eine geringere Zahl von Verbrauchern umgelegt werden, so dass die Eigenversorgung relativ zum traditionellen Strombezug weiter an Attraktivität gewinnt. Dieser Prozess ist selbstverstärkend – der Eigenverbrauch wird immer attraktiver und immer weniger Verbraucher müssen immer weniger zahlen.

Diese Entwicklung ist für Netzbetreiber aus zwei Gründen relevant: Zum einen führt ein Zuwachs der Eigenversorgung zu steigenden Netzentgelten, da diese auf immer weniger Personen umgelegt werden müssen. Die dadurch steigende Attraktivität der Eigenversorgung für Endkonsumenten führt zu einer weiteren Zunahme an installierter PV-Leistung. Allerdings steht nicht zu erwarten, dass die Politik dieser Entwicklung tatenlos zusieht, sondern die Netzentgeltregulierung anpasst. Aus Investorensicht besteht somit ein regulatorisches Risiko durch eine zu erwartende Umstellung der Erlösstrukturen für Verteilnetzbetreiber.

2.2.4.2 Smart Meter und Energiewende

Ein Smart Meter erlaubt es einem Stromanbieter, mit wesentlich höherer Differenzierung als bisher den Stromverbrauch digital abzulesen und abzurechnen. Für die Nachfrager besteht umgekehrt die Möglichkeit, auf reale stündliche Preisschwankungen am Erzeugungsmarkt zu reagieren. Die Nachfrager können Kostenvorteile realisieren, wenn sie ihren Stromverbrauch in Niedriglastphasen verlegen. Durch eine Glättung der Verbrauchsprofile im Tagesverlauf wird ein Beitrag zur Netzstabilität geleistet.

Allerdings ist noch unklar, wer wann für die Bereitstellung dieses Instruments zuständig sein soll, wie die Eigentumsverhältnisse ausgestaltet werden sollen und wie die Abrechnung der Bereitstellung erfolgt. Beispielhaft bedeutet dass, dass derzeit nicht klar ist, ob die Verteilnetzbetreiber, die Endkunden oder die Unternehmen auf dem Absatzmarkt für die Bereitstellung zuständig sind. Für Verteilnetzbetreiber kann eventuell ein erheblicher Finanzierungsbedarf entstehen, sofern sie im Rahmen einer Anpassung der Regulierung zur Bereitstellung und zum Roll-Out von Smart Metern verpflichtet werden.

2.2.4.3 Marktdesign der zukünftigen EEG-Förderung

Die Energiepolitik der letzten Jahre basiert auf den Anforderungen einer preisgünstigen, sicheren und umweltverträglichen Energieerzeugung. Allerdings verschieben sich die Gewichte in der Zeitachse doch deutlich und reagieren zum Teil auf externe Schocks, wie dem Reaktorunglück von Fukushima oder aktuell dem Konflikt in der Ukraine oder gehorchen den Regeln des politischen Diskurs, wie der Diskussion um die EEG-Umlage. Wie die Reformen ausgestaltet werden, verdichtet sich zwar zunehmend, aber die Entwicklungen in der Ukraine sind noch zu aktuell, als dass ihr Einfluss auf die Energiepolitik bereits jetzt erkennbar ist. Zu erwarten steht, dass es zu einer neuen Austarierung der Stromerzeugungsstruktur kommen wird. Wie dies den Investitionsbedarf der Verteilnetzbetreiber beeinflussen wird, kann heute noch nicht abgeschätzt werden, was gleichbedeutend mit einer regulatorischen Unsicherheit ist.

Die verschiedenen Unsicherheiten, welche durch politische Grundsatzentscheidungen und daraus induzierte Anreizwirkungen ausgelöst werden, führen aus unternehmerischer Sicht dazu, dass Cashflows weniger planbar und damit unsicherer werden. Dies erschwert die Finanzierung von Investitionsvorhaben, und zwar unabhängig davon, ob diese als Unternehmensfinanzierungen oder Projektfinanzierungen konzipiert sind.

2.3 Leitungsnetze und Finanzierung

Leitungsnetze können in Form einer Unternehmensfinanzierung oder einer Projektfinanzierung realisiert werden, wobei derzeit in Deutschland das Modell einer Unternehmensfinanzierung dominiert. Bei der Finanzierung von Übertragungsnetzen handelt es sich in Deutschland zumeist um die Finanzierung eines Übertragungsnetzbetreibers, wobei hier bestimmte Besonderheiten zu beachten sind. Insbesondere müssen die kreditgebenden Banken auf bestimmte Informationsrechte verzichten, ein Aspekt, auf den DR. TIM HEITLING und DR. CLAIRE DIETZ in Kapitel 3.5 eingehen werden. Sofern Leitungsnetze als Projektfinanzierung realisiert werden, können die Sponsoren eine Haftungsbeschränkung erreichen. Dies gelingt aber nur, wenn die vom Projekt generierten Cashflows als so stabil und vorhersagbar angesehen werden können, dass auf eine Mithaft der Initiatoren über die gesamte Projektdauer verzichtet werden kann. Welche methodischen Besonderheiten bei einer Projektfinanzierung dabei zu beachten sind, stellen wir in den folgenden Abschnitten vor.

2.3.1 Grundsätze einer Finanzierung von Leitungsnetzen

Unabhängig von der gewählten Finanzierungsform erfordert jedwede Investition ein angemessenes Verhältnis von Chance und Risiko. Infrastrukturprojekte in Leitungsnetze weisen tendenziell[17] relativ stabile Cashflows auf, damit eine geringe Volatilität der Erträge und ein verhältnismäßig geringes Risiko. Ökonomisch lassen sich diese Charakteristika von Leitungsnetzen wesentlich aus der Eigenschaft eines natürlichen Monopols zurückführen, die zu hohen Markteintrittsschranken für Newcomer führt[18]. Die zum Schutz des natürlichen Monopols vorgenommenen staatlichen Eingriffe in die Marktstruktur und die Preisgestaltung sind zentral für die ökonomische Beurteilung eines Investments in Stromleitungsnetze. Ebenso wichtig ist, dass sich Investoren und Banken für die Dauer ihres Investments auf diese staatlichen Vorgaben verlassen können.

Die Finanzierung von Netzinfrastruktur kann über Eigenkapital und Fremdkapital erfolgen. Das Eigenkapital wird überwiegend von strategischen Investoren oder Finanzinvestoren eingebracht, während das Fremdkapital regelmäßig durch Banken bereitgestellt wird.

2.3.1.1 Grundlagen einer Projektfinanzierung

Stromleitungsnetze können als Projektfinanzierungen realisiert werden, sofern sie eine hinreichende technische Stabilität aufweisen und über ein zugeschnittenes Rechts- und Regulierungsumfeld verfügen.

Bei einer Projektfinanzierung sind es das Vorhaben und dessen Cashflow, nicht aber ein bestimmtes Unternehmen, das für die Finanzierung gerade steht. Das Vorhaben muss daher ein geschlossener, in sich rechtlich, technisch und wirtschaftlich tragfähiger Kreis sein, der den Investoren eine glaubwürdige Aussicht auf eine angemessene Eigenkapitalverzinsung und den

[17] In den Abschnitten 2.2.4.1 bis 2.2.4.3 haben wir einzelne Aspekte skizziert, die Einfluss auf die Stabilität der Cashflows haben.Hübler und Haug beschäftigen sich in Kapitel 4.5 intensiv mit Anreizstrukturen.

[18] Siehe zu den Charakteristika eines natürlichen Monopols Abschnitt 2.2.1 sowie insbesondere Kapitel 4.1.

Fremdkapitalgebern ausreichende Sicherheit auf Rückführung des eingesetzten Kapitals bietet: Das Projekt muss sich selbst tragen, sich selbst finanzieren. Dies ist der Grundgedanke einer Projektfinanzierung.

Für den Begriff der Projektfinanzierung finden sich in der Literatur unterschiedliche Definitionsansätze, wobei sich der von NEVITT/FABOZZI weitgehend durchgesetzt hat:

> *Projektfinanzierung ist die Finanzierung eines Vorhabens, bei der ein Darlehensgeber zunächst den Fokus der Kreditwürdigkeitsprüfung auf die Cashflows des Projekts als einzige Quelle der Geldmittel, durch die die Kredite bedient werden, legt*[19].

In dieser Definition ist das zentrale Prinzip der Cashflow-Orientierung (*Cash-Flow Related Lending*) angelegt: Die Projektkredite werden im Vertrauen darauf zur Verfügung gestellt, dass die Cashflows des Projektes so stabil sind, dass neben den Betriebskosten auch der Kapitaldienst sicher bedient werden kann. Da die Stabilität der Cashflows voraussetzt, dass sich die Projektbeteiligten im Sinne des Projektes verhalten, untersuchen die Darlehensgeber im Rahmen ihrer Kreditprüfung genau die vertraglichen und gesetzlichen Grundlagen, unter denen ein Projekt agiert. Das ist mit „zunächst" gemeint: Neben die Cashflow-Orientierung tritt im weiteren Verlauf der Projektprüfung die Beurteilung und Ausgestaltung der Risikoposition der verschiedenen Projektbeteiligten (*Risk Sharing*). Damit man das Projekt von Einflüssen außerhalb der explizit vereinbarten Verträge abschirmen kann, muss eine eigenständige Projektgesellschaft gegründet werden, die Träger aller Rechte des Projektes ist und die die Projektkredite verbucht (*Off-Balance Financing*)[20].

Da die Cashflows die einzige Quelle der Kreditbedienung und Eigenmittelverzinsung sind, ergeben sich besondere Anforderungen an ihre Stabilität und Verlässlichkeit. Neben einer Risikoidentifikation geht es darum, nach ökonomischen Kriterien Risiken auf einzelne Projektbeteiligte zu verteilen. Im Anschluss erfolgt eine Risikoquantifizierung in Form eines Cashflow-Modells und eines Rating-Verfahrens, die u. a. darüber Auskunft geben, wieviel Fremdmittel einem Vorhaben zur Verfügung gestellt werden können, wie die Tilgungsstruktur aussehen sollte und welche weiteren Gestaltungselemente Einzug in die Struktur finden sollten. Die Erarbeitung einer Finanzierungsstruktur und die Möglichkeiten ihrer Optimierung werden in Kapitel 4.7 behandelt. Dabei muss man sich bewusst sein, dass die jeweiligen Teilaspekte des Risikomanagementprozesses – Identifikation, Allokation und Quantifizierung von Risiken – nicht einer gerichteten zeitlichen Abfolge unterliegen, sondern miteinander wechselseitig in Verbindung stehen. Um die Aussagen zur Risikoquantifizierung daher angemessen würdigen zu können, ist es notwendig, die verschiedenen Teilaspekte eines Risikomanagements gleichermaßen zu berücksichtigen. Dies werden wir – soweit nötig – in diesem Kapitel tun und ansonsten auf die spezifischen Kapitel verweisen.

Zum Verständnis des methodischen Ansatzes ist es hilfreich, kurz die Unterschiede zwischen einer Unternehmensfinanzierung und einer Projektfinanzierung zu skizzieren: Kommt eine

---

19 Nevitt/Fabozzi (2000), S. 1. Auch wenn durch die Definition eine klare Betonung auf die Rolle der Kreditgeber gelegt werden, wird im Folgenden die Methode der Projektfinanzierung aus dem Blickwinkel der verschiedenen Projektbeteiligten vorgenommen, da ihr effizientes Zusammenspiel entscheidend für den Erfolg einer Projektfinanzierung ist. Die deutliche Betonung der Rolle der Kreditgeber ist gleichwohl sinnvoll, da sie den mit Abstand größten Anteil an der Gesamtfinanzierung übernehmen sollen und damit ihre Akzeptanz dafür entscheidend ist, ob eine Projektfinanzierung zustande kommt oder nicht.

20 Schmitt (1989), S. 24.

Unternehmensfinanzierung zum Einsatz, wird ein Investitionsvorhaben als Teil des Unternehmens betrachtet. Die Bewertung des Investitionsvorhabens basiert auf der Kreditwürdigkeit des Gesamtunternehmens und nicht auf dem erwarteten Cashflow des Projekts an sich. Das Unternehmen haftet während der Laufzeit der Kredite für die Bedienung der Kredite. Damit eine Unternehmensfinanzierung zum Tragen kommt, ist also eine gewisse Unternehmenshistorie notwendig. Die finanziellen Konsequenzen der vergangenen gesamten Unternehmensaktivitäten lassen sich aus den Jahresabschlüssen erkennen. Tendenziell werden dann aus einer aufbereiteten Bilanzanalyse Erwartungen entwickelt[21], ob und inwieweit das Unternehmen in der Lage ist, zukünftig auch seinen Kreditverpflichtungen nachzukommen.

Eine Unternehmensfinanzierung ist bei der Finanzierung von Stromnetzen durchaus üblich: Die meisten Netzbetreiber weisen eine zumeist langjährige wirtschaftliche Tätigkeit auf. Es handelt sich meist um Marktteilnehmer mit einem etablierten Management und langjährigen Bezugs- und Absatzmärkten usw.

Wird dagegen eine Projektfinanzierung realisiert, ist die Bewertung der Fremdkapitalgeber wesentlich an die Fähigkeit des Projekts geknüpft, einen eigenen Cashflow aus dem Projekt zu generieren.

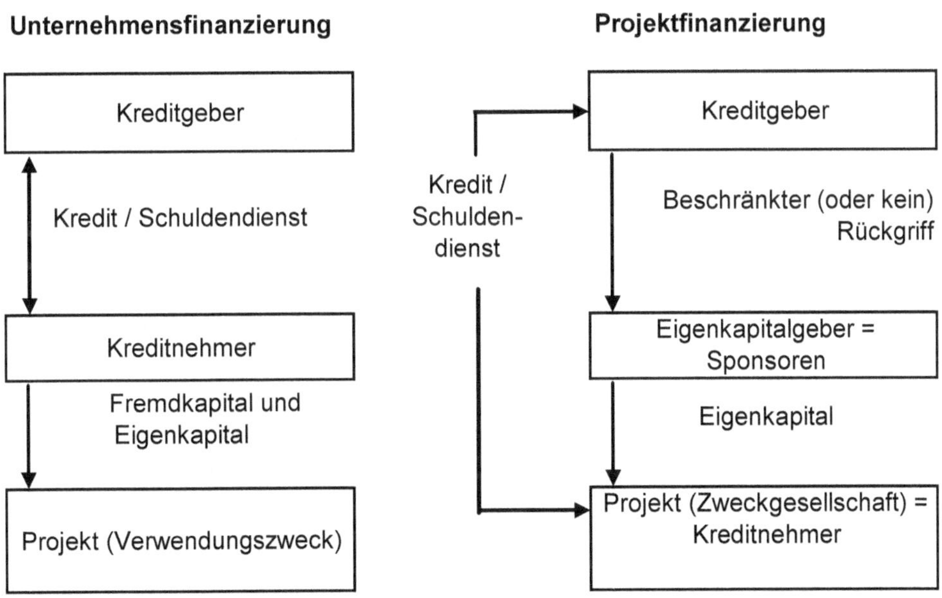

Abbildung 6: Vergleich Unternehmensfinanzierung und Projektfinanzierung[22]

Da die Sponsoren bei einer Projektfinanzierung keine unbegrenzte Haftung für das Fremdkapital übernehmen, wird für die Realisierung der Projekte die Gründung einer eigenständigen

[21] Es wäre zu holzschnittartig, die Kreditvergabe gegenüber einem Unternehmen **allein** auf einer Bilanzanalyse zu basieren. Es wird immer auch darum gehen, das Wettbewerbs- und Regulierungsumfeld zu analysieren, die Produktpalette zu bewerten usw.

[22] In Anlehnung an Schmitt (1989), S. 22.

Projektgesellschaft durch die Sponsoren als Gesellschafter regelmäßig notwendig. Alleiniger Geschäftsgegenstand dieser Projektgesellschaft ist die Realisierung, also die Errichtung und der Betrieb des Projekts. Sie nimmt als Einzweckgesellschaft die Fremdmittel auf und haftet unbeschränkt mit ihrem Vermögen, so dass bei formaler Betrachtung ein Unternehmenskredit vorliegt. Materiell handelt es sich aber um einen Kredit für das konkrete Vorhaben. Die Kreditgeber erwarten die Rückzahlung des Kapitaldienstes allein aus dem Cashflow, der aus dem Projekt generiert wird. Als Sicherheit stehen allein die Aktiva und der Cashflow des Projekts als Haftungsmasse den Gläubigern zur Verfügung. Diese Haftungsmasse ist allerdings projekttypisch nur schwer verwertbar, was mit Blick auf die hohen Investitionsspezifika (Kraftwerke, Mobiltelefonienetze, Transportsysteme etc.) nicht näher erläutert werden muss. Daher wird im Krisenfall, in dem der Cashflow zur Bedienung des Kapitaldienstes nicht ausreicht, nicht die Sicherheitenverwertung im Vordergrund stehen, sondern die Fortführung des Projekts, erforderlichenfalls unter finanziellen Opfern aller Beteiligten[23].

Da die Cashflows die einzige Quelle der Kreditbedienung und Eigenmittelverzinsung sind, ergeben sich besondere Anforderungen an ihre Stabilität und Verlässlichkeit. Neben einer intensiven Risikoidentifikation geht es darum, nach ökonomischen Kriterien Risiken auf einzelne Projektbeteiligte zu verteilen[24]. Im Anschluss erfolgt eine Risikoquantifizierung in Form eines Cashflow-Modells, das u. a. darüber Auskunft gibt, wie viel Fremdmittel einem Vorhaben zur Verfügung gestellt werden können, wie die Tilgungsstruktur aussehen sollte und welche weiteren Gestaltungselemente Einzug in die Struktur finden sollten.

Dabei muss man sich bewusst sein, dass die jeweiligen Teilaspekte des Risikomanagementprozesses – Identifikation, Allokation und Quantifizierung von Risiken – nicht in einer gerichteten zeitlichen Abfolge geschehen, sondern miteinander wechselseitig in Verbindung stehen. Um die Aussagen zur Risikoquantifizierung angemessen würdigen zu können, ist es daher notwendig, die verschiedenen Teilaspekte eines Risikomanagements zu berücksichtigen, die in den verschiedenen Kapiteln dargestellt werden.

Wesensmerkmal jeder Projektfinanzierung ist die Orientierung an den zukünftigen Cashflows und der Einbindung der Projektbeteiligten, woraus sich folgende Konsequenzen ableiten:

1. Einflussgrößen des Cashflows
   Zunächst ist bei einer Projektbeurteilung ein besonderes Augenmerk auf die Faktoren zu legen, die den Cashflow beeinflussen. Als maßgebliche Cashflow-Determinanten für ein Projekt kommen namentlich die Beschaffungsseite, die Absatzmärkte, die Betriebskosten, die Finanzierungskonditionen und das jeweilige Regulierungsumfeld in Betracht.
2. Grundsatz der Kontrollfähigkeit
   Die Aufteilung der Risiken auf die Projektbeteiligten erfolgt dabei normalerweise nach dem Grundsatz, dass die Vertragspartei das Projektrisiko übernehmen sollte, das sie aufgrund ihrer Geschäftstätigkeit am besten beurteilen und somit auch kontrollieren kann.
3. Grundsatz der Risikotragfähigkeit
   Der Grundsatz der Kontrollfähigkeit wird durch den Grundsatz der Risikotragfähigkeit eingeschränkt: Es geht dabei um die Frage, ob die vertraglich verpflichteten Projektbeteiligten aufgrund ihrer Bonität und wirtschaftlichen Leistungsfähigkeit auch in der Lage sind, ihre

23 Böttcher (2006), S. 130-133.

24 Siehe hierzu Böttcher (2009), S. 52-71.

vertraglichen Verpflichtungen zu erfüllen. Insofern beinhaltet jede Projektfinanzierung auch Bestandteile einer Unternehmensfinanzierung, da die zumindest partielle Risikoübernahme durch die Projektbeteiligten wesentlich für eine Projektfinanzierung ist und in jedem Fall auch eine Bonitätsbeurteilung dieser Risikoträger erforderlich macht, wie sie für Unternehmensfinanzierungen typisch ist. Die Bonität des Risikoträgers ist umso intensiver zu prüfen, je weitgehender sich ein Projektbeteiligter vertraglich gegenüber dem Projekt verpflichtet.

4. Anreizwirkungen der Vertragsgestaltung
Schließlich müssen zwingend die Anreizwirkungen der jeweiligen Vertragsgestaltung mit berücksichtigt werden. Aus einer Ex-post-Perspektive mag es dem Auftraggeber gleichgültig sein, wie ein gutes Projektergebnis erzielt wurde. Ex ante möchte er aber die Wahrscheinlichkeit eines guten Ergebnisses erhöhen, und das kann er nur, indem er Einfluss auf das Verhalten der beauftragten Partei nimmt. Könnte er ihn beobachten, würde er ihn durch entsprechende Anweisungen zu dem gewünschten Verhalten zwingen. Regelmäßig kann der Auftraggeber aber nicht kostenlos kontrollieren, ob seine Anweisungen befolgt wurden. Wesentlich ist daher, dem Auftragnehmer ein Anreizschema zu geben, das ihn aus eigenem Interesse zu dem gewünschten Verhalten anhält. Dafür muss er in aller Regel am Erfolg und auch am Risiko des jeweiligen Vorhabens beteiligt werden, und zwar unabhängig davon, über welche Risikotragfähigkeit er verfügt.

Ein eindeutiger Favorit für die Finanzierung von Leitungsnetzen lässt sich nicht ausmachen. Es ist daher auch nicht überraschend, dass sich ebenfalls Mischformen zwischen einer Projekt- und einer Unternehmensfinanzierung finden. Dabei kann sich diese Mischform eher in Richtung einer Projektfinanzierung entwickeln (ring-fencing, hoher Leverage und Risikoallokation auf mehrere Projektbeteiligte) oder in Richtung einer Unternehmensfinanzierung (Full-Recourse-Finanzierung und geringerer Leverage).

Da eine Projektfinanzierung die methodisch weitergehenden Überlegungen auslöst, wollen wir uns im Folgenden auf diese Finanzierungsmethode beschränken. Die Überlegungen ab Abschnitt 2.4 gelten – wenn auch in abgeschwächter Form – ebenfalls für Unternehmensfinanzierungen.

Die methodischen Besonderheiten einer Projektfinanzierung – Fokussierung auf den Cashflow des Projektes, die Haftungsentlassung der Sponsoren nach erfolgter Fertigstellung und die explizite vertragliche Einbindung der verschiedenen Projektbeteiligten – führen dazu, dass dem Risikomanagement eines Leitungsprojektes eine besondere Bedeutung zukommt. Die damit verbundenen Teilaspekte skizzieren wir im Abschnitt 2.4. Zunächst fragen wir aber, wer als Träger von Projektfinanzierungen in Frage kommt.

2.3.1.2 Träger einer Projektfinanzierung

Das Fremdkapital von Infrastrukturprojekten wird überwiegend von Banken zur Verfügung gestellt, allerdings werden zunehmend auch Kapitalmarktprodukte (Bonds) eingesetzt.

Bei Bondsfinanzierungen werden im Rahmen eines Verkaufsprojektes Mittel bei Bondszeichnern eingeworben. Regelmäßig sind zum Zeitpunkt des Financial Close die Finanzierungsbedingungen fixiert; nachträgliche Änderungen sind dann nur unter Zustimmung eines bestimmten Quorums möglich. Bei den Bondszeichnern handelt es sich zumeist um institutionelle

Investoren, die sich bei ihren Investitionsentscheidungen auf externe Ratings des Vorhabens verlassen. Jede größere Vertragsänderung würde aber zu einer Ratinganpassung führen, was weder prozessual noch kostenseitig sinnvoll ist.

Da es sich zumeist um viele Bondszeichner handelt, ist eine Bondsfinanzierung eher ungeeignet während der Bauphase – hier ergeben sich häufig Anpassungsbedarfe gegenüber dem ursprünglichen Plan – und in der Betriebsphase auch nur dann geeignet, wenn die Cashflows als hinreichend stabil angesehen werden können. In dieser späteren Projektphase und unter den genannten Bedingungen können Bondsfinanzierungen aber vorteilhaft sein, da sie tendenziell günstiger sind als Bankfazilitäten, mit einer tendenziell längeren Laufzeit versehen sind und zumindest zum Teil auch nur teilweise oder gar nicht während der Laufzeit getilgt werden. Damit die Emissionskosten nicht die möglichen Strukturvorteile einer Bondsfinanzierung aufzehren, ist ein relativ hohes Finanzierungsvolumen erforderlich. Auch wenn sich die Kriterien hier dynamisch ändern mögen, wird eine Bondsfinanzierung erst ab einem Investitionsvolumen von mehr als 100 M€ sinnvoll sein[25].

2.4 Risikomanagement bei Leitungsnetzen

Grundsätzlich scheinen Leitungsnetze für eine Projektfinanzierung gut geeignet zu sein: Sie operieren in staatlich regulierten Märkten, die über einen langen Zeitraum einen stabilen und vorhersagbaren Cashflow versprechen. Zentral ist dabei natürlich die Frage, welche Risiken bestehen, die den Cashflow gefährden können.

In der betriebswirtschaftlichen Literatur existiert eine Vielzahl von Interpretationsvarianten für den Begriff des Risikos[26]. Hier soll Risiko als negative Abweichung vom Planwert einer Zielgröße verstanden werden, da sie für jeden Beteiligten eine Verlustgefahr bedeutet[27].

Durch das Risikomanagement soll ein systematischer und erfolgsorientierter Ansatz zum Umgang mit Risiken erreicht werden. Dies gilt insbesondere für Projektfinanzierungen, da die Neuartigkeit und Einzigartigkeit jedes Projekts unbekannten Einflussfaktoren unterliegen, welche zu Risikopositionen führen[28]. Des Weiteren ergeben sich durch die zukunftsgerichtete Cashflow-Orientierung und die damit verbundene Rückgriffsbegrenzung auf die Sponsoren spezielle Anforderungen an das Risikomanagement, da hierdurch regelmäßig auch unternehmerische Risiken auf die Fremdkapitalgeber übertragen werden[29].

---

25 Eine derartige Aussage ist natürlich einem dynamischen Test unterzogen und kann sich entsprechend ändern. Das gleiche gilt auch für die Akzeptanz von Bondsfinanzierungen: Hier sehen wir eine deutliche Dynamik – Versicherungsgesellschaften sind im Jahr 2014 zunehmend bereit, auch Risiken einzugehen, die sie im Jahr 2013 noch nicht akzeptiert hätten und damit auch Bondsfinanzierungen akzeptieren.

26 Ausführlicher Hupe (1995), S. 43 ff.; Tytko (1999), S. 142 f.; Uekermann (1993), S. 23. Zum Risikobegriff aus technischer Sicht siehe Frohböse (2010), S. 13-16.

27 In Anlehnung an Hupe (1995), S. 46. In einem breiteren Begriffsverständnis wird unter Risiko die Gefahr verstanden, dass ein tatsächlich realisiertes Ergebnis vom erwarteten Ergebnis positiv oder negativ abweicht. Positive Abweichungen werden dann als „Chance" bezeichnet, negative Abweichungen als „Risiko im engeren Sinn". Dieser letztgenannten Interpretation des Risikobegriffs wollen wir hier folgen.

28 Hupe (1995), S. 43 ff.

29 Höpfner (1995), S. 166 ff.

Die Bedeutung der Behandlung von Risiken im Zusammenhang mit einer Projektfinanzierung ergibt sich unmittelbar aus ihrem Charakter: Da es allein das Vorhaben ist, das als wirtschaftliche Basis für die angemessene Eigenkapitalverzinsung und die Bedienung des Kapitaldienstes dient, ist die Werthaltigkeit und die Robustheit des Projekts von entscheidender Bedeutung. Da das Projekt aber erst sukzessive entsteht, lässt sich die Wirtschaftlichkeit nur per Prognose bestimmen. Da die Perspektive in die Zukunft zunehmend unsicher ist, hat sich die Prognose mit dem Eintritt aller Arten von Einflüssen zu befassen, deren Wirkung auf das Projekt einzuschätzen und nach Wegen zu suchen, ob und inwieweit einzelne Projektbeteiligte bereit sind, das Projekt von Risiken freizuhalten.

Dabei lassen sich die Erfolgsfaktoren von Stromleitungsnetzen wie folgt beschreiben:

Tabelle 2: Erfolgsfaktoren einer Projektfinanzierung im Bereich Stromleitungsnetzen

1.	Verlässlichkeit und Prognostizierbarkeit des Rechts- und Regulierungsumfeldes / Durchsetzbarkeit von Verträgen	Qualitative Projekt-Prüfung
2.	Einsatz nur von bewährter Technik	
3.	Angemessene Risikozuweisung zu einzelnen Projektbeteiligten	
4.	Rechnerische Wirtschaftlichkeit des Vorhabens	
4.1.	Volatilitäten der Hauptrisikotreiber	
	4.1.1. Einzahlungen und Auszahlungen	CF-Modell / Rating-Tool
	4.1.2. Volatilitäten der Preise und Mengen	Rating-Tool
	4.1.3. Makroökonomische Faktoren (i.w. Zinssatzentwicklung)	Rating-Tool
4.2.	Unsicherheit über das Niveau der Prognose für die Cashflows, so genannte *Banking Case Uncertainty* (BCU)	Rating-Tool
4.3.	Korrelationen zwischen den Hauptrisikotreibern, insbesondere zwischen den Kosten und Erlösen	CF-Modell / Rating-Tool

Die ersten drei genannten Aspekte – Stabilität des Rechts- und Regulierungsumfeldes, Einsatz bewährter Technik und Risikoallokation – müssen bei jeder Projektfinanzierung vollumfänglich erfüllt sein. Sobald diese Anforderungen erfüllt sind, geht es letztlich um eine finanzielle Optimierungsaufgabe, die in Abhängigkeit von den Volatilitäten der verschiedenen Einflussgrößen zu lösen ist. Der erste Teil der Projektprüfung ist damit eher grundsätzlicher Natur, der zweite Teil Gegenstand der Risikoquantifizierung.

Am Anfang des Einsatzes von Projektfinanzierungen steht die Frage nach der grundsätzlichen Geeignetheit der einzusetzenden Technik, die einen zuverlässigen und stabilen Stromtransport garantieren muss.

Die Risiken bei Projektfinanzierungen können von Projekt zu Projekt hinsichtlich ihres Inhalts, ihrer Ursache, ihres Ausmaßes und ihrer Eintrittswahrscheinlichkeit stark voneinander abweichen. Gleichwohl gibt es Gruppen von Risiken, die in gleicher oder ähnlicher Weise bei den meisten Projektfinanzierungen zu einer Gefährdung des Cashflows führen können und insofern Gegenstand des Risikomanagements sein müssen. Zur Visualisierung ist es häufig hilfreich, die Einflussgrößen der Wirtschaftlichkeit eines Vorhabens darzustellen.

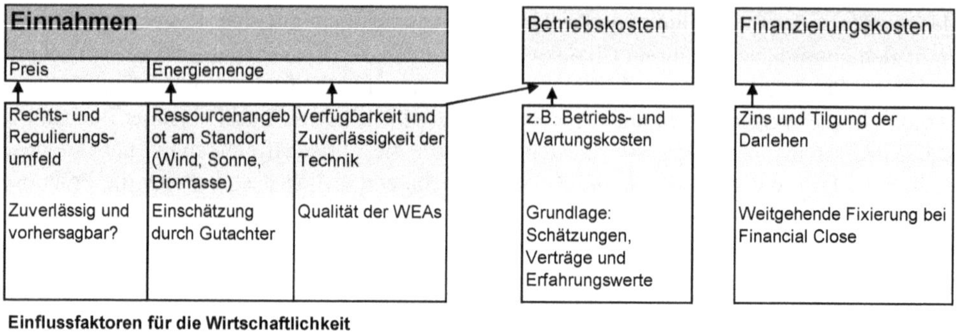

Abbildung 7: Einflussfaktoren für die Wirtschaftlichkeit

Eine zweckmäßige Unterteilung der Risiken kann so erfolgen, dass sie in Bezug auf ihre Inhalte und ihre Ursachen weitgehend überschneidungsfrei ist und auf die Möglichkeiten ihrer Beeinflussbarkeit durch die verschiedenen Projektbeteiligten abgestellt wird. Eine solche Gliederung erscheint sinnvoll, da sich in der Praxis unterschiedliche Maßnahmen herausgebildet haben, die die Risiken meist mit einem möglichst engen Bezug zu ihren Ursachen handhaben[30]. Daher wird im Folgenden unterschieden zwischen Risiken, die von der Projektgesellschaft oder anderen Projektbeteiligten kontrolliert werden können (projektendogene Risiken) und solchen Risiken, die außerhalb der Projektbeteiligten auf das Projekt einwirken (projektexogene Risiken). Eine Besonderheit von projektexogenen Risiken stellen Risiken dar, die von keiner der am Projekt beteiligten Parteien kontrolliert werden können, so genannte Force Majeure-Risiken.

Diese Unterteilung ist wirtschaftlich zweckmäßig, da die Methodik der Projektfinanzierung wesentlich darin besteht, belastbare Verträge zwischen der Projektgesellschaft und zentralen Projektbeteiligten zu strukturieren, die damit Risiken vom Projekt fernhalten. Dies erfordert die vertragliche Einbindung von Projektbeteiligten in das Projekt, oder anders formuliert: Endogene Risiken sind aus Sicht der Projektgesellschaft besser beherrschbar als exogene Risiken.

Tabelle 3: Übersicht über exogene und endogene Risiken

Endogene Risiken	Exogene Risiken
Fertigstellungsrisiko	Technisches Risiko i.w.S.
Technisches Risiko i.e.S. (Kapitel 4.1, 4.4)	Ressourcenrisiko (Kapitel 3.3, 4.2)
Managementrisiko (Kapitel 3.2, 3.3, 3.4, 4.4)	Zulieferrisiko
Absatzrisiko	Marktrisiko
Betriebsrisiko (Kapitel 4.4)	Vertragsrisiko (Kapitel 3.1, 3.4)
Abandonrisiko	Wechselkursrisiko
	Rechts- und Regulierungsumfeld (Kapitel 3.1, 4.1)
	Inflationsrisiko
	Zinsänderungsrisiko
Force Majeure-Risiko	

30 Auch eine ökonomische Analyse der Vertragsbeziehungen legt eine derartige Verknüpfung von Risiko und Risikoträgerschaft nahe. Aus Effizienzgesichtspunkten ist es besser, wenn die Risikozuweisung auf den Risikoeintritt konditioniert ist. Siehe hierzu Böttcher (2009), S. 67-69.

Wichtig ist: Es ist die Vertragsstruktur, die bei einzelnen Risikotypen darüber entscheidet, ob es sich um endogene oder exogene Risiken handelt: So überführt erst die vertragliche Verpflichtung des Abnehmers, Produkte der Projektgesellschaft zu einem bestimmten Preis, einer bestimmten Menge und Qualität abzunehmen, ein exogenes Marktrisiko in ein endogenes Absatzrisiko. Die wesentlichen Projektrisiken haben wir in Tabelle 3 dargestellt, wobei wir auch jeweils angegeben haben, in welchem Abschnitt dieses Buches diese Themen behandelt werden.

In vielen Bereichen haben sich im Laufe der Zeit bestimmte Grundverteilungsregeln von Risiken etabliert. Da die Technik der Projektfinanzierung – mit unterschiedlichen Abstufungen – für bestimmte Bereiche, z. B. Stromleitungsnetze, aber verhältnismäßig neu ist, haben sich bestimmte Grundregeln noch nicht trennscharf herausgebildet und zwingen zu neuen Diskussionen über eine angemessene Zuordnung von Chancen und Risiken.

Die verschiedenen Einzelrisiken können adressiert und durch Einbindung der verschiedenen Projektbeteiligten in ihren Auswirkungen auf das Projekt zumindest gemildert werden. Gleichwohl verbleiben Restrisiken, die über übergeordnete Sicherungssysteme aufgefangen werden müssen. Zu diesen Systemen zählen neben dem Aufbau einer effizienten Informationsstruktur vor allem die Entwicklung einer stabilen Projekt- und Finanzierungsstruktur. Folgendes Schaubild soll die Zusammenhänge verdeutlichen:

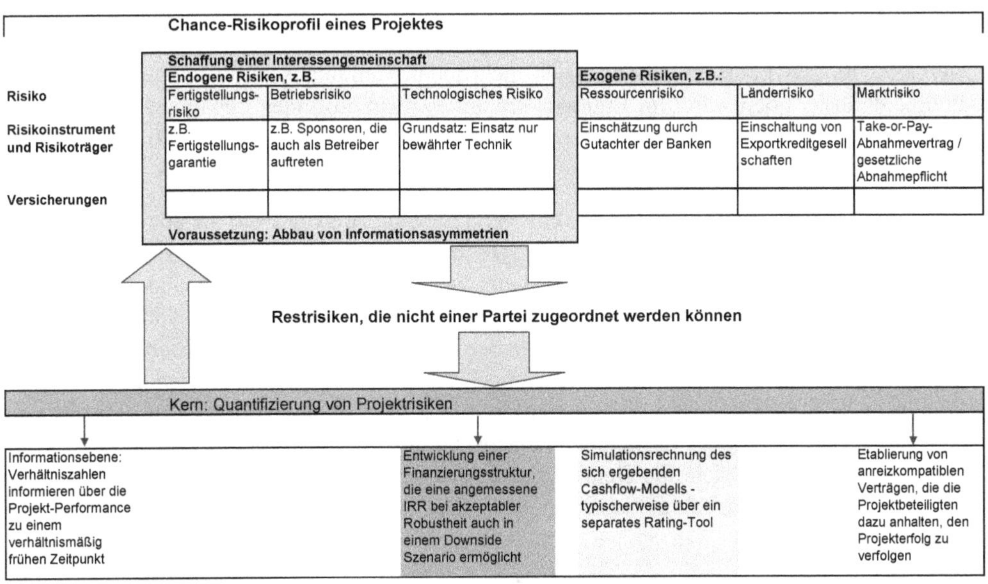

Abbildung 8: Risikomanagementprozess bei einer Projektfinanzierung – Teil I

Für ein erfolgreiches Risikomanagement ist es wichtig, ausgehend von den identifizierten Risiken eines Projektes deren Auswirkungen auf die ökonomische Leistungsfähigkeit und Belastungsfähigkeit zu erfassen. Dadurch lassen sich Erkenntnisse für die Auswahl der risikopolitischen Maßnahmen und die erfolgreiche Bewältigung von Krisensituationen gewinnen.

Hierzu bedarf es einer Risikoquantifizierung, die den Einfluss der einzelnen Projektrisiken auf den Cashflow abbildet.

Erkennbar ist aber auch, dass das Thema Risikomanagement eines gemeinschaftlichen Antritts von Spezialisten aus verschiedenen Bereichen bedarf. Die Projektbeteiligten eines Vorhabens werden die Teilaspekte ihrer Einbindung in der Abbildung 8 wieder finden, aber erst durch ihr abgestimmtes Zusammenspiel lässt sich ein tragfähiges Projekt entwickeln und realisieren.

Im Anschluss an diese allgemeine Darstellung zum Risikomanagementprozess werden wir in Ziffer 2.5 die verschiedenen Einzelrisiken skizzieren, die bei Stromleitungsnetzen von besonderer Bedeutung sind.

2.5 Relevante Einzelrisiken – Zuweisung von Verantwortlichkeiten

Wie eingangs beschrieben, erfordert eine erfolgreiche Projektfinanzierung eine angemessene vertragliche Einbindung der Projektbeteiligten.

Das Grundprinzip eines an den Handlungsanreizen orientierten Risk Sharings bei einer Projektfinanzierung ist, der Partei das Risiko zuzuordnen, die den Risikoeintritt am besten beeinflussen kann. Bei risikoaversen Projektbeteiligten ist bei dieser Risikoübertragung allerdings der Trade-Off mit der vom jeweiligen Vertragspartner eingeforderten Risikoprämie zu berücksichtigen. Es gibt Fälle, in denen es sich nicht lohnt, Handlungsanreize zu setzen, weil die Prämie dafür zu hoch wäre. Im Ergebnis kommt es nicht auf einen maximalen, sondern auf einen optimalen Risikotransfer an, der gerade ausreicht, die gewünschten effizienten Handlungsanreize zu setzen.

Wesentlich ist, der beauftragten Partei ein Anreizschema zu geben, das sie aus eigenem Interesse zu dem gewünschten Verhalten bringt. Dafür muss sie in aller Regel am Erfolg und damit auch am Risiko des jeweiligen Vorhabens beteiligt werden, und zwar unabhängig davon, über welche Risikotragfähigkeit sie verfügt. Die Vereinbarungen zur Risikoallokation bilden ein komplexes Anreizschema, das die Interessen der Projektbeteiligten harmonisieren und auf den Erfolg des Projekts ausrichten soll. Danach noch verbleibende Risiken können nach dem Kriterium der Risikotragfähigkeit verteilt werden, also z. B. an Versicherungen ausgelagert werden oder bei den Financiers verbleiben. Zunächst kommt es aber darauf an, eine Vertragsstruktur zu finden, bei der sich alle Beteiligten für das Projekt einsetzen. Welche Verträge sich hierfür eignen, hängt davon ab, was zum Verhalten der einzelnen Parteien gerichtsfest feststellbar ist[31].

In den folgenden Abschnitten 2.5.1 bis 2.5.5 werden die branchenspezifischen Besonderheiten von Stromleitungs-Vorhaben mit dem traditionellen Risikomanagementprozess einer Projektfinanzierung verzahnt. Die Darstellung ermittelt für Stromleitungsnetze das jeweilige Risikoprofil und beschreibt geeignete Maßnahmen zur Risikobewältigung. Dieser Themenblock endet mit einer bewertenden Zusammenfassung der betrachteten Einzelrisiken (Ziffer 2.5.6).

[31] Böttcher (2012), S. 77-92.

In Kapitel 4.7 erfolgt die Risikoquantifizierung, bei der die zuvor dargestellten Risikopotenziale der Einzelrisiken ganzheitlich untersucht werden und unter diesen Aspekten eine tragfähige Finanzierungsstruktur entwickelt wird. Die Risikoquantifizierung erfolgt anhand eines Fallbeispiels.

2.5.1 Das Fertigstellungsrisiko – Einbindung eines Generalunternehmers

Das Fertigstellungsrisiko beinhaltet alle Risiken und die daraus folgenden Verluste, die realisiert werden, wenn die Projektanlage nicht mit vertragsgerechter Leistung, verzögert, zu höheren Kosten oder gar nicht fertig gestellt wird[32].

Das Fertigstellungsrisiko kann erhebliche Auswirkungen auf das Projekt haben und im schlimmsten Fall den wirtschaftlichen Betrieb unmöglich machen und somit zum Abbruch des Projektes führen. Da die Banken eine Projektfinanzierung nur bei ausreichend hohem und stabilem Projekt-Cashflow gewähren werden, verlangen sie bei Identifizierung eines solchen Preisrisikos in der Regel eine umfangreiche Haftung eines der Projektbeteiligten, der für den ggf. entstehenden Schaden aufkommen muss.

Um dem Fertigstellungsrisiko entgegenzuwirken, ist eine Reihe von Verträgen entwickelt worden, die dieses Risiko – in unterschiedlichem Umfang – Sponsoren, Kreditnehmern und Anlagenlieferanten zuweisen. Es ist nicht ungewöhnlich, dass bei Verfehlen eines Stichtages, der zu einem bestimmten Tarif berechtigt, eine Strafzahlung vereinbart wird, die die Mindereinnahmen kompensiert. Dabei kann die Pönale so gewählt werden, dass die Belastbarkeit des Vorhabens aus Banksicht konstant bleibt.

Grundsätzlich können die üblichen finanziellen Möglichkeiten, die Folgen eines Fertigstellungsrisikos zu begrenzen, wie in Tabelle 4 dargestellt klassifiziert werden.

Tabelle 4: Verteilung von Fertigstellungsrisiken auf die Kapitalgeber

	Fertigstellungsgarantien	**Nachschussverpflichtung**
Gegenstand:	Die Sponsoren stehen solange für die Rückführung der Kredite ein, bis das Projekt fertiggestellt ist.	Werden die geplanten Kosten überschritten, verpflichten sich Sponsoren oder Kreditgeber, dem Projekt zusätzliches Eigenkapital oder Fremdkapital zur Verfügung zu stellen.
Umfang bzw. Form:	Der Umfang der Fertigstellungsgarantie kann sich auf den Gesamtbetrag der Projektkredite oder auch nur auf einen bestimmten Prozentsatz beziehen.	1. Completion Undertaking: Die Sponsoren müssen so lange weiteres Kapital zuführen, bis die Fertigstellung erreicht ist. Ist diese Verpflichtung unbegrenzt, entspricht dies wirtschaftlich einer Fertigstellungsgarantie 2. Pool-of-Funds-Vereinbarung: Ökonomisch handelt es sich um eine betragsmäßig begrenzte Nachfinanzierungsverpflichtung der Sponsoren.

Wegen des sehr weit reichenden Umfangs einer Fertigstellungsgarantie einerseits und den bei der Projekterstellung häufig kaum überschaubaren Risiken andererseits werden häufig Regeln vereinbart, die die Verpflichtungen des Garanten beschränken.

---

32 Böttcher (2009), S. 73-79.

Im Regelfall der Limited-Recourse-Finanzierung wechselt die Risikotragung mit der Fertigstellung der Anlage: Waren bis dahin die Sponsoren oder der Anlagenbauer für die Fertigstellung verantwortlich und zumindest teilweise auch den Kreditgebern gegenüber verpflichtet, ist es im Anschluss nur noch das Projekt, das sich damit zu einer Non-Recourse-Projektfinanzierung wandelt[33]. Diese zeitliche Haftungsbeschränkung der Sponsoren ist der wesentliche ökonomische Grund für diese, eine Projektfinanzierung statt einer Unternehmensfinanzierung zu wählen. Da dieser Haftungswechsel für die Risikoallokation entscheidend ist, wird regelmäßig große Sorgfalt darauf verwandt zu definieren, wann „Fertigstellung" erreicht ist[34]. Im Regelfall wird die Fertigstellung durch einen unabhängigen Gutachter festgestellt, der neben der Feststellung der Errichtung auch bestimmte Leistungstests vornimmt.

Nach dieser Skizzierung des Themas Fertigstellung wenden wir uns in Abschnitt 2.5.2 dem Betriebsrisiko zu.

2.5.2 Das Betriebs- und Managementrisiko

Unter dem Betriebs- und Managementrisiko werden alle Gefahren verstanden, die zu Unterbrechungen oder sogar zum Stillstand der Anlage führen können. Die Ursachen für ein Betriebs- und Managementrisiko liegen in der Regel in Fehlern bei der Planung, Organisation, Durchführung und Kontrolle von Betriebsabläufen (z. B. logistische Schwachstellen oder Fehlkalkulationen) oder in einer fehlerhaften Bedienung sowie mangelhafter Wartung und Instandhaltung durch das Anlagenpersonal. Das Betriebsrisiko ist eng mit dem technischen Risiko verbunden. Letztlich ist von dem Betrieb der Anlage abhängig, wie die Komponenten belastet werden und die Langfrist-Performance des Projektes ausfällt.

Häufig lässt sich das Betriebs- und Managementrisiko auch auf die Unerfahrenheit des Managements selbst zurückführen[35]. Selbst die Einstellung erfahrenen Personals garantiert noch keine gute Betriebsführung. Bei komplexen Projekten ist neben der reinen Qualifikation wichtig, dass das Team gut zusammenarbeitet und richtig in das Projekt eingewiesen ist.

Die dadurch hervorgerufenen Einschränkungen des Produktionsbetriebes wirken sich in Abhängigkeit ihres Ausmaßes auf die Produktionsmenge und somit auf den Absatz sowie die Erlössituation negativ aus. Des Weiteren kann sich das Betriebsrisiko in erhöhten Produktionskosten äußern, beispielsweise durch technische Probleme der Projektanlage während des Produktionsprozesses. Diese erhöhten Kosten mindern bei konstanter Ertragslage wiederum

---

33 Für die Projektprüfung bedeutet dies: Die Fremdkapitalgeber müssen sich nicht nur über die Tragfähigkeit des Projektes aufgrund seines erwarteten Cashflow-Stroms in der Betriebsphase Gedanken machen, sondern ebenfalls bis zum Abschluss der Fertigstellungsphase auf die Bonität der Sponsoren bzw. des Generalunternehmers achten. Dabei muss man auch vor Augen haben, dass die Haftung der Sponsoren oder des Generalunternehmers nicht unbeschränkt ist, sondern aus ökonomischen Überlegungen regelmäßig betragsmäßig begrenzt ist.

34 Der frühest mögliche Zeitpunkt ist die Errichtung der Anlage, also das Ende der Bau- und Montagearbeiten (physische Fertigstellung). Allerdings kommt es für den Wert einer Anlage auf deren Funktionstüchtigkeit an - Fertigstellung meint in diesem Zusammenhang den Probelauf, bei dem bestimmte Leistungsparameter nachgewiesen werden müssen. Darüber hinaus kann eine gewisse Betriebszeit gefordert sein, in der stufenweise bestimmte Leistungsparameter nachgewiesen werden müssen. Am weitesten geht die Forderung, dass auch bestimmte Wirtschaftlichkeitskriterien des Anlagenbetriebs nachgewiesen werden (*Economic Test*). Sofern Parameter herangezogen werden, die nicht mit der Anlage selbst zusammenhängen (z. B. realisierte Nachfrage), verschiebt sich der Charakter einer Non-Recourse-Projektfinanzierung wieder in Richtung einer Unternehmensfinanzierung.

35 Schulte-Althoff (1992), S. 118.

den Cashflow[36]. Da dieser nach Projektfertigstellung durch den üblichen Wegfall der Fertigstellungsgarantie die wichtigste Sicherheit darstellt und die primäre Tilgungsquelle ist, reagieren Kreditgeber sensibel auf Betriebsstörungen, so dass Banken ein Management bevorzugen, das hinlängliche technische und wirtschaftliche Erfahrung bei der Betriebsführung einer ähnlichen Anlage aufweisen kann. Sofern die Sponsoren nicht die nötige Erfahrung einer Betriebsführung aufweisen können, ist der Einsatz einer professionellen Betriebs- und Managementgesellschaft notwendig, die sich verpflichtet, für einen kontinuierlichen Betrieb des Projektes und für die Funktionsfähigkeit der Projektanlage zu sorgen. Die Auswahl des Betreibers sollte sich anhand folgender Kriterien orientieren und erfolgt häufig über entsprechende Referenzprojekte der Gesellschaft:

- Reputation der Gesellschaft,
- Fähigkeit zur Betriebsführung,
- Erfahrung im Betrieb vergleichbarer Anlagen,
- Fähigkeit, geeignetes Personal zur Verfügung zu stellen.

Die rechtliche Strukturierung erfolgt über den Betriebsführungsvertrag, der die Rechte und Pflichten des Betreibers genau festlegt. Um einen angemessenen Anreiz für den Betreiber zu setzen, sollte seine Vergütung zumindest zum Teil variabel gestaltet werden: Gewinnbeteiligungen und Pönalen wirken als Anreiz zum besseren Wirtschaften und effizienten Betrieb der Projektanlage und bilden das Gegenstück zur Eigenkapitalrendite der Sponsoren[37]. Mit der Wahl eines Betreibers sollte mithin eine dem Projekt und den Projektkrediten entsprechende Laufzeit vereinbart werden. Für den Fall, dass man sich in der Eignung des Betreibers getäuscht hat oder mangelhafte Leistungen einen Wechsel verlangen, sollte der Betriebs- und Managementvertrag ein Recht zur Kündigung zulassen.

Um Probleme aus der Schnittstelle zwischen Betreiber und Hersteller möglichst zu vermeiden, wird in vielen Projekten ein langfristiger Wartungsvertrag mit dem Hersteller abgeschlossen. Wichtige Wartungen werden damit außerhalb der Verantwortung des Betreibers durchgeführt und Anzeichen für fehlerhaften Betrieb können frühzeitig erkannt werden.

Nach dieser kurzen Einstimmung auf das Thema Betrieb wenden wir uns nunmehr einem der wichtigsten Themen bei der Projektrealisierung zu, der Beurteilung des Rechts- und Regulierungssystems.

2.5.3 Das Rechts- und Regulierungsrisiko in Deutschland

Wie bereits in der Einleitung beschrieben, kommt der Stabilität und Verlässlichkeit des Regulierungsumfeldes für die Realisierungschancen eines Stromleitungsprojektes eine herausragende Bedeutung zu. Der Rechtsrahmen ist vielschichtig und verändert sich dynamisch. Aus diesem Grunde werden die rechtlichen Teilaspekte umfänglich in einem eigenen Bereich in mehreren Kapiteln dargestellt.

36 Schmitt (1989), S. 146; Uekermann (1993), S. 75.

37 Mit näheren Erläuterungen zur Ausgestaltung von Betriebsführungsverträgen siehe Uekermann (1993), S. 76 ff. und Tytko (1999), S. 84 f.

Für Stromleitungsnetze gilt: Die Anreizregulierung bildet derzeit den zentralen Baustein für die Bepreisung von Transportleistungen in Stromnetzen. Zu diesem Zweck werden verschiedenen Entgeltkomponenten definiert, die dann für einen gewissen Zeitraum Gültigkeit haben. RALPH KREMP, MICHAEL SEIDEL und MICHAEL JÄSCHKE stellen die Grundsätze der Anreizregulierung in Kapitel 3.6 dar. Die grundsätzlichen Möglichkeiten einer Regulierung und ihre Bewertung analysieren DOMINIK SCHOBER, SVEN HEIM und PROF. DR. GEORG GOETZ in Kapitel 4.1. TOMAS HAUG und DOMINIK HÜBLER analysieren und bewerten die Anreizregulierung aus ökonomischer Sicht in Kapitel 4.5. DR. PHILIP VON BOEHM-BEZING und MATTHIAS KREBS werden in ihrem Beitrag in Kapitel 4.4 dieses Thema aus Sicht der Praxis behandeln.

Basis eines Engagements in Projekte ist das Vertrauen darin, dass ein einmal gesteckter rechtlicher Rahmen für die Laufzeit des Projektes respektiert wird und nicht nachträglich auch für bestehende Engagements geändert wird. Dieses Thema, das in der Literatur unter dem Aspekt der „unechten Rückwirkung“ diskutiert wird, erlangte zum Jahresende 2010 eine ungeahnte aktuelle Bedeutung, nachdem die spanische Regierung ein Dekret erlassen hatte, das unmittelbar Einfluss auch auf bestehende Solarvorhaben nahm und unter anderem eine projektbezogene Absenkung der Vergütung in den Jahren 2011 bis 2014 zwischen 10 und 20 % vornimmt. Andere Bereiche der erneuerbaren Energien waren hiervon ausgenommen; gleichwohl ist das Vertrauen in die Stabilität des spanischen Regulierungssystems seitdem beeinträchtigt.

Die aus einem Projekt und seinem Regulierungssystem erwarteten Cashflows können durch Veränderungen auf der Kostenseite wesentlich beeinflusst werden. Während eine Vielzahl von Projektkosten weitgehend vertraglich fixiert und damit gut planbar ist, kann über eine negative Veränderung der Betriebskosten oder eine ungesicherte Zinsposition ein erhebliches finanzielles Risiko auf ein Projekt einwirken.

2.5.4 Betriebskostenrisiko

Aufgrund der gesetzlichen Vorgaben können die Kosten für den laufenden Betrieb grundsätzlich vollständig an die Nutzer des Netzes weitergegeben werden. Dies gilt allerdings nur für die angemessenen und branchenüblichen Kosten. Sofern die Kostenstruktur eines Kreditnehmers entweder von Beginn an oder erst im Zeitverlauf deutlich über dem Branchendurchschnitt liegt, besteht die Gefahr, dass diese Kosten zumindest nicht vollständig an die Nutzer weitergegeben werden können.

Erfahrungsgemäß wird das Risiko einer Kostenüberschreitung nur bei vergleichsweise alten Netzen oder in Regionen relevant sein, die durch Naturkatastrophen betroffen sind. Das Risiko erhöhter Betriebskosten lässt sich durch eine Analyse der Netzinfrastruktur durch einen Technischen Berater verringern.

2.5.5 Zinsänderungsrisiko

Leitungsnetz-Vorhaben reagieren aufgrund ihrer Kapitalintensität sensibel auf Änderungen der Zinskosten. Damit sind neben dem absoluten Zinsniveau gleichermaßen die Zinssatzveränderungen abzusichern.

Das allgemeine Zinsniveau zum Zeitpunkt des Financial Close ist eine erste Größe, die bei der Projektprüfung zu betrachten ist. Üblicherweise werden die Zinssätze zum Zeitpunkt des *Financial Close* zu einem größeren Teil und für einen bestimmten Zeitraum gesichert, so dass eine weitgehend feste Kalkulationsbasis besteht. Regelmäßig wird bei den Term Loans eine Zinsbindung über einen bestimmten Zeitraum vereinbart. Nach Ablauf dieser Zinsbindung werden die Konditionen entsprechend den dann geltenden Marktkonditionen neu festgelegt. Aus einem dann höheren Zinssatz ergeben sich relativ höhere Zinszahlungen, die sich direkt auf den Cashflow auswirken. Diese Gefahr wird als Zinsänderungsrisiko bezeichnet.

Wir haben in der folgenden Kalkulation dargestellt, wie sich eine Veränderung des Zinsniveaus auf die Belastbarkeit auswirkt.

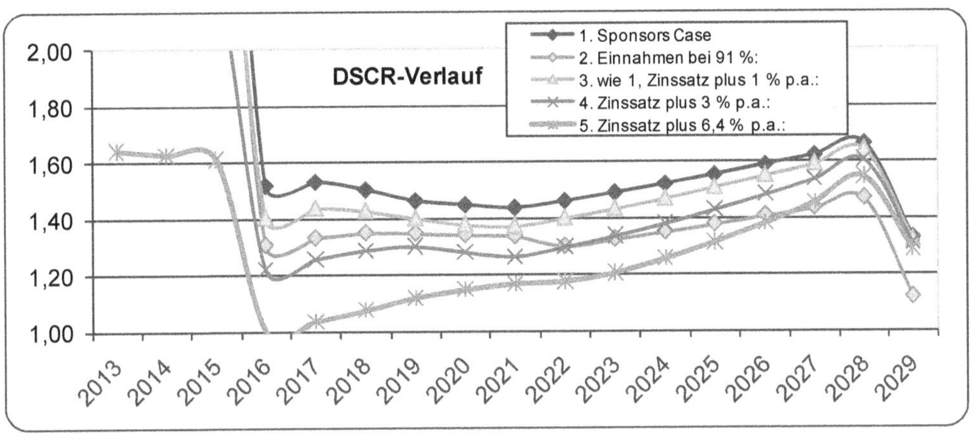

Abbildung 9: Auswirkung einer Zinsänderung auf den DSCR-Verlauf

		Min. DSCR	Ø DSCR	IRR
1.	Sponsors Case	1,33	1,90	8,44 %
2.	Einnahmen bei 91 %	0,99	1,52	1,48 %
3.	wie 1, Zinssatz plus 1 % p.a.	1,32	1,74	7,31 %
4.	wie 1, Zinssatz plus 3 % p.a.	1,31	1,62	6,21 %
5.	wie 1, Zinssatz plus 6,4 % p.a.	1,00	1,30	1,85 %

Erkennbar ist, dass die Abhängigkeit der Wirtschaftlichkeit vom Zinsniveau zum Zeitpunkt des Financial Close bedeutsam ist und gleichermaßen Investoren wie Sponsoren betrifft. Für die Investoren bedeutet eine selbst geringfügige Erhöhung des Zinssatzes eine deutliche Verschlechterung ihrer internen Rendite. Zusätzlich müssen aber auch bestimmte Belastungsanforderungen der Fremdkapitalgeber eingehalten werden. Sehen diese beispielsweise vor, dass eine bestimmte Belastbarkeit erreicht wird, müsste bei der Gefahr einer Zinserhöhung eine Anpassung der Finanzierungsstruktur angestrebt werden, die genau dies sicherstellt. Dies kann auch über eine Eigenmittelerhöhung erfolgen, was wiederum zu einer Absenkung der internen Rendite führen würde. Die hier diskutierte Darstellung spielt insbesondere dann eine Rolle, wenn die Projektgesellschaft aus bestimmten Gründen mit dem Abschluss eines Zinssicherungsgeschäftes wartet.

Mit dem Auslaufen der Zinsbindungsfrist stellt sich dieses Thema wiederum von neuem. Regelmäßig wird daher für den Großteil der langfristigen Darlehen und meistens für den größten Teil der Laufzeit eine Zinssicherung vereinbart. Auf die Darstellung entsprechender Zinssicherungsinstrumente verzichten wir hier allerdings.

2.5.6 Zusammenfassende Würdigung der Einzelrisiken

Während wir bislang die Risiken und die Risikoinstrumente isoliert betrachtet haben, müssen diese in der Finanzierungspraxis hinsichtlich ihrer gesamten Wirkung auf das Projekt analysiert und bewertet werden. Dies erfolgt im Rahmen der Risikoquantifizierung des Projektes über ein Cashflow-Modell. Das Cashflow-Modell dient dabei der Entwicklung einer projektbezogenen Finanzierungsstruktur, die unter der Berücksichtigung eines zu definierenden Sicherheitsabschlages so auszugestalten ist, dass die bankseitigen Anforderungen für die Gewährung einer Projektfinanzierung über die gesamte Finanzierungslaufzeit stets erfüllt werden können.

Aus Gründen der mangelnden Quantifizierbarkeit der nach Anwendung von Risikoinstrumenten verbleibenden Einzelrisiken wird von den Banken ein pauschaler Sicherheitsabschlag anhand von Erfahrungswerten aus dem jeweiligen Anwendungsgebiet festgelegt. Der Sicherheitsabschlag für ein konkretes Projekt kann in seiner Höhe folglich von Bank zu Bank unterschiedlich bemessen sein.

Den Untersuchungen in dieser Arbeit soll ein Sicherheitsabschlag von 20 % auf den geplanten Jahresenergieertrag zu Grunde gelegt werden. Dieser Abschlag ist ausreichend bemessen, um auch das kombinierte Eintreten von Einzelrisiken bei dem betrachteten Projekt Net2Energy (siehe Kapitel 4.7) realistisch abbilden und auffangen zu können.

2.6 Entwicklung einer Finanzierungsstruktur aus dem bisherigen Risikomanagement

2.6.1 Grundsätzliche Überlegungen

Im Anschluss an die Prozessstufen Risikoidentifikation und Risikoallokation schließt sich die Risikoquantifizierung an, die auch eine Überprüfung der Wirtschaftlichkeit darstellt. Hierzu werden die monetären Konsequenzen der vertraglichen und gesetzlichen Grundlagen eines Projektes über ein Cashflow-Modell abgebildet und mit Blick auf mögliche Änderungen des Planablaufs untersucht. Dabei endet die Risikoquantifizierung im Regelfall nicht mit einer statischen Cashflow-Bewertung, sondern wird um ein Rating-Tool ergänzt, das über Simulationsrechnungen verschiedene Umweltszenarien abbildet und zu einer Risikoeinschätzung des Vorhabens gelangt.

Das Cashflow-Modell eines Projektes ist aber nicht nur für die Kreditgeber von herausragender Bedeutung, sondern auch für die Investoren eines Projektes. Beide Kapitalgebergruppen sind gleichermaßen am Erfolg eines Vorhabens interessiert, wobei sie allerdings unterschiedliche Anspruchsebenen und Anspruchsgrundlagen haben. Während die Fremdkapitalgeber einen erfolgsunabhängigen und fixen Anspruch auf Bedienung des Kapitaldienstes aus dem Projekt haben, erheben die Eigenkapitalgeber einen erfolgsabhängigen und damit variablen Anspruch auf den verbleibenden freien Cashflow. Das methodische Werkzeug, mit dem beide Gruppen ein Vorhaben beurteilen, ist ein projektspezifisches Cashflow-Modell.

Allerdings markiert das Cashflow-Modell noch nicht den Endpunkt der wirtschaftlichen Betrachtung der Kreditgeber. In einem nächsten Schritt geht es darum, eine Simulationsrechnung des Cashflow-Verlaufs vorzunehmen, die darüber informiert, wie sich das Projekt unter einer Vielzahl von möglichen Umweltszenarien entwickeln kann. Das Ergebnis dieser Simulationsrechnungen ist eine Ratingeinschätzung, die eine Risikokategorie ausweist und damit über die Risikoprämie die Zinskosten bestimmt und somit auch die Finanzierungsstruktur maßgeblich beeinflusst. Damit geht es in einem zweiten Teil darum herauszuarbeiten, welche quantitativen und qualitativen Faktoren das Rating beeinflussen können.

Im Folgenden soll ein Stromleitungsnetz-Vorhaben mittels einer Analyse seiner Risikopotenziale auf seine Projektfinanzierungsfähigkeit hin untersucht werden. Da die Ausprägung der Projektrisiken in großem Maße von dem jeweiligen Finanzierungsobjekt abhängt, wird ein Fallbeispiel aus der Praxis betrachtet und bewertet (siehe hierzu Kapitel 4.7).

Im Regelfall werden dabei in einem ersten Schritt – ausgehend vom Basisfall – verschiedene, zentrale Cashflow-relevante Parameter verändert und in ihrer Auswirkung auf den Cashflow untersucht. Wir stellen im Folgenden nur die zentralen Ergebnisse vor; eine detaillierte Diskussion erfolgt in Kapitel 4.7.

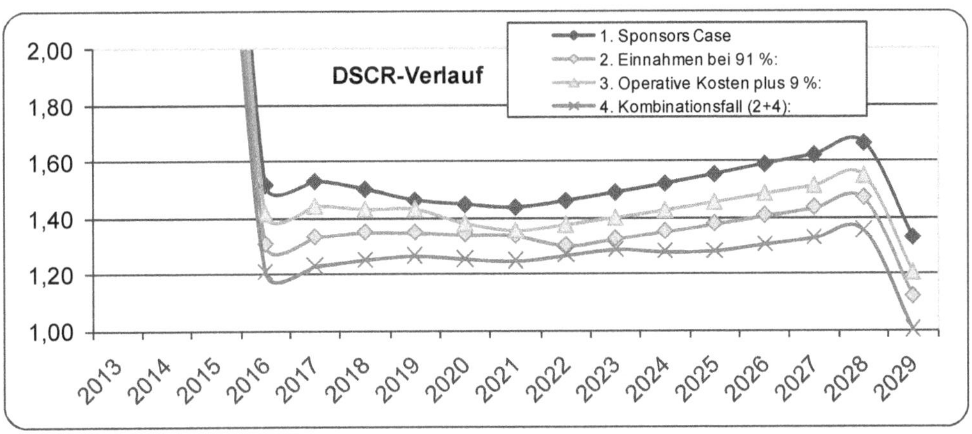

Abbildung 10: DSCR bei verschiedenen Parameteränderungen

	Min. DSCR	Ø DSCR	IRR
1. Sponsors Case	1,33	1,90	8,44 %
2. Einnahmen bei 91 %	0,99	1,52	1,48 %
3. Operative Kosten plus 9 %	1,12	1,71	4,96 %
4. Kombinationsfall (2+4)	0,93	1,33	-2,64 %

Erkennbar ist, dass Stromleitungsvorhaben empfindlich auf eine Änderung des Einnahmenniveaus und der Betriebskosten reagieren.

Die eigentliche zusammenfassende Quantifizierung eines Projektrisikos erfolgt über ein Cashflow-Modell, das neben der Bewertung der Projektrisiken auch eine Optimierung der Finanzierungsstruktur zulässt. Das Cashflow-Modell ist für die Risikoquantifizierung von zentraler Bedeutung, aber die Risikoquantifizierung endet nicht mit dem Cashflow-Modell. Zusätzlich erfolgen auf Basis des Cashflow-Modells – zumeist separat vorgenommene – Simulationsrechnungen über ein Rating-Tool, das verschiedene Projektverläufe bei unterschiedlichen Umweltszenarien simuliert und aus Risikosicht der Banken bewertet. Die Simulationsrechnungen werden dabei im Leitungsnetzbereich wesentlich durch die Variabilität der Einnahmen beeinflusst. Qualitative Faktoren, wie etwa die Bewertung des Fertigstellungsrisikos und die Erfahrungen des EPC-Contractors, haben gegenüber den quantitativen Faktoren eine zumeist nachrangige Bedeutung[38].

Das Cashflow-Modell dient einer ersten Abschätzung der Projektbelastbarkeit und Wirtschaftlichkeit, und das Rating-Verfahren ermöglicht es dann, die Robustheit des Cashflow-Verlaufs angesichts verschiedener Umweltveränderungen zu bewerten. Das Rating-Ergebnis korrespondiert mit einer Risikobepreisung. Sofern diese von der im Cashflow-Modell verwandten Risikobepreisung abweicht, die ja zunächst eine Schätzgröße abbildet, muss das Modell angepasst und die Simulationsrechnung wiederholt werden. Im Bedarfsfall muss dieser Prozess so lange wiederholt werden, bis Cashflow-Modell und Rating-Modell von denselben Annahmen ausgehen. Insofern sind die Cashflow-Modellierung und die Bewertung durch ein Rating-Tool ein iterativer Prozess.

Die Ziele, die mit einem Rating-Tool verfolgt werden, lassen sich wie folgt subsumieren:

- Objektive und standardisierte Risikobeurteilung eines Projektes.
- Kalkulation eines Gesamtrisikos für eine Projektfinanzierung – Ermittlung einer Ausfallwahrscheinlichkeit, die wiederum für die Risikobepreisung relevant ist.
- Regulatorische Anforderungen, insbesondere die Kapitaladäquanzanforderungen nach Basel II, können eingehalten werden[39].

Das Rating-Tool geht dabei wie folgt vor:

- Simulation der wesentlichen Risikotreiber unter einem bestimmten Annahmen-Set und unter Berücksichtigung von
- makroökonomischen Faktoren: Zinssätze, Wechselkurse und Inflationsannahmen sowie
- branchenspezifischen Annahmen: basierend auf einem Random-Walk-Ansatz, der auf historischen Volatilitäten und Korrelationen basiert.

In diesem Zusammenhang müssen aus Rating-Sicht zwei Volatilitäten unterschieden werden: Dies ist zum einen die Volatilität des Elementarangebots, zum anderen die im Ertragsgutachten angegebene Prognoseunsicherheit der Gutachter. Diese zweite Volatilität, die so genannte

38 Da es sich bei den Rating-Tools um separate Software-Anwendungen handelt, die für den Benutzer lediglich Eingaben zulassen, können die Details des Verfahrens im Rahmen dieser Arbeit leider nicht vorgestellt werden.

39 Der BASELER AUSSCHUSS hat in 2004 ein Kapitalregelwerk verabschiedet (Basel II), das im Kreditwesengesetz und der Solvabilitätsverordnung in deutsches Recht umgesetzt worden ist. Siehe hierzu z. B. Cramme et al. (Hrsg): Handbuch Solvabilitätsverordnung, Stuttgart (2007) [Schäffer-Poeschel-Verlag].

Banking Case Uncertainty (BCU), beschreibt den Umstand, dass nicht nur das Energieangebot als solches unsicher ist, sondern auch das korrekte Startniveau des Energieangebots. Das im Rating-Sinn korrekte Start-Niveau ist das Annahmen-Set, das mit derselben Wahrscheinlichkeit $p = 0,5$ überschritten und unterschritten wird (so genannter p(50)-Fall). Die BCU ist daher ein Maß für die Verlässlichkeit der Prognose eines Ertragswertgutachtens. Die Berücksichtigung der BCU führt zu einer Parallelverschiebung der DSCR-Reihe und damit zu einer Erhöhung der Ausfallwahrscheinlichkeit.

Im folgenden Abschnitt 2.6.2 sehen wir uns an, mit welchen Maßnahmen sich die Finanzierungsstruktur verbessern lässt.

2.6.2 Hinweise zur Optimierung aus Sicht der Investoren und der Fremdkapitalgeber

Investoren und Kreditgeber haben das gleichgerichtete Interesse, ein Projekt so wirtschaftlich wie möglich zu gestalten. Ein hoher Cashflow-Überschluss bedeutet einerseits, dass die Fremdkapitalgeber mit größerer Sicherheit ihre festen und erfolgsunabhängigen Rückzahlungsansprüche erfüllt sehen, aber auch, dass die Sponsoren mehr bzw. frühzeitigere Ausschüttungen realisieren können. Während beide Gruppen ein gleichgerichtetes Interesse haben, den Projektwert zu steigern, besteht ein Wettbewerb um die Verwendung der Cashflows. Wie bereits oben angesprochen, haben die Sponsoren ein Interesse daran, möglichst viel Cashflow frühzeitig auszuschütten, während die Fremdkapitalgeber möglichst schnell getilgt werden wollen. Die Erarbeitung einer Finanzierungsstruktur beinhaltet damit immer auch einen Verhandlungsprozess zwischen den beiden Kapitalgebergruppen.

Die wichtigsten Maßnahmen zur Verbesserung der Finanzierungsstruktur liegen in folgenden Aspekten:

- Eine Verlängerung der Laufzeit der *Term Loans* führt zu einer Verbesserung der internen Rendite, aber auch zu einer höheren Belastbarkeit des Projektes. Die Grenzen der Laufzeitwahl werden durch das Rechts- und Regulierungsumfeld sowie die technische Lebensdauer der Anlagen abgesteckt.
- Bei der Wahl der optimalen tilgungsfreien Zeit ist es nicht ganz so einfach: Einerseits wird der Sponsor an einer möglichst langen tilgungsfreien Zeit interessiert sein, die fremdfinanzierende Bank hingegen wird typischerweise einen Zeitraum zwischen 18 und 24 Monaten präferieren. Dies liegt wesentlich darin begründet, dass die Schuldendienstreserve mit hinreichender Sicherheit auch in einem Belastungs-Szenario aufgebaut werden kann.
- Dieser Aspekt bringt uns zur Wahl der Höhe der Schuldendienstreserve. Tendenziell wird ein Sponsor dieses Konto so gering halten wie möglich, andererseits würden die Banken bei einem vollständigen Verzicht auf dieses Sicherungsinstrument ihre Eigenkapitalanforderungen wesentlich anheben. Meist einigt man sich auf einen Zielwert, der in der Größenordnung von etwa 50 % des Kapitaldienstes des Folgejahres liegt.

Die dargestellten Maßnahmen zur Verbesserung der Finanzierungsstruktur können selbstverständlich noch weiter ausdifferenziert werden. Dies sehen wir uns anhand eines Fallbeispiels in Kapitel 4.7 näher an. Zusammen gefasst geht es zumeist darum, die verfügbaren Cashflows so zu verteilen, dass die Investoren eine akzeptable Wirtschaftlichkeit und die Fremdkapitalgeber eine angemessene Belastbarkeit erreichen können.

2.6.3 Einbindung von Versicherungen in die Finanzierungsstruktur

Ein auf das Projekt bezogenes Risikomanagement bedarf eines zugeschnittenen Versicherungsprogramms während der Errichtungs- und Betriebsphase. Der Erwerb von Versicherungsschutz ist der entgeltliche Transfer von Risiken in die Bilanzen von Versicherungen. Ökonomisch besteht damit kaum ein Unterschied zwischen der Risikoübertragung auf andere Beteiligte, so dass die obigen Überlegungen zum Risikotransfer auch hier gelten. Dr. Michael Härig stellt in Kapitel 4.3 verschiedene Aspekte der Einbindung von Versicherungen vor.

Bei der Einbindung von gewerblichen Versicherungen in ein Risikomanagementkonzept sind folgende Aspekte zu beachten:

- Bei Projektfinanzierungen gilt ein gestuftes Subsidiaritätsprinzip: Zunächst wird nach ökonomischen Prinzipien verhandelt, welche Projektpartei welches Risiko übernimmt, bevor die Einbindung einer Versicherung erfolgt. Die Entscheidung ob, wann, zu welchen Konditionen und in welchem Umfang ein Risikotransfer vorgenommen werden muss, ist keine isolierte Entscheidung, sondern Teil eines geschlossenen Risikomanagementprozesses.
- Versicherungen werden den Versicherungsnehmer regelmäßig auf bestimmte Verhaltensweisen und Informationspflichten verpflichten, die wiederum Rückwirkung auf die Vertragserfüllung auch anderer Verträge haben werden. Neben den Anforderungen an eine Versicherbarkeit von einzelnen Risiken, die für die Planbarkeit der Cashflows von großer Bedeutung ist, tritt die Anforderung, über den Umfang und die Ausgestaltung der Versicherungen die richtigen Anreize für die Projektbeteiligten zu setzen.

Bei der Einbindung von Versicherungen in ein Risikomanagementkonzept sind folgende Aspekte zu beachten: Zunächst einmal muss die Versicherung prüfen, ob ein Risiko überhaupt versicherbar ist, wobei verschiedene Prüfungsebenen zu unterscheiden sind. In einem ersten Schritt wird geprüft, ob die Risiken Anreiz kompatibel verteilt sind. Dies verlangt, dass Projektbeteiligte, die ein Risiko auch üblicherweise kontrollieren können, dies auch im konkreten Einzelfall tun. Umgekehrt: Eine Versicherung wird beispielsweise kaum das Fertigstellungsrisiko übernehmen, wenn der Anlagenbauer nicht einen wesentlichen Teil dieses Risikos selbst übernimmt.

Als weitere, versicherungs-mathematische Bedingungen werden dabei der Zufallsgrad eines Schadenseintritts, die eindeutige Zurechenbarkeit des Versicherungsfalls auf ein versichertes Ereignis und die Abschätzbarkeit der finanziellen Konsequenzen bei Risikoeintritt untersucht. Zentral für die Versicherbarkeit von Projektrisiken ist, dass überhaupt ein Sachschaden an den versicherten Sachen entstanden ist und dass dieser unvorhergesehen eingetreten ist. Dies bedeutet zunächst, dass einzelne Teile der Projektanlage zerstört oder beschädigt sein müssen; die bloße Mangelhaftigkeit einer Sache genügt nicht.[40]

Ebenfalls wird kein Versicherungsschutz greifen, wenn ein Schadenereignis unvermeidbar ist und definitiv eintreten wird. Die Zufälligkeit bzw. die Ungewissheit über das Entstehen, den Zeitpunkt und/oder die Schadenhöhe sind zwingend erforderlich. Zu den vorhersehbaren Schäden von Leitungsvorhaben zählen insbesondere Schäden durch Abnutzung und Verschleiß. Es

[40] Haukje/Kottke (2010), S. 60 f.

ist eindeutig, dass einzelne Komponenten – wie etwa bestimmte Elemente des Kraftwerks – nur eine begrenzte Lebensdauer aufweisen und damit kein zufälliges Schadensereignis ursächlich ist. Der Versicherungsnehmer muss damit rechnen, dass Verschleißteile nach einer gewissen Zeit zwangsläufig ausgetauscht werden müssen. Vorhersehbar sind etwa Schäden durch bekannte Mängel, welche nicht versicherbar sind. Sind Mängel bekannt, so ist die Projektgesellschaft verpflichtet, diese zu beseitigen. Ohne Versicherungsschutz käme der Sachschaden wahrscheinlich gar nicht erst zustande, da sofort Maßnahmen zur Verhinderung eingeleitet worden wären. Aus diesem Grund kann eine Versicherung nicht eine Entschädigung leisten, die grob fahrlässig aufgrund der Kenntnis des Versicherungsschutzes verursacht worden ist.

Eine besondere und auch qualitativ herausgehobene Bedeutung für Projektfinanzierungen bietet die Möglichkeit der Einbindung von Exportkreditversicherungen, die wir im Folgenden skizzieren wollen. Ihre Bedeutung steht in engem Zusammenhang mit einem Erklärungsansatz für Projektfinanzierungen, die ihren Bedarf gerade bei internationalen Großprojekten in der Verknüpfung von Anlagenlieferung und Anlagenfinanzierung sieht. Zur Absicherung des Kreditrisikos bei Exportgeschäften stellt eine Reihe von Ländern ihren Exporteuren Ausfuhrgewährleistungen, Kapitalanlagegarantien und so genannte ungebundene Finanzkredite zur Verfügung. Die Auswirkungen einer Exportkreditversicherung erschöpfen sich nicht allein in der Absicherungsfunktion und der dagegen stehenden Versicherungsprämie, sondern führen zu erheblich niedrigeren Liquiditätskosten im Rahmen der Refinanzierung. Dabei sind drei Aspekte gegeneinander abzuwägen:

1. Eine Risikoabsicherung verursacht eine Versicherungsprämie, die je nach Risikoland unterschiedlich hoch ausfällt und im Rahmen der Investitionsplanung mitfinanziert werden muss.
2. Positiv wirkt die risikomäßige Substitution des Projektrisikos durch das Länderrisikos des Garantiegebers für den gedeckten Kreditteil. Dieser Vorteil wird umso größer ausfallen, je größer die Differenz zwischen dem Projektrisiko und dem Risiko des Garantielandes ausfällt.
3. Durch die zusätzliche Einbindung einer Verbriefungsgarantie wird erreicht, dass die finanzierenden Banken für den gedeckten Teil den Pfandbriefmarkt als Refinanzierungsquelle erschließen. Dieser weist regelmäßig wesentlich niedrigere Liquiditätskosten auf als sie jedenfalls in Folge der Finanzkrise für kommerzielle Bankkredite üblich geworden sind. Dieser Vorteil wird umso größer ausfallen, je größer die Differenz zwischen den Liquiditätskosten der beiden Refinanzierungsquellen ausfällt.

Bewertet werden müssen diese Maßnahmen einerseits durch den Investor im Rahmen seines Investitionskalküls, andererseits durch die Bank im Rahmen ihrer Risikobewertung. Im Ergebnis wird durch die Einbindung einer Finanzkreditdeckung bereits eine erhebliche Verbesserung der LGD (*Loss Given Default*) erreicht, die sich positiv auf die Entscheidungsgröße RAROC (*Risk Adjusted Return on Capital*) auswirkt. Die Hereinnahme einer Verbriefungsgarantie verbessert das Ergebnis nochmals wesentlich, da diese eine günstigere Refinanzierung ermöglicht und damit ebenfalls höhere Deckungsbeiträge der Bank zulässt. In jedem Fall erscheint es bei großvolumigen Stromnetz-Vorhaben angeraten zu überprüfen, ob eine Finanzkreditgarantie – mit oder ohne Verbriefungsgarantie – nicht eine sinnvolle Ergänzung der Finanzstruktur darstellt.

In der Gesamtbetrachtung erweisen sich Versicherungen als äußerst vielschichtige Strukturelemente für die Absicherung und Optimierung von Projektfinanzierungen. Einerseits erlauben sie unter den beschriebenen Voraussetzungen eine notwendige residuale Absicherung gegenüber spezifischen Projektrisiken und sind damit ein unverzichtbarer Bestandteil einer Risikoallokation. Andererseits ermöglichen Exportkreditversicherungen die Mobilisierung von Fremdkapital zu günstigeren Konditionen als sie jedenfalls im Zuge der Finanzkrise üblich sind.

2.7 Fazit

Angesichts der Altersstruktur der Stromnetze in Deutschland und dem weiter zunehmenden Angebot an volatilen Strom aus Windenergie und Fotovoltaik besteht ein langfristiger Ausbaubedarf bei Stromleitungsnetzen. Der Gesetzgeber hat auf diesen Bedarf reagiert und mit den Änderungen des EnWG und des NABEG ein tragfähiges Regelgerüst implementiert. Kritisch erscheinen derzeit zwei Aspekte:

- Grundsätzlich haben sich die Klagemöglichkeiten gegen Netzvorhaben verringert und auch die Genehmigungsschritte sind weniger geworden, was der Umsetzung der Stromleitungsvorhaben zugutekommt. Um die Umsetzung der Vorhaben zu erreichen, bedarf es einer ausreichenden Akzeptanz der Bevölkerung. Diese ist allerdings gerade gegenüber der preisgünstigeren Variante der Freileitungstechnologie nicht sonderlich ausgeprägt.
- Es bestehen gewisse ökonomische Fehlanreize: Nach dem Regelverfahren können Netzinvestitionen erst in der folgenden Regulierungsperiode in den Netzentgelten abgerechnet werden. Bei kleineren Netzbetreibern, deren Entgelte nach dem vereinfachten Verfahren ermittelt werden, hemmt die Rechtsunsicherheit im Hinblick auf die Abgrenzbarkeit von Erweiterungsinvestitionen die Investitionsbereitschaft. Schließlich spornt die geltende Form der Anreizregulierung die Netzbetreiber nicht zu besonders guten Leistungen an, ein Aspekt, den Dominik Hübler und Tomas Haug in ihrem Beitrag in Kapitel 4.5 in der Tiefe aufgreifen.

Insgesamt ist die Ertüchtigung und Erweiterung des Stromnetzes in Deutschland das wahrscheinlich größte infrastrukturpolitische Maßnahmenpaket der letzten Jahrzehnte. Neben das Ausmaß tritt die qualitative Bedeutung: Ohne einen gelungenen Ausbau der Stromleitungsnetze wird auch das Vorhaben der Energiewende nicht gelingen.

3 Rechtliche Rahmenbedingungen

3.1 Energiemarktregulierung und ihre Instrumente

GUIDO BRUCKER

Guido Brucker ist Partner der Anwaltskanzlei SCHOLTKA & PARTNER. Nach verschiedenen Tätigkeiten in der Energiewirtschaft berät er seit 2004 als Rechtsanwalt im Energierecht, im Regulierungs- und Kartellrecht sowie zum Recht der erneuerbaren Energien.

3.1.1 Von geschlossenen Versorgungsgebieten zur Regulierung der Stromversorgungsnetze

3.1.1.1 Geschlossene Versorgungsgebiete und Tarifkontrolle

Vor der Liberalisierung der Energiewirtschaft 1998 bestimmte sich der energierechtliche Ordnungsrahmen neben den kartellrechtlichen Sondervorschriften der §§ 103, 103a GWB a.F.[1] im Wesentlichen nach dem Energiewirtschaftsgesetz von 1935.[2] Die deutsche Energiewirtschaft war geprägt durch ein flächendeckendes System geschlossener Versorgungsgebiete. Wettbewerbsbeschränkende Vereinbarungen und Demarkationsabreden[3] waren kartellrechtlich freigestellt. Der überwiegend in Großkraftwerken der Verbundunternehmen erzeugte Strom wurde über die verschiedenen Netzebenen verteilt. Erzeuger, Netzbetreiber und Versorger waren zum Teil bis auf die lokale Ebene hinab untereinander verflochten. Im Netzbereich verfestigten ausschließliche Konzessionsverträge das schon faktisch bestehende natürliche Monopol weiter.[4] Die Aufnahme der Energieversorgung bedurfte nach § 3 EnWG a. F. einer Genehmigung durch die Energieaufsichtsbehörde des jeweiligen Bundeslandes. Seit dem Inkrafttreten der Bundestarifordnung Elektrizität[5] am 1. April 1980 waren Elektrizitätsversorgungsunternehmen mit allgemeiner Anschluss- und Versorgungspflicht auch verpflichtet, die allgemeinen Tarife für die Versorgung in der Niederspannung durch die Energieaufsichtsbehörden genehmigen zu lassen.

1 Gesetz gegen Wettbewerbsbeschränkungen in der Fassung des Fünften Änderungsgesetzes vom 22.12.1989 (BGBL. I S. 2486).

2 Gesetz zur Förderung der Energiewirtschaft vom 13.12.1935 (RGBl. I S. 1451, BGBl. III 752-1) in der Fassung vom 19.12.1977 (BGBl. I S. 2750).

3 Vgl. Kahlenberg, in: Handbuch des Vertriebsrechts, § 39 Rn. 31.

4 Allgemein zu natürlichen Monopolen Möschel, in: Immenga/Mestmäcker, Anhang 1 zu § 21 GWB, Rn. 1 ff.

5 Bundestarifordnung Elektrizität ab der Fassung der Zweiten Änderungsverordnung vom 30.1.1980 (BGBl. I S. 122).

Wesentlicher Prüfungsgegenstand der Tarifgenehmigung waren neben den Netzkosten die Kosten der Strombeschaffung sowie die Verwaltungskosten.[6] Eine bundeseinheitliche Praxis bei der Stromtarifkalkulation gab es nicht.[7]

3.1.1.2 Die Energiemarktliberalisierung 1998 und die Verbändevereinbarungen

Die erste grundlegende ordnungspolitische Umorientierung erfolgte mit der Energierechtsreform 1998.[8] Die Novellierung des EnWG im Jahr 1998 sowie die 6. GWB-Novelle[9] zum 1. Januar 1999 setzten die (ersten) europäischen Binnenmarktrichtlinien Elektrizität[10] und Gas[11] um. Der energierechtliche Ordnungsrahmen wurde grundlegend reformiert: Die freigestellten geschlossenen Versorgungsgebiete wurden abgeschafft. Im Zentrum der Neuregelung stand der Durchleitungsanspruch nach § 6 EnWG a.F.[12] Jedermann sollte entgeltlich und diskriminierungsfrei Energie durch die von Dritten betriebenen Netze durchleiten können, um Letztverbraucher zu versorgen.

Die praktische Umsetzung blieb allerdings schwierig. Es war erforderlich, gegenüber den bis dato integrierten Versorgungsbedingungen und Stromtarifen zusätzlich eigenständige Netzzugangsbedingungen und Prinzipien zur Kalkulation der Durchleitungsentgelte zu entwickeln. Man entschied sich, die Gestaltung des Netzzugangs und der Prinzipien der Netztarifkalkulation der Branche zu überlassen. In der Folge entwickelten die Verbände der leitungsgebundenen Energiewirtschaft und der Industrie mehrere sog. Verbändevereinbarungen. In der Elektrizitätswirtschaft trat am 22. Mai 1998 die erste Verbändevereinbarung über Kriterien zur Bestimmung von Durchleitungsentgelten (**„VV Strom“**) in Kraft[13]. Die weiter fort entwickelten VV Strom II vom 13. Dezember 1999 und die VV Strom II plus vom 13. Dezember 2001 sahen erstmals einen (transaktionsunabhängigen) Netzpunkttarif vor. Das danach kalkulierte Netznutzungsentgelt schloss die Nutzung aller vorgelagerten Netzebenen mit ein und war nur dem Betreiber der Netzanschlussebene zu zahlen. Zur Ermittlung der Netzkosten wurden die Kosten der vorgelagerten Netzebenen auf die nachgelagerten Netzebenen weitergewälzt. Bei der Ermittlung der kalkulatorischen Kosten für das eigene Netz konnten Wertminderungen an betriebsnotwendigen Anlagegütern sowie eine angemessene Verzinsung des Eigenkapitals als

---

6 Büdenbender, Verbändevereinbarungen im Energierecht, S. 66.

7 Dazu ausführlich Schütte/Höch/Schweers, in: Berliner Kommentar zum Energierecht 2004, VV Strom II plus, Rn. 93 ff.

8 Vgl. Art. 1 Gesetz zur Neuregelung des Energiewirtschaftsrechts vom 24.4.1998 (BGBl. I S. 730). Das Gesetz ist am 29.4.1998 in Kraft getreten.

9 Verkündet als Sechstes Gesetz zur Änderung des Gesetzes gegen Wettbewerbsbeschränkungen vom 2.9.1998 (BGBl. I S. 2521).

10 Richtlinie 96/92/EG des Europäischen Parlaments und des Rates vom 19.12.1996 betreffend gemeinsame Vorschriften für den Elektrizitätsbinnenmarkt (EG ABl. 1997 Nr. L 27, S. 20, ber. EG ABl. Nr. L 97, S. 31).

11 Richtlinie 98/30/EG des Europäischen Parlaments und des Rates vom 22.6.1998 betreffend gemeinsame Vorschriften für den Erdgasbinnenmarkt (EG ABl. L 204 vom 21.7.1998, S. 1).

12 Dies betraf zunächst nur den Strombereich; ein entsprechender Durchleitungsanspruch für Gaslieferungen wurde erst mit § 6a EnWG a.F. im Mai 2003 in das EnWG aufgenommen; Durchleitungsansprüche im Gasbereich wurden zuvor allein auf die kartellrechtlichen Missbrauchsvorschriften gestützt.

13 Kritisch hierzu die Europäische Kommission, 28. Wettbewerbsbericht der Europäischen Kommission, S. 175; siehe auch Bundeskartellamt, Tätigkeitsbericht 1998/99, BT-Drs. 14/1139, S. 43; beide Institutionen tolerierten aber die Preisfindungsmechanismen gemäß Verbändevereinbarung in der Erwartung, dass damit die Öffnung der Stromnetze erleichtert werde.

Kostenkomponenten berücksichtigt werden. Für das unternehmerische Risiko konnte ein Wagniszuschlag in Ansatz gebracht werden.[14] Es sollten aber nur diejenigen Kosten ansatzfähig sein, die bei einer elektrizitätswirtschaftlich rationellen Betriebsführung notwendig waren.

Eine „Verrechtlichung" erfuhr die VV Strom II plus mit der EnWG-Novelle 2003.[15] Die Novelle sah im Rahmen des Durchleitungsanspruchs nach § 6 Abs. 1 EnWG a.F. eine Vermutungsregelung vor, die den unbestimmten Rechtsbegriff der „guten fachlichen Praxis" zum Maßstab nahm. Sofern ein Netzbetreiber nach der VV Strom II plus Netzzugang gewährte, galt die Vermutung, dass er der guten fachlichen Praxis entsprochen hatte und seine nach den Preisfindungsprinzipien der VV Strom II plus kalkulierten Netznutzungsentgelte insoweit angemessen waren.[16] Allerdings war diese Regelung zeitlich befristet bis Ende 2003.

Eine behördliche Kontrolle der Netznutzungsentgelte war dem Bundeskartellamt und den Landeskartellbehörden im Rahmen ihrer Missbrauchsaufsicht möglich. Die Kartellbehörden äußerten grundsätzliche Bedenken gegen die in der VV Strom II plus enthaltenen Preisfindungsprinzipien.[17] Aufgrund dieser Bedenken erließ das Bundeskartellamt in zwei Fällen förmliche Untersagungsverfügungen[18], die in einem Fall vom BGH mit Beschluss vom 28. Juni 2005[19] auch bestätigt worden ist. Der BGH stellte fest, dass die Kalkulation nach den Prinzipien der VV Strom II plus eine kartellrechtliche Missbräuchlichkeit der Netznutzungsentgelte nicht ausschließe.

3.1.1.3 Die Einführung der Netzregulierung im EnWG

Das grundlegend novellierte EnWG[20], das am 13. Juli 2005 in Kraft trat, führte zum zweiten Systemwechsel für die Branche: Der Gesetzgeber führte die Regulierung des Netzbetriebs ein. Auch dieser neuerliche Systemwechsel hatte seinen Ursprung auf europäischer Ebene: Die ersten Energiebinnenmarktrichtlinien aus der zweiten Hälfte der 1990er Jahren wurden am 26. Juni 2003 durch die sog. Beschleunigungsrichtlinien Elektrizität und Gas ersetzt.[21] Nach

---

14 Seeger, Die Durchleitung elektrischer Energie nach neuem Recht, S. 327 ff.; zu der Kostenermittlung allgemein auch May, Kooperative Gesetzeskonkretisierung am Beispiel der Verbändevereinbarung Strom, S. 55.

15 Verkündet als Erstes Gesetz zur Änderung des Gesetzes zur Neuregelung des Energiewirtschaftsrechts vom 20.5.2003 (BGBl. I S. 686).

16 Salje, in: Baur/Salje/Schmidt-Preuß, Kap. 32, Rn. 7.

17 Arbeitsgruppe Netznutzung Strom der Kartellbehörden des Bundes und der Länder, Bericht über die Reichweite der kartellrechtlichen Eingriffsnormen für die Überprüfung der Höhe der Entgelte für die Nutzung der Stromnetze und die kartellrechtliche Relevanz von den Netzzugang behindernden Verhaltensweisen der Stromnetzbetreiber, 19.4.2001.

18 Bundeskartellamt, Beschluss vom 14.2.2003 (B11 - 40 100 - T - 45/01), WuW/E DE-V 722; Bundeskartellamt, Beschluss vom 17.4.2003 (B11 - 40 100 - T 38/01).

19 BGH, RdE 2005, S. 228 ff. – *Stadtwerke Mainz*.

20 Gesetz über die Elektrizitäts- und Gasversorgung vom 7.7.2005, verkündet als Art. 1, Zweites Gesetzes zur Neuregelung des Energiewirtschaftsrechts vom gleichen Tage (BGBl. I S. 1970).

21 Richtlinie 2003/54/EG des Europäischen Parlaments und des Rates vom 26.6.2003 über gemeinsame Vorschriften für den Elektrizitätsbinnenmarkt und zur Aufhebung der Richtlinie 96/92/EG (EG ABl. L 176 vom 15.7.2003, S. 37); Richtlinie 2003/55/EG des Europäischen Parlaments und des Rates vom 26.6.2003 über gemeinsame Vorschriften für den Erdgasbinnenmarkt und zur Aufhebung der Richtlinie 98/30/EG (EG ABl. L 176 vom 15.7.2003, S. 57); vgl. zu beiden auch Lecheler/Gundel, EuZW 2003, S. 621 ff., und Schneider/Prater, RdE 2004, S. 57 ff.; die beiden sog. Beschleunigungsrichtlinien waren flankiert von der Verordnung (EG) Nr. 1228/2003 des Europäischen Parlaments und des Rates vom 26.6.2003 über die Netzzugangsbedingungen für den grenzüberschreitenden Stromhandel (EG ABl. L 176 vom 15.7.2003, S. 1), und wurden ergänzt durch die Verordnung (EG)

den Beschleunigungsrichtlinien war der regulierte Netzzugang nun zwingend. Kernpunkte der EnWG-Novelle 2005 war neben den ebenfalls zwingenden Entflechtungsvorgaben die Neuordnung des Netzzugangsregimes.[22] Die damalige Regulierungsbehörde für Telekommunikation und Post wurde in Bundesnetzagentur (**„BNetzA“**) umbenannt und neben den Landesregulierungsbehörden mit den Aufgaben der Netzregulierung betraut.[23]

3.1.2 Grundzüge des regulierten Netzbetriebs

Der regulierte Netzbetrieb ist im Teil 3 des EnWG geregelt. In diesem Teil des Gesetzes wird in den ersten drei Abschnitten zwischen den Aufgaben des Netzbetreibers (Abschnitt 1), dem Netzanschluss (Abschnitt 2) sowie dem Netzzugang (Abschnitt 3) differenziert.

Im Abschnitt 1 werden die Aufgaben des Netzbetreibers gesetzlich bestimmt. Gemäß § 11 Abs. 1 Satz 1 EnWG hat ein Netzbetreiber ein sicheres, zuverlässiges und leistungsfähiges Versorgungsnetz diskriminierungsfrei zu betreiben, zu warten und bedarfsgerecht zu optimieren, zu verstärken und auszubauen. In den folgenden Vorschriften werden die Aufgaben weiter spezifiziert. Mit den Vorgaben zur Aufrechterhaltung der Systemverantwortung in § 13[24] gibt das EnWG den Stromnetzbetreibern einen rechtlich abgesicherten Rahmen bezüglich ihrer Verantwortung für ein sicheres und zuverlässiges Versorgungssystem vor. Im Zuge der Energiewende 2011 ergänzte der Gesetzgeber den Abschnitt 1.[25] Zum einen ist nun in den §§ 12a bis 12f EnWG eine energiesektorenspezifische Bedarfsplanung geregelt.[26] Zum anderen bezog der Gesetzgeber Betreiber von Erzeugungsanlagen[27] und Betreiber von Verbrauchseinrichtungen[28] teilweise in die Systemverantwortung nach § 13 EnWG mit ein.

Abschnitt 2 enthält die Regelungen zum Netzanschluss. Nach § 17 Abs. 1 EnWG sind an das Versorgungsnetz Letztverbraucher, gleich- oder nachgelagerte Elektrizitäts- und Gasversorgungsnetze und -leitungen, Erzeugungs- und Speicheranlagen sowie Anlagen zur Speicherung

---

Nr. 1775/2005 des Europäischen Parlaments und des Rates vom 28.9.2005 über die Bedingungen für den Zugang zu den Erdgasfernleitungsnetzen (EG ABl. L 289 vom 3.11.2005, S. 1).

22 Scholtka, NJW 2005, S. 2421 (2424).

23 Vgl. Gesetz über die Bundesnetzagentur für Elektrizität, Gas, Telekommunikation, Post und Eisenbahnen vom 7.7.2005, verkündet als Art. 2, Zweites Gesetz zur Neuregelung des Energiewirtschaftsrechts vom gleichen Tag, (BGBl. I S. 1970).

24 § 13 EnWG gilt unmittelbar nur für Übertragungsnetzbetreiber; für Betreiber von Verteilernetzen gilt § 13 EnWG über den Verweis in § 14 Abs. 1 EnWG entsprechend.

25 Gesetz zur Neuregelung energiewirtschaftsrechtlicher Vorschriften vom 26.7.2011 (BGBl. I S. 1554); am 4.8.2011 in Kraft getreten.

26 Daneben regeln auch die §§ 43 ff. EnWG, das Energieleitungsausbaugesetz von 2009 (EnLAG) und das 2011 neu geschaffene Netzausbaubeschleunigungsgesetz Übertragungsnetz (NABEG) die Planung und den Bau von Stromleitungen.

27 Vgl. § 13 Abs. 1a und 1b EnWG sowie die §§ 13a bis 13c EnWG; mittlerweile ist die – derzeit zeitlich bis 31.12.2017 befristete Reservekraftwerksverordnung vom 27.6.2013 (BGBl. I S. 1947) in Kraft getreten; auch die BNetzA beschloss am 30.10.2012 zwei Festlegungen zum Redispatch, gegen die zahlreiche Beschwerdeverfahren anhängig sind, vgl. BNetzA, Festlegung zur Standardisierung vertraglicher Rahmenbedingungen für Eingriffsmöglichkeiten der Übertragungsnetzbetreiber in die Fahrweise von Erzeugungsanlagen (BK6-11-098), und BNetzA, Festlegung von Kriterien für die Bestimmung einer angemessenen Vergütung bei strombedingten Redispatchmaßnahmen und bei spannungsbedingten Anpassungen der Wirkleistungseinspeisung (BK8-12-019).

28 Vgl. § 13 Abs. 4a und 4b EnWG und die §§ 14a, 14b EnWG, sowie die Verordnung zu abschaltbaren Lasten vom 28.12.2012 (BGBl. I S. 2998).

elektrischer Energie anzuschließen. Anspruchsverpflichtet sind die Betreiber von Versorgungsnetzen über eine oder mehrere Spannungsebenen oder Druckstufen. Die jeweiligen Netzanschlussbedingungen müssen angemessen, diskriminierungsfrei und transparent sein. Der Netzanschluss kann nur bei wirtschaftlicher Unzumutbarkeit verweigert werden. Begehrt ein Anschlussnehmer den Wechsel der Netzanschlussebene, kann dies regelmäßig nicht unter Verweis auf eine wirtschaftliche Unzumutbarkeit verweigert werden. Der BGH bestätigte, dass der Anschlussnehmer ein Wahlrecht habe, an welche Netz- oder Umspannebene er angeschlossen werden will.[29] Grundsätzlich sind dem Netzbetreiber aber die Kosten der Errichtung oder gegebenenfalls einer Änderung des Netzanschlusses zu erstatten.

Der Netzanschluss für Kraftwerke mit einer Leistung von mehr als 100 MW ist in der Kraftwerksnetzanschlussverordnung („**KraftNAV**")[30] ergänzend geregelt. Zudem bestimmt das Erneuerbare-Energien-Gesetz („**EEG**")[31] in § 8 einen zu § 17 EnWG speziellen Anspruch auf vorrangigen Anschluss von Anlagen zur Erzeugung von Strom aus erneuerbaren Energien. Für Betreiber von Netzen der allgemeinen Versorgung in Gemeindegebieten besteht über § 17 EnWG hinaus eine allgemeine Anschlussverpflichtung gemäß § 18 EnWG. Die Betreiber von Netzen der allgemeinen Versorgung sind verpflichtet, jedermann an ihr Netz anzuschließen und die Anschlussnutzung zur Energieentnahme zu gestatten. Die Niederspannungsanschlussverordnung („**NAV**")[32] enthält für den Netzanschluss in der Niederspannungsnetzebene weitere Bestimmungen.

Schon Ende 2006 wurde den Übertragungsnetzbetreibern – ursprünglich befristet – auferlegt, abweichend von den allgemeinen Vorschriften die sehr kostenintensiven Offshore-Netzanbindungsleitungen zu errichten und zu betreiben. Aufgrund des schleppend verlaufenden Ausbaus der Offshore-Windenergie ergänzte der Gesetzgeber Ende 2012 mit den §§ 17a bis 17f EnWG einen eigenen Offshore-Regelungskomplex.[33] Die Vorschriften regeln einen Offshore-Netzentwicklungsplan, konkretisieren die Verpflichtungen der Übertragungsnetzbetreiber zur Errichtung und zum Betrieb der Offshore-Netzanbindungen und enthalten ein neues Haftungs- und Umlageregime im Falle einer Verzögerung bei der Netzanbindung von Offshore-Windparks. Die zeitliche Befristung der Offshore-Sonderregelungen ist entfallen. Zahlreiche sich aus diesem Regelungskomplex ergebende Rechtsfragen sind bisher ungeklärt.[34]

Abschnitt 3 enthält schließlich das Kernstück der Netzregulierung, den Netzzugang. Nach § 20 Abs. 1 EnWG hat jedermann Anspruch auf Netzzugang zu angemessenen und veröffentlichten

---

29 BGH, RdE 2009, S. 336 ff. – *Netzanschluss*.

30 Verordnung zur Regelung des Netzanschlusses von Anlagen zur Erzeugung von elektrischer Energie vom 26.6.2007 (BGBl. I S. 1187).

31 Artikel 1 des Gesetzes zur grundlegenden Reform des Erneuerbare-Energien-Gesetzes und zur Änderung weiterer Bestimmung des Energiewirtschaftsrechts vom 21.07.2014 (BGBl I S.1066).

32 Verordnung über Allgemeine Bedingungen für den Netzanschluss und dessen Nutzung für die Elektrizitätsversorgung in Niederspannung, verkündet als Art. 1 der Verordnung zum Erlass von Regelungen des Netzanschlusses von Letztverbrauchern in Niederspannung und Niederdruck vom 1.11.2006 (BGBl. I S. 2477).

33 Drittes Gesetz zur Neuregelung energiewirtschaftsrechtlicher Vorschriften vom 20.12.2012 (BGBl. I S. 2730); das Gesetz ist am 28.12.2012 in Kraft getreten; diese Vorschriften sind im Zuge der EEG-Reform nochmals durch Artikel 6 des Gesetzes zur grundlegenden Reform des Erneuerbare-Energien-Gesetzes und zur Änderung weiterer Bestimmung des Energiewirtschaftsrechts vom 21.07.2014 (BGBl I S.1066) nochmals überarbeitet und ergänzt worden.

34 Vgl. die erste (rechtskräftige) Entscheidung des LG Berlin zu Haftungsfragen wegen Verzögerungen bei der Netzanbindung in RdE 2014, S. 35 ff. mit Anm. Scholz (noch zur Rechtslage nach § 17 Abs. 2a EnWG a. F.).

Bedingungen. Das Modell für den Netzzugang ist für den Strom- und Gasmarkt jeweils in § 20 Abs. 1a und 20 Abs. 1b EnWG beschrieben. Die Stromnetzzugangsverordnung (**„Strom-NZV“**)[35] gestaltet die Einzelheiten des Netzzugangs weiter aus. Der Netzzugang im Strombereich schreibt im Grundsatz das bereits in der VV Strom II plus vorgesehene Netzzugangsmodell fort. Der Lieferantenwechselprozess einschließlich der dabei anzuwendenden Datenformate ist durch Festlegung der BNetzA[36] detailliert vorgegeben. Der mit den Übertragungsnetzbetreibern abzuschließende Bilanzkreisvertrag ist vereinheitlicht. Auch die einzelnen Abwicklungs- und Datenclearingprozesse im Rahmen der Bilanzkreisabrechnung zwischen den verschiedenen Marktakteuren sind standardisiert. Das Standardisierungsverfahren für den Netznutzungs-/Lieferantenrahmenvertrag Strom ist eingeleitet.[37]

Die grundsätzlichen Maßstäbe der Netzentgeltregulierung enthält § 21 EnWG. Bis einschließlich 2008 wurde ein kostenbasiertes Systems der Netzentgeltregulierung nach den Vorgaben der Stromnetzentgeltverordnung (**„StromNEV“**)[38] praktiziert, das über § 23a EnWG eine Genehmigungspflicht vorsah. Das seit 2009 praktizierte System der Anreizregulierung beruht auf § 21a EnWG und wird durch die Bestimmungen der Anreizregulierungsverordnung (**„ARegV“**)[39] weiter ausgestaltet. Den für den zukünftigen Umbau der Verteilernetze wichtigen Bereich des Messwesens hat der Gesetzgeber über die §§ 21b bis 21i EnWG liberalisiert. Zwar liegen auch dazu eine Messzugangsverordnung sowie eine Festlegung der BNetzA vor.[40] Allerdings befindet sich dieser Bereich gegenwärtig im Umbruch und bedarf gerade im Hinblick auf die Finanzierung notwendiger Investitionen zum Umbau des Versorgungssystems einer Neuordnung.

3.1.3 Zusammenspiel von Vertrags-, Kartell- und Regulierungsrecht

3.1.3.1 Vertragsrecht und Regulierung

Die einzelnen Unternehmen auf dem Strommarkt stehen sich regelmäßig in einem Gleichordnungsverhältnis gegenüber. Es handelt sich um private Unternehmen, die ihre Rechtsbeziehungen untereinander im Rahmen der allgemeinen Vertragsfreiheit grundsätzlich frei gestalten. Für die abgeschlossenen Verträge gilt daher allgemeines Vertragsrecht. Das Kartellrecht

35 Verordnung über den Zugang zu Elektrizitätsversorgungsnetzen vom 25.7.2005 (BGBl. I S. 2243).

36 Vgl. BNetzA, Festlegung einheitlicher Geschäftsprozesse und Datenformate zur Abwicklung der Belieferung von Kunden mit Elektrizität (GPKE) vom 11.7.2006 (BK6-06-009); vgl. auch die jüngere Festlegung von Marktprozessen für Einspeisestellen (Strom) vom 29.10.2012 (BK6-12-153).

37 Vgl. BNetzA, Festlegung zur Vereinheitlichung der Bilanzkreisverträge vom 29.6.2011 (BK6-06-013), sowie Änderungsverfahren unter Az. BK6-14-044; Festlegung von Marktregeln für die Durchführung der Bilanzkreisabrechnung Strom (MaBiS) vom 10.6.2009 (BK6-07-002); ein Verfahren zur Festlegung eines Netznutzungsvertrages (Strom) hat die BNetzA im Herbst 2013 eingeleitet (BK6-13-042).

38 Verordnung über die Entgelte für den Zugang zu Elektrizitätsversorgungsnetzen vom 27.7.2005 (BGBl. I S. 2225).

39 Vgl. die Verordnung über die Anreizregulierung der Energieversorgungsnetze vom 29.10.2007 (BGBl. I S. 2529).

40 Vgl. Messzugangsverordnung vom 17.10.2008 (BGBl. I S. 2006) und BNetzA, Festlegung zur Standardisierung von Verträgen und Geschäftsprozessen im Bereich des Messwesens (WiM) vom 9.9.2010 (BK6-09-034).

greift nur punktuell in die vertraglich ausgestalteten Rechtsbeziehungen ein.[41] Auch die Vorgaben des EnWG werden zwischen den Beteiligten auf Basis zivilrechtlicher Verträge umgesetzt. Beispielsweise gewährt ein Netzbetreiber gemäß § 20 Abs. 1 EnWG Netzzugang auf Basis eines zivilrechtlichen Netznutzungs- oder Lieferantenrahmenvertrages.[42]

Für das Kartellrecht und das sektorenspezifische Regulierungsrecht kennzeichnend ist, dass sich die Beteiligten, also auf der einen Seite die jeweilige Regulierungs- oder Kartellbehörde und auf der anderen Seite das betroffene Unternehmen, in einem Über-/Unterordnungsverhältnis zueinander stehen. Die zuständigen Behörden nehmen die ihnen durch Gesetz eingeräumten, hoheitlichen Aufsichtsbefugnisse wahr. Über die Verbotsnormen der kartellrechtlichen Bestimmungen einerseits sowie durch das sektorenspezifische Regulierungsrecht andererseits wird die allgemeine Vertragsfreiheit eingeschränkt.

Der Grund für diese Einschränkung liegt jeweils in der Marktstruktur. Kartellrecht und sektorenspezifisches Regulierungsrecht sind im Kern auf das Schutzgut „Wettbewerb" ausgerichtet.[43] Im Kartellrecht ist die Vereinbarung wettbewerbsbeschränkender Abreden oder wettbewerbsbeschränkender abgestimmter Verhaltensweisen zwischen marktstarken Unternehmen verboten. Zudem ist es marktmächtigen Unternehmen verboten, ihre Marktstellung zu missbrauchen. Ziel ist es, einen funktionsfähigen wirksamen Wettbewerb sicherzustellen.[44] Auch wenn beispielsweise beide beteiligten Vertragspartner eine Vereinbarung wollen, die in ihrer Wirkung wettbewerbsbeschränkend ist, bleibt diese verboten und ist unwirksam. Im Energiebereich illustriert eine solche Situation die E.ON Ruhrgas Entscheidung des Bundeskartellamts von 2006. Dort war es übergangsweise auch den Vertragspartnern der E.ON Ruhrgas nicht möglich, Verträge mit E.ON Ruhrgas zeitlich und mengenmäßig zu staffeln, dass faktisch eine – in der damaligen Marktposition der E.ON Ruhrgas verbotene – Gesamtbedarfsdeckung vorlag.[45] Erklärtes Ziel war es, die aus Monopolzeiten gewachsene Marktstruktur aufzubrechen.

Auch im sektorenspezifischen Regulierungsrecht liegt der Grund für die Einschränkung der allgemeinen Vertragsfreiheit in der Marktstruktur, da das Versorgungsnetz in der leitungsgebundenen Energiewirtschaft als natürliches Monopol gilt.[46] Über die Regulierung wird versucht, trotz natürlichen Monopols Wettbewerb auf nachgelagerten Märkten zu gewährleisten und wettbewerbsanaloge Voraussetzungen und Verhältnisse im Monopolmarkt zu schaffen.[47] Der Netzbetreiber ist aufgrund seiner Monopolstellung beispielsweise gezwungen, grundsätzlich mit jedermann Netzzugangsverträge abzuschließen. Es besteht – anders als im allgemeinen Vertragsrecht – Kontrahierungszwang. Eine wirtschaftliche Unzumutbarkeit wird nur in Ausnahmefällen vorliegen.

---

41 Eine Ausnahme von der grundsätzlich vertraglichen Ausgestaltung der Rechtsbeziehungen bildet das EEG für das Verhältnis zwischen Anlagenbetreiber und Netzbetreiber (vgl. § 4 EEG). Zwar ist der Abschluss von Verträgen nicht ausgeschlossen, allerdings darf die Erfüllung der Verpflichtungen nicht vom Abschluss eines Vertrages abhängig gemacht werden. Zudem darf nicht zu Lasten des Anlagenbetreibers von den gesetzlichen Vorgaben abgewichen werden.

42 Vgl. dazu das in § 20 Abs. 1a EnWG beschriebene Netzzugangsmodell auf vertraglicher Basis.

43 Kühne, in: Stromwirtschaft, Kap. 21, Rn. 1; Ludwigs, in: Baur/Salje/Schmidt-Preuß, Kap. 38, Rn. 1.

44 Vgl. beispielsweise BT-Drs. 6/2520, S. 34.

45 Bundeskartellamt, Beschluss vom 13.1.2006 (B8 – 113/03-1); die Untersagung war zeitlich befristet bis zum 30.9.2010.

46 Vgl. zu natürlichen Monopolen Möschel, in: Immenga/Mestmäcker, Anhang 1 zu § 21 GWB, Rn. 1 ff.

47 Vgl. Ludwigs, in: Baur/Salje/Schmidt-Preuß, Kap. 38, Rn. 7.

3.1.3.2 Allgemeines Vertragsrecht und Netzentgeltregulierung

Von besonderer praktischer Bedeutung ist das Zusammenspiel von Vertragsrecht einerseits und der Regulierung der Netzentgelte andererseits. Der BGH geht in mittlerweile ständiger Rechtsprechung davon aus, dass dem Netzbetreiber im Rahmen des Netznutzungsvertrages ein Leistungsbestimmungsrecht nach § 315 BGB im Hinblick auf die Netzentgelte eingeräumt werde. Die Netzentgelte müssen billigem Ermessen im Sinne des § 315 Abs. 1 BGB entsprechen, wobei der energierechtliche Ordnungsrahmen den Billigkeitsmaßstab konkretisiert.[48] Der Vertragspartner und Netznutzer kann der Entgeltfestsetzung wegen (vermeintlicher) Unbilligkeit widersprechen. Dabei trägt der Netzbetreiber im Falle eines daraufhin bei Zahlung erklärten Vorbehalts auch im Rahmen der Rückforderung durch den Netznutzer die Darlegungs- und Beweislast für die Billigkeit.[49] Gelingt dem Netzbetreiber der Nachweis der Billigkeit einer Entgeltfestsetzung nicht, kann im Streitfall ein Zivilgericht gemäß § 315 Abs. 3 Satz 2 BGB ein billiges Netzentgelt festsetzen. Der BGH bestätigte, dass der vertragsrechtliche Unbilligkeitseinwand gemäß § 315 Abs. 3 BGB nicht durch eine regulierungsbehördliche Genehmigung der Netzentgelte ausgeschlossen werde. Nach Ansicht des BGH bietet der sektorenspezifische Regulierungsrahmen für den betroffenen Netznutzer keinen hinreichenden Schutz, der ihm über § 315 BGB im Rahmen des allgemeinen Vertragsrechts gewährt werde.[50] Der Genehmigung des Netzentgelts durch die Regulierungsbehörde komme im Streitfall aber eine gewichtige Indizwirkung mit Blick auf die Billigkeit zu. Diese Indizwirkung könne durch den Netznutzer erschüttert werden, so dass dann der betroffene Netzbetreiber seine Kostenkalkulation näher darlegen müsse.[51]

Der BGH hat damit die Überschneidung von sektorenspezifischem Regulierungsrecht und allgemeinem Vertragsrecht nicht über den Ausschluss des § 315 BGB im Falle behördlich genehmigter Netzentgelts gelöst.[52] Er zieht vielmehr die allgemeinen Darlegungs- und Beweislastprinzipen des Zivilprozessrechts heran, um das Konkurrenzverhältnis zwischen Regulierungsrecht und allgemeinem Vertragsrecht zu bestimmen. Außer im Falle echter Fehler in der regulierungsbehördlichen Entscheidung kann damit aber die Erschütterung der Indizwirkung nicht ernsthaft in Betracht kommen. Der Rahmen billigen Ermessens des Netzbetreibers nach § 315 Abs. 1 BGB wird maßgeblich vom energierechtlichen Ordnungsrahmen und von der Tätigkeit der Regulierungsbehörden gesetzt.[53] Es wäre bedenklich, wenn ein Zivilgericht seine Beurteilung energiewirtschaftlicher Sachverhalte innerhalb des energierechtlichen Ordnungsrahmens – sei es auch mit sachverständiger Unterstützung – über die Beurteilung der zuständigen und fachkundigen Regulierungsbehörde stellt.

Das Nebeneinander von sektorenspezifischem Regulierungsrecht und allgemeinem Vertragsrecht ist noch nicht abschließend geklärt. Es ist zu erwarten, dass diese Konstellation immer

48 BGH, NJW 2008, S. 2175 (2177), Rn. 21 – *Stromnetznutzungsentgelt III*; BGH, NJW 2012, S. 3092 (3093), Rn. 34 – *Stromnetznutzungsentgelt V*.

49 BGH, NJW 2008, S. 2175 (2177), Rn. 27 – *Stromnetznutzungsentgelt III*.

50 BGH, NJW 2012, S. 3092 (3093), Rn. 17 ff. – *Stromnetznutzungsentgelt V*.

51 BGH, NJW 2012, S. 3092 (3094 f.), Rn. 36 – *Stromnetznutzungsentgelt V*.

52 So aber Stimmen in der Literatur, vgl. Bork, JZ 2006, S. 682 (684); Kühne, NJW 2006, S. 654 (655 f.); Säcker, ZNER 2007, S. 114 (116); Wolf, RdE 2011, S. 261 (262).

53 Vgl. BGH, NJW 2012, S. 3092 (3093), Rn. 34 – *Stromnetznutzungsentgelt V*.

wieder zu Konflikten in der täglichen Praxis führen wird, und sich das Verhältnis der verschiedenen Regelungskomplexe erst künftig im Wege der richterlichen Rechtsfortbildung weiter ausdifferenziert. Jedenfalls sollte vermieden werden, dass über das Nebeneinander von Netzentgeltregulierung und Vertragsrecht die vom Gesetzgeber verfolgten Ziele der Regulierung unter dem Aspekt vermeintlicher vertraglicher Einzelfallgerechtigkeit konterkariert werden.

3.1.3.3 Verhältnis von sektorenspezifischem Regulierungsrecht zu Kartellrecht

Schließlich stellt sich die Frage, wie sich das Regulierungsrecht des EnWG zu Kartellrecht verhält. Aufgrund der Monopolstellung des Netzbetreibers unterfällt im Grundsatz dem sektorenspezifischen Regulierungsrecht im Sinne des EnWG allein der Netzbetrieb. Dagegen sind Erzeugung, Handel sowie der Vertrieb von Strom grundsätzlich dem Wettbewerb zugänglich. Auf diesen Märkten finden die kartellrechtlichen Bestimmungen Anwendung. Über § 111 EnWG wird das Zusammenspiel von sektorenspezifischem Regulierungsrecht und Kartellrecht gesetzlich geregelt: Die kartellrechtlichen Missbrauchsbestimmungen nach dem GWB finden keine Anwendung auf Sachverhalte, die sich nach den Bestimmungen des EnWG, der StromNEV, der StromNZV oder der ARegV richten. Die Vorschriften des EnWG und der darauf basierenden Rechtsverordnungen zur Regulierung des Netzbetriebs sind nach § 111 Abs. 2 EnWG abschließend. Auch in kartellrechtlichen Preismissbrauchsverfahren haben die zuständigen Kartellbehörden gemäß § 111 Abs. 3 EnWG ein vom Netzbetreiber veröffentlichtes Netzentgelt ihrer Prüfung als rechtmäßig zugrunde zu legen.

Zu berücksichtigen bleibt dagegen auch im Bereich der Netzregulierung zum einen das Kartellverbot, also das Verbot wettbewerbsbeschränkender Vereinbarungen oder abgestimmter Verhaltensweisen gemäß § 1 GWB. Dies kann insbesondere im Rahmen von Kooperationen von Netzbetreibern untereinander eine Rolle spielen, die von der sektorenspezifischen Regulierung nicht erfasst werden. Zum anderen kann der deutsche Gesetzgeber des EnWG nicht den Anwendungsbereich europäischen Kartellrechts einschränken. Deshalb findet auch im regulierten Bereich nicht nur das europäische Verbot wettbewerbsbeschränkender Vereinbarungen nach Art. 101 AEUV[54], sondern trotz § 111 EnWG uneingeschränkt das Missbrauchsverbot nach Art. 102 AEUV Anwendung. Zwar ist eine Situation schwer vorstellbar, in der ein Sachverhalt einerseits nach nationaler sektorenspezifischer Regulierung gemäß EnWG nicht zu beanstanden ist, andererseits aber zugleich der Missbrauch einer marktbeherrschenden Stellung gemäß Art. 102 AUEV bejaht wird. Ausgeschlossen ist dies aber nicht. Im Telekommunikationsbereich bestätigte beispielsweise der Europäische Gerichtshof 2010 ein Bußgeld der Europäischen Kommission gegen die Deutsche Telekom wegen Verstoßes gegen das europäische Missbrauchsverbot. Dass das (missbräuchliche) Entgelt zuvor von der damaligen RegTP, heute BNetzA, mit festgelegt worden war, hatte nur Einfluss auf die Höhe der Geldbuße.[55]

Im Hinblick auf die zulässige Regulierungstiefe unterscheiden sich die Bestimmungen des EnWG von den kartellrechtlichen Vorschriften deutlich. Der deutsche Gesetzgeber entschied sich im Rahmen der sektorenspezifischen Regulierung der Energiewirtschaft für eine (ex-ante)

54 Vertrag über die Arbeitsweise der Europäischen Union in der Fassung der Bekanntmachung vom 9.5.2008 (Abl. Nr. C 115, S. 47), zuletzt geändert durch Art. 2 ÄndBeschl. 2012/419/EU vom 11.7.2012 (Abl. Nr. L 204, S. 131).

55 EuGH, Urteil vom 14.10.2010, Rs. C 2-280/08 P – Deutsche Telekom - Kommission, WuW EU-R 1779.

Methodenregulierung, die ergänzt wird von einer (ex-post) Missbrauchskontrolle beim regulierten Netzbetrieb. Dagegen sehen die kartellrechtlichen Vorschriften nur eine ex-post Aufsicht vor.[56]

3.1.4 Regulierungsbehörden für die Netzregulierung und deren Eingriffs- und Gestaltungsmittel

3.1.4.1 Regulierungsbehörden

Zuständig für die Regulierung des Netzbetriebs sind gemäß § 54 EnWG die BNetzA und die Landesregulierungsbehörden. Die Aufgabenverteilung zwischen der Bundes- und den Länderbehörden richtet sich nach § 54 EnWG.

Grundsätzlich ist die BNetzA entweder über § 54 Abs. 1 oder über § 54 Abs. 3 EnWG für die Regulierung des Netzbetriebs zuständig. Für Festlegungen, die zur Wahrung gleichwertiger wirtschaftlicher Verhältnisse im Bundesgebiet eine einheitliche Entscheidung erfordern, ist nach § 54 Abs. 3 Satz 2 EnWG ebenfalls die BNetzA allein zuständig. Beispielhaft dafür nennt der Gesetzgeber die Festlegung der Preisindizes, die bei der kalkulatorischen Kostenartenrechnung heranzuziehen sind, die Festlegung von Eigenkapitalzinssätzen im Rahmen der Entgeltregulierung sowie die allgemeinen Vorgaben im Rahmen einer Festlegung zur Qualitätsregulierung. Außerdem nimmt die BNetzA nach § 56 EnWG die in unmittelbar geltenden europäischen Verordnungen enthaltenen Aufgaben wahr.[57]

Die Landesregulierungsbehörden sind für die in § 54 Abs. 2, 1. Halbsatz EnWG bestimmten Aufgaben zuständig. Danach sind die Landesregulierungsbehörden insbesondere zuständig für Fragen der Entgeltregulierung, für die Überwachung der Entflechtungsvorgaben und für die Überwachung der Vorschriften zur Systemverantwortung. Sind an ein Versorgungsnetz mehr als 100.000 Abnehmer angeschlossen, entfällt die Zuständigkeit einer Landesregulierungsbehörde nach § 54 Abs. 2, 2. Halbsatz EnWG, die BNetzA ist zuständig nach § 54 Abs. 1 EnWG. Verschiedene Bundesländer haben zudem auf die Einrichtung einer eigenen Landesregulierungsbehörde verzichtet und stattdessen die BNetzA mit der Erfüllung der Regulierungsaufgaben betraut.[58]

Vor dem Hintergrund des Art. 35 Abs. 4 der Elektrizitätsbinnenmarktrichtlinie entscheiden die Regulierungsbehörden gerichtsähnlich durch ein Kollegialorgan. Die BNetzA hat dazu Beschlusskammern eingerichtet (§ 59 EnWG). Soweit die Bundesländer eine eigene Landesregulierungsbehörde eingerichtet haben, werden auch dort zunehmend kollegial besetzte Regulierungskammern als Landesregulierungsbehörden etabliert.[59] Die Regulierungsbehörden des

56 Eine Ausnahme gilt im Bereich der Fusionskontrolle, vgl. §§ 35 ff. GWB sowie EG-Fusionskontrollverordnung vom 20.1.2004.

57 Unter anderem Verordnung (EG) Nr. 714/2009 vom 13.7.2009 über die Netzzugangsbedingungen für den grenzüberschreitenden Stromhandel und Verordnung (EU) Nr. 1227/2011 über die Integrität und Transparenz des Energiegroßhandelsmarkts (REMIT).

58 Derzeit sind das die Bundesländer Berlin, Bremen, Brandenburg, Mecklenburg-Vorpommern, Thüringen und Schleswig-Holstein; das Bundesland Niedersachsen hat zum 1.1.2014 eine eigene Landesregulierungsbehörde neu eingerichtet.

59 Vgl. z. B. die Regulierungskammer Hessen oder die Regulierungskammer des Freistaats Bayern.

Bundes und der Länder stimmen sich in einem gemeinsamen Bund-Länderausschuss ab (§ 60a EnWG).

Zu unterscheiden sind die Regulierungsbehörden von den nach Landesrecht zuständigen Behörden gemäß § 55 Abs. 2 EnWG. Diesen kommen nach dem EnWG nur noch begrenzt aufsichtsrechtliche Befugnisse im Hinblick auf den Netzbetrieb zu, wie beispielsweise die Genehmigung des Netzbetriebs nach § 4 EnWG.

Der europäische Gesetzgeber schuf im Rahmen des 3. Energiebinnenmarktpakets mit der Agentur für die Zusammenarbeit der Energieregulierungsbehörden (**„ACER"**) eine zusätzliche neue Behörde auf europäischer Ebene.[60] Sie nimmt im Wesentlichen koordinierende und unterstützende Aufgaben wahr. Der europäische Gesetzgeber hat mit ACER die bereits bisher erfolgte Abstimmung der einzelnen nationalen Energieregulierungsbehörden in der Europäischen Union institutionalisiert. Insbesondere ist ACER damit betraut, zusammen mit den europäischen Übertragungsnetzbetreibern einheitliche Netzkodizes zu entwickeln, die den Netzzugang und die operative Abwicklung des Netzzugangs auf europäischer Ebene vereinheitlichen und standardisieren sollen. Zudem soll ACER im Energiehandel die von den Marktteilnehmern zukünftig zu übermittelnden Marktdaten sammeln und auswerten.[61] Soweit sich daraus Verdachtsmomente im Hinblick auf Marktmanipulation oder Insiderhandel ergeben, soll ACER die zuständigen nationalen Regulierungsbehörden, in Deutschland nach § 56 EnWG also die BNetzA, unterrichten. Die BNetzA kann dann eventuelle Verstöße mit den im EnWG geregelten Befugnissen weiter verfolgen.

3.1.4.2 Befugnisse der Regulierungsbehörden

Den Regulierungsbehörden stehen verschiedene Handlungsformen zur Verfügung, die sich grob in repressive und präventive Befugnisse unterteilen lassen. Zu den repressiven Regulierungsmaßnahmen zählen die allgemeine Befugnis zur Aufsicht nach § 65 EnWG, das allgemeine und das besondere Missbrauchsverfahren nach den §§ 30 und 31 EnWG sowie die Vorteilsabschöpfung nach § 33 EnWG. Demgegenüber haben die im EnWG vorgesehenen Handlungsformen Genehmigung und Festlegung präventiven Charakter.[62] Regelmäßig handelt es sich bei einer Entscheidung der Regulierungsbehörde um einen Verwaltungsakt gemäß § 35 des Verwaltungsverfahrensgesetzes (**„VwVfG"**).[63]

Regulierungsbehördliche Maßnahmen im Bereich der Netzentgeltregulierung sind regelmäßig belastendes Verwaltungshandeln.[64] Dies gilt selbst dann, wenn die regulierungsbehördliche

60 Verordnung (EG) Nr. 713/2009 vom 13.7.2009 zur Gründung einer Agentur für die Zusammenarbeit der Energieregulierungsbehörden.

61 Die nach der Verordnung (EU) Nr. 1227/2011 über die Integrität und Transparenz des Energiegroßhandelsmarkts (REMIT) erforderlichen Umsetzungsakte auf europäischer Seite stehen noch aus, so dass die Datenübermittlungspflichten noch nicht in Kraft getreten sind; allerdings gelten das Verbot der Marktmanipulation und das Verbot des Insiderhandels bereits uneingeschränkt seit dem 28.12.2011.

62 Vgl. dazu Pielow, in: Baur/Salje/Schmidt-Preuß, Kap. 42, Rn. 1 ff.

63 BGH, RdE 2007, S. 349 (351), Rn. 22.

64 BVerfG, RdE 2010, S. 92 (94), Rn. 21 – *Vattenfall Transmission.*

Maßnahme eine (auch) legalisierende Wirkung hat, weil beispielsweise Netzentgelte genehmigt werden.[65] Daraus folgt zwingend, dass sich regulierungsbehördliche Maßnahmen an den materiellen Maßstäben messen lassen müssen, die die Rechtsordnung an belastendes Verwaltungshandeln stellt – namentlich an den Vorbehalt des Gesetzes als Ausfluss des Grundsatzes der Gesetzmäßigkeit staatlichen Handels aus Art. 20 Abs. 3 Grundgesetz.

Die repressiven Befugnisse im EnWG

Zu den repressiven Befugnissen zählen zunächst die allgemeinen Aufsichtsmaßnahmen nach § 65 EnWG. Die Vorschrift orientiert sich an der kartellrechtlichen Eingriffskompetenz nach § 32 GWB: Die Regulierungsbehörden können bestimmte Verhaltensweisen von Unternehmen untersagen, die den Bestimmungen des EnWG entgegen stehen. Entsprechend können die Regulierungsbehörden eine bestimmte Verhaltensweise anordnen oder gegebenenfalls – bei besonderem Interesse – auch noch einen Verstoß gegen die energierechtlichen Rahmenbedingungen nach dessen Beendigung feststellen. Dabei handelt es sich sowohl im Hinblick auf das Eingreifen an sich als auch hinsichtlich des Inhalts um Ermessensentscheidungen. Die allgemeine Eingriffsbefugnis nach § 65 EnWG ist dabei von Bedeutung bei der Überwachung der Entflechtungsvorgaben sowie gegenüber Regelungsadressaten, die selbst kein Netz betreiben.

Im Rahmen der Regulierung des Netzbetriebs überwachen die Regulierungsbehörden etwaiges missbräuchliches Verhalten der Netzbetreiber. Die einzelnen Missbrauchstatbestände sind in § 30 Abs. 1 EnWG bestimmt; die Eingriffsbefugnis selbst enthält § 30 Abs. 2 EnWG, angelehnt an die allgemeinen Aufsichtsbefugnisse nach § 65 EnWG und § 32 GWB. Auch im Rahmen des § 30 Abs. 2 EnWG steht der Regulierungsbehörde ein Ermessen zu. Daneben sieht § 31 EnWG ein antragsgebundenes besonderes Missbrauchsverfahren ohne behördliches Ermessen vor. Die Regulierungsbehörde hat auf Antrag innerhalb einer Frist von 2 Monaten zu prüfen, ob ein bestimmtes Verhalten gegen die Vorschriften zur Regulierung des Netzbetriebs nach dem EnWG oder einer auf dem EnWG basierenden Verordnung verstößt. Die Frist kann um 2 Monate verlängert werden.[66]

Die §§ 30, 31 EnWG werden ergänzt durch die Möglichkeit einer Vorteilsabschöpfung nach § 33 EnWG. Die Vorteilsabschöpfung findet ebenfalls ihre Entsprechung im Kartellrecht, ist dort aber bisher praktisch ohne Bedeutung. Zweck dieser Vorschrift ist es, beim Schädiger verbleibende wirtschaftliche Vorteile abzuschöpfen, wenn der durch einen Missbrauch verursachte Schadens wegen der Vielzahl Geschädigter hinreichend zersplittert ist und damit die Geltendmachung zivilrechtlichen Schadensersatzes keine nennenswerte Rolle spielt. Dadurch kann beim Schädiger ein wirtschaftlicher Vorteil aus dem Missbrauch verbleiben und ein Anreiz zu entsprechenden Gesetzesverstößen entstehen. Die Behörde ist daher ermächtigt, den mit einem Verstoß verbundenen wirtschaftlichen Vorteil auch zu Gunsten der Staatskasse einzuziehen. Im Energierecht ist nicht ausgeschlossen, dass die Vorteilsabschöpfung eine größere praktische Rolle spielen wird als im Kartellrecht. Bei einem vertikal integrierten Energieversorgungsunternehmen verbleibt ggf. auch nach einem Ausgleich gegenüber geschädigten

65 Noch a. A. zur Netzentgeltgenehmigung nach § 23a EnWG unter Hinweis auf die formale Ausgestaltung als Genehmigung: OLG Stuttgart, RdE 2007, S. 21 (25).

66 In der Praxis ziehen sich diese Verfahren allerdings häufig deutlich länger hin, da die Fristüberschreitung durch die Regulierungsbehörde in der Regel folgenlos bleibt, wenn nicht eine Beschwerde wegen Untätigkeit erhoben werden soll.

Netznutzern ein wirtschaftlicher Vorteil, wenn ein missbräuchlich handelnder Netzbetreiber rechtlich nicht entflochten und zugleich betroffener Netznutzer ist.

Flankiert werden die Befugnisse der Regulierungsbehörden im Rahmen der Missbrauchsaufsicht durch die Bestimmungen des § 32 EnWG zu zivilrechtlichen Unterlassungs- und Beseitigungsansprüchen und zum Schadensersatz. Auf dieser Grundlage kann ein missbräuchliches Verhalten des Netzbetreibers gemäß § 30 Abs. 1 EnWG auch vor Zivilgerichten geltend gemacht werden. Im Vorfeld ergangene und bestandskräftige regulierungsbehördliche Entscheidungen haben in einem solchen Rechtsstreit – anders als beispielsweise in einem Rechtsstreit nach § 315 BGB – gemäß § 32 Abs. 4 EnWG Feststellungswirkung.[67]

Die präventiven Befugnisse im EnWG

Zu den präventiven Befugnissen der Regulierungsbehörden zählen die Genehmigung und die Möglichkeit der Festlegung nach § 29 EnWG.[68] Bekanntestes Beispiel der gesetzlich vorbehaltenen Genehmigung ist die Netzentgeltgenehmigung nach § 23a EnWG. Zentrales Gestaltungsmittel für die nach dem EnWG vorgesehene behördliche Methodenregulierung ist dagegen die Festlegung gemäß § 29 EnWG, die bisher ihrer Form nach ohne Entsprechung im deutschen Recht ist.

Die Ermächtigung der Regulierungsbehörden zum Erlass von Festlegungen ergibt sich nicht aus § 29 EnWG, sondern aus gesonderten Vorschriften des EnWG oder den auf dem EnWG basierenden Rechtsverordnungen. Nach § 29 Abs. 2 EnWG sind die Regulierungsbehörden befugt, beschlossene Festlegungen nachträglich zu ändern, soweit dies erforderlich ist, um sicherzustellen, dass die Festlegungen weiterhin den Voraussetzungen für eine Festlegung oder Genehmigung genügen. Daneben bleiben die allgemeinen verwaltungsverfahrensrechtlichen Möglichkeiten der Änderung behördlicher Entscheidungen gemäß den §§ 48, 49 VwVfG unberührt. Dies bedeutet zugleich, dass die speziellen tatbestandlichen Voraussetzungen der §§ 48, 49 VwVfG im Bereich der Änderung einer Festlegung gemäß § 29 Abs. 2 Satz 1 EnWG keine Berücksichtigung finden.[69] Die allgemeinen Grundsätze der Diskriminierungsfreiheit und das Gebot verhältnismäßigen Handelns sind aber auch im Rahmen des § 29 Abs. 2 Satz 1 EnWG zu beachten.[70]

Festlegungen können gegenüber einem einzelnen Netzbetreiber ergehen. Sie entsprechen dann materiell einer klassischen Genehmigung. Rechtstechnisch handelt es sich in diesen Fällen um einen Verwaltungsakt im Sinne des § 35 Satz 1 VwVfG. Die Festlegung von Erlösobergrenzen gemäß §§ 2, 4 Abs. 1 ARegV ist dafür prominentes Beispiel. Festlegungen können aber auch für eine Gruppe von Netzbetreibern oder für alle Netzbetreiber beschlossen werden. Nach der Rechtsprechung des BGH entspricht eine solche Festlegung nach § 29 Abs. 1 EnWG einer

67 Das EnWG enthält ferner in § 95 einen Katalog von Bußgeldtatbeständen. Dass damit verbundene Bußgeldverfahren wird nach § 95 Abs. 5 EnWG von den Regulierungsbehörden betrieben. Dabei finden die strafrechtlichen Verfahrensvorschriften Anwendung. Schließlich ist als repressive Maßnahme der Vollständigkeit halber noch die Möglichkeit der Untersagung der Energiebelieferung von Haushaltskunden nach § 5 Satz 4 EnWG zu erwähnen.

68 Die Einführung des Instruments der Festlegung in § 29 EnWG beruht auf Art. 37 Abs. 1 lit. a) Elektrizitätsbinnenmarktrichtlinie.

69 Vgl. OLG Düsseldorf, Beschluss vom 29.5.2013, Az. VI-3 Kart 462/11, Rn. 30 ff.

70 Vgl. dazu BT-Drs. 15/3917, S. 62.

Allgemeinverfügung gemäß § 35 Satz 2 VwVfG.[71] Auch der Gesetzgeber scheint hiervon auszugehen, wie man an der Regelung des § 60a Abs. 2 EnWG erkennen kann. Während der Verwaltungsakt eine Regelung konkret individueller Natur enthält, regelt die Allgemeinverfügung zwar einen konkreten Sachverhalt, diesen aber generell.[72]

Ob die Einordnung der Festlegung in dieser Allgemeingültigkeit richtig ist, kann mit guten Gründen bezweifelt werden. Festlegungen regeln zum Teil auch Inhalte, die eher dem Bereich der abstrakt-generellen Regelung zuzurechnen sein dürften und deswegen eigentlich den Charakter einer Rechtsnorm haben. Die Rechtsprechung vertritt hierzu allerdings die Auffassung, dass bei der Frage, ob die Regelung einen (noch) konkreten oder (schon) abstrakten Regelungsgehalt hat, die Eigenarten des Energiewirtschaftsrechts zu berücksichtigen seien und deswegen auch „scheinbar" abstrakte Regelungen noch als Allgemeinverfügungen eingestuft werden können.[73]

Die Einordnung solcher Festlegungen als Allgemeinverfügung ist in der Praxis zunehmend problematisch. Zugleich ist nämlich die Tendenz erkennbar, dass schwierige und komplexe energiewirtschaftliche Sachverhalte nicht mehr vom Gesetz- oder Verordnungsgeber geregelt werden, sondern dies den Regulierungsbehörden im Wege der Festlegung überlassen wird. Auslöser dieser Entwicklung ist wohl der Umstand, dass die Gestaltung eines entsprechend komplexen Ordnungsrahmens im Wege der Methodenregulierung häufig spezielle ökonomische, mathematische und technische Sachkenntnis erfordert, die bei den Regulierungsbehörden aufgrund ihrer interdisziplinären personellen Zusammensetzung grundsätzlich vorhanden ist. Nicht zuletzt aber unter dem Aspekt eines effektiven Rechtsschutzes ist diese Praxis allerdings fragwürdig. In der Literatur und zum Teil auch von der Rechtsprechung wird in diesem Zusammenhang der schillernde Begriff eines „*Regulierungsermessens*" aus dem Telekommunikationsrecht auch für den Anwendungsbereich des EnWG diskutiert.[74] Anhaltspunkte für ein Regulierungsermessen im Gesetz wie im Telekommunikationsrecht finden sich im EnWG aber nicht.[75]

Auch der BGH lehnt bisher einen allgemeinen gerichtsfreien Beurteilungsspielraum der Regulierungsbehörden ab.[76] Zugleich führt aber die vom BGH pauschal gehaltene Einordnung

---

71 BGH, NJW-RR 2008, S. 1654 (1655), Rn. 7 ff. – *Edifact*; BGH, ZNER 2010, S. 168 (169).

72 Vgl. zur Einordnung Schmidt-Preuß, in: Berliner Kommentar zum Energierecht 2014, Band 1, § 29 EnWG, Rn. 49; grundsätzlich zur Allgemeinverfügung Kopp/Ramsauer, § 35 Rn. 121 sowie Rn. 157 ff.

73 BGH, NJW-RR 2008, S. 1654 (1655), Rn. 11 – *Edifact.*

74 Vgl. Schütte, ER 2012, S. 108 ff., Ludwigs, RdE 2013, S. 297 ff.; Pielow, in: Baur/Salje/Schmidt-Preuß, Kap. 56; für einen gerichtsfreien Gestaltungsspielraum vgl. auch OLG Düsseldorf, RdE 2012, S. 437 (440); ebenso OLG Düsseldorf, Beschluss vom 22.8.2012, VI-3 Kart 39/11 (V), Rn. 33.

75 Im Ergebnis ebenso Pielow, in: Baur/Salje/Schmidt-Preuß, Kap. 56, Rn. 43 f.; Schmidt-Preuß, in: Berliner Kommentar zum Energierecht 2014, Band 1, § 29 EnWG, Rn. 63.

76 Vgl. BGH, ZNER 2008, S. 222 (224 f.), Rn. 47 ff. – *Rheinhessische Energie*; BGH, RdE 2008, S. 337 (338 f.), Rn. 59 ff – *Stadtwerke Trier*; BGH RdE 2010, S. 25 (29), Rn. 50; zuletzt BGH, Beschluss vom 12.11.2013, EnVR 33/12, Rn. 19 – *Festlegung Tagesneuwerte*; a. A. mit Annahme eines Gestaltungsspielraums im Rahmen der Qualitätsregulierung OLG Düsseldorf, RdE 2012, 437 (440) – noch nicht rechtskräftig; zuletzt bestätigte der BGH aber im Hinblick auf die methodenoffen gehaltenen gesetzlichen Vorgaben in §§ 13, 14 ARegV zum Effizienzvergleich einen nur eingeschränkt gerichtlich überprüfbaren behördlichen Spielraum, BGH, Beschluss vom 21.1.2014, EnVR 12/12 – *Stadtwerke Konstanz*: Es sei nicht Ziel der gerichtlichen Kontrolle, eine Methode oder ein Modell durch ein alternatives Modell zu ersetzen. Diese Problematik einer nur eingeschränkten gerichtlichen Kontrolle für einzelne Regulierungsbereiche ist streng zu differenzieren von der eingeschränkten Prüfung von Tatsachenfeststellungen der Vorinstanzen durch den BGH auf Rechtsfehler, vgl. BGH, Beschluss vom 18.2.2014,

solcher Festlegungen als Allgemeinverfügung dazu, dass jeder Betroffene innerhalb der einmonatigen Frist Beschwerde erheben muss. Ansonsten wird die Festlegung dem einzelnen Betroffenen gegenüber bestandskräftig. Das Gericht besitzt zwar die Verwerfungskompetenz bezüglich einzelner verordnungsrechtlicher Bestimmungen, die es nicht für gesetzes- oder verfassungskonform hält. Eine Festlegung als bestandskräftige Verwaltungsentscheidung hat das Beschwerdegericht aber zu berücksichtigen – selbst wenn es deren Regelungsgehalt für rechtswidrig hält.[77] Die Aufhebung bestandskräftiger rechtswidriger Verwaltungsentscheidungen kommt nur nach § 48 VwVfG oder § 29 Abs. 2 EnWG[78] in Betracht und steht jeweils im Ermessen der Behörde. Diese rechtsdogmatische Einordnung hat zwischenzeitlich regelrechte Massenverfahren beim OLG Düsseldorf zur Folge.[79] Die Situation wird weiter dadurch verschärft, dass entsprechende allgemeine Festlegungen nach § 73 Abs. 1a EnWG öffentlich gegenüber allen Betroffenen zugestellt werden können (und damit die einmonatige Beschwerdefrist zu laufen beginnt), die Festlegung für Einzelne aber möglicherweise erst nach dem Ablauf der Beschwerdefrist überhaupt praktisch relevant wird.

Im Hinblick auf das Gebot eines effektiven Rechtsschutzes nach Art. 19 Abs. 4 Grundgesetz ergeben sich damit nicht nur rechtstechnische Fragezeichen, sondern handfeste verfassungsrechtliche Zweifel. Daher bedarf gerade die rechtsdogmatische Einordnung allgemeiner Festlegungen der Regulierungsbehörden gegenüber allen oder einer Gruppe von Betroffenen noch einer vertieften rechtswissenschaftlichen Diskussion.

3.1.4.3 Behördliches Regulierungsverfahren

Die Vorschriften im Teil 8 des EnWG sind – sowohl hinsichtlich des regulierungsbehördlichen Verfahrens als auch hinsichtlich des sich gegebenenfalls anschließenden gerichtlichen Beschwerdeverfahrens – weitgehend dem Kartellverfahren nachgebildet. Dies ist nicht selbstverständlich, weil kartellbehördliche ex-post Verfahren mit der behördlichen ex-ante Regulierung nur bedingt vergleichbar sind. Die soeben dargestellten gesetzlich bestimmten Eingriffsbefugnisse der Regulierungsbehörden finden im Kartellrecht nur sehr eingeschränkt eine Entsprechung. Auch ein Rückgriff auf andere regulierte Sektoren ist kaum möglich. Zum Teil ist die Regulierungstiefe nicht überall vergleichbar (Post- und Eisenbahnsektor), teilweise folgt die Regulierung einem grundlegend anderen Regulierungssystem (Telekommunikation).

Früh nahm die Rechtsprechung an, dass auf das regulierungsbehördliche Verfahren als einem Verwaltungsverfahren das allgemeine Verwaltungsverfahrensrecht nach Verwaltungsverfahrensgesetz (**„VwVfG“**) Anwendung finden kann, wenn die Verfahrensvorschriften des EnWG keine besonderen Regelungen enthalten.[80] Im EnWG enthalten die §§ 66 ff. spezielle verfahrensrechtliche Befugnisse. Gemäß § 68 Abs. 1 EnWG gilt der Amtsermittlungsgrundsatz, der

EnVR 71/12 – *Rheinhessische Energie II*. Dabei handelt es sich nicht um eine Besonderheit des Regulierungsrechts, sondern um einen allgemeinen Grundsatz im Prozessrecht.

77 Vgl. OLG Düsseldorf, Beschluss vom 20.2.2013, Az. VI-3 Kart 123/12.

78 Str., zustimmend: Britz, in: Britz/Hellermann/Hermes, § 29 Rn. 21; ablehnend: Schmidt-Preuß, in: Berliner Kommentar zum Energierecht 2014, Band 1, § 29 EnWG, Rn. 71.

79 Vgl. beispielhaft BNetzA, Festlegung der Abrechnung mehrerer Entnahmestellen mit zeitgleicher Leistung (Pooling) in Abweichung von § 17 Abs. 8 StromNEV vom 26.9.2011 (BK8-11/015).

80 Vgl. BGH, RdE 2007, S. 349 (353), Rn. 37.

durch die Mitwirkungslast der betroffenen Netzbetreiber beschränkt wird.[81] Nach § 71 EnWG sind die Betriebs- und Geschäftsgeheimnisse der betroffenen Unternehmen geschützt. Problematisch bleibt das Spannungsverhältnis zwischen dem Schutz von Betriebs- und Geschäftsgeheimnissen im regulierungsbehördlichen Verfahren und den zivilprozessualen Darlegungs- und Beweislastregeln im Anwendungsbereich des § 315 BGB.

Landesregulierungsbehörden haben im Rahmen ihrer Tätigkeit die von der BNetzA für vorgelagerte Netzebenen regulierten Netzentgelte ihrer Entscheidung zu Grunde zu legen (§ 71a EnWG). Die Regulierungsbehörden sind nach § 72 EnWG zu vorläufigen Anordnungen während des Verwaltungsverfahrens berechtigt. § 73 EnWG enthält wichtige Regelungen zum Abschluss des Verwaltungsverfahrens und zur Zustellung. Besonders zu erwähnen ist die Regelung über die Zustellung im Wege der öffentlichen Bekanntmachung von Allgemeinfestlegungen im Amtsblatt der BNetzA nach § 73 Abs. 1a EnWG.[82]

An dem regulierungsbehördlichen Verfahren beteiligt sind gemäß § 66 Abs. 2 EnWG der Antragsteller sowie die Unternehmen, gegen die sich das Verfahren richtet, und – bei Verfahren vor den Landesregulierungsbehörden – die BNetzA.[83] Ferner können Personen und Personenvereinigungen, deren Interessen durch die Entscheidung erheblich berührt werden, und die die Regulierungsbehörde auf ihren Antrag hin beigeladen hat, Beteiligte im Sinne dieser Vorschrift werden. Ein rechtliches Interesse des Dritten ist dabei nicht erforderlich, bloße wirtschaftliche Interessen sind ausreichend. Allerdings muss das Interesse erheblich sein. Die Beiladung erfolgt nur auf Antrag. Ein Anspruch auf Beiladung besteht regelmäßig nicht; die Entscheidung steht im pflichtgemäßen Ermessen der Behörde.[84] Eine Ablehnung aus Gründen der Verfahrensökonomie ist nicht zu beanstanden.

3.1.4.4 Rechtsschutz im Rahmen der sektorenspezifischen Regulierung

Gegen die Entscheidungen der Regulierungsbehörden findet die Beschwerde nach § 75 EnWG statt. Das Beschwerdeverfahren ist der Sache nach ein verwaltungsgerichtliches Verfahren, weswegen subsidiär auf die Verwaltungsgerichtsordnung („**VwGO**") zurückzugreifen ist.[85]

Über die Beschwerde entscheidet gemäß § 75 Abs. 4 EnWG ausschließlich das für den Sitz der Regulierungsbehörde zuständige Oberlandesgericht. Für Maßnahmen der BNetzA ist das OLG Düsseldorf zuständig. Dies gilt nicht für Maßnahmen der BNetzA, die im Wege der Organleihe ergangen sind. Für solche Maßnahmen bestimmt der Sitz der jeweiligen Landesregierung als entleihende Behörde das jeweils zuständige Beschwerdegericht. Nach § 79 Abs. 1 Nr. 2 EnWG ist die Landesregulierungsbehörde Beteiligte des Beschwerdeverfahrens. Weil

---

81 Siehe auch die §§ 24, 26 VwVfG sowie spezielle Regelungen zur Amtsermittlung wie beispielsweise § 27 ARegV; vgl. zur Mitwirkungslast des Netzbetreibers BGH, RdE 2011, 308 (317), Rn. 86 ff. – *EnBW Regional AG* mwN.

82 Zur damit verbundenen Problematik im Hinblick auf die allgemeinen Festlegungen vgl. oben unter Ziffer 3.1.4.2; zu den Anforderungen an die Rechtsbehelfsbelehrung nach § 73 Abs. 1a EnWG BGH, Beschluss vom 21.1.2014, EnVR 22/13, Rn. 10 ff. – *Öffentliche Bekanntmachung*, sowie BGH, Beschluss vom 21.1.2014, EnVR 24/13, Rn. 11 ff.

83 Ob die BNetzA sich tatsächlich beteiligt, steht in ihrem Ermessen, vgl. BGH RdE 2008, S. 132 (134), Rn. 17 – *Beteiligung der Bundesnetzagentur*.

84 Vgl. zur Beiladung Zeidler, in: Baur/Salje/Schmidt-Preuß, Kap. 46, Rn. 12 ff.

85 BGH, RdE 2009, S. 185 (186), Rn. 9 – *citiworks*.

die Organleihe nicht zu einer Verlagerung von Kompetenzen vom Land auf den Bund führt, sondern lediglich personelle und sachliche Verwaltungsmittel vom Bund „verlagert" werden, bleibt die Verwaltungstätigkeit strukturell landesbehördliches Handeln.[86]

Beschwerdebefugt sind nach § 75 Abs. 2 EnWG die Beteiligten im regulierungsbehördlichen Verwaltungsverfahren gemäß § 66 EnWG. Der BGH erweiterte die Beschwerdebefugnis – über den Wortlaut des Gesetzes hinaus – auch für den Fall fehlender tatsächlicher Beteiligung im regulierungsbehördlichen Verfahren: Eine fehlende tatsächliche Beteiligung sei unschädlich, soweit der Dritte durch die behördliche Entscheidung unmittelbar in seinen Rechten berührt werde (sog. notwendige Beiladung).[87] Handele es sich hingegen nur um erhebliche wirtschaftliche Interessen, die eine einfache Beiladung ermöglichen, sei ein Dritter – trotz fehlender tatsächlicher Beiladung zum Verwaltungsverfahren – ebenfalls beschwerdebefugt, wenn die Behörde einen Beiladungsantrag aus verfahrensökonomischen Gründen abgelehnt habe, und der Antragssteller unmittelbar und individuell betroffen sei.[88] Eine Beschwerdebefugnis bestehe ferner dann, wenn ein Beiladungsantrag unverschuldet unterblieben sei (beispielsweise weil der potenzielle Antragssteller von dem Verfahren keine Kenntnis gehabt habe).[89] Da Netznutzer weder von der Netzentgeltgenehmigung, noch von der Festlegung der Erlösobergrenzen oder einer Festlegung wie der GABi Gas mit dem Charakter einer Allgemeinverfügung unmittelbar rechtlich betroffen sind[90], bleiben dies Fälle einer einfachen Beiladung.

Die Beschwerde ist fristgebunden. Sie muss innerhalb eines Monats bei der Behörde oder beim zuständigen Oberlandesgericht eingelegt werden. Innerhalb eines weiteren Monats ab Beschwerdeeinlegung ist sie zu begründen. Im Beschwerdeverfahren besteht Anwaltszwang. Ansonsten gilt wie im Verwaltungsverfahrensrecht auch im Beschwerdeverfahren der Untersuchungsgrundsatz, § 82 EnWG. § 84 EnWG vermittelt dem Beschwerdeführer ein Akteneinsichtsrecht. Im Übrigen gelten nach § 85 EnWG sowie gegebenenfalls über § 173 VwGO die Vorschriften der Zivilprozessordnung entsprechend.[91] Außer zur Durchsetzung der Entflechtungsvorgaben haben Beschwerden gemäß § 76 EnWG keine aufschiebende Wirkung. Regulierungsbehördliche Entscheidungen sind daher trotz Beschwerde zu vollziehen. Im Rahmen eines einstweiligen Rechtsschutzes nach § 77 EnWG kann beantragt werden, die aufschiebende Wirkung anzuordnen.

Gegen die Entscheidungen der Beschwerdegerichte findet die Rechtsbeschwerde zum BGH statt, die in den Fällen des § 86 Abs. 2 EnWG vom Beschwerdegericht zuzulassen ist. Gegen eine Nichtzulassung ist die Nichtzulassungsbeschwerde (§ 87 EnWG) möglich. Auch die Rechtsbeschwerde ist fristgebunden: Sie muss innerhalb eines Monats eingelegt werden und

---

86 BGH, RdE 2008, S. 279 (280), Rn. 12 – *Organleihe*; dies war zunächst umstritten, vgl. noch a.A. OLG Düsseldorf, RdE 2007, S. 163 (164).

87 BGH, RdE 2011, S. 59 (60), Rn. 16 – *GABi Gas*.

88 So bereits der BGH in seiner „pepcom"-Entscheidung zur Beschwerdebefugnis Dritter in einem kartellverwaltungsrechtlichen Beschwerdeverfahren, vgl. BGH, NJW 2007, S. 607 ff. – *pepcom*.

89 BGH, RdE 2009, S. 185 (186), Rn. 16 – *citiworks*, im Anschluss an die „pepcom"-Entscheidung des BGH.

90 BGH, RdE 2011, S. 59 (60), Rn. 14 – *GABi Gas*; s. auch BGH, NJW 2012, S. 3092 (3093 f.), Rn. 28 – *Stromnetznutzungsentgelt V*.

91 Es gelten zunächst § 85 EnWG in Verbindung mit den dort in Bezug genommenen Vorschriften der ZPO, ergänzend die Bestimmungen der VwGO sowie ggf. nach § 173 VwGO nochmals ergänzend die weiteren Vorschriften der ZPO.

ist innerhalb eines weiteren Monats ab Beschwerdeeinlegung zu begründen. § 88 EnWG enthält einen Verweis auf die entsprechende Anwendung bestimmter Vorschriften zum Beschwerdeverfahren in der Rechtsbeschwerdeinstanz.

3.1.5 Das regulierte Netzentgelt und Investitionen

Den allgemeinen Maßstab der Entgeltbildung bestimmt § 21 EnWG. Nach Absatz 1 müssen die Bedingungen und die Entgelte für den Netzzugang angemessen und diskriminierungsfrei sein. Nach § 21 Abs. 2 Satz 1 EnWG werden Netzentgelte auf der Grundlage der Kosten eines effizienten und strukturell vergleichbaren Netzbetreibers gebildet. Anreize für eine effiziente Leistungserbringung und eine angemessene, wettbewerbsfähige und risikoangepasste Verzinsung des eingesetzten Kapitals sind zu berücksichtigen. Außerdem sollen nach § 21 Abs. 2 Satz 2 EnWG nur wettbewerbsanaloge Kosten Berücksichtigung finden. Ergänzend dazu ist in § 21 Abs. 3 und 4 EnWG ein Vergleichsverfahren vorgesehen, das im Rahmen der kostenorientierten Entgeltbildung Berücksichtigung finden kann.[92] Nach § 23a EnWG bedurften die Netzentgelte im Rahmen der kostenorientierten Entgeltbildung zunächst einer Genehmigung. Allerdings war bereits 2005 der Übergang zur Anreizregulierung im EnWG angelegt. Zum System der Anreizregulierung enthält § 21a EnWG vergleichsweise detaillierte Vorgaben. Heute bilden im Wesentlichen EnWG, ARegV und StromNEV den Ordnungsrahmen für die Regulierung der Netzentgelte. Über das Netzentgelt sollen die Kosten des Netzbetriebs gedeckt werden. Nach diesen Vorschriften bestimmt sich somit auch, wie ein Netzbetreiber Investitionen in sein Stromversorgungsnetz refinanzieren kann.

Im Rahmen der kostenbasierten Netzentgeltgenehmigung nach § 23a EnWG und StromNEV[93] prüften die Regulierungsbehörden auf Antrag, inwieweit die vom Netzbetreiber nach der StromNEV kalkulierten Netzentgelte die Netzkosten zuzüglich einer angemessenen Verzinsung deckten. Die Kalkulation und Prüfung erfolgte gemäß § 3 Abs. 1 Satz 5 StromNEV jahresbezogen. Zwischen den verschiedenen Kalkulationsperioden war periodenübergreifend nach § 11 StromNEV zu saldieren. Die mit Investitionen des Netzbetreibers in sein Stromnetz verbundenen Kapital- und Betriebskosten wurden somit im Rahmen der Kalkulation mit berücksichtigt. Damit war und ist die kostenbasierte Kalkulation und Genehmigung von Netzentgelten nach § 23a EnWG aber zugleich nur eingeschränkt in der Lage, dem Netzbetreiber hinreichend Anreize zu Kostenbegrenzung und Effizienz zu geben. Die Kosten von Neuinvestitionen können regelmäßig im Netzentgelt abgebildet werden. Dabei erhöht jede Neuinvestition auch den Gewinn des Netzbetreibers, da ihm – basierend auf den Investitionskosten – zusätzlich eine Verzinsung des investierten Eigenkapitals gewährt wird.[94] Zwar versuchte der Gesetzgeber, dieser Problematik über § 21 EnWG regulatorisch entgegenzuwirken. Nach § 21 Abs. 2 EnWG sollen nur die Kosten eines effizienten und strukturell vergleichbaren Netzbetreibers berücksichtigungsfähig sein. Inwieweit aber einzelne Investitionen nach § 21 Abs. 2 Satz 1 EnWG effizientem Verhalten entsprechen, oder es sich um wettbewerbsanaloge Kosten nach § 21 Abs. 2 Satz 2 EnWG handelt, ist im Einzelfall kaum zu bestimmen.

---

92 BT-Drs. 15/3917, S. 60.

93 Seit dem Beginn der Anreizregulierung am 1.1.2009 kommt die Entgeltgenehmigung nach § 23a EnWG nur noch im Rahmen des § 1 Abs. 2 ARegV für „neue“ Versorgungsnetze zur Anwendung.

94 Vgl. ausführlich zu den Schwächen dieser sog. cost-plus Regulierung Meinzenbach, Die Anreizregulierung als Instrument zur Regulierung von Netznutzungsentgelten im neuen EnWG, S. 95 ff.

Das System der Anreizregulierung verfolgt einen grundlegend anderen Ansatz: Die Erlösobergrenzen werden für die fünf Jahre einer Regulierungsperiode verbindlich festgelegt. Für diese Zeitdauer wird im Grundsatz die weitere Entwicklung der Kosten von den in diesem Zeitraum zulässigen Erlösen entkoppelt. Nur in positiv geregelten Fällen kommt in einer Regulierungsperiode die Anpassung der festgelegten Erlösobergrenzen in Betracht. Für die in den Erlösobergrenzen berücksichtigungsfähigen Kosten bildet das jeweilige Basisjahr der Regulierungsperiode den Ausgangspunkt: Aus den Kosten des Netzbetreibers im Basisjahr wird nach den Vorgaben der StromNEV gemäß § 6 Abs. 1 ARegV das Ausgangsniveau für die weitere Bestimmung der Erlösobergrenzen ermittelt. In den Erlösobergrenzen werden individuelle Effizienzvorgaben für den einzelnen Netzbetreiber berücksichtigt. Ermittelte Ineffizienzen führen zu einer Absenkung der Erlösobergrenzen über die einzelnen Jahre der Regulierungsperiode. Die jeweiligen Erlösobergrenzen werden in Netzentgelte umgesetzt.

Dem System der Anreizregulierung ist damit die dauerhafte Notwendigkeit immanent, Kosten des Netzbetriebs entweder über den rechtlichen „Instrumentenkasten“ der ARegV im Netzentgelt abbilden zu können, oder die Kosten abzusenken. Dies steht in einem Spannungsverhältnis zur Notwendigkeit von Investitionen in das Stromversorgungsnetz. Es stellt sich zwangsläufig die Frage, wie und wann die mit Investitionen in das Stromversorgungsnetz verbundenen Kosten im System der Anreizregulierung gemäß ARegV Berücksichtigung finden können. Investitionen setzen voraus, dass sich diese für das Unternehmen „rechnen“. Dass dem Verordnungsgeber das Spannungsverhältnis zwischen Neuinvestitionen und deren Kosten in das Stromnetz und dem System der Anreizregulierung grundsätzlich bewusst war, ergibt sich aus den §§ 21 und 33 ARegV vorgesehenen Berichtspflichten.

Die Kosten von Investitionen in das Stromversorgungsnetz können nach der ARegV an verschiedenen Stellen, zu verschiedenen Zeitpunkten und in verschiedenem Umfang Berücksichtigung finden. Im Rahmen der Festlegung der Erlösobergrenzen spielt insbesondere die Bestimmung des individuellen Effizienzwertes als auch die mit einer Neuinvestition verbundene Eigenkapitalverzinsung eine Rolle, ob Investitionen für den Betreiber des Netzes wirtschaftlich vertretbar erscheinen. Investitionen während der Regulierungsperiode bzw. nach dem Basisjahr einer Regulierungsperiode werden entweder über den Erweiterungsfaktor oder Investitionsmaßnahmen abgebildet. Innerhalb der Regulierungsperiode führt zudem das Qualitätselement zu einem Ab- oder Zuschlag auf die festgelegten Erlösobergrenzen.

3.1.5.1 Sockeleffekt, Effizienzwert und Eigenkapitalverzinsung

Finanzielle Mittel für Neuinvestitionen können sich für den Netzbetreiber bereits aus dem sog. Sockeleffekt ergeben. Der Sockeleffekt entsteht durch die Entkopplung der Kosten von den Erlösen für die Dauer einer Regulierungsperiode. Bei der Bestimmung des Ausgangsniveaus für die Erlösobergrenzen nach § 6 Abs. 1 ARegV werden die kalkulatorischen Abschreibungen für Altanlagen im Basisjahr berücksichtigt und fließen in das Ausgangsniveau ein. In der Regel werden in den sieben Jahren zwischen dem Basisjahr einer Regulierungsperiode und deren Ende aber Altanlagen aus der Abschreibung herausfallen. Dies wird in den Erlösobergrenzen nicht erlösmindernd berücksichtigt, so dass dieser Effekt sich auch nicht in den Netzentgelten niederschlägt. Die damit erzielten (Teil-)Erlöse können vom Netzbetreiber dann für Neu- oder Ersatzinvestitionen genutzt werden. Allerdings hängt der tatsächliche wirtschaftliche Vorteil aus dem Sockeleffekts stark von der konkreten Situation des Netzbetreibers im Einzelfall ab.

Zur Beurteilung der Frage, ob sich eine Investition in das Stromversorgungsnetz bei in der Regel sehr langen Refinanzierungszeiträumen rechnet, taugt der Sockeleffekt nur bedingt.

Im Zusammenhang mit Investitionen und deren Refinanzierbarkeit darf auch die Ausgestaltung und Durchführung des Effizienzvergleichs nach den §§ 12 ff. ARegV im Rahmen des Festlegungsverfahrens für die Erlösobergrenzen nicht außer Acht gelassen werden. Insbesondere bei der Parameterauswahl nach den §§ 13, 14 ARegV sollte von den Regulierungsbehörden darauf geachtet worden sein, dass erforderliche Investitionen in das Stromversorgungsnetz auch über den Effizienzwert angemessen abgebildet werden, und sich dadurch nicht die Position des investierenden Netzbetreibers und dessen Effizienz verschlechtert.[95] Eine Bereinigung des Effizienzwerts nach § 15 Abs. 1 ARegV im Nachgang wird mittlerweile nur in begrenzten Ausnahmefällen in Betracht kommen können.[96]

Einfluss auf die Investitionsbereitschaft hat der Umfang der Eigenkapitalverzinsung nach § 7 StromNEV für Neuanlagen. Mit Beschluss vom 7. Juli 2008 legte die BNetzA gemäß § 7 Abs. 6 StromNEV die Eigenkapitalzinssätze für die erste Regulierungsperiode fest.[97] Für Neuanlagen war eine Eigenkapitalverzinsung von 9,29 % vorgesehen. Dies bedeutete im Strombereich eine deutliche Erhöhung der Eigenkapitalverzinsung von bisher 7,91 % gemäß § 7 Abs. 6 Satz 3 StromNEV. Die Landesregulierungsbehörden beschlossen entsprechende Festlegungen. Einige Netzbetreiber (insbesondere aus dem Gasbereich) haben gegen die Festlegungen Beschwerde erhoben. Die Beschwerdegerichte haben bisher die Festlegungen im Wesentlichen bestätigt.[98] Die Entscheidungen sind noch nicht rechtskräftig, eine Entscheidung des BGH steht noch aus.

Die BNetzA beschloss Ende 2011 neue Eigenkapitalzinssätze gemäß § 7 Abs. 6 StromNEV für die zweite Regulierungsperiode.[99] Sie senkte den Zinssatz auf Eigenkapital für Neuinvestitionen ab dem 1. Januar 2014 auf 9,05 %. Die zugrunde liegende Methodik blieb gegenüber der ersten Festlegung unverändert. Auch gegen diese Festlegung haben zahlreiche Netzbetreiber Beschwerde erhoben. Dabei wird der Ausgang dieser (neuen) Beschwerdeverfahren für die Festlegung zur zweiten Regulierungsperiode nicht unwesentlich vom Ausgang der Rechtsbeschwerdeverfahren beim BGH zur Festlegung für die erste Regulierungsperiode bestimmt.[100]

---

95 Vgl. auch BNetzA, Festlegung von Vorgaben für die Erhebung von Daten zur Ermittlung der Effizienzwerte nach §§ 12 bis 14 ARegV für die zweite Regulierungsperiode vom 22.5.2012 (BK8-12/009).

96 Mit der Novellierung der ARegV zum 22.8.2013 hat der Verordnungsgeber bestimmt, dass ausschließlich noch Alleinstellungsmerkmale die Bereinigung des Effizienzwertes rechtfertigen; der BGH sah dies in der bis 21.8.2013 geltenden Regelung nach § 15 Abs. 1 Satz 1 ARegV a.F. anders: BGH, RdE 2013, S. 22 (26 f.), Rn. 54 ff. – *SWM Infrastruktur GmbH*; vgl. auch OLG Düsseldorf, EnWZ 2013, S. 509 ff.

97 BNetzA, Festlegung von Eigenkapitalzinssätzen für Alt- und Neuanlagen für Betreiber von Elektrizitätsversorgungsnetzen und Gasversorgungsnetzen für die erste Regulierungsperiode in der Anreizregulierung vom 7.7.2008 (BK4-08-068).

98 Vgl. OLG Schleswig, RdE 2010, S. 66 ff., OLG Stuttgart, Beschluss vom 4.2.2010, Az. 202 EnWG 17/08 sowie mehrere Beschlüsse des OLG Düsseldorf vom 23.4.2013, vgl. beispielhaft OLG Düsseldorf, RdE 2013, S. 373 ff.

99 BNetzA, Festlegung von Eigenkapitalzinssätzen für Alt- und Neuanlagen für Betreiber von Elektrizitäts- und Gasversorgungsnetzen für die zweite Regulierungsperiode in der Anreizregulierung vom 31.10.2011 (BK4-11-304).

100 Vgl. zur Zulässigkeit des Widerrufsvorbehalts in der Eigenkapitalzinsfestlegung für die zweite Regulierungsperiode OLG Düsseldorf, Versorgungswirtschaft 2014, S. 17 (18) – bisher nicht rechtskräftig (BGH, EnVR 44/13).

Zudem hat der Verordnungsgeber die bisher umstrittene Frage des Zinssatzes für den die 40 %-Quote überschießenden Eigenkapitalanteil mit der Neuregelung in § 7 Abs. 7 StromNEV aufgegriffen und die heranzuziehenden Referenzzinsreihen vorgegeben. Der BGH hatte bereits in seinen ersten Entscheidungen zur Netzentgeltgenehmigung gefordert, dass ein angemessener Risikozuschlag zu berücksichtigen sei.[101] Er verwies die Verfahren zur Ermittlung eines angemessenen Risikozuschlags durch Sachverständigengutachten an die Beschwerdegerichte zurück. Das OLG Koblenz hielt danach einen Risikozuschlag von 0,44 Prozentpunkten für angemessen.[102] Der BGH hat dies mittlerweile bestätigt.[103] Mit der Ergänzung durch § 7 Abs. 7 StromNEV hat der Verordnungsgeber nunmehr eine klare Regelung über die heranzuziehenden Referenzzinsreihen getroffen. Inwieweit dies der zugrunde liegenden Problematik Rechnung trägt, dass das eingesetzte Eigenkapital angemessen und risikoadäquat gemäß § 21 Abs. 2 Satz 1 EnWG zu verzinsen ist, bleibt aber weiterhin fraglich, da es sich bei zwei der in § 7 Abs. 7 StromNEV genannten Reihen um weitgehend risikolose Referenzwerte handelt[104].

3.1.5.2 Erweiterungsfaktor

Investitionen von Stromverteilernetzbetreibern können während der Regulierungsperiode über einen sog. Erweiterungsfaktor gemäß § 10 ARegV berücksichtigt werden. Der Erweiterungsfaktor wirkt „gegen" die Erlösobergrenzen.[105]

Der Netzbetreiber muss die Anpassung der Erlösobergrenzen um einen Erweiterungsfaktor gemäß § 4 Abs. 4 Satz 2 jeweils bis zum 30. Juni eines Jahres für das Folgejahr beantragen. Wird der beantragte Erweiterungsfaktor genehmigt, kommt er ab dem 1. Januar des Folgejahres zur Anwendung. Dabei ist zu berücksichtigen, dass ein Erweiterungsfaktor in entsprechender Anwendung des § 10 ARegV nicht nur *während* der Regulierungsperiode, sondern auch für das *erste* Jahr der Regulierungsperiode beantragt werden kann. Damit kann Parameteränderungen zwischen dem Basisjahr einer Regulierungsperiode und dem Beginn dieser Regulierungsperiode Rechnung getragen werden.[106]

Voraussetzung für die Genehmigung eines Erweiterungsfaktors ist die nachhaltige Veränderung der Versorgungsaufgabe. Die Versorgungsaufgabe bestimmt sich nach der Veränderung bestimmter Parameter. Der Verordnungsgeber legte in § 10 Abs. 2 Satz 2 ARegV zunächst die Parameter „Fläche des versorgten Gebiets", „Anzahl der Anschlusspunkte" und „Jahreshöchstlast" fest. Darüber hinaus sind die Regulierungsbehörden nach den §§ 10 Abs. 2 Satz 2 Nr. 4, 32 Abs. 1 Nr. 3 ARegV ermächtigt, weitere Parameter festzulegen. Davon hat die BNetzA bisher mit der Festlegung „Anzahl der Einspeisepunkte dezentraler Erzeugungsanlagen" Gebrauch gemacht.[107] Der Umfang des Erweiterungsfaktors ermittelt sich nach der Anlage 2 zur ARegV; er ist grundsätzlich netzebenenbezogen zu berechnen. Zudem muss die

[101] Vgl. unter anderem BGH, ZNER 2008, S. 222 (225), Rn. 56 ff. – *Rheinhessische Energie.*

[102] Vgl. OLG Koblenz in mehreren Beschlüssen, vgl. beispielhaft Beschluss von 8.11.2012, 6 W 594/06 Kart.; einen fast identischen Zuschlag bestimmte auch das OLG Nürnberg, Beschluss vom 6.11.2012, 1 W 1516/07.

[103] BGH, Beschluss vom 18.2.2014, EnVR 71/12 – *Rheinhessische Energie II.*

[104] Siehe hierzu auch die Diskussion im Beitrag von Haug und Hübler in Kapitel 4.5.

[105] Vgl. die Regulierungsformel gemäß § 7 ARegV in Verbindung mit Anlage 1.

[106] BGH, RdE 2011, S. 308 (314), Rn. 55 ff. – *EnBW Regional AG.*

[107] BNetzA, Festlegung zur Verwendung anderer Parameter zur Ermittlung des Erweiterungsfaktors nach § 10 Abs. 2 Satz 2 Nr. 4 ARegV vom 8.9.2010 (BK8-10/004).

Veränderung erheblich sein. Eine erhebliche Änderung ist nach § 10 Abs. 2 Satz 3 ARegV anzunehmen, wenn sich dadurch die Gesamtkosten des Netzbetreibers nach Abzug der dauerhaft nicht beeinflussbaren Kostenanteile um mindestens 0,5 % erhöhen. Nach § 10 Abs. 4 ARegV können Übertragungsnetzbetreiber und die Betreiber von Hochspannungsnetzebenen *keinen* Erweiterungsfaktor beantragen. Für sie hat der Verordnungsgeber speziell sog. Investitionsmaßnahmen vorgesehen.[108]

Problematisch am Instrument des Erweiterungsfaktors bleibt, dass aufgrund seiner Wirkweise eine erhebliche Diskrepanz in zeitlicher wie auch finanzieller Hinsicht zwischen den mit den Parameteränderungen verbundenen Kosten einerseits und deren Berücksichtigung in der Erlösobergrenze entstehen kann. Der Erweiterungsfaktor berücksichtigt nicht die durch die Veränderung der Parameter veranlassten Investitionen und die damit verbundenen Kosten, sondern wirkt pauschal. Zudem werden nur bereits eingetretene Veränderungen berücksichtigt. Gesicherte Erkenntnisse finden nach § 10 Abs. 2 Satz 2 ARegV keine Berücksichtigung. Diese Faktoren bleiben ein Hemmnis für Investitionen in den Umbau des Stromversorgungssystems auf der Verteilernetzebene.

3.1.5.3 Investitionsmaßnahmen

Investitionsmaßnahmen sollen Netzbetreibern einen Anreiz bieten, in die Stabilität und den Ausbau ihrer Übertragungs- und Ferngasleitungsnetze zu investieren.[109] Übertragungsnetzbetreiber und – nach Einführung des § 23 Abs. 7 ARegV zum 22. August 2013 – nunmehr auch die Betreiber von Hochspannungsnetzebenen können bei Erweiterungs- oder Umstrukturierungsinvestitionen die Genehmigung von Investitionsmaßnahmen beantragen. Gemäß § 23 Abs. 1 Satz 1 ARegV sind Investitionsmaßnahmen durch die BNetzA für Kapitalkosten, die zur Durchführung von Erweiterungs- und Umstrukturierungsinvestitionen in die Übertragungsnetze erforderlich sind, sowie Betriebskosten in Höhe von grundsätzlich pauschal 0,8 % der Kapitalkosten zu genehmigen. Die Investition ist erforderlich, wenn sie für die Stabilität des Gesamtsystems, die Einbindung in das nationale oder internationale Verbundnetz oder für einen bedarfsgerechten Ausbau des Energieversorgungsnetzes nach § 11 EnWG notwendig ist. § 23 Abs. 1 Satz 2 ARegV enthält Regelbeispiele erforderlicher und genehmigungsfähiger Investitionen.

Maßgeblich für Erweiterungs- und Umstrukturierungsinvestitionen im Sinne des § 23 Abs. 1 Satz 1 ARegV ist, dass sich die Maßnahmen nicht im Austausch bereits vorhandener Komponenten und damit zwangsläufig einhergehender Verbesserungen erschöpfen, sondern jedenfalls auch zu einer nicht nur unbedeutenden Vergrößerung des Netzes oder zu einer nicht nur unbedeutenden Veränderung von sonstigen technischen Parametern führen, die für den Betrieb des Netzes erheblich sind. Um eine klare Abgrenzung zu ermöglichen, müssen die zusätzlichen

---

108 Ergänzend sah § 25 ARegV für Verteilernetze zur Refinanzierung von Investitionen die Berücksichtigung eines pauschaliert berechneten Investitionszuschlages in den Erlösobergrenzen vor. Die Vorschrift ist gemäß § 34 Abs. 4 Satz 1 zum 31.12.2013 mit dem Ende der ersten Regulierungsperiode im Strombereich ausgelaufen.

109 In der bis zum 22.3.2012 geltenden Fassung der ARegV wurden Investitionsmaßnahmen noch als Investitionsbudgets bezeichnet.

Funktionen dabei deutlich von den Wirkungen einer bloßen Ersatzinvestition unterscheidbar sein, ihnen muss eine gewisse eigenständige Bedeutung zukommen.[110]

Mit der Genehmigung der Investitionsmaßnahme werden die damit verbundenen Kosten gemäß § 11 Abs. 2 Satz 1 Nr. 6 ARegV als dauerhaft nicht beeinflussbare Kostenanteile behandelt. Der Umfang der anerkennungsfähigen Kapital- und Betriebskosten wird anhand einer Festlegung der BNetzA bestimmt.[111] Bei einer Steigerung dauerhaft nicht beeinflussbarer Kostenanteile besteht die Möglichkeit bzw. im Falle von Kostensenkungen die Verpflichtung, die von der BNetzA festgelegte Erlösobergrenze eigenständig an die Kostenentwicklung anzupassen (§ 4 Abs. 3 Nr. 2 ARegV). Ferner unterfallen dauerhaft nicht beeinflussbare Kostenanteile nicht den Effizienzvorgaben gemäß den §§ 12 ff. ARegV.

Die Festlegung, die den Umfang der für die Investitionsmaßnahme zu berücksichtigenden Kosten bestimmt, ist nach Ansicht des OLG Düsseldorf in einem Punkt rechtswidrig. Im Rahmen der Bestimmung der berücksichtigungsfähigen Eigenkapitalverzinsung seien auch für Neuanlagen bei der Mittelwertbildung nach § 7 Abs. 1 Satz 4 StromNEV nicht der Wert Null als Anfangsbestand zu berücksichtigen, sondern die Anschaffungs- und Herstellungskosten in Ansatz zu bringen.[112]

Im Falle der Genehmigung können die Erlösobergrenzen zum 1. Januar eines Jahres angepasst werden (§ 4 Abs. 3 Satz 3 ARegV). Seit 2012 erfolgt die Anpassung der Erlösobergrenze auch ohne Zeitverzug. Dafür wurde ein Abgleich der prognostizierten Kosten mit den tatsächlich entstandenen Ist-Kosten über das Regulierungskonto in § 5 Abs. 1 Satz 2 ARegV ergänzt.

Der Antrag auf Genehmigung der Investitionsmaßnahme ist spätestens neun Monate vor dem jeweiligen Kalenderjahr zu stellen, in dem das Vorhaben kostenwirksam werden soll (§ 23 Abs. 3 Satz 1 ARegV). Weitere inhaltliche Anforderungen zur Antragsstellung ergeben sich aus § 23 Abs. 3 ARegV. Um die Antragstellung und das Antragsverfahren zu konkretisieren, veröffentlichte die zuständige Beschlusskammer 4 der BNetzA einen Leitfaden zu § 23 ARegV im Internet. Von einer möglichen (formalen) Festlegung über die Antragsstellung gemäß § 32 Abs. 1 Nr. 8 ARegV hat die BNetzA bislang abgesehen.

Die Genehmigung wird von der BNetzA auf maximal sieben Jahre befristet, also bis zum Ende der jeweils laufenden Regulierungsperiode, oder - bei erstmaliger Kostenwirksamkeit nach dem Basisjahr der folgenden Regulierungsperiode - bis zum Ende der folgenden Regulierungsperiode. Das OLG Düsseldorf bestätigte die Befristung der Genehmigung. Es hielt das Anliegen der BNetzA für gerechtfertigt, ein praktisch den Effizienzvorgaben dauerhaft entzogenes

[110] Vgl. insgesamt: BGH, Beschluss vom 17.12.2013, Az.: EnVR 18/12 – *50Hertz Transmission GmbH*; noch a. A.: OLG Düsseldorf, RdE 2012, S. 296 ff., sowie RdE 2012, S. 300 ff., beide für den Gasbereich; im Ergebnis ebenso für den Strombereich: OLG Düsseldorf, RdE 2012, S. 304 ff. – nach dem OLG Düsseldorf kam eine Umstrukturierungsinvestition gemäß § 23 Abs. 1 Satz 1 ARegV nur in Betracht, wenn es sich um eine Neuinvestition handelte, die durch eine Veränderung der Versorgungs- und Transportaufgabe mit nicht nur lokalen systemtechnischen Auswirkungen veranlasst wurde und zu einer substantiellen Erweiterung oder Änderung des Netzes führte. Es müsse sich um grundlegende und mit erheblichen Kosten verbundene Maßnahmen handeln. Auch Maßnahmen, die nur mittelbar Folge EEG-bedingter Veränderungen waren, waren danach keine Umstrukturierungsinvestitionen im Sinne des § 23 Abs. 1 Satz 1 ARegV, OLG Düsseldorf, RdE 2012, S. 304 (307).

[111] BNetzA, Festlegung zur Berechnung der sich aus genehmigten Investitionsmaßnahmen ergebenden Kapital- und Betriebskosten vom 2.5.2012 (BK4-12-656).

[112] OLG Düsseldorf, EnWZ 2013, S. 515 (516), Rn. 41 ff. – bisher nicht rechtskräftig (BGH, EnVR 78/13).

„Schattenanlagevermögen" mittels der Befristung zu vermeiden.[113] Allerdings wird dadurch der Widerspruch zur langfristigen Finanzierung der Investitionsmaßnahme nicht überwunden. Die Genehmigung von Investitionsmaßnahmen soll einen Anreiz bieten, Investitionen mit erheblichem Umfang zu ermöglichen. Die Verlässlichkeit der regulatorischen Rahmenbedingungen zeichnet sich dabei dadurch aus, dass sich die Wirkung der Genehmigung am Zeitraum der Kostenwirksamkeit und der betriebsgewöhnlichen Nutzungsdauer der jeweiligen Anlagengruppe orientiert.[114] Vor dem Hintergrund der Energiewende und dem damit notwendigen Umbau des Versorgungssystems bleibt eine solche Befristung damit nicht unproblematisch.

Sowohl der nach wie vor aktuelle Leitfaden mit Stand 2012 als auch die Festlegung der BNetzA zur Bestimmung der anerkennungsfähigen Kosten der Investitionsmaßnahme orientieren sich an der Rechtsprechung des OLG Düsseldorf in mehreren Beschwerdeverfahren über den Inhalt und Umfang der Genehmigung. Zuvor akzeptierten die BNetzA und die damals betroffenen Netzbetreiber im Wesentlichen die Rechtsprechung des OLG in einem Anfang 2012 abgeschlossenen Branchenvergleich. So spielt heute die ursprüngliche praktizierte Abgrenzung zwischen Erweiterungs- und Umstrukturierungsinvestitionen und Ersatzinvestitionen über einen Abzugsbetrag keine Rolle mehr.[115] Die Bestimmung eines kapitalmarktüblichen Vergleichszinssatzes für tatsächlich aufgenommenes Fremdkapital sowie für die Verzinsung des die 40 %-Quote überschießenden Eigenkapitalanteils erfolgt im Rahmen von Investitionsmaßnahmen zukunftsorientiert. Die im Rahmen der Entgeltgenehmigungen nach § 23a EnWG dazu ergangene Rechtsprechung des BGH findet bei der Genehmigung von Investitionsmaßnahmen keine Anwendung.[116] Im Falle der Finanzierung über Fremdkapital sind Finanzierungsart und der jeweilige Finanzierungszeitpunkt maßgebend. Weicht der tatsächlich gezahlte Fremdkapitalzinssatz von dem maßgeblichen Referenzzins nach oben ab, kann der Netzbetreiber den Nachweis der Kapitalmarktüblichkeit des tatsächlichen Zinssatzes führen.[117] Darüber hinaus sind Anlagegüter für die Netzanbindung von Offshore-Windenergieanlagen wegen der bislang nicht vorgesehenen eigenständigen Kategorisierung in Anlage 1 zur StromNEV als sonstige Netzanlagen für die Hochspannungsübertragung gemäß Punkt III. 1.4 der Anlage 1 zur StromNEV mit einer betriebsgewöhnlichen Nutzungsdauer von 20 Jahren einzustufen.[118]

3.1.5.4 Investitionsmaßnahmen im Verteilernetz

§ 23 Abs. 6 ARegV bestimmt, dass in eng begrenzten Fällen auch für Investitionsprojekte von Verteilernetzbetreibern Investitionsmaßnahmen genehmigt werden können, sofern diese nicht

[113] Vgl. OLG Düsseldorf, Beschluss vom 23.3.2011, VI-3 Kart 10/10 (V), Rn. 47; OLG Düsseldorf, ZNER 2011, S. 448 (449 f.).

[114] Kühne, Das Konzept der Anreizregulierung und das Konzept einer sicheren Energieversorgung, S. 25.

[115] Sog. Betrag zur Vermeidung von Doppelanerkennungen: OLG Düsseldorf, Beschluss vom 23.3.2011, VI-3 Kart 10/10 (V), S. 39 ff.; das OLG Düsseldorf verwarf diese Praxis als mit dem Sinn und Zweck des § 23 ARegV nicht vereinbar.

[116] Vgl. OLG Düsseldorf, ZNER 2011, S. 448 (452 f.).

[117] So OLG Düsseldorf, Beschluss vom 23.3.2011, Az.: VI-3 Kart 233/09 (V), S. 67.

[118] Vgl. OLG Düsseldorf, ZNER 2011, S. 448 (451).

durch den Erweiterungsfaktor des § 10 ARegV berücksichtigt werden. Dies kommt in Betracht, wenn beispielsweise Erweiterungs- und Umstrukturierungsinvestitionen zur Integration von Anlagen nach dem EEG oder dem Kraft-Wärme-Kopplungsgesetz notwendig werden.

Die BNetzA erweiterte im September 2010 den Erweiterungsfaktor um den Parameter „Anzahl der Einspeisepunkte dezentraler Erzeugungsanlagen".[119] Entsprechend passte sie die Berechnungsformel in Anlage 2 zur ARegV an. Die ganz überwiegende Zahl der Genehmigungsanträge nach § 23 Abs. 6 ARegV, die im Zusammenhang mit Netzinvestitionen aufgrund der vermehrten Einspeisung von Strom aus erneuerbaren Energien stehen, lehnt die BNetzA seither unter Verweis auf den vorrangig anzuwendenden Erweiterungsfaktor gemäß § 10 ARegV ab. Dabei nimmt die BNetzA ein abstraktes und generelles Vorrangverhältnis an. Wirtschaftlich problematisch ist eine entsprechende Auslegung in vielen Fällen deshalb, weil über die Berechnung eines in Betracht kommenden Erweiterungsfaktors oftmals nur ein Bruchteil der tatsächlich entstehenden Investitionskosten innerhalb der laufenden Regulierungsperiode refinanziert werden kann.

Die Rechtsprechung des OLG Düsseldorf dazu blieb bisher unentschieden: In einem Fall hielt es das OLG Düsseldorf nicht für erforderlich, dass mit der Erweiterungs- oder Umstrukturierungsinvestition EEG-Anlagen unmittelbar in das Netz des Verteilernetzbetreibers integriert werden.[120] Es hob deshalb die Ablehnung durch die BNetzA auf und verpflichtete die BNetzA zur Neubescheidung. In dem zugrunde liegenden Sachverhalt zog die Integration von EEG-Anlagen im vorgelagerten Höchstspannungsnetz Investitionen des betroffenen Verteilernetzbetreibers in der von ihm betriebenen Hochspannungsnetzebene nach sich. Der BGH hat die Entscheidung des OLG Düsseldorf bestätigt.[121] In einer weiteren Entscheidung hob das OLG Düsseldorf ebenfalls die Ablehnung der beantragten Investitionsmaßnahme auf mit der Begründung, dass der Anschluss und die Einspeisung einer Erzeugungsanlage mit einer elektrischen Leistung von 450 MW keine typische Konstellation im Anwendungsbereich des neu geschaffenen Parameters „Anzahl Einspeisepunkte dezentraler Erzeugungsanlagen" sei. In diesem Zusammenhang wies das Gericht auch darauf hin, dass es problematisch sei, den verordnungsrechtlich vorgegebenen Anwendungsbereich des § 23 Abs. 6 ARegV über eine Festlegung einzuschränken, deren Ermächtigungsgrundlage sich nur auf den Erweiterungsfaktor bezieht.[122]

Auch in einer weiteren Entscheidung äußerte das OLG Düsseldorf zunächst Bedenken gegen die Rechtmäßigkeit der Festlegung des neuen Parameters aus den oben genannten Gründen. Diese Bedenken hatten aber auf die Entscheidung letztlich keinen Einfluss, da der betroffene Hochspannungsnetzbetreiber keine Beschwerde gegen die Festlegung bei deren Erlass eingelegt habe und sie ihm gegenüber damit (zwar möglicherweise rechtswidrig, aber) bestandskräftig sei. Bezüglich des Regelungsgehalts der Festlegung folgte das Gericht dann der Auslegung der BNetzA, nach der eine abstrakte Abbildbarkeit im Erweiterungsfaktor ausreicht, um den Vorrang des Erweiterungsfaktors vor der Genehmigung einer Investitionsmaßnahme

---

119 BNetzA, Festlegung zur Verwendung anderer Parameter zur Ermittlung des Erweiterungsfaktors nach § 10 Abs. 2 Satz 2 Nr. 4 ARegV vom 8.9.2010 (BK8-10-004).

120 OLG Düsseldorf, RdE 2012, S. 255 (256 f.)

121 BGH, Beschluss vom 9.7.2013, Az. EnVR 23/12 – *E.ON Netz GmbH.*

122 OLG Düsseldorf, ZNER 2012, S. 621 (623).

zu begründen.[123] Ein solches Verständnis des Regelungsgehalts der Festlegung ist aber keineswegs zwingend, sondern schafft erst den Konflikt zwischen der Ermächtigung zur Festlegung und § 23 Abs. 6 ARegV, den das OLG Düsseldorf selbst für problematisch hält. In einem anderen Verfahren betonte das OLG Düsseldorf dagegen, dass die bestandskräftige Festlegung jedenfalls restriktiv auszulegen sei.

Seit dem 22. August 2013 gilt § 23 Abs. 7 ARegV, mit dem nun Investitionen in der Hochspannungsnetzebene den Investitionen im Übertragungsnetz gleichgestellt werden. Damit ist das zugrunde liegende Problem einer hinreichenden Refinanzierung von Investitionen im Verteilernetz für den praktisch sehr kostenintensiven Bereich der Hochspannungsnetzebene entschärft. Aufgrund des sich abzeichnenden – von der BNetzA im Grundsatz auch anerkannten[124] – hohen Investitionsbedarfs auf den der Hochspannungsnetzebene nachgelagerten Verteilernetzebenen stellt sich aber weiter die Frage, ob der Regelungsrahmen und nicht zuletzt die bisherige Regulierungspraxis den tatsächlichen Erfordernissen gerecht wird.

3.1.5.5 Forschungs- und Entwicklungsvorhaben

Mit der Novellierung der ARegV zum 22. August 2013 hat der Gesetzgeber die Möglichkeit neu aufgenommen, Forschungs- und Entwicklungskosten gemäß § 25a ARegV auf Antrag zu genehmigen, die dann als dauerhaft nicht beeinflussbare Kostenanteile während der Regulierungsperiode in den Erlösobergrenzen berücksichtigt werden können. Maximal hat der Verordnungsgeber einen Zuschlag auf 50 % der berücksichtigungsfähigen Kosten vorgesehen. Dabei sind nach § 25a Abs. 1 ARegV ausschließlich Kosten eines Forschungs- und Entwicklungsvorhabens im Rahmen der staatlichen Energieforschungsförderung berücksichtigungsfähig. Das entsprechende Projekt muss bewilligt worden sein und von staatlichen Stellen betreut werden. Gefördert werden nur die nicht öffentlich geförderten Anteile an den Gesamtkosten des Vorhabens. Zielstellung ist es, den Umbau des Versorgungssystems hin zu intelligenten Lösungen im Verteilernetz zu fördern und die Kosten der Entwicklung neuer Energietechnologien refinanzierbar zu machen.[125]

3.1.5.6 Qualitätsregulierung

Schließlich ist im Hinblick auf investive Maßnahmen auch das Konzept der Qualitätsregulierung zu erwähnen. Seit dem 1. Januar 2012 wird im Strombereich ein Qualitätselement im Rahmen der Erlösobergrenze berücksichtigt. Zumindest bis Ende 2016 werden ausschließlich Elektrizitätsverteilernetzbetreiber, die nicht dem vereinfachten Verfahren nach § 24 ARegV unterfallen, mit der Mittel- und Niederspannungsnetzebene in die Qualitätsregulierung einbe-

---

[123] OLG Düsseldorf, EnZW 2013, S. 377 ff.

[124] Vgl. Zeitschrift für Kommunalwirtschaft, 5.11.2012, S. 3, „Zeitverzug frisst Erlöse"; vgl. auch BNetzA, Stellungnahme zum Beschlussvorschlag der Länder zur „Verbesserung der Investitionsbedingungen für Energienetzbetreiber unter den Bedingungen der Energiewende", 2.10.2010, S. 2.

[125] BR-Drs. 447/13, S. 20.

zogen. Für die Netzebenen Höchst-/Hochspannung im Elektrizitätsbereich ist ein entsprechendes Regime nach wie vor nicht vorgesehen. Aus Sicht der BNetzA gibt es derzeit keine Möglichkeit zur Ermittlung belastbarer Kennzahlen für diesen Bereich.[126]

Ihre verordnungsrechtliche Verankerung findet die Qualitätsregulierung in den §§ 18 bis 21 ARegV. Über die Berücksichtigung des sog. Qualitätselements sollen Qualitätsanreize gesetzt werden. Überdurchschnittlich hohe Netzqualität führt zu einem Zuschlag, unterdurchschnittliche Netzqualität führt zu einem Abschlag auf die Erlösobergrenze (§ 4 Abs. 5 ARegV). Einen unmittelbaren Zwang, qualitätssteigernde Maßnahmen zu ergreifen, geht damit von dem Qualitätselement nicht aus. Nach der Konzeption des Verordnungsgebers sind gemäß § 19 Abs. 3 ARegV die Faktoren Netzleistungsfähigkeit und Netzzuverlässigkeit für die Bemessung der Netzqualität ausschlaggebend.[127] Gegenwärtig wird allerdings allein auf die Netzzuverlässigkeit abgestellt. Das Qualitätselement wird derzeit alle drei bzw. zwei Jahre neu bestimmt. Es ist daher zweifelhaft, ob über das Qualitätselement in seiner gegenwärtig praktizierten Konzeption Investitionsentscheidungen beeinflusst werden können.[128] Das OLG Düsseldorf bestätigte zunächst in zwei Entscheidungen die allgemeine Festlegung der BNetzA zur Qualitätsregulierung für die erste Regulierungsperiode.[129] Der Regulierungsbehörde stehe bei der Ausgestaltung des Qualitätselements und der Methodik sowie des Verfahrens ein Gestaltungsspielraum zu, der nur eingeschränkt einer gerichtlichen Kontrolle unterliege. In beiden Verfahren wurden Rechtsbeschwerden eingelegt, so dass auch dazu der BGH das „letzte Wort" haben wird.[130]

3.1.6 Künftige Entwicklungen

Das dem System der Anreizregulierung immanente Spannungsverhältnis zu Investitionen wird durch die Herausforderungen der Energiewende an den Netzbetrieb verschärft. Versorgungsnetzbetreiber aller Netzebenen sind zunehmend mit dezentraler und fluktuierender Einspeisung konfrontiert. Auf allen Netzebenen müssen die Betreiber der Stromversorgungsnetze in der Lage sein, flexibel auf den Bedarf zu reagieren. Darauf ist die vorhandene Netzinfrastruk-

---

126 BNetzA, Beschluss vom 20.11.2013, Festlegung für die nähere Ausgestaltung und das Verfahren der Bestimmung des Qualitätselementes hinsichtlich der Netzzuverlässigkeit für Elektrizitätsverteilernetze nach den §§ 19 und 20 ARegV (BK8-13-002), Ziffer 7.10; ebenso schon BNetzA, Beschluss vom 7.6.2011 zur Festlegung über den Beginn der Anwendung, die nähere Ausgestaltung und das Verfahren der Bestimmung des Qualitätselementes hinsichtlich der Netzzuverlässigkeit für Elektrizitätsverteilernetze nach den §§ 19 und 20 ARegV (BK8-11-002), Ziffer 6.9.

127 Zu Unterschieden der in § 21a EnWG verwendeten Begrifflichkeit der „Versorgungsqualität": Schröder, KSzW 03/2011, S. 315 (316); siehe auch BNetzA, Festlegung für die nähere Ausgestaltung und das Verfahren der Bestimmung des Qualitätselements hinsichtlich der Netzzuverlässigkeit für Elektrizitätsverteilernetze nach den §§ 19 und 20 ARegV vom 20.11.2013 (BK8-13/002).

128 Vgl. zur Kritik an der gegenwärtigen Konzeption der Qualitätsregulierung auch Westermann/Krämer, et al., 2011, Heft 4, S. 16 ff.

129 OLG Düsseldorf, RdE 2012, S. 437 ff.; s. a. OLG Düsseldorf, Beschluss vom 22.8.2012, VI-3 Kart 39/11 (V); die Entscheidungen beziehen sich noch auf die vorherige Festlegung, die bis 31.12.2013 befristet war, vgl. BNetzA, Festlegung über den Beginn, die nähere Ausgestaltung und das Verfahren der Bestimmung des Qualitätselements hinsichtlich der Netzzuverlässigkeit für Elektrizitätsverteilernetze nach den §§ 19 und 20 ARegV vom 7.6.2011 (BK8-11/002); die darin festgelegte Methodik blieb im Wesentlichen aber unverändert.

130 Vgl. zur Frage gesetzlich eingeräumter behördlicher Spielräume und der eingeschränkten gerichtlichen Kontrolle im Effizienzvergleich BGH, Beschluss vom 21.1.2014, EnVR 12/12 – *Stadtwerke Konstanz*.

tur bisher nicht ausgerichtet. Zur notwendigen Umstrukturierung und Erweiterung der Stromversorgungsnetze sind erhebliche Investitionen in die Infrastruktur erforderlich. Das Netz muss nicht nur aus-, sondern grundlegend umgebaut werden.

Diese Notwendigkeit für das Gelingen der Energiewende wird nicht ernsthaft bestritten. Zweifelhaft ist daher, ob in der dritten Regulierungsperiode das aktuell geltende Konzept der Revenue-Cap-Regulierung noch auf ein System der Yardstick-Competition als „zweiter Phase“ der Anreizregulierung – wie zunächst vorbehalten – umgestellt werden soll.[131] Mit dem Konzept der Yardstick-Competition findet eine vollständige Abkoppelung der Preisentwicklung von der Kostenentwicklung des Netzbetriebs statt.[132] Ob diese Form der Anreizsetzung dem durch die Energiewende veranlassten und erwarteten Investitionsbedarf zum Umbau der Netzinfrastruktur ausreichend Rechnung tragen kann, ist fragwürdig. In der gegenwärtigen Diskussion weist wenig darauf hin, dass dieser ursprünglich beabsichtigte Systemwechsel weiterhin ernsthaft erwogen wird.

Vielmehr stellt sich die Frage, wie die Investitionsbedingungen über die Anerkennung von Kapitalkosten verbessert werden können. Insbesondere die regulatorische Abbildung der Kosten des erforderlichen Umbaus der Verteilernetze hin zu einem Smart Grid, um die zunehmend dezentralen und fluktuierenden Einspeisungen zu bewältigen, bleibt unzureichend. Ein wesentliches Investitionshemmnis bleibt nicht zuletzt der mit dem Erweiterungsfaktor einhergehende Zeitverzug, sowie die Frage, ob der Erweiterungsfaktor mit seiner pauschalen Wirkweise ein geeignetes Mittel ist, dem Investitionsbedarf auf der Verteilernetzebene Rechnung zu tragen und Investitionen anzureizen.

Die Landesregulierungsbehörde Hessen schlug bereits 2012 die Abschaffung von Erweiterungsfaktor und Investitionsmaßnahmen und die Einführung eines jährlichen Kapitalkostenabgleichs vor.[133] Das Echo der BNetzA dazu blieb verhalten. Zwar sei man für eine sachdienliche und transparente Fortentwicklung des Konzeptes des Erweiterungsfaktors offen. Die mit einem Kapitalkostenabgleich verbundene grundlegende Veränderung des bestehenden Systems der Anreizregulierung lehnte man aber ab.[134]

Im Zuge der jüngsten Novellierung[135] der ARegV im Sommer 2013 unternahm der Wirtschaftsausschuss des Bundesrats den Versuch, das gegenwärtige System von Erweiterungsfaktor und Investitionsmaßnahmen abzuschaffen und durch eine Investitionskostendifferenz zu ersetzen. Die Investitionskostendifferenz sollte als dauerhaft nicht beeinflussbarer Kostenanteil gelten und es erlauben, die Erlösobergrenzen um die Investitionskostendifferenz anzupassen.[136] Der Bundesrat übernahm diesen Vorschlag zwar nicht, wies jedoch ausdrücklich

---

131 Weyer, in: Baur/Salje/Schmidt-Preuß, Kap. 76, Rn. 2.

132 Meinzenbach, Die Anreizregulierung als Instrument zur Regulierung von Netznutzungsentgelten im neuen EnWG, S. 217. Siehe hierzu auch Kapitel 4.1.

133 Vgl. sog. „Schäfer-Papier“, Landeregulierungsbehörde Hessen, Vorschlag für einen Beschluss der Arbeitsgruppe Regulierung in der Plattform „Zukunftsfähige Netze“ beim Bundesministerium für Wirtschaft und Technologie, August 2012.

134 Stellungnahme zum Beschlussvorschlag der Länder zur „Verbesserung der Investitionsbedingungen für Energienetzbetreiber unter den Bedingungen der Energiewende“ für die Sitzung der AG Regulierung am 8. Oktober 2012 (2.10.2012).

135 Art. 4 der Verordnung zur Änderung von Verordnungen auf dem Gebiet des Energiewirtschaftsrechts vom 14.8.2013 (BGBl. I S. 3250).

136 Vgl. BR-Drs. 447/1/13, S. 30 – 57 (Nr. 12).

darauf hin, dass der erhebliche Investitionsbedarf in die Stromversorgungsnetze im Zuge der Energiewende über den Erweiterungsfaktor nicht bewältigt werden könne und ein neuer Mechanismus gefunden werden müsse.[137] Der Verordnungsgeber zog im Rahmen der Novelle daher zunächst den in § 33 ARegV vorgesehenen Evaluierungsbericht zur Anreizregulierung um ein Jahr auf den 31. Dezember 2014 vor. Zugleich löste er die Hochspannungsnetzebene aus dem Erweiterungsfaktor und stellte sie im Hinblick auf die Anerkennung von Investitionskosten mit § 23 Abs. 7 ARegV dem Übertragungsnetz gleich. Dies kann aber nur als erster, dringend notwendiger Schritt gesehen werden. Ausreichen wird dieser Schritt noch nicht. Aber die Diskussion hat mit der Vorbereitung des Evaluierungsberichts nach § 33 ARegV begonnen.[138]

[137] BR-Drs. 447/13 (Beschluss), S. 31 f.

[138] Vgl. die von der BNetzA seit November 2013 regelmäßig veranstalteten Workshops zur Evaluierung der ARegV, zuletzt am 11./12.6.2014; die Vortragsfolien sind auf der Internetseite der BNetzA verfügbar.

3.2 Zulassungsverfahren für Stromleitungen

DR. MARKUS EHRMANN UND PETER KÖCHLING

Dr. Markus Ehrmann studierte Rechtswissenschaften an den Universitäten Tübingen und München und promovierte 2000 an der Universität Heidelberg. Seit 2000 ist er als Rechtsanwalt tätig, seit 2009 Fachanwalt für Verwaltungsrecht und seit 2013 Partner bei Köchling & Krahnefeld Rechtsanwälte in Hamburg. Dort arbeitet er insbesondere an der Schnittstelle zwischen Umweltrecht und öffentlichem Energierecht. In den letzten Jahren hat er vor allem im Bereich Emissionshandel, aber auch im öffentlichen Energierecht und im Umweltrecht publiziert und zahlreiche Vorträge gehalten.

Peter Köchling studierte Rechtswissenschaften in Hamburg und ist seit 1984 als Rechtsanwalt zugelassen. Von 1984 bis 2003 führte er als geschäftsführender Gesellschafter ein Beratungsbüro für Umweltfragen und Projektmanagement. Seit 2003 ist er Gründungspartner bei Köchling & Krahnefeld Rechtsanwälte. Sein Arbeitsschwerpunkt liegt in der rechtlichen Beratung bei der Zulassung von infrastrukturellen Großvorhaben.

3.2.1 Vorbemerkung

Die Planung und Zulassung von Stromleitungen erfolgen in einem mehrstufigen Verfahren, das zu einer immer detaillierteren Planung und schließlich Umsetzung des Vorhabens führt. Bei Stromleitungen, die innerhalb eines Bundeslandes geplant sind, ist einem Planfeststellungsverfahren ein Raumordnungsverfahren vorgeschaltet. Bei länderübergreifenden Stromtrassen können nach den im Jahre 2011 neu in das Energiewirtschaftsgesetz (EnWG)[139] eingefügten Regelungen fünf Schritte bei der Bedarfsermittlung und Netzausbauplanung unterschieden werden (§§ 12a-g EnWG):

- Zunächst haben die Übertragungsnetzbetreiber (ÜNB) den so genannten **Szenariorahmen** (§ 12a EnWG) zu entwickeln. Dieser ist von der Bundesnetzagentur zu genehmigen.
- Als zweiter Schritt erarbeiten die Übertragungsnetzbetreiber auf der Grundlage des Szenariorahmens und auch unter Berücksichtigung der entsprechenden europäischen Pläne[140] den **Netzentwicklungsplan (NEP** § 12b EnWG).
- Sodann ist auf dieser Grundlage der **Bundesbedarfsplan** gesetzlich zu erlassen. Das Bundesbedarfsplangesetz[141] trat am 27. Juli 2013 in Kraft. Zentrale Wirkung des Erlasses des Bundesbedarfsplans durch den Bundesgesetzgeber ist, dass für die darin enthaltenen Vorhaben die energiewirtschaftliche Notwendigkeit und der vordringliche Bedarf festgestellt werden (§ 12e Abs. 4 S. 1 EnWG). Diese Feststellungen sind für die Betreiber von Übertragungsnetzen sowie für die nachfolgende Planfeststellung und die Plangenehmigung ver-

---

139 Gesetz über die Elektrizitäts- und Gasversorgung (Energiewirtschaftsgesetz – EnWG) vom 07. Juli 2005, Bundesgesetzblatt 2005 I, 1970, zuletzt geändert durch Art. 3 Abs. 4 des Gesetzes zur Änderung des Handelsgesetzbuches, Bundesgesetzblatt 2013 I, 3746.

140 Siehe dazu den Beitrag von Giesberts und Tiedge „EU-rechtliche Vorgaben für die Planung, Genehmigung und Finanzierung von Stromnetzen" in Kapitel 3.3.

141 Das Gesetz über den Bundesbedarfsplan (Bundesbedarfsplangesetz – BBPlG) stellt Art. 1 des „Zweiten Gesetzes über Maßnahmen zur Beschleunigung des Netzausbaus Elektrizitätsnetze" vom 23. Juli 2013 dar, Bundesgesetzblatt 2013 I, 2543.

bindlich (§ 12e Abs. 4 S. 2 EnWG). Die gleiche Funktion hatte bereits das Energieleitungsausbaugesetz (EnLAG) von 2009[142] für die darin genannten Vorhaben (§ 1 Abs. 2 EnLAG). Mit der gesetzlichen Feststellung des Bundesbedarfsplans wird die Schwelle von der theoretisch-abstrakten Netzplanung mit Szenariorahmen und Netzentwicklungsplan hin zu der praktisch-konkreten Vorhabenplanung überschritten.

- Als vierten Schritt hat die Bundesnetzagentur für die im Bundesbedarfsplan als länderübergreifend oder grenzüberschreitend gekennzeichneten Höchstspannungsleitungen im Rahmen der **Bundesfachplanung** nach dem Netzausbaugesetz (NABEG[143]) die Trassenkorridore zu bestimmen (§§ 4 ff. NABEG). Für Vorhaben, die nur ein einzelnes Bundesland betreffen, entscheidet die zuständige Landesbehörde in einem Raumordnungsverfahren über die Vereinbarkeit mit den Vorgaben der Landes- und gegebenenfalls der regionalen Planung.
- Als fünfter und letzter Schritt erfolgt die **Planfeststellung**. Diese erfolgt bei den länderübergreifenden oder grenzüberschreitenden Höchstspannungsleitungen, die im Bundesbedarfsplan als solche gekennzeichnet sind, durch die Bundesnetzagentur in dem Verfahren der Planfeststellung nach dem Netzausbaubeschleunigungsgesetz (§§ 18-28 NABEG), ansonsten durch die zuständige Landesbehörde nach den allgemeinen Regelungen des Energiewirtschaftsgesetzes (§§ 43-45b EnWG) und des Verwaltungsverfahrensgesetzes[144] (§§ 72-78 VwVfG). In diesem Verfahren werden schließlich der detaillierte Verlauf der geplanten Leitung und die genauen Maststandorte bei einer Freileitung bzw. der genaue Verlauf eines Erdkabels genehmigt. Im Rahmen dieses Verfahrens ist eine Umweltverträglichkeitsprüfung durchzuführen und die Öffentlichkeit erhält Gelegenheit zur Stellungnahme.

Während die ersten vier Stufen des Szenariorahmens, des Netzentwicklungsplanes, des Bundesbedarfsplanes und der Bundesfachplanung Gegenstand eines anderen Beitrags in diesem Buche sind,[145] soll sich der vorliegende Beitrag mit dem letzten Schritt der konkreten Zulassung einer Stromleitung nach den allgemeinen Regeln (§§ 72 ff. VwVfG, §§ 43 ff. EnWG)[146] befassen. Dabei werden zunächst die unterschiedlichen Regelungen für die Zulassungserfordernisse von Stromleitungen dargestellt – auch über die für die Versorgung mit Strom für die Allgemeinheit und Industrie erforderlichen Leitungen hinaus – und anschließend die jeweiligen Verfahren beschrieben.

142 Gesetz zum Ausbau von Energieleitungen (Energieleitungsausbaugesetz – EnLAG) vom 21. August 2009, Bundesgesetzblatt 2009 I, 2870, zuletzt geändert durch Art. 3 des Zweiten Gesetzes über Maßnahmen zur Beschleunigung des Netzausbaus Elektrizitätsnetze vom 23. Juli 2013, Bundesgesetzblatt 2013 I, 2543.

143 Netzausbaubeschleunigungsgesetz Übertragungsnetz – NABEG vom 28. Juli 2011, Bundesgesetzblatt 2011 I, 1690, zuletzt geändert durch Art. 4 des Dritten Gesetzes zur Neuregelung energiewirtschaftsrechtlicher Vorschriften vom 20. Dezember 2012, Bundesgesetzblatt 2012 I, 2730.

144 Verwaltungsverfahrensgesetz – VwVfG, Neufassung vom 23. Januar 2003, Bundesgesetzblatt 2003 I, 102, zuletzt geändert durch Art. 3 des Gesetzes zur Förderung der elektronischen Verwaltung sowie zur Änderung sonstiger Vorschriften vom 25. Juli 2013, Bundesgesetzblatt 2013 I, 2749.

145 Siehe den Beitrag von Seiferth und Schirmer, Der Netzentwicklungsplan: Gesetzliche Grundlagen und Bewertung, Kapitel 3.4.

146 Die im Bundesbedarfsplan ausgewiesenen Leitungsvorhaben unterliegen dem besonderen Planfeststellungsverfahren nach §§ 18 ff. NABEG.

Trotz all der neu eingeführten Planungsstufen und verschiedenen Beschleunigungsregelungen bleibt der Kern der jeweiligen Zulassung von Leitungsbauvorhaben nach wie vor die Planfeststellung der jeweils beantragten Leitung, denn in diesem Verfahren wird mit Öffentlichkeitsbeteiligung und Einbindung der betroffenen Kommunen vor Ort der konkrete Verlauf mit all seinen konfliktträchtigen baulichen und betrieblichen Umweltauswirkungen festgelegt.

3.2.2 Zulassungserfordernisse für Stromleitungen

Umfang und Art der erforderlichen Zulassung einer Stromleitung hängen sowohl von ihrer Funktion (z. B. Bahnstromleitung oder Verteil- bzw. Übertragungsnetz) als auch von ihrer technischen Umsetzung (z. B. als Freileitung oder als Kabel) ab. Zahlreiche rechtliche Anknüpfungspunkte für die jeweiligen Zulassungserfordernisse sind in unterschiedlichen fachgesetzlichen Regelungen zu finden.[147] Dies hat vorrangig seinen Grund in dem Bemühen der Politik, den in Folge der Energiewende notwendigen Netzausbaubedarf durch verfahrensrechtliche Beschleunigungsregelungen zu befördern. Als erste gesetzliche Regelung wurde das „Gesetz zum Ausbau von Energieleitungen" (EnLAG)[148] in Kraft gesetzt. In der Folge sind insbesondere zwei Gesetze zu nennen, zum einen das „Gesetz zur Neuregelung energiewirtschaftlicher Vorschriften"[149], das vor allem das Energiewirtschaftsgesetz geändert hat, sowie zum anderen das „Gesetz über Maßnahmen zur Beschleunigung des Netzausbaus Elektrizitätsnetze"[150], das neben weiteren Änderungen des EnWG vor allem das „Netzausbaubeschleunigungsgesetz Übertragungsnetz" (NABEG) enthält.

Während das EnLAG ebenso wie das BBPlG strukturell der Bedarfsplanung zuzuordnen sind, richten sich die Zulassungsverfahren entweder nach dem NABEG oder – wie bisher – nach dem Zulassungsrecht des EnWG. In Abhängigkeit von dem konkreten Vorhaben ist nur eines der beiden Zulassungssysteme einschlägig,[151] wobei die Regelungen des EnWG im Verhältnis zu den Regelungen nach NABEG als lex generalis einzustufen sind, das NABEG ist also vorrangig anzuwenden.[152] Daneben sind für bestimmte spezielle Leitungsvorhaben Sonderregelungen gegeben.

Neben den Zulassungsverfahren nach EnWG und NABEG werden zukünftig für Vorhaben von gemeinsamem Interesse nach der Verordnung zu Leitlinien für die transeuropäische Energieinfrastruktur[153] Vorgaben treten, die auch Auswirkungen auf die nationalen Verfahren haben.[154]

---

147 Eine sehr schöne Übersicht findet sich bei: Herrmann, Planfeststellung, in: Posser/Faßbender (Hrsg.), Praxishandbuch Netzplanung und Netzausbau, 2013, S. 197 ff.

148 Siehe Fn. 142.

149 Gesetz zur Neuregelung energiewirtschaftlicher Vorschriften vom 26. Juli 2011, Bundesgesetzblatt 2011 I, 1554.

150 Siehe Fn. 143.

151 Vgl. Schirmer/Seiferth, Energiewende und die Zulassung von Netzausbauprojekten, ZUR 2013, 515, 516.

152 Nebel/Riese in: Steinbach, NABEG/EnLAG/EnWG, Kommentar zum Recht des Energieleitungsbaus, § 43 Rn. 11.

153 EU-Verordnung Nr. 347/2013 vom 17. April 2013, TEN-E VO, veröffentlicht in Amtsblatt der EU 2013, L 115, S. 39 ff.

154 Siehe hierzu: den Beitrag von Giesberts und Tiedge, EU-rechtliche Vorgaben für die Planung, Genehmigung und Finanzierung von Stromnetzen, Kapitel 3.3 in diesem Buch; Giesberts/Tiedge, Die Verordnung zu Leitlinien für

3.2.2.1 Freileitungen

Das „normale“ Zulassungsrecht für Freileitungen, die nicht unter das Regime des NABEG fallen, ist in den §§ 43 ff. EnWG geregelt.

Die Errichtung und der Betrieb sowie die Änderung von **Hochspannungsfreileitungen**, ausgenommen Bahnstromfernleitungen, mit einer Nennspannung von 110 Kilovolt oder mehr bedürfen der Planfeststellung (§ 43 S. 1 Nr. 1 EnWG). Dieser Planfeststellungsvorbehalt für Hochspannungsfreileitungen gilt sowohl für **Wechsel-** als auch für **Gleichstromleitungen**. **Niederspannungsfreileitungen**, die noch vereinzelt zur Versorgung von abgelegenen Häusern oder Gehöften in ländlichen Gebieten anzufinden sind, unterliegen keinem Zulassungsvorbehalt, zumal diese gemäß § 43h EnWG nur unter bestimmten Bedingungen als Freileitung, in der Regel als Kabelleitung, auszuführen sind.

Hervorzuheben ist, dass nicht nur die Errichtung und der Betrieb, sondern auch die **Änderung** einer Hochspannungsfreileitung unter dem Planfeststellungsvorbehalt steht (§ 43 S. 1 EnWG, vgl. auch § 18 Abs. 1 NABEG). Aus der Regelung des § 43f EnWG ergibt sich jedoch, dass dies nur für wesentliche Änderungen gilt. **Unwesentliche Änderungen** oder Erweiterungen hingegen können durch ein Anzeigeverfahren zugelassen werden (§ 43f S. 1 EnWG, vgl. auch § 25 NABEG). Eine Änderung oder Erweiterung ist nur dann unwesentlich (§ 43f S. 2 EnWG), wenn

1. die Änderung/Erweiterung nicht UVP-pflichtig ist,
2. andere öffentliche Belange nicht berührt werden oder zugelassen sind und dem Plan nicht entgegenstehen und
3. Rechte anderer nicht beeinträchtigt werden oder diese Beeinträchtigung entsprechend vertraglich geregelt ist.

Die nach Landesrecht zuständige Behörde entscheidet innerhalb eines Monats nach Eingang der Änderungsanzeige durch den Betreiber der Freileitung, ob doch ein Planfeststellungs- oder Genehmigungsverfahren durchzuführen ist (§ 43f S. 6 EnWG). Dennoch darf nach Ablauf dieser Frist nicht mit der Maßnahme begonnen werden, da hierin keine Genehmigungsfiktion – vergleichbar der Regelung in § 16 Abs. 2 S. 2 BImSchG – gesehen werden kann.

Unter Planfeststellungsvorbehalt stehen weiterhin Hochspannungsleitungen, die zur Netzanbindung von Offshore-Anlagen bzw. grenzüberschreitenden Gleichstrom-Hochspannungsleitungen im Küstenmeer als Seekabel und landeinwärts als Freileitung oder als Kabel verlegt werden sollen (§ 43 S. 1 Nr. 3 und Nr. 4 EnWG).

Die gemäß § 18 Abs. 1 NABEG planfeststellungsbedürftigen **Höchstspannungs-Freileitungen** müssen gemäß § 2 Abs. 1 NABEG länderübergreifend oder grenzüberschreitend und im BBPlG als solche gekennzeichnet sein. Auch diese Regelung greift sowohl für Gleichstrom- (HGÜ) als auch für Wechselstromleitungen. Da ja bereits die §§ 43ff. EnWG für derartige Stromleitungen einen Planfeststellungsvorbehalt enthalten, hat der Gesetzgeber für die Errichtung, den Betrieb und die Änderung genannter Leitungsart mit dem NABEG eine Spezialregelung geschaffen, um wegen der besonderen energiewirtschaftlichen Bedeutung des Ausbaus

die transeuropäische Energieinfrastruktur, NVwZ 2013, 836 ff.; Linßen/Aubel, (Noch) schnellerer Netzausbau durch neue TEN-E VO?, DVBl. 2013, 965 ff.

der überregionalen und europäischen Übertragungsnetze verfahrensrechtliche Beschleunigungselemente einzuführen.[155]

Um dem raumordnerischen Gebot der Bündelung von Stromleitungen möglichst auf einem Gestänge Rechnung zu tragen, ist in § 2 Abs. 3 NABEG die Möglichkeit eröffnet worden, die verfahrensrechtlichen Privilegien auch für Hochspannungsleitungen ≥110 kV und für Bahnstromleitungen zu nutzen, wenn diese Leitungen mit den länderübergreifenden oder grenzüberschreitenden Höchstspannungsleitungen auf einem Gestänge geführt werden können und sich hierdurch deren Umsetzung nicht wesentlich verzögert.

Eine Sonderregelung eines Planfeststellungsvorbehalts für Stromleitungen enthält § 18 S. 1 Allgemeines Eisenbahngesetz (AEG).[156] Hiernach dürfen Betriebsanlagen einer Eisenbahn einschließlich der **Bahnfernstromleitungen** nur gebaut oder geändert werden, wenn der Plan vorher festgestellt ist.

3.2.2.2 Kabelleitungen

Der im Rahmen der Energiewende erforderliche Ausbau der Übertragungsnetze mit den damit verbundenen Auswirkungen (Landschaftsbild, Angst vor elektromagnetischen Strahlen, Lärm durch Korona-Effekte etc.) hat bei nahezu jedem Freileitungs-Vorhaben die Forderung nach einer Kabelleitung laut werden lassen. Projektakzeptanz hat eine nicht unerhebliche Beschleunigungswirkung für das Zulassungsverfahren. Vor diesem Hintergrund hat die Politik neue Rechtsgrundlagen für Kabelprojekte geschaffen. Da im Höchstspannungsbereich jedoch langjährige technische Erfahrungen mit Kabelleitungen fehlen, sind teilweise nur konkrete Pilotprojekte in die Regelungen aufgenommen worden. Folgendes verfahrensrechtliches Zulassungsregime hat sich in den letzten Jahren für Erdkabel-Stromleitungen entwickelt.

Bereits seit langem hat das EnWG die Planfeststellungsfähigkeit von Erdkabelleitungen in Küstennähe geschaffen. So ist in § 43 S. 1 Nr. 3 und Nr. 4 EnWG ein Planfeststellungsvorbehalt für Seekabel und landeinwärts für Erdkabel festgelegt, wenn diese zur Netzanbindung von Offshore-Anlagen oder an grenzüberschreitende Gleichstrom-Hochspannungsleitungen anschließen. Weiterhin ermöglicht § 43 S. 4 EnWG alternativ zur Planfeststellung als Freileitung, diese als Erdkabelleitung planfeststellen zu lassen, wenn diese eine Nennspannung von 110 kV hat und im Küstenbereich von Nord- und Ostsee in einem 20 km breiten Korridor landeinwärts längs der Küstenlinie liegt.

Mit dem EnLAG wurden weitere Möglichkeiten zur Planfeststellung von Erdkabelleitungen geschaffen. Nach § 2 Abs. 1 EnLAG können die Höchstspannungsleitungen

1. Abschnitt Ganderkesee – St. Hülfe der Leitung Ganderkesee – Wehrendorf
2. Leitung Diele – Niederrhein
3. Leitung Wahle – Mecklar
4. Abschnitt Altenfeld – Redwitz der Leitung Lauchstädt – Redwitz

[155] Siehe hierzu unten 3.2.3.

[156] Allgemeines Eisenbahngesetz vom 27. Dezember 1993, Bundesgesetzblatt 1993 I, 2378, 2396; 1994 I, 2439, das durch Artikel 4 Absatz 120 des Gesetzes vom 7. August 2013, Bundesgesetzblatt 2013 I, 3154 geändert worden ist.

als Pilotvorhaben als Erdkabel errichtet und betrieben oder geändert werden und dann muss entsprechend gemäß § 2 Abs. 3 EnLAG ein Planfeststellungsverfahren durchgeführt werden. Sollte der Vorhabenträger die genannten Leitungsvorhaben als Freileitung beantragen, kann die zuständige Planfeststellungsbehörde auf technisch und wirtschaftlich effizienten Teilabschnitten die Verkabelung verlangen, wenn bei einem Neubau die Leitung näher als 400 m (im Bereich eines Bebauungsplans) bzw. 200 m (im Außenbereich) zu Wohngebäuden errichtet werden soll (§ 2 Abs. 2 S. 1 EnLAG) bzw. – als Sonderregelung – den Rennsteig im Naturpark Thüringer Wald quert. Die Abstandsregelungen entsprechen denen des Landesraumordnungsprogramms Niedersachsen, die im Interesse des vorsorgenden Gesundheitsschutzes für die Menschen eingeführt wurden.

Die klare Definition der Pilotstrecken durch den Gesetzgeber, für die die Möglichkeit der Planfeststellung als Erdkabel eingeräumt wird, bedeutet im Umkehrschluss, dass über die genannten Vorhaben hinaus für eine Berücksichtigung der Erdverkabelung im Wege der planerischen Abwägung kein Raum sein soll.[157]

Im Rahmen der Energiewende sind 2011 das EnWG geändert und das NABEG neu erlassen worden, wodurch neue Zulassungsgrundlagen für Erdkabelleitungen geschaffen wurden.

Die Neuregelung des EnWG hat für die Vorhabenträger die Möglichkeit gebracht, Errichtung, Betrieb oder Änderung eines Erdkabels (oder Abschnitte einer solchen Leitung) mit einer Nennspannung von 110 kV planfeststellen zu lassen (§ 43 S. 7 EnWG). Die Regelung beinhaltet keinen Planfeststellungsvorbehalt für die entsprechenden Erdkabelleitungen, so dass der Vorhabenträger stattdessen auch eine naturschutzrechtliche Genehmigung nach § 17 Abs. 3 S. 1 BNatSchG beantragen kann, wenn er die Nutzungsrechte der jeweiligen Grundstücke erlangt hat, da keine enteignungsgleiche Vorwirkung erlangt würde. Dies gilt auch für die Regelung des § 43h EnWG. Diese 2011 eingeführte Norm bestimmt zwar, dass Hochspannungsleitungen mit einer Nennspannung von 110 kV oder weniger auf neuen Trassen als Erdkabel ausgeführt werden sollen, verknüpft diese Verpflichtung aber nicht mit einem Planfeststellungsvorbehalt. Insofern wird in der Regel trotzdem der Weg des Planfeststellungsverfahrens beschritten werden, auch wenn dies ein längeres Verfahren bedeutet.

Für Höchstspannungsleitungen (> 110 kV) hat der Gesetzgeber die Möglichkeit der Planfeststellung als Erdkabelleitung nicht eingeräumt. Eine analoge Anwendung der §§ 43 ff. EnWG scheidet mangels Vorliegens einer planwidrigen Regelungslücke aus.[158] Hierdurch fehlt insbesondere für die Höchstspannungs-Übertragungsnetze eine generelle Planfeststellungs-Möglichkeit für Erdkabelleitungen, so dass die Übertragungsnetzbetreiber (ÜNB) auf die konkret im EnLAG oder NABEG genannten Projekte beschränkt sind, was aber aufgrund der hohen Kosten und noch geringen Betriebserfahrungen solcher Kabelleitungen auch im Interesse der ÜNB steht. Da es kein gesetzliches Verkabelungsverbot gibt[159], besteht theoretisch für die ÜNB die rechtliche Möglichkeit, über den Weg der naturschutzrechtlichen Eingriffsgenehmigung eine Höchstspannungsleitung als Erdkabel umzusetzen. Dies ist aber wegen der erforderlichen Grundstücksnutzungsrechte auf der Gesamtleitungslänge unrealistisch.

---

157 BVerwG, Urteil vom 28. Februar 2013, Az. 7 VR 13.12, UPR 2013, 345 ff.

158 Elspaß/Schwoon, Energiewende ohne Erdkabel?, NVwZ 2012, 1066, 1068.

159 Elspaß/Schwoon, a.a.O., 1066, 1069.

Einem Planfeststellungsvorbehalt unterliegen die Erdkabelleitungen auf Höchstspannungsebene, die länderübergreifend oder grenzüberschreitend sowie im BBPlG als Erdkabelvorhaben gekennzeichnet sind (§ 18 NABEG). Der Bundesbedarfsplan nach § 12e Abs. 4 S. 1 EnWG definiert nicht nur den vordringlichen Bedarf von Leitungsverbindungen, sondern gemäß § 2 Abs. 2 und 3 BBPlG i. V. m. dem als Anlage zum Gesetz gegebenen Bundesbedarfsplan auch die Übertragungstechnik (Wechsel- oder Gleichstrom, Freileitung oder Erdkabel, Hochtemperaturseile).[160]

Eine Sonderregelung für Kabelleitungen enthält die Seeanlagenverordnung:[161] § 2 Abs. 1 i. V. m. § 1 Abs. 2 S. 1 Nr. 2 SeeAnlV bestimmt einen Planfeststellungsvorbehalt für Errichtung und Betrieb oder wesentliche Änderung von Seekabeln, sofern diese im Bereich der ausschließlichen deutschen Wirtschaftszone liegen oder auf hoher See, wenn der Eigentümer Deutscher mit Wohnsitz im Geltungsbereich des Grundgesetzes ist.

3.2.2.3 Nebenanlagen

Zur Verfahrensbeschleunigung ist sowohl durch die EnWG-Änderung als auch durch das NABEG die Möglichkeit geschaffen worden, notwendige Nebenanlagen im Rahmen des Planfeststellungsverfahrens für die Leitung mit zulassen zu können. Sowohl § 43 S. 2 EnWG als auch § 18 Abs. 2 NABEG knüpfen dabei an den Planfeststellungsvorbehalt für die Leitungen und nennen exemplarisch Umspannanlagen und Netzverknüpfungspunkte. Die Möglichkeit der Zulassung der Nebenanlagen im Wege der immissionsschutzrechtlichen Genehmigung ist aber weiterhin gegeben.

3.2.3 Zulassungsverfahren: Planfeststellung und Plangenehmigung

In den Verfahren der Planfeststellung und Plangenehmigung wird zunächst der exakte Verlauf einer Trasse bestimmt.

Grundlage der Planfeststellung sind bei den einfachen, sich nur innerhalb eines Bundeslandes abspielenden Verfahren die Raumordnungsverfahren und bei den länderübergreifenden Verfahren die Bundesfachplanung. In dieser vorgelagerten Planungsebene wurden der Anfangs- und Endpunkt einer Leitung und ein Trassenkorridor festgelegt, innerhalb deren sich nunmehr der präzise Trassenverlauf zu bewegen hat. Im Rahmen des Planfeststellungsverfahrens werden nun der genaue Trassenverlauf und die einzelnen Standorte der Masten, gegebenenfalls der Erdkabel und Konverterstationen festgelegt. Bei den formellen Verfahren der Planfeststellung und Plangenehmigung werden sowohl die Träger der öffentlichen Belange als auch die

---

[160] Durch Art. 11 des Entwurfes eines Gesetzes zur grundlegenden Reform des Erneuerbaren-Energien-Gesetzes („EEG 2014") und zur Änderung weiterer Bestimmungen des Energiewirtschaftsrechts, welchen der Bundestag am 27. Juni 2014 verabschiedet hat, soll § 2 Abs. 2 BBPlG dahingehend geändert werden, dass die Möglichkeit der Verkabelung auf technisch und wirtschaftlich effizienten Teilabschnitten für alle im Bundesbedarfsplan entsprechend gekennzeichneten Pilotprojekte als technische Alternative vorgesehen wird, damit zügiger Erfahrungen insbesondere zur wirtschaftlichen und technischen Einsetzbarkeit von Erdkabel bei den Pilotprojekten für eine verlustarme Übertragung hoher Leistungen über große Entfernungen gesammelt werden können.

[161] Seeanlagenverordnung vom 23. Januar 1997, Bundesgesetzblatt 1997 I, S. 57, die zuletzt durch Artikel 1 der Verordnung vom 29. August 2013 (BAnz. 2013 AT 30.08.2013 V1) geändert worden ist (SeeAnlV).

Öffentlichkeit umfassend beteiligt. Nach Abschluss dieser Verfahren steht der Trassenverlauf präzise fest und es kann mit dem Bau begonnen werden.[162]

3.2.3.1 Rechtsgrundlagen

Grundsätzlich folgt das Planfeststellungsverfahren den Regeln von §§ 72-78 VwVfG. Auch für die oben genannten Leitungen[163] gelten für das Planfeststellungsverfahren §§ 72-78 VwVfG nach Maßgabe des EnWG, § 43 S. 6 EnWG. Besondere Regelungen sehen in diesem Zusammenhang bei der Planfeststellung von Stromleitungen §§ 43-45b EnWG vor. Für länderübergreifende oder grenzüberschreitende Höchstspannungsleitungen, die im Bundesbedarfsplan als solche gekennzeichnet sind, gelten spezielle Regelungen nach §§ 18-28 NABEG.

3.2.3.2 Zuständige Behörde

Die in Abschnitt 3.2.2 genannten Leitungen als Zulassungsgegenstände bedürfen der Planfeststellung durch die nach Landesrecht zuständige Behörde, § 43 S. 1 EnWG.

Allein für die länderübergreifenden oder grenzüberschreitenden Höchstspannungsleitungen, die im Bundesbedarfsplan als solche gekennzeichnet sind, ist in dem Verfahren der Planfeststellung nach dem Netzausbaubeschleunigungsgesetz (§§ 18 ff. NABEG) gemäß der Planfeststellungszuweisungsverordnung[164] die Bundesnetzagentur zuständig. Für eine solche Rechtsverordnung sah § 2 Abs. 2 NABEG eigens eine Verordnungsermächtigung vor.[165] Für diese besonderen Leitungen wurde also die Zuständigkeit für das Planfeststellungsverfahren auf die Bundesnetzagentur quasi „hochgezont“. Die Bundesnetzagentur baut[166] dafür derzeit eine eigene Abteilung „Netzausbau“ auf.[167] Praktische Erfahrungen mit dieser neuen Aufgabe bestehen noch nicht. Von den großen länderübergreifenden Leitungsvorhaben werden Anfang 2014 in der Presse vor allem die so genannte „Gleichstrompassage Süd Ost“ (Korridor D im Bun-

---

162 Vgl. zur Planung von Energieleitungen allgemein: Pielow, in: Säcker (Hrsg.), Berliner Kommentar zum Energierecht, Band 1, Halbband 2, 3. Auflage 2014, Kommentierungen zu §§ 43-45b EnWG; Posser/Faßbender (Hrsg.), Praxishandbuch Netzplanung und Netzausbau (2013); Greinacher/Ehrmann, Planerische Herausforderungen des Energieleitungsausbaus, in: Frenz (Hrsg.), Energieleitungen, Tagungsbericht des 12. Kolloquiums zu Wirtschaft und Umweltrecht (2012), Schriftenreihe der GDMB, Heft 127, S. 37 ff.; Pielow, Grundlagen des Energieanlagenrechts – Energieleitungen, ebenda, S. 9 ff.

163 Siehe Abschnitt 3.2.2.

164 Verordnung über die Zuweisung der Planfeststellung für länderübergreifende und grenzüberschreitende Höchstspannungsleitungen auf die Bundesnetzagentur (Planfeststellungszuweisungsverordnung – PlfZV) vom 23. Juli 2013, Bundesgesetzblatt 2013 I, 2582.

165 Zur Verfassungsmäßigkeit dieser Verordnungsermächtigung und des dahinterliegenden Problems einer Bundesverwaltungskompetenz: Durner, Die aktuellen Vorschläge für ein Netzausbaubeschleunigungsgesetz (NABEG) – Bewertung der Verfassungsmäßigkeit und des Beschleunigungspotenzials, DVBl 2011, 853, 857 ff.; Moench/Ruttloff, Netzausbau in Beschleunigung, NVwZ 2011, 1040, 1041; Appel/Eding, Verfassungsrechtliche Fragen der Verordnungsermächtigung des § 2 Abs. 2 NABEG, NVwZ 2012, 343; Erbguth, Planung und Zulassung von Stromautobahnen, in: Hebeler/Hendler/Proelß/Reiff (Hrsg.), Energiewende in der Industriegesellschaft, UTR Band 124, S. 185, 205 ff.

166 Bemerkenswert ist, dass nach der Gesetzesbegründung geprüft werden soll, „ob das benötigte neue Personal bei der Netzagentur – soweit geeignet – auch aus dem Überhang der Bundeswehr gewonnen werden könnte.“, Bundestags-Drucksache 16/6073, S. 21.

167 Siehe Organisationsplan der Bundesnetzagentur, Stand: 16. April 2014, abrufbar unter: http://www.bundesnetzagentur.de

desbedarfsplan), die die Regionen Halle und Augsburg verbinden soll und quasi als „Hauptschlagader“ der Energiewende die so genannte 800 km lange Nord-Süd Verbindung „Sued-Link“ (Korridor C im Bundesbedarfsplan)[168] diskutiert. Beide Projekte befinden sich noch in der Vorbereitungsphase. Es bleibt also abzuwarten, wie die Bundesnetzagentur diese neue Aufgabe erfüllen wird. Festzuhalten ist zumindest, dass durch diese „Hochzonung“ die umfangreichen praktischen Erfahrungen, die bisher für Planfeststellungsverfahren bei den zuständigen Landesbehörden gesammelt worden sind, für diese Projekte nicht weiter genutzt werden. Andererseits dürfte bei Projekten, die mehrere Bundesländer übergreifen, eine einheitliche Verfahrensführung von Vorteil sein. Denn auf diese Weise kann vermieden werden, dass die Verfahren für ein einheitliches Projekt in verschiedenen Bundesländern einen unterschiedlichen Stand haben und damit die „Übergabe“ des Projekts durch ein Bundesland auf das andere nicht gelingt.

Die Planfeststellungsbehörde hat schließlich die Möglichkeit, Dritte mit der Vorbereitung und Durchführung von einzelnen Verfahrensschritten zu beauftragen (so genannte „**Projektmanager**“, § 43g EnWG, § 29 NABEG). Diese Projektmanager haben jedoch keine eigene Sachentscheidungskompetenz, vielmehr liegt die Entscheidung über den Planfeststellungsantrag allein bei der zuständigen Behörde (§ 43 S. 2 EnWG, § 29 S. 2 NABEG).

3.2.3.3 Verfahrensablauf

Beginn

Das Planfeststellungsverfahren beginnt mit dem Antrag eines Übertragungsnetzbetreibers als Vorhabenträger. Dazu hat der Träger eines Vorhabens den Plan der Anhörungsbehörde zur Durchführung des Anhörungsverfahrens einzureichen (§ 73 Abs. 1 S. 1 VwVfG, vgl. auch § 19 NABEG). Das Gesetz enthält nur sehr rudimentäre Angaben über die einzureichenden Unterlagen: Der Plan besteht aus den Zeichnungen und Erläuterungen, die das Vorhaben, seinen Anlass und die von dem Vorhaben betroffenen Grundstücke und Anlagen erkennen lassen (§ 73 Abs. 1 S. 2 VwVfG) bzw. die Festlegung des Untersuchungsrahmens für die Planfeststellung ermöglichen (§ 19 Abs. 1 S. 3 i.V.m. § 20 NABEG). Die Unterlagen sind vollständig, wenn sie Aufschluss über alle, für die Beurteilung des Vorhabens mit Blick auf die das Vorhaben selbst, sowie die durch das Vorhaben ausgelösten notwendigen Folgemaßnahmen berührten öffentlichen und privaten Belange und subjektiv öffentlichen Rechte, sowie die nach § 75 Abs. 1 VwVfG wesentlichen, tatsächlichen Gesichtspunkte, geben.[169] In Planfeststellungsverfahren nach NABEG ist explizit eine Vollständigkeitsprüfung durch die Planfeststellungsbehörde vorgesehen (§ 21 Abs. 5 NABEG).

Als besonderer Verfahrensschritt hat die Planfeststellungsbehörde hier zudem unverzüglich nach Einreichung des Antrags eine Antragskonferenz mit dem Vorhabenträger sowie den betroffenen Trägern öffentlicher Belange und Vereinigungen durchzuführen (§ 20 NABEG).

168 Die Projektpartner Tennet und TransnetBW haben dieses Projekt am 5. Februar 2014 vorgestellt. Aufgrund des von der Bayerischen Staatsregierung geforderten Moratoriums für den Bau von Stromleitungen haben die Projektträger jedoch den Beginn des Projekts zunächst verschoben.

169 Kopp/Ramsauer VwVfG-Kommentar, 14. Auflage 2013, § 73 Rn. 22. Für UVP-pflichtige Vorhaben gelten Ergänzungen durch § 6 UVPG, für einzelne Fachplanungsgesetze sind Planfeststellungsrichtlinien zu beachten.

Anhörungsverfahren

Rechtsgrundlagen, v. a. Planvereinheitlichungsgesetz
Für das nach Zugang des vollständigen Plans folgende Anhörungsverfahren sieht das Energiewirtschaftsgesetz gegenüber dem Verwaltungsverfahrensgesetz besondere Bestimmungen vor (§ 73 VwVfG, § 43 a EnWG, § 22 NABEG). Weiterhin ist zu beachten, dass diese Regelungen der §§ 43a ff. EnWG durch das recht aktuelle Planvereinheitlichungsgesetz[170] umfassend geändert worden sind.

Dieses Gesetz zur Verbesserung der Öffentlichkeitsbeteiligung und Vereinheitlichung von Planfeststellungsverfahren soll gemäß seinem Titel zwei Zielen dienen:[171]

Zum einen soll die Öffentlichkeitsbeteiligung durch eine möglichst frühe Öffentlichkeitsbeteiligung verbessert werden. Diese frühe Öffentlichkeitsbeteiligung soll möglichst bereits vor Stellung eines Antrags stattfinden, § 25 Abs. 3 S. 2 VwVfG. Diese zeitliche Verortung der frühen Öffentlichkeitsbeteiligung sowie ihre gesetzliche Verortung in § 25 VwVfG im Rahmen der allgemeinen Vorschriften über das Verwaltungsverfahren gemäß §§ 9 ff. VwVfG und nicht in §§ 72 ff. VwVfG im Rahmen der Vorschriften über das Planfeststellungsverfahren verdeutlichen, dass diese frühe Öffentlichkeitsbeteiligung dem eigentlichen Planfeststellungsverfahren – und der dort vorgesehenen Öffentlichkeitsbeteiligung – vorgelagert ist. Zudem wird aufgrund dieser Formulierungen deutlich, dass die frühzeitige Öffentlichkeitsbeteiligung nicht auf planfeststellungsbedürftige Vorhaben beschränkt ist.

Zum anderen soll das Planvereinheitlichungsgesetz einer Vereinheitlichung, Rechtsbereinigung und Verschlankung der Regelungen zum Planfeststellungsverfahren im Verwaltungsverfahrensgesetz allgemein und in einzelnen speziellen Fachgesetzen dienen. Insbesondere die Rechtsbereinigung erfolgt dadurch, dass verallgemeinerungsfähige Regelungen, die für praktisch alle Planfeststellungsverfahren Anwendung finden, statt verstreut in den speziellen Fachgesetzen nunmehr zentral in das Bundes-VwVfG aufgenommen worden sind.

Das am 6. Juni 2013 im Bundesgesetzblatt verkündete Planvereinheitlichungsgesetz sieht ein gestuftes Inkrafttreten der verschiedenen Regelungsbereiche vor: Die Änderungen des Bundes-Verwaltungsverfahrensgesetzes sind zwar am 7. Juni 2013 in Kraft getreten. Da es sich nur um Änderungen des Bundesgesetzes handelt, entfalten sie ihre Wirkung unmittelbar aber nur dort, wo die Verfahren von Bundesbehörden durchgeführt werden. Zum selben Zeitpunkt wirksam werden die Änderungen der Verwaltungsverfahrensgesetze für diejenigen Länder, deren Verwaltungsverfahrensgesetze dynamisch auf das Bundes-Verwaltungsverfahrensgesetz verweisen. Die Streichung der durch Übertragung in das Verwaltungsverfahrensgesetz überflüssig gewordenen Regelungen in den Fachgesetzen sollte dagegen ein Jahr später wirksam werden. Dementsprechend sollten die Änderungen der §§ 43a ff. EnWG erst zum 1. Juni

170 Gesetz zur Verbesserung der Öffentlichkeitsbeteiligung und Vereinheitlichung von Planfeststellungsverfahren (PlVereinhG) vom 31. Mai 2013, Bundesgesetzblatt 2013 I, S. 1388 ff.

171 Vgl. allgemein Schmitz/Prell, Planungsvereinheitlichungsgesetz – Neue Regelungen im Verwaltungsverfahrensgesetz, NVwZ 2013, 745 ff.; Hertel/Munding, Die frühe Öffentlichkeitsbeteiligung und andere Neuerungen durch das Planfeststellungsvereinheitlichungsgesetz, NJW 2013, 2150 ff.; speziell zu den Änderungen im EnWG: Pielow, in: Säcker (Hrsg.), Berliner Kommentar zum Energierecht, Band 1, Halbband 2, 3. Auflage 2014, Vor §§ 43-45b EnWG, Rn. 27a; grundsätzlich: Porsch, Öffentlichkeitsbeteiligung an der Netzausbauplanung vor dem Hintergrund von „Stuttgart 21“, in: Hebeler/Hendler/Proelß/Reiff (Hrsg.), Energiewende in der Industriegesellschaft, UTR Band 124, 215 ff.

2014 in Kraft treten. Diese Zwischenzeit von einem Jahr soll den Ländern Gelegenheit geben, ihre eigenen Verwaltungsverfahrensgesetze den durch das Planvereinheitlichungsgesetz bewirkten Änderungen des Bundes-VwVfG anzupassen und damit auch für die Arbeit der Landesplanungsbehörden verbindlich zu machen. Wider Erwarten haben aber nicht alle Länder die Anpassung rechtzeitig bis zu diesem Zeitpunkt erreicht.[172] Daher wurde das Inkrafttreten um ein Jahr - auf den 1. Juni 2015 - verschoben.[173]

Für das Jahr 2015 ergibt sich daher im Hinblick auf die zeitliche Geltung der maßgeblichen Normen eine unterschiedliche Rechtslage: Für die einzelnen Bestimmungen von §§ 43a ff. EnWG gilt jeweils eine Fassung bis zum 31. Mai 2015 und eine neue Fassung ab dem 1. Juni 2015. Nach der allgemeinen Überleitungsvorschrift ist das bisherige Verfahrensrecht nur für bereits vor Inkrafttreten der neuen Verfahrensregelungen des Planvereinheitlichungsgesetzes begonnene Verfahren nach den bisherigen Vorschriften des Verwaltungsverfahrensgesetzes zu Ende zu führen, § 96 Abs. 1 VwVfG. Für die hier folgenden Ausführungen wird daher allein die Fassung zugrunde gelegt, die ab dem 1. Juni 2015 für das EnWG und das Bundes-VwVfG gilt.

Auslegung des Plans
Nach Zugang des Plans fordert die Anhörungsbehörde die Behörden, deren Aufgabenbereich durch das Vorhaben berührt wird, zur Stellungnahme auf und veranlasst, dass der Plan in den Gemeinden, in denen sich das Vorhaben voraussichtlich auswirken wird, ausgelegt wird (§ 73 Abs. 2 VwVfG). Dies hat innerhalb von zwei Wochen zu erfolgen (§ 43a Nr. 1 EnWG, § 22 Abs. 3 NABEG). Der Plan ist für die Dauer eines Monats zur Einsicht auszulegen (§ 73 Abs. 3 S. 1 VwVfG).

Auf eine Auslegung kann im Sinne einer Beschleunigung des Verfahrens verzichtet werden, wenn der Kreis der Betroffenen und der Vereinigungen bekannt ist und ihnen innerhalb angemessener Frist Gelegenheit gegeben wird, den Plan einzusehen, § 73 Abs. 3 S. 2 VwVfG.

Einwendungen und Stellungnahmen
Als ein Kernelement des Planfeststellungsverfahrens ist eine besondere Form der Beteiligung von Betroffenen und – seit Inkrafttreten des Planvereinheitlichungsgesetzes – auch von klagebefugten Natur- und Umweltschutzvereinigungen vorgesehen (§ 73 Abs. 4 VwVfG):

Jeder, dessen Belange durch das Vorhaben berührt werden, kann bis zwei Wochen nach Ablauf der Auslegungsfrist bei der Anhörungsbehörde oder der Gemeinde Einwendungen gegen den Plan erheben (§ 73 Abs. 4 S. 1 VwVfG, § 22 Abs. 6 S. 1 NABEG). Mit Ablauf der Einwendungsfrist sind alle Einwendungen ausgeschlossen, die nicht auf besonderen privatrechtlichen Titeln beruhen (**Präklusion**, § 73 Abs. 4 S. 3 VwVfG).

Vereinigungen, die aufgrund einer Anerkennung nach anderen Rechtsvorschriften befugt sind, Rechtsbehelfe gegen den Planfeststellungsbeschluss bzw. die Plangenehmigung (§ 74 VwVfG) einzulegen, können Stellungnahmen zu dem Plan abgeben (§ 73 Abs. 4 S. 5 VwVfG, § 43a Nr. 3 EnWG, vgl. auch § 22 Abs. 6 S. 2 NABEG). Dafür gilt die gleiche Frist

[172] So die Gesetzesbegründung in Bundestags-Drucksache 18/1359, S. 6.

[173] Siehe Art. 1b "Änderung des Gesetzes zur Verbesserung der Öffentlichkeitsbeteiligung und Vereinheitlichungvon Planfeststellungsverfahren" des Ersten Gesetzes zur Änderung des Arbeitnehmer-Entsendegesetzes vom 24. Mai 2014, Bundesgesetzblatt 2014 I, S. 538.

wie bei den Betroffenen, nämlich zwei Wochen (§ 73 Abs. 4 S. 5 i.V.m. S. 1 VwVfG). Erfolgen die Stellungnahmen nicht fristgemäß, so sind diese – wie Einwendungen von Betroffenen – präkludiert (§ 73 Abs. 4 S. 6 i.V.m. S. 3 VwVfG). Die mit eigenen Klagerechten ausgestatteten Umwelt- und Naturschutzvereinigungen werden damit aufgrund der Novellierung der Vorschrift durch das Planvereinheitlichungsgesetz verfahrensrechtlich den betroffenen Privateinwendern gleichgestellt. Diese Vereinigungen machen jedoch nicht – wie die Betroffenen – die Verletzung eigener Rechte geltend, sondern geben ihre Stellungnahmen in Verfolgung ihrer satzungsmäßigen Zwecke ab. Die besonderen Mitwirkungsrechte im öffentlichen Interesse müssen ihnen daher erst durch förmliche Anerkennung zugewiesen werden. Das dazu erforderliche Klagerecht kann sich etwa aus §§ 2 und 3 Umweltrechtsbehelfsgesetz[174] ergeben. Diese Gleichstellung ist als verfahrensrechtliches Korrektiv der Stärkung der Klagerechte der Vereinigungen infolge der Trianel-Rechtsprechung des EuGH[175] zu verstehen.[176]

Erörterungstermin
Die Anhörungsbehörde erörtert grundsätzlich (Ausnahmen: § 43a Nr. 2 EnWG sowie § 22 Abs. 8 i.V.m. § 25 NABEG) nach Ablauf der Einwendungsfrist die rechtzeitig gegen den Plan erhobenen Einwendungen, die rechtzeitig abgegebenen Stellungnahmen der Vereinigungen sowie die Stellungnahmen der Behörden zu dem Plan mit dem Träger des Vorhabens, den Behörden, den Betroffenen sowie denjenigen, die Einwendungen erhoben oder Stellungnahmen abgegeben haben (Erörterungstermin, § 74 Abs. 6 VwVfG, § 22 Abs. 7 NABEG). Im Sinne der Verfahrensbeschleunigung gilt ein fristgebundener Abschluss dieser Erörterung: Die Anhörungsbehörde schließt die Erörterung innerhalb von drei Monaten nach Ablauf der Einwendungsfrist ab (§ 73 Abs. 6 S. 7 VwVfG).

Schließlich gibt die Anhörungsbehörde zum Ergebnis des Anhörungsverfahrens eine Stellungnahme ab. Diese leitet sie der Planfeststellungsbehörde innerhalb eines Monats (statt wie vor dem Inkrafttreten des Planvereinheitlichungsgesetzes innerhalb von drei Monaten) nach Abschluss der Erörterung mit dem Plan, den Stellungnahmen der Behörden und der Vereinigungen sowie den nicht erledigten Einwendungen zu (§ 74 Abs. 9 VwVfG).

Planfeststellungsbeschluss und Plangenehmigung

Am Ende des Verfahrens stellt die Planfeststellungsbehörde den Plan fest (**Planfeststellungsbeschluss**, § 74 VwVfG, § 24 NABEG). In diesem Planfeststellungsbeschluss entscheidet die Planfeststellungsbehörde über die Einwendungen, über die bei der Erörterung vor der Anhörungsbehörde keine Einigung erzielt worden ist.

Anstelle eines Planfeststellungsbeschlusses kann auch eine **Plangenehmigung** in drei Fällen erteilt werden (§ 74 Abs. 6 S. 1 VwVfG):

1. Dies ist zunächst der Fall, wenn Rechte anderer nicht oder – seit Inkrafttreten des Planvereinheitlichungsgesetzes – „nur unwesentlich“ beeinträchtigt werden oder die Betroffenen

---

[174] Gesetz über ergänzende Vorschriften zu Rechtsbehelfen in Umweltangelegenheiten nach der EG-Richtlinie 2003/35/EG (Umweltrechtsbehelfsgesetz – UmwRG) in der Fassung der Bekanntmachung vom 8. April 2013, Bundesgesetzblatt 2013 I, S. 754 f., zuletzt geändert durch Art. 2 Abs. 52 des Gesetzes vom 7. August 2013, Bundesgesetzblatt 2013 I, S. 3154.

[175] EuGH Urteil vom 12. Mai 2011, Az. C-115/09, NJW 2011, 2779.

[176] Vgl. Hertel/Munding a.a.O. (Fn. 171), S. 2154.

sich mit der Inanspruchnahme ihres Eigentums oder eines anderen Rechts schriftlich einverstanden erklärt haben (§ 74 Abs. 6 S. 1 Nr. 1 VwVfG).

2. Sodann kann eine Plangenehmigung erteilt werden, wenn mit den Trägern öffentlicher Belange, deren Aufgabenbereich berührt wird, das Benehmen hergestellt worden ist (§ 74 Abs. 6 S. 1 Nr. 2 VwVfG).
3. Schließlich wurde mit dem Planvereinheitlichungsgesetz eine Einschränkung des Anwendungsbereichs einer Plangenehmigung eingefügt: Eine Plangenehmigung anstelle des Planfeststellungsbeschlusses ist bei UVP-pflichtigen Vorhaben ausgeschlossen. Anders formuliert bedeutet dies, dass die UVP-Pflicht zwingend dazu führt, dass das Vorhaben durch einen Planfeststellungsbeschluss (und damit mit einem Anhörungsverfahren und regelmäßig mit einem Erörterungstermin) und nicht durch eine Plangenehmigung genehmigt wird. Freilich nimmt der Gesetzestext nicht Bezug auf die UVP-Pflicht, sondern auf das Erfordernis einer Öffentlichkeitsbeteiligung: Danach kann eine Plangenehmigung erteilt werden, wenn nicht andere Rechtsvorschriften eine Öffentlichkeitsbeteiligung vorschreiben, die den Anforderungen des oben dargestellten § 73 Abs. 3 S. 1 und Abs. 4-7 VwVfG entsprechen muss (§ 74 Abs. 6 S. 1 Nr. 3 VwVfG). Die „UVP-Freiheit" eines Vorhabens wird also nicht ausdrücklich verlangt, sondern in Form einer abstrakten Regelung eingeführt. Dies entspricht dem Charakter des Verwaltungsverfahrensgesetzes als allgemeiner Verfahrensordnung. Daher wird nicht auf die Umweltverträglichkeitsprüfung nach dem UVPG[177] Bezug genommen, sondern auf die bei der Umweltverträglichkeitsprüfung vorgeschriebene Öffentlichkeitsbeteiligung als maßgebliches Kriterium, das den Ausschluss der Plangenehmigung begründet.[178] Die bis zum 31. Mai 2014 geltende Fassung des spezialgesetzlichen § 43 b Nr. 2 EnWG hatte demgegenüber noch ausdrücklich vorgesehen, dass für ein Vorhaben, für das nach dem Gesetz über die Umweltverträglichkeitsprüfung eine Umweltverträglichkeitsprüfung nicht durchzuführen ist, auf Antrag des Trägers des Vorhabens anstelle des Planfeststellungsbeschlusses eine Plangenehmigung zu erteilen ist.

Die Plangenehmigung hat die Rechtswirkungen der Planfeststellung (§ 74 Abs. 6 S. 2 VwVfG).

Rechtswirkungen der Planfeststellung sind, dass durch die Planfeststellung die Zulässigkeit des Vorhabens einschließlich der notwendigen Folgemaßnahmen an anderen Anlagen im Hinblick auf alle von ihm berührten öffentlichen Belange umfassend festgestellt wird. Neben der Planfeststellung sind also andere behördliche Entscheidungen, insbesondere öffentlich-rechtliche Genehmigungen, nicht erforderlich. Durch die Planfeststellung werden alle öffentlich-rechtlichen Beziehungen zwischen dem Träger des Vorhabens und den durch den Plan Betroffenen rechtsgestaltend geregelt (**Konzentrationswirkung**, § 75 VwVfG).

Besondere Regelungen bestehen für die **zeitliche Geltung** von Planfeststellungsbeschluss und Plangenehmigung bei Stromleitungen: Wird mit der Durchführung des Plans nicht innerhalb von zehn Jahren nach Eintritt der Unanfechtbarkeit begonnen, so tritt er außer Kraft, es sei denn, er wird vorher auf Antrag des Trägers des Vorhabens von der Planfeststellungsbehörde um höchstens fünf Jahre verlängert (§ 43c Nr. 1 EnWG). Damit wird die allgemein geltende

[177] Gesetz über die Umweltverträglichkeitsprüfung (UVPG) in der Fassung der Bekanntmachung vom 24. Februar 2010, Bundesgesetzblatt 2010 I, 94, zuletzt geändert durch Art. 10 des Gesetzes vom 25. Juli 2013, Bundesgesetzblatt 2013 I, 2749.

[178] Vgl. Schmitz/Prell, a.a.O. (Fn. 171), S. 751.

Frist von fünf Jahren (§ 75 Abs. 4 VwVfG) um weitere fünf Jahre, also auf insgesamt zehn Jahre verlängert.

Eine für den Betroffenen besonders einschneidende Wirkung des Planfeststellungsbeschlusses ist seine enteignungsrechtliche Vorwirkung (§ 45 Abs. 2 EnWG). Dies bedeutet, dass in einem nachfolgenden Enteignungsverfahren[179] nicht mehr zu prüfen ist, ob eine Enteignung gerechtfertigt ist, vielmehr ist diese Entscheidung bereits im Planfeststellungsbeschluss verbindlich getroffen. Nach der Neufassung durch das Planvereinheitlichungsgesetz sind die Rechtswirkungen von Planfeststellungsbeschluss und Plangenehmigung gleich (§ 74 Abs. 6 S. 2 VwVfG). Daher hat die Plangenehmigung nunmehr ebenso wie der Planfeststellungsbeschluss enteignungsrechtliche Vorwirkung.

3.2.3.4 Inhaltliche Anforderungen

Die materiell-rechtlichen Anforderungen der Planung lassen sich klassischerweise in die drei Schritte Planrechtfertigung, zwingende gesetzliche Vorgaben als Planungsleitsätze und schließlich die Planabwägung unterteilen.

Planrechtfertigung

Zunächst gehört zu den materiell-rechtlichen Bindungen der Planfeststellung das Erfordernis der Planrechtfertigung. Nach der Rechtsprechung des Bundesverwaltungsgerichts[180] bedarf auch eine staatliche Planung der Rechtfertigung, zumal sie in die Rechte Dritter eingreift, insbesondere bei einer späteren Enteignung.

Für die Rechtfertigung der Planung eines Vorhabens sind grundsätzlich zwei Schritte erforderlich:

Zunächst muss das Vorhaben den Zielen des maßgeblichen Gesetzes entsprechen. Eine Energieleitung muss also dem Zweck des § 1 EnWG dienen: Demgemäß muss das Leitungsvorhaben einer möglichst sicheren, preisgünstigen, verbraucherfreundlichen, effizienten und umweltverträglichen Versorgung der Allgemeinheit mit Elektrizität dienen. Wie stets bei diesem „magischen Fünfeck" der Ziele des EnWG sind diese zum Teil widersprüchlich: So kann die Versorgungssicherheit für ein Leitungsvorhaben sprechen, die Umweltverträglichkeit jedoch andererseits dagegen. Wiederum auf der anderen Seite kann die Umweltverträglichkeit für ein Leitungsvorhaben sprechen, wenn man – wie in der aktuellen Diskussion – davon ausgeht, dass Leitungsvorhaben dazu dienen, EEG-Strom vom Norden in den Süden zu transportieren.

Sodann muss das Vorhaben erforderlich, d. h. vernünftigerweise geboten sein. Dafür muss ein Bedarf an dem konkreten Leitungsvorhaben bestehen.

Das Erfordernis einer eigenen Planrechtfertigung wird zeitweilig kritisch gesehen, da es auch in den dritten Schritt der Abwägung integriert werden kann. In der Praxis jedoch scheitern Leitungsbauvorhaben regelmäßig nicht allein an der fehlenden Planrechtfertigung, zumal das Vorhaben dem Antrag eines betriebswirtschaftlich rational handelnden Netzbetreibers folgt.

---

[179] Siehe zur Enteignung im einzelnen Abschnitt 3.2.3.5.

[180] Vgl. allein Bundesverwaltungsgericht, Beschluss vom 1. April 2005, Az. 9 VR 7.05, ZUR 2005, 534 f.

Würde kein Bedarf für das Vorhaben bestehen, so wäre es nicht wirtschaftlich und der Vorhabenträger würde es erst gar nicht beantragen. Hier besteht ein Verknüpfungspunkt zum Regulierungsrecht: Denn Netzausbaumaßnahmen sind als Investitionsbudget gemäß § 23 der Anreizregulierungsverordnung[181] von der Bundesnetzagentur zu genehmigen. Auch wenn vor diesem Hintergrund sich Leitungsvorhaben unter dem Aspekt der Planrechtfertigung kaum erfolgreich angreifen lassen, sollte der Vorhabenträger gleichwohl die Planrechtfertigung durch entsprechende Unterlagen belegen können.

Schließlich sind in neuerer Zeit gesetzliche Bedarfsfestlegungen erfolgt.[182] Dies erfolgte erstmals durch das Energieleitungsausbaugesetz (EnLAG) von 2009[183] für die darin genannten Vorhaben (§ 1 Abs. 2 EnLAG). Weiterhin wird mit dem Erlass des Bundesbedarfsplans durch den Bundesgesetzgeber festgelegt, dass für die darin enthaltenen Vorhaben die energiewirtschaftliche Notwendigkeit und der vordringliche Bedarf festgestellt werden (§ 12e Abs. 4 S. 1 EnWG).[184]

Planungsleitsätze

Trotz der planerischen Gestaltungsfreiheit haben Vorhaben, die der Planfeststellung bzw. Plangenehmigung unterliegen, die zwingenden gesetzlichen Anforderungen zu beachten. Für diese hat sich der Begriff „Planungsleitsätze" eingebürgert. Sie können auch im Zuge der Planabwägung nicht überwunden werden.

Solche Planungsleitsätze ergeben sich für Energieleitungen etwa aus dem höherrangigen Raum- und Fachplanungsrecht, dem Baurecht, dem Wasserrecht, dem Denkmalschutzrecht sowie dem Naturschutz- und Landschaftschutzrecht (z. B. Zulässigkeit des Vorhabens nach Flora-Fauna-Habitat [FFH]-Richtlinie[185] und der so genannten Vogelschutz-Richtlinie[186], §§ 31 ff. BNatSchG[187]).

Zudem werden bei einem Planfeststellungsverfahren im Rahmen einer Umweltverträglichkeitsprüfung die Auswirkungen des geplanten Bauvorhabens geprüft (§§ 3a-14 UVPG, vgl. auch § 23 NABEG).[188]

Aus diesen umfassenden rechtlichen Anforderungen, die natürlich häufig einen Schwerpunkt bei der Prüfung der rechtlichen Zulässigkeit eines Vorhabens bilden, kann hier nur beispielhaft

181 Verordnung über die Anreizregulierung der Energieversorgungsnetze (Anreizregulierungsverordnung – ARegV) vom 29. Oktober 2007, Bundesgesetzblatt 2007 I, 2529, zuletzt geändert durch Art. 4 der Verordnung vom 14. August 2013, Bundesgesetzblatt I 2013, 3250.

182 Vgl. bereits oben Abschnitt 3.2.1.

183 Siehe Fn. 142.

184 Siehe Fn. 141.

185 Richtlinie 92/43/EWG vom 21. Mai 1992 zur Erhaltung der natürlichen Lebensräume sowie der wildlebenden Tiere und Pflanzen, Amtsblatt der EU 1992, L 206, S. 7 ff.

186 Richtlinie 79/409/EWG vom 2. April 1979 über die Erhaltung der wildlebenden Vogelarten, nunmehr in der Fassung der Richtlinie 2009/147/EG vom 30. November 2009, Amtsblatt der EU 2010, L 20, S. 7 ff.

187 Gesetz über Naturschutz und Landschaftspflege (Bundesnaturschutzgesetz – BNatSchG) vom 29. Juli 2009, Bundesgesetzblatt 2009 I, 2542 ff., zuletzt geändert durch Art. 2 Abs. 24 des Gesetzes zur Modernisierung des Außenwirtschaftsrechts vom 6. Juni 2013, Bundesgesetzblatt 2013 I, 1482 ff.

188 Vgl. etwa jüngst zur Erforderlichkeit einer UVP, wenn elektromagnetische Strahlungen der Freileitung nur knapp unterhalb der Grenzwerte der 26. BImSchV liegen: BVerwG, Urteil vom 17. Dezember 2013, Az. 4 A 1.13.

die Anforderung des Immissionsschutzrechts, insbesondere der Schutz vor elektromagnetischen Feldern nach der so genannten „Elektrosmog-Verordnung“ (26. BImSchV) herausgegriffen werden.

Hochspannungsleitungen sind immissionsschutzrechtlich nicht genehmigungsbedürftige Anlagen und unterliegen deshalb den Anforderungen von § 22 Abs. 1 BImSchG. Dieser verlangt, dass die nach dem Stand der Technik vermeidbaren schädlichen Umweltauswirkungen zu verhindern und unvermeidbare schädliche Umweltauswirkungen auf ein Mindestmaß zu beschränken sind. Gleichstrom- und Wechselstromleitungen erzeugen elektrische und magnetische Felder. Die Anforderungen und Grenzwerte in dieser Hinsicht konkretisiert die 26. BImSchV.

Die 26. BImSchV wurde erst jüngst, in unmittelbarem zeitlichem Zusammenhang mit dem Inkrafttreten des Bundesbedarfsplangesetzes[189], geändert und neu bekannt gemacht.[190] Mit diesen Änderungen, die am 22. August 2013 in Kraft getreten sind, wurde der Anwendungsbereich der 26. BImSchV nunmehr auch auf „Gleichstromanlagen“ erweitert (§ 1 Abs. 2 Nr. 3 der 26. BImSchV). Dieser Begriff umfasst nach der Begriffsbestimmung der Verordnung ortsfeste Anlagen zur Fortleitung, Umspannung und Umrichtung, einschließlich der Schaltfelder, von Gleichstrom mit einer Nennspannung von 2000 Volt oder mehr. Als materielle Anforderung sind Gleichstromanlagen zum Schutz vor schädlichen Umwelteinwirkungen so zu errichten und zu betreiben, dass in ihrem Einwirkungsbereich an Orten, die zum dauerhaften oder vorübergehenden Aufenthalt von Menschen bestimmt sind, bei höchster betrieblicher Anlagenauslastung der in Anhang 1 a der Verordnung genannte Grenzwert der magnetischen Flussdichte nicht überschritten wird, sowie Wirkungen wie Funkentladungen auch zwischen Personen und leitfähigen Objekten, die zu erheblichen Belästigungen oder Schäden führen können, vermieden werden. Dabei sind alle relevanten Immissionen zu berücksichtigen (§ 3a der 26. BImSchV). Weitere wichtige Änderungen betreffen das Minimierungsgebot für Niederfrequenz- und Gleichstromanlagen (§ 4 Abs. 2) und das Erfordernis einer kumulativen Betrachtung der Niederfrequenzanlagen (§ 3 Abs. 3 i.V.m. Anhang 2a der 26. BImSchV).

Abwägung

Abwägungsgebot

Im Kern der planerischen Entscheidung steht die Abwägung. Für Energieleitungen ist dieses Abwägungsgebot spezialgesetzlich in § 43 S. 3 EnWG und § 18 Abs. 3 S. 1 NABEG geregelt: Bei der Planfeststellung sind die von dem Vorhaben berührten öffentlichen und privaten Belange im Rahmen der Abwägung zu berücksichtigen. Ziel der Abwägung ist es, unter Beach-

---

189 Siehe Fn. 141.

190 Bekanntmachung der Neufassung der Verordnung über elektromagnetische Felder vom 13. August 2013: 26. Verordnung zur Durchführung des Bundes-Immissionsschutzgesetzes (Verordnung über elektromagnetische Felder – 26. BImSchV), Bundesgesetzblatt I, S. 3266 ff., hierzu Köck, Immissionsschutzrechtliche Aspekte des Ausbaus der Übertragungsleitungen für Strom, ZUR 2014, 131. Das BVerwG hat erst jüngst die Grenzwerte der 26. BImSchV bestätigt, zugleich aber die Durchführung einer UVP gefordert, wenn die Grenzwerte der 26. BImSchV nur knapp unterschritten werden: Urteil vom 17. Dezember 2013, Az. 4 A 1.13, vgl. bereits eben Fn. 188.

tung der gesetzlichen Zielsetzungen und Wertungen die vielfältigen, für und gegen ein Vorhaben streitenden Belange miteinander und untereinander in Beziehung zu setzen, zu gewichten und im Wege der Problembewältigung einen inhaltlich ausgewogenen Plan zu erstellen.[191]

Auch wenn die Abwägung durch die zuständige Behörde im Rahmen der planerischen Freiheit erfolgt, ist sie – wie auch das Ermessen gemäß § 40 VwVfG und § 114 VwGO – gesetzlichen Bindungen unterworfen, die auch gerichtlich überprüft werden können. Das Bundesverwaltungsgericht unterscheidet dabei in ständiger Rechtsprechung vier Schritte:[192] Zunächst muss eine Abwägung überhaupt stattfinden, der Plangeber muss also erkennen, dass er eine Abwägungsentscheidung zu treffen hat („Abwägungsausfall"). Sodann hatte er alle nach Lage des Falles in Betracht kommenden Umstände in die Abwägung einzubeziehen („Abwägungsdefizit"). Die Planungsbehörde muss ferner bei der Zusammenstellung des Abwägungsmaterials nicht nur die Belange als solche erkennen, sondern auch ihr Gewicht als solches, unabhängig von einem Vergleich mit anderen Belangen, und ihre Bedeutung richtig erkennen („Abwägungsfehleinschätzung"). Schließlich müssen diese Belange gewichtet, also die Bedeutung muss in der Abwägung zutreffend erkannt werden und diese betroffenen öffentlichen und privaten Belange sind in dem eigentlichen Abwägungsvorgang gerecht gegeneinander und untereinander abzuwägen („Abwägungsdisproportionalität"). Der Abwägung eigentümlich ist es dabei, dass ihr Ergebnis rechtlich nicht determiniert ist, so dass es auch keinen Anspruch auf ein bestimmtes Planergebnis geben kann.

Typische Beispiele, die im Rahmen der Abwägung einer Planungsentscheidung zur Zulassung von Stromleitungen eine Rolle spielen, sind etwa der Bedarf der Leitung, soweit man diesen Aspekt nicht bereits der Planrechtfertigung zuschlägt,[193] als öffentliche Interessen die Interessen von Gemeinden, deren Gebiet für das Leitungsvorhaben in Anspruch genommen wird (dies insbesondere vor dem Hintergrund der gemeindlichen Selbstverwaltungsgarantie nach Art. 28 Abs. 2 GG) und als private Belange die mehr als nur geringfügig betroffenen schutzwürdigen Abwehr- oder Schutzinteressen der Anlieger (insbesondere Eigentums- und Gesundheitsschutz). Weiterhin spielen Planungsalternativen eine zunehmend wichtige Rolle: Dies betrifft zum einen den räumlichen Trassenverlauf einschließlich der Abschnittsbildung und zum anderen Ausführungsalternativen in technischer Hinsicht. Letzteres betrifft vor allem die technische Alternative der Erdverkabelung gegenüber Freileitungen.[194]

Unbeachtlichkeit von Abwägungsmängeln

Bei einer späteren gerichtlichen Überprüfung sind nach dem **Planerhaltungsgrundsatz** Mängel bei der Abwägung der von dem Vorhaben berührten öffentlichen und privaten Belange nur erheblich, wenn sie offensichtlich und auf das Abwägungsergebnis von Einfluss gewesen sind (§ 75 Abs. 1a S. 1 VwVfG, § 43e Abs. 4 S. 1 EnWG). Ein Abwägungsmangel ist dann offensichtlich, wenn sich der Mangel einem objektiven Beobachter geradezu aufdrängen muss. Zur Stärkung dieses Planerhaltungsgrundsatzes ist die Unbeachtlichkeit von Mängeln auf Verfahrens- und Formfehler ausgeweitet worden: Erhebliche Mängel bei der Abwägung oder die Verletzung von Verfahrens- oder Formvorschriften führen demnach nur dann zur Aufhebung

---

191 Vgl. nur etwa Pielow, in Säcker (Hrsg.), Berliner Kommentar zum Energierecht, Band 1, Halbband 2, 3. Auflage 2014, § 43 EnWG, Rn. 70; Kopp/Ramsauer VwVfG-Kommentar, 14. Auflage 2013, § 74 Rn. 95 ff.

192 BVerwGE 48, 56, 64.; BVerwGE 85, 348, Rn. 40 bei juris.

193 Vgl. dazu soeben den Abschnitt „Planrechtfertigung" oben unter Abschnitt 3.2.3.4.

194 Vgl. dazu oben den Abschnitt 3.2.2.2.

des Planfeststellungsbeschlusses oder der Plangenehmigung, wenn sie nicht durch Planergänzung oder durch ein ergänzendes Verfahren behoben werden können (§ 75 Abs. 1a S. 2, Halbs. 1 VwVfG, § 43e Abs. 4 S. 2, Halbs. 1 EnWG). Darüber hinaus wird klargestellt, dass daneben die in den allgemeinen Regelungen vorgesehenen Heilungsmöglichkeiten von Verfahrensfehlern anwendbar bleiben: Die §§ 45 und 46 VwVfG bleiben unberührt (§ 75 Abs. 1a S. 2, Halbs. 2 VwVfG, § 43e Abs. 4 S. 2, Halbs. 1 EnWG).

3.2.3.5 Enteignung

Mit dem Planfeststellungsbeschluss bzw. der Plangenehmigung ist jedoch noch nicht endgültig gesichert, dass die für das Leitungsprojekt erforderlichen Baumaßnahmen auch umgesetzt werden können. Vielmehr bedarf es dafür noch der privaten Zugangs- und Nutzungsrechte. Soweit der Vorhabenträger – wie üblicherweise – sich diese Rechte nicht vertraglich und dinglich bereits gesichert hat, hält das Gesetz entsprechende Möglichkeiten vor. Die Regelungen des Energiewirtschaftsgesetzes lassen sich dazu in drei Phasen aufteilen: Die Vorarbeiten, die vorzeitige Besitzeinweisung und die eigentliche Enteignung.

Vorarbeiten und Veränderungssperre

Die Vorbereitung der Planung und auch die Baudurchführung eines Vorhabens oder von Unterhaltungsmaßnahmen können es erforderlich machen, dass der Vorhabenträger bereits Maßnahmen vor Verfahrensbeginn auf dem von dem Vorhaben betroffenen Grundstück durchführen muss. Dafür muss der Eigentümer notwendige Vermessungen, Boden- und Grundwasseruntersuchungen sowie sonstige Vorarbeiten durch den Träger des Vorhabens oder von ihm Beauftragte dulden (§ 44 Abs. 1 S. 1 EnWG). Weigert sich der Verpflichtete, solche Maßnahmen zu dulden, so kann die nach Landesrecht zuständige Behörde auf Antrag des Trägers des Vorhabens gegenüber dem Eigentümer die Duldung dieser Maßnahmen anordnen (§ 44 Abs. 1 S. 2 EnWG).

Mit dieser gesetzlich angeordneten Pflicht zur Duldung durch den Grundstückseigentümer werden dessen zivilrechtliche Ansprüche, dem Vorhabenträger das Betreten des Grundstücks zu verbieten, eingeschränkt. Zudem können mit diesem Verfahren bereits einzelne vorbereitende Maßnahmen ergriffen werden, ohne dass das aufwändige vorzeitige Besitzeinweisungsverfahren zu durchlaufen ist, bei dem auch eine mündliche Verhandlung stattzufinden hat.

Natürlich ist auf der anderen Seite der Eigentümer im Sinne eines angemessenen Interessenausgleichs nicht schutzlos gestellt: Zum einen ist die Absicht, solche Arbeiten auszuführen, ihm mindestens zwei Wochen vor dem vorgesehenen Zeitpunkt unmittelbar oder durch ortsübliche Bekanntmachung durch den Träger des Vorhabens bekannt zu geben (§ 44 Abs. 2 EnWG). Zum anderen und vor allem hat der Träger des Vorhabens eine angemessene Entschädigung in Geld zu leisten, wenn durch eine solche Maßnahme einem Eigentümer unmittelbare Vermögensnachteile entstehen (§ 44 Abs. 3 EnWG).

Weiterhin wird gesetzlich eine **Veränderungssperre** angeordnet. Diese soll verhindern, dass neue bauliche Anlagen oder sonstige Veränderungen die Planausführung beeinträchtigen. Diese Veränderungssperre dient damit der Sicherung der planerischen Ziele im Planbereich und regelt somit eine weitere Vorwirkung der Planfeststellung. Im Einzelnen dürfen vom Beginn der Auslegung der Pläne im Planfeststellungsverfahren oder von dem Zeitpunkt an, zu dem den Betroffenen Gelegenheit gegeben wird, den Plan einzusehen, auf den vom Plan betroffenen Flächen bis zu ihrer Inanspruchnahme wesentlich wertsteigernde oder die geplante Baumaßnahme erheblich erschwerende Veränderungen nicht vorgenommen werden (§ 44a Abs. 1 S. 1 EnWG). In diesen Fällen steht dem Träger des Vorhabens an den betroffenen Flächen zudem ein Vorkaufsrecht zu (§ 44a Abs. 3 EnWG). Damit erhält der Vorhabenträger die Möglichkeit, das Grundstück rechtsgeschäftlich zu erwerben und somit ein Enteignungsverfahren zu vermeiden.

Grundsätzlich ist eine solche Veränderungssperre durch die Betroffenen ohne Entschädigung zu dulden. Erst wenn diese über vier Jahre, im Falle von Hochspannungsfreileitungen über fünf Jahre dauert, können im Sinne eines gerechten Interessenausgleichs auf der anderen Seite die Eigentümer für die durch die Veränderungssperre entstandenen Vermögensnachteile Entschädigung verlangen (§ 44a Abs. 2 S. 1 EnWG).

Vorzeitige Besitzeinweisung

Im Sinne einer Verfahrensbeschleunigung wird dem Vorhabenträger im Wege einer einstweiligen Regelung unter bestimmten Voraussetzungen gestattet, schon vor dem eigentlichen Enteignungsverfahren bis zu dessen Abschluss die für sein Vorhaben benötigten Grundstücke in Anspruch zu nehmen (vorzeitige Besitzeinweisung, § 44b EnWG, § 27 Abs. 1 NABEG).[195]

Ist danach der sofortige Beginn von Bauarbeiten geboten und weigert sich der Eigentümer oder Besitzer, den Besitz eines für den Bau, die Änderung oder Betriebsänderung von Hochspannungsleitungen oder Erdkabel benötigten Grundstücks durch Vereinbarung unter Vorbehalt aller Entschädigungsansprüche zu überlassen, so hat die Enteignungsbehörde den Träger des Vorhabens auf Antrag nach Feststellung des Plans oder Erteilung der Plangenehmigung in den Besitz einzuweisen (§ 44b Abs. 1 S. 1 EnWG). Für eine vorzeitige Besitzeinweisung müssen also nur drei Voraussetzungen erfüllt sein: Zunächst muss der sofortige Beginn der Bauarbeiten geboten sein, sodann muss sich der Vorhabenträger vergeblich um eine einvernehmliche Bauerlaubnis bemüht haben und schließlich muss ein Planfeststellungsbeschluss oder eine Plangenehmigung vorliegen. Es ist nicht erforderlich, dass dieser Planfeststellungsbeschluss oder die Plangenehmigung unanfechtbar ist, vielmehr reicht es aus, dass diese vollziehbar sind (§ 44b Abs. 1 S. 2 EnWG). Diese drei Voraussetzungen sind abschließend, nach § 44b Abs. 1 S. 3 EnWG bedarf es ausdrücklich weiterer Voraussetzungen nicht. Dadurch wird klargestellt, dass für die Besitzeinweisung nicht mehr ein vorheriges Enteignungsverfahren erforderlich ist. Durch das NABEG wurde noch eine Bestimmung zur weiteren Beschleunigung eingeführt: Der Träger des Vorhabens kann sogar verlangen, dass bereits nach Abschluss des Anhörungsverfahrens eine vorzeitige Besitzeinweisung durchgeführt wird (§ 44b Abs. 1a S. 1 EnWG, § 27 Abs. 1 S. 1 NABEG). In diesem Fall ist der Besitzeinweisungsbeschluss mit der aufschiebenden Bedingung zu erlassen, dass sein Ergebnis durch den Planfeststellungsbeschluss bestätigt wird (§ 44b Abs. 1a S. 3 EnWG, § 27 Abs. 1 S. 3 NABEG).

Vom **Verfahren** her ergeht die vorzeitige Besitzeinweisung nur auf Antrag des Vorhabenträgers. Spätestens sechs Wochen nach Eingang des Antrags hat die Enteignungsbehörde diesen mit den Beteiligten mündlich zu verhandeln (§ 44b Abs. 2 S. 1 EnWG). Der Beschluss über

[195] Vgl. dazu: Moench/Rutloff, Enteignung zur „Vorzeit" bei Netzausbauprojekten? – Verfassungsfragen und Beschleunigungspotenzial eines zweifelhaften Rechtsinstituts, NVwZ 2013, 463 ff.

die Besitzeinweisung ist sodann dem Antragsteller und dem Betroffenen spätestens zwei Wochen nach der mündlichen Verhandlung zuzustellen (§ 44b Abs. 4 S. 1 EnWG). Er bewirkt, dass durch die Besitzeinweisung dem Besitzer der Besitz entzogen und der Träger des Vorhabens Besitzer wird (§ 44b Abs. 4 S. 4 EnWG). Der Träger des Vorhabens darf auf dem Grundstück sodann das im Antrag auf Besitzeinweisung bezeichnete Bauvorhaben durchführen und die dafür erforderlichen Maßnahmen treffen (§ 44b Abs. 4 S. 5 EnWG).

Von der **Wirkung** des Besitzeinweisungsbeschlusses ist noch hervorzuheben, dass dieser sofort vollziehbar ist. Ein Rechtsbehelf gegen eine vorzeitige Besitzeinweisung hat keine aufschiebende Wirkung (§ 44b Abs. 7 S. 1 EnWG). Der Antrag auf Anordnung der aufschiebenden Wirkung (nach § 80 Abs. 5 S. 1 VwGO) kann nur innerhalb eines Monats nach der Zustellung des Besitzeinweisungsbeschlusses gestellt und begründet werden (§ 44b Abs. 7 S. 2 EnWG).

Im Sinne eines Interessenausgleiches ist die vorzeitige Besitzeinweisung zu entschädigen: Der Vorhabenträger hat für die durch die vorzeitige Besitzeinweisung entstehenden Vermögensnachteile **Entschädigung** zu leisten, soweit diese nicht bereits durch die Verzinsung der Enteignungsentschädigung ausgeglichen werden (§ 44b Abs. 5 S. 1 EnWG). Wird der festgestellte Plan ohne die Plangenehmigung aufgehoben, so ist auch die vorzeitige Besitzeinweisung aufzuheben und der vorherige Besitzer wieder in den Besitz einzuweisen (§ 44b Abs. 6 S. 1 EnWG). Der Träger des Vorhabens hat für alle durch die Besitzeinweisung entstandenen besonderen Nachteile Entschädigung zu leisten (§ 44b Abs. 6 S. 2 EnWG).

Enteignung

Schließlich kann auf der Grundlage des Planfeststellungsbeschlusses ein Enteignungsverfahren zur Einziehung oder Beschränkung von Grundeigentum durchgeführt werden, welches für die Verwirklichung eines Leitungsvorhabens erforderlich ist.

Dem Planfeststellungsbeschluss kommt bereits eine enteignungsrechtliche Vorwirkung zu:[196] Die Entziehung oder die Beschränkung von Grundeigentum im Wege der Enteignung ist zulässig, soweit sie zur Durchführung eines Vorhabens nach § 43 EnWG[197], für das der Plan festgestellt oder genehmigt ist, oder eines sonstigen Vorhabens zum Zwecke der Energieversorgung (etwa Nebenanlagen) erforderlich ist (§ 45 Abs. 1 EnWG). Einer weiteren Feststellung der Zulässigkeit der Enteignung bedarf es bei dem planfestgestellten Vorhaben nach § 43 EnWG nicht; der festgestellte oder genehmigte Plan ist dem Enteignungsverfahren zu Grunde zu legen und für die Enteignungsbehörde bindend (§ 45 Abs. 2 S. 1 EnWG). Mit dem Planfeststellungsbeschluss wird also bei den Vorhaben nach § 43 EnWG zugleich verbindlich festgestellt, dass die zugelassene Planung dem Wohl der Allgemeinheit im Sinne des Art. 14 Abs. 3 GG dient und eine spätere Enteignung der betroffenen Grundstückseigentümer gerechtfertigt ist.[198]

Das Enteignungsverfahren selbst wird sodann durch Landesrecht geregelt (§ 45 Abs. 3 EnWG): In der Regel beginnt das Verfahren mit einem entsprechenden Antrag des Vorhabenträgers bei der jeweils zuständigen Enteignungsbehörde. Diese entscheidet über den Antrag

[196] Vgl. bereits oben Abschnitt 3.2.3.3 und dort („Planfeststellungsbeschluss und Plangenehmigung").

[197] Vgl. Abschnitt 3.2.2.

[198] Siehe dazu etwa Bundesverwaltungsgericht Urteil vom 16. März 2006, Az. 4 A 1001/04, NVwZ 2006, 1055,1057.

aufgrund einer mündlichen Verhandlung mit den Verfahrensbeteiligten, insbesondere mit dem Antragsteller und dem enteignungsbetroffenen Eigentümer. Kommt keine gütliche Einigung zustande, so ist durch Beschluss zu entscheiden. Dieser bestimmt Gegenstand und Umfang der Enteignung sowie Art und Höhe der Entschädigung. Soweit der Vorhabenträger aufgrund eines Planfeststellungsbeschlusses oder einer Plangenehmigung verpflichtet ist, eine Entschädigung in Geld zu leisten, und über die Höhe der Entschädigung keine Einigung zwischen dem Betroffenen und dem Träger des Vorhabens zustande kommt, entscheidet auf Antrag eines der Beteiligten die nach Landesrecht zuständige Behörde; für das Verfahren und den Rechtsweg gelten die Enteignungsgesetze der Länder entsprechend (§ 45a EnWG).

Zur weiteren Verfahrensbeschleunigung besteht die Möglichkeit der Parallelführung von Planfeststellungs- und Enteignungsverfahren. Angelehnt an die Grundstruktur der vorzeitigen Besitzeinweisung bereits nach dem Anhörungsverfahren[199] kann der Träger des Vorhabens verlangen, dass nach Abschluss der Anhörung ein vorzeitiges Enteignungsverfahren durchgeführt wird (§ 45b S. 1 EnWG, § 27 Abs. 2 S. 1 NABEG). Auch hier ist der Enteignungsbeschluss mit der aufschiebenden Bedingung zu erlassen, dass sein Ergebnis durch den Planfeststellungsbeschluss bestätigt wird (§ 45b S. 3 EnWG, § 27 Abs. 2 S. 3 NABEG).

3.2.3.6 Rechtsschutz

Allgemeiner Rechtsschutz

Planfeststellungsbeschlüsse bzw. Plangenehmigungen können ganz normal mit einer Anfechtungsklage angegriffen werden. Eines Widerspruchsverfahrens (§§ 68 ff. VwGO) bedarf es nicht (§ 74 Abs. 1 S. 2 i.V.m. § 70 bzw. § 74 Abs. 6 S. 3 VwVfG).

Voraussetzung für die Zulässigkeit einer solchen Anfechtungsklage ist, dass der Kläger geltend machen kann, in seinen eigenen Rechten verletzt zu sein (§ 42 Abs. 2 VwGO). Dabei können sich private Grundeigentümer auf ihr Eigentumsrecht nach Art. 14 GG berufen, kommunale Gebietskörperschaften, also die vom Leitungsbauvorhaben betroffenen Gemeinden, können sich auf die Garantie der kommunalen Selbstverwaltung in Art. 28 Abs. 2 GG, insbesondere ihre gemeindliche Planungshoheit, berufen.

Auch Naturschutzvereinigungen steht ein Klagerecht bei Planfeststellungsbeschlüssen, die mit Eingriffen in Natur und Landschaft verbunden sind, was bei Leitungsvorhaben regelmäßig der Fall ist, zu (§ 64 Abs. 1, § 63 Abs. 1 Nr. 3 BNatSchG i.V.m. § 3 UmwRG). Dieses Instrument der so genannten Verbandsklage kann ebenso bei der Verletzung von Mitwirkungsrechten wie zur Überprüfung der Planfeststellung auf ihre Vereinbarkeit mit objektivem Naturschutzrecht eingesetzt werden (§ 64 Abs. 1 BNatSchG).

Anders als im Regelfall (§ 80 Abs. 1 S. 1 VwGO) hat eine Anfechtungsklage gegen einen Planfeststellungsbeschluss oder eine Plangenehmigung im Sinne einer Verfahrensbeschleunigung keine aufschiebende Wirkung (§ 43e Abs. 1 S. 1 EnWG). Der energierechtliche Planfeststellungsbeschluss ist also kraft Gesetzes sofort vollziehbar. Der Antrag auf Anordnung der aufschiebenden Wirkung der Anfechtungsklage gegen einen Planfeststellungsbeschluss oder eine Plangenehmigung (nach § 80 Abs. 5 S. 1 VwGO) kann nur innerhalb eines Monats

[199] Vgl. eben Abschnitt „Vorzeitige Besitzeinweisung".

nach der Zustellung des Planfeststellungsbeschlusses oder der Plangenehmigung gestellt und begründet werden (§ 43e Abs. 1 S. 2 EnWG).

Der Kläger hat innerhalb einer Frist von sechs Wochen die zur Begründung seiner Klage dienenden Tatsachen und Beweismittel anzugeben (§ 43e Abs. 3 S. 1 EnWG). Dabei ist die Präklusion von Vorbringen zu beachten:[200] Im Laufe des Planfeststellungsverfahrens haben die Öffentlichkeit und die Naturschutz- und Umweltschutzvereinigungen vielerlei Möglichkeiten, sich zu beteiligen. Andererseits sind diese Beteiligungsmöglichkeiten mit Beteiligungslasten verbunden: Kläger werden auch im gerichtlichen Verfahren nur noch mit denjenigen Gründen gehört, die sie bereits im Anhörungsverfahren vorgebracht haben (§ 73 Abs. 4 S. 3 VwVfG). Mit sonstigen Einwendungen sind sie präkludiert, auf neue Gründe gestützte Klagen sind also abzuweisen.

Zuständig ist das jeweilige Oberverwaltungsgericht. Dieses entscheidet im ersten Rechtszug über sämtliche Streitigkeiten, die Planfeststellungsverfahren für die Errichtung und den Betrieb oder die Änderung von Hochspannungsfreileitungen mit einer Nennspannung von 110 kV oder mehr, Erd- und Seekabeln jeweils mit einer Nennspannung von 110 kV oder Gasversorgungsleitungen mit einem Durchmesser von mehr als 300 mm sowie jeweils die Änderung ihrer Linienführung betreffen (§ 48 Abs. 1 S. 1 Nr. 4 VwGO).

Besonderheiten bei EnLAG und BBPlG

Als ein Aspekt der Beschleunigung des gesamten Genehmigungsverfahrens von Stromleitungen wurde für sämtliche Streitigkeiten, die Planfeststellungsverfahren und Plangenehmigungsverfahren für Vorhaben betreffen, die in dem Energieleitungsausbaugesetz und dem Bundesbedarfsplangesetz bezeichnet sind, der verwaltungsgerichtliche Instanzenzug auf eine Instanz verkürzt. So entscheidet für die Vorhaben, die in dem Bedarfsplan nach Energieleitungsausbaugesetz und dem Bundesbedarfsplan nach Bundesbedarfsplangesetz aufgenommen sind, allein das Bundesverwaltungsgericht im ersten und letzten Rechtszug (§ 50 Abs. 1 Nr. 6 VwGO, § 4 BBPlG).

Bei einer Klage gegen den Planfeststellungsbeschluss eines Vorhabens aus dem Bundesbedarfsplan ist zu beachten, dass dessen energiewirtschaftliche Notwendigkeit und vordringlicher Bedarf nicht mehr angegriffen werden können. Denn diese beiden Aspekte sind ja gerade mit dem Erlass des Bundesbedarfsplanes gesetzlich festgestellt worden (§ 12e Abs. 4 S. 1 EnWG, § 1 Abs. 1 BBPlG).[201]

3.2.4 Schlussbemerkung

In der Gesamtschau zeigt sich, dass der Rechtsrahmen für die Planung und Genehmigung von Energieleitungen mit den §§ 43 ff. EnWG und §§ 72 ff. VwVfG sowie den aktuellen Ergän-

200 Vgl. oben „Einwendungen und Stellungnahmen“ unter Abschnitt 3.2.3.3.

201 So etwa das Bundesverwaltungsgericht in seinem Urteil vom 18. Juli 2013 (Az. BVerwG 7 A4.12) zur „Thüringer Strombrücke“. Das Bundesverwaltungsgericht war hier den Einwänden der Klägerin nicht gefolgt und hatte ausgeführt, dass die erforderliche Planrechtfertigung sich aus dem Bedarfsplan zum Energieleitungsausbaugesetz ergebe. Die gesetzliche Bedarfsfeststellung sei verbindlich und könne vom Gericht nur infrage gestellt werden, wenn die Einschätzung des Gesetzgebers evident sachwidrig wäre. Davon könne jedoch nicht ausgegangen werden.

zungen und Änderungen durch das EnLAG, das NABEG, das BBPlG und aktuell das PlVereinhG eine recht komplexe und dynamische Rechtsmaterie darstellt, die gerade in letzter Zeit häufig novelliert und ergänzt worden ist.

Zentrales Anliegen dieses gesamten Rechts der Planung von Energieleitungen ist zum einen eine Beschleunigung des Ausbaus der Netze und gleichzeitig zum anderen eine gesellschaftliche Akzeptanz durch eine Verstärkung der Öffentlichkeitsbeteiligung. Wie diese beiden – sich zum Teil widersprechenden – Zielsetzungen der Umsetzung der Energiewende in den nächsten Jahren dienen können, muss erst die zukünftige Praxis zeigen. Festzuhalten bleibt, dass trotz aller Novellierungen zu erwarten ist, dass es auch zukünftig Auseinandersetzungen um jedes einzelne Verfahren im Rahmen der hier dargestellten konkreten Zulassungsverfahren geben wird.

3.3 EU-rechtliche Vorgaben für die Planung, Genehmigung und Finanzierung von Stromnetzen – Anerkennung, Privilegierung und Rechtsschutz unter dem Regime von TEN-E und CEF

DR. LUDGER GIESBERTS UND ANDREAS TIEDGE*

Dr. Ludger Giesberts, LL.M. (LSE) ist Rechtsanwalt und Partner, Andreas Tiedge ist Rechtsanwalt im Bereich Öffentliches Wirtschaftsrecht der Kanzlei DLA Piper in Köln. Dr. Giesberts ist zudem Lehrbeauftragter an der Universität zu Köln.

3.3.1 EU-rechtliche Vorgaben für Stromnetze im Überblick

3.3.1.1 Einführung

Die Planung, die Genehmigung und die Finanzierung von Stromnetzen werden maßgeblich von europäischen Vorgaben mitbestimmt. Dem liegt das Bedürfnis nach einem einheitlichen, europaweiten Rechtsrahmen für Stromnetze zugrunde, welches wiederum aus der substantiellen Bedeutung transeuropäischer Netze für die Wettbewerbsfähigkeit der Europäischen Union resultiert. Normativer Fixpunkt dieser Einflussnahme Europas auf die nationalen Rechtsordnungen ist die mit dem Maastrichter Vertrag eingeführte Kompetenz der Union für den Auf- und Ausbau **transeuropäischer Netze** im Energiesektor gem. Art. 170 ff. AEUV.[202]

Die Union übte diese Kompetenz ursprünglich in Form von Entscheidungen, den sogenannten TEN-E-Leitlinien[203], sowie Finanzierungsverordnungen[204] aus. Im Einklang mit Art. 171 AEUV beruhten die Leitlinien seit jeher auf der Methode, von den zahlreichen Vorhaben im Energiesektor einige als sogenannte Vorhaben von gemeinsamem Interesse (VGI) zu definieren und diese in verschiedentlicher Hinsicht zu privilegieren. Allerdings war das konkrete

* Die Verfasser danken Herrn Rechtsreferendar Sebastian Gröss und Herrn Bernard Altpeter, LL.B. für ihre wertvolle Unterstützung.

202 Dieser Titel des AEUV umfasst nicht nur transeuropäische Netze im Energiesektor, sondern auch in den Bereichen Verkehr und Telekommunikation.

203 Zuletzt Entscheidung Nr. 1364/2006/EG des Europäischen Parlaments und des Rates vom 6.9.2006 zur Festlegung von Leitlinien für die transeuropäischen Energienetze und zur Aufhebung der Entscheidung 96/391/EG und der Entscheidung Nr. 1229/2003/EG (ABl. L 262 v. 22.9.2006, S. 1).

204 Zuletzt Verordnung (EG) Nr. 680/2007 des Europäischen Parlaments und des Rates vom 20.6.2007 über die Grundregeln für die Gewährung von Gemeinschaftszuschüssen für transeuropäische Verkehrs- und Energienetze (ABl. L 126 v. 22.6.2007, S. 1).

rechtliche Ausmaß dieser Privilegierung in den bisherigen Leitlinien weder inhaltlich tiefgreifend, noch klar definiert.[205] Die Leitlinien beschränkten sich stattdessen zumeist auf Programmsätze. Finanziell wurde VGI zwar eine Förderung zuteil, diese war jedoch auf ca. 22 Millionen EUR pro Jahr für die gesamte EU beschränkt.[206]

Weil die TEN-E-Leitlinien den praktischen Erfordernissen – insbesondere hinsichtlich des vermehrt erforderlichen Anschlusses regenerativer Stromerzeugungsquellen – nicht mehr entsprachen, entschloss sich die Kommission, mit zwei Verordnungen einen neuen Regelungsrahmen für transeuropäische Netze aufzustellen. Die Planung, Genehmigung und Finanzierung von Stromnetzen ist seither Gegenstand der Verordnung zu Leitlinien für die transeuropäische Energieinfrastruktur (TEN-E-VO)[207] sowie der Verordnung zur Schaffung der Fazilität „Connecting Europe" (CEF-VO)[208].

Im Folgenden sollen zunächst diese Verordnungen vorgestellt werden. Auf dieser Basis kann dann ihr konkreter Einfluss auf die Planung, die Genehmigung und die Finanzierung von Stromnetzen erörtert werden. Der Schwerpunkt dieses Beitrags liegt dabei nicht nur auf den jeweiligen europarechtlichen Vorgaben, sondern auch auf deren Bedeutung für die deutsche Gesetzeslage und für das Verwaltungshandeln in Deutschland. Außerdem werden die zugehörigen Rechtsschutzkonstellationen und -probleme dargestellt.

3.3.1.2 TEN-E-VO

Die TEN-E-VO gilt im Wesentlichen seit dem 1. Juni 2013. Sie ersetzt die bis dahin gültige TEN-E-Leitlinie, die Entscheidung Nr. 1364/2006/EG, und stellt die rechtliche Grundlage der Privilegierung bestimmter Vorhaben als VGI dar.

Anders als bisher werden hierzu die konkret privilegierungswürdigen VGI nicht mehr rein politisch festgelegt. Stattdessen definiert die TEN-E-VO abstrakte Voraussetzungen, unter denen ein Vorhaben als VGI anerkannt werden kann, und schafft ein behördliches Anerkennungsverfahren. Dieses Verfahren schließt mit der sogenannten Unionsliste der VGI ab, die in Form der delegierten Ergänzung der TEN-E-VO durch einen weiteren Anh. VII erfolgt.[209] Hierauf aufbauend ergeben sich aus der TEN-E-VO die verschiedenen Besserstellungen der anerkannten VGI in planungs- und genehmigungsrechtlicher Hinsicht (Abschnitt 3.3.2) sowie in Bezug auf ihre Finanzierung durch Entgelte (Abschnitt 3.3.3). Die Finanzierung im Wege

---

205 *Gundel*, in: Terhechte (Hrsg.), Verwaltungsrecht der Europäischen Union, § 23 Rdn. 38; *Leidinger*, in: Posser/Faßbender (Hrsg.), Praxishandbuch Netzplanung und Stromausbau, Kap. 3 Rdn. 150 ff.

206 Art. 18 Abs. 1 Verordnung (EG) Nr. 680/2007. Die Förderung sollte zudem neben Strom- auch Gasnetze umfassen.

207 Verordnung (EU) Nr. 347/2013 des Europäischen Parlaments und des Rates vom 17.4.2013 zu Leitlinien für die transeuropäische Energieinfrastruktur und zur Aufhebung der Entscheidung Nr. 1364/2006/EG und zur Änderung der Verordnungen (EG) Nr. 713/2009, (EG) Nr. 714/2009 und (EG) Nr. 715/2009 (ABl. L 115 v. 25.4.2013, S. 39).

208 Verordnung (EU) Nr. 1316/2013 des Europäischen Parlaments und des Rates vom 11.12.2013 zur Schaffung der Fazilität „Connecting Europe", zur Änderung der Verordnung (EU) Nr. 913/2010 und zur Aufhebung der Verordnungen (EG) Nr. 680/2007 und (EG) Nr. 67/2010 (ABl. L 348 v. 20.12.2013, S. 129).

209 Die aktuellen VGI-Anerkennungsverfahren wurden mit der Delegierten Verordnung (EU) Nr. 1391/2013 der Kommission vom 14.10.2013 zur Änderung der Verordnung (EU) Nr. 347/2013 des Europäischen Parlaments und des Rates zu Leitlinien für die transeuropäische Energieinfrastruktur in Bezug auf die Unionsliste der Vorhaben von gemeinsamem Interesse (ABl. L 349 v. 21.12.2013, S. 28) abgeschlossen.

staatlicher Unterstützung wird sowohl von der TEN-E-VO, als auch von der CEF-VO normiert (Abschnitt 3.3.4). Kontrovers wird die Frage nach der Rechtmäßigkeit der TEN-E-VO diskutiert (Abschnitt 3.3.5). Im Folgenden sollen zunächst die Grundlagen zum VGI-Status unter der TEN-E-VO erläutert werden.

Anwendungsbereich

Die TEN-E-VO erhebt den Anspruch, Vorhaben aus dem gesamten Energiesektor zu umfassen. Als VGI in Frage kommt damit grundsätzlich jegliche Ausrüstung oder Anlage aus den Bereichen Strom, Gas, Erdöl und Kohlendioxid, die sich in der EU befindet oder diese mit Drittländern verbindet.[210] Im Elektrizitätsbereich sind Hochspannungsfreileitungen ab 220 kV, Erd- und Seekabel ab 150 kV, sogenannte Stromautobahnen, Stromspeicheranlagen und smart-grid-Technologien einbezogen.[211]

Materielle Anforderungen an VGI

Die TEN-E-VO privilegiert bei weitem nicht alle dieser Vorhaben. Um als VGI in Frage zu kommen, müssen Vorhaben vielmehr bestimmte "transparente und objektive Kriterien" erfüllen.[212] Art. 4 Abs. 1 lit. a TEN-E-VO verlangt so, dass die Vorhaben für einen vorrangigen Energiekorridor oder für ein prioritäres Themengebiet[213] **erforderlich** sind. Bei den vier strategischen Korridoren handelt es sich um das Offshore-Netz der nördlichen Meere (NSOG), die Nord-Süd-Stromverbindungsleitungen in Westeuropa (NSI West Electricity), die Nord-Süd-Stromverbindungsleitungen in Mittelosteuropa und Südosteuropa (NSI East Electricity) sowie den Stromverbundplan für den Energiemarkt im Ostseeraum (BEMIP Electricity). Aufgrund seiner zentralen Lage in Europa hat Deutschland hier die Sonderrolle inne, von allen vier Korridoren betroffen zu sein.[214]

Neben der Erforderlichkeit im Blick auf diese Korridore bzw. thematischen Gebiete müssen Vorhaben **transnationale Relevanz** besitzen, um den VGI-Status erhalten zu können. Dies kann auch bei rein innerstaatlichen Projekten der Fall sein, sobald deren Auswirkungen von transnationaler Relevanz sind. Der gesetzliche Schwellenwert hierfür liegt im Stromübertragungsbereich bei einer Kapazitätserhöhung um mindestens 500 MW durch das Vorhaben.[215]

Schließlich müssen die in Betracht kommenden Stromübertragungsnetzvorhaben einen erheblichen Beitrag zur Erreichung bestimmter **energiepolitischer Ziele** leisten. Bei Stromübertragungsvorhaben sind dies Marktintegration, Nachhaltigkeit und Versorgungssicherheit.[216] Schließlich muss ihr potenzieller Gesamtnutzen auch langfristig die Kosten übersteigen.[217] Der

---

210 Art. 2 Nr. 1 TEN-E-VO.

211 Anh. II Nr. 1 TEN-E-VO.

212 So Erw.-grd. 21 Satz 1 TEN-E-VO.

213 Die vorrangigen thematischen Gebiete im Strombereich sind smart grids und Stromautobahnen, Anh. I Nr. 1 Abs. 10, 11 TEN-E-VO.

214 Anh. I Nr. 1, 4 TEN-E-VO.

215 Anh. IV Nr. 1 lit. a TEN-E-VO. Für Vorhaben aus den Bereichen Stromspeicherung und smart grids gelten andere Werte, s. Anh. IV Nr. 1 lit. b, e TEN-E-VO. Die geltende Unionsliste der VGI führt eine Vielzahl rein innerstaatlicher Projekte auf, s. Anh. VII TEN-E-VO.

216 Art. 4 Abs. 2 TEN-E-VO.

217 Art. 4 Abs. 1 lit. b TEN-E-VO.

Gesamtnutzen wird im Strombereich auf der Grundlage des unionsweiten Zehnjahres-Netzentwicklungsplans (ZNEP) ermittelt.[218] Dazu passt, dass gem. Anh. III Nr. 2 Abs. 3 TEN-E-VO überhaupt nur solche Vorhaben den VGI-Status erlangen dürfen, die bereits im letzten verfügbaren ZNEP enthalten sind.[219] Wirtschaftliche Tragfähigkeit ist dagegen ausdrücklich keine Voraussetzung des VGI-Status.[220]

Anerkennungsverfahren für VGI

Die TEN-E-VO macht bei der abstrakten Benennung der Kriterien, unter denen Vorhaben VGI sein können, nicht Halt. Stattdessen installiert sie ein durchaus komplexes Verfahren, um eine trotz unterschiedlicher mitgliedstaatlicher Interessenlagen einheitliche und transparente VGI-Auswahl zu gewährleisten.[221] Hier liegt einer der großen Fortschritte von den bisherigen TEN-E-Leitlinien zur jetzigen TEN-E-VO: Die Bedarfsplanung durch VGI-Benennung wird der Ebene reiner Politik enthoben und einem rechtlichen Regeln folgenden Verwaltungsverfahren unterstellt. Neben der Hoffnung auf eine effektivere Verwirklichung der so ausgewählten Vorhaben verbindet sich mit diesem Schritt auch ein Gewinn an Legitimation und an rechtsstaatlichem Gehalt für die VGI-Auswahl.

Erster Abschnitt: Vorauswahl durch regionale Gruppen

Prozedural erfolgt die Auswahl von VGI in zwei Abschnitten. In einem ersten Schritt erstellen zwölf sogenannte **regionale Gruppen** eine Vorauswahl potenzieller VGI für ihr jeweiliges geographisches bzw. thematisches Gebiet. Bei Stromvorhaben gehören diesen regionalen Gruppen Vertreter der Mitgliedstaaten, der nationalen Regulierungsbehörden, der Übertragungsnetzbetreiber sowie der Kommission, der Agentur für die Zusammenarbeit der Energieregulierungsbehörden (European Agency for the Cooperation of Energy Regulators – ACER) und des Verbands Europäischer Übertragungsnetzbetreiber (European Network of Transmission System Operators for Electricity – ENTSO-E) an. Das Verfahren beginnt mit dem Antrag des jeweiligen Vorhabenträgers bei der jeweiligen regionalen Gruppe. Als Vorhabenträger kommen sowohl die Infrastrukturbetreiber selbst als auch Investoren bzw. Projektentwickler in Betracht.[222] Für ihren Antrag bestehen dann bestimmte formelle und inhaltliche Erfordernisse.[223] Das Schrifttum spricht hier zu Recht von einer Bringschuld des Vorhabenträgers.[224]

Auf der Basis der eingehenden Anträge verrichten die regionalen Gruppen ihre eigentliche Aufgabe: Die Prüfung und Bewertung der Vorhaben auf ihre VGI-Tauglichkeit. Anhand des jeweiligen aggregierten Beitrags zu den einschlägigen energiepolitischen Zielen (s.o.) bringt die regionale Gruppe die Antragsvorhaben in eine Reihenfolge.[225] Dabei berücksichtigt sie neben den grundsätzlichen Anforderungen an VGI (s.o.) auch die Dringlichkeit der Vorhaben,

---

218 Anh. IV Nr. 2 TEN-E-VO.

219 Dies gilt allerdings erst ab der zweiten Planungsperiode. Zu den Konsequenzen für die Frage der Verbindlichkeit bzw. Unverbindlichkeit des ZNEP näher *Giesberts/Tiedge*, EurUP 2013, S. 166 (168 f.).

220 Dies hatte die Kommission in ihrem ursprünglichen Verordnungsentwurf noch anders beabsichtigt, s. Art. 4 Abs. 1 lit. b KOM(2011) 658 endg.

221 Näher zum Folgenden *Giesberts/Tiedge*, EurUP 2013, S. 166 (169 f.).

222 Art. 2 Nr. 6, Anh. III Nr. 2 Abs. 1 TEN-E-VO.

223 Näher *Giesberts/Tiedge*, EurUP 2013, S. 166 (169).

224 *Fischerauer*, EnWZ 2013, S. 56 (58).

225 Art. 4 Abs. 4 Unterabs. 1 Satz 2, 2. Halbsatz, Anh. III Nr. 2 Abs. 11 TEN-E-VO.

die Zahl der von ihnen betroffenen Mitgliedstaaten, ihren Beitrag zur territorialen Kohäsion und die Frage, inwieweit sie andere vorgeschlagene Projekte ergänzen.[226] Die abschließende Entscheidung ergeht dann durch das sogenannte Entscheidungsgremium der regionalen Gruppen, dem nur noch die Vertreter der Mitgliedstaaten und der Kommission angehören.[227] Hier besteht ein Einstimmigkeitserfordernis. Effektiv hat damit jeder von einem Korridor betroffene Mitgliedstaat die Möglichkeit, gegen die Verleihung des VGI-Status an bestimmte Vorhaben sein Veto einzulegen.[228] Der erste Verfahrensabschnitt endet mit der Weiterleitung der zwölf verschiedenen Vorschlagslisten an die Kommission.

Zweiter Abschnitt: Außenwirksame Entscheidung durch Kommission
Auf der Basis der verschiedenen regionalen bzw. thematischen Vorschlagslisten erstellt die **Kommission** in einem zweiten Schritt die unionsweit gültige Liste von VGI. Diese Liste ergeht in Form der bereits beschriebenen delegierten Ergänzung der TEN-E-VO gem. Art. 290 AEUV.[229] Die Liste wird somit Teil der TEN-E-VO. Inhaltlich gelten zunächst dieselben Maßstäbe wie auf der ersten Ebene. Die Vorschläge der einzelnen regionalen Gruppen werden also durch die Kommission überprüft. Darüber hinaus soll die Kommission die überregionale Kohärenz der Gesamtauswahl sicherstellen und die Anzahl der VGI auf ein sinnvolles Maß begrenzen. Die nach Durchführung der ersten Auswahlperiode verabschiedete Unionsliste der VGI enthält für Deutschland insgesamt 19 Stromleitungsprojekte sowie ein Pumpspeichervorhaben.[230]

Eine Listenperiode beträgt zwei Jahre. Vorhaben, deren Umsetzung einen längeren Zeitraum umfasst, werden nicht automatisch wieder aufgenommen. Sie haben allerdings lediglich ein vereinfachtes Neuverfahren zu durchlaufen.[231] Art. 5 Abs. 8 TEN-E-VO sieht schließlich eine Aufhebungsmöglichkeit der Kommission für fehlerhaft auf die Unionsliste gelangte Projekte vor.

3.3.1.3 CEF-VO

Während der Großteil der TEN-E-VO bereits seit dem 1. Juni 2013 geltendes Recht war, sind Art. 14 und 15 TEN-E-VO sieben Monate später gemeinsam mit der CEF-VO am 1. Januar 2014 in Kraft getreten.[232] Die CEF-VO gilt für einen Zeitraum von sieben Jahren. Hinsichtlich der Frage, welche Vorhaben den VGI-Status erlangen, baut sie auf der TEN-E-VO auf. Art. 14 f. TEN-E-VO sowie die CEF-VO regeln dann die näheren Voraussetzungen, unter denen VGI verschiedene Arten finanzieller Förderung durch die Fazilität Connecting Europe (Connecting Europe Facility – CEF) erhalten können. Sie legt die Bedingungen, Methoden

226 Art. 4 Abs. 4 Unterabs. 2 TEN-E-VO.

227 Art. 3 Abs. 1 Satz 3 TEN-E-VO.

228 Die TEN-E-VO konkretisiert hier einfachgesetzlich die Vorgaben aus Art. 172 Abs. 2 AEUV, näher *Strobel*, ZEuS 2013, S. 167 (191).

229 Art. 3 Abs. 4, Art. 16 TEN-E-VO.

230 Vgl. Anh. VII TEN-E-VO.

231 Erw.-grd. 27 TEN-E-VO.

232 Art. 25 Abs. 2 TEN-E-VO.

und Verfahren zur Bereitstellung einer finanziellen Unterstützung fest (hierzu näher u. 3.3.4).[233]

Die CEF hält in der gegenwärtigen Förderperiode insgesamt ca. **5,9 Milliarden EUR** für Vorhaben aus dem Energiesektor bereit. Die CEF-VO ist allerdings nicht auf die Förderung von Energieinfrastruktur beschränkt. Sie bietet die Möglichkeit zur Förderung von Verkehrs- und Telekommunikationsinfrastrukturvorhaben, die im gesamteuropäischen Interesse liegen. Die sektorübergreifend bereitgestellten Finanzmittel belaufen sich auf ca. 33,2 Milliarden EUR.

3.3.2 Planung und Genehmigung

3.3.2.1 Vorgaben der TEN-E-VO

Die TEN-E-VO enthält detailscharfe Vorgaben bezüglich der Organisation und der Durchführung der Planungs- und Genehmigungsverfahren von VGI.[234] Zentral ist dabei der VGI zukommende sogenannte **Vorrangstatus**: Nach Art. 7 Abs. 3 TEN-E-VO erhalten sie automatisch durch die Annahme der Unionsliste den "höchstmöglichen Status" des jeweiligen nationalen Planungs- und Genehmigungsrechts.[235]

Neben dieser Grundentscheidung stehen konkrete Maßgaben für die Inhalte und die Dauer der nationalen Planungs- und Genehmigungsverfahren. Hiernach ist zunächst eine für die "Erleichterung und Koordinierung" des Verfahrens **alleinzuständige** mitgliedstaatliche Behörde einzurichten.[236] Für die Festlegung der Trassenkorridore sieht Art. 10 Abs. 3 TEN-E-VO eine maximale Dauer von sechs Monaten vor, wenn diese kein Bestandteil des eigentlichen Genehmigungsverfahrens ist. Art. 10 Abs. 1 lit. a Satz 4 TEN-E-VO enthält eine weitere Frist von maximal drei Monaten ab der Mitteilung eines Vorhabens mit einer detaillierten Vorhabenbeschreibung bis zur Bestätigung dieses Vorhabens. Das eigentliche Planungs- und Genehmigungsverfahren gliedert sich dann in **zwei Abschnitte**: Den sogenannten **Vorantragsabschnitt** bis zur Annahme der eingereichten Antragsunterlagen durch die Behörde sowie den **formalen Genehmigungsabschnitt** zwischen dieser Annahme und dem Erlass einer umfassenden Entscheidung.[237] Ein weiteres Novum findet sich in Art. 10 TEN-E-VO mit der Einführung von Fristen für die Verfahrensdauer. So soll die Gesamtverfahrensdauer nicht mehr als **3,5 Jahre** betragen. Hiervon entfallen maximal zwei Jahre auf den Vorantragsabschnitt und maximal anderthalb Jahre auf den formalen Genehmigungsabschnitt. Zu beachten ist allerdings, dass diese Fristen im Einzelfall um insgesamt neun Monate verlängert werden können[238] und dass die TEN-E-VO keinerlei Durchsetzungsmechanismus bezüglich der Einhaltung der vorgegebenen Fristen enthält. Vorhabenträger können gegen eine Überschreitung

233 Vgl. Art. 1 CEF-VO.

234 *Dietrich/Steinbach*, DVBl. 2014, S. 488 (492 f.).

235 Daneben ist in Art. 7 Abs. 8 TEN-E-VO ein Sonderstatus im Wasser- und Naturschutzrecht angesprochen. Dieser Verweis ist aber rein deklaratorischer Art, näher *Giesberts/Tiedge*, EurUP 2013, S. 166 (171, dort Fn. 63).

236 Art. 8 Abs. 1 TEN-E-VO.

237 Art. 10 Abs. 1 TEN-E-VO. Hier bestehen verschiedene Umsetzungsmöglichkeiten, s. Art. 8 Abs. 3 TEN-E-VO. Näher hierzu *Linßen/Aubel*, DVBl. 2013, S. 965 (967).

238 Art. 10 Abs. 2 Unterabs. 1 Satz 2 TEN-E-VO.

dieser Fristen effektiv nur mit den Mitteln des Staatshaftungsrechts oder indirekt durch von der Kommission eingeleitete Vertragsverletzungsverfahren nach Art. 258 AEUV vorgehen.[239]

Des weiteren sollen gem. Art. 7 Abs. 4, 5 TEN-E-VO eventuell vorgesehene Umweltverträglichkeitsprüfungen "gestrafft" werden. Die Kommission hat hierzu (unverbindliche) Leitlinien erstellt.[240] Außerdem setzt Art. 9 TEN-E-VO genaue Vorgaben für die **Öffentlichkeitsbeteiligung**. Unter anderem muss eine Anhörung bereits vor der Einreichung der Antragsunterlagen bei der zuständigen Behörde durchgeführt werden.[241]

Die TEN-E-VO greift zudem relativ stark in die unternehmerische Freiheit der Vorhabenträger ein, um die tatsächliche Umsetzung der VGI sicherzustellen. So müssen Vorhabenträger Durchführungspläne erstellen und jährlich Bericht über Fortschritte und Verzögerungen erstatten.[242] Weiterhin sieht Art. 5 Abs. 7 TEN-E-VO bei Verzögerungen, die "nicht auf zwingenden Gründen außerhalb des Einflusses des Vorhabenträgers beruh[en]", verschiedene Eingriffsmöglichkeiten für die Kommission und die Mitgliedstaaten vor. Dies reicht bis zur Benennung einer dritten Partei für die Fortsetzung des Vorhabens. Schließlich kann gem. Art. 6 TEN-E-VO bei erheblichen Durchführungsschwierigkeiten ein europäischer Koordinator benannt werden. Eingriffskompetenzen hat dieser allerdings keine, im Wesentlichen leistet er Unterstützungs- und Beratungsdienste.

3.3.2.2 Anpassung des nationalen Rechts und der nationalen Verwaltungspraxis

Besondere Relevanz besitzt die Frage, inwieweit das deutsche Recht bzw. die deutsche Verwaltungspraxis einer Anpassung an die Vorgaben der TEN-E-VO unterzogen werden müssen. Da es sich bei der TEN-E-VO um eine unmittelbar wirksame Verordnung gem. Art. 288 Abs. 2 AEUV handelt, ist kein Umsetzungsrechtsakt im eigentlichen Sinne erforderlich. Gleichwohl muss das deutsche Recht und Behördenhandeln im Einklang mit den – in ihrer Anwendung vorrangigen – europäischen Vorgaben stehen.

Vorrangstatus via NABEG

Mit Blick auf den Vorrangstatus für VGI gem. Art. 7 Abs. 1 TEN-E-VO ist dieser Einklang in concreto gegeben. Denn alle im Anerkennungsverfahren nach TEN-E-VO identifizierten deutschen Strom-VGI finden sich im EnLAG-Bedarfsplan[243] oder im Bundesbedarfsplan nach §

[239] *Dietrich/Steinbach*, DVBl. 2014, S. 488 (492); *Giesberts/Tiedge*, NVwZ 2013, S. 836 (838); *Nettesheim*, in: Giegerich (Hrsg.), Herausforderungen und Perspektiven der EU, S. 77 (93); *Strobel*, ZEuS 2013, S. 167 (212).

[240] European Commission, Streamlining environmental assessment procedures for energy infrastructure Projects of Common Interest (PCIs), abrufbar unter http://ec.europa.eu/energy/infrastructure/pci/doc/20130724_pci_guidance.pdf.

[241] Art. 9 Abs. 4 TEN-E-VO.

[242] Art. 5 Abs. 1, 4 TEN-E-VO.

[243] Anl. EnLAG.

12e EnWG[244] wieder. Hierdurch ist ihr Vorrangstatus gegenüber Leitungen außerhalb der Bedarfspläne gesichert.[245] Problematisch ist allerdings, dass der Anwendungsbereich der TEN-E-VO weiter als der des deutschen NABEG ist: Er umfasst auch rein lokale Vorhaben mit grenzüberschreitender Bedeutung ab 220 kV. Die bisherige Beschränkung des Regimes aus §§ 12a ff. EnWG und NABEG unter anderem auf grenzüberschreitende Vorhaben kann somit – eine mangelnde Anpassung vorausgesetzt – in Zukunft Probleme schaffen.[246]

Bundesnetzagentur als "one-stop-shop"

Mit Blick auf die Verwaltungspraxis ergibt sich aus der TEN-E-VO eine Änderung dahingehend, dass diese eine zentrale Genehmigungsbehörde (sogenannter "one-stop-shop") vorsieht. Die erforderlichen Änderungen sind mittlerweile allerdings vollzogen.

Art. 8 TEN-E-VO fordert im Grundsatz, dass **eine** Behörde **eine** umfassende Entscheidung über die Genehmigung des VGI trifft. Daher entspricht es dem Konzept der TEN-E-VO, nicht nur die Bundesfachplanung als Verfahren der Trassenfestlegung, sondern auch das Planfeststellungsverfahren bei der Bundesnetzagentur (BNetzA) anzusiedeln.[247] Mit Blick auf die Pflicht zur Einrichtung eines "one-stop-shops" wurde die Zuständigkeit für Planfeststellungsverfahren nach §§ 18 ff. NABEG durch die Planfeststellungszuweisungsverordnung (PlfZV)[248] auf die BNetzA übertragen. Diese Übertragung gilt für alle länder- und grenzüberschreitenden Vorhaben, die im Bundesbedarfsplangesetz entsprechend gekennzeichnet sind. Die hiermit erreichte Konzentration des Trassenfestlegungs- und des Planfeststellungsverfahrens bei der BNetzA entspricht dem in Art. 8 Abs. 3 lit. a TEN-E-VO vorgesehenen integrierten Schema.[249] Damit dürfte dem Ziel der Einrichtung eines "one-stop-shops", nämlich der Vermeidung von Verzögerungen durch eine Einbeziehung vieler unterschiedlicher Behörden, wirksam Rechnung getragen sein.[250]

Verfahrensdauer

Das NABEG enthält, anders als es im allgemeinen Genehmigungsverfahren der Fall wäre, bereits bestimmte Fristenregelungen zur Beschleunigung des Genehmigungsverfahrens. Diese Fristbestimmungen decken jedoch nicht alle Bereiche des von der TEN-E-VO vorgegebenen Verfahrens ab, so dass insoweit unmittelbar auf die TEN-E-VO zurückgegriffen werden muss. Ein zwingender Anpassungsbedarf der nationalen Regelungen besteht allerdings nicht.

---

244 Anl. BBPlG.

245 *Armbrecht*, DVBl. 2013, S. 479 (483); *Dietrich/Steinbach*, DVBl. 2014, S. 488 (490); *Faßbender/Gläß*, in: Posser/Faßbender (Hrsg.), Praxishandbuch Netzplanung und Netzausbau, Kap. 10 Rdn. 64; *Giesberts/Tiedge*, NVwZ 2013, S. 836 (839); *Schmitz/Jornitz*, NVwZ 2012, S. 332 (333). A.A. *Schadtle*, ZNER 2013, S. 126 (131).

246 *Dietrich/Steinbach*, DVBl. 2014, S. 488 (490); *Giesberts/Tiedge*, NVwZ 2013, S. 836 (839). Es ließe sich allerdings argumentieren, dass für solche Vorhaben national mangels Anwendungsbereichseröffnung gar kein "höchstmöglicher Status" im Sinne von Art. 7 Abs. 3 TEN-E-VO vorgesehen ist. Dann wäre ein Absehen von der Aufnahme in den Bundesbedarfsplan rechtlich nicht als Verletzung der TEN-E-VO anzusehen. Energiepolitisch befriedigend wäre eine solche Lage allerdings nicht.

247 BR-Drs. 333/13, S. 4.

248 Verordnung über die Zuweisung der Planfeststellung für länderübergreifende und grenzüberschreitende Höchstspannungsleitungen auf die Bundesnetzagentur v. 23.7.2013 (BGBl. I, S. 2582).

249 *Dietrich/Steinbach*, DVBl. 2014, S. 488 (491).

250 *Giesberts/Tiedge*, NVwZ 2013, S. 836 (839).

Für die Festlegung des Trassenverlaufs sieht Art. 10 Abs. 3 TEN-E-VO eine Höchstdauer von sechs Monaten ab der Einreichung der endgültigen und vollständigen Antragsunterlagen vor. Dieser Verfahrensabschnitt der Trassenfestlegung entspricht der **Bundesfachplanung** nach §§ 4 ff. NABEG.[251] Die für die Festlegung der Trassenkorridore in § 12 Abs. 1 NABEG vorgesehene Sechsmonatsfrist ab Vorliegen der vollständigen Antragsunterlagen steht somit in Einklang mit der TEN-E-VO.

Komplizierter verhält es sich mit der Fristbestimmung für das eigentliche Genehmigungsverfahren. Dieses entspricht dem **Planfeststellungsverfahren** nach NABEG.[252] Dessen nationale Ausgestaltung sorgt für gewisse Unklarheiten im Verhältnis zu den Vorgaben der TEN-E-VO. So sind etwa die vorgesehenen Verfahrensschritte nach der TEN-E-VO mit denen des NABEG nicht vollständig identisch.[253] Letztlich führt dies jedoch nicht zu einem inhaltlichen Widerspruch der beiden Rechtsakte.

Klärungsbedarf ruft im Einzelnen die Tatsache hervor, dass das deutsche Planungsrecht bereits im Antragsverfahren zweistufig ausgestaltet ist. Daher ist die **Terminologie der TEN-E-VO und des NABEG uneinheitlich**. So folgt der formellen Antragstellung nach dem NABEG jeweils zunächst eine Antragskonferenz, in der über Inhalt und Umfang der weiteren einzureichenden Unterlagen entschieden wird. Eine solche behördliche Zwischenentscheidung, die sich auf die weitere Gestaltung des Antrags auswirkt, sieht die TEN-E-VO nicht vor. Art. 10 Abs. 1 lit. a Satz 4 TEN-E-VO kennt lediglich eine Bestätigung oder Ablehnung der Vorhabenbeschreibung. Im Hinblick auf den "Beginn des Genehmigungsverfahrens" gem. Art. 10 Abs. 1 lit. a TEN-E-VO kann daher insbesondere die Vorschrift des § 19 Abs. 1 NABEG zu Missverständnissen führen, weil dieser für den Beginn des Genehmigungsverfahrens eindeutig auf die Antragstellung durch den Vorhabenträger abstellt. Allerdings kann diese Vorschrift nicht für die Bestimmung des Beginns des Genehmigungsverfahrens nach Art. 10 Abs. 1 lit. a TEN-E-VO herangezogen werden. Maßgeblich ist vielmehr der Zeitpunkt der Festlegung des Untersuchungsrahmens nach § 20 Abs. 3 NABEG. Das in § 19 NABEG als Antrag bezeichnete Schreiben entspricht in seiner Ausgestaltung stattdessen der Vorhabenbeschreibung nach Art. 10 Abs. 1 lit. a Satz 3 TEN-E-VO.[254] Obwohl die Festlegung des Untersuchungsrahmens nicht nur über das "Ob", sondern auch das "Wie" der Antragsunterlagen entscheidet, entspricht es der in Art. 10 Abs. 1 lit. a Satz 4 TEN-E-VO vorgesehenen Bestätigung der Vorhabenbeschreibung. Die Frist für die Festlegung des Untersuchungsrahmens nach § 20 Abs. 3 Satz 2 NABEG beträgt zwei Monate und ist somit noch kürzer als die in der TEN-E-VO vorgesehene Dreimonatsfrist des Art. 10 Abs. 1 lit. a Satz 4 TEN-E-VO. Das deutsche Recht ist damit jedenfalls nicht großzügiger als vom europäischen Verordnungsgeber vorgesehen.

Für Deutschland und andere Mitgliedstaaten, die das Trassenfestlegungsverfahren außerhalb des eigentlichen Genehmigungsverfahrens durchführen, wird zudem das Sonderproblem der "Fristlücke" diskutiert.[255] Der Hintergrund ist wie folgt: Die TEN-E-VO regelt lediglich die Fristen für das Trassenfestlegungsverfahren sowie das eigentliche Genehmigungsverfahren.

---

[251] *Linßen/Aubel*, DVBl 2013, S. 965 (968 f.).

[252] *Linßen/Aubel*, DVBl 2013, S. 965 (966).

[253] *Schadtle*, ZNER 2013, S. 126 (131); *Geismann*, in: de Witt/Scheuten (Hrsg.), NABEG, Kommentar, Einl. Rdn. 31.

[254] *Linßen/Aubel*, DVBl 2013, S. 965 (969).

[255] Dazu *Dietrich/Steinbach*, DVBl. 2014, S. 488 (492) sowie *Linßen/Aubel*, DVBl 2013, S. 965 (970).

Daraus wird zum Teil die Konsequenz gezogen, dass Verzögerungen, die zwischen der Bundesfachplanung und der Festlegung des Untersuchungsrahmens auftreten, nicht auf die Fristen nach der TEN-E-VO angerechnet werden.[256] Dieser Befund ist jedoch ungenau, weil jedenfalls die Zeitspanne zwischen der Mitteilung des Vorhabens einschließlich der Vorhabenbeschreibung und der Bestätigung dieser Mitteilung der Dreimonatsfrist des Art. 10 Abs. 1 lit. a Satz 4 TEN-E-VO unterliegt. Auf Deutschland bezogen gilt insofern sogar die strengere Zweimonatsfrist zwischen Antragstellung nach § 19 Abs. 1 NABEG und Festlegung des Untersuchungsrahmens nach § 20 Abs. 3 NABEG. Somit bleibt tatsächlich nur der Zeitraum zwischen der Trassenfestlegung und der Antragstellung nach § 19 Abs. 1 NABEG ohne Fristregelung. Aus Sicht des Vorhabenträgers ist dies aber unschädlich, da er den Zeitpunkt der Antragstellung selbst bestimmen kann. Vor dem Hintergrund der Eingriffsregelungen nach Art. 5 Abs. 7 TEN-E-VO bestehen auch keinerlei Anreize zu einer selbstverschuldeten Verzögerung. Für die Behörde ist das Risiko einer Verfahrensverzögerung im gesetzlich nicht befristeten Zeitraum ebenfalls beherrschbar, weil diese mittels bußgeldbewehrter Aufforderung nach § 12 Abs. 2 Satz 2 NABEG den Zeitpunkt der Antragstellung bestimmen kann.[257]

Öffentlichkeitsbeteiligung und Transparenz

Als einzige wirklich vorhabenbezogene Anforderung an die Öffentlichkeitsbeteiligung legt Art. 9 Abs. 4 TEN-E-VO fest, dass vor der Einreichung der endgültigen und vollständigen Antragsunterlagen nach Art. 10 Abs. 1 lit. a TEN-E-VO bei der zuständigen Behörde mindestens eine Anhörung der Öffentlichkeit durchgeführt wird. Diese Voraussetzung wird im Verfahren, wie es im NABEG vorgesehen ist, erfüllt.[258] Im Trassenfestlegungsverfahren hat gem. § 9 Abs. 3 NABEG nämlich spätestens drei Wochen nach Zugang der vollständigen Unterlagen eine Öffentlichkeitsbeteiligung nach § 14i UVPG zu erfolgen.

Die übrigen in Art. 9 TEN-E-VO vorgesehenen Anforderungen, die eher der Transparenz als der Öffentlichkeitsbeteiligung zuzurechnen sind, gelten unmittelbar auch ohne entsprechende mitgliedstaatliche Regelungen.[259] Hier erlangt das Verfahrenshandbuch nach Art. 9 Abs. 1 TEN-E-VO Bedeutung, welches die BNetzA mittlerweile veröffentlicht hat.[260]

3.3.2.3 Rechtsschutzkonstellationen und -probleme

Es wird deutlich, dass sich aus der Verleihung des VGI-Status auf europäischer Ebene handfeste Vorteile für Projekte in den einzelnen Mitgliedstaaten ergeben. Für Deutschland ist dies beispielsweise durch die zwingende Aufnahme in den Bundesbedarfsplan und die damit verbundene Unterstellung unter das privilegierte NABEG-Regime der Fall. Anknüpfend an diesen Befund ergeben sich Rechtsschutzfragen im Zusammenhang mit der Erlangung des VGI-Status. Denn während vor Erlass der TEN-E-VO die Anerkennung als VGI allein im Bereich des Politischen lag, kommt der Einstufung nunmehr juristisch fassbarer Gehalt zu. Dies bezieht

256 *Dietrich/Steinbach*, DVBl. 2014, S. 488 (492).

257 *Dietrich/Steinbach*, DVBl. 2014, S. 488 (492).

258 *Dietrich/Steinbach*, DVBl. 2014, S. 488 (491), wenn auch mit anderer Begründung.

259 *Dietrich/Steinbach*, DVBl. 2014, S. 488 (492).

260 Bundesnetzagentur, Verfahrenshandbuch zum Planfeststellungsverfahren von Vorhaben von gemeinsamem Interesse (PCI), Stand: 30.5.2014, abrufbar unter http://www.netzausbau.de/SharedDocs/Downloads/DE/2014/PCI-Verfahrenshandbuch.pdf.

sich sowohl auf die Tatbestands-, als auch auf die Rechtsfolgenseite des VGI-Status. Folglich liegt es sehr nahe, dass die Entscheidung über die Statusverleihung nunmehr justiziabel geworden ist.

Dabei bieten sich zwei Ansatzpunkte für eine streitige Auseinandersetzung: Zum einen kann die finale Platzierung auf der Unionsliste nach Art. 3 Abs. 4 TEN-E-VO gerichtlicher Überprüfung unterzogen werden, entweder mit einer Untätigkeits- oder mit einer Nichtigkeitsklage. Denkbar ist zum anderen eine Kontrolle der vorgelagerten Berücksichtigung von Vorhaben auf einer der regionalen Listen nach Art. 3 Abs. 3 TEN-E-VO.

Keine Untätigkeitsklage gegen die mangelnde Berücksichtigung auf der Unionsliste

Nichtberücksichtigte Vorhabenträger könnten in Erwägung ziehen, eine Untätigkeitsklage nach Art. 265, 256 Abs. 1 AEUV gegen die mangelnde Berücksichtigung ihrer Vorhaben auf der Unionsliste zu erheben. Denn schließlich – so ließe sich argumentieren – hat die Kommission es in einem solchen Fall pflichtwidrig unterlassen, dem klägerischen Vorhaben den VGI-Status zu verleihen, obwohl dieses nach den maßgeblichen Kriterien (s.o., Abschnitt 3.3.1.2) höher zu bewerten gewesen wäre als ihm vorgezogene Projekte. Prinzipiell ist bei einem solchen Unterlassen auch der Anwendungsbereich der Untätigkeitsklage zum EuGH nach Art. 265, 256 Abs. 1 AEUV eröffnet. Allerdings wäre diese Klage in der entsprechenden Situation systemwidrig.[261] Das zu verklagende Organ, die Europäische Kommission, hat nämlich – und sei es auch in rechtswidriger Weise – gehandelt. In einer solchen Konstellation ist die (feststellende) Untätigkeitsklage der (gestaltenden) Nichtigkeitsklage gegenüber nachrangig, d. h. unzulässig.[262]

Nichtigkeitsklage gegen die Unionsliste selbst

Bei einer Nichtigkeitsklage gem. Art. 263, 256 Abs. 1 AEUV ist indes zu beachten, dass der klagebereite Vorhabenträger es nicht vermag, unmittelbar durch die Klage eine Berücksichtigung seiner Vorhaben auf der Unionsliste zu erreichen. Ihm ist es lediglich möglich, mittelbar durch das Nichtigkeitsurteil zu erreichen, dass eine neue Unionsliste erlassen werden muss.[263]

Zulässigkeit der Nichtigkeitsklage

Von den in Art. 263 AEUV normierten Zulässigkeitsvoraussetzungen der Nichtigkeitsklage sind vorliegend vor allem zwei problematisch: Das Vorliegen eines tauglichen Klagegegenstandes und die Klagebefugnis. Bei Nichtigkeitsklagen sogenannter nichtprivilegierter Kläger, d. h. von nicht in Art. 263 Abs. 2 AEUV aufgezählten natürlichen oder juristischen Personen, fallen diese Voraussetzungen normativ in Art. 263 Abs. 4 AEUV zusammen. Erforderlich ist danach, dass die Unionsliste eine an den nicht von ihr berücksichtigten Vorhabenträger gerichtete (1. Var.) oder ihn unmittelbar und individuell betreffende Handlung (2. Var.) oder einen Rechtsakt mit Verordnungscharakter darstellt, der den Kläger unmittelbar betrifft und keine Durchführungsmaßnahmen nach sich zieht (3. Var.).

261 Näher zum Folgenden *Giesberts/Tiedge*, EurUP 2013, S. 166 (173).

262 *Schwarze*, in: ders./Becker/Hatje/Schoo (Hrsg.), EU-Kommentar, Art. 265 AEUV Rdn. 3.

263 Bei Nichtigerklärung der bisherigen Unionsliste nach Art. 264 AEUV ist die Kommission allerdings hierzu gem. Art. 3 Abs. 4 TEN-E-VO verpflichtet.

Unter der TEN-E-VO kommt allein eine Zulässigkeit nach Art. 263 Abs. 4, 2. Var. AEUV in Betracht. Art. 263 Abs. 4, 1. Var. AEUV scheidet aus, denn eine Unionsliste ohne das klägerische Projekt ist schon nicht an diesen **adressiert**. Eine Klage auf der Basis von Art. 263 Abs. 4, 3. Var. AEUV käme eher in Betracht. Anders als Verordnungen im Allgemeinen[264] können Teile von Verordnungen, die als delegierte Rechtsakte erlassen werden, nämlich unter den Begriff des "Rechtsakt[s]mit Verordnungscharakter" subsumiert werden.[265] Gleichwohl ist auch sie unzulässig, denn entgegen Art. 263 Abs. 4, 3. Var. AEUV zieht die Unionsliste der VGI noch **Durchführungsmaßnahmen** nach sich. Für ein Wirksamwerden der verschiedenen mit dem VGI-Status verbundenen genehmigungsrechtlichen Privilegien ist beispielsweise noch das Planfeststellungsverfahren nach §§ 18 ff. NABEG erforderlich.[266]

Für die Zulässigkeit einer Nichtigkeitsklage gem. Art. 263 Abs. 4, 2. Var. AEUV ist dagegen nur erforderlich, dass die Unionsliste den nicht berücksichtigten, klagenden Vorhabenträger **unmittelbar** und individuell betrifft.[267] An einer mangelnden Adressatenstellung des nichtberücksichtigten Vorhabenträgers scheitert eine derartige Klage nicht, denn Klagegegenstand kann jeder Rechtsakt des abgeleiteten Unionsrechts sein.[268] Hinsichtlich des Unmittelbarkeitserfordernisses reicht dann – in Abgrenzung zu Art. 263 Abs. 4, 3. Var. AEUV – auch eine sogenannte materielle Betroffenheit aus. Mit anderen Worten ist es nicht erforderlich, dass es sich bei der angegriffenen Handlung der EU um einen self-executing act handelt. Stattdessen sind Kläger auch dann unmittelbar betroffen, wenn noch ein weiterer Umsetzungsakt erforderlich ist, solange dieser entweder zwingend oder mit großer Wahrscheinlichkeit ergehen muss bzw. wird.[269] Vorliegend müssen Vorhaben zwar auch nach der VGI-Statusverleihung noch bestimmte Verfahren – z. B. das Planfeststellungsverfahren – durchlaufen (s.o.). Diese decken auch andere Fragen als nur diejenige nach dem VGI-Status ab, sodass insofern nicht lediglich eine unionale Entscheidung umgesetzt wird. Jedoch setzen die Mitgliedstaaten die unionsweit erfolgte VGI-Auswahl ohne eigenes Ermessen auf ihrem Territorium um, indem sie gem. Art. 7 Abs. 3 TEN-E-VO den auserkorenen Vorhaben den national vorgesehenen Höchststatus verleihen. Außerdem gewährt der VGI-Status ohne jeglichen nationalen Umsetzungsakt Sonderrechte innerhalb der weiteren zu durchlaufenden Verfahren, unter anderem im Hinblick auf deren Dauer (s.o., Abschnitt 3.3.2.1). Hierin liegt die Unmittelbarkeit der VGI-Auswahl.

Das weitere Kriterium der **individuellen** Betroffenheit liegt ebenfalls vor. Zwar handelt es sich bei der Unionsliste der VGI um eine aus Sicht der potenziellen Kläger nur drittbegünstigende Handlung. Bei solchen ist eine individuelle Betroffenheit lediglich unter besonderen Voraussetzungen gegeben. Dazu zählt allerdings die Beteiligung des Klägers an einem dem angegriffenen Akt vorausgehenden Verwaltungsverfahren.[270] Im Kontext der TEN-E-VO stehen entsprechende Beteiligungsrechte allen Bewerbern um den VGI-Status zu. Denn sie können nach Anh. III Nr. 2 Abs. 1 TEN-E-VO Anträge bei den verschiedenen regionalen Gruppen stellen

---

264 EuGH, Urt. v. 3.10.2013, Rs. C 583/11 P, EuZW 2014, 22 (24).

265 *Cremer*, in: Calliess/Ruffert (Hrsg.), EUV/AEUV, Art. 263 AEUV Rdn. 71; *Petzold*, EuR 2012, S. 443 (447).

266 Hierzu näher *Giesberts/Tiedge*, EurUP 2013, S. 166 (174 f.).

267 Näher zum Folgenden *Giesberts/Tiedge*, EurUP 2013, S. 166 (174).

268 *Pechstein*, EU-Prozessrecht, Rdn. 406.

269 *Pechstein*, EU-Prozessrecht, 2011, Rdn. 453 f.; *Thiele*, Europäisches Prozessrecht, 2007, S. 99 f.

270 EuGH, Urt. v. 13.12.2005, Rs. C-78/03 P, Slg. 2005, I-10737, Rdn. 35 f.

und werden gem. Anh. III Nr. 1 Abs. 4 TEN-E-VO von diesen angehört.[271] Für die Frage der individuellen Betroffenheit ist es damit irrelevant, dass die Unionsliste aus Klägersicht nur eine drittbegünstigende Handlung darstellt.

Begründetheit der Nichtigkeitsklage
Im Rahmen der Begründetheit einer Nichtigkeitsklage gegen die Unionsliste der VGI ist diese auf Verstöße gegen höherrangige europarechtliche Normen zu überprüfen. Für die Unionsliste als delegiertem Rechtsakt kommt insofern den Vorgaben der TEN-E-VO maßgebliche Bedeutung zu.[272] So kann die Unionsliste unter anderem dann zu Fall gebracht werden, wenn die materiellen Voraussetzungen für die Erteilung des VGI-Status an ein dem klägerischen Projekt vorgezogenes Vorhaben gar nicht vorlagen oder aber Vorhaben im Ergebnis falsch bewertet wurden. Relevant können im letzteren Fall insbesondere Situationen sein, in denen Konkurrenzprojekte höher bewertet wurden. Hier wird man zwar der Kommission einen gewissen Spielraum zubilligen müssen.[273] Dies ändert aber nichts daran, dass eine effektive Überprüfung der korrekten Reihung der Vorhaben möglich ist.

Nicht aussichtsreich sind dagegen Klagen, die sich gegen die Nichtberücksichtigung als VGI aufgrund der Ausübung des mitgliedstaatlichen Vetorechts nach Art. 3 Abs. 3 Satz 2 lit. a TEN-E-VO richten. Denn das insofern maßgebliche Primärrecht sieht in Art. 172 Abs. 2 AEUV keinerlei inhaltliche Anforderungen für die Vetoausübung vor. Somit dürfen die Mitgliedstaaten auch dann ihre Zustimmung zur VGI-Statusverleihung an bestimmte Vorhaben verweigern, wenn diese alle formellen und materiellen VGI-Voraussetzungen erfüllen. Hier zeigt sich, dass der Schritt hin von einer rein politischen VGI-Auswahl zu einer rechtlich geregelten und überprüfbaren Entscheidung noch nicht vollständig gegangen wurde. Positiv formuliert besteht wenigstens zu einem gewissen Teil die traditionell allein den Mitgliedstaaten vorbehaltene Planungshoheit weiter fort.

Kein Rechtsschutz gegen die Vorauswahl mittels regionaler Listen

Rechtsschutzmöglichkeiten gegen die Vorauswahlentscheidung der regionalen Gruppe nach Art. 3 Abs. 3, Anh. III TEN-E-VO bestehen demgegenüber nicht.[274] Denn in dieser Situation fehlt es sowohl an einem tauglichen Klagegegner als auch an einem einschlägigen Klagegegenstand. Als Urheber der Vorauswahlentscheidung ist die regionale Gruppe keine Einrichtung oder sonstige Stelle der Union gem. Art. 263 Abs. 1 Satz 2 AEUV. Denn es fehlt an einer ausreichenden Festigkeit der handelnden Organisation. Und mangels rechtsverbindlicher Entscheidung nach außen ist in der Vorauswahlentscheidung auch nach Sinn und Zweck des Art. 263 Abs. 1 Satz 2 AEUV kein tauglicher Klagegegenstand zu sehen. Obwohl die Vorauswahl durch die regionale Gruppe also bereits eine entscheidende Weichenstellung für die VGI-Auswahl darstellt, ist sie als Internum noch nicht justiziabel.

271 Zu beachten ist aber, dass neben diese formellen Beteiligungsrechte noch eine materielle Beeinträchtigung der Marktstellung des klagenden Vorhabenträgers treten muss. Andernfalls wird sich im Rahmen der Begründetheit auch nur die Einhaltung formellen Rechts überprüfen lassen. Näher *Giesberts/Tiedge*, EurUP 2013, S. 166 (175).

272 Näher zum Folgenden *Giesberts/Tiedge*, EurUP 2013, S. 166 (176).

273 Das gilt insbesondere bei der qualitativen Wertung hinsichtlich der anzunehmenden Priorität oder bei der Entscheidung über die Frage, wann eine nicht mehr zu bewältigende Gesamtzahl von VGI anzunehmen ist (Anh. III Nr. 2 Abs. 14 TEN-E-VO).

274 Näher zum Folgenden *Giesberts/Tiedge*, EurUP 2013, S. 166 (177).

3.3.3 Netzentgeltregulierung

3.3.3.1 Vorgaben der TEN-E-VO

Neben dem nationalen Planungs- und Genehmigungsrecht wird unter der TEN-E-VO auch die Entgeltregulierung von VGI europäisch beeinflusst. Dies betrifft zwei verschiedene Gesichtspunkte: Zum einen enthält die TEN-E-VO wichtige Regelungen zur Entscheidung über die transnationale Aufteilung von Investitionskosten, welche mit der Zeit auf die Nutzungsentgelte umgelegt werden können. Und zum anderen schafft sie ein Anreizsystem für solche VGI, die als besonders risikobehaftet anzusehen sind. Ziel dieser Maßnahmen ist – neben der Schaffung von Rechtssicherheit – die Installation eines Regulierungsrahmens, der Investitionen in Stromnetze attraktiv macht.[275]

Transnationale Kostenaufteilung

Die transnationale Kostenaufteilung für bestimmte VGI[276] richtet sich nach Art. 12 TEN-E-VO. Zunächst haben danach die Netzbetreiber derjenigen Mitgliedstaaten, für welche das jeweilige VGI eine positive Nettoauswirkung hat, die "auf effiziente Weise angefallenen Investitionskosten ohne Berücksichtigung von Instandhaltungskosten" zu tragen. Grundsätzlich können diese Kosten anschließend auf die Netznutzer umgelegt werden. Einschränkend zu berücksichtigen ist jedoch, dass nach dem Wortlaut des Art. 12 Abs. 1 TEN-E-VO nur solche Investitionskosten umfasst sind, die "auf effiziente Weise" angefallen sind. Außerdem dürfen die so ermittelten Investitionskosten lediglich insoweit auf die Nutzer umgelegt werden, als sie nicht bereits von Engpasserlösen oder anderen Entgelten gedeckt werden.

In die Entscheidung über die Kostenaufteilung können sowohl die nationalen Regulierungsbehörden als auch ACER involviert sein. Dazu stellen zunächst die jeweiligen Vorhabenträger bei den entsprechenden nationalen Regulierungsbehörden einen Antrag auf grenzüberschreitende Kostenaufteilung im Rahmen ihres Investitionsantrags. Die nationalen Regulierungsbehörden sind sodann gehalten, innerhalb von sechs Monaten und nach Anhörung der betroffenen Vorhabenträger "koordinierte Entscheidungen" über die Kostenaufteilung und die Einbeziehung der Investitionskosten in die Nutzungsentgelte zu treffen. Bei ihrer Entscheidung "bemühen" sich die nationalen Behörden um eine einvernehmliche Vereinbarung.[277] ACER wird im Verfahren beteiligt, falls die Regulierungsbehörden keine Einigung erzielen können oder wenn diese die Agentur selbst zu einer Entscheidung auffordern. Gem. Art. 12 Abs. 6 TEN-E-VO hat ACER dann innerhalb von drei Monaten eine eigene Entscheidung zu treffen.

Als Grundlage der Aufteilungsentscheidung wird die nach Art. 11 TEN-E-VO eingereichte Kosten-Nutzen-Analyse herangezogen. Berücksichtigt werden müssen auch die wirtschaftlichen, sozialen und ökologischen Kosten und Nutzeffekte sowie etwaige notwendige Maßnahmen zur finanziellen Unterstützung.

[275] Erw.-grd. 37 TEN-E-VO.

[276] Im Stromsektor sind hiervon Hochspannungsfreileitungen im Höchstspannungsbereich und Stromautobahnen betroffen, Art. 12 Abs. 1, Anh. II Nr. 1 lit. a, b, d TEN-E-VO.

[277] Art. 12 Abs. 4 TEN-E-VO.

Anreizsetzung

In Art. 13 Abs. 1 TEN-E-VO ist vorgesehen, dass die nationalen Regulierungsbehörden bei der Entgeltregulierung "angemessene Anreize" setzen, falls Vorhabenträger mit der Umsetzung von VGI höhere Risiken eingehen als bei vergleichbaren Infrastrukturvorhaben. Was dabei als "angemessener Anreiz" anzusehen ist, bleibt nach dem Wortlaut der TEN-E-VO im Ungefähren. Art. 13 Abs. 3 TEN-E-VO zählt lediglich beispielhaft und nicht abschließend einige Bereiche auf, die von den angemessenen Anreizen umfasst sein können. Das können etwa die Regeln für vorgezogene Investitionen, für die Anerkennung von auf effiziente Weise vor der Inbetriebnahme des Vorhabens angefallene Kosten oder für eine zusätzliche Rendite für das in das Vorhaben investierte Kapital sein. Auch führen sonstige Rechtsakte hier nicht zu einer Eingrenzung der Angemessenheitskriterien.

3.3.3.2 Anpassung des nationalen Rechts und der nationalen Verwaltungspraxis

Beachtung der transnationalen Kostenaufteilung

Die nationalen Behörden sind bei der Regulierung der Netzentgelte gehalten, die nach den oben dargestellten Grundsätzen gefällte transnationale Kostenaufteilungsentscheidung zu beachten. So sieht Art. 12 Abs. 5 TEN-E-VO vor, dass bei der Festsetzung oder Genehmigung von Tarifen die tatsächlich angefallenen Investitionskosten ausgehend von der grenzüberschreitenden Kostenaufteilung zu berücksichtigen sind. Dass diese Kosten, wie Art. 12 Abs. 5 TEN-E-VO weiter verlangt, denen eines effizienten und strukturell vergleichbaren Betreibers entsprechen müssen, ergibt sich im nationalen Recht bereits aus § 4 Abs. 1 StromNEV.

Die in Art. 12 Abs. 5 TEN-E-VO niedergelegte Pflicht zur Berücksichtigung der Kostenaufteilungsentscheidung wirkt sich insbesondere auf die Genehmigung von Investitionsmaßnahmen aus. Das deutsche Recht sieht vor, dass Kosten von Investitionen für bestimmte Vorhaben im Rahmen der Anreizregulierung berücksichtigt werden können. Durch die Genehmigung von Investitionsmaßnahmen nach § 23 ARegV erhöht sich so die zulässige Erlösobergrenze für Übertragungsnetzbetreiber.[278] Die BNetzA erteilt die Genehmigung allerdings nur für solche Investitionen, die zur Stabilität des Gesamtsystems, für die Einbindung in das nationale oder internationale Verbundnetz oder für einen bedarfsgerechten Ausbau des Energieversorgungsnetzes nach § 11 EnWG notwendig sind.[279] Diese Notwendigkeitsprüfung entfällt für VGI zwar nicht, ihr Ergebnis wird aber vorweggenommen. Denn die Notwendigkeit des Vorhabens ist für VGI in jedem Fall zu bejahen, weil diese sowohl für die Einbindung in das internationale Verbundnetz als auch für einen bedarfsgerechten Ausbau erforderlich sind. Gem. Art. 7 Abs. 1 TEN-E-VO begründet die Aufnahme von VGI in die Unionsliste schließlich deren Erforderlichkeit in energiepolitischer Hinsicht. Die Klassifizierung als VGI bedeutet damit eine zwingende Privilegierung auf nationaler Ebene. Eine Abweichung der BNetzA dürfte vor dem Hintergrund der Einstufung im Wege der Unionsliste der VGI nicht zu begründen sein. Insbesondere kommt eine ablehnende Entscheidung über die Investitionsmaßnahme

278 *Hummel*, in: Danner/Theobald (Hrsg.), Energierecht, § 23 ARegV, Rdn. 1 ff.

279 S. hierzu bereits den Beitrag von *Brucker* in diesem Werk (Kapitel 3.1).

aufgrund mangelnder Wirtschaftlichkeit[280] für VGI nicht in Betracht. Auch wenn insofern legislativ kein zwingender Anpassungsbedarf besteht, könnte eine Ergänzung des Katalogs in § 23 Abs. 1 Satz 2 ARegV für Klarstellung sorgen.

Im Hinblick auf § 23 Abs. 1 Satz 3, 4 ARegV besteht ebenfalls kein zwingender Anpassungsbedarf. Hiernach können als Betriebskosten einer genehmigten Investitionsmaßnahme pauschal jährlich 0,8 % der für die Investitionsmaßnahme ansetzbaren Anschaffungs- und Herstellungskosten angesetzt werden, soweit die BNetzA nicht im Einzelfall etwas anderes bestimmt. Dies widerspricht im Hinblick auf die Höhe der jährlichen Pauschalansetzung der TEN-E-VO nicht. Die TEN-E-VO sagt nämlich lediglich aus, dass bestimmte Investitionskosten (nämlich die auf effiziente Weise angefallenen) umgelegt werden. Dies betrifft das "Ob" der Umlegung. Die nationale Regelung klärt dagegen die Frage des "Wie" der Umlegung von Investitionskosten. Sie füllt eine von der TEN-E-VO offen gelassene Lücke und ist folglich mit ihr vereinbar, solange sie nicht zu einer Aushöhlung der Grundentscheidung über die Kostenumlegung nach der TEN-E-VO führt. Dies ist aber für die Regelung in § 23 Abs. 1 Satz 3, 4 TEN-E-VO nicht erkennbar. Im Übrigen besitzt die BNetzA die Möglichkeit, für bestimmte Anlagegüter im Einzelfall abweichende Bestimmungen hiervon zu treffen.[281]

Anreizsetzung auf nationaler Ebene

Auch die unter Art. 13 TEN-E-VO erforderlichen angemessenen Anreize bei der Entgeltregulierung kann die BNetzA bereits auf der Grundlage des geltenden Rechts setzen. Wie Art. 13 Abs. 3 TEN-E-VO beispielhaft aufzählt, können die Anreize auf unterschiedlichen Ebenen gesetzt werden.

Sofern etwa Anreize bei den Regeln für vorgezogene Investitionen gem. Art. 13 Abs. 3 lit. a TEN-E-VO gesetzt werden sollen, ist hierfür im deutschen Recht wiederum § 23 ARegV über die Genehmigung von Investitionsmaßnahmen maßgeblich. Hier kann die Genehmigung einer risikobehafteten Investitionsmaßnahme bereits eine Anreizwirkung entfalten, weil die genehmigten Investitionskosten nach § 11 Abs. 2 Nr. 6 ARegV als dauerhaft nicht beeinflussbare Kostenanteile gelten und hierdurch die Erlösobergrenze erhöht wird (s.o.). Die BNetzA kann demnach bei der Genehmigung von Investitionsmaßnahmen gehalten sein, diese bei risikobehafteten VGI zu genehmigen, sofern keine anderweitigen angemessenen Anreize gesetzt werden. Weil die BNetzA Investitionen genehmigt, **soweit** diese notwendig sind, muss sie unter Umständen bei risikobehafteten VGI ein höheres Budget genehmigen als bei vergleichbaren Vorhaben.

Im Zusammenhang mit den Regeln für eine zusätzliche Rendite für in Vorhaben investiertes Kapital gem. Art. 13 Abs. 3 lit. c TEN-E-VO gilt in Deutschland § 5 StromNEV. Diese Norm befasst sich mit der Verzinsung von Fremdkapital. Hierbei ist nach ständiger Rechtsprechung anerkannt, dass ein angemessener Risikozuschlag in Ansatz gebracht werden kann.[282] Für die kalkulatorische Verzinsung von Eigenkapital ist ein Wagniszuschlag nach § 7 Abs. 5 StromNEV vorgesehen. Demnach kann die BNetzA die vorhabenspezifischen Risiken von VGI auch

280 Vgl. hierzu den Beitrag von *Kremp*, *Seidel* und *Jäschke* in diesem Werk (Kapitel 3.6.).

281 § 23 Abs. 1 Satz 4, 2. Hs. ARegV.

282 BGH NVwZ-RR 2010, 143 (145).

auf der Ebene der Kapitalkosten angemessen berücksichtigen und so Anreize zur Durchführung risikobehafteter VGI setzen.

Ein zwingender legislativer Anpassungsbedarf hinsichtlich der ARegV bzw. der StromNEV besteht somit auch im Hinblick auf die erforderlichen Anreize nach Art. 13 TEN-E-VO nicht. Allerdings ist die BNetzA in ihrem Handeln auf die dort vorgesehenen "Stellschrauben" beschränkt. Will man ihr ein weiterreichendes Instrumentarium an die Hand geben, um im Einzelfall angemessene Investitionsanreize zu setzen, wäre eine Anpassung der Regulierungsvorschriften nötig.[283]

3.3.3.3 Rechtsschutzkonstellationen und -probleme

Die dargestellten regulierungsrechtlichen Vorgaben der TEN-E-VO hinsichtlich der transnationalen Kostenaufteilung sowie der zwingenden Setzung von Investitionsanreizen werfen ebenfalls Fragen hinsichtlich des Rechtsschutzes auf. In diesem Zusammenhang kann sich ein Bedürfnis nach einer gerichtlichen Überprüfung der Einhaltung der Vorgaben der TEN-E-VO aus verschiedenen Richtungen ergeben: Von Seiten der Vorhabenträger und von Seiten der entgeltpflichtigen Netznutzer.

So können die Vorhabenträger beispielsweise der Ansicht sein, ihr Investitionsantrag sei nicht im Einklang mit Art. 12 TEN-E-VO beschieden worden, da die angegebenen Kosten nicht als "auf effiziente Weise angefallen" bewertet oder die zwischenstaatlichen Nettoauswirkungen falsch berechnet wurden. Auch eine mit Blick auf Art. 13 TEN-E-VO unzureichende Anreizsetzung kann Grund zur Klage bieten.

Aus Sicht der Netznutzer kann ein Verstoß gegen die Vorgaben der TEN-E-VO zu objektiv unrichtigen Endnutzerentgelten führen, indem etwa auf ineffiziente Weise angefallene Ausbaukosten von den Vorhabenträgern in Ansatz gebracht oder die Nettoauswirkungen bei der grenzüberschreitenden Kostenaufteilung falsch angesetzt wurden. Im Folgenden sollen einige dieser Konstellationen auf die zulässigen Rechtsschutzverfahren und die jeweiligen gerichtlichen Prüfungsmaßstäbe hin untersucht werden.

Rechtsschutz der Vorhabenträger

Rechtsschutzfragen können insbesondere bei der gerichtlichen Kontrolle von Entscheidungen ACERs aufkommen. Daneben kommt auch das Einvernehmen der nationalen Regulierungsbehörden als Überprüfungsgegenstand in Betracht.

Rechtsschutz gegen die Entscheidung von ACER

Wie bereits dargestellt, ist die Entscheidung der Kostenaufteilungsfrage durch ACER jedenfalls legislativ ein **Sonderfall**, der erst eintritt, wenn eine koordinierte Kostenaufteilung durch die verschiedenen mitgliedstaatlichen Behörden misslingt. Aus Rechtsschutzgesichtspunkten handelt es sich hierbei allerdings um die klarere Konstellation.

Rechtsschutz gegen die Entscheidung von ACER hat nach Art. 12 Abs. 6 TEN-E-VO auf europäischer Ebene, und zwar mit dem Mittel der Nichtigkeitsklage gem. Art. 263 AEUV zu

---

283 Eine Änderung der ARegV vor dem Hintergrund der Energiewende in Deutschland empfehlen - unabhängig von den Herausforderungen der TEN-E-VO - auch *Korte/Gawel*, IR 2013, S. 250 ff.

erfolgen. Als Agentur der Union ist ACER eine "sonstige Einrichtung der Union" und somit möglicher Klagegegner im Sinne von Art. 263 AEUV. Ihre Entscheidung stellt auch einen tauglichen Klagegegenstand dar, denn sie betrifft den jeweiligen antragstellenden Vorhabenträger unmittelbar und individuell. Die Entscheidung durch ACER ersetzt nämlich sowohl das Einvernehmen zwischen den nationalen Regulierungsbehörden über die grenzüberschreitende Kostenaufteilung als auch deren nachfolgende nationale Investitionsgenehmigungen. Denn nach Art. 12 Abs. 6 Unterabs. 2 TEN-E-VO "entscheidet [ACER…] **über den Investitionsantrag** einschließlich der grenzüberschreitenden Kostenaufteilung […] sowie darüber, in welcher Weise sich die Investitionskosten in den Netzzugangsentgelten widerspiegeln"[284]. Ihre Entscheidung ist damit unmittelbar verbindlich. Hierbei gilt es zu beachten, dass die Nichtigkeitsklage gem. Art. 279 AEUV grundsätzlich keine aufschiebende Wirkung entfaltet. Gleichzeitig mit der Klage sollte somit ein Antrag auf Vollzugsaussetzung gestellt werden.

Rechtsschutz gegen das Einvernehmen der nationalen Regulierungsbehörden

Schwieriger ist der gesetzliche **Normalfall** zu beurteilen, in dem die grenzüberschreitende Kostenaufteilung auf einem Einvernehmen zwischen den nationalen Regulierungsbehörden beruht. Dieses Einvernehmen wirkt zunächst nur auf der Ebene der Regulierungsbehörden. Verbindlich für die Vorhabenträger ist erst die Entscheidung durch ihre nationalen Behörden. In Deutschland ist das für den Stromsektor die Genehmigung von Investitionsmaßnahmen durch die BNetzA nach § 23 ARegV (s.o.). Faktisch beruht diese jedoch in den Fällen grenzüberschreitender Vorhaben auf dem Einvernehmen der jeweiligen Regulierungsbehörden nach Art. 12 TEN-E-VO, so dass sich die Frage stellt, inwieweit diese "Entscheidung" gesondert angegriffen werden kann.

Im Rahmen des zwischenbehördlichen Einvernehmens auf Ebene der nationalen Regulierungsbehörden kommen zwei Grundkonstellationen in Betracht. Erstens kann ein Rechtsschutzersuchen darauf gerichtet sein, ein noch ausstehendes und für den Vorhabenträger günstiges Einvernehmen zu erreichen, zweitens darauf, ein bereits zustande gekommenes und für den Vorhabenträger ungünstiges Einvernehmen anzugreifen. Die Günstigkeit oder Ungünstigkeit folgt für die Vorhabenträger daraus, in welchem Umfang sie Investitionen geltend machen und umlegen können.

Für die erste Konstellation – die "Verpflichtungssituation" – dürfte es unabhängig vom zuständigen Gericht jedenfalls am allgemeinen Rechtsschutzinteresse des Vorhabenträgers fehlen. Kommt ein Einvernehmen nämlich nicht fristgerecht zustande, muss ACER nach Art. 14 Abs. 6 Unterabs. 3 TEN-E-VO innerhalb von drei Monaten eine eigene Entscheidung treffen. Allein aus zeitlichen Gründen wäre gerichtlicher Rechtsschutz gegenüber den nationalen Regulierungsbehörden hier ungeeignet, eine zeitnahe Kostenaufteilungsentscheidung herbeizuführen.

In der zweitgenannten Konstellation – der "Anfechtungssituation" – scheiden zunächst Rechtsschutzmöglichkeiten auf europäischer Ebene aus.[285] Eine Individualklage in Form der Nichtigkeitsklage gem. Art. 263 AEUV scheitert schon am Vorhandensein eines zulässigen Klagegegners. Denn die betroffenen Regulierungsbehörden sind in ihrer Gesamtheit nicht als

284 Hervorhebung durch die Verfasser.

285 Die Möglichkeit eines Vertragsverletzungsverfahrens auf Betreiben eines anderen Mitgliedsstaates gem. Art. 259 AEUV dürfte dagegen nur theoretischer Natur sein.

"Einrichtung oder sonstige Stellen der Union" im Sinne von Art. 263 Abs. 1 AEUV anzusehen. Weil das Einvernehmen als solches jedoch lediglich einzelfallbezogen und bi- bzw. multilateral zwischen den betroffenen Regulierungsbehörden getroffen wird, fehlt es schon an einer festen Institution mit einer eigenen Rechtspersönlichkeit.[286]

Damit sind die Vorhabenträger im Fall eines ihnen unliebsamen Einvernehmens auf den **nationalen Rechtsweg** verwiesen. Insofern ist es jedoch wenig hilfreich, das zwischenbehördliche Einvernehmen – oder genauer: die nationale Zustimmungsentscheidung zum zwischenstaatlichen Einvernehmen – anzugreifen, sobald es einmal zustande gekommen ist. Selbst wenn das Einvernehmen durch ein gerichtliches Vorgehen gegen die nationale Zustimmung rückgängig gemacht werden könnte, bliebe die nationale "Umsetzungsmaßnahme", also die Investitionsgenehmigung nach § 23 Abs. 1 ARegV bestandskräftig. Der Wegfall des zwischenstaatlichen Einvernehmens würde nicht unmittelbar auf die nationale Entscheidung durchschlagen, sondern allenfalls – was die TEN-E-VO so allerdings nicht ausdrücklich vorsieht – eine neue Entscheidung seitens ACER erzwingen. Der einzig gangbare Weg zur Überprüfung der Rechtmäßigkeit des Einvernehmens ist daher, dieses bereits vor seinem Zustandekommen im Wege des einstweiligen Rechtsschutzes gegen den mitgliedstaatlichen Einvernehmensbekundungsakt anzugreifen. Den betroffenen Vorhabenträgern gibt die zwingende Anhörung im Vorfeld der Entscheidung gem. Art. 12 Abs. 4 Unterabs. 1 Satz 1 TEN-E-VO die Möglichkeit abzusehen, ob die einvernehmliche Kostenaufteilung ihren Vorstellungen entsprechen wird oder nicht. Im Wege der vorläufigen Anordnung kann die nationale Regulierungsbehörde dann dazu verpflichtet werden, nur eine bestimmte, mit den materiellen Vorgaben der TEN-E-VO in Einklang stehende Zustimmungserklärung abzugeben.

Ist das Einvernehmen einmal zustande gekommen, bleibt den betroffenen Vorhabenträgern nur noch die Möglichkeit, die darauf beruhende Investitionsgenehmigung im Wege der Beschwerde nach § 75 EnWG überprüfen zu lassen. Der gerichtliche Prüfungsumfang erstreckt sich auf das Bestehen der gesetzlichen Genehmigungsvoraussetzungen und damit auch auf das Vorliegen der inhaltlichen Anforderungen der TEN-E-VO. Daher können die nationalen Gerichte prinzipiell vollumfänglich überprüfen, ob die BNetzA ihrer Entscheidung die objektiv richtige grenzüberschreitende Kostenaufteilung nach Art. 12 TEN-E-VO zugrunde gelegt hat.[287] Praktisch wird sich an diesem Punkt aber – entsprechende Zweifel vorausgesetzt – eine Vorlage an den EuGH nach Art. 267 AEUV anbieten.

Die nationalgerichtliche Korrektur der Investitionsgenehmigung kann allerdings zu dem **Folgeproblem** führen, dass der Vorhabenträger letztlich mehr Investitionskosten umlegt, als er aufgewendet hat. Bleibt der im Ausland genehmigte Anteil nämlich unverändert hoch, und erhöht sich der Anteil im Inland, ergibt sich zwangsläufig eine umlagefähige Quote von mehr als 100 %. Dieses Ergebnis wäre mit den Wertungen der TEN-E-VO inhaltlich nicht vereinbar, ist aber in ihrem Zusammenspiel mit dem europäischen Rechtsschutzsystem denkbar. Es wäre allerdings verfehlt, allein aus dieser misslichen Konsequenz den Schluss zu ziehen, dass die bi- bzw. multilaterale Kostenaufteilungsentscheidung auf supranationaler Ebene jeglicher ge-

286 Zu den Anforderungen an Einrichtungen im Sinne von Art. 263 AEUV *Dörr*, in: Grabitz/Hilf/Nettesheim (Hrsg.), Das Recht der Europäischen Union, Art. 263 AEUV Rdn. 24 f.

287 Für ein etwaiges "Regulierungsermessen" der BNetzA ist hier kein Raum, *Missling*, in: Danner/Theobald (Hrsg.), Energierecht, § 23a EnWG Rdn. 64 ff. Auch der unbestimmte Rechtsbegriff der "angemessenen" Investitionsanreize ist nach allgemeinen Grundsätzen vollständig gerichtlich überprüfbar.

richtlichen Kontrolle entzogen ist. Vielmehr gebietet das gem. Art. 47 GRCh auch auf europäischer Ebene zu berücksichtigende Gebot effektiven Rechtsschutzes hier die Eröffnung einer Überprüfungsmöglichkeit.

Rechtsschutz gegen die Genehmigungsentscheidung für das Investitionsbudget und die Festlegung der Erlösobergrenzen

Als Entscheidungen der Regulierungsbehörde im Sinne von § 75 Abs. 1 Satz 1 EnWG ist sowohl gegen die Genehmigungsentscheidung über die Investitionsmaßnahme nach § 23 ARegV als auch gegen die Festlegung der Erlösobergrenzen nach § 21a EnWG die Beschwerde statthaft. Sie ist innerhalb einer Frist von einem Monat ab Zustellung der Entscheidung bei der BNetzA einzulegen.[288]

Das Beschwerdeverfahren erfolgt vor dem OLG Düsseldorf. Obwohl es somit nicht dem Verwaltungsrechtsweg zugewiesen ist, gelten die verwaltungsgerichtlichen Grundsätze entsprechend, soweit sich nicht aus dem EnWG und insbesondere aus der dortigen Verweisung[289] in die ZPO und das GVG etwas anderes ergibt.[290]

Die Beschwerde kann sowohl für den Fall erhoben werden, dass die erteilte Genehmigung einer Investitionsmaßnahme angefochten werden soll, als auch für den Fall einer unterlassenen Genehmigung. In der Praxis wird häufig die teilweise Genehmigung einer Investitionsmaßnahme erteilt, verbunden mit der Ablehnung des Antrags im Übrigen.[291] In diesen Fällen ist die Beschwerde auf Erteilung der Genehmigung für den abgelehnten Teil zu richten, weil die Genehmigung im Übrigen eine Begünstigung enthält und der Antragsteller insofern nicht beschwert ist. Einer expliziten Anfechtung der teilweise ablehnenden Entscheidung bedarf es nicht.[292] Dagegen ist im Fall einer zu niedrig festgesetzten Erlösobergrenze die Anfechtungsbeschwerde statthaft, weil es sich hierbei vollständig um einen belastenden Verwaltungsakt handelt.[293]

In den vorliegend relevanten Konstellationen ist lediglich der Antragsteller der jeweiligen Entscheidung beschwerdebefugt. Eine Drittbeschwerde, etwa durch Wettbewerber, ist nicht möglich. Sie ist grundsätzlich nur für den Fall vorgesehen, dass der Dritte schon im Verwaltungsverfahren durch die Regulierungsbehörde beigeladen wurde.[294] Unter Berufung auf die Rechtsprechung des BGH in ähnlich gelagerten Fusionskontrollverfahren[295] wird zwar teilweise auch für das Energiewirtschaftsrecht angenommen, dass bereits der Antrag eines notwendig Beizuladenden auf Zulassung zur Beiladung die formelle Beschwerdebefugnisvoraussetzung des § 75 Abs. 2 EnWG erfüllt.[296] Während bereits der Gesetzeswortlaut gegen diese Auffassung spricht, dürfte jedoch für die hier interessierenden Fälle jedenfalls in materieller

288 § 78 Abs. 1 EnWG.

289 § 85 EnWG.

290 *Gussone*, in: Danner/Theobald (Hrsg.), Energierecht, § 75 EnWG Rdn. 24.

291 *Hummel*, in: Danner/Theobald (Hrsg.), Energierecht, § 23 ARegV Rdn. 83.

292 *Pietzcker*, in: Schoch/Schneider/Bier (Hrsg.), VwGO, § 42 Rdn. 96.

293 Die Beschwer des betroffenen Unternehmens entfällt auch nicht etwa, weil dieses seine nicht berücksichtigten Kosten über das Regulierungskonto nach § 5 ARegV ausgleichen kann, OLG Brandenburg NJOZ 2010, 529.

294 §§ 75 Abs. 2, 66 Abs. 2, 3 EnWG.

295 BGH NJW 2007, 607.

296 *Theobald/Werk*, in: Danner/Theobald (Hrsg.), Energierecht, § 66 EnWG, Rdn. 53.

Hinsicht keine Beschwerdebefugnis bestehen. Die Regulierungsentscheidung gegenüber einem bestimmten Unternehmen betrifft Dritte nämlich regelmäßig nicht in eigenen Rechten, weil nicht die behördliche Entscheidung, sondern erst das zivilrechtliche Nutzungsverhältnis ein Rechtsverhältnis zu diesen begründet.[297]

Rechtsschutz der Nutzer

Die Einhaltung der materiellen Anforderungen von Art. 12, 13 TEN-E-VO wirkt sich mittelbar auf die Höhe der Nutzungsentgelte für die jeweilige Energieinfrastruktur aus. Wirtschaftlich wird damit die Genehmigung von Investitionsmaßnahmen im Rahmen von VGI zu höheren Tarifen führen. Im Strombereich können z. B. Verteilnetzbetreiber und Endkunden in einem solchen Fall eine Überprüfung ihrer Entgeltbeziehung auf dem Zivilrechtsweg anstreben.[298] Hierfür steht das Instrument der Billigkeitskontrolle nach § 315 Abs. 3 BGB zur Verfügung.[299]

§ 315 BGB fordert eine Entgeltfestsetzung, die der Billigkeit entspricht. Dabei sind in erster Linie die Interessenlagen beider Parteien gegeneinander abzuwägen.[300] Gleichzeitig sind jedoch etwaige gesetzliche Konkretisierungen des Billigkeitsgebots zu beachten. Derartige Spezialregelungen existieren im Energiewirtschaftsrecht bereits mit den §§ 21 ff. EnWG, sie sind im Rahmen der Billigkeitskontrolle zu beachten.[301] Dasselbe gilt für das übrige energiewirtschaftliche Regulierungsrecht, namentlich die ARegV und die StromNEV. Dementsprechend sind auch die neuen Vorgaben der TEN-E-VO grundsätzlich als Maßstab im Rahmen der zivilgerichtlichen Billigkeitskontrolle heranzuziehen. Somit können Netznutzer und Endkunden sich etwa darauf berufen, der Netzbetreiber habe dem Investitionsmaßnahmenantrag für sein VGI mehr als nur die auf effiziente Weise angefallenen Investitionskosten zugrunde gelegt. Auch ein Verstoß gegen die Anreizvorgaben auf Grundlage des Art. 13 TEN-E-VO kann im Rahmen der Billigkeitskontrolle gerügt werden. Aus Nutzersicht betrifft dies etwa den Fall, dass ein VGI fälschlicherweise als risikobehaftet im Sinne von Art. 13 TEN-E-VO eingestuft und dementsprechend einer besonders liberalen Regulierung zugeführt wurde.

Aus Sicht der Vorhabenträger kann es fragwürdig erscheinen, warum Entgelte, die auf einem (teilweise mehrstufigen) Genehmigungsverfahren beruhen, schließlich doch auf dem Zivilrechtsweg zu Fall gebracht werden können – und dies wegen eines Verstoßes gegen Vorgaben, die bereits behördlich geprüft wurden. Ein Grund hierfür ist darin zu sehen, dass die Prüfungsmaßstäbe der behördlichen Genehmigung und der zivilgerichtlichen Kontrolle **nicht** identisch sind. Die Genehmigung dient nicht individuellen Nutzerinteressen, sondern dem Schutz des Wettbewerbs als Gemeingut,[302] so dass der Prüfungsumfang der BNetzA sich auch nicht auf diese Individualinteressen erstreckt. Die Nutzer der Netze, auf die sich die jeweiligen Genehmigungen beziehen, haben somit auch keine Möglichkeit, gegen die hoheitlichen Entscheidungen zu klagen. Daher ist den Zivilgerichten ein eigenständiger Prüfungsbereich belassen.[303]

---

297 Vgl. etwa für die Netzentgeltgenehmigung OLG Düsseldorf NJOZ 2008, 923.

298 Daneben ist für Strom- und Gasleitungen die energiewirtschaftsrechtliche Missbrauchskontrolle nach § 30 Abs. 1 Satz 1 Nr. 5 EnWG eröffnet.

299 Vgl. zuletzt etwa BGH NJW 2012, 3092; zu den näheren Voraussetzungen *Büdenbender*, NJW 2007, S. 2945.

300 *Stadler*, in: Jauernig (Hrsg.), BGB, § 315 Rdn. 7.

301 BGH NJW 2012, 3092.

302 *Missling*, in: Danner/Theobald, Energierecht, § 23a EnWG Rdn. 239; zur alten Rechtslage BVerwG NVwZ 1994, 999.

303 So wohl auch BGH NJW 2012, 3092.

Dennoch bleibt das Vorliegen einer Entgeltgenehmigung auch in der Kontrolle nach § 315 Abs. 3 BGB nicht völlig außer Betracht. Wegen der faktischen Schwierigkeiten bei der Feststellung etwa der effizienten Leistungsbereitstellung schreibt der BGH der Entscheidung der Regulierungsbehörden eine Indizwirkung zu.[304]

Hiermit geht im Ergebnis eine Beweislastumkehr einher. Während es zwar im Grundsatz dabei verbleibt, dass die Billigkeit der Entgelte vom Netzbetreiber zu beweisen ist, führt die Indizwirkung der Genehmigung dazu, dass der Nutzer darlegen muss, warum die behördliche Entscheidung im streitigen Fall unrichtig ist.[305] Dies wiederum stellt den Nutzer vor das faktische Problem, die Kalkulation des Netzbetreibers nachzuvollziehen, da er an der Anhörung, wie sie die TEN-E-VO vorsieht, nicht beteiligt ist. Allerdings gebietet das Billigkeitserfordernis des § 315 BGB auch über die ausdrücklich normierten Transparenzanforderungen hinaus eine angemessene Offenlegung der Kalkulationsgrundlagen des Netzbetreibers unter Beachtung des Rechts auf Wahrung von Geschäftsgeheimnissen.[306]

3.3.4 Finanzielle Förderung

Der seitens der EU erwünschte Ausbau von Stromnetzen setzt sich aus diversen kostspieligen Einzelinfrastrukturvorhaben zusammen. Um deren Verwirklichung zu beschleunigen, fördert die Union gezielt Maßnahmen, die zu VGI beitragen. Die Förderung geschieht – wie dargestellt – durch die legislative Schaffung besonders günstiger Rahmenbedingungen im Hinblick auf die Planung und Genehmigung von VGI und auf ihre (Re-)Finanzierung durch Entgelte. Das europäische System beschränkt sich aber nicht auf diese indirekten bzw. flankierenden Vorteile. Vielmehr stellt es auch ganz direkt finanzielle Mittel für die Realisierung von VGI zur Verfügung.

Die Europäische Union fördert Investitionen in Stromnetze schwerpunktmäßig über die CEF. Diese wurde zum 1. Januar 2014 geschaffen und wird durch die Kommission sowie die ihr unterstellte Exekutivagentur für Innovation und Netze (Innovation and Networks Executive Agency – INEA) verwaltet, welche ebenfalls in Brüssel ansässig ist.

3.3.4.1 Vorgaben der TEN-E-VO und der CEF-VO

Einordnung der Fazilität "Connecting Europe"

Die CEF besitzt eine Gesamtfinanzausstattung von gut 33,2 Milliarden EUR.[307] Davon ist mit knapp **5,9 Milliarden EUR** jedoch nur ein verhältnismäßig kleiner Anteil für den Energiesektor vorgesehen. Mit der CEF wurde ein spezieller Haushaltsposten geschaffen, welcher auf die finanzielle Förderung transeuropäischer Netze gerichtet ist. Damit verfolgt der europäische Verordnungsgeber das Ziel, erwünschte Investitionen zu beschleunigen und eine Hebelwirkung für Fremdfinanzierungen zu erzeugen.[308] Durch die Anreizwirkung, die von der finanzi-

[304] BGH NJW 2012, 3092.

[305] Vgl. *Linsmeier*, NJW 2012, S. 3095.

[306] *Büdenbender*, NJW 2007, S. 2945.

[307] Art. 5 Abs. 1 CEF-VO.

[308] Erw.-grd. 2 CEF-VO.

ellen Förderung ausgeht, sollen private Akteure ebenfalls dazu bewegt werden, im Energiesektor zu investieren. Zudem besteht die Erwartung, dass ein schnellerer Netzausbau der Europäischen Union mittelbar beim Erreichen ihrer Klimaziele hilft.[309] Für den Energiesektor enthält Art. 4 Abs. 3 CEF-VO weitere sektorspezifische Ziele.

Die CEF selbst stellt **keinen** handlungsfähigen Akteur dar. Das unterscheidet sie von anderen Schöpfungen der Europäischen Union, die sich ebenfalls als Fazilität bezeichnen. Beispielsweise ist die im Zuge der Eurokrise geschaffene Europäische Finanzstabilisierungsfazilität (European Financial Stability Facility – EFSF) als Aktiengesellschaft luxemburgischen Rechts organisiert. Die CEF ist dagegen nicht mehr als ein Haushaltsposten zur Bereitstellung finanzieller Mittel. Alle auf sie bezogenen Handlungen werden entweder direkt von der Kommission oder durch eine ihr unterstellte Exekutivagentur durchgeführt.[310] Seit dem 1. Januar 2014 besteht mit der INEA eine entsprechende Einrichtung. Weil einer solchen Exekutivagentur aber nur ein Teil der notwendigen Aufgaben übertragen werden kann, besteht ein kompetenzielles Nebeneinander von Kommission und INEA. Die verbindliche Abgrenzung ist noch nicht publik geworden. Im Folgenden wird deswegen allein auf die Kommission abgestellt.

Programme und Auswahlverfahren

Die Kommission erlässt im Laufe des Jahres 2014 erstmals Mehrjahresarbeitsprogramme und Jahresarbeitsprogramme hinsichtlich der CEF.[311] Diese sollen die finanzielle Förderung gezielter steuern, als es allein mit der CEF-VO möglich wäre. Im Einzelnen ist geplant, dass die Programme gem. Art. 17 Abs. 3 CEF-VO detaillierte Auswahl- und Zuschlagskriterien enthalten. Die Mehrjahresarbeitsprogramme und Jahresarbeitsprogramme stehen hierarchisch zwischen dem Gesetzestext und dem späteren Zuschlag. Insofern ähneln sie den verschiedenen Programmen im Rahmen der unionalen Forschung, technologischen Entwicklung und Raumfahrt nach Art. 179 ff. AEUV. Die Programme auf Grundlage der CEF-VO werden seitens der Kommission als Durchführungsrechtsakte erlassen. Für den Energiesektor besteht zudem die Pflicht, eine inhaltliche Priorisierung vorzunehmen: Bei der Mittelbewilligung soll Maßnahmen der Vorrang eingeräumt werden, mit denen Isolation im Energiebereich beendet und Energieengpässe beseitigt werden und die auf die Vollendung des Energiebinnenmarkts abzielen.[312] Auf Basis der Mehrjahresarbeitsprogramme oder Jahresarbeitsprogramme wird schließlich dazu aufgerufen, Vorschläge einzureichen.[313] Nach Ablauf der Einreichungsfrist wählt die Kommission die zu fördernden Maßnahmen aus. Diese Entscheidung legt dann auch die Höhe der finanziellen Unterstützung samt der dazugehörigen Bedingungen sowie Modalitäten fest.

Sowohl bei Erlass der Mehrjahresarbeitsprogramme und Jahresarbeitsprogramme als auch bei der späteren Auswahl muss die Kommission gem. Art. 25 CEF-VO den neu gegründeten CEF-

309 Erw.-grd. 8 CEF-VO.

310 Art. 6 Abs. 3 CEF-VO.

311 Art. 17 Abs. 1 CEF-VO.

312 Art. 17 Abs. 6 CEF-VO.

313 Art. 18 Abs. 1 CEF-VO.

Koordinierungsausschuss miteinbeziehen, welcher sich aus Vertretern der Mitgliedstaaten zusammensetzt. Durch den Verweis auf Art. 5 der Komitologie-VO[314] können diese Rechtsakte nur bei erfolgreichem Abschluss des dort dargelegten Prüfverfahrens erlassen werden. Das soll verhindern, dass die Kommission diese sensiblen Entscheidungen vollkommen alleine trifft.

Förderungswürdige Maßnahmen

Eine positive Auswahlentscheidung kommt lediglich dann in Betracht, wenn die betreffende Maßnahme förderungswürdig ist. Im Ausgangspunkt ist zwischen zwei Arten von Maßnahmen zu unterscheiden: Zum einen Maßnahmen, die zu VGI beitragen und zum anderen programmunterstützende Maßnahmen, Art. 7 Abs. 1 CEF-VO.

Durch den Begriff der **"Maßnahmen, die zu VGI beitragen"** ist der Bezug zu VGI im Sinne der TEN-E-VO hergestellt.[315] Neben der Beschränkung auf Maßnahmen mit VGI-Bezug ist noch zu beachten, dass es sich bei der betreffenden Maßnahme um eine Maßnahme im Sinne der CEF-VO handeln muss, d. h. um eine Tätigkeit, deren technische und finanzielle Unabhängigkeit festgestellt worden ist, die zeitlich begrenzt ist und die zur Durchführung eines VGI erforderlich ist.[316] Sofern diese Hürden genommen sind, ist die Maßnahme grundsätzlich förderungswürdig und eine Bewerbung kommt in Betracht.

Darüber hinaus sind **programmunterstützende Maßnahmen** förderungswürdig. Die entsprechenden Voraussetzungen ergeben sich aus der umfangreichen und damit sperrigen Legaldefinition in Art. 2 Nr. 7 CEF-VO. Hierunter fallen Begleitmaßnahmen, die zur Durchführung eines Mehrjahresarbeitsprogramms, Jahresarbeitsprogramms oder einer sektorspezifischen Leitlinie, zur Verwaltung der CEF oder zur Erreichung ihrer Ziele erforderlich sind. Das mag auch klassische administrative Dienstleistungen wie das Verfassen von Studien oder IT-Ausgaben umfassen. Schließlich kann mithilfe dieses denkbar weiten Begriffs sogar die INEA selbst gefördert werden. Denn Art. 2 Nr. 7 CEF-VO sieht die Möglichkeit vor, dass die der INEA anfallende Kosten durch die CEF übernommen werden. Angesichts der festgezurrten Gesamtfinanzausstattung führt das zu folgendem Zusammenhang: Je mehr Geld in derartige programmunterstützende Maßnahmen fließt, desto weniger VGI können direkt unterstützt werden. Damit besteht die Gefahr, dass der Begriff der programmunterstützenden Maßnahme in der Praxis überdehnt wird.

Mögliche Formen der Unterstützung

Im Energiesektor kann eine finanzielle Förderung durch die CEF nur auf drei Arten gewährt werden: Über Finanzierungsinstrumente, durch Finanzhilfen oder mittels der Vergabe öffentlicher Aufträge.[317] Diese Unterteilung ist keine Eigenkreation der CEF-VO, sondern der EU-

314 Verordnung (EU) Nr. 182/2011 des Europäischen Parlaments und des Rates vom 16.2.2011 zur Festlegung der allgemeinen Regeln und Grundsätze, nach denen die Mitgliedstaaten die Wahrnehmung der Durchführungsbefugnisse durch die Kommission kontrollieren (ABl. L 55 v. 28.2.2011, S. 13).

315 Art. 2 Nr. 1 CEF-VO.

316 Art. 2 Nr. 8 CEF-VO.

317 Art. 17 Abs. 3 Unterabs. 1 CEF-VO.

Haushaltsordnung[318] entnommen. Deswegen ergeben sich die Details der finanziellen Förderung aus einer Gesamtschau der EU-Haushaltsordnung, der dazugehörigen Anwendungsbestimmungen[319] sowie der CEF-VO.

Aus den drei Formen der Unterstützung sind vorrangig **Finanzierungsinstrumente** zu wählen.[320] Ihre Vorrangstellung gilt jedoch nur unter der Voraussetzung, dass die Marktakzeptanz ausreichend und die Obergrenze für den Einsatz von Finanzierungsinstrumenten noch nicht überschritten ist. Diese Obergrenze beträgt sektorübergreifend 10 % der Gesamtfinanzausstattung der CEF, d. h. gut 3,3 Milliarden EUR.[321] Finanzierungsinstrumente werden als Komplementärfinanzierung aus dem Haushalt bereitgestellt und dienen der finanziellen Unterstützung eines oder mehrerer konkreter politischer Ziele der Union. Sie umfassen Risikoteilungsinstrumente wie etwa Beteiligungsinvestitionen, Darlehen und Bürgschaften, Art. 2 lit. p EU-Haushaltsordnung. Generell dienen Finanzierungsinstrumente dem Zweck, Marktversagen oder Unterfinanzierung durch Hebelwirkung. d. h. mit einem Multiplikatoreneffekt zu begegnen. Dies soll eine Gesamtinvestition auslösen, die schlussendlich nur zum Teil von der EU zu tragen ist.[322] Im Rahmen der CEF-VO sollen sie dazu verwendet werden, den Zugang zur Finanzierung zu erleichtern.[323] Finanzierungsinstrumente werden im Allgemeinen durch Art. 139, 140 EU-Haushaltsordnung sowie Art. 216-226 der Anwendungsbestimmungen reguliert. Hinzu treten hier Art. 14-16 CEF-VO sowie – auf der niedrigsten Ebene – die in Teil II von Anh. I CEF-VO ausführlich dargelegten Bestimmungen, Bedingungen und Verfahren. Die konkrete Einrichtung von Finanzierungsinstrumenten muss grundsätzlich per Basisrechtsakt (wie etwa Verordnung, Richtlinie oder Beschluss[324]) erfolgen. In Ausnahmefällen können sie allerdings gem. Art. 139 Abs. 1 EU-Haushaltsordnung auch direkt in den Haushaltsplan aufgenommen werden.

Finanzhilfen entsprechen dem landläufigen Verständnis von Subventionen weit eher, als dies bei Finanzierungsinstrumenten der Fall ist. Denn bei Finanzhilfen handelt sich um Zuwendungen, die zulasten des Haushalts der Europäischen Union gehen und mit denen ein unmittelbarer Beitrag geleistet wird – entweder zur Finanzierung einer Maßnahme, mit der die Verwirklichung eines politischen Ziels der Union gefördert wird, oder zu Betriebskosten einer Einrichtung, die Ziele verfolgt, die von allgemeinem europäischen Interesse oder Teil einer politischen Maßnahme der Union sind und diese unterstützen.[325] Diese können zum Beispiel mittels

---

318 Verordnung (EU, Euratom) Nr. 966/2012 des Europäischen Parlaments und des Rates vom 25.10.2012 über die Haushaltsordnung für den Gesamthaushalt der Union und zur Aufhebung der Verordnung (EG, Euratom) Nr. 1605/2002 des Rates (ABl. L 298 v. 26.10.2012, S. 1).

319 Delegierte Verordnung (EU) Nr. 1268/2012 der Kommission vom 29.10.2012 über die Anwendungsbestimmungen für die Verordnung (EU, Euratom) Nr. 966/2012 des Europäischen Parlaments und des Rates über die Haushaltsordnung für den Gesamthaushaltsplan der Union (ABl. L 361 v. 31.12.2012, S. 1).

320 Art. 7 Abs. 3 Unterabs. 2 CEF-VO.

321 Art. 14 Abs. 2 CEF-VO. Die Obergrenze kann allerdings unter den Voraussetzungen des Art. 21 Abs. 4 CEF-VO durch die Kommission im Wege eines delegierten Rechtsakts verdoppelt werden.

322 Art. 140 Abs. 1 lit. a, d EU-Haushaltsordnung, Art. 223 Anwendungsbestimmungen, Art. 7 Abs. 3 Unterabs. 1, Art. 15 CEF-VO.

323 Art. 14 Abs. 1 Satz 1 CEF-VO.

324 Art. 2 lit. d EU-Haushaltsordnung.

325 Art. 121 Abs. 1 Unterabs. 1 EU-Haushaltsordnung.

eines Pauschalbetrags oder als Erstattung eines vorab bestimmten Anteils der tatsächlich getätigten förderfähigen Kosten gewährt werden.[326] Prinzipiell darf der durch Finanzhilfen Begünstigte weder Gewinn anstreben noch erzielen. Er darf also keinen Überschuss an Einnahmen erzielen, der über die vom Begünstigten getätigten förderfähigen Kosten zu dem Zeitpunkt hinausgeht, zu dem der Antrag auf Zahlung des Restbetrags gestellt wird.[327] Grundsätzlich regulieren dann Art. 121-137 EU-Haushaltsordnung sowie Art. 173-210 der Anwendungsbestimmungen das Konzept der Finanzhilfe, inklusive detaillierter Vorgaben im Hinblick auf die Gestaltung der Anträge. Darüber hinaus müssen Art. 14 TEN-E-VO sowie Art. 8-12 CEF-VO herangezogen werden, da sie Spezialregelungen beinhalten. Hiernach können im Energiesektor Finanzhilfen lediglich **für Studien oder Arbeiten** gewährt werden, wobei Finanzhilfen für Arbeiten nur unter zusätzlichen Voraussetzungen gewährt werden. Grundsätzlich darf die finanzielle Förderung durch die Europäische Union zudem höchstens 50 % der förderfähigen Kosten von Studien bzw. Arbeiten betragen. In Ausnahmefällen ist gem. Art. 10 Abs. 3 CEF-VO eine Quote von bis zu 75 % möglich. Finanzhilfen werden im Wege eines Beschlusses oder einer schriftlichen Vereinbarung gewährt.[328]

Die **Vergabe öffentlicher Aufträge** findet durch schriftliche Verträge statt, und zwar zur Beschaffung von Gütern, Bauleistungen oder Dienstleistungen sowie gegen Zahlung eines ganz oder teilweise aus dem Haushalt finanzierten Betrags.[329] Vertragspartei sind hier auf der einen Seite Wirtschaftsteilnehmer und auf der anderen Seite öffentliche Auftraggeber. Im Rahmen der CEF handelt auf der Seite der Auftraggeber stets die Kommission, die aber neben sich auch weitere öffentliche Auftraggeber einbinden kann.[330] Das entsprechende unionale Vergaberecht ergibt sich aus Art. 101-120 EU-Haushaltsordnung sowie Art. 121-172 der Anwendungsbestimmungen.

Schutz der finanziellen Interessen der Europäischen Union

Der Schutz der finanziellen Interessen der Europäischen Union wird durch Maßnahmen und Sanktionen gewährleistet. Diese werden verhängt, wenn es im Zusammenhang mit der Gewährung von Mitteln aus der CEF zu Verstößen gegen das Unionsrecht gekommen ist. Rechtsgrundlage ist zum einen die EU-Haushaltsordnung und zum anderen Art. 24 Abs. 1 CEF-VO in Verbindung mit der Finanzinteressen-Schutz-VO[331]. Nach Art. 109 Abs. 1 lit. a, Abs. 2 EU-Haushaltsordnung können zum Beispiel Bewerber, Bieter oder Auftragnehmer, welche im Zuge der Mitteilung der vom öffentlichen Auftraggeber für die Teilnahme am Vergabeverfahren verlangten Auskünfte falsche Erklärungen abgegeben haben, mit einer **finanziellen Sanktion** bis zur Höhe des Auftragswertes belegt und zudem für eine Höchstdauer von zehn Jahren von den Aufträgen und Finanzhilfen aus dem Haushalt **ausgeschlossen** werden. Entsprechendes gilt für Antragsteller und Begünstigte von Finanzhilfen.[332]

---

326 Art. 123 Abs. 1 EU-Haushaltsordnung.

327 Art. 125 Abs. 4, 5 EU-Haushaltsordnung. Diese Voraussetzungen werden die meisten Vorhaben im Stromleitungsbereich wohl nicht erfüllen.

328 Art. 121 Abs. 1 Unterabs. 1 EU-Haushaltsordnung, Art. 174 Abs. 1 Anwendungsbestimmungen.

329 Art. 101 Abs. 1 Unterabs. 1 EU-Haushaltsordnung.

330 Art. 13 CEF-VO.

331 Verordnung (EG, Euratom) Nr. 2988/95 des Rates vom 18.12.1995 über den Schutz der finanziellen Interessen der Europäischen Gemeinschaften (ABl. L 312 v. 23.12.1995, S. 1).

332 Art. 135 Abs. 5 EU-Haushaltsordnung.

Die Finanzinteressen-Schutz-VO enthält ein weiterreichendes System. Dieses greift, sobald der Tatbestand der Unregelmäßigkeit im Sinne von Art. 1 Abs. 2 Finanzinteressen-Schutz-VO erfüllt ist. Dann droht zunächst die **Wiedereinziehung** des zu Unrecht gezahlten Betrags.[333] Mangels einer entsprechenden Anordnung nach Art. 4 Abs. 2 Finanzinteressen-Schutz-VO werden bei einer finanziellen Förderung aus Mitteln der CEF allerdings keine Zinsen fällig.[334]

Nach Art. 24 Abs. 1 CEF-VO soll es zudem wirksame, angemessene und abschreckende administrative und finanzielle Sanktionen geben. Es kann aber bezweifelt werden, ob dieser Passus überhaupt auf die Finanzinteressen-Schutz-VO und das dortige Instrumentarium[335] verweisen soll. Denn Erw.-grd. 64 Satz 1 CEF-VO spricht allein von Sanktionen nach der EU-Haushaltsordnung. Darüber hinaus setzt Art. 2 Abs. 2 Satz 1 Finanzinteressen-Schutz-VO einen konkreten Verweis auf die Verhängung von Sanktionen voraus[336], der im sektoralen Unionsrecht enthalten ist. Art. 24 Abs. 1 CEF-VO erfüllt diese Anforderung jedoch nicht, da sich dieser Verweis nicht in einer schlichten Blankett-Anordnung erschöpfen darf.[337] Im Ergebnis läuft die Androhung wirksamer, angemessener und abschreckender administrativer und finanzieller Sanktionen in Art. 24 Abs. 1 CEF-VO mithin großteils leer.

3.3.4.2 Anpassung des nationalen Rechts und der nationalen Verwaltungspraxis

Das nationale Recht sowie die nationale Verwaltungspraxis bedürfen keinerlei Anpassung im Hinblick auf die finanzielle Förderung via CEF. Die CEF entstammt dem Haushalt der Europäischen Union und alle mit dieser im Zusammenhang stehenden Entscheidungen werden durch Unionsorgane gefällt.

3.3.4.3 Rechtsschutzkonstellationen und -probleme

Die Auswahlentscheidung der Kommission über die finanzielle Förderung von Vorhaben gem. Art. 19 Abs. 1 CEF-VO gibt vielfältigen Anlass für Rechtsstreitigkeiten. Die entsprechenden Auseinandersetzungen werden dabei nicht vor nationalen Gerichten ausgetragen. Vielmehr sind die europäischen Gerichte allein zuständig. Denn bei der finanziellen Förderung aus den Mitteln der CEF handelt es sich um reine Unionsbeihilfen.

Im Einzelnen kann die finanzielle Förderung nach der CEF-VO zu unterschiedlichen Rechtsschutzkonstellationen führen. Praxisrelevant sind insbesondere Klagen von Konkurrenten des konkret Begünstigten. Wettbewerber können insofern eine **negative Konkurrentenklage** geltend machen, mit der die drittbegünstigende Auswahlentscheidung zugunsten des Vorhabens

333 Art. 24 Abs. 1 CEF-VO, Art. 4 Abs. 1 Finanzinteressen-Schutz-VO.

334 Vgl. EuGH, Urt. v. 29.3.2012, Rs. C-564/10, EuZW 2012, 438 (440). Das wäre bei einer Rückforderung aus nationalem Recht anders, s. § 49a Abs. 3 Satz 1 VwVfG.

335 Unter anderem kämen gem. Art. 5 Abs. 1 lit. a Finanzinteressen-Schutz-VO Geldbußen in Betracht.

336 Vgl. zu diesem engen Verständnis EuGH, Urt. v. 28.10.2010, Rs. C-367/09, Rdn. 29-43; Urt. v. 13.12.2012, Rs. C-670/11, NVwZ 2013, 204 (207 f.).

337 Das zeigt die Formulierung von Art. 2 Abs. 2 S. 1 Finanzinteressen-Schutz-VO. Diese ist im Singular gehalten und bezieht sich so auf einzelne Sanktionen. Daneben verlangt Erw.-grd. 5 Finanzinteressen-Schutz-VO, dass die maßgeblichen Verhaltensweisen und Sanktionen im sektoralen Unionsrecht vorgesehen sind. Zudem enthalten die in Erw.-grd. 8 Finanzinteressen-Schutz-VO erwähnten Regelungen im Agrarrecht, die als historisches Vorbild dienen, seit jeher ein ausdifferenziertes Sanktionssystem.

ihres Wettbewerbers angegriffen wird. Im Rechtsschutzsystem des europäischen Primärrechts kommt hierfür die Nichtigkeitsklage nach Art. 263 AEUV in Betracht.

Zulässigkeit der Nichtigkeitsklage

Bei einer negativen Konkurrentenklage besteht die entscheidende Hürde in deren Zulässigkeit. Sofern die Konkurrenten nicht selbst Adressaten der Auswahlentscheidung sind, können sie nach Art. 263 Abs. 4, 2. Var. AEUV allein gegen Handlungen vorgehen, die sie unmittelbar und individuell betreffen, oder gem. Art. 263 Abs. 4, 3. Var. AEUV gegen Rechtsakte mit Verordnungscharakter, die sie unmittelbar betreffen und keine Durchführungsmaßnahmen nach sich ziehen.

Es ist davon auszugehen, dass die Auswahlentscheidung durch einen Beschluss nach Art. 288 Abs. 4 AEUV erfolgen wird. Derartige Beschlüsse sind keine Rechtsakte mit Verordnungscharakter. Somit sind Klagen von Konkurrenten des Begünstigten nur dann zulässig, wenn ihr Wettbewerbsnachteil die Anforderungen an eine unmittelbare und individuelle Betroffenheit erfüllt.[338] Die genauen Kriterien sind für den Fall von Unionsbeihilfen bislang nicht exakt abgesteckt worden. Jedenfalls müssen hier aber wenigstens die bei mitgliedstaatlichen Beihilfen anzuwendenden Maßstäbe greifen. Denn wenn nach ständiger Rechtsprechung feststeht, dass der Wettbewerber eines Beihilfenempfängers von einem Beschluss der Kommission, mit dem ein Mitgliedstaat ermächtigt wird, diese zu gewähren, unmittelbar betroffen ist, ist eine Bestimmung des Unionsrechts, die die Gewährung einer Beihilfe der Union selbst vorsieht, erst recht geeignet, den Wettbewerber des Empfängers dieser Beihilfe unmittelbar im Sinne von Art. 263 Abs. 4 AEUV zu betreffen.[339] Für die originäre Entscheidung der Kommission über die Beihilfengewährung gilt nichts anderes. Somit sind jedenfalls diejenigen Konkurrenten **unmittelbar** betroffen, die wie der Begünstigte Maßnahmen durchführen oder durchzuführen beabsichtigen, die zu VGI beitragen. Denn die Gewährung der finanziellen Förderung aus den begrenzten Mitteln der CEF beeinträchtigt ihre Interessen.[340] Geht es allerdings nicht um Konkurrenzvorhaben im engeren Sinne, dann wird problematisch sein, dass die herkömmlichen Maßstäbe unmittelbarer Betroffenheit zwischen Konkurrenten sich auf einen Markt mit natürlichen Monopolen – wie dem Stromnetzmarkt – wohl nicht ohne Abstriche übertragen lassen. Hier wird der EuGH für Klarheit sorgen müssen.

Ebenfalls schwierig gestaltet sich die Situation hinsichtlich der **individuellen** Betroffenheit von Wettbewerbern. Auch hier kann man grundsätzlich die zu mitgliedstaatlichen Beihilfen ergangenen Anforderungen übertragen. Somit muss der Konkurrent die Beeinträchtigung seiner Marktstellung anhand individualisierender Umstände, d. h. konkreter Daten, darlegen oder in dem vorangegangenen Verfahren – also dem CEF-Auswahlprozess – beteiligt gewesen sein.[341] Betreibt er allerdings kein Konkurrenzvorhaben im engeren Sinne, sondern beruft er sich wiederum nur auf seine abstrakte Stellung als Wettbewerber des Begünstigten, dann wird ihm die Darlegung individueller Betroffenheit regelmäßig schwerfallen.

338 Vgl. *Schwarze*, in: ders./Becker/Hatje/Schoo (Hrsg.), EU-Kommentar, Art. 263 AEUV Rdn. 55, der wie im nationalen Kontext von einer Drittanfechtung spricht.

339 EuG, Urt. v. 30.5.2013, verb. Rs. T-454/10 u. T-482/11, Rdn. 41.

340 Vgl. allgemein *Pechstein*, EU-Prozessrecht, Rdn. 457.

341 Vgl. *Dörr*, in: Grabitz/Hilf/Nettesheim (Hrsg.), Das Recht der Europäischen Union, Art. 263 AEUV Rdn. 77; *Pechstein*, EU-Prozessrecht, Rdn. 482 ff.

Begründetheit der Nichtigkeitsklage

Inhaltlich ist die Klage gem. Art. 263 Abs. 2 AEUV insbesondere erfolgreich, sofern die Förderungsentscheidung gegen europäisches Recht verstößt. Sich auf den ebenfalls in Art. 263 Abs. 2 AEUV vorgesehenen Ermessensmissbrauch zu stützen, wird dagegen nur selten gelingen. Hierfür müsste der Kläger nämlich nachweisen, dass die seitens der Kommission gelieferte Begründung und ihre wahre Absicht auseinanderklaffen.[342] Eine Rechtshandlung ist so lediglich dann ermessensmissbräuchlich im primärrechtlichen Sinne, wenn aufgrund objektiver, schlüssiger und übereinstimmender Indizien anzunehmen ist, dass sie ausschließlich oder zumindest vorwiegend zu anderen Zwecken als denen, zu denen die betreffende Befugnis eingeräumt wurde, oder mit dem Ziel erlassen worden ist, ein Verfahren zu umgehen, das die Verträge speziell vorsehen, um die konkrete Sachlage zu bewältigen.[343]

Folglich ist in erster Linie darauf abzustellen, ob die betreffende Auswahlentscheidung mit dem entsprechenden Mehrjahresarbeitsprogramm oder Jahresarbeitsprogramm sowie dem anwendbaren europäischen Sekundärrecht (CEF-VO, TEN-E-VO, EU-Haushaltsordnung sowie den dazugehörigen Anwendungsbestimmungen) im Einklang steht. Sollte dem nicht so sein, wäre eine Klage erfolgreich und das EuGH würde ein Nichtigkeitsurteil sprechen.

3.3.5 Rechtmäßigkeit der TEN-E-VO

Kontrovers wird die Frage nach der Rechtmäßigkeit der TEN-E-VO diskutiert. Hauptansatzpunkt der Kritik ist dabei, dass mit einer Verordnung nach Art. 288 Abs. 2 AEUV nunmehr ein neues rechtliches Vehikel für die TEN-E-Leitlinien verwendet wurde als in der Vergangenheit. Neben diesem formalen Punkt wird auch in Frage gestellt, ob die TEN-E-VO inhaltlich über das hinausgeht, was der EU nach Art. 170 ff. AEUV an Kompetenzen überhaupt zusteht.

Richtigerweise führen beide Kritikpunkte nicht zu einer Rechtswidrigkeit der TEN-E-VO. Im Einzelnen[344] gilt dabei Folgendes:

Keine Rechtswidrigkeit der TEN-E-VO aus formellen Gründen

Ein Teil des Schrifttums kritisiert die vom EU-Normgeber gewählte Handlungsform der Verordnung. Er behauptet, dass die dem Wortlaut nach bestehende Leitlinienkompetenz nach den Art. 171 f. AEUV dem Erlass einer Verordnung als unmittelbar in allen Mitgliedstaaten verbindlichem Rechtsakt entgegenstehe.[345]

Überzeugende Argumente sprechen jedoch **für** die Zulässigkeit der Festlegung verbindlicher Leitlinien in Form einer Verordnung. Zunächst enthalten Art. 171 und 172 AEUV selbst gar keine Aussagen über die Rechtswirkung einer Leitlinie. Und auch die klassischen Handlungsformen nach Art. 288 AEUV schließen Leitlinien nicht mit ein. Das Primärrecht lässt dem

---

342 S. näher *Pechstein*, EU-Prozessrecht, Rdn. 560 f.

343 Ständige Rechtsprechung; s. etwa EuGH, Urt. v. 16.4.2013, verb. Rs. C-274/11 u. C-295/11, GRUR-Int 2013, 542 (545).

344 Näher zum Folgenden *Giesberts/Tiedge*, NVwZ 2013, S. 836 (839 f.).

345 So z. B. *Armbrecht*, DVBl. 2013, S. 479 (483), die die Handlungsform des Beschlusses gem. Art. 288 Abs. 4 AEUV als passender ansieht. S. auch *Appel*, in: Säcker (Hrsg.), Energierecht, vor § 1 NABEG Rdn. 22.

einfachen Gesetzgeber damit eine Wahl, mit welchem Handlungsmittel er Leitlinien umzusetzen gedenkt. Allerdings gibt Art. 172 Abs. 1 AEUV einen Hinweis, welche der primärrechtlich ausdrücklich vorgesehenen Handlungsmittel hierfür geeignet sind. Denn dieser Norm zufolge werden Leitlinien im ordentlichen Gesetzgebungsverfahren festgelegt.[346] Gem. Art. 289 AEUV bezieht sich das ordentliche Gesetzgebungsverfahren aber nur auf Verordnungen, Richtlinien und Beschlüsse, also allesamt verbindliche Rechtsakte nach Art. 288 AEUV.[347] Auch verlangt Art. 172 Abs. 2 AEUV, dass Leitlinien, die das Hoheitsgebiet eines Mitgliedstaaten tangieren, vom betreffenden Mitglied gebilligt werden. Ohne Verbindlichkeit der Leitlinien wäre ein solches "Vetorecht" nicht erforderlich gewesen.[348] Mithin ist von der Rechtmäßigkeit der TEN-E-VO auch und gerade im Hinblick auf die gewählte Handlungsform auszugehen.

Keine Rechtswidrigkeit der TEN-E-VO aus materiellen Gründen

Ein weiterer Kritikpunkt besteht darin, dass die Leitlinienkompetenz lediglich ein begrenztes Tätigwerden erlaube und somit auch inhaltliche Anforderungen an die Leitlinien stelle – und diese seien vorliegend überschritten worden.[349] So sei zu berücksichtigen, dass keine Unionskompetenz für eine eigenständige und selbstständige Infrastrukturpolitik besteht, sondern lediglich mitgliedstaatliche Politik akzessorisch begleitet und gesteuert werden darf.[350] In eine ähnliche Richtung geht der Vorwurf, dass der Grundsatz der Verfahrensautonomie der Mitgliedstaaten, der Kompetenz der EU zum Erlass von Verfahrensbestimmungen Schranken auferlege, gegen die Zulässigkeit der detaillierten Durchnormierung des gesamten VGI-Genehmigungsregimes spreche.[351]

Richtigerweise hält sich die TEN-E-VO aber innerhalb des ihr vorgegebenen primärrechtlichen Rahmens. Denn es wird auch weiterhin prinzipiell am dezentralen System der Planung und Genehmigung von Energieinfrastrukturvorhaben durch die Mitgliedstaaten festgehalten. Die EU leistet mit ihren – wenn auch recht weitgehenden – inhaltlichen Vorgaben lediglich einen Beitrag hierzu. Außerdem muss den Unionsorganen mit Blick auf die Festlegung der Reichweite inhaltlicher Regelungen ihrer Rechtsakte ein weites Ermessen zugemessen werden[352], so wie dies ebenfalls bei der Wahl der formalen Handlungsform gilt (s.o.).

Rein praktisch spricht schlicht die Tatsache, dass keine gefestigten Regeln bezüglich der Grenzziehung von zulässigen "Grundzügen" in der Dogmatik des Unionsrechts bestehen, gegen die Annahme, dass die Europäische Gerichtsbarkeit die inhaltliche Zulässigkeit der TEN-E-VO verneinen wird.[353]

---

[346] *Nettesheim*, in: Giegerich (Hrsg.), Herausforderungen und Perspektiven der EU, S. 77 (99).

[347] Alternativ wird erwogen, Leitlinien als eigenständige Handlungsform und Ergänzung zu den von Art. 288 AEUV vorgegebenen Instrumenten anzuerkennen, vgl. *Strobel*, ZEuS 2013, S. 167 (216).

[348] Näher hierzu *Strobel*, ZEuS 2013, S. 167 (180 f.).

[349] *Strobel*, ZEuS 2013, S. 167 (172).

[350] *Nettesheim*, in: Giegerich (Hrsg.), Herausforderungen und Perspektiven der EU, S. 77 (98).

[351] *Strobel*, ZEuS 2013, S. 167 (213).

[352] EuGH, Urt. v. 7.7.2009, Rs. C-558/07, Slg. 2009, I-5783, Rdn. 42; Urt. v. 8.6.2010, Rs. C 58/08. Slg. 2010, I-4999, Rdn. 52.

[353] Vgl. *Nettesheim*, in: Giegerich (Hrsg.), Herausforderungen und Perspektiven der EU, S. 77 (99).

3.3.6 Fazit und Ausblick

Die TEN-E-VO und die CEF-VO bieten solide rechtliche und finanzielle Voraussetzungen, um die tatsächliche Realisierung von Stromleitungsvorhaben in Deutschland und in Europa zu fördern. Insbesondere im Vergleich zu den Vorgängerregelungen möchte man fast von einem Quantensprung sprechen: So überführt die TEN-E-VO sowohl die Voraussetzungen, als auch die Rechtsfolgen des überkommenen VGI-Status von der Ebene der Politik in die Sprache des Rechts. Gleichzeitig erhöht die CEF-VO das Fördervolumen um ein Vielfaches.

Dass einzelne Regelungen – z. B. das nichtjustiziable mitgliedstaatliche Vetorecht bei der VGI-Anerkennung – mit der Gesamtentwicklung nicht Schritt halten können, verschlechtert die Lagebeurteilung nur unwesentlich. In den kommenden Jahren wird es nun maßgeblich darauf ankommen, ob die privaten Vorhabenträger die Möglichkeiten, die ihnen das neue EU-Regime bietet, auch vollumfänglich nutzen werden.

3.4 Der Netzentwicklungsplan: Gesetzliche Grundlagen und Bewertung

DR. CONRAD SEIFERTH UND DR. BENJAMIN SCHIRMER

Dr. Conrad Seiferth ist Partner in der Anwaltskanzlei SAMP SCHILLING & PARTNER. Er berät seit 2008 Unternehmen, Projektentwickler und Investoren im Energiewirtschaftsrecht und dem Recht der Erneuerbaren Energien.

Dr. Benjamin Schirmer ist Local Partner im Berliner Büro der internationalen Anwaltssozietät White & Case. Er berät im öffentlichen Wirtschaftsrecht und ist auf das Umwelt- und Planungsrecht einschließlich des Rechts des Netzausbaus spezialisiert.

3.4.1 Einleitung

Die Notwendigkeit, den Ausbau der Stromnetze zu beschleunigen und besser zu koordinieren, hat den Gesetzgeber in der Vergangenheit schon mehrfach zum Handeln veranlasst. Änderungen des Rechtsrahmens bezogen sich dabei vorrangig auf das Recht zur Vorhabenzulassung, also insbesondere das Planfeststellungsrecht. Auch das EnLAG[354] hat im Wesentlichen nur für die Planfeststellung maßgebliche Fragen geregelt. Zunehmend ist aber auch erkannt worden, dass die der eigentlichen Vorhabenzulassung vorgeschaltete Netzplanung rechtlichen Regeln unterworfen werden muss, wenn der Ausbau der Netze (weiter) beschleunigt werden soll.

Vor diesem Hintergrund ist das neue Instrument des Netzentwicklungsplans einzuordnen, das im Rahmen der 2011 eingeleiteten Energiewende[355] eingeführt worden ist. Ziel dieses neuen Planungsinstruments ist es, eine koordinierte und gemeinsame Planung des Netzausbaus aller Übertragungs- und Fernleitungsnetzbetreiber zu gewährleisten und durch Regeln der Öffentlichkeitsbeteiligung eine möglichst umfassende Transparenz des Planungsprozesses zu schaffen.

Die wesentlichen Inhalte dieser Netzentwicklungsplanung gehen auf Vorgaben der EU im Rahmen des Dritten Energiebinnenmarktpaketes des Jahres 2009[356] zurück. Dieses verpflichtet die Mitgliedstaaten, Übertragungsnetzbetreibern (ÜNB) und Fernleitungsnetzbetreibern (FNB) aufzugeben, den Regulierungsbehörden nach Konsultation der einschlägigen Interessenträger einen zehnjährigen Netzentwicklungsplan vorzulegen. Der Netzentwicklungsplan soll sich nach den Vorstellungen des Richtliniengebers dabei auf die derzeitige Lage sowie Prognosen im Bereich von Angebot und Nachfrage stützen und wirksame Maßnahmen zur Gewährleistung der Angemessenheit des Netzes und der Versorgungssicherheit enthalten. Ferner sehen die beiden Richtlinien Vorgaben zu den zu Grunde zu legenden Annahmen, der

---

[354] Siehe dazu Abschnitt 3.4.2.1

[355] Allgemein zur Energiewende und den sie umfassenden Gesetzen vgl. etwa *Scholtka/Helmes*, NJW 2011, S. 3185 ff.

[356] Das Paket besteht aus den beiden Elektrizitätsbinnenmarktrichtlinien RL 2009/72/EG (ABl. EG L 211 vom 14.8.2009, S. 55) und Erdgasbinnenmarktrichtlinien RL 2009/73/EG (ABl. EG L 211 vom 14.8.2009, S. 94) sowie den drei Verordnungen zum Strom- und Gasnetzzugang bzw. zur Errichtung der Agentur für die Zusammenarbeit der Regulierungsbehörden („ACER"); dazu *Kühling/Pisal*, RdE 2010, S. 161 ff.; *Däuper*, N&R 2009, S. 214 ff.

Beteiligung von tatsächlichen und potenziellen Netznutzern, der Prüfung des Netzentwicklungsplans sowie zur Überwachung seiner Umsetzung und entsprechende Befugnisse der Regulierungsbehörden vor.[357]

Diese Vorgaben sind im Rahmen der Novelle des Energiewirtschaftsrechts in 2011 mit den §§ 12a ff. und 17b ff. EnWG umgesetzt worden. Der deutsche Gesetzgeber ist dabei allerdings über die Vorgaben des Dritten Energiebinnenmarktpakets hinausgegangen. So hat er die Erstellung des Netzentwicklungsplans in ein mehrstufiges Verfahren mit neuen vorhabenübergreifenden Ebenen zur Planung von Netzausbaumaßnahmen[358] integriert, die der Planung und Zulassung von Leitungsvorhaben vorgeschaltet sind.[359] Der Gesetzgeber hat sich dazu entschlossen, die Netzentwicklungsplanung der ÜNB als Grundlage für die weitere Netzausbauplanung zu nutzen.

Im Folgenden werden der Rechtsrahmen, in den die Netzentwicklungspläne Onshore (NEP) und Offshore (O-NEP) integriert sind, sowie die Inhalte der bereits erstellten Szenariorahmen und Netzentwicklungspläne dargestellt und einer Bewertung unterzogen (dazu unter Abschnitt 3.4.2). Daran schließt sich ein Überblick über den Rechtsrahmen und Inhalt des Bundesbedarfsplans an (dazu unter Abschnitt 3.4.3). Es folgt eine Darstellung der Rechtschutzmöglichkeiten gegen NEP und O-NEP (dazu unter Abschnitt 3.4.4) mit einer abschließenden Einschätzung des aktuellen Standes (dazu unter Abschnitt 3.4.5).

3.4.2 Netzentwicklungsplanung durch NEP und O-NEP

Die Aufstellung von NEP und O-NEP ist wesentlicher Bestandteil des Verfahrens zur Aufstellung eines energiewirtschaftlichen Bedarfsplans, der in der Verabschiedung eines Bundesbedarfsplangesetzes mündet. Überblicksartig gestaltet sich das Verfahren der koordinierten gesamthaften Planung des Netzausbaus durch die Übertragungs- und Transportnetzbetreiber wie folgt: Zunächst wird von den ÜNB jährlich gemeinsam ein Szenariorahmen für die wahrscheinliche Entwicklung von Energieerzeugung und -verbrauch erarbeitet, der dann die Grundlage für einen jährlichen Netzentwicklungsplan mit den notwendigen Netzausbaumaßnahmen bildet. Nach den Verfahrensschritten zur Erstellung und Bestätigung des NEP bzw. O-NEP wird dieser in ein Bundesbedarfsplangesetz überführt, welches die Grundlage für die weitere Planung und Genehmigung der einzelnen Leitungsvorhaben bildet.

3.4.2.1 Vorläufer: Bedarfsplanung nach dem EnLAG

Vorläufer dieses durch die Erstellung gemeinsamer Entwürfe durch die ÜNB und mehrere Runden der Öffentlichkeitsbeteiligung geprägten Verfahrens war die Verabschiedung eines gesetzlichen Bedarfsplans mit dem EnLAG.

Bereits vor den Beschlüssen im Rahmen der Energiewende im Jahr 2011 war allgemein anerkannt, dass der Ausbau der Stromleitungen im Hinblick auf die Steigerung der Transportka-

357 Art. 22 Elektrizitätsbinnenmarktrichtlinie und Art. 22 Erdgasbinnenmarktrichtlinie.

358 Ausführlich dazu *Schirmer/Seiferth*, ZUR 2013, S. 515 ff.

359 Zur Bundesbedarfsplanung s. unten 3.4.3.

pazitäten für die Ableitung des aus erneuerbaren Energien gewonnenen Stroms in die deutschen Verbrauchszentren dringend erforderlich ist. Mit dem 2009 in Kraft getretenen EnLAG unternahm der Gesetzgeber einen ersten Schritt zur Beschleunigung des Netzausbaus.

Den Vorbildern aus dem Fernstraßen- und Schienenwegeausbau folgend, verabschiedete der Gesetzgeber einen Bedarfsplan, in dem Vorhaben im Bereich der Höchstspannungsnetze mit einer Nennspannung von 380 Kilovolt oder mehr aufgeführt sind und für die der Gesetzgeber eine energiewirtschaftliche Notwendigkeit und einen vordringlichen Bedarf sieht. Grundlage des Bedarfsplans waren dabei die TEN-E-Leitlinien[360] und die dena-Netzstudie I.[361] In der Gesetzesbegründung vollzog der Gesetzgeber die darin enthaltenen Erwägungen nach und begründete damit die energiewirtschaftliche Notwendigkeit dieser Vorhaben.

Im Unterschied zu der Netzentwicklungsplanung, die mit dem Dritten Energiebinnenmarktpaket eingeführt wurde, lag der Bedarfsfeststellung keine eigenständige, normierte Bedarfsermittlung durch die ÜNB oder gar durch die Regulierungsbehörden zugrunde. Der Gesetzgeber hat sich vielmehr auf Festlegungen des europäischen Verordnungsgebers und auf eine Netzstudie gestützt und dies nachvollzogen. Namentlich die Bezugnahme auf die dena-Netzstudie I war nicht unumstritten.

Mit § 1 Abs. 2 EnLAG werden die zentralen Bestimmungen zur Verbindlichkeit des Bedarfsplans getroffen: Satz 1 stellt fest, dass die im Bedarfsplan des EnLAG aufgeführten Vorhaben den Zielsetzungen des § 1 EnWG entsprechen. Für diese Vorhaben sind also die energiewirtschaftliche Notwendigkeit und der vordringliche Bedarf gegeben (Satz 2). Für die Planfeststellung und die Plangenehmigung nach den §§ 43 bis 43d EnWG sind diese gesetzlichen Feststellungen verbindlich (Satz 3).

Hierdurch wird ein in Planfeststellungsverfahren häufig umstrittener Gesichtspunkt der Prüfung durch die Planfeststellungsbehörde – und damit auch der Anfechtbarkeit – entzogen, um die Zulassung dieser Vorhaben zu beschleunigen: Die Erforderlichkeit der Leitungen im Sinne der Planrechtfertigung wird nicht mehr überprüft. Gemessen an den Zielsetzungen des EnWG ist das in Rede stehende Vorhaben damit vernünftigerweise geboten, d. h. die – durch § 1 EnLAG vorweggenommene – Planrechtfertigung, zwingendes Erfordernis einer jeden Planfeststellung, ist damit gegeben.[362]

Im Vergleich zum Netzausbaubeschleunigungsgesetz (NABEG), das auch Regelungen für die vorhabenübergreifenden Planungsebenen der Bundesfachplanung und der Planfeststellung

[360] Entscheidung Nr. 1364/2006/EG vom 6.9.2006 zur Festlegung von Leitlinien für die transeuropäischen Energienetze und zur Aufhebung der Entscheidung Nr. 96/391/EG und der Entscheidung Nr. 1229/2003/EG (TEN-E-Leitlinien), ABl. L 262 vom 22.9.2006, S. 1. – Die Entscheidung ist zwischenzeitlich mit der Verordnung (EU) Nr. 347/2003 zu Leitlinien für die transeuropäische Energieinfrastruktur (ABl. EU L 115 v. 25.4.2013, S. 39) aufgehoben worden.

[361] Deutsche Energie-Agentur, Studie „Energiewirtschaftliche Planung für die Netzintegration von Windenergie in Deutschland an Land und Offshore bis zum Jahr 2020“ (dena-Netzstudie I), Februar 2005.

[362] S. aus der Rechtsprechung zur Planrechtfertigung nur BVerwG, Urt. v. 21.3.1996 – 4 C 26.94, BVerwGE 100, 388 (390); s. ausführlich *Steinberg/Wickel/Müller*, Fachplanung, 4. Aufl. 2012, § 3 Rn. 96 ff.

enthält, ist die inhaltliche Reichweite des EnLAG deutlich eingeschränkter. Nur punktuell enthält das EnLAG Regelungen, die für die konkrete Zulassung der Leitungsvorhaben relevant sind, etwa über die Führung der Stromleitungen als Erdkabel.[363]

3.4.2.2 Rechtsrahmen §§ 12a bis 12d EnWG

Die rechtlichen Vorgaben für die Netzentwicklungsplanung sind in den §§ 12a bis 12d EnWG normiert. Das Verfahren lässt sich in zwei wesentliche Teilschritte untergliedern: Von den ÜNB ist zunächst ein Szenariorahmen zu entwickeln. Auf der Grundlage dieses – von der BNetzA genehmigten – Szenariorahmens erarbeiten die ÜNB dann den Netzentwicklungsplan. Das Verfahren gestaltet sich im Einzelnen wie folgt:

Szenariorahmen (§ 12a EnWG)

Erster Schritt der energiewirtschaftsrechtlichen Koordinierung der Planung im Rahmen der Netzentwicklungsplanung ist die Entwicklung eines Szenariorahmens. Dieser ist Grundlage für die weitere Netzplanung. Er enthält die voraussichtliche Netzbelastung anhand der prognostizierten Stromeinspeisung und -entnahme für einen bestimmten Referenzzeitpunkt in der Zukunft. Der Szenariorahmen ist so wesentlicher Bestandteil für die Ermittlung des mittel- und langfristig erforderlichen Umfangs an Netzausbaumaßnahmen.[364]

Der Szenariorahmen ist nach § 12a Abs. 1 S. 1 EnWG jährlich durch die ÜNB zu entwickeln. Er muss anhand von mindestens drei Entwicklungspfaden (Szenarien) die Bandbreite wahrscheinlicher Entwicklungen für die nächsten zehn Jahre im Rahmen der mittel- und langfristigen energiepolitischen Ziele der Bundesregierung abbilden (§ 12a Abs. 1 S. 2 EnWG). Eines dieser Szenarien muss darüber hinaus auch die wahrscheinliche Entwicklung für die nächsten zwanzig Jahre darstellen (§ 12a Abs. 1 S. 3 EnWG). Dem Szenariorahmen liegen damit Prognosen mit einem unterschiedlichen Zeithorizont zugrunde.

Für die Erstellung des Szenariorahmens haben die ÜNB angemessene Szenarien hinsichtlich der Erzeugung, Versorgung, Verbrauch von Strom sowie dessen Austausch mit anderen Ländern zugrunde zu legen und geplante Investitionsvorhaben der europäischen Netzinfrastruktur zu berücksichtigen. Sobald seitens der Bundesregierung auch ein Konzept für ein Zielnetz im Jahr 2050 vorliegt, sollen auch die Aussagen dieses Konzepts für die Erstellung des Szenariorahmens berücksichtigt werden.[365] Dieses Konzept ist bisher noch nicht vorgelegt worden.

Der Entwurf eines Szenariorahmens ist von den ÜNB gemeinsam zu erstellen und der BNetzA vorzulegen. Diese veröffentlicht den Entwurf und gibt der Öffentlichkeit Gelegenheit zur Stellungnahme. Unter Berücksichtigung der Ergebnisse der Öffentlichkeitsbeteiligung genehmigt die BNetzA gem. § 12a Abs. 3 EnWG den Szenariorahmen, der die Grundlage für den NEP nach §§ 12b ff. EnWG (dazu sogleich) und den Offshore-NEP nach §§ 17b ff. EnWG (dazu unten) ist.

---

363 Ausführlich zur Möglichkeit der Errichtung und des Betriebs von Erdkabeln etwa *Lecheler*, in: Steinbach (Hrsg.), NABEG/EnLAG/EnWG, 2013, § 2 EnLAG Rn. 141 ff.; *Schirmer*, DVBl. 2010, S. 1349 (1352 ff.).

364 BT-Drucks. 17/6072, S. 68.

365 BT-Drucks. 17/6072, S. 68.

Netzentwicklungsplan (§§ 12b bis 12d EnWG)

Auf der Grundlage des – von der BNetzA genehmigten – Szenariorahmens erstellen die ÜNB den NEP. Hierzu ermitteln die ÜNB für jede einzelne Stunde des Tages mittels Netzberechnungen Übertragungsbedarfe, um auf dieser Grundlage zu konkretem Handlungsbedarf für eine bedarfsgerechte Netzverstärkung oder gar einen Netzausbau zu gelangen.[366] Ebenso wie der Szenariorahmen ist auch der NEP jährlich gemeinsam durch die ÜNB zu erarbeiten.

Der NEP muss alle wirksamen Maßnahmen zur bedarfsgerechten Optimierung, Verstärkung und zum Ausbau der Übertragungsnetze enthalten, die in den nächsten zehn Jahren für einen sicheren und zuverlässigen Netzbetrieb erforderlich sind (§ 12b Abs. 1 S. 2 EnWG). Insoweit wird für die einzelnen Netzausbaumaßnahmen daher das jeweilige Leitszenario des Szenariorahmens zugrunde gelegt.

Den ersten Entwurf eines NEP müssen die ÜNB im Internet veröffentlichen. Der Öffentlichkeit einschließlich tatsächlicher und potenzieller Netznutzer sowie nachgelagerten Netzbetreibern, den Trägern öffentlicher Belange und den Energieaufsichtsbehörden der Länder ist damit die Gelegenheit zur Äußerung zu geben (Konsultation).

Das weitere Vorgehen zur Beteiligung und für eine Überarbeitung des Entwurfs durch die ÜNB ergibt sich im Einzelnen aus § 12b Abs. 1 bis 4 EnWG. Nach Durchführung der zuvor skizzierten Konsultation legen die ÜNB der BNetzA unverzüglich einen konsolidierten Entwurf des NEP vor; dieser muss eine zusammenfassende Erklärung über Art und Weise der Berücksichtigung der Ergebnisse der Konsultation enthalten.

Diesen gewissermaßen mit den Betroffenen und Interessierten abgestimmten Entwurf des NEP prüft die BNetzA nach § 12c Abs. 1 S. 1 EnWG im Hinblick auf die Einhaltung der gesetzlichen Anforderungen zur Erstellung des NEP. Nach § 12c Abs. 1 S. 2 EnWG kann sie Änderungen an dem Entwurf verlangen, wobei nach der gesetzlichen Regelung besondere Voraussetzungen hierfür nicht erfüllt sein müssen.[367] Verlangt die BNetzA solche Änderungen, sind die ÜNB verpflichtet, unverzüglich einen geänderten Entwurf vorzulegen. Auffällig ist, dass sich die Prüfung des NEP durch die BNetzA nach § 12c Abs. 1 S. 1 EnWG nicht auf die Überprüfung der ordnungsgemäßen Durchführung der Öffentlichkeitsbeteiligung bezieht; § 12b Abs. 3 EnWG mit der Regelung über die Durchführung der Öffentlichkeitsbeteiligung ist in § 12c Abs. 1 S. 1 EnWG ausdrücklich nicht benannt.[368] Verstöße gegen die Vorgaben der Öffentlichkeitsbeteiligung bleiben daher jedenfalls im Hinblick auf die Überprüfung durch die BNetzA sanktionslos.

Während des Verfahrens zur Erstellung des NEP führt die BNetzA frühzeitig zur „Vorbereitung eines Bedarfsplans" gem. § 12c Abs. 2 EnWG eine Strategische Umweltprüfung (SUP) durch. Sie erstellt zudem einen den Anforderungen des § 14g UVPG genügenden Umweltbericht.

Eine solche Umweltprüfung muss aber nicht jährlich durchgeführt werden. Dies ergibt sich daraus, dass die Aufstellung von NEP und Bundesbedarfsplan zeitlich nicht im gleichen Tur-

---

366 *Ruge*, ER 4/13, S. 143 (144).

367 Vgl. *Heimann*, in: Steinbach (o. Fn. 363), § 12c EnWG Rn. 16.

368 Dazu auch *Ruge*, in: Säcker, Berliner Kommentar zum Energierecht, 3. Aufl. 2014, § 12c EnWG Rn. 8.

nus erfolgt: Der NEP ist jährlich, der Bundesbedarfsplan mindestens alle drei Jahre aufzustellen. Daher hat der NEP nicht automatisch einen (neuen) Bundesbedarfsplan zur Folge. Wird aber mit dem NEP ein Bundesbedarfsplan nicht vorbereitet, besteht nach dem EnWG auch nicht die Notwendigkeit, im Rahmen der Prüfung des NEP eine SUP durchzuführen.[369] Gleiches gilt nach § 12e Abs. 5 EnWG i. V. m. § 14d S. 1 UVPG im Fall von nur geringfügigen Änderungen vom Bundesbedarfsplan, denn eine SUP ist in diesen Fällen nur dann erforderlich, wenn eine Vorprüfung ergeben hat, dass erhebliche Umweltauswirkungen zu befürchten sind.

Nach Abschluss ihrer Prüfung konsultiert die BNetzA die in ihren Aufgabenbereichen berührten Behörden sowie die Öffentlichkeit. Gegenstand dieser – zweiten – Konsultation ist der Entwurf zum NEP und „in den Fällen des § 12e EnWG", wenn also der NEP tatsächlich als Entwurf für einen Bundesbedarfsplan dient, auch der Umweltbericht (§ 12c Abs. 3 S. 3 EnWG). Erfolgt (nur) eine Fortschreibung des NEP, kann sich die Konsultation der Behörden und der Öffentlichkeit auf die Änderungen gegenüber dem Vorjahr beschränken (§ 12d EnWG).

Das Verfahren wird mit der Bestätigung des NEP durch die BNetzA abgeschlossen; die Bestätigung hat wegen der Investitionsentscheidung (nur) verbindliche Wirkung für die ÜNB (§ 12c Abs. 4 S. 1 EnWG), nicht hingegen für Dritte.[370] Für den ÜNB ist die Verbindlichkeit in doppelter Hinsicht bedeutsam: Da die im NEP aufgeführten Vorhaben grundsätzlich (s. § 65 Abs. 2a S. 1 EnWG) innerhalb von drei Jahren vom ÜNB zu realisieren sind, ergeben sich aus der Bestätigung zum einen unmittelbar Verpflichtungen. Daher kann der ÜNB gegen die Bestätigung auch Rechtsschutz geltend machen.[371] Zum anderen kann die Bestätigung als Grundlage für die Anerkennung der Kosten der Ausbaumaßnahme im Rahmen der Anreizregulierung herangezogen werden.[372]

3.4.2.3 Aktueller Umsetzungsstand des NEP

Szenariorahmen für NEP 2012, 2013 und 2014

Bereits sehr kurz nach In-Kraft-Treten des Gesetzespakets zur Energiewende haben die ÜNB am 11. Juli 2011 den Entwurf des ersten Szenariorahmens bei der BNetzA vorgelegt. Nachdem sie die Öffentlichkeit konsultiert hatte, veröffentlichte die BNetzA Ende 2011 den genehmigten Szenariorahmen für den NEP 2012.[373] Die ÜNB wie auch die BNetzA kamen damit den Forderungen nach einer sehr zügigen Netzentwicklungs- und Netzausbauplanung zur Umsetzung der Energiewende nach.

Grundlage des **Szenariorahmens 2011** waren die Szenarien des Energiekonzepts der Bundesregierung aus dem Jahr 2010, die BMU-Leitstudie 2010 sowie eine Zusammenstellung von Einzelangaben der Bundesländer für den Ausbau der Windenergie. Die in den herangezogenen Grundlagen veröffentlichten Zielwerte für das Jahr 2020 zogen die ÜNB für die Bestimmung

369 *Heimann*, in: Steinbach (o. Fn. 363), § 12c EnWG Rn. 10.

370 Vgl. BT-Drs. 17/6072, S. 69.

371 So *Appel*, UPR 2011, S. 409 (412).

372 Dazu näher *Heimann*, in: Steinbach (o. Fn. 363), § 12c EnWG Rn. 45.

373 Unter www.netzausbau.de sind die Szenariorahmen, die NEP sowie die Bestätigungen der BNetzA abrufbar.

der Zielwerte im Jahr 2022 heran.[374] Der Szenariorahmen 2011 wurde als Grundlage für den im Jahr 2012 vorzulegenden NEP erstellt. Daher enthält er gemäß den Vorgaben des § 12a EnWG[375] drei Entwicklungspfade für das Jahr 2022 (Szenarien A, B und C) sowie für das Leitszenario einen Entwicklungspfad für ein 20-Jahres-Szenario (Szenario B-2032). Die dem Szenariorahmen zu Grunde gelegten Referenzwerte zur installierten Erzeugungsleistung und zum Stromverbrauch sowie die Annahmen zur Jahreshöchstlast des Jahres 2010 wurden als Ausgangsbasis und Plausibilisierungsmaßstab für die Bestimmung der Szenarien herangezogen; sie sind jedoch nicht Gegenstand der Genehmigung der BNetzA.[376]

Alle Szenarien des Szenariorahmens 2011 gingen für das Jahr 2022 bzw. 2032 von einem Nettostromverbrauch von 535,4 TWh und einer Jahreshöchstlast von 84,0 GWh aus.[377] Sie unterscheiden sich aber in den unterschiedlichen Annahmen hinsichtlich der Entwicklung der konventionellen und regenerativen Erzeugungsleistung: So legt Szenario A die Umsetzung der Ziele der Bundesregierung aus dem Energiekonzept 2010 zugrunde und geht dementsprechend von einem moderaten Anstieg der Stromerzeugung aus Steinkohle und Gas im konventionellen Bereich aus. Das Szenario B setzt auf dem Szenario A auf, geht aber von einem höheren Anteil an Erzeugungskapazitäten aus erneuerbarer Energie und von zusätzlichen Stromerzeugungskapazitäten aus Gaskraftwerken aus. Das Szenario C wiederum zeichnet sich durch einen besonders hohen Zuwachs an Erzeugungskapazitäten für Strom aus erneuerbaren Energien aus und greift dazu auf die regionalen Erzeugungsprognosen der Bundesländer zurück.

Die Szenarien im Entwurf zeichneten dabei die aus Sicht der ÜNB wahrscheinlichen Entwicklungen ab. Die BNetzA hat diese einer Plausibilitätsprüfung unterzogen und ist dem Ansatz der ÜNB dem Grunde nach gefolgt. Sie hat jedoch die Entwicklungspfade für die konventionelle Erzeugung und die Erzeugung aus erneuerbaren Energien einander angenähert, indem sie das Szenario C im Hinblick auf den starken Ausbau von erneuerbarer Energie eingeengt hat und stattdessen von einem Zubau an flexiblen Gaskraftwerken ausgegangen ist. (Erst) die so genehmigten Szenarien erfüllen das Kriterium einer wahrscheinlichen Entwicklung im Sinne von § 12a Abs. 1 S. 2 EnWG.[378] Durch Nebenbestimmungen zu der Genehmigung des Szenariorahmens hat die BNetzA den ÜNB aufgegeben, weitere Angaben zu ermitteln und zu veröffentlichen, u. a. die Auswirkungen einer 10%-igen Absenkung des Stromverbrauchs bis 2020 und einer 25%-igen Absenkung des Stromverbrauchs bis 2050 sowie die damit einhergehende Absenkung der Last auf den Netzausbaubedarf. Die Ergebnisse und deren Herleitung sind im NEP zu veröffentlichen.

Der **Szenariorahmen 2012**, der die Grundlage für den NEP 2013 und den O-NEP 2013 bildet, wurde von der BNetzA am 30. November 2012 genehmigt. Im Unterschied zum vorhergehenden Szenariorahmen sind darin die Referenzwerte für das Jahr 2011 aufgrund der zwischenzeitlichen Veränderungen angepasst worden. So ist insbesondere der deutliche Zuwachs beim Zubau der Photovoltaik im Laufe des Jahres 2011 berücksichtigt worden. Ferner hat die BNetzA in ihrer Genehmigung des Szenarios A 2023, B 2023 und B 2033 abweichend von

---

374 Vgl. Entwurf der ÜNB, Szenariorahmen für den Netzentwicklungsplan 2012 – Eingangsdaten der Konsultation, Stand: 18.7.2011, S. 3.

375 Siehe oben Abschnitt 3.4.2.2.

376 BNetzA, Genehmigung Szenariorahmen 2011 v. 20.12.2011, Az.: 8121/Szenariorahmen 2011, S. 51.

377 BNetzA, Genehmigung Szenariorahmen 2011 (s. oben Fn. 376), S. 51.

378 BNetzA, Genehmigung Szenariorahmen 2011 (s. oben Fn. 376), S. 35.

den ÜNB nicht deren angenommene Zubauwerte zugrunde gelegt, sondern ist für die Mehrzahl der Erzeugungsarten erneuerbarer Energie vom genehmigten Zubau des Szenariorahmens 2011 ausgegangen.[379] Kritisiert wurde dabei insbesondere, dass trotz der geringen tatsächlichen Veränderungen beim Zubau der Offshore-Windenergie eine Erhöhung des erwarteten Offshore-Windenergie-Ausbaus angenommen worden ist.[380] Hervorzuheben ist zudem die den ÜNB im Wege der Nebenbestimmung auferlegte Verpflichtung zu ermitteln und zu untersuchen, ob das energiepolitische Ziel der Bundesregierung, den Anteil der Erneuerbaren Energien am Bruttostromverbrauch bis spätestens 2020 auf mindestens 35% und bis spätestens 2030 auf mindestens 50% zu erhöhen, erfüllt wird. Die Ergebnisse und deren Herleitung sind im Netzentwicklungsplan 2013 zu veröffentlichen.

Am 28. März 2013 haben die ÜNB den **Szenariorahmen 2013** eingereicht, der sowohl die Grundlage für den NEP 2014 als auch den O-NEP 2014 bildet. Wesentliche Änderungen gegenüber dem genehmigten Szenariorahmen für den NEP 2013 betreffen die Bestandszahlen der erneuerbaren Energien im Referenzjahr 2012 sowie die aktualisierten Annahmen des Zubaus. Dies ergab sich vor dem Hintergrund, dass den ÜNB für die erneuerbaren Energien aktualisierte Zubauzahlen aus ihrer „Mittelfristprognose zur deutschlandweiten Stromerzeugung aus EEG-geförderten Kraftwerken für die Kalenderjahre 2013 bis 2017“ sowie den aktuellen Meldungen ihres Zubaus der Bundesländer vorlagen.[381] Im Vergleich zum Szenariorahmen 2012 bestehen insbesondere Veränderungen bei der Summe der Erzeugungsleistungen. Zwar liegt dem Szenariorahmen im Ausgangspunkt – dem Referenzjahr – aufgrund des Zubaus an Erzeugungsleistung Wind (Onshore) und Photovoltaik im Jahr 2012 eine um rund 10 GW höhere Erzeugungsleistung zugrunde. Für den erwarteten weiteren Zubau an regenerativer Erzeugungsleistung in den einzelnen Szenarien bestehen dagegen nur geringfügige Änderungen. Da die ÜNB in allen Szenarien von einer deutlichen Absenkung der Leistung konventioneller Erzeuger ausgehen, ergibt sich im Ergebnis eine Reduzierung der Gesamterzeugungsleistung: z. B. im (Leit-)Szenario B (Szenariorahmen 2012) von 232,8 GW auf 223,5 GW im Szenariorahmen 2013. Die BNetzA hat den Szenariorahmen am 30. August 2013 genehmigt und mit nahezu identischen Nebenbestimmungen wie im vorhergehenden Szenariorahmen versehen.[382]

Netzentwicklungsplan 2012

Am 29. Mai 2012 haben die ÜNB der BNetzA erstmals einen Entwurf für den gemeinsam erarbeiteten NEP vorgelegt und diesen auf ihrer Internetseite veröffentlicht. Die Öffentlichkeit hatte danach die Gelegenheit zur Stellungnahme. Auf der Grundlage dieser Konsultation erstellten die ÜNB einen überarbeiteten Entwurf, der der BNetzA zur Prüfung übergeben wurde. Im Zeitraum vom 6. September 2012 bis zum 10. Oktober 2012 hatten die in ihrem Aufgabenbereich berührten Behörden und bis zum 2. November 2012 die Öffentlichkeit ein weiteres Mal Gelegenheit zur Stellungnahme. Die überarbeitete Fassung des NEP 2012 genehmigte die BNetzA am 25. November 2012.

---

379 BNetzA, Genehmigung Szenariorahmen 2012 v. 30.11.2012, Az.: 6.00.03.04/12-11-30/Szenariorahmen 2012, S. 40 f.

380 Vgl. *Fest*, NVwZ 2013, S. 824 (827).

381 ÜNB, Szenariorahmen für die NEP Strom 2014 – Entwurf v. 28.3.2013, S. 8 ff.

382 BNetzA, Genehmigung Szenariorahmen 2013 v. 30.8.2013, Az.: 6.00.03.05/13-08-30/Szenariorahmen 2013 (abrufbar unter: www.netzausbau.de).

Damit der NEP alle Maßnahmen zur Optimierung, Verstärkung und zum Ausbau des Netzes enthält, die in den nächsten zehn Jahren erforderlich sind, ist von den ÜNB der konkrete Netzausbaubedarf zu ermitteln und darzulegen. Die ÜNB haben dafür ein mehrstufiges Verfahren durchgeführt, dessen Ausgangspunkt die durch den genehmigten Szenariorahmen ermittelten Einspeisungen der Erzeuger und die Entnahmen der Verbraucher in den Referenzjahren 2022 und 2032 bilden.[383]

Im folgenden Schritt wurden die für das gesamte Bundesgebiet zugrunde gelegten Daten regional zugeordnet. Soweit für die bestehende und zuzubauende Erzeugungsleistung der Standort bekannt war, wurde diese unmittelbar bzw. im Rahmen einer Modellierung den jeweiligen Netzknoten zugeordnet.[384] Danach erfolgte in einem weiteren Schritt auf dieser Grundlage eine Marktmodellierung. Dabei wurde die Einspeisung der Erzeuger im Hinblick auf die Befriedigung der künftigen Nachfrage ermittelt, um die Höhe des Transportbedarfs und die dadurch entstehenden Anforderungen an das in zehn Jahren benötigte Netz abschätzen zu können.[385]

Im vierten Schritt wurde aus dem Zusammenspiel der Einspeisung aus erneuerbaren Energien, der Einspeisung aus konventionellen Kraftwerken und der Verbraucherlast die Netzbelastung ermittelt. Daraus konnte dann schlussendlich der Netzentwicklungsbedarf ermittelt werden.[386] Im fünften Schritt waren dann entsprechend dem NOVA-Prinzip (Netzoptimierung vor Netzverstärkung vor Netzausbau) alle wirksamen Maßnahmen zu ermitteln und in den NEP aufzunehmen, die für den zuverlässigen Netzbetrieb erforderlich sind. Ferner sollte der NEP einen Zeitplan sowie Angaben über die Netzausbaumaßnahmen enthalten, die in den nächsten drei Jahren erforderlich sind. Darüber hinaus waren die Angaben über Pilotprojekte sowohl für eine verlustarme Übertragung als auch für Hochtemperaturleiterseile sowie die Übertragungstechnologien, die verwendet werden, aufzunehmen.[387]

Im Rahmen ihrer Prüfung untersuchte die BNetzA die 75 Maßnahmen der ÜNB. Dabei musste sie einen vernünftigen Ausgleich zwischen der einerseits bestehenden generellen Notwendigkeit eines Netzausbaus sowie der derzeit rechtlich und planerisch bestehenden uneingeschränkten Verpflichtung zum Netzausbau und der andererseits existierenden Ungewissheit über die Entwicklung der Planungsgrundlagen und möglicher unnötiger Folgekosten für nicht oder nicht mehr wie im geplanten Maße erforderliche Maßnahmen finden.[388] Aus Sicht der BNetzA bedurfte es daher einer selbständigen Prüfung der Erforderlichkeit für wirksame und bedarfsgerechte Maßnahmen. Ihr Prüfprogramm für die einzelnen Maßnahmen bestand dementsprechend aus der Wirksamkeit, Bedarfsgerechtigkeit und der Erforderlichkeit der einzelnen Maßnahmen.[389]

Neben der Prüfung der Wirksamkeit, Bedarfsgerechtigkeit und Erforderlichkeit der Einzelmaßnahme erfolgte seitens der BNetzA außerdem eine Prüfung des Gesamtkonzepts. Da sich die Aufgaben des Übertragungsnetzes durch den zu bedienenden Transportbedarf definieren,

---

383 BNetzA, Bestätigung Netzentwicklungsplan Strom 2012 v. 25.11.2012, S. 16.

384 BNetzA, Bestätigung Netzentwicklungsplan Strom 2012 (s. oben Fn. 383), S. 17.

385 BNetzA, Bestätigung Netzentwicklungsplan Strom 2012 (s. oben Fn. 383), S. 17.

386 BNetzA, Bestätigung Netzentwicklungsplan Strom 2012 (s. oben Fn. 383), S. 18.

387 BNetzA, Bestätigung Netzentwicklungsplan Strom 2012 (s. oben Fn. 383), S. 19.

388 BNetzA, Bestätigung Netzentwicklungsplan Strom 2012 (s. oben Fn. 383), S. 104.

389 BNetzA, Bestätigung Netzentwicklungsplan Strom 2012 (s. oben Fn. 383), S. 104.

musste das Gesamtkonzept die Treiber für zukünftigen Transportbedarf sowie die Auswirkungen dieser Treiber auf das bestehende Netz enthalten und unter Berücksichtigung anderweitiger Planungsmöglichkeiten einen Weg für eine effiziente, ressourcenschonende und zukunftsweisende Erfüllung des sich aus den Treibern ergebenden Transportbedarfs vorschlagen.[390] Der NEP stellte dabei einen Bedarf an Übertragung großer Leistungen über weite Strecken fest, die durch HGÜ-Leitungen und flankierende NOVA-Maßnahmen gedeckt werden sollen. Insofern wurde ein Gesamtkonzept mit vier HGÜ-Korridoren, die insgesamt sieben Trassen beinhalten, zusammen mit den erforderlichen Maßnahmen für den Drehstromausbau als Gesamtplan vorgeschlagen.[391]

Die verschiedenen Varianten des Gesamtkonzepts zur Lösung des sich aus den Szenarien ergebenden energiewirtschaftlichen Transportbedarfs und den Vergleich anhand geeigneter Kenngrößen hat die BNetzA mit gutachterlicher Beratung geprüft. Obwohl der entsprechende Gutachter bei der Prüfung bewusst eine methodisch andere Vorgehensweise als die ÜNB gewählt hatte, kam er im Ergebnis aber zu ähnlichen Lösungen wie die ÜNB. Das Gesamtkonzept des NEP war damit aus Sicht der BNetzA nachvollziehbar und wissenschaftlich begründbar.[392]

Im NEP 2012 sind insgesamt 75 Einzelmaßnahmen zur Optimierung, Verstärkung und zum Ausbau des Netzes untersucht worden. Jede Einzelmaßnahme enthält jeweils einen Anfangs- und einen Endpunkt. Von den 75 Einzelmaßnahmen hat die BNetzA 51 Maßnahmen nach ihrer Prüfung als erforderlich bestätigt. Darunter befinden sich u. a. fünf Maßnahmen für die Übertragung von Hochspannungsgleichstrom (HGÜ-Maßnahmen). 23 Maßnahmen hat die BNetzA nicht bestätigt und mit dem Hinweis versehen, dass diese Maßnahmen in den Folgejahren noch bestätigt werden könnten. Die ÜNB haben insoweit die Gelegenheit, in künftigen Netzentwicklungsplänen die Erforderlichkeit dieser Maßnahmen zu untersuchen und neu darzulegen.

Weiterentwicklung NEP 2013

Den Entwurf für den NEP 2013 haben die ÜNB am 2. März 2013 vorgelegt. Im Vergleich zum NEP 2012 hat sich die Planungsgrundlage – der Szenariorahmen – nur geringfügig geändert. Die im NEP 2012 festgehaltenen Analysen und Schlussfolgerungen behielten daher aus Sicht der BNetzA im hohen Maße ihre Gültigkeit. Lediglich an vereinzelten Stellen hätten sich zusätzlich Erkenntnisse ergeben, die sich z. B. in einer leichten Änderung der räumlichen Verteilung der EE-Anlagen widerspiegelten.[393] Im Unterschied zum vorherigen Plan enthält der NEP 2013 90 Maßnahmen zum Ausbau des Netzes, von denen 72 Maßnahmen unter Vorbehalt weiterer Erkenntnisse bestätigungsfähig sind. Im NEP 2013 sind neben Netzausbaumaßnahmen, die einen Bedarf an Übertragungskapazität abdecken sollen, auch Punktmaßnahmen, die den Aus- oder Neubau von Umspannwerken betreffen, aufgenommen worden.[394] Die Bestätigung des NEP 2013 erfolgte durch die BNetzA am 19. Dezember 2013.

---

[390] BNetzA, Zusammenfassung Netzausbau, 2. Aufl. März 2013, S. 12.

[391] BNetzA, Bestätigung Netzentwicklungsplan Strom 2012 (s. oben Fn. 383), S. 111.

[392] BNetzA, Zusammenfassung Netzausbau (s. oben Fußn. 390), S. 12.

[393] BNetzA, Bestätigung des Netzentwicklungsplans Strom 2013 v. 19.12. 2013, S. 77.

[394] BNetzA, Bestätigung des Netzentwicklungsplans Strom 2013 (s. oben Fn. 393), S. 78.

Bewertung

Mit der Verpflichtung zur Erarbeitung eines gemeinsamen Szenariorahmens und eines gemeinsamen Netzentwicklungsplan durch die ÜNB wird die Beurteilung der Erforderlichkeit einer Netzausbaumaßnahme nicht mehr primär dem jeweiligen ÜNB individuell überlassen, sondern hat eine stärkere Kooperation und Abstimmung der ÜNB untereinander geschaffen.[395] Zudem geben die Konsultationen der Öffentlichkeit einen frühzeitigen Einblick in die Ermittlung der energiewirtschaftlichen Notwendigkeit und die Planung von Netzausbauvorhaben. Die damit geschaffene Transparenz haben zahlreiche Unternehmen, Institutionen, Verbände und Privatpersonen bereits genutzt. Im Rahmen der Konsultation 2013 gingen mehr als 8.000 Stellungnahmen zum NEP Strom und O-NEP sowie zum Umweltbericht 2013 bei der BNetzA ein, wobei die Stellungnahmen sich bisher in der Regel auf bestimmte Schwerpunktbereiche wie etwa die Region Meerbusch/Osterath bzw. die Region um den Netzverknüpfungspunkt Goldshöfe bezogen.[396] Ferner zeigen die Stellungnahmen, dass von den Konsultationsteilnehmern die den Szenarien zugrunde gelegten Entwicklungen und Annahmen kritisiert werden. Zahlreiche Konsultationsteilnehmer kritisierten, dass die in den Szenarien angenommene Entwicklung der Offshore-Windleistung als zu hoch angesetzt sei und daher einige landseitige Maßnahmen nicht bestätigungsfähig seien. Zudem werde von der BNetzA das enorme Ausbaupotenzial der Windenergie in Süddeutschland ignoriert und dies behindere – vor dem Hintergrund des hohen Windstromangebots aus dem Norden – den Aufbau dezentraler Erzeugungsstrukturen in Süddeutschland.[397]

Inwieweit die Einbindung der Öffentlichkeit auf diesen vorgelagerten Ebenen zu größerer Akzeptanz in der Bevölkerung und der beabsichtigten Beschleunigung der Planungs- und Genehmigungsverfahren führt, wird der weitere Fortgang der Verfahren zeigen müssen. Zu befürchten ist, dass die fortwährende Parallelität der Konsultationen verschiedener Pläne den Prozess des Netzausbaus nicht transparenter und verständlicher gestaltet. Die Konsultationsfristen erscheinen nicht nur für die interessierten Bürger und Experten, sondern auch für die Behörden im Hinblick auf eine eingehende Befassung mit den mehrere hundert Seiten umfassenden Planentwürfen und Begründungen zu kurz bemessen. Auch die jährliche Fortschreibung von Szenariorahmen und Netzentwicklungsplänen lässt den ÜNB zu wenig Zeit, um diese hinreichenden Berechnungen mehrerer Szenarien und Sensitivitäten durchführen zu lassen. Daher besteht von verschiedenen Beteiligten die Forderung, den Fortschreibungsprozess entsprechend den Vorgaben der europäischen Richtlinien auf einen zweijährigen Rhythmus umzustellen.[398] Auf der rechtlichen Ebene ist umstritten, ob die NEP aufgrund einer unterlassenen Prüfung von Alternativen rechtswidrig sind.[399]

---

395 *Callies/Dross*, JZ 2012, S. 1002 (1010); ebenso *Grigoleit/Weißensee*, UPR 2011, S. 401 (404).

396 BNetzA, Pressemitteilung v. 14.11. 2013, abrufbar unter www.bundesnetzagentur.de.

397 BNetzA, Bestätigung des Netzentwicklungsplans Strom 2013 (s. oben Fn. 393), S. 56.

398 Zu beiden Punkten *Fest*, NVwZ 2013, S. 824 (828).

399 So *Antweiler*, NZBau 2013, S. 337 (339 ff.); a.A. zu Recht *Ruge*, ER 4/2012, S. 143 (146 ff.).

3.4.2.4 Offshore-Netzentwicklungsplanung

Hintergrund und Grundlage

In der Nord- und Ostsee befinden sich bereits zahlreiche Datenkabel sowie Rohrleitungen zur Übertragung von Erdgas aus den norwegischen Erdgasfeldern. Darüber hinaus sind auch einige Transitkabel zu anderen europäischen Anrainerstaaten in Betrieb bzw. im Genehmigungsverfahren.[400] Durch den angestrebten Ausbau der Erzeugungskapazitäten durch Offshore-Windparks (OWPs) in der ausschließlichen Wirtschaftszone (AWZ) muss das Netz um weitere Leitungen zum Anschluss der OWPs an das deutsche Übertragungsnetz ausgebaut werden.

Einige wenige dieser Anbindungssysteme sind schon errichtet und in Betrieb; eine Vielzahl weiterer Leitungen muss in den nächsten Jahren hinzukommen. Die entsprechenden Anbindungssysteme zwischen den OWPs und dem Übertragungsnetz auf dem Festland sollen in der Mehrzahl aus Seekabeln auf Basis der Hochspannungsgleichstromübertragungstechnik (HGÜ) und entsprechenden Konvertern auf See und an Land bestehen. Mit dem Bundesfachplan Offshore (BFO) und dem O-NEP soll der Ausbau der Anbindungssysteme und der Aufbau eines Offshore-Netzes koordiniert werden.

Bundesfachplan Offshore

Für das Netz auf See wird jährlich durch das Bundesamt für Seeschifffahrt und Hydrographie (BSH) ein Bundesfachplan Offshore (BFO) erstellt (§ 17a EnWG).[401] Ziel des BFO ist es, die Nutzungsinteressen im Hinblick auf die Netzanbindung der OWPs in der AWZ zu ordnen[402] und im Sinne einer vorausschauenden und abgestimmten Gesamtplanung festzulegen.[403] Der BFO enthält dafür Festlegungen zu:

1. den Offshore-Anlagen, die im räumlichen Zusammenhang stehen und für eine Sammelanbindung geeignet sind,
2. den Trassen oder Trassenkorridoren für Anbindungsleitungen für Offshore-Anlagen,
3. den Orten, an denen die Anbindungsleitung die Grenze zwischen der AWZ und dem Küstenmeer überschreiten,
4. den Standorten von Konverterplattformen oder Umspannanlagen,
5. den Trassen oder Trassenkorridoren für grenzüberschreitende Stromleitungen,
6. den Trassen oder Trassenkorridoren zu oder für mögliche Verbindungen der in den Nr. 1, 2, 4 und 5 genannten Anlagen und Trassen oder Trassenkorridore untereinander, und
7. standardisierten Technikvorgaben und Planungsgrundsätzen.

Dem BFO und seinen Festsetzungen kommt unmittelbar keine Außenwirkung zu und sie sind nicht durch Dritte anfechtbar (§ 17a Abs. 5 S. 1 EnWG). Allerdings ist der Bundesfachplan

---

400 Weiterführende Informationen und Karten s. unter www.bsh.de.

401 Beim Bundesfachplan Offshore handelt es sich um den Offshore-Netzplan gemäß § 17 Abs. 2a S. 3 und 4 EnWG a.F., dessen Umbenennung zur besseren Abgrenzung vom Offshore-Netzentwicklungsplan erfolgte und der von seiner grundsätzlichen Zielrichtung nicht verändert werden sollte.

402 BT-Drucks. 17/10754, S. 23.

403 BSH, Bundesfachplan Offshore für die AWZ der Nordsee 2012, Stand: 22.2.2013, S. 7.

Offshore im Rahmen der Planfeststellungs- und Genehmigungsverfahren nach der Seeanlagenverordnung (SeeAnlV)[404], die für die Errichtung und den Betrieb von Anlagen zur Erzeugung und Betrieb von Wasser, Strömung und Wind (für OWPs, Netzanbindungssysteme etc.) durchzuführen sind, verbindlich (§ 17a Abs. 5 S. 2 EnWG). Darüber hinaus kann die BNetzA nach Aufnahme einer Leitung in den Bundesnetzplan (nach § 17 NABEG) den ÜNB, der für die Anbindung des OWPs verantwortlich ist, auch auffordern, innerhalb einer zu bestimmenden angemessenen Frist den erforderlichen Antrag auf Planfeststellung oder Plangenehmigung der Leitung nach der SeeAnlV zu stellen.

Um den verbindlichen Bundesfachplan-Offshore zu erstellen, prüft das BSH nach § 17a Abs. 1 S. 3 EnWG, ob den im Bundesfachplan Offshore zu treffenden Festsetzungen öffentliche oder private Belange entgegenstehen, insbesondere die Übereinstimmung mit den Erfordernissen der Raumordnung,[405] deren Abstimmung mit anderen raumbedeutsamen Planungen und Maßnahmen sowie etwaige ernsthaft in Betracht kommende Alternativen von Trassen, Trassenkorridoren oder Standorten.

Das Verfahren sieht unverzüglich nach Einleitung des Verfahrens zur Erstellung eines BFO die Durchführung eines Anhörungstermins vor, in dem insbesondere der Gegenstand und Umfang der Festlegungen sowie der Umfang und Detaillierungsgrad des zu erstellenden Umweltberichts nach dem Gesetz über die Umweltverträglichkeitsprüfung (UVPG) erörtert werden sollen. Aufgrund der Ergebnisse des Anhörungstermins legt das BSH den Untersuchungsrahmen für den BFO fest. Ferner sieht das EnWG vor, dass eine strategische Umweltprüfung durchzuführen ist, soweit nicht bei jährlicher Überprüfung und Fortschreibung des BFO nach den Voraussetzungen des UVPG die Durchführung der SUP entfällt. Des Weiteren soll eine Beteiligung der Behörden, deren Aufgabenbereich berührt ist, und der Öffentlichkeit erfolgen. Diese Vorschriften sind in weiten Teilen an das NABEG angelehnt.

Am 22. Februar 2013 hat das BSH einen BFO für die AWZ der Nordsee 2012 zusammen mit einem Umweltbericht vorgelegt. Ausgehend von den vorgegebenen Grundlagen (ermittelter Bedarf des Szenario B des Szenariorahmens, technische Voraussetzungen und Vorranggebiete des Raumordnungsplan) sind in den Plan insgesamt acht Cluster von Offshore-Anlagen mit einer Gesamtleistung von insgesamt ca. 11,931 GW bis zum Jahre 2022 als Planungshorizont einbezogen, die für Anbindungsanlagen geeignet sind.[406] Zudem wurden die im Raumordnungsplan festgelegten Zielkorridore für die stromabführenden Trassen für die Anbindungsleitungen der Offshore-Windparks und der grenzüberschreitenden Seekabelsysteme unter Berücksichtigung der Cluster und der veränderten technischen Erkenntnislage weiterentwickelt. Darüber hinaus legte der BFO standardisierte Technikvorgaben für die einzelnen Komponenten der Anbindungssysteme (z. B. für das Gleichstromsystem als selbstgeführte Technologie und eine Übertragungsspannung von ± 320kV)[407] und Planungsgrundsätze (u. a. Sicherheit des

[404] Verordnung über Anlagen seewärts der Begrenzung des Küstenmeeres v. 23.1.1997 (BGBl. I S. 57), zuletzt geändert durch Art. 11 des Gesetzes v. 21.1.2013 (BGBl. I S. 95).

[405] Mit der Verordnung über die Raumordnung in der deutschen AWZ v. 21.9.2009 liegt für die Nordsee ein Raumordnungsplan vor.

[406] BSH, Bundesfachplan Offshore für die AWZ der Nordsee 2012 (s. oben Fn. 403), S. 25 ff.

[407] BSH, Bundesfachplan Offshore für die AWZ der Nordsee 2012 (s. oben Fn. 403), S. 28 ff, 41 f., 56, 63 f., 70 f.; kritisch zur Vorgabe technischer Standards für einen Markt in der Entwicklungsphase *Broemel*, ZUR 2013, S. 408 (411).

Verkehrs darf nicht beeinträchtigt werden sowie Verlegetiefe und Rückbaupflicht)[408] fest, die sich auf den Raumordnungsplan zurückführen lassen und diesen umsetzen. Eine Reihe weiterer technischen Festlegungen des BFO sind Ausdruck der Fachplanung des BSH.

Rechtsrahmen des O-NEP

Die ÜNB sind nach §§ 17b bis 17d EnWG verpflichtet, parallel zum NEP gemeinsam auf der Grundlage des Szenariorahmens einen O-NEP für die AWZ und das Küstenmeer bis einschließlich der Netzanknüpfungspunkte an Land zu erstellen. Einen Entwurf für den O-NEP legen die ÜNB gemäß § 17b Abs. 1 S. 1 EnWG jährlich zusammen mit dem NEP der BNetzA vor.

Gegenstand des O-NEP sind unter Berücksichtigung des BFO alle wirksamen Maßnahmen zur bedarfsgerechten Optimierung, Verstärkung und zum Ausbau der Offshore-Anbindungsleitungen, die in den nächsten zehn Jahren für einen schrittweisen, bedarfsgerechten und wirtschaftlichen Ausbau sowie einen sicheren und zuverlässigen Betrieb der Offshore-Anbindungsleitungen erforderlich sind (§ 17b Abs. 2 S. 2 EnWG). Für diese Maßnahmen enthält der O-NEP Angaben zum geplanten Zeitpunkt der Fertigstellung und sieht verbindliche Termine für den Beginn der Umsetzung vor. Bei der Bestimmung dieser Angaben bilden die im Szenariorahmen genehmigten Erzeugungskapazitäten die Grundlage und es gilt, die zu erwartenden Planungs-, Zulassungs- und Errichtungszeiten sowie die am Markt verfügbaren Errichtungskapazitäten von den ÜNB zu berücksichtigen.

Eine Vorgabe, wie die ÜNB einen verbindlichen Termin für den Beginn der Umsetzung von Maßnahmen zur Errichtung von Anbindungssystemen zu bestimmen haben, enthält § 17b Abs. 2 EnWG nicht. Die Auswahl und zeitliche Reihenfolge der Anschlussmöglichkeiten sind allerdings nach objektiven Kriterien festzulegen und die zugrundeliegenden Wertungen, die von den ÜNB im O-NEP getroffen werden, unterliegen der Überprüfung durch die BNetzA.[409] Als Kriterien für die zeitliche Abfolge der Umsetzung können insbesondere der Realisierungsfortschritt der anzubindenden Offshore-Anlagen, die effiziente Nutzung der zu errichtenden Anbindungskapazität, die räumliche Nähe zur Küste sowie die geplante Inbetriebnahme der Netzanknüpfungspunkte von den ÜNB herangezogen werden. Hervorzuheben ist insoweit, dass der BNetzA im Zusammenhang mit der Festlegungskompetenz näherer Vorgaben zu Inhalt und Verfahren der Erstellung des O-NEP ausdrücklich auch die Kompetenz zur Festlegung weiterer Kriterien zur Bestimmung der zeitlichen Abfolge der Umsetzung eingeräumt worden ist (§ 17d Abs. 5 S. 1 Nr. 1 EnWG).

Bei der Aufstellung des O-NEP haben die ÜNB weitgehend die technischen Standardisierungen unter Beibehaltung des technischen Fortschritts zu berücksichtigen. Insoweit wird auf die im BFO vorgegebenen technischen Standards zurückzugreifen sein. Dem O-NEP sind ferner Angaben zum Stand der Umsetzung des vorhergehenden O-NEPs und im Falle von Verzögerungen die dafür maßgeblichen Gründe der Verzögerung beizufügen. Zudem muss der O-NEP im Einklang mit dem Entwurf des NEP stehen und den gemeinschaftsweiten Netzentwicklungsplan berücksichtigen.

---

408 BSH, Bundesfachplan Offshore für die AWZ der Nordsee 2012 (s. oben Fn. 403), S. 35 ff., 42 ff., 56 ff., 64 ff., 71 ff.

409 BT-Drucks. 17/10754, S. 25.

Auf das Verfahren bis zur Bestätigung des O-NEP finden die Vorgaben zur Erstellung des NEP entsprechende Anwendung (§ 17b Abs. 3 EnWG). Dadurch wird gewährleistet, dass die Verfahren zur Erstellung des NEP und des O-NEP parallel und mit den gleichen Verfahrensschritten verlaufen. Konkret bedeutet dies, dass die ÜNB den Entwurf für einen O-NEP nach Vorlage bei der BNetzA auf ihrer Internetseite veröffentlichen und der Öffentlichkeit, einschließlich tatsächlicher oder potenzieller Netznutzer, den nachgelagerten Netzbetreibern sowie den Trägern öffentlicher Belange und den Energieaufsichtsbehörden Gelegenheit zur Äußerung geben müssen. Diese Konsultation wird von den ÜNB durchgeführt. Die Stellungnahmen sind daher an die ÜNB zu richten. Auf der Basis der eingegangenen Stellungnahmen haben die ÜNB einen überarbeiteten zweiten Entwurf zu erstellen und diesen der BNetzA zusammen mit einer Erklärung zur Art und Weise, wie die Ergebnisse der Öffentlichkeitsbeteiligung aus der Erstellung des Szenariorahmens und der Konsultation des O-NEP berücksichtigt worden sind, vorzulegen.

Die Prüfung des O-NEP durch die BNetzA erfolgt nach § 17c S. 1 EnWG in Abstimmung mit dem BSH. Auch insoweit finden die Regelungen zur Bestätigung des NEP sowie zur Öffentlichkeitsbeteiligung bei Fortschreibung des NEP entsprechende Anwendung. Dies bedeutet, dass die BNetzA überprüft, ob die im O-NEP vorgeschlagenen Maßnahmen die gesetzlichen Anforderungen erfüllen und die Ergebnisse der Konsultationen berücksichtigt worden sind. Soweit erforderlich, kann die BNetzA die Überarbeitung des O-NEP veranlassen. Parallel zur Prüfung führt die BNetzA eine strategische Umweltprüfung zur Bewertung der Beeinflussung der Umwelt durch die im O-NEP vorgeschlagenen Maßnahmen durch.

Umsetzung des O-NEP

Der Rechtsrahmen für die Umsetzung des O-NEP wird durch § 17d EnWG vorgegeben. Den ÜNB, in dessen Regelzone[410] der Netzanschluss erfolgt, trifft die Verpflichtung zur Errichtung und zum Betrieb der Leitungen zur Anbindung der Offshore-Anlage. Im Unterschied zur Vorgängerregelung des § 17 Abs. 2a EnWG a.F., nach der der Zeitpunkt der technischen Betriebsbereitschaft der Offshore-Anlage für die Fertigstellung des Netzanschlusses maßgeblich war, richtet sich die Anbindungsverpflichtung nunmehr allerdings nach den Vorgaben des O-NEP. Dies hat zur Folge, dass der ÜNB mit der Umsetzung des Netzanschlusses entsprechend dem im O-NEP festgelegten Termin zu beginnen und die Errichtung zügig voranzutreiben hat.

Anknüpfend an den Beginn der Umsetzung des Netzanschlusses durch den ÜNB bestimmt sich der Fertigstellungstermin für den Netzanschluss in einem zweistufigen Verfahren.[411] Spätestens nach Vergabe des Auftrags zur Errichtung der Anbindungsleitung hat der anbindungsverpflichtete ÜNB einen voraussichtlichen Fertigstellungstermin[412] sowohl gegenüber dem

[410] Eine Regelzone bezeichnet gemäß § 3 Nr. 30 EnWG im Bereich der Elektrizitätsversorgung das Netzgebiet, für dessen Primärregelung, Sekundärregelung und Minutenreserve ein Betreiber von Übertragungsnetzen im Rahmen der Union für die Koordinierung des Transports elektrischer Energie (UCTE) verantwortlich ist.

[411] BT-Drucks. 17/10754, S. 25.

[412] Im Rahmen des Festlegungsverfahrens zur Zuweisung und Übertragung der Anbindungskapazität (Az: BK6-13-001) hat die BNetzA festgelegt, dass sich der voraussichtliche Fertigstellungstermin OWP-spezifisch aus einer Gesamtschau der Herstellungsdauer der Sammelanbindung einerseits und der Herstellungsdauer der individuell für den einzelnen OWP zu beauftragenden Anschlusskomponenten andererseits bestimmt. Das zeitlich später liegende Herstellungsdatum stellt den für den einzelnen OWP maßgeblichen voraussichtlichen Fertigstellungstermin der Netzanbindung und im Falle des Eintritts der Verbindlichkeit den verbindlichen Fertigstellungstermin der Netzanbindung dar.

Betreiber der Offshore-Anlage als auch auf seiner Internetseite zu veröffentlichen. Nach der Bekanntmachung des voraussichtlichen Fertigstellungstermins hat der anbindungsverpflichtete ÜNB mit dem Betreiber der Offshore-Anlage einen Realisierungsfahrplan abzustimmen. Ferner besteht die gegenseitige Pflicht, sich regelmäßig über den Fortschritt bei der Errichtung der Offshore-Anlage und der Herstellung der Netzanbindung zu unterrichten sowie der jeweils anderen Partei mögliche Verzögerungen oder Abweichungen unverzüglich mitzuteilen. Der voraussichtliche Fertigstellungstermin der Netzanbindung kann nach Bekanntgabe nur noch mit Zustimmung der BNetzA verschoben werden (§ 17d Abs. 2 S. 4 EnWG). 30 Monate vor Eintritt der Fertigstellung ist eine Verschiebung nicht mehr möglich. Der bekannt gemachte Fertigstellungstermin wird dann verbindlich (§ 17d Abs. 2 S. 5 EnWG).

Ab dem verbindlichen Zeitpunkt der Fertigstellung hat der Betreiber einer Offshore-Anlage, die über die notwendige Zulassung nach der SeeAnlV verfügt, einen Anspruch auf Netzanbindung, soweit ihm vorher in einem diskriminierungsfreien Verfahren von der BNetzA Kapazitäten auf der Anbindungsleitung zugewiesen worden sind (§ 17d Abs. 3 S. 1 EnWG). Dieser an die zugeteilte Kapazität anknüpfende Anbindungsanspruch tritt damit an die Stelle des Anbindungsanspruchs bei technischer Betriebsbereitschaft nach dem projektbezogenen Anbindungsregime gemäß § 17 Abs. 2a EnWG a.F. Daneben haben die Betreiber von Offshore-Anlagen einen Anspruch auf diskriminierungsfreie Zuteilung von Kapazität auf den Anbindungsleitungen des O-NEPs, der zwar nicht ausdrücklich geregelt ist, aber von der Regelung des § 17d Abs. 3 S. 1 immanent vorausgesetzt wird.[413]

Neben der bereits benannten Kompetenz der BNetzA zur Festlegung von Vorgaben für die Erstellung des O-NEP[414], hat die BNetzA die Möglichkeit, durch Festlegung nähere Bestimmungen treffen zur

1. Umsetzung des O-NEP, zu den erforderlichen Schritten, die die ÜNB zur Erfüllung ihrer Pflichten zur Umsetzung der Netzanbindungen nach den Vorgaben des O-NEP und deren zeitlicher Abfolge; dies schließt Festlegungen zur Ausschreibung und Vergabe von Anbindungsleitungen, zur Vereinbarung von Realisierungsfahrplänen, zur Information der Betreiber der anzubindenden Offshore-Anlagen und zu einem Umsetzungszeitplan ein, und
2. zum Verfahren auf Zuweisung und Übertragung von Anbindungskapazitäten.[415]

Wenn der anbindungsverpflichtete ÜNB seinen Pflichten aus dem O-NEP nicht oder nicht rechtzeitig nachkommt, besitzt die BNetzA mit § 17d Abs. 6 EnWG eine Durchsetzungskompetenz. Danach kann die BNetzA den ÜNB mit Fristsetzung zur Durchführung einer Maßnahme auffordern, wenn der ÜNB eine Anbindungsleitung, die nach dem O-NEP errichtet werden muss, nicht nach den Vorgaben des O-NEP umsetzt. Nach Ablauf der Frist kann die BNetzA ein Ausschreibungsverfahren zur Durchführung einer Errichtungsmaßnahme durchführen.

413 *Broemel*, ZUR 2013, S. 408 (413).

414 Siehe oben Abschnitt 3.4.2.4 (Rechtsrahmen O-NEP)

415 Dazu hat die BNetzA das bereits erwähnte Festlegungsverfahren mit dem Az. BK6-13-001 durchgeführt; weitere Informationen dazu unter www.bundesnetzagentur.de.

Umsetzungsstand des O-NEP 2013

Am 2. März 2013 haben die ÜNB der BNetzA einen ersten Entwurf für den O-NEP 2013 übergeben und die Konsultation für die erste Überarbeitung durch Veröffentlichung im Internet gestartet. Die eingegangenen Stellungnahmen von Projektträgern, Verbänden und Institutionen sind in den zweiten Entwurf eingegangen. Diesen überarbeiteten Entwurf vom 24. Juni 2013 hat die BNetzA am 19. Dezember 2013 bestätigt.

Für die Ermittlung des Ausbaubedarfs im O-NEP haben die ÜNB zunächst das sogenannte Start-Offshorenetz abgebildet. Darin enthalten sind die bestehenden Netzanbindungen für die bereits errichteten OWPs und die in Bau bzw. in Planung befindlichen Netzausbaumaßnahmen für OWPs mit unbedingter Netzanbindungszusage der ÜNB.[416] Den Ausgangspunkt für die Bestimmung des stufenweisen und bedarfsgerechten Ausbaus des Offshorenetzes bildet die im Szenariorahmen 2012[417] erwartete installierte Erzeugungskapazität für die Offshore-Windenergie. Um der prognostizierten Summe der im Szenariorahmen ermittelten Erzeugungskapazität konkrete Ausbaumaßnahmen zuzuordnen, erfolgte dann eine räumliche Zuordnung der Kapazität anhand der im BFO ermittelten Cluster.[418]

Damit der Ausbau des Offshorenetzes entsprechend der Nachfrage nach Netzanschlusskapazität realisiert wird, muss eine volkswirtschaftlich sinnvolle zeitliche Staffelung der Ausbaumaßnahmen erfolgen. Insoweit haben die ÜNB die in § 17b Abs. 2 S. 2 EnWG beispielhaft aufgeführten Kriterien und weitere grundsätzlich in Betracht kommende Kriterien auf ihre Eignung und Praktikabilität im Hinblick auf eine zeitliche Staffelung des Ausbaus geprüft. Im Ergebnis werden die folgenden Kriterien zur Ermittlung der zeitlichen Staffelung der Offshore-Netzausbaumaßnahmen seitens der ÜNB herangezogen:

1. die Küstenentfernung,
2. die Lage von OWPs in raumordnungsrechtlich ausgewiesenen Vorrang- und Eignungsgebieten für Offshore-Windenergie,
3. das jeweilige Erzeugungspotenzial eines Offshore-Windenergie-Clusters,
4. die geplante Inbetriebnahme der Netzverknüpfungspunkte und
5. der Realisierungsfortschritt der anzubindenden OWPs.

Die vorgenannten Kriterien werden von den ÜNB nacheinander in der dargestellten Reihenfolge auf alle Cluster angewendet. Insbesondere den ersten drei Kriterien kommt aus Sicht der ÜNB maßgebliche Bedeutung zu. Außerdem liegen sie der Planung der zeitlichen Staffelung zugrunde. Das Kriterium „geplante Inbetriebnahme der Netzverknüpfungspunkte“ wird im Hinblick auf die Vereinbarkeit mit der erarbeiteten zeitlichen Staffelung und das Kriterium „Realisierungsfortschritt der anzubindenden OWP“ durch eine Plausibilitätskontrolle geprüft. Das entsprechende Vorgehen wurde von der BNetzA als grundsätzlich sachgerecht bestätigt.[419]

Ferner enthält der O-NEP Angaben zu Terminen für die Realisierung der Netzanbindungsmaßnahmen. Als verbindlichen Termin für den Beginn der Maßnahme zur Netzanbindung hat

416 BNetzA, Bestätigung Offshore-Netzentwicklungsplan 2013 v. 19.12.2013, S. 36 ff.

417 Siehe oben unter 3.4.2.3.

418 BNetzA, Bestätigung Offshore-Netzentwicklungsplan 2013 (s. oben Fn. 416), S. 35 f.

419 Im Einzelnen dazu BNetzA, Bestätigung Offshore-Netzentwicklungsplan 2013 (s. oben Fn. 416), S. 40 ff.

die BNetzA das Jahr der Beauftragung bzw. Vergabeentscheidung der Maßnahme und für die Fertigstellung die Inbetriebnahme der Anbindungsleitung bestätigt.[420] Als Zeiträume für die Inbetriebnahme der Anbindungssysteme (inkl. des Zeitraums für das Vergabeverfahren) haben die ÜNB generell sechs Jahre für die Nordsee und viereinhalb Jahre für die Ostsee angesetzt, welche die BNetzA nach jetzigem Stand für zulässig erachtet.[421] Im Ergebnis enthält der O-NEP 2013 für vier Netzanbindungsmaßnahmen in der Nordsee und für vier Netzanbindungsmaßnahmen in der Ostsee bestätigte Termine für den Beginn der Umsetzung und für die geplante Fertigstellung.[422]

3.4.3 Bundesbedarfsplanung

Wie eingangs dargelegt, hat sich der Gesetzgeber dazu entschlossen, die Netzentwicklungsplanung nach der Dritten Elektrizitätsbinnenmarktrichtlinie (nur) als Grundlage für eine weitergehende Netzausbauplanung zu nehmen. Die Netzentwicklungsplanung ist nur ein Schritt in einer integrierten, aufeinander abgestimmten und koordinierten Ausbauplanung. An die Bestätigung des Netzentwicklungsplans durch die BNetzA knüpfen die Verfahrensschritte der Bundesbedarfsplanung mit dem Ziel an, die von den ÜNB geplanten Netzausbaumaßnahmen in eine staatliche Bedarfsplanung zu überführen, an die wiederum die vorhabenbezogenen Regelungen zur Bundesfachplanung und der Planfeststellung nach dem NABEG anknüpfen.

3.4.3.1 Rechtsrahmen § 12e EnWG

Im Zusammenhang mit den Regelungen zur Netzentwicklungsplanung hat der Gesetzgeber in § 12e EnWG auch Vorgaben für die Bundesbedarfsplanung geregelt. Letztere setzt gewissermaßen auf der Netzentwicklungsplanung der ÜNB auf, jedenfalls soweit diese von der BNetzA bestätigt worden ist.

„Als Entwurf für einen Bundesbedarfsplan" übermittelt die BNetzA nach § 12e Abs. 1 S. 1 EnWG den NEP und den O-NEP mindestens alle drei Jahre an die Bundesregierung. Die BNetzA hat den Entwurf zu begründen und dabei die länderübergreifenden und grenzüberschreitenden Höchstspannungsleitungen sowie die Anbindungsleitungen von den Offshore-Windpark-Umspannwerken zu den Netzverknüpfungspunkten an Land besonders zu kennzeichnen. Der Bundesbedarfsplan kann zudem vorsehen, dass ein einzelnes Pilotprojekt für Netzausbaumaßnahmen als Erdkabel errichtet und betrieben werden kann, wenn außerdem die zusätzlichen Anforderungen für Erdkabel gemäß § 2 Abs. 2 S. 1 Nr. 1 oder 2 EnLAG erfüllt sind. Für andere Ausbaumaßnahmen ist dies nicht vorgesehen.

Aufgrund der besonderen Kennzeichnung als länderübergreifende oder grenzüberschreitende Höchstspannungsleitung unterscheidet sich der Bundesbedarfsplan inhaltlich vom NEP und vom O-NEP. Diese enthalten nämlich (nur) die Angaben im Sinne von § 12b Abs. 1 S. 3 EnWG.[423]

420 BNetzA, Bestätigung Offshore-Netzentwicklungsplan 2013 (s. oben Fn. 416), S. 51 ff.

421 BNetzA, Bestätigung Offshore-Netzentwicklungsplan 2013 (s. oben Fn. 416), S. 53.

422 BNetzA, Bestätigung Offshore-Netzentwicklungsplan 2013 (s. oben Fn. 416), Tab. 3 S. 54 und Tab. 5 S. 59.

423 Siehe oben unter 3.4.2.2.

Diese besondere Kennzeichnung ist aber mehr als bloß informatorischer Natur. An sie knüpft das NABEG an, dessen Anwendungsbereich nach § 2 Abs. 1 NABEG nur für die derart im Bundesbedarfsplan gekennzeichneten Leitungen eröffnet wird.

Die Bundesregierung ihrerseits legt nach § 12e Abs. 1 S. 2 EnWG dem Bundesgesetzgeber „den Entwurf des Bundesbedarfsplans" vor. Die Vorschrift des § 12e EnWG lässt dabei offen, ob der – von der BNetzA in das Verfahren eingebrachte – NEP und der O-NEP mit dem Entwurf für einen Bundesbedarfsplan identisch sind (wofür der Wortlaut von § 12e Abs. 1 S. 1 EnWG spricht) oder ob der NEP und der O-NEP (nur) Grundlage für die Erarbeitung des Entwurfs des Bundesbedarfsplans sind (wovon wiederum die Gesetzesbegründung ausgeht).[424] Insofern stellt sich die Frage, ob die Bundesregierung den von der BNetzA bestätigten NEP nur gleichsam durchleitet oder auch befugt ist, Änderungen hieran vorzunehmen. Letztere Sichtweise dürfte am ehesten mit dem Initiativrecht der Bundesregierung bei der Gesetzgebung nach Art. 76 Abs. 1 GG vereinbar sein.[425] Eine Bindung des Bundesgesetzgebers an den von der Bundesregierung vorgelegten Entwurf wäre dagegen nicht mit dem Demokratieprinzip vereinbar. Die Möglichkeit zur Verabschiedung eines Bundesbedarfsplans, der vom NEP bzw. O-NEP abweicht, liegt damit auf der Hand.[426] Ob dies sachgerecht ist, dürfte angesichts des aufwändigen Verfahrens zur Aufstellung des NEP bzw. des O-NEP und die Überprüfung und Bestätigung durch die BNetzA eher fraglich sein.

Für die in dem Bundesbedarfsplan aufgeführten Vorhaben werden durch den Erlass des Bundesgesetzgebers deren energiewirtschaftliche Notwendigkeit und der vordringliche Bedarf festgestellt. Diese Feststellungen sind nach § 12e Abs. 4 S. 2 EnWG für die ÜNB, vor allem aber für die Planfeststellung sowie die Plangenehmigung verbindlich.[427] Da nicht alle in dem Bundesbedarfsplan aufgeführten Vorhaben besonders gekennzeichnet werden müssen, kann sich die Zulassung nach dem NABEG oder auch nach dem EnWG richten. Mit der verbindlichen Bedarfsfestlegung ist zugleich die – sowohl im Zulassungsverfahren nach dem NABEG als auch dem nach dem EnWG zu prüfende – Planrechtfertigung verbindlich gegeben.

Diese Regelung knüpft an Vorbilder aus dem Fernstraßen- und Schienenwegeausbau an, die sich in der Praxis bewährt haben. Damit dürfte auch die Rechtsprechung des BVerwG zur Verbindlichkeit der gesetzlichen Bedarfsfeststellung und damit letztlich zur Klärung der Planrechtfertigung ohne weiteres auch auf die Bundesbedarfsplanung nach dem EnWG übertragbar sein. Für die vergleichbare Bedarfsfestlegung durch das EnLAG[428] ist dies mittlerweile vom BVerwG so entschieden worden.[429] Die gerichtliche Überprüfung der Erforderlichkeit des Vorhabens, also der Planrechtfertigung, beschränkt sich daher letztlich auf die verfassungsrechtliche Haltbarkeit der Bedarfsfestlegung. Eine (verfassungs-)gerichtliche Überprüfung kann im Ergebnis nur im Rahmen der konkreten Normenkontrolle nach Art. 100 GG stattfin-

424 BT-Drs. 17/6072, S. 69.

425 So auch *Benzin*, in: Säcker (o. Fn. 368), § 12e EnWG Rn. 16 ff.; kritisch im Hinblick auf Änderungen durch die Bundesministerien *Heimann*, in: Steinbach (o. Fn. 363), § 12e EnWG Rn. 8; vgl. *Moench/Ruttloff*, NVwZ 2011, S. 1040 (1042).

426 Statt vieler *Heimann*, in: Steinbach (o. Fn. 363), § 12e EnWG Rn. 8.

427 Dazu näher oben unter 3.2.2

428 Siehe oben Abschnitt 3.4.2.1.

429 S. etwa BVerwG, Urt. v. 18.7.2013 – 7 A 4.12, NVwZ 2013, S. 1605. – Mit weiteren Ausführungen zum ersten EnLAG-Verfahren *Greinacher/Freitag*, N&R 2011, S. 39.

den. Dem Gesetzgeber wird hiermit ein weiter Spielraum bei der Bedarfsfestlegung eingeräumt; dementsprechend ist auch erst dann von einem Überschreiten des gesetzgeberischen Ermessens auszugehen, wenn die Bedarfsfeststellung evident unsachlich ist.

3.4.3.2 Bundesbedarfsplangesetz

Den von der BNetzA bestätigten NEP 2012 hat die Bundesregierung schließlich dem Bundesgesetzgeber als Entwurf für ein Gesetz über den Bundesbedarfsplan (Bundesbedarfsplangesetz – BBPlG)[430] vorgelegt; am 23. Juli 2013 trat das BBPlG in Kraft.[431]

Für die in der Anlage zu dem Gesetz aufgeführten Vorhaben wird durch § 1 Abs. 1 BBPlG deren energiewirtschaftliche Notwendigkeit und der vordringliche Bedarf zur Gewährleistung eines sicheren und zuverlässigen Netzbetriebs „als Bundesbedarfsplan" ausdrücklich gemäß § 12e EnWG festgestellt. Dem Bundesbedarfsplan kommen mithin die Rechtswirkungen zu, die in § 12e Abs. 4 EnWG vorgesehen sind. Für die im Bundesbedarfsplan aufgeführten Netzausbauvorhaben gilt § 4 BBPlG, womit gemäß § 50 Abs. 1 Nr. 6 VwGO das BVerwG erst- und letztinstanzlich zuständig ist.[432] Auch die Konzentration des Rechtsschutzes auf eine Instanz hat sich in der Praxis anderer Infrastrukturbereiche bewährt und wird vom BVerwG auch im Hinblick auf Art. 19 Abs. 4 GG für zulässig erachtet.[433]

In der Anlage zum BBPlG – dem „Bundesbedarfsplan" – sind 36 Vorhaben aufgeführt, für die die skizzierten gesetzgeberischen Feststellungen gelten. Die schon von der Bundesregierung in ihrem Gesetzentwurf vorgeschlagene Kategorisierung der Vorhaben ist im Gesetzgebungsverfahren auf Initiative der Länder weiter ausdifferenziert worden.[434] Damit werden die Weichen für das anzuwendende Zulassungssystem gestellt: Nach § 2 Abs. 1 BBPlG sind länderübergreifende Vorhaben mit „A1" und grenzüberschreitende Vorhaben mit „A2" gekennzeichnet. Mit der Kennzeichnung eines Vorhabens mit „B", „C" und „D" wird die Umsetzung des jeweiligen Vorhabens als Pilotprojekt für eine näher bestimmte Übertragungstechnik gestattet (§ 2 Abs. 2 und 3 BBPlG). Nur für solche Vorhaben, die (auch) mit „A1" oder „A2" gekennzeichnet sind, wird der Anwendungsbereich des NABEG eröffnet (s. § 2 Abs. 1 NABEG); dies gilt auch für solche Vorhaben, die mit „A1" und „B" bzw. „B, C" gekennzeichnet sind. Allein maßgeblich sind die Kennzeichnung der Projekte im Bundesbedarfsplan und nicht die – möglicherweise sogar eine andere Einordnung rechtfertigenden – tatsächlichen Verhältnisse. Der Wortlaut von § 2 Abs. 1 NABEG ist insoweit eindeutig.

Die Vorhaben werden in dem Bundesbedarfsplan mit ihrem Anfangs- und Endpunkt aufgeführt. Eine trassengenaue oder gar parzellenscharfe Festlegung ist damit indes nicht verbunden. Inwieweit Abweichungen von dem Anfangs- und Endpunkt nach dem Bundesbedarfsplan

---

430 BT-Drs. 17/12638.

431 Das Gesetz ist als Art. 1 des Zweiten Gesetzes über Maßnahmen zur Beschleunigung des Netzausbaus Elektrizitätsnetze v. 23.7.2013 (BGBl. I S. 2543) verabschiedet worden.

432 Zu verfassungsrechtlichen Bedenken, *Moench/Ruttloff*, NVwZ 2011, S. 1040 (1045); *Steinberg/Wickel/Müller*, Fachplanung (s. oben Fn. 362), § 6 Rn. 272 ff.

433 S. jüngst etwa BVerwG, Beschl. v. 26.9.2013 – 4 VR 1/12, NuR 2013, S. 800 (801 f. Rn. 9 ff.) zu einem Netzausbauvorhaben.

434 Die Kategorisierung „A" ist durch „A1" und „A2" ersetzt worden, siehe BR-Drs. 819/12 (Beschluss). Der Bundesrat begründet diese Differenzierung mit der an die Kennzeichnung anknüpfenden Zuständigkeitsverlagerung und führt aus, dass bei grenzüberschreitendenden Leitungen eine Bündelung bei einer Bundesbehörde nicht zwingend vorteilhaft ist.

möglich sind, ist bisher ungeklärt. Es liegt nahe, hierbei auch die energiewirtschaftlichen Erwägungen (etwa Standorte der Umspannwerke bzw. der Netzverknüpfungspunkte) zu berücksichtigen, die bei der Ermittlung des Netzausbaubedarfs im Rahmen der vorausgehenden Netzentwicklungsplanung eingestellt worden sind.

3.4.4 Rechtschutz

Im Hinblick auf Möglichkeiten des Rechtschutzes ist zwischen den Instrumenten der Netzentwicklungs- bzw. der Netzausbauplanung und den möglicherweise Rechtsschutz Begehrenden zu differenzieren.

Was die Bestätigung des NEP und des O-NEP anbelangt, ist etwa zwischen Dritten und den ÜNB zu unterscheiden. Nach § 12c Abs. 4 S. 2 EnWG ist die selbständige Anfechtbarkeit der Bestätigung des NEP und des O-NEP[435] durch Dritte ausdrücklich ausgeschlossen. Dies ist auch sachgerecht, denn der NEP wie auch der O-NEP stellen eine den Ausbaubedarf ermittelnde, der Zulassung eines konkreten Vorhabens vorgelagerte Planungsebene dar, aus der sich noch keine konkreten Betroffenheiten ergeben (können).[436] In der Literatur werden dennoch vereinzelt Zweifel an der Vereinbarkeit dieser Regelung mit Unionsrecht, insbesondere im Hinblick auf die Rechtsprechung des EuGH zu den Rechtsschutzmöglichkeiten von anerkannten Umweltverbänden, geäußert.[437] Denn nach dem Trianel-Urteil[438] ist eine nationale Regelung wie die des § 2 Abs. 1 Nr. 1 UmwRG a.F.,[439] die den Rechtsschutz von Umweltverbänden von der Verletzung drittschützender Normen abhängig macht, nicht mit Unionsrecht vereinbar. Im Ergebnis der Trianel-Rechtsprechung können Umweltverbände Genehmigungen von UVP-pflichtigen Vorhaben im Hinblick auf sämtliche europäischen oder auf dem Unionsrecht basierenden Umweltvorschriften angreifen. Insoweit wird vertreten, dass die Umweltverbände damit auch die Einhaltung der Vorschriften über die Strategische Umweltprüfung gerichtlich gemäß 12c EnWG geltend machen könnten.[440] Die vorgenannte Ansicht vermag allerdings nicht zu überzeugen, denn die Bestätigung des NEP bzw. des O-NEP verleiht dem entsprechenden ÜNB im Hinblick auf das einzelne, UVP-pflichtige Vorhaben keine Rechte, die mit einer Genehmigung vergleichbar wären.[441] Auch das Unionsrecht fordert in Bezug auf solche vorhabenübergreifenden, gesamthaften Planungen keinen Rechtsschutz Dritter, zumal wie dargelegt konkrete Betroffenheiten noch nicht erkennbar sind.[442]

Anders ist die Rechtslage im Hinblick auf die ÜNB, die immerhin Adressaten der Bestätigung sind und denen daher gegen diese Bestätigung Rechtschutzmöglichkeiten offenstehen. Denn aus Sicht der ÜNB handelt es sich um eine behördliche Entscheidung mit Rechtswirkung, die

435 Gemäß § 17c S. 2 EnWG ist § 12c Abs. 4 S. 2 EnWG entsprechend anwendbar.

436 So auch *Appel*, UPR 2011, S. 406 (412).

437 *Moench/Ruttloff*, NVwZ 2011, S. 1040 (1042).

438 EuGH, Urt. v. 12.5.2011 – Rs. C 115/09, NVwZ 2011, S. 801.

439 In Reaktion auf das Urteil des EuGH v. 12.5.2011 – Rs. C 115/09, NVwZ 2011, S. 801 hat der Gesetzgeber die Vorschrift des § 2 UmwRG so geändert, dass anerkannte Umweltverbände auch die Verletzung nicht drittschützender Umweltbestimmungen rügen können.

440 So *Moench/Ruttloff*, NVwZ 2011, S. 1040 (1042).

441 Eine „Genehmigung" ist nach Art. 1 Abs. 2 lit. c) der Richtlinie 2011/92/EU eine Entscheidung der zuständigen Behörde, „aufgrund deren der Projektträger das Recht zur Durchführung des Projekts erhält".

442 Vgl. *Heimann*, in: Steinbach (s. oben Fn. 363), § 12c EnWG Rn. 49; *de Witt/ Durinke/ Krause*, in: Handbuch des öff. Baurechts, Z VIII Rn. 20; zur Parallele bei der Bundesfachplanung *Appel*, ER 2012, S. 3 (9 f.).

im Sinne des § 35 VwVfG unmittelbar nach außen gerichtet ist. Dabei besteht die Regelungswirkung in der Feststellung der Übereinstimmung mit den Anforderungen nach § 12b Abs. 1, 2 und 4 EnWG für den NEP bzw. den Anforderungen nach § 17b EnWG für den O-NEP. Gegen eine einschränkende Bestätigung bzw. eine Ablehnung stehen den betroffenen ÜNB daher Rechtsmittel zu.[443] Der richtige Rechtsbehelf ist die Beschwerde gemäß § 75 EnWG, da die Bestätigung des NEP bzw. O-NEP eine Entscheidung der Regulierungsbehörde im Sinne des § 75 Abs. 1 EnWG ist.[444]

Rechtsschutz gegen den – auf Grundlage des bestätigten NEP erlassenen – Bundesbedarfsplan als Anlage zu dem BBPlG ist nur eingeschränkt möglich. Rechtschutz gegen das BBPlG als formelles Parlamentsgesetz einschließlich des als Anlage dazugehörigen Bundesbedarfsplans kommt nur nach den verfassungsrechtlichen Grundsätzen in Frage. Denkbar sind etwa die Individualverfassungsbeschwerde nach Art. 93 Abs. 1 Nr. 4a GG und die abstrakte Normenkontrolle nach Art. 93 Abs. 1 Nr. 2 GG. Daneben besteht auch die Möglichkeit mittelbaren Rechtschutzes im Wege der inzidenten Prüfung durch die konkrete Normenkontrolle nach Art. 100 GG, insbesondere im Rahmen eines Verwaltungsstreitverfahrens über die Rechtmäßigkeit eines Planfeststellungsbeschlusses. Hier müsste das zuständige Verwaltungsgericht das BBPlG wegen der Aufnahme des betreffenden Vorhabens in den Bundesbedarfsplan für verfassungswidrig halten und dem BVerfG das Gesetz vorlegen.[445]

3.4.5 Abschließende Einschätzung

Die Institutionalisierung eines Verfahrens für die koordinierte Planung des Netzausbaus hat sich als ein notwendiger Schritt erwiesen, um den – im Ergebnis unbestritten als notwendig anerkannten – Ausbau der Übertragungsnetze zu beschleunigen und zugleich die Betroffenen bereits frühzeitig dort einzubinden, wo letztlich über die grundsätzliche Ausgestaltung des Netzausbaus „entschieden" wird. Die Netzausbauplanung wird auf dieser Grundlage zum einen nicht mehr von den einzelnen ÜNB auf der Grundlage ihrer individuellen Annahmen und eigenen methodischen Ansätze erarbeitet, sondern auf der Basis eines abgeschichteten Prozesses mit abschließender behördlicher Bestätigung betrieben. Damit wird den ÜNB für ihre weitere Planung bereits im Vorfeld der konkreten Vorhabenzulassung ein erhebliches Maß an Rechts- und Investitionssicherheit an die Hand gegeben. Zum anderen ist zusätzliche Transparenz im Hinblick auf die Bedarfsplanung der Stromnetze vor dem Hintergrund der Auswirkungen für Mensch und Natur insbesondere angesichts der jüngeren Erfahrungen mit größeren Infrastrukturvorhaben unbedingt erforderlich.

Die bisherigen Erfahrungen bei der Erstellung von Szenariorahmen, Netzentwicklungsplan und Bundesbedarfsplangesetz zeigen allerdings auch eine Unwucht auf. Betroffenen wird mehrfach die Möglichkeit eingeräumt, Stellung zu den jeweiligen Entwürfen zu nehmen. Die Beteiligung etwa der Öffentlichkeit hat aber auch die Schwierigkeiten gezeigt zu vermitteln, welchen Sinn und Zweck der einzelne Verfahrensschritt hat und welche Rechtsfolgen sich daraus ergeben: Einerseits ist die vorgelagerte Netzausbauplanung für die Betroffenen wohl noch „zu weit entfernt" mit der Folge, dass eigene konkrete Betroffenheiten noch nicht erkannt

---

443 *Ruge*, in: Säcker (s. oben Fn. 368), § 12c EnWG Rn. 32 f.

444 *Posser/Schulze*, in: Posser/Faßbender, Praxishandbuch Netzausbau und Netzplanung, 2013, Kap. 13 Rn. 42.

445 *Posser/Schulze*, in: Posser/Faßbender, Praxishandbuch Netzausbau und Netzplanung (s. oben Fn. 444), Kap. 13 Rn. 56 ff.; *Appel*, UPR 2011, S. 406, 413.

werden und daher auf eine Beteiligung verzichtet wird. Andererseits ist die vorgelagerte Netzausbauplanung für die weiteren Verfahrensschritte verbindlich mit der Folge, dass sich die Grundsatzfrage, ob das dann konkretisierte Vorhaben überhaupt „gebraucht" wird, nicht mehr stellt – ein für den Betroffenen, der sich erst im Verlauf einer konkretisierten Planung damit beschäftigt, schwer nachvollziehbares Ergebnis. Insoweit stehen ÜNB und BNetzA unverändert vor der Aufgabe, die Notwendigkeit des Netzausbaus und die ineinandergreifenden Module der Netzausbauplanung zu erklären. Dass nur wenige Monate nach Verabschiedung des Bundesbedarfsplangesetzes die – sogar in Bundesgesetz überführte – Ergebnisse der ersten Runden der institutionalisierten Netzplanung erneut in Frage gestellt werden, ist hierbei sicherlich nicht hilfreich. Das Ziel, den Netzausbau zu beschleunigen und im Vorfeld der konkreten Vorhabenplanung Sicherheit für die Beschleunigung des Prozesses zu schaffen, wird damit ersichtlich konterkariert.

3.5 Entflechtungsregelungen

DR. TIM HEITLING UND DR. CLAIRE DIETZ*

Dr. Tim Heitling und Dr. Claire Dietz sind Rechtsanwälte im Berliner Büro der internationalen Anwaltskanzlei Taylor Wessing. Sie sind spezialisiert auf M&A-Transaktionen, Joint Ventures und Projekte im Energie- und Infrastruktursektor. Im Fokus ihrer Tätigkeit steht dabei auch die Beratung zu regulatorischen Fragestellungen, wie z. B. den Entflechtungsvorschriften, Netzzugangsfragen und Netzentgelten. Zu ihren Mandanten zählen inländische sowie ausländische Unternehmen, Sponsoren, Banken und Finanzinvestoren. In jüngster Vergangenheit haben die beiden Autoren insbesondere bei Netztransaktionen umfassend beraten.

3.5.1 Einleitung

3.5.1.1 Sinn und Zweck der Entflechtung

Die Aufnahme der Entflechtungsvorschriften im Energiewirtschaftsgesetz („**EnWG**") sowie deren inhaltliche Ausweitung über die letzten Jahre ist Ausfluss der konsequenten Umsetzung der Liberalisierung der Energiemärkte, die mit der Trennung der (vertikal) integrierten Energieversorgung einen funktionierenden Wettbewerb schaffen möchte. Die Liberalisierung der Energiemärkte und mit ihr die Einführung der Entflechtungsvorschriften sowie deren zunehmenden Verschärfung wurde maßgeblich durch die Europäische Union mit der Europäischen Kommission als Speerspitze vorangetrieben. Dementsprechend beruhen die deutschen Entflechtungsvorschriften regelmäßig auf europäischen Vorgaben, die in nationales Recht umzusetzen waren.

Für die Bundesrepublik Deutschland sind der Anwendungsbereich und die Ziele der energiewirtschaftsrechtlichen Entflechtung unmittelbar im EnWG niedergelegt und finden sich in § 6 Abs. 1 EnWG wieder. Die Entflechtungsregelungen in den §§ 6a bis 10e EnWG sollen die Unabhängigkeit der Netzbetreiber von anderen Tätigkeitsbereichen der Energieversorgung – d. h. den Wettbewerbsbereichen Erzeugung/Gewinnung bzw. Produktion, Vertrieb und Speicherung – gewährleisten.

Die strikte Trennung des Netzbetriebs von den Wettbewerbsbereichen soll sowohl Transparenz, insbesondere bei der Kosten- und Entgeltbestimmung für den Netzbetrieb, als auch die diskriminierungsfreie Ausgestaltung und Abwicklung des Netzbetriebs als natürliches Monopol bewirken. Im Ergebnis sollen so gleichzeitig mögliche verdeckte Quersubventionen zwischen den Tätigkeitsbereichen Netzbetrieb und den Wettbewerbsbereichen vertikal integrierter Unternehmen unterbunden, ein wirksamer Wettbewerb bei der Versorgung mit Elektrizität und Gas gewährleistet sowie Anreize für vertikal integrierte Unternehmen geschaffen werden, ausreichend in ihre Netze zu investieren.[446]

* Großer Dank für ihre tatkräftige Unterstützung bei der Erstellung dieses Beitrags gebührt unseren Kollegen Dr. Daniel Neudecker, Véronique Joly-Müller sowie Kristin Kanis.

446 BR-Drs. 343/11, S. 132-133; vgl. zu Elektrizitäts- bzw. Gasrichtlinie: Erwägungsgründe 9-12 Elektrizitätsrichtlinie bzw. Erwägungsgründe 6-9 Gasrichtlinie.

Die Entflechtungsregelungen im EnWG in ihrer derzeitigen Ausgestaltung basieren auf Vorgaben des Dritten Energiebinnenmarktpakets[447] der Europäischen Union aus dem Jahr 2009, insbesondere der Richtlinie 2009/72/EG des Europäischen Parlaments und Rates vom 13. Juli 2009 über gemeinsame Vorschriften für den Elektrizitätsbinnenmarkt und zur Aufhebung der Richtlinie 2003/54/EG („**Elektrizitätsrichtlinie**") und Richtlinie 2009/73/EG des Europäischen Parlaments und Rates vom 13. Juli 2009 über gemeinsame Vorschriften für den Erdgasbinnenmarkt und zur Aufhebung der Richtlinie 2003/55/EG („**Gasrichtlinie**"). Mit dem Dritten Energiebinnenmarktpaket sind die bereits zuvor bestehenden Entflechtungsvorschriften insbesondere für Transportnetzbetreiber, d. h. Betreiber von Übertragungs- (Elektrizität) und Fernleitungsnetzen (Erdgas), noch einmal deutlich verschärft worden. Dies war aus Sicht der Europäischen Kommission erforderlich, um zukünftig einen wirksamen und fairen Wettbewerb bei der Versorgung mit Elektrizität und Gas zu garantieren und bestehende Markteintrittshemmnisse zu beseitigen. Das Dritte Energiebinnenmarktpaket wurde mit einer Änderung des EnWG im Jahr 2011 in nationales Recht umgesetzt („**EnWG 2011**"). Da Elektrizitäts- und Gasversorgungsnetze ein natürliches Monopol darstellen[448], kann auch aus Sicht des deutschen Gesetzgebers allein durch eine wirksame Entflechtung verhindert werden, dass vertikal integrierte Unternehmen als Eigentümer oder Besitzer eines Netzes fremde Netznutzer bei der Durchleitung diskriminieren und so die Geschäftschancen des eigenen Produktvertriebs künstlich verbessern.[449]

3.5.1.2 Vertikal integrierte Energieversorgungsunternehmen als Adressaten der Entflechtung

Adressaten der Entflechtungsregelungen sind vertikal integrierte Energieversorgungsunternehmen („**viEVU**") und rechtlich selbstständige Betreiber von Elektrizitäts- und Gasversorgungsnetzen, die im Sinne des § 3 Nr. 38 EnWG mit einem viEVU verbunden sind. Somit sind Unternehmen, die sich ausschließlich auf den Netzbetrieb oder ausschließlich auf Funktionen in den Wettbewerbsbereichen konzentrieren und demnach nicht durch Kontrolle einen vertikal integrierten Unternehmensverbund bilden, nicht zur Entflechtung verpflichtet.[450]

Die ausdrückliche Einbeziehung der rechtlich selbstständigen Netzbetreiber in den Anwendungsbereich der Entflechtungsvorschriften soll es der zuständigen Regulierungsbehörde im Interesse der Verfahrenseffizienz ermöglichen, Anfragen und Entscheidungen direkt an den Netzbetreiber zu richten, sofern dieser die nötige Gestaltungskompetenz besitzt und ggf. auch die Ursache für das behördliche Tätigwerden gesetzt hat.[451] Dieses gesetzgeberische Ziel wird aber auch bereits dadurch erreicht, dass über die Definition des Begriffs viEVU in § 3 Nr. 38 EnWG „eine Gruppe von Elektrizitäts- oder Gasunternehmen" und damit jedes einzelne an der

[447] Zum Inhalt und Umfang des Dritten Energiebinnenmarktpakets siehe z. B. *Gundel/Germelmann*, EuZW 2009, 763.

[448] Siehe hierzu die Ausführungen in Abschnitt 2.2.1.

[449] BR-Drs. 343/11, S. 133; siehe auch BerlKommEnR/*Säcker/Schönborn*, EnWG, § 6 Rn. 3.

[450] *Eder* in: Danner/Theobald, EnWG, § 6 Rn. 14; *Salje*, EnWG, § 6 Rn. 8; *Hölscher* in: Britz/Hellermann/Hermes, EnWG, § 6 Rn. 32.

[451] BR-Drs. 343/11, S. 133; Gemeinsame Auslegungsgrundsätze der Regulierungsbehörden zu den Entflechtungsbestimmungen 2006, S. 8.

Unternehmensgruppe beteiligte Unternehmen, also insbesondere auch der rechtlich selbstständige Netzbetreiber, unmittelbarer Normadressat der Entflechtungsbestimmungen ist.[452]

In § 3 Nr. 38 EnWG ist der Begriff viEVU legal definiert. Demnach ist dies ein in der Europäischen Union im Elektrizitäts- oder Gasbereich tätiges Unternehmen oder eine Gruppe von Elektrizitäts- oder Gasunternehmen, die im Sinne des Art. 3 Abs. 2 der EG-Fusionskontrollverordnung (Verordnung (EG) Nr. 139/2004; „**FKVO**") miteinander verbunden sind, wobei das betreffende Unternehmen oder die betreffende Gruppe in der Europäischen Union

- im Elektrizitätsbereich mindestens eine der Funktionen Übertragung oder Verteilung und mindestens eine der Funktionen Erzeugung und Vertrieb von Elektrizität oder
- im Gasbereich mindestens eine der Funktionen Fernleitung, Verteilung, Betrieb einer LNG-Anlage oder Speicherung und gleichzeitig eine der Funktionen Gewinnung oder Vertrieb von Erdgas wahrnimmt.

Mit dem EnWG 2011 hat der Gesetzgeber eine klarstellende Ergänzung des Begriffs des viEVU dahingehend aufgenommen, dass zur Beurteilung der Frage der Kontrolle auf die Europäische Union abzustellen ist.[453] Neu ist zudem, dass nur solche Unternehmen, die selbst Elektrizitäts- oder Gasunternehmen sind, dem viEVU zuzurechnen sind.[454] Demnach ergibt sich ein dreistufiger Test:[455]

- Ein Elektrizitäts- oder Gasunternehmen muss zumindest mit einem weiteren Elektrizitäts- oder Gasunternehmen durch Beherrschung verbunden sein („**Kontrollkriterium**").

  Der Kontrollbegriff ist der FKVO zu entnehmen.[456] Kontrolle wird über ein Unternehmen durch Rechte, Verträge oder andere Mittel begründet, die einzeln oder zusammen die Möglichkeit gewähren, einen bestimmenden Einfluss auf die Tätigkeit eines Unternehmens auszuüben (siehe dazu ausführlich unter Ziffer 3.5.7.2). Entscheidend ist somit die rechtliche oder faktische Möglichkeit der Kontrollausübung. Nicht relevant ist, ob tatsächlich Kontrolle durch ein anderes Unternehmen ausgeübt wird.

- Bei den Unternehmen, die Teil des viEVU sind, muss es sich um Elektrizitäts- und/oder Gasunternehmen handeln, d. h. diese Unternehmen müssen neben einer grundsätzlichen Funktion im Energiebereich – Erzeugung, Übertragung, Verteilung, Lieferung oder Kauf von Elektrizität bzw. Gewinnung, Fernleitung, Verteilung, Lieferung, Kauf oder Speicherung von Erdgas – noch eine kommerzielle, technische und/oder wartungsbezogene Aufgabe, die damit im Zusammenhang steht, wahrnehmen (vgl. Art. 2 Nr. 35 Elektrizitätsrichtlinie; Art. 2 Nr. 1 Gasrichtlinie). Im Ergebnis muss in der Gruppe zumindest ein Unternehmen ein Netzbetreiber sein und ein mit dem Netzbetreiber verbundenes Unter-

---

452 *Eder* in: Danner/Theobald, EnWG, § 6 Rn. 13.

453 BR-Drs. 343/11, S. 128.

454 BNetzA, Hinweispapier 2011, S. 23.

455 BNetzA, Hinweispapier 2011, S. 23-25.

456 Hinsichtlich der Auslegung des Kontrollbegriffs verweist die Europäische Kommission auf ihre Mitteilungen und Richtlinien in Bezug auf die Fusionskontrolle http://ec.europa.eu/competition/mergers/legislation/legislation.html (vgl. Commission Staff Working Paper, The Unbundling Regime 2010, S. 8).

nehmen muss eine Funktion in den Wettbewerbsbereichen ausüben („**Aktivitätskriterium**"). Die vertikale Integration ist energieträger- bzw. sektorübergreifend (Elektrizität – Gas) zu verstehen.[457]

Wegen des Aktivitätskriteriums gehören – zumindest nach Ansicht der Bundesnetzagentur („**BNetzA**") – Muttergesellschaften sowie reine Holding-/Besitzgesellschaften im Regelfall nicht zum viEVU, da sie „funktions-/aktivitätsneutral" sind und die oben genannten Kriterien nicht erfüllen.[458] Das Gleiche gilt für reine „Zweckgesellschaften" bzw. Akquisitionsvehikel, die z. B. häufig im Rahmen von M&A-Transaktionen zwischen Mutter-/Obergesellschaften (als Erwerber) und Zielgesellschaft eingezogen werden. Solche Strukturen dürfen aber nicht dazu eingesetzt werden, um bestimmte Entflechtungsvorschriften zu umgehen.

- Sowohl der Netzbetreiber als auch das mit ihm verbundene Unternehmen müssen in der Europäischen Union „tätig" sein („**Geographisches Kriterium**"). Der Sitz des Unternehmens ist dabei irrelevant. Vielmehr ist die Betätigung auf dem Markt entscheidend.

Diese geographische Begrenzung und damit Einschränkung der Entflechtungsvorschriften findet sich so allerdings nicht in der Elektrizitäts- bzw. Gasrichtlinie wieder.[459] In mehreren Zertifizierungsentscheidungen hat die Europäische Kommission in der Folge auch die Praxis der BNetzA stark kritisiert, welche das Geographische Kriterium bei der Bestimmung des viEVU anwendet.[460] Die BNetzA hat sich dennoch nicht der Auffassung der Europäischen Kommission angeschlossen und hält die geographische Begrenzung für europarechtskonform, wobei sie sich auf Prinzipien des internationalen (Wettbewerbs-)Rechts beruft.[461] Allerdings nimmt auch die Europäische Kommission im Rahmen eines sog. *Impact Assessment* bei der Zertifizierung von eigentumsrechtlich entflochtenen Transportnetzbetreibern („**ETB**") im Einzelfall durchaus eine geographische Begrenzung vor,

---

457 BerlKommEnR/*Säcker/Mohr*, EnWG, § 8 Rn. 85.

458 BNetzA, Beschluss vom 12. März 2013, BK7-12-036, S. 26, 33 (Zertifizierungsentscheidung Thyssengas GmbH); BNetzA, Beschluss vom 5. Februar 2013, BK7-12-031, S. 16 (Zertifizierungsentscheidung GASCADE Gastransport GmbH); BNetzA, Beschluss vom 2. Dezember 2013, BK7-12-030, S. 11-12 (Zertifizierungsentscheidung Open Grid Europe GmbH); a.A. wohl die Europäische Kommission, vgl. Commission Staff Working Paper, The Unbundling Regime 2010, S. 9: „*Typically, the person referred to in Article 9(1)(a) of the Electricity and Gas Directive will be either the company having the supply or network operation activity or a parent company having subsidiaries acting as suppliers or network operators.*"; siehe auch BerlKommEnR/*Säcker/Mohr*, EnWG, § 8 Rn. 81, die die Holding (als Formkaufmann im Sinne des § 6 Abs. 2 HGB) ebenfalls zum viEVU zählen.

459 Commission Staff Working Paper, The Unbundling Regime 2010, S. 11.

460 Die Europäische Kommission hatte zuvor eine entsprechende geographische Begrenzung im französischen Recht bereits scharf in der Zertifizierungsentscheidung des französischen Gasfernleitungsnetzbetreibers TIGF kritisiert und die nationale Regulierungsbehörde CRE aufgefordert, ihrer finalen Zertifizierungsentscheidung eine mit Art. 2 Nr. 20 Gasrichtlinie konforme Definition des vertikal integrierten Unternehmens zu Grunde zu legen (vgl. Zertifizierung TIGF, Stellungnahme der Europäischen Kommission vom 25. November 2011, C(2011) 8572 final, S. 3: "*The Commission notes that the definition of VIU in the French legislation,* inter alia, *seems to exclude categorically without apparent justification companies which are controlled by the VIU but are located outside the European Economic Area. In the Commission's view, the definition of VIU in the French legislation appears inconsistent with Article 2(20) Gas Directive. The Commission considers that the CRE should apply in its final certification decision a definition of VIU which is in conformity with Article 2(20) Gas Directive*").

461 Vgl. für den Gassektor die Zertifizierungsentscheidung hinsichtlich GASCADE Gastransport GmbH, BNetzA, Beschluss vom 5. Februar 2013, BK7-12-031, S. 17-19.

indem sie untersucht, ob aufgrund der räumlichen Distanz der Tätigkeitsbereiche von zwei Gesellschaften eine Wettbewerbsbeeinträchtigung möglich ist (siehe Ziffer 3.5.7.2).

Im Zusammenhang mit der Bestimmung des viEVU ist darauf hinzuweisen, dass aufgrund der gesetzlichen Definition insbesondere auch Finanzinvestoren wie z. B. Private Equity-, Infrastruktur- und Pensionsfonds von den Entflechtungsregelungen betroffen sein können und in ihren Aktivitäten stark eingeschränkt werden, obwohl die Entflechtungsregelungen eigentlich auf die klassischen viEVUs, d. h. die alt eingesessenen Energieversorgungsunternehmen, abzielen.[462] So kann bspw. bereits ein einzelner Finanzinvestor bzw. Fonds aufgrund seines diversifizierten Beteiligungsportfolios im Energie- und Infrastrukturbereich als viEVU eingeordnet werden. Auch ist es z. B. möglich, dass zwei unterschiedliche Fonds, wobei der eine Fonds nur in den Wettbewerbsbereichen (z. B. erneuerbare Energien) und der andere nur in Netze/Netzbetreiber investiert hat, ein viEVU bilden, weil sie vom gleichen Investment Manager verwaltet werden und der Investment Manager über beide Investments Kontrolle im Sinne der FKVO ausübt.[463]

3.5.1.3 Zuständigkeiten im Bereich der Entflechtung

Für die Überwachung der Einhaltung der Entflechtungsvorschriften und deren Durchsetzung sind die Regulierungsbehörden verantwortlich. Diese Aufgaben sind von der BNetzA bzw. den Landesregulierungsbehörden wahrzunehmen. Die Zuständigkeitsabgrenzung ist in § 54 EnWG geregelt und die genaue Zuständigkeit ist unter Anwendung mehrerer Grundsätze zu ermitteln.

Als Auffangtatbestand gilt, dass grundsätzlich die BNetzA zuständig ist, sofern nicht eine Zuständigkeit der Landesregulierungsbehörden begründet ist. Gleichzeitig ist als Spezialregelung festgelegt, dass die Landesregulierungsbehörden für die Überwachung der Vorschriften zur Entflechtung nach § 6 Abs. 1 EnWG i.V.m. den §§ 6a bis 7a EnWG zuständig sind, sofern es sich um Unternehmen handelt, an deren Elektrizitäts- und Gasverteilnetz weniger als 100.000 Kunden unmittelbar oder mittelbar angeschlossen sind, und deren Netzgebiet nicht über das Gebiet eines Landes hinausreicht (§ 54 Abs. 2 S. 1 Nr. 4 und S. 2 EnWG). Im Rahmen der Zuständigkeitsabgrenzung findet (anders als bei den *de-minimis*-Regelungen der rechtlichen und operationellen Entflechtung (siehe Ziffern 3.5.4 und 3.5.5) die Verbundklausel nach § 3 Nr. 38 EnWG keine Anwendung.[464]

Aus diesen Regelungen zur Zuständigkeitsaufteilung folgt, dass die BNetzA im Bereich der Entflechtung und Zertifizierung von Transportnetzbetreibern immer zuständig ist und bei Verteilernetzbetreibern („**VNB**", *Distribution System Operators (DSO)*) die Zuständigkeit im Einzelfall geprüft werden muss.

Die BNetzA ist jedoch grundsätzlich zuständig, Festlegungen nach § 29 Abs. 1 EnWG zu erlassen, wenn zur Wahrung gleichwertiger wirtschaftlicher Verhältnisse im Bundesgebiet eine bundeseinheitliche Festlegung erforderlich ist.

---

462 *Büdenbender/Rosin*, RdE 2010, 197, 198-199; *Heitling/Wiegemann*, N&R 2011, 233, 235-236.

463 *Heitling/Wiegemann*, N&R 2011, 233, 235-236.

464 Gemeinsame Auslegungsgrundsätze der Regulierungsbehörden zu den Entflechtungsbestimmungen 2006, S. 5.

3.5.1.4 Arten der Entflechtung

Das EnWG sieht für den Elektrizitäts- und Gasbereich verschiedene Arten bzw. Instrumente der Entflechtung vor, die in den §§ 6a bis 10e EnWG geregelt sind:

- informationelle Entflechtung, häufig auch „informatorische Entflechtung“ genannt (§ 6a EnWG, siehe Ziffer 3.5.2),
- buchhalterische Entflechtung (§ 6b EnWG, siehe Ziffer 3.5.3),
- rechtliche Entflechtung von VNBs (§ 7 EnWG, siehe Ziffer 3.5.4), und
- operationelle Entflechtung von VNBs (§ 7a EnWG, siehe Ziffer 3.5.5).

Die Entflechtungsvorgaben sind im Regelfall kumulativ zu erfüllen.

Bei der Anwendung der Entflechtungsvorschriften im EnWG wird danach unterschieden, ob es sich bei dem Netzbetreiber um einen VNB oder einen Transportnetzbetreiber (§ 3 Nr. 31c EnWG; *Transmission System Operator* (*TSO*)), d. h. Übertragungsnetzbetreiber („**ÜNB**“) im Strombereich und Fernleitungsnetzbetreiber im Gasbereich handelt.

Vorstehende Arten der Entflechtung, die mit Ausnahme der Regelungen zur informationellen Entflechtung, in erster Linie für VNBs gelten, werden deswegen durch weitere, inhaltlich strengere Entflechtungsvorschriften für ÜNBs ergänzt. Hierbei handelt es sich um die §§ 8 bis 10e EnWG, die im Zuge der Umsetzung des Dritten Binnenmarktpakets in nationales Recht durch das EnWG 2011[465], welches am 4. August 2011 in Kraft getreten ist[466], aufgenommen wurden. Für VNBs[467] gab es im Dritten Binnenmarktpaket bzw. im EnWG 2011 dagegen kaum Änderungen, so dass insofern die Entflechtungsregelungen des EnWG 2005 im Wesentlichen fortgelten.[468] Hintergrund der Verschärfung der Vorschriften ausschließlich für ÜNBs ist, dass nach Ansicht der Europäischen Kommission auf der Verteilnetzebene die Diskriminierungsproblematik weniger stark auftrete als auf der Transportnetzebene, bei der Netzengpässe und der Einfluss von Erzeugungs- oder Vertriebsinteressen regelmäßig ausgeprägter seien.[469]

Im Strom- und im Gasbereich finden dieselben Entflechtungsvorgaben Anwendung, so dass die folgenden Ausführungen zur Entflechtung von Stromnetzbetreibern entsprechend auch für Gasnetzbetreiber gelten.

---

[465] Gesetz zur Neuregelung energiewirtschaftlicher Vorschriften vom 26. Juli 2011, BGBl. I S. 1554.

[466] Vgl. Art. 8 des Gesetzes zur Neuregelung energiewirtschaftlicher Vorschriften vom 26. Juli 2011, BGBl. I, S. 1554, 1594.

[467] Dazu zählen grundsätzlich auch die Betreiber von geschlossenen Verteilnetzen (vgl. § 110 Abs. 2 EnWG), allerdings sind diese wegen der *de-minimis*-Regel der §§ 7 Abs. 2 bzw. 7a Abs. 7 EnWG (siehe Ziffer 3.5.4 und 3.5.5) im Regelfall von der Pflicht zur rechtlichen und operationellen Entflechtung befreit. Siehe dazu BerlKommEnR/*Säcker*/*Schönborn*, EnWG, § 6 Rn. 22 und 25.

[468] Commission Staff Working Paper, The Unbundling Regime 2010, S. 23; zu den Änderungen im EnWG 2011 siehe *Kühling*/*Rasbach*, RdE 2011, 332, 334-335.

[469] Erwägungsgrund 26 Elektrizitätsrichtlinie und Erwägungsgrund 25 Gasrichtlinie.

Für Kombinationsnetzbetreiber, die sowohl ein Transportnetz als auch ein Verteilnetz betreiben, gelten nach § 6d EnWG ebenfalls die strengeren Entflechtungsregelungen für Transportnetzbetreiber, dies aber bezogen auf die Entflechtung der Netz- von den Wettbewerbsbereichen und nicht zwischen den Netzbereichen.[470]

Insofern wird im Hinblick auf Stromleitungsnetze die Abgrenzung zwischen ÜNBs (§ 3 Nr. 10 EnWG) und VNBs (§ 3 Nr. 3, Nr. 37 EnWG) relevant, welche über die Spannungsebenen stattfindet. Demnach sind ÜNBs in Abgrenzung zu den VNBs alle Betreiber von Netzen, die Elektrizität über ein Höchst- oder Hochspannungsverbundnetz, einschließlich grenzüberschreitender Verbindungsleitungen (vgl. § 2 Abs. 1 NABEG), transportieren (§ 3 Nr. 10, Nr. 32 EnWG).[471] Dazu zählen auch die Betreiber von Offshore-Netzanbindungsleitungen.[472]

Im Strombereich können neue Verbindungsleitungen unter bestimmten Voraussetzungen befristet von der Anwendung der Entflechtungsregelungen durch eine Entscheidung der Regulierungsbehörde ausgenommen werden, wenn das mit der Investition verbundene Risiko so hoch ist, dass die Investition ohne die Ausnahme nicht getätigt würde.[473] Diese Ausnahmeregelung soll in erster Linie bei neuen Gleichstrom-Verbindungsleitungen Anwendung finden, wobei in Ausnahmefällen auch Wechselstrom-Verbindungsleitungen erfasst sein können, sofern die Kosten und die Risiken der betreffenden Investition im Vergleich zu den Kosten und Risiken, die normalerweise bei einer Verbindung zweier benachbarter nationaler Übertragungsnetze durch eine Wechselstrom-Verbindungsleitung auftreten, besonders hoch sind. Diese Ausnahmen von den Entflechtungsvorschriften ergeben sich nicht aus dem EnWG oder der Elektrizitätsrichtlinie, sondern aus Art. 17 der unmittelbar anwendbaren Verordnung (EG) Nr. 714/2009 des Europäischen Parlaments und des Rates vom 13. Juli 2009 über die Netzzugangsbedingungen für den grenzüberschreitenden Stromhandel und zur Aufhebung der Verordnung (EG) Nr. 1228/2003 („**Stromhandelsverordnung**").[474] Vor dem 4. August 2011 noch auf Grundlage von Art. 7 der alten Stromhandelsverordnung (EG) Nr. 1228/2003 erteilte Ausnahmen gelten bis zum Ende des genehmigten Ausnahmezeitraums auch für die §§ 8 bis 10e EnWG als erteilt (vgl. § 118 Abs. 7 EnWG).

3.5.2 Informationelle Entflechtung

Die informationelle Entflechtung (*Informatory Unbundling*), d. h. die Verwendung von bei der Geschäftsausübung erlangter Informationen, ist in § 6a EnWG geregelt und soll den wettbewerbsverzerrenden Informationsfluss von wirtschaftlich sensiblen Informationen verhindern.

---

470 Möglich sind auch sog. Multi-Sektor-Netzbetreiber, bei denen ein Netzbetreiber die Netze für verschiedene Energieversorgungsbereiche betreibt, z. B. Elektrizität, Gas und Wasser, vgl. bereits Note DG Energy, The Unbundling Regime 2004, S. 6. Zur Vermeidung von Diskriminierung und Quersubventionierung müssen bei einem derartigen Kombinationsnetzbetreiber allerdings insbesondere die Anforderungen der buchhalterischen Entflechtung beachtet werden (siehe Ziffer 3.5.3).

471 BNetzA, Beschluss vom 9. November 2012, BK6-12-040, S. 8 (Zertifizierungsentscheidung 50Hertz Transmission GmbH).

472 BNetzA, Beschluss vom 22. Oktober 2013, BK6-12-277, S. 6 (Zertifizierungsentscheidung TenneT Offshore 1. Beteiligungsgesellschaft mbH).

473 Für den Gasbereich ist eine Ausnahme in § 28a Abs. 1 EnWG in Umsetzung von Art. 36 Gasrichtlinie geschaffen worden.

474 BR-Drs. 343/11, S. 208.

Nach dieser Norm haben viEVUs, Transportnetzeigentümer, Netzbetreiber, Speicheranlagenbetreiber sowie Betreiber von LNG-Anlagen sicherzustellen, dass die Vertraulichkeit wirtschaftlich sensibler Informationen, von denen sie in Ausübung ihrer Geschäftstätigkeit Kenntnis erlangen, gewahrt wird (§ 6a Abs. 1 EnWG). Legen sie Informationen über die eigenen Tätigkeiten offen, die wirtschaftliche Vorteile bringen können, müssen sie zudem gewährleisten, dass dies in nicht diskriminierender Weise erfolgt (§ 6a Abs. 2 S. 1 EnWG). Es ist von ihnen insbesondere sicherzustellen, dass wirtschaftlich sensible Informationen gegenüber anderen Teilen des Unternehmens vertraulich behandelt werden (§ 6a Abs. 2 S. 2 EnWG).

Diese Vorschriften dienen der Umsetzung der Art. 16 und 27 Elektrizitäts- bzw. Gasrichtlinie. Sie (i) stellen spezialgesetzliche Vertraulichkeitspflichten für den vertraulichen Umgang mit wirtschaftlich sensiblen Informationen auf (netzkundenschützende Zielsetzung; § 6a Abs. 1 EnWG) und (ii) konkretisieren das Diskriminierungsverbot im Sinne eines Gebots zur Gleichbehandlung im Umgang mit wirtschaftlich vorteilhaften Informationen (wettbewerbsschützende Zielsetzung; § 6a Abs. 2 EnWG).[475] Ziel ist es, Wettbewerbsverfälschungen innerhalb der wettbewerbsfähigen Bereiche der Energieversorgung durch (bewusst herbeigeführte) Ungleichgewichte beim Zugang zu Netzinformationen zu vermeiden.[476]

Adressanten der informationellen Entflechtungsregelungen sind mittlerweile nicht mehr nur viEVUs (vgl. Ziffer 3.5.1.2) und Netzbetreiber (§ 3 Nr. 27 EnWG), sondern seit dem EnWG 2011 ebenfalls Transportnetzeigentümer (§ 3 Nr. 31d EnWG), Speicheranlagenbetreiber (§ 3 Nr. 9 EnWG) und Betreiber von LNG-Anlagen (§ 3 Nr. 8 EnWG). Die Vorschriften finden unabhängig von der Anzahl der angeschlossenen Kunden Anwendung.[477] Eine *de-minimis*-Regelung wie bei der rechtlichen und operationellen Entflechtung gibt es nicht (siehe Ziffern 3.5.4 und 3.5.5).

3.5.2.1 Verbot der Offenlegung wirtschaftlich sensibler Informationen

Das Verbot zur Offenlegung wirtschaftlich sensibler Informationen in § 6a Abs. 1 EnWG ist ein allgemeines Verbot und damit keine originäre Entflechtungsvorschrift.[478] Werden wirtschaftlich sensible Informationen verwendet, um sich gegenüber Wettbewerbern Vorteile zu verschaffen, so kann dies nicht nur ein Verstoß gegen das EnWG, sondern auch eine Verletzung des Wettbewerbsrechts, insbesondere § 3 UWG, darstellen.[479]

Wirtschaftlich sensible Informationen sind nach Sinn und Zweck der Entflechtungsvorschriften Informationen, bei deren Verwendung die Möglichkeit besteht, dass der Netzbetrieb nicht

---

[475] Vgl. Gemeinsame Richtlinie der Regulierungsbehörden zur Umsetzung der informatorischen Entflechtung 2007, S. 3; siehe auch *Eder* in: Danner/Theobald, EnWG, § 9 Rn. 17-24 zur Unterscheidung zwischen dem Schutzumfang/-zweck von § 6a Abs. 1 (§ 9 Abs. 1 a.F.) (Netzkundendaten) und Abs. 2 (§ 9 Abs. 2 a.F.) (Netzdaten) EnWG.

[476] BT-Drs. 15/3917, S. 55.

[477] Zu viEVUs als Adressaten der informationellen Entflechtung, siehe ausführlich BerlKommEnR/*Säcker/Schönborn*, EnWG, § 6a Rn. 12 ff.

[478] *Eder* in: Danner/Theobald, EnWG, § 9 Rn. 22.

[479] *Kellerhoff/Weber-Rey u. a.*, ZfE 2003, 251, 253; *Koenig/Kühling/Rasbach*, RdE 2003, 221, 225, Fn. 36.

diskriminierungsfrei durchgeführt wird – unabhängig davon, ob diese Informationen wirtschaftlicher, rechtlicher oder technischer Natur sind.[480] Dies sind fremde Daten, d. h. insbesondere Netzkundeninformationen, die zur Anbahnung und Durchführung einer Netznutzung im Zusammenhang mit der Ein- und Ausspeisung sowie den Bedingungen der Netznutzung vom Netzbetreiber erhoben werden müssen.[481] Zu den wirtschaftlich sensiblen Informationen zählen u. a. Informationen bzgl. der Vertragsanbahnung, dem Vertragsschluss und dem Inhalt der Verträge zwischen Netzbetreiber und Netzkunden, Bestimmungen und Maßnahmen bzgl. des Netzanschlusses, Abnahmecharakteristika wie Lastprofile und Lastprognosen von Netznutzern sowie Informationen über Ein- und Ausspeisungen.[482]

Die vertraulichen Informationen dürfen nur dann an Dritte weitergegeben werden, wenn (i) die Informationen offenkundig ohne wirtschaftliche Bedeutung für die vor- und nachgelagerten Wettbewerbsmärkte sind, (ii) eine gesetzliche Pflicht zur Weitergabe besteht (z. B. Offenbarung von Daten des Netzkunden im Fall systemnotwendiger Kooperation zwischen Netzbetreibern) und/oder (iii) derjenige Netzkunde, dessen Daten betroffen sind, in die Weitergabe einwilligt.[483] Zudem betrifft das Verbot nicht Informationen, die allgemein zugänglich sind.

Auskunfts- und Einsichtsrechte von Gesellschaftern oder des Aufsichtsrats, z. B. auf Grundlage von § 51a GmbHG bzw. § 90 AktG, können mit den Regelungen zur informationellen Entflechtung kollidieren. Insofern sind die gesellschaftsrechtlichen Informationsansprüche teleologisch auszulegen und dergestalt zu begrenzen, dass den Gesellschaftern bzw. dem Aufsichtsrat wirtschaftlich sensible Informationen nur in anonymisierter bzw. aggregierter Form zur Verfügung gestellt werden dürfen.[484]

Erforderlich ist nach dem Gesetzeswortlaut zudem, dass die wirtschaftlich sensiblen Informationen „in Ausübung [der] Geschäftstätigkeit als Transportnetzeigentümer, Netzbetreiber, Speicheranlagenbetreiber sowie Betreiber von LNG-Anlagen“ erlangt werden. Von der Natur der Sache her dürften beim Netzbetreiber alle Informationen im Rahmen der Geschäftstätigkeit erlangt sein, d. h. in einem sachlichen, räumlichen und zeitlichen Zusammenhang mit der Netzbetreibertätigkeit bzw. der Tätigkeit für den Netzbetrieb.[485] Von dem viEVU dürften wirtschaftlich sensible Informationen aufgrund der (operationellen) Entflechtungsvorschriften dagegen grundsätzlich gerade nicht durch eine Tätigkeit im Bereich des Netzbetriebs gewonnen werden.[486] Nach Sinn und Zweck der informationellen Entflechtung müssen aber auch auf an-

---

480 Vgl. Gemeinsame Richtlinie der Regulierungsbehörden zur Umsetzung der informatorischen Entflechtung 2007, S. 3, 7.

481 BT-Drs. 15/3917, S. 55; BerlKommEnR/*Säcker/Schönborn*, EnWG, § 6a Rn. 27 ff.; siehe auch *Salje*, EnWG, § 9 Rn. 8 sowie *Hölscher* in: Britz/Hellermann/Hermes, EnWG, § 9 Rn. 10, die von § 6a Abs. 1 EnWG fremd- (vom Kunden zur Verfügung gestellte) sowie eigengenerierte Daten als erfasst ansehen.

482 Gemeinsame Richtlinie der Regulierungsbehörden zur Umsetzung der informatorischen Entflechtung 2007, S. 9; *Salje*, EnWG, § 9 Rn. 10.

483 BT-Drs. 15/3917, S. 55; siehe zu den gesetzlichen Verpflichtungen *Salje*, EnWG, § 9 Rn. 16; vgl. kritisch zur Möglichkeit der Einwilligung des Netzkunden wegen des Schutzzwecks der Regelung BerlKommEnR/*Säcker/Schönborn*, EnWG, § 6a Rn. 32.

484 *Hölscher* in: Britz/Hellermann/Hermes, EnWG, § 9 Rn. 13; BerlKommEnR/*Säcker/Schönborn*, EnWG, § 6a Rn. 52; *Bourwieg/Miller*, RdE 2008, 230, 235-236; *Koenig/Schellberg/Spiekermann*, RdE 2007, 72, 74.

485 *Salje*, EnWG, § 9 Rn. 14; *Schulte-Beckhausen* in: Hempel/Franke, EnWG, § 9 Rn. 10.

486 BerlKommEnR/*Säcker/Schönborn*, EnWG, § 6a Rn. 13 ff.; *Salje*, EnWG, § 9 Rn. 12; *Schulte-Beckhausen* in Hempel/Franke, EnWG, § 9 Rn. 6 .

dere Weise (z. B. durch Vertriebsaktivitäten unter Verstoß gegen die Vorschriften zur operationellen Entflechtung) von dem viEVU erlangte wirtschaftlich sensible Informationen erfasst sein.[487]

Die informationelle Entflechtung verlangt, „sicherzustellen", dass die Vertraulichkeit wirtschaftlich sensibler Informationen gewahrt wird. Dabei müssen sich die Anforderungen an die informationelle Entflechtung in einem Unternehmen jedoch im Rahmen der Verhältnismäßigkeit bewegen, d. h. technisch und wirtschaftlich zumutbar sein.[488] So verpflichtet die informationelle Entflechtung bspw. zur Einrichtung von sog. *Chinese Walls* zwischen netzbezogenen Tätigkeiten und wettbewerblichen Bereichen eines Unternehmens.[489] Die Vorgaben zur informationellen Entflechtung müssen insbesondere beim unternehmensinternen Informationsmanagement (bspw. *Shared Services* im Rechnungswesen sowie der IT- und Rechtsabteilung) und der Ausgestaltung der elektronischen Datenverarbeitung und entsprechender Zugriffsberechtigungen beachtet werden.[490] Die Geschäftsprozesse und Strukturen, insbesondere bei der Einschaltung von externen Dienstleistern, müssen entsprechend angepasst werden. Dies umfasst auch die Schulung von Mitarbeitern und die eindeutige Zuordnung von Mitarbeitern zu bestimmten Tätigkeitsbereichen.[491] Die Implementierung und Überwachung erfolgt im Regelfall durch das Gleichbehandlungsprogramm (siehe dazu Ziffer 3.5.5.6). Die Auswahl und Ausgestaltung geeigneter organisatorischer und technischer Maßnahmen sind von den viEVUs und den Netzbetreibern in betriebsinternen Regelungen zu dokumentieren.[492]

3.5.2.2 Wahl zur Offenlegung wirtschaftlich relevanter Informationen

Nach § 6a Abs. 2 EnWG besteht für das viEVU, den Transportnetzeigentümer, Netzbetreiber, Speicheranlagenbetreiber und den Betreiber von LNG-Anlagen entweder (i) die Pflicht zur zeitgleichen Offenlegung von Informationen über die eigenen Tätigkeiten, die wirtschaftliche Vorteile bringen können (bspw. Verfügbarkeit von Leitungskapazitäten), gegenüber Dritten, sofern diese Informationen auch nur einem anderen Dritten, bspw. den eigenen Wettbewerbsbereichen, offengelegt werden, oder (ii) die Pflicht, diese Informationen als Betriebs- oder Geschäftsgeheimnis zu wahren und sie niemandem offenzulegen.[493]

Insofern besteht bzgl. wirtschaftlich relevanter Informationen nicht wie bei den wirtschaftlich sensiblen Informationen ein prinzipielles Offenlegungsverbot, sondern ein Wahlrecht bzgl. der Offenlegung. Damit soll eine Ungleichbehandlung von eigenen und fremden Unternehmen und eine damit einhergehende Wettbewerbsverfälschung vermieden werden.[494] So müssen

487 *Schulte-Beckhausen* in: Hempel/Franke, EnWG, § 9 Rn. 11; a.A. *Eder* in: Danner/Theobald, EnWG, § 9 Rn. 10.

488 BT-Drs. 15/3917, S. 55.

489 *Hölscher* in: Britz/Hellermann/Hermes, EnWG, § 9 Rn. 6.

490 Zur Umsetzung der informationellen Entflechtung bei der Datenverarbeitung, siehe BerlKommEnR/*Säcker/Schönborn*, EnWG, § 6a Rn. 41-44.

491 Zur arbeitsrechtlichen Umsetzung der informationellen Entflechtung, siehe BerlKommEnR/*Säcker/Schönborn*, EnWG, § 6a Rn. 39-40.

492 Gemeinsame Richtlinie der Regulierungsbehörden zur Umsetzung der informatorischen Entflechtung 2007, S. 4.

493 Gemeinsame Auslegungsgrundsätze der Regulierungsbehörden zu den Entflechtungsbestimmungen 2006, S. 25-26.

494 BT-Drs. 15/3917, S. 55.

wirtschaftlich relevante Informationen aus dem Tätigkeitsbereich des Netzbetriebs (Netzdaten), sofern sie bspw. an andere Geschäftsbereiche des viEVU weitergegeben werden, allgemein, in nicht-diskriminierender Weise für externe Wettbewerber offengelegt werden. Dies wird im Regelfall über eine Veröffentlichung auf der Webseite des Netzbetreibers im Internet möglich sein. Dabei dürfen aber grundsätzlich durchaus unterschiedliche Kommunikationswege genutzt werden (z. B. hinsichtlich der Weitergabe an den internen Vertrieb und externe Energieversorger), sofern die Informationsvermittlung bei allen Empfängern zu einem in technischer, zeitlicher und wirtschaftlicher Hinsicht vergleichbaren Ergebnis führt.[495] Zu den wirtschaftlich relevanten Informationen zählen alle Informationen im Zusammenhang mit den in Teil 3, Abschnitt 1 bis 3 des EnWG genannten Tätigkeiten eines Netzbetreibers, bspw. Netzanschlussprozesse, Kalkulation der Netzentgelte, technische Fragen der Netznutzung, Netzausbau- und Netzwartungsmaßnahmen, Kapazitätsberechnungen und Lastflussprognosen.[496]

3.5.3 Buchhalterische Entflechtung

Die in § 6b EnWG verankerte buchhalterische Entflechtung (*Accounting Unbundling*) hat das Ziel, Diskriminierung und Quersubventionen zwischen dem Netzbetrieb und den Wettbewerbsbereichen zu vermeiden. So ermöglicht insbesondere die Verpflichtung zur getrennten Kontenführung den Regulierungsbehörden eine Plausibilitätsprüfung der Kosten und Erlöse, wobei festgestellt werden kann, ob die Netzentgelte zumindest kostenorientiert gebildet wurden bzw. denen eines fiktiven Wettbewerbs entsprechen.[497] Problematisch ist, dass die handelsrechtliche Rechnungslegung (nach HGB bzw. IFRS) und die regulatorische Netzentgeltkalkulation (nach EnWG, ARegV und StromNEV) hinsichtlich der Kosten-/Aufwendungsansätze voneinander abweichen, z. B. hinsichtlich der veranschlagten Nutzungsdauer und den Abschreibungsmethoden von Sachanlagevermögen.[498] Eine direkte Kontrolle der Netzentgelte über die Verpflichtung zur buchhalterischen Entflechtung, insbesondere die Vorgaben zur internen Rechnungslegung, ist damit nicht möglich. Die Pflicht zur getrennten Kontenführung hat daher vor allem Relevanz für die Zuteilung der Betriebskosten.

3.5.3.1 Pflicht zur Aufstellung, Prüfung und Offenlegung des Jahresabschlusses

ViEVUs, rechtlich selbstständige Netzbetreiber sowie Betreiber von Speicheranlagen haben ungeachtet ihrer Eigentumsverhältnisse und ihrer tatsächlichen Rechtsform gemäß § 6b Abs. 1 EnWG einen Jahresabschluss und Lagebericht nach den im HGB vorgesehenen externen

---

495 Gemeinsame Auslegungsgrundsätze der Regulierungsbehörden zu den Entflechtungsbestimmungen 2006, S. 26; *Eder* in: Danner/Theobald, EnWG, § 9 Rn. 53; siehe auch BerlKommEnR/*Säcker/Schönborn*, EnWG, § 6a Rn. 55, die vertreten, „dass der jeweilige Normadressat nicht systematisch oder gezielt unterschiedliche Kommunikationswege oder -zeitpunkte verwenden darf", wobei auch sie letztendlich darauf abstellen, dass „die Informationen den eigenen Wettbewerbsbereichen und den externen Marktpartnern grundsätzlich zeitgleich zur Verfügung gestellt werden" müssen.

496 BT-Drs. 15/3917, S. 55; Gemeinsame Richtlinie der Regulierungsbehörden zur Umsetzung der informatorischen Entflechtung 2007, S. 11.

497 BerlKommEnR/*Busse von Colbe*, EnWG, § 6b Rn. 4-5.

498 *Hölscher* in: Britz/Hellermann/Hermes, EnWG, § 10 Rn. 26-27.

Rechnungslegungsvorschriften für Kapitalgesellschaften aufzustellen (§§ 264-289a HGB), prüfen zu lassen (§§ 316-324a HGB) und offenzulegen (§§ 325-329 HGB).[499]

Von der buchhalterischen Entflechtung gibt es, anders als bei der rechtlichen und operationellen Entflechtung, keine *de-minimis*-Ausnahme (siehe dazu Ziffern 3.5.4 und 3.5.5). Allerdings gelten die Größendifferenzierungen der Rechnungslegungsvorschriften des HGB, d. h. die Erleichterungen für mittelgroße und kleine Kapitalgesellschaften (vgl. § 267 HGB), im Hinblick auf das gesamte viEVU.[500] So müssen kleine Kapitalgesellschaften bspw. keinen Lagebericht aufstellen (vgl. § 264 Abs. 1 S. 4 HGB). Des Weiteren sind kleine und mittelgroße Kapitalgesellschaften von bestimmten Erläuterungspflichten befreit (vgl. § 288 HGB).[501] Auch gilt für kleine Kapitalgesellschaften die Befreiung von der Prüfungspflicht im Hinblick auf den Jahresabschluss (vgl. § 316 Abs. 1 HGB; dies betrifft aber nicht die Tätigkeitsabschlüsse, siehe dazu Ziffer 3.5.3.4).[502] Die in § 326 HGB vorgesehene Erleichterungsvorschrift hinsichtlich der Offenlegung bei kleinen Kapitalgesellschaften ist jedoch gemäß § 6b EnWG nicht anwendbar (§ 6b Abs. 4 S. 3 EnWG). Die Befreiungsvorschriften bzgl. der Pflicht zur Aufstellung, Prüfung und Offenlegung eines Jahresabschlusses für in den Konzernabschluss einbezogene Tochterunternehmen (§§ 264 Abs. 3, 264b HGB) finden keine Anwendung, da sie dem Transparenzgebot des § 6b EnWG widersprechen würden.[503]

3.5.3.2 Pflicht zur Offenlegung von Geschäften größeren Umfangs

Im Anhang zu dem Jahresabschluss sind Geschäfte größeren Umfangs mit verbundenen Unternehmen (§ 271 Abs. 2 HGB) oder assoziierten Unternehmen (§ 311 HGB) anzugeben (§ 6b Abs. 2 EnWG).[504] Geschäfte größeren Umfangs sind solche, die aus dem Rahmen der gewöhnlichen Energieversorgungstätigkeit herausfallen und für die Bewertung der Vermögens- und Ertragslage des Unternehmens nicht nur von untergeordneter Bedeutung sind.[505] Dies sind bspw. Netzpachtverträge und Betriebsführungsverträge sowie Dienstleistungsverträge, insbesondere im Hinblick auf *Shared Services*.[506] Hierbei sind neben dem Geschäftspartner und der Art des Geschäfts (z. B. Stromlieferung) insbesondere Leistung und Gegenleistung anzugeben.

499 Die Vorschriften zur buchhalterischen Entflechtung verweisen nur auf die Regelungen für Kapitalgesellschaften. Allerdings wurde entsprechend Art. 31 Abs. 2 Elektrizitäts- bzw. Gasrichtlinie kein Verweis auf die Rechnungslegungsvorschriften für Konzerne in § 6b EnWG aufgenommen; vgl. BerlKommEnR/*Busse von Colbe*, EnWG, § 6b Rn. 11.

500 Gemeinsame Auslegungsgrundsätze der Regulierungsbehörden zu den Entflechtungsbestimmungen 2006, S. 29; IDW RS ÖFA 2 zu § 6b EnWG, Rn. 12.

501 *Eder* in: Danner/Theobald, EnWG, § 10 Rn. 13 ff.; *Salje*, EnWG, § 10 Rn. 35.

502 *Hölscher* in: Britz/Hellermann/Hermes, EnWG, § 10 Rn. 36; BerlKommEnR/*Busse von Colbe*, EnWG, § 6b Rn. 15, 94; a.A. *Salje*, EnWG, § 10 Rn. 15.

503 Gemeinsame Auslegungsgrundsätze der Regulierungsbehörden zu den Entflechtungsbestimmungen 2006, S. 30; BerlKommEnR/*Busse von Colbe*, EnWG, § 6b Rn. 12.

504 Eine derartige Verpflichtung enthält die Gasrichtlinie (siehe Art. 31 Abs. 6), nicht aber die Elektrizitätsrichtlinie (vgl. dort Art. 31).

505 BT-Drs. 15/3917, S. 55; *Schulte-Beckhausen* in: Hempel/Franke, EnWG, § 10 Rn. 17; BerlKommEnR/*Busse von Colbe*, EnWG, § 6b Rn. 25.

506 *Salje*, EnWG, § 10 Rn. 62; *Hölscher* in: Britz/Hellermann/Hermes, EnWG, § 10 Rn. 20; IDW RS ÖFA 2 zu § 6b EnWG, Rn. 16.

3.5.3.3 Pflicht zur Führung aktivitätsbezogener Konten

Nach § 6b Abs. 3 EnWG haben die zur buchhalterischen Entflechtung verpflichteten Unternehmen zudem in ihrer internen Rechnungslegung jeweils getrennte, aktivitätsbezogene Konten in den folgenden Bereichen so zu führen, wie dies erforderlich wäre, wenn diese Tätigkeiten von rechtlich selbstständigen Unternehmen ausgeführt würden:

- Elektrizitätsübertragung (§ 3 Nr. 32 EnWG),
- Elektrizitätsverteilung (§ 3 Nr. 37 EnWG),
- Gasfernleitung (§ 3 Nr. 19 EnWG),
- Gasverteilung (§ 3 Nr. 37 EnWG),
- Gasspeicherung (§ 3 Nr. 31 EnWG) und
- Betrieb von LNG-Anlagen (§ 3 Nr. 26 EnWG).

Auch jede wirtschaftliche Nutzung eines Eigentumsrechts an Elektrizitäts- oder Gasversorgungsnetzen, Gasspeichern oder LNG-Anlagen ist von der Pflicht zur Kontentrennung erfasst (z. B. Netzverpachtung).

Die Tätigkeitsbereiche Übertragung, Fernleitung und Verteilung umfassen (mit Ausnahme der Aufwendungen der Netzbetreiber aus der Pflicht zur Abnahme und Vergütung von EEG/KWK-Strom) ausschließlich den Transport und die Verteilung von Elektrizität und Gas, nicht dagegen den Kauf und Verkauf von Elektrizität und Gas an Kunden.[507] Für diese und alle anderen Tätigkeiten innerhalb des Elektrizitäts- und Gassektors sind ebenfalls Konten zu führen, die innerhalb des jeweiligen Sektors zusammengefasst werden können. Des Weiteren sind für Tätigkeiten außerhalb des Elektrizitäts- und Gassektors eigene Konten zu führen, die ebenfalls zusammengefasst werden können.

Für die Kontentrennung gilt der allgemein im Rechnungswesen geltende Grundsatz der Wesentlichkeit, d. h. wenn eine Tätigkeit für die Aussagefähigkeit von untergeordneter Bedeutung ist, braucht hierfür kein gesondertes Konto geführt zu werden.[508] Grundsätzlich müssen alle Vorgänge direkt einem Konto zugeordnet werden. Soweit eine direkte Zuordnung zu den einzelnen Tätigkeiten nicht möglich ist oder mit unvertretbarem Aufwand verbunden wäre, hat die Zuordnung ausnahmsweise durch Schlüsselung zu den Konten, die sachgerecht und für Dritte nachvollziehbar sein muss, zu erfolgen (§ 6b Abs. 3 S. 5 EnWG). Hierbei ist insbesondere der Grundsatz der Verursachung anzuwenden. Die Zuordnung zu den verschiedenen Konten, welche u. a. auch die Nennung der Abschreibungsmethode erfasst, ist im Jahresabschluss zu erläutern (§ 6b Abs. 3 S. 7 EnWG).

Probleme bei der Zuordnung bereiten vor allem gewinnabhängige Steuern, liquide Mittel, Eigenkapital und Finanzschulden.[509] Auch Entflechtungskosten sind nicht immer einfach einem

[507] IDW RS ÖFA 2 zu § 6b EnWG, Rn. 24.

[508] BerlKommEnR/*Busse von Colbe*, EnWG, § 6b, Rn. 39; *Salje*, EnWG, § 10 Rn. 104-106.

[509] Siehe dazu ausführlich BerlKommEnR/*Busse von Colbe*, EnWG, § 6b Rn. 59-65, 72.

Kontenbereich zuordenbar.[510] Leistungen zwischen den einzelnen Bereichen sind grundsätzlich in Höhe der Marktpreise zu verrechnen.[511]

Für die einzelnen Konten gelten die Buchführungsvorschriften des HGB (§§ 238 ff. HGB) sowie die Grundsätze der Vollständigkeit der Zuordnung aller Buchungsvorgänge der einzelnen Tätigkeitsbereiche (§ 246 HGB), der Klarheit und Übersichtlichkeit (§ 243 Abs. 2 HGB) sowie der Stetigkeit (§ 252 HGB).[512]

3.5.3.4 Pflicht zur Aufstellung von Tätigkeitsabschlüssen

Mit der Erstellung des Jahresabschlusses ist für jeden der in § 6b Abs. 3 EnWG genannten Tätigkeitsbereiche sowie für alle anderen Tätigkeitsbereiche in- und außerhalb des Elektrizitäts- und Gassektors gemäß § 6b Abs. 3 S. 6 EnWG jeweils eine Bilanz sowie eine Gewinn- und Verlustrechnung (ein sog. Tätigkeitsabschluss) nach den externen Rechnungslegungsvorschriften für Kapitalgesellschaften des HGB (vgl. Ziffer 3.5.3.1), insbesondere unter Beachtung des Grundsatzes ordnungsgemäßer Buchführung, dem Grundsatz der Bilanzkontinuität sowie dem Grundsatz der Maßgeblichkeit des Jahresabschlusses für die Bereichsabschlüsse (aber nicht nach den Kalkulationsgrundsätzen von StromNEV bzw. GasNEV), aufzustellen und dem Abschlussprüfer zur Prüfung vorzulegen.[513] Für die Tätigkeitsabschlüsse werden kein Anhang und kein Lagebericht verlangt.

3.5.3.5 Pflicht zur Einreichung der Jahres- und Tätigkeitsabschlüsse beim Bundesanzeiger

Die gesetzlichen Vertreter des viEVU bzw. von rechtlich selbstständigen Netzbetreibern haben gemäß § 6b Abs. 4 S. 1 EnWG die Tätigkeitsabschlüsse unverzüglich, jedoch spätestens vor Ablauf des zwölften Monats des dem Abschlussstichtag nachfolgenden Geschäftsjahres, gemeinsam mit dem offenzulegenden Jahresabschluss beim Betreiber des Bundesanzeigers elektronisch einzureichen. Die Abschlüsse sind unverzüglich im Bundesanzeiger bekannt machen zu lassen (§ 6b Abs. 4 S. 2 EnWG).

3.5.3.6 Prüfung der internen Rechnungslegung

Die Prüfung des Jahresabschlusses umfasst auch die Einhaltung der Pflichten zur internen Rechnungslegung, d. h. zur aktivitätsbezogenen Kontenführung und Rechnungslegung nach HGB (§ 6b Abs. 5 EnWG). Dabei ist neben dem Vorhandensein getrennter Konten zu prüfen, ob die Wertansätze und die Zuordnung der Konten sachgerecht und nachvollziehbar erfolgt

---

[510] Vgl. Gemeinsame Auslegungsgrundsätze der Regulierungsbehörden zu den Entflechtungsbestimmungen 2006, S. 33-34; Dort wird zudem darauf hingewiesen, dass im Einzelfall zu prüfen ist, ob Entflechtungskosten im Rahmen der Netzentgeltkalkulation als Kosten des Netzbetriebs behandelt werden können (vgl. § 4 Abs. 1 StromNEV/GasNEV).

[511] Siehe ausführlich zur Leistungsverrechnung zwischen den Bereichen BerlKommEnR/*Busse von Colbe*, EnWG, § 6b Rn. 52-58; *Salje*, EnWG, § 10 Rn. 80-82; siehe auch IDW RS ÖFA 2 zu § 6b EnWG, Rn. 32 zur Abrechnung auf Grundlage der angefallenen Kosten oder zu Marktpreisen unter Verweis auf § 21 Abs. 1 EnWG.

[512] IDW RS ÖFA 2 zu § 6b EnWG, Rn. 39.

[513] BerlKommEnR/*Busse von Colbe*, EnWG, § 6b, Rn. 68.

sind und der Grundsatz der Stetigkeit beachtet worden ist. Im Bestätigungsvermerk zum Jahresabschuss ist anzugeben, ob die rechtlichen Vorgaben eingehalten worden sind. Ist dies nicht der Fall, hat dies eine Einschränkung des Bestätigungsvermerks zur Folge.

Die Regulierungsbehörde kann zusätzliche Prüfungsanforderungen gegenüber den verpflichteten Unternehmen durch Festlegung nach § 29 Abs. 1 EnWG treffen, die vom Prüfer im Rahmen der Jahresabschlussprüfung über die ohnehin schon anwendbaren Prüfungsvoraussetzungen hinaus zu berücksichtigen sind (§ 6b Abs. 6 EnWG). Sie kann insbesondere zusätzliche Schwerpunkte für die Prüfung festlegen, z. B. auch eine Prüfungspflicht für kleine viEVUs. Eine solche Festlegung muss spätestens sechs Monate vor dem Bilanzstichtag des jeweiligen Kalenderjahres ergehen.

3.5.3.7 Vorlage der Tätigkeits- und Jahresabschlüsse bei der Regulierungsbehörde

Der Auftraggeber der Prüfung des Jahresabschlusses, das ist i.d.R. die Geschäftsführung oder der Aufsichtsrat, hat der Regulierungsbehörde unverzüglich nach Feststellung des Jahresabschlusses eine Ausfertigung des Berichts über die Prüfung des Jahresabschlusses nach § 321 HGB (Prüfungsbericht; dieser umfasst Jahresabschluss und Lagebericht als Anlagen) einschließlich erstatteter Teilberichte zu übersenden (§ 6b Abs. 7 S. 1 EnWG).

Der Prüfungsbericht ist fest mit dem geprüften Jahresabschluss, dem Lagebericht und den erforderlichen Tätigkeitsabschlüssen zu verbinden (§ 6b Abs. 7 S. 2 EnWG). Der Bestätigungsvermerk oder der Vermerk über die Versagung sind im Prüfungsbericht wiederzugeben (§ 6b Abs. 7 S. 3 EnWG). Der Lagebericht (sofern dieser überhaupt aufgestellt werden muss) soll auf die sechs Tätigkeiten, für die aktivitätsbezogene Konten vorgegeben sind, eingehen (§ 6b Abs. 7 S. 4 EnWG).

Die Unternehmen sind verpflichtet, Geschäftsberichte zu allen Tätigkeitsbereichen innerhalb des Elektrizitäts- und Gassektors (vgl. § 6b Abs. 3 S. 1 und S. 2 EnWG) auf ihrer Internetseite zu veröffentlichen (§ 6b Abs. 7 S. 5 EnWG).[514]

Tätigkeitsabschlüsse zu den Tätigkeitsbereichen, für die nicht aktivitätsbezogene Konten vorgegeben sind, muss die Regulierungsbehörde als Geschäftsgeheimnisse behandeln (§ 6b Abs. 7 S. 6 EnWG).

3.5.3.8 Ausnahmen für Industrieunternehmen mit geschlossenen Verteilernetzen

Unternehmen, die nur deshalb als viEVU einzuordnen sind, weil sie auch Betreiber eines geschlossenen Verteilernetzes (vgl. § 110 Abs. 2 EnWG) sind, sowie ihre Abschlussprüfer sind von den Verpflichtungen nach § 6b Abs. 4 und 7 EnWG, d. h. von der Pflicht zur Veröffentlichung des Jahresabschlusses samt der Tätigkeitsabschlüsse und zur Übermittlung dieser Abschlüsse an die Regulierungsbehörde, ausgenommen (§ 6b Abs. 8 S. 1 EnWG). Die Befugnisse der Regulierungsbehörde, insbesondere nach § 110 Abs. 4 EnWG, d. h. zur Überprüfung der

[514] Gemeint sind wohl Tätigkeitsabschlüsse nach § 6b Abs. 3 S. 6 EnWG mit den Erläuterungen nach § 6b Abs. 3 S. 7 EnWG; so auch BerlKommEnR/*Busse von Colbe*, EnWG, § 6b Rn. 95.

Entgelte auf Verlangen eines Netznutzers eines geschlossenen Verteilernetzes, bleiben von dieser Eingrenzung der buchhalterischen Entflechtungsvorschriften unberührt (§ 6b Abs. 8 S. 2 EnWG).

3.5.4 Rechtliche Entflechtung von Verteilernetzbetreibern (VNBs)

Die rechtlichen Entflechtungsvorschriften (*Legal Unbundling*; § 7 Abs. 1 EnWG) verpflichten viEVUs, sicherzustellen, dass VNBs, die aufgrund von Kontrolle Teil eines viEVU im Sinne von § 3 Nr. 38 EnWG sind, hinsichtlich ihrer Rechtsform unabhängig von anderen Tätigkeitsbereichen der Energieversorgung sind. Mit dieser Vorschrift wird die gesellschaftsrechtliche Selbstständigkeit und Eigenverantwortlichkeit der VNBs rein formal sichergestellt. Rechtliche Entflechtung bedeutet, dass die Bereiche Verteilnetzplanung, Verteilnetz(aus-)bau, Verteilnetzwartung und Verteilnetzbetrieb zwingend (und zwar kumulativ) bei einer rechtlich selbstständigen Netzgesellschaft liegen müssen, welche tatsächlich die operative und strategische Steuerung dieser Netzbereiche wahrnimmt.[515]

Normadressaten sind viEVUs. Die Norm erfasst dabei grundsätzlich allein VNBs und nicht auch Transportnetzbetreiber, denn für diese gelten strengere Vorgaben zur rechtlichen Entflechtung (§§ 8-10e EnWG; siehe Ziffer 3.5.7). Jedoch findet gemäß § 7b EnWG die Regelung zur rechtlichen Entflechtung in § 7 Abs. 1 EnWG dann auf Transportnetzeigentümer entsprechend Anwendung, wenn ein Unabhängiger Systemnetzbetreiber („**USB**") benannt ist (siehe Ziffern 3.5.7.1 und 3.5.7.3). Gleiches gilt für Betreiber von bestimmten Speicheranlagen, die Teil eines viEVU sind.

Die Separierung des Netzbetriebs kann entweder durch die Übertragung des Netzeigentums oder durch Pachtmodelle umgesetzt werden. Für die meisten Netzbetreiber wurde zur rechtlichen Entflechtung ein Pachtmodell gewählt und das Netz an den VNB verpachtet.[516]

Die Abtrennung der Netzgesellschaft vom viEVU kann grundsätzlich gesellschaftsrechtlich strukturiert werden, indem die Netzgesellschaft als Tochtergesellschaft oder als Gesellschaft im Gleichordnungskonzern aufgestellt wird.[517] Eine Strukturierung, bei der die Netzgesellschaft als Muttergesellschaft errichtet wird, wird von den Regulierungsbehörden unter Hinweis auf die Regelungen zur operationellen Entflechtung von VNBs (§ 7a Abs. 2 bis 4 EnWG; siehe Ziffer 3.5.5) als unzulässig erachtet.[518] Die Trennung des Netzbetriebs kann insbesondere durch Auf- und Abspaltung sowie Ausgliederung der Netzgesellschaft oder aber durch die Neugründung einer Netzgesellschaft erreicht werden.[519]

Die Rechtsform der Netzgesellschaft kann grundsätzlich frei gewählt werden. In der Praxis wurde für Netzbetreiber wohl wegen des begrenzten Gründungsaufwands und der geringen

---

515 Konkretisierung der gemeinsamen Auslegungsgrundsätze der Regulierungsbehörden zu den Entflechtungsbestimmungen 2008, S. 4.

516 BNetzA, Monitoringbericht 2011, S. 227.

517 *Salje*, EnWG, § 7 Rn. 19-21.

518 Konkretisierung der gemeinsamen Auslegungsgrundsätze der Regulierungsbehörden zu den Entflechtungsbestimmungen 2008, S. 11-13; siehe dazu auch *Hölscher* in: Britz/Hellermann/Hermes, EnWG § 7 Rn. 10.

519 Gemeinsame Auslegungsgrundsätze der Regulierungsbehörden zu den Entflechtungsbestimmungen 2006, S. 12-13.

Gründungskosten sowie des (gegenüber der Aktiengesellschaft) geringeren, laufenden Organisationsaufwands fast immer die Rechtsform der GmbH gewählt. Allerdings verursacht die Wahl einer GmbH und die entsprechende gesellschaftsrechtliche Umsetzung, insbesondere aufgrund des Weisungsrechts der Gesellschafter, besonderen Gestaltungsaufwand, um den verschiedenen Entflechtungsvorgaben gerecht zu werden (siehe insbesondere die Ausführungen zur operationellen Entflechtung unter Ziffer 3.5.5.5).[520] Die Entflechtungsvorgaben sind bei VNBs zwar nicht so streng wie bei Transportnetzbetreibern, erfordern aber dennoch einige Abweichungen von den Standard-GmbH-Regelungen, z. B. im Hinblick auf die Auskunfts- und Einsichtsrechte der Gesellschafter nach § 51a GmbHG.

Im Hinblick auf die rechtliche Unabhängigkeit ist ein Gewinnabführungsvertrag zwischen viEVU und Netzgesellschaft unbedenklich, nicht dagegen ein unbeschränkter Beherrschungsvertrag über die Netzgesellschaft.[521] Zulässig ist aber ein Teilbeherrschungsvertrag, wenn er einen weisungsfreien Bereich zur Sicherstellung der Unabhängigkeit des Netzbetriebs vorsieht.[522]

Die Pachtmodelle setzen voraus, dass die Verantwortlichkeit für den Netzbetrieb vollständig beim VNB liegt und erfordern, dass der Netzpachtvertrag der Netzgesellschaft als Pächter die wirtschaftlichen Entscheidungsbefugnisse hinsichtlich des Netzes vermittelt und die Netzgesellschaft das Netz im eigenen Namen und auf eigene Rechnung betreiben kann.[523] Die Regulierungsbehörden fordern zudem in Anlehnung an das europäische Wettbewerbsrecht eine Mindestvertragslaufzeit von drei Jahren für den Pachtvertrag.[524] Nach Ansicht der BNetzA und des Bundeskartellamts („**BKartA**") konnten bislang viele Netzgesellschaften aufgrund sehr kurzer Vertragslaufzeiten ihren Geschäftsbetrieb nur bedingt unabhängig entwickeln.[525]

Beim Pachtmodell im Konzern müssen eine genaue Zuordnung von Kosten zur Einhaltung der Regelungen zur buchhalterischen Entflechtung erfolgen (vgl. Ziffer 3.5.3.3) und die entsprechenden Nachweispflichten eingehalten werden.[526] Die Kostenzuordnung ist insbesondere für die Ermittlung der Netzentgelte und die insoweit zulässige Höhe des Pachtzinses wichtig (vgl. § 4 Abs. 1, 5 StromNEV).

Die rechtliche Entflechtung kann allein nicht die wirtschaftliche Eigenständigkeit des Netzbetriebs sicherstellen und bedarf daher der Ergänzung durch die operationelle Entflechtung (siehe Ziffer 3.5.5).

Die Pflicht zur rechtlichen Entflechtung wird durch eine *de-minimis*-Regelung (§ 7 Abs. 2 EnWG) eingeschränkt. Danach sind viEVUs, an deren Elektrizitäts-/Gasverteilernetz weniger als 100.000 Kunden (vgl. § 3 Nr. 24 EnWG) unmittelbar oder mittelbar angeschlossen sind, hinsichtlich der mit ihnen verbundenen VNBs von der Pflicht zur rechtlichen Entflechtung

520 *Hölscher* in: Britz/Hellermann/Hermes, EnWG, § 7 Rn. 28-29; *Säcker*, DB 2004, 691, 693-694.

521 *Hölscher* in: Britz/Hellermann/Hermes, EnWG, § 7 Rn. 11.

522 Vgl. auch *Schulte-Beckhausen* in: Hempel/Franke, EnWG, § 7 Rn. 25; *Säcker*, RdE 2005, 85, 86.

523 *Salje*, EnWG, § 7 Rn. 7, 20.

524 Gemeinsame Auslegungsgrundsätze der Regulierungsbehörden zu den Entflechtungsbestimmungen 2006, S. 13 i.V.m. Fn. 14.

525 Siehe BNetzA, Monitoringbericht 2011, S. 227-228 zur Laufzeit von Pachtverträgen.

526 Zur Festlegung der im Pachtvertrag mit einem Konzernunternehmen/konzernunabhängigen Dritten zu vereinbarenden Entgelte, *Hölscher* in: Britz/Hellermann/Hermes, EnWG, § 7 Rn. 14-17.

ausgenommen. Maßgeblich für die Bestimmung der Kundenanzahl ist die Zahl der physischen Anschlüsse (Netzanschlusspunkte).[527] Dabei ist die sog. Verbundklausel zu beachten. Nach dieser werden nur die Kundenzahlen von solchen Unternehmen einer Gruppe addiert, die im Sinne des § 3 Nr. 38 EnWG als viEVU verbunden sind, d. h. bei denen ein integriertes Energieversorgungsunternehmen bestimmenden Einfluss hat. Mit dieser Regelung soll die Umgehung der Entflechtungsbestimmungen verhindert werden. Als Folge können sich alle betroffenen Unternehmen in der Gruppe nicht mehr auf die *de-minimis*-Regelung berufen.[528]

3.5.5 Operationelle Entflechtung von Verteilernetzbetreibern (VNBs)

Die operationelle Entflechtung oder organisatorische Entflechtung (*Management Unbundling/Functional Unbundling*) soll über Regelungen zur Organisationsstruktur, der Entscheidungsgewalt und der Ausübung des Netzgeschäfts eine organisatorische Trennung zwischen Verteilnetzbetrieb und den Wettbewerbsaktivitäten erreichen und die Unabhängigkeit des VNB vom viEVU sicherstellen. Sie richtet sich wiederum an viEVUs sowie (zumindest teilweise auch) an rechtlich selbstständige VNBs (vgl. § 7a Abs. 1, 2, 3 und 6 EnWG), die mit einem viEVU im Sinne des § 3 Nr. 38 EnWG verbunden sind.[529]

Eine inhaltlich gleiche *de-minimis*-Regelung wie für die rechtliche Entflechtung, die den Anwendungsbereich der Entflechtungsregelung bei VNBs einschränkt, gilt auch für die operationelle Entflechtung (§ 7a Abs. 7 EnWG; vgl. Ziffer 3.5.4). Auch für unter die *de-minimis*-Regelung fallende Unternehmen können aber wegen der Verpflichtung zur informationellen und buchhalterischen Entflechtung, operationelle Entflechtungsmaßnahmen erforderlich werden.

3.5.5.1 Grundsatz: Unabhängigkeit des Verteilernetzbetreibers (VNB)

In § 7a Abs. 1 EnWG ist der Grundsatz der operationellen Entflechtung geregelt, wonach die Normadressaten die Unabhängigkeit des VNB hinsichtlich der Organisation, der Entscheidungsgewalt und der Ausübung des Netzgeschäfts sicherzustellen haben.[530] Damit soll die Trennung der Verteilnetzaktivitäten von den anderen Aktivitäten im Strom- oder Gasbereich (d. h. den Wettbewerbsaktivitäten) erreicht werden. Der Grundsatz wird in den Absätzen 2 bis 6 des § 7a EnWG weiter konkretisiert, insbesondere durch Vorgaben (i) zur personellen Tren-

527 *Hölscher* in: Britz/Hellermann/Hermes, EnWG, § 7 Rn. 47-52; BerlKommEnR/*Säcker/Schönborn*, EnWG § 7 Rn. 10-13; vgl. zu Elektrizitäts- bzw. Gasrichtlinie: Commission Staff Working Paper, The Unbundling Regime 2010, S. 28; Note DG Energy, The Unbundling Regime 2004, S. 15; zum Kundenbegriff und zur Bestimmung der Kundenzahl siehe Gemeinsame Auslegungsgrundsätze der Regulierungsbehörden zu den Entflechtungsbestimmungen 2006, S. 8, 35-36; BNetzA, Beschluss vom 28. August 2009, BK6-07-031 und BK6-06-062, S. 9 ff.

528 Gemeinsame Auslegungsgrundsätze der Regulierungsbehörden zu den Entflechtungsbestimmungen 2006, S. 9-10; *Hölscher* in: Britz/Hellermann/Hermes, EnWG, § 7 Rn. 54-56; vgl. zu Elektrizitäts- bzw. Gasrichtlinie: Commission Staff Working Paper, The Unbundling Regime 2010, S. 29 und Note DG Energy, The Unbundling Regime 2004, S. 16.

529 Gemäß § 7b EnWG finden bestimmte Regelungen zur operationellen Entflechtung (§ 7a Abs. 1 bis 5 EnWG) auch auf Transportnetzeigentümer, soweit ein USB benannt ist (siehe Ziffer 3.5.7.1 und 3.5.7.3), sowie auf Betreiber von bestimmten Speicheranlagen, die Teil eines viEVU sind, entsprechende Anwendung.

530 Siehe *Salje*, EnWG, § 8 Rn. 8-9 zu den Begriffen Organisation und Entscheidungsgewalt.

nung des Managements des Netzbetreibers vom viEVU, (ii) zur Sicherstellung der Handlungsunabhängigkeit des Managements des VNB sowie (iii) zur Gewährleistung umfassender Entscheidungsbefugnisse im Hinblick auf den Netzbetrieb.

3.5.5.2 Personelle Entflechtung

Leitungspersonal des Verteilernetzbetreibers (VNB)

In § 7a Abs. 2 EnWG finden sich Vorgaben zur personellen Trennung des Managements des Netzbetreibers bzw. für die für den Netzbetrieb verantwortlichen Personen aus der Einflusssphäre der Wettbewerbsbereiche. Nach dieser Norm müssen (i) Personen, die mit Leitungsaufgaben für den VNB betraut sind, und (ii) Personen, die eine Befugnis zu Letztentscheidungen besitzen, die für die Gewährleistung eines diskriminierungsfreien Netzbetriebs wesentlich sind, für die Ausübung dieser Tätigkeiten einer betrieblichen Einrichtung des VNB angehören (§ 7a Abs. 2 Nr. 1 EnWG). Sie dürfen keine Angehörigen von betrieblichen Einrichtungen des viEVU sein, die direkt oder indirekt für den laufenden Betrieb in den Wettbewerbsbereichen zuständig sind. Auf diese Weise soll die persönliche Unabhängigkeit des Leitungspersonals des Netzbetreibers sichergestellt und Interessenkonflikte vermieden werden.[531] Inhaltlich kann es dabei zwischen der Gruppe der Personen mit Leitungsaufgaben und der Gruppe mit Personen mit Letztentscheidungsbefugnis hinsichtlich des Netzbetriebs Überschneidungen geben.

Mit Leitungsaufgaben für den Netzbetreiber ist jeder betraut, der im Hinblick auf die unternehmerische Verantwortung, Planung und operative Gestaltung Einfluss auf die Unternehmenspolitik hat.[532] Dies sind zuvorderst alle zur gesetzlichen Vertretung berufenen Personen (z. B. Vorstand, Geschäftsführung, Prokuristen).[533]

Als Personen mit der Befugnis zu Letztentscheidungen, die wesentlich für das Tagesgeschäft des Netzbetreibers sind, kommen insbesondere Prokuristen, Abteilungsleiter und sonstige leitende Angestellte in Betracht. Entscheidend ist, dass diese Personen Aufgaben mit tatsächlichem Entscheidungsspielraum haben, welche eine Einwirkung auf die Wettbewerbsinteressen ermöglichen, und ihre Entscheidung bzw. deren Umsetzung im Regelfall nicht mehr durch einen Vorgesetzten überprüft wird.[534] Außerdem muss die Letztentscheidung für den diskriminierungsfreien Netzbetrieb wesentlich sein, d. h. das „Ob" und „Wie" des Netzzugangs für Dritte betreffen (z. B. Berechnung der Netzentgelte, Fragen des Netzzugangs und Netzanschlusses).[535] Bei der Beurteilung ist die Ausgestaltung der Betriebsführung im konkreten Einzelfall entscheidend.[536]

---

531 BT-Drs. 15/3917, S. 53.

532 BT-Drs. 15/3917, S. 53.

533 *Salje*, EnWG, 2006, § 8 Rn. 17; *Bourwieg/Miller*, RdE 2008, 230, 233.

534 Konkretisierung der gemeinsamen Auslegungsgrundsätze der Regulierungsbehörden zu den Entflechtungsbestimmungen 2008, S. 7; *Hölscher* in: Britz/Hellermann/Hermes, EnWG, § 8 Rn. 11; BerlKommEnR/*Säcker/Schönborn*, EnWG, § 7a Rn. 17 f.; *Salje*, EnWG, § 8 Rn. 27-28.

535 Konkretisierung der gemeinsamen Auslegungsgrundsätze der Regulierungsbehörden zu den Entflechtungsbestimmungen 2008, S. 7; *Hölscher* in: Britz/Hellermann/Hermes, EnWG, § 8 Rn. 11; BerlKommEnR/*Säcker/Schönborn*, EnWG, § 7a Rn. 17 f.; *Salje*, EnWG, § 8 Rn. 27-28.

536 *Hölscher* in: Britz/Hellermann/Hermes, EnWG, § 8 Rn. 12.

Wenn die personelle Entflechtung fordert, dass Personen mit Leitungsaufgaben oder mit Letztentscheidungsbefugnis hinsichtlich des Netzbetriebs einer „betrieblichen Einrichtung“ des VNB angehören müssen bzw. keiner „betrieblichen Einrichtung“ des viEVU angehören dürfen, dann sind unter dem Begriff „betriebliche Einrichtung“ alle zu einer organisatorischen und/oder rechtsförmlichen Einheit im Unternehmen oder einem Geschäftsbereich gehörenden Abteilungen zu zählen, z. B. Unternehmensorgane, Unternehmensabteilungen oder Betriebs- bzw. Geschäftsleitungen.[537]

Die personelle Entflechtung des Managements erfordert, dass die Personen mit Leitungsaufgaben bzw. Letztentscheidungsbefugnissen Anstellungsverträge mit den betrieblichen Einrichtungen des Netzbetreibers haben.[538] Eine organschaftliche Bestellung oder eine Tätigkeit aufgrund einer Arbeitnehmerüberlassung reichen nicht aus.[539] Verboten ist die Wahrnehmung von Doppelfunktionen, d. h. das Leitungspersonal der Netzgesellschaft darf nicht gleichzeitig ein Anstellungsverhältnis mit der Muttergesellschaft oder dem Konzernunternehmen haben, sofern diese in den Wettbewerbsbereichen tätig sind.[540] Das Leitungspersonal des Netzbetreibers darf für diese Unternehmen auch nicht als eigener Dienstleister oder in sonstiger Weise tätig werden.[541] Auch ist es nicht erlaubt, dass das Leitungspersonal des Netzbetreibers gleichzeitig Mitglied eines Leitungsgremiums des viEVU ist, da dann eine Zuständigkeit und Gesamtverantwortung für das Gesamtunternehmen, also auch die Wettbewerbsbereiche, begründet würde.[542]

Nicht ausgeschlossen ist aber, dass ein Mitglied des Leitungspersonals des Netzbetreibers gleichzeitig für die Holding-Gesellschaft des viEVU tätig ist, sofern diese nicht selbst in den Wettbewerbsbereichen aktiv ist.[543] Insofern sind die Reglungen zur personellen Entflechtung weniger streng als bspw. beim Unabhängigen Transportnetzbetreiber („**UTB**“) (siehe dazu Ziffer 3.5.7.4). Auch kann ein Mitglied des Managements des Wettbewerbsbereichs im Aufsichtsrat der Netzgesellschaft sein, solange es keine Entscheidungen zum laufenden Tagesgeschäft des Netzbetreibers trifft.[544] Dabei dürfen aber die Regelungen zur informationellen Entflechtung nicht unterlaufen werden.[545]

[537] *Salje*, EnWG, § 8 Rn. 21; *Hölscher* in: Britz/Hellermann/Hermes, EnWG, § 8 Rn. 15; *Bourwieg/Miller*, RdE 2008, 230, 233.

[538] Konkretisierung der gemeinsamen Auslegungsgrundsätze der Regulierungsbehörden zu den Entflechtungsbestimmungen 2008, S. 4-5.

[539] Konkretisierung der gemeinsamen Auslegungsgrundsätze der Regulierungsbehörden zu den Entflechtungsbestimmungen 2008, S. 4-5.

[540] Konkretisierung der gemeinsamen Auslegungsgrundsätze der Regulierungsbehörden zu den Entflechtungsbestimmungen 2008, S. 5-6.

[541] Konkretisierung der gemeinsamen Auslegungsgrundsätze der Regulierungsbehörden zu den Entflechtungsbestimmungen 2008, S. 5-6.

[542] Gemeinsame Auslegungsgrundsätze der Regulierungsbehörden zu den Entflechtungsbestimmungen 2006, S. 18.

[543] BerlKommEnR/*Säcker/Schönborn*, EnWG, § 7a Rn. 22; *Hölscher* in: Britz/Hellermann/Hermes, EnWG, § 8 Rn. 21; vgl. zu Elektrizitäts- bzw. Gasrichtlinie: Commission Staff Working Paper, The Unbundling Regime 2010, S. 24; Note DG Energy, The Unbundling Regime 2004, S. 8.

[544] *Hölscher* in: Britz/Hellermann/Hermes, EnWG, § 8 Rn. 19; BerlKommEnR/*Säcker/Schönborn*, EnWG, § 7a Rn. 23.

[545] *Hölscher* in: Britz/Hellermann/Hermes, EnWG, § 8 Rn. 19; BerlKommEnR/*Säcker/Schönborn*, EnWG, § 7a Rn. 23.

Personal des vertikal integrierten Energieversorgungsunternehmens (viEVU)

Nach § 7a Abs. 2 Nr. 2 EnWG erfordert die personelle Entflechtung ferner, dass Personen, die in anderen Teilen des viEVU sonstige Tätigkeiten des Netzbetriebs ausüben, den fachlichen Weisungen der Leitung des VNB zu unterstellen sind. Unter „sonstigen Tätigkeiten" sind dabei solche Tätigkeiten zu verstehen, die keine diskriminierungsrelevanten Letztentscheidungen betreffen, sondern nur rein ausführende oder dienende Tätigkeiten im Netzbereich darstellen.[546] Durch diese Regelung wird insbesondere die Möglichkeit von *Shared-Services*-Einheiten von viEVU und VNB geschaffen, z. B. in Bezug auf die technische Wartung, IT, Rechnungswesen und Rechtsberatung.[547] Aber auch in diesem Zusammenhang sind wiederum die Anforderungen der informationellen Entflechtung zu beachten sowie die Regelungen zur personellen Ausstattung des Netzbetreibers (siehe Ziffer 3.5.5.4).

3.5.5.3 Handlungsunabhängigkeit des Managements des Verteilernetzbetreibers (VNB)

Das viEVU bzw. der rechtlich selbstständige Netzbetreiber hat geeignete Maßnahmen zu treffen, um die berufliche Handlungsunabhängigkeit der Personen zu gewährleisten, die mit Leitungsaufgaben des VNB betraut sind (§ 7a Abs. 3 EnWG). Diese Regelung betrifft die unter § 7a Abs. 2 Nr. 1 EnWG fallenden Personen mit Leitungsaufgaben.[548] Erforderlich sind danach in erster Linie arbeitsrechtliche Maßnahmen, insbesondere bei der Gestaltung der Position im Rahmen des Dienst-/Organverhältnisses bspw. bzgl. der (vom Erfolg des Gesamtkonzerns unabhängigen und nur am Leistungserfolg des VNB zu messenden) Vergütung, den Entwicklungschancen und der Dauer/Beendigung des Arbeitsverhältnisses.[549] Auch beinhaltet die Regelung im Zusammenspiel mit dem Weisungsverbot aus § 7a Abs. 4 S. 5 EnWG ein Disziplinierungsverbot.[550] Bestimmte *Cooling-On-* bzw. *Cooling-Off*-Zeiträume für einen Wechsel in die Leitungsebene des viEVU wie beim UTB (siehe unten Ziffer 3.5.7.4) gibt es nicht.

3.5.5.4 Unabhängige Entscheidungsbefugnisse des Verteilernetzbetreibers (VNB)

Unter der operationellen Entflechtung hat das viEVU ferner zu gewährleisten, dass der VNB tatsächliche (rechtliche und wirtschaftliche) Entscheidungsbefugnisse in Bezug auf die für den Betrieb, die Wartung und den Ausbau des Netzes erforderlichen Vermögenswerte des viEVU besitzt und diese im Rahmen der Bestimmungen des EnWG unabhängig von der Leitung und den anderen betrieblichen Einrichtungen des viEVU ausüben kann (§ 7a Abs. 4 S. 1 EnWG).

546 Gemeinsame Auslegungsgrundsätze der Regulierungsbehörden zu den Entflechtungsbestimmungen 2006, S. 18-19; BT-Drs. 15/3917, S. 54.

547 BT-Drs. 15/3917, S. 54; *Salje*, EnWG, § 8 Rn. 29-30, 35; *Hölscher* in: Britz/Hellermann/Hermes, EnWG, § 8 Rn. 24-29.

548 *Schulte-Beckhausen* in: Hempel/Franke, EnWG, § 8 Rn. 34; BerlKommEnR/*Säcker/Schönborn*, EnWG, § 7a Rn. 33; a.A. *Salje*, EnWG, § 8 Rn. 37; *Hölscher* in: Britz/Hellermann/Hermes, EnWG, § 8 Rn. 31.

549 *Salje*, EnWG, § 8 Rn. 38 mit Verweis auf BT-Drs. 15/3917, S. 54; vgl. auch *Schulte-Beckhausen* in: Hempel/Franke, EnWG, § 8 Rn. 30, insbesondere Rn. 32 zur teleologischen Reduktion des Widerrufsrechts der Bestellung des Geschäftsführers (§ 38 GmbHG); vgl. zu Elektrizitäts- bzw. Gasrichtlinie: Commission Staff Working Paper, The Unbundling Regime 2010, S. 24 und Note DG Energy, The Unbundling Regime 2004, S. 8.

550 BerlKommEnR/*Säcker/Schönborn*, EnWG, § 7a Rn. 37.

Zudem hat das viEVU sicherzustellen, dass der VNB auch über die erforderliche Ausstattung in materieller, personeller, technischer und finanzieller Hinsicht verfügt, um seine Entscheidungsbefugnisse tatsächlich auch effektiv ausüben zu können (§ 7a Abs. 4 S. 2 EnWG).

Die Netzgesellschaft muss demnach entsprechend der Komplexität der Netzbetreiberaufgabe insbesondere über eine angemessene, eigene personelle Grundausstattung sowie darüber hinausgehendes qualifiziertes Personal mit hinreichenden fachlichen technischen, ökonomischen und juristischen Kenntnissen verfügen.[551]

Die Regulierungsbehörden folgern aus diesen Vorschriften (d. h. § 7a Abs. 1 und 4 EnWG), dass Entscheidungen bzgl. sog. diskriminierungsanfälliger Netzbetreiberaufgaben („**DNA**") nicht an andere Stellen des integrierten Unternehmens ausgelagert werden dürfen, um unabhängig getroffen werden zu können.[552] Dazu zählen insbesondere Entscheidungen:

- im Hinblick auf das Aufstellen des Wirtschaftsplans und der Mittelfristplanung sowie der Umsetzung der genehmigten Wirtschaftsplanung in die detaillierte Maßnahmenplanung,
- bzgl. der Vertretung des Netzbetreibers im internen und externen Regulierungsprozess,
- zur Festlegung der Strategie und technischen Rahmenbedingungen bei Neu- und Ausbau des Netzes,
- zur Kooperation zwischen Netzbetreibern,
- zur Festlegung der Investitions- und Instandhaltungsstrategie sowie Freigabe entsprechender Maßnahmen und
- im Hinblick auf Rechtsfragen mit Diskriminierungspotenzial.

Diese Regelungen zu den unabhängigen Entscheidungsbefugnissen des VNB stellen die betroffenen Unternehmen vor die Herausforderung, den ständigen Interessenkonflikt zwischen Konzernverbundenheit und energiewirtschaftsrechtlich verordneter Eigenständigkeit des VNB in der Praxis zu „lösen". Offenkundig wurde dieser Konflikt in der Vergangenheit insbesondere bei der Einrichtung von *Shared-Services*-Einheiten mit Tendenz zur Schaffung „schlanker" Netzgesellschaften. Allerdings scheint es gerade im Strombereich bei den großen Netzgesellschaften in den letzten Jahren einen Trend zu geben, VNBs personell besser auszustatten und die von der BNetzA aufgelisteten DNAs selbstständig wahrzunehmen.[553]

Die Inanspruchnahme von Leistungen (z. B. Kredite) der Holding- bzw. konzerninternen Servicegesellschaften darf jedenfalls nur zu angemessenen, marktüblichen Preisen und Konditionen erfolgen (*arm's-length*-Prinzip), die vertraglich festzulegen sind.[554] Zudem sind *Shared Services* möglich bei Hilfsdiensten wie bspw. der Dokumentation oder Buchhaltung oder bzgl. Rechtsfragen ohne Diskriminierungspotenzial (z. B. sachenrechtliche Fragen), nicht dagegen bei dem Vertrags- und Rechtsmanagement, der Wahrnehmung von Managementfunktionen

[551] Konkretisierung der gemeinsamen Auslegungsgrundsätze der Regulierungsbehörden zu den Entflechtungsbestimmungen 2008, S. 6-7, 10.

[552] Konkretisierung der gemeinsamen Auslegungsgrundsätze der Regulierungsbehörden zu den Entflechtungsbestimmungen 2008, S. 7-10.

[553] BNetzA/BKartA, Monitoringbericht 2012, S. 286 sowie bereits BNetzA, Monitoringbericht 2011, S. 224-225.

[554] BerlKommEnR/*Säcker/Schönborn*, EnWG, § 7a, Rn. 64-65; *Salje*, EnWG, 2006, § 8 Rn. 46; vgl. zu Elektrizitäts- bzw. Gasrichtlinie: Commission Staff Working Paper, The Unbundling Regime 2010, S. 25; Note DG Energy, The Unbundling Regime 2004, S. 9.

der Netzgesellschaft sowie bei der technischen Betriebsführung und der Netzentgeltkalkulation.[555] Eine Auslagerung an konzernunabhängige Dritte, mit denen der Netzbetreiber nicht verbunden ist (z. B. an eine andere Netzgesellschaft), ist grundsätzlich möglich, sofern diese vom Netzbetreiber überwacht und an dessen Weisungen gebunden sind.[556] Letztendlich ist in jedem Einzelfall zu prüfen, ob das viEVU bzw. der Netzbetreiber die Anforderungen der operationellen Entflechtung erfüllt.[557]

Beim UTB sind die Vorgaben zur operationellen Entflechtung viel strenger und gleichzeitig präziser (siehe Ziffer 3.5.7.4).

3.5.5.5 Gebrauch gesellschaftsrechtlicher Instrumente durch das vertikal integrierte Energieversorgungsunternehmen (viEVU)

Dem viEVU ist es ausdrücklich gestattet, bestimmte gesellschaftsrechtliche Instrumente der Einflussnahme und Kontrolle einzusetzen, sofern dies zur Wahrnehmung der berechtigten Interessen des viEVU erforderlich ist (§ 7a Abs. 4 S. 3 EnWG). Als gesellschaftsrechtliche Instrumente kommen u. a. die Weisung, die Festlegung allgemeiner Verschuldungsobergrenzen und die Genehmigung (nicht aber die Aufstellung) jährlicher Finanzpläne in Betracht. Auch gleichwertige Instrumente sind zulässig. Unter diesen werden bspw. Investitionsbudgets und Genehmigungsvorbehalte verstanden.[558]

Die Anwendung solcher gesellschaftsrechtlicher Instrumente der Einflussnahme und Kontrolle unterliegt jedoch gewissen Einschränkungen. Dies gilt z. B., wenn gegen energiewirtschaftsrechtliche Vorgaben (z. B. Netzausbauverpflichtungen) verstoßen würde.[559] Auch muss dem Netzbetreiber weiterhin die Einhaltung seiner Netzbetreiberaufgaben (§§ 11-16a EnWG) möglich sein.

Zudem dürfen die gesellschaftsrechtlichen Instrumente nur zur Wahrnehmung der wirtschaftlichen Befugnisse der Leitung des viEVU und seiner Aufsichtsrechte gegenüber der Geschäftsführung des VNB im Hinblick auf die Rentabilität des VNB ausgeübt werden.[560]

Weisungen zum laufenden Netzbetrieb sind nicht erlaubt. Ebenfalls sind Weisungen im Hinblick auf einzelne Entscheidungen zu baulichen Maßnahmen an Energieanlagen unzulässig, solange sich diese Entscheidungen im Rahmen eines vom viEVU genehmigten Finanzplans oder gleichwertigen Instruments halten.[561] Diese Beschränkungen der Weisungsmöglichkeiten

555 *Säcker/Mohr*, N&R 2/2012, 1, 9.

556 Konkretisierung der gemeinsamen Auslegungsgrundsätze der Regulierungsbehörden zu den Entflechtungsbestimmungen 2008, S. 10.

557 Commission Staff Working Paper, The Unbundling Regime 2010, S. 25.

558 *Hölscher* in: Britz/Hellermann/Hermes, EnWG, § 8 Rn. 43.

559 *Hölscher* in: Britz/Hellermann/Hermes, EnWG, § 8 Rn. 44.

560 Zur Rentabilitätskontrolle durch einen GmbH-Aufsichtsrat siehe *Bourwieg/Miller*, RdE 2008, 230, 234.

561 Vgl. zu Elektrizitäts- bzw. Gasrichtlinie: Commission Staff Working Paper, The Unbundling Regime 2010, S. 25; Note DG Energy, The Unbundling Regime 2004, S. 11.

sind bei der Gestaltung des Gesellschaftsvertrages zu beachten.[562] Ein Verstoß gegen das Weisungsverbot hat die Unwirksamkeit der Weisung zur Folge (vgl. § 134 BGB).[563]

3.5.5.6 Gleichbehandlungsprogramm des Verteilernetzbetreibers (VNB)

Der VNB ist verpflichtet, für die mit Tätigkeiten des Netzbetriebs befassten Mitarbeiter ein Programm mit verbindlichen Maßnahmen zur diskriminierungsfreien Ausübung des Netzgeschäfts (sog. Gleichbehandlungsprogramm) festzulegen (§ 7a Abs. 5 EnWG). Dieses sollte insbesondere die Einhaltung der informationellen Entflechtung (vgl. Ziffer 3.5.2), den Zugang zu Räumlichkeiten und EDV-Systemen sowie den Kundenkontakt beinhalten.[564] Auch mögliche Sanktionen gegenüber den Mitarbeitern des VNB (z. B. arbeitsrechtliche Maßnahmen wie Ermahnung, Abmahnung und Kündigung) sind festzulegen (§ 7a Abs. 5 S. 2 EnWG).[565] Das Gleichbehandlungsprogramm ist den Mitarbeitern, vorzugsweise als Dienstanweisung, und der Regulierungsbehörde bekannt zu machen.[566]

Diese Pflicht, ein Gleichbehandlungsprogramm festzulegen, trifft den VNB. Zwar sagt der Wortlaut von § 7a Abs. 5 EnWG, dass das viEVU Adressat der Regelung ist. Jedoch wird allgemein davon ausgegangen, dass es sich insoweit um ein Redaktionsversehen handelt.[567]

Die Einhaltung des Programms ist durch einen Gleichbehandlungsbeauftragten des VNB, eine natürliche oder juristische Person, zu überwachen (§ 7a Abs. 5 S. 1 EnWG). Der Gleichbehandlungsbeauftragte muss in seiner Aufgabenwahrnehmung vollkommen unabhängig sein (§ 7a Abs. 5 S. 4 EnWG). Er soll Zugang zu allen Informationen haben, über die der VNB und etwaige verbundene Unternehmen verfügen, soweit dies zur Erfüllung seiner Aufgaben erforderlich ist (§ 7a Abs. 5 S. 5 EnWG). Bislang ist in der Praxis der Gleichbehandlungsbeauftragte trotz zunehmender Größe der Netzgesellschaften meist immer noch beim Mutterunternehmen und nicht beim Netzbetreiber angestellt.[568] In einigen wenigen Fällen wird diese Funktion auch von einem externen Dienstleister wahrgenommen. Auch übt der Gleichbehandlungsbeauftragte bei einigen der Unternehmen noch weitere Funktionen aus.

[562] Die Regulierungsbehörden verlangen im Fall einer GmbH den Ausschluss der operativen Weisungsrechte im Gesellschaftsvertrag, vgl. Konkretisierung der gemeinsamen Auslegungsgrundsätze der Regulierungsbehörden zu den Entflechtungsbestimmungen 2008, S. 11; vgl. zu Elektrizitäts- bzw. Gasrichtlinie: Note DG Energy, The Unbundling Regime 2004, S. 6.

[563] *Salje*, EnWG, § 8 Rn. 52.

[564] Gemeinsame Auslegungsgrundsätze der Regulierungsbehörden zu den Entflechtungsbestimmungen 2006, S. 21; *Schulte-Beckhausen* in: Hempel/Franke, EnWG, § 8 Rn. 68 ff.; *Salje*, EnWG, § 8 Rn. 63; vgl. zu Elektrizitäts- bzw. Gasrichtlinie: Commission Staff Working Paper, The Unbundling Regime 2010, S. 26; Note DG Energy, The Unbundling Regime 2004, S. 12-13.

[565] *Salje*, EnWG, § 8 Rn. 63; vgl. zu Elektrizitäts- bzw. Gasrichtlinie: Commission Staff Working Paper, The Unbundling Regime 2010, S. 26; Note DG Energy, The Unbundling Regime 2004, S. 12.

[566] Gemeinsame Auslegungsgrundsätze der Regulierungsbehörden zu den Entflechtungsbestimmungen 2006, S. 21; siehe dazu auch *Hölscher* in: Britz/Hellermann/Hermes, EnWG, § 8 Rn. 54; *Eder* in: Danner/Theobald, EnWG, § 8 Rn. 79, 82.

[567] Dabei handelt es sich wohl um ein Redaktionsversehen; vgl. *Salje*, EnWG, § 8 Rn. 55; *Hölscher* in: Britz/Hellermann/Hermes, EnWG, § 8 Rn. 50-52; vgl. auch Commission Staff Working Paper, The Unbundling Regime 2010, S. 26, in dem der VNB als Normadressat verstanden wird.

[568] BNetzA/BKartA, Monitoringbericht 2012, S. 287.

Der Gleichbehandlungsbeauftragte hat der Regulierungsbehörde jährlich spätestens zum 31. März einen Bericht über die getroffenen Maßnahmen des vergangenen Kalenderjahres vorzulegen (sog. Gleichbehandlungsbericht) und diesen in nicht personenbezogener Form zu veröffentlichen, vorzugsweise im Internet (§ 7a Abs. 5 S. 3 EnWG).

3.5.5.7 Kommunikation und Markenpolitik des Verteilernetzbetreibers (VNB)

VNBs, die Teil eines viEVU sind, müssen in ihrem Kommunikationsverhalten und ihrer Markenpolitik gewährleisten, dass eine Verwechslung zwischen dem VNB und den Vertriebsaktivitäten des viEVU ausgeschlossen ist (§ 7a Abs. 6 EnWG). Unter Kommunikationsverhalten ist jedes geschäftliche Handeln bzw. Marktverhalten zu verstehen, bei dem der VNB in Kontakt zu Dritten, insbesondere Letztverbrauchern, tritt.[569] Die Markenpolitik ist als wesentlicher Bestandteil und Grundlage des Kommunikationsverhaltens des VNB explizit genannt. Ein Verstoß gegen die Entflechtungsregelung ist nur dann gegeben, wenn Verwechslungsgefahr im engeren Sinne vorliegt. Wann dies der Fall ist, ist anhand markenrechtlicher Maßstäbe in jedem Einzelfall, und damit entsprechend den UTB-Vorschriften (siehe Ziffer 3.5.7.4), zu bestimmen.[570]

Anders als beim UTB ist eine Umfirmierung des VNB nicht unbedingt erforderlich.[571] Auch eine Abgrenzung zu den sonstigen Aktivitäten des viEVU (die nicht Vertriebsaktivitäten sind) braucht nicht zu erfolgen. Allerdings muss der VNB bspw. ein eigenes Logo, eigene Geschäftspapiere und Werbemittel (z. B. mit dem eigenen Logo gekennzeichnete Fahrzeuge, Werbeplakate und Kundenzeitschriften) sowie einen eigenen Internetauftritt haben.[572] Zudem ist bei Anlagen, Einrichtungen und anderen Infrastrukturen, wie z. B. Stromverteilerkästen oder Strommasten, selbst wenn diese nicht unmittelbar für die Öffentlichkeit oder nur schwer zugänglich sind, die Verwechslungsgefahr durch eine entsprechende Kennzeichnung auszuschließen.[573]

Diese Regelung zur Kommunikation und Markenpolitik von VNBs in § 7a Abs. 6 EnWG ist eine der wenigen Entflechtungsvorschriften für VNBs, die im Zuge des Dritten Energiebinnenmarktpakets neu in das EnWG 2011 zur Umsetzung der Elektrizitäts- bzw. Gasrichtlinie (Art. 26 Abs. 3 S. 2) aufgenommen wurde. Die Vorschrift soll sicherstellen, dass der VNB gegenüber seinen Kunden klar und unterscheidbar auftritt.[574] Die Regelung dient damit im Ergebnis einerseits dazu, die rechtliche und operationelle Trennung von Vertrieb und Netz für

569 Gemeinsame Auslegungsgrundsätze III der Regulierungsbehörden zu den Anforderungen an die Markenpolitik 2012, S. 5.

570 Gemeinsame Auslegungsgrundsätze III der Regulierungsbehörden zu den Anforderungen an die Markenpolitik 2012, S. 9-11; vgl. zu Elektrizitäts- bzw. Gasrichtlinie: Commission Staff Working Paper, The Unbundling Regime 2010, S. 27.

571 Gemeinsame Auslegungsgrundsätze III der Regulierungsbehörden zu den Anforderungen an die Markenpolitik 2012, S. 12.

572 BR-Drs. 343/11, S. 142; Gemeinsame Auslegungsgrundsätze III der Regulierungsbehörden zu den Anforderungen an die Markenpolitik 2012, S. 5-6.

573 Gemeinsame Auslegungsgrundsätze III der Regulierungsbehörden zu den Anforderungen an die Markenpolitik 2012, S. 6.

574 Commission Staff Working Paper, The Unbundling Regime 2010, S. 27.

Dritte leichter erkennbar zu machen. Andererseits soll sie auch die Identifikation der Mitarbeiter mit dem Netzbetreiber verstärken und dient insofern der unternehmensinternen Kommunikation.[575]

3.5.6 Steuerneutrale Durchführung der Entflechtung

Das EnWG enthält einige steuerrechtliche Spezialregelungen, die im Wesentlichen die Folgen der rechtlichen und operationellen Entflechtung, insbesondere die Übertragung von Wirtschaftsgütern auf (neue) Netzgesellschaften, betreffen (vgl. § 6 Abs. 2 und 3 EnWG) und insoweit dem Umwandlungs-, Einkommen-, Körperschaft- und Grunderwerbsteuergesetz vorgehen. Im Grundsatz sollen diese Spezialregelungen die steuerneutrale Durchführung von erzwungenen Entflechtungsmaßnahmen ermöglichen.[576] So gilt bspw. die Übertragung von Wirtschaftsgütern in großem Umfang zur Entflechtung als Teilbetrieb im Sinne des Umwandlungssteuergesetzes (Teilbetriebsfiktion). Auch ist die Übertragung von Grundstücken zur Entflechtung von der Grunderwerbsteuer befreit. Die steuerrechtlichen Regelungen finden jedoch keine Anwendung auf Unternehmen, die freiwillig eine rechtliche Entflechtung durchführen (§ 6 Abs. 4 EnWG).

Die neueste Fassung der steuerrechtlichen Regelungen ist erst mit dem Gesetz zur Änderung des Energiewirtschaftsgesetzes vom 21. Februar 2013[577], welches am 5. März 2013 in Kraft getreten ist[578], in das EnWG aufgenommen worden. Allerdings gelten diese Regelungen rückwirkend bereits ab dem 13. Juli 2009 (vgl. § 118 Abs. 2 EnWG).

3.5.7 Besondere Entflechtungsvorgaben für Transportnetzbetreiber

3.5.7.1 Einleitung

Im Zuge des Dritten Energiebinnenmarktpakets im Jahr 2009 wurden für Transportnetzbetreiber besondere, verschärfte Regelungen zur rechtlichen, personellen und operationellen Entflechtung erlassen. Diese wurden erst mit dem EnWG 2011 in nationales Recht umgesetzt. Ziel dieser Vorschriften ist die Beseitigung der Defizite des bisherigen Entflechtungsregimes und die Herstellung einer wirksamen Entflechtung, d. h. eine wirksame vertikale Trennung des Transportnetzbetriebs von der Erzeugung und Versorgung.[579]

Nach Ansicht der Europäischen Kommission kann nur durch die Beseitigung der für vertikal integrierte Unternehmen bestehenden Anreize, Wettbewerber in Bezug auf den Netzzugang, den Zugang zu wirtschaftlich relevanten Informationen und im Hinblick auf Investitionen zu

575 BR-Drs. 343/11, S. 142.

576 Gemeinsame Auslegungsgrundsätze der Regulierungsbehörden zu den Entflechtungsbestimmungen 2006, S. 14-15; siehe ausführlich zu den steuerrechtlichen Regelungen BerlKommEnR/*Säcker*/*Schönborn*, EnWG, § 6 Rn. 32 ff.

577 BGBl. I S. 346.

578 Vgl. Art. 2 des Gesetzes zur Änderung des Energiewirtschaftsgesetzes vom 21. Februar 2013, BGBl. I S. 346.

579 Erwägungsgrund 9 und 10 Elektrizitätsrichtlinie sowie Erwägungsgrund 6 und 7 Gasrichtlinie; siehe auch BerlKommEnR/*Säcker*/*Mohr*, EnWG, § 8 Rn. 3-4.

diskriminieren, eine tatsächliche Entflechtung gewährleistet werden.[580] Als „zweifellos wirksame[n] und stabile[n] Weg“ zur Beseitigung von Interessenkonflikten zwischen Erzeugern, Lieferanten und Transportnetzbetreibern bzw. als „wirksamste[s] Instrument, um diskriminierungsfrei Investitionen in Infrastrukturen, einen fairen Zugang zum Stromnetz für Neueinsteiger und Transparenz des Marktes zu fördern“ sieht die Europäische Kommission die eigentumsrechtliche Entflechtung (*Ownership Unbundling*) an, bei der der Netzeigentümer als Netzbetreiber benannt wird und unabhängig von Versorgungs- und Erzeugungsinteressen ist.[581]

Dennoch wurden letztlich auf Druck einiger Mitgliedstaaten, darunter auch Deutschland, zwei Ausnahmen zur eigentumsrechtlichen Entflechtung aufgenommen, die als gleichwertige Modelle zu der eigentumsrechtlichen Entflechtung anzusehen sind:

- der Unabhängige Systemnetzbetreiber („**USB**“; *Independent System Operator* (*ISO*)), und
- der Unabhängige Transportnetzbetreiber („**UTB**“; *Independent Transmission Operator* (*ITO*)).

Während bei der eigentumsrechtlichen Entflechtung die viEVUs das Eigentum an bzw. zumindest die Kontrolle über den Transportnetzbetreiber und das Netz verlieren, sollen die beiden Modelle USB und UTB es dem viEVU ermöglichen, Eigentümer der Vermögenswerte des Netzes zu bleiben. Gleichzeitig soll eine wirksame Trennung von den Wettbewerbsinteressen sichergestellt werden, indem der unabhängige Netzbetreiber sämtliche Funktionen eines Netzbetreibers wahrnimmt und eine strenge Regulierung mit umfassenden Regulierungskontrollmechanismen greift.[582] Die verschiedenen Entflechtungsmodelle können dabei jedoch nicht miteinander kombiniert werden.[583]

Transportnetzbetreiber können nur dann als USB bzw. als UTB organisiert werden, wenn das Transportnetz bereits am 3. September 2009 im Eigentum eines viEVU stand. Es handelt sich hierbei um einen netzbezogenen und nicht einen unternehmensbezogenen Stichtag.[584] D. h. die Eigenschaft, dass ein Transportnetz am 3. September 2009 im Eigentum eines viEVU stand, haftet dem Netz an und geht auch auf neue Erwerber des Transportnetzes über. Für eine solche netzbezogene Sichtweise spricht insbesondere, dass dies Finanzinvestoren mit einem diversifizierten Portfolio im Energiebereich (z. B. Infrastrukturfonds) erlaubt, die von der Europäischen Kommission gewünschten Investitionen in Transportnetze zu tätigen.[585] Denn eine unternehmensbezogene Interpretation würde eine reine Bestandsschutzregelung darstellen und würde regelmäßig Finanzinvestoren faktisch von Investitionen in Transportnetze ausschließen. Viele Finanzinvestoren halten bereits Beteiligungen in den Wettbewerbsbereichen (z. B.

[580] Erwägungsgrund 11 Elektrizitätsrichtlinie sowie Erwägungsgrund 8 Gasrichtlinie; Commission Staff Working Paper, The Unbundling Regime 2010, S. 4.

[581] Erwägungsgrund 11 der Elektrizitätsrichtlinie sowie Erwägungsgrund 8 der Gasrichtlinie; ABl. C 175E/206 vom 10. Juli 2008, S. 209.

[582] Erwägungsgrund 16 Elektrizitätsrichtlinie sowie Erwägungsgrund 13 Gasrichtlinie.

[583] Commission Staff Working Paper, The Unbundling Regime 2010, S. 5.

[584] BR-Drs. 343/11, S. 147; Commission Staff Working Paper, The Unbundling Regime 2010, S. 5.

[585] Vgl. Commission Staff Working Document, Ownership Unbundling 2013, S. 4.

Windparks) und für sie käme eine eigentumsrechtliche Entflechtung im Regelfall nicht in Betracht, da sie dann Kontrolle über oder Eigentum an entweder Transportnetz oder Beteiligungen in den Wettbewerbsbereichen aufgeben müssten.[586]

Deshalb kann bei einer Veräußerung des Netzeigentums an ein viEVU, das bereits ein Transportnetz besitzt, nach dem Stichtag das dann vergrößerte Transportnetz entweder als USB oder als UTB organisiert werden. Nach Ansicht des Gesetzgebers gilt dies jedoch nur dann, wenn das dem viEVU bereits gehörende Transportnetz ebenfalls bereits zum Stichtag im Eigentum des viEVU gestanden hat.[587]

Die BNetzA stellt es Unternehmen grundsätzlich frei, sich auch noch zu einem späteren Zeitpunkt als UTB zu organisieren oder Netzteile auszugründen, die dann von dem Unternehmen in Form des UTB betrieben werden, wenn diese zwischenzeitlich als Eigentumsrechtlich Entflochtener Transportnetzbetreiber („**ETB**") agieren.[588] Im Gegensatz zur BNetzA hält die Europäische Kommission den Wechsel von dem einmal gewählten ETB-Modell zu einem der Alternativmodelle wohl nicht für zulässig.[589]

Nach Ansicht der BNetzA fallen alle deutschen ÜNBs unter die Stichtagsregelung und können daher als UTB betrieben werden bzw. sich auch noch später als UTB (um-)organisieren. Von der Stichtagsregelung sind dabei grundsätzlich das Bestandsnetz sowie alle Erweiterungen des Bestandsnetzes erfasst, auch wenn diese nicht physisch mit diesem verbunden sind und/oder die Erweiterung des Bestandsnetzes in einem neuen Unternehmen des (alten) viEVU bzw. eines neuen viEVU erfolgt.[590]

Im Zusammenhang mit der Einführung der neuen Entflechtungsvorschriften und -modelle mit dem Dritten Energiebinnenmarktpaket ist zu erwähnen, dass sich bis dato für eine effektive Entflechtung von Transportnetzbetreibern auch das Wettbewerbsrecht bewährt hatte.[591] So ist der Verkauf zahlreicher Transportnetze nicht nur aufgrund der (verschärften) Entflechtungsvorgaben erfolgt, sondern insbesondere vor dem Hintergrund von Kartellverfahren bzw. um drohenden Kartellverfahren zuvorzukommen.[592] Ein Beispiel hierfür im Strombereich ist die Veräußerung des Übertragungsnetzes von E.ON (d. h. der transpower stromübertragungs GmbH (nunmehr TenneT TSO GmbH)) an TenneT.

3.5.7.2 Eigentumsrechtlich Entflochtener Transportnetzbetreiber (ETB)

Bei der eigentumsrechtlichen Entflechtung muss grundsätzlich der Transportnetzbetrieb vollkommen aus der vertikalen Unternehmensstruktur herausgetrennt werden, und zwar durch

---

586 *Heitling/Wiegemann*, N&R 2011, 233, 240; siehe auch Commission Staff Working Document, Ownership Unbundling 2013, S. 2, insb. Fn. 3.

587 BR-Drs. 343/11, S. 146.

588 BNetzA, Hinweispapier 2011, S. 23.

589 Commission Staff Working Document, Ownership Unbundling 2013, S. 4 Fn. 10: "*Ownership Unbundled TSOs generally have to keep their ownership unbundled status unaffected when cooperating with financial investors on new developments or acquisitions, considering that once a TSO is ownership unbundled it cannot 'go back' to another model.*"

590 BNetzA, Hinweispapier 2011, S. 22-23.

591 Siehe dazu ausführlich *Möschel* ZNER 2011, 101.

592 BerlKommEnR/*Säcker/Schönborn*, EnWG, § 6 Rn. 11; BerlKommEnR/*Säcker/Mohr*, EnWG, § 8 Rn. 7 Fn. 53.

Übertragung der für den Netzbetrieb erforderlichen Vermögenswerte auf den Netzbetreiber und durch das Verbot jeglicher Einflussnahme bzw. Kontrolle der Anteilseigner auf den Netzbetreiber, bspw. durch Verkauf des Netzbetriebs an einen Dritten.

Die eigentumsrechtliche Entflechtung ist in § 8 EnWG und insbesondere in Absatz 2 der Vorschrift geregelt. Hinsichtlich des Adressatenkreises dieser Entflechtungsvorschrift ist anzumerken, dass sich § 8 Abs. 2 EnWG vom Wortlaut her gar nicht direkt auf viEVUs bzw. die vertikale Integration von Energieunternehmen bezieht. Vielmehr geht die Vorschrift noch einen Schritt weiter und untersagt eine unzulässige bestimmende Einflussnahme von in den Wettbewerbsbereichen aktiven Unternehmen bzw. deren Anteilseignern auf Transportnetzbetreiber.[593]

Ein Beispiel für einen ETB im Strombereich in der Bundesrepublik Deutschland ist die 50Hertz Transmission GmbH.[594]

Eigentum am Transportnetz

Ausgangspunkt der eigentumsrechtlichen Entflechtung ist das Gebot eines auf Eigenständigkeit ausgelegten Transportnetzbetreibers, der eigenverantwortlich und unbeeinflusst über das Netzeigentum entscheidet. Der Transportnetzbetreiber muss unmittelbar oder mittelbar durch Beteiligungen Eigentümer des Transportnetzes sein (§ 8 Abs. 2 S. 1 EnWG). Somit sind im Prinzip zwei Konstellationen denkbar:

- Der Transportnetzbetreiber hat selbst Eigentum im Sinne des Sachenrechts (§§ 903 ff. BGB). Davon erfasst ist auch das Bruchteilseigentum.[595]
- Das sachenrechtliche Eigentum am Transportnetz (oder an Teilen davon) steht einer anderen Gesellschaft zu, an der der Transportnetzbetreiber derart beteiligt ist, dass ihm die Verfügungsbefugnis am Netz zusteht (Eigentümergesellschaft).[596] Hier sind entsprechende Vereinbarungen im Gesellschaftsvertrag (Weisungsrechte, Zustimmungsvorbehalte, etc.) entscheidend. Als Beispiel für eine solche Konstellation lässt sich die Netzanbindung für den Offshore Windpark Baltic 1 anführen. Diese Netzanbindungsleitung gehört der 50Hertz Offshore GmbH, die eine 100%-ige Tochtergesellschaft des ÜNB 50Hertz Transmission GmbH ist. Gleichzeitig besteht zwischen der 50Hertz Offshore GmbH und der 50Hertz Transmission GmbH ein Beherrschungs- und Gewinnabführungsvertrag, über den der ÜNB u. a. seinen Einfluss geltend machen kann.[597]
- Eine Variante zu diesen beiden Grundfällen eröffnet § 8 Abs. 2 S. 7 und 8 EnWG: Danach ist das Kriterium der direkten oder indirekten Eigentümerstellung auch dann erfüllt, wenn zwei oder mehrere Unternehmen, die Eigentümer von Transportnetzen sind, ein Gemeinschaftsunternehmen gründen, das in zwei oder mehr Mitgliedstaaten Betreiber der betreffenden Transportnetze ist.

---

[593] BerlKommEnR/*Säcker/Mohr*, EnWG, § 8 Rn. 69, 101, 118.

[594] Als ETB wurden die 50Hetz Transmission GmbH (BK6-12-040) und die TenneT Offshore 1. Beteiligungsgesellschaft mbH (BK6-12-277) zertifiziert. Die Zertifizierung der TenneT TSO GmbH (BK6-12-047) als ETB wurde dagegen bislang abgelehnt.

[595] BNetzA, Hinweispapier 2011, S. 13.

[596] BNetzA, Hinweispapier 2011, S. 14.

[597] BNetzA, Beschluss vom 9. November 2012, BK6-12-040, S. 6, 9 (Zertifizierungsentscheidung 50Hertz Transmission GmbH).

Das Eigentum muss sich auf das Transportnetz erstrecken und zwar auf die direkten Betriebsmittel, d. h. alle für den Betrieb des Transportnetzes und zur Erfüllung der Netzbetreiberpflichten erforderlichen Betriebsmittel.[598] Der Transportnetzbetreiber muss dabei aber nicht Eigentum an den Grundstücken besitzen, über die seine Leitungen geführt werden. Ausreichend ist, dass er rechtlich in der Lage ist, die Grundstücke zu nutzen (z. B. schuldrechtliche Übertragung der dinglichen Leitungsrechte).[599]

Ausnahmsweise sind aber auch Nutzungsüberlassungslösungen (sog. Pachtmodelle) als Ergebnis einer teleologischen Reduktion zulässig.[600] Dies setzt aber voraus, dass

- der Netzbetreiber faktisch und rechtlich durch die Überlassungsverträge einem Eigentümer gleichgestellt ist,
- dem Netzbetreiber die Nutzungsrechte (Pacht, Nießbrauch) am Netz bzw. an anderen für den Netzbetrieb erforderlichen Anlagen durch einen anderen, zertifizierten Transportnetzbetreiber eingeräumt werden[601] und
- das zur Nutzung überlassene Netz bzw. andere für den Netzbetrieb erforderliche Anlagen im Verhältnis zum Gesamttransportnetz nicht wesentlich ins Gewicht fallen.[602]

So wird durch Nutzungsüberlassungen im beschränkten Maße das Ziel der Entflechtung nicht gefährdet.

Keine gleichzeitige Kontrolle über den Netzbetrieb und die Wettbewerbsbereiche

Um eine wirksame Entflechtung zu erreichen, soll sachwidrigen Interessenkollisionen und -vermengungen zwischen Transportnetzbetrieb und anderen Funktionen im Energiebereich vorgebeugt werden.[603] Deshalb sind Personen, die unmittelbar oder mittelbar die Kontrolle über ein Unternehmen ausüben, das eine der Funktionen Gewinnung, Erzeugung oder Versorgung wahrnimmt, nicht berechtigt, unmittelbar oder mittelbar Kontrolle über den Betreiber eines Transportnetzes oder ein Transportnetz oder Rechte an einem Betreiber eines Transportnetzes oder einem Transportnetz auszuüben (§ 8 Abs. 2 S. 2 EnWG). Zudem sind Personen, die unmittelbar oder mittelbar die *Kontrolle* über ein Unternehmen ausüben, das eine der Funktionen Gewinnung, Erzeugung oder Vertrieb von Energie an Kunden wahrnimmt, oder *Rechte* an einem solchen Unternehmen ausüben, nicht berechtigt, Mitglieder des Aufsichtsrates oder der zur gesetzlichen Vertretung berufenen Organe eines Betreibers von Transportnetzen zu bestellen (§ 8 Abs. 2 S. 4 EnWG). Dies gilt jeweils auch im umgekehrten Fall (d. h. aus

---

598 Nicht erforderlich ist dagegen Eigentum an nur mittelbar für den Netzbetrieb erforderlichen Einrichtungen sowie nicht-technischen und immateriellen Vermögenswerten (z. B. Büroräume, IT-Hardware, Eigentum an der Marke des Transportnetzbetreibers), vgl. BNetzA, Hinweispapier 2011, S. 15; siehe dazu auch BNetzA, Beschluss vom 9. November 2012, BK6-12-044, S. 18-22 (Zertifizierungsentscheidung Amprion GmbH); BNetzA, Beschluss vom 11. April 2013, BK6-12-004, S. 21-28 (Zertifizierungsentscheidung TransnetBW GmbH).

599 Vgl. BNetzA, Beschluss vom 11. April 2013, BK6-12-004, S. 22 (Zertifizierungsentscheidung TransnetBW GmbH).

600 BNetzA, Beschluss vom 9. November 2012, BK6-12-040, S. 9-10 (Zertifizierungsentscheidung 50Hertz Transmission GmbH).

601 Nicht zulässig ist die Überlassung eines Netzes oder Netzteils oder sonstiger Anlagen durch das viEVU.

602 BNetzA, Hinweispapier 2011, S. 16-17.

603 BR-Drs. 343/11, S. 145.

Sicht des Transportnetzes bzw. des Transportnetzbetreibers; vgl. § 8 Abs. 2 S. 3 und 5 EnWG) sowie sektorübergreifend, d. h. der Strom- und Gassektor sind gemeinsam zu betrachten.[604]

„Kontrolle“ ist insoweit im Sinne von Art. 3 Abs. 2 FKVO zu verstehen.[605] Demnach wird Kontrolle durch Rechte, Verträge oder andere Mittel begründet, die einzeln oder zusammen unter Berücksichtigung aller tatsächlichen oder rechtlichen Umstände die Möglichkeit gewähren, einen bestimmenden Einfluss auf die Tätigkeit eines Unternehmens auszuüben, insbesondere durch:

- Eigentums- oder Nutzungsrechte an der Gesamtheit oder an Teilen des Vermögens des Unternehmens und/oder
- Rechte oder Verträge, die einen bestimmenden Einfluss auf die Zusammensetzung, die Beratungen oder Beschlüsse der Organe des Unternehmens gewähren.

Kontrolle kann bspw. durch Anteilserwerb, Erwerb von Vermögenswerten, konzernrechtliche Organisationsverträge oder auch durch personelle Verflechtung erlangt werden.[606]

Unter „Rechten“ ist gemäß § 8 Abs. 2 S. 6 EnWG insbesondere zu verstehen:

- die Befugnis zur Ausübung von Stimmrechten, soweit dadurch wesentliche Minderheitsrechte vermittelt werden, insbesondere in den in § 179 Abs. 2 AktG (Beschlüsse über Satzungsänderungen), § 182 Abs. 1 AktG (Kapitalerhöhungen gegen Einlage) sowie § 193 Abs. 1 AktG (bedingte Kapitalerhöhung) geregelten oder vergleichbaren Bereichen,
- die Befugnis, Mitglieder des Aufsichtsrates oder der zur gesetzlichen Vertretung berufenen Organe zu bestellen und
- das Halten einer Mehrheitsbeteiligung.

Dies ist nur eine Auflistung einiger Beispiele und nicht als abschließende Liste zu verstehen.

Im Ergebnis ist das Halten von Minderheitsbeteiligungen mit Stimmrechten zulässig, sofern damit keine wesentlichen Minderheitsrechte verliehen werden. Wesentliche Minderheitsrechte sind insbesondere Sperrminoritäten für Satzungsänderungen, Entscheidungen über Kapitalerhöhungen der Gesellschaft gegen Einlagen, Beschlüsse über eine bedingte Kapitalerhöhung sowie Vetorechte ab einem Anteil von 25 %.[607] Grundsätzlich ist daher ab einer gesellschaftsrechtlichen Beteiligung in Höhe von mehr als 25 % anzunehmen, dass eine Person auch wesentliche Minderheitsrechte ausübt. Diese Vermutung ist aber widerlegbar.[608]

Die Europäische Kommission ist der Ansicht, dass der deutsche Gesetzgeber den Begriff „Ausübung von Rechten“ nicht richtig in nationales Recht umgesetzt hat und § 8 Abs. 2 S. 5

---

604 BNetzA, Hinweispapier 2011, S. 17-18; BerlKommEnR/*Säcker/Mohr*, EnWG, § 8 Rn. 85, 101; vgl. in Bezug auf die Elektrizitäts- bzw. Gasrichtlinie: Commission Staff Working Paper, The Unbundling Regime 2010, S. 10, wonach der sektorübergreifende Ansatz allerdings nur im Hinblick auf die Hauptregelung der eigentumsrechtlichen Entflechtung („*core requirements of ownership unbundling*“) unter Art. 9 Abs. 1 lit. b, nicht aber bzgl. der sekundären Regelungen („*ancillary rules*“) unter Art. 9 Abs. 1 lit. c und d Elektrizitäts- bzw. Gasrichtlinie gilt.

605 Commission Staff Working Paper, The Unbundling Regime 2010, S. 8; Art. 3 Abs. 2 FKVO ist Vorbild für § 37 Abs. 1 S. 2 GWB, weshalb bzgl. der Bestimmung von Kontrolle auf die dortigen Maßstäbe verwiesen werden kann; siehe dazu BerlKommEnR/*Säcker/Mohr*, EnWG, § 8 Rn. 73 ff.

606 BNetzA, Hinweispapier 2011, S. 20.

607 BR-Drs. 343/11, S. 145.

608 BNetzA, Hinweispapier 2011, S. 20.

EnWG der Elektrizitäts- bzw. Gasrichtlinie widerspricht. Sie vertritt demgegenüber, dass Art. 9 Abs. 2 Elektrizitäts- bzw. Gasrichtlinie impliziere, dass eine Beteiligung nur rein passiv sein könne und damit nur finanzielle Rechte, d. h. das Recht Dividenden zu erlangen, aber nicht das Recht an Entscheidungsprozessen des Netzbetreibers teilzunehmen oder sonstige Einflussnahme auszuüben, vermitteln könne.[609] Die Elektrizitäts- bzw. Gasrichtlinie spricht allein von der „Befugnis zur Ausübung von Stimmrechten" und nennt nicht einschränkend, dass aufgrund der Stimmrechte wesentliche Minderheitsrechte begründet werden müssen. Insofern erfasse nach Ansicht der Europäischen Kommission das „*Voting-Rights*-Konzept" der Richtlinien jegliche Stimmrechte, egal wie beschränkt diese auch sein mögen, auch solche die keine Kontrolle vermitteln.

Im Rahmen eines sog. *Impact Assessment*, d. h., einer Folgenabschätzung im Wege einer Gesamtschau und Abwägung aller Umstände und Interessen, haben jedoch sowohl die Europäische Kommission als auch die BNetzA in bestimmten Einzelfällen das gleichzeitige Halten von Beteiligungen in den Wettbewerbsbereichen und Transportnetzen für zulässig erachtet, auch wenn dieses grundsätzlich nicht dem Wortlaut der Vorschriften über die eigentumsrechtliche Entflechtung entspricht.[610] Voraussetzung dafür war, dass der Netzbetreiber bzw. die Gesellschafter des Netzbetreibers im Einzelfall detailliert nachgewiesen haben, dass – insbesondere aufgrund von strukturellen Vorkehrungen – keinerlei Anreiz bzw. keine Möglichkeit besteht, die Entscheidungsprozesse beim Netzbetreiber zum Vorteil der eigenen Aktivitäten in den Wettbewerbsbereichen und damit gleichzeitig zum Nachteil anderer Netzkunden zu beeinflussen.[611] Im Ergebnis wurden die Entflechtungsregelungen dann nicht angewandt, wenn kein Interessenkonflikt besteht oder entstehen kann, den die Entflechtungsregelungen unterbinden sollen. Nach Ansicht der Europäischen Kommission kann eine einschränkende Auslegung der Regelungen über die eigentumsrechtliche Entflechtung insbesondere dann geboten sein, wenn der Interessenkonflikt aufgrund der Zielsetzung und der Struktur von Investoren, wie bspw. Pensionsfonds, Versicherungen und Infrastrukturfonds, mit einem stark diversifizierten Portfolio im Energiebereich im Einzelfall gerade nicht besteht und auch nicht entstehen kann.[612] Hintergrund dieser Einzelfallausnahme ist auch der erhebliche Investitionsbedarf in die Transportnetze in den kommenden Jahren, der u. a. aufgrund des zunehmenden Ausbaus von erneuerbaren Energien und dem weiteren Zusammenwachsen der europäischen Energiemärkte besteht. Bei der Anwendung der eigentumsrechtlichen Regelungen soll eine Auslegung vermieden werden, die Investitionen in die europäische Netzinfrastruktur erschwert oder verhindert, obwohl das Ziel der Beseitigung von Interessenkonflikten bereits erreicht ist.[613]

Folglich wird im Einzelfall trotz bestehender gemeinsamer Kontrolle oder Ausübung von Rechten kein Verstoß gegen die Vorschriften zur eigentumsrechtlichen Entflechtung angenommen, wenn (i) durch die gemeinsame Kontrolle mittel- und langfristige Investitionen erst

609 Commission Staff Working Paper, The Unbundling Regime 2010, S. 9; Commission Staff Working Document, Ownership Unbundling 2013, S. 3, 10; vgl. auch Konsolidierte Mitteilung der Europäischen Kommission zu Zuständigkeitsfragen gemäß der Verordnung (EG) Nr. 139/2004 des Rates über die Kontrolle von Unternehmenszusammenschlüssen, ABl. C 95/1, 16. April 2008, S. 28, Rn. 115.

610 Vgl. insofern zum Commission Staff Working Document, Ownership Unbundling 2013: *Hampel*, RdE 2013, 291, 294.

611 Commission Staff Working Document, Ownership Unbundling 2013, S. 2, 4-5, 10.

612 Commission Staff Working Document, Ownership Unbundling 2013, S. 2.

613 Commission Staff Working Document, Ownership Unbundling 2013, S. 4; vgl. z. B. auch BNetzA, Beschluss vom 9. November 2012, BK6-12-040, S. 18 (Zertifizierungsentscheidung 50Hertz Transmission GmbH).

möglich werden und (ii) aufgrund der Interessenlage und internen Struktur des Investors eine Wettbewerbsverfälschung durch Missbrauch des Einflusses auf den Transportnetzbetreiber faktisch nahezu ausgeschlossen ist bzw. insgesamt keinerlei Anreiz zur Beeinflussung der Entscheidungen des Transportnetzbetreibers zum Nachteil von Wettbewerbern in den Wettbewerbsbereichen besteht.[614] Dies kann in den folgenden Fällen oder bei einer Kombination dieser Fälle gegeben sein:

- wenn Stromerzeugungsaktivitäten, die u. a. bloßer Nebeneffekt anderer wirtschaftlicher Aktivitäten sind, sehr geringen Umfang aufweisen (kleine Beteiligung) bzw. einen geringen Marktanteil ausmachen,
- wenn die Erzeugungs- und Vertriebsaktivitäten außerhalb des europäischen Wirtschaftsraums (bspw. in den USA oder Australien) oder in (fast) separierten Märkten (bspw. Transportnetz in Italien und Erzeugung in England) stattfinden (geographische Lage),
- wenn die Preise für den erzeugten Strom oder die Stromerzeugung allgemein reguliert sind und/oder
- wenn Erzeugungskapazitäten im Strombereich und ein Transportnetz im Gasbereich zusammentreffen (oder umgekehrt).[615]

Als ein weiteres Bewertungskriterium im Rahmen des *Impact Assessment* nennt die Europäische Kommission auch Vorkehrungen, die den Fluss von vertraulichen Informationen, die für die Erzeugungs- oder Vertriebsaktivitäten relevant sein könnten, verhindern (zur informationellen Entflechtung siehe oben Ziffer 3.5.2).[616]

Das Ergebnis eines solchen *Impact Assessment* ist aber nicht für die Ewigkeit festgeschrieben. Vielmehr können z. B. neue Investitionen oder Umstrukturierungen eine Neubewertung (*Reassessment*) erforderlich machen.

Ein Beispiel für eine einschränkende Auslegung der Vorschriften zur eigentumsrechtlichen Entflechtung im Wege eines *Impact Assessment* ist die Zertifizierung der 50Hertz Transmission GmbH. So war für die Zertifizierung des ÜNB 50Hertz Transmission GmbH als ETB nicht hinderlich, dass IFM Global Infrastructure Fund als kontrollierender Anteilseigner von 50Hertz Transmission GmbH gleichzeitig an Erzeugungskapazitäten in Australien, den USA und der EU (Polen) beteiligt war.[617] Bezüglich der Erzeugungskapazitäten in den USA und

---

614 BNetzA, Beschluss vom 9. November 2012, BK6-12-040, S. 18, 21 (Zertifizierungsentscheidung 50Hertz Transmission GmbH).

615 Siehe insbesondere Commission Staff Working Document, Ownership Unbundling 2013, S. 5-10: „*Several elements could be of relevance for this case-by-case assessment, such as for instance the geographic location of the transmission activities and the generation, production and/or supply activities concerned; the value and the nature of the participations in these activities, as well as the size and market share of the generation, production and/or supply activities. Also the question whether wholesale price evolution of the commodity would have consequences for the emergence of a conflict of interest could be relevant.*"; vgl. auch jeweils die Stellungnahme der Europäischen Kommission zu folgenden Zertifizierungen: Swedegas AB, 30. April 2012, 018-2012-SE, C(2012) 3009 final; National Grid, 19. April 2012, 010-2012-UK, 011-2012-UK, 012-2012-UK, C(2012) 2735 final; 50Hertz Transmission GmbH, 6. September 2012, 027-2012-DE, C(2012) 6260 final; Società Gasdotti Italia S.p.A., 23. Januar 2013, 047-2012-IT, C(2013) 380 final; Red Eléctrica de Espana S.A.U., 24. Mai 2012, 021-2012-ES C(2012) 3526 final; ENAGAS S.A., 15. Juni 2012, 024-2012-ES, C(2012) 4171 final.

616 Commission Staff Working Document, Ownership Unbundling 2013, S. 10.

617 BNetzA, Beschluss vom 9. November 2012, BK6-12-040, S. 6, 16-17, 22-24 (Zertifizierungsentscheidung 50Hertz Transmission GmbH); Stellungnahme der Europäischen Kommission vom 6. September 2012, C(2012) 6260 final, S. 4-5 (Zertifizierung der 50Hertz Transmission GmbH).

Australien verneinten sowohl die Europäische Kommission als auch die BNetzA einen Interessenkonflikt mangels Verbindung zwischen den Strommärkten in den USA, Australien und Deutschland. Im Hinblick auf die Erzeugungskapazitäten in Polen wurde ein Interessenkonflikt ausgeschlossen, da IFM nur eine Minderheitsbeteiligung an dem erzeugenden Unternehmen hält, die Stromerzeugung nur Nebenprodukt der regulierten Wärmeerzeugung ist und sich damit nicht preisbestimmend auf dem polnischen Markt auswirkt (geringer Marktanteil).

Ein weiteres Beispiel ist die Zertifizierung der TenneT Offshore 1. Beteiligungsgesellschaft mbH. Kontrollierender Gesellschafter hinter diesem Transportnetzbetreiber, der dem Anschluss von Offshore-Windparks im Anschlussgebiet der TenneT TSO GmbH dient, ist neben der TenneT-Gruppe ebenfalls die Mitsubishi Corporation. Die Mitsubishi Corporation hält gleichzeitig mehrere Beteiligungen an Unternehmen mit Energieerzeugung in der EU bzw. der Europäischen Wirtschaftszone sowie außerhalb Europas (Nordamerika, Asien, Mittelamerika, Fernost und Ozeanien).[618] In Bezug auf die Erzeugungsanlagen außerhalb Europas hält die BNetzA einen Interessenkonflikt für ausgeschlossen, da keine technische und wirtschaftliche Verbindung zwischen den dortigen Märkten und dem europäischen Elektrizitätsmarkt bestünde. Im Hinblick auf die Beteiligungen im europäischen Raum verneinte die BNetzA eine Missbrauchsgefahr, da die Mitsubishi Corporation keinen signifikanten Einfluss auf den deutschen Großhandelspreis nehmen könne, insbesondere auch nicht durch eine Unterbrechung des Netzanschlusses. Auch wies die BNetzA darauf hin, dass es sehr unwahrscheinlich sei, dass die TenneT-Gruppe ein missbräuchliches Verhalten dulden würde, da durch eine Störung der Netzanbindung Entschädigungsansprüche gegen die TenneT TSO GmbH als anbindungspflichtigen ÜNB drohen würden. Die Europäische Kommission teilte die Meinung der BNetzA, auch wenn sie eine genaue Untersuchung der Beteiligung an zwei niederländischen Offshore-Windparks wegen der Integration des deutschen und niederländischen Strommarkts für geboten hielt. Sie wies darauf hin, dass sich der Sachverhalt in Zukunft anders darstellen könne, wenn ein Nordsee-Offshore-Netz realisiert würde. Die Europäische Kommission betonte zudem, dass der Betrieb der Leitungen auf Basis von Dienstleistungsverträgen durch die TenneT TSO GmbH („*TSO light*“) erfolge, wobei sich die Kontrolle seitens der Mitsubishi Corporation auf den Schutz ihrer Investitionen reduziere.[619]

Gewährleistung der finanziellen, materiellen, technischen und personellen Mittel

Transportnetzbetreiber haben zu gewährleisten, dass sie über die finanziellen, materiellen, technischen und personellen Mittel verfügen, die erforderlich sind, um ihren Aufgaben und Pflichten als Netzbetreiber nach Teil 3 Abschnitt 1 bis 3 des EnWG (§§ 11 bis 28a EnWG), insbesondere im Hinblick auf Netzanschluss und Netzzugang, nachzukommen (§ 8 Abs. 2 S. 9 EnWG).[620] Die finanziellen Mittel müssen Investitionen in das Netz ermöglichen, vor allem solche, die sich aus gesetzlichen Anschlussverpflichtungen oder dem Netzentwicklungsplan Strom („**NEP Strom**“) ergeben.[621]

---

618 BNetzA, Beschluss vom 22. Oktober 2013, BK6-12-277, S. 7-11 (Zertifizierungsentscheidung TenneT Offshore 1. Beteiligungsgesellschaft mbH); *Hampel*, RdE 2014, 48, 48-49.

619 Stellungnahme der Europäischen Kommission vom 29. August 2013, C(2013) 5631 final, S. 3-4 (Zertifizierung der TenneT Offshore 1. Beteiligungsgesellschaft mbH).

620 BerlKommEnR/*Säcker*/*Mohr*, EnWG, § 8 Rn. 100.

621 BNetzA, Hinweispapier 2011, S. 21.

Die BNetzA sieht die Prüfung der wirtschaftlichen, insbesondere der finanziellen Leistungsfähigkeit eines Transportnetzbetreibers als inhärenten Bestandteil der eigentumsrechtlichen Entflechtungsvorschriften an und leitet dies nicht nur aus den Vorschriften des EnWG, sondern auch aus der Elektrizitätsrichtlinie ab.[622] Dabei betont die BNetzA, dass die Elektrizitätsrichtlinie nur eine Teilharmonisierung anstrebe, die dem deutschen Gesetzgeber Umsetzungsspielraum erlaube, wobei er über die Zertifizierungsvorgaben der Elektrizitätsrichtlinie hinausgehen dürfe.[623] Sie führt ferner an, dass neben dem Ziel der Entflechtung von viEVUs ebenfalls das übergeordnete Ziel der Gewährleistung von Energieversorgungssicherheit bestehe, welches eine ausreichende wirtschaftliche Leistungsfähigkeit der Transportnetzbetreiber zur Erfüllung der gesetzlichen Aufgaben erfordere.[624]

Die wirtschaftliche Leistungsfähigkeit sah die BNetzA im Falle der TenneT TSO GmbH nicht gegeben und verweigerte ihr die Zertifizierung, insbesondere wegen der fehlenden finanziellen Ressourcen für weitere Offshore-Netzanbindungen, zu deren Bau sie gesetzlich verpflichtet sei (§ 17 Abs. 2a EnWG a.F. [§ 17d EnWG n.F.]).[625] Im Falle der TenneT Offshore 1. Beteiligungsgesellschaft mbH, einer Schwestergesellschaft der TenneT TSO GmbH, hat die BNetzA dagegen die finanzielle Leistungsfähigkeit des ÜNB bejaht, da sie davon ausgeht, dass die mittelbare Gesellschafterin, die Mitsubishi Corporation, bereit und in der Lage ist, vor allem die nötigen finanziellen Mittel für die Fertigstellung der Offshore-Anbindungsleitung BorWin 2 sowie den Betrieb und die Wartung der Offshore-Anbindungsleitungen BorWin 1 und BorWin 2 bereitzustellen.[626]

Nach Ansicht der Europäischen Kommission ist es dagegen nicht erforderlich, dass ein ETB über ausreichende finanzielle Ressourcen verfügen muss, um seine Pflichten im Rahmen der Entflechtungsvorschriften zu erfüllen.[627] Sie begründet dies damit, dass die finanzielle Unabhängigkeit beim ETB – anders als beim UTB (vgl. Art. 17 Elektrizitätsrichtlinie) – durch eine fehlende Finanzausstattung nicht untergraben werden könne.[628] Dementsprechend sei dies auch keine Voraussetzung in den Vorschriften zur eigentumsrechtlichen Entflechtung in der Elektrizitätsrichtlinie (Art. 9 Elektrizitätsrichtlinie).[629]

Umgang mit wirtschaftlich sensiblen Informationen

In unmittelbarem Zusammenhang mit der eigentumsrechtlichen Entflechtung dürfen weder wirtschaftlich sensible Informationen nach § 6a EnWG (vgl. Ziffer 3.5.2.1), über die ein Transportnetzbetreiber verfügt, der Teil eines viEVU war, an Unternehmen übermittelt werden, die

---

622 BNetzA, Beschluss vom 9. November 2012, BK6-12-047, S. 8-9 (Zertifizierungsentscheidung TenneT TSO GmbH).

623 Die BNetzA stützt sich dabei auf Erwägungsgrund 65 und Art. 12 lit. b Elektrizitätsrichtlinie.

624 Vgl. Erwägungsgrund 1 Elektrizitätsrichtlinie.

625 BNetzA, Beschluss vom 9. November 2012, BK6-12-047, S. 11-13 (Zertifizierungsentscheidung TenneT TSO GmbH).

626 BNetzA, Beschluss vom 22. Oktober 2013, BK6-12-277, S. 13-14 (Zertifizierungsentscheidung TenneT Offshore 1. Beteiligungsgesellschaft mbH); *Hampel*, RdE 2014, 48, 49.

627 Zertifizierung der TenneT TSO GmbH, Stellungnahme der Europäischen Kommission vom 6. November 2012, C(2012) 6258 final, S. 3-4.

628 Zertifizierung der TenneT TSO GmbH, Stellungnahme der Europäischen Kommission vom 6. November 2012, C(2012) 6258 final, S. 3-4.

629 Zertifizierung der TenneT TSO GmbH, Stellungnahme der Europäischen Kommission vom 6. November 2012, C(2012) 6258 final, S. 3-4.

eine der Funktionen Gewinnung, Erzeugung oder Vertrieb von Energie an Kunden wahrnehmen, noch ein Personalübergang vom Transportnetzbetreiber zu diesen Unternehmen stattfinden. Für den Personalübergang gilt als Stichtag der 4. August 2011, der Tag des Inkrafttretens des EnWG 2011.[630]

3.5.7.3 Unabhängiger Systembetreiber (USB)

Als Ausnahme zur eigentumsrechtlichen Entflechtung kann das Transportnetz auch von einem USB betrieben werden, wenn das Transportnetz bereits am 3. September 2009 im Eigentum eines viEVU stand. Das in § 9 EnWG vorgesehene Modell eines USB ist eine Art Treuhand-Modell, bei dem das viEVU zwar das Eigentum am Netz behält, aber der Netzbetrieb vollständig auf einen Dritten übertragen wird. Dieser Dritte führt den Netzbetrieb eigenverantwortlich aus und hat die Unabhängigkeit des Transportnetzbetreibers sicherzustellen. Unabhängigkeit bedeutet dabei, dass der Netzbetrieb dem Einfluss des viEVU entzogen ist. In der Praxis ist dieses Modell bedeutungslos, weil die Trennung von viEVU und Netzbetrieb faktisch der eines ETB entsprechen muss, das viEVU aber dennoch weiterhin bestimmte Risiken des Netzbetriebs trägt und grundsätzlich für die Finanzierung des Netzes verantwortlich ist.[631] Aufgrund der geringen Attraktivität dieses Entflechtungsmodells und der geringen Praxisrelevanz hat die BNetzA in ihrem Hinweispapier 2011 zur Antragstellung im Zertifizierungsverfahren auf weitere Ausführungen zum USB-Modell verzichtet, wie dieses Modell in der Praxis umzusetzen ist.[632]

3.5.7.4 Unabhängiger Transportnetzbetreiber (UTB)

Neben dem USB gibt es mit dem UTB eine weitere Ausnahme von der eigentumsrechtlichen Entflechtung. Beim UTB muss das viEVU zwar auch alle für den Netzbetrieb erforderlichen Vermögenswerte auf den Netzbetreiber übertragen, allerdings kann der Netzbetrieb bzw. die Netzgesellschaft unter Beachtung strenger Vorgaben für die rechtliche, operationelle und personelle Entflechtung im viEVU verbleiben („*vertikale Integration light*").[633] Damit stellt der UTB im Vergleich zur eigentumsrechtlichen Entflechtung eine mildere Entflechtungsform dar. Dies erklärt auch, warum der UTB das am häufigsten gewählte Entflechtungsmodell in Deutschland ist.[634] Auch diese Ausnahme von der eigentumsrechtlichen Entflechtung steht nur solchen Unternehmen offen, bei denen das Transportnetz am 3. September 2009 im Eigentum eines viEVU stand (§ 10 Abs. 1 S. 1 EnWG; vgl. Ziffer 3.5.7.1). Beispiele für UTBs im Strombereich sind die Amprion GmbH und die TransnetBW GmbH.[635]

[630] BNetzA, Hinweispapier 2011, S. 21.

[631] *Säcker/Mohr*, N&R 2/2012, 1, 2; BerlKommEnR/*Säcker/Mohr*, EnWG, § 9 Rn. 52; *Schellberg/Böhme*, ET 12/2011, 93, 94.

[632] BNetzA, Hinweispapier 2011, S. 48.

[633] BerlKommEnR/*Säcker/Mohr*, EnWG, § 10 Rn. 24.

[634] BNetzA/BKartA, Monitoringbericht 2013, S. 289.

[635] Die BNetzA hat bislang die Amprion GmbH (BK6-12-044) und die TransnetBW GmbH (BK6-12-004) als UTBs zertifiziert.

Rechtsform, Unternehmensstruktur und Aufgaben des Unabhängigen Transportnetzbetreibers (UTB)

Insgesamt muss das viEVU die Unabhängigkeit des UTB hinsichtlich der Organisation, der Entscheidungsgewalt und der Ausübung des Transportnetzgeschäfts gewährleisten. Dazu müssen die im Folgenden näher beschriebenen Entflechtungsvorgaben der §§ 10a bis 10e EnWG erfüllt werden, insbesondere die Gewährleistung eines unabhängigen Managements des UTB (siehe nachstehende Ausführungen zu den Vermögenswerten und der Ausstattung des UTB sowie zur Sicherstellung der operationellen Unabhängigkeit des UTB) sowie die Einrichtung eines obligatorischen Aufsichtsrates (siehe nachstehende Ausführungen zum obligatorischen Aufsichtsrat des UTB). Die Vorgaben zur operationellen Unabhängigkeit des UTB sind viel strenger ausgestaltet als für VNBs (vgl. Ziffer 3.5.5). Insofern ist auch die organschaftliche Haftung der Mitglieder von Organen des viEVU für Vorgänge beim Transportnetzbetreiber in Bereichen, auf die diese Mitglieder des viEVU aufgrund der Entflechtungsvorgaben keinen Einfluss ausüben durften und tatsächlich keinen Einfluss ausgeübt haben, ausgeschlossen (§ 10b Abs. 6 EnWG).

Die möglichen Rechtsformen für einen UTB sind gesetzlich festgeschrieben. Der UTB kann in Form einer GmbH, einer AG oder KGaA organisiert werden (§ 10 Abs. 2 S. 2 EnWG; Art. 1 der Richtlinie 2009/101/EG des Europäischen Parlaments und des Rates vom 16. September 2009 zur Koordinierung der Schutzbestimmungen, die in den Mitgliedstaaten den Gesellschaften im Sinne des Artikels 48 Absatz 2 des Vertrags im Interesse der Gesellschafter sowie Dritter vorgeschrieben sind, um diese Bestimmungen gleichwertig zu gestalten).[636] Die Societas Europaea (SE) mit dualistischer Struktur wird nach Sinn und Zweck der Vorschrift ebenfalls für zulässig erachtet.[637]

Zusätzliche strukturelle Vorgaben im Konzern ergeben sich dadurch, dass Tochterunternehmen des viEVU, die die Funktionen Erzeugung, Gewinnung oder Vertrieb von Energie an Kunden wahrnehmen, weder direkt noch indirekt Anteile an dem UTB halten dürfen (§ 10b Abs. 3 S. 1 EnWG). Auch darf der UTB weder direkt noch indirekt Anteile an Tochterunternehmen des viEVU halten, die die Funktionen Erzeugung, Gewinnung oder Vertrieb von Energie an Kunden wahrnehmen, noch Dividenden oder andere finanzielle Zuwendungen von diesen Tochterunternehmen erhalten (§ 10b Abs. 3 S. 2 EnWG). Mit dieser Regelung soll gewährleistet werden, dass der wirtschaftliche Erfolg vom UTB und viEVU unabhängig voneinander ist, und so eine indirekte Einflussnahme verhindert wird.

Jedoch ist es zulässig, den UTB als direkte Tochter der Holding-/Muttergesellschaft zu strukturieren oder den UTB unter eine Zwischenholding aufzuhängen, wenn nicht die Holding-/Muttergesellschaft und die Zwischenholding selbst in den Wettbewerbsbereichen tätig sind.[638] Gestattet sind auch Konzernstrukturen, bei denen die Zwischenholding, unter der der Transportnetzbetreiber hängt, Beteiligungen an Unternehmen hält, die in den Wettbewerbsbereichen tätig sind.

636 Siehe BerlKommEnR/*Säcker/Mohr*, EnWG, § 10b Rn. 8 ff. zu den Besonderheiten bei der Implementierung des ITO als AG, GmbH und KGaA.

637 *Säcker/Mohr*, N&R 2/2012, 1, 4-5.

638 Zu den verschiedenen Gestaltungsmöglichkeiten, siehe BNetzA, Hinweispapier 2011, S. 34-37, sowie *Säcker/Mohr*, N&R 2/2012, 1, 10, der insbesondere darauf hinweist, dass ein „umgekehrtes Unbundling", wonach der UTB Mehrheitsanteilseigner des viEVU ist, wohl nicht zulässig ist.

Ferner ist über die Struktur und Satzung des UTB die Unabhängigkeit des UTB vom viEVU sicherzustellen. Sie müssen gewährleisten, dass das viEVU weder unmittelbar noch mittelbar Einfluss auf das laufende Geschäft (Tagesgeschäft) des UTB oder den Netzbetrieb nehmen kann (§ 10b Abs. 2 S. 1, 2, 1. HS EnWG). Insbesondere hat die Einflussnahme auf notwendige Tätigkeiten zur Erstellung des zehnjährigen NEP Strom nach den §§ 12a bis 12f EnWG durch den UTB zu unterbleiben (§ 10b Abs. 2 S. 2, 2. HS EnWG).[639]

Die deutschen ÜNBs sind alle in Form der GmbH organisiert. Insofern muss die GmbH-Satzung die Unabhängigkeit des UTB und die Umsetzung der gesellschaftsrechtlichen Entflechtungsvorgaben sicherstellen, u. a. indem zumindest hinsichtlich des Kernbereichs des Netzbetriebs das Management des UTB keinen Weisungen der Gesellschafter unterliegt, ein obligatorischer Aufsichtsrat eingerichtet wird und ein effektiver Schutz von netzbezogenen Geschäftsgeheimnissen insbesondere gegenüber dem viEVU sichergestellt wird.[640]

Was im Einzelfall genau zu den Aufgaben bzw. zum laufenden Tagesgeschäft des UTB gehört und damit den Entscheidungen des unabhängigen Managements des UTB unterfällt, ist nicht immer leicht zu bestimmen. So bereitet z. B. hinsichtlich der Gestaltung der Satzung des UTB die Aufnahme und Festlegung von Schwellenwerten für Zustimmungs-/Genehmigungsvorbehalte der Gesellschafter oder des Aufsichtsrates (*Reserved Matters*) Schwierigkeiten (siehe nachstehende Ausführungen zum obligatorischen Aufsichtsrat des UTB).

Im Strombereich müssen dem UTB neben seinen originären, in Teil 3 Abschnitte 1 bis 3 EnWG (vgl. §§ 11 bis 28a EnWG) geregelten Aufgaben eines ÜNB mindestens folgende für den Netzbetrieb wesentliche Verantwortlichkeiten vom viEVU übertragen sein (§ 10 Abs. 1 S. 2 EnWG):

- die Vertretung des UTB gegenüber Dritten und der Regulierungsbehörde,
- die Vertretung des UTB innerhalb des Europäischen Verbunds der ÜNBs (ENTSO-E),
- die Erhebung aller transportnetzbezogenen Entgelte, einschließlich der Netzentgelte, sowie gegebenenfalls anfallender Entgelte für Hilfsdienste, insbesondere für die Beschaffung oder Bereitstellung von Ausgleichs- oder Verlustenergie,
- die Einrichtung und den Unterhalt solcher Einrichtungen, die üblicherweise für mehrere Teile des viEVU tätig wären, insbesondere eine eigene Rechtsabteilung und eigene Buchhaltung sowie die Betreuung der beim UTB vorhandenen IT-Infrastruktur und
- die Gründung von geeigneten Gemeinschaftsunternehmen, auch mit anderen Transportnetzbetreibern[641], mit Energiebörsen und anderen relevanten Akteuren, mit dem Ziel, die Entwicklung von regionalen Strommärkten zu fördern, die Versorgungssicherheit zu gewährleisten oder den Prozess der Liberalisierung der Energiemärkte zu erleichtern.

---

639 Der NEP Strom beschreibt, welche Maßnahmen in den nächsten zehn Jahren beim bedarfsgerechten Aus- und Umbau des deutschen Höchstspannungsstromnetzes erforderlich sind. Siehe hierzu den Beitrag von Schirmer/Seiferth in Kapitel 3.4.

640 BNetzA, Hinweispapier 2011, S. 26; *Säcker/Mohr*, N&R 2/2012, 1, 5, 11; BerlKommEnR/*Säcker/Mohr*, EnWG, § 10 Rn. 27.

641 *Säcker/Mohr*, N&R 2/2012, 1, 5, 8 verweist insbesondere auf die Erbringung von *Shared Services* durch mehrere UTBs im Rahmen eines Gemeinschaftsunternehmens, z. B. Bilanzierungsdienstleistungen durch Marktgebietsverantwortliche.

Vermögenswerte und Ausstattung des unabhängigen Transportnetzbetreibers („UTB") sowie Sicherstellung der operationellen Unabhängigkeit des Unabhängigen Transportnetzbetreibers (UTB)

Es ist gesetzlich vorgeschrieben, dass der UTB unmittelbar oder vermittelt durch Beteiligungen, Eigentümer an allen für den Transportnetzbetrieb erforderlichen Vermögenswerten, einschließlich des Transportnetzes, sein muss (§ 10a Abs. 1 S. 2 EnWG). Diese Vorschrift entspricht inhaltlich den Anforderungen bei der eigentumsrechtlichen Entflechtung (aus § 8 Abs. 2 S. 1 EnWG), weshalb an dieser Stelle auf Ziffer 3.5.7.2 verwiesen werden kann.

Zudem muss der UTB wirksame Entscheidungsbefugnisse in Bezug auf die für den Betrieb, die Wartung und den Ausbau des Netzes erforderlichen Vermögenswerte des viEVU besitzen und diese im Rahmen der Bestimmungen des EnWG unabhängig von der Leitung und den anderen betrieblichen Einrichtungen des viEVU (zum Begriff der betrieblichen Einrichtung siehe Ziffer 3.5.5.2) ausüben können (§ 10b Abs. 1 S. 1 EnWG).

Insgesamt muss gewährleistet sein, dass der UTB über die finanziellen, technischen, materiellen und personellen Mittel verfügt, die zur Erfüllung seiner Pflichten aus dem EnWG und für den Transportnetzbetrieb erforderlich sind. In Bezug auf diese Anforderungen kann auf die Ausführungen zur operationellen Entflechtung von VNBs verwiesen werden (Ziffer 3.5.5.4). Allerdings sind die Anforderungen beim UTB dadurch viel schärfer, dass in den §§ 10a ff. EnWG zusätzliche und inhaltlich weitergehende Anforderungen an die Unabhängigkeit des UTB hinzukommen.

So darf bspw. Personal, das für den Betrieb des Transportnetzes erforderlich ist, nicht in anderen Gesellschaften des viEVU oder deren Tochtergesellschaften angestellt sein (§ 10a Abs. 2 S. 1 EnWG; siehe auch die nachstehenden Ausführungen zu Vorgaben für die Unternehmensleitung, zweite Führungsebene und sonstige Beschäftigte des UTB). Arbeitnehmerüberlassungen des UTB an das viEVU sowie des viEVU an den UTB sind unzulässig (§ 10a Abs. 2 S. 2 EnWG). Dennoch ist auch eine Aufstellung als „schlanker" UTB („*TSO light*") möglich, bei dem die für den Transportbetrieb erforderlichen Aufgaben von externen Dritten auf der Basis von Dienstleistungsverträgen durchgeführt werden, wobei das eigene Personal des UTB lediglich Überwachungs- und Koordinierungsaufgaben wahrnimmt.[642]

Der UTB muss jederzeit über die notwendigen Mittel für die Errichtung, den Betrieb und den Erhalt eines sicheren, leistungsfähigen und effizienten Transportnetzes verfügen (§ 10b Abs. 4 EnWG), insbesondere um seinen gesetzlichen Anschlussverpflichtungen und den Investitionsverpflichtungen aus dem NEP Strom nachzukommen. In erster Linie wird sich der UTB über die Netzentgelte finanzieren. Der UTB muss die Befugnis haben, sich zusätzliche Finanzmittel auf dem Kapitalmarkt durch Aufnahme von Darlehen oder durch eine Kapitalerhöhung zu beschaffen (§ 10b Abs. 1 S. 2 EnWG). Allerdings können die vom Aufsichtsrat beschlossenen Finanzpläne sowie die vom Aufsichtsrat festgelegte maximale Verschuldung des UTB der Geschäftsführung des UTB insoweit Grenzen ziehen.[643] Unklar bleibt in diesem Zusammenhang, wie die Geschäftsführung des UTB eine Kapitalerhöhung bewirken kann, d. h. ob und wie die

[642] BNetzA, Hinweispapier 2011, S. 27-28.

[643] BR-Drs. 343/11, S. 154; siehe BerlKommEnR/*Säcker/Mohr*, EnWG, § 10b Rn. 15-17 zum Verhältnis der vom Aufsichtsrat beschlossenen Finanzpläne zu den Investitionsprojekten/Netzausbauverpflichtungen des UTB.

Gesellschafter des UTB zur Mitwirkung an einer Kapitalerhöhung gezwungen werden können.[644]

Ein gesellschaftsrechtlicher Beherrschungsvertrag bzw. ähnliche vertragliche Konstruktionen, welche dem viEVU erlauben, Einfluss auf die Unternehmensleitung des UTB zu nehmen, sind unzulässig.[645] Weiterhin zulässig ist dagegen ein Gewinnabführungsvertrag im Sinne von § 291 Abs. 1 AktG zwischen dem UTB und dem viEVU.[646] Da allerdings grundsätzlich der Aufsichtsrat über die Höhe der an die Anteilseigner des UTB auszuzahlenden Dividenden zu entscheiden hat (vgl. § 10d Abs. 2 S. 2 EnWG), muss der Aufsichtsrat auch dem Gewinnabführungsvertrag zustimmen bzw. diesen genehmigen und gleichzeitig über die Bildung und Auflösung von Gewinnrücklagen entscheiden können.[647]

Dienstleistungen sowie kommerzielle und finanzielle Beziehungen zwischen Unabhängigem Transportnetzbetreiber (UTB) und vertikal integriertem Energieversorgungsunternehmen (viEVU)

Das viEVU oder eines seiner Tochterunternehmen darf keine Dienstleistungen durch eigene oder in seinem Auftrag handelnde Personen für den UTB erbringen (§ 10a Abs. 3 S. 1 EnWG). Der Begriff der Dienstleistung ist dabei weiter zu ziehen als im BGB.[648] Unerheblich ist auch die Art der Dienstleistung.

Grundsätzlich erlaubt sind allerdings kommerzielle und finanzielle Beziehungen zwischen dem UTB und dem viEVU, bspw. Konzernkredite, *Cash-Pooling*-Vereinbarungen und Mietverträge (vgl. § 10b Abs. 5 EnWG).[649] Dabei sind aber folgende Voraussetzungen zu erfüllen:

- Das viEVU und der UTB haben bei zwischen ihnen bestehenden kommerziellen und finanziellen Beziehungen marktübliche Bedingungen einzuhalten (*arm's length principle*, § 10b Abs. 5 S. 1 EnWG).
- Der Transportnetzbetreiber muss der BNetzA alle kommerziellen und/oder finanziellen Vereinbarungen mit dem viEVU im Rahmen der Zertifizierung zur Genehmigung vorlegen (§ 10b Abs. 5 S. 2 EnWG).
- Der UTB muss die kommerziellen und finanziellen Beziehungen mit dem viEVU umfassend dokumentieren und die Dokumentation der BNetzA auf Verlangen zur Verfügung stellen (§ 10b Abs. 5 S. 4 EnWG).

Entsprechend ist die unzulässige Dienstleistungserbringung vom viEVU an den UTB stets von den zulässigen kommerziellen und finanziellen Beziehungen zwischen dem viEVU und dem

---

644 Siehe dazu *Säcker/Mohr*, N&R 2/2012, 1, 3 und BerlKommEnR/*Säcker/Mohr*, EnWG, § 10 Rn. 15, welche eine Pflicht zur Mitwirkung der Gesellschafter an einer Kapitalerhöhung, die zur Erfüllung der Netzbetreiberaufgaben erforderlich ist, neben der entflechtungsrechtlichen Regelung auf die gesellschaftsbezogene Treuepflicht stützen und notfalls auf den Klageweg verweisen.

645 BNetzA, Hinweispapier 2011, S. 34.

646 BNetzA, Hinweispapier 2011, S. 34; a.A. BerlKommEnR/*Säcker/Mohr*, EnWG, § 10a Rn. 16.

647 BNetzA, Beschluss vom 9. November 2012, BK7-12-033, S. 29-30 (Zertifizierungsentscheidung terranets bw GmbH).

648 BNetzA, Hinweispapier 2011, S. 29.

649 Siehe dazu BNetzA, Beschluss vom 9. November 2012, BK6-12-044, S. 48-49 (Zertifizierungsentscheidung Amprion GmbH); BNetzA, Beschluss vom 11. April 2013, BK6-12-004, S. 60-65 (Zertifizierungsentscheidung TransnetBW GmbH) (zur Marktüblichkeit einer *Cash-Pool*-Vereinbarung gemessen am Fremdvergleichsgrundsatz).

UTB abzugrenzen. Die BNetzA ist deshalb der Ansicht, dass der Begriff der Dienstleistung auch nicht zu weit ausgelegt werden dürfe (also insbesondere nicht im Sinne der Dienstleistungsfreiheit des europäischen Primärrechts), da ansonsten faktisch kein Anwendungsbereich für die erlaubten kommerziellen und finanziellen Beziehungen bliebe.[650] Nach Ansicht der BNetzA liegt eine Dienstleistung nur vor, wenn seitens des Dienstleistungserbringers eine Tätigkeit erbracht wird (tatsächliches Handeln von Personal) und daher typischerweise ein Dienst- oder Werkvertrag nach § 611 bzw. § 631 BGB vorliegt. Entscheidend sei nach Sinn und Zweck des Dienstleistungsverbots, dass die Entflechtungsvorgaben zur Unabhängigkeit des Personals und Arbeitnehmerüberlassung nicht unterlaufen werden (vgl. § 10a Abs. 2 EnWG).

Die Möglichkeit der wechselseitigen Erbringung und Inanspruchnahme von Dienstleistungen zwischen einer reinen, von den Tätigkeiten des Energiebereichs freien und damit gerade nicht dem viEVU zurechenbaren Holding- bzw. Zwischengesellschaft (siehe zum Begriff des viEVU Ziffer 3.5.1.2) und dem UTB ist dagegen erlaubt, solange (i) die Dienstleistungen keine ureigenen Netzbetreiberaufgaben betreffen und (ii) nicht zur Umgehung der Zertifizierungs- und Entflechtungsvorschriften führen.[651] Im Umkehrschluss bedeutet dies, dass verbundene Unternehmen durch die Erbringung von bestimmten Dienstleistungen, die den Wettbewerbsbereichen zuzuordnen sind (Aktivitätskriterium), Teil des viEVU werden können und damit das Dienstleitungsverbot greift.

Wegen der Möglichkeit der Einrichtung eines Kombinationsnetzbetreibers (vgl. § 6d EnWG) muss auch die Erbringung von Dienstleistungen zwischen einem UTB und einem VNB zulässig sein.[652]

Sowohl die Europäische Kommission als auch die BNetzA halten eine Ausnahme von dem Dienstleistungsverbot unter außergewöhnlichen Umständen für zulässig und zwar, wenn dies zum Schutz übergeordneter Interessen, insbesondere der Sicherheit und Zuverlässigkeit des Übertragungsnetzes oder ähnlich gewichtiger Interessen, erforderlich ist.[653] Dabei sind die Anforderungen an die Ausnahme umso höher, je stärker die Dienstleistung Missbrauchspotenzial eröffnet oder die unabhängige Aufgabenerfüllung des UTB in Frage stellt. Zwingende Voraussetzungen sind insoweit aber, dass die Dienstleistung

- im konkreten Fall nicht von einem konzernunabhängigen Unternehmen erbracht werden kann und
- grundsätzlich vorübergehender Natur ist.

650 Siehe auch BNetzA, Beschluss vom 9. November 2012, BK6-12-044, S. 48-49 (Zertifizierungsentscheidung Amprion GmbH).

651 BNetzA, Beschluss vom 23. März 2013, BK7-12-036, 26, 33 (Zertifizierungsentscheidung Thyssengas GmbH); BNetzA, Beschluss vom 2. Dezember 2013, BK7-12-030, S. 11-12, 40-42 (Zertifizierungsentscheidung Open Grid Europe GmbH).

652 BerlKommEnR/*Säcker/Mohr*, EnWG, § 10a Rn. 24.

653 BNetzA, Beschluss vom 9. November 2012, BK6-12-044, S. 24 (Zertifizierungsentscheidung Amprion GmbH); BNetzA, Beschluss vom 11. April 2013, BK6-12-004, S. 30 (Zertifizierungsentscheidung TransnetBW GmbH); Zertifizierung der Amprion GmbH, Stellungnahme der Europäischen Kommission vom 6. September 2012, C(2012) 6254 final, S. 4; BNetzA, Beschluss vom 9. November 2012, BK7-12-033, S. 14-15 (Zertifizierungsentscheidung terranets bw GmbH) sowie BNetzA, Beschluss vom 2. Dezember 2013, BK7-12-030, S. 42-47 (Zertifizierungsentscheidung Open Grid Europe GmbH).

So hat die BNetzA im Rahmen der organisatorisch sehr komplexen Trennung des UTB vom Mutterkonzern (viEVU) für bestimmte Übergangsfristen durchaus die Erbringung von Dienstleistungen durch den Mutterkonzern an den UTB hingenommen, sofern ernsthafte Anstrengungen zur Trennung der Gesellschaften unternommen wurden und die Beendung in absehbarer Zeit erfolgen sollte („Abschmelzen der Dienstleistungen“).[654] Dies gilt insbesondere für den Bereich IT.[655] Eine solche Trennung wurde dabei stets über entsprechende Auflagen in der Zertifizierungsentscheidung sichergestellt (siehe dazu Ziffer 3.5.9.1). Vereinzelt hat die BNetzA sogar eine längerfristige Inanspruchnahme von Dienstleistungen des Mutterkonzerns zugelassen, wenn (i) eine Beschaffung am Markt ausgeschlossen war (z. B. wegen der Komplexität der Aufgaben oder des erforderlichen Spezialwissens), (ii) die Dienstleistung sich auf die Erfüllung der gesetzlichen Pflichten des UTB bezog und (iii) keine Auswirkungen auf die aktuellen und zukünftigen Geschäftsprozesse des UTB zu erwarten waren.[656]

Die Erbringung von Dienstleistungen durch den UTB für das viEVU ist nur zulässig (vgl. § 10a Abs. 3 S. 2 EnWG), soweit

- die Dienstleistungen grundsätzlich für alle Nutzer des Transportnetzes diskriminierungsfrei zugänglich sind und der Wettbewerb in den Bereichen Erzeugung, Gewinnung und Lieferung weder eingeschränkt, verzerrt oder unterbunden wird,
- die vertraglichen Bedingungen für die Erbringung der Dienstleistung durch den UTB für das viEVU der BNetzA vorgelegt und von dieser geprüft wurden und
- die Dienstleistungen weder die Abrechnung erbrachter Dienstleistungen gegenüber dem Kunden für das viEVU in den Bereichen der Funktionen Erzeugung, Gewinnung, Verteilung, Lieferung von Elektrizität oder Erdgas oder Speicherung von Erdgas noch andere Dienstleistungen umfasst, deren Wahrnehmung durch den UTB geeignet ist, Wettbewerber des viEVU zu diskriminieren.

Damit muss der UTB prinzipiell auch gegenüber dem viEVU wie ein externer Dienstleister auftreten. Diese Prüfungskriterien sind auch hinsichtlich der Frage der Zulässigkeit von *Shared-Services*-Gesellschaften vom UTB und viEVU anzuwenden.[657]

Eine Dienstleistungserbringung durch externe Dritte ist grundsätzlich möglich, insbesondere im Hinblick auf außergewöhnliche, außerhalb des Regelbetriebs anfallende Tätigkeiten, allerdings wohl nicht bzgl. Managementfunktionen im Bereich der Kernaufgaben des Netzbetreibers (vgl. § 10a Abs. 3 S. 2 EnWG).[658] Erbringt ein externer Dritter Dienstleistungen gleichzeitig für den UTB und das viEVU, muss zudem die operative und informationelle Trennung der Dienstleistungserbringung sichergestellt werden (Implementierung von *Chinese Walls*;

---

654 BNetzA, Beschluss vom 9. November 2012, BK6-12-044, S. 24-26 (Zertifizierungsentscheidung Amprion GmbH); BNetzA, Beschluss vom 11. April 2013, BK6-12-004, S. 31-40 (z. B. aber nicht für Abrechnung von Energiepreisermäßigungen) (Zertifizierungsentscheidung TransnetBW GmbH).

655 BNetzA, Beschluss vom 9. November 2012, BK6-12-044, S. 24-26 (Zertifizierungsentscheidung Amprion GmbH); BNetzA, Beschluss vom 11. April 2013, BK6-12-004, S. 31-40 (z. B. aber nicht für Abrechnung von Energiepreisermäßigungen) (Zertifizierungsentscheidung TransnetBW GmbH).

656 Vgl. BNetzA, Beschluss vom 9. November 2012, BK6-12-044, S. 26-33 (Zertifizierungsentscheidung Amprion GmbH) (Altdatenarchivierung durch RWE-Konzern; Abrechnung und Verwaltung von Betriebsrenten; Ausbildungskooperation).

657 BNetzA, Hinweispapier 2011, S. 29.

658 *Säcker/Mohr*, N&R 2/2012, 1, 6; BerlKommEnR/*Säcker/Mohr*, EnWG, § 10 Rn. 30, § 10a Rn. 10-11; *Kühling/Pisal*, ET 1,2/2012, 127, 130-131.

siehe dazu Ziffer 3.5.2.1 sowie die Ausführungen zu Vorgaben für den laufenden Geschäftsbetrieb des UTB).[659] Auch darf die Dienstleistungserbringung externer Dritter nicht dazu führen, dass der UTB nicht mehr selbst über eine ausreichende personelle Grundausstattung verfügt, um seine zentralen Netzbetreiberaufgaben wahrzunehmen.

Vorgaben für den laufenden Geschäftsbetrieb des Unabhängigen Transportnetzbetreibers (UTB)

Der UTB muss sicherstellen, dass hinsichtlich seiner Firma, seiner Kommunikation mit Dritten sowie seiner Markenpolitik (*Corporate Identity*) und Geschäftsräume eine Verwechslung mit dem viEVU oder einem seiner Tochterunternehmen ausgeschlossen ist (§ 10a Abs. 4 EnWG; zur Bestimmung der Verwechslungsgefahr siehe bereits Ziffer 3.5.5.7).[660] Insofern ist es erforderlich, dass der UTB in der Außenkommunikation keine Firma/Marke verwendet, die den Eindruck erwecken könnte, seine Dienstleistung werde von einem Unternehmen des viEVU angeboten. Dementsprechend ist der Zusatz „Netz" als Ergänzung der Marke des viEVU nicht ausreichend, um Verwechslungen auszuschließen.[661]

Dem UTB und dem viEVU ist die gemeinsame Nutzung von IT-Anwendungssystemen (Softwareprogrammen) verboten, soweit es unternehmensindividuelle Anpassungen gab, d. h. die IT-Anwendungen auf die unternehmerischen Besonderheiten des UTB oder des viEVU zugeschnitten wurden (§ 10a Abs. 5 S. 1 EnWG). Erlaubt ist aber die gemeinsame Nutzung von Standardprogrammen wie z. B. Microsoft Office, SAP oder nicht angepassten branchenspezifischen Programmen. Grundsätzlich ist dem UTB und dem viEVU auch die gemeinsame Nutzung von IT-Infrastruktur (Hardware) untersagt. Zulässig ist hingegen die gemeinsame Nutzung von Hardware ausnahmsweise dann, wenn sich die IT-Infrastruktur außerhalb der Geschäftsräume des UTB und des viEVU befindet und von externen Dritten zur Verfügung gestellt und betrieben wird (z. B. Rechenleistung in Rechenzentren externer Anbieter) (vgl. § 10a Abs. 5 S. 2 EnWG). Bei der komplexen Trennung der IT-Infrastruktur hat die BNetzA nach der Einführung der Entflechtungsvorschriften teilweise sehr lange Übergangszeiten erlaubt (siehe dazu vorstehende Ausführungen zu Dienstleistungen sowie kommerzielle und finanzielle Beziehungen zwischen UTB und viEVU).[662]

Zudem dürfen der UTB und das viEVU bezogen auf Soft- und Hardware, die sich in Geschäfts- oder Büroräumen des UTB oder des viEVU befindet, nicht mit denselben Beratern oder externen Auftragnehmern zusammenarbeiten (§ 10a Abs. 5 S. 3 EnWG). Nach den Ausführungen in der Gesetzesbegründung und der Ansicht der BNetzA ist insoweit die natürliche Person (d. h. der einzelne Berater) entscheidend, insbesondere da es für den UTB keinen eigenen Markt zur Deckung des Bedarfs an spezifischen IT-Beratungsleistungen gebe (begrenzte Anzahl qualifizierter und auf die Energiewirtschaft spezialisierter Unternehmen) und sich IT-Beratungsunternehmen aus ökonomischen Gründen wegen der höheren Umsatzvolumina stets für eine Tätigkeit für das viEVU entscheiden würden (negativer Wettbewerbseffekt). Dieser Ansicht folgend bleibt die Zusammenarbeit mit demselben IT-Unternehmen möglich, sofern

---

659 BNetzA, Hinweispapier 2011, S. 32.

660 BR-Drs. 343/11, S. 149-150; BerlKommEnR/*Säcker*/*Mohr*, EnWG, § 10a Rn. 34.

661 BNetzA, Hinweispapier 2011, S. 30.

662 Z. B. BNetzA, Beschluss vom 11. April 2013, BK6-12-004, S. 44-45 (Zertifizierungsentscheidung TransnetBW GmbH) (IT-Systeme im Bereich Bürokommunikation bis zum 30. Juni 2014).

auch die Organisationsstruktur des Beratungsunternehmens eine saubere Trennung der einzelnen Berater sicherstellt (z. B. dauerhafte Zuordnung von Mitarbeitern zu Organisationseinheiten, die entweder für den UTB oder das viEVU tätig werden).[663] Die Europäische Kommission sieht dies anders und hält die Zusammenarbeit mit demselben Beratungsunternehmen für unzulässig. Entsprechend bezweifelt sie die Übereinstimmung des EnWG mit den Vorgaben in Art. 17 Abs. 5 Elektrizitätsrichtlinie.[664]

Der UTB und andere Teile des viEVU dürfen des Weiteren keine Büro- und Geschäftsräume, einschließlich der Zugangskontrollsysteme, gemeinsam nutzen (§ 10a Abs. 6 EnWG). Der UTB darf aber weiterhin Räume zu marktüblichen Konditionen vom viEVU pachten/mieten (siehe dazu vorstehende Ausführungen zu Dienstleistungen sowie kommerzielle und finanzielle Beziehungen zwischen UTB und viEVU). Auch dürfen die Büro- und Geschäftsräume von dem UTB und dem viEVU auf demselben Grundstück liegen.[665]

Der UTB und das viEVU bzw. dessen Tochterunternehmen müssen ihre Rechnungslegung durch verschiedene Wirtschaftsprüfer prüfen lassen (§ 10a Abs. 7 EnWG). Laut der Gesetzesbegründung und auch nach Ansicht der BNetzA bezieht sich diese Regelung wiederum auf die natürliche Person, so dass die gleiche Wirtschaftsprüfungsgesellschaft beauftragt werden kann.[666] Die Europäische Kommission sieht dies – ähnlich wie bei der Inanspruchnahme von Dienstleistungen durch IT-Berater – wiederum anders und geht von der Unzulässigkeit der Überprüfung der Rechnungslegung durch die gleiche Wirtschaftsprüfungsgesellschaft aus.[667] Entsprechend bezweifelt sie insofern die Übereinstimmung des EnWG mit den Vorgaben in Art. 17 Abs. 6 Elektrizitätsrichtlinie.[668]

Der Abschlussprüfer des viEVU darf Einsicht in Teile der Bücher des UTB nehmen, soweit dies zur Erteilung des Konzernbestätigungsvermerks im Rahmen der Vollkonsolidierung des viEVU erforderlich ist. Der Abschlussprüfer ist verpflichtet, aus der Einsicht in die Bücher des UTB gewonnene Erkenntnisse und wirtschaftlich sensible Informationen (siehe dazu Ziffer 3.5.2.1) vertraulich zu behandeln und sie insbesondere nicht dem viEVU mitzuteilen.

Vorgaben für die Unternehmensleitung, zweite Führungsebene und sonstige Beschäftigte des Unabhängigen Transportnetzbetreibers (UTB)

Die Entflechtungsvorgaben für UTBs sehen auch verschiedene Regelungen vor, um auf der Ebene der Beschäftigten des UTB und insbesondere hinsichtlich dessen Entscheidungsträger

663 BNetzA, Hinweispapier 2011, S. 31; BR-Drs. 343/11, S. 152; siehe auch BNetzA, Beschluss vom 9. November 2012, BK6-12-044, S. 36-40 (Zertifizierungsentscheidung Amprion GmbH); BNetzA, Beschluss vom 11. April 2013, BK6-12-004, S. 45-50 (Zertifizierungsentscheidung TransnetBW GmbH); kritisch *Säcker/Mohr*, N&R 2/2012, 1, 8.

664 Zertifizierung der Amprion GmbH, Stellungnahme der Europäischen Kommission vom 6. September 2012, C(2012) 6254 final, S. 5; Zertifizierung der TransnetBW GmbH, Stellungnahme der Europäischen Kommission vom 11. Februar 2013, C(2013) 811 final, S. 5.

665 BR-Drs. 343/11, S. 152; a.A. Commission Staff Working Paper, The Unbundling Regime, S. 16.

666 BNetzA, Hinweispapier 2011, S. 32; BR-Drs. 343/11, S. 152; kritisch dagegen *Säcker/Mohr*, N&R 2/2012, 1, 8.

667 Zertifizierung der Amprion GmbH, Stellungnahme der Europäischen Kommission vom 6. September 2012, C(2012) 6254 final, S. 5.

668 Zertifizierung der Amprion GmbH, Stellungnahme der Europäischen Kommission vom 6. September 2012, C(2012) 6254 final, S. 5.

die Unabhängigkeit vom viEVU zu gewährleisten. Dabei richten sich die Regelungen zur Unabhängigkeit des Personals des UTB an verschiedene Adressatengruppen. Es ist zu unterscheiden zwischen:

- Personen der obersten Unternehmensleitung
  Zu der obersten Unternehmensleitung gehören der Vorstand, die Geschäftsführung oder ein anderes Gesellschaftsorgan mit vergleichbaren Aufgaben und Befugnissen (§ 3 Nr. 29b EnWG).
- Personen der Unternehmensleitung
  Zu der Unternehmensleitung zählen die oberste Unternehmensleitung (siehe vorstehender Bullet Point) sowie Personen, die mit Leitungsaufgaben für den UTB betraut sind und aufgrund eines Übertragungsaktes, dessen Eintragung im Handelsregister oder einem vergleichbaren Register eines Mitgliedstaates der Europäischen Union gesetzlich vorgesehen ist, berechtigt sind, den UTB gerichtlich und außergerichtlich zu vertreten (§ 3 Nr. 33a EnWG), also bspw. Prokuristen und Generalbevollmächtigte.
- Personen der zweiten Führungsebene
  Personen der zweiten Führungsebene sind Personen, die direkt der obersten Unternehmensleitung unterstellt sind und für Betrieb, Wartung oder Entwicklung des Netzes verantwortlich sind, d. h. in der Regel einzelne Geschäftsbereiche zu verantworten haben, wie bspw. Abteilungsleiter und Hauptbereichsleiter.
- Sonstige Beschäftigte
  Dies sind alle anderen Personen, die für den UTB in Festanstellung tätig sind.

Ernennung und Abberufung der obersten Unternehmensleitung

Der UTB ist verpflichtet, der BNetzA die Namen der Personen, die vom Aufsichtsrat als oberste Unternehmensleitung ernannt oder bestätigt werden, sowie die Regelungen hinsichtlich der Funktion, für die diese Personen vorgesehen sind, die Laufzeit der Verträge mit diesen Personen, die jeweiligen Vertragsbedingungen sowie eine eventuelle Beendigung der Verträge mit diesen Personen unverzüglich mitzuteilen (§ 10c Abs. 1 S. 1 EnWG). Im Falle einer Vertragsbeendigung hat der UTB der BNetzA die Gründe, aus denen die Vertragsbeendigung vorgesehen ist, vor der Entscheidung mitzuteilen (§ 10c Abs. 1 S. 2 EnWG).

Entscheidungen und (vertragliche) Regelungen im Hinblick auf Personen der obersten Unternehmensleitung werden erst dann verbindlich, wenn die BNetzA innerhalb von drei Wochen nach Zugang der Mitteilung des UTB keine Einwände gegen diese erhebt. Daraus folgt, dass entsprechende gesellschaftsrechtliche Akte und Anstellungsverträge bis zum Ablauf der Einwendungsfrist schwebend unwirksam sind und erst *ex tunc* wirksam werden, wenn die BNetzA innerhalb der Frist keine Einwände erhebt.[669] Die BNetzA kann ihre Einwände gegen die Entscheidung nur darauf stützen, dass Zweifel bestehen an (i) der beruflichen Unabhängigkeit einer ernannten Person der obersten Unternehmensleitung oder (ii) der Berechtigung einer vorzeitigen Vertragsbeendigung (vgl. § 10c Abs. 1 S. 4 EnWG). Im Ergebnis hat damit die BNetzA entscheidende Einwirkungsmöglichkeiten in Bezug auf die Besetzung der obersten Unternehmensleitung des UTB.

[669] BNetzA, Hinweispapier 2011, S. 39-40.

Anstellung beim Unabhängigen Transportnetzbetreiber (UTB) und Vergütung der Beschäftigten des Unabhängigen Transportnetzbetreibers (UTB)

Der UTB muss sicherstellen, dass seine Unternehmensleitung und seine Beschäftigten weder beim viEVU, noch bei einem seiner Unternehmensteile, außer dem UTB selbst, (i) angestellt sind und (ii) auch keine Interessen- oder Geschäftsbeziehungen zum viEVU oder einem seiner Unternehmensteile unterhalten (§ 10c Abs. 3 S. 1 EnWG).[670] Verboten sind somit sog. Konzernanstellungsverträge. Ausgenommen ist die zu marktüblichen Bedingungen erfolgende Belieferung von Energie für den privaten Verbrauch. Kritisch in diesem Zusammenhang sieht die BNetzA bspw. Strompreisermäßigungen für Mitarbeiter.[671] Die Regelung gilt auch für Personen der zweiten Führungsebene (vgl. § 10c Abs. 6 EnWG).

Der UTB muss gewährleisten, dass die Vergütung von Personen, die der Unternehmensleitung angehören, nicht vom wirtschaftlichen Erfolg, insbesondere dem Betriebsergebnis, des viEVU oder eines seiner Tochterunternehmen, mit Ausnahme des UTB selbst, abhängig ist (§ 10c Abs. 4 S. 3 EnWG).[672] Die BNetzA sieht im Wortlaut des § 10c Abs. 4 S. 3 EnWG ein redaktionelles Versehen und ist der Meinung, dass eine richtlinienkonforme Auslegung der Vorschrift ergebe, dass die wirtschaftliche Vergütung auch der sonstigen Beschäftigen nicht vom wirtschaftlichen Erfolg des viEVU abhängig sein dürfe.[673]

***Cooling-On*-Perioden für die Unternehmensleitung**

Die Mehrheit der Angehörigen der Unternehmensleitung des UTB darf in den letzten drei Jahren vor der Ernennung als Mitglied der Unternehmensleitung nicht bei einem Unternehmen des viEVU, das im Elektrizitätsbereich eine der Funktionen Erzeugung, Verteilung, Lieferung oder Kauf von Elektrizität und im Erdgasbereich eine der Funktionen Gewinnung, Verteilung, Lieferung, Kauf oder Speicherung von Erdgas wahrnimmt oder kommerzielle, technische oder wartungsbezogene Aufgaben im Zusammenhang mit diesen Funktionen erfüllt, oder einem Mehrheitsanteilseigner dieser Unternehmen (i) angestellt gewesen sein oder (ii) Interessen- oder Geschäftsbeziehungen zu einem dieser Unternehmen unterhalten haben (§ 10c Abs. 2 S. 1 EnWG). Diese Regelung gilt auch entsprechend für Personen der zweiten Führungsebene (vgl. § 10c Abs. 6 EnWG).

Die verbleibenden Angehörigen der Unternehmensleitung des UTB dürfen in den letzten sechs Monaten vor der Ernennung als Mitglied der Unternehmensleitung keine Aufgaben der Unternehmensleitung oder eine vergleichbare Aufgabe bei einem Unternehmen des viEVU, das im Elektrizitätsbereich eine der Funktionen Erzeugung, Verteilung, Lieferung oder Kauf von Elektrizität und im Erdgasbereich eine der Funktionen Gewinnung, Verteilung, Lieferung,

---

670 Zur Auslegung dieser Begriffe, siehe BNetzA, Hinweispapier 2011, S. 42, und *Säcker/Mohr*, N&R 2/2012, 1, 13, nach denen damit insbesondere Tätigkeiten auf dienst- oder werkvertraglicher Basis mit Netzbezug erfasst sein sollen.

671 BNetzA, Beschluss vom 11. April 2013, BK6-12-004, S. 72 (Zertifizierungsentscheidung TransnetBW GmbH) (Weitergeltung der Energiepreisermäßigung in der Überleitungs-Betriebsvereinbarung und im Tarifvertrag zum dritten Binnenmarktpaket).

672 Siehe dazu BerlKommEnR/*Säcker/Mohr*, EnWG, § 10c Rn. 26.

673 BNetzA, Beschluss vom 11. April 2013, BK6-12-004, S. 75-76 (Zertifizierungsentscheidung TransnetBW GmbH).

Kauf oder Speicherung von Erdgas wahrnimmt oder kommerzielle, technische oder wartungsbezogene Aufgaben im Zusammenhang mit diesen Funktionen erfüllt, oder einem Mehrheitsanteilseigner dieser Unternehmen wahrgenommen haben (§ 10c Abs. 2 S. 2 EnWG).

Nach dem EnWG finden die vorstehend beschriebenen *Cooling-On*-Perioden ausdrücklich auf Ernennungen, die vor dem 3. März 2012 wirksam geworden sind, keine Anwendung (§ 10c Abs. 2 S. 3 EnWG). Die BNetzA erachtet diese Regelung im EnWG für europarechtskonform.[674] Sie erkennt zwar an, dass die Elektrizitätsrichtlinie hinsichtlich der *Cooling-On*-Perioden keinen Stichtag enthält. Sie begründet ihre Rechtsansicht jedoch damit, dass Art. 9 Abs. 1 der Richtlinie vorsieht, dass die Entflechtungsregelungen erst zum 3. März 2012 einzuhalten sind, und weist insoweit darauf hin, dass der deutsche Gesetzgeber mit der Einführung dieses Stichtages seinen Umsetzungsspielraum genutzt hat.[675] Auch betont die BNetzA das im deutschen Recht geltende Rückwirkungsverbot. Allerdings bezweifelt die Europäische Kommission hinsichtlich dieser Stichtagsregelung im deutschen Recht die ordnungsgemäße Umsetzung der Vorgaben der Elektrizitätsrichtlinie.[676] Sie stellt heraus, dass auf der Basis der deutschen Regelungen bei Ernennungen vor dem 3. März 2012 in bestimmten Fällen die tatsächliche Unabhängigkeit des UTB untergraben werden könnte.[677]

Cooling-Off-Perioden für die Unternehmensleitung

Personen der Unternehmensleitung dürfen nach Beendigung des Vertragsverhältnisses zum UTB für vier Jahre nicht bei anderen Unternehmen des viEVU, die im Elektrizitätsbereich eine der Funktionen Erzeugung, Verteilung, Lieferung oder Kauf von Elektrizität und im Erdgasbereich eine der Funktionen Gewinnung, Verteilung, Lieferung, Kauf oder Speicherung von Erdgas wahrnehmen oder kommerzielle, technische oder wartungsbezogene Aufgaben im Zusammenhang mit diesen Funktionen erfüllen, oder bei Mehrheitsanteilseignern dieser Unternehmen des viEVU (i) angestellt sein oder (ii) Interessens- oder Geschäftsbeziehungen zu diesen Unternehmen oder deren Mehrheitsanteilseignern unterhalten (vgl. § 10c Abs. 5 EnWG). Dies gilt jedoch nicht, wenn das Vertragsverhältnis zum UTB vor dem 3. März 2012 beendet wurde.

Diese Regelungen gelten auch entsprechend für Personen der zweiten Führungsebene (vgl. § 10c Abs. 6 EnWG).

Beteiligungen am vertikal integrierten Energieversorgungsunternehmen (viEVU)

Der UTB und das viEVU müssen ferner gewährleisten, dass Personen der Unternehmensleitung und die übrigen Beschäftigten des UTB nach dem 3. März 2012 keine Anteile (z. B.

---

674 BNetzA, Beschluss vom 9. November 2012, BK6-12-044, S. 51-53 (Zertifizierungsentscheidung Amprion GmbH); BNetzA, Beschluss vom 11. April 2013, BK6-12-004, S. 68-71 (Zertifizierungsentscheidung TransnetBW GmbH); siehe auch BR-Drs. 343/11, S. 157.

675 BNetzA, Beschluss vom 9. November 2012, BK6-12-044, S. 51-53 (Zertifizierungsentscheidung Amprion GmbH); BNetzA, Beschluss vom 11. April 2013, BK6-12-004, S. 68-71 (Zertifizierungsentscheidung TransnetBW GmbH); siehe auch BR-Drs. 343/11, S. 157.

676 Zertifizierung der Amprion GmbH, Stellungnahme der Europäischen Kommission vom 6. September 2012, C(2012) 6254 final, S. 6; Zertifizierung der TransnetBW GmbH, Stellungnahme der Europäischen Kommission vom 11. Februar 2013, C(2013) 811 final, S. 5-6.

677 Zertifizierung der Amprion GmbH, Stellungnahme der Europäischen Kommission vom 6. September 2012, C(2012) 6254 final, S. 6; Zertifizierung der TransnetBW GmbH, Stellungnahme der Europäischen Kommission vom 11. Februar 2013, C(2013) 811 final, S. 5-6.

(Mitarbeiter-)Aktien) des viEVU oder eines seiner Unternehmensteile erwerben, es sei denn, es handelt sich um Anteile des UTB (§ 10c Abs. 4 S. 1 EnWG). Vor diesem Zeitpunkt erworbene Anteile dürfen die sonstigen Beschäftigten des UTB (mit Ausnahme der Unternehmensleitung) weiterhin halten. Der Begriff Anteil ist dabei weit zu verstehen und erfasst alle Arten von finanziellen Instrumenten (z. B. auch Aktienoptionen), welche die Unabhängigkeit der Unternehmensleitung und der sonstigen Beschäftigten gefährden könnten.[678] Das Verbot des Erwerbs von Anteilen gilt aber nur für den direkten Erwerb. Ein indirekter Erwerb ist hingegen unschädlich, sofern die Anteile auch Personen außerhalb des viEVU öffentlich zum Kauf angeboten werden.[679] Diese Regelung findet z. B. Anwendung bei dem Erwerb von Anteilen an einem Fonds, der von dritten Fondsmanagern betreut wird, oder im Rahmen fondsgebundener Lebensversicherungen. [680]

Personen der Unternehmensleitung müssen Anteile an dem viEVU oder an einem seiner Unternehmensteile, die sie vor dem 3. März 2012 erworben haben, bis spätestens zum 31. März 2016 veräußern (§ 10c Abs. 4 S. 2 EnWG). Auch hinsichtlich dieser Regelung bezweifelt die Europäische Kommission wieder die ordnungsgemäße Umsetzung der Vorgaben der Elektrizitätsrichtlinie und weist darauf hin, dass auf der Grundlage dieser Stichtagsregelung in bestimmten Fällen die tatsächliche Unabhängigkeit des UTB untergraben werden könnte. Sie fordert daher die möglichst schnelle Veräußerung der Anteile, die die Unternehmensleitung hält, oder die Überantwortung dieser Anteile an einen unabhängigen Treuhänder.[681] Ferner fordert sie die Einhaltung des unbeschränkten Verbots der direkten oder indirekten Beteiligung am viEVU in Art. 19 Abs. 5 Elektrizitätsrichtlinie auch durch die sonstigen Mitarbeiter des UTB.[682] Die BNetzA nimmt auch in diesem Punkt aus Gründen der Verhältnismäßigkeit die Gegenansicht zur Europäischen Kommission ein.[683]

Obligatorischer Aufsichtsrat des Unabhängigen Transportnetzbetreibers (UTB)

Unabhängig von seiner Rechtsform hat der UTB über einen Aufsichtsrat nach AktG zu verfügen (§ 10d Abs. 1 EnWG). D. h. auch ein als GmbH organisierter UTB hat zwingend einen Aufsichtsrat einzurichten. Für den Aufsichtsrat gelten neben den Bestimmungen des EnWG die Regelungen der §§ 95 bis 116 AktG. Diese im EnWG geregelte Pflicht zur Einrichtung eines Aufsichtsrats stellt im Ergebnis eine sektorspezifische Regelung des Gesellschaftsrechts dar. Für die „Hälfte minus ein Mitglied des Aufsichtsrates“ gelten die strikteren Unabhängigkeitsanforderungen für die Unternehmensleitung entsprechend, insbesondere die Genehmigung der Ernennung und Abberufung durch die BNetzA sowie die *Cooling-On-* und *Cooling-*

678 BNetzA, Hinweispapier 2011, S. 42.

679 BNetzA, Hinweispapier 2011, S. 43.

680 BNetzA, Hinweispapier 2011, S. 43.

681 Zertifizierung der Amprion GmbH, Stellungnahme der Europäischen Kommission vom 6. September 2012, C(2012) 6254 final, S. 7; Zertifizierung der TransnetBW GmbH, Stellungnahme der Europäischen Kommission vom 11. Februar 2013, C(2013) 811 final, S. 6; siehe auch Commission Staff Working Paper, The Unbundling Regime 2010, S. 18-19.

682 Zertifizierung der Amprion GmbH, Stellungnahme der Europäischen Kommission vom 6. September 2012, C(2012) 6254 final, S. 7; Zertifizierung der TransnetBW GmbH, Stellungnahme der Europäischen Kommission vom 11. Februar 2013, C(2013) 811 final, S. 6; siehe auch Commission Staff Working Paper, The Unbundling Regime 2010, S. 18-19.

683 BNetzA, Beschluss vom 9. November 2012, BK6-12-044, S. 55-56 (Zertifizierungsentscheidung Amprion GmbH); BNetzA, Beschluss vom 11. April 2013, BK6-12-004, S. 73-74 (Zertifizierungsentscheidung TransnetBW GmbH); siehe auch BR-Drs. 343/11, S. 158.

Off-Perioden (§ 10d Abs. 3 S. 1 EnWG; siehe vorstehende Ausführungen zu Vorgaben für die Unternehmensleitung, zweite Führungsebene und sonstige Beschäftigte des UTB).[684] Damit kann der Aufsichtsrat mehrheitlich mit vom viEVU abhängigen Mitgliedern besetzt sein.[685] Im Ergebnis soll mit dieser Regelung den Anteilseignern des UTB noch eine gewisse, wenn auch nur indirekte Einflussnahme auf den UTB ermöglicht werden. Jedoch sind die Befugnisse des Aufsichtsrats beim UTB begrenzt.

Arbeitnehmervertreter, die aufgrund der Mitbestimmung in den Aufsichtsrat des UTB entsendet werden, unterliegen ebenfalls den Unabhängigkeitserfordernissen, gelten aber für die BNetzA per se als unabhängige Mitglieder.[686] Die Europäische Kommission hingegen verlangt eine explizite Überprüfung der Unabhängigkeit der Arbeitnehmervertreter.[687]

Auch die Ernennung und Abberufung der abhängigen Aufsichtsratsmitglieder unterliegt der Kontrolle der BNetzA (§ 10d Abs. 3 S. 2 i.V.m. § 10c Abs. 1 S. 1, 2 und 4 Nr. 2 EnWG).

Dem obligatorischen Aufsichtsrat sind bestimmte Aufgaben zugewiesen, die sonst eigentlich der Haupt- bzw. Gesellschafterversammlung vorbehalten wären (vgl. § 10d Abs. 2, § 10e Abs. 2 S. 2 EnWG):

- Entscheidungen über die Ernennungen, Bestätigungen und Beschäftigungsbedingungen für Personen der Unternehmensleitung, einschließlich deren Vergütung und Vertragsbeendigung,
- Entscheidungen über die Bestellung und Abberufung des Gleichbehandlungsbeauftragten,
- Entscheidungen über die Genehmigung der jährlichen und langfristigen Finanzpläne des UTB,
- Entscheidungen über die Höhe der Verschuldung des UTB sowie
- Entscheidungen über die Höhe der an die Anteilseigner des UTB auszuzahlenden Dividenden.

Durch die besondere Aufgabenzuweisung an den teils mit unabhängigen Mitgliedern besetzten Aufsichtsrat soll die Einflussnahme des viEVU weiter verringert werden. Entscheidungen, die die laufenden Geschäfte des Transportnetzbetreibers, insbesondere den Netzbetrieb sowie die Aufstellung des zehnjährigen NEP Strom betreffen, sind aber ausschließlich von der unabhängigen Unternehmensleitung des UTB zu treffen (siehe vorstehende Ausführungen zu Rechtsform, Unternehmensstruktur und Aufgaben des UTB). Deshalb muss im Ergebnis der vom Aufsichtsrat aufzustellende Finanzplan bzw. die von ihm zu bestimmende Verschuldensobergrenze dem UTB ausreichend Spielraum belassen, um ihm den Betrieb, Ausbau sowie die

684 Auch hier sieht die Europäische Kommission die Anwendung der Stichtagsregelung in Bezug auf den 3. März 2012 kritisch: Zertifizierung der Amprion GmbH, Stellungnahme der Europäischen Kommission vom 6. September 2012, C(2012) 6254 final, S. 7; Zertifizierung der TransnetBW GmbH, Stellungnahme der Europäischen Kommission vom 11. Februar 2013, C(2013) 811 final, S. 6; anders wieder BNetzA, Beschluss vom 9. November 2012, BK6-12-044, S. 58 (Zertifizierungsentscheidung Amprion GmbH); BNetzA, Beschluss vom 11. April 2013, BK6-12-004, S. 78 (Zertifizierungsentscheidung TransnetBW GmbH).

685 Zur Besetzung des Aufsichtsrates siehe *Säcker*, ET 11/2009, 80; *Schmidt-Preuß*, ET 9/2009, 82, 86-87 und ET 12/2009, 74.

686 BNetzA, Hinweispapier 2011, S. 44; vgl. BNetzA, Beschluss vom 11. April 2013, BK6-12-004, S. 78 (Zertifizierungsentscheidung TransnetBW GmbH); siehe auch *Säcker/Mohr*, N&R 2/2012, 1, 16, insbesondere zum Verhältnis der Entflechtungsregelungen zum Recht der Unternehmensmitbestimmung nach dem DrittelbG.

687 Zertifizierung der TransnetBW GmbH, Stellungnahme der Europäischen Kommission vom 11. Februar 2013, C(2013) 811 final, S. 6.

Optimierung seiner Netze zu ermöglichen und insbesondere die im NEP Strom vorgesehenen Netzinvestitionen zu tätigen.[688] Wird dem Aufsichtsrat ein Zustimmungs-/Genehmigungsvorbehalt für Geschäfte außerhalb des Tagesgeschäfts bzw. bei Geschäften mit einem Wert über einem bestimmten Schwellenwert gewährt und sind diese Geschäfte nicht bereits im Finanzplan vorgesehen, so dürfen die Schwellenwerte nach Meinung der Europäischen Kommission und BNetzA nicht „zu niedrig" festgesetzt werden, um die Autonomie der Unternehmensleitung nicht zu untergraben.[689] Allerdings sind den Stellungnahmen der Europäischen Kommission sowie den Zertifizierungsentscheidungen der BNetzA kaum Anhaltspunkte zu entnehmen, wann dies der Fall sein soll.

Gleichbehandlungsprogramm des Unabhängigen Transportnetzbetreibers (UTB)

Der UTB ist verpflichtet, ein Gleichbehandlungsprogramm mit verbindlichen Maßnahmen zur diskriminierungsfreien Ausübung des Betriebs des Transportnetzes einzurichten (§ 10e Abs. 1 EnWG). Dies muss von der BNetzA genehmigt werden, was üblicherweise im Rahmen der Zertifizierung erfolgt. Im Gleichbehandlungsprogramm sind Pflichten der Mitarbeiter und mögliche Sanktionen festzulegen (siehe dazu bereits die Ausführungen zum Gleichbehandlungsprogramm der VNBs unter Ziffer 3.5.5.6).

Zudem muss der UTB einen Gleichbehandlungsbeauftragen bestimmen, der die Einhaltung des Gleichbehandlungsprogramms fortlaufend überwacht (§ 10e Abs. 2 S. 1 EnWG). Dieser kann eine natürliche oder juristische Person sein. Für den Gleichbehandlungsbeauftragten gelten die strengen Unabhängigkeitsanforderungen für die Unternehmensleitung und die unabhängigen Mitglieder des Aufsichtsrates entsprechend, insbesondere die Genehmigung der Ernennung und Abberufung durch die BNetzA sowie die *Cooling-On-* und *Cooling-Off*-Perioden (siehe dazu die Ausführungen zu den Vorgaben für die Unternehmensleitung, zweite Führungsebene und sonstige Beschäftigte des UTB). Der Gleichbehandlungsbeauftragte ist unmittelbar der Leitung des UTB zu unterstellen und muss in seiner Funktion weisungsfrei sein. Er darf wegen der Erfüllung seiner Aufgaben nicht benachteiligt werden. Der UTB hat dem Gleichbehandlungsbeauftragten die zur Erfüllung seiner Aufgaben notwendigen Mittel zur Verfügung zu stellen. Der Gleichbehandlungsbeauftragte kann vom UTB Zugang zu allen für die Erfüllung seiner Aufgaben erforderlichen Daten sowie, ohne Vorankündigung, zu den Geschäftsräumen des UTB verlangen.

Der Gleichbehandlungsbeauftragte wird vom Aufsichtsrat ernannt (§ 10e Abs. 2 S. 2 EnWG). Der Aufsichtsrat hat die Ernennung des Gleichbehandlungsbeauftragten der BNetzA unverzüglich mitzuteilen. Die Ernennung wird erst nach Zustimmung der BNetzA wirksam. Die BNetzA muss ihre Zustimmung zur Ernennung, außer im Falle fehlender Unabhängigkeit oder fehlender fachlicher Eignung der vom UTB zur Ernennung vorgeschlagenen Person, erteilen. Die Auftragsbedingungen oder Beschäftigungsbedingungen des Gleichbehandlungsbeauftragten, einschließlich der Dauer seiner Bestellung, sind ebenfalls von der BNetzA zu genehmigen (zur Einbeziehung der BNetzA vgl. § 10e Abs. 3 EnWG). Nach vorheriger Zustimmung der

---

688 *Säcker/Mohr*, N&R 2/2012, 1, 7, 12, 15; allerdings ist das Verhältnis von den Investitionspflichten unter dem NEP Strom und den vom Aufsichtsrat aufzustellenden Finanzplänen nicht ganz klar, insbesondere im Hinblick darauf, ob eine Investitionspflicht der Anteilseigner besteht, siehe dazu *Michaelis/Kemper*, RdE 2012, 10, 16.

689 Zertifizierung der Amprion GmbH, Stellungnahme der Europäischen Kommission vom 6. September 2012, C(2012) 6254 final, S. 6 (Finanzierungsverträge über eine Million Euro); BNetzA, Beschluss vom 9. November 2012, BK6-12-044, S. 44 (Zertifizierungsentscheidung Amprion GmbH).

BNetzA kann der Aufsichtsrat den Gleichbehandlungsbeauftragten abberufen. Auf Verlangen der BNetzA kann der Gleichbehandlungsbeauftragte aus Gründen mangelnder Unabhängigkeit oder mangelnder fachlicher Eignung abberufen werden (vgl. § 10e Abs. 7 EnWG).

Der Gleichbehandlungsbeauftragte ist verpflichtet, der BNetzA regelmäßig Bericht zu erstatten (§ 10e Abs. 4 S. 1 EnWG). Er erstellt einmal jährlich einen Bericht, in dem die Maßnahmen zur Durchführung des Gleichbehandlungsprogramms dargelegt werden, und legt ihn der BNetzA spätestens zum 30. September eines Jahres vor (§ 10e Abs. 4 S. 2 EnWG). Er muss die BNetzA fortlaufend über erhebliche Verstöße bei der Durchführung des Gleichbehandlungsprogramms sowie über die finanziellen und kommerziellen Beziehungen zwischen dem viEVU und dem UTB, insbesondere deren Änderungen, berichten (§ 10e Abs. 4 S. 3 EnWG; siehe auch vorstehende Ausführungen zu den Dienstleistungen sowie kommerziellen und finanziellen Beziehungen zwischen UTB und viEVU).

Auch muss der Gleichbehandlungsbeauftragte der BNetzA alle Entscheidungen zum Investitionsplan oder zu Einzelinvestitionen im Transportnetz spätestens dann übermitteln, wenn die Unternehmensleitung des UTB diese Entscheidungen dem Aufsichtsrat zuleitet (§ 10e Abs. 5 S. 1 EnWG). Der Gleichbehandlungsbeauftragte ist zudem verpflichtet, die BNetzA unverzüglich zu informieren, wenn das viEVU in der Gesellschafter- oder Hauptversammlung des UTB durch das Abstimmungsverhalten der von ihm ernannten Mitglieder einen Beschluss herbeigeführt oder die Annahme eines Beschlusses verhindert hat aufgrund, dessen Netzinvestitionen, insbesondere solche die nach dem zehnjährigen NEP Strom in den folgenden drei Jahren durchgeführt werden sollten, verhindert oder hinausgezögert werden (§ 10e Abs. 5 S. 2 EnWG).

Der Gleichbehandlungsbeauftragte muss ferner dem Aufsichtsrat berichten und der obersten Unternehmensleitung Empfehlungen zum Gleichbehandlungsprogramm und seiner Durchführung geben. Der Gleichbehandlungsbeauftragte ist berechtigt, an allen Sitzungen der Unternehmensleitung, des Aufsichtsrats oder der Gesellschafter- oder Hauptversammlung teilzunehmen (§ 10e Abs. 6 S. 1 EnWG). Unklar bleibt, wann eine „Sitzung“ mit Teilnahmerecht des Gleichbehandlungsbeauftragen vorliegt, d. h. ob dies bspw. auch schon der Fall ist, wenn sich nur einzelne Aufsichtsratsmitglieder oder Mitglieder der Unternehmensleitung beraten.

In den Sitzungen des Aufsichtsrats hat der Gleichbehandlungsbeauftragte des UTB sogar ein eigenes Rederecht (§ 10e Abs. 6 S. 2 EnWG). Auch ist der Gleichbehandlungsbeauftragte gemäß § 10e Abs. 6 S. 3 EnWG verpflichtet, an allen Sitzungen des Aufsichtsrates teilzunehmen, die folgende Fragen behandeln:

- Netzzugangsbedingungen nach der Stromhandelsverordnung, insbesondere soweit die Beratungen Fragen zu Netzentgelten, Leistungen im Zusammenhang mit dem Zugang Dritter, der Kapazitätsvergabe und dem Engpassmanagement, Transparenz, Ausgleich von Energieverlusten und Sekundärmärkte betreffen,
- Vorhaben für den Betrieb, die Wartung und den Ausbau des Transportnetzes, insbesondere hinsichtlich der notwendigen Investitionen für den Netzanschluss und Netzverbund, in neue Transportverbindungen, für die Kapazitätsausweitung und die Verstärkung vorhandener Kapazitäten oder
- den Verkauf oder Erwerb von Energie, die für den Betrieb des Transportnetzes erforderlich ist.

3.5.8 Folgen der Verletzung von Entflechtungsvorschriften

Die zuständige Regulierungsbehörde (vgl. Ziffer 3.5.1.3) kann gemäß § 65 Abs. 1 EnWG ein Unternehmen verpflichten, ein Verhalten abzustellen, das den Entflechtungsbestimmungen der §§ 6 ff. EnWG zuwiderläuft. Sie kann hierzu alle erforderlichen Abhilfemaßnahmen verhaltensorientierter oder struktureller Art vorschreiben, die verhältnismäßig sind. Dabei sind Abhilfemaßnahmen struktureller Art subsidiär und können nur dann ergriffen werden, wenn verhaltensorientierte Maßnahmen von gleicher Wirksamkeit fehlen oder eine größere Belastung für das betroffene Unternehmen darstellen würden.

Soweit das Unternehmen dieser Verpflichtung nicht nachkommt, kann die Regulierungsbehörde zur Durchsetzung der angeordneten Maßnahmen regelmäßig ein Zwangsgeld anordnen, da es sich bei den Maßnahmen im Regelfall um unvertretbare Handlungen handeln wird (§ 94 S. 1 EnWG). Die Höhe des Zwangsgeldes beträgt mindestens 1.000 Euro und höchstens zehn Millionen Euro (§ 94 S. 2 EnWG). Verstöße gegen vollziehbare Anordnungen nach § 65 Abs. 1 EnWG stellen gemäß § 95 Abs. 1 Nr. 3 lit. a EnWG eine Ordnungswidrigkeit dar. Die Ordnungswidrigkeit kann mit einer Geldbuße bis zu 100.000 Euro geahndet werden (§ 95 Abs. 2 S. 1 EnWG).

Behördliche Maßnahmen nach § 30 Abs. 2 EnWG zur Beendigung eines missbräuchlichen Verhaltens eines Netzbetreibers bleiben von § 65 EnWG unberührt (§ 65 Abs. 4 EnWG).

Ferner kann die zuständige Regulierungsbehörde gemäß § 65 Abs. 2a EnWG einen Betreiber von Transportnetzen, sofern er aus anderen als zwingenden, von ihm nicht zu beeinflussenden Gründen eine Investition nicht getätigt hat, die aufgrund des NEP Strom in den folgenden drei Jahren nach Eintritt der Verbindlichkeit hätte gemacht werden müssen (vgl. § 12c Abs. 4 S. 1), mit Fristsetzung zu der betreffenden Investition auffordern. Dies setzt aber voraus, dass die Investition unter Zugrundelegung des jüngsten NEP Strom noch relevant ist. Nach Fristablauf kann die Regulierungsbehörde dann ein Ausschreibungsverfahren im Hinblick auf die betreffende Investition durchführen, wobei sie durch Festlegung nach § 29 Abs. 1 EnWG zum Ausschreibungsverfahren nähere Bestimmungen treffen darf.

Nach § 6c Abs. 1 S. 1 EnWG sind die Ordnungsgeldvorschriften der §§ 335-335b HGB bei Verletzung der Pflicht zur Offenlegung des Jahresabschlusses bzw. der Tätigkeitsabschlüsse im Rahmen der buchhalterischen Entflechtung nach § 6b Abs. 1 S. 1, Abs. 4 EnWG auf alle Energieversorgungsunternehmen (unabhängig von ihrer Rechtsform) entsprechend anwendbar.[690]

Die Verletzung von Entflechtungsvorgaben für Transportnetzbetreiber kann zudem die Versagung der Zertifizierung nach sich ziehen (siehe Ziffer 3.5.9.1).

3.5.9 Zertifizierung von Transportnetzbetreibern

Die Zertifizierung von Transportnetzbetreibern wurde im Rahmen des Dritten Energiebinnenmarktpakets neu eingeführt (Art. 10 Elektrizitäts- bzw. Gasrichtlinie) und mit dem EnWG 2011 in deutsches Recht umgesetzt. Gegenstand des in den §§ 4a ff. EnWG vorgesehenen Zertifizierungsverfahrens ist die Überprüfung der Einhaltung der Entflechtungs- und

---

[690] Zum Verfahren siehe BerlKommEnR/*Busse von Colbe*, EnWG, § 6c Rn. 6-7.

Organisationsvorgaben für Transportnetzbetreiber nach den §§ 8 ff. EnWG. Die Zertifizierung eines Transportnetzbetreibers ist inhaltlich von der Genehmigung des Netzbetriebs nach § 4 EnWG zu unterscheiden, welche die personelle, technische und wirtschaftliche Leistungsfähigkeit und Zuverlässigkeit des Netzbetreibers überprüft, um einen Netzbetrieb entsprechend den Vorschriften des EnWG auf Dauer zu gewährleisten.[691]

3.5.9.1 Allgemeines Zertifizierungsverfahren

Der Betrieb eines Transportnetzes bedarf der Zertifizierung durch die zuständige Regulierungsbehörde (§ 4a Abs. 1 S. 1 EnWG), d. h. der BNetzA (§ 54 Abs. 1 EnWG; vgl. dazu auch Ziffer 3.5.1.3).

Der Stichtag für die erstmalige Antragstellung auf Zertifizierung als Transportnetzbetreiber war der 3. März 2012 (§ 4a Abs. 1 S. 3 EnWG). Sofern nach diesem Stichtag ein ÜNB erst gegründet wird, wie im Falle der TenneT Offshore 1. Beteiligungsgesellschaft mbH, ist der Antrag auf Zertifizierung unverzüglich zu stellen.[692] Das Zertifizierungsverfahren kann vom Transportnetzbetreiber, vom Transportnetzeigentümer, von der Europäischen Kommission oder auch von Amts wegen durch die Regulierungsbehörde eingeleitet werden. Allerdings ist aus verfahrensökonomischen Gründen vorteilhaft, wenn der Transportnetzbetreiber das Verfahren selbst einleitet. Er ist als Betroffener am Verfahren ohnehin zwingend zu beteiligen (§ 66 Abs. 2 EnWG) und trägt die Beweislast (§ 4a Abs. 3 EnWG). Entsprechend haben in der Bundesrepublik Deutschland alle vier ÜNBs einen entsprechenden Zertifizierungsantrag eingereicht.[693]

Die BNetzA ist verpflichtet, die Zertifizierung als Transportnetzbetreiber zu erteilen, wenn der jeweilige Transportnetzbetreiber nachweist, dass er sich entsprechend § 8 EnWG eigentumsrechtlich oder entsprechend § 9 EnWG als USB[694] oder entsprechend §§ 10 bis 10e EnWG als UTB entflochten hat (§ 4a Abs. 3 EnWG).[695]

Die BNetzA kann die Zertifizierung mit Nebenbestimmungen (z. B. Befristung, Auflage, Widerrufsvorbehalt; vgl. § 36 VwVfG) versehen, um zu gewährleisten, dass die Entflechtungsregelungen eingehalten werden (§ 4a Abs. 4 EnWG). Als Beispiel für eine Nebenbestimmung ist in der Gesetzesbegründung zum EnWG 2011 genannt, dass es denkbar wäre, dem jeweiligen Transportnetzbetreiber oder dem jeweiligen viEVU aufzugeben, bestimmte Finanzkennzahlen zu erreichen.[696] Auf diese Weise könnte eine ausreichende Finanzausstattung, die die nachhaltige wirtschaftliche Leistungs- und Investitionsfähigkeit des Netzbetreibers gewähr-

---

691 Zum Prüfungsprogramm der Regulierungsbehörde bei der Netzbetreibergenehmigung und der Zertifizierung, siehe BerlKommEnR/*Schmitz*, EnWG, Vor § 4a Rn. 2-4.

692 BerlKommEnR/*Harjes*, EnWG, § 4a Rn. 17.

693 Amprion GmbH (BK6-12-044), 50Hertz Transmission GmbH (BK6-12-040), TenneT TSO GmbH (BK6-12-047) und TransnetBW GmbH (BK6-12-004), aber auch TenneT Offshore 1. Beteiligungsgesellschaft mbH (BK6-12-277) als neu gegründeter ÜNB für die Anbindung von Offshore Windparks.

694 Dieses Entflechtungsmodell wurde, wie bereits unter Ziffer 3.5.7.3 beschrieben, in Deutschland von keinem Transportnetzbetreiber gewählt. Die Benennung als USB bedürfte zudem im Zertifizierungsverfahren der Zustimmung der Europäischen Kommission (§ 4a Abs. 7 S. 3 EnWG).

695 Zuständig für ÜNBs ist die Beschlusskammer 6 und für Fernleitungsnetzbetreiber die Beschlusskammer 7 (§ 59 Abs. 1 S. 1 EnWG).

696 BR-Drs. 343/11, S. 129.

leistet, im Rahmen der Zertifizierung sichergestellt werden. Von dem Recht, Nebenbestimmungen zu erlassen, hat die BNetzA im Rahmen der erstmaligen Zertifizierung der Transportnetzbetreiber umfangreich Gebrauch gemacht, um die Einhaltung der Entflechtungsregelungen nach bestimmten Übergangsfristen sicherzustellen und dem Verhältnismäßigkeitsgebot Genüge zu tun. Hintergrund war, dass den Transportnetzbetreibern nach Inkrafttreten des EnWG 2011 im August 2011 bis zum Stichtag für die erstmalige Antragstellung im März 2012 *de facto* keine ausreichende Übergangszeit zur Umsetzung der umfangreichen Entflechtungsvorgaben verblieb. Auch der Zeitraum während des laufenden Zertifizierungsverfahrens, welcher Nachbesserungen zulässt, reichte teilweise nicht aus, um die komplexen Entflechtungsvorgänge abzuschließen (z. B. im Bereich IT).

Nur im Fall des ÜNB TenneT TSO hat die BNetzA die Zertifizierung bislang wegen fehlender finanzieller Leistungsfähigkeit nicht erteilt. Allerdings müssen die Transportnetzbetreiber weiterhin daran arbeiten, Auflagen aus den Zertifizierungsentscheidungen zu erfüllen und umzusetzen. Insoweit sind z. B. bestimmte Dienstleistungen künftig zu unterlassen, räumliche Trennungen abzuschließen, Gewinnabführungsverträge zu beenden oder anzupassen, Geschäftsordnungen zu ändern und Nutzungsüberlassungen von Netzinfrastrukturen aufzulösen, um der gesetzlichen Anforderung des Eigentums am Transportnetz zu entsprechen.[697]

Gemäß § 4a Abs. 2 EnWG haben die Transportnetzbetreiber dem Antrag alle zur Prüfung erforderlichen Unterlagen beizufügen, auch in elektronischer Form, sofern die BNetzA dies wünscht. Die Unterlagen müssen die Einhaltung der jeweiligen Entflechtungsregelungen plausibel und nachvollziehbar dokumentieren. Die erforderlichen Unterlagen bzw. der Umfang der Nachweispflichten ergibt sich dabei aus den materiellen Anforderungen an das jeweilige Entflechtungsmodell. Zur Sicherstellung eines reibungslosen Verfahrensablaufs und einer einheitlichen Entscheidungspraxis hat die BNetzA am 12. Dezember 2011 ein Hinweispapier zur Antragstellung im Zertifizierungsverfahren veröffentlicht (BK6-11-157, BK7-11-157; „**Hinweispapier 2011**"), in dem sie als Auslegungshilfe ihr Rechtsverständnis zu einzelnen Zertifizierungsfragen darlegt. Ferner listet die BNetzA in dem Hinweispapier 2011 die von den Transportnetzbetreibern für die Zertifizierung vorzulegenden Unterlagen – allerdings nicht abschließend – auf (Mindestumfang der erforderlichen Unterlagen). Teilweise sind insoweit auch Erklärungen von Konzerngesellschaften (Tochtergesellschaften) oder Anteilseignern (Mutterkonzern) erforderlich und beizubringen.

Das gesamte Zertifizierungsverfahren kann sich bis zu 10 Monate hinziehen, abhängig davon, ob eine Verlängerung der Frist für die Stellungnahme der Europäischen Kommission wegen der Einbeziehung der europäischen Agentur für die Zusammenarbeit der Energieregulierungsbehörden (*Agency for the Cooperation of Energy Regulators*/ACER) erforderlich ist (vgl. § 4a Abs. 5 und 6 EnWG; siehe auch Art. 3 Abs. 1 Stromhandelsverordnung).[698] Das Verfahren mit den vorgegebenen Entscheidungsfristen, insbesondere die 4-Monatsfrist für einen ersten Entscheidungsentwurf der BNetzA, beginnt aber nicht mit Antragstellung zu laufen, sondern erst ab vollständigem Eingang aller erforderlichen Unterlagen bei der BNetzA. Insofern und wegen der langwierigen Sichtung der Antragsunterlagen haben einige der ersten Zertifizierungsverfahren erst lange nach dem Stichtag 3. März 2012 zu laufen begonnen.

[697] BNetzA/BKartA, Monitoringbericht 2013, S. 290.

[698] Vgl. den Überblick zum Verfahrensablauf in BNetzA, Hinweispapier 2011, S. 6.

Bevor die BNetzA ihre endgültige Zertifizierungsentscheidung trifft, hat die Europäische Kommission grundsätzlich zwei Monate nach Übersendung des Entscheidungsentwurfs durch die BNetzA Zeit, ihre diesbezügliche Stellungnahme abzugeben.

In den §§ 4 ff. EnWG werden der besseren Lesbarkeit und Klarheit wegen nochmals die in der Stromhandels- bzw. Gaszugangsverordnung[699] geregelten wesentlichen Informations-, Veröffentlichungs- und Berücksichtigungspflichten der nationalen Behörden gegenüber der Europäischen Kommission sowie die Aufgaben und Rechte der Europäischen Kommission im Zertifizierungsverfahren wiederholt.[700] Dies wäre aber wegen der unmittelbaren Anwendbarkeit der beiden Verordnungen nicht unbedingt erforderlich gewesen.[701] Als Auslegungs- und Entscheidungshilfe für die Stellungnahmen dienen der Europäischen Kommission diverse Arbeitsdokumente der Kommissionsdienststellen (*Commission Staff Working Paper/Document*).[702]

Nach Stellungnahme der Europäischen Kommission verbleiben der BNetzA nochmals zwei Monate, um die finale Zertifizierungsentscheidung zu treffen. Trifft die BNetzA innerhalb dieser Frist keine Entscheidung, so gilt der betreffende Transportnetzbetreiber bis zu einer Entscheidung als zertifiziert (§ 4a Abs. 6 S. 4 EnWG). Die Fiktion ermöglicht dem Netzbetreiber den legalen Weiterbetrieb des Netzes im Falle einer durch die Behörde verursachten Verfahrensverzögerung.

Im Rahmen des Zertifizierungsverfahrens sind die BNetzA und die Europäische Kommission dazu verpflichtet, wirtschaftlich sensible Informationen (siehe dazu Ziffer 3.5.2.1) vertraulich zu behandeln.[703]

Die BNetzA hat die Stellungnahme der Europäischen Kommission so weit wie möglich in ihrer Entscheidung zu berücksichtigen (§ 4a Abs. 6 S. 2 EnWG). Damit ist die Stellungnahme der Europäischen Kommission für die BNetzA nicht bindend. Die BNetzA ist bei ihren Zertifizierungsentscheidungen auch tatsächlich in einigen Punkten, welche insbesondere die Unabhängigkeit des UTB betreffen (z. B. im Hinblick auf IT-Berater und Wirtschaftsprüfer sowie die Fristen für *Cooling-On*-Perioden und Anteilsveräußerungen; vgl. Ziffer 3.5.7.4), nicht der Auffassung der Europäischen Kommission gefolgt. Die BNetzA hat u. a. die inhaltlich abweichenden Entscheidungen mit dem Verhältnismäßigkeitsprinzip begründet.

Die Zertifizierung ist im Amtsblatt der BNetzA zusammen mit der Stellungnahme der Europäischen Kommission in nicht personenbezogener Form bekannt zu geben (§ 4a Abs. 6 S. 3 EnWG). Sie bewirkt die Benennung des Antragstellers als Transportnetzbetreiber (§ 4a Abs. 7 S. 1 EnWG).

---

699 Verordnung (EG) Nr. 715/2009 des Europäischen Parlaments und des Rates vom 13. Juli 2009 über die Bedingungen für den Zugang zu den Erdgasfernleitungsnetzen und zur Aufhebung der Verordnung (EG) Nr. 1775/2005.

700 Siehe dazu auch Commission Staff Working Paper, Certification 2011, S. 4 ff.

701 Siehe dazu auch Commission Staff Working Paper, Certification 2011, S. 4 ff.

702 Commission Staff Working Paper, The Unbundling Regime 2010; Commission Staff Working Paper, Certification 2011; Commission Staff Working Document, Ownership Unbundling 2013.

703 Art. 3 Abs. 4 Stromhandelsverordnung bzw. Art. 3 Abs. 4 Gaszugangsverordnung; Art. 10 Abs. 8 Elektrizitäts- bzw. Gasrichtlinie.

Im Rahmen der erstmaligen Zertifizierungsentscheidung galten eventuell erforderliche Genehmigungen und Zustimmungen, z. B. für die Erbringung von Dienstleistungen durch den Transportnetzbetreiber an das viEVU (§ 10a Abs. 3 S. 2 Nr. 2 EnWG) oder für das Gleichbehandlungsprogramm (§ 10e Abs. 1 S. 1 EnWG), als mit der Zertifizierung erteilt, soweit der genehmigungspflichtige Sachverhalt im Antrag hinreichend deutlich dargestellt und die entsprechenden Unterlagen vollständig eingereicht wurden.[704]

Nach der erstmaligen Zertifizierung als Transportnetzbetreiber ist dieser verpflichtet, die BNetzA unverzüglich über alle relevanten Veränderungen der Umstände, insbesondere geplante Transaktionen und Maßnahmen, welche eine Neubewertung der Zertifizierung erforderlich machen können, zu informieren (§ 4c S. 1 EnWG; vgl. Erfordernis einer Neubewertung im Zusammenhang mit dem *Impact Assessment* bei ETBs Ziffer 3.5.7.2). Zweck dieser Verpflichtung ist es, eine effiziente Überwachung zu gewährleisten, indem der bei den Transportnetzbetreibern bestehende Informationsvorsprung zugunsten der Behörde aufgelöst wird.[705]

Gemäß § 4d EnWG kann die BNetzA eine Zertifizierung jederzeit widerrufen, nachträglich mit Auflagen versehen oder Auflagen ändern und ergänzen, sofern aufgrund tatsächlich geänderter Umstände eine Neubewertung erforderlich wird. Auch kann sie nach § 65 Abs. 1 EnWG gegenüber dem Transportnetzbetreiber und dem viEVU Maßnahmen/Aufsichtsbefugnisse zur Einhaltung der Entflechtungsvorschriften ergreifen (siehe Ziffer 3.5.8).

3.5.9.2 Besonderes Zertifizierungsverfahren für Transportnetzbetreiber, die von Personen aus Drittstaaten kontrolliert werden

Für Transportnetzbetreiber, die von einer oder mehreren Personen aus einem oder mehreren Staaten, die nicht der Europäischen Union oder dem Europäischen Wirtschaftsraum angehören („**Drittstaaten**"), allein oder gemeinsam kontrolliert werden, gilt ein besonderes Zertifizierungsverfahren, an dem das Bundesministerium für Wirtschaft und Energie(„**BMWi**") beteiligt ist (§ 4b EnWG).[706] Im Rahmen dieses besonderen Zertifizierungsverfahrens wird neben der Prüfung der Entflechtungsvorgaben die Auswirkung der Zertifizierung auf die nationale und europäische Versorgungssicherheit durch das BMWi anhand bestimmter Kriterien/Aspekte (§ 4b Abs. 3 S. 2 Nr. 1 bis 3 EnWG) untersucht. Stichtag für die erstmalige Antragstellung für die besondere Zertifizierung war der 3. März 2013 (§ 4b Abs. 1 S. 2 EnWG). Das Verfahren gleicht im Ablauf im Wesentlichen dem allgemeinen Zertifizierungsverfahren, weshalb nachfolgend nur auf die Besonderheiten eingegangen wird.

Das Verhältnis zwischen dem allgemeinen Zertifizierungsverfahren in § 4a EnWG und dem besonderen Zertifizierungsverfahren in § 4b EnWG ist dem Gesetzeswortlaut nicht eindeutig zu entnehmen. Die BNetzA wendet beide Verfahren nebeneinander an, d. h. sie hält eine Zertifizierung nach § 4a EnWG neben einer Zertifizierung nach § 4b EnWG für erforderlich.[707]

---

704 BNetzA, Hinweispapier 2011, S. 7.

705 BR-Drs. 343/11, S. 131.

706 Im Strombereich ist kein Fall bekannt, in dem das besondere Zertifizierungsverfahren durchgeführt werden musste. Im Gasbereich waren die Netzbetreiber Thyssengas GmbH und Open Grid Europe GmbH betroffen.

707 BNetzA, Hinweispapier 2011, S. 10.

Damit hält sie sich an die Gesetzesbegründung.[708] Insofern hat die BNetzA im Hinweispapier 2011 auch aus verfahrensökonomischen Gründen empfohlen, den Antrag nach § 4b EnWG bereits bis zum 3. März 2012 zusammen mit dem Antrag nach § 4a EnWG zu stellen. Dieser Empfehlung sind die betroffenen Transportnetzbetreiber im Regelfall auch nachgekommen, da der Antrag nach § 4b EnWG für sie kaum Mehraufwand bedeutete.[709]

Parallel zur Antragstellung bei der BNetzA müssen die Transportnetzbetreiber die zur Bewertung der Gefährdung der Versorgungssicherheit erforderlichen Unterlagen beim BMWi einreichen (§ 4b Abs. 2 S. 2 EnWG). Diese entsprechen im Wesentlichen denen einer Unbedenklichkeitsbescheinigung nach dem Außenwirtschaftsgesetz (AWG) bzw. der Außenwirtschaftsverordnung (AWV). Die BNetzA ist an die Entscheidung des BMWi gebunden. Die Entscheidung des BMWi ist Bestandteil der Entscheidung der BNetzA und insofern nicht gesondert als Verwaltungsakt angreifbar (§ 4b Abs. 5 S. 3 EnWG).[710] Vor einer finalen Entscheidung der BNetzA wird wiederum die Europäische Kommission eingebunden, welche eine Stellungnahme zur Erfüllung der Entflechtungsvorgaben und in diesem Fall auch zur Gefährdung der Energieversorgungssicherheit der Europäischen Union aufgrund der Zertifizierung abgibt (§ 4b Abs. 4 EnWG).

Die Zertifizierungsentscheidung (einschließlich der Bewertung des BMWi) ist im Amtsblatt der BNetzA zusammen mit der Stellungnahme der Europäischen Kommission in nicht personenbezogener Form bekannt zu geben (§ 4b Abs. 7 S. 1 EnWG). Weicht die Entscheidung der BNetzA von der Entscheidung der Europäischen Kommission ab, so hat sie diese Abweichung zu begründen und mit zu veröffentlichen (§ 4b Abs. 7 S. 2 EnWG).

Nach der erstmaligen Zertifizierung ist der Transportnetzbetreiber insbesondere verpflichtet, die BNetzA unverzüglich über Umstände zu unterrichten, in deren Folge der Transportnetzbetreiber von ein oder mehreren (anderen) Personen aus Drittstaaten kontrolliert wird (§ 4c S. 2 EnWG). Die BNetzA muss daraufhin die Europäische Kommission und das BMWi informieren (§ 4c S. 3 EnWG). Führen ansonsten Umstände zu einer Neubewertung der Gefährdung der Versorgungssicherheit, so kann das BMWi seine ursprüngliche Bewertung widerrufen (§ 4c S. 4 EnWG).

3.5.9.3 Folgen der Verletzung von Zertifizierungsvorschriften

Der Stichtag für die erstmalige Antragstellung auf Zertifizierung als Transportnetzbetreiber war der 3. März 2012. Eine Rechtsfolge hat der Gesetzgeber an das Ausbleiben eines Antrags

---

[708] BR-Drs. 343/11, S. 129-130: „*Die Vorschrift regelt die speziellen zusätzlichen Voraussetzungen für die Zertifizierung eines Transportnetzbetreibers in Fällen, in denen dieser Transportnetzbetreiber allein oder gemeinsam von einer oder mehreren Personen aus einem oder mehreren Drittstaaten kontrolliert wird, sowie die Rolle der Europäischen Kommission. Unabhängig von den besonderen Voraussetzungen (Auswirkungen auf die Versorgungssicherheit) sind bei einer Zertifizierung nach § 4b auch die Anforderungen aus § 4a, d. h. Prüfung der Einhaltung der Entflechtungsvorgaben durch den Transportnetzbetreiber, zu beachten.*“ Die Europäische Kommission sieht das Verfahren für Transportnetzbetreiber, die von Personen aus Drittstaaten kontrolliert werden, wohl eher als spezielleres Verfahren, welches das allgemeine Verfahren ersetzt; vgl. Commission Staff Working Paper, The Unbundling Regime 2010, S. 22: "*Where certification is requested by a potential TSO which is controlled by a person from a third country, the procedure of Article 10 is replaced by the procedure of Article 11 Electricity and Gas Directives concerning certification in relation to third countries.*"

[709] BNetzA, Hinweispapier 2011, S. 10.

[710] BR-Drs. 343/11, S. 130.

bzw. einen verspäteten Antrag nicht geknüpft. Derartige Fälle sind auch nicht bekannt. In einem solchen Fall hätte die BNetzA aber wohl ein Verfahren von Amts wegen einleiten müssen.

Eine Verletzung der Zertifizierungsvorschriften stellt eine Ordnungswidrigkeit dar.[711] So kann der Betrieb von Transportnetzen ohne Zertifizierung mit einer Geldbuße bis zu einer Million Euro sowie über diesen Betrag hinaus bis zur dreifachen Höhe des durch die Zuwiderhandlung erlangten Mehrerlöses belegt werden (§ 95 Abs. 1 Nr. 1a, Abs. 2 S. 1 EnWG). Eine Verletzung der Informationspflicht nach § 4c EnWG kann mit einer Geldbuße bis zu 100.000 Euro geahndet werden (§ 95 Abs. 1 Nr. 1b, Abs. 2 S. 1 EnWG).

711 Nur bei schwerwiegenden und wiederholten Verstößen gegen die Zertifizierungspflicht bzw. die im Rahmen der Zertifizierung getroffenen Nebenbestimmungen dürfte als *ultima ratio* auch eine Untersagung des Netzbetriebes auf Grundlage von § 65 Abs. 1 EnWG in Betracht kommen; so auch BerlKommEnR/*Schmitz*, EnWG, Vor § 4a Rn. 12.

3.6 Netzentgelte und Anreizregulierung

RALPH KREMP, MICHAEL SEIDEL UND MICHAEL JÄSCHKE

Ralph Kremp studierte in Nürnberg Betriebswirtschaftslehre, arbeitet seit 1999 bei BET und ist seit 2003 Gesellschafter und Teamleiter. Bis 2011 wurde die gesamte Regulierungsberatung der BET durch Herrn Kremp koordiniert. Seit 2011 ist er Teamleiter für Unternehmenssteuerung und Transaktionsmanagement bei BET. In dieser Aufgabe wurde die regulatorisch-technische sowie die strategische Due Diligence bei zahlreichen Großtransaktionen z. B. von Übertragungsnetz- und Ferngasgesellschaften durch Herrn Kremp als Projektleiter koordiniert. Herr Kremp berät regelmäßig auch politische Entscheidungsträger in Bundesministerien, Verbände (z. B. BDEW, VKU, GEODE) sowie Netzbetreiber zu Fragen der Entwicklung und Ausgestaltung des Regulierungsrahmens.

Michael Seidel hat an der Frankfurt School of Finance and Management die Studiengänge zum Bankbetriebswirt und Bankfachwirt absolviert. Seit 2013 ist er als Teamleiter „Kaufmännische Netzsteuerung" bei der BET Büro für Energiewirtschaft und technische Planung GmbH in Aachen tätig. Seine thematischen Schwerpunkte liegen in den Bereichen Bewertung und Finanzierung von Infrastrukturprojekten, Steuerung von Netzbetreibern, Weiterentwicklung des Regulierungsumfelds und Rekommunalisierung.

Michael Jäschke hat Wirtschaftsmathematik an der TU Dortmund studiert. Seit 2013 ist er im Team Unternehmenssteuerung im Bereich Managementberatung bei der BET Büro für Energiewirtschaft und technische Planung GmbH in Aachen tätig. Seine thematischen Schwerpunkte liegen in den Bereichen Transaktionsberatung, wertorientierte Unternehmensführung, Kooperations- und Fusionsmanagement, Investitionsberatung und Risikomanagement. Zuvor war er mehrere Jahre bei der d-fine GmbH und Rothschild GmbH in Frankfurt beschäftigt.

3.6.1 Überblick und wesentliche rechtliche Rahmenbedingungen

Der nationale Ordnungsrahmen für die Netzkostenregulierung ist i.W. im Energiewirtschaftsgesetz (EnWG) sowie zahlreichen ergänzenden Rechtsverordnungen wie der Strom- bzw. Gasnetzentgeltverordnung (Strom-/GasNEV), der Strom- bzw. Gasnetzzugangsverordnung (Strom-/ GasNZV) sowie der Anreizregulierungsverordnung (ARegV) festgeschrieben. Die ergänzenden Verordnungen dienen dabei dem Zweck, die im EnWG enthaltenen Vorschriften zu spezifizieren[712].

Weiterhin sind zur Analyse der Netzkostenregulierung einige Verwaltungsvorschriften sowie Auslegungsleitfäden der Regulierungsbehörden zu berücksichtigen. Da trotz des umfangreichen Regelwerks in den letzten Jahren zu einigen Punkten Rechtsunsicherheit bestanden haben, ergingen zudem zahlreiche Gerichtsurteile vor Oberlandesgerichten bzw. dem Bundesgerichtshof.

Die Regulierungsaufgaben werden nach § 54 EnWG von der Bundesnetzagentur (BNetzA) und von Landesregulierungsbehörden wahrgenommen. Danach obliegt den Landesregulie-

[712] Eine Übersicht liefert die Gesetzeskarte für das Gas- und Stromversorgungssystem, die durch das BMWi veröffentlicht wird. Vgl. http://www.bmwi.de/DE/Themen/Energie/gesetzeskarte,did=576140.html.

rungsbehörden u. a. die Genehmigung oder Festlegung von Netzentgelten sowie die Bestimmung von Erlösobergrenzen entsprechend der Anreizregulierung, sofern an das Netz weniger als 100.000 Kunden unmittelbar oder mittelbar angeschlossen sind bzw. das Versorgungsgebiet nicht über das Gebiet eines Bundeslandes hinausreicht. Für alle anderen Sachverhalte obliegt die Verantwortung bei der BNetzA. Die BNetzA (zuvor Regulierungsbehörde für Telekommunikation und Post – RegTP) wurde 2005 gegründet und ist außerdem für die Eisenbahn-, Post- und Telekommunikationsregulierung zuständig.

Die BNetzA ist eine dem Bundesministerium für Wirtschaft und Energie nachgelagerte unabhängige Bundesbehörde mit Sitz in Bonn. Sie ist z.T. über Steuergelder und z.T. über Gebühren, die von den Netzbetreibern zu entrichten sind, finanziert. Die BNetzA wird durch ihren Präsidenten geführt. Wesentliche Entscheidungen werden in den von den Fachreferaten unabhängigen Beschlusskammern getroffen.[713]

Die Rechte und Pflichten der Regulierungsbehörden in Bezug auf die Netzkostenregulierung sind ebenfalls im EnWG festgeschrieben. Im Bereich Energie soll die Bundesnetzagentur folgende Aspekte gewährleisten:

- eine möglichst sichere, preisgünstige, verbraucherfreundliche, effiziente und umweltverträgliche leitungsgebundene Versorgung der Allgemeinheit mit Elektrizität und Gas,
- die Sicherstellung eines wirksamen und unverfälschten Wettbewerbs bei der Versorgung mit Elektrizität und Gas,
- die Sicherung eines langfristig angelegten leistungsfähigen und zuverlässigen Betriebs von Energieversorgungsnetzen,
- die Umsetzung und Durchführung des Europäischen Gemeinschaftsrechts auf dem Gebiet der leitungsgebundenen Energieversorgung und
- effiziente Genehmigungsverfahren, um das deutsche Höchstspannungsnetz an die wachsende Bedeutung der erneuerbaren Energien anzupassen.

3.6.2 Entwicklung der Netzkostenregulierung in Deutschland

Die Änderung des EnWG in 1998 legte die Grundlage der heutigen Netzkostenregulierung. Die Ausgestaltung des Netzzugangs wurde dabei zunächst nicht rechtsverbindlich festgeschrieben, sondern in Verbändevereinbarungen unter den Marktteilnehmern geregelt. Hierbei wurde u. a. eine gute fachliche Praxis zur Bestimmung von Netzentgelten definiert, deren Anwendung durch die Netzbetreiber jedoch nicht zwingend vorgeschrieben war. Dies war letztlich eine Form des verhandelten Netzzugangs, die im Ergebnis nicht wesentlich zur Förderung des Wettbewerbs beigetragen hatte und dementsprechend von Verbraucherseite stark kritisiert wurde. Als Folge dessen wurde das Regulierungsregime durch eine erneute Anpassung des EnWG in 2005 modifiziert.

Wesentliche Elemente des EnWG (2005) waren die Einrichtung einer Regulierungsbehörde (BNetzA), die Entflechtung der Netzbetreiber, der regulierte Netzzugang und die Regulierung

[713] Relevant sind dabei insbesondere die Beschlusskammer 4 (BK 4): Individuelle Netzentgelte Elektrizität, Leitungswettbewerbsverfahren Gas, Investitionsmaßnahmen Elektrizität/Gas, Eigenkapitalverzinsung Energienetze. BK 6 (Regulierung Elektrizitätsnetze), BK 7 (Regulierung Gasnetze), BK 8 (Netzentgelte Elektrizität) und BK 9 (Netzentgelte Gas).

von Netzentgelten über eine ex-ante Genehmigung auf der Grundlage rechtsverbindlicher Kalkulationsvorschriften. Zur Umsetzung dieser Grundsätze wurden – wie oben beschrieben – ergänzende Rechtsverordnungen verabschiedet.

Die Strom- und GasNEV legen dabei den Rahmen auf Basis einer Cost-Plus-Regulierung. Auf der Grundlage von Kostendaten des Geschäftsjahres 2004 wurden dabei in 2006 erstmalig regulierte Netzentgelte durch die Bundesnetzagentur festgelegt[714]. Ziel dieser Kostenregulierung ist es, die Netzentgelte für Verbraucher auf angemessenem Niveau zu halten. Gleichzeitig sollte den Netzbetreibern eine angemessene Rendite auf das eingesetzte Kapital bei hinreichenden Anreizen für Investitionen gegeben werden.

Wesentliches Merkmal der Netzentgeltverordnung ist die Koexistenz zweier unterschiedlicher Substanzerhaltungskonzeptionen:

- **Netto-Substanzerhaltung:** Dies findet Anwendung auf alle Investitionen, die vor dem 01.01.2006 (Altanlagen) aktiviert wurden. Hierbei wird die Inflation in Höhe des eigenfinanzierten Anteils kalkulatorische Abschreibungen und Eigenkapitalverzinsung über die Bildung von Tagesneuwerten berücksichtigt. Die Verzinsung erfolgt dementsprechend über einen inflationsbereinigten Realzins.
- **Real-Kapitalerhaltung:** Bei sämtlichen nach dem 01. Januar 2006 aktivierten Anlagen werden kalkulatorische Abschreibungen und Eigenkapitalzinsen auf der Grundlage der historischen Anschaffungs- und Herstellungskosten ermittelt. Der Verzinsung liegt dabei ein Nominalzins zu Grunde.

3.6.3 Kostenbasis

Die zulässigen Erlöse werden in der Cost-Plus-Regulierung auf der Grundlage der zulässigen Kosten bestimmt. Diese Kostenbasis setzt sich auf aufwandsgleichen Kosten und kalkulatorischen Kostenpositionen entsprechend der Regelungen der Strom-/GasNEV zusammen.

Anerkennungsfähige Kosten müssen einen unmittelbaren Bezug zum Betrieb des Netzes haben (Betriebsnotwendigkeit). Die Kosten werden durch den Netzbetreiber ermittelt und der Regulierungsbehörde zur Prüfung vorgelegt. Hierzu sind Formvorschriften hinsichtlich Aufbereitung der Kosten, Eintragung in Erhebungsbögen und schriftliche Kommentierung in einem Bericht zu berücksichtigen.

Die Kosten müssen dabei neben dem beschriebenen Maßstab der Betriebsnotwendigkeit wiederkehrend sein und zudem nach § 21 Abs. 2 EnWG auch denen eines effizienten und strukturell vergleichbaren Netzbetreibers entsprechen. Nachfolgendes Beispiel gibt einen Überblick der verschiedenen Kostenkomponenten:

- **Aufwandsgleiche Kosten** werden unmittelbar aus der Gewinn- und Verlustrechnung des Netzbetreibers abgeleitet. Dabei sind die auf der Grundlage der deutschen Rechnungslegungsvorschriften für Kapitalgesellschaften (Handelsgesetzbuch – HGB) zu erstellenden Spartenabschlüsse entsprechend der Entflechtungsbestimmungen zu Grunde zu legen.

[714] Aufgrund des Verwaltungsaufwands bei Netzbetreibern und Regulierungsbehörden haben sich einzelne Festlegungen bis 2008 hingezogen. Die Anwendung erfolgte mit wirtschaftlicher Wirkung jedoch zum Zeitpunkt des Inkrafttretens der Verordnung.

Diese Kosten beinhalten beispielsweise Material- und Sachkosten, Personalkosten, Fremdkapitalzinsen, sonstigen betrieblichen Aufwand, sonstige Steuern (ohne Gewerbesteuern, Ertragssteuern, Solidaritätszuschlag, etc.) sowie sonstige den Netzbetrieb betreffende Abgaben (z. B. Konzessionsabgabe).

- **Kostenmindernde Positionen**: Hierunter fallen beispielsweise Auflösungsbeiträge von Baukostenzuschüssen und Netzkostenbeiträgen, sonstige betriebliche Erträge und Zinserträge.
- **Kalkulatorische Kostenpositionen:**[715] Hierunter fallen die kalkulatorische Eigenkapitalverzinsung (vor Ertragssteuern), kalkulatorische Abschreibungen und die kalkulatorische Gewerbesteuer.

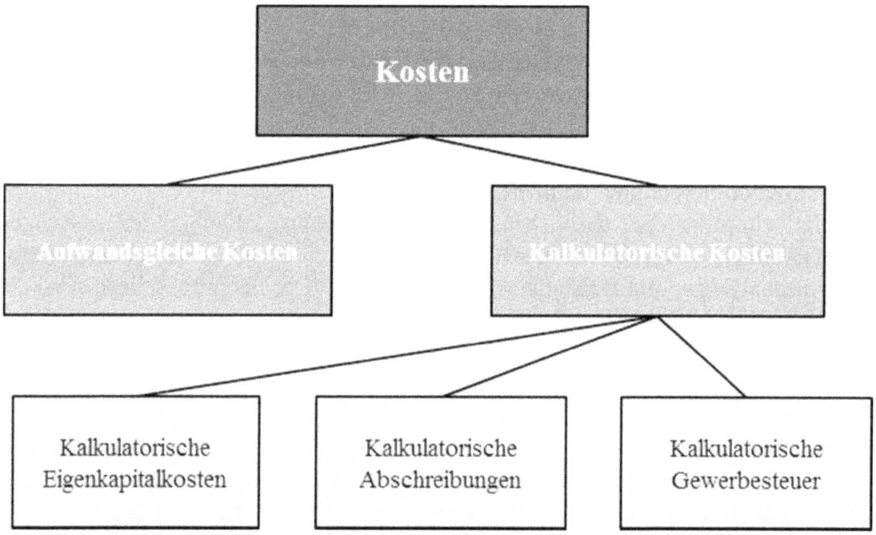

Abbildung 11: Übersicht über die Kostenarten im Regulierungssystem

3.6.3.1 Bestimmung der kalkulatorischen Kostenpositionen

In nachfolgendem Abschnitt ist eine kurze Beschreibung der wesentlichen Berechnungsschritte zur Bestimmung der kalkulatorischen Kostenpositionen sowie der zulässigen Rendite dargestellt. Entsprechend der Regelungen der §§ 6ff. Strom-/ GasNEV erfolgt eine Ermittlung in einem mehrstufigen Verfahren. Dabei werden zunächst die eigen- und fremdfinanzierten Anteile berechnet, anschließend Restwerte für Alt- und Neuanlagen bestimmt, die sodann entsprechend der jeweiligen Zinssätze verzinst werden.

[715] Im betriebswirtschaftlichen Sinne handelt es sich bei den kalkulatorischen Kostenpositionen um Anders- oder Zusatzkosten. Bei Anderskosten (z. B. kalkulatorische Abschreibungen, kalk. Gewerbesteuer) erfolgt ein abweichender Wertansatz gegenüber dem handelsrechtlichen Ausweis. Bei Zusatzkosten erfolgt ein kalkulatorischer Ansatz, dem kein unmittelbarer handelsrechtlicher Kostenansatz gegenüber steht (z. B. kalk. Eigenkapitalverzinsung). Diese Unterschiede sind bezüglich der Ermittlung des ausschüttungsfähigen Gewinns sowie im Rahmen einer Unternehmensbewertung von hoher Bedeutung. Außerdem muss dies im Rahmen des betrieblichen Netzcontrollings beachtet werden.

Entsprechend § 4, Abs. 5 Strom-/GasNEV ist dabei der Ansatz der Kosten zunächst unabhängig von der Eigentumsstruktur zu sehen. Im Falle der Überlassung betriebsnotwendiger Anlagegüter sind die Kosten nur in der Höhe ansetzbar, wie sie anfielen, wenn der Netzbetreiber selbst Eigentümer wäre. Der Netzbetreiber hat die entsprechenden Nachweise zu führen.

Kalkulatorische Abschreibungen

Die Regelungen zur Bestimmung der kalkulatorischen Abschreibungen sind in § 6 Strom-NEV festgeschrieben. Wie oben beschrieben, wird dabei in Abhängigkeit vom Aktivierungszeitpunkt zum Zeitpunkt der Errichtung zwischen Altanlagen (vor 2006) und Neuanlagen (nach 2006) unterschieden. § 6, Abs. 4 stellt sicher, dass der Abschreibungsbemessung die historischen Anschaffungs- und Herstellungskosten zu Grunde zu legen sind.[716] Dabei erfolgen die Abschreibungen jahresbezogen auf der Grundlage fest definierter kalkulatorischer Nutzungsdauern[717] nach der linearen Methode.[718] Die GasNEV führt beispielsweise 40 Anlagengruppen auf und weist jeder dieser Kategorien eine entsprechende Nutzungsdauerbandbreite zu. Ausgangspunkt der Bestimmung der kalkulatorischen Kostenpositionen sind die handelsrechtlich aktivierten Werte.

Die kalkulatorischen Abschreibungen für Altanlagen werden anteilig in Höhe der Fremdkapitalquote (1 – Eigenkapitalquote) zu Anschaffungs- und Herstellungskosten und in Höhe der Eigenkapitalquote auf der Grundlage von Tagesneuwerten angesetzt. Die den kalkulatorischen Abschreibungen und den kalkulatorischen Restwerten zu Grunde liegenden Tagesneuwerte werden dabei ausgehend von den historischen AHK über Indexfaktoren ermittelt.

Die BNetzA entschied im Oktober 2011 (BK9-11/602), eigene Indexfaktoren zur Ermittlung der Tagesneuwerte anzusetzen. Viele Netzbetreiber sahen jedoch Indexfaktoren, die seitens der Beratungsgesellschaft WIBERA zur Verfügung gestellt werden, als sachgerechter an und favorisierten deren Verwendung. In der Folge legten demnach einige von diesen Netzbetreibern Widerspruch gegen die Festlegung der BNetzA ein.

Die Anwendung der Indexfaktoren sind seither innerhalb der Netzbetreiber diskutiert und auch Gegenstand von Gerichtsverhandlungen. Im Juni 2012 entschied das OLG Düsseldorf, dass die Anwendung der BNetzA-Indexreihen nicht sachgerecht sei. Darauf folgte im Oktober 2012 ein Gesetzesvorschlag zur Definition der anzuwendenden Indexreihen im Zuge der Tagesneuwertermittlung, um die Gerichtsverfahren beizulegen.

Der Gesetzesvorschlag wurde mit der Einführung der neuen StromNEV (§ 6a) im August 2013 verabschiedet und liefert somit eine verbindliche, rechtliche Grundlage für die Ermittlung der

---

[716] Im Fall von Umstrukturierungen, Netzübergängen oder Veräußerungsvorgängen kommt es dabei häufig zu besonderen Konstellationen. Dabei können durch Aufdeckung stiller Reserven die von Käufer zum Erwerbszeitpunkt entrichteten und zwangsläufig auch zu bilanzierenden Anschaffungs- und Herstellungskosten von den historischen Anschaffungs- und Herstellungskosten zum Zeitpunkt der Errichtung der Anlagen abweichen. Dieser Sachverhalt wird regelmäßig von den Regulierungsbehörden überprüft.

[717] Vgl. Anlage 1 StromNEV.

[718] Nach § 32 Abs. 3 Satz 2 und Satz3 3 StromNEV sind seit Inbetriebnahme die tatsächlichen kalkulatorischen Nutzungsdauern zu Grunde zu legen. Soweit dabei vor Inkrafttreten der StromNEV Stromtarife nach BTOElt zu berücksichtigen waren und von Dritten gefordert wurden, wird vermutet, dass die nach den Verwaltungsvorschriften der Länder maßgeblichen Nutzungsdauern herangezogen wurden. Dies führt dazu, dass in Abhängigkeit vom Errichtungszeitpunkt unterschiedliche Nutzungsdauern anzusetzen sind und es zu entsprechend (z.T. mehrfach) geknickten Abschreibungsverläufen kommen kann.

Tagesneuwerte. Die neuen Indexreihen finden rückwirkend zum 01. Januar 2013 Anwendung und somit für die Festlegung der Erlösobergrenzen der zweiten Regulierungsperiode.

Kalkulatorische Verzinsungsbasis

Grundlage der Bestimmung der kalkulatorischen Eigenkapitalverzinsung sind die kalkulatorischen Restwerte der Alt- und Neuanlagen und der bilanziellen Werte von Finanzanlage- und Umlaufvermögen sowie zinsloser und zinstragender Positionen des Abzugskapitals bzw. Verbindlichkeiten. Die Regelungen gehen auf § 7 StromNEV zurück.

Die Bestimmung der kalkulatorischen Eigenkapitalverzinsung erfolgt in mehreren Schritten. In einem ersten Schritt wird das Betriebsnotwendige Vermögen I (BNV I) bestimmt. Hierzu werden folgende Positionen addiert:

- Mittelwert aus Jahresanfangs- und -endbestand der kalkulatorischen Restbuchwerte der Altanlagen (vor 1. Januar 2006),
- Mittelwert aus Jahresanfangs- und –endbestand der kalkulatorischen Restbuchwerte der Neuanlagen (nach 31. Dezember 2005),
- Mittelwert aus Jahresanfangs- und -endbestand des Finanzanlagevermögens entsprechend der handelsrechtlich bilanzierten Werte und
- Mittelwert aus Jahresanfangs- und -endbestand des Umlaufvermögens unter Abzug des Steueranteils der Sonderposten mit Rücklageanteil entsprechend der handelsrechtlich bilanzierten Werte.

Die Berechnungsmethodik für die Aufnahme und den Wegfall von Anlagen in die Mittelwertbildung ist Gegenstand von Diskussionen zwischen der BNetzA und den Netzbetreibern. Falls eine Anlage innerhalb eines Jahres einen kalkulatorischen Restwert von 0 erreicht, wird diese Anlage innerhalb der bisherigen Regulierungspraxis von der BNetzA so behandelt, als sei sie zu Beginn des Jahres nicht Teil des Anlagenspiegels gewesen (und geht somit nicht in die Mittelwertbildung ein, die Grundlage für die Verzinsungsbasis ist).

Einer Beschwerde gegen diese Methodik seitens einiger Netzbetreiber folgend, entschied das OLG Düsseldorf im September 2013 (VI-3 Kart 198/12 (V)), dass die Berechnungsmethodik der Bundesnetzagentur nicht sachgerecht bei Investitionsmaßnahmen ist. Bisher hat die BNetzA diese Entscheidung nicht angefochten, eine Revision vor dem Bundesgerichtshof ist jedoch zugelassen. Sollte dies nicht geschehen oder sollte die Entscheidung vor dem BGH so Bestand haben, so ist mittelfristig davon auszugehen, dass die Regulierungspraxis der BNetzA auch für die regulären Investitionen und Anlagen dem Urteil des OLG folgend revidiert wird (und somit die Investitionen bzw. Anlagen in die Mittelwertbildung eingehen).

Das Betriebsnotwendige Eigenkapital I (BEK I) wird ermittelt, indem ausgehend vom betriebsnotwendigen Vermögen folgende Positionen subtrahiert werden (Abzugskapital):

- Mittelwert aus Jahresanfangs- und -endbestand des zinslos zur Verfügung gestellten Kapitals (z. B. Rückstellungen, erhaltene Vorauszahlungen, unverbindliche Verbindlichkeiten aus Lieferungen und Leistungen, erhaltene Baukostenzuschüsse[719] bzw. Netzanschlusskostenbeiträge, sonstige Verbindlichkeiten.

[719] Die erhaltenen BKZ werden nicht der Bilanz entnommen, sondern unterliegen ebenfalls der kalkulatorischen Bewertung.

- Mittelwert aus Jahresanfangs- und –endbestand des verzinslichen Fremdkapitals.

Wesentliches Ziel der Bestimmung des BEK I ist die Ermittlung der kalkulatorischen Eigenkapitalquote die sich durch Division des BEK I mit dem BNV I ergibt. Entsprechend § 7, Abs. 1 Satz 5 wird diese für die Bestimmung der Eigenkapitalquote dabei auf 40 % gedeckelt. Diese Eigenkapitalquote geht nun in einem zweiten Schritt in die Berechnung der kalkulatorischen Eigenkapitalverzinsung ein. Nachfolgendes Schaubild fasst den ersten Schritt der Bestimmung des BEK I zusammen.

Tabelle 5: Bestimmung des BEK I

		Komponente	Kommentare
1		Durchschnittliche kalkulatorische Restwerte der Altanlagen	Bewertet zu historischen AHK
2	+	Durchschnittliche kalkulatorische Restwerte der Neuanlagen	Bewertet zu historischen AHK
3	+	Durchschnittliche Bilanzwerte der Finanzanlagen	
4	+	Durchschnittliche Bilanzwerte des Umlaufvermögens	Beinhaltet Vorräte, Forderungen aus Lieferungen und Leistungen und Kasse
5	=	BNV I	
6	-	Durchschnittliche zinslose Verbindlichkeiten	Beinhaltet Steuerrückstellungen, Pensionsverpflichtungen, Verbindlichkeiten aus Lieferungen und Leistungen, Baukostenzuschüsse
7	-	Durchschnittliche zinstragende Verbindlichkeiten	
8	=	BEK I BEK I / BNV I = BEK I Quote	Begrenzt auf 40%

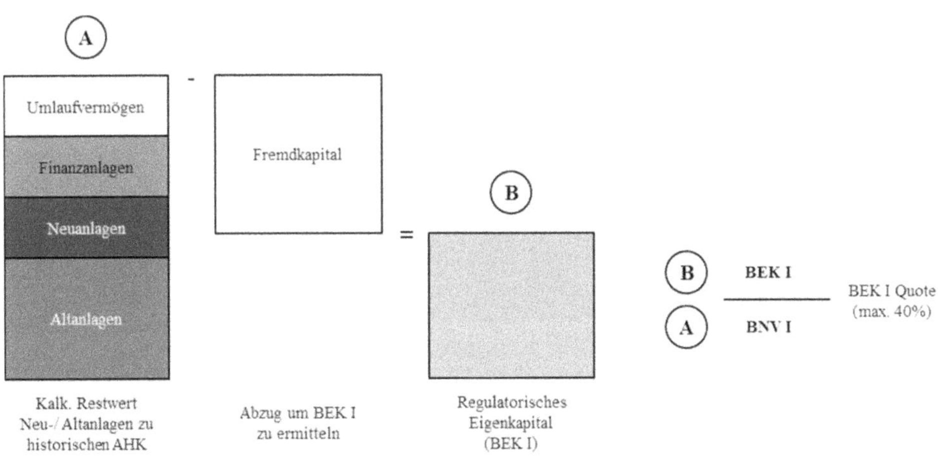

Abbildung 12: Ermittlung der BEK I-Quote

Es muss berücksichtigt werden, dass der Ansatz in der Verzinsungsbasis ebenfalls dem Maßstab der Betriebsnotwendigkeit genügen muss. In der regulatorischen Anwendungspraxis führt dies dazu, dass insbesondere hinsichtlich des Umlaufvermögens entsprechende Nachweise erbracht werden müssen. Häufig werden dabei lediglich Wertansätze bis zum Erreichen eines Schwellwertes (z. B. 1/12 der Netzkosten) regulatorisch anerkannt. Bezüglich des Ansatzes von Finanzanlagevermögen wird die Betriebsnotwendigkeit gewöhnlich nur in eng begrenzten Ausnahmefällen von den Regulierungsbehörden gesehen.

Rückstellungen sind als nicht zinstragende Verbindlichkeiten Teil des Abzugskapitals. Insofern besteht für Netzbetreiber ein Anreiz, bestimmte Rückstellungen nicht für den Netzbetrieb zu berücksichtigen. Die Bundesnetzagentur prüft jedoch die Rückstellungen im Rahmen des Kostenantrages kritisch und führt – sofern aus ihrer Sicht die Betriebsnotwendigkeit gegeben ist – diese Rückstellungen wieder dem Abzugskapital zu. Als solches mindern diese dann die Eigenkapitalverzinsung, die dem Netzbetreiber zugestanden wird. Ein analoges Vorgehen wird für Pensionsverpflichtungen angewendet.

Im Rahmen des Kostenantrags wurden in Einzelfällen durch den Netzbetreiber die bilanziell angesetzten Verbindlichkeiten gekürzt. Die Begründung beruht hier wieder auf dem Argument des Nichtvorliegens einer Betriebsnotwendigkeit, jedoch liegt in diesem Fall die Pflicht zum Nachweis der Betriebsnotwendigkeit bei der Bundesnetzagentur. Sofern die Betriebsnotwendigkeit vorliegt, mindern die Verbindlichkeiten (zinstragend oder zinslos) als Abzugskapital die Eigenkapitalverzinsung.

Der kalkulatorische Restwert der Altanlagen wird für den mit Fremdkapital finanzierten Anteil zu Anschaffungskosten und für den mit Eigenkapital finanzierten Anteil zu Tagesneuwerten bestimmt. Die Tagesneuwerte werden in Übereinstimmung mit den oben beschriebenen kalkulatorischen Abschreibungen, basierend auf den historischen Anschaffungskosten, multipliziert mit einem Index-Faktor ermittelt:

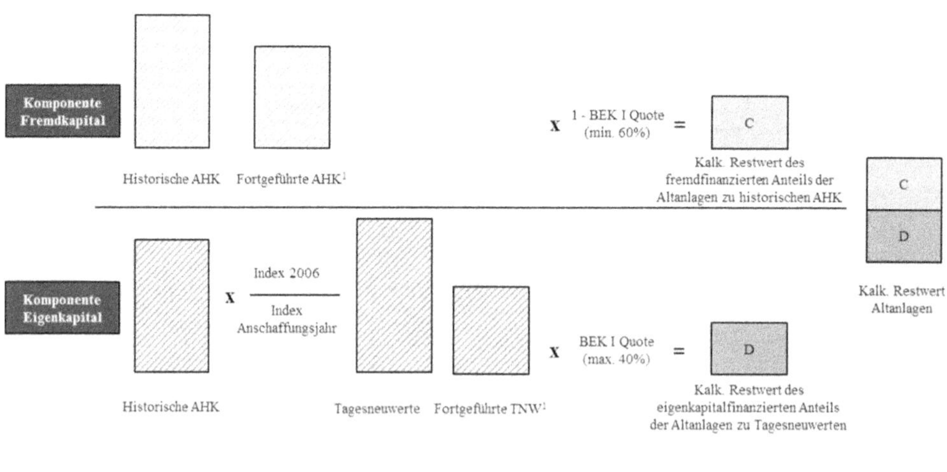

Abbildung 13: Kalkulatorische Restwerte Altanlagen

Im nächsten Schritt wird das Betriebsnotwendige Vermögen II ("BNV II") ermittelt. Diese Größe bildet den Ausgangspunkt, um die kalkulatorische Verzinsungsbasis (Regulated Asset Base – „RAB") abzuleiten. Das BNV II wird berechnet als folgende Summe:

- Mittelwert aus Jahresanfangs- und –endbestand der kalkulatorischen Restwerte der Altenlagen (vor 01.01.2006), bewertet zu historischen **Anschaffungs- und Herstellungskosten,** multipliziert mit dem Fremdfinanzierungsanteil, der sich als Maximum von (1- BEK I-Quote) und 60 % ergibt
- Mittelwert aus Jahresanfangs- und –endbestand der kalkulatorischen Restwerte der Altanlagen (vor 01.01.2006), bewertet zu **Tagesneuwerten,** multipliziert mit dem Eigenkapitalanteil (BEK I-Quote), der sich als Minimum des tatsächlich eingesetzten Eigenkapitals und 40 % ergibt
- Mittelwert aus Jahresanfangs- und –endbestand der kalkulatorischen Restwerte der Anlagen erworben nach dem 31. Dezember 2005 („Neuanlagen") zu historischen **Anschaffungs- und Herstellungskosten**
- Mittelwert aus Jahresanfangs- und –endbestand der Bilanzwerte der Finanzanlagen
- Mittelwert aus Jahresanfangs- und –endbestand der Bilanzwerte des Umlaufvermögens

Im Anschluss wird konsequenterweise das Betriebsnotwendige Eigenkapital II („BEK II") durch Abzug der folgenden Punkte aus dem BNV II abgeleitet:

- Mittelwert aus Jahresanfangs- und –endbestand des Abzugskapital (zinslose Verbindlichkeiten), das Steuerrückstellungen, Pensionsverpflichtungen und Verbindlichkeiten aus Lieferungen und Leistungen umfasst
- Mittelwert aus Jahresanfangs- und –endbestand des verzinslichen Fremdkapitals

Die Herleitung wird in der folgenden Tabelle zusammengefasst:

Tabelle 6: Berechnung des BEK II

		Komponente	Kommentare
1a		Durchschnittliche kalkulatorische Restwerte der Altanlagen multipliziert mit (1 – BEK I-Quote)	Bewertet zu historischen AHK
1b	+	Durchschnittliche kalkulatorische Restwerte der Altanlagen multipliziert mit (BEK I-Quote)	Bewertet zu Tagesneuwerten
2	+	Durchschnittliche kalkulatorische Restwerte der Neuanlagen	Bewertet zu historischen AHK
3	+	Durchschnittliche Bilanzwerte der Finanzanlagen	
4	+	Durchschnittliche Bilanzwerte des Umlaufvermögens	Beinhaltet Vorräte, Forderungen aus Lieferungen und Leistungen und Kasse
5a	=	**BNV II**	
6	-	Durchschnittliche zinslose Verbindlichkeiten	Beinhaltet Steuerrückstellungen, Pensionsverpflichtungen, Verbindlichkeiten aus Lieferungen und Leistungen, Baukostenzuschüsse
7	-	Durchschnittliche zinstragende Verbindlichkeiten	
8a	=	**BEK II**	**Begrenzt auf 40 % des BNV II**

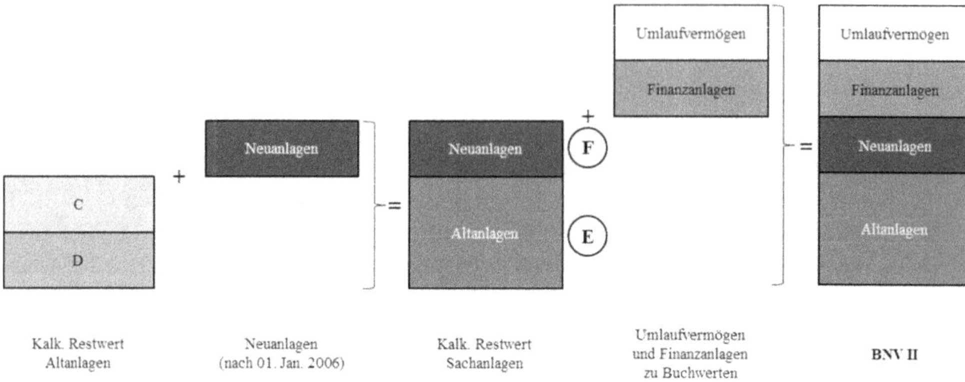

Abbildung 14: *Berechnung des Betriebsnotwendigen Vermögens II*

Das BEK II wird nun in zwei Positionen gespalten, die die Ausgangsbasis für den nächsten Abschnitt bilden: BEK II bis zu 40 % des BNV II und BEK II über 40 % des BNV II („überschießendes Eigenkapital“).

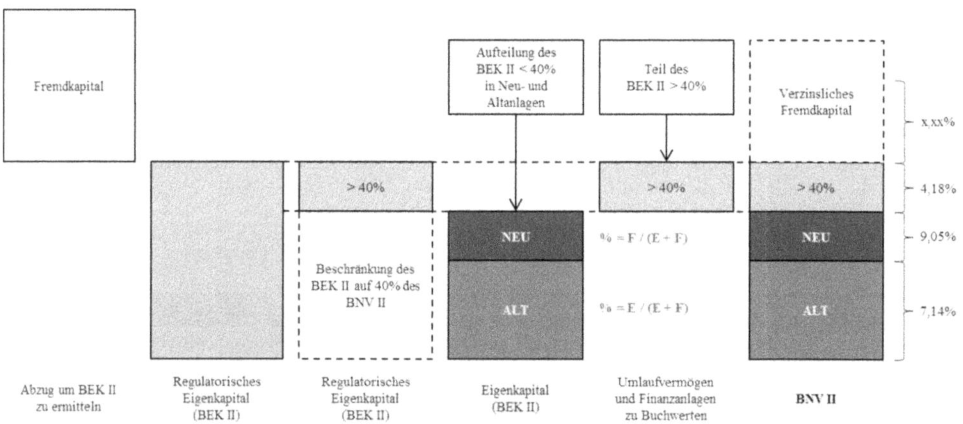

Abbildung 15: *Ermittlung der Gesamtverzinsung*

Kalkulatorische Eigenkapitalverzinsung

Um die Eigenkapitalverzinsung für das BEK II bis zu 40 % des BNV zu ermitteln, wird zunächst die Quote der Altanlagen und Neuanlagen ermittelt. In dem Aspekt Kostenprüfung auf Basis der Geschäftsjahre 2006 unterschied sich die Berechnung der Beschlusskammern: Während die Beschlusskammer 8, zuständig für Strom, den Anteil der Neuanlagen lediglich auf Basis des Sachanlagevermögens ermittelte, stellte die Beschlusskammer 9 auf das Sachanlagevermögen zuzüglich der Grundstücke, Anlagen im Bau und immateriellen Vermögensgegenstände ab. Infolgedessen kann der Neuanlagenanteil mit bilanzierten Anlagen im Bau bei der Berechnung der Beschlusskammer 9 höher sein.

Darauf aufbauend wird dann für den jeweiligen Anteil der Altanlagen und Neuanlagen ein Zinssatz angewendet, der durch die Bundesnetzagentur festgelegt wird.

Eine Übersicht über die Eigenkapitalzinssätze der ersten und zweiten Regulierungsperiode liefert die Tabelle 7:

Tabelle 7: Kalkulatorische Eigenkapitalverzinsung für Alt- und Neuanlagen in der ersten und zweiten Regulierungsperiode

	Erste Regulierungsperiode		
	Neuanlagen	**Altanlagen**	**Überschießendes Eigenkapital**
Berechnung der BEK II Quote	2 / Σ (1a, 1b, 2)[720] *Min [8a; 5a * 40%]	Σ (1a, 1b) / Σ (1a, 1b, 2)[721] Min [8a; 5a * 40%]	Max [8a-5a * 40%; 0]
Nominale Verzinsung (CAPM-basiert, nach Körperschaftssteuern)	7,82%	7,82%	NA
Ableitung der Verzinsung (CAPM-basiert, vor Körperschaftssteuern)	7,82% / (1 – 0,15825[722]) = **9,29%**	(7,82% - 1,45%[723]) / (1 - 0.15825) = **7,56%**	4,23%[724]
Nominal vs. Real	Nominal	Real	Nominal
Berechnung Verzinsung	BEK II <= 40% x (% Neuanlagen) x 9.29%)	BEK II <= 40% x (% Altanlagen) x 7,56%	BEK II > 40% x 4,23%

	Zweite Regulierungsperiode		
	Neuanlagen	**Altanlagen**	**Überschießendes Eigenkapital**
Berechnung der BEK II Quote	s.o.	s.o.	s.o.
Nominale Verzinsung (CAPM-basiert, nach Körperschaftssteuern)	7,39%	7,39%	NA
Ableitung der Verzinsung (CAPM-basiert, vor Körperschaftssteuern)	7,29% / (1 - 0.183) = **9,05%**	(7.82% - 1,56 %) / (1 – 0,183) = **7.14%**	4.19%[725]
Nominal vs. Real	Nominal	Real	Nominal
Berechnung Verzinsung	BEK II <= 40% x (% Neuanlagen) x 9,05%)	BEK II <= 40% x (% Altanlagen) x 7,14%	BEK II > 40% x 4,19%

720 Ziffern beziehen sich auf Abbildung 14.

721 Ziffern beziehen sich auf Abbildung 14.

722 Körperschaftssteuer inkl. Solidaritätszuschlag.

723 10-Jahresdurchschnitt der Inflation zum Zeitpunkt der Festlegung.

724 Kalkulatorischer Zins für die erste Regulierungsperiode (Strom und Gas).

725 Kalkulatorischer Zins für die zweite Regulierungsperiode (nur für Gas, Strom 3,98 %).

Tabelle 8: Detailberechnung der EK-Zinssätze

		1. RP	Entwurf 2. RP	NERA Consulting	Festlegung 2. RP
Neuanlagen					
A	10-jähriger Durchschnitt Anleihenrenditen	4,23%	3,80%	3,80%	3,80%
B	Marktrisikoprämie	3,59%	2,9%	5,64%	3,59%
C	**Nachsteuer-Verzinsung (C = A + B)**	**7,82%**	**6,7%**	**9,44%**	**7,39%**
D	Steuerfaktor	1,19	1,224	1,224	1,224
E	**Vorsteuer-Verzinsung (E = C x D)**	**9,29%**	**8,20%**	**11,60%**	**9,05%**
Herleitung der CAPM-Parameter					
D	Risikoprämie	4,55%	4,40%	5,50%	4,55%
E	BETA-Faktor	0,79	0,66	1,025	0,79
	CAPM-Marktrisikoprämie (B = D x E)	3,59%	2,90%	5,64%	6,59%
Altanlagen					
C	Nachsteuer-Verzinsung für Neuanlagen	7,82%	6,70%	9,44%	7,39%
F	10-jähriger Durchschnitt VPI	1,45%	1,56%	1,56%	1,56%
D	Steuersatz	1,19	1,224	1,224	1,224
G	**Vorsteuer-Verzinsung (G = [C-F] x D)**	**7,57%**	**6,29%**	**9,60%**	**7,14%**

Die kalkulatorische Eigenkapitalverzinsung für die Altanlagen und Neuanlagen wurde durch die BNetzA in einer Entscheidung vom Juli 2008 (BK4-08-068) für die erste Regulierungsperiode festgelegt. Im Oktober 2011 wurden dann die Eigenkapitalzinssätze für die zweite Regulierungsperiode festgelegt (BK4-11-304). Grundlage für die Festsetzung ist ein CAPM-Ansatz, der eine Nachsteuer-Verzinsung von 7,82 % für die erste Regulierungsperiode und 7,39 % für die zweite Regulierungsperiode liefert. Um daraus die kalkulatorischen Zinssätze gemäß GasNEV abzuleiten, müssen diese Nachsteuer-Zinssätze um Körperschaftssteuern und Inflation angepasst werden. Letzteres bezieht sich nur auf Altanlagen, da für Neuanlagen die Inflationsentwicklung bereits bei der Ermittlung der Tagesneuwerte einfließt. Ausgehend davon ergeben sich für Neuanlagen Zinssätze von 9,29 % für die erste Regulierungsperiode (9,05 % in der zweiten Regulierungsperiode) sowie für Altanlagen Zinssätze von 7,56 % in der ersten Regulierungsperiode (7,14 % in der zweiten Regulierungsperiode).

Die ursprüngliche Festsetzung der Eigenkapitalverzinsung für die zweite Regulierungsperiode war im höchsten Maße politisch motiviert. Ein erster Entwurf der Festlegung hätte Zinssätze von 6,29 % für Altanlagen und 8,20 % für Neuanlagen bedeutet. Die Bundesnetzagentur stützte ihre Position für den Entwurf auf ein Gutachten von Frontier Economics, das im Auftrag der BNetzA verfasst wurde. Die Absenkung der Zinssätze gegenüber der ersten Regulierungsperiode begründete sich aus einer niedrigeren Risikoprämie für die zweite Regulierungsperiode. Nach massiven Protesten der Netzbetreiber, die durch ein Gutachten von NERA Consulting für den BDEW begleitet wurden, sowie den absehbaren Investitionserfordernissen im Rahmen der Energiewende und des Ausbaus der erneuerbaren Energien änderte die BNetzA jedoch ihre Meinung. Die Risikoprämie wurde folglich unverändert gegenüber der ersten Regulierungsperiode gelassen und lag damit höher als die ursprüngliche angedachte Risikoprämie. Die Anpassungen in der zweiten Regulierungsperiode ergaben sich damit ausschließlich aus dem Update der anderen CAPM-Parameter.

Sowohl bei der Festlegung der Eigenkapitalzinssätze für die erste Periode als auch für die Festlegung der Eigenkapitalzinssätze für die zweite Periode haben viele Netzbetreiber Beschwerde eingelegt. Für die erste Regulierungsperiode hat der Bundesgerichtshof in letzter Instanz den Einspruch abgewiesen, für die zweite Regulierungsperiode laufen die Verfahren noch mit tendenziell geringen Erfolgsaussichten.

Gemäß § 7, Abs. 6 Strom-/GasNEV werden die Eigenkapitalzinssätze für jede Regulierungsperiode von der BNetzA festgelegt, dabei sind die Grundsätze von § 7, Abs. 4 und Abs. 5 Strom-/GasNEV zu beachten.

Für die dritte Regulierungsperiode existiert noch keine Festlegung seitens der Bundesnetzagentur. Eine Festlegung wird vermutlich in 2015 oder Anfang 2016 erfolgen.

Fremdkapitalkosten und Verzinsung des überschießenden Eigenkapitals (> 40%)

Gemäß § 5, Abs. 2 Strom-/GasNEV dürften Zinsaufwendungen für Fremdkapital „...in ihrer tatsächlichen Höhe, höchstens jedoch in der Höhe kapitalmarktüblicher Zinsen für vergleichbare Kreditaufnahmen...“ als aufwandsgleiche Kosten berücksichtigt werden.

Für die Ermittlung des Referenzzinssatzes, an dem die Angemessenheit der Fremdkapitalkosten gespiegelt wird, nutzt die BNetzA die durchschnittliche Rendite von 10-jährigen Anleihen aller inländischen Emittenten, die durch die Deutsche Bundesbank veröffentlicht wird.

Auf Basis dieser Festlegung ergab sich ein maximaler Zinssatz für Fremdkapital von 4,23 % für die erste Regulierungsperiode (abgeleitet aus dem Fotojahr 2007) und für die zweite Regulierungsperiode von 3,80 % (abgeleitet aus dem Fotojahr 2010).

Die derzeitige Regulierungspraxis zeigt jedoch, dass die BNetzA auch höhere Fremdkapitalkosten (über der Referenzrate) akzeptiert, sofern der Netzbetreiber nachweisen kann, dass der Zinsaufwand marktgerecht ist. In diesem Fall werden die gesamten Fremdkapitalkosten als aufwandsgleiche Kosten behandelt. Der Marktvergleich ist aus der Sicht der BNetzA zwingend erforderlich, um ggf. über der Referenzrate liegende Zinssätze akzeptieren zu können. Dies hat insbesondere auf Finanzierungsstrukturen Auswirkungen, bei denen der Netzbetreiber über Gesellschafterdarlehen finanziert ist oder allgemeiner innerhalb der eigenen Unternehmensgruppe Kredite aufnimmt. In diesem Fall existiert kein Marktvergleich, so dass die BNetzA die genehmigungsfähigen Zinsaufwendungen auf den Referenzzins begrenzt.

Für das überschießende Eigenkapital über 40 % des BNV II beschränkte sich die Verzinsungsbasis zunächst nur auf den maximal anzuerkennenden Fremdkapitalkostensatz gemäß Referenzzins.

Die Netzbetreiber teilten diese Auffassung zur Auslegung der StromNEV jedoch nicht und verlangten eine Berücksichtigung einer angemessenen Risikoprämie für das überschießende Eigenkapital. Der Bundesgerichtshof hat in den folgenden Gerichtsverfahren entschieden, dass in der Kostenprüfung gemäß § 23a EnWG eine angemessene Risikoprämie für die zweite Regulierungsperiode zu berücksichtigen sei. Für die erste Regulierungsperiode hingegen wurde die Gleichstellung mit dem kalkulatorischen Fremdkapitalkostensatz bestätigt.

Das Urteil des Bundesgerichtshofs beinhaltete keine konkrete Höhe der Risikoprämie oder eine detaillierte Berechnung. Als Rahmenbedingung wurde nur festgehalten, dass die Risikoprämie für das überschießende Eigenkapital unter der Risikoprämie für den eigentlichen Eigenkapitalanteil liegen solle.

In den Anhörungen zur Kostenprüfung 2010 (Gas) und 2011 (Strom) setzte die BNetzA zunächst keine Risikoprämie an, gab aber den Hinweis einer Aktualisierung, aufbauend auf einem Urteil in letzter Instanz. Gemäß einer Änderung der Strom-/GasNEV (§ 7, Abs. 7) von August 2013 wurde dann die Berechnung der Risikoprämie abschließend festgelegt. Basierend auf dem 10-jährigen Mittel dreier verschiedener Umlaufrenditen von Anleihen inländischer Emittenten (öffentliche Hand, nicht-MFI-Unternehmen, Hypothekenpfandbriefe, jeweils veröffentlicht durch die Deutsche Bundesbank) ergab sich daraus ein Zinssatz von 4,19 % im Gas (3,98 % im Strom) für das überschießende Eigenkapital und somit eine implizite Risikoprämie von 0,39 % im Gas (0,18 % im Strom). In Zukunft wird somit der Zinssatz direkt aus den Zeitreihen bestimmt und liefert dann indirekt die Risikoprämie.

Kalkulatorische Gewerbesteuer

Gemäß § 8 Strom-/GasNEV dürften kalkulatorische Gewerbesteuern angesetzt werden. Die kalkulatorische Gewerbesteuer wird berechnet als Prozentsatz von der kalkulatorischen Eigenkapitalverzinsung (die wie oben beschrieben ermittelt wurde). Der Ansatz der kalkulatorischen Steuern erfolgt hierbei unabhängig von der tatsächlichen Steuerbelastung des jeweiligen Netzbetreibers.

Bei der Ermittlung des Prozentsatzes wird analog zur Ermittlung der tatsächlichen Gewerbesteuern auf eine Multiplikation eines Hebesatzes und einer Messzahl abgestellt. Bei einer Messzahl von 3,5 % und einem Hebesatz von 390 % beispielsweise resultierte eine kalkulatorische Gewerbesteuer von 13,65 %.

Körperschaftssteuern werden nicht separat betrachtet.

3.6.4 Bestimmung der aufwandsgleichen Kosten

Aufwandsgleiche Kosten („OPEX“) sind in ihrer tatsächlichen Höhe anzusetzen, sofern sie sich auf den Betrieb des Netzes beziehen (§ 3, Abs. 1, Strom-/GasNEV) und sofern sie in selbiger Höhe bei einem effizienten und strukturell vergleichbarem Netzbetreiber ebenfalls anfielen (§ 4 Abs. 1, § 4 Abs. 2 Strom-/GasNEV sowie § 21 Abs. 2 EnWG). Im Grundgedanken würden diese Kosten somit auch in einem Wettbewerb anfallen.

Ausgangspunkt für die Ableitung der Kosten ist das Berichtswesen des Netzbetreibers und die Gewinn- und Verlustrechnung im Unbundling-Abschluss gemäß § 6b, Abs. 3 EnWG bzw.

§ 10, Abs. 3 EnWG (alte Fassung). Basis ist jeweils die Rechnungslegung nach HGB, für nach IFRS bilanzierende Unternehmen muss eine Überleitungsrechnung vorgenommen werden.

Sofern Elemente der Gewinn- und Verlustrechnung des Unbundling-Abschluss in veränderter Höhe im Erhebungsbogen durch den Netzbetreiber angesetzt werden, werden diese Hinzurechnungen oder Kürzungen intensiv durch die BNetzA geprüft.

Auf einige spezielle Kostenpositionen ist im Besonderen zu achten:

- Sofern der Netzbetreiber als Pächter des Netzes auftritt, sind die Pachtzahlungen aufwandsgleiche Kosten (sofern sie den obigen Bestimmungen genügen). Sie dürfen entsprechend § 4 Abs. 5 StromNEV jedoch nur in der Höhe angesetzt werden wie sie anfielen, wenn der Pächter Eigentümer wäre. Dies führt zu einer entsprechenden regulatorischen Kostenprüfung auf Ebene des Verpächters.
- Weiterhin sind analog zu den Pachtzahlungen die Kosten für bezogene Dienstleistungen als aufwandsgleiche Kosten anzusetzen, aber nur in der Höhe, in der sie anfielen, wenn die Leistungen durch den Netzbetreiber selbst erbracht würden (vgl. § 4, Abs. 5a StromNEV).
- In § 3, Abs. 1 StromNEV wird auf die Berücksichtigungsfähigkeit von Plankosten abgestellt. Mit der Änderungen der ARegV in 2010 (§ 6, Abs. 3) wurde jedoch präzisiert, dass Plankosten im Ausgangsniveau für die Bestimmung der Erlösobergrenze nicht berücksichtigt werden. Es ist weiterhin möglich, dass die Bundesnetzagentur Plankosten in Ausnahmefällen in Verhandlungssituationen oder als Teil von Vergleichen akzeptiert.
- Aus Sicht der BNetzA sind Werbungskosten (Marketing, Sponsoring, Spenden) in der Regel nicht als betriebsnotwendig anzusehen und werden somit gekürzt.
- Kosten für Umstrukturierungen oder Neuorganisationen des Netzbetreibers (Einmalkosten) können ebenfalls gekürzt werden, sofern diese als nicht betriebsnotwendig erachtet werden. Dabei sind insbesondere Kosten für IT und Beratung im Fokus der BNetzA.

Generell lässt sich für alle Kostenpositionen festhalten, dass diese vor dem Hintergrund der Betriebsnotwendigkeit durch die BNetzA analysiert werden.

3.6.5 Netznutzungsentgelte

Die Summe der genehmigten Kosten (bestehend aus aufwandsgleichen und kalkulatorischen Positionen) führt zu der Erlösobergrenze für die folgende Regulierungsperiode. Diese Erlösobergrenze leitet sich aus der Regulierungsformel ab, die im nächsten Abschnitt erläutert wird.

Um aus der Erlösobergrenze die durch die Kunden zu zahlenden Netzentgelte abzuleiten, wird die Erlösobergrenze im Gasbereich beispielsweise in ein jährliches, volumenbasiertes Entgelt für Ein- und Ausspeisung umgerechnet, dass in Euro pro Kubikmeter und Stunde bzw. Kilowatt pro Zeitintervall gemessen wird. Diese Entgelte stellen die Obergrenze dar. Die Netzbetreiber müssen diese Entgelte nicht nur auf jährlicher Basis, sondern auch auf monatlicher, wöchentlicher und täglicher Basis anbieten gemäß § 13 Abs. 2 StromNEV.

Anpassungen der Netznutzungsentgelte sind nur möglich mit wirtschaftlicher Wirkung zu Beginn des Kalenderjahres. Abweichungen nach oben oder unten, die aus der Differenz zwischen der Erlösobergrenze und den tatsächlich vereinnahmten Entgelten resultieren, werden über ein Regulierungskonto ausgeglichen. Eine solche Abweichung kann beispielsweise aus einem

Delta zwischen geplanten gebuchten Kapazitäten und tatsächlichen Kapazitäten, die die Basis für die tatsächlich vereinnahmten Entgelte darstellen, resultieren.

Die Erlösobergrenze ist das zentrale Element der regulierten Erlöse für den Netzbetreiber. Sollten die Kapazitäten, die die Basis für die Berechnung der Entgelte darstellen, sich verändern, so werden die Entgelte entsprechend der Änderung der Kapazitäten angepasst. Daraus ergibt sich direkt, dass eine verminderte Buchung von Kapazitäten keinen negativen Einfluss auf die Erlössituation des Netzbetreibers ausmacht, da infolgedessen die Entgelte nach oben angepasst werden. Der Netzbetreiber erleidet somit lediglich einen marginalen Verlust durch einen Zeiteffekt bei der Vereinnahmung der Entgelte und der Anpassung.

Die Anwendung der ausschließlich kostenbasierten Regulierung endete in 2009 mit der Einführung der Anreizregulierung. Die folgende Grafik gibt einen Überblick über die Entwicklung des Regulierungsrahmens für die Netzbetreiber.

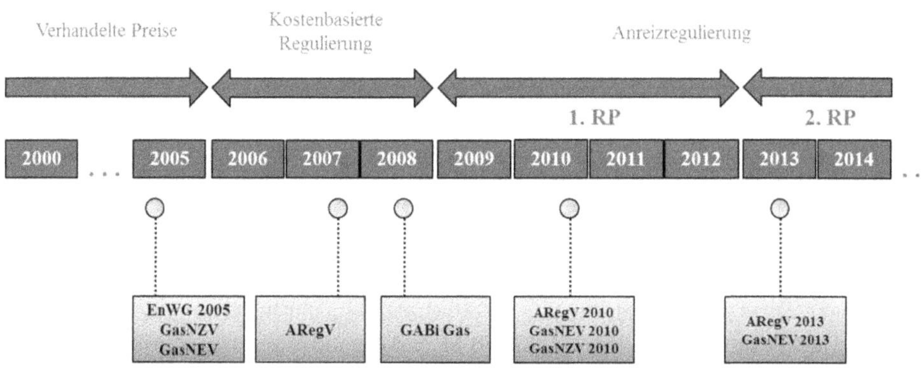

Abbildung 16: Entwicklung des Regulierungsrahmens für Gasnetzbetreiber

3.6.6 Das Regulierungsmodell der Anreizregulierung

Seit Januar 2009 wird statt einer ausschließlich kostenbasierten Regulierung eine Anreizregulierung durchgeführt gemäß der ARegV. Grundgedanke der Anreizregulierung ist die Entkopplung der Kosten von den Erlösen, die einem marktbasierten Ansatz folgt. In kompetitiven Märkten leiten sich die Erlöse der Marktteilnehmer aus exogenen Faktoren und nicht aus der Summe der internen Kosten – hier die Aufwendungen des Netzbetreibers – ab. Weiterhin ergibt sich durch die separate Vorgabe von Erlösen eine Auflösung des in einer kostenbasierten Regulierung bestehenden Problems der Informationsasymmetrie über die tatsächlichen Kosten des Netzbetreibers (Principal-Agent-Theorie[726]).

Initial muss im System der Anreizregulierung vergleichbar mit der kostenbasierten Regulierung eine Kostenbasis fixiert werden (im Fotojahr). Aus diesen genehmigten Kosten im Fotojahr wird dann ein Erlöspfad abgeleitet, der für eine Regulierungsperiode gilt. Gleichzeitig bilden die Kosten aus dem Fotojahr aber auch die Grundlage eines Effizienz-Benchmark, der durch die BNetzA durchgeführt wird. Die individuellen Kosten jedes Netzbetreibers werden

[726] Vgl. Regulierung der Stromnetze in Deutschland, Diekmann/Leprich/Ziesing, 2007.

verglichen mit den Kosten und ähnlichen Netzbetreibern. Basierend auf dem Ergebnis des Benchmarks wird dann der erwähnte Erlöspfad fixiert. Je niedriger hierbei das erreichte Effizienzniveau durch den Netzbetreiber ist, desto stärker sinkt seine Erlösobergrenze gegenüber dem Ausgangsjahr ab. Somit werden die Erlöse auf ein effizientes Niveau verglichen mit anderen Netzbetreibern angepasst, beispielsweise führt ein Effizienzniveau von 80 % zu einem Abschmelzen der Erlöse über die Regulierungsperiode um 20 % ceteris paribus. Das Abschmelzen erfolgt hier jeweils proportional über den Zeitraum einer Periode. Dieser Mechanismus stellt somit einen Anreiz dar, die Kosten analog der Effizienzvorgaben zu reduzieren.

Während die erste Regulierungsperiode im Gasbereich nur vier Jahre umfasste, erstreckt sich die zweite Regulierungsperiode über fünf Jahre. Somit startete die zweite Periode in 2013. Für diese zweite Regulierungsperiode wurde eine Kostenprüfung gemäß GasNEV in 2011 durchgeführt, die auf den Kosten der Netzbetreiber von 2010 basierte. Gemäß heutiger Sichtweise und Erfahrung aus internationalen Märkten wird daran eine dritte Regulierungsperiode anschließen, die auf dem Fotojahr 2015 beruht.

Im Strombereich war das Basisjahr der zweiten Regulierungsperiode 2011, für das die Kostenprüfung in 2012 durchgeführt wurde. Die zweite Regulierungsperiode begann 2014 für fünf Jahre. Eine weitere, dritte Regulierungsperiode "basiert" dann auf dem Fotojahr 2016.

Aus den Ausführungen folgt, dass das deutsche System der Anreizregulierung einen Ansatz darstellt, der effizienz-basierte Reduzierung von Kosten und eine periodische Kostenprüfung kombiniert. Dabei fällt der BNetzA die Rolle zu, die Höhe der Kosten als Ausgangsbasis für die folgende Periode zu bestimmen. Die Praxis zeigt, dass dem zweiten Element der Anreizregulierung – der periodischen Kostenprüfung – eine höhere Bedeutung beizumessen ist, als der Bestimmung der Effizienz.

Durch die Systematik ergibt sich direkt ein Anreiz für den einzelnen Netzbetreiber, ein hohes Kostenniveau im Fotojahr aufzuweisen. Um dieser strategischen Gestaltung durch die Netzbetreiber entgegenzuwirken, ist die BNetzA bemächtigt, nicht-repräsentative Kostenelemente im Fotojahr komplett zu kürzen oder auf 1/5 der Summe zu reduzieren, so dass die resultierenden Erlöse ein repräsentatives Niveau widerspiegeln. Eine Änderung der ARegV in 2010 verlangt in § 6 Abs. 3 ARegV explizit, dass Kostenelemente, die eine Besonderheit des Basisjahres darstellen, bei der Ermittlung des Ausgangsniveaus der Erlöse unberücksichtigt bleiben sollen. Dementsprechend folgt für die Regulierungsbehörde, dass Kosten, die keinen wiederkehrenden Charakter haben, nicht angesetzt werden dürfen. In der Praxis führt dies in der Regel zur Verteilung der Aufwendungen über fünf Jahre.

Die zulässigen Erlöse eines Netzbetreibers ergeben sich entsprechend der nachstehenden Regulierungsformel (§ 7, Anlage 1, ARegV):

$$EO_t = KA_{dnb,t} + \left(KA_{vnb,0} + (1 - V_t) \times KA_{b,0}\right) \times \left(\frac{VPI_t}{VPI_0} - PF_t\right) \times EF_t + Q_t + (VK_t - VK_0) + S_t$$

EO_t	*Erlösobergrenze, Jahr t*
$KA_{dnb,t}$	*Dauerhaft nicht beeinflussbarer Kostenanteil, Jahr t*
$KA_{vnb,0}$	*Vorübergehend nicht beeinflussbarer Kostenanteil, Fotojahr (= Jahr 0)*

Vt	*Verteilungsfaktor, Jahr 1*
$KA_{b,0}$	*Beeinflussbarer Kostenanteil, Fotojahr*
VPI_{t-2}	*Verbraucherpreisgesamtindex, Jahr t-2*
VPI_0	*Verbraucherpreisgesamtindex, Fotojahr*
PF_t	*Genereller sektoraler Produktivitätsfaktor, Jahr t*
EF_t	*Erweiterungsfaktor, Jahr t (nur relevant für Verteilnetzbetreiber)*
Q_t	*Qualitätselement, dass zu Erhöhung oder Reduzierung der Erlösobergrenze im Jahr t führt (erst ab zweiter Regulierungsperiode für Strom, für Gas noch nicht spezifiziert)*
VK_t	*Volatiler Kostenanteil, Jahr t (außer Beschaffungskosten für den Eigenverbrauch von Gas hat die BNetzA keine weiteren Kosten dieser Kategorie)*
S_t	*1/5 des Saldos des Regulierungskontos, Jahr t (nur relevant ab der zweiten Regulierungsperiode)*

3.6.6.1 Differenzierung der Kostenbasis

Ein zentrales Element der Anreizregulierungs-Formel ist die Aufteilung der Kostenbasis in drei Hauptkategorien: Dauerhaft nicht beeinflussbare Kosten, vorübergehend nicht beeinflussbare Kosten (effiziente Kosten) und beeinflussbare Kosten (ineffiziente Kosten). Abbildung 17 illustriert die Kostenkategorien und ihre Bestandteile. Im Anschluss werden die einzelnen Elemente erläutert.

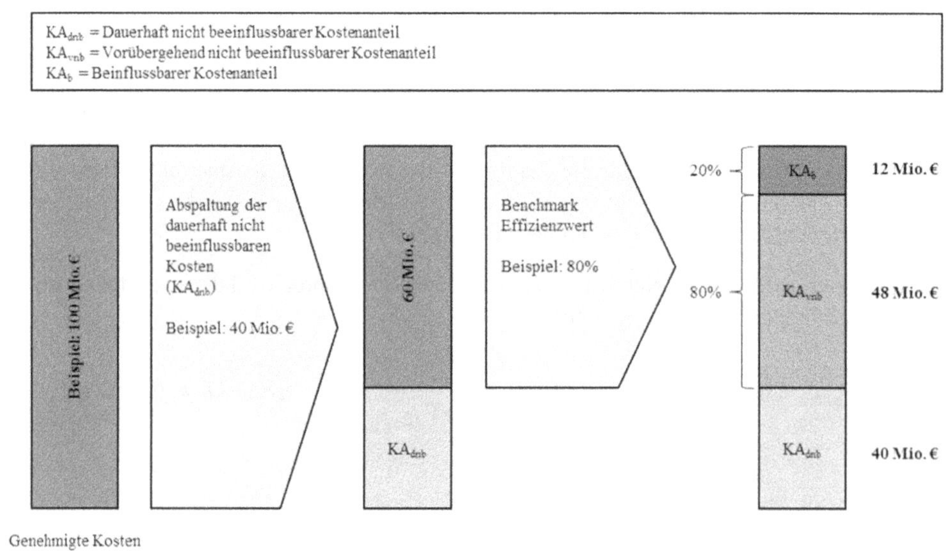

Abbildung 17: Zerlegung der Kostenbasis

Dauerhaft nicht beeinflussbare Kosten

Dauerhaft nicht beeinflussbare Kosten werden als nicht durch den Netzbetreiber kontrollierbar eingestuft. Auf diese Kostenbestandteile werden weder Produktivitätsfortschritte noch Effizienzsteigerungen angewendet. Dies führt zu einer vollständigen Anerkennung dieser Kosten, jedoch überwiegend mit einem Zeitverzug von zwei Jahren. Gemäß § 11, Abs. 2 ARegV lassen sich die dauerhaft nicht beeinflussbaren Kosten wie folgt differenzieren:

- gesetzlichen Abnahme- und Vergütungspflichten,
- Konzessionsabgaben,
- Betriebssteuern,
- erforderlicher Inanspruchnahme vorgelagerter Netzebenen,
- der Nachrüstung von Wechselrichtern nach § 10, Abs. 1 der Systemstabilitätsverordnung,
- genehmigten Investitionsmaßnahmen nach § 23, soweit sie dem Inhalt der Genehmigung nach durchgeführt wurden sowie in der Regulierungsperiode kostenwirksam sind und die Genehmigung nicht aufgehoben worden ist,
- der Auflösung des Abzugsbetrags nach § 23 Abs. 2a,
- Mehrkosten für die Errichtung, den Betrieb und die Änderung von Erdkabeln nach § 43 Satz 1 Nr. 3 und Satz 3 EnWG, soweit diese nicht nach Nummer 6 berücksichtigt werden und soweit die Kosten bei effizientem Netzbetrieb entstehen,
- vermiedenen Netzentgelten im Sinne von § 18 StromNEV, § 35, Abs. 2 EEG und § 4, Abs. 3 KWK-G,
- dem erweiterten Bilanzausgleich gemäß § 35 GasNZV vom 3. September 2010 (BGBl. I S. 1261) in der jeweils geltenden Fassung, abzüglich der vom Einspeiser von Biogas zu zahlenden Pauschale,
- erforderliche Maßnahmen des Netzbetreibers gemäß § 33, Abs. 10, § 34, Abs. 2 und § 36, Abs. 3 und Abs. 4 GasNZV,
- die Kosten für den effizienten Netzanschluss sowie für die Wartung gemäß § 33, Abs. 1 GasNZV,
- Entgelte für vermiedene Netzkosten, die vom Netzbetreiber gemäß § 20a GasNEV vom 25. Juli 2005 (BGBl. I S. 2197), die zuletzt durch Artikel 5 der Verordnung vom 3. September 2010 (BGBl. I S. 1261) geändert worden ist, in der jeweils geltenden Fassung, an den Transportkunden von Biogas zu zahlen sind,
- in der Höhe, in der die Kosten unter Berücksichtigung der Umlage nach § 20b GasNEV beim Netzbetreiber verbleiben.
- Zahlungen an Städte oder Gemeinden nach Maßgabe von § 5, Abs. 4 StromNEV,
- betrieblichen und tarifvertraglichen Vereinbarungen zu Lohnzusatz- und Versorgungsleistungen, soweit diese in der Zeit vor dem 31. Dezember 2008 abgeschlossen worden sind,
- der im gesetzlichen Rahmen ausgeübten Betriebs- und Personalratstätigkeit,
- der Berufsausbildung und Weiterbildung im Unternehmen und von Betriebskindertagesstätten für Kinder der im Netzbereich beschäftigten Betriebsangehörigen,
- pauschalierten Investitionszuschlägen nach Maßgabe des § 25,
- Forschung und Entwicklung nach Maßgabe des § 25a,
- der Auflösung von Netzanschlusskostenbeiträgen und Baukostenzuschüssen nach § 9, Abs. 1 Satz 1 Nr. 3 und 4 in Verbindung mit Satz 2 StromNEV und § 9, Abs. 1 Satz 1 Nr. 3 und 4 in Verbindung mit Satz 2 GasNEV,

- dem bundesweiten Ausgleichsmechanismus nach § 2, Abs. 4 des Energieleitungsausbaugesetzes vom 21. August 2009 (BGBl. I S. 2870) in der jeweils geltenden Fassung,
- dem finanziellen Ausgleich nach § 17d, Abs. 4 EnWG.

Die Festlegung des Zinsaufwands, der hier ebenfalls als dauerhaft nicht beeinflussbar berücksichtigt wird, bezieht sich auf das Fotojahr und ist somit für eine ganze Regulierungsperiode anzuwenden. Entwicklungen in den Fremdkapitalkosten des Netzbetreibers finden somit erst nach dem nächsten Fotojahr Berücksichtigung in den genehmigten Kosten.

Dauerhaft nicht beeinflussbare Kosten können auf zwei verschiedenen Wegen in der Erlösobergrenze berücksichtigt werden. Den Basisfall stellt hierbei die Berücksichtigung der Kosten mit einem Zeitverzug von zwei Jahren in der Erlösobergrenze dar. Dazu werden die Kosten jährlich an die BNetzA gemeldet und Veränderungen spiegeln sich in der Erlösobergrenze zwei Jahre später wider.

Die zweite Möglichkeit ist eine Berücksichtigung der Kosten ohne Zeitverzug und findet u. a. für die vorgelagerten Netznutzungsentgelte sowie für Investitionsmaßnahmen Anwendung. Dafür müssen ebenfalls jährlich die Kosten an die BNetzA gemeldet werden.

Die nach Abspaltung der dauerhaft nicht beeinflussbaren Kosten verbleibenden Kostenelemente werden in vorübergehend nicht beeinflussbare Kosten und beeinflussbare Kosten aufgeteilt. Diese Aufteilung wird mittels des individuellen Effizienzwertes vorgenommen. Als Resultat entstehen ein „effizienter“ Kostenblock und ein „ineffizienter“ Kostenblock.

Um den Effizienzwert zu bestimmen, legt § 22 ARegV als Verfahren einen landesweiten Benchmark fest, der zwei unterschiedliche Methoden – Stochastic Frontier Analysis („SFA“) und Data Envelopment Analysis („DEA“) – nutzt. Innerhalb dieser Methoden kommen jeweils zwei Mengen von Kapitalkosten zum Einsatz (vgl. § 14, Abs. 1 ARegV), die standardisierten und die genehmigten kalkulatorischen Kapitalkosten. Dies führt zu vier Effizienzwerten, von denen der beste Wert für den Netzbetreiber zur Anwendung kommt. Dabei legt die ARegV fest, dass das minimale Effizienzlevel 60 % beträgt, ergo maximal eine Ineffizienz von 40 % berücksichtigt wird. Der Effizienzwert wird für jede Regulierungsperiode neu berechnet, dabei werden die zugrundeliegenden Parameter durch die BNetzA festgelegt und können zu jeder neuen Regulierungsperiode angepasst werden.

Basierend auf dem so ermittelten Effizienzwert werden die ineffizienten Kosten ermittelt, d. h. falls einem Netzbetreiber ein Effizienzwert von 90 % zugewiesen wurde, so werden die Gesamtkosten nach Abzug der dauerhaft nicht beeinflussbaren Bestandteile zu 90 % als vorübergehend nicht beeinflussbare Kosten und zu 10 % als beeinflussbare Kosten eingestuft. Bei einem (maximalen) Effizienzwert von 100 % würden alle Kosten als vorübergehend nicht beeinflussbar behandelt.

Vorübergehend nicht beeinflussbare Kosten ("effiziente Kosten")

Vorübergehend nicht beeinflussbare Kosten gehen ohne Anpassungen in die Regulierungs-Formel ein und werden lediglich angepasst; um das Delta zwischen Inflationsentwicklung und Produktivitätsfaktor. Dies bedeutet somit, dass auch kalkulatorische Kostenpositionen wie z. B. die kalkulatorische Eigenkapitalverzinsung und die kalkulatorischen Abschreibungen sowohl von der Inflation profitieren, aber dem Produktivitätsfaktor unterliegen.

Beeinflussbare Kosten ("ineffiziente Kosten")

Beeinflussbare Kosten nach Definition der ARegV werden in jedem Jahr der Regulierungsperiode um den sogenannten Verteilungsfaktor reduziert. Der jährliche Verteilungsfaktor betrug 10 % für die erste Regulierungsperiode und 20 % für die zweite Regulierungsperiode. Gemäß diesem Verteilungsfaktor werden die als ineffizient eingestuften Kosten und somit die korrespondieren Erlöse schrittweise reduziert. Dies führte in der ersten Regulierungsperiode zu einer Reduktion von insgesamt 40 % der ineffizienten Kosten über vier Jahre und führt in der zweiten Regulierungsperiode zu einem kompletten Abbau dieser Kosten und entspricht somit dem Ziel der ARegV. Zusätzlich zu dem Verteilungsfaktor unterliegen die beeinflussbaren Kosten ebenfalls der Entwicklung des Deltas zwischen Inflation und Produktivitätsfaktor.

3.6.6.2 Sonstige Elemente der Anreizregulierungsformel

Erweiterungsfaktor

Der Erweiterungsfaktor gemäß § 10 ARegV dient dazu, den Zeitverzug in der Anreizregulierung-Formel beim Investitionsverhalten des Netzbetreibers zu kompensieren. Er findet nur Anwendung für Verteilnetzbetreiber und sofern sich die Versorgungsaufgabe des Netzbetreibers signifikant und nachhaltig verändert. Eine Veränderung gilt laut der ARegV dann als signifikant, sofern die Kosten des Netzbetreibers abzüglich der dauerhaft nicht beeinflussbaren Kosten um mehr als 0,5 % steigen.

Die hinterlegte Berechnungsformel lässt eine Interpretation des Erweiterungsfaktors als Kosten-Mengen-Elastizität zu. Diese bildet das Verhältnis aus der relativen Kostensteigerung zur relativen Mengensteigerung wider. Es wird impliziert, dass mit steigender Menge die Kosten unterproportional ansteigen.

Innerhalb der Regulierungsformel wird der Erweiterungsfaktor dann auf die beeinflussbaren Kosten angewendet. Die Höhe des Faktors leitet sich aus dem Anstieg von strukturellen Parametern ab, die in § 13 ARegV definiert sind:

(1) Anzahl der Anschlusspunkte im Versorgungsgebiet

(2) Fläche des Versorgungsgebietes

(3) Leitungslänge

(4) Jahresarbeit

(5) Zeitgleiche Jahreshöchstlast oder

(6) die dezentralen Erzeugungsanlagen in Stromversorgungsnetzen, insbesondere die Anzahl und Leistung von Anlagen zur Erzeugung von Strom aus Wind- und solarer Strahlungsenergie

(7) Weitere Parameter nach Festlegung des Regulierers

Es gibt einen multiplikativen Zusammenhang zwischen den einzelnen Strukturparametern auf die Erlöse (vgl. Anhang 1 und 2 der ARegV). Daraus folgt, dass sich der wesentliche Einfluss auf die Erlöse durch den Erweiterungsfaktor nicht aus der Höhe der eigentlichen Investments, sondern aus dem Anstieg der Strukturparameter ergibt.

Zur Klärung der Frage, inwieweit das bestehende Instrumentarium der Anreizregulierung ausreichende Investitionsbedingungen bezüglich des anstehenden Netzumbaus schafft, wurde bisher für die Verteilnetzbereiche im Wesentlichen durch die Bundesnetzagentur der Erweiterungsfaktor gesehen.

Die Bundesnetzagentur ist der Auffassung, der Erweiterungsfaktor sei (sogar) „mehr als auskömmlich" und gewähre Netzbetreibern höhere Erlösobergrenzen als es sich aus den tat-sächlichen Kostenveränderungen für Erweiterungsmaßnahmen ergäbe. Lediglich in Einzel-fällen käme es auch zu Unterdeckungen, die systembedingt aufgrund der Pauschalisierung des Instruments zwar nicht vermeidbar, jedoch hinnehmbar seien. Über die Zeitachse würde eine solche „Unwucht" ausgeglichen.

Die Verbände der Netzbetreiber verweisen demgegenüber darauf, dass sich bereits syste-matische Fehler in der Betrachtung der Bundesnetzagentur finden würden, so dass der Er-weiterungsfaktor möglicherweise für einzelne Netzbetreiber auskömmlich sei; die Anpassung der Erlösobergrenze durch den Erweiterungsfaktor jedoch bei weitem nicht so groß ist, wie von der Bundesnetzagentur dargestellt. Insbesondere wird aber darauf verwiesen, dass bestimmte Investitionsmaßnahmen, vor allem solche, die mit der Integration erneuerbarer Energien in Zusammenhang stehen, überhaupt nicht bzw. völlig unzureichend vom Erweiterungsfaktor abgedeckt würden.

Es könnte wohl Einigkeit darüber bestehen, dass der Erweiterungsfaktor grundsätzlich geeignet ist, „klassische" Erweiterungen des Netzes abzubilden. Diese Netzerweiterungen werden regelmäßig auch in den Strukturparametern, die der Erweiterungsfaktor nach § 10 ARegV als Maßstab heranzieht, abgebildet, so dass diese weitgehend über den Erweiterungsfaktor abgedeckt werden können.

Es stellt sich allerdings weniger die Frage, inwieweit der Erweiterungsfaktor in der Vergangenheit geeignet war, die „klassischen" Netzerweiterungen systemgerecht abzubilden. Vielmehr sollte der Gegenstand der Diskussion sein, ob die bestehenden Instrumentarien geeignet sind, die anstehenden Investitionen in den nächsten beiden Anreizregulierungsperioden ausreichend abbilden zu können. Die erforderlichen Investitionen werden weniger in Netzausbaumaßnahmen als in Netzumbaumaßnahmen vollzogen werden.

Es wird nicht nur zu klassischen Erweiterungen und Verstärkungen der Netze kommen. Es ist vielmehr zu erwarten, dass die bestehenden Netze in ihrer Struktur verändert und modernisiert werden müssen.

Die Grenzen und Probleme des Erweiterungsfaktors liegen darin begründet, dass dieser nur für Erweiterungen der Versorgungsaufgabe gewährt wird und sämtliche Umstrukturierungsmaßnahmen keine Berücksichtigung finden. Erweiterungs- und Ersatzinvestitionen lassen sich in der Praxis häufig nicht trennen.

Der Erweiterungsfaktor führt zudem zu einer linearen Anpassung der Erlöse in Abhängigkeit von der Veränderung der entsprechenden Parameter gegenüber dem Basisjahr. Die Höhe des Erweiterungsfaktors und der Kostenanfall durch Investitionen sind nicht direkt miteinander verknüpft. Insbesondere der beschriebene Charakter der Sprunginvestitionen kann nicht abgebildet werden.

Die Parameter des Erweiterungsfaktors bilden z.T. die aufgrund der Integration erneuerbaren Energien erforderlichen Investitionen nicht ab. Beispiele hierfür sind regelbare Transformatoren oder Steuerungs- und Regelungstechnik.

Bezüglich der zeitlichen Refinanzierbarkeit von Investitionen führt die Konstruktion des Erweiterungsfaktors zwangsläufig mindestens zu einem („t minus 2“)-Zeitverzug. Der Netzbetreiber muss erst die Investition tätigen und auf der Basis von realisierten Werten Voraussetzungen nachweisen und kann dann bei entsprechend positiver Genehmigung die Erlöse im Folgejahr anpassen. Aufgrund der zusätzlichen Voraussetzung, dass eine Erheblichkeitsschwelle überschritten werden muss, führt dies dazu, dass die Erlöswirksamkeit im Optimalfall erst ca. zwei Jahre nach erfolgter Investition gegeben ist. Solange die Erheblichkeitsschwelle noch nicht erreicht ist, können sich sogar deutlich längere Zeiträume bis zur Refinanzierung der Investition ergeben.

Dieser Zeitverzug wirkt sich negativ auf die zu erzielende Rendite aus der Investition aus. Die regulatorisch zulässige Kapitalverzinsung kann nicht erreicht werden. Eine Auseinandersetzung mit dieser Argumentation und der resultierenden Renditeeffekte wurde bereits intensiv bei den Übertragungsnetzbetreibern im Zusammenhang mit den Investitionsbudgets geführt. Bei den Verteilnetzbetreibern ist diese Diskussion jedoch noch am Anfang.

Es kann festgehalten werden, dass der Netzbetreiber im Verteilnetzbereich im gegenwärtigen Regulierungsregime erst die Investition tätigen und nachweisen muss. Danach erst erfolgt eine Prüfung, ob der Erweiterungsfaktor möglich ist und ggf. genehmigt wird. Solange Netzbetreiber aber keine Sicherheit hinsichtlich der Refinanzierbarkeit der Investitionen hat, bestehen nach wie vor Anreize, Investitionen zu unterlassen oder den Zubau erneuerbarer Energien zu begrenzen.

Volatile Kosten

Dieser Teil der Regulierungs-Formel wurde erst mit der Änderung der ARegV im Juli 2010 eingeführt. Die Idee dieses Elements ist es, stark schwankende Kostenelemente des Ausgangsniveaus über die gesamte Regulierungsperiode mitzuführen und durch eine konstante Größe zu ersetzen. Die Differenz zwischen den im Ausgangsniveau enthaltenen volatilen Kosten und den geschätzten volatilen Kosten in den folgenden Jahren der Regulierungsperiode wird als Bonus oder Malus auf die Erlösobergrenze angewendet. Für Übertragungsnetzbetreiber ist die Beschaffung von Treibenergie in diesem Zusammenhang von Relevanz. Sollte der Beschaffungspreis von Treibenergie über dem genehmigten Wert liegen, sind die Differenzen als Verlust vom Netzbetreiber zu tragen.

Qualitätselement

Seit dem Jahr 2012 wird die Qualität in der Stromsparte berücksichtigt. Der Q-Faktor zielt im Wesentlichen auf die Versorgungssicherheit ab. Die Qualität hinsichtlich der Servicequalität soll in Kundenumfragen ermittelt und zukünftig dementsprechend sanktioniert werden. Der Faktor leitet sich aus der Abweichung zu einem Referenzwert der kumulierten Unterbrechungsdauer ab[727].

[727] Vgl. Konzeptionierung und Ausgestaltung des Qualitäts-Elements (Q-Element) im Bereich Netzzuverlässigkeit Strom sowie dessen Integration in die Erlösobergrenze, Consentec, 2010.

Der Bonus bzw. Malus ergibt sich symmetrisch aus der Abweichung zum Referenzwert. Graphisch kann das mit einer fallenden Gerade dargestellt werden. Der Schnittpunkt mit der Abszisse stellt den Referenzwert dar. Der Anstieg der Geraden spiegelt die Zahlungsbereitschaft der Kunden wider: Ist die Differenz positiv, ergibt sich ein Bonus. Ist die Differenz negativ und der Betrag gleich der positiven Differenz, entspricht der Malus dem Bonus. Die aufgrund des Q-Faktors ermittelten Mehr- oder Mindererlöse werden zweimal innerhalb einer Regulierungsperiode bestimmt und in der Erlösobergrenze berücksichtigt.

Eine vergleichbare Qualitätsregulierung für Gasnetze (insbesondere Fernleitungsnetzbetreiber) ist in der Entwicklung. Analog der Stromnetze wird auch hier ein Bonus- und Malus-System basierend auf der Versorgungsqualität erwartet (§ 18, § 19, § 20 ARegV).

3.6.6.3 Investitionsmaßnahmen in der Anreizregulierung

Aus der Betrachtung der Verzinsungsbasis im Fotojahr und der Fixierung dieser für die folgende Regulierungsperiode, finden Kapitalkosten und OPEX für Investitionen, die nach einem Fotojahr anfallen, keine Berücksichtigung in der Erlösobergrenze bis zur Regulierungsperiode, die dem nächsten Fotojahr folgt. Die Grundidee von Investitionsmaßnahmen gemäß § 23 ARegV ist eine Anpassung der Erlösobergrenzen bis zu dieser Berücksichtigung, um den Netzbetreiber für den Verzug zu kompensieren.

Unter den Begriff Investitionsmaßnahmen fallen nur solche Erweiterungsinvestitionen, die für eine stabile Energieversorgung notwendig sind, d. h., dass Ersatzinvestitionen nicht abgedeckt sind. Erweiterungsinvestitionen umfassen beispielsweise Umbauten und Maßnahmen, die die Kapazität des bestehenden Netzes erhöhen, aber auch Maßnahmen, die Folge von veränderten Rahmenbedingungen sind. Um die Voraussetzung einer Investitionsmaßnahme zu erfüllen, muss ein Investment die Bedingungen gemäß § 23, Abs. 1 ARegV oder § 23, Abs. 6 ARegV erfüllen. Das Vorliegen der Bedingungen wird durch die Regulierungsbehörde geprüft. Im Zweifel liefert § 23, Abs. 1 ARegV auch Beispiele von Investments, die unter den Begriff fielen.

Eine Vergütung für die Kosten, die in Zusammenhang mit genehmigten Erweiterungsinvestitionen stehen, beinhaltet die Kosten für Eigenkapital, Fremdkapital, Abschreibungen, Gewerbesteuern und – seit 2010 – OPEX. Bis 2011 wurden diese zusätzlichen Erlöse innerhalb der Erlösobergrenze als dauerhaft nicht beeinflussbare Kosten mit einem Zeitverzug von zwei Jahren nach Baubeginn berücksichtigt. Um diesen Zeitverzug zu kompensieren, wurden die kalkulatorischen Kosten mit einem regulatorischen WACC für zwei Jahre verzinst (der Zeitverzug wurde dann in der Folge aufgehoben). Trotz der Vergütung kann jedoch immer noch ein Liquiditätsnachteil für den jeweiligen Investor entstehen.

Im Nachgang verschiedener Gerichtsverfahren wurde eine neue Vereinbarung zwischen der BNetzA und den Netzbetreibern getroffen. Ein zentrales Element dieser Vereinbarung ist die Anwendungen von pauschalen Ersatzanteilen innerhalb der Investitionsmaßnahmen. Erlöse aus den Investitionsmaßnahmen werden um diesen Ersatzanteil bereinigt, ausgenommen davon ist die Vergütung für OPEX.

Für Investitionsmaßnahmen, die nach Juni 2010 beantragt wurden, wird somit ein projektspezifischer Ersatzanteil in Anwendung gebracht:

- Ein Ersatzanteil von 0 % wird ausschließlich für Neuanlagen genutzt, die die Kapazität erhöhen (ohne Ersatzcharakter)
- Ein Ersatzanteil von 15 % wird für Erneuerungsinvestitionen angesetzt (teilweise Ersatzcharakter)

Seitens der Netzbetreiber besteht bei nach Juni 2010 genehmigten Investitionsmaßnahmen die Möglichkeit, zwischen einem pauschalen Ersatzanteil von 10 % und dem oben beschriebenen projektspezifischen Ersatzanteil zu wählen. Neben dieser Vereinbarung wurde zwischen der BNetzA und den Netzbetreibern ebenfalls vereinbart, dass die Vergütung für Fremdkapitalkosten nicht derselben Obergrenze wie die der regulären kalkulatorischen Anlagen unterliegt.

Der Begriff der Investitionsmaßnahmen wurde erst in einer Änderung der ARegV in 2011 eingeführt und ersetzte den Begriff der Investitionsbudgets. Weitere wesentliche Änderung war die oben angesprochene Eliminierung des zweijährigen Zeitverzuges. Dies führt dazu, dass im jeweiligen Jahr nur Plankosten in Ansatz kommen, deren Kalkulation sich an vorgegebenen Standards der BNetzA orientieren muss. Im Nachgang wird dann ein Abgleich mit den tatsächlichen Kosten durchgeführt und der Unterschiedsbetrag ausgeglichen. Daraus folgt eine Mitteilungspflicht der tatsächlichen Kosten für die Investitionsmaßnahmen bis Ende März des folgenden Jahres durch den Netzbetreiber.

Um den wirtschaftlichen Effekt einer sofortigen Vergütung und Genehmigung der Kosten auszugleichen, muss der Netzbetreiber gemäß § 23, Abs. 2a der ARegV die Erlöse der letzten drei Jahre aus der genehmigten Dauer der Investitionsmaßnahmen kapitalisieren und über die Zeit erlössenkend abbauen („Clawback“). Handelsrechtlich bedingt dieser Mechanismus, dass der Netzbetreiber eine Rückstellung bilden muss, diese wird jedoch im Rahmen der Kostenprüfung als nicht betriebsnotwendig eingestuft.

Durch ihre Stellung als dauerhaft nicht beeinflussbare Kosten unterliegen kalkulatorische Kosten aus Investitionsmaßnahmen keiner Anpassung durch Effizienzziel, Produktivitätsfaktor oder Inflation. Im ersten Fotojahr nach Inbetriebnahme der Investitionsmaßnahme gehen die Anlagen dann mit ihrem kalkulatorischen Restwert in die reguläre Verzinsungsbasis ein („Rollover“).

Mit Beginn der folgenden Regulierungsperiode werden die assoziierten Kosten nicht mehr als dauerhaft beeinflussbare Kosten behandelt und unterliegen dadurch den erwähnten Anpassungen durch den individuellen Effizienzfaktor und den Produktivitätsfaktor. Sie profitieren jedoch auch von der Anpassung hinsichtlich jährlicher Inflation und einer Festschreibung (d. h. ohne Abschreibungen) der Verzinsungsbasis für eine Regulierungsperiode.

Der Netzbetreiber muss eine Investitionsmaßnahme wenigstens neun Monate vor Beginn des Kalenderjahres anmelden, in denen die Kosten für die Investition in Teilen oder in Gänze Teil der Abschlüsse des Netzbetreibers sind. Mit einem einzelnen Antrag kann jedoch auch ein Investment über einen Zeitraum von mehreren Jahren angemeldet werden.

Die BNetzA prüft die Anträge des Netzbetreibers sorgfältig und kann Teile einer Investitionsmaßnahme oder die Investitionsmaßnahme als Ganzes ablehnen, sofern die Planung nicht wirtschaftlich ist, sei es durch die technische Ausgestaltung oder die Bau- bzw. Beschaffungskosten. Bei der Beurteilung dieser Wirtschaftlichkeit kann die BNetzA auf Referenzmodelle von Netzen zurückgreifen (vgl. § 23, Abs. 4 ARegV).

Seit 2010 werden durch die BNetzA OPEX als Teil der Investitionsmaßnahme genehmigt. Diese dürfen in der Regel mit 0,8 % der Investitionskosten pro Jahr angesetzt werden. Abweichend von diesem generellen Vorgehen hat die BNetzA unter Rückgriff auf 32, Abs. 1, Ziffer 8a ARegV die genehmigungsfähigen OPEX für Gasverdichter auf 5,2 % und für Gasdruckregulierer und Zähler auf 5,8 % der Investitionskosten erhöht. Sofern der Netzbetreiber höhere Kosten als diese Obergrenzen nachweisen kann, ist eine Genehmigung auch über diesen Grenzen durch die BNetzA möglich.

3.6.7 Zukünftige Entwicklung des Regulierungsregimes

Mögliche Änderungen des Regulierungsrahmens und somit die künftige Entwicklung des Regulierungsregimes können sich aus einem Evaluierungsprozess durch die BNetzA folgen, der bereits bei der Einführung der Anreizregulierung vereinbart wurde (§ 33 ARegV).

Der ursprüngliche Zeitplan dazu sah vor, dass die Bundesnetzagentur eine Evaluierung der Regulierung in Deutschland bis Anfang 2016 vornimmt. Der Bericht soll Empfehlungen zur Anreizregulierung im Allgemeinen und zu folgenden Punkten im Besonderen enthalten:

- Mögliche Alternativmethoden zur Durchführung des Effizienz-Benchmarks und sinnvolle Kombination von Methoden
- Finanzielle Kennzahlen zur Messung der Versorgungsqualität als Kostenelement innerhalb des Benchmarks
- Maßnahmen zum Abbau von Investitionshindernissen
- Weiterentwicklung der Anreizregulierung im internationalen Kontext

In der Änderung des § 33 ARegv im August 2013 wurde der ursprüngliche Zeitplan verkürzt und das Datum der Evaluierung bereits auf Anfang 2015 vorverlegt. Weiterhin wurde festgelegt, dass der Bericht neben oben genannten Punkten detailliert auf das Investitionsverhalten der Netzbetreiber in Zusammenhang mit dem Abbau von Investitionshindernissen eingehen soll.

Der Bericht bietet dann Netzbetreibern und Marktteilnehmern aus anderen Industrien die Möglichkeit, Stellung zu nehmen. Basierend auf der aktuellen Markteinschätzung und internationalen Modellen, wird jedoch nicht von einer grundlegenden Änderung der Regulierungssystematik ausgegangen und somit von einer Fortführung der aktuellen Systematik in Form einer dritten Regulierungsperiode.

3.7 Sicherungsinteressen der Kreditgeber bei der Finanzierung von Stromleitungsnetzen

FLORIAN DEGENHARDT UND DR. BEATE TREIBMANN

Florian Degenhardt ist Rechtsanwalt und Partner im Hamburger Büro der internationalen Anwaltskanzlei White & Case.

Dr. Beate Treibmann ist Rechtsanwältin in derselben Anwaltskanzlei.

3.7.1 Einleitung

Der Neubau und die Erweiterung von Stromleitungen im Zuge der „Energiewende" stellen die Netzbetreiber vor große Herausforderungen. Dies gilt im Besonderen im Hinblick auf den enormen Kapitalbedarf, der für die Errichtung von Hochspannungstrassen erforderlich ist. Mag auch die Gesamtlänge der erforderlichen Leitungen und die damit einhergehende Höhe der zu tätigenden Investitionen unterschiedlich hoch eingeschätzt werden[728], so bleibt doch festzuhalten, dass die Finanzierung dieser Vorhaben für die Netzbetreiber allein häufig nicht tragbar[729] und deshalb nur in Kooperation mit finanziell zugkräftigen Partnern gelingen kann. Ähnliches lässt sich auf Ebene der Verteilernetze und der kommunalen Energieversorgung feststellen. Auch hier besteht ein erheblicher Ausbaubedarf[730]. Vor dem Hintergrund auslaufender Konzessionsverträge in den nächsten Jahren[731] ist hier zudem ein Trend zur Rekommunalisierung erkennbar[732]. Die „Rückführung" der Netze in kommunale Hand stellt die Kommunen als Käufer ebenfalls vor finanzielle Hürden, obgleich ihnen andere Möglichkeiten der Finanzierung offen stehen, was unten noch eingehender untersucht wird.

Für zukünftige Investitionen in Stromleitungsnetze wird es für die Investoren unter anderem darauf ankommen, dass sich die von ihnen bevorzugten Finanzierungsstrukturen umsetzen lassen. Hierbei sind, wie oben aufgezeigt, sowohl reine Projektfinanzierungen als auch Unternehmensfinanzierungen und Mischformen beider Finanzierungsarten denkbar. Insbesondere vor dem Hintergrund von Investitionen institutioneller Investoren soll die Projektfinanzierung im Vordergrund unserer Betrachtung stehen.

---

728 BdWE Studie, 11,6 bis 23,8 Milliarden Euro, dena Netzstudie II 14,9 bis 27,5 Euro.

729 Dem Übertragungsnetzbetreiber TenneT TSO GmbH wurde die Zertifizierung unter Verweis auf „fehlenden Nachweis der finanziellen Leistungsfähigkeit" verweigert: Bundesnetzagentur, BK 6-12-047, Beschluss vom 9.11.2012, S. 10.

730 27,5 bis 42,5 Mrd. Euro bis zum Jahr 2030 für Verteilernetze aller Spannungsebenen: dena-Verteilnetzstudie: Zusammenfassung der zentralen Ergebnisse der Studie „Ausbau- und Innovationsbedarf in den Stromverteilnetzen in Deutschland bis 2030", Berlin, 10.12.2012, S. 8.

731 „Der Trend zur Rekommunalisierung wird sich auch in nächster Zeit fortsetzen, da im Energiebereich die Mehrzahl der Strom- und Gasnetzkonzessionsverträge bis 2015/2016 auslaufen" so *Libbe,* Rekommunalisierung – eine Bestandsaufnahme, Gastbeitrag in „Konzessionsverträge Handlungsoptionen für Kommunen und Stadtwerke", VKU (Hrsg.), 2012, S. 8.

732 Bericht des Bundeskartellamtes über seine Tätigkeit in den Jahren 2011/2012 sowie über die Lage und Entwicklung auf seinem Aufgabengebiet und Stellungnahme der Bundesregierung, S VI; Gemeinsamer Leitfaden von Bundeskartellamt und Bundesnetzagentur zur Vergabe von Strom- und Gaskonzessionen und zum Wechsel des Konzessionsnehmers, 15.12.2010, S. Rn. 3.

Es ist absehbar, dass Projektfinanzierungen sowohl beim Bau neuer Stromleitungen als auch beim „Rückkauf" von Netzen durch die Kommunen[733] eine wichtige Rolle spielen werden. Dabei wird auch die Projektfinanzierung über den Kapitalmarkt im Wege der Begebung von Projektanleihen[734] (*Project Bonds*) an Bedeutung gewinnen. Dies hängt insbesondere mit der von der Europäischen Kommission und der Europäischen Investitionsbank (EIB) lancierten Projektanleiheninitiative (*Project Bond Initiative (PBI)*) zur Förderung großer Infrastrukturprojekte zusammen. Hier wird die Kapitalmarktqualität der Projektanleihen durch ein sogenanntes Project Bond Credit Enhancement (*PBCE*) erhöht, das ein Instrument zur Bonitätsverbesserung der Projektanleihe darstellt und in Form von unterstützenden (subordinierten) Darlehen oder Garantien (*Letter of Credit*) zum Einsatz kommt[735].

Auf Fremdkapitalgeberseite können bei Projektfinanzierungen deshalb nicht nur Bankenkonsortien und sonstige Investoren, sondern auch Anleihegläubiger stehen. Unabhängig davon, wer letztlich das Projektfremdkapital bereitstellt, wird eine Projektfinanzierung nur dann möglich sein, wenn sich die erforderlichen Sicherheiten bestellen lassen. Stehen mehrere Personen auf Fremdkapitalgeberseite – sei es ein Bankenkonsortium, eine Gruppe von Anleihegläubigern oder die EIB als PBCE-Provider – so werden die erforderlichen Sicherheiten in der Regel zugunsten des einzelnen Gläubigers und zusätzlich auf Basis eines abstrakten Schuldanerkenntnisses (*Parallel Debt*) zugunsten eines Sicherheitenagenten bestellt, der diese für die Gesamtheit der Fremdkapitalgeber treuhänderisch verwaltet. Der Einfachheit halber wird im Folgenden davon ausgegangen, dass es sich bei dem Fremdkapitalgeber um eine Bank handelt und deshalb Sicherheiten nur gegenüber dieser und nicht gegenüber einem Treuhänder bestellt werden müssen.

3.7.2 Grundsätzliche Überlegungen zu Sicherheiten bei einer Projektfinanzierung

3.7.2.1 Grundsätzliche Funktionen von Kreditsicherheiten

Spricht man von Kreditsicherheiten, meint man solche Instrumente, die das ökonomische Risiko eines Kreditgebers verringern, im Falle der Nichtrückzahlung eines gewährten Kredits „leer auszugehen". Klassische Kreditsicherheiten sind beispielsweise (Grund-)Pfandrechte, die Sicherungsübereignung beweglicher Sachen, die Abtretung von Forderungen oder die Bürgschaft eines Dritten. Kann der Kreditnehmer den Kredit nicht zurückzahlen, so steht dem Kreditgeber die Möglichkeit der Verwertung offen. Der Rückzahlungsanspruch des Kreditgebers wird dann durch den in der Verwertung erzielten Erlös befriedigt, soweit dieser sich mit der Höhe der ausstehenden Forderung deckt. Dies beschreibt die sogenannte positive Funktion der Kreditsicherheit, die Möglichkeit der Rechtsdurchsetzung.

[733] Leitfaden für die Finanzierung von Versorgungsnetzen, VKU, DGStB, DST, DSGV (Hrsg.), 2013, S. 51.

[734] Zu unterscheiden hiervon ist beispielsweise die emittierte „Bürgeranleihe" der Tennet Holding B.V., die als Unternehmensanleihe ausgestaltet ist.

[735] So z. B. die erfolgreiche Emission einer Projektanleihe mit PBCE der EIB mit Moody's-Rating von A3 zur Finanzierung der Offshore-Übertragungsleitung für den Windpark Greater Gabbard in UK im Dezember 2013.

Neben dieser positiven Funktion erfüllen Kreditsicherheiten auch eine Vorrang- und eine Ausschlussfunktion. Der Kreditgeber wird nämlich im Falle der Insolvenz des Kreditnehmers aufgrund von Aus- und Absonderungsrechten vorrangig, das heißt vor anderen Gläubigern des Kreditnehmers befriedigt. Außerdem stehen ihm bereits vor einer Insolvenz Abwehrrechte gegenüber den anderen Gläubigern des Kreditnehmers zu. Diese verhindern den Zugriff auf die besicherten Vermögensgegenstände oder machen ihn wirtschaftlich unattraktiv, da der Erlös aus einer etwaigen Verwertung an den Kreditgeber ausgekehrt wird.

3.7.2.2 Ziele der Sicherheiten bei einer Projektfinanzierung

Bei klassischen Finanzierungen steht die Verwertungsfunktion der Kreditsicherheiten im Vordergrund. Die Entscheidung der Kreditvergabe hängt maßgeblich vom Sachwert einzelner Sicherheiten ab. Bei einer Projektfinanzierung ist dies anders.

Projektfinanzierung bedeutet Cashflow-basierte Finanzierung, das heißt, dass sich bereits die Kreditvergabe nicht primär am Vermögen, sondern an den zu erwartenden Cashflows des Projekts orientiert. Bei einer Verwertung bleibt der Sachwert einzelner Vermögensgegenstände, das heißt der erzielbare Zerschlagungswert, regelmäßig erheblich hinter dem Fortführungswert des Projektes zurück. Der Kredit kann daher nur aus den Cashflows des Projekts oder aus einer Verwertung des Projekts als Ganzem, das heißt der Veräußerung des funktionierenden Unternehmens, zurückgeführt werden.

Wichtigstes Ziel des Kreditgebers ist es daher, den Zahlungsfluss des Projekts aufrechtzuerhalten. Deshalb kommt der Ausschlussfunktion der Sicherheiten bei einer Projektfinanzierung besondere Bedeutung zu.

Es lassen sich grundsätzlich drei wesentliche Ziele der Sicherheiten bei einer Projektfinanzierung benennen: (1) Der Kreditgeber muss den Cashflow als Grundlage der Finanzierung kontrollieren, (2) die Sicherheiten müssen den Ausschluss Dritter gewährleisten, (3) die Sicherheiten müssen eine Verwertung des Projekts als Ganzes ermöglichen.

3.7.3 Das typische „Sicherheitenpaket“

Aus diesen Zielen ergibt sich ein für Projektfinanzierungen typisches „Sicherheitenpaket“:

Zunächst müssen Cashflows des Projekts zugunsten der Bank gesichert und der Zugriff Dritter auf diese verhindert werden. Hierzu tritt die Projektgesellschaft sämtliche Zahlungsansprüche an die Bank ab. Außerdem werden die eigens für das Projekt eingerichteten Projektkonten verpfändet.

Auf Ebene der Sponsoren (den Gesellschaftern der Projektgesellschaft) werden die Gesellschaftsanteile an der Projektgesellschaft zugunsten der Bank verpfändet. Die Bank kann dann ihr Pfandrecht verwerten und die Gesellschaftsanteile der Projektgesellschaft (bei vorheriger Zustimmung des Verpfänders[736]) im Wege des freihändigen Verkaufs veräußern[737] (sog. *Share Deal*). Hierbei wechselt lediglich der Anteilseigentümer der Projektgesellschaft, das Projekt bleibt intakt. Jedoch bleiben auch sämtliche Verbindlichkeiten erhalten. Die Verwertung des

[736] Die Zustimmung zur freihändigen Veräußerung oder der öffentlichen Versteigerung entspricht der Marktpraxis.

[737] *Röver*, in: Siebel/Röver/Knütel, Rechtshandbuch Projektfinanzierung und PPP, Rn. 2402.

Anteilspfandrechts wird in der Praxis die praktikabelste Lösung sein, das Projekt zu übertragen.

Auf Ebene der Projektgesellschaft selbst werden sämtliche Vermögenswerte des Projekts gesichert. Ziel ist neben der Verhinderung des Zugriffs Dritter, das Projekt unter Zurücklassung einer „entkernten" Projektgesellschaft übertragen zu können (sog. *Asset Deal*). Im Einzelnen bedeutet dies die Sicherungsabtretung aller Ansprüche der Projektgesellschaft gegen Dritte, die Sicherungsübereignung des gesamten beweglichen Vermögens und die Bestellung von Grundpfandrechten an allen Immobilien, soweit vorhanden.

Außerhalb dieser klassischen (dinglichen) Kreditsicherheiten werden zwischen Kreditgeber und den jeweiligen Projektvertragsparteien Eintrittsrechte in die für die Fortführung des Projektes wesentlichen Projektverträge vereinbart. Zudem muss sichergestellt werden, dass Genehmigungen und Konzessionen soweit möglich erhalten bleiben, um die Fortführung des Projekts zu gewährleisten. Um das Projekt außerdem vor dem Zugriff Dritter zu schützen, werden in den Kreditverträgen ergänzende, die Sicherheiten flankierende Auflagen vereinbart (*Covenants*). So sichert die Projektgesellschaft unter anderem zu, ohne Zustimmung des Kreditgebers keine weiteren Kredite aufzunehmen und keine weiteren Sicherheiten zu bestellen (*Negative Pledge*).

3.7.4 Organisatorische Struktur einer Stromleitungs- oder Netzinvestition

Gegenstand dieses Kapitels ist es, die aufgeführten projektfinanzierungstypischen Sicherheiten und Sicherungsmechanismen, insbesondere vor dem Hintergrund der Finanzierung von Stromleitungen, näher in den Blick zu nehmen. Dabei müssen die wesentlichen Projektwerte bei Stromleitungsnetzinvestitionen identifiziert und die Möglichkeit der Sicherung zugunsten der finanzierenden Bank untersucht werden. Dies muss auch unter Berücksichtigung denkbarer Konstellationen von Leitungsnetzinvestitionen geschehen.

Will man die Vermögens- und Projektwerte identifizieren, sollte zunächst die organisatorische Struktur einer Stromleitungs- oder Netzinvestition betrachtet werden. Zunächst eine grundsätzliche Unterscheidung: ein Investor kann in Leitungen investieren, die Teil eines Gesamtnetzes sind, ein Netz aufbauen oder kaufen. Weder das Energiewirtschaftsgesetz (EnWG), noch die gemeinschaftsrechtlichen Richtlinien enthalten eine Definition des Netzbegriffs[738]. Der Netzbegriff muss regelmäßig durch Auslegung derjenigen Vorschrift, die den Netzbegriff voraussetzt, ermittelt werden[739]. Geht es um die Aufnahme des Netzbetriebs, ist hinsichtlich der Betriebsgenehmigung § 4 EnWG maßgeblich. Die Errichtung und der Betrieb einer einzelnen Leitung in einer Gesellschaft ohne Verbindung zu bestehenden Netzbetreibern wird hiernach regelmäßig als die Aufnahme des Betriebs eines neuen Netzes anzusehen sein.

Auch wenn dies keinen Einfluss auf die Art der Sicherung hat, erleichtert ein Verständnis der Struktur die Lokalisierung von abzusichernden Risiken. Insbesondere im Bereich der für den

[738] BGH Beschluss v. 18.10.2011, EnVR 68/10, Rn. 8.

[739] BGH Beschluss v. 18.10.2011, EnVR 68/10, Rn. 8.

Betrieb von Leitungen erforderlichen Genehmigungen kann die gewählte Struktur die aus Bankensicht erforderliche Sicherung beeinflussen.

Die organisatorische Struktur wird sich im Wesentlichen an den wirtschaftlichen Zielsetzungen des jeweiligen Investors orientieren. So kann der Investor selbst eine operative Rolle beim Betrieb der Leitungen einnehmen oder nur als Finanzinvestor fungieren, der lediglich an laufenden Erträgen interessiert ist. Unabhängig von der Art des Leitungsnetzes (Verteiler- oder Übertragungsnetz) und den netzartspezifischen Besonderheiten sind (vereinfacht) drei mögliche Projektstrukturen zu unterscheiden:

- Modell 1:
Leitungseigentum und Netzbetrieb liegen in der Hand der Projektgesellschaft, die selbständiger Netzbetreiber im Sinne des Energiewirtschaftsgesetzes (EnWG) ist.

- Modell 2:
Die Leitungen sind in einer selbstständigen Leitungsgesellschaft (die Projektgesellschaft) ausgegliedert. Eine (in der Regel neu gegründete) Netzbetreibergesellschaft betreibt die Leitungen, wobei das Netz der Betreibergesellschaft nur aus den finanzierten Leitungen besteht und entrichtet dafür ein Nutzungsentgelt an die Projektgesellschaft (Netzpacht).

- Modell 3:
Die Leitungen sind in einer selbstständigen Leitungsgesellschaft (die Projektgesellschaft) ausgegliedert. Ein bereits am Markt operierender Netzbetreiber betreibt die Leitungen und zahlt dafür ein Nutzungsentgelt an die Projektgesellschaft (Netzpacht).

Im Folgenden soll zunächst auf die einzelnen Sicherheiten und Sicherungsmechanismen eingegangen werden. Dabei wird, falls im Einzelfall relevant, auf die oben aufgeführten Modelle zurückgegriffen.

3.7.5 Projektfinanzierungstypische Sicherheiten bei Stromleitungsnetzfinanzierungen

3.7.5.1 Verpfändung der Gesellschaftsanteile an der Projektgesellschaft

Wie bereits erwähnt, werden im Rahmen einer Projektfinanzierung regelmäßig die Gesellschaftsanteile der Projektgesellschaft durch die Sponsoren zugunsten der Bank verpfändet. Es ergeben sich hier bei der Finanzierung von Stromleitungsnetzen keine Besonderheiten. Grundsätzlich ist eine Verwertung des Pfandrechts an den Gesellschaftsanteilen möglich. Allerdings ist zu prüfen, ob dies im jeweiligen Modell Auswirkungen auf die Betriebsgenehmigung und die genehmigte Erlösobergrenze hat[740]. Überdies wird der Kreis potenzieller Käufer aufgrund der regulatorischen Vorgaben des EnWG begrenzt sein.

3.7.5.2 Kontrolle des Zahlungsflusses und Abtretung von Forderungen

Beim Betrieb von Stromleitungen speist sich der Cashflow der Projektgesellschaft aus den Einnahmen aus dem Netzbetrieb. Dies sind entweder die Netzentgeltforderungen der Projekt-

740 Hierzu verweisen wir umfassend auf unsere weitergehenden Ausführungen im Abschnitt 3.7.7.

und Netzbetreibergesellschaft (*Modell 1*) gegenüber den Netznutzern oder Ansprüche aus der Verpachtung des Netzes an einen Betreiber (*Modell 2* und *Modell 3*). Die Höhe dieser Forderungen wird sich im Wesentlichen an der genehmigten Erlösobergrenze gemäß der Anreizregulierungsverordnung (ARegV) orientieren[741].

Zur Sicherung der Rückführung des Kredits werden diese Forderungen zum einen durch (Voraus-)Abtretung, zum anderen durch Verpfändung der zu diesem Zweck eröffneten Projektkonten besichert[742]. Die Abtretung beschränkt sich aber nicht auf Ansprüche aus den Netznutzungsverträgen, sondern sie umfasst sämtliche Ansprüche der Projektgesellschaft gegen Dritte. Zu diesen gehören insbesondere die Ansprüche der Projektgesellschaft aus den Projektverträgen, etwa Gewährleistungsansprüche aus Bau-, Wartungs- oder Betriebsführungsverträgen, aber auch solche aus Versicherungen. Die Verpfändung von Projektkonten – rechtlich genauer der Bestellung eines Pfandrechts an Forderungen – dient der Sicherung der Kontrolle des Buchgeldes durch die Bank[743]. Spezifische Besonderheiten bei der Finanzierung von Stromleitungsnetzen ergeben sich hierbei ebenfalls nicht.

3.7.5.3 Sicherungsübereignung der Leitungen

Einen wesentlichen Teil des Sachvermögens bilden die einzelnen Bestandteile der Stromleitungen. Bei diesen handelt es sich grundsätzlich um bewegliche Sachen. Solche können zum Zwecke der Kreditsicherung an die Bank sicherungsübereignet werden. Bei der Sicherungsübereignung übereignet der Sicherungsgeber den Sicherungsgegenstand an den Sicherungsnehmer, wobei der Sicherungsgeber in Besitz des Sicherungsgegenstandes bleibt, um diesen weiterhin wirtschaftlich zu nutzen[744]. Ziel ist es, dem Sicherungsnehmer eine insolvenzfeste Rechtsposition einzuräumen, die in einem Absonderungsrecht gem. § 51 Nr. 1 Insolvenzordnung (InsO) besteht.

Eigentum an Stromleitungen

Zu klären ist aber bei Leitungsnetzinvestitionen, ob der Leitungseigentümer sein Eigentum bei der Aufstellung oder Verlegung der Leitungen und Leitungsteile aufgrund gesetzlicher Anordnung gemäß der §§ 94, 946 BGB verliert. Nach diesen Vorschriften werden bewegliche Sachen bei einer festen Verbindung mit dem Grund und Boden Teil des jeweiligen Grundstücks. Die Grundstücke, über die die Leitungen verlaufen, stehen jedoch regelmäßig nicht im Eigentum des Leitungseigentümers.

Zunächst soll nur auf Leitungen an Land eingegangen werden[745]. Bei solchen Leitungen sind Freileitungen von Erdkabeln zu unterscheiden. Zu den Bestandteilen einer Freileitung zählen die Fundamente und Gründungen, Masten und Isolatoren[746]. Hinsichtlich der Freileitungskabel

741 Siehe hierzu Kapitel 3.8.

742 *Röver*, in: Siebel/Röver/Knütel, Rechtshandbuch Projektfinanzierung und PPP, Rn. 2396.

743 *Röver*, in: Siebel/Röver/Knütel, Rechtshandbuch Projektfinanzierung und PPP, Rn. 2396.

744 *Ganter*, in: Schimansky/Bunte/Lwowski, Bankrechtshandbuch, Bd. 2, 4. Auflage 2011, § 95 Rn. 8.

745 Zu der Frage der dinglichen Sicherung von Offshore-Leitungsbestandteilen siehe Abschnitt 3.7.8.3.

746 *Kießling/Nefzger/Kaintzyk*, Freileitungen: Planung, Berechnung, Ausführung, S. 402; Projektbeschreibung Raumordnungsverfahren 380-kV-Freileitung Neuenhagen–Wustermark–Henningsdorf, 50Hertz Transmission GmbH vom 01.10.2010, S. 47.

fehlt es bereits an einer festen Verbindung[747]. Der Leitungsstrang ist lediglich in einer Trägervorrichtung „eingeklemmt“[748]. Jedoch sind Fundamente, Gründungen, die darauf befestigten Masten sowie Erdkabel fest mit dem Boden verbunden. Gleichwohl sind Stromleitungen als Versorgungsleitungen regelmäßig sonderrechtsfähige Gegenstände[749]. Sie bleiben trotz der festen Verbindung mit einem Grundstück bewegliche Sachen, da es sich um sogenannte Scheinbestandteile im Sinne des § 95 BGB handelt. Scheinbestandteile sind solche Teile, die entweder nur zu einem vorübergehenden Zweck oder in Ausübung eines Rechts (§ 95 Abs. 1 S. 2 BGB) fest mit dem Grundstück verbunden werden. Rechte im Sinne des § 95 Abs. 1 S. 2 BGB sind nur dingliche Rechte[750]. Ein solches dingliches Recht ist im Falle von Versorgungsleitungen eine zugunsten des Versorgungsunternehmens bestehende, beschränkt persönliche Dienstbarkeit im Sinne des § 1090 BGB. Diese wird dem Versorgungsunternehmen durch Bewilligung des Grundstückseigentümers und Eintragung in das Grundbuch eingeräumt[751]. Auf öffentlichem Grund werden zugunsten des Versorgers keine Dienstbarkeiten oder dinglichen Rechte bestellt. Jedoch entspricht es der allgemeinen Auffassung, dass im Falle der Verbindung der Leitung mit dem Grundstück aufgrund öffentlich- rechtlicher Befugnisse oder aufgrund eines auf öffentlich-rechtlichen Vorschriften beruhenden Nutzungsrechts[752] (oder eines öffentlich-rechtlichen Anspruchs auf Abschluss eines Vertrages zur Nutzung) eine Scheinbestandteileigenschaft ebenfalls zu bejahen ist[753]. In diesem Fall ist nämlich das Nutzungsrecht des Leitungsinhabers „derart beständig und abgesichert, dass es der Dienstbarkeit nahe kommt“[754].

Zweckmäßigkeit einer Sicherungsübereignung

Die Bedeutung der Sicherungsübereignung liegt vorrangig in der Ausschlussfunktion. Daher treten Gesichtspunkte, die die Verwertung erschweren, wie etwa der geringe Sachwert der Leitungen oder regulatorische Hürden bei der Veräußerung, zurück.

Auch ergeben sich für den Sicherungsnehmer (die Bank) keine Verpflichtungen aus der Stellung als Leitungseigentümer. Pflichten sieht das EnWG in den §§ 11 ff. Energiewirtschaftsgesetz (EnWG) hinsichtlich des Netzbetriebes vor. Insbesondere besteht nach § 11 Abs. 1 EnWG für den Betreiber eines Energieversorgungsnetzes die Pflicht, das Netz zu betreiben, zu warten, zu verstärken und auszubauen. Verpflichteter nach dieser Vorschrift ist der Betreiber eines Netzes[755]. Betreiber ist derjenige, der die technischen Abläufe und Ergebnisse des Netzbetriebes zu steuern vermag[756], also die rechtliche oder tatsächliche Verfügungsgewalt über das Netz

747 *Mahne,* Eigentum an Versorgungsleitungen, S. 85.

748 *Kießling/Nefzger/Kaintzyk*, Freileitungen: Planung, Berechnung, Ausführung, S. 281.

749 *Ellenberger,* in: Palandt, § 95 Rn. 6; *Albrecht* in: Schneider/Theobald – Recht der Energiewirtschaft, 2008, § 9, Rn. 85.

750 *Ellenberger*, in: Palandt, § 95 Rn. 6.

751 *Albrecht,* in: Schneider/Theobald, Recht der Energiewirtschaft, § 9, Rn. 101.

752 § 12 NAV.

753 BGH NJW 1962, 1817, Urt. v. 11.7.1962, V ZR 175/60; BGH NJW 1980, 771, Urt. v. 19.9.1979 V ZR 41/77, mit Verweis auf § 46 EnWG: *Säcker*, in;MüKo, Bd. 1, § 95 Rn. 25, 27; *Ellenberger*, in: Palandt, § 95 Rn. 6.

754 *Albrecht*, in: Schneider/Theobald, Recht der Energiewirtschaft, § 9, Rn. 101.

755 *Theobald/Zenke/Ochsenfahrt,* in: Schneider/Theobald, Recht der Energiewirtschaft, § 15 Rn. 113.

756 *Salje*, EnWG, § 25 Rn. 25.

hat[757]. Dies ist regelmäßig aber, wie oben aufgezeigt, nicht zwangsläufig der Eigentümer[758]. Im Falle der Sicherungsübereignung ist der Sicherungsnehmer zwar „echter" Eigentümer, ist jedoch durch das zwischen ihm und dem Sicherungsgeber bestehende Treuhandverhältnis gebunden[759]. Dies bedeutet, dass er rechtlich zwar über das Eigentum verfügen kann, dies jedoch vor Eintritt des Verwertungsfalls nicht darf[760]. Der wirtschaftliche Nutzen des Netzbetriebes kommt grundsätzlich dem Sicherungsgeber (bzw. diesem und einer Betreibergesellschaft) zugute, der auch die Betriebsabläufe beherrscht und daher alleiniger Adressat etwaiger Betreiberpflichten ist. Dies ändert sich auch nicht in einem Verwertungsfall. Dann nämlich steht der Bank lediglich der Erlös aus der Verwertung zu, es erfolgt aber kein Fortbetrieb unter Regie der Bank[761].

Es ist jedoch denkbar, dass im Einzelfall – beispielsweise bei Einräumung kommunaler Bürgschaften[762] – die Sicherungsübereignung in Anbetracht der obigen Erwägungen verzichtbar ist.

3.7.6 Sicherung der Projektverträge

Wie bereits aufgezeigt, ist es bei Projektfinanzierungen notwendig sicherzustellen, dass die von der Projektgesellschaft gehaltenen Projektverträge auf die Bank oder Dritte übertragbar sind. Eine Sicherungsabtretung der Rechte aus dem jeweiligen Projektvertrag reicht hierbei nicht aus, da das Vertragsverhältnis zwischen den bisherigen Parteien davon unberührt bleibt. Insofern bestünde für den jeweiligen Projektvertragspartner die Möglichkeit der Kündigung des Vertrages.

Deshalb schließen Projektgesellschaft, Bank und Vertragspartei des jeweiligen Projektvertrages einen sogenannten Direktvertrag, der es dem Kreditgeber erlaubt, die Projektverträge auch ohne Mitwirkung der Projektgesellschaft übertragen zu können, so dass auch eine Verwertung einzelner Assets bzw. der Austausch der Projektgesellschaft im Wege des Asset Deals möglich ist. Ein Direktvertrag ist regelmäßig als Vertragsübernahmeoption ausgestaltet. Der Kreditgeber kann im Falle des Vorliegens eines besonderen Grundes in den jeweiligen Projektvertrag eintreten oder einen Dritten bestimmen, der anstelle der Projektgesellschaft den Projektvertrag übernimmt. Ein besonderer Grund ist regelmäßig das Vorliegen eines Kündigungsrechts eines Vertragspartners unter einem Projektvertrag, ein Kündigungsrecht des Kreditgebers unter dem Kreditvertrag oder die drohende oder bestehende Zahlungsunfähigkeit der Projektgesellschaft. Der jeweilige Projektvertragspartner verpflichtet sich in dem Direktvertrag, das Kündigungsrecht innerhalb einer vereinbarten Sperrfrist nicht auszuüben. In dieser Zeit hat die Bank die Möglichkeit, ihr Eintrittsrecht wahrzunehmen.

---

757 *Boesche*, in: Säcker, Berliner Kommentar zum Energierecht, Bd. 1, § 3 Rn. 4.

758 *Salje*, EnWG, § 25 Rn. 26; *Theobald/Zenke/Ochsenfahrt* in: Schneider/Theobald, Recht der Energiewirtschaft, 2008, § 14 Rn. 100.

759 *Bassenge*, in: Palandt, § 903 Rn. 37.

760 *Ganter*, in: Schimansky/Bunte/Lwowski, Bankrechtshandbuch, 4. Auflage 2011, Bd. 2, § 95 Rn. 58.

761 Nur in einem solchen Fall wäre die Bank Betreiber. So für den Fall eines umweltrechtsrelevanten Anlagenbetriebs: *Cartano* in: Hellner/Steuer, Bankrecht und Bankpraxis, Bd. 2, Rn. 4/542 ff.

762 Siehe hierzu Ziffer 3.7.8.2.

Wichtige Projektverträge werden, wie bei den meisten Infrastrukturinvestitionen, Errichtungs-, Wartungs-, Instandhaltungs- und Betriebsführungsverträge sein. Ein besonderes Augenmerk soll bei der Finanzierung von Stromleitungen aber auf den Wegenutzungsverträgen liegen.

3.7.6.1 Sicherung der Wegenutzungsverträge

Wegenutzungsverträge haben bei dem Betrieb von Stromleitungen große Bedeutung. Inhalt dieser Verträge ist die Erlaubnis, die jeweiligen Grundstücke zum Zwecke der Verlegung, Unterhaltung und des Betriebs der Leitungen zu nutzen. Erst dieses Nutzungsrecht ermöglicht die Verlegung, die Unterhaltung und den Betrieb von Leitungen auf fremdem Grund. Deshalb ist es für die finanzierende Bank von großer Wichtigkeit, die Wegenutzungsverträge zu sichern.

Ob die Vereinbarung eines Eintritts- und Drittbestimmungsrechts der Bank bei Wegenutzungsverträgen möglich ist und wie dieses ausgestaltet werden kann, hängt zunächst maßgeblich von dem gesetzlichen Rahmen ab, dem der jeweilige Wegenutzungsvertrag unterliegt. Dieser soll im Folgenden näher betrachtet werden.

Nutzungsverträge mit privaten Grundstückseigentümern

Bei den Wegenutzungsverträgen sind Verträge des Netz- bzw. Leitungsbetreibers mit den privaten Grundstückseigentümern von solchen mit der Öffentlichen Hand zu unterscheiden.

Bei Leitungen im Anwendungsbereich des § 12 der Verordnung über Allgemeine Bedingungen für den Netzanschluss und dessen Nutzung für die Elektrizitätsversorgung in Niederspannung (NAV) hat der Eigentümer die Nutzung des Grundstücks „für Zwecke der örtlichen Versorgung“ im Gebiet des „Elektrizitätsversorgungsnetzes der allgemeinen Versorgung“ unentgeltlich zu dulden. Es handelt sich dabei um eine Beschränkung der Eigentümerrechte aus § 903 BGB[763], weshalb es keiner vertraglichen Regelung und mithin auch keiner Übertragung bedarf[764]. Soweit sich Leitungen außerhalb dieses Anwendungsbereichs befinden, schließen Leitungsinhaber und private Grundstückseigentümer Gestattungsvereinbarungen ab[765]. Solche sehen in der Praxis oft eine einmalige Ausgleichszahlung als Gegenleistung für die Grundstücksnutzung vor, können aber grundsätzlich frei ausgestaltet werden[766]. Sie unterliegen daher keinen weitergehenden Bindungen, die dem Abschluss eines Direktvertrages in oben dargestellter Form entgegenstehen.

Dinglich abgesichert werden diese Gestattungsvereinbarungen in der Praxis durch Einräumung beschränkt persönlicher Dienstbarkeiten zugunsten des Leitungsinhabers. Da es sich um Versorgungsleitungen handelt, sind solche Dienstbarkeiten bereits aufgrund gesetzlicher Vorschrift, § 1092 Abs. 3 BGB, übertragbar[767]. Es sind daher zwei Möglichkeiten der Sicherung dieser Dienstbarkeit zugunsten der Bank gegeben. Zum einen kann der Leitungsinhaber und Dienstbarkeitsberechtigte sich selbst gegenüber der finanzierenden Bank verpflichten, die Dienstbarkeit bei Eintritt der Bank oder eines Dritten in den Gestattungsvertrag auf diese zu

763 *Hermes* in: Schneider/Theobald, Recht der Energiewirtschaft, § 10, Rn. 9.

764 Auch eine Dienstbarkeit ist hier nicht erforderlich: *Hermes* in: Schneider/Theobald, Recht der Energiewirtschaft, § 10, Rn. 10.

765 *Rappen/Schiffer* in: Posser/Faßbender, Praxishandbuch Netzplanung und Netzausbau, 2013, Kap. 12, Rn. 27 ff.

766 *Rappen/Schiffer* in: Posser/Faßbender, Praxishandbuch Netzplanung und Netzausbau, 2013, Kap. 12, Rn. 40.

767 Joost, in: MüKo, Bd. 6, § 1092 Rn. 11.

übertragen. Zum anderen kann sich der jeweilige Grundstückseigentümer gegenüber der Bank verpflichten, in einem solchen Fall gleiche Dienstbarkeiten wie gegenüber dem Leitungsinhaber zu bestellen. Zur Sicherung solcher Verpflichtungen wird sich die Bank vom jeweilig Verpflichteten eine Vormerkung bewilligen lassen, die den entsprechenden Anspruch absichert.

Konzessionsverträge

Bei Wegenutzungsverträgen mit der Öffentlichen Hand handelt es sich um privatrechtliche Verträge, die jedoch öffentlich-rechtlichen Bindungen unterliegen[768]. Bei diesen sind einfache Wegenutzungsverträge von sogenannten qualifizierten Wegenutzungsverträgen (Konzessionsverträge) abzugrenzen. Nur qualifizierte Wegenutzungsverträge sind gemäß § 46 Abs. 2 EnWG besonderen Anforderungen unterworfen[769]. Bei anderen (einfachen) Wegenutzungsverträgen sind die Parteien hinsichtlich der Ausgestaltung grundsätzlich frei. Insoweit kann für diese Wegenutzungsverträge ein direktvertragliches Übernahmerecht vereinbart werden.

Eine Abgrenzung von einfachen und qualifizierten Wegenutzungsverträgen erfolgt anhand des gebietsbezogenen und funktionalen Netzbegriffs des § 46 Abs. 2 EnWG. Der Anwendungsbereich von § 46 Abs. 2 EnWG ist hiernach zunächst auf diejenigen Leitungen beschränkt, die der allgemeinen Versorgung im Gemeindegebiet dienen. Der Begriff der „allgemeinen Versorgung“, der in § 3 Nr. 17 EnWG legal definiert ist, begrenzt das Netz seiner Funktion nach auf die Verteilung von Energie an Dritte. Es handelt sich daher nur um Verteilernetze, Übertragungsnetze sind nicht erfasst[770]. Im Übrigen erfolgt durch das Merkmal der „Versorgung des Gemeindegebiets“ eine weitere gebietsbezogene Eingrenzung[771].

Aus § 46 Abs. 3 EnWG ergibt sich nach allgemeiner Auffassung eine Pflicht zur Ausschreibung qualifizierter Wegenutzungsverträge[772]. Gemäß § 46 Abs. 3 S. 3 EnWG hat bei einer vorzeitigen Beendigung eines qualifizierten Wegenutzungsvertrags, das heißt der Beendigung vor Ablauf der vereinbarten Vertragslaufzeit, eine Bekanntmachung dieses Umstandes und infolge dessen, eine erneute Ausschreibung zu erfolgen. Auf die Frage, ob dies auch für Vertragsänderungen, namentlich die Auswechselung des Vertragspartners bei gleichzeitiger Beibehaltung des bisherigen Vertrages, gilt, gibt das EnWG keine ausdrückliche Antwort.

---

768 *Albrecht,* in: Schneider/Theobald, Recht der Energiewirtschaft, § 9, Rn. 19 ff.

769 § 46 Abs. 2 EnWG legt fest, dass Konzessionsverträge nur über eine maximale Laufzeit von 20 Jahren geschlossen werden können. Überdies bestimmt § 46 Abs. 3 S. 3 EnWG, dass die Verlängerung von Konzessionsverträgen vor Ablauf der Vertragslaufzeit die Parteien zur Beendigung bestehender Verträge verpflichtet. Das vorzeitige Ende ist sodann öffentlich bekanntzumachen.

770 Gemeinsamer Leitfaden von Bundeskartellamt und Bundesnetzagentur zur Vergabe von Strom- und Gaskonzessionen und zum Wechsel des Konzessionsnehmers, Dezember 2010, S. 13.

771 Gemeinsamer Leitfaden von Bundeskartellamt und Bundesnetzagentur zur Vergabe von Strom- und Gaskonzessionen und zum Wechsel des Konzessionsnehmers, Dezember 2010, S. 13.

772 Vgl. z. B. *Albrecht,* in: Schneider/Theobald, Recht der Energiewirtschaft, 2008, § 9, Rn. 1 ff.; *Theobald,* in: Danner/Theobald, Energierecht, Bd. 1, § 46, Rn. 1 ff.

Insoweit bietet sich ein Vergleich[773] mit den im Vergaberecht entwickelten Maßstäben an[774]. Hier ist eine erneute Ausschreibung immer dann notwendig, wenn eine Vertragsänderung wirtschaftlich betrachtet einer Neuvergabe gleichkommt[775], es sei denn, diese Ersetzung sei bereits „in den Bedingungen des ursprünglichen Auftrags vorgesehen"[776]. Dies ist bei direktvertraglichen Übernahmevereinbarungen mit Drittbestimmungsrecht der Bank der Fall. Jedoch wird jede Vertragsübernahme unter der Bedingung der vergaberechtlichen Eignung des Übernehmers stehen müssen, soweit diese nicht bereits im ursprünglichen Vergabeverfahren überprüft worden ist[777]. Daher ist es in Vertragsübernahmevereinbarungen (bzw. in Direktverträgen) mit vergaberechtlichem Hintergrund üblich, dass die Bestimmung eines Übernehmers unter dem Vorbehalt der Genehmigung des öffentlichen Auftraggebers steht. Jedoch verpflichtet sich dieser regelmäßig gegenüber der Bank, die Genehmigung zu erteilen, sofern der durch die Bank benannte Dritte die Voraussetzungen der Eignung im vergaberechtlichen Sinne erfüllt. Mit der Übertragung dieser Erwägungen auf die Situation der Netzkonzessionierung ergibt sich folgendes Bild: Eine Übernahme eines Konzessionsvertrags durch einen von der Bank benannten Dritten wird unter dem Zustimmungsvorbehalt der Gemeinde stehen müssen. Dabei wird die Zustimmung der Gemeinde nur dann erteilt werden, wenn der benannte Übernehmer dieselben Kriterien erfüllt, die auch bei der ursprünglichen Konzessionsvergabe ausschlaggebend waren.

Diese Auffassung deckt sich auch mit der konzessionsvertraglichen Praxis der Rechtsnachfolgeregelungen. Solche Regelungen bestimmen, dass bei Übertragung von Rechten und Pflichten aus dem Konzessionsvertrag durch den Konzessionsnehmer auf einen Dritten diese unter dem Vorbehalt der Zustimmung des Vertragspartners steht. Wie auch im Vergaberecht muss der Vertragspartner jedoch zustimmen, soweit der Rechtsnachfolger die vertraglichen und energiewirtschaftlichen Verpflichtungen in gleicher Weise sicherstellen kann[778].

3.7.7 Sicherung der Genehmigungen

Bei der Finanzierung von Stromleitungen sind die Erteilung und der Erhalt der für den Marktzutritt und den Betrieb erforderlichen Genehmigungen von wesentlicher Bedeutung.

Aus Sicht der finanzierenden Bank müssen die öffentlich-rechtlichen Genehmigungen üblicherweise bei der ersten Auszahlung vorliegen, unanfechtbar und für die Dauer des Projektes nicht entzieh- oder änderbar sein[779]. Außerdem sollten sie im Falle einer Verwertung des Projekts erhalten bleiben.

---

773 Eine direkte Parallele soll nicht gezogen werden, da die Netzkonzessionierung nicht den vergaberechtlichen Vorschriften unterliegt.

774 *Pippke/Gaßner,* Neuabschluss, Verlängerung und Änderung von Konzessionsverträgen nach dem neuen EnWG, RdE, 2006, 33, 40.

775 OLG Düsseldorf – Beschl. v. 20.06.2001, Verg. 3/01, NZBau 2001, 696 (700).

776 EuGH, Urt. vom 19. 6. 2008 - C-454/06, Rn. 40.

777 *Ziekow,* in: Ziekow/Völlink, Vergaberecht, 2011, § 99 GWB, Rn. 78, 81; *Prieß,* Handbuch des europäischen Vergaberechts, 3. Auflage 2005, S. 117.

778 *Theobald,* Auslaufende Konzessionsverträge Strom und Gas: was ist seitens der Kommunen zu tun?, DÖV 2009, S. 356 (360).

779 *Knütel,* in: Siebel/Röver/Knütel, Rechtshandbuch Projektfinanzierung und PPP, Rn. 1716.

3.7.7.1 Betriebsgenehmigung nach § 4 EnWG

Eine für alle Netzarten erforderliche Genehmigung ist die Betriebsgenehmigung gemäß § 4 EnWG[780]. Diese ist für die Aufnahme des Betriebs eines Energieversorgungsnetzes erforderlich. Aufnahme des Betriebes bedeutet, dass das Netz gemäß seiner Funktion geschaltet wird, also mit der Versorgungstätigkeit begonnen wird[781]. Keine Aufnahme des Netzbetriebs ist in der Netzerweiterung eines bestehenden Netzes zu sehen, soweit diese unter dem bisherigen Betreiber stattfindet und sich dessen Betriebsgenehmigung auch auf die Netzerweiterung erstreckt[782]. Dies wird jedenfalls dann der Fall sein, soweit sich die Netzerweiterung im Rahmen der gesetzlichen Ausbauverpflichtungen des Netzbetreibers hält.

Ein Netzbetreiber muss den Erteilungsanforderungen auch dauerhaft genügen. Zwar hat ein nachträglicher Wegfall der Genehmigungsvoraussetzungen zunächst keine unmittelbare Wirkung, es steht aber dann im Ermessen der Behörde, eine einmal erteilte Betriebsgenehmigung wegen Fortfalls der Genehmigungsvoraussetzungen zu widerrufen[783]. Deshalb ist es aus Sicht der Bank erforderlich, die Aufrechterhaltung der Genehmigungsvoraussetzungen, soweit möglich, dauerhaft sicherzustellen[784]. Dies gilt auch, wenn die Projektgesellschaft selbst lediglich Netzeigentümer und Verpächter (*Modell 2 und 3*), nicht aber Betreiber des Netzes ist. Bei Ausfall des Betreibers könnte das Netz ansonsten nicht mehr bzw. nicht ohne einen neuen Betreiber betrieben werden.

Dauerhafte Sicherstellung der Betriebsgenehmigungsvoraussetzungen

Voraussetzung für die Erteilung der Betriebsgenehmigung ist der Nachweis personeller, technischer und wirtschaftlicher Leistungsfähigkeit[785] und Zuverlässigkeit des Betreibers zum Zwecke der dauerhaften Gewährleistung des Netzbetriebes. Ein Entzug der Betriebsgenehmigung ist vor allem aufgrund nicht mehr bestehender wirtschaftlicher Leistungsfähigkeit der Betreibergesellschaft denkbar. Dieses Merkmal steht in einer Wechselbeziehung zu den anderen Erfordernissen, da beispielsweise die personelle Leistungsfähigkeit nur bei entsprechender finanzieller Ausstattung möglich ist[786]. Die ausreichende wirtschaftliche Leistungsfähigkeit des Netzbetreibers setzt voraus, dass seine finanzielle Ausstattung so bemessen ist, dass ein dauerhaft sicherer Netzbetrieb gewährleistet werden kann[787]. Dies bedeutet, dass der Betreiber sowohl über das notwendige Eigenkapital verfügen muss als auch in der Lage ist, Fremdkapital zu markgerechten Bedingungen zu beschaffen[788]. Ob ein Betreiber diesen Anforderungen ge-

---

780 Auf die Zertifizierung nach § 4a EnWG wird weiter unten eingegangen.

781 *Säcker/Paul,* in: Säcker, Berliner Kommentar zum Energierecht, Bd. 1,§ 4 Rn. 19.

782 *Salje,* EnWG, § 4 Rn. 41, 64; *Säcker/Paul,* in: Säcker, Berliner Kommentar zum Energierecht, Bd. 1, 2. Auflage 2010, § 4 Rn. 26, 27.

783 Insbes. nach § 49 VwVfG: *Säcker/Paul,* in: Säcker, Berliner Kommentar zum Energierecht, Bd. 1, § 4 Rn. 62.

784 Folge einer fehlenden Betriebsgenehmigung ist, dass die Regulierungsbehörde den Weiterbetrieb untersagen und dies mit Zwangsmitteln durchsetzen kann: *Säcker/Paul,* in: Säcker, Berliner Kommentar zum Energierecht, Bd. 1, § 4 Rn. 67.

785 Die wirtschaftliche Leistungsfähigkeit spielt bei Transportnetzen im Zusammenhang mit der Zertifizierung ebenfalls eine Rolle.

786 *Säcker/Paul,* in: Säcker, Berliner Kommentar zum Energierecht, Bd. 1, § 4 Rn. 47.

787 *Säcker/Paul,* in: Säcker, Berliner Kommentar zum Energierecht, Bd. 1, § 4 Rn. 45.

788 *Säcker/Paul,* in: Säcker, Berliner Kommentar zum Energierecht, Bd. 1, § 4 Rn. 45.

nügt, entscheidet die Regulierungsbehörde anhand einer Prognose (regelmäßig über den Zeitraum von fünf Jahren)[789]. Hierbei ermittelt die Behörde den Vermögensstatus des Netzbetreibers, wobei zugesagte Betriebsmittelkredite, Bürgschaften, Finanz- und Geschäftspläne in die Beurteilung einfließen[790].

Maßgeblich für die Erfüllung des Kriteriums der wirtschaftlichen Leistungsfähigkeit ist allein, ob die bereitgestellten Mittel die Prognose rechtfertigen, dass ein zuverlässiger und sicherer Netzbetrieb gewährleistet ist. Es wird angenommen, dass der Eigenkapitalanteil von 20 % nicht unterschritten werden soll[791].

Ist nach der Prognose der Behörde ein Netzbetreiber nicht mehr finanziell in der Lage, den nach dem EnWG bestehenden Pflichten nachzukommen, so droht der Widerruf der Betriebsgenehmigung. Eine solche Situation muss insbesondere deshalb verhindert werden, weil der Betreiber aufgrund der gesetzlichen Anforderungen des EnWG nicht ohne erhebliche Schwierigkeiten austauschbar ist. Die Frage der entsprechenden finanziellen Ausstattung des Betreibers muss daher, soweit möglich, bereits bei der Finanzierungs- und Sicherheitenstruktur berücksichtigt werden.

Denkbar ist hier, in Fällen der Identität von Betreiber- und Projektgesellschaft (*Modell 1*), eine Kapitalintakthalteerklärung, mit der sich die Gesellschafter der Projektgesellschaft verpflichten, die Kapitalverhältnisse der Projektgesellschaft bzw. der Betreibergesellschaft entsprechend besonderer Vorgaben – hier entsprechend regulatorischer Bedürfnisse – intakt zu halten.

Eine solche Patronatserklärung ist gesetzlich nicht geregelt. Sie zeichnet sich dadurch aus, dass ein sogenannter Patron gegenüber dem Gläubiger eines Schuldners Zusagen hinsichtlich der wirtschaftlichen Verhältnisse des Schuldners macht.

Grundsätzlich lassen sich zwei Arten von Erklärungen unterscheiden, sogenannte „weiche" und „harte" Patronatserklärungen. Weiche Patronatserklärungen enthalten lediglich unverbindliche Tatsachenbeschreibungen oder moralisch bindende „Goodwill"-Erklärungen[792] und sind zu Sicherungszwecken daher ungeeignet. Harte Patronatserklärungen begründen demgegenüber verbindliche, einklagbare Ansprüche, da sich die Muttergesellschaft in diesem Fall gegenüber einem Dritten dazu verpflichtet, die Tochtergesellschaft so zu leiten und finanziell auszustatten, dass diese ihre Verbindlichkeiten fristgemäß erfüllen kann[793]. Die harte Patronatserklärung wird als ein der Bürgschaft oder Garantieerklärung vergleichbares Sicherungsmittel angesehen[794].

Eine Patronatserklärung kann sowohl als Erklärung gegenüber dem Schuldner als auch gegenüber dem patronierten Unternehmen abgegeben werden. Aus Sicht der Regulierungsbehörde

---

789 *Salje,* EnWG, § 4 Rn. 89.

790 *Salje,* EnWG, § 4 Rn. 93.

791 *Säcker/Paul,* in: Säcker, Berliner Kommentar zum Energierecht, Bd. 1, § 4 Rn. 46.

792 *Merkel,* in Schimansky/Bunte/Lwowski, Bankrechtshandbuch, Bd. 2. § 98 Rn. 57.

793 *Merkel,* in Schimansky/Bunte/Lwowski, Bankrechtshandbuch, Bd. 2. § 98 Rn. 25.

794 BGH, Urt. v. 30.01.1992 – IX ZR 112/91 NJW 1992, 2093 (2095).

wird es notwendig sein, dass eine solche Patronatserklärung ihr gegenüber (sog. externe Patronatserklärung[795]) abgegeben wird, da ihr in diesem Fall die Möglichkeit offensteht, von der Patronin Leistung an die patronierte Gesellschaft zu verlangen[796].

Eine Patronatserklärung gegenüber einer Aufsichtsbehörde, bei der nicht die Rückzahlung eines Kredits, sondern die Gewährleistung gesetzlicher Verpflichtungen Gegenstand und Zweck der Erklärung ist, ist nicht unüblich[797]. Sie ist auch aus anderen Bereichen des öffentlichen Rechts bekannt[798]. Im Fall des Betriebs von Energieversorgungsnetzen ermöglicht die Patronatserklärung der Aufsichtsbehörde, die Sponsoren zur Zahlung an den Netzbetreiber zum Zwecke der Aufrechterhaltung seiner wirtschaftlichen Leistungsfähigkeit zu verpflichten.

Aus Sicht der Bank gewährt eine solche Patronatserklärung zwar keinen eigenen Anspruch, stellt jedoch die Aufrechterhaltung der Betriebsgenehmigung und den Fortbestand des Projektes sicher.

3.7.7.2 Übertragbarkeit der Betriebsgenehmigung

Anknüpfungspunkt der Genehmigungsvoraussetzungen sind die persönlichen Eigenschaften des Betreibers[799]. Es ist daher grundsätzlich nicht möglich, die Betriebsgenehmigung auf Dritte zu übertragen. Eine gesetzliche Ausnahme von diesem Grundsatz ist in § 4 Abs. 3 EnWG niedergelegt. Diese Regelung sieht vor, dass die Genehmigung im Falle der Umwandlung (nach dem Umwandlungsgesetz (UmwG)) der Gesamtrechtsnachfolge sowie der Entflechtung auf den Rechtsnachfolger übergeht. Die genannten Fälle werden bei einer Restrukturierung des Projekts jedoch nicht vorliegen. Der Bank stehen deshalb bei „Schieflage" der Projektgesellschaft in *Modell 1* nur eingeschränkte Möglichkeiten zur Verfügung. Zum einen kann sie die Gesellschaft als Ganzes im Wege des Share Deals verwerten. In diesem Fall bleibt der Betreiber rechtlich selbstständig. Ein Wechsel der Gesellschafter begründet in der Regel keine erneute Genehmigungspflicht, da sich die Person des Netzbetreibers nicht ändert[800]. Einschränkend nimmt *Säcker* allerdings an, dass im Fall der vollständigen oder mehrheitlichen Veräußerung oder der Erlangung von Kontrolle über den Netzbetrieb (im Sinne des § 3 FKVO) durch einen Dritten die Übertragung an sich genehmigungspflichtig ist[801]. Begründet wird dies damit, dass derjenige, der die Handlungs-, Finanz- und Haftungsverfassung des Netzbetreibers kontrolliert, selbst den Anforderungen des § 4 EnWG entsprechen muss[802]. Dieser Meinung

795 *Merkel/Tetzlaff*, in: Schimansky/Bunte/Lwowski, Bankrechtshandbuch, Bd. 2. § 98 Rn. 10.

796 *Merkel/Tetzlaff*, in: Schimansky/Bunte/Lwowski, Bankrechtshandbuch, Bd. 2. § 98 Rn. 13.

797 So z. B. vorgesehen im Merkblatt zur Beantragung der Genehmigung des Netzbetriebes nach § 4 Energiewirtschaftsgesetz (EnWG) des Landes Sachsen-Anhalt: hier ist die Patronatserklärung ausdrücklich benannt.

798 Hiervon ausgehend z. B. Vollzugserlass des Ministeriums für Umwelt, Gesundheit und Verbraucherschutz des Landes Brandenburg (MUGV) vom 18.10.2010 mit Bezug auf Betreiberpflichten nach § 5 Abs. 3 BImSchG.

799 *Säcker/Paul*, in: Säcker, Berliner Kommentar zum Energierecht, Bd. 1, § 4 Rn. 40.

800 *Salje*, EnWG, Kommentar, 2006, § 4 Rn. 63; *Säcker/Paul*, in: Säcker, Berliner Kommentar zum Energierecht, Bd. 1, § 4 Rn. 25.

801 Für eine analoge Anwendung des § 4 EnWG auf diesen Fall: *Säcker/Paul* in Säcker, Berliner Kommentar zum Energierecht, Bd. 1, § 4 Rn. 59.

802 *Säcker/Paul*, in: Säcker, Berliner Kommentar zum Energierecht, Bd. 1, § 4 Rn. 59.

begegnen Zweifel, da allein der vollständige Wechsel der Anteileigner nicht zu einer Änderung gesellschaftsvertraglicher Regelungen führt. Hierzu sind vielmehr weitere Schritte der neuen Gesellschafter notwendig.

Zum anderen ist es möglich, Netzteile (bzw. eine Netzgesellschaft ohne eigene Betriebsgenehmigung) an einen bereits am Markt operierenden Netzbetreiber zu veräußern oder diesem das Netz zu überlassen. Dies gilt jedenfalls dann, wenn sich dies als Erweiterung des Bestandsnetzes des übernehmenden Betreibers darstellt und diese Erweiterung von der Reichweite der bisherigen Betriebsgenehmigung gedeckt ist[803].

Der Bank wird es aber wichtig sein, dass die Sicherheitenstruktur ihr einen weitreichenden Handlungsspielraum lässt. Dazu gehört auch die Möglichkeit, das Projekt im Wege eines Asset Deals zu übertragen. Eine Mitnahme der Betriebsgenehmigung ist in einem solchen Fall nicht möglich[804].

Insoweit bleibt festzuhalten, dass wegen der Personenbezogenheit der Betriebsgenehmigung eine Veräußerung der Gesellschaft oder von Gesellschaftsteilen im Verwertungsfall nur in enger Abstimmung mit den Aufsichtsbehörden geschehen kann. Im Rahmen dieses Vorgangs wird für die Aufsichtsbehörde insbesondere relevant sein, ob die Zielgesellschaft (bzw. nach Meinung von *Säcker* im Falle des Share Deals die neue Eigentümerstruktur) den Vorgaben des EnWG hinsichtlich der Leistungsfähigkeit und Zuverlässigkeit entspricht.

Genehmigte Erlösobergrenze

Weitere wichtige „Genehmigung“ aus Sicht der Bank ist die Erlösobergrenze (§ 4 Anreizregulierungsverordnung (ARegV)). Sie bildet den maximal zulässigen Gesamterlös des Netzbetreibers aus den Netzentgelten und damit den Cashflow der Betreibergesellschaft. Die Erlösobergrenze wird mit Bescheid der Regulierungsbehörde für den jeweiligen Netzbetreiber festgelegt (§ 32 I Nr. 1 ARegV). Die Höhe der Erlösobergrenze orientiert sich dabei vor allem an einer Kostenprüfung auf Basis der Betriebskosten des jeweiligen Netzbetreibers[805]. Bei der Strukturierug der Finanzierung ist zu berücksichtigen, dass die Erlösobergrenze unabhängig von dem organisatorischen Modell nur für die gemäß § 3 Abs. 2 ARegV fünfjährige Regulierungsperiode gilt und sodann erneut festgelegt wird.

Die Erlösobergrenze ist sowohl bei vollständiger Übertragung der Netz(-eigentümer)gesellschaft (Share Deal) als auch bei der des Netzes (Asset Deal) übergangsfähig gemäß § 26 Abs. 1 ARegV. Eine vollständige Übertragung liegt aber nur vor, wenn bei dem übertragenden Netzbetreiber kein „Restnetz“ verbleibt, er also das gesamte Netz aufgibt[806]. Eine erneute Festlegung der Erlösobergrenze hat hingegen gemäß § 26 Abs. 2 ARegV dann zu erfolgen, wenn lediglich Teile des Netzes übertragen werden.

---

803 Salje, EnWG, Kommentar, 2006, § 4 Rn. 64; *Säcker/Paul,* in Säcker, Berliner Kommentar zum Energierecht, Bd. 1, § 4 Rn. 26, 27.

804 Eine Genehmigung müsste dann nachträglich eingeholt werden. Ein zwischenzeitlich illegaler Netzbetrieb stellt eine bußgeldbewährte Ordnungswidrigkeit dar und kann zugleich Grund für eine Betriebsuntersagungsverfügung der Behörde sein: *Säcker,* in Säcker, Berliner Kommentar zum Energierecht, Bd. 1, § 4 Rn. 21, 67, 77.

805 Siehe hierzu Kapitel 3.6.

806 Bundesnetzagentur, Leitfaden der Regulierungsbehörden zu Inhalt und Struktur von Anträgen auf Neufestlegung der kalenderjährlichen Erlösobergrenzen nach § 26 Abs. 2 ARegV, Juni 2013, S. 5.

Ist das Projekt entsprechend dem *Modell 1* oder *Modell 2* organisiert, wird bei Verwertung des Projekts eine Gesamtnetzübertragung vorliegen. Verwertet die Bank die von ihr finanzierten Leitungen bzw. die Leitungsgesellschaft in *Modell 3*, so wird es sich um den teilweisen Übergang des Netzes im Sinne des § 26 Abs. 2 ARegV handeln. Dies ergibt sich aus der Auslegung des in der ARegV zugrunde gelegten Netzbegriffs, der anhand des Adressaten der Vorschrift zu ermitteln ist. Hiernach ist das in § 26 ARegV betroffene Netz die Gesamtheit aller Leitungen des jeweiligen Netzbetreibers. Werden die durch die Bank finanzierten Leitungen von einem Netzbetreiber betrieben, der ein über diese Leitungen hinausgehendes Netz betreibt (*Modell 3*) und werden diese veräußert, so liegt deshalb nur eine Teilnetzübertragung vor. In diesem Fall bedarf es der Neufestlegung der Erlösobergrenze für diesen Teil bzw. für das Netz des übernehmenden Netzbetreibers.

Die Neufestlegung der Erlösobergrenze erfolgt auf gemeinsamen Antrag der am Netzübergang beteiligten Netzbetreiber, die sich bereits zuvor auf den zu übertragenden Erlösobergrenzanteil geeinigt haben müssen[807], wobei die Summe der gebildeten Erlösanteile die bisherige Gesamterlösobergrenze nicht gemäß § 26 Abs. 2 S. 3 ARegV übersteigen darf.

Sonstige Genehmigungen

Die Genehmigung von Leitungsvorhaben unterliegt abhängig von Art und Ort der Leitungen der Pflicht zur Planfeststellung nach den Vorschriften des EnWG, des Netzausbaubeschleunigungsgesetzes (NABEG), des Energieleitungsausbaugesetzes (EnLAG), der Seeanlagenverordnung (SeeAnlV) oder den allgemeinen Vorschriften des Planungsrechts[808]. Soweit die Leitungen der Planfeststellung unterliegen, ist die Zulässigkeit des Vorhabens mit dem Planfeststellungsbeschluss umfassend festgestellt[809]. Es handelt sich dabei um einen sachbezogenen Verwaltungsakt[810]. Bei sogenannten dinglichen oder sachbezogenen Verwaltungsakten, die sich auf den öffentlich-rechtlichen Zustand einer Sache beziehen, bedarf es keiner besonderen Übertragung, da sich die Rechtsnachfolge durch Übertragung der Sache selbst vollzieht[811]. Insoweit bedarf es aus Sicht der Bank keiner Sicherung.

Anders stellt sich die Situation dar, soweit kein Planfeststellungsverfahren erfolgt. Dies betrifft alle Energieleitungen mit einer Nennspannung von weniger als 110 kV[812]. Soweit hier Genehmigungen nach besonderem Fachrecht – beispielsweise wasser-, straßen- oder naturschutzrechtliche Genehmigungen – erforderlich sind, ist wegen der in der Regel ebenfalls bestehenden Sachbezogenheit keine besondere Sicherung notwendig. Allerdings ergibt sich eine Besonderheit aus der Tatsache, dass für Energieleitungen in vielen Bauordnungen keine Bau-

---

807 Bundesnetzagentur, Leitfaden der Regulierungsbehörden zu Inhalt und Struktur von Anträgen auf Neufestlegung der kalenderjährlichen Erlösobergrenzen nach § 26 Abs. 2 ARegV, Juni 2013, S. 7.

808 Siehe hierzu Kapitel 3.2.

809 Siehe hierzu Kapitel 3.2; ebenso *Kopp/Ramsauer*, VwVfG, 11. Auflage 2010, § 75 Rn. 6 ff.

810 Unter Verweis auf BVerwGE 29, 282, 283: *Neumann,* in: Stelkens/Bonk/Sachs, 8. Auflage 2014, § 74, Rn. 19.

811 *Kopp/Ramsauer*, VwVfG, 11. Auflage 2010, § 35 Rn. 165; *Stelkens,* in: Stelkens/Bonk/Sachs, § 35, Rn. 260.

812 *Faßbender/Becker,* in: Posser/Faßbender, Praxishandbuch Netzplanung und Netzausbau, 2013, Kap. 2, Rn. 72.

genehmigung erforderlich ist und insoweit keine präventive Überprüfung der Zulässigkeit erfolgt[813]. Es besteht daher keine gesicherte Rechtsposition des Leitungseigentümers. Die baurechtliche Zulässigkeit sollte daher in der Due Diligence überprüft werden.

3.7.8 Verschiedene Investitionsszenarien

Wie oben bereits angesprochen, müssen Sicherheiten und Sicherungsmechanismen auch im Lichte der entsprechenden Investitionsszenarien betrachtet werden. Insbesondere zu unterscheiden sind Investitionen in Verteilernetze (Mittel- und Niederspannungsleitungen meist auf kommunaler Ebene) von solchen in Übertragungsnetze (Hoch- und Höchstspannungsnetze). Eine Unterscheidung ist vor allem deshalb geboten, da Übertragungsnetze im Zuge der im Jahr 2011 erfolgten Novellierung des Energiewirtschaftsgesetzes einem strengeren Regulierungsregime unterliegen.

Bei Investitionen in Übertragungsnetze ist zwischen innerdeutschen Leitungen und Verbindungsleitungen zwischen Deutschland und anderen Staaten zu unterscheiden, da die sogenannten Verbindungsleitungen unter besonderen Voraussetzungen von regulatorischen Vorschriften ausgenommen sind[814]. Zudem müssen bei der Betrachtung von Übertragungsnetzen die Offshore-Netze oder Netzteile gesondert betrachtet werden.

Auf Ebene der Verteilernetze ist die zuvor bereits angesprochene Rekommunalisierung interessant. Diese bewegt sich grundsätzlich in demselben Rechtsrahmen wie andere Stromleitungsnetzinvestitionen, jedoch steht der Öffentlichen Hand mit der Möglichkeit der Bereitstellung von Kommunalbürgschaften ein besonderes Sicherungsinstrument zur Verfügung.

3.7.8.1 Investitionen in ein Übertragungsnetz

Bei Investitionen in Übertragungsnetze soll insbesondere der Neubau von Leitungen in den Blick genommen werden. Der Netzentwicklungsplan, der die gesetzliche Netzausbaupflicht der Übertragungsnetzbetreiber konkretisiert, sieht in diesem Bereich die Errichtung großer Trassen vor[815].

Um die Besonderheiten der Kreditsicherung bei der Finanzierung von Investitionen in Übertragungsnetze näher zu betrachten, muss zunächst der Rechtsrahmen für solche Investitionen und die hieraus abgeleitete organisatorische Struktur verdeutlicht werden.

---

813 Siehe z. B. Landesbauordnung Nordrhein-Westfalen (BauO NRW), § 65 Abs. 1 Nr. 10; Landesbauordnung Saarland (LBO Saarland), §§ 1 Abs. 2, 61 Nr. 4 b); so auch: *Faßbender/Becker,* in: Posser/Faßbender, Praxishandbuch Netzplanung und Netzausbau, 2013, Kap. 2, 44 Rn. 75.

814 Soweit diese Verbindungsleitungen von Ausnahmen im Sinne des § 28 a EnWG profitieren. Diese Vorschrift sieht eine weitgehende, jedoch befristete Freistellung von Regulierungsvorgaben des Energiewirtschaftsgesetzes vor.

815 Netzentwicklungsplan Strom – Erster Entwurf der Übertragungsnetzbetreiber, 16. April 2014, Kapitel 4 ff.: hiernach sind je nach Szenario Netzverstärkungen der Bestandstrassen von mindestens 5.200 km sowie ein Neuausbau von mindestens 3.500 km vorgesehen.

Vorgaben des EnWG – gesellschaftsorganisatorische Möglichkeiten

Der Gesetzgeber hat mit der Einführung der Bestimmungen in den §§ 8 ff. EnWG der organisatorischen Gestaltung des Übertragungsnetzbetriebs (bzw. des Transportnetzbetriebs – Oberbegriff für Fernleitungsnetze (Gas) und Übertragungsnetze (Strom)) Grenzen gesetzt[816]. Diese Vorschriften sollen die Unabhängigkeit der Übertragungsnetzbetreiber von vertikal integrierten Energieversorgungsunternehmen sicherstellen. Ein vertikal integriertes Energieversorgungsunternehmen ist in § 3 Nr. 38 EnWG legal definiert. Es handelt sich dabei um ein Unternehmen, dass sowohl in den Bereichen Erzeugung oder Vertrieb als auch in der Übertragung oder Verteilung von Elektrizität (bzw. Gas) tätig ist, Rechte an einem Unternehmen in diesen Bereichen ausübt oder mit einem auf diesen Feldern tätigen[817] Unternehmen durch Beherrschung verbunden ist[818].

Zum Zwecke der Sicherung der Unabhängigkeit sieht das Gesetz verschiedene Arten der Entflechtung, das heißt letztlich organisatorischer Trennung, vor. Die §§ 8 ff. EnWG benennen drei Varianten: die eigentumsrechtliche Entflechtung (Ownership Unbundling, § 8 EnWG), die Organisation in Form eines unabhängigen Systembetreibers (Independent System Operator, § 9) und die Organisation in Form eines unabhängigen Transportnetzbetreibers (Independent Transmission Operator, § 10). Nur wenn ein Übertragungsnetzbetreiber entsprechend eines dieser Modelle organisiert ist, erhält er die zum Betrieb eines Übertragungsnetzes erforderliche Zertifizierung gem. § 4 a EnWG. Zudem muss er diese Entflechtungsvorgaben dauerhaft einhalten, da ihm ansonsten der Widerruf der Zertifizierung gem. § 4 d EnWG droht.

Die verschiedenen Entflechtungsmodelle unterscheiden sich dadurch, dass nur § 8 EnWG die eigentumsrechtliche Trennung von Netz und Betreibergesellschaft vom vertikal integrierten Energieversorgungsunternehmen vorsieht[819]. Die Modelle der §§ 9 und 10 EnWG stehen zur Wahl, soweit das Netz am in den Vorschriften genannten Stichtag im Eigentum eines vertikal integrierten Energieversorgungsunternehmens stand.

Unter die Stichtagsregelung der §§ 9 und 10 EnWG fallen grundsätzlich auch Erweiterungen eines Bestandsnetzes[820]. Eine Erweiterung liegt vor, wenn sich zumindest ein Teil des heutigen Netzes am Stichtag im Eigentum eines vertikal integrierten Energieversorgungsunternehmens befunden hat (dieser Teil ist das Bestandsnetz). Dabei ist es nach Auffassung der Bundesnetzagentur für eine Erweiterung nicht erforderlich, dass der Neubau und der Betrieb der Leitungen

---

816 Siehe hierzu näher Kapitel 3.6.

817 Zum sog. „Aktivitätskriterium“ siehe Bundesnetzagentur BK6-11-157/ BK7-11-157, Zertifizierungsverfahren – Hinweispapier zur Antragsstellung, S. 24.

818 Es gilt hierbei der Kontrollbegriff der FKVO - entscheidend ist der „bestimmende Einfluss“: Bundesnetzagentur BK6-11-157/ BK7-11-157, Zertifizierungsverfahren – Hinweispapier zur Antragsstellung, S. 23/24.

819 § 9 sieht den Verbleib des Eigentums am Netz, nicht aber der Betreibergesellschaft beim vertikal integrierten Energieversorgungsunternehmen vor. Bei § 10 steht zwar die Betreibergesellschaft im Eigentum des vertikal integrierten Energieversorgungsunternehmens, jedoch ohne wesentliche Einflussnahmemöglichkeiten desselben. Insbesondere darf das Netzeigentum in diesem Fall nicht beim vertikal integrierten Energieversorgungsunternehmen verbleiben.

820 Bundesnetzagentur BK6-11-157/ BK7-11-157, Zertifizierungsverfahren- Hinweispapier zur Antragsstellung, S. 22.

in einem zu Stichtag bestehenden, vertikal integrierten Energieversorgungsunternehmen erfolgt[821].

Daher stehen regelmäßig alle Entflechtungsvarianten offen, soweit nicht lediglich die neu errichtete Leitung betrieben wird. So gut wie alle Netze standen nämlich zum Stichtag im Eigentum eines vertikal integrierten Energieversorgungsunternehmens[822].

Kommt die gegenteilige Auffassung zur Anwendung, so wird oft nur die Variante des § 8 EnWG möglich sein.

Welcher Auffassung letztlich zu folgen ist, kann und soll hier nicht entschieden werden. Im Fokus der weiteren Betrachtung soll das Modell der eigentumsrechtlichen Entflechtung (§ 8 EnWG) stehen. Zum einen hat sich die Mehrzahl der heute am Markt operierenden Übertragungsnetzbetreiber bereits eigentumsrechtlich entflochten[823], zum anderen wird der Betrieb neuer Leitungen in einer eigenen Betriebsgesellschaft, die kein Bestandsnetz betreibt, nach beiden Auffassungen unter die Regelung des § 8 EnWG fallen.

§ 8 Abs. 2 EnWG sieht vor, dass Transportnetzbetreiber Eigentümer der Netze sind. Es genügt hierbei Miteigentum i.S.d. § 1008 BGB oder durch Beteiligungen vermitteltes Eigentum, das hinsichtlich der Verfügungsmöglichkeiten dem Miteigentum gleichsteht[824].

Vermitteltes Eigentum liegt regelmäßig vor, wenn das Eigentum am Netz in einer Eigentümergesellschaft liegt, deren Gesellschaftsvertrag Weisungsrechte oder Zustimmungsvorbehalte des Netzbetreibers (oder eines durch den Netzbetreiber kontrollierten Unternehmens) vorsieht[825]. Jedoch wird auch beim Vorliegen solcher Rechte letztlich die Einschränkung der Kontrolle anderer Anteilseigner maßgebliches Kriterium dafür sein, ob eine miteigentumsähnliche Verfügungsbefugnis vorliegt[826].

Wichtigste Konsequenz ist somit, dass „Pachtmodelle" bei einer eigentumsrechtlichen Entflechtung weitgehend[827] ausgeschlossen sind. Bei einem „Pachtmodell" handelt es sich um eine Konstruktion, bei der das Netz im Eigentum eines vertikal integrierten Energieversor-

---

821 Bundesnetzagentur BK6-11-157/ BK7-11-157, Zertifizierungsverfahren- Hinweispapier zur Antragsstellung, S. 23. Die europäische Kommission, die ein Recht zur Stellungnahme hat, vertritt die gegenteilige Auffassung: Sie geht von der Errichtung eines neuen Netzes aus, soweit für Eigentum und Netzbetrieb ein neuer, zum Stichtag nicht existierender Netzbetreiber geschaffen wird: Bundesnetzagentur BK7-12-188 (mit dem Verweis auf die Stellungnahme der Europäischen Kommission vom 21.10.2013), S. 4.

822 Bundesnetzagentur BK6-11-157/ BK7-11-157, Zertifizierungsverfahren - Hinweispapier zur Antragsstellung, S. 22.

823 Dies ist bereits für mehrere Übertragungsnetzbetreiber der Fall: Bundesnetzagentur BK6-12-040, Beschluss vom 9.11.2012 (Zertifizierung der 50 Hertz Transmission GmbH) und Bundesnetzagentur BK 6-12-047, Beschluss vom 9.11.2012 (Zertifizierung der TenneT TSO GmbH).

824 Bundesnetzagentur BK6-11-157/ BK7-11-157, Zertifizierungsverfahren - Hinweispapier zur Antragsstellung, S. 13.

825 Bundesnetzagentur BK6-11-157/ BK7-11-157, Zertifizierungsverfahren - Hinweispapier zur Antragsstellung, S. 14.

826 Unter Verweis auf die Stellungnahme der EU- Kommission vom 6.9.2012 zur Zertifizierung der 50 Hertz Transmission GmbH, C(2012) 6260 final. S.3. – *Butler/Heinickel/Hinderer*, Der Rechtsrahmen für Investitionen in Offshore-Windparks und Anbindungsleitungen, NVwZ 2013, 1377 (1383).

827 Die Voraussetzungen einer Ausnahme: Siehe Fußnote 833.

gungsunternehmens verbleibt und nur an den Betreiber verpachtet wird. Auf Ebene der Verteilernetze wird dieses dann unter Beachtung der Entflechtungsvorgaben der §§ 6 ff. EnWG betrieben.

Aus den §§ 8 ff. EnWG ergeben sich (vereinfacht) folgende eigentumsrechtliche und gesellschaftsorganisatorische Möglichkeiten zur Organisation des Übertragungsnetzbetriebs:

- Der Investor beteiligt sich an einer Netzeigentumsgesellschaft, die das Eigentum am Netz hält, ohne jedoch selbst Netzbetreiber im Sinne des EnWG zu sein. Die Betreibereigenschaft erfüllt ein bestehender Netzbetreiber, der seinerseits ebenfalls Anteile an der Netzeigentumsgesellschaft hält und die nach den regulatorischen Vorgaben erforderliche Kontrolle über das Netz besitzt.
- Der Investor beteiligt sich unmittelbar am Netz als Eigentümer oder Miteigentümer.
- Der Investor beteiligt sich an einer Projektgesellschaft, die selbst Netzbetreiber und Eigentümer des Netzes ist.
- Der Investor beteiligt sich an einer Beteiligungsgesellschaft, die Anteile an der das Netz betreibenden Projektgesellschaft hält, wobei das Netz im Eigentum der Projektgesellschaft steht.

Einfluss der Entflechtungsbestimmungen des Energiewirtschaftsgesetzes auf die Möglichkeit einer Sicherungsübereignung von Übertragungsnetzleitungen

Unabhängig von der im Einzelfall gewählten Konstruktion ist fraglich, inwieweit die Entflechtungsvorgaben des § 8 Abs. 2 EnWG mit einer Sicherungsübereignung der Leitungen vereinbar sind. Dem Wortlaut dieser Vorschrift nach, hat „der Transportnetzbetreiber unmittelbar oder vermittelt durch Beteiligungen Eigentümer[828] des Transportnetzes (Oberbegriff für Übertragungsnetze und Fernleitungsnetze) zu sein“. Da zumindest Miteigentum im Sinne des § 1008 BGB oder durch Beteiligungen vermitteltes Eigentum, das hinsichtlich der Verfügungsmöglichkeiten dem Miteigentum gleichsteht, erforderlich ist, wäre eine Sicherungsübereignung dem Wortlaut der Vorschrift nach nicht möglich, da der Transportnetzbetreiber in diesem Fall seine Eigentümerstellung aufgäbe. Auch besäße er kein vermitteltes Eigentum mehr, da im Verhältnis zum Sicherungseigentümer – der Bank – lediglich ein schuldrechtliches Nutzungsverhältnis bestünde.

Einer solchen strengen, wortlautgetreuen Auslegung der Vorschrift begegnen jedoch gewichtige Zweifel. Ziel der Entflechtungsvorgaben ist es, den diskriminierungsfreien und transparenten Zugang zu den Netzen sicherstellen. Zu diesem Zweck soll die Unabhängigkeit der Übertragungsnetze von vertikal integrierten Energieversorgungsunternehmen hergestellt werden, um eine Einflussnahme auf die Übertragungsnetze durch diese auszuschließen:

[828] In der Begründung der Bundesregierung zum Entwurf des Gesetzes (BR-Drucksache 343/11 v. 6.6.2011)heißt es: „...Absatz 2 bestimmt, dass bei einer eigentumsrechtlichen Entflechtung der Transportnetzbetreiber grundsätzlich auch der zivilrechtliche Eigentümer des Transportnetzes sein muss. Etwas anderes gilt nur, wenn die Voraussetzungen der Ausnahmeregel in den Sätzen 7 und 8 erfüllt sind. Dabei muss das Netzeigentum nicht vollständig in der Netzbetreibergesellschaft liegen. Aus Gründen der Finanzierung sind Modelle vorstellbar, in denen Teile des Netzes in Tochtergesellschaften eines Netzbetreibers gehalten werden. Solche Modelle sollen unter Wahrung der Anforderungen an die eigentumsrechtliche Entflechtung, insbesondere die alleinige Kontrolle des Netzbetreibers über die Gesellschaft, im Übrigen nicht behindert werden...“.

> *„Dabei soll das Entflechtungssystem die Interessenkonflikte zwischen Erzeugern und Lieferanten einerseits und den Transportnetzbetreibern andererseits wirksam lösen, um Anreize für die notwendigen Investitionen zu schaffen und Zugang von Markteinsteigern zu gewährleisten"*[829].

Die Sicherungsübereignung steht diesen Zielen nicht entgegen. Der Kreditgeber nimmt im Hinblick auf das Netzeigentum lediglich die Position eines (eigennützigen) Treuhänders wahr. Er bindet sich hinsichtlich der Ausübung der Eigentümerrechte dahingehend, dass er sich verpflichtet, nicht über das Eigentum zu verfügen[830]. Der wirtschaftliche Wert des Netzes kommt dem Fremdkapitalgeber lediglich im Verwertungsfall zugute (sog. fiduziarische Treuhand). Im Übrigen steht es dem Netzbetreiber frei (im Rahmen der Vereinbarungen des Kreditvertrages), das Netz zu nutzen. Er trägt das wirtschaftliche Risiko, insbesondere ist der Netzbetreiber derjenige, der die sich aus dem EnWG ergebenden Pflichten zu erfüllen hat. Der Einfluss des Kreditgebers beschränkt sich insoweit auf seine formale Position, die die Unabhängigkeit des Transportnetzbetreibers nicht berührt.

Darüber hinaus ist bereits die Unabhängigkeit der Transportnetzbetreiber nicht Zweck der Entflechtungsregelungen, sondern lediglich das Mittel zur Zielverwirklichung, „also nicht ein um seiner selbst Willen geschützter Wert"[831]. Der Durchsetzung des Unabhängigkeitskriteriums im Sinne der eigentumsrechtlichen Vorgabe des § 8 Abs. 2 EnWG kann dann keine gesonderte Bedeutung zukommen, wenn der diskriminierungsfreie und transparente Zugang jedenfalls auch anders gewährleistet ist.

Außerdem hat die Bundesnetzagentur vom Erfordernis des Eigentums am Netz bereits unter besonderen Umständen Abstand genommen[832]. So geht die Bundesnetzagentur davon aus, dass „Pachtmodelle", die vor der Novellierung des EnWG im Jahr 2011 regelmäßig vereinbart waren, ausnahmsweise zulässig sind. Schon vor der Novellierung des EnWG waren an dieses Modell hohe Anforderungen zu stellen. So war für die Erfüllung der damaligen Entflechtungsvorgaben entscheidend, dass der Übertragungsnetzbetreiber aufgrund des Nutzungsrechts die Kontrollmöglichkeit über das Netz „gleich einem Eigentümer" hatte. Insbesondere wurde auf das wirtschaftliche Risiko im Hinblick auf die Nutzung abgestellt, welches bei dem Übertragungsnetzbetreiber liegen sollte. Dieses Kriterium soll laut Bundesnetzagentur auch weiterhin neben anderen Kriterien[833] herangezogen werden, um die Zulässigkeit des „Pachtmodells" zu beurteilen. Dieses Kernkriterium dürfte auch im Fall der Sicherungsübereignung erfüllt sein.

---

829 Bundesnetzagentur BK6-11-157/ BK7-11-157, Zertifizierungsverfahren- Hinweispapier zur Antragsstellung, S. 16 (unter Bezugnahme auf die Erwägungsgründe 9 und 12 der StromRL 2009/72/EG)

830 *Oechsner,* in Münchner Kommentar zum BGB, Bd. 6, Anh. §§ 929-936, Rn. 40.

831 *De Wylk/Finke,* in: Schneider/Theobald, Recht der Energiewirtschaft, 2008, § 4, Rn. 26.

832 Bundesnetzagentur BK6-11-157/ BK7-11-157, Zertifizierungsverfahren – Hinweispapier zur Antragsstellung, S. 16.

833 Hierzu heißt es im Hinweispapier der Bundesnetzagentur:
„ Nutzungsüberlassungslösungen.... können als Ausnahme von der Regel des Eigentumserwerbs im Einzelfall zulässig sein wenn
1. DerTransportnetzbetreiber (TNB) einen solch starken Einfluss auf das überlassene Objekt ausübt, dass dieser einer Eigentümerstellung vergleichbar ist, d, h, die Überlassungsverträge so ausgestaltet sind, dass der TNB faktisch rechtlich vergleichbar einem Eigentümer agieren kann,
2. das Objekt von einem anderen TNB.... zur Nutzung überlassen wird und
3. das überlassene Objekt im Verhältnis zum Gesamttransportnetz nicht wesentlich ins Gewicht fällt.... "

Im Übrigen hat der Gesetzgeber auch in weiteren gesetzlichen Fällen die Trennung von Eigentum am Netz und Übertragungsnetzbetrieb zugelassen. So sieht § 9 EnWG den Fall des Unabhängigen Systembetreibers (im Fall, dass das Netz am 3. September 2009 im Eigentum eines vertikal integrierten Energieversorgungsunternehmens stand) vor, der eben diesen Fall – Trennung von Netzeigentum und Betreibereigenschaft – als möglich ansieht. Der Betrieb eines solchen ist bei Erfüllung besonderer Unabhängigkeitsvoraussetzungen zulässig. Insoweit zeigt der Gesetzgeber, dass er nicht auf das Eigentum als solchem besteht, sondern lediglich die mit dem Eigentum einhergehende Unabhängigkeit sichern will.

Es bleibt deshalb festzuhalten, dass in der Sicherungsübereignung kein Verstoß gegen die Entflechtungsbestimmungen des § 8 Abs. 2 EnWG zu sehen ist. Eine andere Frage ist, inwieweit im Einzelfall eine Sicherungsübereignung von Leitungen zweckmäßig ist.[834]

Sicherbarkeit der Zertifizierung nach § 4 a EnWG

Neben der Betriebsgenehmigung nach § 4 EnWG bedarf es bei Übertragungsnetzen der Zertifizierung gemäß § 4 a EnWG. Im Zertifizierungsverfahren prüft die Regulierungsbehörde, ob der Übertragungsnetzbetreiber entsprechend den Anforderungen der Entflechtungsregelungen in den §§ 8 ff. EnWG organisiert ist[835]. Dabei ist jeder Transportnetzbetreiber Adressat der Vorschrift, unabhängig davon, ob er Teil eines vertikal integrierten Energieversorgungsunternehmens ist. Dies gilt auch für Unternehmen, die den Netzbetrieb aufnehmen[836]. In § 4 d EnWG ist bestimmt, dass eine erteilte Zertifizierung widerrufen, erweitert oder mit Auflagen versehen werden kann. Es handelt sich daher bei der Zertifizierung um ein Instrument dauernder Kontrolle, das die ständige Einhaltung der Entflechtungsvorschriften sicherstellen soll[837]. Verändert sich die Organisation des Netzbetreibers, so wird die Aufsichtsbehörde Maßnahmen gemäß § 4 d EnWG einleiten, soweit sie der Auffassung ist, dass eine Neubewertung der Vereinbarkeit mit den Entflechtungsvorschriften erfolgen muss. Bei Übernahme des Netzes bzw. Verwertung des Netzes im Wege des Asset Deal wird daher eine erneute Zertifizierung erforderlich sein. Die Zertifizierung ist also nicht übertragbar oder auf andere Weise sicherbar[838]. Deshalb ist eine frühzeitige Zusammenarbeit mit der Regulierungsbehörde im Rahmen einer Projektrestrukturierung notwendig, um den gesetzeskonformen Betrieb des Netzes auch bei einer Übertragung des Projekts sicherzustellen.

3.7.8.2 Investitionen in ein Verteilernetz

Für Verteilernetzbetreiber hat die EnWG Novelle von 2011 keine wesentlichen Änderungen mit sich gebracht. Das „Pachtmodell" bleibt auch nach der Novellierung möglich. Zum Betrieb

---

Die Formulierung „und" deutet darauf, dass die Bundesnetzagentur alle Voraussetzungen kumulativ für erforderlich hält.

834 Dazu bereits oben unter Ziffer 3.7.5.3.

835 *Franke,* in: Schneider/Theobald, Recht der Energiewirtschaft, § 3 Rn. 28.

836 *Franke,* in: Schneider/Theobald, Recht der Energiewirtschaft, § 3 Rn. 2.

837 *Franke,* in: Schneider/Theobald, Recht der Energiewirtschaft, § 3 Rn. 35.

838 Der Betrieb ohne Zertifizierung stellt eine Ordnungswidrigkeit im Sinne des § 95 Abs. 1 Nr. 1a EnWG dar, die allerdings keine Grundlage für eine Untersagungsverfügung ist. Diese kann mit bis zu 1 Mio. EUR Bußgeld geahndet werden: *Mussaeus/Küper/Goldberg,* in: PwC AG WPG (Hrsg.), Entflechtung und Regulierung in der deutschen Energiewirtschaft, S. 328.

eines Netzes ist es lediglich erforderlich, dass der Verteilernetzbetreiber den Netzbetrieb eigenverantwortlich bestimmen kann und die tatsächliche Verfügungsgewalt über die Netzanlagen ausübt[839]. Nicht hingegen ist erforderlich, dass das Eigentum an den Leitungen bei dem Netzbetreiber liegt[840]. Insoweit ist kein Konflikt der Entflechtungsbestimmungen der §§ 7 ff. EnWG mit der Kreditsicherung erkennbar.

Rekommunalisierung von Verteilernetzen

Bei der Rekommunalisierung der Netze stehen für die Kommunen grundsätzlich zwei Möglichkeiten zur Verfügung, ein Stromnetz zu betreiben: Der Betrieb (oder die Verpachtung) in Eigenregie, das heißt der Betrieb des Netzes außerhalb einer privatrechtlichen Organisationsform oder der Netzbetrieb in einer kommunalen Gesellschaft[841].

Bei einem Netzbetrieb in „Eigenregie" wird eine Kreditaufnahme wegen der grundsätzlich anzunehmenden Bonität kommunaler Schuldner ohne Sicherheiten auskommen. Dies ist bei einer Kreditvergabe an eine kommunale Gesellschaft mangels einer Rückgriffsmöglichkeit auf die Kommune als Gesellschafter nicht möglich.

Die Stellung von Sicherheiten (z. B. Grundpfandrechten an Grundstücken der Gemeinde) zugunsten Dritter ist den Kommunen grundsätzlich untersagt[842]. Jedoch dürfen die Kommunen Bürgschaften und Verpflichtungen aus Gewährverträgen sowie diesen wirtschaftlich gleichstehende Abreden im Rahmen der Erfüllung ihrer Aufgaben übernehmen[843]. Die Übernahme einer „Sicherheit" wird bei Netzfinanzierungen „im Rahmen der Erfüllung der Aufgaben" der Gemeinde liegen, da diese hiermit einen öffentlichen Zweck, namentlich die Stromversorgung, erfüllt[844].

Kommunale Bürgschaften oder ähnliche Mittel als Sicherheiten

Dabei ist aber zu beachten, unter welchen Voraussetzungen die Kommunen Bürgschaften und bürgschaftsähnliche Mittel zur Sicherung des Finanzierungskredits zur Verfügung stellen können und welche Folgen Fehler bei der Bürgschaftserteilung nach sich ziehen. Insoweit sind zunächst rechtsgeschäftliche Ebene und innerkommunaler Entscheidungsprozess zu unterscheiden.

Regelmäßig wird der rechtsgeschäftlichen Erteilung der Bürgschaft der innerkommunale Entscheidungsprozess oder ein Genehmigungsprozess nach dem jeweiligen Kommunalrecht[845] vorausgehen. Dies ergibt sich bereits aus den relevanten kommunalrechtlichen Vorschriften[846].

---

839 *Boesche,* in: Säcker, Berliner Kommentar zum Energierecht, Bd. 1, § 3 Rn. 4.

840 *Boesche,* in: Säcker, Berliner Kommentar zum Energierecht, Bd. 1, § 3 Rn. 4

841 Dies ist der Regelfall. Ein Betrieb in Eigenregie ist sehr selten: Leitfaden für die Finanzierung von Versorgungsnetzen, VKU, DGStB, DST, DSGV(Hrsg.), 2013, S. 43.

842 Z. B. § 121 Abs. 1 S. 1 Niedersächsisches Kommunalverfassungsgesetz (NKomVG), § 87 Abs. 1 S.1 Gemeindeordnung für das Land Nordrhein-Westfalen (GO NRW).

843 Z. B. § 121 Abs. 2 S. 1, Abs.3 NKomVG, § 87 Abs. 2 S. 1, Abs. 3 GO NRW.

844 Leitfaden für die Finanzierung von Versorgungsnetzen, VKU, DGStB, DST, DSGV (Hrsg.), 2013, S. 12; *Henneke/Ritgen,* in: Praxis der Kommunalverwaltung, Bd. D 3 Bund, Loseblattsammlung, Stand April 2013, 3.1.1.

845 Ein Genehmigungserfordernis besteht z. B. gem. § 121 Abs. 2 S.2 NKomVG, § 86 Abs. 2 S. 2 Gemeindeordnung für Schleswig-Holstein (SH-GO).

846 Z. B. § 87 Abs. 2 S.2 GO NRW, § 121 Abs. 2 S. 2 NKomVG.

Die Entscheidung über die Bestellung einer Bürgschaft oder einer ähnlichen Sicherheit unterliegt dabei zwei Voraussetzungen[847]:

- Die Übernahme der Sicherheit muss sich im Rahmen der Erfüllung der Aufgaben der Kommune halten; und
- das Risiko ist für die Kommune tragbar.

Da die erste Voraussetzung bereits bejaht worden ist, verbleibt die Frage der Tragbarkeit des Risikos für die Kommune. Hierbei werden zum einen die Bonität des Kreditnehmers (es wird auf zu erwartende Cashflows abgestellt werden) und der Haushalt der Gemeinde (der finanzielle Spielraum, die Verschuldung im Verhältnis zur Bürgschaftssumme), zum anderen der Inhalt der Bürgschaft selbst eine Rolle spielen[848]. Hinsichtlich des Inhalts der Bürgschaft gilt Folgendes: Die Bürgschaft kommt als Vertrag zwischen der finanzierenden Bank (Gläubiger) und der Kommune (Bürge) zustande. Sie sichert hierbei den Kredit des kommunalen Unternehmens (Hauptschuldner). Da die Bürgschaft einzig dem Zweck der Sicherung des Rückzahlungsanspruches der Bank dient, ist sie bereits dem Gesetz nach subsidiär ausgestaltet. Dies bedeutet, dass grundsätzlich der Bürge erst nach erfolglosen Versuchen der Inanspruchnahme des Hauptschuldners in Anspruch genommen werden kann. In der Praxis wird daher allgemein die Bürgschaft als sogenannte selbstschuldnerische Bürgschaft abgegeben. Dies bedeutet, dass der Bürge auf die in § 773 BGB vorgesehene Einrede der Vorausklage verzichtet – mithin bereits vor vergeblichen Vollstreckungsversuchen beim Hauptschuldner in Anspruch genommen werden kann. Diese Möglichkeit besteht bei kommunalen Bürgschaften grundsätzlich nicht, da dies haushaltswirtschaftlichen Grundsätzen – namentlich der Minimierung des Risikos für den kommunalen Haushalt – widerspräche[849]. Insoweit ist es üblich, die Bürgschaft als modifizierte Ausfallbürgschaft zu bestellen. Das heißt, dass zwar nicht auf eine vorangehende Inanspruchnahme des Bürgen verzichtet wird, jedoch der Bank erleichterte Möglichkeiten des Nachweises des Forderungsausfalls zur Verfügung stehen[850].

Überdies ist die Bürgschaft auf 80 % der Kreditsumme zu begrenzen, so dass der Bank ein Eigenobligo verbleibt[851]. Auch ist die Beteiligungsquote des kommunalen Unternehmens an dem zu erwerbenden Netz zu berücksichtigen[852].

Jedoch hat eine nach den kommunalrechtlichen Vorschriften rechtswidrige Gewährung der Bürgschaft bzw. der Beschluss zur Abgabe einer Bürgschaftserklärung rechtsgeschäftlich keine Folgen, soweit eine solche Entscheidung nicht bereits wegen schwerwiegender formeller Fehler, insbesondere einer fehlenden Genehmigung, fehlerhaft ist[853].

---

847 Vgl. z. B. Rose, Kommunale Finanzwirtschaft Niedersachsen, S. 178.

848 Vgl. z. B. Innenministerium des Landes Mecklenburg-Vorpommern, Kommunalbürgschaften und andere Sicherheiten – Leitfaden für die Praxis , 2004, S. 3 ff.

849 Vgl. z. B. Innenministerium des Landes Mecklenburg-Vorpommern, Kommunalbürgschaften und andere Sicherheiten – Leitfaden für die Praxis , 2004, S. 3 und S. 10.

850 Vgl. z. B. Innenministerium des Landes Mecklenburg-Vorpommern, Kommunalbürgschaften und andere Sicherheiten – Leitfaden für die Praxis , 2004, S. 11.

851 Vgl. z. B. Innenministerium des Landes Mecklenburg-Vorpommern, Kommunalbürgschaften und andere Sicherheiten – Leitfaden für die Praxis , 2004, S. 11.

852 *Klieve,* Gemeindeordnung für das Land Nordrhein-Westfalen, in: Kommentar, Praxis der Kommunalverwaltung, Bd. B1 NW § 87.

853 BGH, 3335, Urt. v. 10.6.1999 IX ZR 409-97-NJW 1999, 3335 (3337; 3338).

Anders liegen die Dinge jedoch möglicherweise, wenn die Gewährung der Bürgschaft oder einer ähnlichen Sicherheit eine verbotene Beihilfe im Sinne des Art. 107 des Vertrags über die Arbeitsweise der europäischen Union (AEUV) darstellt.

Eine Beihilfe in diesem Sinne liegt vor, wenn staatliche Zuwendungen gleich welcher Art zu einer „Begünstigung bestimmter Unternehmen oder Produktionszweige“ führen und dabei „den Wettbewerb verfälschen oder zu verfälschen drohen“.

Dies ist bei der Gewährung von Sicherheiten nicht auszuschließen, denn eine Beihilfe kann bereits bei Übernahme der Bürgschaft und nicht erst bei Inanspruchnahme vorliegen[854]. Maßgeblich für die Beurteilung des Vorliegens einer Beihilfe im Sinne des Art. 107 AEUV ist der sogenannte „Private-Investor-Test“. Hiernach liegt keine Beihilfe vor, wenn ein umsichtig handelnder privater Investor das Geschäft – die Gewährung der Sicherheit – auf gleiche Weise wie die Öffentliche Hand vorgenommen hätte[855]. Hierzu hat die Europäische Kommission in einer entsprechenden Mitteilung genauer gefasste Kriterien aufgestellt[856]. Das Vorliegen einer staatlichen Beihilfe kann hiernach (im Falle einer einzelnen staatlichen Garantie[857]) ausgeschlossen werden, wenn

1. der Kreditnehmer sich nicht in finanziellen Schwierigkeiten befindet;
2. der Umfang der Garantie zum Zeitpunkt ihrer Übernahme ermittelt werden kann. Dies bedeutet, dass die Garantie an eine bestimmte finanzielle Transaktion geknüpft, auf einen festen Höchstbetrag beschränkt und von begrenzter Laufzeit sein muss;
3. die Garantie höchstens 80 % des ausstehenden Kreditbetrages oder der sonstigen ausstehenden finanziellen Verpflichtung deckt; und
4. für die Garantie ein marktübliches Entgelt gezahlt wird.

Ein Vertrag, durch den eine rechtswidrige Beihilfe gewährt wird, ist nach ständiger Rechtsprechung des Bundesgerichtshofes (BGH) nichtig[858]. Die Bürgschaft begünstigt im Regelfall den Kreditnehmer, da dieser hierdurch das Darlehen zu günstigeren Konditionen erhält[859].

Fraglich ist, ob eine rechtswidrige Gewährung einer Beihilfe an den Kreditnehmer – hier das Unternehmen in kommunalem Eigentum – auf die bestellte Sicherheit, das heißt das Verhältnis von Sicherungsgeber (der Kommune) und der Bank (Sicherungsnehmer), durchschlägt[860]. Der

[854] Mitteilung der Kommission über die Anwendung von Art 87 und 88 des EG-Vertrags auf staatliche Beihilfen in Form von Haftungsverpflichtungen und Bürgschaften, 2008/C 155/02, 20.06.2008, S.12.

[855] *Giesberts/Kleve*, „Private-Investor-Test“ im EG-Beihilfenrecht – Das Ryanair-Urteil des EuGH, EuZW 2009, 287 (288).

[856] Mitteilung der Kommission über die Anwendung von Art 87 und 88 des EG-Vertrags auf staatliche Beihilfen in Form von Haftungsverpflichtungen und Bürgschaften, 2008/C 155/02, 20.06.2008, S.13/14.

[857] Im Falle der Leitungsnetzinvestition wird von einem Einzelfall auszugehen sein.

[858] Z. B.: BGH, ZfBR 2013, 592, Urt. v. 5.12.2012 I ZR 92/11; BGH, EuZW 2004, 252, Urt. v. 20.1.2004; BGH, WM 2003, 1491, Urt. v. 4.4.2003 V ZR 314/02.

[859] Mitteilung der Kommission über die Anwendung von Art 87 und 88 des EG-Vertrags auf staatliche Beihilfen in Form von Haftungsverpflichtungen und Bürgschaften, 2008/C 155/02, 20.06.2008, S.12.

[860] Siehe hierzu eingehend: *Soltész/Pfeffer/Wagner,* WM 2013, 831 ff.; *Soltész,* WM 2012, 923 ff.; *Soltész,* WM 2005, 2265 ff. ; *Hadding*, WM 2005, 485 ff.; *Schmidt-Räntsch*, NJW 2005, 106, 108.

EuGH hat in seinem Residex-Urteil aus dem Jahr 2011[861] ein „Durchschlagen“ nicht generell bejaht, sondern nur ausgeführt, es sei nicht ausgeschlossen, dass auch die Bürgschaft für nichtig erklärt werden müsse, soweit dies die erforderliche Maßnahme darstelle, um dem Zweck der Rückforderung der Beihilfe zu entsprechen[862]. Zweck der aus der rechtswidrigen Beihilfengewährung folgenden Rückforderung sei es, Wettbewerbsvorteile abzuschöpfen, die durch die Beihilfengewährung entstanden sind, um so die entstandene Wettbewerbsverzerrung zu beseitigen[863]. Die Festlegung auf einen eindeutigen Kriterienkatalog für das Bestehen eines solchen Falls hat der EuGH hierbei vermieden.

Im Interesse weitergehender Rechtsicherheit bezüglich der Rechtmäßigkeit der Bürgschaftserteilung kann trotz entsprechenden Aufwandes von der Möglichkeit Gebrauch gemacht werden, ein Notifizierungsverfahren bei der europäischen Kommission durchzuführen[864] (gem. Art. 108 Abs. 3 AEUV), an dessen Ende die Kommission beschließen kann, dass die angemeldete Maßnahme (Bürgschaft oder ähnliche Maßnahme) keine Beihilfe darstellt oder als Beihilfe mit dem Binnenmarkt vereinbar ist[865]. Dies wird jedoch in einfacher gelagerten Fällen nicht erforderlich sein.

Konzessionsvergabe an ein Unternehmen in kommunaler Hand

Voraussetzung für eine Rekommunalisierung ist außerdem die “Vergabe“ der Netzkonzession an die kommunale Gesellschaft (oder an die Kommune selbst). In der Vergangenheit hat sich gezeigt, dass die Kommunen gerade bei der „Vergabe“ der Konzessionen an eine eigene Gesellschaft in besonderem Maße im Fokus der privaten Wettbewerber stehen. Dies hängt vor allem damit zusammen, dass es den Kommunen aus Sicht der Wettbewerber (insbesondere der bisherigen Konzessionsinhaber) oftmals an der gebotenen Neutralität fehlt. Insoweit haben Streitigkeiten über die Rechtmäßigkeit von Rekommunalisierungen (Vergabe der Netzkonzession an kommunale Gesellschaften) zu höchstrichterlichen Entscheidungen geführt[866]. In diesen hat der Bundesgerichtshof (BGH) die Anforderungen an eine Konzessionsvergabe, insbesondere im Hinblick auf das Diskriminierungs- und Behinderungsverbot, näher konkretisiert. Aus dem Diskriminierungsverbot des § 46 Abs. 1 EnWG und § 19 Abs. 2 Nr. 1 GWB folgt, dass sich die Kommunen bei der Konzessionsvergabe an kommunale Gesellschaften an die Vorgaben des EnWG halten müssen[867]. Eine „Vergabe“ der Netzkonzession hat sich ungeachtet eigener Interessen allein an objektiven Kriterien auszurichten. Dies gilt vor allem mit Blick

---

861 EuGH, Urt. v. 8.12.2011 C-275/10.

862 EuGH, Urt. v. 8.12.2011 C-275/10, Rn. 44 ff.

863 EuGH, Urt. v. 8.12.2011 C-275/10, Rn. 34.

864 Ein solches Verfahren kann auch gewählt werden, wenn keine Beihilfe und infolgedessen keine Notifizierungspflicht besteht: *von Wallenberg/Schütte*, in: Grabitz/Hilf/Nettesheim, Das Recht der Europäischen Union, Kommentar, Loseblattsammlung, Stand: 52. EL. 2014, Art. 108 Rn. 10.

865 *Von Wallenberg/Schütte*, in: Grabitz/Hilf/Nettesheim, Das Recht der Europäischen Union, Kommentar, Loseblattsammlung, Stand: 52. EL. 2014, Art. 108 Rn. 57.

866 OpenJur 2014, 6083, BGH Urt. v. 17. Dezember 2013, KZR66/12; openJur 2014, 6082, BGH Urt. v. 17. Dezember 2013, KZR 65/12.

867 OpenJur 2014, 6083, BGH Urt. v. 17. Dezember 2013, KZR66/12; openJur 2014, 6082, BGH Urt. v. 17. Dezember 2013, KZR 65/12.

auf die in der Ausschreibung festgelegten Vergabekriterien. Es bestehen daher für alle Marktteilnehmer dieselben „Spielregeln“. Rechtsfolge einer diskriminierenden „Vergabe“ ist die Nichtigkeit des Konzessionsvertrags im Sinne des § 134 BGB[868].

In diesem Zusammenhang kommen auch strategische Partnerschaften von Kommunen mit Unternehmen in Frage. Da die Konzessionsvergabe nur an einen Konzessionsnehmer erfolgen kann, der auch in der Lage ist, das Netz zu betreiben[869], wird die Kommune sich bereits vor der Ausschreibung der Konzession einen strategischen Partner suchen müssen, sofern sie selbst nicht über die erforderlichen Fähigkeiten verfügt. Dies geschieht in einem Vergabeverfahren, welches sich insbesondere an den wirtschaftlichen Konditionen orientiert. Vor allem bei Abschluss des Joint-Venture-Vertrages muss deshalb darauf geachtet werden, dass die gesetzlichen Regelungen hinsichtlich der Ausgestaltung von Konzessionsverträgen nicht auf diesem „Umweg“ umgangen werden und so mittelbar die Wirksamkeit des Konzessionsvertrages selbst gefährden.

3.7.8.3 Investitionen in Offshore-Anbindungsleitungen

Bei Finanzierungen von Offshore-Leitungen/Seekabeln stellt sich aus Perspektive der Bank die Frage des anwendbaren Rechts auf See, da dieses die Möglichkeit der Bestellung von Sicherheiten bestimmt. Nach Art. 2 des Seerechtsübereinkommens der Vereinten Nationen (SRÜ) erstreckt sich die Souveränität eines Staates auf sein Küstenmeer, auf dessen Boden und Luftraum. Das Küstenmeer umfasst dabei in der Regel die sogenannte 12-Seemeilenzone[870], beginnend an der Basislinie, das heißt die Niedrigwasserlinie entlang der Küste, wie sie in den vom Küstenstaat amtlich anerkannten Seekarten großen Maßstabs eingetragen ist[871]. In diesen Gewässern findet deutsches Recht unstreitig Anwendung[872]. Die über die 12-Seemeilenzone hinausgehenden Gewässer sind die Ausschließliche Wirtschaftszone (AWZ), die sich auf bis zu 200 Seemeilen von der Basislinie erstreckt, und die Hochsee[873]. In der Literatur ist vielfach die Anwendbarkeit des deutschen Sachenrechts in der AWZ diskutiert worden[874]. Im Ergebnis kommt die ganz herrschende Meinung zu einer Anwendbarkeit deutschen Sachenrechts in der AWZ[875].

---

868 OpenJur 2014, 6083, BGH Urt. v. 17. Dezember 2013, KZR66/12; openJur 2014, 6082, BGH Urt. v. 17. Dezember 2013, KZR 65/12.

869 Die Konzessionsvergabe hat sich gem. § 46 Abs. 3 S. 5 EnWG an den Zielen des § 1 EnWG zu orientieren.

870 Abweichungen hiervon in Nord und Ostsee sind in der Bekanntmachung der Proklamation der Bundesregierung über die Ausweitung des deutschen Küstenmeeres vom 11. 11.1994 (BGBl. I S. 3428) festgelegt.

871 Art. 5 SRÜ.

872 *Diekamp,* Sicherungsübereignung von Offshore-Windenergieanlagen, ZBB 1/2004, 11.

873 Die Hochsee spielt in Deutschland keine Rolle, da wegen der Nähe zu Nachbarstaaten die AWZ der BRD an die AWZ der anderen Staaten grenzt: so *Hofmann/Baumann,* Die zivilrechtliche Behandlung von Hochseekabeln in der Nordsee, RdE 2012, 53, 54.

874 *Müller-Helle/Theilmann,* Eigentum und Eigentumsvorbehalt an Offshore-Windkraftanlagen, RdE 2010, 369 ff.; *Reichert-Facilides,* Eigentumsschutz und Verwertung von Windenergieanlagen in der ausschließlichen Wirtschaftszone, WM 2011, 1544 ff.; *Diekamp,* Sicherungsübereignung von Offshore-Windenergieanlagen, ZBB 2004, 1 ff.; *Dinger/Goldner,* Sicherungsübereignung von Windenergieanlagen in der Ausschließlichen Wirtschaftszone, ZBB 2009, 204 ff.

875 Siehe Fußnote 860.

Überdies ist vielfach die Sonderrechtsfähigkeit von fest mit dem Meeresboden der AWZ verbundenen beweglichen Sachen besprochen worden[876]. Kernfrage war in diesem Zusammenhang, ob es aufgrund der § 93 ff. BGB zu einem Eigentumsverlust kommt. Da § 94 BGB die feste Verbindung mit einem Grundstück erfordert, ist bereits unter Verweis auf die fehlende Grundstücksqualität der Meeresbodenflächen in der AWZ und auf die nicht bestehende Möglichkeit, Eigentum an diesen zu begründen, ein gesetzlicher Eigentumsübergang abgelehnt worden[877].

Da keine Rechtsprechung zur Frage der Anwendbarkeit deutschen Sachenrechts existiert, ist man in der Praxis dazu übergegangen, Sicherungsrechte an Teilen von Offshore-Windkraftanlagen bereits vor Transport in die AWZ zu bestellen, da jedenfalls bereits bestehende Rechte in der AWZ nicht verloren gehen. Bei Seekabeln kann dies ebenso gehandhabt werden[878].

Im Bereich des Küstenmeeres liegen die Dinge anders. Dort ist die Bundesrepublik Deutschland die Eigentümerin des Meeresgrundes. Deshalb stellt sich in diesem Bereich die Frage, ob Meeresleitungen sonderrechtsfähige Gegenstände bleiben.

Seekabel gelangen durch Verlegung per Spülschlitten oder durch das Vergraben mittels eines Roboters in den Meeresboden. Die Kabel werden dabei so verlegt, dass sie schlussendlich unter einer Sand- oder Schlickschicht begraben sind[879]. Es ist deshalb regelmäßig von einer festen Verbindung auszugehen. Leitungen am Meeresgrund sind jedoch nicht auf Dauer verlegt[880] und sind daher Scheinbestandteile im Sinne des § 95 Abs. 1 S. 1 BGB. Dies ist bereits in den entsprechenden Nutzungsverträgen mit der BRD vorgesehen, die so ausgestaltet sind, dass die Scheinbestandsteilseigenschaft gewahrt bleibt. Hierzu ist vertraglich eine spätere Entfernung der Seekabel vorgesehen.

Es lässt sich somit festhalten, dass Meeresleitungen unabhängig von ihrer Lage sonderrechtsfähig und damit im Wege der Sicherungsübereignung übertragbar sind.

3.7.9 Zusammenfassung

Die Struktur der Kreditsicherheiten bei der Projektfinanzierung von Stromleitungsnetzen unterscheidet sich nicht wesentlich von derjenigen, die bei anderen Projektfinanzierungen üblich ist. Sie folgt grundsätzlich denselben Zielen. Allerdings spielen regulatorische Aspekte bei der Sicherung der Interessen der Kreditgeber im Rahmen einer Stromleitungsnetzfinanzierung eine gewichtige Rolle.

---

876 SieheFußnote 874.

877 Siehe Fußnote 860.

878 Zu Varianten der Übereignung und der entsprechenden Vertragsgestaltung eingehend: *Müller-Helle/Theilmann,* Eigentum und Eigentumsvorbehalt an Offshore-Windkraftanlagen, RdE 12/2010 369, 372.

879 Www.tennet.eu: Netz und Projekte ⇒ Seekabelverlegung (zuletzt abgerufen 6.6.2014).

880 So auch *Hofmann/Baumann,* Die zivilrechtliche Behandlung von Hochseekabeln in der Nordsee, RdE 2/2012, 53, 55.

Je nach Finanzierungsgegenstand und organisatorischem Modell des Netzeigentums und Netzbetriebs ergeben sich unterschiedliche Risiken, die bei der Kreditsicherung und in der Finanzierungsstruktur zu berücksichtigen sind. Auch die Zweckmäßigkeit der Bestellung einzelner Sicherheiten, namentlich der Sicherungsübereignung, muss im Einzelfall untersucht werden.

Unabhängig von der jeweiligen Investition erscheint eine etwaige Verwertung durch die finanzierende Bank nicht einfach. Dies liegt vor allem an der eingeschränkten Fungibilität des Assets. Es ist in diesem Zusammenhang den regulatorischen Vorgaben geschuldet, dass der potenzielle Käuferkreis eingeschränkt ist, da zum einen regelmäßig viel Kapital benötigt wird und zum anderen eine Veräußerung nur an qualifizierte Erwerber erfolgen kann. Das Erfordernis besonderer Qualifikation steht vor allem bei der Ersetzung des Betreibers und bei der Übertragung von Konzessionsverträgen auf Dritte im Wege des direktvertraglichen Eintrittsrechts eine Rolle. Aufgrund dieser Schwierigkeiten, aber auch in allen sonstigen Verwertungsszenarien, wird deshalb eine enge und frühzeitige Zusammenarbeit mit den Aufsichtsbehörden unerlässlich sein.

4 Wirtschaftliche Rahmenbedingungen

4.1 Ökonomische Aspekte von Stromleitungsnetzen

PROF. DR. GEORG GÖTZ, SVEN HEIM UND DR. DOMINIK SCHOBER

Georg Götz ist Professor für Volkswirtschaftslehre an der Justus-Liebig-Universität Gießen und seit 2007 Inhaber der Professur für Industrieökonomie, Wettbewerbspolitik und Regulierung. Er hat an der Universität Regensburg promoviert und an der Universität Wien habilitiert. Seine Forschungsarbeiten wurden in führenden industrieökonomischen Zeitschriften wie dem Rand Journal of Economics und dem International Journal of Industrial Organization veröffentlicht. Anwendungsorientierte Forschung findet und fand an seiner Professur unter anderem in von der Deutschen Telekom und der Deutschen Bahn geförderten Forschungsprojekten statt. Darüber hinaus ist Professor Götz regelmäßig in der kartellrechtlichen und regulatorischen Praxis als ökonomischer Berater aktiv. Er war wettbewerbsökonomischer Sachverständiger des OLG Düsseldorf im Industrieversicherer-Kartell und daneben in zahlreichen Kartellrechtsfällen, Fusionskontroll- und Regulierungsverfahren tätig.

Sven Heim studierte Volkswirtschaftslehre an der Justus-Liebig-Universität Gießen. Seine Studienschwerpunkte waren Industrieökonomie und Regulierung, Statistik und Ökonometrie. Er ist seit Januar 2012 wissenschaftlicher Mitarbeiter in der ZEW-Forschungsgruppe Regulierung und Wettbewerb und war 2013 Gastforscher an der UC Berkeley. Seine Forschungsinteressen liegen in der Untersuchung von Marktdesigns in Elektrizitätsmärkten, insbesondere vor dem Hintergrund sich verändernder Proportionen von konventioneller und erneuerbarer Erzeugung. Im Rahmen seiner Tätigkeit am ZEW bearbeitet er diverse Forschungsprojekte, beispielsweise für das Bundesministerium für Wirtschaft und Technologie. Sven Heim ist zudem Lehrbeauftragter an der Dualen Hochschule Baden-Württemberg in Mannheim.

Dr. Dominik Schober studierte Volkswirtschaftslehre mit den Schwerpunkten Industrieökonomik und Ökonometrie in Würzburg und Caen. Von 2006-2012 arbeitete er als wissenschaftlicher Mitarbeiter am Lehrstuhl für Energiewirtschaft der Universität Duisburg-Essen (Prof. Dr. Weber) sowie im Regulierungsmanagement eines großen deutschen Energieversorgers. In dieser Zeit bearbeitete er zahlreiche Drittmittelprojekte, hielt begleitende Lehrveranstaltungen sowie Vorlesungen, betreute mehrere Abschlussarbeiten und hatte zuletzt die Position eines Teamleiters inne. Seit Oktober 2012 arbeitet Dominik Schober als wissenschaftlicher Mitarbeiter in der Forschungsgruppe Wettbewerb und Regulierung und betreut dort den Forschungsschwerpunkt "Wettbewerb und Regulierung in Netzindustrien". Außerdem hat er einen Lehrauftrag für die Veranstaltung "Nachhaltige Energie" an der Technischen Fachhochschule Bochum. In seiner Dissertation befasst er sich mit verschiedenen Fragestellungen zur Regulierung von Stromnetzbetreibern im Grenzbereich von Produktions-, Finanz- und Industrieökonomie. Zu seinen generellen Forschungsinteressen gehören die Strommarktregulierung und der Strommarktwettbewerb, insbesondere vor dem Hintergrund einer fluktuierenden Einspeisung von erneuerbaren Energien. Des Weiteren gilt sein Interesse verwandten Fragen aus anderen Energiemärkten wie etwa dem Kraftstoffmarkt sowie den umweltökonomischen Fragestellungen.

4.1.1 Einleitung

Netzbasierte Infrastrukturdienstleistungen besitzen die Eigenschaft der Faktornotwendigkeit. Sie sind durch die Notwendigkeit ihrer Mitnutzung für den funktionierenden Wettbewerb auf vor- und nachgelagerten Wertschöpfungsstufen als wesentliche Einrichtung („*Essential Facility*") einzustufen und bedürfen einer besonderen Aufmerksamkeit. In Kombination mit der ausgeprägten Investitionsintensität und vorliegenden Marktunvollkommenheiten gehört der Stromsektor seit seiner Entstehung zu den Wirtschaftsbereichen mit hoher staatlicher Eingriffstiefe. Über weite Teile des 20. Jahrhunderts wurde aus diesem Grund die gesamte Wertschöpfungskette von vertikal integrierten Monopolisten bedient und ordnungspolitisch protegiert.[1] Da sich von den traditionellen Wertschöpfungsstufen Erzeugung, Übertragung und Verteilung sowie Handel und Vertrieb nur die natürlichen Monopole auf den Netzstufen nicht wettbewerblich organisieren lassen, wurde die Betrachtung der Wertschöpfungskette als Ganzes jedoch im Laufe der Zeit als nicht mehr sinnvoll erachtet.[2] Dieser disaggregierten Betrachtung der Wertschöpfungskette wurde mit Inkrafttreten des Gesetzes zur Neuregelung des Energiewirtschaftsrechts am 29. April 1998 und der damit einhergehenden Umsetzung der EU-Richtlinie zum Elektrizitätsbinnenmarkt Rechnung getragen (Richtlinie 96/92/EG); ein freier Netzzugang und die Bildung diskriminierungsfreien Netzentgelte wurden rechtlich verbindlich. Zur Umsetzung wählte Deutschland als einziger EU-Mitgliedsstaat die Variante des verhandelten Netzzugangs, da die Notwendigkeit einer staatlichen Regulierung der Stromnetze nicht gesehen wurde. Bedingt durch die Anforderung des zweiten EU-Binnenmarktpakets (Richtlinie 03/54/EG)[3], aber auch aufgrund der generell enttäuschenden bisherigen Ergebnisse, kam es zu einem öffentlichen und politischen Umdenken und zu einem Wechsel zum regulierten Netzzugang.

Die Regulierungsnotwendigkeit ist seither wenig umstritten und gilt als wesentlicher Eckpfeiler zur Intensivierung des Wettbewerbs auf den der Netzebene vor- und nachgelagerten Stufen.[4] Den durch die Regulierung erzielbaren Gewinnen stehen jedoch auch mögliche Kosten gegenüber. Neben direkten Kosten der Regulierung können die durch die Regulierung gesetzten Anreize zu unerwarteten und kostspieligen Reaktionen der Unternehmen führen. Im Extremfall können die durch imperfekte Regulierung entstehenden Kosten die Wohlfahrtsverluste eines unregulierten Monopols sogar übersteigen.[5] Regulierung kann folglich zwar Marktversagen beheben, gleichzeitig besteht jedoch die Gefahr eines Staatsversagens. Der spezifischen Ausgestaltung des regulatorischen Rahmens kommt hinsichtlich wohlfahrtsökonomischer Aspekte somit eine wesentliche Bedeutung zu. Die ökonomischen Aspekte von Stromnetzen und

---

1 Vgl. Dehmel (2011).

2 Aufgrund der steigenden Bedeutung von Smart Grids stellt zudem auch das Messwesen mittlerweile eine separate Wertschöpfungsstufe dar, seit es mit Inkrafttreten des „Gesetz(es) zur Öffnung des Messwesens bei Strom und Gas für Wettbewerb" in 2008 liberalisiert wurde.

3 Die Richtlinie 03/54/EG schrieb den regulierten Netzzugang ebenso wie der Einrichtung einer nationalen Regulierungsbehörde verpflichtend vor.

4 Vgl. Joskow (2008).

5 Vgl. Joskow (2005).

die Charakterisierung der für die Regulierungsnotwendigkeit erforderlichen Markteigenschaften sind ebenso Thema des folgenden Abschnitts wie die Darstellung verschiedener Regulierungskonzepte hinsichtlich ihrer unterschiedlichen Wirkung auf Investitionsentscheidungen und der Anreize zur Kostensenkung.

4.1.2 Marktversagen und Regulierungsnotwendigkeit

4.1.2.1 Natürliches Monopol

Ausschlaggebend für die Kategorisierung eines Sektors als natürliches Monopol ist die ihm zugrunde liegende Kostenstruktur.[6] Gemäß der wettbewerbsökonomischen Definition ist ein natürliches Monopol ein Markt, indem ein einziges Unternehmen die gesamte Marktnachfrage zu niedrigeren Kosten produzieren kann als mehrere Anbieter zusammen. Man spricht von einer subadditiven Kostenfunktion. Im Allgemeinen resultieren natürliche Monopole demzufolge entweder aus dem Vorliegen von Größenvorteilen in der Produktion („*Economies of Scale*"), also abnehmenden Durchschnittskosten über den gesamten Outputbereich, oder aus dem Vorliegen von Verbundvorteilen („*Economies of Scope*"), das heißt der günstigeren Produktion aus Synergievorteilen der gemeinsamen Produktion. Der erste Fall tritt ein, wenn Fixkosten eine nicht vernachlässigbare Rolle spielen und die Grenzkosten, also die Kosten für die letzte produzierte Einheit eines Gutes, im relevanten Bereich der Nachfrage unterhalb der Durchschnittskosten liegen, diese also sinken.[7] Im Falle der Verbundvorteile sinken die Durchschnittskosten durch eine Verteilung eines Fixkostenblocks auf zwei oder mehr verschiedene Produkte. Auch eine solche Kostenfunktion wird als subadditiv bezeichnet. Bei einer Aufteilung des Marktes auf mehrere Unternehmen würde die damit verbundene Vervielfachung der Fixkosten entsprechend der im Markt befindlichen Unternehmen zu höheren Durchschnittskosten im Gesamtmarkt führen als bei der Bedienung des Marktes durch ein einzelnes Unternehmen.

Stromnetze (und Netzindustrien generell) stellen ein klassisches Beispiel für ein natürliches Monopol dar, da beim Bau und bei der Instandhaltung der Netzinfrastruktur hohe Fixkosten anfallen, die Kosten des Stromtransports auf existierenden Netzen aber nahezu Null sind. Liegt ein natürliches Monopol vor, so ist es demnach aus Kostenminimierungsaspekten effizient (produktive Effizienz), dieses auch den gesamten Markt bedienen zu lassen.[8] Die Duplizierung der Netzinfrastruktur durch einen Wettbewerber würde vermeidbare Kosten verursachen (produktive Ineffizienz). Monopole werden jedoch traditionell als gesellschaftlich nicht wünschenswert angesehen, da sie mit der Ausübung von Marktmacht und damit allokativer Ineffizienz assoziiert werden. In diesem Fall kann der Monopolist seinen Gewinn maximieren, indem er seinen Preis bzw. zur Verfügung gestellte Menge so wählt, dass sein Grenzerlös exakt den Grenzkosten entspricht und er einen Preis oberhalb der Grenzkosten verlangen kann. Dadurch werden Kunden vom Kauf ausgeschlossen, deren Zahlungsbereitschaft zwar über den

---

6 Für die folgenden Ausführungen vgl. bspw. Sharkey (1982) oder Borrmann/Finsinger (1999).

7 Diese Bedingung ist hinreichend für die Existenz eines natürlichen Monopols, jedoch nicht notwendig. Bei Unteilbarkeit der für die Produktion eingesetzten Ressourcen kann ein Sektor auch bei steigenden Durchschnittskosten noch den Charakter eins natürlichen Monopols innehaben.

8 Vgl. Pindyck/Rubinfeld (2013).

Grenzkosten, aber unter dem monopolistischen Preis liegt. Es kommt zu einer Unterversorgungssituation und damit allokativer Ineffizienz. Selbst bei gleicher Gewichtung von Konsumentenrente und Produzentenrente kommt es dann zu Wohlfahrtsverlusten.[9]

4.1.2.2 Der nicht bestreitbare Markt

Aufgrund der grundsätzlichen allokativen Ineffizienz von Monopolen heraus galt die Existenz eines natürlichen Monopols lange als hinreichende Rechtfertigung für staatliche Intervention. Um das Marktmachtpotenzial zu reduzieren und allokative Effizienz zu gewährleisten, wurden in vielen Industrien mit natürlichem Monopolcharakter Preise und Renditen beschränkt. Der Markteintritt wurde gleichzeitig durch gesetzliche Marktzutrittsschranken reguliert, um Kostenduplizierungen zu verhindern, aber auch das sogenannte Rosinenpicken (*„Cream Skimming"*) zu verhindern. Generell geht jedoch das Vorliegen eines natürlichen Monopols nicht zwangsläufig mit der Notwendigkeit einer staatlichen Regulierung einher. Natürliche Monopole sind nicht zwangsläufig in der Lage, die Preise langfristig unilateral vom Wettbewerbsniveau zu entfernen. Nicht ausschließlich der aktuelle Wettbewerb im Markt, sondern bereits der potenzielle Wettbewerb durch Marktzutritt bestimmen die Stabilität und Dauer der Marktmacht. Ob potenzieller Wettbewerb in einem Monopolmarkt als realistisch anzusehen ist, hängt dabei im Wesentlichen von der Art der Investitionskosten ab. Handelt es sich dabei um irreversible Kosten, also Kosten, die das Unternehmen bei Marktaustritt verliert (*„Sunk Costs"*), so fungieren diese als Markteintrittsbarriere. Der Grund hierfür ist, dass versunkene Kosten eine Asymmetrie zwischen dem etablierten Unternehmen und potenziellen Wettbewerbern verursachen. Für ein im Markt befindliches Unternehmen sind Kosten, sobald sie „versunken" sind, keine Opportunitätskosten mehr und spielen somit für seine Preisentscheidung keine Rolle. Für den potenziellen Wettbewerber sind die irreversiblen Kosten vor einem Markteintritt jedoch Bestandteil seiner Kostenfunktion und für diesen somit entscheidungsrelevant, wodurch ihm ein Kostennachteil gegenüber dem im Markt etablierten Unternehmen entsteht. Sollte ein Unternehmen dennoch eintreten, würde es seine versunkenen Kosten ebenfalls nicht mehr in seiner Preissetzungsentscheidung berücksichtigen und es käme zu einem ruinösen Wettbewerb zwischen dem etablierten Unternehmen und dem Neuling. Dies antizipiert der Neuling und unterlässt den Eintritt. Der Monopolist befindet sich durch die Marktaustrittsbarriere in einem nicht angreifbaren Markt und kann hohe, allokativ ineffiziente Preise setzen.

Bei reversiblen Fixkosten und freiem Marktein- und -austritt wird der Monopolist hingegen bereits durch potenziellen Wettbewerbsdruck in seiner Preissetzung diszipliniert. Für potenzielle Wettbewerber ist es dann profitabel, eine Hit-and-Run-Strategie zu verfolgen, sobald das etablierte Unternehmen den Preis vom Wettbewerbsniveau entfernt.[10] Ein Unternehmen könnte kostendeckend in den Markt eintreten und den Preis des Monopolisten unterbieten, die Marktnachfrage auf sich ziehen und Gewinne erzielen. Der etablierte Monopolist antizipiert dies wiederum und setzt direkt lediglich kostendeckende Preise. In einem solchen, nicht zutrittsresistenten Monopol substituiert potenzieller Wettbewerb echten Wettbewerb und trotz

---

[9] Bei einer höheren Gewichtung der Konsumenten wäre der Fakt des höheren Preises an sich schon schädlich und die dadurch erreichte Umverteilung zugunsten der Produzenten unerwünscht. Dies ist zu trennen von der oben erwähnten Nichtversorgung der Konsumenten, bei der auch ohne Präferenz über die Verteilung von Renten zu Konsumenten oder Produzenten ein gesellschaftlicher Schaden festgestellt wird.

[10] Vgl. Knieps (2011).

Monopolstellung existiert dann keine stabile Marktmacht. In der wettbewerbsökonomischen Theorie wird ein solcher Markt als bestreitbar oder angreifbar bezeichnet.[11] Das Konzept des bestreitbaren Marktes („*Contestable Markets*") zeigt folglich auf, dass sich auch beim Vorliegen von Economies of Scale oder Scope wettbewerbliche Preise einstellen können, sofern potenzieller Wettbewerb im Markt besteht, selbst wenn kein tatsächlicher Anbieterwettbewerb im Markt vorliegt. Als wesentliche zweite Voraussetzung zur Regulierungsnotwendigkeit eines Marktes neben dem natürlichen Monopolcharakter muss deshalb die Unbestreitbarkeit des Marktes gegeben sein. Liegen beide Eigenschaften vor, so wird von einem monopolistischen Engpass gesprochen („*Monopolistic Bottleneck*").

Als klassisches Beispiel für einen bestreitbaren Markt wird häufig der Fluglinienverkehr angeführt (vgl. Baumol/Bailey 1992). Fluggesellschaften haben hohe Fixkosten und schwächer frequentierte Städteverbindungen sind häufig monopolistisch, denn die Kosten, die entstehen, wenn zwei halbvolle Flugzeuge die Stecke bedienen sind höher, als im Falle eines einzelnen vollausgelasteten Flugzeugs. Da ein potenzieller Wettbewerber jedoch ohne weiteres ein Flugzeug von einer anderen Route abziehen und auf einer anderen Strecke einsetzen kann, wird der Monopolist durch potenziellen Markteintritt in seiner Preissetzung diszipliniert. Im Gegensatz dazu sind Netzindustrien den nicht-angreifbaren Märkten zuzuordnen.

Liegen Markteintrittsbarrieren vor, so dass der Monopolist dadurch einen Preissetzungsspielraum hat, so ist es für ihn rational, diesen auch auszunutzen. Da die Nachfrage im Elektrizitätsmarkt äußerst unelastisch ist und Ausweichmöglichkeiten im Sinne von Substituten für die Netzdurchleitung (sog. „*Bypass*") kaum bestehen,[12] ist der Preissetzungsspielraum des Monopolisten erheblich. Da ein effektiver oder potenzieller Wettbewerb auf den Netzstufen der Wertschöpfungskette der Elektrizitätswirtschaft dementsprechend nicht möglich ist, ist die Regulierungsnotwendigkeit der Preissetzungsentscheidung des Monopolisten gegeben.

Auch die Wertschöpfungsstufe der Stromerzeugung wurde traditionell als natürliches Monopol betrachtet, da sehr große Kraftwerke Strom zu niedrigeren Preisen anbieten konnten als kleinere. Hier scheinen allerdings die Skalenvorteile ausgeschöpft zu sein. Die optimalen Größen von Atom- und Steinkohlekraftwerken liegen bei ca. 1000 MW bzw. bei 500 bis 1000 MW, bei Gas-und-Dampf-Kraftwerken sind die entsprechenden Werte mit 250 bis 400 MW noch deutlich niedriger. In Anbetracht einer Spitzennachfrage von ca. 80.000 MW können somit Kraftwerke in effizienter Betriebsgröße in größerer Zahl installiert werden und es können mehrere Anbieter im Markt gleichzeitig anbieten.[13] Entsprechend hat sich der Anteil kleinerer Kraftwerke mittlerweile erhöht, von einem natürlichen Monopol in der Erzeugung kann nicht (mehr) gesprochen werden. Der steigende Anteil erneuerbarer Energien an der gesamten Stromerzeugung hat diesen Trend weiter beschleunigt. Auf Erzeugerebene können

11 Vgl. Baumol/Panzar/Willig (1982), Baumol (1982).

12 Eine solche Umgehung des Netzes/Bypass findet sich beispielsweise in der Sprach-Telekommunikation im Rahmen des intermodalen Wettbewerbs zwischen dem klassischen leitungsgebundenen Netz („letzte Meile", preisregulierte Kupferdoppelader des Hausanschlusses) und den Mobilfunk- oder Kabelnetzen. Im Bereich der Stromnetze ist hier an die gegenwärtig ausführlich diskutierte Eigenstromerzeugung zu denken.

13 Im Gegensatz hierzu existieren weiterhin kleine Inselmärkte, in denen die Nachfrage durch ein einzelnes oder wenige Kraftwerke befriedigt werden kann. Solche Märkte gelten weiterhin als natürliches Monopol (und monopolistischer Engpass). Ein Beispiel hierfür ist Malta, wo die Nachfrage durch ein Portfolio aus einem Petroleum- und einem Gaskraftwerk bedient wird.

Economies of Scale folglich nicht mehr als hinreichende Rechtfertigung zur Aufrechterhaltung eines gesetzlich verankerten Monopols betrachtet werden.[14]

Die Energiewirtschaft ist somit nicht mehr zwangsläufig im Ganzen über alle vertikalen Stufen der Wertschöpfungsstufen als natürliches Monopol zu betrachten. Der Wandel hin zu einer disaggregierten Betrachtung der Stromwirtschaft stellt den ersten Schritt der Liberalisierung und der anschließenden vertikalen Separierung („*Unbundling*") dar.

4.1.2.3 Vertikale Entflechtung

Die Wertschöpfungskette kann folglich hinsichtlich ihrer Wettbewerbseignung in zwei Gruppen unterteilt werden. Während bei den Netzstufen der Wertschöpfungskette ein nicht bestreitbares natürliches Monopol vorliegt, lassen sich die Marktsegmente Erzeugung und Handel sowie Vertrieb und Messwesen wettbewerblich organisieren.

Transport- und Verteilnetze besitzen dabei den Charakter von sogenannten notwendigen Einrichtungen („*Essential Facilities*") innerhalb der Wertschöpfungskette, denn für die vorgelagerte Erzeugungs- und Handelsstufe und auch den nachgelagerten Vertrieb und das Messwesen ist der Zugang zu den monopolistischen Netzen zwingend erforderlich. Die Netzebene stellt somit einen monopolistischen Engpass („*Bottleneck*") innerhalb der Wertschöpfungskette dar. Funktionierender Wettbewerb auf den vor- und nachgelagerten Stufen ist deshalb nur bei offenem und diskriminierungsfreiem Netzzugang möglich. Allein durch die Öffnung der potenziell wettbewerblichen Stufen für den Wettbewerb ist dies jedoch nicht automatisch sichergestellt, da vertikal integrierte Unternehmen Anreize besitzen, den Netzzugang für Erzeuger ohne eigenes Netz zu erschweren oder im Extremfall sogar vollständig zu verhindern. Verglichen mit „netzlosen" Wettbewerbern besitzen vertikal integrierte Unternehmen zudem die Möglichkeit, sich durch Gewinne aus dem Netzbetrieb quer zu subventionieren und sich Wettbewerbsvorteile zu verschaffen. Zuletzt können vertikal integrierte Unternehmen nichtpreislich diskriminieren, etwa durch die verzögerte Weitergabe wichtiger Kundeninformationen (beispielsweise über den Stromverbrauch der Konsumenten) oder das Verschleppen bei Anbieterwechseln.[15]

Diese Aspekte führten zu der Kritik, dass die Preissetzung der Stromunternehmen immer noch nicht ausreichend kompetitiv und transparent sei und dies allein durch Regulierungsmaßnahmen nicht zu beheben sei. Durch härtere Formen der Entflechtung („*Unbundling*"), als der bereits in der 1998er EU-Richtlinie vorgeschriebenen buchhalterischen Entflechtung, wurde eine Stärkung des Wettbewerbs auf den der Netzebene vor- und nachgelagerten Stufen erwartet. Dies fand im zweiten Legislativpaket der Europäischen Kommission zur Harmonisierung und Liberalisierung des EU-Binnenmarkts für Energie Berücksichtigung (Richtlinie 03/54/EG), in dem neben der Regulierung des Netzzugangs auch die (gesellschafts-)rechtliche Entflechtung („*Legal Unbundling*") der Netze von den potenziell kompetitiven Stufen explizit

14 Vgl. Hunt (2002).

15 Vgl. Nikogosian/Veith (2012).

vorgeschrieben wird. Nicht betroffen von der rechtlichen Entflechtung sind dabei bislang Verteilnetzbetreiber mit weniger als 100.000 an das Netz angeschlossenen Kunden.[16] Mit der Umsetzung des dritten Energiepakets der EU in 2009 wurden die Entflechtungsvorschriften nochmals verschärft, eine zunächst angestrebte eigentumsrechtliche Entflechtung (*„Ownership Unbundling"*) wurde nach politischen Widerständen jedoch nicht verpflichtend. Weichere Alternativen wurden an ihre Seite gestellt. Den Vorteilen der vertikalen Entflechtung stehen allerdings auch potenzielle Kosten aus dem Verlust von vertikalen Synergien (*„Economies of Vertical Integration"*) gegenüber, da sich neben den klassischen Verbundvorteilen (*„Economies of Scope"*) insbesondere der Koordinierungsaufwand (*„Costs of Coordination"*) zwischen den einzelnen Stufen erhöht.[17] Die erzielbaren Verbundvorteile sind aufgrund technologischer Entwicklungen im IT-Bereich jedoch mittlerweile gesunken und daher als weniger relevant einzuordnen, während dem Koordinierungsaufwand eine wesentliche Bedeutung zukommt.[18] Letzterer entsteht beispielsweise durch eine mangelhafte Koordination von Netz- und Kraftwerksinvestitionen.

4.1.3 Der regulatorische Prozess der Entgeltbestimmung in den verschiedenen Regulierungsformen

Die Nichtbestreitbarkeit des monopolistischen Engpasses und seiner Eigenschaft als Essential Facility führen zu einem Marktversagen und bedingen die Regulierungsbedürftigkeit der Netzentgelte. Im Allgemeinen führt Regulierung jedoch zu direkten und indirekten Kosten, bestehend aus verzerrenden Anreizen für die regulierten Unternehmen.[19] Regulierung kann folglich zwar Marktversagen beheben, gleichzeitig besteht jedoch die Gefahr des Staatsversagens. Der spezifischen Ausgestaltung des regulatorischen Rahmens kommt hinsichtlich wohlfahrtsökonomischer Aspekte somit eine wesentliche Bedeutung zu. Ausschlaggebend für die Bewertung und Einordnung von alternativen Regulierungskonzepten sind die Ziele der allokativen und produktiven Effizienz, aber auch organisatorische Aspekte spielen eine bedeutende Rolle. Kleinteiliger betrachtet sind bei der Wahl des regulatorischen Designs die Möglichkeit einer Gesamtkostendeckung, die Anreizsetzung zur effizienten Nutzung von Produktionsfaktoren, die Schaffung von Investitionsanreizen für Netzstärkung und –ausbau sowie Innovationen, die Durchführbarkeit und Transparenz sowie die marktorganisatorische Kompatibilität bzw. Neutralität zu berücksichtigen. Diese Ziele können jedoch durchaus auch im Konflikt stehen, wie etwa bei der Abwägung zwischen kurzfristig optimaler Preissetzung (statische Effizienz) und Investitionsanreizen (dynamische Effizienz). Im Allgemeinen können Regulierungskonzepte nach ihrem Preisbildungskonzept[20] kategorisiert werden und weiterhin in kosten- sowie anreiz- und performance-basierte Regulierungsverfahren eingeteilt werden.[21]

16 In Deutschland stellen Verteilnetze mit weniger als 100.000 angeschlossenen Kunden jedoch die deutliche Mehrheit dar und nur 66 der 888 Verteilnetzbetreiber überschreiten diesen Schwellenwert (Monitoringbericht 2013).

17 Vgl. Gugler/Liebensteiner/Schmitt (2014).

18 Vgl. Abegg et al. (2014).

19 Vgl. Joskow (2005).

20 Dies sind beispielsweise Grenzkostenpreise (in Verbindung mit Subventionierung der Fixkosten), Durchschnittskostenpreise, ein-/zweiteilige Preise, Ramseypreise.

21 Vgl. Kraus (2005).

Neben dem statischen Aspekt der Regulierung mit dem wesentlichen Ziel der Marktmachteindämmung ist bei der Bewertung von Regulierungsansätzen auch deren dynamische Effizienz zu berücksichtigen. Während dieser Aspekt aufgrund der Langlebigkeit der bereits vor der Liberalisierung getätigten Investitionen in die Netzinfrastruktur und einem bestehenden Kraftwerkspark zunächst von untergeordneter Bedeutung war, stellt neben der effizienten Produktion auch die Schaffung von Investitionsanreizen (langfristige allokative Effizienz) mittlerweile ein wesentliches Regulierungsziel dar. Die Gründe hierfür sind vielschichtig:

- Der im EEG determinierte unbegrenzte Einspeisevorrang für Erneuerbare Energien in Kombination mit der Subventionierung der Erneuerbare Energien, die ihr dauerhaftes Anbieten zu ihren Grenzkosten nahe Null am linken Rand der Merit Order ermöglicht, reduziert die Wirtschaftlichkeit konventioneller Kraftwerke.[22] Dies führt zu Marktaustritten lastnaher thermischer Kraftwerke und verändert damit die Anforderungen an die Netzinfrastruktur und bedingt Investitionen.
- Das Verteilnetz ist größtenteils in der Nachkriegszeit und den Wirtschaftswunderjahren errichtet worden und ist somit bald zu ersetzen.
- Mit 5 GW befindet sich der Hauptteil der insgesamt 7 GW abgeschalteter Kapazität aus Atomkraftwerken in Süd-Deutschland. Die Energiewende hat somit insbesondere zu einer Reduktion der Erzeugungskapazität im Süden geführt und verstärkt damit das Nord-Süd-Gefälle zwischen Erzeugung und Last, dem das gegenwärtige Netz bereits gegenwärtig kaum noch gewachsen ist.
- Ein weiterer Grund für die steigende Relevanz dynamisch effizienter Regulierung resultiert aus der Netzbelastung durch die vermehrte stochastische Einspeisung volatiler Erneuerbarer Energien, zu deren Steuerung ein technologischer Wandel der Verteilnetze hin zu Smart Grids erfolgt.
- Einige empirische Studien weisen auf einen generellen Verlust dynamischer Effizienz durch eigentumsrechtliche Entflechtung hin.[23]

Die folgenden beiden Punkte knüpfen an die Effekte der vertikalen Separierung von Netz und Erzeugung und den damit verbundenen Koordinierungsaufwand an:

- Die dargebotsbedingte Errichtung einer Vielzahl lastferner Wind- und dezentraler Solaranlagen in Regionen mit geringem Netzausbau erfordert unverzüglichen Anschluss an die Netze und generelle Investitionen zur Umstrukturierung der Netze.
- Auch die Errichtung neuer effizienter konventioneller Kraftwerke erfolgt nicht mehr zwangsläufig lastnah. Da das Kalkül der Gesamtkostenoptimierung Netz- und Erzeugungskosten in Folge der vertikalen Entflechtung oftmals entfällt, richtet sich die Kraftwerksstandortwahl an der Kostenoptimierung der Erzeugung aus und orientiert sich weniger an den damit verbundenen Kosten für die Netzinfrastruktur.

Die Entwicklung der Länge und Häufigkeit netzbezogener Maßnahmen des Engpassmanagements („*Redispatch*“) verdeutlicht die steigende Relevanz dynamischer Effizienz. So hat sich die Gesamtdauer von Redispatch-Maßnahmen in den letzten Jahren deutlich erhöht und ist allein zwischen 2011 und 2012 um 43 % gestiegen. Dabei sind insbesondere die Regelzonen TenneT und 50 Hertz mit ihrem hohen Anteil an Windanlagen betroffen. Zudem sind die Nord-

22 Die Direktvermarktung von EEG-Strom spielt bislang eine untergeordnete Rolle.

23 Vgl. Gugler/Rammersdorfer/Schmitt (2013).

Südverbindungen Remptendorf-Redwitz und Lehrte Mehrum der stärksten Netzbelastung ausgesetzt. Sie sind insgesamt für mehr als 60 % der strombedingten Redispatch-Eingriffe verantwortlich.[24]

4.1.3.1 Optimale Preise in der ökonomischen Theorie

Preisbasierte Regulierungsformen nehmen in der Praxis eine untergeordnete Rolle ein. Dies liegt darin begründet, dass sie eine exakte Kenntnis der Grenz- und Durchschnittskosten des zu regulierenden Monopolisten erforderlich machen. Die Ziele der Praktikabilität und der marktorganisatorischen Kompatibilität sind bereits dadurch kaum mehr zu erreichen.[25]

Aus wohlfahrtsökonomischer Sicht stellen Preise in Höhe der Grenzkosten das Optimum dar (*„First-Best Pricing"*), denn dadurch würde jeder Kunde einen Preis in Höhe der durch ihn verursachten zusätzlichen Netzkosten bezahlen. Die Subadditivität im relevanten Produktionsbereich des natürlichen Monopols, die aus der hohen Kapitalintensität und den Grenzkosten nahe null resultiert, macht es für den Monopolisten jedoch unmöglich durch eine Grenzkostenpreissetzung die Gewinnschwelle (*„Break-Even"*) zu erreichen, da die Durchschnittskosten durchgängig über den Grenzkosten liegen. Gesamtkostendeckung mit Grenzkostenpreissetzung ist jedoch möglich, wenn dem Monopolisten eine Subvention in Höhe seiner Fixkosten gewährt wird. Subventionen sind jedoch oftmals nicht wünschenswert, da sie an anderer Stelle der Volkswirtschaft zu Verzerrungen führen.[26] Die zweit-beste Lösung ist es, dem Monopolisten zu erlauben, Preise in Höhe der Durchschnittskosten zu setzen (*„Second-Best Pricing"*). Das Wohlfahrtsoptimum kann dabei jedoch nicht erreicht werden. Eine häufig in Strommärkten eingesetzte Alternative, mit der theoretisch das Wohlfahrtsmaximum erreicht werden kann, stellen zweistufige Tarife dar (*„Two-Part Tariffs"*).[27] Dem Monopolisten wird hierbei zugestanden, zur Fixkostendeckung eine fixe Anschluss- bzw. Grundgebühr zu verlangen und Grenzkostenpreise für die tatsächliche Nutzung anzusetzen.

Theoretisch kann allerdings auch ohne Kenntnis der Kosten eine First-Best Lösung implementiert werden, wenn die Nachfragefunktion bekannt ist. In diesem Fall kann der Monopolist in Höhe der verbleibenden Konsumentenrente subventioniert werden. Dadurch ist es für ihn gewinnmaximierend, Grenzkostenpreise zu wählen.[28] Auch in diesem Fall wären jedoch wieder Subventionen notwendig.

Ein Konzept für eine Second-Best Lösung, das die Heterogenität der Zahlungsbereitschaft verschiedener Kunden für die Netzentgelte berücksichtigt, sind *Ramsey*-Preise (auch *Ramsey-Boiteux*-Preise). Ein Beispiel für Kunden mit unterschiedlichen Nachfragefunktionen sind an das Mittelspannungsnetz angeschlossene Industriekunden mit einer hohen Preiselastizität und Haushaltskunden mit Anschluss an das Niederspannungsnetz, deren Nachfrage kaum auf Preisänderungen reagiert. Die Bestimmung der optimalen Second-Best-Preise ist hier nicht

[24] Vgl. Monitoringbericht (2013).

[25] Vgl. Hirschhausen/Hess (2007), Dehmel (2011).

[26] Zudem ist nicht klar, ob die Zahlungsbereitschaft für die Dienstleistung ausreichend ist, wenn ein Teil über Zwangsabgaben (Steuern oder Abgaben) finanziert wird.

[27] Vgl. Laffont/Tirole (1993).

[28] Vgl. Loeb/Magat (1979).

mehr trivial, da sich die Gesamtkosten in diesem Fall durch eine Vielzahl an Preiskombinationen für die verschiedenen Kundengruppen ergeben können. Unter der Nebenbedingung der Kostendeckung wird bei Ramsey-Preisen die wohlfahrtsmaximierende Preiskombination ermittelt, wobei die Kunden mit der geringeren Preiselastizität einen proportional höheren Anteil der echten, nicht zuordenbaren Gemeinkosten tragen und somit diejenigen Kunden mit der höheren Nachfragelastizität quersubventionieren. Das Prinzip der Ramsey-Preise eignet sich auch für eine zeitliche Preisdifferenzierung, da die Preiselastizität der Nachfrage nach Netzdienstleistungen auch von der Tageszeit abhängt. In diesem Zusammenhang ist die Orientierung an der Nachfrageelastizität der verschiedenen Zeitintervalle als Spitzenlastpreissetzung bekannt.[29] Jedoch sind auch Ramsey-Preise in der Praxis schwer zu implementieren, da die Kenntnisse über die Nachfrageelastizität oftmals nicht ausreichend sind. Auch kann die stärkere Belastung der Haushaltskunden vor dem Hintergrund verteilungspolitischer Ziele kritisch gesehen werden. Zusätzlich sind Ramsey-Preise aufgrund der Gewährleistung diskriminierungsfreien Marktzutritts aus rechtlichen Gründen nicht zulässig.[30]

4.1.3.2 Kostenbasierte Regulierungsverfahren

Bevor der Siegeszug der Anreizregulierungsverfahren Ende des letzten Jahrhunderts begann, stellte die kostenbasierte Regulierung („*Cost-Plus*“) die verbreiteteste Form der Preisregulierung dar. Während sie in der Variante der Rentabilitätsregulierung („*Rate-of-Return*“) insbesondere in den USA das dominierende Regulierungsverfahren darstellte, wurde die Kostenzuschlagsregulierung („*Mark-up*“) vor allem in Europa angewendet.

Rate-of-Return Regulierung

Bei der Rentabilitätsregulierung bekommt das Unternehmen eine feste, ex-ante determinierte Rendite auf das eingesetzte betriebsnotwendige Kapital zugestanden. Diese Verzinsung muss so festgelegt werden, dass sie zumindest der hypothetischen Marktverzinsung einer Wettbewerbssituation entspricht, in jedem Fall jedoch unter dem hypothetischen Monopolpreis liegt. Als „fair“ wird dabei der Kapitalmarktzins einschließlich einer adäquaten Risikoprämie betrachtet, die tatsächliche Höhe der zugelassenen Kapitalrentabilität hängt jedoch in der Praxis auch von der Verteilung der Handlungsmacht zwischen dem Regulierer und dem Monopolisten ab.[31] Die Regulierungsbehörde nimmt dabei für ein Basisjahr eine Kostenprüfung vor, die die Basis für die Genehmigung der Verzinsung darstellt, wobei die Regulierungsbehörde angegebene Kosten als „unbegründet“ ablehnen kann. Diese fließen dann nicht in die für die Verzinsung berücksichtigte Kapitalbasis ein. Die Grundlage bei der Rentabilitätsregulierung stellt die Bestimmung des Wertes des Kapitalstocks dar. Hier entsteht bereits ein kontrovers diskutiertes Problem. Zwar erscheint eine Bewertung der Kapitalbasis zu Marktpreisen zunächst am intuitivsten, dabei wird jedoch vernachlässigt, dass der Marktwert des Unternehmens durch den erwarteten Gewinn bestimmt wird. Es existiert somit eine Zirkularität, da der Gewinn von den Preisen des Unternehmens abhängt, die wiederum von der Regulierungsbehörde auf Basis des Marktpreises ermittelt werden müssten. Dadurch ist eine Bewertung des Kapitalstocks zu Marktpreisen wenig sinnvoll.

---

29 Vgl. Crew/Fernando/Kleindorfer (1995).

30 Vgl. Erdmann/Zweifel (2008).

31 Vgl. Laffont/Tirole (1993).

Eine Alternative zur Vermeidung von Zirkularität stellt die Bewertung zu Wiederbeschaffungskosten dar. Hierbei ist jedoch eine Erwartung über die Wiederbeschaffungskosten erforderlich. Bedingt durch den technologischen Fortschritt entsteht hier jedoch eine subjektive Komponente, die mit der Langlebigkeit einer Investition steigt. Die geläufigste Methode ist aufgrund der beschriebenen Problematik eine Bewertung der Kapitalbasis zu Anschaffungskosten abzüglich Abschreibungen. Der Vorteil bei dieser Methode ist die Einfachheit und Klarheit in der Bestimmung des Kapitalstocks. Nachteilig ist, dass in Zeiten hoher Inflation der so ermittelte Wert stark von den Wiederbeschaffungskosten abweichen kann.[32]

Unabhängig von der gewählten Methode zur Bestimmung der Kapitalbasis besteht bei der Festlegung der Verzinsung die Gefahr, dass das regulierte Unternehmen ineffizient hohe Investitionsaufwendungen tätigt, je höher die von der Regulierungsbehörde zugestandene Verzinsung ist. Auch entstehen dem Unternehmen kaum Anreize, Anstrengungen zur Senkung der operativen Kosten zu unternehmen, da der regulierte Preis bei der nächsten Anpassung in gleichem Maße gesenkt wird („*Moral Hazard*“ Problem). Dies resultiert daraus, dass die Rentabilitätsregulierung nur auf den Produktionsfaktor Kapital eine Rendite gewährt und die übrigen Faktoren – wie etwa Arbeit – unberücksichtigt bleiben. Dadurch kommt es zu einer Verzerrung des optimalen Inputverhältnisses der Produktionsfaktoren zu Gunsten des eingesetzten Kapitals bei konstantem Einsatz der übrigen Produktionsfaktoren (produktive Ineffizienz), die mit der Höhe der gewährten Kapitalverzinsung steigt.[33] In der Regulierungsökonomie ist dieses Phänomen als Averch-Johnson-Effekt bekannt.[34] Dabei ist es jedoch anzumerken, dass durch den Averch-Johnson-Effekt keine Ressourcenverschwendung entsteht, da das Unternehmen an der Grenze seiner Produktionsfunktion produziert und nur das Inputverhältnis der Faktoren Kapital und Arbeit nicht kostenminimal ist.[35] Die Ineffizienz des Faktoreinsatzes reduziert sich jedoch mit der Länge der Zeitspanne bis zu einer erneuten Anpassung des Preises durch den Regulierer („*Regulatory Lag*“), da mögliche Gewinne aus einer Reduktion der operativen Kosten dann länger zu Gewinnsteigerungen führen.[36] Gleichzeitig besteht gewissermaßen auch eine asymmetrische Risikoverteilung der operativen Kosten. Im Falle von gestiegenen operativen Kosten wird der regulierte Monopolist selbst beim Regulierer eine Anpassung des Preises beantragen, wodurch der Preisanstieg direkt an den Kunden weitergeleitet wird. Sinken die operativen Kosten hingegen, wird der Monopolist hingegen keine Korrektur des Preises nach unten einfordern.[37] Die Rate-of-Return-Regulierung führt somit zu Investitionen in Sachkapital, in Bezug auf Investitionen in Prozessinnovationen zur Senkung der operativen Kosten, ist ihre Wirkung jedoch eher gering.[38]

Mark-Up-Regulierung

Eine weiteres kostenbasierter Regulierungskonzepte ist die Kostenzuschlags- oder Mark-Up-Regulierung („*Return-on-Costs*“). Anwendung fand dieses Verfahren beispielsweise bei der

32 Vgl. Borrmann/Finsinger S. 342.

33 Diese Hypothese konnte insbesondere für den Strommarkt in einigen empirischen Arbeiten nachgewiesen werden. Ein Überblick ist in Borrmann/Finsinger (1999) zu finden.

34 Vgl. Averch/Johnson (1962).

35 Vgl. Bailey (1973).

36 Vgl. Klevorick (1973), Joskow (2005).

37 Vgl. Sappington (2002), Müller/Growitsch/Wissner (2011).

38 Vgl. Müller/Growitsch/Wissner (2011).

Regulierung der Stromnetzentgelte in Deutschland zwischen 2006 und 2008. Das Konzept der Kostenzuschlagsregulierung entspricht im Wesentlichen dem der Rentabilitätsregulierung. Im Unterschied zur Rentabilitätsregulierung wird dem Unternehmen jedoch keine feste Kapitalverzinsung gewährt, sondern der Erlös wird auf einen fixen Aufschlag auf die tatsächlichen Produktionskosten beschränkt. Da die Gesamtkosten die „*Rate Base*" darstellen, hat das Unternehmen jedoch Anreize seine tatsächlichen Kosten künstlich aufzublähen (etwa durch den Kauf teurer Dienstwagen), sofern das Erlösmaximum um mehr als den zugestandenen Mark-Up über den Kosten liegt.[39] Mark-Up-Regulierung kann also Anreize zur Ressourcenverschwendung setzen.

Ein generelles Problem kostenbasierter Regulierungsansätze (insbesondere jedoch bei der Mark-Up-Regulierung) besteht zudem in der im Allgemeinen unvollständigen Kenntnis des Regulierers über die unternehmensinternen Kosten. Diese Informationsasymmetrie eröffnet dem Monopolisten die Möglichkeit seinen Informationsvorsprung auszunutzen und dem Regulierer überhöhte Kosten zu melden, um seinen Gewinn zu maximieren.[40] Für eine effektive Kostenzuschlagsregulierung ist die Verfügbarkeit verlässlicher Kosteninformationen jedoch unabdingbar, um in ihrer Wirkung nicht durch Manipulation der Kosteninformationen ausgehebelt zu werden. Eine weitere Schwierigkeit entsteht bei disaggregierter Anwendung kostenbasierter Regulierung auf einzelne Wertschöpfungsstufen, sofern der zu regulierende Monopolist Besitzanteile an Unternehmen auf vor- oder nachgelagerten Stufen hält. Für die Kostenbasis müssten jedoch ausschließlich die auf der zu regulierenden Stufe entstandenen Kosten berücksichtigt werden. Dies wird durch das Vorliegen von Gemeinkosten jedoch erschwert.[41] Diese Schwierigkeiten und der enorme administrative Aufwand, der mit der Ermittlung relevanter Kosteninformation verbunden ist (*„Heavy-Handed Regulation"*), ließen die Popularität preisbasierter Regulierungsformen in den letzten Jahren schnell zunehmen.

4.1.3.3 Anreizregulierung

Im Gegensatz zu kostenbasierten Regulierungsverfahren zielt anreizbasierte Regulierung nicht auf die Erträge, sondern das Preis- oder Erlösniveau ab und setzt für diese eine Obergrenze (*„Price-Cap"* bzw. *„Revenue-Cap"*). Die Preise bzw. Erlöse werden dadurch stärker von den Kosten entkoppelt. Die Preisstruktur ist dabei dem Monopolisten selbst überlassen, wodurch die Relevanz vorliegender Informationsasymmetrien reduziert wird. Dem regulierten Monopolisten wird dabei implizit zugestanden, alle Gewinne unterhalb der regulierten Preis- oder Erlösobergrenze einzubehalten, wodurch er zu innovativen, kostensenkenden Maßnahmen angereizt wird. Bei anreizorientierten Regulierungen steht demnach das Ziel einer effizienten Nutzung von Ressourcen im Vordergrund.

Price-Cap-Regulierung

Eine Variante preisbasierter Regulierungsmechanismen stellt die Price-Cap-Regulierung dar. Sie geht zurück auf den Ökonomen und langjährigen Vorsitzenden der britischen Regulierungsbehörde für Strom Stephen Littlechild und fand erstmals im Rahmen der Privatisierung

39 Vgl. Knieps (2001).

40 Vgl. Joskow (2005).

41 Vgl. Brunekreeft (2002).

des britischen Telekommunikationssektors Anwendung. Hintergrund war das Ziel, Anreizverzerrungen der kostenbasierten Regulierungsinstrumente wie dem überhöhten Kapitaleinsatz bei der Kapitalrenditeregulierung und Kostenverschwendungen bei der Gesamtkostenregulierung zu überwinden und auch die Anwendung von Regulierung auf einzelne Unternehmensbereiche zu erleichtern.[42] Der Informationsvorsprung der Unternehmen wird explizit genutzt, indem ihnen eine Informationsrente zugestanden wird. Diese erhalten sie als Gegenleistung für die Offenbarung ihrer wahren Kosten und Leistungsfähigkeit. Je weiter ein Unternehmen also seine Kosten unter ein (exogen) gesetztes Preisniveau senkt, desto mehr gibt es von seiner Leistungsfähigkeit preis. Investitionen in Kostensenkungen werden somit belohnt.

Die grundlegende Idee hinter preisbasierten Regulierungskonzepten fußt somit auf den Erfahrungen mit kostenbasierten Regulierungen und der daraus gewonnenen Erkenntnis, dass es perfekte Regulierung nicht gibt und Marktversagen durch Regulierung auch nicht vollständig behoben werden kann. Dabei ist die Einfachheit preisbasierter Regulierung deren größter Vorteil gegenüber anderen Regulierungskonzepten (*„Light-Handed Regulation"*). Preisbasierte Regulierung verfolgt die Maxime, dass Regulierung auch ohne Kenntnisse über die Kosten und die Nachfrage eine Verbesserung darstellt, wenn sich die Situation der Kunden nicht verschlechtert (*„Revealed Preferences"*).[43] Dies ist dann der Fall, wenn der reale Preis nicht steigt, der Preisanstieg also maximal der Inflationsrate entspricht. Preisbasierte Regulierungsformen werden aus diesem Grund auch als *RPI-X* Regulierungen bezeichnet, wobei *RPI* im Prinzip die Inflationsrate (*„Retail Price Index"*, Verbraucherpreisindex) und *X* die mindestens erwartete Effizienzverbesserung der Produktion beschreibt, um die der inflationsbedingt zugestandene Preisanstieg jedes Jahr gesenkt wird.[44] *X* wird dabei zwischen dem Regulierer und dem regulierten Monopolisten ausgehandelt und wird in regelmäßigen Abständen von üblicherweise 3 bis 5 Jahren angepasst (Regulierungsperioden). Ist ein Unternehmen also effizienter als das durch den *X*-Faktor vorgegebene Produktivitätsziel, so kann es die daraus resultierende Gewinnsteigerung vollkommen einbehalten, andererseits muss es im Falle einer Effizienzverbesserung kleiner *X* entstehende Verluste tragen. Ein Monopolist, der einer Price-Cap-Regulierung unterliegt, hat damit Anreize, seine Kosten zu senken und – bei entsprechend elastischer Nachfrage – die Produktion auszuweiten, um Erlöse und Gewinne zu erhöhen. Die Bestimmung von *X* ist jedoch mit einem sogenannten *„Adverse Selection"*-Problem verbunden, denn der Regulierer hat nur unvollständige Informationen über die tatsächlichen Kosteneinsparungspotenziale und die Anstrengungen des Unternehmens zur Kostenreduzierung. Ein leistungsfähiges Unternehmen kann beispielsweise ein wenig leistungsfähiges Unternehmen imitieren. Gelingt ihm das erfolgreich, hätte der Regulierer im Gleichgewicht lediglich den Anreiz, keine Prämien zu zahlen und nur wenig leistungsfähige Unternehmen würden Netze bewirtschaften. Die Anstrengungen des Monopolisten zur Ausschöpfung der Kosteneinsparungspotenziale hängen demzufolge stark von der daraus resultierenden Gewinnsteigerung, also von der regulatorischen Belohnung, ab. Umgekehrt bedeuten besonders hohe Gewinne möglicherweise, dass der Regulierer die Kosteneinsparungspotenziale unterschätzt hat. Dies

42 Vgl. Littlechild (1983).

43 Vgl. Knieps (2009).

44 In vielen Implementierungen der Price-Cap und Revenue-Cap Regulierung ist zusätzlich ein sogenannter Z-Faktor enthalten. Der Z-Faktor reflektiert Kostenelemente, die der regulierte Monopolist nicht beeinflussen kann und in die Endkundenpreise durchgereicht werden. Ein typisches Beispiel sind hierfür sind Vermögenssteuern. Vgl. hierzu Joskow (2006).

bedeutet im Umkehrschluss, dass bei hohen Gewinnen die Preise relativ zu den Kosten zu hoch sind, also allokative Ineffizienz besteht.[45]

Des Weiteren steigen die Anreize zur Kostenminimierung mit der Länge der Regulierungsperiode, da die Kostensenkungen mit Beginn der neuen Periode und der Festlegung eines neuen *X* typischerweise in Form von Preissenkungen an die Kunden weitergegeben werden. Effizienzgewinne werden hierdurch geteilt und sozialisiert. Daraus kann direkt eine weitere Schwäche der preisbasierten Regulierung abgeleitet werden, die unter dem Begriff *„Ratchet Effect"* bekannt ist.[46] Unternehmen werden insbesondere in einem statischen Kontext zur Kostenminimierung motiviert, da sie dadurch für die gegenwärtige Regulierungsperiode Gewinne erzielen können. Im dynamischen Kontext reduziert sich für das Unternehmen, je effizienter es ist, jedoch der Kostensenkungsspielraum für die nächsten Regulierungsperioden bzw. ist dann mit größerer Anstrengung verbunden. Effiziente Unternehmen besitzen somit auch den Anreiz, nicht ihr gesamtes Kosteneinsparpotenzial zu realisieren, um den Kostensenkungsdruck in der nächsten Periode zu verringern.

Die Bestimmung des *X*-Faktors kann im Prinzip ohne Einbeziehung der Kosten erfolgen. Ein solches Regulierungskonzept erfordert folglich verhältnismäßig wenige unternehmensinterne Daten und ist dementsprechend mit geringerem administrativem Aufwand für den Regulierer verbunden. Problematisch ist jedoch, dass solche Regulierungsformen insbesondere die Unternehmen belohnt, die in der Vergangenheit besonders ineffizient waren. Verglichen mit bereits effizienten Unternehmen sind Kostensenkungen für das gegenwärtig ineffiziente Unternehmen mit geringerem Aufwand verbunden. Um dem Rechnung zu tragen, ist ein gutes Verständnis der Kostenstruktur und der Einsparpotenziale somit auch bei einer preisbasierten Regulierung erforderlich. Das Informationsasymmetrieproblem der kostenbasierten Regulierungsansätze existiert demnach in gewissem Maße auch bei preisbasierter Regulierung. Hinsichtlich dynamischer Effizienz sind die durch eine Price-Cap-Regulierung gegebenen Anreize zudem limitiert, da über die in regelmäßigen Abständen stattfindende Kostenprüfung die eigenen Erlöse beeinflusst werden können. Es kann dadurch über den *„Ratchet Effect"* zu ineffizient hohen Kosten kommen. Es besteht umgekehrt auch die Gefahr, dass der regulierte Monopolist nur unzureichende Investitionen tätigt.[47] Ist die Regulierungsperiode kürzer als die Anlagenlebensdauer, hat ein Unternehmen geringere Anreize in Maßnahmen zu investieren, die nach dem Regulierungsende liegen. Es wird insbesondere auch in erster Linie Maßnahmen ergreifen, die kurzfristig, das heißt im Rahmen der Regulierungsperiode, umzusetzen sind.

Revenue-Cap-Regulierung

Ein mit der Price-Cap-Regulierung eng verwandtes Konzept stellt die Revenue-Cap-Regulierung dar. Sie basiert ebenfalls auf der *RPI-X* Formel. Dem regulierten Monopolisten wird in diesem Konzept keine Preisobergrenze auferlegt, sondern sein Gesamterlös wird begrenzt. Da der Monopolist bei der Ausgestaltung seiner Preise nur durch die Erlösobergrenze restringiert wird, entstehen ihm auch hier Anreize zur Kostenminimierung. Im Gegensatz zur Price-Cap-Regulierung ist die Preis-Mengen-Wirksamkeit bei Revenue-Cap-Ansätzen allerdings nicht gegeben. Veränderungen in der Versorgungsbasis werden bei einer fixen Fortschreibung der

---

45 Vgl. Joskow (2006).

46 Vgl. Joskow (2005).

47 Vgl. Brunekreeft/Twelemann (2004).

Regulierung nach der *RPI-X* Formel folglich nicht berücksichtigt. Revenue-Cap-Ansätze beinhalten deshalb oft einen weiteren Parameter, der in die Bestimmung der Erlösobergrenze einfließt und kundenbasierte Kostensteigerungen durch Veränderungen des Versorgungsumfangs auffängt. Man spricht dann von einem variablen Revenue-Cap. Bei Elektrizitätsnetzen ist dieser Parameter beispielsweise die Veränderung der Anzahl angeschlossener Kunden zur Vorperiode. Die Einführung dieser Variabilitätskomponente hat zwei Vorteile: Zum einen können so Verzerrungen beseitigt werden, die entstehen, wenn der regulierte Monopolist kundengetriebenen Kostenerhöhungen (z. B. Gesamtkostenersteigerungen durch neue Kundenanschlüsse) nicht tragen kann. Zum anderen werden Investitionsanreize zur Systemausweitung gesetzt.[48]

Aufgrund der Nähe des Regulierungsdesigns zur Price-Cap-Regulierung besitzt der Revenue-Cap im Wesentlichen auch dessen Stärken und Schwachen. Insgesamt kann also festgehalten werden, dass zwischen den Vor- und Nachteilen der beiden polaren Konzepte der kosten- und preisbasierten Regulierungen eine Wechselbeziehung besteht. Die kostenbasierte Regulierung ist überlegen hinsichtlich des Abbaus marktmachtbedingter Gewinne des regulierten Unternehmens, liefert jedoch aufgrund der Moral-Hazard-Problematik kaum Anreize zur Kostenreduktion. Die preisbasierte Regulierung hingegen setzt dem Monopolisten Anreize, Anstrengungen zur Kostenminimierung zu unternehmen. Sie ist jedoch, ebenfalls aufgrund des Moral-Hazard-Problems und der dadurch notwendigen Informationsrente für das Unternehmen, schlechter darin, die niedrigeren Kosten in einen Vorteil für die Konsumenten umzuwandeln.[49] Die optimale Regulierungsform liegt folglich zwischen diesen beiden Extremen. In der Praxis finden deshalb häufig Mischformen Anwendung. Eine solche flexible Kombinierung kostenbasierter und anreizbasierter Verfahren ist beispielsweise die Sliding-Scale-Regulierung. Der Preis wird dabei teilweise ex ante fixiert, ab einem bestimmten Schwellenwert müssen Kostenänderungen jedoch zum Teil weitergegeben werden. Dadurch werden dem Unternehmen Anreize zur Kostensenkung gegeben, da es die dadurch erzielten Gewinne teilweise einbehalten kann („*Profit-Sharing*"), der Preis jedoch gleichzeitig die Kosten reflektiert.[50] In der Umsetzung können moderne Anreizregulierungsmechanismen demnach häufig eher als Ergänzung denn als Ablösung der kostenbasierten Konzepte betrachtet werden (Joskow 2005, S. 96).

Yardstick Competition

Die Yardstick Competition beruht auf dem Benchmarking-Prinzip und bietet dem Regulierer die Möglichkeit, Informationsasymmetrien zu reduzieren. Sie kann als effizienzsteigernde Erweiterung der zuvor beschriebenen reinen Cap-Regulierungen betrachtet werden. Die Preissetzung findet nicht mehr ausschließlich auf Basis der eigenen Kosten des zu regulierenden Monopolisten, sondern auch auf Basis vergleichbarer, nicht-konkurrierender, aber anderweitig (möglichst) identischen Unternehmen statt.[51] Nimmt man als Fallbeispiel etwa Verteilnetzbetreiber, so stellt ein Effizienzvergleich zwischen ebendiesen die Basis der Yardstick Competition dar.

48 Vgl. Dehmel (2011), Kraus (2005).

49 Vgl. Joskow (2006).

50 Vgl. Lyon (1996).

51 Vgl. Joskow (2005), Shleifer (1985).

Die einzelnen regulierten Firmen haben bei Yardstick Competition somit keine Möglichkeit mehr, ihre Preise oder Erlöse selbst zu beeinflussen, etwa durch falsche Kostenangaben oder ineffiziente Produktion.[52] Auch ist der Regulierer im Wesentlichen von der Aufgabe entbunden, zukünftige Produktivitäts- und Kostenentwicklungen einzuschätzen, die von den regulierten Unternehmen oftmals als anmaßend empfunden werden.[53] Der Yardstick-Mechanismus führt also dazu, dass die (Gebiets-)Monopolisten effektiv miteinander konkurrieren und die Preise auf dem Niveau fixiert werden, zu dem alle Unternehmen gerade die bei einer effektiven Produktion anfallenden Kosten decken können.[54] Verbleibende, beobachtbare (exogene) Heterogenität zwischen den „konkurrierenden" Monopolisten kann bei der Preissetzung beispielsweise durch parametrische (Stochastic Frontier Cost Analysen) und nicht-parametrische statistische Verfahren (Data Envelopment Analysen (DEA)) berücksichtigt werden. Dadurch wird es dem Regulierer ermöglicht unternehmensspezifische X-Faktoren, das heißt Ineffizienzen, zu bestimmen, die jedoch stark vom Industrie-Benchmark (Yardstick) abhängen. Nicht beobachtbare Heterogenität kann die Effizienzmessung verzerren, da sie dem Residuum zugeschrieben wird, welches zur Effizienzmessung herangezogen wird. Eine solche Regulierung besitzt eine starke Anreizwirkung, ohne dass dabei allokative Ineffizienz durch übermäßig hohe Unternehmensgewinne entstehen kann. Auch das zuvor erläuterte Problem, dass ineffiziente Firmen leichter Kosten senken können, wird dadurch behoben.

Allerdings besitzt auch der Yardstick-Mechanismus nicht vernachlässigbare Schwächen. Zum einen besteht das Problem der zeitnahen Umsetzung der Effizienzsteigerungsziele. Denn trotz struktureller Gemeinsamkeiten befinden sich die einzelnen Monopolisten oftmals in unterschiedlichen Lebens- und Investitionszyklen und in Wirtschaftsräumen mit unterschiedlichen Konjunkturentwicklungen, wodurch die regulierten (Gebiets-)Monopolisten mit unterschiedlich beeinflussbaren Effizienzentwicklungen konfrontiert sind.[55]

Eine weitere Schwäche stellt die bereits erwähnte Kollusionsgefahr dar. Die Wahrscheinlichkeit von Absprachen sinkt jedoch mit der Anzahl der Unternehmen, die in die Yardstick Competition involviert sind. Bezogen auf Elektrizitätsnetze ist die Praktikabilität demnach auf Verteilnetzebene mit gegenwärtig 888 Verteilnetzen (Monitoringbericht 2013) eher gegeben als auf Ebene der Transportnetze mit nur vier Betreibern. Zwar könnte theoretisch auch hier durch die Miteinbeziehung europäischer Transportnetzbetreiber eine kritische Masse erreicht werden, die Vergleichbarkeit ist jedoch bedingt durch Unterschiede etwa hinsichtlich der Systemdienstleistungen und der geographischen Anforderungen sowie der heterogenen Versorgungsaufgaben kaum gegeben.

Geographische Koordinierung von Erzeugung und Transport: *Market Splitting*

Netzinvestitionen sind zum Teil durch standortspezifische Investitionen in Kraftwerke substituierbar. Dies unterstreicht die generelle Bedeutung des Koordinierungsaufwands bei der Investitionsplanung in Bezug auf das Gesamtsystem. Zusätzlich zur Berücksichtigung dynamischer Effizienz und geographischer Steuerung von Investitionen bei der Netzentgeltregulierung besteht demnach auch die Möglichkeit eines Markteingriffs zur Lenkung der

52 Dieses Argument abstrahiert von Kartellbildungen.

53 Vgl. Müller/Growitsch/Wissner (2011), Hense/Schäffner (2005).

54 Vgl. Joskow (2005).

55 Vgl. Müller/Growitsch/Wissner (2011).

Standortwahl von Kraftwerken. Dadurch können die notwendigen Netzinvestitionen reduziert werden, um Anreize zur Optimierung des Gesamtsystems zu setzen. Ein solcher Markteingriff kann beispielsweise durch das Konzept des *„Market Splitting“* erfolgen, aber auch Kapazitätsmechanismen können bei spezifischer Ausgestaltung die Anforderungen an die dynamische Effizienz im Netzbereich reduzieren (z. B. durch Kapazitätsbereitstellung, Kosteneffizienzsteigerung oder Innovation über Smart Grids). So aufgeteilte Märkte bieten über geographisch differenzierte Preise Signale zu regionalen Knappheiten und dem Bedarf an Erzeugungskapazität bzw. Netzkapazität zwischen verschiedenen Gebieten. Da, wie zuvor erläutert, zwischen den beschriebenen Regulierungsmechanismen ein genereller Trade-Off zwischen produktiver Effizienz durch Kostenminimierungs- und allokativer Effizienz durch Investitionsanreize besteht, kann ein Market Splitting die Anforderungen an den Regulierungsmechanismus hinsichtlich notwendiger Investitionen im Netzbereich reduzieren. Unter dem Begriff Market Splitting wird die Aufteilung eines Marktgebietes in mehrere Gebotszonen verstanden, in denen sich unterschiedliche Preise einstellen können. In seiner disaggregiertesten Form, dem sogenannten Nodal Pricing, wird der Markt so stark segmentiert, dass jeder Knotenpunkt (Nachfrage- und Erzeugungsorte) eine eigene Gebotszone darstellt. Ziel des Market Splitting ist die Behebung von bestehenden innerzonalen Netzengpässen durch die Verschiebung von Stromflüssen an die Zonengrenzen (bezogen auf den Status Quo im deutsch-österreichischen Markt mit nur einer einzigen Gebotszone wären dies die Interkonnektoren an den Landesgrenzen). Den wesentlichen Vorteil des Market Splittings stellt die stärkere lokale Differenzierung von Investitionsanreizen durch lokale Preissignale dar. Kraftwerksinvestitionen würden dann den geographisch differenzierten Signalen folgen und damit die Anforderung an die dynamische Effizienz des Netzbereichs senken. Gleichzeitig muss hier jedoch beachtet werden, dass ein Splitting auch einen signifikanten Effekt auf die Besitzstruktur der Erzeugung haben und somit das Markmachtpotenzial innerhalb der einzelnen kleineren Zonen erheblich steigen kann. In Anbetracht der, zumindest kurzfristig und gegenwärtig, extrem unelastischen Nachfrage und den historisch bedingten stark regionalen Besitzstrukturen in Deutschland ist diesem Aspekt zentrale Bedeutung zuzuschreiben. Während im deutsch-österreichischen Markt bislang, trotz seiner im europäischen Vergleich beträchtlichen Größe, nur eine einzige Gebotszone existiert, ist das Market Splitting in einigen europäischen Ländern bereits umgesetzt. So ist beispielsweise Italien in vier Gebotszonen aufgeteilt und auch in den nordischen Ländern ist das Market Splitting implementiert.[56] Auch das Nodal Pricing ist kein rein theoretisches Konstrukt und wird von einigen Systembetreibern in Nordamerika, in Neuseeland, Argentinien und Singapur angewendet. In Europa wird gegenwärtig der polnische Markt auf ein Nodal Pricing System umgestellt.

Auch hierzulande wird die Möglichkeit eines Splittings des bestehenden Marktes diskutiert. Auf den deutsch-österreichischen Markt bezogen würde dies die Bildung von mindestens zwei Preiszonen bedeuten, die insbesondere dem bereits in der Einleitung dieses Buches dargestellten Nord-Süd-Engpass Rechnung tragen sollen. Aber auch die Implementierung eines Nodal-

[56] Dänemark ist in zwei Zonen aufgeteilt, Schweden in vier und Norwegen gar in fünf.

Pricing-Regimes wird als Option des Engpassmanagements in Betracht gezogen.[57] Zur Identifizierung geeigneter Bruchstellen eines Preisgebiets eignet sich beispielsweise die Häufigkeit von Redispatch-Maßnahmen.[58]

4.1.4 Die Kostenbestimmung: Bestandteile der Kostenbasis in der deutschen Stromnetzregulierung

Wie bereits erläutert, erfordert und berücksichtigt jede Form von Entgeltregulierung Kenntnisse über Kosten und Erlöse und stellt damit eine unmittelbare Einflussnahme auf die Rentabilität von Investitionen dar. Ein Element jeder praktisch angewandten Regulierung ist die Kostenprüfung. Diese ist ein notwendiger und regelmäßig stattfindender Prozess innerhalb der regulatorischen Entgeltbestimmung. Sie muss sich an den Gegebenheiten der jeweiligen Länder ausrichten, in denen sich die Herausforderungen je nach Verfügbarkeit von Daten, Marktorganisation (beispielsweise Unternehmensanzahl und –heterogenität) oder Regulierungszielsetzungen erheblich unterscheiden können. Wir fokussieren deshalb auf die konkrete Situation in Deutschland, die vielfältig genug ist, um weitgehende Einblicke in die mit der Kostenfestsetzung verbundenen Schwierigkeiten zu geben. Je nach konkreter Ausgestaltung des Regulierungsverfahrens findet die Kostenüberprüfung statt. Die Länge der entsprechenden Regulierungsperiode bewegt sich dabei typischerweise zwischen einem und fünf Jahren. In Deutschland findet die regulatorische Bestimmung der Kosten im Rahmen einer Anreizregulierung seit 2009 einmal alle vier bzw. fünf Jahre für Gas- und Stromnetze statt (vgl. Anreizregulierungsverordnung (ARegV)). In den Jahren 2006 bis 2008 wurde eine jährliche Kostenprüfung im Rahmen einer kostenbasierten Regulierung vorgenommen. Die Kosten werden durch Genehmigung anerkannt und gelten für eine Regulierungsperiode. Die Gesamtkostenbasis wird in Deutschland grundsätzlich unterteilt in beeinflussbare (K_b) und nicht beeinflussbare Kosten (K_{nb}). Letztere beinhalten beispielsweise Kosten vorgelagerter Netze oder Erneuerbare Energien-induzierte Kosten, die lediglich an die Kunden weitergereicht werden.[59] Der Netzbetreiber wird für die verbleibenden K_b, das sind im Wesentlichen die Kosten, die im engeren Sinn mit dem Netzbetrieb im Zusammenhang stehen, vollumfänglich in die Verantwortung gezogen. Vorübergehend werden Teile der K_b jedoch auch als nicht beeinflussbar eingestuft, da diese beispielsweise durch laufende Verträge erst mittel- bis langfristig abgebaut werden können. Es entsteht dadurch eine weitere Unterteilung in dauerhaft und vorübergehend nicht beeinflussbare Kosten (K_{dnb}, K_{vnb}).[60] Die Kosten des regulierten Unternehmens werden entweder aus der handelsrechtlichen Gewinn- und Verlustrechnung (GuV) direkt übernommen oder es wird eine regulatorische, teils kalkulatorische Kostenbasis nach der Stromnetzentgeltverordnung (StromNEV) berechnet. Nach § 10 Abs. 3 EnWG wird für entflochtene Betreiber nach § 4 Abs. 2 und 3 StromNEV grundsätzlich eine kalkulatorische Rechnung erstellt. Diese Vorgabe gilt für Unternehmen kleiner 100.000 Kunden. Für nicht entflochtene Betreiber wird weiterhin nach handelsrechtlichen Grundsätzen (und damit alten Bundestarifordnung Elektri-

57 Vgl. Frontier Economics/Consentec (2011).

58 Redisptach-Maßnahmen sind eine Form des Engpassmanagements, bei der der Übertragungsnetzbetreiber Engpässe ausgleicht, indem er Kraftwerke vor dem Engpass anweist, ihre Leistung zu reduzieren und gleichzeitig die Stromerzeugung von Kraftwerken hinter dem Engpass anfordert.

59 Dies können ca. 40 bis 50% der Gesamtkosten sein. Vgl. Schober et al. (2014).

60 Vgl. ARegV Anhang 1.

zität (BTOElt)-Vorgaben) reguliert. Die StromNEV- und handelsrechtlichen GuV-Kostenbasen können sich erheblich unterscheiden. Für die Berechnung der kalkulatorischen Kosten nach StromNEV werden nicht tatsächliche Nutzungsdauern verwendet, sondern deutschlandweit vorgeschriebene, standardisierte kalkulatorische Abschreibungsdauern sowie darauf basierende Kapitalkosten geschätzt. Demgegenüber werden nach GuV die historisch etablierten Verfahren verwendet, die meist nach BTOElt individuell durch die jeweiligen Landesministerien vorgegeben wurden.[61]

Die StromNEV-Kostenbasis setzt sich aus aufwandsgleichen Kosten nach § 5, den operativen Kosten bzw. Ausgaben („*Opex*“), den Kapitalkosten bzw. Ausgaben (kalkulatorische Abschreibungen nach § 6, kalkulatorische Eigenkapitalverzinsung nach § 7) sowie kalkulatorischen Steuern nach § 8 unter Abzug der kostenmindernden Erlöse und Erträge nach § 9 zusammen. Netzverluste sind nach § 10 zu berücksichtigen.[62] Es ist zu beachten, dass kalkulatorische Abschreibungen die nach BTOElt und HGB bereits abgeschriebenen Anlagengüter auch nicht wieder aufleben lassen können (§ 6 StromNEV).

Kapitalkosten werden auf dieser Basis unter Zuhilfenahme von Eigenkapital- und Fremdkapital-Quoten und jeweils regulatorisch festgesetzten Sätzen ebenfalls kalkulatorisch ermittelt. Diese basieren auf einem gewichteten Kapitalkostensatz, der sich auf Basis von marktbasierten Methoden berechnet. Hierzu werden für das Eigenkapital das „*Capital Asset Pricing Model*“ (CAPM) bzw. sichere Anlagen der letzten 10 Jahre und für das Fremdkapital die tatsächlichen Fremdkapitalzinssätze der Unternehmen verwendet, höchstens jedoch der auf die letzten zehn abgeschlossenen Kalenderjahre bezogene Durchschnitt der von der Deutschen Bundesbank veröffentlichten Umlaufrendite festverzinslicher Wertpapiere inländischer Emittenten.[63] Diese Verzinsung kompensiert einerseits die risikofreie Gegenwartspräferenz des Marktes sowie die mit dem Marktportfolio korrelierten (und demzufolge nicht-diversifizierbaren) Risiken.[64]

In Deutschland findet eine Form der Anreizregulierung nach § 21a EnWG Anwendung. Bei dieser wird grundsätzlich eine Kostenprüfung einmalig pro Regulierungsperiode vorgenommen. Für die Bestimmung der genehmigten Kosten wird in Deutschland nach § 6 ARegV, wie bei der durch § 21 EnWG eröffneten kostenbasierten Regulierung, grundsätzlich Abschnitt 2 Teil 1 der StromNEV herangezogen. Diese Kosten müssen nach dem „*used-and-useful*“-Kriterium betriebsnotwendig sein und den Kosten eines effizienten Netzbetriebs entsprechen.

Diese Kostenbasis wird im Rahmen der Anreizregulierung durch eine zweite Kostenbasis komplementiert. Es handelt sich hierbei um eine standardisierte Kostenbasis, die separat und

---

61 Vgl. StromNEV Anhang.

62 Es wird eine Maximalquote von 40 % für das Eigenkapital zugelassen.

63 Eine detaillierte Darstellung der Ermittlung und Zusammensetzung der StromNEV-basierten Kostenbasis ist in Kapitel 3.7 dieses Buches gegeben.

64 Bei Altanlagen (Installation vor dem 01.01.2006) gilt weiterhin das Substanzerhaltungsprinzip. Bei Neuanlagen (Installation ab dem 01.01.2006) gilt das Realkapitalerhaltungsprinzip. Diese orientiert mehr an der Kapitalgebersicht und bewertet Anlagen demzufolge zu Anschaffungs- und Herstellkosten und verwendet Nominalzinsen und die allgemeine Inflationsrate (s. oben, Kapitel 3.7). Investitionen werden so schneller refinanziert, allerdings steigt das Risiko, dass die spezifische Preisentwicklung des Anlageguts eine Wiederbeschaffung – die Substanzerhaltung – verhindert. Vgl. Knieps et al. (2001) oder Küpper (2002).

ausschließlich für den Effizienzvergleich der Unternehmen verwendet wird.[65] Die Bundesnetzagentur (BNetzA) standardisiert die Kosten über eine einfache Annualisierung der Kapitalkosten. Die nach buchhalterischen Informationen vorhandenen Anlagen, die nicht den tatsächlich vorhandenen Anlagen entsprechen müssen, werden herangezogen und das Anlagevermögen zu Tagesneuwerten standardisiert neu bewertet. Es werden hierzu ebenfalls einheitliche Abschreibungszeiträume angesetzt, wie diese nach ARegV und StromNEV vorgeschrieben sind. Analog zum Vorgehen in der StromNEV werden kalkulatorische Abschreibungen und Kosten des gebundenen Kapitals berechnet, wobei Eigenkapital und Fremdkapital im Verhältnis von 2:3 gewichtet werden.[66] Diese gehen anschließend in die Kostenbasis für den Effizienzvergleich ein. Nicht standardisiert werden die Betriebskosten. Diese gehen nach § 5 StromNEV als aufwandsgleiche Kosten weiter unverändert in die Kostenbasis ein. Weitere Standardisierungsmaßnahmen werden nicht vorgenommen. Es werden lediglich die oben erwähnten Anpassungen um nicht (bzw. vorübergehend nicht) beeinflussbare Kosten vorgenommen. Das Ergebnis des Effizienzvergleichs hat unmittelbar Einfluss auf die genehmigten Kosten der Kostenbasis, da nur die Kosten der effizienten Leistungsbereitstellung zur Anwendung kommen dürfen.[67] Aus dieser Kostenbasis wird im Anschluss ein Erlöspfad bestimmt. Dieser ist detailliert in Kapitel 3.7 beschrieben.

Aus diesem Vorgehen ergeben sich einige problematische Punkte. Eine im Sinne einer *„Light-Handed Regulation"* vereinfachende Herangehensweise bei der Standardisierung von Kosten kann durch die notwendigerweise geringe Differenzierung zu Problemen führen.

Die Ursachen hierfür sind heterogen:

1. Kapitalkosten, durch die nicht diversifizierbaren firmenspezifischen Risiken
2. Investitionszyklen, durch die einfache Standardisierung über Annualisierung
    1. Kapitalkosten
    2. Abschreibungen
3. Aktivierungspraktiken, durch Nichtstandardisierung der operativen Kosten

Im Folgenden wird für die drei Ursachen detailliert beschrieben, welche Probleme eine Standardisierung bewirken kann.

1. Unternehmensspezifische Risiken

Die im Rahmen der Kostengenehmigung festgesetzten gewichteten Kapitalkosten enthalten per Definition lediglich eine Kompensation für die systematischen Risiken, die aus dem Netzgeschäft entstehen. Das unter anderem von Sharpe (1964) entwickelte Modell zur Bepreisung von Eigenkapital, dem Capital Asset Pricing Model (CAPM), geht dabei von perfekten Kapitalmärkten und Investoren aus, die ihre (Finanz-)Anlagen perfekt diversifizieren können. Risiken, die lediglich für einzelne Firmen relevant und nicht korreliert sind, könnten so über sehr

[65] Vgl. § 21a Abs. 4 EnWG in Verbindung mit § 21 Abs. 2 EnWG für Knb und 2 bis 4 EnWG für Kb sowie §§ 12 bis 14 ARegV.

[66] Die StromNEV schreibt hier nur eine Obergrenze von 40 % für den Eigenkapitalansatz vor, sonst jedoch die Verwendung des tatsächlichen Eigenkapitalanteils.

[67] Vgl. § 21 Abs. 1 EnWG.

viele, infinitesimal kleine Unternehmensbeteiligungen vermieden werden. Als Residuum verbliebe nur das nicht-diversifizierbare, systematische Marktrisiko. Der risikoadjustierte Marktpreis, der sich nach diesem Modell für das Eigenkapital einer Firma einstellt, ist der Varianzanteil in den Firmenwertbewegungen, der mit dem Marktportfolio korreliert, zusätzlich zu dem risikofreien Zinssatz der Gegenwartspräferenz der Marktteilnehmer.

Im Netzgeschäft existiert jedoch eine Reihe von Gründen, die gegen die Annahmen perfekter Kapitalmärkte sowie perfekter Diversifizierbarkeit sprechen. Hierzu zählen die Risikoaversion des Managements (vgl. Holmström/Tirole 2000), Transaktionskosten und Liquiditätsrestriktionen, konvexe Steuerfunktion oder auch ein möglicher Bankrott (vgl. Froot et al. 1993, Smith/Stulz 1985). Stellen diese Gründe bindende Restriktionen für ein Unternehmen dar, so entstehen diesem zusätzliche Kosten zu den über ein CAPM abgeschätzten Kosten für das systematische Risiko hinaus.[68] In Märkten mit funktionierendem Wettbewerb würden diese beispielsweise über Zielrenditen (*„Hurdle-Rates"*) berücksichtigt, die zum Teil weit über den Refinanzierungskosten eines Unternehmens liegen.

Im Einzelnen sind Entscheider beispielsweise nicht bereit, negative Risiken zu tragen, da für diese ihr Gehalt, ihre Position im Unternehmen oder ihre Reputation für künftige Beschäftigungsverhältnisse auf dem Spiel stehen. Dieser Entscheider würde demzufolge auch (für Investoren) diversifizierbare Risiken in Betracht ziehen. Aus ähnlichen Gründen, und aus realen Kostengründen, werden ebenfalls Absicherungsmaßnahmen gegen Insolvenz oder Bankrott getroffen. Diese Hedgingmaßnahmen sind ebenfalls (meist) mit Kosten verbunden. Transaktionskosten (kurzfristiger) Kapitalbeschaffung gerade auch für kleinere Unternehmen sprechen ebenfalls gegen perfekte Kapitalmärkte. Konvexe Steuerfunktionen führen im Mittel zu einer stärkeren Belastung des Unternehmens, da bei Schwankungen des Firmenergebnisses hohe Ergebnisse stärker besteuert werden. Dieses Risiko veranlasst Unternehmen zu Kosten verursachenden Hedgingmaßnahmen.

Firmenspezifische Risiken können vielfältig sein. Im Zusammenhang mit Skalenvorteilen großer Stromverteilnetzbetreiber haben beispielsweise Schober et al. (2014) signifikante Aufschläge zur Kompensation von Kosten aus dem unterschiedlichen stochastischen Ausfallverhalten von Netzelementen geschätzt. Evans/Guthrie (2005) betrachten Nachfrage und Faktorpreisschwankungsrisiken in ihren Auswirkungen auf eine effiziente Kapazitätsplanung und stellen zusätzlich verursachte Kosten fest. In beiden Artikeln werden Kapitalkostenaufschläge von bis zu 2 bis 3 Prozentpunkten geschätzt. Evans/Guthrie (2012) betrachten ebenfalls die Abhängigkeit von Größenunterschieden. Sie leiten in einem formalen Modell tendenziell zu kleine und zu häufige Investitionen aufgrund der Skaleneffekte her.

Weitere Risiken können beispielsweise unterschiedliche Kapitalaltersstrukturen, Wetterverhältnisse oder auch der Zugang zu qualifizierten Arbeitnehmern sein. Nach Wissenstand der Autoren sind diese Risiken noch nicht untersucht.

Der Regulierer sollte sich jedoch Gedanken über die Berücksichtigung der Kosten machen, die aufgrund firmenspezifischer Risiken entstehen, wenn er eine effiziente und faire Regulierung gewährleisten möchte.

[68] Es gibt weitere Modelle, die der Abschätzung systematischer Kapitalkosten dienen. Diese sind beispielsweise das 3-Faktoren-Modell [vgl. Fama/French (1992)] oder die Arbitrage Pricing Theorie [vgl. Ross (1976)].

2. Investitionszyklen[69]

a. Kapitalkosten

Abweichende Investitionszyklen führen dazu, dass Firmen unterschiedliche Mengen an gebundenem Kapital zu einem Zeitpunkt aufweisen und damit unterschiedliche Kapitalkosten. Durch Abschreibungen sinkt das gebundene Kapital und Kapitalkosten fallen nur auf das nicht abgeschriebene Kapital an.[70] Dies führt potenziell zu Problemen bei der Anerkennung von Kosten über Kostenvergleiche (s.o., Ausführungen zu § 21 Abs. 2 bis 4 EnWG). Beispielsweise ermitteln Elsenbast/Bandulet (2008) geringere Kosten im Benchmarking von ca. 14 % für Betreiber mit älteren Anlagen, wenn Kosten nicht standardisiert werden.[71] Diverse Stellungnahmen zu dem Berichtsentwurf der BNetzA (vgl. BNetzA 2006) zur Einführung der Anreizregulierung sehen ebenfalls Schwierigkeiten: „Marktphasen bzw. Investitionszyklen sowie Abschreibungs- und Aktivierungspolitiken in der Kostenbasis (Input) müssen z. B. durch eine Vergleichbarrechnung, eine Clusterung oder Berücksichtigung von Korrekturfaktoren angemessen berücksichtigt werden." (Plaut Economics 2006, S. 42). Ähnlich wird dies von Branchenverbänden und Marktteilnehmern gesehen (vgl. VDEW/VDN/VRE 2006 oder RWE 2006).

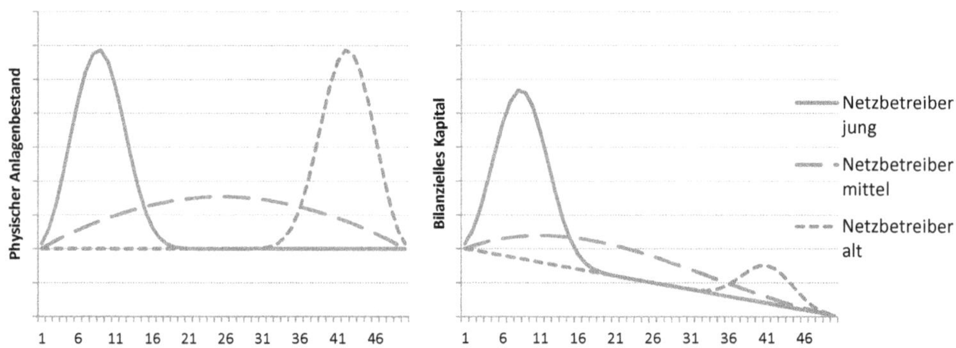

Abbildung 18: Heterogene Investitionszyklen und gebundenes bilanzielles Kapital[72]

Abbildung 18 veranschaulicht drei unterschiedliche Kapitalstockentwicklungen im Zeitablauf.[73] Dies kann beispielsweise durch eine für den Netzbetreiber exogene Siedlungsentwicklung oder auch unterschiedliche Investitionszyklen in Ost- und Westdeutschland verursacht

---

[69] Dieser und der folgende Abschnitt sind stark an Schober/Weber (2013) angelehnt.

[70] Zwar ist kein signifikanter Zusammenhang zwischen dem durchschnittlichen Analagenalter und den nach StromNEV kalkulierten Kosten festgestellt worden (vgl. BNetzA 2006). Allerdings fand keine Prüfung unter expliziter Berücksichtigung von Kapitalstrukturen und Abschreibungsdauern statt.

[71] Vgl. auch Andor (2009).

[72] Vgl. Schober/Weber (2013).

[73] Kapitalkosten werden durch das unterschiedliche durchschnittliche Anlagenalter des Betriebsmittelparks beeinflusst. Vgl. Wöhe/Döring (2010), Plinke/Reese (2002).

worden sein.[74] In Abhängigkeit des Durchschnittsalters des Anlagenparks fallen deshalb unterschiedlich hohe bilanzielle Aufwendungen für Kapitalkosten an.[75] Der rechte Teil von Abbildung 18 verdeutlicht dies. Die links dargestellte Altersverteilung des physischen Kapitalstocks wird unter Verwendung einer linearen Abschreibungsregel in das zugehörige bilanzielle Kapital transformiert. Die Fläche unter den rechten Graphen entspricht dem gesamten gebundenen bilanziellen Kapital. Die älteste Kapitalstruktur weist aufgrund der bereits erfolgten Abschreibungen die geringste Fläche auf.

Werden auf der Basis in dieser Form ermittelter Kapitalkosten Kostenvergleiche durchgeführt, die über die genehmigten Kosten für den effizienten Netzbetrieb entscheiden, wird die Refinanzierbarkeit der Investitionen der gesamten Branche riskiert. Ist das effizienteste Unternehmen Maßstab für die gesamte Branche, so wird die Tatsache, dass Unternehmen unterschiedliche Anlagendurchschnittsalter vorweisen, dazu führen, dass dauerhaft unrealistisch niedrige Kosten als Ziel festgesetzt werden.[76] Dies folgt aus der Überlegung, dass zu jedem Zeitpunkt ein Unternehmen Kosten vorweist, die temporär unter dem langfristigen Refinanzierungsniveau liegen. Eine Berücksichtigung des durchschnittlichen Anlagenalters der beteiligten Netzbetreiber ist demzufolge notwendig.

b. Abschreibungen

Vergleichskostenbasen können auch aufgrund variabler Nutzungsdauern der Anlagen verzerrt werden. Beispielsweise aufgrund von stochastischen Anlagenausfällen treten entweder Mehrkosten durch Sonderabschreibungen oder fehlende Kosten durch bereits erfolgte vollständige Abschreibung auf (s. Abbildung 19). Die Vergleichskostenbasis wird dann durch vorzeitige Abschreibungen erhöht oder/und durch abgeschriebene Anlagen übermäßig verringert.[77]

---

74 Vgl. Filippini/Wild (2002).

75 Vgl. Weber/Schober (2007).

76 Vgl. Weber/Schober (2007).

77 Vgl. Wöhe/Döring (2010), Plinke/Reese (2002).

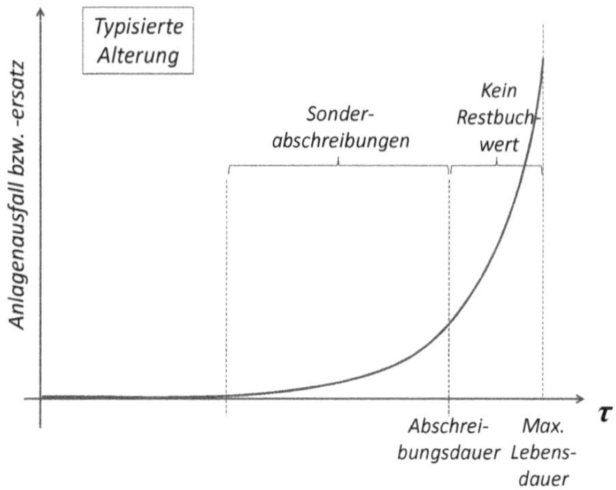

Abbildung 19: Variable Anlagennutzungsdauern/stochastische Ausfälle[78]

Haben die Unternehmen beispielsweise abweichende optimale Anlagenaustauschalter oder unterscheiden sich die tatsächlich eintretenden Ausfallalter durch die Stochastik des Ausfallverhaltens von den geplanten Nutzungsdauern, können die Aufwendungen zu einem bestimmten Jahr voneinander abweichen. Eine vorzeitig ausfallende Anlage verursacht bei langen Abschreibungsdauern zusätzlichen Aufwand. Kürzere Abschreibungsdauern verursachen zwar während des Abschreibungszeitraumes höhere Kosten. Nach vollständiger Abschreibung kann hingegen „ohne Kosten" produziert werden. Weber/Schober (2007) zeigen, dass bei Abweichung der tatsächlichen von der avisierten Lebensdauer die Refinanzierung des Kapitalstocks der Branche scheitern kann. Dies gilt, wie im Fall der Kapitalkosten, wenn das effizienteste Unternehmen als Maßstab genommen wird. Alternativen sind auch hier entweder Korrekturfaktoren, die diese Effekte ausgleichen, oder ein moderateres Durchschnittskostenbenchmarking.

3. Aktivierungspolitiken

Die Definition des Wirtschaftsguts im Zusammenhang mit dem Stromnetz ist zentral für die zeitliche Verteilung der Kosten, insbesondere im Zusammenhang mit firmenspezifisch voneinander abweichenden Investitionszyklen.[79] Mit zunehmender Wirtschaftsgutgröße werden Ersatzinvestitionen (in Leitungen, etc.) nicht aktiviert und fallen nach § 5 StromNEV direkt und unmittelbar als aufwandsgleiche Kosten, also Opex an. Der Kostenverlauf folgt dadurch über die Zeit dem Investitionszyklus und es findet keine Verteilung der Kosten über die Nutzungs- bzw. Abschreibungsdauer statt. Damit entfällt auch der Verstetigungseffekt durch Abschreibungen, der der Vergleichbarkeit der Kosten zuträglich ist. Die, in gewissem Rahmen historisch gegebene, Definition des zu bilanzierenden Anlagegutes beeinflusst demnach die Höhe der als effizient eingestuften Kosten. Dies wird beispielsweise auch von Kremp/Radtke (2009)

[78] Vgl. Schober/Weber (2013).

[79] Der Wirtschaftsgutsbegriff wurde bis 2005 in Abstimmung mit den für die Energieaufsicht zuständigen Landeswirtschaftsministerien vorgenommen.

und Seel/Timm (2009) angemerkt. Letztere diskutieren auch die strategische Nutzbarkeit der Aktivierung zur Verringerung der (Vergleichs-)Kostenbasis.[80]

Diese zeitliche Variabilität in den aktuell zu bewertenden Kosten hängt von der Aktivierungspolitik eines Unternehmens ab und ist für den Regulierer aus mehreren Gründen problematisch. Einerseits soll er die Kosten im Zeitverlauf bewerten. Diese variieren aber je nach Stand des Unternehmens in seinem Investitionszyklus, wenn auch in bedeutendem Umfang Investitionen durch eine weite Wirtschaftsgutdefinition als aufwandsgleiche Kosten anfallen. Das Ausmaß dieser zeitlichen Variabilität hängt demnach auch von der Größe des definierten Wirtschaftsgutes ab. Variieren diese über die betrachteten Unternehmen, muss der Regulierer die Kosten im Zeitverlauf unternehmensindividuell bewerten, wenn er schwankende operative Kosten nicht fälschlicherweise der Unternehmenseffizienz zuschreiben will.

Andererseits werden die durch Investitionszyklen verursachten und über die Zeit variierenden Opex auch in einem zeitpunktbezogenen Querschnittsvergleich verwendet. Dies ändert auch die von der BNetzA verwendete Standardisierung der Kapitalkosten nicht. Zusätzlich zu der verfälschten Leistungsmessung entsteht bei Verwendung des Maßstabs des günstigsten Unternehmens so das Problem, dass die gesamte Branche ihr Kapital nicht refinanzieren kann. Analog zu der obigen Argumentation (vgl. Abschnitt „Investitionszyklen") wird bei heterogenen Altersstrukturen des Kapitalstocks immer ein Unternehmen unterhalb seiner Kosten zur langfristigen Refinanzierung des Kapitalstocks sein. Es gibt also keinen Zeitpunkt, zu dem zeitweise Verluste ausgeglichen werden könnten.[81] Der Regulierer müsste demzufolge, zusätzlich zu einer Standardisierung der Kapitalkosten, eine Standardisierung der operativen Kosten vornehmen. Diese werden jedoch bisher nach § 5 ARegV unverändert aus der Rechnungslegung des Unternehmens übernommen.

4.1.5 Schlussbemerkung

In der Einleitung dieses Kapitels wurde der Trend zur disaggregierten Betrachtung der Wertschöpfungsstufen des Stromsektors aufgezeigt. Es wurde aber auch verdeutlicht, dass eine vertikale Trennung erhebliche Koordinierungskosten in der Wertschöpfungskette verursacht, insbesondere wenn Investitionsbedarf besteht und entsprechende Projekte zum Beispiel zwischen Erzeugungsstufe und Übertragungs- und Verteilnetzen abgestimmt werden müssen. Dies führt zu hohen Anforderungen an den Regulierungsrahmen; neben Fragen wie der nach der Einführung von nodal oder zonal pricing stellen sich auch die nach der grundsätzlichen Ausgestaltung der Organisationsstruktur des Sektors und, vor allem im Kontext der Energiewende, der Tiefe der staatlichen, über übliche Formen der Regulierung hinausgehenden Eingriffe, z. B. in Form

80 Dies hängt in einem Benchmarking allerdings von der Stellung im Investitionszyklus und der Aktivierungspolitik der übrigen Unternehmen ab. Vgl. auch die Stellungnahmen von Plaut Economics (2006), VDEW/VDN/VRE (2006) und RWE (2006).

81 Ein Beispiel soll dies verdeutlichen. Bei einer deterministischen Nutzungsdauer von 40 Jahren ersetzt ein Netzbetreiber stationär 1/40 seines Anlagenbestandes. In gleicher Höhe entstehen Kosten. Ein weiterer Betreiber muss beispielsweise allein aufgrund seiner Versorgungsaufgabe den Ersatz eines Zehntels seines Netzes in der Vergleichsperiode leisten. Er hätte demnach die vierfachen Ausgaben zu tätigen, wäre somit per definitionem nur ein Viertel so effizient. Es bekommt somit lediglich ein Viertel seiner Kosten in dieser Periode erstattet. Gleiches würde sich in den übrigen Perioden wiederholen, in denen das zweite Unternehmen allerdings Benchmark setzend ist. Beide Unternehmen würden sich nicht refinanzieren.

einer Investitionssteuerung. All dies hat Rückwirkungen auf die Ausgestaltung der Entgeltregulierung. Wie oben dargestellt, sind die verschiedenen Ansätze mit unterschiedlichen Problemen und Risiken verbunden. Klar ist, dass die Herausforderungen an Regulatoren und Unternehmen in einem dynamischen, durch Investitionsbedarf gekennzeichneten Umfeld enorm zunehmen.

4.2 Betriebswirtschaftliche Steuerung von Netzbetreibern im regulatorischen Umfeld

RALPH KREMP, DR. LUKAS SCHUCHARDT UND MICHAEL SEIDEL

Ralph Kremp hat in Nürnberg Betriebswirtschaftslehre studiert und arbeitet seit 1999 bei BET Büro für Energiewirtschaft und technische Planung GmbH in Aachen. Seit 2003 ist er Gesellschafter und seit 2006 Teamleiter. Bis 2011 wurde die Netzkostenregulierungsberatung der BET durch Herrn Kremp koordiniert. Seit 2011 ist er Teamleiter „Unternehmenssteuerung und Transaktionsmanagement". In dieser Aufgabe wurde die regulatorisch-technische sowie die strategische Due Diligence bei zahlreichen Großtransaktionen z. B. von Übertragungsnetz- und Ferngasgesellschaften durch Herrn Kremp als Projektleiter koordiniert. Herr Kremp berät regelmäßig auch politische Entscheidungsträger in Bundesministerien, Verbände (z. B. BDEW, VKU, GEODE) sowie Netzbetreiber zu Fragen der Entwicklung und Ausgestaltung des Regulierungsrahmens.

Dr. Lukas D. Schuchardt, studierte Betriebswirtschaftslehre an der TU Dortmund. Seit 2012 ist Herr Dr. Schuchardt als Berater im Team kaufmännische Netzsteuerung im Bereich Netzberatung der BET Büro für Energiewirtschaft und technische Planung GmbH in Aachen tätig. Seine thematischen Schwerpunkte liegen in den Bereichen Netzcontrolling, Transaktionsmanagement, Unternehmenssteuerung, Regulierungsmanagement, Businessplanmodellierung, Ertragsbewertung, Rekommunalisierung und Weiterentwicklung des Regulierungsumfelds.

Michael Seidel hat an der Frankfurt School of Finance and Management die Studiengänge zum Bankbetriebswirt und Bankfachwirt absolviert. Seit 2013 ist er als Teamleiter „Kaufmännische Netzsteuerung" bei der BET Büro für Energiewirtschaft und technische Planung GmbH in Aachen tätig. Seine thematischen Schwerpunkte liegen in den Bereichen Bewertung und Finanzierung von Infrastrukturprojekten, Steuerung von Netzbetreibern, Weiterentwicklung des Regulierungsumfelds und Rekommunalisierung.

4.2.1 Einleitung

Das **Erlösniveau der Netzbetreiber** im Strom- und Gasbereich in Deutschland wird durch die Ergebnisse der Kostenprüfungen sowie die Vorgaben der Regulierungsformel und hierbei insbesondere der Effizienzvorgaben im Rahmen der Erlösobergrenzenfestsetzung für die jeweilig folgende Regulierungsperiode maßgeblich bestimmt.

Vor dem Hintergrund oftmals deutlicher Kürzungen entsteht in zunehmendem Maße Kostendruck, der sich in niedrigeren Unternehmensergebnissen und somit Ausschüttungen an die Gesellschafter niederschlagen kann. Diesem Ergebnisdruck kann jedoch in der Regel nicht beliebig durch Kostensenkungen entgegnet werden, da zum einen eine **Versorgungsaufgabe** zu erfüllen ist und zum anderen auch die Kosten wieder Eingangsgröße in der kommenden **Kostenprüfung** im nächsten Basisjahr sind. Deutliche Schwankungen in den Kostenpositionen einzelner Kostenarten werden daher auch in zukünftigen Kostenprüfungen genau untersucht werden. Zusätzlich beeinflussen die gesunkenen Erlöse die **Investitionsfähigkeit** und die Gesamtkapitalrendite der Netzbetreiber. Diese Investitionsverpflichtungen sind jedoch nicht im Sinne unternehmerischer Entscheidungsfreiheit beliebig gestaltbar, da die Netzbetreiber gleichzeitig ihre **Versorgungsaufgabe** erfüllen müssen. Verstärkt wird dieser Effekt dadurch, dass mit der veränderten Einspeise- und Entnahmesituation sowie der durch die „**Energiewende**" wachsende Anteil regenerativer dezentral fluktuierender Einspeisungen, ein stark gestiegener Investitionsbedarf in die Netzinfrastruktur einhergehen kann.

Diese Investitionen zum strukturellen Netzumbau, deren Notwendigkeit bei Einführung der Anreizregulierung noch nicht in diesem Umfang absehbar war, müssen zusätzlich zum „regulären“ Netzbetrieb umgesetzt werden. Häufig können diese Investitionen dabei nicht alleine aus dem **laufenden Cashflow** finanziert werden, sondern es müssen zusätzliche Finanzmittel bereitgestellt werden, was vor dem Hintergrund des langfristigen Charakters der Investitionen zu einer entsprechenden **Kapitalbindung** führt.

In Summe ergeben sich somit verringerte Ausschüttungen an die Gesellschafter bzw. sogar die zusätzliche Notwendigkeit zur Aufnahme weiteren Eigenkapitals. Aus diesem Spannungsfeld ergibt sich die **Notwendigkeit betriebswirtschaftlicher Optimierung**, um die Rentabilität der Investitionen sicherzustellen, ohne dabei die Versorgungsqualität zu gefährden.

Dieser Zusammenhang führt beim Netzbetreiber zu deutlich größeren Anforderungen an die Unternehmenssteuerung. Es gilt, das Spannungsfeld zwischen regulatorischen, technischen und kaufmännischen Aspekten aufzulösen. Die Unternehmenssteuerung muss daher im Rahmen eines **Netzcontrollings** die laufende Abstimmung und den Dialog der Verantwortlichen in den Bereichen Controlling, Regulierungsmanagement und technischem Asset Management sicherstellen.

Zur Skizzierung eines Netzcontrollings ist dieser Beitrag wie folgt gegliedert: Im folgenden Abschnitt 4.2.2 werden zunächst kurz die Grundlagen eines Netzbetriebs im Kontext der Anreizregulierung dargestellt, wobei insbesondere auf die systembedingten Risiken dieser Regulierungsform eingegangen wird. Anschließend (Abschnitt 4.2.3) wird in groben Zügen die Idee einer wertorientierten Steuerung dargestellt. Gemeinsam bilden beide Aspekte die Grundlage für die im dritten Abschnitt 4.2.4 behandelte betriebswirtschaftliche Optimierung eines Netzbetreibers. Zunächst wird anhand eines Einflussfaktorengeflechts ein Gesamtüberblick über die Steuerungsinstrumente gegeben, um sodann auf die Kernelemente des Netzcontrollings im Sinne einer betriebswirtschaftlichen Steuerung einzugehen. Dabei liegt der Fokus auf der Bilanzpolitik, der Investitionsstrategie und der Aktivierungspolitik. Den inhaltlichen Abschluss des Kapitels bildet die Skizzierung eines Leitfadens für die praktische Umsetzung in Abschnitt 4.2.4. Dort wird nicht nur auf das Zusammenspiel zwischen kaufmännischen und technischen Abteilungen eingegangen, sondern auch die Notwendigkeit von Top-down- und Bottom-up-orientierten Steuerungsansätzen verdeutlicht. Abgerundet wird das Kapitel mit einem kurzen Fazit und Ausblick über zukünftige Entwicklungen.

4.2.2 Wertorientierung als Grundlage des Netzbetriebs im Kontext der Anreizregulierung

Das Ziel von anreizorientierten Regulierungssystemen ist die Entwicklung von Anreizen zur Kostensenkungen und **Produktivitätssteigerungen**. Dazu werden während einer Regulierungsperiode, d. h. für einen definierten Zeitraum von in der Regel fünf Jahren, die Kosten eines Netzbetreibers von dessen Erlösen entkoppelt. Aufgrund dieser Systematik können innerhalb einer Regulierungsperiode erzielte Effizienzgewinne im Unternehmen einbehalten werden und werden erst im Rahmen der Kostenprüfung zur nächsten Periode an den Kunden weitergegeben (vgl. *Schaefer/Schönefuß*, 2006, S. 173).

Damit geht jedoch auch eine systembedingte Steigerung der **Unternehmensrisiken** einher. Aufgrund der Verpflichtung zur Aufrechterhaltung der Versorgungsaufgabe drohen bei einer

Verfehlung der (Effizienz-)Vorgaben nicht nur Gewinneinbußen, sondern möglicherweise sogar Kostenunterdeckungen. Aufgrund des direkten Einfluss auf die regulierten Netzerlöse als Haupteinnahmequelle des Netzbetreibers sollte damit die Anreizregulierung im Zentrum der Überlegungen zur Einführung eines Netzcontrollings stehen.

Als Ansatzpunkt zur Steuerung und Identifizierung der wesentlichen Werttreiber sollte daher die **Wirkweise der Anreizregulierung** dezidiert analysiert werden. Um die Auswirkungen einzelner Entscheidungen quantifizieren zu können und die Erforderlichkeit möglicher Steuerungsmaßnahmen aufzuzeigen, empfiehlt sich daher der Aufbau einer umfassenden integrierten Planungs- bzw. Simulationsrechnung. Dabei geht es nicht (nur) darum, Erlös- und Kostenentwicklungen zu prognostizieren, sondern die regulatorisch bedingten Interdependenzen zwischen Kosten- und Erlöswirksamkeit (z. B. aufgrund der Kostenprüfungen in den Basisjahren oder Effizienzergebnissen) abzubilden. Schließlich sind die auf das Unternehmen einwirkenden Einflüsse im Sinne von Chancen und Risiken zu erfassen und nach Möglichkeit zu quantifizieren. Auf dieser Basis können schließlich zukünftige Cashflows abgeleitet werden.

Kapitalisiert man diese zukünftigen Cashflows mit einem gewichteten Diskontierungszinssatz (WACC), der sowohl die Renditeforderungen der Eigen- als auch Fremdkapitalgeber umfasst, ist die spezifische Verzinsungsanforderung eines Geschäftsfelds oder Investitionsprojekts adäquat berücksichtigt. Im Falle eines negativen Kapitalwerts trägt ein solches Projekt oder Geschäftsfeld nicht zu einer Wertsteigerung bei, so dass zu prüfen ist, mit welchen Maßnahmen die erforderliche Kapitalverzinsung realisiert werden kann. Die Berücksichtigung der Opportunitätskosten zur nachhaltigen Steigerung des Unternehmenswertes unter der Beachtung aller Anspruchsgruppen des eingesetzten Kapitals wird gemeinhin als **wertorientierte Unternehmenssteuerung** verstanden (vgl. zum Grundkonzept *Rappaport,* 1986). Einen Überblick über die Steuerungsgrößen der wertorientierten Unternehmenssteuerung gibt Abbildung 20.

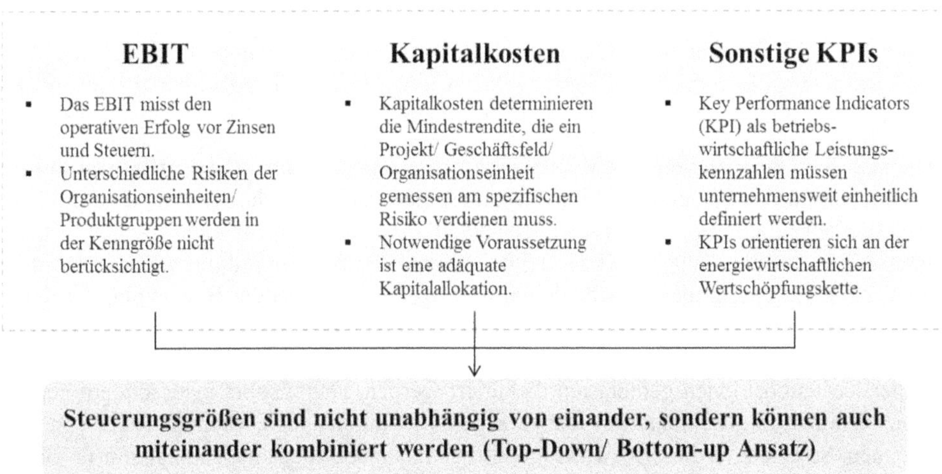

Abbildung 20: Steuerungsgrößen der wertorientierten Unternehmenssteuerung[82]

[82] Abbildung entnommen aus: Kremp/Rothe/Schuchardt (2012), S. 549.

Der Gedanke der Wertorientierung sollte sich im Idealfall auf die gesamte Unternehmenssteuerung des Netzbetreibers erstrecken, die historisch bedingt in vielen Fällen organisatorisch mehrere Abteilungen umfasst. Dazu zählen i. d. R. das Regulierungsmanagement, das Controlling und das Asset Management. Diese bilden den Rahmen, innerhalb dessen die Geschäftsführung ihre Entscheidungen treffen muss. Um die oben genannten Bereiche verzahnen und umfangreichere regulatorische Offenlegungspflichten bedienen zu können, ist der Aufbau eines adäquaten **Berichtssystems** notwendig (vgl. *Pedell*, 2008, S. 682 f.). Dieses erfüllt damit nicht nur externe Zwecke, sondern dient auch internen Adressaten als Information über die innerbetriebliche Planungsrechnung sowie der systematischen Chancen- und Risikoerfassung (vgl. z. B. *Horvath*, 2011, S. 291 ff.). Hinzu kommt, dass die Kommunikation und das gegenseitige Verständnis gemeinsam tragfähige und akzeptable Lösungen zu erarbeiten in hinreichendem Maß sichergestellt werden kann.

4.2.3 Kernelemente eines Netzcontrollings von regulierten Netzgesellschaften

Die wesentlichen Steuerungsinstrumente innerhalb des Netzbetreibers stellt das erwähnte (Netz-)Controlling innerhalb eines umfassenden Asset Managements dar. Während das Controlling die kaufmännische Steuerung verantwortet, zeichnet das Asset Management klassischerweise für den technischen Part verantwortlich. Insbesondere unter anreizbasierten Regulierungssystemen sind und waren Asset Management-Aktivitäten ausschließlich aus technischen Gesichtspunkten jedoch nie zielführend. Diese stellen lediglich eine, wenn auch sehr wichtige, (Neben-)Bedingung dar. Vielmehr ergibt sich wie in Abbildung 21 dargestellt im Zusammenspiel mit dem Netzcontrolling ein komplexes **Einflussfaktorengeflecht**, bestehend aus der kaufmännischen Optimierung, den technischen Restriktionen, sonstiger Parameter, dem Effizienzwert sowie dem Qualitätselement, in dessen Mittelpunkt die Erstellung einer Prioritätenliste steht (*Kremp/Rothe/Schuchardt,* 2013, S. 548 ff.). Anhand des Einflussfaktorengeflechts soll zu Beginn dieses Kapitels zunächst ein kurzer Gesamtüberblick über die Steuerungsinstrumente des Netzcontrollings gegeben werden. Anschließend wird in den jeweiligen Unterkapiteln auf die einzelnen betriebswirtschaftlichen Aspekte im Detail eingegangen.

Die gemeinsame Priorisierung der Maßnahmen sollte zunächst anhand der **primären Faktoren** erfolgen, um das Spannungsfeld zwischen regulatorischen, technischen und kaufmännischen Aspekten aufzulösen. Zunächst sollten sowohl Investitionsmaßnahmen als auch Instandhaltungsaufwendungen anhand ihrer Ergebniswirkung für das Gesamtunternehmen beurteilt werden. Zur Beurteilung dieser Maßnahmen ist es von entscheidender Bedeutung, die Kriterien zur Bestimmung der Relevanz (bspw. anhand vorgegebener Kategorien) ex ante festzulegen. Sollten die internen Zielvorgaben nicht erreicht werden können, muss die Disponibilität einzelner Kostenpositionen gemeinsam diskutiert werden. Dabei sollte insbesondere geprüft werden, ob unrentable Maßnahmen nicht verzögert oder durch andere Maßnahmen ersetzt werden können. So ist bspw. die Erlöswirksamkeit von Instandhaltungsmaßnahmen nur im Basisjahr gegeben. Oft kann die Durchführung von Maßnahmen zeitlich flexibel gestaltet und unter Umständen sogar auch darauf komplett verzichtet werden. Die Steuerung der Investitionsmaßnahmen als auch Instandhaltungsaufwendungen wird im Abschnitt 4.2.3.2 ausführlich beschrieben.

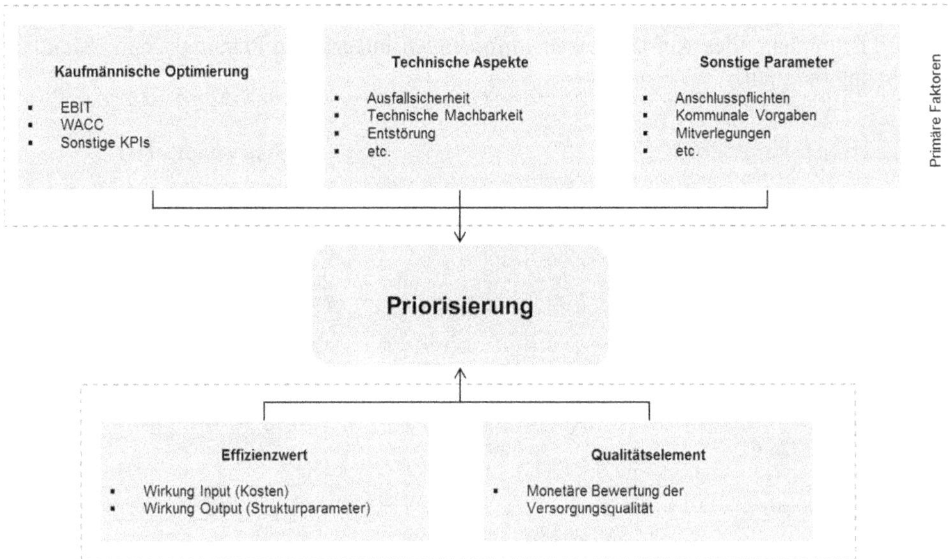

Abbildung 21: Einflussfaktorengeflecht des Asset Managements[83]

In diesem Zusammenhang müssen auch die sonstigen Parameter, wie bspw. die bereits angesprochenen Anschlusspflichten im Rahmen dezentraler Erzeugung beachtet werden. Auch kommunale Vorgaben zum zeitgleichen Verlegen mit anderen Versorgungsleitungen im Straßenbau können einen erheblichen Einfluss auf die zeitliche Gestaltbarkeit einer Investitions- oder Instandhaltungsmaßnahme nehmen. Sollte der Netzbetreiber in kommunaler Hand liegen, empfiehlt es sich an dieser Stelle, die Ergebnisauswirkungen der politischen Entscheidungen (grafisch aufbereitet) aufzuzeigen, um so zumindest Verständnis für das eigene Handeln zu erreichen. Im Idealfall kann dann auch gemeinsam mit der Kommune ein Alternativszenario entworfen werden.

Zu den **sekundären Einflussfaktoren** zählen die Auswirkungen auf den Effizienzwert und die Versorgungsqualität, die über das Qualitätselement einen monetären Wert erhält. Beide Auswirkungen sind jedoch nur schwer quantifizierbar, da die eigenen Maßnahmen stets im Vergleich mit den anderen Netzbetreibern der Vergleichsgruppe gesehen werden müssen. Insofern sollten diese Maßnahmen nur nachrangig in die Entscheidungsfindung einfließen und werden daher im Rahmen dieses Beitrags auch nicht weiter thematisiert (einen ausführlichen Überblick gibt z. B. *Schuchardt*, 2012, S. 141 ff.).

Zur Priorisierung anhand der primären und sekundären Einflussfaktoren müssen Maßnahmen jedoch zwingend **mehrdimensional** betrachtet werden. So mag bspw. eine zusätzliche Investition langfristig den Aufwand verringern, führt jedoch zum Zeitpunkt der Aktivierung zunächst zu handelsrechtlichen Abschreibungen, die das Ergebnis belasten. Erst wenn die Investition in die Erlösobergrenze einfließt, ist jedoch auch die Erlöswirksamkeit gegeben – diese kann bei einer Erweiterung durch den Erweiterungsfaktor jedoch schneller gegeben sein als bei einer Ersatzinvestition. Wie die folgende Abbildung 22 schematisch verdeutlicht, ist die

83 Abbildung entnommen aus: Kremp/Rothe/Schuchardt (2012), S. 549.

Analyse der regulatorisch bedingten Interdependenzen zwischen Kosten- und Erlöswirksamkeit lediglich anhand des Aufbaus einer umfassenden integrierten Planungs- bzw. Simulationsrechnung möglich.

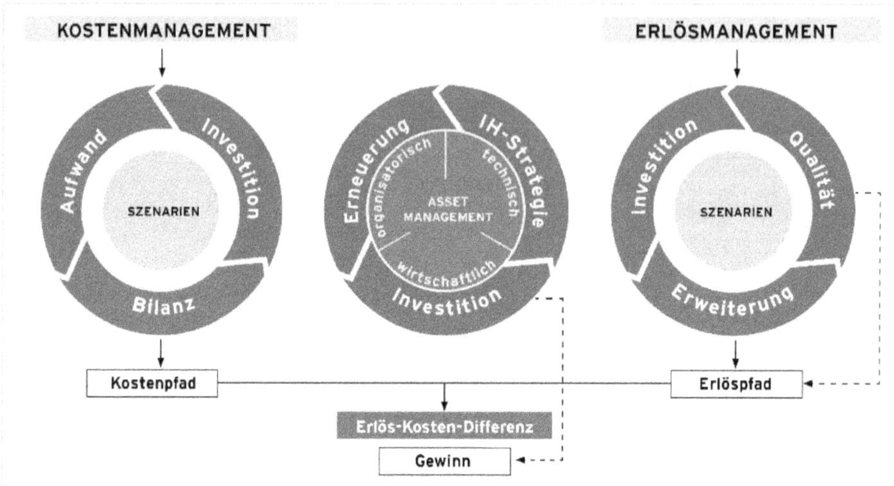

Abbildung 22: Integriertes Kosten- und Erlösmanagement

Das **Ergebnis der Priorisierung** ist somit die Ermittlung des gesamten Investitionsvolumens, das in Hinblick auf die internen Zielvorgaben abgestimmt ist und auf dessen zeitliche Skalierung im Abschnitt 4.2.3.2 im Detail eingegangen wird.

Ein weiterer Baustein zur Steigerung des Unternehmensergebnisses ist die detaillierte Analyse der **Aktivierungsgrundsätze**, da diese in der konkreten Anwendung oft Spielräume zulassen (vgl. *Seel/Timm* (2009), S. 39 f.). Wird die Stetigkeit der Aktivierungspraxis berücksichtigt, bietet es sich oftmals an, die Aktivierungsgrenze abzusenken, um so möglichst viele Maßnahmen, die sonst auf Aufwand verbucht werden würden, ins Anlagevermögen zu überführen. Auf diesen Aspekt wird ausführlich im Abschnitt 4.2.3.3 eingegangen.

Zusammenfassend ist somit festzustellen, dass sämtliche Investitions- oder Instandhaltungsmaßnahmen in Hinblick auf die internen Zielvorgaben beurteilt werden sollten. Dazu bietet sich in der Regel eine Bewertung anhand des Barwertes, d. h. durch Ermittlung des Werts, den zukünftige Zahlungen in der Gegenwart besitzen. Der Barwert wird durch Abzinsung der zukünftigen Zahlungen und anschließendes Summieren ermittelt. Maßnahmen, die keinen positiven Ergebnisbeitrag liefern, sollten verstärkt auf ihre Notwendigkeit hin geprüft werden, und wenn möglich verzögert oder unterlassen werden. Wie eingangs erwähnt, wird in den folgenden Abschnitten detailliert auf die Kernelemente eines Netzcontrollings eingegangen und anhand von Praxisbeispielen die Vorgehensweise und Effekte aufgezeigt. In der Praxis zeigt sich jedoch, dass neue Managementansätze in traditionellen Branchen wie der Energiewirtschaft oft auf Widerstände bei den Beteiligten stoßen (vgl. *Schuchardt*, 2012, S. 113 ff.). Um Umsetzungsschwierigkeiten zu minimieren, wird daher im Anschluss an die einzelnen Optimierungsmöglichkeiten im Abschnitt 4.2.4 ein Leitfaden zur Implementierung eines Netzcontrollings entwickelt. Dabei wird auch auf die Ermittlung eines Diskontierungszinssatzes zur Berechnung der Barwerte eingegangen und sowohl Top-down- als auch Bottom-up-orientierte Steuerungsansätze vorgestellt.

4.2.3.1 Auswirkungen der Bilanzpolitik

Im Rahmen der klassischen Unternehmenssteuerung wird oftmals lediglich der Fokus auf die Gewinn- und Verlustrechnung gelegt und bilanzielle Auswirkungen eher stiefmütterlich behandelt. Bei regulierten Netzbetreibern dient die Unbundlingbilanz entsprechend der Regelungen des Energiewirtschaftsgesetzes zur buchhalterischen Entflechtung jedoch als Grundlage zur Ermittlung der Netzkosten und insbesondere des kalkulatorischen Anlagevermögens und ist damit die Bemessungsgrundlage für die erreichbare Eigenkapitalverzinsung.

Ausgangspunkt der Überlegungen und somit zugleich Zielgröße für die Optimierung aus regulatorischer Sicht ist dabei die erwähnte Unbundlingbilanz. Dazu muss handelsrechtlich zunächst eine Zuordnung der Aktiva und Passiva zum Netzbetreiber bzw. den regulierten Einheiten (Dienstleister, Verpächter) erfolgen. Bereits an dieser Stelle zeigen sich erfahrungsgemäß bereits Verbesserungspotenziale, da die Zuordnung oftmals nicht vor einem regulatorischen Hintergrund getroffen wurde. In vielen Fällen wurde bspw. das zugewiesene Eigenkapital mehr aus konzernstrategischen, denn aus regulatorischen Überlegungen zugeordnet, was zur Folge hat, dass der Netzbereich selten die regulatorisch optimale (kalkulatorische) Eigenkapitalquote von 40 % aufweist. Vor dem Hintergrund der aktuell sehr geringen Fremdkapitalzinsen und der im Verhältnis dazu höheren Zinssätze für den überschießenden Eigenkapitalanteil (> 40 %), ist je nach Gesellschaftskonstruktion sogar eine vollständige Eigenfinanzierung des Netzbereichs zu prüfen. Dabei muss jedoch beachtet werden, dass diese Eigenmittel anderen ggf. renditeträchtigeren Aktivitäten dann nicht mehr zur Verfügung stehen.

Die handelsrechtliche Unbundlingbilanz wird zum Zwecke der Netzkostenbestimmung in eine kalkulatorische Bilanz überführt. Dabei hat sich im Rahmen der regulatorischen Überprüfung – neben vielen Einzelfallentscheidungen – in den letzten Jahren ein mehr oder weniger standardisiertes Vorgehen der Behörden herauskristallisiert, was dem Netzbetreiber die Möglichkeit eröffnet, bereits ex ante, d. h. vor Einreichung des Antrags, den Umgang mit diesem zu prognostizieren. Dabei ist das Vorliegen eines möglichst umfangreichen Erfahrungsschatzes von großem Vorteil, so dass ggf. Erfahrungen von anderen Netzbetreibern eingeholt werden sollten.

In der folgenden Abbildung 23 wird die Überführung einer Unbundlingbilanz in die kalkulatorische Bilanz dargestellt. Da die Restwerte des kalkulatorischen Anlagevermögens in der Regel – aufgrund längerer Abschreibungsfristen – höher sind als die handelsrechtlichen Restwerte, steigt analog das kalkulatorische Eigenkapital bei der Überführung im Antrag an. In dem in der Grafik dargestellten Beispiel vereinfacht um 20 Prozentpunkte. Wie weiter dargestellt, wird jedoch der Antrag nicht derart genehmigt, da seitens der Regulierungsbehörde häufig **asymmetrische Kürzungen** durchgeführt werden. Dies bedeutet, dass Aktiva entsprechend den Vorgaben der NEV gekürzt werden, indem insbesondere beim Umlaufvermögen die Betriebsnotwendigkeit von Positionen häufig in Frage gestellt wird. Passiva werden aber in Form des Abzugskapitals bestehen bleiben. Diese asymmetrischen Kürzungen auf der Aktivseite gehen gemäß dem Berechnungsschema vollständig zu Lasten des kalkulatorischen Eigenkapitals, wodurch dieses Vorgehen in der Genehmigung zu einer Verringerung des kalkulatorischen Eigenkapitals führt. Dieses stark vereinfachte Beispiel verdeutlicht die Vorgehensweise der Regulierungsbehörde und zeigt damit gleichzeitig Optimierungspotenzial im Zuge der Bilanzerstellung auf.

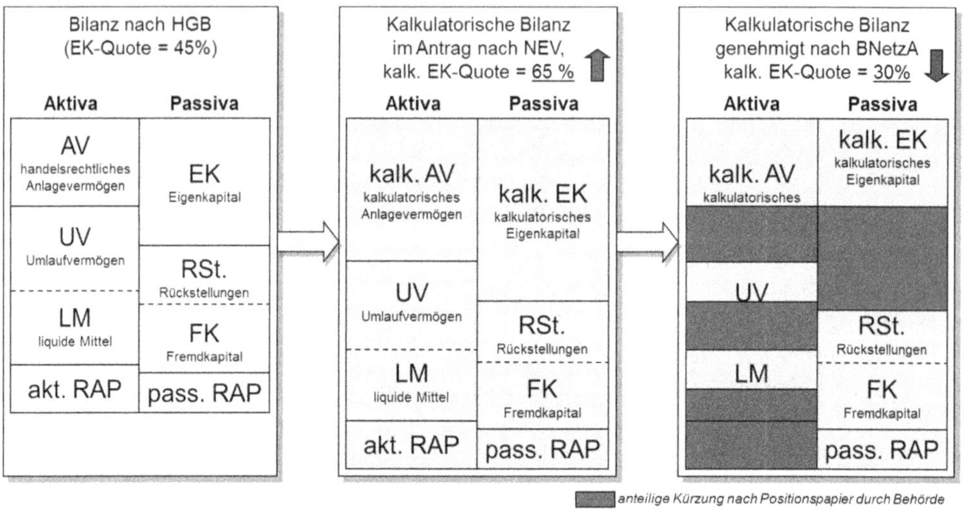

Abbildung 23: Überleitung der Unbundling-Bilanz nach HGB zur kalkulatorischen Bilanz

Im Beispiel wird vor dem Hintergrund der Betriebsnotwendigkeit das Umlaufvermögen auf die Höhe von 1/12 der Umsatzerlöse gekürzt, selbst wenn bspw. Teile davon absehbar kurz nach Bilanzstichtag zur Begleichung eines Ergebnisabführungsvertrags (EAV) verwendet werden müssen. Im skizzierten Fall bleibt somit die Verbindlichkeit aus dem EAV bestehen, so dass die Kürzung vollständig zu Lasten des kalkulatorischen Eigenkapitals erfolgt. Eine Lösung besteht dann darin, bereits vor dem Bilanzstichtag in Form einer Spitzenabrechnung eine Abschlagszahlung vorzunehmen, um so eigenständig eine symmetrische (!) Bilanzverkürzung vorzunehmen, d. h. sowohl die Liquiden Mittel als auch die Verbindlichkeiten zu reduzieren. Damit wird der Effekt einer asymmetrischen Kürzung lediglich der Aktiva umgangen und somit das kalkulatorische Eigenkapital nicht reduziert. Weitere Optimierungsmöglichkeiten ergeben sich prinzipiell aus jeder einzelnen Bilanzposition, so dass hier eine umfangreiche Analyse notwendig ist.

Festzustellen bleibt, dass mit Hilfe der Bilanzoptimierung mit teils recht einfach durchzuführenden Maßnahmen erhebliche Ergebnisverbesserungen erzielt werden können. Insbesondere absehbare Kürzungen wie die dargestellte sollten zwingend vermieden werden.

4.2.3.2 Basisjahroptimierung

Aufgrund der Zeitverzugsproblematik in der Anreizregulierung übt der Zeitpunkt einer Investition einen starken Einfluss auf deren Rentabilität aus. Investitionen, die im Jahr vor dem

Basisjahr aktiviert werden, besitzen die höchste Rendite, während Investitionen nach dem Basisjahr die geringste Rendite aufweisen. Zur Renditemaximierung ist somit eine basisjahrorientierte Investitionsstrategie grundsätzlich sinnvoll.

Dazu sind analog des bereits erwähnten Einflussfaktorengeflechts in einem ersten Schritt die Investitionen zu klassifizieren. Dabei muss berücksichtigt werden, dass ein Teil der Investitionen zur Vermeidung von personellen Risiken bzw. der Aufrechterhaltung der Versorgungszuverlässigkeit technisch unabdingbar sein wird. Ebenfalls dürfte unstrittig sein, dass hinsichtlich der Behebung von Störungen kein Entscheidungsspielraum besteht. Nachfolgende Beispiele zeigen jedoch, dass sich bei einigen Investitionsklassifizierungen bei genauer Betrachtung durchaus Gestaltungsspielräume ergeben können:

Praxisbeispiel 1: Technisch nicht notwendige Maßnahmen werden häufig damit begründet, dass sie langfristig zur Kostensenkung beitragen. Dies ist zwar je nach Maßnahme richtig, von entscheidender Bedeutung ist in diesem Zusammenhang jedoch, zu welchem Zeitpunkt und in welcher Höhe die Kosteneinsparungen tatsächlich stattfinden. Um die Wirtschaftlichkeit beurteilen zu können, sollte mit Hilfe des DCF-Bewertungsansatzes der Barwert der Investitionsmaßnahme berechnet und mit den tatsächlichen Einsparungen verglichen werden. Denn aus Investitionen resultierende Einsparungen zur Prozesseffizienz führen nur dann zu echten Einsparungen, wenn die frei werdenden Kapazitäten auch anderweitig wertbringend eingesetzt werden können.

Praxisbeispiel 2: Im Rahmen von Maßnahmen zur Sicherung von vertraglichen Erschließungen, Netzerweiterungen oder Leistungserhöhungen ist ein Separieren in Einzelkategorien sinnvoll. Zunächst sollte geprüft werden, ob die Investition über den Erweiterungsfaktor abbildbar ist. Sollte dies nicht möglich sein, so ist eine Investitionsverpflichtung (z. B. Anschlusszwang) zu prüfen. Falls sich keine unmittelbare Investitionsverpflichtung ergibt, ist eine gesonderte Begründung der Investition erforderlich, so dass auf dieser Grundlage über die Umsetzungsnotwendigkeit entschieden werden kann.

Die obigen Beispiele verdeutlichen die grundlegende Systematik, anhand derer eine Priorisierung der Investitionen erfolgen kann. In der nachfolgenden Abbildung 24 werden die Maßnahmen in einer Grafik hinsichtlich ihrer Disponibilität und Investitionsvolumen abgetragen. Dadurch ist je nach Aggregationsebene schnell ersichtlich, welche Maßnahmen zeitlich verlagert oder sogar unterlassen werden können.

Von entscheidender Bedeutung im Zuge der Basisjahroptimierung mit Hilfe der Investitionsverlagerung ist die **Zusammenarbeit** der kaufmännischen und technischen Bereiche im Unternehmen. Inwieweit diese optimiert werden kann, wird ebenfalls im folgenden Abschnitt im Rahmen der Hinweise für die praktische Umsetzung aufgezeigt.

Erfahrungen zeigen, dass häufig ein **Sockelbetrag** in Höhe von ca. 65 % der durchschnittlichen Investitionen der kommenden 5 Jahre aus technischen Gründen notwendig ist und somit ein disponibler Bereich von ca. 35 % besteht. Diese können dann in Form einer Wellenbewegung in die renditeträchtigen Jahre verlagert werden. Es ist jedoch darauf hinzuweisen, dass hier keinesfalls mit pauschalen Annahmen gearbeitet werden darf, sondern dies individuell für jeden Netzbetreiber zu prüfen ist.

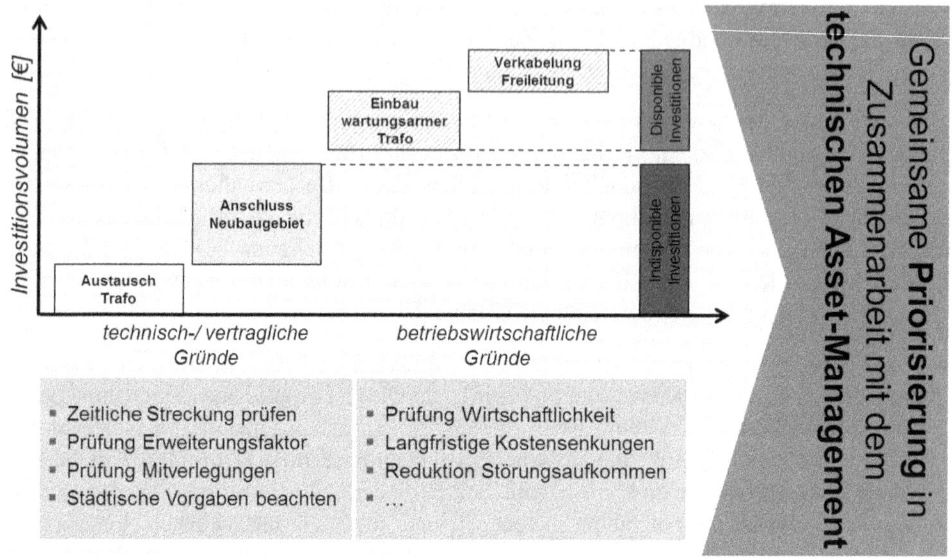

Abbildung 24: Priorisierung des Investitionsvolumens nach Maßnahmen

Mit Hilfe der **Verlagerung von Investitionen** in Jahre mit höherer Renditeerwartung kann grundsätzlich die Gesamtrendite des Netzbetreibers erheblich gesteigert werden. Zudem wird dabei der bereits aufgezeigte notwendige interne Abstimmungsprozess gefördert. Dabei ist jedoch zu beachten, dass seitens des Regulierers sowohl die Betriebsaufwendungen als auch die Investitionshöhe im zeitlichen Verlauf geprüft werden und so bei einer starken Wellenbewegung ggf. regulatorische Kürzungsrisiken drohen.

4.2.3.3 Aktivierungs- und Abschreibungspolitik

Aufgrund der Basisjahrsystematik der Anreizregulierung ist sowohl die Höhe der Investitionen (Kapitalkosten, CAPEX) als auch die der Betriebsaufwendungen (OPEX) im und um die Basisjahre relevant. Da es diverse Maßnahmen gibt, bei denen die Abgrenzung zwischen Instandhaltungsmaßnahme und (Erweiterungs-)Investition nicht klar zu ziehen ist, sollen die unterschiedlichen Auswirkungen nachfolgend dargestellt werden.

Vereinfacht gesagt werden im Basisjahr sowohl die Kapitalkosten (der Investitionen) als auch die Betriebsaufwendungen (der Instandhaltungsmaßnahmen) erhoben und fließen abzüglich der Kürzungen in die Erlösobergrenze der nächsten Periode ein. Somit führt ebenfalls vereinfacht eine Instandhaltungsmaßnahme im Basisjahr in Höhe von 100 T€ zu jährlichen Erlösen in der Folgeperiode in gleicher Höhe. Eine Investition im Basisjahr in Höhe von 100 T€ führt jedoch nicht zu äquivalenten Erlösen, da die Investition über die Erhöhung der Eigenkapitalverzinsungsbasis über ihre kalkulatorische Nutzungsdauer zeitlich gestreckt in mehreren Folgeperioden erlöswirksam wird. Aufgrund dieser Langfristigkeit wirkt eine Investition jedoch bis zum Ende ihrer kalkulatorischen Nutzungsdauer über einen sehr langen Zeitraum, während eine Instandhaltungsmaßnahme im Basisjahr ausschließlich für die Folgeperiode erlöswirksam ist. Anhand dieses stark vereinfachten Beispiels wird deutlich, dass insbesondere Maßnahmen, die sowohl als Instandhaltung als auch als Investition ausgewiesen werden könnten, detailliert untersucht werden müssen. Zur langfristigen Sicherstellung der kalkulatorischen Eigenkapitalverzinsung ist somit eine Umstellung der Aktivierungspraxis im Sinne einer verstärkten Aktivierung zu Lasten der Betriebsaufwendungen zu prüfen.

Die **gegenseitige Abhängigkeit** der Kostenhöhe der OPEX und CAPEX wird in der nachfolgenden Abbildung 25 beispielhaft an einer Aktivierungsgrenze von 100 Metern dargestellt. Würde diese Aktivierungsgrenze auf 200 Meter erhöht, würden sich entsprechend die OPEX erhöhen, da weniger Maßnahmen bilanziell aktiviert werden können und die CAPEX sinken entsprechend. Während OPEX nur für die jeweilige Kostenprüfung wirken und in die kommende Erlösobergrenzenberechnung eingehen, haben CAPEX über die kalk. Verzinsung, AfA und Gewerbesteuer einen langfristigen Effekt.

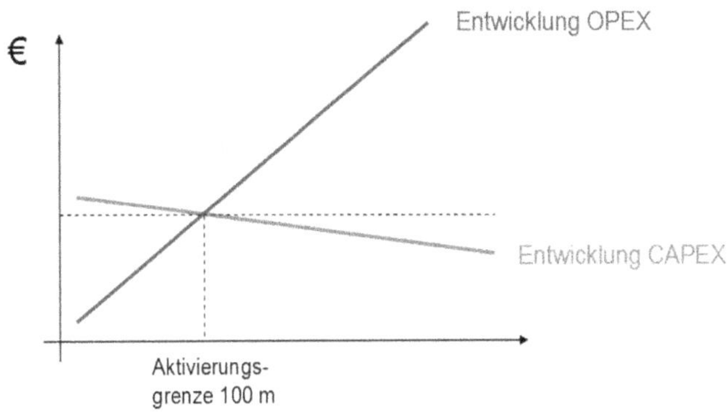

Abbildung 25: Zusammenhang von OPEX und CAPEX in Abhängigkeit der Aktivierungspraxis

Die Veränderung der Aktivierungsgrenze ist damit eine verhältnismäßig einfache Maßnahme, um die Aktivierungspraxis (dauerhaft) zu verändern. Dazu muss zunächst die bestehende Richtlinie geprüft und in Rücksprache mit dem Wirtschaftsprüfer angepasst werden. Es ist zu beachten, dass aus Gründen der Bilanzkontinuität die Aktivierungsgrenze nicht jährlich angepasst werden kann. Etwaige Veränderungen haben damit einen zum Teil erheblichen Einfluss auf spätere Maßnahmen, was die Notwendigkeit einer integrierten und langfristigen Planung erneut verdeutlicht.

Um die Auswirkungen zu quantifizieren, sollte anhand eines mehrstufigen Verfahrens vorgegangen werden. Zunächst sollte anhand einer einfachen Potenzialanalyse festgestellt werden, in welchem Maße die Aktivierungsrichtlinien modifiziert werden können und sollten. Dazu bietet sich in der Regel eine Analyse der GIS-Daten an. In Zusammenarbeit mit dem technischen Asset Management können so Maßnahmen identifiziert werden, die im Rahmen einer Ausweisung als wirtschaftliche Gesamtheit über der Aktivierungsschwelle liegen und somit aktivierungsfähig sind.

Aus kaufmännischer Perspektive müssen anschließend die Investitionsplanung angepasst und die Auswirkungen auf den Finanzbedarf, die Jahresergebnisse und die kalkulatorischen Netzkosten analysiert werden. Wie in der folgenden Abbildung 26 dargestellt, üben Investitionsmaßnahmen unterschiedliche Einflüsse aus, so dass hier keinesfalls anhand einer einfachen Überschlagsrechnung vorgegangen werden kann. Im Gegenteil, zur korrekten Berechnung der

Auswirkungen ist eine integrierte Betrachtung der kalkulatorischen, regulatorischen und handelsrechtlichen Auswirkungen vorzunehmen.

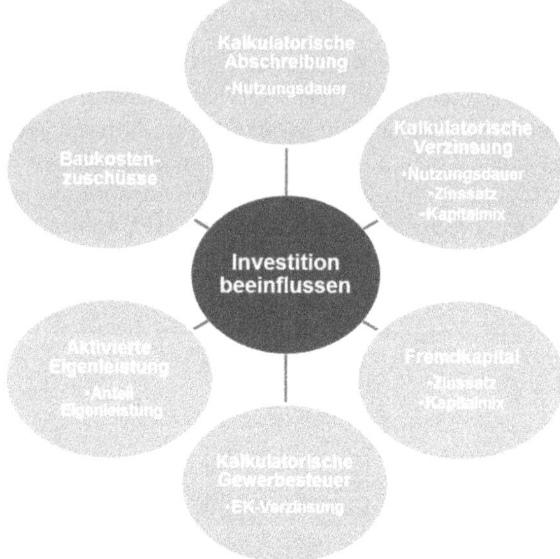

Abbildung 26: Auswirkungen der Investitionspolitik

Analysen auf Basis der BET-Datenbank zeigen, dass mit Hilfe einer Anpassung der Aktivierung eine nachhaltige Steigerung der Jahresüberschüsse möglich ist. Diese Effekte sind jedoch zeitlich differenziert zu betrachten.

Während der **laufenden Periode** steigt aufgrund der Reduzierung der OPEX bei gleichbleibender Erlösobergrenze das Jahresergebnis zunächst stark an. Dieser Effekt ist trotz höherer handelsrechtlicher Abschreibungen relativ stark ausgeprägt, wobei auch die Steuerlast ansteigt. Dabei ist auch zu beachten, dass je nach unterstellter Ausschüttung durch den gestiegenen Jahresüberschuss dem Unternehmen Finanzmittel entzogen werden können und damit für spätere Investitionen nicht mehr zur Verfügung stehen. Insofern ist eine ausreichende Eigenkapitalquote über den regulatorisch optimalen 40 % empfehlenswert. Wie im vorherigen Kapitel dargestellt, müssen dabei auch Cash-Effekte beachtet werden, da ein zu hohes Umlaufvermögen regulatorisch nicht anerkannt und damit nicht verzinst wird – dies spricht wiederum für eine höhere Ausschüttung.

In der **Folgeperiode** sind gegenläufige Effekte zu beachten. Der langfristig positive Effekt der Aktivierung zeigt sich in der Erlöswirksamkeit der Investitionen, die vor dem für die Folgeperiode relevantem Basisjahr getätigt wurden, durch eine Steigerung des EBITDA. Jede Investition, die nach dem Basisjahr getätigt wurde, wird kalkulatorisch erst ab der Folgeperiode, d. h. mit einem Zeitversatz von bis zu 7 Jahren wirksam. Die handelsrechtlichen Abschreibungen belasten jedoch das Jahresergebnis des laufenden Jahres. Zudem sind in der Regel die handelsrechtlichen Abschreibungen an den steuerlichen Nutzungsdauern orientiert, so dass die handelsrechtlichen Nutzungsdauern kürzer sind als die kalkulatorischen. Erst ab der Folgeperiode fließen die Investitionen in die kalkulatorischen Erlöse mit ein und erhöhen so nachhaltig das

Jahresergebnis. Handelsrechtlich wird dieser jedoch durch die höheren Abschreibungen und den Zeitverzug aufgezehrt, so dass der Jahresüberschuss sinkt.

Durch die **langfristige Bindung** des Kapitals in der Bilanz und die unterstellte Ausschüttung ist ggf. die Aufnahme von zusätzlichem Fremdkapital notwendig, was die Zinslast des Unternehmens erhöhen kann und ebenfalls durch den Zeitversatz erst mittelfristig erlöswirksam wird. Allerdings verringert sich aufgrund des gesunkenen EBT die Steuerlast, wobei dennoch in Summe eine Verringerung des Jahresüberschuss nicht auszuschließen ist.

Insbesondere durch die abweichenden Nutzungsdauern zwischen der steuerlich/handelsrechtlichen und kalkulatorischen Behandlung von Investitionen ist in diesem Zuge auch eine Anpassung der **handelsrechtlichen Nutzungsdauern** der Neuanlagen zu prüfen. Während alle Bestandsanlagen weiterhin mit ihren bestehenden Nutzungsdauern abgeschrieben müssen, kann aus technischer Begründbarkeit für alle Neuinvestitionen die Nutzungsdauer an die untere Nutzungsdauer nach NEV angelehnt werden. Dies entspricht einer durchschnittlichen Verlängerung von 5 Jahren je Anlagenklasse.

Aufgrund der geringeren Abschreibungen führt die **Angleichung der Abschreibungsdauer** zu einer Erhöhung der Jahresergebnisse. Die Höhe des Effekts ist von der jeweiligen Investitionshöhe abhängig. In jedem Fall ist jedoch mit einer steigenden Steuerlast zu rechnen und auch an dieser Stelle muss je nach Ausschüttungsrichtlinien die verringerte Innenfinanzierungskraft des Unternehmens berücksichtigt werden.

Dabei sollte neben wirtschaftlichen Erwägungen auch in Betracht gezogen werden, ob das bestehende **Buchhaltungssystem** zu einer differenzierten Abbildung unterschiedlicher Nutzungsdauern in der Lage ist. Analog zur jedweder Anpassung in der Aktivierungspraxis muss auch die Anpassung im handelsrechtlichen Bereich eng mit dem Wirtschaftsprüfer abgestimmt werden.

Aufgrund der unterschiedlichen Effekte, die im Zeitverlauf differenziert betrachtet werden müssen, ist eine integrierte Planung zwingend erforderlich. Dabei sollte die (grafische) Veranschaulichung der Ergebnisauswirkungen im Vordergrund stehen. Diese bietet gerade auch für Netzbetreiber, die bspw. aufgrund von Konzernrichtlinien oder Vorschriften der Gesellschafter bislang ihre Aktivierungspolitik nicht verändern konnten, die Chance, Ergebniswirkungen aufzuzeigen und so eine entsprechende Argumentationskette zu entwickeln.

Die Umstellung der Aktivierungspolitik ist vermutlich auch in Zukunft von erhöhter Bedeutung. Bezüglich des Regulierungsrahmens wird derzeit überlegt, den Zeitverzug zu beseitigen. Hierzu werden Vorschläge wie beispielsweise die **Investitionskostendifferenz** („IKD") diskutiert. Während tendenziell eine verstärke Aktivierung sinnvoll ist, gilt es auch hier, eine individuelle Betrachtung vorzunehmen, um negative Effekte, die das handelsrechtliche Ergebnis belasten, zu vermeiden. Zur Beurteilung möglicher Ergebniswirkungen sind Simulationsrechnungen erforderlich, bei denen eine integrierte Betrachtung der kalkulatorischen und handelsrechtlichen Welt erfolgt.

4.2.4 Leitfaden für die praktische Umsetzung

Nachdem sowohl die Grundzüge einer wertorientierten Steuerung als auch die Kernelemente des Netzcontrollings vorgestellt wurden, geht es in den folgenden Ausführungen um die praktische Umsetzung. Wie mehrfach erwähnt, ist an dieser Stelle die **Zusammenarbeit** in Form eines **ganzheitlichen Asset Managementansatzes** von höchster Bedeutung, um kaufmännische und technische Aspekte zu verzahnen. Hier hat sich die Einführung eines Steuerkreises bewährt, im dem alle handelnden Abteilungen "an einem Tisch" sitzen. Dabei ist oft der unterschiedliche Kenntnisstand über die Auswirkungen der Regulierung hinderlich. Zur Förderung des gegenseitigen Verständnisses bietet sich daher bspw. ein "Einseiter" an, in dem die wesentlichen Wirkungszusammenhänge der Anreizregulierung verdeutlicht werden. Ergänzt durch Informationsveranstaltungen kann so allen Beteiligten die Notwendigkeit der Abstimmung aller Maßnahmen auf die Regulierung hingewiesen werden (vgl. *Schuchardt*, 2012, S. 218). Zur Unterstützung können dabei Ansprechpartner ("Change Agent") aus allen Abteilungen benannt werden (vgl. *Scholz* et al., 2013, S. 70). Dies erleichtert die praktische Umsetzung oft erheblich und hilft Widerstände abzubauen bzw. gar nicht erst entstehen zu lassen.

Bereits unter dem Stichwort der Bilanzoptimierung, aber auch bei der Investitionspolitik zeigt sich, dass die skizzierten strategischen Maßnahmen im Netzgeschäft in ihrer Wirkung auf das Gesamtunternehmen ausgerichtet und beurteilt werden sollten. Dies gilt nicht nur für ein integriertes Energieversorgungsunternehmen, sondern auch für eine Netzgesellschaft und deren Muttergesellschaft. Die sich aus der Energiewende ergebenden Marktveränderungen machen eine wertschöpfungsgetriebene Steuerung für Energieversorgungsunternehmen notwendig (vgl. *Rahmel* et al., 2012, S. 1 ff.). Investitionen in der Energiewirtschaft sind nicht nur im Erzeugungs- sondern auch im Netzgeschäft gekennzeichnet von einer hohen Kapitalbindung und langen technisch-wirtschaftlichen Nutzungsdauern. Aus diesem Grund ist es umso wichtiger, dass ein Investitionsprojekt seine Kapitalkosten erwirtschaftet und damit die Projektfinanzierung über die technisch-wirtschaftliche Nutzungsdauer sichergestellt wird. Eine Wertorientierung bedeutet somit nicht nur einen gesteigerten Unternehmenswert, sondern, dass die strategisch motivierte Maßnahme bzw. Investitionsentscheidung an einen erwarteten wirtschaftlichen Erfolg geknüpft ist.

Der wirtschaftliche Erfolg der Unternehmensentscheidung kann mit Hilfe geeigneter Steuerungsgrößen, d. h. in der Regel von betriebswirtschaftlichen Kennzahlen oder Key Performance Indicators, messbar gemacht werden. Bevor abschließend ein Vorgehen empfohlen wird, sollen zunächst gängige Steuerungsgrößen kurz vorgestellt werden.

Wertorientierte Steuerungsansätze basieren bei börsennotierten Unternehmen auf einem kapitalmarktorientieren Ansatz, der die operative Leistungsfähigkeit des Unternehmens bzw. auch der einzelnen Geschäftsbereiche in Form des Return on Capital Employed (ROCE) den gewichteten Kapitalkosten (WACC) gegenüberstellt (vgl. *Stewart*, 1991). Liegt der ROCE oberhalb der spezifischen Kapitalkosten, wird innerhalb einer Periode zusätzlicher Unternehmenswert generiert. Dieser Ansatz einer Mindestrenditevorgabe (Top-down Steuerungsansatz) setzt jedoch die Kenntnis der spezifischen Kapitalkosten und damit der Risikoprämien je Geschäftsfeld oder für ein Investitionsprojekt voraus. Da in Deutschland keine börsennotierten Netzgesellschaften existieren, kann eine auf Kapitalmarktdaten basierende Risikoprämie nur über eine internationale Vergleichsgruppe approximiert werden. Dabei sollte eine internationale

Vergleichsgruppe lediglich europäische Netzgesellschaften umfassen, um eine adäquate Risikoprämie und damit Steuerungsgröße für eine Netzgesellschaft ableiten zu können. Alternativ ist eine Approximation der Risikoprämie mit Hilfe von Rechnungslegungsdaten aus den Jahresabschlüssen vergleichbarer Unternehmen denkbar. Dieser sog. Accounting-Beta Ansatz (vgl. *Jähnchen*, 2009, S. 88 f.) kann somit insbesondere für nicht börsennotierte Unternehmen zur Ableitung objektivierter Risikoprämien verwendet werden. Kritisch ist dabei anzumerken, dass Jahresabschlüsse oftmals nicht die reale Situation eines Unternehmens darstellen. Schließlich ist auch ein Managementansatz denkbar, der eine Mindestrendite losgelöst von einem Kapitalmarktmodell auf Basis einer subjektiven Einschätzung bzw. Expertenmeinung vorgibt. Die Möglichkeiten zur Kapitalkostenbestimmung werden in Abbildung 27 dargestellt.

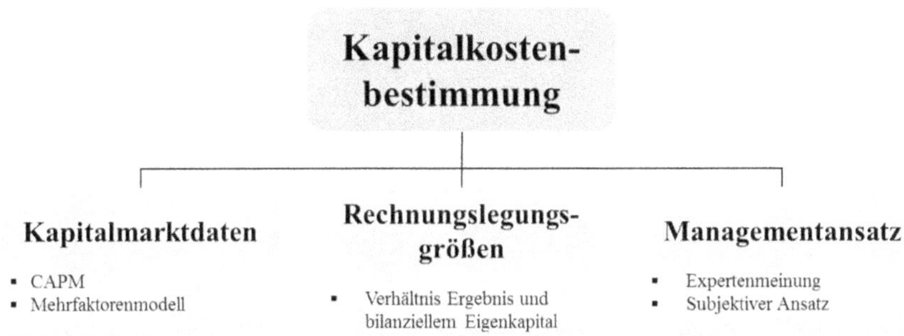

Abbildung 27: Ansätze zur Bestimmung von Kapitalkosten[84]

Neben dem Problem einer eingeschränkten Vergleichbarkeit der Risiken, treten typischerweise Akzeptanz-Probleme bei den Verantwortlichen auf, sofern sie nicht den Erfolg dieser Kennzahl beeinflussen können. So treten in der Praxis bspw. häufig Verrechnungsproblematiken aus den Leistungen des allgemeinen Bereichs („Shared Services") auf. Zudem wird diese Finanz-Steuerungsgröße oft als zu einseitig empfunden (vgl. *Vielhaber*, 2005, S. 272 f.). Häufig ist der Netzbetrieb noch innerhalb des Konzerns integriert. Hier gilt es jedoch, das Problem der Kapitalallokation zu lösen.

Zusammenfassend ist festzustellen, dass ein alleiniger Top-down Ansatz für ein wertorientiertes Netzcontrolling zur Steuerung eines aus regulatorisch-strategischer Hinsicht optimalen Investitionsprogramms nicht zielführend sein. Stattdessen verspricht ein kombinierter Top-down- und Bottom-up-Steuerungsansatz auch für eine regulierte Netzgesellschaft den größten Erfolg. Bottom-up-Ansätze zur Steuerung sind in der Regel losgelöst von Kapitalmarktdaten, wie Kapitalkosten, und stehen durch ihre Steuerungsgrößen in Verbindung zwischen Geschäftsführung und den nachgelagerten Ebenen. In der Regel können diese Steuerungsgrößen durch die jeweiligen Verantwortlichen direkt beeinflusst werden.

Solche Steuerungsgrößen lassen sich in Ergebnis- und Cashflow-orientierte Kennzahlen differenzieren. Während Cashflow-orientierte Ansätze sich bisher im Umfeld von Stadtwerken noch nicht etabliert haben, liegt der Schwerpunkt eher auf ergebnisorientierten Steuerungsgrößen (EBIT, EBITDA, NOPAT etc.). Jedoch sollte der Finanzbedarf aus Investitionsprojekten

84 Abbildung entnommen aus: Kremp/Rothe/Schuchardt (2012), S. 551.

zusätzlich dem aus einem Projekt erzielbaren, operativen Cash-Rückfluss gegenüberstellt werden. Aus diesem Grund ist eine stärkere Verankerung des Cashflow-orientierten Denkens für integrierte Energieversorgungsunternehmen als auch eigenständige Netzgesellschaften zu empfehlen.

Unabhängig von der konkreten Wahl der Steuerungsgröße basieren beide Gruppen auf einer Werttreiberanalyse. Dies setzt für eine Netzgesellschaft voraus, die Bestandteile einer Erfolgsrechnung zu analysieren und insbesondere die Wirkungszusammenhänge zu berücksichtigen. Die Idee eines kombinierten Top-down und Bottom-up Ansatzes verdeutlicht Abbildung 28.

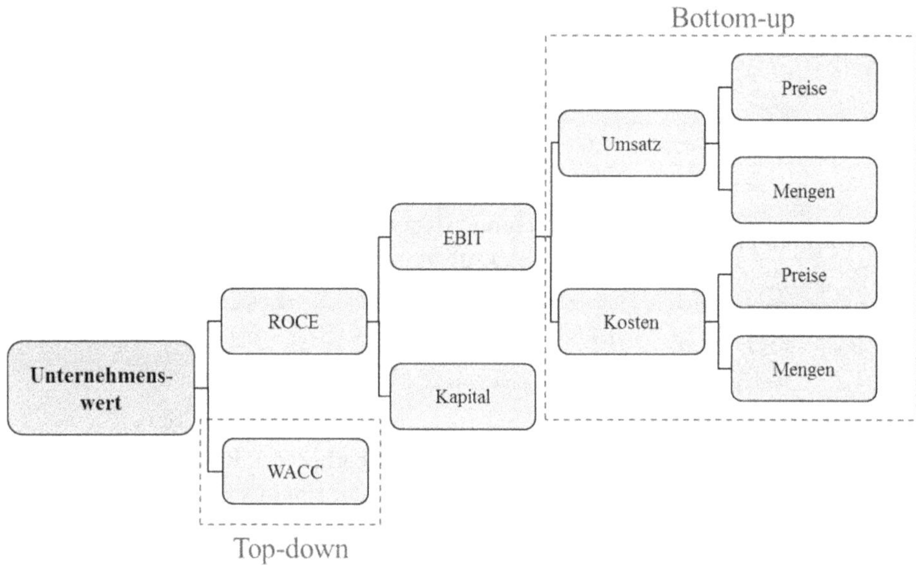

Abbildung 28: Exemplarischer, vereinfachter Werttreiberbaum[85]

Neben einer Mindestrenditevorgabe über den gewichteten Kapitalkostensatz (WACC), können über eine Werttreiberanalyse die jeweiligen Verantwortlichen direkt auf das operative Ergebnis einwirken und somit zu einer übergeordneten Zielvorgabe aktiv beitragen. Daher muss die im regulierten Netzgeschäft nur eingeschränkt mögliche unternehmerische Einflussnahme bei der Zielformulierung ebenfalls berücksichtigt werden.

Um die gewünschten Effekte auf Gesamtunternehmensebene zu erreichen, reicht es oftmals nicht aus, einzelne Maßnahmen im Netzbereich isoliert zu betrachten. Neben den oben beschriebenen Interdependenzen sollte zudem austariert werden, welche Bereiche in welchem Umfang zur Zielerreichung überhaupt beitragen können. So machen nach Erfahrungen der *BET* bspw. Overhead- bzw. Serviceprozesse oftmals 40 % des gesamten Kostenblocks aus. In Abbildung 29 werden dabei grundsätzlich für die Steuerung in Frage kommende Ansatzpunkte, die gemeinsam innerhalb eines Netzbetreibers von den jeweiligen Verantwortlichen direkt beeinflusst werden können, aufgezeigt.

85 Abbildung entnommen aus: Kremp/Rothe/Schuchardt (2012), S. 552.

Abbildung 29: Interdependente Ansatzpunkte zur Steuerung[86]

Um in einer traditionellen Branche wie der Energiewirtschaft die oben skizzierten Steuerungssysteme einzuführen, ist somit ein durchdachtes Vorgehen notwendig. Aus kommunikativer Sicht ist es wichtig, alle Abteilungen "mitzunehmen", und den Kommunikationsprozess soweit wie möglich zu unterstützen. Bei der Zielformulierung sollte darauf geachtet werden, dass die Ziele auch durch die handelnden Personen erreicht werden können, um Frustration zu vermeiden.

4.2.5 Fazit

Aufgrund der skizzierten Entwicklungen stehen viele Netzbetreiber in Deutschland unter einem erheblichen Ergebnisdruck. Zur Sicherung oder sogar nachhaltigen Steigerung des Unternehmenswerts sind daher seitens der Netzbetreiber umfangreiche Maßnahmen zu ergreifen, die nicht nur von den kaufmännischen Abteilungen umgesetzt werden können. Es ist daher notwendig, alle Beteiligten zu einem gemeinsamen Handeln zu bewegen und diesen Prozess kommunikativ zu begleiten. Das Ziel sollte die Implementierung eines ganzheitlichen Asset Managementansatzes sein.

Neben den unmittelbar betroffenen kaufmännischen und technischen Abteilungen umfasst dies insbesondere auch die Gesellschafter, die ggf. ihre Verzinsungsanforderungen anpassen müssen. Sollte aus Sicht der Gesellschafter die risikoadäquate Rentabilität der erforderlichen Investitionen und des Netzbetriebs als Ganzes nicht in hinreichendem Maße gegeben, ist theoretisch auch der Rückzug aus dem Netzbetrieb möglich. Als prominente Beispiele lassen sich die Verkäufe der *Open Grid Europe* GmbH (durch die *E.ON* AG) sowie der *Amprion* GmbH (*RWE* AG) anführen. Diese strategische Entscheidung löst jedoch nicht die grundsätzlichen Probleme, sondern verlagert sie nur auf andere Kapitalgeber. Unabhängig von den Ansprüchen der Gesellschafter ist ein strategisch-wertorientiertes Netzcontrolling notwendig, das die regulatorischen Rahmenbedingungen berücksichtigt. Technische Restriktionen stellen unter anreizbasierten Regulierungssystemen nach wie vor einen wichtigen Aspekt dar; die Auswirkungen des Regulierungssystems auf das mögliche Unternehmensergebnis führen jedoch zu einer spürbar gestiegenen Bedeutung der betriebswirtschaftlichen Steuerungsprozesse und Entscheidungskriterien.

86 Abbildung entnommen aus: Kremp/Rothe/Schuchardt (2012), S. 552.

4.3 Risiko- und Versicherungsmanagement für Stromleitungsnetze

DR. MICHAEL HÄRIG

Dr. Michael Härig studierte Physik an der Universität in Karlsruhe und promovierte 1994 am Max-Planck-Institut in Stuttgart. Bis 2001 war er bei Dynamit Nobel in den Bereichen Zuverlässigkeits- und Sicherheitsanalysen tätig. Seit 2001 ist er bei der Marsh GmbH, dem führenden Unternehmen für Risiko- und Versicherungsmanagement, beschäftigt. Er leitet das deutsche Branchenteam Power, das sich auf die Energie- sowie Ver- und Entsorgungsbranche spezialisiert hat. Schwerpunkte der Arbeit sind Risiko- und Versicherungsmanagement (Vertrag und Schaden) auf nationaler und internationaler Ebene für konventionelle und erneuerbare Energien und die Durchführung von Projekten zur Risk & Insurance Due Diligence.

4.3.1 Einleitung

Dieses Kapitel beschäftigt sich mit dem Transfer von Risiken auf Versicherungen, was neben anderen Möglichkeiten einen Weg der Risikoabsicherung darstellt.

Vor Abschluss einer Versicherung sollte jedoch grundsätzlich eine Risikoanalyse durchgeführt werden, die folgende Fragen klärt:

- Was kann geschädigt werden?
- Wie haftet der Netzbetreiber?
- Gilt die gesetzliche Haftung oder wurde die Haftung über vertragliche Regelungen erweitert oder reduziert?

Bis zur Trennung der Netze von der Erzeugung waren die Transportnetze in Deutschland in vier große Gebiete aufgeteilt, die den großen Stromerzeugern zugeordnet werden konnten. Aufgrund der Größe konnten sie es sich leisten, auf Versicherungen zu verzichten, auch wenn großflächige Naturkatastrophen wie Stürme oder Hochwasser Schäden im Millionenbereich hervorrufen können. Mit der Trennung der Netze und der Neugründung regionaler Netzgesellschaften kommt Versicherungen nun jedoch eine neue Bedeutung zu.

Grundsätzlich entschädigen Versicherer nur bei unvorhergesehenen Schäden. Damit sind Schäden, die der Versicherungsnehmer vorsätzlich hervorruft, nicht versichert sowie sehr wahrscheinlich und häufig eintretende Schäden kaum versicherbar.

Neben den Sachversicherungen, die Sachschäden an eigenen Anlagen (Leitungen, Transformatoren, Schaltanlagen) entschädigen, wird in diesem Kapitel auch auf Haftpflichtversicherungen eingegangen. Bei Ausfall der Netze beispielsweise können bei Kunden große Vermögensschäden auftreten. Die Haftpflichtversicherer tun sich jedoch mit reinen Vermögensschäden (das heißt, bei Dritten ist kein Sachschaden eingetreten) schwer und sie haben Ausschlüsse oder Einschränkungen in ihren Bedingungen. Eine wichtige Aufgabe der Haftpflichtversicherung ist auch die passive Rechtsschutzfunktion, weil geprüft wird, ob der Anspruch einer dritten Partei gerechtfertigt ist.

Am 25. Februar 2014 entschied der Bundesgerichtshof (BGH), dass bei Schäden durch Überspannung das Produkthaftungsgesetz anzuwenden ist und hat damit die Haftung der Netzbetreiber erheblich ausgeweitet.

4.3.2 Risiko- und Versicherungsmanagement

Beim ganzheitlichen Risiko- und Versicherungsmanagement sind die folgenden sieben Fragen zu bearbeiten. Technische Versicherungsmakler mit Branchenerfahrung können dabei helfen, die richtigen – und vor allem vollständigen – Antworten zu finden.

4.3.2.1 Was kann geschädigt werden?

Es ist hilfreich, die Schäden nach den Parteien, bei denen sie auftreten können, zu unterteilen.

Beim Versorger bzw. Netzbetreiber denkt man zunächst an Sachschäden an der Infrastruktur des Netzes. Sturm und Hochwasser sowie Kabelschäden oder Feuer in Umspannstationen ziehen aufwendige Reparaturen nach sich. Neben den damit verbundenen Kosten können auch reine Vermögensschäden wegen des Wegfalls von Erlösen oder Mehrkosten für provisorische Maßnahmen zur Aufrechterhaltung des Betriebes auftreten.

Der Netzbetreiber hat daneben das Risiko, für Personen-, Sach- und Vermögensschäden bei Dritten zu haften. Der Umfang der Haftung wird zum Beispiel durch die Netzanschluss- und Netznutzungsverordnung geregelt. Die Umkehr der Beweislast zugunsten der Kunden ist ein Punkt, in dem die Verordnung im Vergleich zu den bis 2006 gültigen AVBEltV kundenfreundlicher wurde.

Insbesondere an Orten mit vielen größeren Wind- und Photovoltaikparks gibt es kleinere, den Transportnetzen vorgelagerte Netze, die über Projektfinanzierungen realisiert wurden. Wenn wegen Sachschäden an den Netzen oder Umspannstationen die Anschlussnehmer ihre Zahlung einstellen, laufen dennoch die Kosten der Kreditfinanzierung weiter. Zusätzlich besteht das Risiko, dass die Anlagenbesitzer entgangene Einspeisevergütungen einfordern. Es empfiehlt sich, bereits im Vorfeld zu analysieren, wie lange eine Reparatur oder ein Austausch von beschädigten Komponenten dauert. Da unvorhergesehene Sachschäden nicht so schnell repariert werden können wie bei geplanten Maßnahmen, ist ein ausreichender Zeitpuffer einzuplanen.

Stromschwankungen und Ausfälle können erhebliche Schäden bei den Anschlussnehmern/Kunden nach sich ziehen, u. a.:

- Sachschaden an Maschinen und maschinellen Einrichtungen, die wiederum oft mit einem Vermögensschaden wegen des Produktionsausfalls verbunden sind,
- reiner Vermögensschaden, weil Anlagen nicht betrieben werden können,
- Mehrkosten, weil eine anderweitige Versorgung zum Einsatz kommt,
- Vermögensschäden, weil eigenerzeugte elektrische Energie nicht eingespeist werden kann (zum Beispiel aus dem Bereich erneuerbare Energien).

Im Energiesektor sind außerdem Umgebung und Umwelt zu berücksichtigen, nachdem durch das 2007 in Kraft getretene Umweltschadensgesetz auch für Ansprüche öffentlich-rechtlichen Inhalts gehaftet werden muss.

4.3.2.2 Wann entstehen Risiken?

Besonders hohe Risiken gibt es während Errichtung und Betrieb der Netzinfrastruktur. Doch auch im Vorfeld entstehen Risiken: Fehlplanungen können zu erheblichen Mehrkosten während der Errichtung führen, beispielsweise für bauliche Maßnahmen, die notwendig sind, damit Komponenten die erwarteten Leistungsparameter erfüllen.

4.3.2.3 Welche Maßnahmen sind zur Schadenabwehr zu treffen?

Die Wahrscheinlichkeit für das Auftreten von Sachschäden lässt sich durch regelmäßige Revisionen und Inspektionen reduzieren.

Dennoch können Schäden auftreten. Bereits im Vorfeld durchgeführte Untersuchungen, wie kurzfristig der Netzbetrieb wieder aufgenommen werden kann, oder wo strategische Komponenten (wie besondere Transformatoren) kurzfristig beschafft werden können, helfen, den Netzausfall und damit verbundene Vermögensschäden zu minimieren.

Durch Netzaufbau ist in sich schon eine gewisse Redundanz gegeben. Dennoch gibt es z. B. Stichleitungen ohne redundante Auslegung. Diese müssen im Rahmen einer Risikoanalyse besonders beachtet werden.

4.3.2.4 Wer trägt die Risiken?

Wer die Risiken trägt, hängt vom Zeitpunkt des Schadeneintritts und der jeweiligen Gefahr ab. Bei Schäden an der eigenen Netzinfrastruktur liegen viele Risiken während der Errichtung bis zur endgültigen Abnahme (also auch noch im Gewährleistungszeitraum) bei den jeweiligen Auftragnehmern, bevor sie dann auf den Anlageneigentümer übergehen.

Die Haftung für Schäden bei Dritten ist gesetzlich geregelt und wird in vielen Fällen zusätzlich durch Verträge zwischen den Parteien geregelt.

4.3.2.5 Welche Versicherungen sind zu berücksichtigen?

In diesem Kapitel wird insbesondere auf die Sachversicherungen eingegangen, die Schäden an den eigenen Sachen versichern. Dazu gehören:

- Die **Montageversicherung**, die während der Errichtung vor unvorhergesehen eingetretenen Sachschäden am Montageobjekt, also der Netzinfrastruktur schützt. Auch wenn wegen eines entsprechenden Liefer- und Leistungsvertrages viele Gefahren erst nach der Errichtung an den Auftraggeber übergehen, empfiehlt sich, dass der Auftraggeber die Montageversicherung abschließt und die Interessen des Auftragnehmers mitversichert (siehe auch Abschnitt 4.3.2.6: Wer sollte versichern?).
- Die **Montage-Betriebsunterbrechungsversicherung**, auch *Delay-in-Startup* und *Advanced Loss of Profit* genannt, deckt den Vermögensschaden, wenn sich die Errichtung durch einen Sachschaden, der in der o.a. Montageversicherung versichert ist, verspätet.
- Die Allgefahrenversicherung für die Betriebsphase, die die beiden klassischen Versicherungen für Feuer und Maschinenbruch vereint und damit Schnittstellen vermeidet.
- Die Betriebsunterbrechungsversicherung bietet Schutz vor Vermögensschäden nach einem Sachschaden, der in der o.a. Feuer-, Maschinen- oder Allgefahrenversicherung gedeckt ist.

Daneben sind auch die Haftpflichtversicherungen zu beachten wie:

- **Betriebs- und Umwelthaftpflicht** sowie die **Umweltschadenversicherung**, die für die finanziellen Folgen bei Verletzungen von Dritten, Beschädigungen von Sachen Dritter oder an der Umwelt aufkommen. Dabei übernimmt die Haftpflichtversicherung die wichtige passive Rechtsschutzfunktion, indem sie überprüft, ob die Ansprüche gegenüber den Versicherungsnehmern gerechtfertigt sind.

4.3.2.6 Wer sollte versichern?

Grundsätzlich sollte die Partei mit dem größten Interesse versichern.

Während der Betriebsphase ist diese Partei meistens der Eigentümer der zu versichernden Sache. Während der Errichtung haben auch die Auftragnehmer, z. B. Anlagenbauer, große Interessen. Da die Auftragnehmer jedoch in der Regel das Risiko für Schäden durch höhere Gewalt ausschließen, und um Schnittstellen zwischen einzelnen Versicherungen der Auftragnehmer zu vermeiden, empfiehlt sich, dass der Auftraggeber eine gemeinsame Montageversicherung für alle beteiligten Parteien abschließt. Dann sind besonders im Gewerke-übergreifenden Schadenfall nicht Verhandlungen mit mehreren Versicherern notwendig, die zunächst jeweils für sich die Verschuldens- und Haftungsfrage klären.

Daneben sprechen auch die folgenden Gründe für eine gemeinsame Montageversicherung:

- Vermeidung von gefährlichen Deckungslücken und teuren Doppelversicherungen.
- Mitversicherung von Schäden durch Höhere Gewalt, auch wenn der Auftragnehmer diese in seinen Liefer- und Leistungsverträgen ausgeschlossen hat.
- Die Police kontrollieren und steuern kann nur der Versicherungsnehmer, der immer die Kenntnis hat, ob die Police noch in Kraft ist.
- Entschädigungszahlungen des Versicherers fließen über den Versicherungsnehmer, der somit über die Reparaturen nach einem Schaden informiert ist.
- Der Vermögensschaden durch verspätete Inbetriebnahme kann mit einer Montage-Betriebsunterbrechungsversicherung nur zu guten Bedingungen versichert werden, wenn gleichzeitig der Sachschaden versichert ist. Wenn die Montageversicherung bei einem anderen Versicherer platziert ist, als die Montage-Betriebsunterbrechungsversicherung, haben die Versicherer unterschiedliche Auffassungen hinsichtlich Kosten und Dauer für die Reparatur.

4.3.2.7 Wie versichern?

In welchem Umfang versichert wird, hängt von der Risikophilosophie des Unternehmens ab: Sollen nur Großschäden, die die Existenz des Unternehmens gefährden, versichert sein oder benötigt man einen Bilanzschutz, d. h. eine Versicherung der Risiken, die einen wesentlichen Einfluss auf das Geschäftsergebnis und den Gewinn haben?

Der Versicherungsumfang wird auch in vielen Fällen von Dritten, z. B. Kreditgebern und Auftragnehmern, vorgegeben. Bei Projektfinanzierungen achten die Banken darauf, dass eine Betriebsunterbrechungsversicherung vorliegt, die nach einem Schaden den Kapitaldienst – wie Zins und Tilgung – sicherstellt.

Die Prämie in den Sachversicherungen wird wesentlich durch die versicherten Gefahren (Naturgefahren, innerer Betriebsschaden etc.) und den Selbstbehalt bestimmt. Die Schadenerfahrung der letzten Jahre zeigt, dass es für die Reduzierung der Prämie sinnvoller ist, den Selbstbehalt höher zu wählen als auf bestimmte Gefahrengruppen zu verzichten. Den höheren Selbstbehalt kann man von vorneherein einplanen und für den Fall der Fälle vorhalten. Wird auf die Versicherung einer bestimmten Gefahr verzichtet (z. B. Sturm), erstattet der Versicherer weder die Reparaturkosten noch den Vermögensschaden durch den Stillstand während der Reparatur.

Hochspannungsleitungen inklusive Peripherie sehen Versicherer als schwer kalkulierbares Risiko an. Es handelt sich um eine Vielzahl von Anlagen mit großer regionaler Streuung und starker Differenzierung in Versicherungswerten, Altersstruktur und Brandschutz. Hohe Selbstbehalte bei relativ geringen Höchstentschädigungen führten dazu, dass in der Vergangenheit viele Transportnetzbetreiber ihre Trassen nicht mehr versichert haben. Das war jedoch zu Zeiten vor der Trennung von Erzeugung und Netz, als die großen Bilanzen der Muttergesellschaften die Schäden aufgefangen haben. Heute kann eine Betriebsunterbrechungsversicherung durchaus sinnvoll sein, weil die Vermögensschäden wegen Betriebsausfall oft höher sind als die eigentlichen Sachschäden. Bei den heutigen Versicherungen kommen oft spezielle Modellierungsmechanismen zum Einsatz, wie Abhängigkeit der Entschädigung von Windgeschwindigkeiten.

4.3.3 Risiken des Versorgers

4.3.3.1 Sachschäden an eigenen Anlagenteilen – Sachversicherungen

Gegen Schäden an eigenen Anlagenteilen, Netzen, Transformatoren etc., kann man sich mit einer Feuer- und Maschinen- oder besser einer Allgefahrenversicherung schützen. Wesentliche Merkmale der Sachversicherung sowie Voraussetzungen für den Versicherungsschutz sind in Abschnitt 4.3.5 beschrieben.

Der Vermögensschaden infolge des Sachschadens kann über die entsprechende Betriebsunterbrechungsversicherung gedeckt werden. Es ist zu beachten, dass die Betriebsunterbrechungsversicherung nur dann eine Entschädigung leistet, wenn ein dem Grunde nach versicherter Sachschaden vorliegt. Schäden durch Verschleiß sind in den meisten Policen ausgeschlossen – Ausnahmen gibt es bei Schäden an Wicklungen und Blechpaketen.

Bei großen, überregionalen Netzbetreibern ist in der Regel keine Betriebsunterbrechungsversicherung notwendig, da aufgrund der Größe der Unternehmen und durch den Versorgungsauftrag die schnelle Wiederherstellung der Netzinfrastruktur sichergestellt sein sollte. Es gibt aber auch den Fall kleinerer Netzbetreiber, die mehrere Parks der erneuerbaren Energien zusammenfassen. Ein Ausfall des einzigen Transformators stellt hier eine große finanzielle Gefahr für alle Parteien dar. Sie kann über die Betriebsunterbrechungsversicherung gedeckt werden.

4.3.3.2 Haftung für Sach- und Vermögensschäden bei Dritten

Bei den geschädigten dritten Parteien handelt es sich in den meisten Fällen um Anschlussnehmer des Netzbetreibers.

Die Haftpflichtversicherung deckt Schäden bei Dritten, wobei die gesetzliche Haftung relevant ist. Eine lediglich vertraglich eingegangene Haftung ist über die gesetzliche Haftung hinaus nur eingeschränkt versicherbar.

Im oben genannten BGH-Urteil vom Februar 2014 wurde auch entschieden, dass bei Überspannungsschäden das Produkthaftungsgesetz anzuwenden ist. Damit wurde die Haftung des Herstellers der „fehlerhaften Elektrizität" erheblich ausgeweitet.

Schwierig wird es, wenn bei den Netzanschlussnehmern wegen eines Stromausfalls lediglich Vermögensschäden auftreten, weil z. B. Maschinen oder EDV-Anlagen außer Betrieb sind oder Strom aus erneuerbare Energien Anlagen nicht eingespeist werden kann. Haftpflichtversicherer tun sich grundsätzlich mit reinen Vermögensschäden schwer, wenn diese nicht die Folge eines Personen- oder Sachschadens sind.

Marsh hat hierzu 2014 eine Haftpflichtversicherungslösung entwickelt, mit der die Risiken der Dritten auch über sogenannte Stromausfallversicherungen gedeckt werden können.

4.3.4 Risiken der Anschlussnehmer/Kunden

4.3.4.1 Sachschäden und damit verbundene Vermögensschäden

Die wegen Störungen im Netzbetrieb bei den Kunden hervorgerufenen Sachschäden können über Feuer- und Maschinenversicherungen abgesichert werden. Darüber hinaus gibt es Speziallösungen im Bereich der Hausrat-, Elektronik-, aber auch der Kühlhausversicherungen.

Falls es aufgrund der Sachschäden an Produktionseinrichtungen zu Vermögensschäden kommt, sind diese über entsprechende Betriebsunterbrechungsversicherungen gedeckt. Auch hier gilt wieder, dass der Betriebsunterbrechungsschaden nur in Verbindung mit einem dem Grunde nach versicherten Sachschaden an der versicherten Sache gedeckt ist. Wenn Anlagen nur wegen des Stromausfalls still stehen, entschädigen normale Betriebsunterbrechungsversicherungen nicht.

4.3.4.2 Vermögensschäden ohne Sachschaden

Die im vorherigen Abschnitt angeführte fehlende Deckung der Kunden in der Betriebsunterbrechungsversicherung für reine Vermögensschäden (ohne Sachschaden beim Kunden selbst) lässt sich durch die zusätzliche Versicherung des Rückwirkungsschadens aufheben.

Der Zusatzbaustein Rückwirkungsschaden entschädigt Vermögensschäden beim Kunden, wenn Sachen Dritter einen Schaden haben, der dem Grunde nach in der eigenen Feuer- und Maschinenversicherung gedeckt wäre.

Beispiel: Wenn ein Produktionsunternehmen eine Feuer- und Betriebsunterbrechungsversicherung abgeschlossen hat, sind nach einem feuerbedingten Ausfall der Maschinen neben den Sachschäden auch die Vermögensschäden wegen des Stillstands versichert.

Bei Mitversicherung des Rückwirkungsschadens besteht auch eine Versicherung des Vermögensschadens, wenn das Feuer in der (eigentlich nicht versicherten) Umspannstation des Netzbetreibers auftritt.

Wie oben angeführt, muss der Sachschaden dem Grunde nach in eigenen Versicherungen abgedeckt sein. Der Versicherer leistet nicht bei Stillständen z. B. wegen behördlicher Auflagen.

Da der Versicherer bei den Rückwirkungsschäden keinen Einfluss auf die Reparatur und damit auf die Dauer des Vermögensschadens hat, wird dieser Versicherungsschutz nur begrenzt angeboten. In der Regel müssen die Netzabschnitte bzw. Abstände zu Netzknotenpunkten genau definiert werden.

Auch hier bietet die in Abschnitt 4.3.6 beschriebene Stromausfallversicherung Schutz.

4.3.5 Sachversicherungen

Für Entschädigungen bei den Sachversicherungen, insbesondere bei Montage-, Feuer- und Maschinenversicherungen gilt folgende Regel:

Sachschäden werden ersetzt, wenn

- sie an einer versicherten Sache
- am Versicherungsort
- im versicherten Zeitraum
- zum versicherten Interesse
- durch eine versicherte Gefahr
- unvorhergesehen hervorgerufen werden.

Jede eingerückte Zeile stellt eine Bedingung dar, die erfüllt sein muss. In geschriebenen Versicherungsverträgen entsprechen sie oft den Überschriften der einzelnen Paragraphen. Ist eine der Bedingungen nicht erfüllt, muss der Versicherer den Schaden nicht entschädigen. Insbesondere die technischen Versicherungsmakler sind hier gefordert, für die einzelnen Bedingungen Formulierungen zu finden, die im Schadenfall möglichst wenig Spielraum für Diskussionen bieten.

4.3.5.1 Definition des Sachschadenbegriffs

Laut Definition ist ein Sachschaden eingetreten, wenn sich die Substanz verändert hat und dadurch Brauchbarkeit oder Wert der versicherten Sache gemindert sind. Typische Beispiele sind Feuerschäden, Erdschlüsse in Wicklungen, Sturmschäden an Leitungsmasten.

In der Praxis muss zwischen Schaden und Mangel unterschieden werden. Letzterer ist nicht versichert; ein Schaden durch einen Mangel sollte aber wiederum versichert sein.

4.3.5.2 Versicherte Sache

In klassischen Konzepten mit einer Feuerversicherung für den kompletten Bestand und Maschinenversicherungen für die maschinelle Einrichtung werden die versicherten Sachen in speziellen Listen versicherter Sachen oder Maschinenverzeichnissen explizit angeführt. Hier ist dringend zu beachten, dass die Aufzählung vollständig ist, weil man im Schadenfall nachweisen muss, dass eine versicherte Sache betroffen ist.

Bei Allgefahrenversicherungen ohne Unterscheidung in Feuer- und Maschinenversicherung und ohne Unterscheidung in Baulichkeiten und maschinelle Technik empfehlen sich pauschale

Ansätze. Anstatt expliziter Aufführung der Komponenten wird vereinbart, dass alle Sachen versichert sind, die für den Betrieb und die Betriebserhaltung erforderlich sind. Ausnahmen werden explizit angeführt. Hier ist es nicht zum Nachteil des Versicherungsnehmers, wenn bei der Aufzählung einzelne Komponenten vergessen werden.

4.3.5.3 Versicherungsort

Schäden an versicherten Sachen werden nur entschädigt, wenn der Schaden an dem im Versicherungsvertrag angeführten Versicherungsort eingetreten ist. Das heißt, der Versicherungsort muss explizit angegeben werden.

In Policen mit weiter gehendem Deckungsschutz werden als Versicherungsort alle genutzten Grundstücke bezeichnet und – von der Erstanlieferung abgesehen – gilt dies auch bei Transporten. Diese Deckungserweiterung ist zu empfehlen, um durchgehenden Versicherungsschutz sicherzustellen. In der Regel weiß man nicht, wieweit ein mit Transporten beauftragtes Unternehmen versichert ist, oder ob es nur bei Verschulden haftet. Mit der weiter gehenden Klausel bleiben versicherte Sachen auch versichert, wenn sie z. B. wegen einer Revision transportiert und an anderen Stellen gelagert werden.

4.3.5.4 Versicherter Zeitraum

Versicherungsschutz besteht während der Laufzeit des Vertrages, d. h. der Sachschaden muss in dieser Zeit eintreten. Es ist möglich, dass ein Schaden erst nach Ende der Policenlaufzeit festgestellt wird. Kann dann nachgewiesen werden, dass er während der Laufzeit eingetreten ist, haftet der Versicherer. Hierbei ist jedoch die Verjährungsfrist zu beachten.

Wie bereits angeführt, sollte der Auftraggeber während der Errichtung die Montageversicherung abschließen und alle an der Errichtung beteiligten Unternehmen mitversichern. Damit soll die Montageversicherung auch nicht jeweils mit den Abnahmen von Teilgewerke enden, sondern erst dann, wenn das komplette Projekt fertig gestellt und abgenommen wurde. Wenn nämlich die Übergreifschäden auf andere Gewerke nicht mehr versichert sind, ist ein Vorteil der gemeinsamen Police, der Beitrag zum Baustellenfrieden, nicht mehr gewahrt.

Grundsätzlich haben Versicherer und Versicherungsnehmer nach einem Schaden das Recht, den Vertrag zu kündigen. Damit ausreichend Zeit für die neue Platzierung der Versicherungen besteht, sollte die Kündigungsfrist ausreichend bemessen sein. In weiter gehenden Versicherungsverträgen zu Montageprojekten verzichten die Versicherer auf das ihnen sonst zustehende Recht, nach einem Schadenfall den Versicherungsvertrag zu kündigen. Dies ist für den Versicherungsnehmer sehr wichtig, denn ein bereits fortgeschrittenes Projekt ist nur schwer zu versichern, insbesondere dann, wenn bereits ein früherer Versicherer wegen Schäden gekündigt hat.

4.3.5.5 Versichertes Interesse

Versichert ist in erster Linie das Interesse des Eigentümers. Ihn muss der Sachschaden direkt betreffen. Schließt der Besitzer während der Errichtung die Montageversicherung für alle an der Errichtung beteiligten Unternehmen ab, so sind auch deren Interessen während der Montagezeit mitversichert.

In der Betriebsphase ist in der Regel nur noch das Interesse des Versicherungsnehmers, das ist meistens der Eigentümer, versichert. Das Interesse von Lieferant oder Reparaturwerkstätte ist nicht mitversichert. Diese Unternehmen können somit keine Ansprüche geltend machen und Schäden, für die diese Dritten im Rahmen von Gewährleistungen oder Garantien haften, sind nicht versichert.

Wenn Lieferant oder Reparaturwerkstätte nicht mehr existieren oder im Schadenfall ihre Eintrittspflicht bestreiten, leistet der Versicherer zunächst Entschädigung, damit die Wiederherstellung der beschädigten Sache erfolgen kann. Entweder tritt dann anschließend der Versicherer in die Rechte gegenüber dem Lieferanten oder der Reparaturwerkstätte ein und ist berechtigt, einen Prozess gegen diese zu führen oder der Versicherungsnehmer hat seinen Anspruch auf Kosten und nach den Weisungen des Versicherers geltend zu machen.

4.3.5.6 Versicherte Gefahren

Neben Prämie, versicherter Sache und Selbstbehalt stellt die versicherte Gefahr ein wesentliches Merkmal der Versicherungen dar. Hier ist ganz besonders wichtig, von Vorneherein den passenden und angemessenen Versicherungsschutz auszuwählen.

Wie in Abschnitt 4.3.2.5 beschrieben, vereint die Allgefahrenversicherung die beiden klassischen Versicherungen für Feuer und Maschinenbruch und vermeidet damit Schnittstellen. Versichert sind alle unvorhergesehene Schäden und Verluste, die nicht durch eine explizit ausgeschlossene Gefahr hervorgerufen wurden. Die Ausschlüsse lassen sich in der Regel auf Folgendes begrenzen:

- Vorsatz des Versicherungsnehmers. Hier ist wichtig, wer als Repräsentant des Versicherungsnehmers definiert ist. Es sollte sich um eine Person handeln, die in der Hierarchie des Unternehmens möglichst hoch angesiedelt ist.
- Mängel, die bei Abschluss der Versicherung bekannt waren.
- Schäden (wie in Abschnitt 4.3.5.5 *Versichertes Interesse* angeführt), für die der Lieferant oder die Reparaturwerkstätte einzutreten hat (dies gilt nicht, wenn deren Interesse mitversichert ist, wie zum Beispiel während der Errichtung).
- Unmittelbare Folgen der dauernden Einflüsse des Betriebes (dies ist u. a. Verschleiß). Weiter gehende Policen haben diesen Ausschluss nicht für Wicklungen und Blechpakete elektrischer Maschinen und Transformatoren. Es gibt oft Diskussionen mit Versicherern, die mit Verweis auf normalen Verschleiß Schäden ablehnen. Technische Versicherungsmakler mit eigenen Ingenieuren kennen diese Verhandlungen mit den Versicherern und können bei der Argumentation, ob eine andere versicherte Ursache vorliegt, hilfreiche Unterstützung leisten.
- Aufruhr und Krieg.
- Kernenergie (der Ersatz von Schäden durch Kernenergie richtet sich in der Bundesrepublik Deutschland nach dem Atomgesetz).

Die versicherten Gefahren können nur beispielhaft aufgezählt werden:

- Brand, Blitzschlag, Explosion
- Material-, oder Konstruktionsfehler, die zum Schaden führen.
- Naturgefahren
- Bedienungsfehler

- Vorsatz von Dritten/Außenstehenden (siehe hierzu im Absatz der Ausschlüsse den Hinweis zum Repräsentanten)

Als weiterer Vorteil einer alleinigen Allgefahrenversicherung darf der Selbstbehalt nicht unerwähnt bleiben. Führt ein Wicklungsschaden im Transformator (klassisch Maschinenversicherung) zu einem Brand (Feuerversicherung), sind nur ein Versicherungsvertrag und ein Selbstbehalt betroffen.

4.3.5.7 Entschädigung des Sachschadens

Grundsätzlich ersetzt der Versicherer die Kosten zur Wiederherstellung der beschädigten Sache in den Zustand vor Schadeneintritt. Diese sind insbesondere

- Kosten für Reparatur und Ersatzteile
- De- und Remontage sowie Wiederaufbaukosten
- Frachtkosten
- Sonstige mit der Schadenbehebung in Zusammenhang stehende Kosten, wie zum Beispiel auch die Feststellung des Schadenumfangs
- Ersetzt werden in der Regel auch Zuschläge für Sonn-, Feiertags- und Nachtarbeiten. Wenn der Versicherer auch den aus dem Sachschaden resultierenden Vermögensschaden erstattet, ist er daran interessiert, dass die Anlage so schnell wie möglich wieder in Betrieb geht.

Es empfiehlt sich, den Entschädigungsumfang um zusätzliche Positionen zu erweitern:

- Reinigungskosten und Kosten für Erdarbeiten,
- Aufräum-, Abbruch- und Entsorgungskosten,
- Bewegungs- und Schutzkosten,
- Rettungskosten, z. B. Feuerlöschkosten,
- Mehrkosten für behördliche Wiederaufbaubeschränkungen.

Die Grenze der Ersatzpflicht ist in der Regel die Versicherungssumme, die meistens dem Wiederbeschaffungswert der Anlage (höchstens dem Neuwert) entspricht. Ohne die oben angeführten zusätzlichen Kostenpositionen ersetzt der Versicherer nach einem Totalschaden nur den Betrag für eine neu zu errichtende Anlage. Nicht enthalten, und somit vom Versicherungsnehmer zu übernehmen, wären Kosten, die entstehen, um die Schadenstätte vor der Neuerrichtung von den Resten der alten Anlage zu befreien und diese Reste zu entsorgen.

4.3.5.8 Entschädigung des Betriebsunterbrechungsschadens

Oft haben relativ kleine Sachschäden große Auswirkungen. Die Wicklung des Transformators ist zwar teuer, aber noch größer kann der daraus resultierende Vermögensschaden sein. Dabei ist zu berücksichtigen, dass Schäden unvorhergesehen eintreten und daher weder Personal noch Material vorgehalten werden. Das heißt, nach einem Schaden dauern Reparaturen meistens deutlich länger als unter optimalen Bedingungen.

Im Rahmen der Betriebsunterbrechungsversicherung leistet der Versicherer Entschädigung für den Betriebsgewinn und die fortlaufenden Kosten, die der Versicherungsnehmer nicht erwirtschaften kann. Vereinfacht handelt es sich um den entgangenen Umsatz abzüglich der Kosten, die im Schaden nicht anfallen (wie zum Beispiel variable Verbrauchskosten).

4.3.6 Stromausfallversicherung

In der klassischen Betriebshaftpflichtversicherung des Energieversorgers sind in der Regel nur Personen- und Sachschäden sowie daraus resultierende Vermögensschäden aufgrund gesetzlicher Haftung gedeckt. Darunter fallen nicht vertragliche Haftungserweiterungen und reine Vermögensschäden.

Wie schon an anderer Stelle angeführt, kann die Stromausfallversicherung entsprechenden Schutz bieten. Versicherungsschutz wird gewährt für Kunden des Versicherungsnehmers infolge Ausfalls der öffentlichen Elektrizitätsversorgung oder durch Unregelmäßigkeit der Lieferung hinsichtlich Menge und Qualität.

Versichert werden können:

- Sachschäden bei Privatkunden.
- Sachschäden und Umsatzausfälle bei gewerblichen Tarifkunden und Sondervertragskunden.

Typische Ausschlüsse sind wie in den Sachversicherungen

- Vorsatz der Repräsentanten des Versicherungsnehmers oder Kunden,
- Krieg, innere Unruhen, Aufruhr, Streik, Aussperrung, Terrorismus, behördliche Verfügung, Kernenergie, sowie
- vorausgeplante, angemeldete Abschaltungen.

Das schadenauslösende Ereignis muss seine Ursache im öffentlichen Stromnetz haben und außerhalb des Einflussbereiches der Kunden liegen. Daher muss dann auch die Grenzstelle zwischen öffentlichem Versorgungsnetz und Einflussbereich der Kunden festgelegt werden.

Viele Energieversorgungsunternehmen nutzen die Stromausfallversicherung als Marketinginstrument, da sie auch Entschädigung leisten in Fällen, in denen das Energieversorgungsunternehmen nicht haftet und nicht entschädigen müsste. Da die Entschädigung in der Regel nicht durch den Versicherer, sondern direkt durch das Energieversorgungsunternehmen erfolgt, wird die Kundenbindung gestärkt.

4.3.7 Haftpflichtversicherung

Auch wenn der Schwerpunkt dieses Kapitels auf der Sachversicherung liegt, soll die Haftpflichtversicherung der Vollständigkeit halber erwähnt werden.

Versicherungsschutz im Rahmen einer Betriebs- und Umwelthaftpflichtversicherung besteht für den Fall, dass der Versicherungsnehmer wegen eines Schadenereignisses (Versicherungsfall), das einen Personen-, Sach- oder sich daraus ergebenden Vermögensschaden zur Folge hat, aufgrund gesetzlicher Haftpflichtbestimmungen privatrechtlichen Inhalts von einem Dritten auf Schadensersatz in Anspruch genommen wird.

Der Haftpflichtversicherer übernimmt hierbei drei wichtige Aufgaben:

- Prüfung der Haftungsanfrage,
- Regulierung der berechtigten Ansprüche,
- Abwehr der unberechtigten Ansprüche, was einer Rechtsschutzfunktion gleichkommt.

Ausgeschlossen sind üblicherweise Vorsatz, Schäden an eigenen Sachen, Schäden aus vertraglichen Zusagen, wenn diese über die gesetzliche Haftpflicht hinausgehen, sowie Vertragserfüllungsansprüche.

Die Haftpflichtversicherung schützt nicht nur den Versicherungsnehmer, sondern in der Regel auch dessen gesetzlichen Vertreter und Betriebsangehörige, wenn sie Schäden in Ausführung ihrer dienstlichen Verrichtung für den Versicherungsnehmer verursachen.

Die Betriebshaftpflichtversicherung bietet Schutz für Schäden aus dem Betrieb selbst (Betriebsrisiko oder auch sog. Betriebsstättenrisiko) während die Umwelthaftpflichtversicherung die gesetzliche Haftpflicht wegen Personen- und Sachschäden durch Umwelteinwirkungen auf Boden, Luft und Wasser absichert.

Das Umweltschadensgesetz trat 2007 gemäß einer EU-Richtlinie in Kraft. Ein Umweltschaden ist die Schädigung von geschützten Arten und natürlichen Lebensräumen, von Gewässern und des Bodens. Nach der Richtlinie soll ein Betreiber, der durch seine Tätigkeit einen Umweltschaden verursacht hat, dafür finanziell verantwortlich sein. Bei der Umweltschadensversicherung handelt es sich um Ansprüche öffentlich-rechtlichen Inhalts. Die Umwelthaftpflichtversicherung bietet hierfür keinen Versicherungsschutz, da dort die gesetzliche Haftpflicht privatrechtlichen Inhalts als versichert gilt. Daher ist es wichtig, dass die Umweltschadensversicherung eigens abgeschlossen wird. Meistens geschieht dies in Kombination mit der Betriebs- und Umwelthaftpflichtversicherung.

Es ist jedoch nicht jede gesetzliche Haftung versicherbar und es sind die Ausschlüsse in den Versicherungsbedingungen zu beachten. Wichtig ist, dass die Deckungssummen richtig gewählt wurden und an die gesetzlichen Höchsthaftungen angepasst sind. Viele kommunale Unternehmen haben ihre Haftung über Haftpflicht-Pools oder Ausgleichsgemeinschaften mit unbegrenzter Deckungssumme abgesichert. Diese bieten den Vorteil, dass im Schadenfall die Deckungssumme ausreichend ist. Dementgegen sind die Mitglieder jedoch zu Nachschüssen verpflichtet, wenn bei einem anderen Mitglied ein Großschaden auftritt. Sofern klassische Haftpflichtversicherungen abgeschlossen werden, unterstützen technische Versicherungsmakler bei der Festlegung der zu versichernden Deckungssumme.

Insbesondere im Bereich der reinen Vermögensschäden haben die Haftpflicht-Versicherer mit relativ geringen Sublimits den Versicherungsschutz erheblich eingeschränkt. Dies gilt insbesondere auch für Schäden aus vertraglicher Haftung. Die ordnungsgemäße Stromlieferung oder Einspeisung erneuerbarer Energien stellen in erster Linie Vertragserfüllungen des Versorgers dar und sind zunächst nicht versicherbar. Marsh hat hierzu jedoch 2014 eine Versicherungslösung entwickelt, die dieses Haftungsrisiko abdeckt. Daneben können die Risiken der Dritten auch über sogenannte Stromausfallversicherungen gedeckt werden.

Bei beiden Versicherungen ist wichtig, das Vermögensschadenrisiko genau zu analysieren, damit die richtigen Deckungssummen gewählt werden.

Im Februar 2014 wurde vom BGH entschieden, dass bei Überspannungsschäden das Produkthaftungsgesetz anzuwenden ist. Damit wurde die Haftung des Herstellers der „fehlerhaften Elektrizität“ erheblich ausgeweitet, da es sich somit um eine sogenannte Gefährdungshaftung handelt und der Versorger verschuldensunabhängig haftet. Die Produkthaftpflicht kann im

Rahmen der normalen Betriebshaftpflicht mit versichert werden. Es ist aber zu prüfen, ob die Versicherung Limits enthält, die angesichts der neuen Rechtslage zu niedrig sind.

4.3.8 Zusammenfassung und Ausblick

Wie in vielen Fällen auch in anderen Branchen, stellen Versicherungen nur die zweitbeste Lösung der Risikoabsicherung dar. Die Auswirkungen von Sachschäden werden zwar durch Versicherungen gemindert, aber es ist immer besser, Schäden von vorneherein zu vermindern. Dies gilt insbesondere im Bereich der Leitungsnetze, deren einwandfreie Funktion für die Aufrechterhaltung der öffentlichen Versorgung außerordentlich wichtig ist.

In großen Bereichen der Netze wird auf Sachversicherungen ganz verzichtet oder es werden nur ausgewählte Teile der Infrastruktur wie Umspannwerke und Schaltanlagen versichert. Dort, wo jedoch Versicherungen abgeschlossen werden, sollen sie Technik- und Risikogerecht sein. Unabhängige, technische Versicherungsmakler können hier entsprechend beraten und haben spezielle Deckungskonzepte entwickelt.

4.4 Leitungsnetze aus Kapitalgebersicht

DR. PHILIP VON BOEHM-BEZING UND MATTHIAS KREBS

Dr. Philip von Boehm-Bezing (Dipl.-Kfm.) ist Managing Partner der Boehm-Bezing Mayer & Cie. GmbH, eines der führenden bankunabhängigen Beratungsunternehmen für Corporate und Project Finance-Lösungen in Deutschland mit besonderem Fokus auf Energieinfrastruktur.

Matthias Krebs (Dipl.-Wirtsch.-Ing.) ist Associate Partner der Boehm-Bezing Mayer & Cie. GmbH. Zuvor war er als Vorstand der HSE Netz AG sowie u. a. als Bereichsleiter Konzernplanung und Risikocontrolling sowie als Regulierungsbeauftragter der HEAG Südhessische Energie AG (HSE) tätig.

4.4.1 Einleitung

Der Bau und Betrieb von Leitungsnetzen erfordert den Einsatz erheblicher Mittel und bedarf daher die Einbindung einer Vielzahl unterschiedlicher Kapitalgeber. Neben der Eigen- und Fremdkapitalbeschaffung auf Unternehmensebene ist auch die Projektfinanzierung insbesondere beim erstmaligen Aufbau von Leitungsnetzen – häufig in Form von Kooperation in einer Public-Private-Partnership (PPP) – zum Einsatz gekommen. Inzwischen ermöglicht der primäre Zustrom regulatorisch gesicherter Nutzungsentgelte für die Leitungsnetze maßgeschneiderte Finanzierungsformen.

Dieses Buch befasst sich in seinen weiteren Kapiteln umfassend mit den ökonomischen und rechtlichen Rahmenbedingungen bei der Finanzierung von Leitungsnetzen. Hier in diesem Abschnitt nähern sich die Autoren dem Thema aus Sicht von Kapitalgebern. Die Kapitalgeber sehen sich mit einem Finanzierungsrahmen konfrontiert, der insbesondere bestimmt wird durch

- den sehr hohen Kapitalbedarf bei der Errichtung von Leitungsnetzen,
- die im Vergleich beispielsweise zu technischen Anlagen in der Industrie lange (häufig zwanzig bis über hundert Jahre dauernde) technisch-wirtschaftliche Nutzungsdauer der Leitungsnetze,
- die langen Zeiträume für Bauzeiten, in denen die Leitungsinvestitionen keine Rückflüsse erzeugen,
- das stark regulierte Investitionsumfeld in monopolistischen Märkten,
- die regulierte Entgeltbildung bei typischerweise unelastischer Nachfrage der Leitungsnutzer und dadurch weitgehender Konjunkturunabhängigkeit der Erlöse,
- das Zusammenwirken unterschiedlicher Investoren zur Einbindung industrieller, finanzieller oder politischer Kompetenzen sowie
- die Begrenztheit von Finanzierungsrisiken, die hohe Fremdkapitalanteile ermöglicht.

Dass die Finanzierung von Leitungsnetzen als eine Anlageklasse Kapitalgebern offen steht, resultiert aus einer Entwicklung der letzten zwei Jahrzehnte. Im Folgenden beschreiben die Autoren die Eckpunkte einer Kapitalgeberhistorie zum Aufbau der heutigen Leitungsnetze. Daran schließt sich ein Abschnitt an, der die Folgen jüngster Anpassungen von Rahmenbedingungen auf die Leitungsnetzfinanzierung darlegt. Hierbei liegen die Schwerpunkte auf den Auswirkungen der Entflechtung von Leitungsnetzen aus integrierten Versorgern und den durch die Energiewende veränderten Investitionserfordernissen an Leitungsnetzunternehmen, wodurch eine Phase der Kapitalfreisetzung durch eine Phase der Kapitalbindung abgelöst wird.

Auf Grundlage der durch die Kapitalgeber zu erfüllenden Finanzierungsaufgabe und einer Betrachtung des Finanzierungspotenzials bei den bisherigen Marktakteuren werden die Rahmenbedingungen externer Kapitalgeber hinsichtlich regulatorischer, bankenseitiger und im weiteren Sinne kapitalmarktspezifischer Rahmenbedingungen diskutiert.

Aufbauend auf den diskutierten Rahmenbedingungen werden denkbare Lösungsansätze zur Optimierung der Finanzierbarkeit von Leitungsnetzen aus Kapitalgebersicht vorgestellt; diese umfassen die Ausgestaltung der Regulierung, die Etablierung von Project Bonds oder die Ansprache neuer Investorenkreise durch Debt Funds.

4.4.2 Finanzierung von Leitungsnetzen in Deutschland

4.4.2.1 Historie

Die Anlageklasse Leitungsnetze ist ein Ergebnis der Entwicklung der vergangenen zwanzig Jahre. Erstmalig erleben Kapitalgeber damit die historische Möglichkeit, Leitungsnetze eigenständig zu finanzieren und damit an ihrem Aufbau sowie der langen folgenden Betriebsphasen zu partizipieren. Vor bereits über hundert Jahren wurden die aus heutiger Sicht modernen Finanzierungsformen wie Projektfinanzierungen – häufig verbunden mit einer Public-Private-Partnership – zum Aufbau integrierter Kraftwerke und Leitungsnetze gewählt. Zunächst wurde eine Projektgesellschaft gegründet für die in damaliger Zeit technisch innovative und anspruchsvolle Aufgabe, den Bau einer elektrischen Energieversorgung. Üblicherweise wurde die Projektfinanzierung nach einigen Jahren des Anlagenbetriebs durch eine Unternehmensfinanzierung abgelöst. Häufige Initiatoren der Projektgesellschaften waren – getrieben vom Interesse am Absatz ihrer originären Produkte Energieerzeugungsanlagen bzw. Kohle – die damaligen Anlagenherstellern, wie z. B. die Siemens-Schuckertwerke oder die Allgemeine Elektricitäts-Gesellschaft, sowie die Primärenergielieferanten, wie z. B. der Zecheneigner Hugo Stinnes. Sie organisierten die Errichtung und Inbetriebnahme der zumeist auf eine (Gruppe von) Gebietskörperschaft(en) begrenzten Stromversorgungsanlagen als integriertes Stromerzeugungs- und -verteilunternehmen und banden ihre öffentlichen Partner vertraglich in die Projekte ein.

Der Schwerpunkt des Investitionsvolumens war bei der erstmaligen Errichtung einer elektrischen Energieversorgung zunächst das Kraftwerk und die Anbindung von Schlüsselkunden, wie zum Beispiel wichtigen öffentlichen Gebäuden oder Industriewerken. Wurden die finanziellen Mittel für die erforderlichen Investitionen erst akquiriert, konnte anschließend das weitere Kapital für den Ausbau der Leitungsnetze maßgeblich aus der Innenfinanzierung generiert werden. Dabei folgte der Netzaufbau der Systematik, zunächst die Kunden mit der höchsten Zahlungsbereitschaft und den niedrigsten spezifischen Anschlusskosten einzubinden. Hierdurch verkürzten sich die Rückzahlungsperioden für die Kraftwerke erheblich und ein kontinuierlicher Zustrom finanzieller Mittel für den Leitungsnetzausbau wurde erzeugt. Mit Einführung der allgemeinen Versorgungspflicht wurde ein System der Kostenbeteiligung neuer Anschlussnehmer über Hausanschlussbeiträge etabliert, sodass die Innenfinanzierung aus Abschreibungen um eine Innenfinanzierung aus nicht ergebniswirksamen Einzahlungen ergänzt wurde.

Frühzeitig wurden auch öffentliche Gesellschafter für die Betriebsphase als Eigenkapitalgeber eingebunden und eine Bankfinanzierung auf Unternehmensebene organisiert. Insbesondere unter dem Druck der Weltwirtschaftskrise sowie dem Zentralismus des Dritten Reichs konsolidierte sich die Branche unter maßgeblicher Beteiligung der öffentlichen Hand. Anders als im europäischen Ausland wurde in Deutschland der Stromsektor nie nationalisiert. Stattdessen prägte sich eine gemischtwirtschaftliche Eigentümerstruktur in geschützten regionalen Monopolen aus.

Der starke Ausbau der Leitungsnetze nach dem Zweiten Weltkrieg war bis in die siebziger Jahre bei ständig steigendem Strombedarf, wachsender Anschlussdichte und damit verbundener höherer Infrastrukturausnutzung bei auskömmliche Erlösen in gesicherten Gebietsmonopolen sehr gut finanzierbar. Bei überwiegend geordneten öffentlichen Haushalten stellte ein kontinuierlicher Eigenkapitalaufbau bei den Leitungsnetzunternehmen aus thesaurierten Gewinnen kein Problem dar. Für die Investitionen in fossil-gefeuerte Großkraftwerke wurde verstärkt der Kapitalmarkt beansprucht. Durch eine erhebliche Anschubfinanzierung für die Kernenergietechnologie trug der Staat unmittelbar zur Finanzierung des Sektors bei.

Mit Erreichen einer Stromvollversorgung der Bürger sowie bei finanziell knapperen Haushalten verringerten die öffentlichen Gesellschafter insbesondere bei den bereits börsennotierten Aktiengesellschaften ihre Anteile. Mit den Stromentgelten der Nutzer wurde ein Kapitalstock für Leitungsnetze aufgebaut, dessen Zuwachs in den siebziger Jahren erstmalig sank. Hierdurch kam es in den nächsten Jahrzehnten insbesondere bei den großen integrierten börsennotierten Versorgungsunternehmen zu erheblichen Investitionen in fremde Branchen und Aufbau großer börsennotierter Konglomerate, deren Aktivitäten weit über Stromnetze und Kraftwerke hinaus in die Mineralölwirtschaft, den Maschinen- und Anlagenbau, den Logistik- und Umweltsektor sowie die Telekommunikation umfassten und die nationale Begrenzung durchbrachen.

Erst Mitte der achtziger Jahre kam es wieder zu einem vorübergehenden Anwachsen des energiebezogenen Kapitalstocks, der vor allem den nun stärker zu berücksichtigenden Umweltanforderungen aus der Rauchgasreinigung geschuldet war. Mit der Wiedervereinigung war im Beitrittsgebiet ein riesiger Investitionsstau in fossile Kraftwerke und Netze aufzulösen. Hieraus resultierten regional konzentriert auf das Beitrittsgebiet erhebliche Investitionen, während in den alten Bundesländern der Kapitalstock keinem Wachstum mehr unterlag.

Insgesamt bildete sich in Deutschland eine Finanzierungsstruktur der Stromversorgung heraus, die sich im Wesentlichen aus börsenfinanzierten integrierten Versorgern mit Eigentum an Großkraftwerken – insbesondere der Kernenergie – und Übertragungsnetzen, einer zwischenebene gemischtwirtschaftlicher regionaler Verteilunternehmen sowie überwiegend in mehrheitlich öffentlichen Eigentum befindlichen kommunalfinanzierten Stadtwerken zusammensetzte. Die großen integrierten Versorger stellen die Knowhow-Träger der Branche dar und transferierten ihre industrielle Führung häufig über Minderheitsbeteiligungen auf Ebene der Regionalgesellschaften und Stadtwerke.

Die Liberalisierung der Energielieferungen verbunden mit der Regulierung der Energienetze resultierte in einer weiteren Konsolidierung der Branche. Es erfolgten maßgebliche Beteiligungen ausländischer Investoren an regulierten und nicht regulierten Unternehmen. Die Entflechtung der monopolistischen Energienetze vom Energieliefergeschäft ermöglichte erstmalig eine eigenständige Finanzierung von Energienetzen in Deutschland, in deren Folge die integrierten Energieversorgungsunternehmen die Leitungsnetze in eigenständigen Gesellschaften separierten und häufig ihre Kapitalexposition im regulierten Geschäft reduzierten. Gleichzeitig baute sich vor dem Hintergrund des Wettbewerbs im Energieliefergeschäft sowie kartellrechtlichen Vorgaben das Engagement der industriellen Führer bei den Regionalgesellschaften und Stadtwerken ab.

4.4.2.2 Leitungsnetzinvestitionen in der Zukunft

Die Energiewende bezeichnet die Realisierung einer nachhaltigen Energieversorgung in den Sektoren Strom, Wärme und Mobilität mit erneuerbaren Energien sowie Maßnahmen zur Steigerung der Energieeffizienz. Die bisherige Stromerzeugung aus Kernenergie läuft im Jahr 2022 aus; fossile Stromerzeugung ohne Kraft-Wärme-Kopplung wird ebenfalls schrittweise durch regenerative bzw. fossile Stromerzeugung mit Kraft-Wärme-Kopplung ersetzt und hierdurch der CO_2-Ausstoß in Deutschland reduziert werden.

Zur nachhaltigen Stromerzeugung werden insbesondere Off- und Onshore-Windenergie, Biomasse, Wasserkraft, Sonnenenergie, Geothermie und Meeresenergie eingesetzt. Die Investitionen abgesehen von der Offshore-Windenergie erfolgen weitgehend dezentral außerhalb bestehender Energieversorgungsunternehmen. Solche Anlagen werden überwiegend in örtliche Verteilnetze eingebunden, während für die großen Offshore-Windparks das Leitungsnetz erstmalig zu errichten ist.

Um eine Stromversorgung dominiert von nuklearen und fossilen Großkraftwerken auf eine fluktuierende regenerative Stromerzeugung mit einer Vielzahl von einspeisenden regenerativen Kraftwerken umzustellen, werden erhebliche Investitionen in Energiespeicher und ihr Rückgrat – das Stromnetz – erforderlich. Die Lastflüsse durch die Leitungsnetze verlagern sich erheblich. Es sind insbesondere der Zubau und die Verstärkung von Leitungsnetzen beabsichtigt. Aus der Energiewende ergeben sich für Gruppen der Leitungsnetzunternehmen veränderte und neue Energieflüsse, für die Anlagen zu erweitern und neu zu errichten sind. Hieraus ergibt sich für diese Leitungsnetzunternehmen ein erhebliches Investitionsvolumen und damit umfangreiche Finanzierungserfordernisse.

Anders als z. B. bei den regenerativen Erzeugungsanlagen steht Onshore die Mehrzahl der Leitungsnetzinvestitionen in einem engen technisch-funktionalen Zusammenhang mit dem Bestandsnetz und sind für eine klassische Projektfinanzierung weniger geeignet. Der Aufbau eines Leitungsnetzes offshore zur Verbindung der Windkraftanlagen mit dem bestehenden Leitungsnetz weist von Größe und Charakter die stärkste Eignung für eine Projektfinanzierung auf.

Die Anforderungen und der Umfang zum Ausbau der Leitungsnetze für die Energiewende sind aus den Netzentwicklungsplänen der deutschen Übertragungsnetzbetreibern[87] und der DENA-Verteilnetzstudie[88] bekannt. Der Schwerpunkt der Investitionen in den nächsten zehn Jahren liegt auf den Übertragungsnetzen. Bis zum Jahr 2023 sollen rund zweiundzwanzig Milliarden Euro für die Verstärkung des bestehenden Drehstromverbundnetzes, den Ausbau der Interkonnektoren mit den Nachbarn sowie den Neubau eines Gleichstromtransportnetzes investiert

87 NEP 2013 und O-NEP 2013, jeweils zweiter Entwurf, 2013

88 Dena-Verteilnetzstudie: Ausbau- und Investitionsbedarf der Stromverteilnetze in Deutschland bis 2030, 2012.

werden. Weitere rund zweiundzwanzig Milliarden Euro sollen eingesetzt werden, um ein kombiniertes Dreh- und Gleichstromnetz offshore zur Einbindung der Windkraftanlagen zu errichten. Damit stehen die deutschen Übertragungsnetzbetreiber vor einer der kapitalintensivsten Infrastrukturinvestitionen in ihrer Geschichte. Linear aufgeteilt resultiert hieraus ein jährlicher Investitionsbedarf von nahezu vier Milliarden Euro, jeweils hälftig auf On- und Offshore-Investitionen verteilt.

Weitere rund zwanzig Milliarden Euro sollen in diesem Zeitraum in den Ausbau der Verteilnetze fließen, davon in etwa die Hälfte in das Hochspannungsverteilnetz, das 110 kV-Netz. Während sich über neunzig Prozent der Leitungslängen im Hochspannungsverteilnetz auf eine einstellige Anzahl von Unternehmen aufteilt, sind im Bereich der Mittel- und Niederspannung über siebenhundert Leitungsunternehmen tätig. Jedoch kann man bei näherer Analyse der Verteilnetze feststellen, dass lediglich eine begrenzte Anzahl regional tätiger Unternehmen stark durch die Energiewende betroffen ist. Hierzu gehören insbesondere die regionalen Leitungsnetzunternehmen in ländlichen Räumen durch die jeweiligen Einbindungserfordernisse von Fotovoltaik- bzw. Onshore-Winderzeugung.

4.4.2.3 Finanzierung der zukünftigen Leitungsnetzinvestitionen

Die Aufgabe ist enorm, innerhalb von zehn Jahren einen zusätzlichen Kapitalbedarf von über sechzig Milliarden Euro zum bereits bestehenden Kapitalbedarf für Ersatz- oder Erweiterungsinvestitionen aus homogenem Netzwachstum zu decken. Da es sich bei den Leitungsnetzen um eine durch alle Bürger genutzte Infrastruktur handelt, erhöht oder senkt eine effiziente Finanzierung das volkswirtschaftliche Wohl aller. Sie zu organisieren muss Ziel aller Beteiligter sein.

Die Bundesrepublik Deutschland, als übergeordneter Souverän, verfügt über eine herausragende Bonität. Auch das Rating der nachgeordneten Gebietskörperschaften orientiert sich hieran. Üblicherweise wird dies auch bei der Einschätzung von Unternehmen im öffentlichen Eigentum berücksichtigt. Entsprechend niedrig sind daher die Refinanzierungskosten der öffentlichen Hand in Deutschland.

Trotzdem kann die öffentliche Hand für ein Finanzierungsvolumen in der für die Energiewende erforderlichen Größenordnung aufgrund von ordnungs- und fiskalpolitischer Überlegungen nur begrenzt zur Verfügung stehen und fällt daher als die wesentliche Finanzierungsquelle zum Aufbau dieses Kapitalstocks aus. Öffentliche Kapitalgeber sind durch europäische Stabilitätskriterien verpflichtetet, die öffentlichen Haushalte zu entschulden. Um dieser Pflicht nachzukommen und gleichzeitig für die Energiewende den Leitungsnetzausbau zu finanzieren, müssten entweder erhebliche Abstriche bei den öffentlichen Ausgaben vorgenommen werden oder die staatlichen Einnahmen durch Steuern massiv erhöht werden. Für diese beiden Finanzierungswege der Energiewende sind keine politischen Mehrheiten absehbar. Weitere Schwierigkeiten bei der Ausgestaltung eines direkten Engagements der öffentlichen Hand im Leitungsnetzbau resultieren aus vielfältigen ungeklärten ordnungs- und europapolitischen Fragestellungen.

Daher müssen private Kapitalgeber alternativ zu öffentlichen als Finanzierungsquelle angesprochen werden. Die hierfür bestehenden Möglichkeiten werden in den nachfolgenden Abschnitten beschrieben. Durch eine Erschließung der Finanzierungsquellen über die nationalen

Grenzen hinaus werden Kapitalgeber angesprochen, deren Finanzierungspotenzial weit größer ist als das der öffentlichen Kapitalgeber unter den gegebenen Rahmenbedingungen.

Finanzierungspotenzial der bisherigen Marktakteure in Deutschland

Die bisherigen Marktakteure verfügen über einen Kapitalstock an Leitungsnetzen, der in über hundert Jahren aufgebaut wurde. Der Höhepunkt des Investitionszyklus war für die Leitungsnetze – wie für den Westteil der Bundesrepublik bereits vorab beschrieben – vor über zwanzig Jahre weitgehend abgeschlossen. Somit wechselten die Leitungsnetzunternehmen von einer Phase der Kapitalbindung in eine Phase der Kapitalfreisetzung. Die Leitungsnetzunternehmen waren eingebunden in integrierte Energieversorgungsunternehmen, welche auf die Kapitalfreisetzung in dem Netzgeschäftsfeld unterschiedlich reagierten. Manche integrierte Energieversorgungsunternehmen schütteten die freie Liquidität aus und die öffentlichen Gesellschafter verwendeten die Mittel konsumtiv. Andere integrierte Energieversorgungsunternehmen nutzten die freigesetzten Mittel zunächst zur Entschuldung der Leitungsnetze und danach zu Investitionen in weitere Betriebszweige. Ein Kapitalstock für eine klassische Innenfinanzierung aus Abschreibungen besteht daher innerhalb der meisten Leitungsnetzunternehmen nur in geringem Umfang.

Betrachtet man beispielsweise die Investitionen der deutschen Übertragungsnetzbetreiber in den letzten fünf Jahren nach Verwendungszweck, dann zeigt sich, dass die Aufgabe des Netzerhalts im Vergleich zum Ausbau nunmehr wieder deutlich in den Hintergrund getreten ist[89]. Die Investitionen für die Energiewende werden zu einem Zeitpunkt erforderlich, wo der gemeinsame Kapitalstock der deutschen Übertragungsnetze mit rund 4,4 Milliarden Euro im Vergleich zu dem angestrebten Ausbau sehr niedrig ist[90]. Bezieht man die laufenden Aufwendungen für den Erhalt der Netze in einer Größenordnung von 0,2 bis 0,3 Milliarden Euro jährlich auf den Wiederbeschaffungswert vorhandener Anlagen von geschätzten fünfzig bis achtzig Milliarden Euro, ist gut zu erkennen, dass für die künftigen Netzentgelte der Übertragungsnetze die Kapitalkosten der neu zu errichtenden Anlagen zunehmend bestimmend werden.

Da zur Finanzierung der Investitionsaufgabe aus der Energiewende in den nächsten zehn Jahren die Übertragungsnetzbetreiber lediglich rund vier Milliarden Euro aus der Innenfinanzierung bewältigen können[91], wird es für die Finanzierung der Übertragungsnetze umso wichtiger sein, die übrigen über neunzig Prozent der benötigten Mittel möglichst kostengünstig bei Dritten zu akquirieren.

Solche Leitungsnetzunternehmen, die sich in der vergangenen Phase der Kapitalfreisetzung entschulden bzw. über die Anwendung handelsrechtlicher degressiver Abschreibungen stille Reserven bilden konnten, verfügen über auskömmliche Eigenkapitalpuffer. Sie besitzen das Potenzial, die künftigen Erweiterungsinvestitionen über eine Kreditaufnahme zu bewältigen, ohne zunächst auf Eigenkapitalzuführungen der Gesellschafter angewiesen zu sein.

---

89 Monitoringbericht 2013, Bundesnetzagentur für Elektrizität, Gas, Telekommunikation, Post und Eisenbahnen, und Bundeskartellamt, 2013.

90 Überschlägige Abschätzung auf Grundlage der Jahresabschlüsse zum 31.12.2012.

91 Überschlägige Abschätzung auf Grundlage des Montoringberichts und der Jahresabschlüsse zum 31.12.2012.

Die nicht börsennotierten, kleineren Energieversorgungsunternehmen, wie z. B. Stadtwerke oder kleine Regionalversorger, haben Fremdkapital in der Vergangenheit überwiegend über Bankkredite aufgenommen. Börsennotierte integrierte Energieversorgungsunternehmen nutzten überwiegend den Kapitalmarkt direkt, um über alle Geschäftsfelder eine Konzernfinanzierung auf der Eigen- und Fremdkapitalseite zu stützen. Eine direkte Finanzierung von Leitungsnetzunternehmen am Kapitalmarkt erfolgte daher in Deutschland bisher erst in geringem Umfang. Soweit ein Unternehmen über eine ausreichende Größe und die erforderlichen Strukturen verfügt, steht diesem jedoch und damit grundsätzlich auch Leitungsnetzunternehmen der Finanzierungsweg über den Kapitalmarkt offen.

Eine Randerscheinung des Finanzierungspotenzials der Leitungsnetzunternehmen stellt die Bürgeranleihe dar. Hierzu wurde im Jahr 2013 erstmalig eine sogenannte Bürgerbeteiligung am Netzausbau realisiert. Als Beteiligungsform wurde eine Hybrid-Anleihe, eine Mischform aus Fremd- und Eigenkapital gewählt, da eine direkte Beteiligung an der Stromtrasse aus rechtlichen Gründen nach Einschätzung des Emittenten TenneT nicht möglich war. Nach Verlängerung der Zeichnungsfrist zeichneten letztendlich nur über hundert Anleger die aufgelegte Anleihe. Das Zeichnungsvolumen der „Bürgeranleihe“ wurde auf eine Million Euro beziffert.

Auf das Industrieland Deutschland insgesamt bezogen kann die Bürgeranleihe angesichts der erforderlichen großen Volumina und des komplexen Risikoprofils mancher Technologien nur ergänzend und lokal bzw. regional wirken. Die gemachten Erfahrungen lassen einen geringen finanziellen Beitrag von Bürgeranleihen erwarten, so dass ihnen eher eine politische Funktion zur Erhöhung der Akzeptanz von Infrastrukturmaßnahmen als eine tatsächliche Finanzierungsfunktion zukommen wird. Eine gesetzliche Verpflichtung der Leitungsnetzunternehmen, Bürgerbeteiligungen anzubieten, scheint wenig sinnvoll. Leitungsnetzunternehmen sollten die Möglichkeit haben, die günstigsten Finanzierungsquellen zu nutzen, zumal sich die Finanzierungskosten in den Nutzungsentgelten und damit final beim Stromkunden niederschlagen. Die Einbindung von Privatanlegern ist jedoch mit nicht unerheblichem zusätzlichem Aufwand, wie z. B. zur Erfüllung von Informationspflichten oder Anlegerschutzbestimmungen, verbunden, der sich in Zusatzkosten niederschlägt, den letztlich alle Stromkunden zu zahlen haben. Und schließlich erzielen nicht alle Leitungsnetzprojekte stets die gewünschte Rendite und bergen somit auch für Bürger als Anleger ein Risiko, das in der aktuellen politischen Diskussion oft ausgeblendet wird.

Betrachtet man die Marktakteure für Leitungsnetze näher, lassen sie sich anhand ihres Versorgungsauftrags grob in zwei Gruppen – die Übertragungsnetz- und die Verteilnetzunternehmen – unterteilen. Die Übertragungsnetzunternehmen übernehmen grundsätzlich den großräumigen Stromtransport, die Kupplung zu ausländischen Leitungsnetzen und die Einbindung und Einsatzsteuerung von Großkraftwerken. Sie sind für das Funktionieren des Stromversorgungssystems im Ganzen verantwortlich und erbringen daher vielfältige Systemdienstleistungen.

Die Anzahl der deutschen Übertragungsnetzunternehmen hat sich innerhalb der letzten zwei Jahrzehnte von neun auf vier verringert. Anders als in Deutschland kommen – soweit durch topografische oder politische Besonderheiten nicht bedingt – nahezu alle übrigen Länder der Welt mit einem einzigen nationalen Übertragungsnetzunternehmen aus. Die verbliebenen deutschen Übertragungsnetzunternehmen entstanden aus Abspaltungen von großen integrierten Versorgungsunternehmen. Die Investitionsaufgaben, die Gesellschafterstruktur sowie die Kapitalstärke der vier Unternehmen sind heterogen.

Manche der Übertragungsnetzunternehmen haben bereits neue Kapitalgeber- bzw. Gesellschafterstrukturen, die auf die spezifischen Neuinvestitionen ausgerichtet sind. Bei diesen Übertragungsnetzunternehmen ist eine künftige Verschuldungsfähigkeit ausreichend gegeben. Bei anderen Übertragungsnetzunternehmen bestehen politische bzw. ökonomische Beschränkungen für eine Kapitalaufnahme. Um die anstehenden Investitionsaufgaben bewältigen zu können, sind daher zunächst adäquate Eigenkapitalstrukturen zu schaffen.

Die Verteilnetzunternehmen übernehmen in ihren Verteilnetzen den Strom aus den Übertragungsnetzen und liefern den Strom an die Endverbraucher. Sie binden kleinere und mittlere Stromerzeugungsanlagen ein und zeichnen sich durch ihre technische Nähe zum Endverbraucher aus. Diese Netze werden derzeit noch weitgehend ungesteuert betrieben. Eine Funktionserweiterung zu sogenannten intelligenten Netzen („Smart Grids") wird im Rahmen der Energiewende zur Erhöhung der Energieeffizienz angestrebt. Der Ausbaupfad dahin steht aber noch nicht fest. Die für den informationstechnischen Ausbau der Verteilnetze erforderlichen Investitionsmittel sind daher noch nicht ausreichend quantifizierbar.

Bei den Verteilnetzen verteilen sich die Investitionen im Nieder- und Mittelspannungsbereich auf über siebenhundert Unternehmen, die überwiegend bezogen auf ihre reguläre Investitionstätigkeit über alle Sparten nur in geringem Umfang betroffen sind. Bei einer niedrigen zweistelligen Zahl von Unternehmen wird die Energiewende eine erhebliche Ausweitung der Investitionsbudgets verursachen. Insbesondere auf der Hochspannungsebene ist die Situation in den Verteilnetzen mit der in den Übertragungsnetzen vergleichbar, so dass die Unternehmen mit 110 kV-Netzen in der Fläche vor großen Aufgaben in puncto Kapitalbeschaffung stehen.

Das Finanzierungspotenzial von Verteilnetzunternehmen ist sehr heterogen. Einzelne Unternehmen verfügen über keine Schulden, stille Reserven und hohe Geldbestände. Andere Verteilnetzunternehmen sind Tochtergesellschaften von integrierten Querverbundunternehmen, welche in einer Vielzahl von Aktivitäten involviert sind. In kommunalen Querverbundunternehmen sind oft solche Schwesteraktivitäten, wie z. B. Verkehrs-, Veranstaltungs- oder Badebetriebe seit Jahrzehnten defizitär. In der Folge weisen solche Unternehmen häufig bereits hohe Verschuldungsgrade auf und besitzen daher wenig Potenzial für eine Ausweitung der bilanziellen Verschuldung.

Die überwiegende Anzahl der mit künftigen Investitionen hochbelasteten Verteilnetzunternehmen mit Hochspannungsnetz befindet sich noch im Eigentum der börsennotierten integrierten Energieversorgungsunternehmen. Für die nun erforderliche Finanzierung ist in diesen Verteilnetzunternehmen überwiegend eine hinreichende Eigenkapitalausstattung gegeben. Inwieweit eine Veräußerung dieser Verteilnetzunternehmen von ihren bisherigen börsennotierten Anteilseigner erfolgen wird, ist derzeit noch nicht absehbar. Ähnlich wie die erfolgten Veräußerungen der Übertragungsnetze würde eine Veräußerung der verbliebenen Leitungsnetzunternehmen ebenfalls der Börsenlogik folgen. Ein solches risiko- und renditebeschränktes, kapitalverzehrendes Geschäftsfeld kann üblicherweise nur wenig Eignung für Wertsteigerungsfantasien bieten.

Rahmenbedingungen aus der Sicht „externer“ Kapitalgeber

Regulatorische Rahmenbedingungen auf Seiten der Leitungsnetze
Es steht außer Frage, dass zur langfristigen Finanzierung von Leitungsnetzen in Deutschland zusätzliche externe Eigenkapital- und Fremdkapitalgeber erforderlich sein werden. Diese Kapitalgeber werden ihre Investitionsentscheidung auf der Basis der Rahmenbedingungen für strukturell vergleichbare Investitionen fällen. Der Regulierungsrahmen spielt im Falle von Investitionen in Leitungsnetze naturgemäß eine herausragende Rolle.

Die kalkulatorische Eigenkapitalverzinsung zählt zu den in der Anreizregulierung nach Effizienzmessung berücksichtigten Kosten, die in Gesamterlösobergrenzen und damit letztendlich in Netzentgelte überführt werden. Sie war bereits in der kostenbasierten Regulierung eine Kostenkomponente, die unmittelbar normativ zum 31. Dezember 2008 festgelegt war. Mit Beschluss vom 7. Juli 2008 hat die Bundesnetzagentur mit Wirkung ab dem 1. Januar 2009 den Eigenkapitalzins jeweils vor Steuern mit 9,29 Prozent für Neuanlagen und mit 7,56 Prozent für Altanlagen festgelegt. Beide Zinssätze galten einheitlich für Elektrizitäts- und für Gasnetze; die zuvor vorgenommene Differenzierung zwischen Strom und Gas wurde aufgegeben.

Die unterschiedlichen Zinssätze für Eigenkapital, das auf Neuanlagen und auf Altanlagen entfällt, resultieren aus differenzierten Vorgaben für die kalkulatorische Abschreibung. Sie sind für Neuanlagen ausgehend von den jeweiligen historischen Anschaffungs- und Herstellungskosten nach der linearen Abschreibungsmethode zu ermitteln. Da die historischen Anschaffungs- und Herstellungskosten die Basis für die Abschreibung bilden, müssen Inflationseffekte durch einen entsprechend höheren Eigenkapitalzins ausgeglichen werden, damit auch bei dieser Abschreibungsmethode eine Wiederbeschaffung der abgeschriebenen Netzanlagen mit hinreichendem Eigenkapital unter Berücksichtigung des inflationsbedingt höheren Aufwandes für die Anschaffung bzw. für die Herstellung zum Zeitpunkt der Ersatzinvestition erreicht werden kann. Demgegenüber erfolgt die kalkulatorische Abschreibung für Altanlagen, was deren eigenfinanzierten Anteil unter Berücksichtigung der besonderen Vorgaben für ihre Eigenkapitalquote angeht, nach dem jeweiligen Tagesneuwert. Für die Bemessung des Tagesneuwertes gelten den Vorgaben entsprechende Indexwerte.

Die Eigenkapitalvergütung ist gedeckelt auf eine regulatorische Eigenkapitalquote von vierzig Prozent. Eigenkapital, das diese Quote übersteigt, wird regulatorisch wie Fremdkapital vergütet. Der Zinssatz für den diese Eigenkapitalquote übersteigenden Anteil des Eigenkapitals bestimmt sich als Mittelwert des auf die letzten zehn abgeschlossenen Kalenderjahre bezogenen Durchschnitts dreier von der Deutschen Bundesbank veröffentlichten Umlaufrenditen für festverzinsliche Wertpapiere. Der Investor hat damit die Möglichkeit, in einen historischen Durchschnittszins für Fremdkapital zu investieren.

Die Bundesnetzagentur hat am 31. Oktober 2011 die Eigenkapitalzinssätze für Investitionen in die Stromnetze festgelegt, die in der zweiten Regulierungsperiode ab 1. Januar 2014 gelten. Danach beträgt der Eigenkapitalzinssatz für Neu- bzw. Erweiterungsinvestitionen künftig 9,05 Prozent vor Körperschaftsteuer, was 10,48 Prozent vor Abzug von Körperschaft- und Gewerbesteuer entspricht. Für Altanlagen wurde der künftige Eigenkapitalzinssatz auf 7,14 Prozent festgelegt. Gegenüber der davor gültigen Eigenkapitalverzinsung in Höhe von 9,29 Prozent bzw. 7,56 Prozent bedeutet dies eine Reduktion der Eigenkapitalrendite. Maßgeblich für die Entscheidung der Bundesnetzagentur waren die Entwicklung des allgemeinen

Zinsniveaus auf den Kapitalmärkten sowie die Bewertung des unternehmerischen Risikos. So wurde der Basiszinssatz von 4,23 Prozent auf 3,80 Prozent abgesenkt, der Risikozuschlag blieb mit 3,59 Prozent aber unverändert. Nach Ertragsteuern errechnet sich so für Kapitalgeber eine Verzinsung des Eigenkapitals von rund 7,4 Prozent.

Bezogen auf das Risikoprofil einer Leitungsnetzfinanzierung erscheint die Eigenkapitalverzinsung von rund 7,4 Prozent adäquat. Anders als für kapitalmarktorientierte Unternehmen, für die dieser Wert nicht uneingeschränkt attraktiv sein dürfte, kann ein langfristig weitestgehend stabiler Return in dieser Größenordnung für institutionelle Investoren, wie beispielsweise Lebensversicherer oder Pensionsfonds, durchaus eine adäquate Anlage sein.

Die Attraktivität der Verzinsung einer Anlage ist üblicherweise im Kontext mit den korrespondierenden Risiken zu bewerten. In der Anlageklasse „Leitungsnetze" dürfte die langfristige Prognosesicherheit über die Höhe des Cash-Flows aus dem Asset und über seine Verfügbarkeit maßgeblich sein. Das wesentliche Anlagerisiko für Investoren steckt damit weniger in den Leitungsnetzen selbst als vielmehr in der Regulierung.

In Deutschland legt die Bundesnetzagentur den Eigenkapitalzins für die Dauer einer Regulierungsperiode fest und bedient sich bei der Ermittlung der Zinskomponenten einer definierten Methodik. Dieses Vorgehen führt jedoch nicht zwangsläufig zu einer für Investoren gut prognostizierbaren Eigenkapitalverzinsung. So wird beispielsweise die Vergütungskomponente „risikoloser Zinssatz" aus historischen Umlaufrenditen und damit retrospektiv ermittelt. Der risikolose Zins läuft bei der gewählten Methodik der aktuellen Entwicklung naturgemäß immer hinterher. Das ist heute als Momentaufnahme günstig, weil noch Zinssätze aus Zeiten vor der Finanzkrise mit einfließen, und bietet – für die aktuelle Regulierungsperiode – gute Prognosesicherheit. Aber schon heute ist sicher, dass sich das in die Berechnung einfließende Zinsniveau weiter reduzieren wird und sich der für den Anleger günstige Effekt in Zeiten steigender Zinsen umkehren wird. In einem solchen Fall dürfte eine markt- und risikokonforme Eigenkapitalverzinsung kaum mehr gegeben sein. Eine langfristige Prognosesicherheit besteht somit weder grundsätzlich noch relativ zum Marktniveau.

Beispielhaft für die Bewertung der Prognosesicherheit kann die Neu-Festlegung des Eigenkapitalzinssatzes vom 31. Oktober 2011 für Strom herangezogen werden. Es ist festzustellen, dass der risikolose Zinssatz auf Basis der Methodik der Bundesnetzagentur im Vergleich zur Vorperiode von 4,23 Prozent um 63 Basispunkte auf 3,60 Prozent hätte abgesenkt werden müssen. Durch eine Basisjahrverschiebung konnte der Effekt jedoch um 20 Basispunkte gemildert werden und der Wert für den risikolosen Zins bei 3,80 Prozent fixiert werden. Daneben hätte sich nach der Methodik der Bundesnetzagentur für die Ermittlung des Eigenkapitalzinses ein Risikozuschlag von (nur noch) 2,90 Prozent ergeben. Dieser wurde dann aber durch einen sog. Energiewendeaufschlag um 69 Basispunkte angehoben. Wenngleich die gemachten Adjustierungen fraglos begründet gewesen sein werden und dadurch die Attraktivität von Investitionen in Leitungsnetze gestützt wurde, so ist doch fraglich, ob und inwieweit diese Vorgehensweise, die grundsätzlich ja auch in die entgegengesetzte Richtung erfolgen könnte, für Investoren bzw. die Branche prognostizierbar war.

Wenngleich sich die deutsche Regulierung im Hinblick auf ihre Handlungsweise aus Sicht des Kapitalmarktes positiv entwickelt hat, wird doch deutlich, dass das wesentliche Risiko dieser Anlagenklasse in der Regulierung an sich und ihrer politischen Verankerung liegt.

Die Attraktivität der Anlagenklasse „Leitungsnetze" ist aus Investorensicht aber nicht nur absolut, sondern auch relativ zu ähnlichen alternativen Anlageklassen zu beurteilen. Dabei wird regelmäßig der Aspekt der Liquidität eines Investments in die Betrachtung mit einbezogen. Der Fungibilität eines Investments kann dazu wie bei einer Verkaufsoption ein Preis zuordnet und damit – auch unter Einbeziehung der Volatilität – eine Vergleichbarkeit hergestellt werden. So ist es beispielsweise bei der Bewertung von Private Equity-Investments zu Vergleichszwecken nicht unüblich, den Return bei einer angenommenen fünfjährigen Verkaufssperre um rund vier Prozent nach unten zu adjustieren.

Eigenkapitalanteile an Leitungsnetzen stellen zumindest heute wenig fungible Assets dar, in die typischerweise langfristig investiert wird. Sofern in Zukunft nicht nur strategische Investoren, sondern vermehrt auch institutionelle Kapitalgeber für diese Assetklasse gewonnen werden sollen, sollte der oben genannte Liquiditätsaspekt im Rahmen der Vergütungsregelung für Eigenkapital ebenfalls nicht unberücksichtigt bleiben.

Grundsätzlich muss die Verzinsung des Kapitals marktkonform und risikoadäquat sein, um Investoren in der Breite für Investitionen in Leitungsnetze in Deutschland zu motivieren. Andererseits ist darauf zu achten, dass die Finanzierung von Infrastruktur volkswirtschaftlich zweckmäßig, d. h. auch zu angemessenen Kosten erfolgt. In diesem Zusammenhang spielt die Kapitalquote eine möglicherweise bisher zu wenig beachtete Rolle. Die regulatorische Eigenkapitalverzinsung vor Steuern beträgt aktuell rund 10,5 Prozent. Fremdkapitalaufnahmen mit langen Laufzeiten von zehn bis dreißig Jahren für Leitungsnetze sind derzeit bei guter Bonität im „Investment Grade" zu rund drei bis fünf Prozent möglich. Unternehmerisch bzw. aus Investorensicht betrachtet und vor dem Hintergrund des relevanten Risikoprofils bietet sich eine maximale Eigenkapitalinvestition in Leitungsnetze an. Volkswirtschaftlich ist genau das Gegenteil, d. h. idealerweise eine nahezu hundertprozentige Fremdfinanzierung effizient. Um die Eigenkapitalquote zu begrenzen und die Finanzierungskosten einzudämmen, begrenzt die bestehende Regulierung derzeit die Eigenkapitalvergütung auf eine Eigenkapitalquote von maximal vierzig Prozent. Es erscheint fraglich, ob dies tatsächlich zu einer volkswirtschaftlich effizienten Finanzierungsstruktur führt.

Vor dem Hintergrund des Risikoprofils der Anlagenklasse „Leitungsnetze" wäre beispielsweise auch eine Eigenkapitalquote von dreißig Prozent auskömmlich, um nach wie vor eine gute Bonitätseinstufung und damit günstige Fremdkapitalkonditionen zu sichern. Bei einer Reduzierung der regulatorischen Eigenkapitalquote von vierzig auf dreißig Prozent würde die für die Netznutzung relevante Gesamtkapitalvergütung um rund zehn Prozent sinken.

Ungeachtet der regulatorischen Rahmenbedingungen und der Renditen ist an dieser Stelle noch anzumerken, dass die Eigenkapitalfinanzierung von Leitungsnetzunternehmen über institutionelle Investoren allenfalls für die beschriebenen Übertragungsnetz- und die wenigen großflächigen Verteilnetzunternehmen mit Hochspannungsnetzen von praktischer Relevanz sein dürfte bzw. bisher relevant war. Die übrige Verteilnetzebene ist sehr kleinteilig strukturiert und nicht zuletzt auch aufgrund der häufig diffizilen politischen Verflechtungen für Investoren schwieriges Terrain. Insoweit werden Einzeltransaktionen mit institutionellen Investoren auf dieser Ebene eher Ausnahmen darstellen.

Die nun folgenden Ausführungen zum Fremdkapital betreffen ausschließlich Fremdkapitalgeber, die echte Dritte sind. Wird bilanzielles Fremdkapital durch Gesellschafter z. B. als Gesellschafterdarlehen gestellt, wendet die Regulierung zur Begrenzung der Zinshöhe die bereits beschriebenen Vorschriften für das vierzig Prozent übersteigende Eigenkapital an. Maßgeblich für die Beurteilung der Attraktivität, echtes Fremdkapital für Leitungsnetze zur Verfügung zu stellen, sind die Netzentgeltverordnungen für Strom und Gas. Dort werden die Fremdkapitalzinsen als sogenannte „aufwandsgleiche Kosten“ behandelt. Dazu heißt es im § 5 (2) der Strom- oder Gasnetzentgeltverordnungen: „Fremdkapitalzinsen sind in ihrer tatsächlichen Höhe einzustellen, höchstens jedoch in der Höhe kapitalmarktüblicher Zinsen für vergleichbare Kreditaufnahmen.“

Diese Regelung bietet für Gläubiger ein hohes Maß an Sicherheit, da Zinsen und sonstige Finanzierungskosten umlage- und damit erstattungsfähig sind. Auch ist zu berücksichtigen, dass Infrastruktur im Allgemeinen – also nicht nur auf Energie und Netze bezogen – bei Fremdkapital im Vergleich zu anderen Branchen extrem geringe Ausfallwahrscheinlichkeiten bei gleichzeitig herausragenden Verwertungsraten (Recovery Rates) aufweist. Der prozentuale Anteil eines Darlehens, den ein Gläubiger nach der Zahlungsunfähigkeit des Infrastrukturunternehmens aus der Verwertung von Sicherheiten oder sonstigen Rechten erhält, beträgt statistisch über achtzig Prozent, was insgesamt zu einem hohen Attraktivitätsniveau führt.

Entgegen der vorgenannten gesetzlich eindeutigen und sachlich vernünftigen Regelungen kann es in der Verwaltungspraxis allerdings in Einzelfällen zu kaum nachvollziehbaren, abweichenden Auslegungen der gesetzlichen Regelungen der Bundesnetzagentur bei der Anerkennung von Fremdkapitalzinsen kommen. Eine solche Auslegungspraxis führt unweigerlich zu Verunsicherung insbesondere bei institutionellen Kapitalgebern und damit perspektivisch und volkswirtschaftlich vollkommen unnötig zu steigenden Renditeanforderungen durch Kapitalgeber. Die Verlässlichkeit der Regulierung ist auch hier von herausragender Bedeutung.

Grundsätzlich maßgeblich für die Fremdfinanzierungskosten ist die Bonität der Leitungsnetzunternehmen. Basis für die Einschätzung der Bonität durch Ratingagenturen sind Sektorrisiken, bilanzielle Kennzahlen des Leitungsnetzunternehmens, wie z. B. der Zinsdeckungsgrad oder die Fremdkapitalquote bezogen auf das regulatorische Vermögen, qualitative Kriterien des Leitungsnetzunternehmens, wie z. B. die Komplexität der Versorgungsaufgabe, die Beschränkung des Geschäftsmodells der Leitungsnetzunternehmen oder die Effizienz der Betriebsführung, und nicht zuletzt die regulatorischen Rahmenbedingungen. Die regulatorischen Rahmenbedingungen können mit bis zu vierzig Prozent Gewichtung die Bonitätsbeurteilung beeinflussen und stellen somit aus Sicht des Regulierers einen großen Stellhebel dar, um die Finanzierungskosten von Leitungsnetzen zu beeinflussen.

Bei der Bewertung des regulatorischen Rahmens sind Transparenz und Vorhersagbarkeit des Regulierungssystems, Unabhängigkeit des Regulierers[92], Reifegrad des Entgeltsystems sowie Zuverlässigkeit der Kostenerstattung die angewandten Kriterien. Im Vergleich zur Regulierung in z. B. Großbritannien, Finnland, Italien, Spanien oder Portugal, die mit AA eingestuft werden, wird die deutsche Regulierung durch Fitch Ratings mit A eingestuft.[93]

Der wesentliche Kritikpunkt der Ratingagenturen am deutschen Regulierungssystem besteht im kurzen zeitlichen Erfahrungshorizont mit dem System. Die Regulierungsvorgaben des

92 In einer Presseerklärung am 12. August 2013 warnte Moody's, dass die deutschen regulierten Leitungsnetzunternehmen aufgrund steigender Energiekosten verstärktem politischen Druck ausgesetzt sind.

93 Fitch Ratings Special Report: EMEA Regulated Network Utilities Sector Credit Factors Compendium September 2013.

Energiewirtschaftsgesetzes und der anzuwendenden Verordnungen erleben die Ratingagenturen häufig als unpräzise ausformuliert. Hierzu trägt bei, dass nach Einführung der Anreizregulierung zwischen den Regulierungsbehörden und den regulierten Unternehmen eine Vielzahl von rechtlichen Auseinandersetzungen geführt und Urteile erst mit erheblicher Verzögerung gefällt wurden. Die Gerichtsurteile und deren finanziellen Auswirkungen sind in ihrer Komplexität insbesondere für internationale Kapitalgeber weitgehend nicht nachvollziehbar.

Verlässlichkeit und zeitliche Verzögerungen bei der Anerkennung von Investitionskosten, Intransparenz bei der Bestimmung von Indexreihen und Zinssätzen sowie die fehlende Erprobtheit angewandter Methoden und eine möglicherweise daraus folgende Änderungen des Regulierungsrahmens führen zu einer international vergleichsweise schwächeren Einschätzung der deutschen Regulierung. Gerade im Kontext der durch die Energiewende drastisch vergrößerten Versorgungsaufgabe wurde bisher der zeitliche Verzug bei der Weitergabe von Kosten als Schwachpunkt des Regulierungssystems gesehen.

Vor dem Hintergrund der anstehenden großen Investitionsaufgaben für die Energiewende wurde der deutsche Gesetzgeber tätig und entwickelte den gesetzlichen Rahmen hierzu weiter – zuletzt mit der Verkündung der "Verordnung zur Änderung von Verordnungen auf dem Gebiet des Energiewirtschaftsrechts" im Bundesgesetzblatt am 21. August 2013. Damit sind die Neuregelungen, die insbesondere die Themen Preisindizes, Eigenkapitalverzinsung, individuelle Netzentgelte, Pooling, Straßenbeleuchtung und Investitionsmaßnahmen betreffen, nunmehr von den Regulierungsbehörden und Unternehmen anzuwenden.

Hiermit sind zumindest einige der Kritikpunkte der Ratingagenturen aufgenommen und teilweise behoben worden. Hierzu gehören insbesondere die Herstellung von Transparenz über die Zusammensetzung der angewandten Indexreihen, die Festlegung der Methodik für die Ermittlung der Verzinsung des vierzig Prozent übersteigenden Anteils des Eigenkapitals, dem sogenannten EK II. Des Weiteren wurden die Regelungen zur Anerkennung von Investitionsmaßnahmen in der Hochspannungsebene der Verteilernetzbetreiber an die bestehenden Regelungen bei Übertragungsnetzbetreibern angepasst und dadurch der zeitliche Verzug bei der Anerkennung gemindert. Ebenso wurde ein Zuschlag für Kosten der Netzbetreiber für Forschung und Entwicklung eingeführt, der mit den auch technologisch anspruchsvollen zusätzlichen Versorgungsaufgaben korrespondiert.

Im Gesamtzusammenhang positiv zu bewerten ist die vorgezogene Evaluierung der Anreizregulierung vom 1. Januar 2016 auf den 31. Dezember 2014. Damit wird es zeitiger als ursprünglich zu erwarten war, Auskunft über die Weiterentwicklung des Regulierungsrahmens in Deutschland geben und hierdurch die Stabilität der Regulierung für Kapitalgeber erhöht.

Im Zusammenhang mit den regulatorischen Rahmenbedingungen sind neben vergütungsseitigen Aspekten nicht zuletzt auch wirksame Regelungen erforderlich, die die Umsetzung der Netzinvestitionen sichern. Mit der Verabschiedung des Bundesbedarfsplangesetzes für Übertragungsnetze im Jahr 2013 wurde die entscheidende Voraussetzung für den Start von konkreten Planungsverfahren für Übertragungsnetzunternehmen geschaffen. Im gesetzlich vorgegebenen Planungsverfahren werden die Trassen festgelegt, so dass die technischen Rahmenbedingungen für eine Ausgestaltung der Finanzierung stehen, sobald Länge und Verlauf der Korridore festgesetzt sind.

Ein solides Planungsverfahren im Vorfeld trägt maßgeblich zum Erfolg der Finanzierung bei. Denn sollten beispielsweise bei fehlender frühzeitiger Bürgerbeteiligung in der Bauphase aufgrund öffentlichen Drucks bedeutende Verzögerungen, Änderungen oder gar ein kompletter Baustopp entstehen, hätte dies Auswirkungen auf die Finanzierungsbereitschaft künftiger Projekte durch Kapitalgeber. Von großer Bedeutung ist auch, dass Netzausbau und –verstärkung an den tatsächlichen Bedarf angepasst werden. Dies gilt sowohl mit Blick auf die Übertragungsnetze als auch die Verstärkung dezentraler Strukturen über Verteilnetze. Zusätzlich muss die Einbettung in den europäischen Strommarkt erfolgen.

Finanzmarktseitige Rahmenbedingungen
Die Rahmenbedingungen der Energiewende für eine Bankenfinanzierung haben sich in Folge der Finanzkrise und der folgenden Bankenregulierung deutlich verschlechtert. Die verstärkte Finanzmarktregulierung mit erhöhten Eigenkapitalhinterlegungen erschwert Banken die langfristige Kreditvergabe zu ansprechenden Konditionen und wirkt sich in einem stark reduzierten Angebot für langfristige Bankkredite aus.

Daher stehen die Leitungsnetzunternehmen mit ihrer Finanzierung der durch die Energiewende verursachten Investitionen vor erheblichen Herausforderungen. Während auf Seiten der Leitungsnetzunternehmen die Bereitstellung von Eigenkapital wegen der Verschlechterung der eigenen Refinanzierungsmöglichkeiten zum Engpass beim Netzausbau werden kann, gestaltet sich auf Bankenseite die Vergabe von Fremdkapital in Folge von Finanz- und Staatsschuldenkrise und neuer Bankenregulierung im langfristigen und großvolumigen Bereich als schwierig. Die neuen Anforderungen an die qualitative und quantitative Eigenkapitalunterlegung von Krediten sind unter dem Stichwort Basel III bekannt. Einher gehen damit neue Vorgaben zur langfristigen Refinanzierung, die Banken seit der Finanzkrise nicht mehr beliebig zur Verfügung steht. Im Effekt führt dies zu einer Einschränkung der Leistungsfähigkeit der Kreditinstitute, was die Vergabe von Krediten mit langen Laufzeiten betrifft oder zu einer Verteuerung dieser Kredite. Von den Folgen der Finanzkrise sind gerade auch Banken aus dem öffentlichen Bereich betroffen, die sich traditionell stark im Energiesektor engagieren. Insgesamt muss davon ausgegangen werden, dass Banken für fristenkongruente Leitungsnetzfinanzierungen als Kapitalgeber kaum noch in Frage kommen.

Die Finanzierung des Leitungsnetzausbaus für die Energiewende erfordert neben Fremdkapital auch eine Aufstockung des Eigenkapitals bei den betroffenen Unternehmen. Hierfür stehen die traditionellen Eigenkapitalgeber der Energieversorgung – die öffentliche Hand und die börsennotierten integrierten Energieversorger – ebenfalls nur noch begrenzt zur Verfügung.

Eine Ergänzung zu den traditionellen Eigenkapitalgebern können institutionelle Investoren darstellen. Sie könnten über geeignete Fonds- und Beteiligungsstrukturen stärker eingebunden werden, denn solche Investoren suchen seit der Staatsschuldenkrise nach neuen Anlageklassen. Leitungsnetze sind für langfristig konservativ orientierte Investoren eine interessante, in Deutschland jedoch relativ neue Investitionsmöglichkeit. Um den Kreis der Kapitalgeber zu erweitern, wird ein erheblicher Lernprozess bei Investoren, Banken sowie der Finanz- und Energieregulierung notwendig sein.

Grundsätzlich haben Investoren wie Versicherungen und Pensionsfonds aktuell ein hohes Interesse an Anlagemöglichkeiten aus dem Bereich Infrastruktur, da sie in Folge der Staatsschuldenkrise und Niedrigzinsphase einen erheblichen Anlagedruck haben bzw. ehemals in Staatsanleihen investiertes Kapital in adäquate Alternativen investieren müssen. Eine Aufgabe ist es also, angemessene Finanzierungsstrukturen zur Einbindung der diversen Partner zu schaffen. Dies ist jedoch nicht trivial, da sich die potenziellen Investoren durch unterschiedliche Zielsetzungen, Anforderungen an die Struktur und das Risikoprofil, Renditeerwartungen, Refinanzierungsmöglichkeiten und nicht zuletzt regulatorische Rahmenbedingungen auszeichnen. Für die oben genannten Investoren ist zumeist der direkte Marktzugang zu Investitionen in die Anlagenklasse Leitungsnetze eingeschränkt, da die Marktexpertise hierfür in der Regel nicht vorhanden ist.

Die relevanten Akteure für Langfristfinanzierungen am Kapitalmarkt, wie z. B. Versicherungen und Pensionsfonds bzw. –kassen aus dem In- und Ausland, wollen kongruent zu ihren Leistungsversprechen investieren und können entweder direkt oder über Private Equity- und Debt Funds Eigen- bzw. Fremdkapital in Leitungsnetze investieren. Jedoch unterliegen diese neuen potenziellen Investoren den Einschränkungen durch die für sie relevante Regulierung nach Solvency II. Beispielsweise sind danach Fund-Investments mit neunundvierzig Prozent Eigenkapital zu unterlegen, wodurch indirekte Investitionen über Fondsstrukturen insbesondere in Fremdkapital wirtschaftlich nicht das angestrebte Ergebnis erzielen können.

Weitere Einschränkungen für das Investment durch vorgenannte Akteure können auch daher resultieren, dass häufig eine geringe Kompatibilität auf Asset- bzw.- Unternehmensebene in Bezug auf den organisierten Kapitalmarkt für indirekte Investitionen bzw. Verbriefungen vorliegt. Ursächlich hierfür können zum Beispiel die geringen Einzelinvestitionsvolumina vieler Leitungsnetzunternehmen, ungeeigneten Strukturen bei Verteilnetzunternehmen oder die Flexibilitätsanforderungen an die Finanzierung während des Baus und der Inbetriebnahme sein.

Zusammenfassend lässt sich feststellen, dass, um die Finanzierung der Energiewende zu ermöglichen, verschiedene Wege beschritten werden müssen, um Kapitalgeber und Kapitalnehmer ausreichend zueinanderfinden zu lassen. Für Fremdkapital werden die Leitungsnetzunternehmen stärker als bislang den Kapitalmarkt direkt ansprechen müssen. Anleihen und Schuldscheindarlehen werden den klassischen Bankkredit als weitere Finanzierungsquelle immer häufiger sinnvoll ergänzen.

Finanzierungsbereitschaft und –interesse seitens der Kapitalsammelstellen für Leitungsnetzinvestment ist national und international in der erforderlichen Breite gegeben. Die von langfristig orientierten Kapitalgebern gerade aus der Versicherungswirtschaft einerseits und den Leitungsnetzunternehmen andererseits angestrebten Finanzierungsvolumina und –laufzeiten sind grundsätzlich kompatibel. Aber es sind noch zusätzliche Maßnahmen erforderlich, um den bislang beobachtbaren geringen „Market-Match“ aufgrund struktureller und regulatorischer Einschränkungen sowie mangelndem Marktverständnis auf beiden Seiten zu überwinden.

Die netzseitigen regulatorische Rahmenbedingungen sind für Kapitalmarktinvestoren akzeptabel. Die Rahmenbedingungen auf der Finanzmarktseite sind verbesserungsfähig, insbesondere was die Versicherungswirtschaft (Solvency II) betrifft. Insgesamt sind zwar Marktzugangs- und Strukturprobleme vorhanden, die aber lösbar erscheinen.

Lösungsansätze zur Optimierung der Finanzierbarkeit von Leitungsnetzen aus Kapitalgebersicht

Optimierungsansätze auf Ebene der Regulierung für Leitungsnetze
Die Finanzierung des Zubaubedarfs aus der Energiewende für deutsche Leitungsunternehmen ist aus Sicht von Kapitalgebern ein attraktives, da reguliertes Geschäft. Die Finanzierungskosten werden unter anderem durch das Regulierungsregime bestimmt, da es das Rating eines Leitungsnetzunternehmens maßgeblich beeinflusst. Die großen Ratingagenturen nutzen in ihrem Ratingprozess als Benchmark für das regulatorische Umfeld die Regulierung des Vereinigten Königreichs; andere europäische Regime werden mit einem Abschlag beurteilt. Je transparenter, verlässlicher und prognostizierbarer der Regulierungsrahmen ist, desto besser fällt die Beurteilung aus. Entsprechend wird den Entscheidungen der Bundesnetzagentur für die Regulierungsperioden hohe Bedeutung beigemessen. Ein gutes und stabiles Rating erleichtert den Zugang zum Kapitalmarkt, senkt die Finanzierungskosten und damit die Netzentgelte.

Es lässt sich festhalten, dass die vorhandenen regulatorischen Rahmenbedingungen zunächst einen geeigneten Rahmen für die Finanzierung der beabsichtigten Leitungsnetzinvestitionen darstellen. Der erreichte Regulierungsstand sichert grundsätzlich die Einnahmeströme der Leitungsnetzunternehmen stabil ab und stützt somit ihre Finanzierung. Trotzdem besteht noch ein deutlicher Verbesserungsbedarf des regulatorischen Rahmens. Hierzu gehören insbesondere:

- Die Ausgestaltung einer dauerhaft marktkonformen Eigenkapitalvergütung durch die Einführung eines angemessenen, nicht retrospektiv ermittelten „risikolosen“ Zinssatzes,
- die transparente Offenlegung von Regulierungsentscheidungen, um diese nachvollziehbar zu machen,
- die weiter Beschränkung des Geschäftsmodells der Leitungsnetzunternehmen,
- die langfristige Zusage, den Regulierungsrahmen stabil zu halten und wesentliche Parameter nicht zu ändern, insbesondere keinen politischen Einfluss zu nehmen, um zum Nachteil von Investoren politisch motiviert Energiepreise zu senken und
- den genehmigungsrechtlichen Rahmen zur Errichtung von Leitungsnetzen entsprechend der gesetzlichen Vorgaben so umzusetzen, dass operative Risiken durch kurze Bauzeiten gesenkt werden.

Durch die vorgenannten Maßnahmen würde der regulatorische Rahmen die Verlässlichkeit der Zahlungsströme erhöhen. Hierdurch können deutsche Leitungsnetzunternehmen als Emittent eine höhere Bonitätseinschätzung erreichen und die Gesamtfinanzierungskosten könnten gesenkt werden. Weitere Kosteneinsparungen könnten erzielt werden, indem die maximale regulatorische Eigenkapitalquote unter Berücksichtigung von Bonitätseffekten abgesenkt würde.

Optimierungsansätze auf Seiten des Finanzmarktes
Optimierungsansätze auf Seiten des Finanzmarktes sind sowohl durch ergänzende Angebotsstrukturen als auch durch regulatorische Anpassungen möglich.

Projektanleihen

Zur Verbreiterung des Kapitalangebots für Infrastrukturprojekte im Allgemeinen erscheint es geboten, das stark zurückgegangene Projektfinanzierungsvolumen aus dem Bankensektor durch kapitalmarktorientierte Strukturen wieder auszuweiten. Projektanleihen könnten hierzu ein probates Mittel zu sein, wenngleich sich derartige Strukturen in Europa nur sehr langsam zu etablieren scheinen. Projektanleihen werden auch von der EU-Kommission zur Finanzierung von Infrastrukturvorhaben als zweckmäßig angesehen und ihre Verbreitung wird über die sogenannte Project Bond Initiative der Europäischen Investitionsbank (EIB) gefördert.

Wie bei Projektfinanzierungen üblich, tritt als Emittent einer Projektanleihe nicht ein diversifiziertes Unternehmen auf, sondern eine eigens für das spezifische (Leitungsnetz-)Projekt gegründete Zweckgesellschaft. Maßgeblich für die Platzierbarkeit der Anleihe und damit für die Finanzierbarkeit eines Projekts über den Kapitalmarkt ist die Projektbonität. Hier setzt die EIB mit ihrer Project Bond Initiative an, in dem sie über eine Juniortranche im Sinne einer Credit Enhancement Facility Bondgläubiger in gewissem Maße vor Ausfällen schützt. Das Rating der Projektanleihe wird dadurch verbessert, die Platzierbarkeit erleichtert und gegebenenfalls können auch die Kosten optimiert werden.

Grundsätzlich ist für diese Form der Finanzierung ein externes Rating erforderlich. Das zu finanzierende Projekt muss schon für sich alleine, also ohne die oben genannte Fazilität der EIB, ein Rating im Investment Grade-Bereich erreichen – also mindestens BBB-. Wesentlich für ein auskömmliches Rating ist die Prognosesicherheit in Bezug auf die Cashflows des Projekts. Im Hinblick auf die Finanzierung von Leitungsnetzen könnte es dabei zur Herausforderung werden, ein Leitungsprojekt ausreichend klar zu definieren und abzugrenzen. Während dies bspw. für die Anbindung eines oder mehrerer Offshore-Windparks gut darstellbar ist, lässt sich der Bau einer Teilstrecke innerhalb eines bestehenden Netzes nur schwer herauslösen und die spezifischen Einnahmen berechnen. In solchen Fällen könnte die Abgrenzung gegebenenfalls durch ein Pachtmodell realisiert werden.

Bei Leitungsnetzen sind die Voraussetzungen für Finanzierungen über Projektbonds darüber hinaus insoweit eingeschränkt gegeben, als die Nutzungsdauern der Anlagen sehr lang sind und eine vollständige Amortisation innerhalb der Anleihelaufzeit in der Regel nicht realistisch ist. Dadurch besteht – anders als bei Projektfinanzierungen üblich – die Notwendigkeit einer Anschlussfinanzierung, was für die Anleihegläubiger ein Risiko darstellt, das zumindest in Teilen außerhalb der Projektsphäre liegt (z. B. allgemeine Verfassung der Finanzmärkte im Zeitpunkt der Anschlussfinanzierung bzw. allgemeine Verfügbarkeit von Kapital). Durch eine adäquate Strukturierung der Projektanleihen sowie bei einem entsprechenden Regulierungsrahmen könnte das Risiko der Anschlussfinanzierung jedoch ausreichend mitigierbar sein.

Insgesamt handelt es sich zumindest auf Deutschland bezogen noch um eine relativ neue Finanzierungsstruktur und Anlageklasse, auf die sich Banken, Investoren und die ausschreibenden Behörden erst noch einstellen müssen. Dieser Lernprozess erfordert Zeit, die die Politik den beteiligten Akteuren angesichts des Umfangs der Modernisierung der Infrastruktur in Europa geben sollte. Wichtig ist dabei, dass der finanzmarktregulatorische Rahmen nicht zum Hindernis wird.

Projektanleihen sind bezogen auf den Infrastrukturbereich insgesamt eine sehr sinnvolle Ergänzung zur Bank- oder Unternehmensfinanzierung und werden sich voraussichtlich weiter durchsetzen. Aufgrund der beschränkten Anwendbarkeit für Leitungsnetzfinanzierungen werden sie aber vermutlich in diesem Sektor nur einen geringen Einfluss auf den Gesamtrahmen ausüben können.

Debt Funds

Institutionelle Investoren wie Versicherungen und Pensionskassen spielen durch die Wahrnehmung ihrer Kapitalanlagefunktion eine wichtige Rolle in der Unternehmensfinanzierung: indirekt, indem sie Banken über ungedeckte Bankschuldverschreibungen sowie Pfandbriefe und Äquivalente (Covered Bonds) refinanzieren. Direkt fungieren sie, wenn auch weniger ausgeprägt, als mittel- und unmittelbare Eigenkapital- und Fremdkapitalgeber. Da sie kongruent zu ihren eigenen Verpflichtungen an langfristigen Anlageformen interessiert sind, bilden Infrastrukturen potenziell eine interessante Anlageklasse. Die eigenständige Kreditvergabe an Unternehmen ist für Versicherungen, die in der Regel über keine Banklizenz verfügen, nur in sehr engen Grenzen möglich und erfordert den Aufbau einer internen Kreditabteilung mit hohen Investitions- und Fixkosten.

Neben der eingeschränkten direkten Kreditvergabe bieten sich indirekt sowohl der Erwerb bereits bankseitig ausgereichter Kredite als auch von Anteilen an Infrastrukturkreditfonds an. Die erste Variante macht für den Investor den Aufbau einer internen Kreditabteilung erforderlich und verlangt in Abhängigkeit vom regulatorischen Rahmenwerk gegebenenfalls eine bestimmte Strukturierung. Bei der zweiten Variante erwirbt in der Regel ein unabhängiger Asset Manager Kredite von verschiedenen Banken. Die Bank behält regelmäßig einen Teil des Kredits auf dem eigenen Buch, der verbleibende Teil wird syndiziert. Die Bank bleibt verantwortlich für das originäre Kreditgeschäft sowie die Kundenbeziehung, was für den Investor von hoher Bedeutung ist. Dieser erhält diversifizierten Zugang zu Infrastrukturkrediten ohne den teuren Aufbau einer eigenen Kreditabteilung leisten zu müssen. Gleichwohl muss er aber über die fachlichen und personellen Ressourcen verfügen, um sein Engagement sachgerecht bewerten zu können. Bei beiden Varianten besteht der Hauptvorteil aus Bankensicht in einer Entlastung der eigenen Bilanz.

Allerdings gibt es verschiedene regulatorische Einschränkungen für das Engagement institutioneller Investoren:

- Nach Aussagen der deutschen Versicherungswirtschaft werden in der bisherigen Fassung der geplanten Regelungen für die Versicherungen (Solvency II) Infrastrukturinvestitionen zur Quote für nicht notierte Beteiligungen (in der auch Investitionen in Hedgefonds und Private Equity erfasst werden) hinzugerechnet. In dieser Quote sind auch Anlagen enthalten, die deutlich risikoreicher sind als Infrastrukturen und für die entsprechend hohes Eigenkapital (im Standardansatz neunundvierzig Prozent) vorgehalten werden muss. Dabei wird ignoriert, dass zumindest im regulierten erneuerbare Energien- sowie Leitungsnetzbereich die Risiken dank garantierter Abnahmepreise bzw. Kostenerstattungen reduziert sind. Der Gesamtverband der deutschen Versicherungswirtschaft (GDV) fordert entsprechend die Einführung einer neuen Anlagenklasse für Infrastruktur und erneuerbare Energien[94].
- Externes Ratingerfordernis: Ein Rating der Schuldtitel – üblicherweise im Investment Grade – ist in vielen Fällen notwendig, um sowohl inländische regulatorische Vorgaben zu erfüllen sowie auch ausländische Investoren anzuziehen. Oft sind externe Ratings aber nicht verfügbar bzw. müssten erst beauftragt werden. Das Rating bestimmt sich primär aus der wirtschaftlichen Tragfähigkeit des Leitungsnetzunternehmens bzw. Projektes selbst,

94 Pressemeldung des GDV am 20. März 2013 zur Vorstellung des Positionspapiers: Zur Verbesserung der Bedingungen für Investitionen in Infrastruktur und Erneuerbare Energien.

aber auch aus dem Rating der beteiligten Firmen sowie dem vorgenannten regulatorischen Rahmen.

Neben den genannten regulatorischen Einschränkungen gibt es weitere Aspekte, die dem Engagement von institutionellen Investoren Grenzen setzen oder zumindest Anpassungsprozesse erfordern:

- Verhaltener Risikoappetit: Schon aufgrund ihres Geschäftsmodells können Versicherungen und Pensionskassen nur in begrenztem Umfang Risiken übernehmen. Folglich ist davon auszugehen, dass sie bei neuen Technologien oder der Finanzierung von Projekten inklusive einer Bauphase zurückhaltend sein werden. Erst ab der Betriebsphase und bei ausreichend erprobten Technologien ist mit einem größeren Engagement zu rechnen.
- Herausforderungen für die Finanzierungsstruktur:
  - Gerade im Neubau, aber auch bei bestehenden Projekten sind unregelmäßige Auszahlungstermine und Eigenkapitalnachschüsse nicht unüblich. Dies stellt für Investorengruppen, die auf ein hohes Maß an Regelmäßigkeit und Vorhersehbarkeit bedacht sind, eine Herausforderung dar.
  - Kapitalnehmer haben üblicherweise ein Interesse an Zinssicherung, bei Projektfinanzierungen ist ein gesicherter Zins de facto zwingend. Bei Bankfinanzierungen erfolgt die Zinssicherung typischerweise über ein separates Zinssicherungsgeschäft mit dem Kreditnehmer (Zinsswap). Demgegenüber bevorzugen institutionelle Investoren wie Versicherungen Instrumente mit einem festen Zinssatz/-kupon, so dass ein Zinssicherungsgeschäft nicht mehr notwendig ist.
  - Bislang sind Investoren eher an endfällige Darlehen gewöhnt. Manche Projekte verlangen jedoch eine amortisierende Struktur, so dass sich Investoren bereits auf annuitätische Tilgungsprofile umzustellen beginnen. Banken arbeiten unter Risikogesichtspunkten und aus Cashflow-Sicht häufig mit variablen Tilgungsstrukturen.
- Fehlendes Know-how: Da Leitungsnetze in Deutschland noch eine relativ junge Anlageklasse sind, besteht gerade bei Investoren, die sich aufgrund ihrer Größe kein eigenes Research leisten, Nachholbedarf beim Aufbau des notwendigen Fachwissens für Investitionen in Infrastrukturen und ihre regulatorische Behandlung. Intermediäre wie bspw. Debt Funds können hier zwar wesentlich unterstützen; zusätzliches Know-how ist aber in jedem Falle auch auf Ebene der Investoren erforderlich.

Die Einbindung institutioneller Investoren ist ein wichtiger Baustein im Gesamtkontext der Infrastrukturfinanzierung. In der Bauphase von Projekten ist jedoch zu erwarten, dass Gesellschafter und/oder Banken die Zwischenfinanzierung übernehmen und institutionelle Investoren typischerweise erst ab der Betriebsphase hinzukommen bzw. die Bauphasenfinanzierung ganz oder in Teilen ablösen.

4.4.3 Fazit

Leitungsnetze in Deutschland sind Assets mit einem sehr konservativen Risiko-Rendite-Profil. Sie eignen sich insofern grundsätzlich als Basis für die langfristige Kapitalanlage.

Im Zuge der Regulierung sind die erzielbaren Renditen aus dem Netzeigentum in den zurückliegenden Jahren sukzessive zurückgegangen. Aufgrund dessen und vor dem Hintergrund der für Leitungsnetzinfrastruktur typischen hohen und langen Kapitalbindung ist dieses Geschäftsfeld für kapitalmarktorientierte Unternehmen nur noch bedingt von Interesse. Aus diesem Grunde sowie auch bedingt durch die erodierende finanzielle Leistungsfähigkeit der bisherigen Player aus der Energiebranche ist nicht zu erwarten, dass diese bereit und in der Lage sein werden, die zukünftigen Investitionen in den Leitungsnetzsektor zu leisten. Auch der Staat dürfte aus ordnungs- und fiskalpolitischen Gründen nur begrenzt für die Finanzierung zur Verfügung stehen.

Es bedarf daher neuer Kapitalstrukturen bzw. neuer Kapitalgeber, wie sie in Teilen bereits im Übertragungsnetzbereich umgesetzt wurden (siehe 50 Hertz Transmission GmbH und Amprion GmbH). Aufgrund der im Leitungsnetzbereich gegebenen Risiko-Rendite-Struktur kommen als Kapitalgeber vor allem institutionelle Investoren aus dem Lebensversicherungs- und Pensionskassensektor sowie Versorgungswerke in Betracht, die ihrerseits ihren Beitragszahlern langfristige Leistungsversprechen abgegeben haben und nach der Finanz- und Staatsschuldenkrise nach alternativen Anlagemöglichkeiten suchen, um die bis dato im Portfolio dominante Anlage in Staatsanleihen, die entweder keine ausreichende Bonität mehr aufweisen und/oder nicht mehr ausreichend dazu beitragen, etwaige Garantieverzinsungen zu erreichen, partiell substituieren zu können.

Die meisten dieser Investoren sind in der Lage, ihre Anlagen weltweit zu tätigen. Der historisch national geprägte Leitungsnetzsektor muss insofern zukünftig im internationalen Maßstab einen ausreichend attraktiven Investitionsrahmen bieten, um das für die weitreichenden Investitionsvorhaben notwendige Kapital in ausreichendem Umfang anzuziehen. Die gezielte und kluge Anpassung der Regulierung kann dazu wesentlich beigetragen. Gleichzeitig können die Kapitalkosten für die Investitionen optimiert werden.

In diesen Kontext gehören beispielsweise die Forderungen der Ratingagenturen[95] nach Unabhängigkeit des regulatorischen Regimes von politischen Einflüssen sowie nach klaren Prinzipien für eine pünktliche Kostenerstattung. Ein weiterer Ansatz zur Risiko- und damit Kostenminimierung kann darin liegen, die EEG-Abwicklung von der Infrastruktur zu trennen und hierdurch das Geschäftsmodell der Leitungsnetzunternehmen zu beschränken. Klare Aussagen der Exekutive und Legislative zur Transparenz und Stabilität des Regulierungsrahmens stärken die Bonität der Netzbetreiber und erlauben eine weitere Begrenzung der Eigenkapitalvergütung. Weitere nicht unerhebliche Kostensenkungspotenziale könnten realisiert werden, wenn das regulatorisch zulässige Eigenkapital moderat abgesenkt würde und wenn die finanzmarktseitige Regulierung die spezifischen Risiken von Infrastrukturinvestitionen differenziert berücksichtigen würde.

Neben den notwendigen regulatorischen Anpassungen ist es erforderlich, den Zugang für institutionelle Investoren zu Leitungsnetzinfrastruktur bzw. zu entsprechenden Investitionen zu verbessern. Dazu müssen sich die Netzeigentümer stärker dem Kapitalmarkt zuwenden und seine Gepflogenheiten erlernen und annehmen. Gleichzeitig erscheint es zweckmäßig, geeignete Strukturen und spezialisierte Intermediäre aufzubauen, die es institutionellen Investoren in der Breite, d. h. auch denjenigen ohne eigenes vertieftes Sektor-Know-how ermöglichen, in Leitungsnetzinfrastrukturen zu investieren.

95 Zuletzt z. B. auch durch die Ratingagentur Moody's im August 2013.

Die zur Finanzierung des Umbaus der Stromnetze für eine nachhaltige Energieversorgung erforderlichen Mittel sind (nur) bei den großen Kapitalsammelstellen in ausreichendem Maße vorhanden. Über diese institutionellen Investoren kann das Kapital kosteneffizient beschafft werden, sofern der Rahmen zur Absicherung von Investorenrisiken wirksam gestaltet und dabei eine optimierte Finanzierungsstruktur ermöglicht wird, und letztendlich können über diesen Weg auch breite Bevölkerungsschichten angemessen in die Neugestaltung der Energieinfrastruktur investieren und davon partizipieren.

4.5 Ökonomische Beurteilung der Anreizregulierung

TOMAS HAUG UND DOMINIK HÜBLER

Tomas Haug ist Associate Director in NERAs Praxisgruppe Infrastruktur (Energy, Environment, and Networks) und leitet deren Berliner Standort. Er ist Experte für die Kapitalkostenbestimmung und finanzielle Modellierung im Bereich der regulierten Infrastruktur. In diesem Bereich berät er private und öffentliche Kunden zu ökonomischen und finanzwirtschaftlichen Fragen, insbesondere Effizienzanalyse, finanzieller Modellierung, Tarifstruktur und weiteren regulatorischen und wettbewerbsökonomischen Fragen. In den letzten Jahren war er zudem bei verschiedenen Transaktionen als Berater für die regulatorische Due Diligence zuständig und außerdem als Parteigutachter bei Gerichts- und Schiedsverfahren tätig.

Dominik Hübler ist Principal (Senior Consultant) bei NERA Economic Consulting in Berlin. Er ist Mitglied der Praxisgruppe Infrastruktur (Energy, Environment and Networks). Seine Themenschwerpunkte sind die regulatorische Beratung von Unternehmen und Regulierungsbehörden, sowie der Politik. Zudem berät er regelmäßig Investoren bei der Akquise von Infrastrukturanlagen (insbesondere im Bereich der Energienetze und der erneuerbaren Energie) sowie Anwaltskanzleien zu ökonomischen Fragen in ordentlichen Gerichts- und Schiedsverfahren.

4.5.1 Einleitung

Mit dem Start der Anreizregulierung in Deutschland am 1. Januar 2009 waren hohe Erwartungen an verbesserte Investitionsbedingungen und Effizienzsteigerungen verbunden[96], denen lange und intensive Verhandlungen vorausgingen (zu den expliziten Zielen der Einführung siehe Abschnitt 4.5.2.1).

Mittlerweile wurden für alle Netze zwei Kostenprüfungen durchgeführt (wobei die endgültigen Festlegungen für die zweite Regulierungsperiode Strom und in manchen Fällen selbst Gas zum Zeitpunkt des Verfassens dieses Kapitels noch immer auf sich warten lassen) und es kann eine erste Bestandsaufnahme der Implementierung und der Auswirkungen der Anreizregulierung in Deutschland durchgeführt werden.

Nach einer ersten Betrachtung zeigt sich, dass die Netzentgelte seit Einführung der Anreizregulierung gesunken sind. Für Haushalte zum Beispiel haben sich die Kosten von 7,3 ct/kWh in 2006 auf 6,52 ct/kWh in 2013 reduziert.[97] Zudem haben sich die Situation und die Anforderungen an die Netze in den letzten Jahren stark verändert. Durch die Ausweitung der dezentralen Einspeisung vor allem von Solar- und Windenergie ist die Volatilität der Einspeisung signifikant gestiegen.[98] Auch werden diese Energiequellen vielfach direkt an die Verteilnetze angeschlossen, die für diese Art der Belastung momentan nicht ausreichend ausgelegt sind. Daher sind in den nächsten Jahren enorme Investitionen in diese Netze, allerdings auch in Übertragungsnetze, notwendig.[99] Auf technischer Seite kommen durch die Einführung von

---

96 Siehe z. B. Bundesnetzagentur (30. Jun 2006): Bericht zur Anreizregulierung – Pressemitteilung.

97 Bundesnetzagentur, Bundeskartellamt (Dez 2013): Monitoringbericht S. 68.

98 Bundesnetzagentur, Bundeskartellamt (Dez 2013): Monitoringbericht S. 6.

99 Deutsche Energie Agentur (Dez 2012): Verteilnetzstudie S. 148.

Smart Metern und der Diskussion über Smart Grids weitere Herausforderungen auf die Netzbetreiber zu. Diese müssen mittelfristig ebenfalls in die Überlegungen zur Anreizregulierung mit einbezogen werden.

Von öffentlicher Seite ist für 2014 laut ARegV § 33 (1) eine Evaluierung der Anreizregulierung vorgesehen. Aber auch von dritter Seite scheint der Zeitpunkt für eine unabhängige Bewertung gekommen. Die Autoren dieses Kapitels haben in langjähriger Arbeit sowohl mit Netzbetreibern und Investoren, als auch mit Verbänden und Rechtsinstanzen Einblicke von verschiedenen Seiten in die Effekte der deutschen Anreizregulierung sammeln können. In diesem Kapitel wollen wir daher zuerst objektive ökonomische Standards zur Bewertung der Anreizregulierung entwickeln, die sich aus der Fachliteratur und den praktischen Anforderungen der Beteiligten ergeben. Danach sollen der aktuelle Regulierungsrahmen anhand dieser Standards bewertet werden und Vorschläge zur Verbesserung des Regulierungsrahmens ausgearbeitet werden.

4.5.2 Bewertungsstandards

4.5.2.1 Die postulierten Ziele der Regulierung

Laut § 1 (2) des EnWG sind die Ziele der Anreizregulierung die folgenden:

> *Die Regulierung der Elektrizitäts- und Gasversorgungsnetze dient den Zielen der Sicherstellung eines wirksamen und unverfälschten Wettbewerbs bei der Versorgung mit Elektrizität und Gas und der Sicherung eines langfristig angelegten leistungsfähigen und zuverlässigen Betriebs von Energieversorgungsnetzen.*

Eine (ökonomische) Bewertung muss neben der Frage nach den postulierten (politischen) Zielen aber auch die Frage nach deren ökonomischer Einordnung stellen. In ökonomische Termini übersetzt lassen sich diese Vorgaben auf zwei Primärziele herunterbrechen:

- Ein <u>effizientes Investitionsniveau</u> (zur langfristigen Sicherung des Netzbetriebs) ergibt sich dadurch, dass die regulierten Netzbetreiber in der Lage sind, sich langfristig und ausreichend mit Kapital zu versorgen, um alle notwendigen Aus- und Umbauten für den reibungslosen Betrieb ihrer Anlagen sicherzustellen. Es beinhaltet auch die Vorgabe, dass keine unnötige Überinvestition stattfindet oder die Qualität über das Maß angehoben wird, für das der Verbraucher bereit ist zu zahlen.
- Eine <u>effiziente Netznutzung</u> (zur Sicherstellung des unverfälschten Wettbewerbs auf dem Endkundenmarkt) umfasst eine faire und zielführende Verteilung von Kosten zwischen verschiedenen Verbrauchergruppen und den Unternehmen.

Grob vereinfacht, lässt sich der erste Aspekt als Grundlage der Ermittlung der Erlösobergrenze (EOG) darstellen, während der zweite Aspekt die Verteilung der EOG auf die einzelnen Nutzergruppen betrifft. Zentraler Aspekt der deutschen Regelungen und vielfach auch der akademischen Literatur[100] ist der erste Schritt, während die Verteilung der EOG auf die einzelnen Nutzergruppen weitgehend den Netzbetreibern überlassen bleibt (vgl. § 17 StromNEV). Der Fokus dieses Beitrags liegt auf der Sicherstellung von effizienten Investitionen, wenngleich

[100] Newbery (2002): Privatization, Restructuring, and Regulation of Network Utilities, MIT Press, S. 138.

das zweite Thema, die Kostenverteilung, mit den Stichpunkten G-Komponente[101], Netzentgeltsystematik[102] und Wettbewerb zwischen Gas-FNBs[103] sowie dem separaten Themenbereich Entflechtung Stoff für kontroverse Diskussionen birgt.

Wird die Sicherstellung von effizienten Investitionen ins Zentrum der Betrachtung gerückt, bietet die Anreizregulierung nach europäischer Lesart gegenüber der kostenorientierten Regulierung eine Reihe von Vorteilen.[104] In ihrem Bericht zur Einführung der Anreizregulierung führt die Bundesnetzagentur folgende Ziele an, die sie mit Hilfe eines solchen Regimes zu erreichen erhofft: Steigerung der Effizienz, Weitergabe von Effizienzgewinnen an den Kunden, Stabilität des Regulierungsrahmens, Vermeidung von Investitionshemmnissen, Verbesserung und Sicherung der Versorgungsqualität und Reduktion der regulatorischen Eingriffstiefe.[105] Auch in ihrem ersten Bericht zur Bewertung der Anreizregulierung Ende 2013 hebt die Bundesnetzagentur diese Ziele noch einmal hervor.[106] Sie betont, sich damit auseinandersetzen zu wollen, inwieweit diese Ziele erreicht wurden und welche Verbesserungspotenziale noch bestehen. Die BNetzA nimmt keine Priorisierung der einzelnen Ziele vor.

Mit Hinblick auf die momentane Situation deutscher Netzbetreiber, vor allem der Stromnetzbetreiber erscheinen vor allem ein ausreichendes Investitionsniveau und die Vermeidung von Investitionshemmnissen von herausragender Bedeutung zu sein.[107] Wie Abbildung 30 zeigt, sind allein bis 2015 zwischen 60.000 und 75.000 km neuer Übertragungs- und Verteilnetze notwendig, um die Versorgungssicherheit zu gewährleisten und den weiter oben aufgeführten Herausforderungen zu begegnen.

Dies bedeutet, dass eine erfolgreiche Regulierung vor allem langfristige Anreize setzen muss, um den enormen Investitionsbedarf, der in diesem Sektor vorhanden ist, zu befriedigen.[108] In einem kapitalintensiven Geschäft, wie der Versorgung mit leitungsgebundener Energie ist eine solche langfristige Zielerreichung nur dann möglich, wenn Investoren willens sind, langfristig Kapital für effiziente Investitionen zur Verfügung zu stellen. Hierzu Newbery (2002):

---

[101] In ihrem Koalitionsvertrag (Nov 2013, S. 59) hat die 18. deutsche Bundesregierung angesprochen, die Einführung einer G-Komponente zu prüfen. Dies geschieht aufgrund des gestiegenen Anteils dezentraler Einspeisung und dem Gedanken der Gleichbehandlung gegenüber den Netzbetreibern.

[102] Sowohl die Verbraucherzentrale und die Bundesnetzagentur (siehe Pressemitteilung vom 18.02.2013: http://www.vzbv.de/11180.htm, abgerufen am 08.01.2013), als auch die Monopolkommission (siehe Sondergutachten 65, Sep 2013, S. 220) sprechen sich für eine Umgestaltung der Erhebung des Netzentgelts aus, um der neuen Situation einer verstärkt dezentralen Einspeisung gerecht zu werden.

[103] Die Monopolkommission (siehe Sondergutachten 65, Sep 2013 S. 217) sieht eine positive Entwicklung für den Wettbewerb zwischen Gas-FNBs. Allerdings besteht auch noch Raum für Verbesserungen.

[104] Siehe z. B. Armstrong/Sappington (2005): Recent Developments in the Theory of Regulation in Handbook of Industrial Organization (Vol. III), edited by Armstrong and Porter.

[105] Vgl. Bundesnetzagentur (Jun 2006): Bericht Einführung der Anreizregulierung (Jun 2006) S. 13f. und 49ff.

[106] Bundesnetzagentur, Auftaktveranstaltung zur Evaluierung der Anreizregulierung (Nov 2013): Vortrag BNetzA und Arbeitsgruppen S. 14ff.

[107] Siehe z. B. BNetzA (2011): Beschluss BK4-11-3044, S.8&9 wo sie erhöhten Ausbaubedarf konstatiert und BNetzA & BKartA (2013): Monitoringbericht, der darlegt, dass der Netzausbau in starkem Verzug ist und bis 2016 wahrscheinlich nur die Hälfte der geplanten Investitionen in die Netze erfolgen werden.

[108] Vgl. Müller (2005), Investitionsentscheidungen in der Elektrizitätswirtschaft – eine betriebswirtschaftliche Analyse, in: Zeitschrift für Energiewirtschaft, 29. Jg., Heft 1, S. 65.

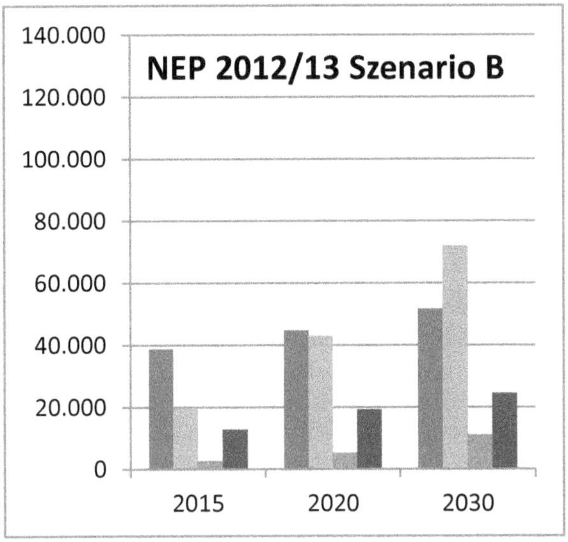

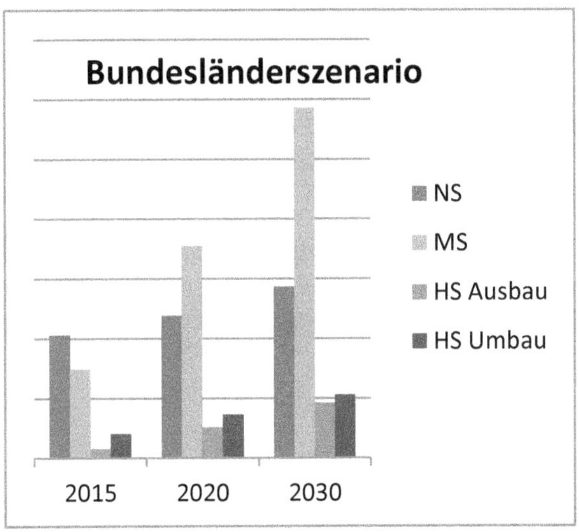

Abbildung 30: Aus- und Umbaubedarf im deutschen Stromnetz[109]

> *"If network utilities are to operate successfully under private ownership, they will need a credible system of regulation, in which the utility is confident that the regulator will allow it to earn a fair rate of return on its past investment."*[110]

---

[109] Dena-Verteilnetzstudie (Dez 2012).

[110] Newbery (2002): Privatization, Restructuring, and Regulation of Network Utilities, MIT Press, S. 72.

Ohne eine allgemeine Bereitschaft, Investitionskapital langfristig bereitzustellen, lassen sich andere Ziele wie allokative Effizienz, Nachhaltigkeit, etc. nicht erreichen. Im Folgenden stellen wir zunächst die Ziele der deutschen Anreizregulierung dar, wie sie von offizieller Stelle postuliert werden, bevor wir auf die allgemeinen ökonomischen Prinzipien eingehen, die die langfristige Zielerreichung sicherstellen. Im Folgenden werden die Rahmenbedingungen diskutiert, die hergestellt werden müssen, um diese Anreize zu erzeugen.

4.5.2.2 Ökonomische Standards guter Regulierung

Die Anforderungen an gute Regulierung, die langfristig die Anreize für effiziente Investitionen in den regulierten Netzwirtschaften setzen, werden vielfältig und zum Teil kontrovers diskutiert.[111] Einige Prinzipien lassen sich unter anderem aus der US-amerikanischen Regulierungsliteratur ableiten, wo die Unternehmen bereits mehrere Investitionszyklen durchlaufen haben und entsprechend sowohl Anreize zur Kostensenkung, als auch Anreize für Investitionen in verschiedenen Verfahren eine zentrale Rolle gespielt haben. Aus den Standardwerken der US-amerikanischen Regulierungsliteratur [112] lassen sich die folgenden zentralen Treiber für die Sicherstellung effizienter Investitionen herleiten:

- Erlösstandard: Es muss sichergestellt werden, dass die Unternehmen eine angemessene Möglichkeit erhalten, ihre Kosten zu decken. Dies beinhaltet auch eine angemessene Verzinsung des eingesetzten Kapitals unter normalen Bedingungen. [113]
- Anreizstandard: Weiterhin muss dafür gesorgt werden, dass Möglichkeiten und Anreize zur Kostenreduktion bestehen, die mit dem Erlösstandard kompatibel sind. Dadurch werden ausreichend Effizienzgewinne sichergestellt und trotzdem auf Dauer die Belastung der Konsumenten verringert. [114]
- Prozessstandard: Letztlich muss der Regulierer ein verlässliches Umfeld schaffen, in dem Renditechancen und Risiko in einem angemessenen und konstanten Verhältnis zueinander stehen. Dies umfasst klare Regeln der Regulierung, zur Festsetzung der Preise und zu den erlaubten Eingriffen innerhalb einer Regulierungsperiode.

---

[111] Shuttleworth (2007), Practicalities of Price Cap Regulation, in Line in the Sand, edited by Potts Voll and King) beleuchtet z. B. verschiedene Aspekte, die bei der Ausgestaltung einer Anreizregulierung zu beachten sind; von Hirschhausen (2008), Infrastructure, Regulation, Investment and Security of Supply: A Case Study of the Restructured US Natural Gas Market; Utilities PolicyVol.16, Issue 1, betrachtet den Zusammenhang zwischen Regulierungsrahmen und Investition bei US-amerikanischen Gasnetzen, während Joskow (2005), Incentive Regulation in Theory and Practice: Electricity Distribution and Transmission Networks, in Economic Regulation and Its Reform: What Have We Learned? Edited by Rose, eine eher vorsichtige Bewertung der Anreizregulierung in der Praxis vornimmt.

[112] Instruktiv sind hier zum Beispiel einige „Klassiker" der US-amerikanischen Regulierungsliteratur wie (1) Bonbright, Danielsen and Kamerschen (1988), Principles of Public Utility Rates: Second Edition, Public Utility Reports Inc, pages 382-387; (2) Phillips (1993), Regulation of Public Utilities: Theory & Practice: 3rd Edition, Public Utilities Reports Inc, pages 172-173, die solche Standards bereits zu einer Zeit entwickelten, als die europäische Liberalisierung noch in den Kinderschuhen steckte.

[113] Ökonomisch betrachtet handelt es sich beim Erlösstandard um die Maßgabe, eine effiziente Allokation zwischen Netzbetreibern und –nutzern herzustellen.

[114] Hierbei handelt es sich um die Sicherstellung der Möglichkeit, auch unter dem zuvor festgelegten Erlösstandard noch Effizienzgewinne in der Produktion zu realisieren. Der Anreizstandard stellt somit das Kernstück einer erfolgreichen Anreizregulierung dar.

Diese Standards finden sich (neben fremdkapitalspezifischen Faktoren) auch in der Bewertungsmatrix der Rating-Agentur Moody's wieder (Tabelle 9), mit der sie die Investitionswürdigkeit von Anleihen von Netzbetreibern bewertet.

Tabelle 9: Bewertungskriterien Rating-Agentur Moody's[115]

Rating Factor/Sub-Factor Weighting

Broad Rating Factors	Broad Rating Factor Weighting	Rating Sub-Factor	Sub-Factor Weighting
Regulatory Environment and Asset Ownership Model	40%	Stability and Predictability of Regulatory Regime	15.00%
		Asset Ownership Model	10.00%
		Cost and Investment Recovery	10.00%
		Revenue Risk	5.00%
Efficiency and Execution Risk	10%	Cost Efficiency	6.00%
		Scale and Complexity of Capital Programme	4.00%
Stability of Business Model and Financial Structure	10%	Ability and Willingness to Pursue Opportunistic Corporate Activity	3.33%
		Ability and Willingness to Increase Leverage	3.33%
		Targeted Proportion of Operating Profit Outside Core Regulated Activities	3.33%
Key Credit Metrics	40%	Adjusted ICR (or FFO Interest Cover)	15.00%
		Net Debt/RAV (or Fixed Assets)	15.00%
		FFO/Net Debt	5.00%
		RCF/Capex	5.00%
Total	100%		100.0%

Nicht-Rückgewinnung aller ökonomischen Kosten wird sich in diesen Kenngrößen widerspigeln

4.5.3 Bewertung der Erreichung ökonomischer Standards

Gegen diese hervorgehobenen Standards bewerten wir die deutsche Anreizregulierung in ihrer jetzigen Ausführung vor dem Hintergrund der besonderen Herausforderung, dass die deutsche Stromnetzwirtschaft in den nächsten Jahren signifikante Mengen an neuem Kapital anziehen muss, um Investitionen zu generieren.[116]

4.5.3.1 Erlösstandard

Zentral für die Anziehung langfristiger Investitionen ist die sachgerechte Erwartung von Investoren, dass sie unter normalen Konditionen langfristig ihr eingesetztes Kapital zuzüglich einer risikoangepassten Rendite zurückverdienen (vgl. hierzu z. B. Newbery (2002), oder auch § 21 Abs. 2 EnWG). Diese angemessene Erwartung der ökonomischen Kostenrückgewinnung bezeichnen wir als "Erlösstandard" (siehe oben).

---

115 Quelle: Moody's (2009): Rating Methodology – Regulated Electric and Gas Networks.

116 Henriot (2013): Financing investment in the European electricity transmission network: Consequences on long-term sustainability of the TSOs financial structure, *EUI Working Paper, verfügbar (Dezember 2013) unter: http://fsr.eui.eu/Documents/WorkingPapers/Energy/2013/WP201327.pdf.*

Unsicherheiten in Bezug auf die Kostenrückgewinnung wirken sich negativ auf die Bonitätsbewertung durch Rating-Agenturen aus. So schreibt zum Beispiel Moody's in seiner Rating Methodology für regulierte Strom- und Gasnetzbetreiber:

> *Networks that have complete flexibility to set tariffs so that they can meet current and future operating and capital costs without impediment will score "Aaa". A network that benefits from fair and timely cost and investment recovery but is subject to efficiency targets would score "A". Where there is tendency for a regulator to challenge cost recovery or some history of disallowance or delays in some costs, a network would likely receive a "Baa" rating for this factor. Where there is a history of unfavorable price reviews or a highly uncertain cost recovery environment, lower scores for this factor would apply.*[117]

Moody's bewertet „Cost & Investment Recovery" im deutschen System mit "Baa",[118] also mit deutlichen Abstrichen gegenüber dem Idealwert von Aaa. Moody's begründet diese mit der fehlenden Erfahrung mit dem System und verschiedenen laufenden Änderungen. Abbildung 31 zeigt (stilisiert) einige Probleme im deutschen System auf, die wir in Arbeiten für verschiedene deutsche Netzbetreiber nachgewiesen haben.

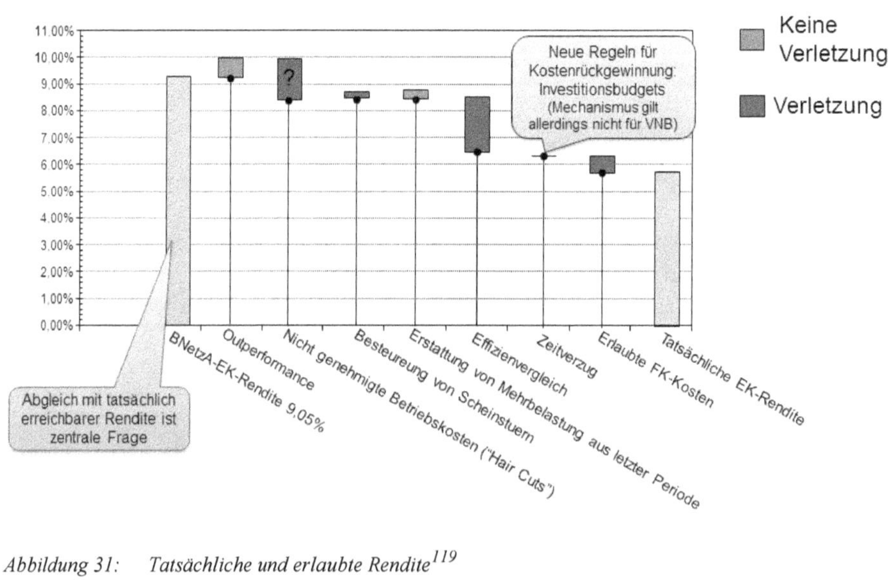

Abbildung 31: Tatsächliche und erlaubte Rendite[119]

An dieser Stelle wollen wir insbesondere auf drei Schwächen des deutschen Systems eingehen, die eine Verletzung des Erlösstandards darstellen:

---

[117] Moody's (2009): Rating Methodology – Regulated Electric and Gas Networks, S. 10.

[118] Moody's (20 Jan 2013): Eurogrid Credit Opinion.

[119] NERA-Illustration.

- Asymmetrische Verwendung der Benchmarking-Ergebnisse;
- Unsachgerechte Berechnung der Verzinsung „überschießenden“ Eigenkapitals; und
- Zeitverzug bei der Anerkennung von Investitionen, insbesondere im VNB-Bereich.

Es ist zu erwarten, dass sich diese Schwächen in Zukunft negativ auf die Fähigkeit der deutschen Netzbetreiber auswirken, das benötigte Kapital anzuziehen. Hierbei ist zu beachten, dass auch in anderen Ländern mit hohem Investitions- und Kapitalbedarf zu rechnen ist, während das Angebot an frischem Kapital im Hinblick auf tendenziell rückläufige Anleihenkäufe der Zentralbanken nicht unbedingt mit dieser Nachfrage Schritt halten wird.[120] Eine Lösung dieser Schwächen bei der Kapitalanziehung erscheint daher dringend geboten und wird in den folgenden Kapiteln angerissen.

Verletzung des Erlösstandards durch asymmetrische Verwendung der Benchmarking-Ergebnisse

Das in der Anreizregulierungsverordnung festgesetzte Verfahren zur Verwendung von Benchmarking (ARegV §§12, 22 und Anlage 3) sieht vor, dass die laut Benchmarking „effizientesten“ Unternehmen ihre genehmigten Kosten vollständig in der Erlösobergrenze geltend machen dürfen, während die Unternehmen, die vom Regulierer eine Effizienz von weniger als 100 % bescheinigt bekommen, einen proportionalen Abschlag ihrer Kosten hinnehmen müssen, der über die jeweilige Regulierungsperiode linear von der Erlösobergrenze abgeht. Insofern wird selbst dem effizientesten Netzbetreiber nur die durchschnittliche Rendite für den Sektor gewährt, da die Eigenkapitalverzinsung, die dieser (ungemindert) erhält, auf Basis der *durchschnittlichen* Marktrendite und des *durchschnittlichen* Betas bestimmt wird. Diese Vorgehensweise führt zu einer Verletzung des Erlösstandards, wie z. B. in Shuttleworth (2005) beschrieben wird:

> *In other industries, efficient companies earn a reward for their exceptional performance, in the form or higher than average returns (for their industry). However, the CAPM method of setting the allowed rate of return (which is commonly used in European regimes) focuses on average stock market performance (to estimate the ''equity market premium''). Strict application of the two techniques would therefore offer average returns for exceptional performance; a combination that potential investors will find unattractive compared with the returns on offer in other industries. Regulated companies operating under this kind of regime would therefore find it difficult or impossible to attract or retain capital for investment.*[121]

Auch die im Gesetz verankerte „Best-of-Four“-Abrechnung kann die Verletzung des Erlösstandards nicht heilen. Die generelle Asymmetrie der Ausgangssituation, nach der dem effizientesten Netzbetreiber (100 % Effizienz) lediglich die durchschnittliche Rendite gewährt

---

120 Dem möglichen Anleihenkaufprogramm der EZB (*vgl. z. B. Der Spiegel, 19.4.14: Kampf gegen drohende Deflation: EZB konkretisiert Anleihekaufprogramm*) steht das geplante Auslaufen der Programme in Großbritannien und den USA entgegen *(vgl. z. B. Wall Street Journal Deutschland, 20.4.14: Umdenken am deutschen Aktienmarkt)*, was zu einer Erschwerung bzw. zu erhöhten Kosten bei der Kapitalaufnahme führen wird. Zu den Auswirkungen der Anleihenkaufprogramme auf die Zinssätze und Kapitalverfügbarkeit für Unternehmen siehe z. B. Joyce et al. (2011): “The Financial Market Impact of Quantitative Easing in the United Kingdom”, International Journal of Central Banking.

121 Shuttleworth (2005): Benchmarking of Electricity Networks: Practical Problems with its use for Regulation; Utilities Policy Vol. 13, S. 317.

wird, den meisten Netzbetreibern aber nur eine geminderte Rendite zugestanden wird, bleibt auch nach einer „Best-of-Four“-Abrechnung bestehen, auch wenn die wirtschaftlichen Folgen durch die „Best-of-Four“-Abrechnung verringert werden. [122, 123]

Wie die Analysen der BNetzA zu den einzelnen Effizienzwerten belegen, sind auch für die zweite Regulierungsperiode bei einem Großteil der Netzbetreiber weiterhin zum Teil signifikante Abschläge auf die tatsächlichen Netzkosten zu erwarten (Abbildung 32).

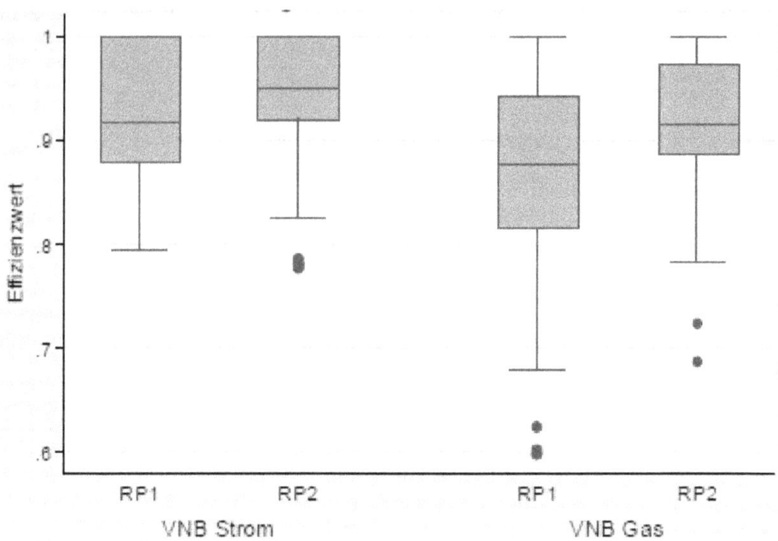

Abbildung 32: Effizienzwerte für die erste und zweite Regulierungsperiode[124]

Der Erlösstandard wird also auch für die zweite Regulierungsperiode dahingehend verletzt sein, dass die effizientesten Netzbetreiber (ohne weitere über den sektoralen Produktivitätsfaktor hinausgehende Effizienzsteigerungen) lediglich die durchschnittliche sektorale Rendite erwarten können, während eine Vielzahl der Netzbetreiber einen deutlichen Abschlag auf ihre tatsächlichen Kosten hinnehmen muss.

Eine solche Asymmetrie kann nur dann gerechtfertigt sein, wenn Hinweise darauf vorliegen, dass auch das vermeintlich effizienteste Vergleichsunternehmen nicht effizient wirtschaftet. Der internationale Effizienzvergleich der ÜNBs liefert hierfür jedoch keine Anhaltspunkte, da

---

122 Die Best of Four Abrechnung weist jedem Unternehmen den besten Wert zu, den es in der Anwendung von vier Modellen [(i) DEA mit tatsächlichen Kosten, (ii) SFA mit tatsächlichen Kosten, (ii) DEA mit vergleichbar gemachten Kosten, (iv) SFA mit vergleichbar gemachten Kosten.] erreicht und führt so zu einer tendenziellen Annäherung der Effizienzwerte an 100 % (im Vergleich zu einem einzelnen Modell oder einem Modell, in dem der Durchschnitt verschiedene Optionen verwendet wird). In der Praxis kommt die „Best-of-Four“ Abrechnung nur bei den VNBs zum Einsatz.

123 Von der Problematik der asymmetrischen Ausgangsposition unabhängig ist die Frage der dynamischen Übertreffbarkeit der Effizienzziele durch weitere Einsparungen bzw. den sektoralen Produktivitätsfaktor.

124 Quelle: Bundesnetzagentur (19.03.14): Folien zum 2. Workshop zur Evaluierung der Anreizregulierung, S. 99.

den deutschen ÜNBs hier bereits zu einem Zeitpunkt, als in Deutschland noch die kostenorientierte Regulierung galt, eine im europäischen Vergleich sehr hohe Effizienz bescheinigt wurde.[125] Die deutsche Benchmarking-Praxis stellt entsprechend eine Verletzung des Erlösstandards dar.

Diese Verletzung wird verschärft durch die Definition von Ineffizienz, die aus den Benchmarking-Ergebnissen abgeleitet wird. Die Verschärfung gründet insbesondere darin, dass alle Kostenunterschiede, die innerhalb der Stichprobe nicht erklärt werden können, als „Ineffizienz" behandelt werden. Wie Shuttleworth (2005) schreibt, ist diese Annahme nicht sachgerecht:

> *The residual gap between the frontier and any observation could, in principle, be due to any factor not contained in the model. Given a small sample size, benchmarking models cannot contain more than a few variables e whether they appear explicitly or within a composite size variable. However, the costs of each network depend on a large number of factors, some highly specific to its location, or possibly even unique.*
>
> *No benchmarking model can ever hope to capture all these factors in the model specification. Some of the omitted factors or unique factors explain part of the ''residual'', i.e. the unexplained gap between observed costs and the estimated frontier. Until anyone can claim with certainty that a benchmarking model has capture every possible cost driver, it is incorrect and misleading to ascribe the residual to ''inefficiency'', or to describe the benchmark as a measure of ''efficient costs''.*[126]

Dieses Problem wird verschärft durch die Verwendung unterschiedlicher Parameter im Effizienzvergleich der ersten und zweiten Regulierungsperiode.[127] Insofern werden in den beiden Effizienzvergleichen unterschiedliche Kosten einmal als „effizient" und einmal als „ineffizient" eingestuft, ohne dass eine äußere Änderung oder technologischer Fortschritt stattgefunden hätten.

Für die Übertragungsnetzbetreiber kommen noch weitere Unwägbarkeiten hinzu. Bei der ohnehin kleinen Stichprobe von 21 ÜNBs, die für das Benchmarking für die zweite Regulierungsperiode verwendet wird, handelt es sich zudem um eine heterogene Gruppe von Unternehmen aus 16 Ländern. Die ÜNBs haben unterschiedliche Geschäftsaktivitäten, unterscheiden sich in ihrer Größe, Struktur, operativen Umgebung und Historie, und unterliegen unterschiedlichen Regulierungs- und Rechnungslegungssystemen. Darüber hinaus sind die Unternehmensdaten nicht vergleichbar. So liegen beispielsweise nur für 9 von 21 ÜNBs Investitionsdaten für den gesamten Zeitraum 1965-2011 der e3GRID-Studie vor. Folglich sind

---

125 Im Rahmen des ersten internationalen Benchmarkings für ÜNBs (2009) erreichten drei der vier deutschen ÜNBs Effizienzwerte von über 99 %. Die Unternehmen wurden entsprechend auch im internationalen Vergleich als effizient eingestuft, so dass sich für die These, dass alle deutschen Netzbetreiber ineffizient sind und somit auch der am wenigsten ineffiziente Netzbetreiber keinen „wahren" Benchmark darstellt, keine Belege finden lassen.

Die Bundesnetzagentur führte lediglich für die Übertragungsnetzbetreiber einen internationalen Effizienzvergleich durch. Es sind allerdings keine Gründe ersichtlich, warum die Übertragungsnetzbetreiber im Vergleich zu den anderen Netzbetreibern bereits während der kostenorientierten vergleichsweise hohe Effizienz hätten aufweisen sollen.

126 Shuttleworth (2005): Benchmarking of Electricity Networks: Practical Problems with its use for Regulation; Utilities Policy Vol. 13, S. 315.

127 Vgl. z. B. BNetzA (19.03.14): Folien zum 2. Workshop zur Evaluierung der Anreizregulierung, S. 89.

die Investitionskosten, die den größten Anteil der untersuchten Kosten ausmachen, nicht vergleichbar. Zwar versucht e3GRID dieses Problem zu beheben, indem die Studie Anfangsbilanzen für 12 ÜNBs verwendet und selektive Anpassungen der Investitionsdaten vornimmt. Jedoch sind die Anfangsbilanzen auch nicht vergleichbar, und die selektiven Anpassungen fußen auf subjektiven Annahmen.[128] Bei nationalen Effizienzvergleichen (für FNBs und VNBs) fallen einige dieser Unsicherheiten weg, das allgemeine Problem bezüglich der Interpretation der Abweichungen zwischen erklärten Kosten und tatsächlichen Kosten als „Ineffizienz" bleibt aber bestehen.

Zwar lässt der deutsche Regulierungsrahmen auf Basis von § 15 ARegV prinzipiell eine Korrektur der Effizienzwerte um strukturelle Besonderheiten zu. Der Anwendung dieses Paragrafen wurden jedoch durch den BGH enge Grenzen in Bezug auf die Nachweispflichten des Netzbetreibers gesetzt.[129] Somit bestehen zwar im deutschen Modell mit dem Ausgleich für strukturelle Unterschiede nach § 15 ARegV und der „Best of Four"-Abrechnung prinzipiell Ansätze, um die asymmetrische Orientierung des Benchmarkings am effizienten Netzbetreiber zur Erreichung der *durchschnittlichen* Sektorrendite auszugleichen, die jedoch nur partiell greifen können und die grundsätzliche Asymmetrie nicht beheben können. Die deutsche Anwendung des Benchmarkings verstößt somit gegen den Erlösstandard.

Vor diesem Hintergrund lassen sich folgende Alternativen identifizieren:

- Eine Variante wäre, dem durchschnittlich effizienten Unternehmen die ermittelte Eigenkapitalverzinsung zuzugestehen und für Unternehmen, die überdurchschnittlich effizient sind, höhere Renditen zu erlauben. Ein solches System findet sich zum Beispiel in Frankreich und Großbritannien, wo Netzbetreiber für Investitionen eine erhöhte Rendite erhalten, wenn sie diese für Gesamtkosten unterhalb des effizienten Benchmarks liefern können. Ein solches Vorgehen löst allerdings noch nicht die Problematik, dass das deutsche System unerklärte Heterogenität grundsätzlich als Ineffizienz klassifiziert.
- Daher wäre noch zusätzlich eine Prüfung der Ineffizienz von Investitionen anhand klarer Standards aufzunehmen. Ein Standard hierfür lässt sich aus der US-Praxis herleiten, z. B.

  US regulators are entitled to deduct some costs from the level shown in the accounts, if they can demonstrate good reason for doing so but the regulators' reasoning must be robust enough to survive public scrutiny. That means effectively that the regulator must produce objective evidence to show that the company incurred the cost when it would have appeared inefficient or imprudent to do so, given the information available at the time.[130]

- Im britischen Kontext wird ebenfalls nicht nur auf Benchmarking zur Kostenanalyse abgestellt. So hat die britische zweitinstanzliche Wettbewerbsbehörde, die Competition Commission, ausgeführt, dass Kosten nicht als verschwenderisch gelten dürfen, wenn die Überdimensionierung mit den zum Zeitpunkt der Entscheidung verfügbaren Informationen

128 Haug/Gottschling (2013): e3GRID: Was machen wir mit den Ergebnissen des Effizienz-Benchmarkings?, *Energiewirtschaftliche Tagesfragen*, Februar 2014.

129 Vgl. BGH, B. v. 09.10.2012 – EnVR 86/10 & EnVR 88/10.

130 Shuttleworth (2005): Benchmarking of Electricity Networks: Practical Problems with its use for Regulation; Utilities Policy Vol. 13, S. 316.

nicht abzusehen war. Außerdem dürfen Kosten nicht nur aufgrund von Benchmarking-Verfahren als verschwenderisch oder ineffizient identifiziert werden.[131]

Aufgrund der zahlreichen Probleme mit der Anwendung des Benchmarkings durch die Bundesnetzagentur verletzt diese den Erlösstandard. Insofern ist hier aus ökonomischer Sicht dringender Reformbedarf bei der Anwendung der Benchmarking-Techniken geboten. Tendenziell sollten diese aufgrund der beschriebenen Unsicherheiten nicht explizit zur Herleitung der EOG verwandt werden, sondern könnten effektiver in den folgenden Fällen eingesetzt werden:

- Als ersten Filter zur Prüfung, welche Unternehmen einer detaillierten Kostenprüfung unterzogen werden sollen und welche Unternehmen ein vereinfachtes Kostenprüfungsverfahren durchlaufen. So ließen sich knappe Ressourcen auf Behördenebene deutlich effizienter einsetzen;
- Zur Bewertung einzelner klar abgrenzbarer Kostenpositionen, die bei allen Unternehmen anfallen und bei denen die Kostentreiber relativ unumstritten sind.[132]

Unsachgerechte Berechnung der Verzinsung „überschießenden" Eigenkapitals

Neben der unsachgerechten, den Erlösstandard verletzenden Verwendung von Benchmarking-Techniken, ist auch die Herleitung der Verzinsung für „überschießendes" Eigenkapital in ihrer jetzigen Form nicht geeignet, den Erlösstandard zu erfüllen. Die Ermittlung der Verzinsung „überschießenden" Eigenkapitals blickt bereits auf eine bewegte, aus ökonomischer Sicht allerdings durchgängig wenig überzeugende Anwendungsgeschichte zurück.

Die Stromnetzentgeltverordnung in ihrer ursprünglichen Fassung (§ 7 Abs. 2) legte fest, dass Eigenkapital, das eine Quote von 40 % übersteigt, „nominal wie Fremdkapital" zu verzinsen sei. Die BNetzA legte daraufhin die Verzinsung für EKII auf den Zehn-Jahresdurchschnitt (risikofreier) festverzinslicher Wertpapiere inländischer Emittenten fest.

Diese Praxis wurde vom Bundesgerichtshof im August 2008 (aus ökonomischer Sicht zu Recht) für unzulässig erklärt und der Aufschlag einer Risikoprämie gefordert, welche vom Oberlandesgericht Koblenz unter Konsultation eines Sachverständigengutachtens im November 2012 auf 0,44 Prozentpunkte festgelegt wurde. Dieses Gutachten enthielt jedoch einige Schwächen, insbesondere im Hinblick auf die Einschätzung der Kreditwürdigkeit eines deutschen Netzbetreibers, die der Gutachter mit „AA" bemisst. Es erscheint im Hinblick auf nationale und internationale Erfahrungen bei der tatsächlichen Kreditaufnahme extrem unwahrscheinlich, dass sich deutsche Netzbetreiber mit einer hypothetischen Fremdkapitalquote von 60 % deutlich günstiger refinanzieren als alle anderen europäischen Netzbetreiber (deren Ratings in der Regel zwischen A und BBB – also drei bis sechs Stufen schlechter als AA – liegen). Auch die implizite Feststellung, dass deutsche Netzbetreiber (bei einer hypothetischen Fremdkapitalquote von 60 %) deutlich günstiger Kapital beschaffen als z. B. BASF (A+, zwei Stufen schlechter) oder Volkswagen (A-, vier Stufen schlechter), erscheint wenig plausibel.[133]

---

[131] Competition Commission (Nov 2013): Northern Ireland Electricity Ltd Price Determination, final determination, S. 5-21.

[132] Shuttleworth (2005): Benchmarking of Electricity Networks: Practical Problems with its use for Regulation; Utilities Policy Vol. 13, S. 317.

[133] Ohne Einsicht in das eigentliche Sachverständigengutachten lässt sich die Herleitung der Bonität von „AA" nicht im Detail zurückverfolgen. Ein zentraler Punkt der Herleitung ist, dass der Gutachter für alle Kennzahlen außer

Zudem wurde die Laufzeit der zugrundeliegenden Anleihen für die Berechnung des Basiszinssatzes mit etwa sieben Jahren zu kurz angesetzt. Aufgrund dieser Schwächen wurde der Risikoaufschlag aller Wahrscheinlichkeit nach zu niedrig angesetzt. Hierbei ist auch zu beachten, dass der BGH in seiner „Rheinhessische II"-Entscheidung lediglich die Nicht-Überprüfbarkeit, nicht aber die Richtigkeit in der Sache der OLG-Entscheidung konstatiert. Die Autoren dieses Beitrags haben in einem Gutachten von 2011 einen Aufschlag von etwa 1,4 % (zzgl. evtl. Emissionskosten) ermittelt, was in etwa den Zuschlägen entspricht, den andere europäische Regulierungsbehörden in letzter Zeit ermittelt haben.[134]

Zumindest aus ökonomischer Sicht ist auch die Entwicklung seit der OLG-Entscheidung von 2012 nur wenig zufriedenstellend. So hat der Gesetzgeber im August 2013 die gesetzliche Grundlage geändert und beschieden, dass die EK II-Verzinsung von nun an auf dem arithmetischen Mittel von Zehn-Jahresdurchschnitten der Renditen der folgenden Serien gebildet wird:

- Umlaufsrendite festverzinslicher Wertpapiere inländischer Emittenten – Anleihen der öffentlichen Hand
- Umlaufsrendite festverzinslicher Wertpapiere inländischer Emittenten – Anleihen von Unternehmen (Nicht-MFIs) und
- Umlaufsrendite inländischer Inhaberschuldverschreibungen – Hypothekenpfandbriefe

Allerdings hat auch dieser Ansatz eine ganze Reihe von Unzulänglichkeiten und spiegelt daher nicht die tatsächlichen Kosten wider, denen sich Netzbetreiber gegenübersehen würden, die statt des „überschießenden" Eigenkapitals extern Fremdkapital aufnehmen würden. Im speziellen sind folgende Punkte zu beachten:

- Erstens sind zwei Drittel der Berechnungsbasis noch immer (effektiv) risikofreie Zinssätze, während bei einer unterstellten Fremdkapitalquote von 60% nicht von einem risikolosen Zinssatz ausgegangen werden kann.
- Zweitens werden weder die Langlebigkeit von regulierten Infrastrukturinvestitionen, noch das Kapitalmarkt-Rating von Netzbetreibern explizit berücksichtigt
- Drittens ist die dynamische Entwicklung der Zinssätze nur unzureichend abgebildet. Der momentan sehr niedrige risikofreie Spot-Zinssatz wird wahrscheinlich in den nächsten Jahren wieder steigen, wie z. B. „Forward Curves" zeigen.[135] Der Zinssatz für „überschießendes Eigenkapital" auf Basis historischer Renditewerte wird aber für fünf Jahre fixiert. Abbildung 33 zeigt die prognostizierte Entwicklung der Umlaufrendite aller festverzinslichen

der (hypothetischen) Fremdkapitalquote von 60% (die er mit BB bewertet), Kennzahlen von „AA und besser" bestimmt. Hier stellt sich die Frage, ob und wenn ja wie die unterstellte höhere Verschuldung bei der Berechnung der anderen Finanzkennzahlen (z. B. Zinsdeckung) Eingang gefunden hat oder ob hier die tatsächliche Verschuldung zugrunde gelegt wurde, was die signifikanten Unterschiede in den einzelnen Kennzahlen erklären würde.

134 NERA (2011): Der Risikozuschlag für das Fremdkapital deutscher Netzbetreiber, Ein Gutachten für den BDEW.

Die österreichische Regulierungsbehörde E-Control legt im November 2013 einen Risikozuschlag von 1,45 Prozentpunkten fest, die luxemburgische ILR im März 2010 einen Zuschlag von 1,1 Prozentpunkten. Beide Regulierungsbehörden wurden in ihren Festlegungen vom gleichen Berater vertreten, der auch die Bundesnetzagentur zum Eigenkapitalzinssatz berät.

135 „Forward Curves" ermitteln eine Prognose des erwarteten Zinssatzes aus den Renditen auf Staatsanleihen unterschiedlicher Laufzeit. Bezüglich der zu erwartenden Zahlenwerte sowie der Risikozuschläge für Industrieanleihen unterliegen diese Kurven über die Zeit nicht unerheblichen Schwankungen, so dass zu diesem Zeitpunkt bewusst auf eine quantitative Prognose der Zinssätze verzichtet wurde. Die Tendenz ist allerdings klar zu erkennen.

Wertpapiere inländischer Emittenten und deren Auswirkungen auf den zu erwartenden Basiszinssatz für die nächsten Regulierungsperioden. Es ist ersichtlich, dass eine Bemessung der FK-Kosten auf momentanen Werten zu einer Unterschätzung der tatsächlich anfallenden Kosten über die nächsten Jahre führen wird.

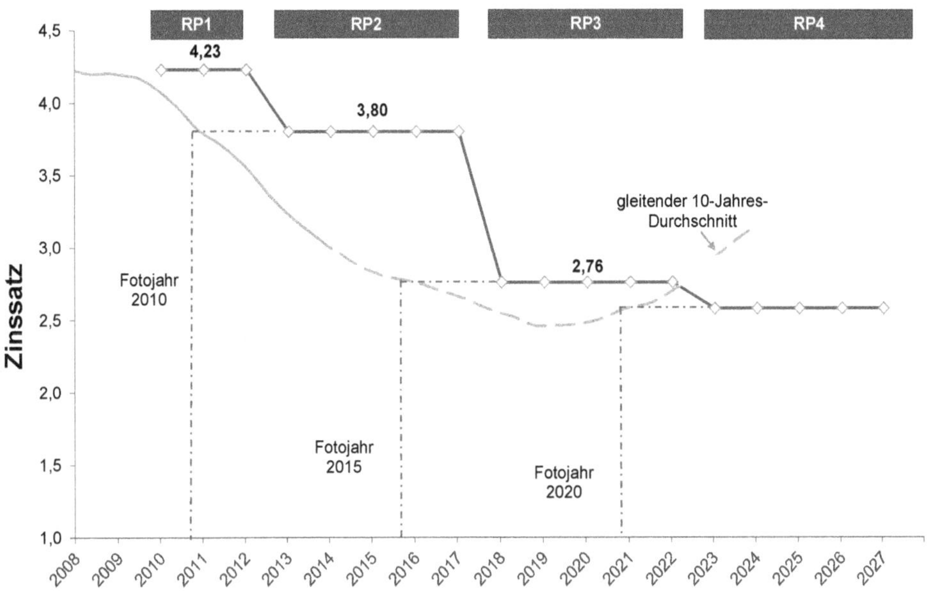

Abbildung 33: Zu erwartende Entwicklung der Umlaufrendite [Fotojahre für die Gasnetze angegeben][136]

Tendenziell gilt diese Problematik auch für den Zinssatz für Eigenkapital, das die Quote von 40 % nicht überschreitet. Hier ist ebenfalls zu erwarten, dass der 10-Jahresdurchschnitt, der den Basiszinssatz bestimmt, signifikant abfallen wird, während die Schätzung der Marktrisikoprämie – die auf die BNetzA auf Basis eines Durchschnitts über mehr als 100 Jahre ermittelt – weniger sensibel auf kurzfristige Veränderungen reagiert. Hier ist entsprechend ebenfalls zu erwarten, dass die regulatorisch erlaubten Zinssätze in Zukunft unter den marktüblichen Sätzen liegen.

Daher erscheinen die derzeitigen Netzentgeltverordnungen aus ökonomischer Sicht nicht mit § 21 Absatz 2 EnWG vereinbar, der eine angemessene, wettbewerbsfähige und risikoangepasste Verzinsung fordert. Es wäre entsprechend juristisch zu prüfen, ob vor diesem Hintergrund die Netzentgeltverordnungen anwendbar sind. Langfristig ließe sich das Problem der ökonomisch unsachgerecht ermittelten Verzinsung des „überschießenden Eigenkapitals" auf verschiedene Weise lösen: Neben der Gewährung eines Risikozuschlags auf das „überschie-

136 NERA-Berechnungen auf Basis von Bundesbank-Daten. Aus den Forward Curves ergibt sich bereits für die nahe Zukunft ein steigender Spot-Wert für die Umlaufrendite. Dieser führt allerdings erst ab ungefähr Mitte der dritten Regulierungsperiode zu steigenden 10-Jahres Durchschnitten, da bis dahin die aus dem 10-Jahres Durchschnitt herausfallenden Spot-Werte der Jahre vor der Finanzkrise noch über den (prognostizierten) Spot-Werten liegen.

ßende Eigenkapital“, der sich an realistischen Größen aus der Theorie und internationalen Praxis orientiert, könnte auch die Deckelung des Eigenkapitals abgeschafft werden und das System überführt werden, z. B.

- in einem WACC-Ansatz, bei dem die BNetzA kalkulatorische Kapitalstruktur, Fremdkapitalzinssatz und Eigenkapitalzinssatz festlegt und die Unternehmen entsprechend die jeweils optimale Kapitalstruktur wählen. Ein solcher Ansatz ist jedoch aufgrund der Heterogenität der Netzbetreiber und der Notwendigkeit der Überführung der bestehenden Vorgehensweise bei den Altanlagen komplex.
- Alternativ könnte man Kapitalstruktur und Fremdkapitalzinssatz wie bisher auf Basis der tatsächlichen Kapitalstruktur ermitteln und anstatt der Aufspaltung des Eigenkapitals ab einem Anteil von 40 % den Eigenkapitalzinssatz für das gesamte Eigenkapital variieren lassen, indem die BNetzA lediglich ein unverschuldetes Beta festlegt und das verschuldete Beta vom jeweiligen Unternehmen mit Blick auf die eigene Kapitalstruktur selbst bestimmt wird.

Verletzung des Erlösstandards durch Zeitverzug bei der Anerkennung von Investitionen, insbesondere im VNB-Bereich

Als dritter Punkt im Hinblick auf den Erlösstandard ist zu beachten, dass die zentrale Anforderung, nämlich dass für Investitionen neben der Kostenrückgewinnung eine angemessene Rendite erzielt werden kann, nicht nur eine angemessene Höhe der kalkulatorischen Verzinsung voraussetzt, sondern auch dass diese Verzinsung erst mit einem Zeitverzug erreicht wird und entsprechende Barwertverluste hinzunehmen sind. Die deutsche Regulierung mit ihrem Fotojahr-Prinzip und dem generellen Verbot von Planwerten sah ursprünglich nicht vor, dass Kosten, die mit Investitionen in Verbindung stehen, während einer Regulierungsperiode in die Erlösobergrenze mit einbezogen werden. Die Investitionsbudgets für TSOs wurden bei Einführung der Anreizregulierung explizit als Ausnahmeregelung wahrgenommen. Für die VNBs wurde hingegen auf einen pauschalen Erweiterungsfaktor (§ 10 ARegV) abgestellt. Dieser veranlasst aufgrund der Veränderung bestimmter Kennzahlen, wie der Größe des versorgten Gebiets, der Anzahl von Einspeise- oder Ausgabepunkten eines Netzes oder der Jahreshöchstlast pauschal eine Erhöhung der Erlösobergrenze. Die eigentliche Investition geht erst mit der nächsten Kostenprüfung in die Erlösobergrenze für die Folgeperiode ein. Erfolgt die Investition kurz nach dem Fotojahr, kann dieser Zeitverzug zum Teil eine ganze Regulierungsperiode betreffen.[137] Zudem hat der Erweiterungsfaktor eine Anzahl von unerwünschten Eigenschaften, die einer Heilung des Zeitverzugs entgegenstehen:

- Zum Ersten ist der Erweiterungsfaktor nicht hinreichend flexibel. Er kann die unterschiedlichen Anforderungen, denen sich einzelne Netzbetreiber gegenübersehen, möglicherweise nicht akkurat abbilden.
- Weiter werden in der Berechnung des Erweiterungsfaktors Ersatzinvestitionen nur unzureichend berücksichtigt. Gerade im Zusammenhang mit der Energiewende und der damit verbundenen Notwendigkeit zur Umrüstung großer Netzteile, stellt dies ein Problem da.

[137] Vgl. dena – Deutsche Energie-Agentur (Dez 2012): Verteilnetzstudie, S. 271.

- Außerdem wird der Erweiterungsfaktor bei der Ermittlung der Erlösobergrenze mit der Kostenbasis des jeweiligen Netzbetreibers multipliziert. Damit erhalten alte Netze, die bereits zu einem Großteil abgeschrieben sind, einen geringeren Zuschuss als neuere Netze, was zu einer ineffizienten Verteilung der Gelder führt.
- Schließlich ist die Höhe des Erweiterungsfaktors nicht ausreichend, um den gesamten Investitionsbedarfs, der aufgrund der Energiewende notwendig wird, zu decken. Nach Berechnungen der Dena deckt der Erweiterungsfaktor nur etwa 85 % der benötigten Investitionen ab.[138]

Eine Weiterentwicklung und Verbesserung der Investitionsbedingungen für VNBs erscheint daher dringend geboten. Aufgrund der unterschiedlichen Struktur und Anzahl von Übertragungs- bzw. Verteilnetzbetreibern erscheint die Ausweitung der Investitionsmaßnahmen (I-MAs) auf die gesamte Verteilnetzebene (über die bereits erfolgte Ausweitung auf die Hochspannungsebene) in der praktischen Umsetzung nur schwer beherrschbar.

Mehrere weitere Vorschläge sind in der Diskussion und könnten schlussendlich die Grundlage für eine ökonomisch sinnhaftige Verbesserung der Investitionsbedingungen auf VNB-Ebene sein. Der Bundesratsvorschlag zur „Investitionskostendifferenz“, welcher zu großen Teilen auf einem bereits Mitte 2012 ausgearbeiteten Vorschlag der so genannten Schäfer-Kommission beruht, erscheint allerdings kaum weniger problematisch in seiner Komplexität als die Ausweitung von IMAs auf alle Netzebenen. Dieser sieht vor, die Investitionsregulierung auf allen Netzebenen anzugleichen und den Erweiterungsfaktor durch einen jährlichen Investitionskostendifferenzausgleich zu ersetzen. Konkret sieht der Vorschlag vor:

- Jedes Jahr kalkulatorisch die Differenz zwischen den Kapitalkosten des betreffenden Jahres und des Basisjahres zu bestimmen und in die Erlöskostenobergrenze aufzunehmen.
- Diese Kapitalkostendifferenz beinhaltet die Kapitalzinsen (sowohl für Eigen- als auch Fremdkapital), Abschreibungen auf das Anlagevermögen, die Betriebskosten, sowie den Gewerbesteuervoranschlag und wird von den Netzbetreibern eigenverantwortlich ermittelt und eingereicht. Im nachfolgenden Jahr kann dann ein Angleich zwischen den angegebenen und den tatsächlich realisierten Kosten stattfinden.
- Im Gegenzug werden der Erweiterungsfaktor und die Investitionsbudgets, sowie im ursprünglichen Vorschlag der Schäfer-Kommission auch Zusatzregelungen für einen pauschalisierten Investitionszuschlag (§ 25 ARegV) gestrichen.

Problematisch erscheinen an diesem Ansatz vor allem zwei Punkte:

- Zum einen führt die jährliche Bestimmung der Investitionskostendifferenz zu einem enormen Mehraufwand, dem unter anderem die Verwendung von Plankosten für die Regulierungsperiode mit einem einmaligen Ausgleich am Ende der Regulierungsperiode unter anderem besser Rechnung getragen werden könnte, zumal bei einem solchen System auch die Effekte von kurzzeitigen Verzögerungen oder Verschiebungen nicht zweifach Kostendifferenzierungen verursachen, sondern durch Saldierung wegfallen;
- Zum anderen verleitet das Modell zu einer ineffizienten Wahl zwischen aktivierbaren und nicht aktivierbaren Erhaltungsleistungen: Werden aktivierbare Erhaltungsleistungen direkt in der Investitionskostendifferenz gut geschrieben, nicht aktivierbare Leistungen allerdings

[138] Vgl. dena – Deutsche Energie-Agentur (Dez 2012): Verteilnetzstudie, S. 329.

als nicht vergütungsfähige Steigerung der Betriebskosten gewertet, ist eine effiziente Wahl der Erhaltungsstrategie verhindert.

Vor diesem Hintergrund sollten zum Beispiel die britischen Überlegungen zur Betrachtung der Gesamtkosten statt einzelner Anreizsysteme für Betriebs- und Kapitalkosten Eingang in die deutschen Überlegungen finden.[139] Zudem wäre zu prüfen, inwieweit vor dem Hintergrund der sehr unterschiedlichen Strukturen der ÜNB- bzw. VNB-Branche eine Änderung der Konditionen im VNB-Bereich tatsächlich auf den ÜNB-Bereich übertragen werden sollte, bzw. inwieweit hier das bewährte IMA-Modell unverändert beibehalten werden sollte. Einige dieser Überlegungen finden sich zum Beispiel auch im Antragsmodell des BDEW wieder.[140]

Zusammenfassung Erlösstandard

Die realistische Aussicht auf die Rückgewinnung der Kosten einer effizienten Investition zuzüglich einer angemessenen Rendite ist der zentrale Faktor, der bestimmt, ob ein Regulierungssystem in der Lage ist, langfristig Kapital für Netzinvestitionen anzuziehen und damit die Betriebsbereitschaft langfristig zu sichern.

In diesem Bereich hat das deutsche System an einigen Stellen noch Nachholbedarf, so dass entsprechend der schrittweisen Verbesserung der Investitionsbedingungen für TSOs (Rücknahme BVD, Übergang von Investitionsbudgets auf Investitionsmaßnahmen,...) nun auch die Investitionsbedingungen bei VNBs, sowie die Zukunftsfähigkeit der Methoden zur Verzinsung des eingesetzten Kapitals und die sinnvolle Weiterentwicklung der Verwendung der Benchmarking-Ergebnisse geprüft werden müssen.

Die verbesserte Einhaltung des Investitionsstandards ist insbesondere vor dem Hintergrund des Übergangs von der Kostensenkungsphase im Bestandsnetz hin zur Investitionsphase (gerade auch auf VNB-Ebene) von zentraler Bedeutung, die selbst Erwähnung im Koalitionsvertrag von CDU/CSU und SPD findet.[141] Neben den hier angesprochenen Kernthemen sind unter Umständen auch noch Verletzungen der Erlösstandards durch unklare bzw. uneinheitliche Kostenkürzungen bei der Kostenprüfung und der Besteuerung von Scheingewinnen zu betrachten, die aber hier aus Platzgründen nicht auch noch behandelt werden können.

4.5.3.2 Anreizstandard

Eine ökonomisch sachgerechte Ausgestaltung der Anreizregulierung muss auch Möglichkeiten und Anreize zur Kostenreduktion bieten, die mit dem Erlösstandard kompatibel sind. Dadurch werden ausreichende Effizienzgewinne sichergestellt und entsprechend auf Dauer die Belastung der Konsumenten verringert. An dieser Stelle wollen wir insbesondere auf drei Schwächen des deutschen Systems eingehen, die eine Verletzung des Anreizstandards darstellen:

---

139 Ofgem (März 2013): Strategy decision for the RIIO-ED1 electricity distribution price control; Annex Tools for cost assessment S. 7; Annex Financial Issues S. 30f.

140 Vgl. BDEW (19.3.2014): BDEW-Position zur Weiterentwicklung der Anreizregulierung, http://www.bdew.de/internet.nsf/id/20140324-pi-bdew-legt-branchenloesung-zur-verbesserung-der-investitionsbedingungen-im-verteilnetzber.

141 18. Deutsche Bundesregierung (Nov 2013): Koalitionsvertrag, S. 51.

- Ex-post „Anreizmechanismus" durch wiederholtes Benchmarking der selben Kosten über mehrere Regulierungsperioden mit zum Teil unterschiedlichen Ergebnissen;
- bisher fehlende Anreize für innovativere/riskantere Investitionen aufgrund der Annahme einer identischen Risiko-Rendite-Struktur für alle Anlagen; und
- fehlende Finanzierbarkeitstests trotz hoher Investitionsverpflichtungen und fehlender Anpassung der Kapitalkosten während der Regulierungsperiode bei Verteilnetzen, die negative Investitionsanreize setzen können.

Eine Behebung dieser Schwächen wird zu einer langfristig effizienteren Netzgestaltung führen.

Verletzung des Anreizstandards durch Ex-post-Benchmarking

Die Anreizregulierung sieht vor, dass die Gesamtkosten eines Unternehmens („Totex") alle fünf Jahre wieder einem erneuten Benchmarking unterzogen werden. Hierbei ist zu beachten, dass es sich beim Großteil der Kosten um versunkene Kosten (Investitionen) handelt, die vom Netzbetreiber nicht mehr beeinflussbar sind, z. B. die Abschreibungen auf getätigte Investitionen. Bei der Festlegung von Effizienzvorgaben auf diese Kostenblöcke handelt es sich damit um einen ex-post Eingriff, der dem Netzbetreiber die Rückgewinnung der Investitionskosten verwehrt.

Zudem ist zu beachten, dass die Anwendung des Benchmarkings durch die Regulierungsbehörde unter Umständen dazu führen kann, dass Investitionen, die noch in der letzten Prüfung als effizient eingestuft wurden, in einem neuen Benchmarking nachträglich als ineffizient eingestuft werden. Dies kann zum Beispiel geschehen, wenn die betrachteten Parameter sich verändern, wie dies unter anderem zwischen der ersten und zweiten Regulierungsperiode in Deutschland der Fall war.[142] Die teilweise hochsignifikanten Auswirkungen, die solche Änderungen in den betrachteten Parametern haben können, werden z. B. in Brunekreeft (2012) aufgezeigt:[143] Der Autor zeigt auf, dass der niederländische TSO TenneT im Benchmarking für das Jahr 2008/09 einen Effizienzwert von 50 % erreicht hätte, wenn eine Modellspezifizierung ohne Bevölkerungsdichte und mit Investitionen der Jahre vor 2000 verwendet worden wäre und andererseits einen Wert von 100 % erreicht hätte, wenn Bevölkerungsdichte, aber nicht die Investitionen aus den Jahren vor 2000 als erklärende Variablen verwendet werden.

Eine solche Änderung der Modellspezifikation ist für das investierende Unternehmen nicht vorhersehbar, zumal bei einer Lebensdauer vieler Anlagen von 40 Jahren und mehr. Sie entfaltet auch keinen Anreizcharakter, da eine nachträgliche Anpassung der Anlagenspezifikation in der Regel nicht möglich ist. Generell gilt, dass unabhängig davon, ob Investitionen tatsächlich ineffizient waren oder nur durch Benchmarking als solche klassifiziert wurden, ein Eingriff ex-post (bzw. bereits dessen Erwartung ex-ante) immer das regulatorische Risiko erhöht, was mithin zu höheren Kosten und Wohlfahrtsverlusten führt. Diese Wohlfahrtsverluste sind

142 Trotzdem plant die Bundesnetzagentur einen Vergleich der Effizienz aus beiden Regulierungsperioden, wie aus ihren Vorschlägen zur Weiterentwicklung der Anreizregulierung ersichtlich wird; vergleiche Foliensatz „Unterlagen zum Workshop – AG 6 (Effizienz)" für den zweiten Workshop zum Evaluierungsbericht am 19. März 2014, Folie 9; http://www.bundesnetzagentur.de/SharedDocs/Downloads/DE/Sachgebiete/Energie/Unternehmen_Institutionen/Netzentgelte/Evaluierung_ARegV/2ter_Workshop/Unterlagen_zum_Workshop.pdf?__blob=publicationFile&v=1, abgerufen am 25.03.2014.

143 Brunekreeft (2012): On the role of international benchmarking of electricity Transmission System Operators facing significant investment requirements, Bremen Energy Working Papers No. 12, Bremer Energie Institut.

zu berücksichtigen, wenn man sich über die Verwendung von Benchmarking-Ergebnissen Gedanken macht.

In diesem Zusammenhang ist zum Beispiel auf den jüngsten Streitfall zwischen Phoenix Gas und der nordirischen Regulierungsbehörde zu verweisen. Die Behörde war bemüht, eine outperformance auf Seiten von Phoenix Gas nachträglich auf die Verbraucher umzuwälzen, welche allerdings in vorherigen Entscheidungen dem Netzbetreiber zugesprochen worden war. Im darauf folgenden Schlichtungsfall merkte die britische Competition Commission an:

> *"we note that both Fitch and Moody's take the predictability of the regulatory regime into account when setting credit ratings, hence we consider that there is clear effect on the cost of debt. The effect on the cost of equity is harder to establish, but it is our view that unpredictability increases risk for equity investors and that this may increase beta and may also increase any asset stranding premium".*[144]

Solche Auswirkungen von Ex-post-Effizienzbewertungen heißen aber nicht, dass überhaupt kein Effizienztest mehr stattfinden muss. Aus ökonomischer Sicht sind in dieser Hinsicht Ex-ante-Effizienzstandards sinnvoller. Solche werden zum Beispiel in Großbritannien und Frankreich verwendet.

Ofgem beschreibt seinen Ansatz einer ex ante bestimmten Quote, nach der Kostenüber- und unterschreitungen mit den Kunden geteilt werden („efficiency incentive rate") wie folgt:

> *at a price control review we will commit to a fixed and symmetric efficiency incentive rate for each company. (...); and*
>
> *we will commit to not making retrospective adjustments to revenue in the event that costs turn out to be different to what was assumed in the price control itself, save through the application of the efficiency incentive rate. We will only consider using such 'ex post adjustments' if outputs are not delivered or if we have a concern that a company has manifestly wasted money. (...)*
>
> *We will not use this option to penalise companies that took reasonable decisions to anticipate future customer needs or to experiment with new delivery approaches, even if these turned out to be unsuccessful with the benefit of hindsight.*[145]

Für eine Einordnung des deutschen Systems ist insbesondere der letzte Aspekt relevant. Dadurch, dass das deutsche System einen Vergleich von Unternehmen durchführt, die zu unterschiedlichen Zeitpunkten mit unterschiedlichem Wissensstand über zukünftige Entwicklungen (z. B. die Energiewende, Atomausstieg,...) Investitionen getätigt haben, legt das deutsche System als Maßstab für alle Investitionen immer den heutigen Wissensstand an. Ein dem englischen System vergleichbarer Mechanismus der ex-ante-Anreize findet sich auch in Frankreich.[146]

---

[144] GB Competition Commission (Nov 12): Phoenix Natural Gas Limited price determination, p.158.

[145] Ofgem (2010): Handbook for implementing the RIIO model, S. 83-84 & 88.

[146] CRE (2012): Délibération de la Commission de régulation de l'énergie du 28 novembre 2012 portant projet de décision tarifaire relatif à l'utilisation des réseaux de transport de gaz naturel, S. 6ff.

Prinzipiell ist die Einführung solcher Ex-ante-Anreizmechanismen auch in Deutschland möglich, bei der Einführung wären allerdings diverse Detailfragen zu klären, z. B. ob eine Übertragung nur für Kapitalkosten erfolgen sollte (wie in Frankreich oder ebenfalls für Betriebskosten wie in Großbritannien).

Eine alternative Variante zur Ermittlung der Kostenreduktionsziele stellt die Herleitung eines Preispfades anhand der Entwicklung der „Totalen Faktorproduktivität" dar. Eine solche Vorgehensweise findet zum Beispiel in der US-amerikanischen und australischen Regulierung Anwendung.[147] In diesem Zusammenhang ersetzt eine TFP-basierte Bestimmung eines allgemeinen Effizienzfaktors den Törnquist-Index zur Bestimmung des X-Faktors, der in Deutschland zusätzlich zu den benchmarking-basierten individuellen Effizienzvorgaben gemacht wird. Es ist in diesem Zusammenhang auffällig, dass ein solches Verfahren insbesondere in solchen Ländern zur Anwendung kommt, wo die Unternehmen bereits mehrere Regulierungsperioden durchlaufen haben und die Regulierungsbehörden entsprechend davon ausgehen, dass relative Ineffizienzen behoben sind und Unterschiede in einem Benchmarking-Verfahren entsprechend eher auf unbeobachtete Heterogenität als auf tatsächliche Ineffizienz zurückgehen. Hierzu schreibt zum Beispiel die australische Regulierungsbehörde AER:

> *"If a NSP [Netzbetreiber] has operated under an effective incentive framework, and sought to maximise its profits, the actual opex incurred in a base year should be a good indicator of the efficient opex required."*[148]

Eine Verletzung des Anreizstandards durch die Verwendung von Ex-post-Benchmarking ist dementsprechend weder notwendig noch sinnvoll für die Setzung von Anreizen zur Kostenreduktion, sondern wird eher zu höheren Finanzierungskosten führen.

Verletzung des Anreizstandards durch fehlende Differenzierung der Renditemöglichkeiten nach Risiko

Eine weitere Verletzung des Anreizstandards ergibt sich daraus, dass der deutsche Regulierungsrahmen bisher für alle Arten von Investitionen in das regulierte Netz die gleiche Kapitalverzinsung vorsah. Bis dato bestand für einen Netzbetreiber kein Anreiz, durch innovative oder riskantere Investitionen langfristig die Kosten für den Netznutzer zu senken.[149] Der neue Ansatz zur Berücksichtigung von Ausgaben für Forschung und Entwicklung[150] kann hier unter Umständen verbesserte Konditionen für kurzfristig amortisierbare Innovationen generieren.

---

147 Siehe Australian Competition and Consumer Commission (2012): "Benchmarking Opex and Capex in Energy Networks", Working Paper no. 6, Kapitel 3.4.

148 AER (Nov 2013): "Explanatory Statement - Efficiency Benefit Sharing Scheme for Electricity Network Service Providers", S.6. Die AER führt dann zwar weiter aus, dass auch sie die Effizienz der Betriebskosten testen muss, verwendet dafür allerdings kein Benchmarking.

149 Dies gilt insbesondere für Investitionen mit unsicherem Erfolg, bei denen die Kosten eines abgebrochenen Projekts als „ineffiziente" Kosten beim Netzbetreiber verbleiben, im Gegensatz zu einem unregulierten Unternehmen diesem Risiko beim regulierten Netzbetreiber aber kein Potenzial gegenüber steht, bei erfolgreichen Innovationen eine Über-Rendite auf das eingesetzte Kapital zu verdienen. Eine solche Möglichkeit besteht höchstens für die Länge einer Regulierungsperiode. Entsprechend ist zu erwarten, dass nur solche Innovationen umgesetzt werden, die kurzfristig zum Anfang einer Periode umgesetzt werden können und sich schnell amortisieren, weil hierfür ein Zeitraum von maximal fünf Jahren zur Verfügung steht.

150 § 25a ARegV sieht vor, dass Ausgaben für Forschung und Entwicklung auf Antrag zu 50 % in die Erlösobergrenze des Verursachungsjahres mit einbezogen werden können. Dies gilt allerdings nur für Vorhaben im Rahmen der staatlichen Energieforschungsförderung.

Dieser Ansatz ist allerdings nicht geeignet Investitionen freizusetzen, wenn dauerhaft höhere Risiken bei einer Investition bestehen, weil zum Beispiel die langfristige Auslastung unklar ist oder höhere technologische oder sonstige Risiken bestehen. Mangelnde Auslastung kann zumindest über das Benchmarking die Erlöse des Netzbetreibers betreffen, zudem Investoren auch zurecht unsicher sein dürften, wie politisch vertretbar es ist, wenn Netzkunden auf Jahre hinaus ein nicht verwendetes Kabel finanzieren müssen. Die Offshore-Anbindungsleitungen und TenneTs Probleme, diese unter den ursprünglichen Vergütungskonditionen / Haftungsbedingungen umzusetzen, sind ein solcher Fall.[151] In diesem Fall war das zusätzliche Downside-Risiko einer Haftung gegenüber dem abgeregelten Offshore-Windpark nicht durch den allgemeinen regulatorischen Vergütungsrahmen gedeckt und entsprechend das Risiko-Rendite Verhältnis von vornherein nicht finanzierbar. Mit der Haftungsbegrenzung bzw. Wälzung des Risikos wurde hier eine Lösung gefunden, das Risiko-Rendite-Profil zugunsten des Netzbetreibers zu verändern. Über die ökonomische Sinnhaftigkeit dieser Lösung ließe sich trefflich streiten, allerdings haben sich scheinbar die Investitionsanreize (teilweise) verbessert.[152]

Mit der PCI-Liste kommen einige Projekte auf die deutschen Netzbetreiber zu, die unter Umständen die vorgenannten Kriterien in Bezug auf höhere Risiken erfüllen.[153] Diese Projekte werden laut Kommission von einem schnelleren und effizienteren Genehmigungsprozess profitieren, eine verbesserte regulatorische Behandlung genießen und teilweise zusätzliche finanzielle Unterstützung erhalten. Auch in den USA hat die dortige Regulierungsbehörde FERC-Regelungen ausgearbeitet, um Projekte, die sozial wünschenswert, aber schwer finanzierbar sind, zu unterstützen. Diese beinhalten:

- Anrechnung der kompletten Baukosten von aktiven Projekten.
- Andere Kosten, die vor Inbetriebnahme einer Anlage anfallen, werden als regulierte Anlagen betrachtet.
- Kostenerstattung von legitimen Ausgaben, auch wenn das Projekt gestoppt wird.

Um in die Liste der PCIs aufgenommen zu werden, musste ein Projekt eine Reihe von Bedingungen erfüllen; diese waren:

- Signifikanter Nutzen für mindestens zwei Mitgliedstaaten;
- Förderung von Marktintegration und Wettbewerb;
- Verbesserung der Versorgungssicherheit; und
- Verringerung des CO_2-Ausstoßes.

In Deutschland existieren insgesamt 15 Projekte im Strom- und fünf Projekte im Gasbereich, die als PCIs klassifiziert wurden. Einige dieser Projekte sind durch noch ungetestete Techno-

[151] Tennet (Feb 2012): Pressemitteilung; http://www.tennettso.de/site/news/2012/februar/offshore-strukturlosung.html; abgerufen am 01.07.2014.

[152] Vergleiche hierzu Tennet (Jan 2013): Pressemitteilung; http://www.tennet.eu/nl/news/article/tennet-and-mitsubishi-corporation-jointly-invest-in-four-offshore-grid-connections-in-germany-1.html; abgerufen am 01.07.2014 und Interview mit Mitglied der Tennet Geschäftsführung Lex Hartman (Apr 2013): http://bizzenergytoday.com/%E2%80%9Ekein_geld_ins_wasser_schmei%C3%9Fen%E2%80%9C; abgerufen am 01.07.2014.

[153] Am 14. Oktober 2013 hat die Europäische Kommission eine Liste von 248 Schlüsselprojekten für die Energieinfrastruktur in den Bereichen Strom- und Gasnetze, Speicherung und Liquefied Natural Gas (LNG) sowie Smart Grids, Ölförderung und –verwertung herausgegeben.

logien oder Verwendungszwecke, aber einen hohen zu erwartenden sozialen Nutzen gekennzeichnet. Da solche Projekte unterfinanziert werden, wenn sie die gleiche Rendite versprechen wie sichere Projekte[154], stellt der europäische Regulierungsrahmen gesonderte Anreize zur Verfügung. Diese Anreize beinhalten unter Anderem:

- Regelungen für antizipierte Investitionen,
- Frühere Anerkennung der Investitionskosten in der Anlagenbasis,
- Prioritätsprämien,
- Lukrativere Abschreibungszeiträume und –methoden,
- Längere Regulierungsperioden und
- „Sliding scale"-Mechanismen u. a.[155]

Solche zusätzlichen Anreizmechanismen sind im deutschen Regulierungsrahmen jedoch noch nicht standardmäßig vorgesehen. Es wird sich noch zeigen müssen, inwieweit das Methodenpapier der BNetzA vom 31.03.2014 hier in Zukunft in der Anwendung eine Differenzierung zulassen wird.[156] Wie Tabelle 10 zeigt, sind verschiedene andere Länder in diesem Zusammenhang bereits einen Schritt weiter und haben allgemeingültige Zinssatz-Zuschläge festgelegt.

Es fällt jedoch auf, dass die Anreizsysteme in den obigen Fällen allesamt nicht durch rigorose Analyse hergeleitet wurden, sondern in der Regel politisch bestimmt wurden. Dies führt zu Fällen, wie in den USA, wo zunächst sehr großzügig Anreize verteilt wurden, dann stark gegengesteuert werden musste[157] (ähnliche Probleme dürften dem ein oder anderen aus der deutschen Energiewirtschaft schon bekannt vorkommen). Um eine solche Problematik bei den PCIs in Deutschland zu vermeiden, sollte die Herleitung der Prämien und anderer Anreizmechanismen ökonomisch fundiert erfolgen, wie dies im Ansatz auch im BNetzA-Papier angelegt ist. Grundlagen einer solchen fundierten Herleitung könnten wie folgt aussehen:

- Quantitative Bestimmung des Nutzens eines bestimmten Projektes unter Einbeziehung gemeinsam definierter Standards zur Kosten-Nutzenanalyse;[158]
- Übersicht und Katalogisierung der Kosten und Risiken, denen diese Projekte ausgesetzt sein könnten (wie zum Beispiel Unterfinanzierung, gestrandete Investitionen, technologische Risiken, Refinanzierung und Ähnliches);
- Modellierung verschiedener Szenarien bezüglich des Eintretens bestimmter Risiken und deren Auswirkungen auf die finanzielle Position der Investition und darauf aufbauend Abschätzung der Finanzierungskosten;

[154] Siehe zum Beispiel die Probleme mit der Anbindung deutscher Offshore Anlagen (vgl. Fußnote 145).

[155] Vgl. REGULATION OF THE EUROPEAN PARLIAMENT AND OF THE COUNCIL on guidelines for trans-European energy infrastructure and repealing Decision No 1364/2006/EC and amending Regulations (EC) No 713/2009, (EC) No 714/2009 and (EC) No 715/2009, 15 March 2013, art. 13(1), 3.

[156] Siehe BNetzA (31.3.2014): Darstellung der Methode und Kriterien für die Bewertung von Investitionen in Strom- und Gasinfrastrukturvorhaben gem. Artikel 13 Abs. 6 der (EU) Verordnung 347/2013.

[157] So hat die FERC sich Ende 2012 zum Beispiel gegen die Ausgabe zusätzlicher Anreize für Eigenkapitalrenditen entschieden und bestehende Anreize auf vorher geschätzte Projektkosten begrenzt (vgl. FERC (Okt 2012): Decision EL12-20-000).

[158] Eine Richtlinie hierfür gibt zum Beispiel die Methode des Verbunds europäischer Stromnetzregulierer, ENTSO-E, zur Bestimmung von Kosten und Nutzen von Investitionsprojekten vor. Siehe hierzu ENTSO-E (Nov 2013): "Guideline for Cost Benefit Analysis of Grid Development Project".

- Analyse der kosteneffizienten Absicherungsmechanismen und risikomindernden Maßnahmen (Versicherung, Risk Sharing, …) unter Anerkennung der dafür entstehenden Kosten; und
- Identifikation der notwendigen Zinssatz-Zuschläge, um unter Ausschöpfung der optimalen Mechanismen zur Risikominderung die Finanzierbarkeit sicherzustellen.

Tabelle 10: Zinssatz-Zuschläge für Investitionen im Ausland[159]

Staat	Anlage	Begründung	Aufschlag auf WACC (%)	Äquivalenter Aufschlag auf EK-Rendite (%)
Österreich	Alle neuen Stromverteilungsanlagen	Zusätzliche Investitionsanreize	1,05	Na
Österreich	Verbesserte Gas-verteilungsanlagen	Erhöhte Deckungsanreize	1,50	Na
Frankreich	Gasübertragungsanlage, welche zu höherer Kapazität führen	Erhöhte Versorgungssicherheit und Netzstabilität	3,00	Na
Italien	Anlagen, welche die Infrastruktur verbessern (Gas und Strom)	Modernisierung des Netzes, Ausweitung in ländlichen Gegenden, neue Anschlüsse	1,0-3,0	Na
Luxemburg	Infrastrukturmaßnahmen (Gas und Strom)	Erhöhte Versorgungssicherheit	0,60	Na
Portugal	Neue Stromanlagen	Investitionsanreize und effizientes Management	1,5	Na
USA	Stromübertragungsanlagen, welche erhöhtes Investitionsrisiko tragen	Erhöhte Versorgungssicherheit, weniger Engpässe, bessere Finanzierung	na	0,5-2,0

Nach unserem Verständnis fertigt die europäische Kommission zu diesem Themenkomplex derzeit eine Studie an, die im Juni 2014 vorliegen soll.[160] Die entsprechenden Stellen in Deutschland sollten diese Ergebnisse interessiert verfolgen und sicherstellen, dass entsprechende Überlegungen in die deutsche Regulierungspraxis Eingang finden, da das Methodenpapier der BNetzA derzeit sehr enge Grenzen für die Anwendbarkeit solcher Anreizstrukturen

159 NERA-Analyse verschiedener Regulierungsentscheidungen.

160 Siehe EC – Call for tenders n° ENER/b1/2013-320-1 Study on regulatory incentives for investments in electricity and gas infrastructure projects tender specifications.

setzt. In diesem Zusammenhang sind außerdem noch die beiden folgenden Punkte bei der Gestaltung von Anreizen für innovative Investitionen zu beachten:

- Asymmetrisches Risiko bei der Festsetzung der erlaubten Rendite von systemrelevanter Infrastruktur: Die Festlegung zu niedriger Kapitalkosten birgt deutlich größere Risiken, als die Festlegung zu hoher Kapitalkosten; und
- In Märkten, in denen Verschiebungen der Nachfrage oder Markteintritt zu gestrandeten Investitionen führen können, birgt die Verschiebung von Investitionsvorhaben Vorteile (Real option value). 2002 hat zum Beispiel die britische Competition Commission Realoptionen als einen Grund genannt, die erlaubte Rendite zu erhöhen:

  "It is arguable that... BAA is undertaking construction of T5 earlier than might otherwise have been the case and in doing so is giving up its option on timing; something for which it should be compensated."[161]

Diese Punkte finden in der derzeitigen Regulierungspraxis keine oder nur mittelbare Anwendung. Zusammenfassend lässt sich damit eine zweite Verletzung des Anreizstandards im Hinblick auf innovative und / oder aus anderen Gründen riskantere Investitionen konstatieren. Um diese zu beheben, haben Zuschläge auf den Zinssatz, so genannte „Adders" einen ökonomisch fundierten Nutzen. Sie müssen allerdings einzelfallbezogen festgelegt werden, um den jeweiligen Risiken gerecht zu werden und so den Erlösstandard zu erfüllen. In diesem Zuge kommt auf die deutschen Netzbetreiber und die Bundesnetzagentur in den nächsten Jahren eine wichtige Aufgabe zu: die Definition von ökonomisch sachgerechten Adders und ihrer intelligenten, fallbezogenen Anwendung im Rahmen einer ökonomisch sinnvollen Auslegung und Weiterentwicklung des BNetzA-Methodenpapiers.

Finanzierbarkeit von steigenden Investitionen

Die BNetzA reguliert eine große und extrem heterogene Gruppe von Netzbetreibern über ein Verfahren, in dem zentrale Parameter, wie der Eigenkapitalzinssatz und die Anlagenbewertung, zentral bestimmt werden. Es ist fraglich, ob ein solches (prinzipiell aus Vereinfachungsgründen durchaus erstrebenswertes) Verfahren geeignet ist, die Finanzierbarkeit eines jeden Netzbetreibers sicherzustellen, der sich hohen Investitionsverpflichtungen gegenübersieht. Wie oben beschrieben, ist dieses Problem insbesondere bei Verteilnetzbetreibern einschlägig, wo der Erweiterungsfaktor nur für bestimmte Investitionen eine Erhöhung der Erlöse während der Regulierungsperiode zulässt und sich dabei nicht an den Kapitalkosten der Netzbetreiber orientiert. Prinzipiell ist eine Entkopplung der Kosten und der Erlöse zu Anreizzwecken ein zentrales Element der Anreizregulierung. Es stellt sich jedoch die Frage, ob eine Anreizstruktur, die Unternehmen Anreize setzt, ihre Investitionen im Hinblick auf die Abdeckung durch den Erweiterungsfaktor zu optimieren und Investitionen, die sich nicht durch den Erweiterungsfaktor finanzieren lassen, tendenziell zu verschieben, sinnvolle Anreize setzt.

[161] Competition Commission (Nov 2002): BAA plc: A report on the economic regulation of the London airports companies (Heathrow Airport Ltd, Gatwick Airport Ltd and Stansted Airport Ltd) S. 179.

Zur Sicherstellung der Finanzierbarkeit der einzelnen Netzbetreiber, die hohe Investitionen zu stemmen haben, hat sich in verschiedenen Ländern (unter anderem Großbritannien und Australien) die Praxis des Finanzierbarkeitstests herausgebildet.[162], [163] Bei solchen Tests untersucht die Regulierungsbehörde, ob ein Netzbetreiber seinen Investitionsverpflichtungen bei der von der Regulierungsbehörde festgelegten Eigenkapitalrendite nachkommen kann, ohne dass sich von Rating Agenturen verwendete finanzielle Kennzahlen wie Verschuldung/BNV, Zinsdeckung, u. a. derart verschlechtern, dass der Netzbetreiber unter eine Mindestbonität (in der Regel mindestens BBB) abrutscht. Stellt die Regulierungsbehörde fest, dass ein Unternehmen die Mindestbonität nicht erreicht, kann die Regulierungsbehörde verschiedene Optionen in Betracht ziehen, z. B. eine Erhöhung der Eigenkapitalrendite, eine barwertneutrale Verschiebung von zukünftigen Erlösen in die jetzige Regulierungsperiode oder die Anordnung einer Eigenkapitalspritze (sofern diese möglich ist).[164] Abbildung 34 zeigt das Prozedere für einen Finanzierbarkeitstest.

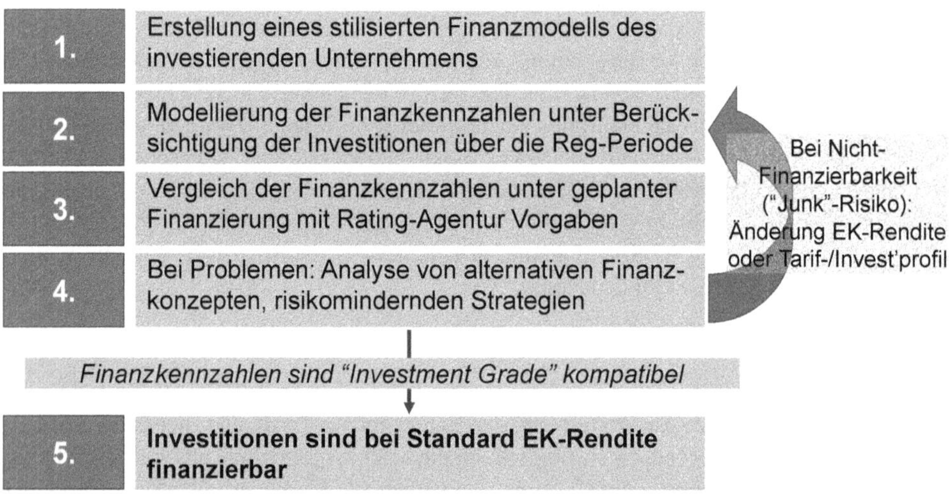

Abbildung 34: Finanzierbarkeitstests

Aufgrund der hohen Ausbauverpflichtungen, die sich aus der Energiewende ergeben, der Erwartung steigender Zinsen und der Kapitalschwäche vieler kommunaler Eigentümer steigt die Wahrscheinlichkeit, dass sich auch deutsche Netzbetreiber in der dritten Regulierungsperiode einem solchen Finanzierungsengpass gegenübersehen könnten. Als besonders gefährdet müssen VNBs mit hohen Netzausbauverpflichtungen gelten. Vor dem Hintergrund, dass die Behörden in ihrer Interpretation des deutsche Regulierungsrahmen in der Vergangenheit eine bereits relativ hohe Fremdkapitalquote von 60 % als effizient propagiert haben und gerade im

[162] Vgl für GB: Ofgem (2011): Decision on strategy for the next transmission and gas distribution price controls – RIIO-T1 and GD1 financial issues und für Australien: IPART (2012): Financeability test in price regulation; Research — Discussion Paper.

[163] Das Problem der Finanzierbarkeit ließe sich prinzipiell auch über das Antragsmodell lösen. Die Einbeziehung eines Finanzierbarkeitstests könnte in diesem Zusammenhang als Unterinstrument des Antragsmodells gesehen werden, dass das Antragsmodell auf die schwersten Härtefälle fokussiert.

[164] Ofgem (2010): Handbook for implementing the RIIO model, S.110ff.

Verteilnetzbereich Investitionen nur mit Verspätung Kapitalrückflüsse generieren, sind anstehende Investitionen unter Umständen für einzelne VNBs nicht zu leisten, gerade wenn die kommunalen Eigner nicht unbegrenzt Eigenkapital nachschießen können, um die finanziellen Kennzahlen auf einem für den Kapitalmarkt erträglichen Niveau zu halten.

Nach unserem Verständnis hat sich die BNetzA 2011 im Rahmen der Vorbereitung möglicher TSO-Zertifizierungen in einer Ausschreibung mit der Verwendung von Finanzkennzahlen in der Regulierung beschäftigt[165], ein entsprechendes Projekt dann aber nie durchgeführt. Aufgrund der Besonderheiten der deutschen Netzbetreiberlandschaft wäre eine solche frühzeitige Anpassung der anglo-amerikanischen Finanzierbarkeitstests an die deutsche Situation zwingend notwendig. Eine zentrale Herausforderung für die Entwicklung eines deutschen Finanzierbarkeitstests wird sein, wie die Finanzierbarkeit in integrierten und kleinen Stadtwerken getestet werden kann, wo die Netzgesellschaft nicht über eigenes Fremdkapital verfügt, die Bilanz der Muttergesellschaft, aber unter Umständen trotzdem keine weitere Fremdfinanzierung zulässt. In einem solchen Fall wäre zu überlegen, wie das bestehende Fremdkapital im Rahmen einer Tragbarkeitsanalyse auf die einzelnen Tochtergesellschaften verteilt werden kann, so dass die hypothetische Verteilung den Tragfähigkeiten und dem Risiko der einzelnen Sparten entspricht. Zudem wird ein Modus zu entwickeln sein, nach dem die Darlegung des Finanzierbarkeitsengpasses dem einzelnen Netzbetreiber obliegt, da die Durchführung von über 700 Tests durch die Behörden nicht zu leisten sein wird.

Um eine (in den Details noch auszuarbeitende) Form des Finanzierbarkeitstests wird die deutsche Regulierung in der Zukunft nicht umhin kommen, wenn sie sicherstellen will, dass Netzbetreiber nicht nur die Anreize, sondern auch die liquiden Mittel haben, um effiziente Investitionen zu tätigen. Auch wenn das Thema „Finanzierbarkeit" aufgrund des Zeitverzugs bei den Neuinvestitionen zunächst bei den VNBs auf der Agenda stehen dürfte, sollte eine vollständige Evaluierung der Anreizwirkungen der Anreizregulierung auch weitere Gruppen im Blick haben, z. B. Gas-FNBs, bei denen sich durch Investitionen Verzerrungen im Wettbewerb ergeben können, wenn dieser an einzelnen Einspeisepunkten bereits stattfindet.[166]

Zusammenfassung Anreizstandard

Eine ökonomisch sachgerechte Ausgestaltung der Anreizregulierung muss auch Möglichkeiten und Anreize zur Kostenreduktion bieten, die mit dem Erlösstandard kompatibel sind. Dadurch werden ausreichende Effizienzgewinne sichergestellt und entsprechend auf Dauer die Belastung der Konsumenten verringert. In diesem Bereich bestehen aus Sicht der Autoren insbesondere drei Problemfelder im deutschen Kontext.

- Das deutsche Benchmarking prüft die Effizienz von (versunkenen) Investitionen alle fünf Jahre neu und legt dabei als Maßstab jeweils den Wissensstand über zukünftige Entwicklungen (z. B. die Energiewende, Atomausstieg,...) des heutigen Tages an. Dadurch, dass das Risiko besteht, dass Investitionen auf Basis von Informationen, die im Zeitpunkt der Investition noch nicht verfügbar waren, ex post für „ineffizient" erklärt werden können, steigt die benötigte Rendite für solche Investitionen bzw. bei festgelegter Rendite werden

---

[165] Bundesnetzagentur (2011): Ausschreibung: Erstellen eines finanzwirtschaftlichen Gutachtens zur Bestimmung von Kennzahlensystemen zur Beurteilung der wirtschaftlichen Leistungsfähigkeit von Transportnetzbetreibern.

[166] Vgl. Monopolkommission (2013): Sondergutachten 65, 2013 S. 216.

bestimmte Projekte nicht durchgeführt. Sinnvoller wäre ein ex ante Effizienztest, wie er zum Beispiel in Großbritannien und Frankreich durchgeführt wird;

- Neben der Problematik des ex post Benchmarkings, welches die Kosten für alle Investitionen erhöht fehlen weitergehend Anreize für innovativere / riskantere Investitionen, da unterstellt wird, dass die Risiko-Rendite Struktur für alle Anlagen identisch ist. Hier sollte ein Procedere entwickelt werden, dass es Unternehmen erlaubt bei belegbar höherem Risiko höhere Renditen für innovative / riskantere oder sozial besonders wertvolle Investitionen zu erzielen. Ob das derzeitige Methodenpapier der BNetzA hierzu geeignet ist, muss sich in der Praxis erst noch erweisen; und
- Das derzeitige Modell des Erweiterungsfaktors führt zu fehlgeleiteten Anreizen, die Investitionen von Verteilnetzbetreibern im Hinblick auf die Abdeckung durch den Erweiterungsfaktor zu optimieren und Investitionen, die sich nicht durch den Erweiterungsfaktor finanzieren lassen tendenziell zu verschieben. Hier kann ein Finanzierbarkeitstest Abhilfe schaffen, der es Unternehmen erlaubt, Finanzierungsengpässe modellgestützt anzuzeigen und mit der Regulierungsbehörde entsprechende Lösungsstrategien zu entwickeln.

4.5.3.3 Prozessstandard

Als dritten Standard betrachten wir den Prozessstandard, d. h. die Frage danach, ob die Grundlagen und Ausführung der Regulierung für alle Stakeholder offen und transparent sind und ob z. B. Konsultationen der betroffenen Kreise durchgeführt und ernstgenommen werden. Prinzipiell ist hierbei abzuwägen zwischen der hinreichenden Kodifizierung des Prozesses, um das Risiko von Willkür einzuschränken und dem Risiko einer Überkodifizierung, die ein System unflexibel machen kann, so dass es nicht mehr auf Änderungen in den Außenbedingungen oder den Regulierungszielen reagieren kann. Neben klaren regulatorischen Regeln sind entsprechend auch klare Regeln notwendig, unter welchen Umständen Änderungen möglich sind und nach welchem Procedere diese umzusetzen sind.

Aus der praktischen Erfahrung der Autoren in diversen europäischen Ländern bietet der deutsche Regulierungsrahmen im Hinblick auf diesen Standard im europäischen Vergleich überdurchschnittlich gute Transparenz. Die für alle Netzbetreiber relevanten Parameter werden nach einem offenen Konsultationsverfahren festgelegt, welches auch bereits mehrfach zu signifikanten Änderungen an den konsultierten Entwürfen geführt hat.[167] Weniger transparent verlaufen allerdings die unternehmensindividuelle Kostenprüfung und die Festlegung der Effizienzwerte, wobei die weitgehende Intransparenz der Festlegung der Effizienzwerte kürzlich durch den BGH für zulässig erklärt wurde.[168] Positiv zu bewerten ist weiterhin, dass den betroffenen Parteien auch zu Einzelfragen der Klageweg an eine unabhängige Instanz offensteht,

---

[167] Siehe z. B. Bundesnetzagentur (2008): Pressemitteilung - Energiebereich – Anreizregulierung - Anreizregulierung startet fristgerecht zum 1. Januar 2009 - *„In einem umfangreichen Verfahren und in ausführlichen Konsultationen mit Gutachtern und Verfahrensbeteiligten wurde mit dem Aufschlag der Körperschaftssteuer und des Solidaritätszuschlags im Stromnetzbereich eine signifikante Erhöhung gegenüber dem Entwurf vorgenommen, die bei den Netzbetreibern zu Mehrerlösen von 270 - 300 Mio. Euro pro Jahr führen wird. ‚Wir haben uns diesen Schritt nicht leicht gemacht, sondern gründlich und ausführlich analysiert. Sowohl die Rechtslage, die auslegungsbedürftig ist, als auch die ökonomischen Argumente gaben am Schluss den Ausschlag zugunsten der Netzbetreiber. Wir zeigen damit auch, dass wir Verfahren und Konsultationen nicht als Pro-forma-Veranstaltungen betrachten, sondern dem besseren Argument eine Chance geben, wenn es überzeugend ist‘, sagte Kurth.“*

[168] BGH (2014): Beschluss des Kartellsenats vom 21.1.2014 - EnVR 12/12.

die sich im Falle des OLG Düsseldorf inzwischen eine hohe fachliche Spezialkompetenz aufgebaut hat.

Diese insgesamt hohe prozessuale Qualität wird (größtenteils) auch von den Rating-Agenturen anerkannt. So schreibt zum Beispiel Moody's:

> *On a European comparison, Moody's considers the German regulatory framework as modestly riskier in terms of transparency and predictability than the UK framework that we use as a benchmark. (...) We score single-A for stability and predictability of the regulatory environment in Germany, taking into account that the key principles of the incentive-based regulatory framework are enshrined in law, whilst acknowledging that there have already been modifications in the application of these principles. We continue to expect further adjustments to the application of specific methods and principles, as evidenced by recent publications of the German government. Whilst the experience to date shows that in many cases regulatory changes have resulted in additional clarity and reduced risk for regulated companies, we expect to see a longer track record of consistent application of regulatory principles before aligning the score with those of more established regimes. Furthermore, given the increasing pressure on household bills, linked to the renewable energy policy, we believe that there may be some risk of political interference.*[169]

Die von Moody's betonte Forderung auf einen längeren „Track Record" ist insbesondere im Hinblick auf die USA zu sehen, wo die zentralen Prinzipien in Entscheidungen des Supreme Court seit fast 100 Jahren hinterlegt sind.[170] Im Vergleich zu vielen anderen europäischen Ländern sind die Voraussetzungen jedoch gut, die verbleibende gewisse Unsicherheit bezüglich der Anwendung dieser Standards zu zerstreuen. Im Hinblick auf die Zukunft lassen sich daraus für die deutsche Regulierung insbesondere die folgenden Überlegungen ableiten:

Die Grundlagen für eine international führende Position in Bezug auf die Erfüllung des Prozessstandards sind vorhanden. Der Gesetzgeber und die verschiedenen Regulierungsbehörden sollten jedoch langfristig und regelmäßig Konsistenz in ihren Entscheidungen herstellen. In diesem Zusammenhang sind Unterschiede, z. B. in der Anwendung der Kappung des Umlaufvermögens oder wenig transparente Herleitungen der finalen Werte (z. B. beim Eigenkapitalzinssatz für RP2) langfristig eher problematisch, auch wenn sie im Einzelfall auftretende Probleme pragmatisch lösen. Aus den oben genannten Problemen stellt sich die Frage der Über- gegenüber der Unterkodifizierung.

Während bei der Kostenprüfung eine stärkere Kodifizierung zur Angleichung der Praxis verschiedener Regulierungsbehörden sinnvoll sein kann, erscheint es bei anderen Aspekten fraglich, ob nicht eher eine Flexibilisierung statt eine weitere Kodifizierung sinnvoll ist.

Aus ökonomischer Sicht in die falsche Richtung geht zum Beispiel die Festschreibung von einzelnen Reihen in den NEVs (z. B. zu Eigenkapital II, TNWs), die einerseits die Regulierung unflexibel macht und in einigen Fällen dazu führen kann, dass die Verordnung den ökonomi-

169 Moody's (20. Juni 2013): Credit Opinion: Eurogrid GmbH, verfügbar (Jul 2014) unter: http://www.50hertz.com/en/file/Eurogrid_Credit_Opinion_20_June_2013.pdf.

170 US Supreme Court case: Smythe vs Ames, 1898, US Supreme Court case: Bluefield Water Co, 1923, US Supreme Court case: Hope Gas, 1944.

schen Zielen des Gesetzes widerspricht und andererseits das Bestehen des Rechtsschutzes gegen die Entscheidungen der Regulierungsbehörde aus betriebswirtschaftlicher Perspektive weitgehend konterkariert. Es ist allerdings nicht an uns Ökonomen, sondern an unseren juristisch ausgebildeten Kollegen zu bestimmen, was dies für die Anwendbarkeit der Festlegung bedeutet.

Tendenziell lässt sich jedoch festhalten, dass Deutschland bei der Erfüllung des Prozessstandards auf dem richtigen Weg ist, insbesondere wenn die Evaluierung der Anreizregulierung 2014 als Chance verstanden wird abzuwägen, in welchen Fällen mehr bzw. weniger Kodifizierung sinnvoll ist.

4.5.4 Empfehlungen und Entwicklungsperspektiven

Die vorgeschriebene Evaluierung der Anreizregulierung 2014 bietet die Möglichkeit, Revue passieren zu lassen, wie sich die Anreizregulierung seit ihrer Einführung entwickelt hat und wo in Zukunft die wichtigsten Aufgabenbereiche für Gesetzgeber, Regulierer und regulierte Unternehmen liegen werden. Vor dem Hintergrund der Energiewende und dem sich ergebenden signifikanten Aus- und Umbaubedarf, wird es hierbei zwangsläufig um die Frage gehen, wie das System ausgestaltet sein muss, um nicht nur die Effizienzreserven im bestehenden System zu heben, sondern insbesondere das Kapital für neue Investitionen in einer Art und Weise anzuziehen, die die Kosten für den Netznutzer möglichst gering hält.

In unserer ökonomischen Evaluierung der Anreizregulierung legen wir für solche möglichst wenig kostspielige Kapitalanziehung drei Standards an, die sich aus der praktischen Erfahrung und der internationalen regulatorischen Literatur herleiten lassen:

- Erlösstandard: Es muss sichergestellt werden, dass die Unternehmen eine angemessene Möglichkeit erhalten, ihre Kosten zu decken. Dies beinhaltet auch einen ausreichenden Kapitalertrag unter normalen Bedingungen.
- Anreizstandard: Weiterhin muss dafür gesorgt werden, dass Möglichkeiten und Anreize zur Kostenreduktion bestehen, die mit dem Erlösstandard kompatibel sind. Dadurch werden ausreichend Effizienzgewinne sichergestellt und trotzdem auf Dauer die Belastung der Konsumenten verringert.
- Prozessstandard: Letztlich muss der Regulierer ein verlässliches Umfeld schaffen, in dem Renditechancen und Risiko in einem angemessenen und konstanten Verhältnis stehen. Dies umfasst klare Regeln der Regulierung, zur Festsetzung der Preise und zu den erlaubten Eingriffen innerhalb einer Regulierungsperiode.

Im Hinblick auf die Erfüllung der Standards lässt sich konstatieren, dass auch wenn das deutsche Modell mit einigen Schwierigkeiten gestartet ist, es doch potenziell die Möglichkeit bereithält, den Ansprüchen guter Regulierung gerecht zu werden. Die langfristige, sichere Erfüllung der obigen Standards wird zu einem Abbau von Risikozuschlägen führen, die laut Rating-Agenturen derzeit noch im Hinblick auf das deutsche System eingepreist werden. Insbesondere identifizieren wir die folgenden Änderungen der regulatorischen Vorgaben, die zu einer besseren Erfüllung der Standards und damit schlussendlich niedrigeren Finanzierungs- und Gesamtkosten des Systems für den Verbraucher führen würden.

- Verbesserte Finanzierung von Investitionen, die im Rahmen der Energiewende notwendig sind, durch:

  - Eine Neuregelung der Anerkennung von Investitionen bei VNBs, die dem derzeitigen Zeitverzug begegnet und so das Erreichen der Zielrendite im Erwartungswert möglich macht, z. B. durch eine verbesserte Definition des Erweiterungsfaktors, die Einführung von IMAs für bestimmte weitere Investitionsprojekte auf der Verteilnetzebene und die zusätzliche Einführung von Finanzierbarkeitstests, um die Anreize gerade auch für große Investitionsprogramme zu erhalten;
  - Eine sachgerechte Behandlung von Finanzierungsstrukturen, bei denen Fremdkapital nicht auf der Netzbetreiber-Ebene aufgenommen werden kann (z. B. kleine Verteilnetze) anstatt einer Schlechterstellung solcher Modelle durch einen ökonomisch unsachgerechten Zinssatz für „überschießendes“ Eigenkapital; und
  - Eine Einführung von sogenannten „Adders“, Zuschlägen auf den EK-Zinssatz für nachweisbar riskantere Investitionen, wenn zum Beispiel höhere Auslastungs-, oder Technologierisiken bestehen. Hier ist eine ökonomisch sinnvolle Auslegung und Weiterentwicklung des BNetzA-Methodenpapiers vom 31.03.2014 zu entwickeln.
- Änderung der Methoden der Effizienzbestimmung hin zu solchen, die bei guter Anreizwirkung keinen negativen Einfluss auf die Finanzierungskosten ausüben, z. B. durch
  - Einführung von ex ante-, nicht ex post-Standards zur Anreizsetzung, um klare Anreize für effizientes Wirtschaften zu setzen, aber zusätzliches Risiko vermeiden, das sich daraus ergibt, dass einzelne Investitionen nachträglich von der Regulierungsbehörde und ihrem Benchmarking als ineffizient klassifiziert werden. Es ist daher zu empfehlen, ex-ante-Methoden zur Effizienzbestimmung zu verwenden, wie sie beispielsweise in Großbritannien oder Frankreich üblich sind;[171]
  - Abschaffung der inkonsistenten Ausgestaltung des Benchmarkings, bei der die (durchschnittliche) Marktrendite nur für die 100 % effizienten Netzbetreiber ungemindert in die EK-Verzinsung eingeht durch Verknüpfung von durchschnittlicher Effizienz mit durchschnittlicher Verzinsung und führender Effizienz mit entsprechender (höherer) Verzinsung; und
  - Überprüfung der Definition von „Ineffizienz“, insbesondere der a priori Annahme, dass sämtliche durch die von der BNetzA gewählten Input-Parameter nicht erklärten Kostenschwankungen „Ineffizienz“ darstellen.
  - Entsprechend empfiehlt sich ein Umstieg vom allgemeinen Benchmarking zur Erlösobergrenzenfestlegung zu einem System, in dem Kosten unternehmensbezogen nach klaren Standards auf ihre Effizienz geprüft werden und die Benchmarking-Methoden primär als erstes Raster zur Bestimmung der Kontrolltiefe verwendet werden. Bei einer derartigen Ausgestaltung ließen sich unter Umständen auch dringend benötigte Ressourcen schonen und damit zukünftige Verfahren schneller und effizienter abwickeln.
- Klärung, in welchen Bereichen der Regulierung höhere Stabilität und Transparenz des Systems durch verstärkte bzw. teilweise auch Reduktion von Überkodifizierung erreicht werden können.

[171] Selbstverständlich bestehen solche Risiken im nicht-regulierten Geschäft, so dass Investoren prinzipiell auch mit solchen Risiken umgehen können. In diesem Falle werden sie aber – zum Ausgleich dieses Risikos – höhere (eher dem unregulierten Geschäft entsprechende) Renditen benötigen als dies derzeit im Netzgeschäft der Fall ist.

In allen Fällen wären die Details der Änderungen sorgsam zu prüfen, insbesondere im Hinblick auf die Eignung der Übertragung von ausländischen Systemen in den deutschen Kontext mit seiner vielfältigen Netzbetreiberstruktur.

Dieses Kapitel sollte primär eine allgemeine Übersicht über Bewertungsstandards guter Regulierung und deren Anwendung auf das deutsche Regulierungssystem bieten. Worauf hier nicht weiter eingegangen werden kann, sind Fragen zu einzelnen Punkten der Kostenbestimmung. Weiterhin reicht der Rahmen dieses Kapitels nicht aus, um einen umfassenden Vergleich mit ausländischen Regulierungssystemen zu ermöglichen, obgleich wir von diesen verschiedene Aspekte lernen können. Ein solcher, wünschenswerter, Vergleich muss jedoch an anderer Stelle vorgenommen werden.

Weiter ist zu beachten, dass sich dieser Beitrag vorwiegend mit der Frage auseinander gesetzt hat, wie das Verhältnis von Netznutzer und Investor ausgestaltet sein muss, um zwischen den beiden allokative Effizienz zu erreichen und zudem den Netzbetreiber zu produktiver Effizienz anzureizen. Was in diesem Beitrag nicht abgedeckt werden konnte, ist die Frage der Verteilung der Kosten zwischen den Netznutzern untereinander, die als zweites wichtiges Ziel der Regulierung im EnWG genannt wird, aber in der öffentlichen Diskussion bisher eher eine untergeordnete Rolle spielt. Auch in diesem Bereich kommen in den nächsten Jahren interessante Anforderungen auf die Netzwirtschaft zu, unter anderem zur Frage der Netzentgeltsystematik in Bezug auf regionale Verteilung, der Verteilung zwischen Leistungs- und Arbeitsentgelt (gerade für teilweise Eigenstromproduktion), sowie auf die Verteilung der Netzentgelte zwischen Erzeugern und Nutzern (Stichwort: G-Komponente). Bei Gas-FNBs kommt unter Umständen noch hinzu, dass an einigen Stellen Wettbewerb besteht und FNBs, die investieren, an diesen Stellen weniger wettbewerbsfähig werden, was nicht im Sinne der Regulierung sein kann. Antworten auf diese Tarifierungsfragen zu finden, wird daher ebenfalls eine zentrale ökonomische Aufgabe sein, wenn die Anreizregulierung in allen ihren Facetten sinnvoll entwickelt werden soll.

4.6 Bürgerbeteiligung

Thomas Grünke

Thomas Grünke, Jahrgang 1963, absolvierte nach seiner Ausbildung zum Bankkaufmann das Studium der Betriebswirtschaft an den Universitäten Bayreuth und Leeds, England. In den Jahren 1992 bis 1996 war er für KPMG und Ernst & Young in der internationalen Steuerberatung tätig. Mit seinem Eintritt in den LB Kiel-Gruppe 1996 folgten verschiedenen Stationen im Corporate und Investment Banking als auch der Private Equity Gesellschaft der Bank. Nach einem kurzen Intermezzo bei der WestLB Trust, der Fondstochter der WestLB- Gruppe, folgte das Engagement bei der MPC Capital AG, dem seinerzeit führenden Emissionshaus in Deutschland. Dort war er verantwortlich als Investment Manager und Konzeptionär für Erneuerbare Energien und Transport. Im März 2012 erfolgte die Gründung der Thomas Grünke Consulting, einem Beratungsunternehmen rund um das Thema der geschlossenen Beteiligungsprodukte. Er arbeitet als selbständiger Berater für Sachwertinvestments für Emissionshäuser, Investoren, Kreditgeber und Projektentwickler mit Schwerpunkt in den Bereichen Energie, Transport und Private Equity. Daneben beschäftigt er sich intensiv mit der Implementierung des Kapitalanlagegesetzbuchs (KAGB) als der deutschen Umsetzung der europäischen AIFM-Richtlinie bei den betroffenen Akteuren.

4.6.1 Einleitung

Der Ausbau der Stromnetze bestimmt wesentlich die weitere Entwicklung der Erneuerbaren Energien und der verkündeten Energiewende in Deutschland. Die Bedeutung des Themas Bürgerbeteiligung erschließt sich dabei erst auf den zweiten Blick. Im aktuellen Kapitalmarktumfeld mit hoher Liquidität und hohem Anlagedruck auf Seiten der institutionellen Investoren ist die Finanzierung über institutionelle Partner begünstigt. Interessant werden Bürgerbeteiligungen bei Betrachtung aus einer anderen Perspektive. Eine für den Netzbetreiber schwer kalkulierbare Risikoposition ist die der Verzögerungen, die aus Bürgereinsprüchen gegen die Bauplanungen und -maßnahmen resultieren. Nach dem Grundsatz „Betroffene zu Beteiligten" zu machen, ergeben sich durch Bürgerbeteiligungen Möglichkeiten einer direkten Kommunikation mit und der Einbindung von betroffenen Bürgern, die eine höhere Akzeptanz zur Folge haben können.

Der Einfluss und die Beteiligung von Bürgern am Netzausbau werden im Folgenden betrachtet. Welche Arten von Bürgerbeteiligungen gibt es? Wie sind diese in Bezug auf die speziellen Anforderungen des Netzausbaus zu betrachten? Gibt es Erkenntnisse aus den ersten Anläufen, Bürger auch direkt am Netzausbau teilhaben zu lassen? Diese und andere Fragen werden in diesem Kapitel betrachtet, wobei der Schwerpunkt auf dem Finanzierungsaspekt liegt.

4.6.2 Systematik von Bürgerbeteiligungen

Der Begriff der Bürgerbeteiligung ist in vielen Diskussionen und Veröffentlichungen zu lesen. Was genau aber sich hinter dieser Begrifflichkeit verbirgt, kann sich erheblich unterscheiden, je nachdem, wer mit welcher Intention spricht. Grundsätzlich ist eine Bürgerbeteiligung jede Teilhabe/Beteiligung von Bürgern an politischen Entscheidungen und Planungsprozessen.

Aufgrund dieser sehr weiten und damit unscharfen Begrifflichkeit ist es sinnvoll, einen kurzen Überblick über die Bürgerbeteiligung als solche aufzunehmen.

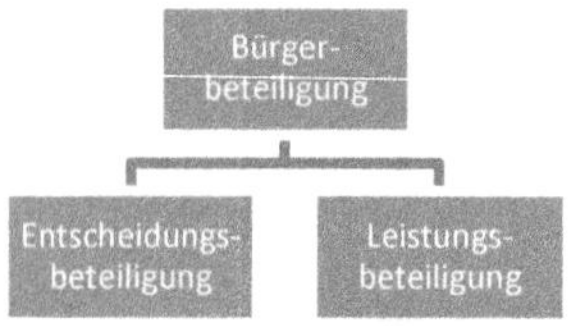

Abbildung 35: Systematik von Bürgerbeteiligungen

Die der Abbildung 35 zugrunde gelegte Systematik[172] ermöglicht die Unterscheidung zwischen solchen Formen der Beteiligung, die zu einer wirtschaftlichen Beteiligung der Bürger führen (Leistungsbeteiligung), und solchen, an denen der Bürger Einfluss auf politische Entscheidungen und Prozesse nimmt (Entscheidungsbeteiligung).

4.6.2.1 Entscheidungsbeteiligung

Die nachfolgende Abbildung 36 erlaubt die Unterscheidung in zwei Segmente.

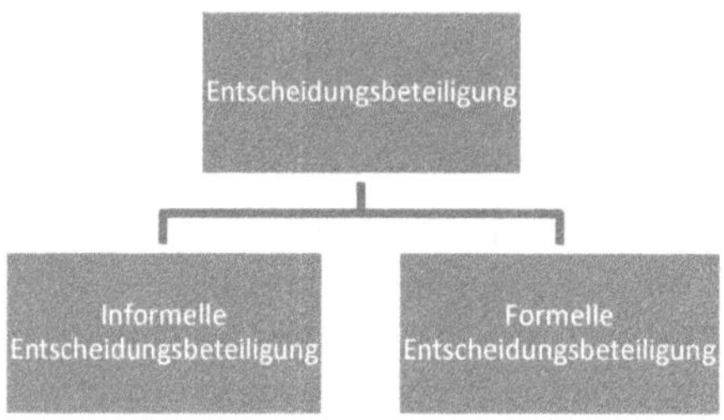

Abbildung 36: Systematik der Entscheidungsbeteiligungen

Von dieser Systematik werden gesetzlich vorgeschriebene Verfahren (formelle Entscheidungsbeteiligung) und freiwillige Verfahren (informelle Entscheidungsbeteiligung) erfasst.

Die Bedeutung, die die Entscheidungsbeteiligung innehat, darf keinesfalls unterschätzt werden. Wer die Situation um Stuttgart 21 verfolgt hat, hat eine Vorstellung davon gewonnen, welchen Einfluss die (fehlende) Beteiligung und Akzeptanz von Bürgern an Großprojekten gewinnen kann.

In Bezug auf den Netzausbau kann dieser durch fehlende oder nicht ausreichende Beteiligung der Bürger empfindlich gestört, verzögert oder partiell sogar verhindert werden. Bei Betrachtung der geplanten Streckenverläufe des Netzausbaus wird ersichtlich, dass die Anzahl der betroffenen Bürger, Gemeinden und Kommunen, Ämter und Bundesländer teilweise so groß ist, dass eine Koordination der Streckenabschnitte eine extrem große Herausforderung darstellen wird. Das Netzausbaubeschleunigungsgesetz soll die Planbarkeit und Verlässlichkeit erhöhen; ob das Gesetz dieses Ziel erreichen wird, bleibt abzuwarten.

[172] Siehe auch Kaufhold (2012), Die Regionale Wertschöpfung erneuerbarer Energien durch Bürgerbeteiligung stärken (Masterarbeit), S. 24.

Die frühestmögliche Einbindung von (Betroffenen) Bürgern in einer transparenten, offenen und klaren Art und Weise kann die Akzeptanz der notwendigen Maßnahmen erhöhen. Ohne Eingriffe in das Landschaftsbild und andere Beeinträchtigungen, zum Beispiel durch Baumaßnahmen, ist der Netzausbau nicht durchführbar. Betrachtet man die Umsetzung anderer öffentlicher Projekte in der Vergangenheit, lässt sich feststellen, dass häufig die Bedeutung der Einbindung der Bürger unterschätzt wurde.

Bei den Konsultationen zum Netzentwicklungsplan Strom 2013 (NEP 2013) gingen im Verlauf der achtwöchigen Konsultationsphase mehr als 7.000 Stellungnahmen ein[173]. Da erfahrungsgemäß das Interesse und die Aktivität der Bürger mit dem Grad der Betroffenheit (regional wie zeitlich) steigt, ist davon auszugehen, dass mit dem Beginn von konkreten Umsetzungsschritten die Anzahl von Eingaben deutlich steigen wird. Da der Netzausbau nicht nur lokal, sondern überkommunal und auch länderübergreifend und teils international geplant erfolgen muss, liegt hier ein erhebliches Risikopotenzial für die Betreiber und Finanzierer. Durch schwer vorhersehbare Verzögerungen, eventuell notwendige Umplanungen und andere Hemmnisse kann sich die Finanzierung derartiger Projekte radikal verteuern oder partiell gar nicht mehr darstellen lassen.

Die in diesem Umfeld zu behandelnden Themen sind stark prozessual und formal orientiert. Daneben spielt auch die Psychologie eine nicht unerhebliche Rolle.

Da sich dieses Buch aber vornehmlich mit den Aspekten der Finanzierung des Netzausbaus beschäftigt, sei an dieser Stelle beispielhaft auf die Veröffentlichungen von Newsletter Netzwerk Bürgerbeteiligung[174] oder der Bertelsmann-Stiftung[175] verwiesen. Dort finden sich Einführungen in das Thema Entscheidungsbeteiligung.

4.6.2.2 Leistungsbeteiligung

Die Leistungsbeteiligungen umfassen alle Formen der Beteiligung, bei denen der Bürger direkt am wirtschaftlichen Erfolg des Projekts teilnimmt.

Der Bereich der Leistungsbeteiligung kann wiederum in zwei Kategorien unterteilt werden[176].

[173] Photovoltaik magazin online, Jeder dritte Netzausbauantrag abgeschmettert, 09.01.2014.

[174] Zschiesche, eNewsletter Netzwerk Bürgerbeteiligung 03/2012 vom 05.10.2012.

[175] Bertelsmann Stiftung, Bürgerbeteiligung und Planungsverfahren. Rechtliche Rahmenbedingungen neu gestalten?, Dokumentation der Tagung vom 29.06.2011.

[176] Kaufhold (2012), Die Regionale Wertschöpfung erneuerbarer Energien durch Bürgerbeteiligung stärken (Masterarbeit), S. 24.

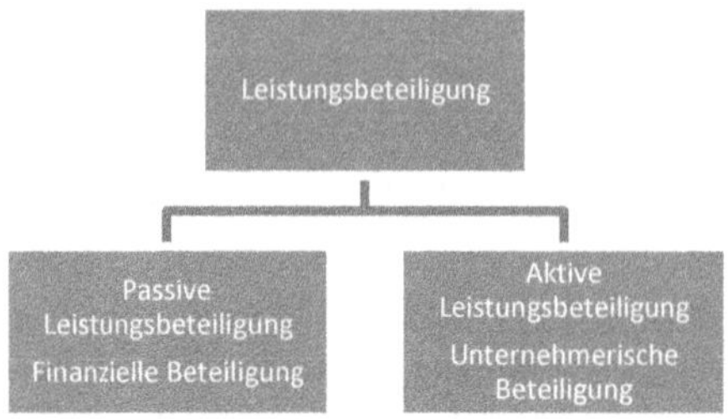

Abbildung 37: Systematik der Leistungsbeteiligung

Passive Leistungsbeteiligungen sind solche, bei denen der Anleger eine reine Finanzierungsfunktion übernimmt. Gesellschafter- und Kontrollrechte sind in der Regel mit einer solchen Beteiligung nicht verbunden. Die Ausgestaltung von Informationsrechten wird dem Einzelfall entsprechend ausgestaltet.

Aktive Beteiligungen sind solche, in denen der Anleger eine unternehmerische (Mit-)Eigentümerstellung einnimmt. Damit verbunden sind in der Regel die Beteiligung an Gewinn und Verlust der Beteiligungsgesellschaft. Diese Gesellschafterstellung bringt auch die typischen Rechte eines Gesellschafters bezüglich Information und Kontrolle mit sich. Diese werden je nach Einzelfall unterschiedlich stark ausgeprägt vereinbart.

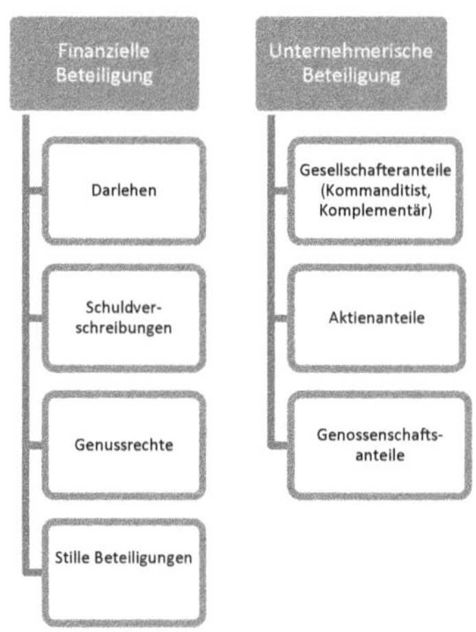

Abbildung 38: Arten der Leistungsbeteiligung

Betrachtet man den Markt der Erneuerbaren Energien in Deutschland, ist festzustellen, dass sich gut 51 % der gesamten Produktionskapazitäten in der Hand von Privatinvestoren befinden[177]. Damit liegen die Privatinvestoren noch vor den strategischen und institutionellen Investoren (34 %) und weit vor den Energieversorgern (14 %).

[177] DIW Wochenbericht, Energiewende braucht private Investoren, S. 9, 31/2012.

Für die folgenden Ausführungen definiert sich eine Bürgerbeteiligung in Anlehnung an die Definition von Bürgerenergieanlagen durch die wirtschaftliche Teilhabe von Privatpersonen, die am Ort und Sitz des Projektes ansässig sind und sich auch mit geringen Anteilsbeträgen direkt oder indirekt an dem Projekt beteiligen[178].

4.6.3 Leistungsbeteiligungen in der Praxis

Wird von Bürgerbeteiligungen im Energiesektor gesprochen, sind damit in der Regel Beteiligungen an Solarkraftwerken, Windparks und ähnlichen Energieerzeugungsanlagen gemeint.

Allein über 650 Energiegenossenschaften, dazu zahlreiche KG- und GbR-Modelle führen dazu, dass sich ein Großteil der regenerativen Energieerzeugungskapazitäten in privater (Bürger)Hand befindet[179].

Tabelle 11: Übersicht aktiver und passiver Leistungsbeteiligungen in der Praxis

	Art der Beteiligung	Gründungsaufwand	Kosten lauf. Betrieb	Laufzeit	Investoren Anzahl	Haftung	Gewinn- und Verlustbeteiligung	Renditeerwartungen	Informations- und Kontrollrechte	Transparenz (für Investoren)	Flexibilität (unternehmerische)	Prospektpflicht
Passive Beteiligung	Schuldverschreibungen	Mittel	Mittel	2 - 5	Viele	Kapitaleinlage	Nein	1,5% - 5%	Nein	Niedrig	Hoch	Ja
Passive Beteiligung	Genussrechte	Mittel	Mittel	5 - 10	Viele	Kapitaleinlage	Ja	5% - 8%	Nein	Niedrig	Hoch	Ja
Passive Beteiligung	Darlehen	Niedrig	Niedrig	4 - 20	flexibel	Kapitaleinlage	Ja/nein	4% - 7%	Nein	Niedrig	Hoch	Nein
Aktive Beteiligung	Private Placements	Niedrig	Niedrig	20	Wenige	Kapitaleinlage	Ja	6% - 13%	Ja	Hoch	Niedrig	Ja
Aktive Beteiligung	GbR	Niedrig	Niedrig	20	Wenige	Gesamtes Privatvermögen	Ja	4% - 8%	Ja	Hoch	Mittel	Ja
Aktive Beteiligung	Geschlossene Fonds / GmbH & Co. KG	Hoch	Hoch	20	Viele	Kapitaleinlage	Ja	6% - 8%	Ja	Mittel	Gering	Ja
Aktive Beteiligung	Stille Beteiligungen	Mittel	Gering	2 - 20	Einige	Kapitaleinlage	Ja	5%	Nein	Gering	Mittel	Ja
Aktive Beteiligung	Genossenschaft / eG	Mittel	Hoch	10 - 20	Viele	Kapitaleinlage	Ja	3% - 5%	Ja	Gering	Hoch	Nein
Aktive Beteiligung	Aktiengesellschaft / AG	Hoch	Hoch	10 - 20	Viele	Kapitaleinlage	Ja	5% - 6%	Ja/nein	Gering	Hoch	Ja

Tabelle 11 gibt eine Übersicht über die unterschiedlichen Arten von Leistungsbeteiligungen, die in der Vergangenheit auch für Bürgerbeteiligungen genutzt wurden.

Im folgenden Abschnitt wird beleuchtet, welche Faktoren betrachtet und bewertet werden müssen, um eine dem Projekt angemessene rechtliche und wirtschaftliche Struktur zu erhalten.

---

178 EnergieAgentur NRW, Klimaschutz mit Bürgerenergieanlagen, S. 6, Stand 07/2011.

179 Renews Kompakt, Energiegenossenschaften gewinnen an Bedeutung, S. 1, 02.09.2013.

4.6.4 Strukturelemente eines Leistungsbeteiligungsproduktes

Die Konzeption und Struktur eines Beteiligungsproduktes wird durch eine ganze Reihe unterschiedlicher Faktoren bestimmt. Die einzelnen Faktoren können teilweise frei gestaltet werden, teils sind sie aber durch die Art des Assets, durch rechtliche oder andere Anforderungen eingeschränkt oder sogar vorgegeben. Die Ausgestaltung der einzelnen Faktoren bestimmt die Akzeptanz des Produktes bei den Zielanlegern. Dies gilt für Bürgerbeteiligungen genauso wie für kommerzielle Beteiligungsprodukte.

Die Finanzierung von Leitungsnetzen ist für den Bereich von Bürgerbeteiligung ein neues Thema. Betrachtet man die in der Vergangenheit durchgeführten Bürgerbeteiligungen, so handelt es sich in der Regel um Projekte, die vornehmlich im Bereich der Energieerzeugung angesiedelt sind. Daher sind die Erfahrungen und Konstrukte der Vergangenheit nur eingeschränkt übertragbar auf die Herausforderungen, die sich durch die Finanzierung von Leitungsnetzen ergeben.

4.6.4.1 Asset-bezogene Faktoren

Ein richtungsweisender Faktor ist das Investitionsvolumen. Je höher das Investitionsvolumen, desto geringer ist die Wahrscheinlichkeit, dass eine Bürgerbeteiligung zur (alleinigen) Finanzierung geeignet ist. Auch Bau- und Vorlaufzeiten, in denen noch keine Erträge generiert werden, und damit keine Rückflüsse aus dem Projekt selber an die Anleger dargestellt werden können, beeinflussen u. a. die Wahl der Rechtsform.

Die Stabilität und Prognostizierbarkeit von Erträgen aus dem Betrieb der Projekte haben starken Einfluss auf die Fremdfinanzierbarkeit der Projekte. Damit sind Gestaltungsmöglichkeiten bezüglich der Rendite als auch der zeitlichen Verteilung der Kapitalrückflüsse verbunden. Die wirtschaftliche Nutzungsdauer im Verhältnis zur Finanzierungsdauer gibt Möglichkeiten der Steuerung von Rendite (durch Rest-/Veräußerungswerte) und Beteiligungsdauer.

Kosten für den operativen Betrieb, Instandhaltung oder auch Rückbau sind im Rahmen der Konzeption zu berücksichtigen. Ein weiterer Punkt, der insbesondere auf die Wahl der rechtlichen Verpackung Einfluss nimmt, ist das mit dem Projekt verbundene Risiko. Können aus dem Projekt erhebliche Haftungstatbestände erwachsen, die z. B. durch Versicherungen nicht oder nur teilweise abgedeckt werden können, sollten diese Risiken rechtlich so vom Anleger abgeschirmt werden, dass diese nicht direkt auf ihn durchschlagen können. Ziel ist es grundsätzlich, das Risiko des Anlegers auf seine Kapitaleinlage zu beschränken.

Neben den erwähnten Faktoren liegen noch eine Reihe weitere asset-bezogener Faktoren vor, die je nach konkretem Projekt vorhanden und mehr oder weniger stark ausgeprägt sind.

4.6.4.2 Anleger-bezogene Faktoren

Aus Anlegersicht ist die Frage des Rendite-/Chancenprofils entscheidend. In einer marktkonformen Vergütung spielt die Prognostizierbarkeit für viele Kleinanleger eine sehr starke Rolle. Je verlässlicher die Prognosen sind, desto stärker steigt die Akzeptanz bei den Anlegern.

Auch Bürgerbeteiligungen sind, wie die meisten Anlageformen, zeitlich begrenzt. Eine generelle Aussage, welche Laufzeit richtig oder falsch ist, kann so nicht getroffen werden. In vielen

Fällen bestimmt sich eine Mindestlaufzeit einer Beteiligung durch die wirtschaftlichen und steuerlichen Rahmenbedingungen.

Speziell bei Bürgerbeteiligungen spielt das Thema der Identifizierung mit dem Projekt eine große Rolle. Die regionale Verbundenheit zwischen Anleger und Projekt ist dabei von zentraler Bedeutung. Für viele Anleger ist es ebenfalls wichtig zu wissen, dass sie nicht nur eine interessante Anlage gewählt haben, sondern dass dies auch einen Beitrag zur Energiewende und damit zum Umweltschutz leistet („grünes Gewissen").

Die Finanzkrise hat auch im Bereich der Beteiligungsprodukte zu erheblichen Verwerfungen geführt. Dadurch wurde das Augenmerk vieler Anleger auf das Thema der Transparenz gelenkt. Der Trend geht daher hin zu einfacheren, durchschaubaren Strukturen. Eine steuerliche Optimierung, die häufig mit komplexen Strukturen verbunden ist, tritt hingegen in den Hintergrund.

Mitsprache und Kontrollrechte sind in bestimmten Rechtsformen sehr ausgeprägt, hierbei ist insbesondere an die Genossenschaft zu denken. Betrachtet man die Wachstumszahlen bei der Gründung von Genossenschaften im Bereich der Bürgerbeteiligung, so ist offensichtlich, dass auch diese Faktoren für Anleger eine hohe Bedeutung haben.

Das Vertrauen in politische Stabilität und Berechenbarkeit ist eine Grundvoraussetzung für Investoren. Dabei spielt zum einen die Planbarkeit in die Zukunft eine Rolle, mindestens genauso wichtig ist aber das Vertrauen in Bestandssicherheit. Der Verlust dieses Vertrauens kann zum kompletten Erliegen der betroffenen Märkte führen, wie die Beispiele einiger EU-Staaten gezeigt haben, die durch die Einführung nachträglicher Steuern oder rückwirkender Senkung der Einspeisevergütung das Investitionsklima nachhaltig zerstört haben.

4.6.4.3 Emittenten-bezogene Faktoren

Hier sind zwei Themen von zentraler Bedeutung. Zum einen ist es die Fähigkeit des Emittenten zum Management des Projektes.

Die operative Betriebsführung wird bei vielen Beteiligungsangeboten durch den Emittenten bzw. angebundene Asset Manager dargestellt. Hier ist kritisch zu hinterfragen, ob die erforderliche Kompetenz zur Betriebsführung vorhanden ist. Der Betrieb eines Leitungsnetzes stellt andere Anforderungen als z. B. der Betrieb einer Photovoltaik-Anlage auf dem Dach einer Schule. Hier sind auch mögliche Haftungsrisiken mit zu betrachten.

Ein zweites Thema, das in der Vergangenheit immer einen großen Pluspunkt für Bürgerbeteiligungen dargestellt hat, sind potenzielle Interessenkonflikte. Die Frage, wie eine größtmögliche Interessensgleichheit zwischen Asset Manager und Anleger hergestellt werden kann, muss im Einzelfall geklärt werden. Viele Bürgerbeteiligungen an Energieproduktionsanlagen haben über eine wesentlich höhere Investitionsquote und geringere laufende Kosten verfügt als kommerzielle Angebote. Da die handelnden Personen häufig aus dem Kreis der Anleger stammen und in der Regel ihren Lebensunterhalt nicht durch die Funktion als Manager der Projektgesellschaft bestreiten, entfallen viele potenzielle Konflikte. Ob dies auch übertragbar sein wird auf Bürgerbeteiligungen an Leitungsnetzen, ist m.E. fraglich. Somit wird dem Thema der Interessenkonflikte eine höhere Bedeutung zukommen.

Zwei Fragen, die im Zusammenhang mit der Emittentin frühzeitig geklärt werden müssen, sind die nach der Vertriebsstärke und der Anlegerverwaltung. Die Vertriebsstärke beinhaltet den Zugang zu den potenziellen Anlegern und die u.U. rechtlich notwendige Qualifikation der vertreibenden Personen. Bürgerbeteiligungen zeichnen sich dadurch aus, dass die Mindestanlagebeträge gering angesetzt werden, um möglichst vielen Bürgern die Teilhabe zu ermöglichen. Bei großvolumigen Projekten kann das dazu führen, dass sich mehrere Tausend Anleger beteiligen. Die Verwaltung einer solchen Anzahl von Anlegern erfordert eine besondere Expertise, die im Regelfall von Dienstleistern eingekauft werden muss.

4.6.4.4 Öffentlichkeit

Steuern spielen auf zwei verschiedenen Ebenen eine Rolle. Zum einen besteht seitens von Steuern erhebenden/empfangenden öffentlichen Haushalten ein großes Interesse, ihren Anteil an den Erträgen der Projekte und den regionalen Wertschöpfungspotenzialen zu erhalten. Dies kann Einfluss auf die Unterstützung von Projekten durch die öffentliche Hand haben. Auf Ebene der Anteilseigner spielen Steuern natürlich auch eine Rolle. Dabei kann die Ausgestaltung hinsichtlich steuerlicher Transparenz und Optimierung je nach Anlegerkreis sehr stark differieren. Bei Bürgerbeteiligungen steht dabei die Transparenz im Vordergrund, steuerliche Optimierung ist in der Regel keine maßgebliche Vorgabe.

Für alle Investoren ist es ein entscheidender Punkt, die Investitionsentscheidung auf Basis einer verlässlichen politischen Basis treffen zu können. Bestehen Zweifel an der Verlässlichkeit politischer Rahmenbedingungen, wird es zumindest mittelfristig zu einer Abkehr der Investoren von den betroffenen Projekten kommen.

Speziell im Bereich der Bürgerenergiebeteiligungen ist der Boom der letzten Jahre nicht zuletzt durch die attraktiven Renditen zu erklären, die aufgrund der staatlich garantierten Vergütungssätze erzielt werden konnten.

Die Entscheidung für eine Rechtsform der Bürgerbeteiligung bringt automatisch bestimmte weitere rechtliche Folgen mit sich. Dies betrifft insbesondere Themen wie Haftung, Gewinnermittlung, Besteuerung, Kontroll- und Mitspracherechte. In begrenztem Umfang kann eine Gestaltung und Kombination verschiedener gewünschter Eigenschaften erfolgen.

Das Thema der aufsichtsrechtlichen Regulierung hat in den letzten Jahren erheblich an Bedeutung gewonnen. Als Reaktion auf die Finanz- und Bankenkrise der letzten Jahre hat der Gesetzgeber eine Reihe verschiedener Regulierungstatbestände neu eingeführt bzw. verschärft. Auch wenn Bürgerbeteiligungen nicht zu den angedachten Adressaten dieser Regelungen gehören, werden auch sie durch die neuen Regulierungsvorschriften erfasst. Die weit reichenden Folgen werden unter Abschnitt 4.6.5 eingehender beleuchtet.

Speziell im Bereich der Leitungsnetze sind technische Anforderungen zu erfüllen, die den reibungslosen Betrieb des gesamten Stromnetzes gewährleisten sollen.

Welche Faktoren – tatsächlich oder in der Wahrnehmung der Anleger – den Charakter des Beteiligungsangebotes bestimmen, hängt stark von der Kommunikation der Emittentin ab.

4.6.5 Einfluss der Regulierung auf Bürgerbeteiligungen

4.6.5.1 Kapitalanlagegesetzbuch

Das Kapitalanlagegesetzbuch, kurz KAGB, ist die deutsche Umsetzung der auf europäischer Ebene verabschiedeten Alternativen Investmentfonds Management Verordnung (AIFM-Verordnung). Es trat am 22.07.2013 in Kraft. Dieses Gesetz hat weitreichende Auswirkungen auf die Ausgestaltung der Anlageprodukte als auch die Organisation und Prozesse der Manager solcher Vehikel. Darüber hinaus ist auch der Vertrieb der Beteiligungsprodukte betroffen.

Jeder Organismus für gemeinsame Anlagen, der von einer Anzahl von Anlegern Kapital einsammelt, um es gemäß einer festgelegten Anlagestrategie zum Nutzen der Anleger zu investieren und der kein operativ tätiges Unternehmen außerhalb des Finanzsektors ist, ist ein Investmentvermögen[180].

Diese Definition des Gesetzgebers findet sich in § 1 KAGB. Der Begriff „Organismus" umfasst dabei grundsätzlich jede Rechtsform. Privateplacement, die in der Vergangenheit häufig bei der Umsetzung von Energieprojekten anzutreffen waren, fallen dabei genauso in den Anwendungsbereich wie grundsätzlich auch Genossenschaften.

Für geschlossene Publikumsfonds gelten weiterhin verschärfte Vorschriften, um dem Anlegerschutz Rechnung zu tragen. So sieht das Gesetz für Ein-Objekt-Fonds, die einem breiten Publikum angeboten werden, eine Mindestzeichnungssumme von Euro 20.000 vor. Gleichzeitig ist eine Fremdfinanzierungsquote von maximal 60 % zulässig. Die Beteiligungsgesellschaft wird von einer Kapitalverwaltungsgesellschaft gemanagt, welche strenge Auflagen bezüglich Qualifikation der Geschäftsführer, Mindestkapitalausstattung, laufenden Bewertungen, Risiko- und Liquiditätsmanagement, Compliance, Einbindung einer Verwahrstelle u.v.m. zu erfüllen hätte. Diese Voraussetzungen sind i.d.R. von Bürgerbeteiligungen nicht erfüllbar.

Trotz der bislang noch nicht umfangreichen Praxiserfahrung kann festgestellt werden, dass die BaFin als zuständige Aufsichtsbehörde eine intensive Prüfung der Zulassungsvoraussetzungen durchführt. Insbesondere das Thema der fachlichen Eignung der handelnden Personen nimmt dabei einen großen Raum ein.

Es ist fraglich, ob die bei „klassischen" Bürgerbeteiligungsmodellen der alten Schule oft vertretenen Personen den Anforderungen der BaFin genügen. Ein weiteres Kennzeichen der alten Beteiligungsmodelle waren die häufig sehr schlank gehaltenen Organisationsstrukturen und Prozesse. Auch diese entsprechen nicht mehr den Anforderungen von regulierten Produkten.

Die hier nur kurz angerissenen Anforderungen des KAGB führen in der Praxis dazu, dass viele Projekte nicht mehr in gewohnter Form umgesetzt werden können. Von den in Tabelle 11 dargestellten Arten von Leistungsbeteiligungen werden in Zukunft die Private Placements, die GbR und die geschlossenen Fonds wohl keine Rolle mehr spielen.

---

[180] Vgl. § 1 Abs. 1 KAGB.

4.6.5.2 Ausnahmetatbestände

Da auch der Gesetzgeber während des Gesetzgebungsverfahrens auf diese Problematik aufmerksam wurde, wurden kurz vor Inkrafttreten des Gesetzes noch Erleichterungen und Ausnahmen in den Gesetzestext bzw. die Verordnungen aufgenommen.

Die gesetzliche Definition eines Investmentvermögens beinhaltet die Öffnungsklausel, soweit es sich um ein operativ tätiges Unternehmen außerhalb des Finanzsektors handelt[181]. Damit stellt sich für die Bürgerbeteiligung die Frage, ob es sich primär um ein Anlageprodukt oder tatsächlich um ein primär operativ tätiges Unternehmen im Bereich der Energieerzeugung oder -verteilung handelt. Seitens der Aufsichtsbehörden wird dabei auf das Gesamtbild des Projektes und der tatsächlichen Durchführung abgestellt. Voraussetzung für eine operative Tätigkeit ist u. a. der Nachweis, dass die handelnden Personen über die fachliche Qualifikation zur Ausübung ihrer Funktion verfügen. Zwar können einzelne Aufgaben an Dritte delegiert werden, jedoch muss immer gewährleistet sein, dass die handelnden Personen die Entscheidungs- und Kontrollfunktion auch wirklich ausüben und damit auch vollumfänglich verantworten.

Welche fachliche Qualifikation zum Betrieb eines Leitungsnetzes notwendig und wie diese nachzuweisen ist, sind damit entscheidende Fragen. Auch ist zu klären, ob die persönliche Haftung gerade in Konstrukten wie aktiven Leistungsbeteiligungen wirklich im Sinne der handelnden Personen ist.

Der Gesetzgeber hat eine Erleichterungsregelung speziell für Bürgerenergieprojekte[182] geschaffen. Diese Bürgerenergieprojekte fallen zwar grundsätzlich unter die Anwendung des KAGB, müssen jedoch nur einen reduzierten Anforderungskatalog erfüllen.

Zwingend erforderlich ist die Nutzung der Rechtsform der Genossenschaft. Dabei müssen satzungsgemäß Nachschusspflichten ausgeschlossen sein. Der Wert der von dem Bürger Energieprojekt erworbenen Vermögensgegenstände darf 100 Millionen € nicht überschreiten; des Weiteren muss die Investition in einen Sachwert erfolgen, der eine langfristige Nutzung mit einem gesetzlich geregelten Mindestertrag beinhaltet. Inwieweit dies auch, vergleichbar den Regelungen des EEG, bei dem Betrieb von Leitungsnetzen gegeben ist, ist durch Juristen zu klären.

Sind diese Voraussetzungen erfüllt, kann sich das Investmentvermögen registrieren lassen, was eine erhebliche Vereinfachung und Erleichterung im Verhältnis zum Erlaubnisverfahren darstellt. Erforderlich ist aber auch weiterhin, fachliche und persönliche Eignung der handelnden Personen nachzuweisen. Wie dies für den Betrieb eines Leitungsnetzes aussehen kann, ist, wie bereits an anderer Stelle ausgeführt, noch zu klären.

Diese Erleichterungen, die für Bürgerenergie-Gesellschaften aufgenommen wurden, werden aber auch von Anbietern „kommerzieller" Beteiligungsangebote, genutzt. Wie der Gesetzgeber und die Aufsichtsbehörden darauf reagieren, muss die Zukunft zeigen. Eine klare Trennungslinie ist aktuell in den Diskussionen nicht erkennbar.

---

181 Vgl. BMF Auslegungsschreiben zum Anwendungsbereich des KAGB und zum Begriff Investmentvermögen vom 14.06.2013.

182 Vgl. § 2 Abs. 4b KAGB.

Zu beachten ist, dass solche Beteiligungsangebote, die nicht unter die Regulierung gemäß KAGB gefallen, weiterhin die Vorschriften des Vermögensanlagegesetzes und anderer Gesetze zu beachten haben. Insbesondere die Prospektierungspflicht gemäß Vermögensanlagegesetz hat dabei eine hohe Bedeutung.

Ganz aktuell ist das Schreiben der Bundesministerien der Justiz und der Finanzen vom 22.05.2014[183] Mit diesem Schreiben soll eine „Regelungslücke" im Bereich der Genussscheine und Schuldverschreibungen geschlossen werden. Auslöser dieser Maßnahme war die Insolvenz von Prokon und die damit öffentlichkeitswirksame Wahrnehmung dieser Kategorie von Anlageprodukten. Die in dem Schreiben niedergelegten erhöhten Anforderungen beziehen sich nicht nur auf die Produktklasse der Genussscheine, sondern treffen alle durch das VermAnlG erfassten Produkte.

Als wichtige Neuerungen werden durch das Schreiben insbesondere eine maximale Gültigkeitsdauer für den Verkaufsprospekt von 12 Monaten sowie erweiterte Informationspflichten („ad-hoc-Mitteilungen") festgelegt. Dabei hat, bei Betrachtung der aktuellen Platzierungszahlen solcher Anlageprodukte, die maximale Gültigkeitsdauer einen sehr weitreichenden Effekt. Viele Platzierungen dauern deutlich über 12 Monate an, und die Erstellung eines neuen/aktualisierten Prospekts und dessen erneute Gestattung durch die BaFin können die Vertriebsprozesse empfindlich stören. Viele Fragen sind in diesem Zusammenhang noch nicht erörtert und geklärt, so z. B., ob für die Dauer der BaFin-Prüfung eine Aussetzung des Vertriebs erfolgen muss.

4.6.6 Eignung von Bürgerbeteiligungen für die Netzfinanzierung

4.6.6.1 Allgemeine Betrachtung

Wie anfangs ausgeführt, ist der Netzausbau nur dann erfolgreich zu betreiben, wenn eine Akzeptanz auf Seiten der Bürger besteht. Die Möglichkeit für Bürger, sich direkt auch wirtschaftlich an Projekten wie dem Netzausbau zu beteiligen, führt erfahrungsgemäß zu einer erhöhten Identifikation mit dem Projekt und damit auch zu einer erhöhten Akzeptanz. Damit erscheint die Einbindung von Bürgerbeteiligungen beim Netzausbau sinnvoll, wenn nicht zwingend zu sein.

Aber der Ausbau der Übertragungsnetze erfordert sehr hohe Investitionsbeträge. Diese können nicht (allein) über Bürgerbeteiligungen dargestellt werden. Für die Netzbetreiber, die in der Verantwortung zu Erstellung der Netze sind, stellt die Finanzierung über eine Bürgerbeteiligung eine schwierig zu kalkulierende Finanzierungsform (in Bezug auf die Höhe des eingeworbenen Kapitals und die dazu benötigte Zeit) dar. Gleichzeitig ergibt sich bei einem (notwendigen) Finanzierungsmix, der zum Beispiel Investitionen von institutionellen Anlegern als auch von Privatanlegern beinhaltet, immer die Frage von Interessenskonflikten. Während institutionelle Anleger stark durch Renditeüberlegungen getrieben sind, können für Privatanleger außerfinanzielle Aspekte eine wesentlich größere Bedeutung haben. Dies kann zum Beispiel bei der Frage einer überirdischen oder unterirdischen Kabelführung auftreten: während

[183] Bundesministerien der Justiz und der Finanzen, Maßnahmenpaket zur Verbesserung des Schutzes von Kleinanlegern, 22.05.2014.

die überirdische Trassenführung aus rein finanzieller Betrachtung zu bevorzugen ist, kann von betroffenen Anwohnern, die sich an dem Projekt beteiligen, eine renditemindernde unterirdische Trassenführung präferiert werden.

Aus der Perspektive der kapitalsuchenden Netzbetreiber ist der Weg über institutionelle Investoren wesentlich einfacher und verlässlicher als der über Bürgerbeteiligungen. Große Volumina können dabei schnell und mit hoher Umsetzungswahrscheinlichkeit bei gleichzeitig deutlich geringerem administrativem Aufwand gesichert werden.

Die gemeinsame Beteiligung von institutionellen Anlegern und Privatanlegern in einem Vehikel ist nicht zielführend. Aufgrund der sehr unterschiedlichen Anforderungen der jeweiligen Anlegergruppen wird ein gemeinsames Vehikel weder der einen noch der anderen Gruppe gerecht. Zudem ist für die meisten institutionellen Anleger eine gemeinsame Investitionen mit Privatanlegern nicht akzeptabel.

Bei Verteilungsnetzen mit wesentlich geringeren Investitionsvolumen als bei den Übertragungsnetzen ergeben sich andere Möglichkeiten. Auch sind andere Beteiligte eingebunden. Durch die Einbindung von lokalen Banken und Stadtwerken als Fremdfinanzierer und Vertriebler ist eine enge Verbindung zu den potenziellen Anlegern bereits vorhanden. Auch die Wahrnehmung dieser Beteiligten im Verhältnis zu den Übertragungsnetzbetreibern ist deutlich positiver. Dies kann erklärt werden durch die stärkere regionale Verbundenheit und Identifizierung mit dem Projekt.

Für Übertragungs- als auch Verteilnetze stellt sich die Frage, ob eine aktive Leistungsbeteiligung eine angemessene Form der Beteiligung darstellt. Dies gilt insbesondere dann, wenn den Anforderungen der Regulierung gefolgt wird, und die Betriebsführung der Netze durch das Beteiligungsvehikel dargestellt werden müsste. Dies ist meines Erachtens weder im Sinne der technischen Betriebsführung noch unter Haftungsgesichtspunkten eine sinnvolle Alternative.

Passive Leistungsbeteiligungen in Form von Anleihen und ähnlichen Formen stellen meines Erachtens jedoch eine gute Möglichkeit dar, um Bürgern die Möglichkeit einer wirtschaftlichen Beteiligung am Netzausbau zu bieten. Dabei stellt sich die Aufgabe, das Beteiligungsangebot so auszugestalten, dass nicht der Eindruck einer Übervorteilung der Anleger entsteht. Dies ist nicht zuletzt ein Kommunikationsthema.

4.6.6.2 Das Eckpunktepapier vom 05.07.2013

In einem gemeinsamen Papier haben sich Politik und Netzbetreiber zu ihren Vorstellungen geäußert, wie die finanzielle Beteiligung von Bürgern am Netzausbau aussehen sollte[184]. Dabei werden wesentliche wirtschaftliche Rahmendaten aufgegeben, die in der nachfolgenden Tabelle dargestellt sind:

[184] Gemeinsames Eckpunktepapier des Bundeswirtschaftsministeriums, des Bundesumweltministeriums und der Übertragungsnetzbetreiber – 50Hertz, Amprion, TenneT TSO und TransnetBW – zur finanziellen Beteiligung der Bürgerinnen und Bürger am Netzausbau auf der Übertragungsnetzebene, 05.07.2013, veröffentlicht auf der Internetseite der Ministerien.

Tabelle 12: Wirtschaftliche Rahmendaten des Eckpunktepapiers

Max. Beteiligung am Netzausbauvorhaben	15 %
Rendite	Marktgerechte 5 % ab Baubeginn
Laufzeit	langfristig
Übertragbarkeit der Beteiligung	Handelbarkeit der Anteile bzw. Rückkaufsrechte
Mindesteinlage	Ab Euro 1.000
Zielanleger (aber nicht ausschließlich)	Bürger mit Wohnort in den betroffenen Landkreisen, betroffene Grundstückseigentümer, u.U. auch landwirtschaftliche Betriebe
Bevorrechtigungen	Direkt von dem Leitungsvorhaben betroffene Bürger sollen bevorzugt werden, z. B. durch garantierte Zuteilung, Vorrang bei der Zeichnung

Bei diesen Vorgaben handelt es sich nicht um zwingend umzusetzende Rahmendaten. Die Netzbetreiber sind grundsätzlich in der Ausgestaltung frei, auch die Frage, ob überhaupt ein Bürgerbeteiligungsangebot angeboten wird, liegt im Ermessen der Netzbetreiber.

Inwieweit es sinnvoll ist, durch die Politik ein derart konkretes wirtschaftliches „Gerüst" vorzugeben, ist sicher diskussionswürdig.

Die Akzeptanz eines solchen Beteiligungsangebots wurde durch die Bürgeranleihe der TenneT TSO zur Finanzierung der Westküstenleitung in der Praxis überprüft. Die Resonanz seitens der potenziellen Anleger und Betroffenen muss als extrem zurückhaltend bezeichnet werden. Nur 142 Haushalte zeichneten die Anleihe mit einem Volumen von 833.000 Euro[185]. Die selbst gesteckten Ziele im mittleren zweistelligen Millionenbereich wurden somit deutlich verfehlt. In der Fachpresse wurde das Konstrukt als wenig bürgernah und zu einseitig vorteilhaft für den Emittenten wahrgenommen[186].

4.6.7 Fazit

Bürgerbeteiligungen stellen einen wesentlichen Faktor in der weiteren Entwicklung der Energiewende, und damit auch des Netzausbaus, dar. Neben einer zwingend notwendigen intensiven und transparenten Einbindung in Entscheidungsprozesse stellt sich auch die Frage einer wirtschaftlichen Beteiligung von Bürgern am Netzausbau.

Aufgrund der regulatorischen Anforderungen an wirtschaftliche Beteiligungsprodukte, die im letzten Jahr drastisch verändert und verschärft wurden, werden klassische Modelle der Bürgerbeteiligung extrem erschwert bzw. unmöglich gemacht.

Ob und wie die vom Gesetzgeber vorgesehenen Erleichterungen und Wege tatsächlich in der Praxis gangbar sind, wird sich zeigen müssen. Im Bereich der Verteilungsnetze könnte der Weg über die Energiegenossenschaft eine machbare Alternative darstellen. Ein wesentlicher Aspekt wird dabei sein, ob eine fachliche Eignung der handelnden Personen nachgewiesen werden kann.

---

[185] TenneT, Aktuelles: Bürgerleitung: Erfahrungen bieten Basis für Weiterentwicklung der Bürgerbeteiligung beim Stromnetzausbau, Veröffentlichung im Internet, 30.07.2013.

[186] Beispielhaft kann hier auf die Ausführungen von Romanowski verwiesen werden: Romanowski, Die Bürgeranleihe der TenneT doch nicht so transparent, PV Magazin, Internet, 21.08.2013.

Für den Ausbau der Übertragungsnetze werden insbesondere die Ansprüche aus der Regulierung durch Bürgerbeteiligungen nicht zu erfüllen sein. Eine wirkliche operative Tätigkeit eines segmentierten Teils eines Leitungsnetzes erscheint mir unrealistisch und inhaltlich auch kaum wünschenswert. Die sich anbietenden Strukturen liegen im Bereich der passiven Leistungsbeteiligungen, das heißt primär Anleihen. Wie diese ausgestaltet und vertrieben werden können, ist nach den Erfahrungen der ersten Bürgernetzanleihe kritisch zu hinterfragen. Den Themen Fairness, Transparenz und Kommunikation kommt dabei entscheidende Bedeutung zu. Hier ist ein Umdenken auf allen Seiten erforderlich, um auch künftig Bürger an solchen Projekten teilhaben lassen zu können.

4.7 Wirtschaftlichkeit und Ausgestaltung einer geeigneten Finanzierungsstruktur

DR. JÖRG BÖTTCHER

4.7.1 Anforderungen an die Finanzierungsstruktur aus Sicht von Investoren und Banken

Die bisherigen Kapitel haben deutlich vor Augen geführt, dass es zur Realisierung von Leitungsnetzprojekten einer verlässlichen Technologie und eines belastbaren Rechts- und Regulierungsumfeldes bedarf. Sind diese beiden grundsätzlichen Anforderungen erfüllt, eröffnet sich die Möglichkeit für eine Projektfinanzierung.

Da bei einer Projektfinanzierung die Cashflows die einzige Quelle der Kreditbedienung und Eigenmittelverzinsung sind, ergeben sich besondere Anforderungen an ihre Stabilität und Verlässlichkeit. Neben einer intensiven Risikoidentifikation geht es darum, nach ökonomischen Kriterien Risiken einzelnen Projektbeteiligten zuzuweisen. Im Anschluss erfolgt eine Risikoquantifizierung in Form eines Cashflow-Modells, die u. a. darüber Auskunft gibt, wieviel Fremdmittel einem Vorhaben zur Verfügung gestellt werden können, wie die Tilgungsstruktur aussehen sollte und welche weiteren Gestaltungselemente Einzug in die Struktur finden sollten. Die Erarbeitung einer Finanzierungsstruktur und die Möglichkeiten ihrer Optimierung sind Gegenstand dieses Kapitels.

Allerdings markiert das Cashflow-Modell noch nicht den Endpunkt der Projektbewertung der Kreditgeber. In einem weiteren Schritt geht es darum, eine Simulationsrechnung des Cashflow-Verlaufs vorzunehmen, die darüber informiert, wie sich das Projekt unter einer Vielzahl von möglichen Umweltszenarien entwickeln kann. Ein Ergebnis dieser Simulationsrechnungen ist ein Rating-Ergebnis, das eine Risikokategorie ausweist und damit über die Risikoprämie die Zinskosten bestimmt und auch die Finanzierungsstruktur maßgeblich beeinflusst. Damit geht es in einem zweiten Teil darum herauszuarbeiten, welche quantitativen und qualitativen Faktoren das Rating beeinflussen können.

Dabei muss man sich bewusst sein, dass die jeweiligen Teilaspekte des Risikomanagementprozesses – Identifikation, Allokation und Quantifizierung von Risiken – nicht in einer gerichteten zeitlichen Abfolge geschehen, sondern miteinander wechselseitig in Verbindung stehen. Um die Aussagen zur Risikoquantifizierung angemessen würdigen zu können, ist es daher notwendig, die verschiedenen Teilaspekte eines Risikomanagements zu berücksichtigen, was wir in den verschiedenen Kapiteln vorgenommen haben.

Das Cashflow-Modell eines Projektes ist aber nicht nur für die Kreditgeber von herausragender Bedeutung, sondern auch für die Investoren eines Projektes. Beide Kapitalgebergruppen sind gleichermaßen am Erfolg eines Vorhabens interessiert, wobei sie allerdings unterschiedliche Anspruchsgrundlagen und Anspruchsebenen haben. Während die Fremdkapitalgeber einen erfolgsunabhängigen und fixen Anspruch auf Bedienung des Kapitaldienstes aus dem Projekt haben, haben die Eigenkapitalgeber einen erfolgsabhängigen und damit variablen Anspruch auf den verbleibenden freien Cashflow. Das methodische Werkzeug, mit dem beide Gruppen ein Vorhaben beurteilen, ist ein projektspezifisches Cashflow-Modell.

Starten wollen wir mit einem Blick auf die methodischen Grundsätze, mit dem die Kapitalgebergruppen – Eigenkapitalgeber und Fremdkapitalgeber – Projekte im Stromleitungsbereich beurteilen.

4.7.2 Methodik und Zusammenspiel zwischen Risikoidentifikation, Risikoallokation und Risikoquantifizierung

Jede unternehmerische Tätigkeit ist durch die Existenz von Unsicherheit und unvollkommenen Informationen im Rahmen des betrieblichen Handelns Risiken ausgesetzt. Das Unternehmen ist allerdings nicht gezwungen, diese Risiken hinzunehmen, sondern vielmehr gefordert, geeignete Gegenmaßnahmen zu ergreifen. Bezogen auf eine Projektfinanzierung bedeutet dies in erster Linie die Sicherung der Projektexistenz. Dies ist darin begründet, dass nur durch das Betreiben des Projektes ein Cashflow generiert werden kann, der die in den meisten Fällen einzige bzw. werthaltigste Sicherheit darstellt, die zur Bedienung der Finanzierung zur Verfügung steht.
Bevor wir auf den Aspekt der Risikoquantifizierung bei einem Stromleitungsvorhaben eingehen, wollen wir das Thema Risikoquantifizierung im gesamten Zusammenhang des Risikomanagementprozesses mit seinen verschiedenen methodischen Hilfsmitteln darstellen. Im Rahmen einer qualitativen Projektprüfung müssen zunächst bestimmte Fragen grundsätzlich positiv beantwortet werden (siehe hierzu auch das Kapitel 2 und das Schaubild „Erfolgsfaktoren einer Projektfinanzierung" [Tabelle 2]):

1. Ist das Rechts- und Regulierungsumfeld hinlänglich verlässlich und prognostizierbar? Die relevanten Fragestellungen sind dabei in den Kapiteln 3.1 bis 3.7 aufgegriffen worden.
2. Wie können die verschiedenen, zentralen Projektbeteiligten angemessen an den Chancen und Risiken des Vorhabens partizipieren? Einige grundsätzliche Überlegungen finden sich in Kapitel 2.

Für mindestens diese Fragen müssen zufrieden stellende Antworten gefunden werden, bevor eine Cashflow-Modellierung erfolgen kann, die dann wiederum in eine Finanzierungsstruktur einmündet.

Methodisch erfolgt im Anschluss an die drei genannten Fragen eine Überprüfung der Wirtschaftlichkeit, die im Dialog zwischen dem Projekt und der fremdfinanzierenden Bank über ein Cashflow-Modell erfolgt, wobei die Bank intern die Cashflow-Struktur zusätzlich über ein separates Rating-Tool bewertet, woraus sich wiederum Änderungen an der Finanzierungsstruktur ergeben können. Dabei basiert diese zweite Analysestufe auf anderen methodischen Tools und ist auch von außen her wenig transparent. Dies ist durchaus bedauerlich, da sich häufig durch relativ kleine Änderungen an den Vertrags- und Finanzierungsstrukturen deutliche Rating-Verbesserungen ergeben können, die in Vorteilen bei den Zinskosten und der Finanzierungsstruktur resultieren können.

Wir starten in diesem Kapitel mit der Darstellung des Risikomanagementprozesses bei einer Projektfinanzierung. In der betriebswirtschaftlichen Literatur existiert eine Vielzahl von Interpretationsvarianten für den Risikobegriff. Im Rahmen dieses Beitrages soll Risiko als negative Abweichung vom Planwert einer Zielgröße verstanden werden, da sie für jeden Beteiligten eine Verlustgefahr bedeutet. Die Bedeutung der Behandlung von Risiken im Zusammenhang mit einer Projektfinanzierung ergibt sich unmittelbar aus ihrem Charakter: Da es allein das Vorhaben ist, das als wirtschaftliche Basis für die angemessene Eigenkapitalverzinsung und die Bedienung des Kapitaldienstes dient, sind die Werthaltigkeit und die Robustheit des Projektes von entscheidender Bedeutung. Da das Projekt aber erst sukzessive entsteht, lässt sich seine Wirtschaftlichkeit nur per Prognose bestimmen. Da die Perspektive in die Zukunft zunehmend unsicher ist, hat sich die Prognose mit dem Eintritt aller Arten von Einflüssen zu befassen, deren Wirkung auf das Projekt einzuschätzen und nach Wegen zu suchen, ob und inwieweit einzelne Projektbeteiligte bereit sind, das Projekt von Risiken freizuhalten.

Die Risiken einer Projektfinanzierung sind mit dem Instrumentarium des Risikomanagements zu steuern, das versucht, Risiken den Projektbeteiligten zuzuordnen, die diese zu verantworten haben und damit auch kontrollieren können. Wesensmerkmal jeder Projektfinanzierung ist die Orientierung an den zukünftigen Cashflows und der Einbindung der Projektbeteiligten, wie wir es in Kapitel 2 skizziert haben.

Das Risikomanagement umfasst die Gesamtheit aller Aufgaben zur Handhabung von Projektrisiken unter Beachtung des Risk-Sharing-Prinzips. Das Ziel des Risikomanagements ist die Entwicklung einer Entscheidungsgrundlage für die Auswahl besonders geeigneter risikopolitischer Maßnahmen zur Reduzierung der Projektrisiken auf ein akzeptables Niveau.

Der Prozess des Risikomanagements wird häufig als eine Stufenfolge beschrieben:

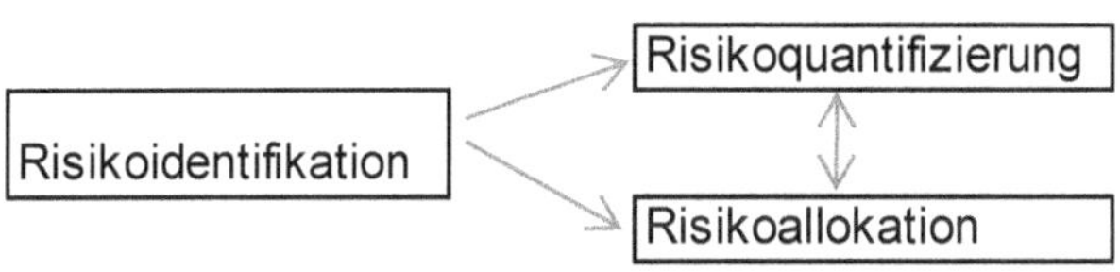

Abbildung 39: Bestandteile des Risikomanagementprozesses

Das Erkennen der einzelnen Risiken ist Grundvoraussetzung für die Anwendung risikopolitischer Maßnahmen. Zur Identifikation der einzelnen Risiken bei der Projektfinanzierung werden die Phasen, die ein Projekt bei der Erstellung und im Betrieb durchläuft, systematisch auf ihre Einflussfaktoren hin untersucht. Die Bewertung der einzelnen Risiken erfolgt anhand ihrer Auswirkungen auf den Cashflow, wobei die Ursachen eines Risikos aufgedeckt und die Risikofolgen qualitativ und quantitativ aufgezeigt werden. Das dazu verwendete Instrument – das Cashflow-Modell – wird aufgrund seiner Bedeutung gesondert dargestellt. Im dritten Schritt sind die identifizierten Risiken mit Hilfe geeigneter Techniken auf das mögliche Minimum zu reduzieren. Bei der Zuteilung – der Risikoallokation – wird untersucht, ob und in welchem Maße die identifizierten Risiken den Projektbeteiligten zugewiesen werden sollen und welche Restrisiken nach Zuteilung bei den Kapitalgebergruppen verbleiben. Schließlich sind die Risiken während der Projektlaufzeit zu kontrollieren und – bei Bedarf – geeignete Gegenmaßnahmen einzuleiten.

Die dargestellten Prozessstufen sind nicht als isolierte Teilaufgaben zu verstehen, sondern als ein wechselseitig ineinander greifender Prozess, der das Projekt begleitet und dessen Ergebnis nicht nur vom Risikoprofil des Projektes abhängt, sondern wesentlich auch von den Chance-/Risiko-Präferenzen der verschiedenen Projektbeteiligten. Die Aufgabe der Auswahl und die

Anwendung der Risikoinstrumente sowie der Risikoträger erweist sich in der Praxis als komplexer und diffiziler Verhandlungsprozess. In der weiteren Darstellung wird auch deutlich werden, dass die obige Stufenfolge zunächst aus didaktischen Gründen gewählt wird. In der Praxis ergibt sich eine Wechselwirkung zwischen den einzelnen Prozessstufen.

Der Katalog der möglichen Maßnahmen des Risikomanagements ist umfangreich und vielschichtig, wodurch sich für den Kreditgeber und die Projektgesellschaft eine Vielzahl von Handlungsoptionen ergeben. Die Auswahl der möglichen Maßnahmen wird als Risikopolitik bezeichnet, deren Ziel es ist, die Kombinationen von Sicherungsinstrumenten zu finden, welche eine auf das Projekt abgestimmte und von allen gemeinsam akzeptierte Risikoverteilung ermöglicht.

Die Risikoanalyse ist Ausgangspunkt des Risikomanagementprozesses, da sie maßgeblich die Struktur des Vertragsgeflechtes sowie die materiellen Regelungen jedes einzelnen Vertrages bestimmt. Daher wird man sich mit den Zielsetzungen der Projektbeteiligten und den technischen, rechtlichen und wirtschaftlichen Aspekten des Vorhabens vertraut machen müssen.

In den folgenden Abschnitten werden wir uns vertieft mit den verschiedenen Risiken, Risikoinstrumenten und Risikoträgern beschäftigen; insofern dient die folgende Tabelle 13 zunächst nur der Einstimmung:

Tabelle 13: Risikoart, Risiko-Instrument und Risikoträger

Risikoart	Risiko-Instrument	Risikoträger
Verfügbarkeit Rohstoffe oder Energie	Vertrag: Angebot oder Zahlung, Machbarkeitsstudie	Zulieferer, evtl. Sponsoren
Vertragserfüllung, Vertragspartner	Machbarkeitsstudie	Sponsoren
Kostenüberschreitung	Fertigstellungsgarantie, Kreditlinie	Sponsoren, Generalunternehmer, Kreditgeber
Abnahmerisiko	Take-or-Pay-Verträge	Nachfrager des Outputs
Performancerisiko	Machbarkeitsstudie, Vertragskonditionen (Anreize)	Anlagenlieferant
Rechts- und Regulierungsrisiko	Reputation des Landes, gute Zusammenarbeit mit Regierungen	Sponsoren
Länderrisiko	Machbarkeitsstudie, Versicherung	Versicherungsagenturen, ECAs
Technologisches Risiko	Möglicherweise K-O-Kriterium, ansonsten Lizenzvereinbarung	Lizenzgeber
Devisenkurs	Optionen, Futures, Swaps usw.	Finanzinstitute
Inflationsrate	Langfristige Verträge (Kauf oder Verkauf)	Anbieter und Nachfrager
Zinssätze	Feste Zinskonditionen, Zinsderivate usw.	Finanzinstitute, Gläubiger
Force Majeure	Eindeutige Abgrenzung, Versicherung	Versicherung

Im nächsten Schritt werden wir die wesentlichen Risiken bei Projekten im Bereich Erneuerbare Energien betrachten, die wir bereits im einführenden Kapitel skizziert haben. Beispielhaft stellen sich die verschiedenen Risikokategorien im Zeitablauf bei einem Projekt im Bereich Erneuerbare Energien wie folgt dar:

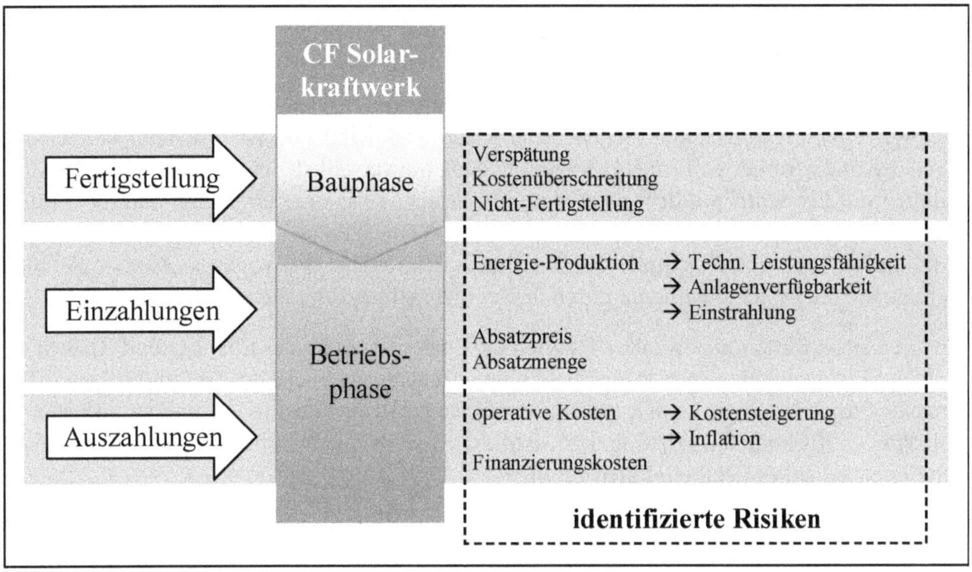

Abbildung 40: Risikoeinflüsse auf ein Erneuerbare-Energien-Projekt

Offensichtlich ist, dass die Risiken quantifizierbare Auswirkungen haben und in ihrer Gesamtheit betrachtet und bewertet werden müssen. Die Quantifizierung der Chancen und Risiken eines Projektes erweist sich als der Dreh- und Angelpunkt eines übergeordneten Sicherungssystems. Die Quantifizierung ermöglicht dabei, aus Investorensicht die Wirtschaftlichkeit, aus Sicht der weiteren Projektbeteiligten die Angemessenheit der Anreiz-Beitragsstruktur und aus Kapitalgebersicht die Robustheit des Projektes zu beurteilen.

Die Investoren beurteilen das Projekt aus einer Base-Case-Betrachtung, wobei sie in ihr Kalkül bessere und schlechtere Projektentwicklungen einbeziehen werden. Die anderen Projektbeteiligten beurteilen das Vorhaben danach, welche Beiträge sie zu leisten haben und ob die Gegenleistung dazu in einem angemessenen Verhältnis steht. Die Kreditgeber beurteilen das Projekt danach, ob bei einer Worst-Case-Betrachtung die Bedienung des Kapitaldienstes gesichert erscheint. Hierzu überprüfen sie zum einen die Reagibilität des Projektes gegenüber möglichen adversen Projektänderungen – z. B. verspätete Fertigstellung, Minder-Performance der Anlagen oder Preisverfall auf der Marktseite – und bewerten zum anderen die Möglichkeiten und Verpflichtungen des Projektes und der Projektbeteiligten, bei negativen Planabweichungen unterstützend einzuspringen. Eine Möglichkeit, von Seiten des Projektes gegenzusteuern, kann dabei z. B. die Verpflichtung sein, bei Unterschreitung bestimmter *Trigger Events* – typischerweise Unterschreiten eines bestimmten Schuldendienstdeckungsgrades – eine beschleunigte Tilgung der Darlehen vorzunehmen (*cash sweep*).

Die verschiedenen Verpflichtungen der Projektbeteiligten gegenüber dem Projekt haben wir im Zusammenhang mit der Diskussion der Einzelrisiken diskutiert. Im Zusammenhang mit der Risikoquantifizierung geht es nunmehr darum, die vertraglichen Verpflichtungen der Projektbeteiligten zu bewerten, was neben dem Umfang der möglichen Verpflichtungen auch eine Bonitätsbeurteilung der Verpflichteten erfordert. Darüber hinaus signalisiert die Verpflichtung der Projektbeteiligten ein Interesse am Projekterfolg, was über die Ebene der Quantifizierbarkeit hinaus von qualitativer Bedeutung ist.

Damit wird ersichtlich, dass Risikoquantifizierung und Risikoallokation in einem engen Wechselverhältnis zueinander stehen. Eine Risikoquantifizierung ist erst dann vollständig, wenn neben der isolierten Projektbetrachtung auch die verschiedenen Beiträge der Projektbeteiligten mit betrachtet werden, die bestimmte Projekt-Risiken übernehmen und das Projekt insoweit freihalten. Nach der Anreiz-Beitrags-Theorie nach BARNARD und MARCH können die individuellen Vor- und Nachteile der Beteiligten als positive und negative Anreize definiert werden, die die Projektbeteiligten durch ihre eingebrachten Beiträge erhalten.

Andererseits erfordert eine Risikoallokation die Quantifizierung der Chancen und Risiken sowohl auf Ebene der einzelnen Projektbeteiligten als auch auf Ebene des Gesamtprojektes. Der einzelne Projektbeteiligte kann erst dann seine Chance-Risiko-Position beurteilen, wenn er die vollständige Risikoquantifizierung des Cashflow-Modells mit den oben beschriebenen Beiträgen der einzelnen Projektbeteiligten kennt.

An dieser Stelle wird deutlich, dass die Ermittlung einer geeigneten Finanzierungsstruktur mit der Ausgestaltung der Projektstruktur und der Projektverträge auf das engste zusammenhängt: Einerseits bestimmt die Ausgestaltung der Finanzierungsstruktur darüber, welche Beiträge insbesondere die Sponsoren und die Kreditgeber zu leisten haben, andererseits lässt sich eine Finanzierungsstruktur nur vor dem Hintergrund der vertraglichen Verpflichtungen der verschiedenen Beteiligten beurteilen. Aus diesem Grunde ist die von Seiten der Sponsoren gestellte Frage nach der notwendigen Höhe der Eigenmitteleinbringung auch erst dann abschließend zu beantworten, wenn neben dem Risikoprofil des Projektes auch die vertraglichen Verpflichtungen der einzelnen Projektbeteiligten bekannt sind.

Weiter ermöglicht erst die Risikoquantifizierung die Information über die Performance des Projektes und ist damit Anknüpfungspunkt für Steuerungsmaßnahmen der Projektgesellschaft bzw. für das Auslösen von Verpflichtungen der Projektbeteiligten. Weichen Kennzahlen von Planwerten ab, werden – je nach vertraglicher Ausgestaltung – die Projektbeteiligten verpflichtet, bestimmte Beiträge zu leisten oder bestimmte Kreditsicherheiten greifen. Damit ermöglicht die Risikoquantifizierung eine dauerhafte Begleitung des Projektes im Zeitablauf und erfüllt die Funktion eines Steuerungsmechanismus. Die folgende Abbildung 41 soll dies abschließend verdeutlichen:

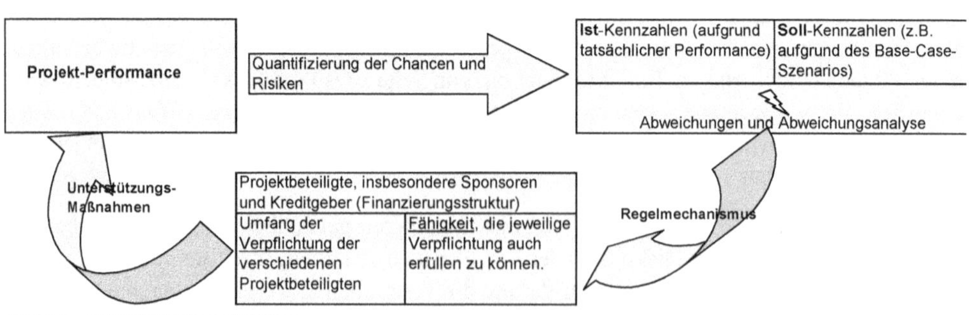

Abbildung 41: Risikomanagementprozess bei einer Projektfinanzierung – Teil II

Das Cashflow-Modell ist für die Risikoquantifizierung von zentraler Bedeutung, aber die Risikoquantifizierung endet nicht mit dem Cashflow-Modell. Zusätzlich erfolgen auf Grundlage des Cashflow-Modells – zumeist separat vorgenommene – Simulationsrechnungen über ein Rating-Tool, die verschiedene Projektverläufe bei unterschiedlichen Umweltszenarien simulieren und aus Risikosicht der Banken bewerten. Die Simulationsrechnungen werden dabei im Geothermiebereich wesentlich durch die Qualität des Ressourcenangebotes beeinflusst. Qualitative Faktoren, wie etwa die Bewertung des Fertigstellungsrisikos und die Erfahrungen des EPC-Contractors, haben gegenüber den quantitativen Faktoren eine zumeist nachrangige Bedeutung.

Tabelle 14: Systematisches Vorgehen bei der Risikoquantifizierung

	Schritte:	**Besonderheiten und Hinweise:**	**Bankenspezifika:**
CF-Modell	Plausibilisierung und Übernahme der Daten des Entwicklers in ein Cashflow-Modell (im Prinzip soll die wahrscheinlichste Entwicklung des Projektes angegeben werden)	1. Nicht überoptimistisch sein, aber auch nicht das Projekt schlechter machen; 2. Ausnahme: Wartungskosten werden mindestens zu Full-Service-Preisen eingestellt	Es bestehen bankenspezifische Unterschiede hinsichtlich der Laufzeit der Term Loans und Belastbarkeitskriterien
Rating-Tool	Übertragung des Cashflow-Modells in ein Rating-Tool und Vornahme von automatisierten Simulationsrechnungen => Ziele: Objektive Risikoeinschätzung	1. Variabilität und Untergrenzen von Projektverträgen berücksichtigen; 2. Explizite Angabe der Gutachter-Unsicherheit im Solargutachten verlangen	Risikobewertung sollte bei demselben Projekt bei unterschiedlichen Banken identisch sein
Kalkulations-Tool	Einstellung der Risikoeinschätzung und der Margenbestandteile in ein weiteres Bewertungs-Tool, das die Wirtschaftlichkeit aus Bankensicht bewertet		Je nach Verzinsungsanforderungen der Banken können sich unterschiedliche Preise für das Risiko ergeben

Zusammenfassend erfüllt die Risikoquantifizierung folgende Funktionen:

- Quantifizierung der Wirtschaftlichkeit und der Belastbarkeit des Projektes,
- Erarbeitung einer Projektstruktur, die die einzelnen Chancen und Risiken sachgerecht zuweist und damit einen nachhaltigen Projekterfolg unterstützt,
- Festlegung eines Frühwarnsystems, das Plan-Abweichungen erkennt und damit die Handhabe liefert, um frühzeitig Gegenmaßnahmen durch einzelne Projektbeteiligte oder den Einsatz von Kreditsicherheiten einzuleiten.

Wir werden im folgenden Abschnitt skizzieren, wie eine Risikoquantifizierung bei einer Projektfinanzierung erfolgen kann.

4.7.3 Darstellung der Reagibilität eines Stromleitungs-Projekts auf verschiedene Parameter-Änderungen

Wir wollen im Folgenden einzelne Möglichkeiten aufzeigen, wie die Finanzierungsstruktur eines Stromleitungsnetzes optimiert werden kann.

Allerdings gibt es deutliche Grenzen, die Erkenntnisse dieses Beispiels zu verallgemeinern:

- Zentral ist zunächst einmal der regulatorische Rahmen, der in Deutschland etwa Erlösobergrenzen definiert.
- Weiter muss man sich fragen, wie der technische Zustand der Infrastruktur aussieht und in welchem Maße Ersatz- und Erweiterungsinvestitionen notwendig sind.

- Eine wichtige Annahme bezieht sich auf die Entwicklung der erwarteten Leitungsentgelte. Zum Teil sieht man bei Leitungsnetzvorhaben im Ausland relativ deutliche Steigerungsraten, die bei der langen Laufzeit der Projekte den Cashflow des Vorhabens erheblich beeinflussen.
- In einigen Ländern gibt es das Modell der „Regulated Asset Base“: Hier erfolgt grundsätzliche keine Tilgung der Darlehen, sondern nur deren Verzinsung. Allerdings werden große Teile der erwirtschafteten Liquidität für den Ausbau bzw. die Ertüchtigung des Netzes eingesetzt.

Im Folgenden soll dargestellt werden, wie ein Stromleitungsprojekt auf eine Änderung einzelner Parameter aus Finanzierungssicht reagiert[187].

Tabelle 15: Rahmendaten eines Leitungsnetzes

Projektname:	Net2Energy
Gesamtinvestitionsvolumen:	M€ 1.383
Fremdkapitalvolumen:	M€ 975
Eigenkapitalvolumen:	M€ 408
Finanzierungsstruktur:	Rückzahlung der Projektfinanzierungsdarlehen über 19 Jahre mit linearem Tilgungsverlauf (Ratendarlehen)
Fremdkapitalzins:	4,5 % p.a.
Tilgungsfreie Zeit	36 Monate
Schuldendienstreserve:	nicht vorgesehen
Summe der Betriebskosten p.a.:	M€ 84 (anfänglich)
Inbetriebnahmezeitpunkt:	01.01.2015
Jahreseinnahmen:	230 M€

Auf Basis dieser Daten wurde von den Sponsoren ein erstes Cashflow-Modell als Sponsors Case erstellt. Dieses Modell stellt die Ausgangsbasis für die Analyse einzelner Projektrisiken dar, bevor es später im Rahmen der Risikoquantifizierung unter Berücksichtigung sämtlicher zu bewertenden Risiken zur Entwicklung einer geeigneten und tragfähigen Projektfinanzierungsstruktur dient.

[187] Es handelt sich um ein reales Projekt, bei dem die Namen, die Größenrelationen und die Annahmen zur Finanzierungsstruktur fiktiv sind. Wir haben in den früheren Kapiteln deutlich gemacht, wie wichtig die Risikoidentifikation und Risikoallokation für den Erfolg einer Projektfinanzierung sind. Hier gehen wir davon aus, dass diese Themen zufriedenstellend gelöst sind und betrachten ausschließlich die Cashflow-Ebene.

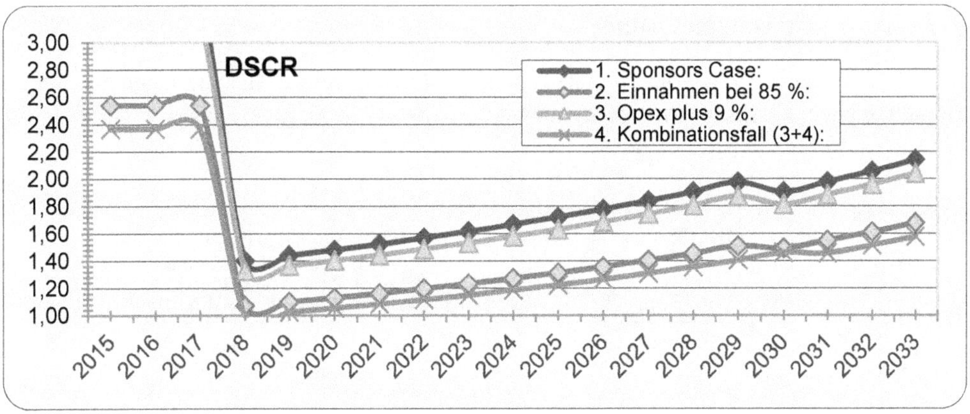

Abbildung 42: DSCR Leitungs-Projekt (Sponsors Case)

		Min. DSCR	Ø DSCR	IRR
1.	Sponsors Case	1,40	2,00	17,43 %
2.	Einnahmen bei 85 %	1,07	1,53	7,03 %
3.	Opex plus 9 %	1,33	1,90	15,21 %
4.	Kombinationsfall (3+4)	1,00	1,42	4,67 %

4.7.3.1 Zinssatzänderung

Im Folgenden variieren wir die Zinssätze und sehen uns an, welche Auswirkungen dies auf die Belastbarkeiten und die interne Verzinsung hat.

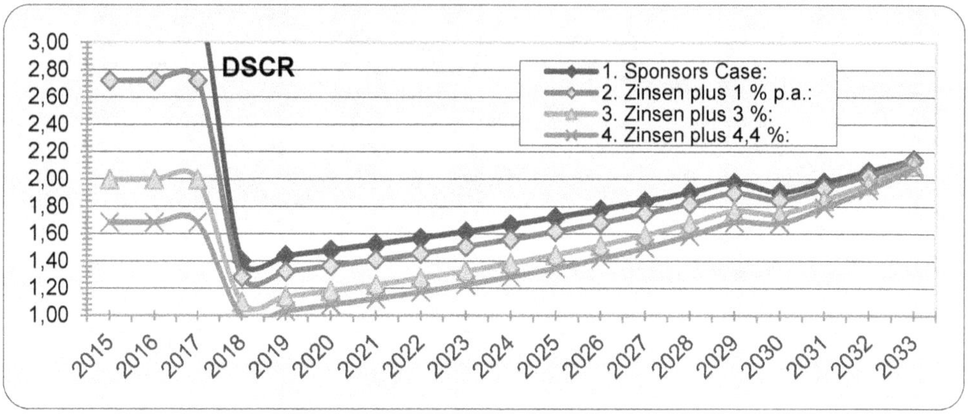

Abbildung 43: DSCR bei unterschiedlichen Zinssätzen

	Min. DSCR	Ø DSCR	IRR
1. Sponsors Case	1,40	2,00	17,43 %
2. Zinsen plus 1 % p.a.	1,28	1,78	15,15 %
3. Zinsen plus 3 % p.a.	1,10	1,47	10,94 %
4. Zinsen plus 4,4 % p.a.	1,00	1,32	8,31 %

Die Erhöhung der Zinssätze führt dazu, dass der DSCR durchgängig über die gesamte Finanzierungslaufzeit unterhalb der Ausgangslage im Sponsors-Case liegt. Bei einem Anstieg des Zinssatzes des Projektfinanzierungskredites um 4,4 Prozentpunkte auf einen Satz von 11,4 % jährlich beträgt der DSCR im vierten Betriebsjahr 2016 noch 1,0, was bedeutet, dass der Kapitaldienst gerade noch geleistet werden kann. Bei einem noch höheren Zinsanstieg wäre dies nicht mehr sichergestellt und die bankseitigen Anforderungen der jederzeitigen und vollständigen Leistung des Kapitaldienstes würden verfehlt. Die betrachtete Höhe des Zinsanstieges stellt somit die Grenze der Projektbelastbarkeit dar.

Die DSCR-Werte konvergieren hier zum Ende der Laufzeit. Dies hängt damit zusammen, dass die Zinsaufwendungen zum Ende der Laufzeit durch die fortschreitende Tilgung immer geringer werden.

Die Erhöhungsdifferenz von 4,4 Prozentpunkten bis zur Erreichung der Projektbelastbarkeitsgrenze kann als Sicherheitspuffer des Projektes für das Zinsänderungsrisiko verstanden werden. Die Höhe dieses Sicherheitspuffers zeigt dabei, dass das Projekt Net2Energy recht empfindlich auf einen Zinsanstieg reagiert. Diese Beobachtung kann generell bei Projektfinanzierungen im Bereich Leitungsnetzen gemacht werden.

4.7.3.2 Betriebskostenänderung

Im Folgenden stellen wir dar, was passiert, wenn sich die Betriebskosten erhöhen. Die genannten Steigerungswerte beziehen sich auf den Ausgangswert der Betriebskosten im ersten Betriebsjahr ohne Berücksichtigung des im Modell generell kalkulierten Betriebskostenanstieges von 2 % jährlich.

Die entgegen der Ausgangslage im Sponsors-Case zusätzlich anfallenden Betriebskosten müssen durch den unveränderten Projekt-Cashflow gedeckt werden. Dadurch sinkt der Teil des Projekt-Cashflows, der für die Bedienung des Kapitaldienstes zur Verfügung steht. Die Kapitaldienstfähigkeit in Form des DSCR sinkt folglich über die gesamte Finanzierungslaufzeit, wie es die nachfolgende Abbildung 44 veranschaulicht.

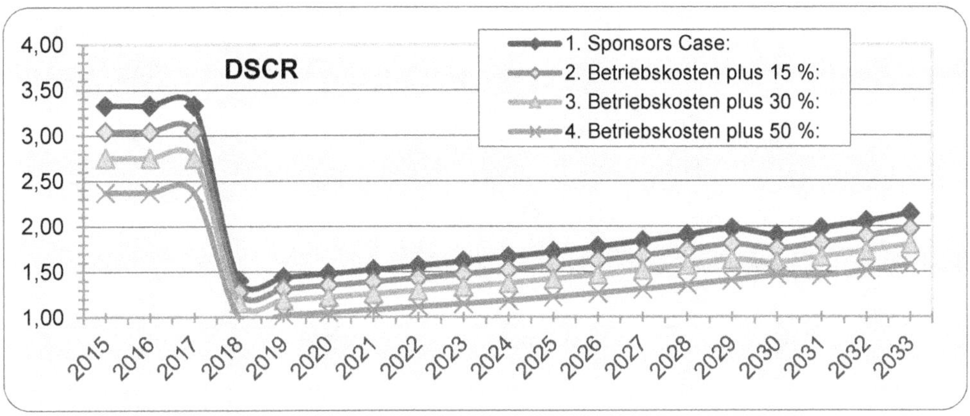

Abbildung 44: DSCR bei veränderten Betriebskosten

		Min. DSCR	Ø DSCR	IRR
1.	Sponsors Case	1,40	2,00	17,43 %
2.	Betriebskosten plus 15 %	1,28	1,83	13,72 %
3.	Betriebskosten plus 30 %	1,16	1,66	9,91 %
4.	Betriebskosten plus 50 %	1,00	1,42	4,69 %

Es zeigt sich, dass auch hier der DSCR durch die vorgenommene Veränderung durchgängig unterhalb der Ausgangslage im Sponsors-Case liegt. Bei allen betrachteten Fällen liegt der DSCR über 1,0, so dass der Kapitaldienst noch geleistet werden kann. Würden die Betriebskosten um mehr als 50 % steigen, könnte der Kapitaldienst allerdings nicht mehr vollständig bedient werden. Die Frage ist hier, ob und inwieweit die operativen Kosten und Kostensteigerungen abgesichert werden können. Während dies bei Windenergieprojekten bei den wichtigsten Kostenpositionen der Fall ist, gilt dies für Leitungsprojekte nur eingeschränkt.

Insgesamt zeigt sich das Projekt Net2Energy einigermaßen unempfindlich gegenüber einem Betriebskostenanstieg, weil die Betriebskosten im Verhältnis zu Investitionsvolumen, Projekt-Cashflow und Kapitaldienst einen relativ geringen Anteil ausmachen. Diese Aussage gilt eher bei neu zu errichtenden Netzen; handelt es sich aber um den Wert eines bestehenden Netzes, werden die Betriebskosten tendenziell höher ausfallen.

4.7.3.3 Einnahmenrückgang

Die dargestellten Folgen aus dem Eintritt des Absatzrisikos und die sich hierdurch ergebenden Auswirkungen haben wir im Folgenden über eine Variation des Jahresenergieertrages in mehreren Szenarien abgebildet. Die Kapitaldienstfähigkeit in Form des DSCR sinkt folglich über die gesamte Finanzierungslaufzeit, wie es die nachfolgende Abbildung 45 veranschaulicht.

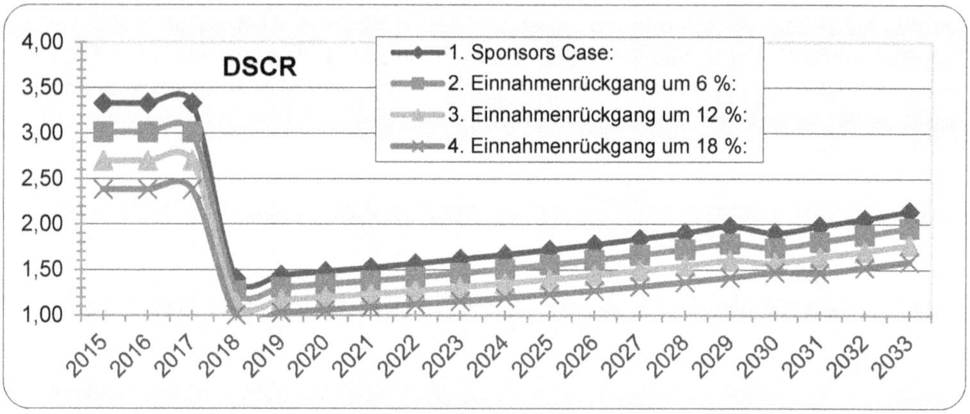

Abbildung 45: DSCR bei Einnahmenveränderung

		Min. DSCR	Ø DSCR	IRR
1.	Sponsors Case	1,40	2,00	17,43 %
2.	Einnahmenrückgang um 6 %	1,27	1,81	13,36 %
3.	Einnahmenrückgang um 12 %	1,14	1,62	9,18 %
4.	Einnahmenrückgang um 18 %	1,00	1,43	4,89 %

Durch die vorgenommene Veränderung liegt der DSCR durchgängig unterhalb der Ausgangslage im Sponsors-Case. Bei einer Senkung des Jahresenergieertrages um 18,0 % erreicht der DSCR im 4. Betriebsjahr des Projektes sein Minimum von 1,0[188]. Das hier betrachtete Ausmaß des Absinkens des Jahresenergieertrages stellt folglich die Grenze der Projektbelastbarkeit dar.

Die Differenz von 18,0 % bis zum Erreichen der Projektbelastbarkeitsgrenze aus Sicht des Sponsors-Case kann somit auch als dessen Sicherheitspuffer im Hinblick auf das Einnahmenrisiko verstanden werden. Die Höhe des Sicherheitspuffers bei Net2Energy ist dabei als auskömmlich zu bewerten, wenn man sich vor Augen hält, dass der typische Netzbetreiber als natürliches Monopol agiert und über eine recht stabile Absatzbasis verfügt (siehe Kapitel 2). Damit ist der Sicherheitspuffer im Sponsors Case aus Sicht der Kapitalgeber ausreichend. Bevor wir uns den Möglichkeiten einer Optimierung der Finanzierungsstruktur zuwenden, stellen wir zunächst die relevanten Beurteilungsverfahren dar.

188 Der Rückgang des DSCR im letzten Betriebsjahr erklärt sich aufgrund der in diesem Jahr deutlich ansteigenden Gewerbesteuerzahlung.

4.7.4 Verfahren der Risikoquantifizierung: Cashflow-Modell und Rating-Verfahren

4.7.4.1 Dynamische Ziele einer Risikoquantifizierung

Ziel einer Risikoquantifizierung ist, die Wahrscheinlichkeit und den quantitativen Umfang möglicher negativer Abweichungen des Projektes im zeitlichen Ablauf zu ermitteln. Die hierzu in der Praxis entwickelten Methoden haben dabei die betriebswirtschaftlichen Tendenzen nachvollzogen und entwickelten sich von den statischen Methoden zu dynamischen Verfahren, die nunmehr die einzelnen Risiken im zeitlichen Ablauf berücksichtigen. Zum Teil sieht man allerdings auch heute noch Kalkulationsbeispiele, die darauf abzielen, eine Betrachtung für lediglich ein Jahr anzustellen oder aber eine Gewinngröße zu ermitteln. Von beiden Herangehensweisen muss dringend abgeraten werden: Zum einen sollte klar sein, dass eine statische Betrachtung künftige Veränderungen von Einzahlungen und Auszahlungen nicht abbilden und damit zu einer gravierenden Fehleinschätzung der Wirtschaftlichkeit eines Vorhabens führen kann. Zum anderen sind es lediglich die zahlungswirksamen Größen, die für die Begleichung der operativen Kosten und des Kapitaldienstes herangezogen werden können, nicht aber eine aus der Gewinn- und Verlustrechnung stammende Größe, die für Rechnungslegungszwecke entwickelt wurde. Es sollte daher Standard sein, auf dynamische Verfahren zu setzen und nur Nach-Steuer-Cashflows zu betrachten.

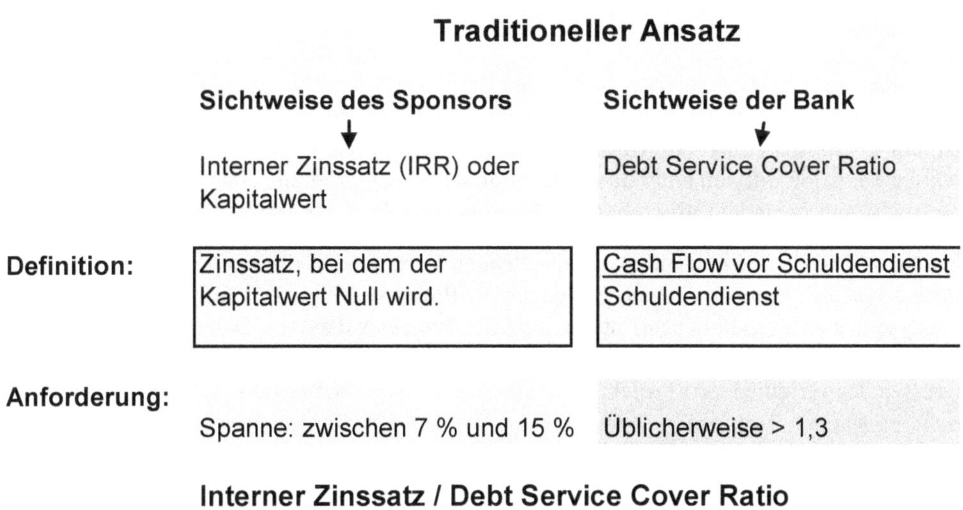

Abbildung 46: Gegenüberstellung Interner Zinssatz / Debt Service Cover Ratio

Aus Sicht des Investors werden regelmäßig die Ein- und Auszahlungen, die er leisten muss bzw. erhält, auf den Zeitpunkt der Investitionsentscheidung mit einem geeigneten Kalkulationszinssatz abgezinst. Ergibt sich ein positiver Kapitalwert, erscheint das Vorhaben vorteilhaft. Alternativ – wenn auch mit gewissen theoretischen Nachteilen – kann der interne Zinssatz den Investor darüber informieren, ob eine bestimmte Mindestverzinsung seines Eigenkapitals erreicht oder überschritten wird. In der Praxis wird hierfür meist der interne Zinssatz (Internal

Rate of Return) herangezogen. Bei dieser Methode wird der Zinssatz berechnet, bei dem die Barwerte der Einzahlungen und Auszahlungen des Investitionsvorhabens gleich groß sind. Daraus ergibt sich folgende Formel, wobei die Zielgröße der interne Zinssatz r ist:

$$\sum_{t=0}^{n} (E_t - A_t) * (1 + r)^{-t} = 0$$

E_t: Einzahlungen in Periode t

A_t: Auszahlungen in Periode t

t: Periode

n: Nutzungsdauer des Investitionsobjektes

r: interner Zinssatz

Auf diese Weise erhält man die interne Verzinsung eines Investitionsvorhabens. Die Investition wird unter der Annahme eines vollkommenen Kapitalmarktes dann durchgeführt, wenn der interne Zins über dem Kapitalmarktzins liegt. Für die Berechnung wird außerdem die Annahme getroffen, dass etwaige Überschüsse zum jeweiligen internen Zinssatz angelegt werden. Allerdings sind die so abgeleiteten Kennzahlen nicht geeignet, die Dimensionierung und Struktur der Fremdmittel zu bestimmen. Hier kommt die Sichtweise der Fremdkapitalgeber ins Spiel.

Aus Sicht der Fremdkapitalgeber interessiert die Frage, wie sicher es ist, dass Zinsen und Tilgung aus dem Cashflow des Projektes erbracht werden können – je höher hier die Überdeckung ist, um so robuster sollte das Projekt auf Planänderungen reagieren. Im Folgenden betrachten wir das Cashflow-Modell unter dem Blickwinkel der Ausgestaltung einer Finanzierungsstruktur, und damit in einem fortgeschrittenen Stadium aus Sicht der Fremdkapitalgeber.

Hauptproblem der im Folgenden darzustellenden Verfahren ist die Prognose der zukünftigen Periodenerfolge, die sich – in den Planungen der Projektbeteiligten – häufig als eine einmalige Analyse der wahrscheinlichen Entwicklung des Projektes darstellt. Dabei weisen diese Verfahren zwei Mängel auf: Zum einen wird die Wechselwirkung des Projekterfolgs mit den Interessen der verschiedenen Projektbeteiligten meist nicht thematisiert. Wir haben diesen Aspekt in Kapitel 2 skizziert. Zum anderen werden Handlungsmöglichkeiten der Projektbeteiligten – v.a. der Projektgesellschaft – auf Veränderungen der Umwelt, die auf das Projekt einwirken, nicht abgebildet, so dass die eher statische und gerichtete Sicht der traditionellen Bewertungsverfahren ergänzt werden muss. Gleichwohl sind die Kennzahlenermittlung und die Projektsteuerung über Kennzahlen die zentralen Elemente jeder Risikoquantifizierung.

Der primäre Finanzierungsgedanke einer Projektfinanzierung beinhaltet, dass der generierte Cashflow ausreichen soll, um einerseits den Schuldendienst zu decken und andererseits eine angemessene Absicherung gegen den Eintritt möglicher Risiken zu bieten. Zur Umsetzung dieser Zielvorgabe werden die erwarteten Projekterlöse ermittelt und anschließend in Bezug zum ausstehenden Schuldendienst oder Kreditbetrag gesetzt.

Bei diesem Modell werden die Cashflows des Projekts unter Annahme der Plandaten periodenweise simuliert und es wird dann geprüft, inwiefern das Projekt in der Lage ist, seinen Verpflichtungen nachzukommen.

Die ermittelte Über- oder Unterdeckung kann mit Hilfe des Debt Service Cover Ratio (DSCR, Schuldendienstdeckungsgrad) aggregiert dargestellt werden. Der DSCR beschreibt dabei, inwieweit der Cashflow zur Deckung des Schuldendienstes ausreicht. Da es üblich ist, zur Erhöhung der Belastbarkeit des Projekts eine Schuldendienstreserve (SDR) vorzuhalten, wird der DSCR im weiteren Verlauf der Arbeit wie folgt definiert[189]:

$$DSCR = \frac{Cashflow\ der\ Periode + Schuldendienstreserve}{Schuldendienst\ der\ Periode}$$

Die so für die einzelnen Perioden ermittelten DSCR können in einem Graphen, der die gesamte Kreditlaufzeit abbildet, dargestellt werden, wodurch die für das Projekt kritischen Phasen leicht zu identifizieren sind.

Bei einem DSCR $\geq 1{,}0$ ist der Schuldendienst der Periode durch die Cashflows und ggf. die Schuldendienstreserve gedeckt. Um eine Absicherung gegen Schwankungen des Cashflows vorzunehmen, besteht von Seiten des finanzierenden Kreditinstituts der Anspruch, dass das Projekt in der Lage sein muss, auch in einem Worst-Case-Fall einen DSCR $\geq 1{,}0$ zu generieren. Die Anforderung an die als notwendig angesehene Überdeckung hängen von dem Umfang der Risikoüberwälzung ab, so dass eine bankseitige Forderung nach einem Mindestdeckungsverhältnis durch die projektspezifische Risikostruktur mit beeinflusst wird. Je ausgeprägter die Risikoübernahme unter Berücksichtigung der Risikotragfähigkeit des betreffenden Risikoträgers ist, umso geringer kann die Überdeckung ausfallen.

Der Schuldendeckungsgrad fordert lediglich eine pauschale Überdeckung für den Risikofall. Demnach gibt der DSCR noch keine Auskunft über die Entwicklung des Cashflows unter Risikoeinfluss. Inwieweit eine im DSCR enthaltene Sicherheitsmarge im Falle einer Risikorealisation ausreichend bemessen ist, wird zunächst noch nicht ersichtlich. Erst unter Anwendung von dynamischen Analysemethoden wird der DSCR zu einer Bewertungs- und Steuerungsgröße.

Der Einsatz des Cashflow-Modells und die Betrachtung des DSCR als zentrale Kenngröße unterstützt auch die in dieser Arbeit eingenommene Sichtweise, da die aus Sicht der Kredit gebenden Bank elementare Fähigkeit des Projektes zur Leistung von Zins und Tilgung abgebildet wird.

[189] Die so gewählte Interpretation ist nur dann sinnvoll, wenn sie in einem Belastungsfall betrachtet wird. In allen anderen Fällen wird der DSCR um den Bestand der Schuldendienstreserve zu hoch ausgewiesen. Dieses Vorgehen ist aus Sicht der Fremdkapitalgeber aber gleichwohl sinnvoll, da es die Belastbarkeit des Vorhabens unter Einbezug der Reserven zeigt.

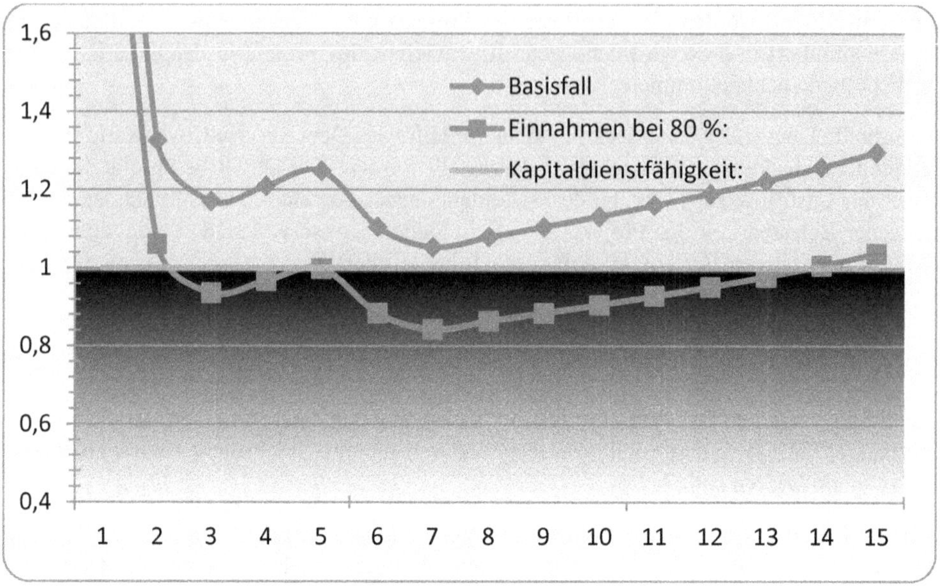

Abbildung 47: Grundlegendes Cashflow-Modell mit Base- und Worst-Case[190]

Neben der Bewertung der Ausgangssituation mit Plandaten kann mit dem Cashflow-Modell auch der Einfluss einzelner Risiken auf das Projekt bewertet werden. Mit Hilfe der Sensitivitätsanalyse wird dabei durch eine Simulation der verschiedenen Input-Daten geprüft, inwiefern entstehende Veränderungen im Cashflow die Tragfähigkeit des Projektes beeinflussen. Ziel ist es, die Reaktionsempfindlichkeit des Projektes auf veränderte Umweltbedingungen aufzuzeigen. Auf diese Weise wird ersichtlich, welche Bedeutung jeweils der Absicherung eines Risikos zukommt.

Da sich die Einzelrisiken und die spezifischen Risikoinstrumente im zeitlichen Ablauf des Projektes wandeln können, treten neben die eher statische Betrachtung des Schuldendienstdeckungsgrades den zeitlichen Ablauf stärker betonende dynamische Methoden in den Vordergrund, nämlich die Sensitivitätsanalyse, die Szenariotechnik, die simulative Risikoanalyse und neuerdings die Methode der Real- oder Handlungsoptionen.

Ziel der Sensitivitätsanalyse ist die Darstellung der Auswirkungen von Variationen des Wertes einzelner oder mehrerer Parameter auf das Entscheidungskriterium (z. B. Cashflow oder DSCR), um so zusätzliche Informationen über den Risikogehalt des Projektes zu gewinnen. Die Sensitivitätsanalyse kann dabei grundsätzlich in zweierlei Weise vorgenommen werden: Zum einen vom gewählten Beurteilungskriterium zum variablen Risikoparameter (Fragestellung: um wie viel darf der Risikoparameter schwanken, ohne den Zielwert beim gewählten Kriterium zu beinträchtigen? – Methode der kritischen Werte), zum anderen vom Risikoparameter zum Beurteilungskriterium (Fragestellung: Wie schwankt die Messzahl des Beurtei-

190 Nevitt/Fabozzi (2000), S. 12.

lungskriteriums, wenn der Risikoparameter verändert wird – Alternativenrechnung). Vorteilhaft ist dabei die Ermittlung, welche Änderungen des Datenkranzes sich besonders sensibel auf den Cashflow auswirken.

Nachteilig bei der Sensitivitätsanalyse ist der Umstand, dass sich in der Realität nur selten einzelne Parameter c.p. verändern, sondern Interdependenzen zwischen den Cashflow-Determinanten eher die Regel sind. Weiter ist mit der Sensitivitätsanalyse noch nichts für die Frage der Eintrittswahrscheinlichkeit der verschiedenen Parametereinsätze gewonnen. Das Verfahren macht jedoch deutlich, auf welche Änderungen das Projekt – gemessen am Beurteilungskriterium – am sensibelsten reagiert und weist so darauf hin, welchen Risiken besonderes Augenmerk geschenkt werden muss.

Einen Schritt weiter geht die Szenariotechnik. Die Szenariotechnik stellt eine besondere Form der Sensitivitätsanalyse dar, bei der auf Basis verschiedener als realistisch angenommener Datenkonstellationen – so genannten Szenarien – die Auswirkungen auf den Cashflow aufgezeigt werden, gemessen über den Schuldendienstdeckungsgrad (DSCR). Dadurch wird abgebildet, wie sich die Wirtschaftlichkeit des Vorhabens in Abhängigkeit der für die wichtigsten Einflussparameter hypothetisch unterstellten Entwicklungen verändern kann. Die Untersuchung wird häufig auf drei Szenarien eingegrenzt:

- Base-Case (Unterstellung der wahrscheinlichsten Parameterwerte),
- Best-Case (Unterstellung günstigster Parameterwerte) und
- Worst-Case (Unterstellung ungünstigster Parameterwerte).

Als Vergleichsgröße dient das Base-Case-Szenario, das die verschiedenen Projektparameter mit ihrem wahrscheinlichsten Wert berücksichtigt. Ausgehend von dem Base-Case-Szenario lässt sich durch pessimistische Schätzungen ein Worst-Case-Szenario aufstellen. Der Begriff des Worst Case ist dabei in der Finanzierungspraxis alles andere als klar definiert. In einem Extremszenario – etwa einer nicht erfolgten Fertigstellung – generiert das Projekt gar keine Cashflows, was im eigentlichen Wortsinn einen „Worst Case“ darstellt. Dies ist aber mit dem Begriff des Worst Case nicht gemeint. Mit einem Worst-Case-Szenario wird eine Projektsituation beschrieben, die bei einer ungünstigen, aber gleichwohl realistischen Entwicklung der Cashflow-Determinanten eintreten kann und deshalb für die Fremdkapitalgeber von besonderer Bedeutung ist[191]. Denn anhand einer Worst-Case-Betrachtung kann festgestellt werden, ob auch bei stark negativen Entwicklungen das Projekt in der Lage ist, den Schuldendienst zu erbringen. Ergeben die Auswertungen dieses Szenarios, dass eine Unterdeckung des Schuldendienstes vorliegt, müssen die Banken über mögliche Modifikationen am entworfenen Finanzierungsplan nachdenken.

Aus Sicht der fremd finanzierenden Bank ist ein besserer Verlauf als der Base Case im Regelfall nicht entscheidungsrelevant, da ihr Risikobegriff aufgrund ihrer Chance-Risiko-Position

[191] Die Definition eines Worst-Case-Szenarios beruht faktisch auf Erfahrungen der Bank mit vergleichbaren Projekten und spiegelt ein bestimmtes und institutsspezifisches Annahmen-Set wider. Für ein Leitungsnetzvorhaben könnten die relevanten Veränderungen gegenüber dem Basisfall wie folgt aussehen: 1. Die Einnahmen liegen bei 90 %, 2. nach Ende der Zinsbindung steigt der Zinssatz auf einen Wert von 9 % p.a. und 3. die Betriebskosten steigen um 40 %. Die Annahmen zeigen bereits, dass je nach angesprochener Bank die Ausprägung der Veränderungen auch unterschiedlich ausfallen kann, so dass sich ein anderes Worst-Case-Szenario ergibt. Eine Unterschreitungswahrscheinlichkeit lässt sich für das Worst-Case-Szenario auch nicht ermitteln. Dies erfolgt in der Praxis auf Grundlage des Base Case im Rahmen der Simulationsrechnungen.

als negative Zielabweichung definiert ist und der Schuldendienst unabhängig vom Projektergebnis erbracht werden muss.

Bedeutung des Base Case-Szenarios:

- Als Vergleichsgröße zu anderen Vorhaben dient das Base Case-Szenario, das die verschiedenen Projektparameter mit ihrem wahrscheinlichsten Wert berücksichtigt.
- Für die Eingaben in das Rating-Tool der Banken müssen die Annahmen auf ein Base Case-Niveau gebracht werden. Die Rechnung innerhalb des Rating Tools simuliert auch negative Projektverläufe, die das maximal vertretbare Fremdfinanzierungsvolumen aufzeigen.

Bedeutung des Worst-Case-Szenarios:

- In diesem Szenario wird eine Projektsituation antizipiert, die bei einer ungünstigen Entwicklung der Cashflow-Determinanten eintritt und für die Fremdkapitalgeber von besonderer Bedeutung ist, da geprüft wird, ob auch bei stark negativen Entwicklungen das Projekt in der Lage ist, den Schuldendienst zu erbringen.
- Liegt im Worst Case-Szenario eine Unterdeckung des Schuldendienstes vor, müssen die Banken über mögliche Modifikationen am entworfenen Finanzierungsplan nachdenken.

Bei Leitungsnetz-Vorhaben werden die folgenden Parameter im Rahmen einer Simulationsrechnung variiert:

- Für das Zinsumfeld, soweit die Darlehenstranchen nicht zinsgesichert sind, erfolgt ebenfalls eine Simulation von Zinsszenarien, die länderspezifisch hinterlegt sind.
- Des Weiteren gibt es weitere makroökonomische Größen – wie z. B. Inflationssätze – die als eigene Datensätze hinterlegt sind.

Dabei wird das Rating-Ergebnis umso besser ausfallen, je geringer die Volatilitäten sind und je höher die Überdeckungsrelationen (DSCRs) ausfallen.

Die Tatsache, dass auf der Grundlage der Sensitivitätsrechnung bzw. Szenariotechnik keine Aussage über die Eintrittswahrscheinlichkeit der unterstellten Cashflow-Konstellationen möglich ist, wird als das größte Defizit dieser Untersuchungsmethode angesehen. Um dies zu kompensieren, können aufgrund vorhandenen Fachwissens subjektive Eintrittswahrscheinlichkeiten unterstellt werden.

In den folgenden Abschnitten werden wir die verschiedenen, in der Praxis dominierenden Kennzahlen innerhalb einer Projektfinanzierung darstellen und kritisch würdigen.

4.7.4.2 Der Schuldendienstdeckungsgrad als zentrale Kennziffer

Der Schuldendienstdeckungsgrad (*Debt Service Cover Ratio*, DSCR) ist die wahrscheinlich am häufigsten gebräuchliche Kennzahl innerhalb einer Projektfinanzierung:

$$DSCR = \frac{\textit{Cashflow der Periode} + \textit{Schuldendienstreserve}}{\textit{Schuldendienst der Periode}}$$

Diese Kennzahl wird zum einen jährlich – manchmal auch zu jedem Kapitaldiensttermin – berechnet, zum anderen aber bereits zur Planung eines Projektes über die gesamte Kreditlaufzeit ausgewiesen. Die Dominanz des DSCR erklärt sich unmittelbar aus dem zentralen, wirtschaftlichen Charakteristikum einer Projektfinanzierung: Da die zur Finanzierung des Projektes aufgenommenen Darlehen ausschließlich aus dem vom Projekt generierten Cashflows zurückgeführt werden, ist es nahe liegend, den Cashflow-Verlauf dahingehend zu untersuchen, ob er in der Lage ist, den Kapitaldienst für die Darlehen zu erbringen. Selbst wenn der Schuldendienstdeckungsgrad die einzige verwandte Kennzahl ist, ist dies für die Zwecke einer Projektfinanzierung gleichwohl ausreichend.

Der DSCR gibt an, um welchen Faktor der erwartete Cashflow den Kapitaldienst in jedem Jahr über- oder unterdeckt. Banken sind aufgrund ihrer Risikopräferenzen nur bereit, Projektkredite bei Überschreitung bestimmter Überdeckungsverhältnissen zur Verfügung zu stellen. Wenn der DSCR unter 1,00 fällt, kann das Projekt seinen Verpflichtungen aus dem Kreditvertrag nicht mehr vollständig nachkommen und muss entweder weitere Kreditmittel aufnehmen, Eigenmitteleinschüsse erhalten oder eine Änderung des Tilgungsprofils muss verhandelt werden. Die Kennzahl ist im besonderen Maße dafür geeignet, das Rückzahlungsprofil eines Projektes zu bestimmen. In der oben genannten Verwendung beinhaltet sie die Schuldendienstreserve: Dies hat zwar den Nachteil, dass im Basisfall der DSCR strukturell überschätzt wird, aber den deutlichen Vorteil, dass in einem Belastungsfall – und vor allem dieser interessiert die Kreditgeber – die Belastbarkeit des Vorhabens inklusive der Reserven, die für die Bedienung des Kapitaldienstes zur Verfügung stehen, aufgezeigt wird.

Wenn die Kennzahl wie oben benutzt wird, sollte sich die Interpretation auf einen Belastungsfall beziehen. In einem Basisfall ist zu berücksichtigen, dass der DSCR um die Schuldendienstreserve zu hoch ausgewiesen wird. Keinesfalls dürfen hier andere Konten als die Schuldendienstreserve eingerechnet werden, wie z. B. eine Wartungskostenreserve. Der Schuldendienstdeckungsgrad ist eine hochgradig verdichtete Kennzahl, da sie sämtliche Einzahlungen und Auszahlungen eines Vorhabens vor dem Hintergrund der Kapitaldienstfähigkeit darstellt.

In jedem Fall sei davor gewarnt, allein auf den minimalen Schuldendienstdeckungsgrad eines Vorhabens zu sehen. Dies ist ein eher allgemeiner Merksatz, der bereits in einer Reihe von Rechnungslegungssystemen festgeschrieben ist: Es existiert keine Möglichkeit, die Performance eines Unternehmens in einer Kennzahl auszudrücken. Daher sollte keine alleinige, übertriebene Bedeutung auf eine noch so wichtige Kennzahl gelegt werden, sondern zusätzlich untersucht werden, welche Parameter realistischerweise wie weit schwanken können und welche Konsequenzen sich insoweit auf die Belastbarkeit des Vorhabens ergeben.

Je nach Risikoeinschätzung kann der festgesetzte Mindestdeckungsgrad stark variieren, wobei er umso höher sein wird, je größer die Risikoübernahme der Projektbeteiligten ist. Entsprechend schwanken die Überdeckungsverhältnisse in Abhängigkeit von den Erfahrungen der Branche und dem jeweiligen Risikoprofil eines Projektes. Wichtig ist die Frage, wie robust das Projekt auf negative Planabweichungen reagiert und welche Sicherungsmechanismen greifen, um daraus eine Mindestdeckungsrelation für die Vergabe von Projektkrediten zu ermitteln.

Die Bedeutung der Risikoabsicherung nach dem Kriterium des Schuldendienstdeckungsgrades zeigt auch eine Schwäche dieses Verfahrens: Sein Ausgangspunkt ist nicht die Analyse der

Risiken als solche und ihre Bemessung, sondern die auf die möglichen Folgen abgestellte Bemessung eines Risikopolsters, mit dem die verbleibenden Risiken pauschal abgesichert werden sollen. Solange das pauschal bestimmte Sicherheitspolster eine ausreichende Abfederung verschafft, mag dies genügen. Je dünner allerdings die Polster werden, umso stärker rücken wiederum die Einzelrisiken und die spezifischen Risikoinstrumente in den Vordergrund.

4.7.4.3 Die Einbindung des Rating-Verfahrens

Wie wir oben dargestellt haben, sind das Cashflow-Modell und das Rating-Verfahren zwei ineinander greifende methodische Verfahren, deren Ziel es letztlich ist, eine für ein Projekt aus Risikoaspekten angemessene Risikostruktur zu ermitteln.

Dabei dient das Cashflow-Modell einer ersten Abschätzung der Projektbelastbarkeit und Wirtschaftlichkeit und das Rating-Verfahren ermöglicht es dann, den Cashflow-Verlauf innerhalb einer Simulation zu bewerten. Das Rating-Ergebnis korrespondiert mit einer Risikobepreisung. Sofern diese von der im Cashflow-Modell verwandten Risikobepreisung abweicht, die ja zunächst eine Schätzgröße abbildet, muss das Modell angepasst und die Simulationsrechnung wiederholt werden. Im Bedarfsfall muss dieser Prozess so lange wiederholt werden, bis Cashflow-Modell und Rating-Verfahren von denselben Angaben ausgehen. Insofern ist die Cashflow-Modellierung und die Bewertung durch ein Rating-Tool ein iterativer Prozess.

Die Ziele, die mit einem Rating-Tool verfolgt werden, lassen sich wie folgt subsumieren:

- Objektive und standardisierte Risikobeurteilung eines Projektes.
- Kalkulation eines Gesamtrisikos für eine Projektfinanzierung – Ermittlung einer Ausfallwahrscheinlichkeit (PD, „*probability of default*“), die wiederum für die Risikobepreisung relevant ist.
- Regulatorische Anforderungen, insbesondere die Kapitaladäquanzanforderungen nach Basel II, können eingehalten werden.

Das Rating-Tool geht dabei wie folgt vor:

- Simulation der wesentlichen Risikotreiber unter einem bestimmten Annahmen-Set und unter Berücksichtigung von
- makroökonomischen Faktoren: Zinssätze, Wechselkurse und Inflationsannahmen sowie
- branchenspezifischen Annahmen: basierend auf einem Random-Walk-Ansatz, der auf historischen Volatilitäten und Korrelationen basiert.

In diesem Zusammenhang müssen zwei Volatilitäten unterschieden werden: Dies ist zum einen die Volatilität der Produktion, zum anderen die im Ertragsgutachten angegebene Prognoseunsicherheit der Gutachter. Die Volatilität der Produktion wird typischerweise über standortspezifische Gutachten dargestellt.

Die zweite Volatilität, die sich auf das Elementarangebot bezieht, ist die im Gutachten angegebene Unsicherheit, die so genannte *Banking Case Uncertainty* (BCU). Die BCU beschreibt den Umstand, dass nicht nur die Produktion als solche unsicher ist, sondern auch das korrekte Startniveau der Produktion. Das im Rating-Sinn korrekte Start-Niveau ist das Annahmen-Set, das mit derselben Wahrscheinlichkeit überschritten und unterschritten wird (so genannter p(50)-Fall). Die BCU ist daher ein Maß für die Verlässlichkeit der Prognose eines Produktionsgutachtens.

- Die Berücksichtigung der BCU führt zu einer Parallelverschiebung der DSCR-Reihe und damit zu einer Erhöhung der PD.
- Wird die BCU nicht explizit vom Gutachter angegeben, wird ein Wert von 10 % unterstellt (üblich sind vielleicht 5 %).

Damit ergeben sich folgende Empfehlungen für die Beauftragung von Produktionsgutachten:

- Es sollten standortspezifische Gutachten erstellt werden. Regelmäßig sind die dabei ermittelten Standardabweichungen deutlich geringer als die länderbezogenen Werte.
- Des Weiteren sollte der Gutachter explizit angeben, mit welcher Unsicherheit er bei seinem Gutachten rechnet, ansonsten erfolgt auch hier eine „Bestrafung" des Projektes mit verhältnismäßig hohen Werten.
- Beide Maßnahmen führen dazu, dass die Volatilitäten bezogen auf die Produktion geringer ausfallen, was sich günstig auf das Rating-Ergebnis und damit auf die Fremdkapitalausstattung auswirkt.

Neben den quantitativen Eingaben, die Eingang in das Cashflow-Modell finden, wird das Vorhaben hinsichtlich seiner Struktur und der Einbindung der Projektbeteiligten qualitativ beurteilt.

- Projektstruktur und Beurteilung der Einbindung von Projektparteien,
- Bewertung der Wettbewerbsfähigkeit des Projektes und Marktumfeld und
- Komplexität der Transaktion.

Die vorgenannten Faktoren werden über ein Scorecard-System zu einer Kennzahl verdichtet, die zu dem Rating vor qualitativen Faktoren hinzuaddiert wird. Die maximal mögliche Verbesserung – sofern alle qualitativen Faktoren den bestmöglichen Wert erzielen (was aber unrealistisch ist) – läge bei zwei Notches, das maximale Downgrade bei drei Notches. Eine typische Veränderung liegt regelmäßig bei einem Notch. Im Ergebnis dominiert damit die Höhe und Entwicklung der Schuldendienstdeckungsgrade das Rating-Ergebnis.

Dem Länderrisiko kommt für jede Projektfinanzierung eine besondere Bedeutung zu, da im Rahmen der üblichen Rating-Verfahren das Länderrating das Projektrating nach oben begrenzt – oder anders formuliert: ein Projektrating kann im Rahmen der Ratingverfahren nicht besser sein als das Rating des Sitzlandes.

Nunmehr haben wir mit der Darstellung des Cashflow-Modells und des ihn bewertenden Rating-Tools die Voraussetzungen geschaffen, um Hinweise für eine Optimierung der für ein Projekt geeigneten Finanzierungsstruktur zu entwickeln.

4.7.5 Entwicklung einer geeigneten Finanzierungsstruktur

Investoren und Kreditgeber haben das gleichgerichtete Interesse, ein Projekt so wirtschaftlich wie möglich zu gestalten. Ein hoher Cashflow-Überschluss bedeutet einerseits, dass die Fremdkapitalgeber mit größerer Sicherheit ihre festen und erfolgsunabhängigen Rückzahlungsansprüche erfüllt sehen, aber auch, dass die Sponsoren mehr bzw. frühzeitigere Ausschüttungen realisieren können. Während beide Gruppen ein gleichgerichtetes Interesse haben, den

Projektwert zu steigern, besteht ein Wettbewerb um die Verwendung der Cashflows. Wie bereits oben angesprochen, haben die Sponsoren tendenziell ein Interesse daran, möglichst viel Cashflow frühzeitig auszuschütten, während die Fremdkapitalgeber möglichst schnell getilgt werden wollen. Die Erarbeitung einer Finanzierungsstruktur beinhaltet damit immer auch einen Verhandlungsprozess zwischen den beiden Kapitalgebergruppen. Die folgenden Beispiele sollen verdeutlichen, wie ein Prozess zur Entwicklung einer Finanzierungsstruktur aussehen kann und welche Möglichkeiten bestehen, ein Projekt aus Sicht beider Kapitalgebergruppen zu verbessern.

Zu diesem Zweck werden wir jeweils einzelne Parameter unseres obigen Beispiels verändern (siehe Tabelle), uns die hieraus resultierenden Auswirkungen auf die jeweiligen Beurteilungskennziffern der Kapitalgeber ansehen und im Anschluss eine Finanzierungsstruktur entwickeln, die die verschiedenen Gestaltungsparameter in einem unterschiedlichen Maße aufgreift. In einem ersten Schritt sehen wir uns an, welche Auswirkungen sich auf eine Finanzierungsstruktur ergeben, wenn wir die Laufzeit verändern.

4.7.5.1 Laufzeit-Variation

Während bei der ursprünglichen Struktur eine Laufzeit von 19 Jahren vorgeschlagen wurde, ist diese nunmehr um zwei Jahre erhöht worden. Die Konsequenzen für die Kaptaldienstfähigkeit zeigt Abbildung 48:

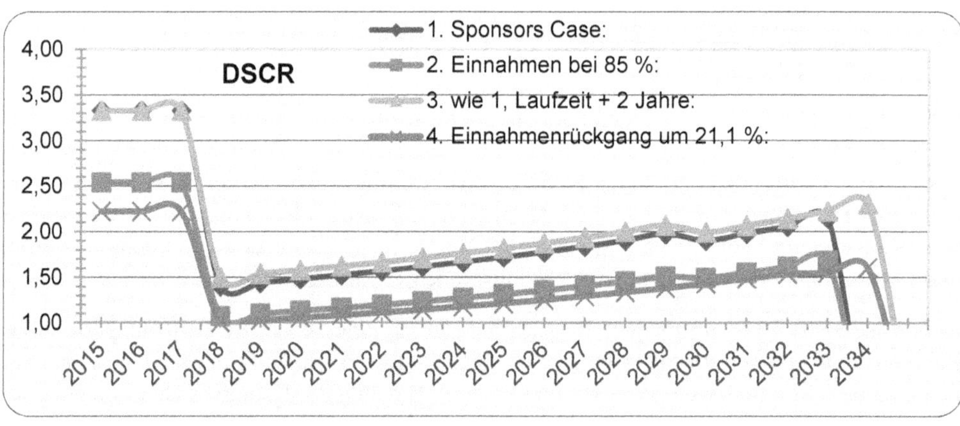

Abbildung 48: Variation der Darlehens-Laufzeit

	Min. DSCR	Ø DSCR	IRR
1. Sponsors Case	1,40	2,00	17,43 %
2. Einnahmen bei 85 %	1,07	1,53	7,03 %
3. wie 1, Laufzeit + 2 Jahre	1,50	2,08	18,15 %
4. Einnahmenrückgang um 21,1 %	1,00	1,39	2,34 %

Erkennbar ist, dass der Schuldendienstdeckungsgrad im Sponsors Case durchgängig niedriger ist als bei einer um zwei Jahre längeren Laufzeit. Während die Belastbarkeit im Sponsors Case bei einem Einnahmenniveau von 80 % liegt, verbessert sie sich mit Verlängerung der Laufzeit um 1,1 Prozentpunkte auf 78,9 %. Zusätzlich geht die Verbesserung der Belastbarkeit mit einer Erhöhung der internen Rendite einher, und zwar von 17,43 % auf 18,15 %. Bei einer Verkürzung der Laufzeit kehren sich die beschriebenen Effekte spiegelbildlich um.

In einem ersten Schritt könnte man damit denken, dass beide Kapitalgebergruppen ein gleichgerichtetes Interesse an einer möglichst langen Laufzeit der Darlehen haben sollten. Doch tatsächlich sind die Darlehenslaufzeiten bei Leitungs-Vorhaben zumeist auf 20 Jahre begrenzt.

Der Grund für diesen vermeintlichen Widerspruch liegt darin, dass nur für eine ökonomische Nutzungsdauer auch eine Finanzierung möglich ist. Die ökonomische Nutzungsdauer wird begrenzt durch die technische Nutzungsdauer der Anlagen einerseits und die Laufzeit des Regulierungsumfeldes andererseits. Üblicherweise erwarten die Banken, dass ihre Darlehen früher zugeführt sind als es die maximale Laufzeit der Vergütung nach dem Regulierungssystem vorsieht.

Laufzeit – Erkenntnisse:

- Je länger die Laufzeit gewählt wird, umso höher wird die interne Rendite ausfallen und umso besser werden die Deckungsrelationen sein. Eine leichte Kompensation ergibt sich dadurch, dass mit längerer Laufzeit auch mehr Zinsen gezahlt werden müssen.
- Es gibt regelmäßig Restriktionen der Banken hinsichtlich einer maximalen Laufzeit des *Term Loans*, die sich wesentlich aus der Laufzeit und Struktur des Regulierungsumfeldes sowie der verwendeten Technik ableiten lassen.
- Es lässt sich der allgemeine Hinweis ableiten, die Laufzeit des *Term Loans* so lange zu wählen, wie es die anderen Beteiligten zulassen.
- Die für eine Bank maximale Laufzeit des *Term Loans* ist noch aus einem anderen Grunde interessant: Aus ihrer Kenntnis und der Kenntnis des geforderten Belastbarkeitsabschlages lässt sich mit dem restlichen Annahmen-Set ableiten, wie die Eigenkapital-/Fremdkapitalausstattung aussehen sollte.

4.7.5.2 Tilgungsfreie Zeit

Im nächsten Beispiel sei die Veränderung der tilgungsfreien Zeit des Vorhabens dargestellt.

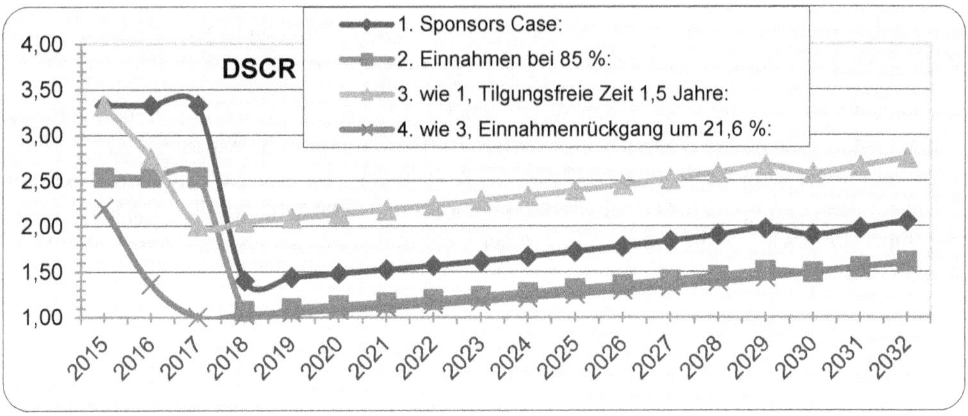

Abbildung 49: DSCR bei Veränderung der tilgungsfreien Zeit

	Min. DSCR	Ø DSCR	IRR
1. Sponsors Case	1,40	2,00	17,43 %
2. Einnahmen bei 85 %	1,07	1,53	7,03 %
3. wie 1, Tilgungsfreie Zeit 1,5 Jahre	2,01	2,36	14,93 %
4. wie 3, Einnahmenrückgang um 21,6 %	1,00	1,25	2,42 %

Während bei der ursprünglichen Struktur eine tilgungsfreie Zeit von 36 Monaten vorgeschlagen wurde, ist diese nunmehr um jeweils 12 Monate gekürzt worden, wobei die Gesamtlaufzeit der Darlehen bis zu ihrer vollständigen Rückführung gleich geblieben ist.

Erkennbar ist, dass der Schuldendienstdeckungsgrad im Sponsors Case praktisch durchgängig geringer ist als bei einer kürzeren tilgungsfreien Zeit. Dies korrespondiert mit einer verbesserten Belastbarkeit der kürzeren tilgungsfreien Zeit in einem Belastungsfall. Während die Belastbarkeit im Sponsors Case bei einem Einnahmenniveau von 80,0 % liegt, verbessert sie sich bei einer tilgungsfreien Zeit von 18 Monaten um 0,6 Prozentpunkte auf 79,4 %. Allerdings geht die Verbesserung der Belastbarkeit mit einem Rückgang der internen Rendite einher, und zwar von 17,43 % auf 14,93 %.

Der Grund für die unterschiedlichen Belastbarkeiten ergibt sich aus folgender Überlegung: Angenommen sei, man verzichte bei gegebener Gesamtlaufzeit des Darlehens auf eine tilgungsfreie Zeit. In diesem Fall ergeben sich einerseits insgesamt mehr Rückzahlungszeitpunkte, in denen das Darlehen zurückgezahlt werden kann, so dass sich die jeweiligen Tilgungsbeträge reduzieren und die ausgewiesenen Schuldendienstdeckungsrelationen erhöhen. Andererseits besteht in einem Belastungs-Szenario praktisch keine Möglichkeit mehr, die Schuldendienstreserve aus dem Cashflow des Projektes aufzubauen, so dass kein Risikopuffer vorhanden ist. Im umgekehrten Fall einer verhältnismäßig langen tilgungsfreien Zeit kann zwar auch in einem Belastungs-Szenario die Schuldendienstreserve aufgebaut werden, aber die Tilgungsbeträge steigen pro Rückzahlungstermin an, da relativ weniger Rückzahlungstermine zur Verfügung stehen. Aus Sicht der Fremdkapitalgeber ergibt sich damit eine Optimierungsaufgabe mit Blick auf die Ausgestaltung der tilgungsfreien Zeit, die jeweils projektspezifisch zu lösen ist. Die Sponsoren haben tendenziell ein Interesse daran, eine möglichst lange tilgungsfreie Zeit durchzusetzen, da sie ihnen ermöglicht, früher Ausschüttungen vorzunehmen, so dass sich ihre interne Rendite verbessert.

Tilgungsfreie Zeit – Erkenntnisse:

- Bereits leichte Veränderungen der tilgungsfreien Zeit haben deutliche Änderungen der internen Rendite zur Folge und noch größeren Einfluss auf die Belastbarkeit.
- Die Auswirkungen auf die Belastbarkeit fallen umso größer aus, je flacher der DSCR-Verlauf ist.
- Für die meisten Projekte ist eine tilgungsfreie Zeit von 18 Monaten eine erste gute Näherung; die allermeisten Vorhaben sollten mit einer tilgungsfreien Zeit zwischen 18 und 24 Monaten realisiert werden.

Die Dimensionierung der tilgungsfreien Zeit muss auch im Zusammenhang mit der Höhe und Dotierung der Schuldendienstreserve gesehen werden, wie wir im Folgenden darstellen werden.

4.7.5.3 Die Schuldendienstreserve

Ein Diskussionspunkt zwischen Banken und Projektgesellschaft ist die angemessene Höhe der Schuldendienstreserve. Wiederum seien die beiden Extrempositionen betrachtet: Würde auf die Schuldendienstreserve verzichtet, stünden bei Schwankungen des operativen Cashflows möglicherweise nicht genügend liquide Mittel zur Verfügung, um den Kapitaldienst zu bedienen. Um dies von vornherein zu vermeiden, würden die Banken ihre Belastbarkeitsprüfung rein auf Basis der operativen Cashflows auslegen, so dass sich c.p. eine höhere Eigenmittelausstattung und damit auch eine niedrigere interne Rendite ergäbe. Auf der anderen Seite ist es aber weder durchsetzbar noch notwendig, die Schuldendienstreserve übermäßig zu dimensionieren. Zum einen wirkt der Einbau einer Schuldendienstreserve in eine Finanzierungsstruktur als eine faktische Ausschüttungssperre, da sie aus dem Cashflow zwar nach dem Kapitaldienst dotiert wird, aber vor den Ausschüttungen. Daher wird die interne Rendite umso niedriger ausfallen, je mehr Liquidität in die Dotierung der Schuldendienstreserve umgeleitet wird, anstatt an die Sponsoren ausgeschüttet zu werden. Zum anderen muss der Cashflow des Vorhabens auch so strukturiert sein, dass realistischerweise der Zielwert der Schuldendienstreserve erreicht werden kann. Wenn unter einem Stress-Szenario das Projekt nicht in der Lage ist, einen bestimmten Zielwert der Schuldendienstreserve zu überschreiten, ist es auch aus Kapitalgebersicht nicht zielführend, auf diesem überhöhten Zielwert zu beharren.

In unserem Beispiel wird gegenüber dem Sponsors Case der Zielwert der Schuldendienstreserve von 0 % des Kapitaldienstes des Folgejahres auf 50 % angehoben. Damit wird während der tilgungsfreien Zeit Cashflow in die Dotierung der Schuldendienstreserve umgeleitet, so dass sich einerseits die Belastbarkeit des Vorhabens auf einen Wert von 24,1 % verbessert, andererseits aber die interne Rendite des Vorhabens von 17,43 % auf 15,93 % sinkt.

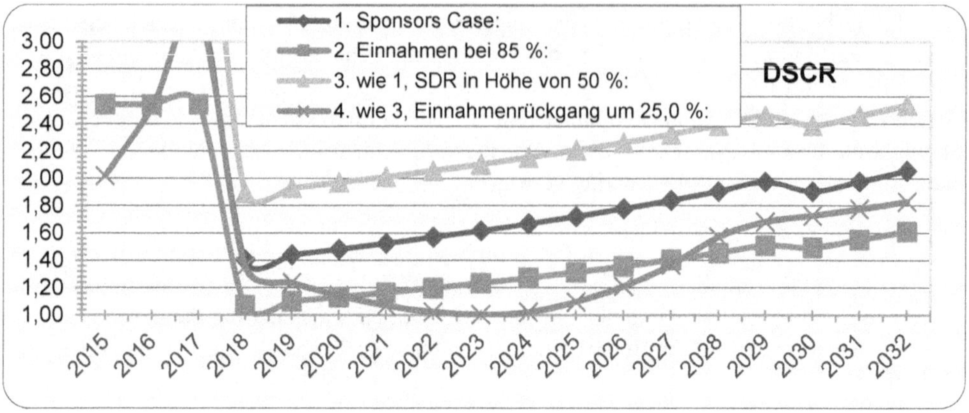

Abbildung 50: DSCR bei Veränderung der Höhe der Schuldendienstreserve

		Min. DSCR	Ø DSCR	IRR
1.	Sponsors Case	1,40	2,00	17,43 %
2.	Einnahmen bei 85 %	1,07	1,53	7,03 %
3.	wie 1, SDR in Höhe von 50%	1,89	2,51	15,93 %
4.	wie 3, Einnahmenrückgang um 25,0 %	1,00	1,48	- 0,34 %

Schuldendienstreserve – Erkenntnisse:

- Der Einbau einer Schuldendienstreserve führt regelmäßig zu einer erheblichen Verbesserung der Belastbarkeit, was wiederum Raum für Gestaltungen der Finanzierungsstruktur bei anderen Elementen lässt, wie etwa der Eigenkapitalausstattung. Dies setzt voraus, dass die Banken bei ihren Stress-Szenarien die Schuldendienstreserve mit berücksichtigen, was im Regelfall so ist.
- Eine Obergrenze der Ausstattung der Schuldendienstreserve wird dann erreicht, wenn in einem unterstellten Belastungsszenario die Schuldendienstreserve nicht mehr angespart werden kann. In diesem Fall entfaltet die Schuldendienstreserve keine Sicherungswirkung mehr für die Banken, verschlechtert aber die interne Rendite der Investoren.

Neben der Höhe der Schuldendienstreserve gibt es weitere Gestaltungselemente, die bei der Ausgestaltung der Schuldendienstreserve eine Rolle spielen, die aber nur skizziert werden sollen: In unserem Fallbeispiel wird die Schuldendienstreserve aus dem Cashflow des Vorhabens aufgebaut. Alternativ ist denkbar, dass diese von Anfang an als zusätzliche Kreditlinie durch die finanzierenden Banken zur Verfügung gestellt wird. Aus Sicht der Sponsoren ergibt sich der Vorteil, dass für die Verfügbarkeit dieser Kreditlinie lediglich eine Bereitstellungsprovision anfällt und Ausschüttungen früher möglich sind. Da die Kreditgeber das Vorhaben vorrangig unter einem Belastungsszenario bewerten, werden sie nur dann bereit sein, eine derartige Fazilität zur Verfügung zu stellen, wenn das Vorhaben eine Verschuldungskapazität hat, die die Inanspruchnahme und planmäßige Rückführung dieser Linie mit abdeckt. Regelmäßig kommt diese Variante daher dann in Frage, wenn die Überdeckungsrelationen des Vorhabens besonders gut sind. Eine Variante dieser Fazilität besteht darin, dass eine dritte Partei sich verbürgt, etwaige operative Cashflow-Defizite aufzufangen. In jedem Fall ist die Entscheidung, ob eine der vorgenannten Varianten gewählt wird, auch aus Sicht der Sponsoren ein Rechenexempel, bei dem Bereitstellungsprovisionen und etwaige Zinszahlungen mit dem Vorteil früherer Ausschüttungen verglichen werden müssen.

Die relevanten Kennziffern verändern sich bei Einbau einer SDR-Fazilität wie folgt:

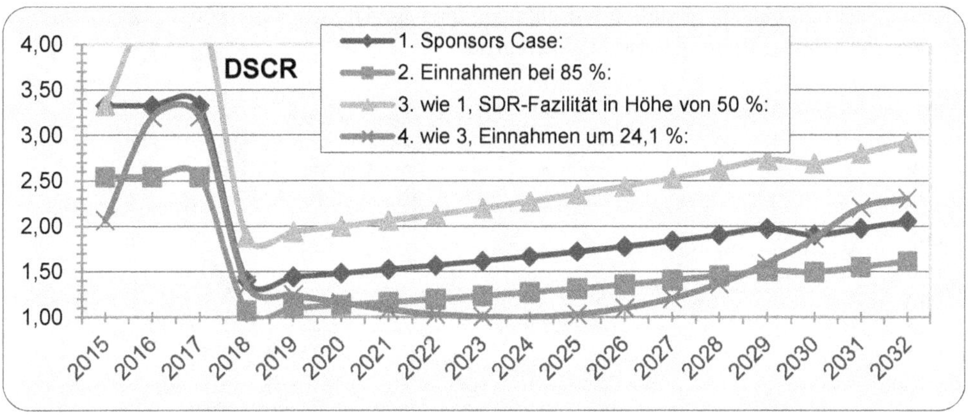

Abbildung 51: DSCR-Werte bei Einbau einer SDR-Fazilität

		Min. DSCR	Ø DSCR	IRR
1.	Sponsors Case	1,40	2,00	17,43 %
2.	Einnahmen bei 85 %	1,07	1,53	7,03 %
3.	wie 1, SDR-Fazilität in Höhe von 50%	1,88	2,62	17,22 %
4.	wie 3, Einnahmen um 24,1 %	1,00	1,51	- 0,37 %

Bei Einführung einer SDR-Fazilität ergeben sich zwei Effekte: Einerseits – und das ist analog zum Aufbau einer Schuldendienstreserve aus dem Cashflow – verbessert sich die Belastbarkeit wesentlich auf einen Wert von 24,1 %. Die Sicherungswirkung einer SDR-Fazilität entspricht damit der eines Schuldendienstreservekontos, das aus dem Cashflow aufgebaut worden ist. Im Einzelfall können sich leichte Unterschiede ergeben, die abhängig davon sind, wann die Schuldendienstreserve in Anspruch genommen wird, doch die Aussage bleibt in ihrem Grundsatz auch dann bestehen. Interessant ist die Bewertung einer SDR-Fazilität aus Sicht eines Investors: Im Vergleich zum Basisfall verringert sich seine interne Verzinsung nur aufgrund der Zahlung einer Bereitstellungsprovision nur geringfügig. Im Belastungsfall entspricht seine Verlustsituation in etwa der bei der Ansparung der DSRA aus dem Cashflow. Wenn der Investor also davon ausgeht, dass sein Vorhaben zumindest annähernd auf dem erwarteten Niveau performt, wird er regelmäßig die Stellung einer SDR-Fazilität bevorzugen.

Die Beispiele zeigen, dass die angesprochenen Veränderungen einzelner Finanzierungsparameter hinsichtlich der Verwendung der Cashflows in einem Konkurrenzverhältnis stehen. Zwar verbessert sich durch einzelne Maßnahmen die Belastbarkeit aus Sicht der Fremdkapitalgeber, andererseits verschlechtert sich die interne Rendite der Sponsoren. In der Diskussion der beiden Kapitalgebergruppen wird jeweils neu auszutarieren sein, wie sich die endgültige Finanzierungsstruktur darstellt.

4.7.5.4 Tilgungsstruktur

Bisher hatten wir eine lineare Tilgung unterstellt, dass heißt, die Tilgungsbeträge sind pro Jahr gleich groß. Nunmehr unterstellen wir eine anuitätische Tilgung – hierbei ist die Summe aus Zinsen und Tilgung in jeder Periode gleich groß.

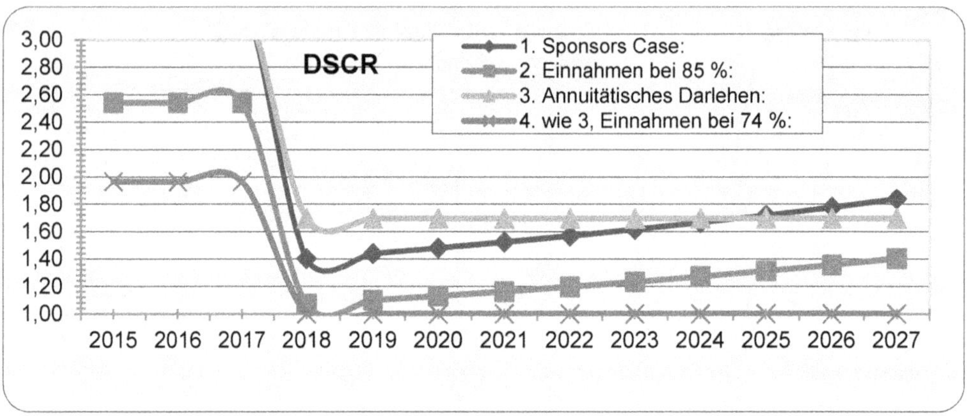

Abbildung 52: DSCR-Werte bei unterschiedlichen Tilgungsstrukturen

		Min. DSCR	Ø DSCR	IRR
1.	Sponsors Case	1,40	2,00	17,43 %
2.	Einnahmen bei 85 %	1,07	1,53	7,03 %
3.	Annuitätisches Darlehen	1,70	2,07	18,50 %
4.	wie 3, Einnahmen bei 74 %	1,00	1,22	-2,29 %

4.7.5.5 Kompromiss-Modell

Nach einem Verhandlungsprozess zwischen Sponsoren und Banken könnte eine geänderte Finanzierungsstruktur wie folgt aussehen:

- Zielwert der Schuldendienstreserve bei 50 % des Kapitaldienstes des Folgejahres,
- Schuldendienstreserve wird in Form einer Stand-By-Fazilität dargestellt,
- Tilgungsfreie Zeit läuft aus am 01.07.2016 (eineinhalb Jahre tilgungsfrei),
- Laufzeit der Darlehen bei 18 Jahren und
- Erhöhung des *Term Loans* um 90 M€ auf insgesamt 1.065 M€.

Unter diesen Rahmendaten verändern sich die Eckdaten zur Kapitaldienstfähigkeit gemäß Abbildung 53:

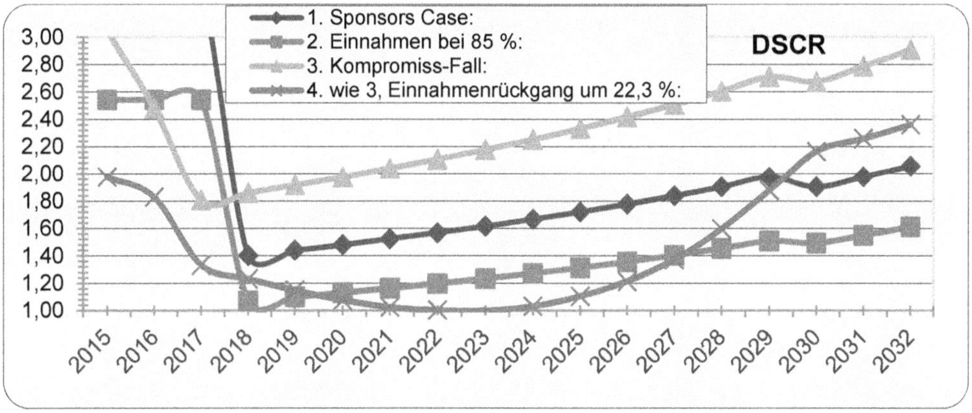

Abbildung 53: DSCR-Werte nach Verhandlungsprozess

		Min. DSCR	Ø DSCR	IRR
1.	Sponsors Case	1,40	2,00	17,43 %
2.	Einnahmen bei 85 %	1,07	1,53	7,03 %
3.	Kompromiss-Fall	1,81	2,22	18,31 %
4.	wie 3, Einnahmenrückgang um 22,3 %	1,00	1,26	1,14 %

Die Belastbarkeit des Vorhabens verbessert sich von ursprünglich 20,0 % auf 22,3 %, die interne Rendite verbessert sich im Basisfall von 17,43 % auf 18,31 %. Wichtig ist, dass die Änderungen an der Finanzierungsstruktur es der Bank überhaupt ermöglichen, das Vorhaben zu finanzieren. Eine Laufzeit von 19 Jahren, wie sie von den Sponsoren vorgeschlagen worden war, wäre jedenfalls für die Bank außerhalb ihrer akzeptierten internen Risikoanforderungen.

Literatur

Systemaufbau eines künftigen Stromsystems (Kapitel 1.2)

Bartosch, Ulrich; Hennicke, Peter; Weiger, Hubert (Hrsg.): Gemeinschaftsprojekt Energiewende. Der Fahrplan zum Erfolg, oekom Verlag, München 2014

BET/ IZES/ SUER (2013): Vertriebe als Integrationsakteure für die Erneuerbaren Energien, Aachen, Saarbrücken, Würzburg, Dezember 2013 (noch unveröffentlicht)

Breyer, C. (2013): „Braucht die PV das EEG?"; Vortrag im Rahmen des Energiekongresses des IZES, Saarbrücken, 13.3.2013

CEER (Council of European Energy Regulators): CEER Benchmarking Report 5.1 on the Continuity of Electricity Supply. Data update. Ref: C13-EQS-57-03. Revised version: 11 February 2014, Brussels, Februar 2014

Cramton, P. / Stoft, S. (2006): The Convergence of Market Designs for Adequate Generating Capacity, White Paper for the Electricity Oversight Board, Hrsg.: Massachusetts Institute of Technology (MIT), Cambridge, (Mass.) 2006

DLR et al. (2011): Vorbereitung und Begleitung der Erstellung des Erfahrungsberichtes 2011 gemäß § 65 EEG im Auftrag des Bundesministeriums für Umwelt, Naturschutz und Reaktorsicherheit. Vorhaben V: Integration der Stromerzeugung aus Erneuerbaren Energien und konventionellen Energieträgern. Endbericht (2011), S. 24

DLR et al. (2012): Langfristszenarien und Strategien für den Ausbau der erneuerbaren Energien in Deutschland bei Berücksichtigung der Entwicklung in Europa und global, Studie im Auftrag des Bundesministeriums für Umwelt, Natur und Reaktorsicherheit, Berlin

DLR, ZIRN, Thomas Kast Simulation Solutions, IZES: Analyse von Rahmenbedingungen für die Integration erneuerbarer Energien in die Strommärkte auf der Basis agentenbasierter Simulation. Abschlussbericht, Stuttgart, Vilshofen und Saarbrücken, Februar 2011 (zitiert als: DLR et al. 2011)

European Commission (2014): EU Energy, Transport and GHG Emissions. Trends to 2050-Reference Scenario 2013, Luxembourg, 2014

Fraunhofer ISE (2012): 100 % Erneuerbare Energien für Strom und Wärme in Deutschland, Freiburg, November 2012

FVEE (2010): Eine Vision für ein nachhaltiges Energiekonzept auf Basis von Energieeffizienz und 100 % erneuerbare Energien, Juni 2010

Grashof, K. (2013): Stromsystem-Design: Das EEG 2.0 und Eckpfeiler eines zukünftigen Regenerativwirtschaftsgesetzes. Anlage C) zum Endbericht. Herausforderungen bei Ausschreibungsverfahren für Onshore-Windenergie und PV, Oktober 2013

Grashof, K./ Weber, A. (2013): Herausforderungen durch die Direktvermarktung von Strom aus Wind Onshore und Photovoltaik, Dezember 2013

Hauser, Eva: 2013: Leitideen für ein Design eines Stromsystems mit einem hohen Anteil fluktuierender Erneuerbarer Erzeugung; in: Energierecht, Nr. 3/13, S. 102 - 108

Hauser, E. (2013b): Ausgleich der fluktuierenden Erzeugung – neue Akteure, Prozesse und zeitliche Dimensionen, Vortrag im Rahmen des 2. Saarbrücker Energiekongress am 13.3.2013, unter http://www.izes.de/cms/upload/pdf/EnergieKongress2013_Hauser_Ausgleich_der_fluktuierenden_Erzeugung.pdf (Abruf am 21.06.2014)

Hauser, E/ Gerhardt, N. (2014): Systemdienlicher Einsatz von FEE-Stromüberschüssen in thermischen Anwendungen – eine Forschungsfrage mit politischer Relevanz, in: FVEE-Themen. Forschung für nachhaltiges Strom-Wärme-System. Beiträge zur FVEE-Jahrestagung 2013, Berlin, März 2014

Hauser, E. /Zipp, A.(2013): Herausforderungen bei der Allokation von Strom aus fluktuierenden erneuerbaren Energien: Probleme und mögliche Lösungskonzepte, in: DIW: Vierteljahreshefte zur Wirtschaftsforschung 3/2013: Energiewende in Deutschland – Chancen und Herausforderungen, Berlin 2013

IZES (2011): Systemintegration von Erneuerbaren Energien durch Nutzung von Marktmechanismen im Stromsektor, Abschlussbericht, Saarbrücken 2011

IZES (2012): Kompassstudie. Leitideen für ein Design eines Stromsystems mit hohem Anteil fluktuierender Erneuerbarer Energien, unter http://www.bee-ev.de/_downloads/publikationen/studien/2012/1212_BEE-GPE-IZES-Kompassstudie-Marktdesign.pdf

IZES/ Prof. Bofinger/ BET (2013): Stromsystem-Design: Das EEG 2.0 und Eckpfeiler eines zukünftigen Regenerativwirtschaftsgesetzes, Saarbrücken, Würzburg, Aachen, Oktober 2013

IZES (2014a): Bewertung von Ausschreibungsverfahren als Finanzierungsmodell für Anlagen erneuerbarer Energienutzung, Saarbrücken, Mai 2014

IZES 2014b: Ausschreibungsmodelle für Wind Onshore: Erfahrungen im Ausland, Saarbrücken, Juni 2014 (noch unveröffentlicht)

IZES (2014c): Beitrag der Bioenergie zur Energiewende, Saarbrücken, März 2014

Joskow, P. (2006), Competitive Electricity Markets and Investment in New Generation Capacity, CEEPR Working Paper 06-009, Hrsg.: Massachusetts Institute of Technology (MIT), Cambridge, (Mass.) 2006

Krewitt. W/ Schlomann, B.(2006): Externe Kosten der Stromerzeugung aus erneuerbaren Energien im Vergleich zur Stromerzeugung aus fossilen Energieträgern, S. 21ff. unter http://www.bmu.de/fileadmin/bmu-import/files/erneuerbare_energien-/downloads/application/pdf-/ee_kosten_stromerzeugung.pdf

Leprich, U. (2014): Auf dem Weg zu einem ganzheitlichen und zukunftsfähigen Strommarktdesign. Vortrag auf den Berliner Energietagen, Berlin, 19.5.2015

Leprich, U/ Hauser, E. (2012): Vertriebe zu Akteuren aufwerten. In: Zeitung für kommunale Wirtschaft, Ausgabe 8/2012, S. 9

Leprich, U./ Klann, U. (2014): Finanzierungsmodelle für Erneuerbare Energien, in: Windenergie Report 2013. Fraunhofer Verlag. Stuttgart, S. 73-79

Reiche, D. (2005): Geschichte der Energie, in Reiche, D. (Hrsg.): Grundlagen der Energiepolitik. Frankfurt am Main, 2005

Stern, N. (2006): Stern Review: The Economics of Climate Change, London 2006

Sterner, M. (2012): Netzausbau vs. Speicher vs. Energiemanagement? Ergebnisse der BMU Langfristszenarien 2011 und anderer Studien, Vortrag im Rahmen der BMU Plattform EE, AG Interaktion, 1. Sitzung in Berlin am 12.07.2012, Berlin 2012

Zipp, A./ Lukits, B. (2014): Erlösperspektiven der Photovoltaik in Deutschland – Einflussmöglichkeiten durch Variation der Anlagenausrichtung, unter http://portal.tugraz.at/portal/page/portal/Files/i4340/eninnov2014/files/lf/LF_Zipp.pdf, Abruf am 19.6.2014

Finanzierung von Stromleitungsnetzen (Kapitel 2)

Böttcher, Jörg: Finanzierung von Erneuerbare-Energien-Vorhaben, München und Wien 2009, Oldenbourg Verlag

Böttcher, Jörg: Möglichkeiten einer Projektfinanzierung von CSP-Vorhaben, Frankfurt 2012, Peter Lang-Verlag

Böttcher, Jörg; Blattner, Peter: Projektfinanzierung, 3. Auflage, München und Wien 2013, Oldenbourg Verlag

Böttcher, Jörg (Hrsg.): Handbuch Windenergie, München und Wien 2012 [J. Böttcher 2012a], Oldenbourg-Verlag

Böttcher, Jörg (Hrsg.): Management von Biogas-Projekten, New York und Heidelberg 2013 [J. Böttcher 2013a], Springer-Verlag

Böttcher, Jörg (Hrsg.): Handbuch Offshore-Windenergie, München und Wien 2013 [J. Böttcher 2013b], Oldenbourg-Verlag

Böttcher, Jörg (Hrsg.): Solarvorhaben, München und Wien 2012 [J. Böttcher 2012d], Oldenbourg-Verlag

Buljevich, Esteban C.; Park, Yoon S.: Project Financing and the International Financial Markets, Boston, Dordrecht, London 1999

Bundesministerium für Umwelt, Naturschutz und Reaktorsicherheit (Hrsg.): Erneuerbare Energien – Innovationen für eine nachhaltige Energiezukunft, 2009, http://www. erneuerbare-energien.de/files/pdfs/application/pdf/ee_innovationen_energiezukunft_bf.pdf, Zugriff: 25.05.2010 [BMU 2010]

Esty, Benjamin C.: Modern Project Finance, Boston 2004

Finnerty, John D.: Project Finance, New Jersey 2007

Haukje, Thomas; Kottke, Thomas: Versicherbarkeit und Versicherungslösungen bei Offshore-Projekten, Düsseldorf 2010

International Energy Agency (IEA): Ensuring Green Growth in a Time of Economic Crisis: The Role of Energy Technology, Paris 2009 [IEA 2009a]

International Energy Agency (IEA): World Energy Outlook, Paris 2009 [IEA 2009b]

Nevitt, Peter K.; Fabozzi, Frank J.: Project Financing, Seventh Edition, London 2000

Stern, Nicholas: The Economics of Climate Change: The Stern Review, Cambridge 2007

Tinsley, Richard: Advanced Project Financing – Structuring Risk, London 2000

Vinter, Graham D.: Project Finance, 3rd edition, London 2006

Energiemarktregulierung und ihre Intsrumente (Kapitel 3.1)

Bartsch, Michael; Röhling, Andreas; Salje, Peter; Scholz, Ulrich (Hrsg.): Stromwirtschaft, 2. Auflage Köln 2008 (zitiert: Bearbeiter, in: Stromwirtschaft)

Baur, Jürgen F.; Salje, Peter; Schmidt-Preuß, Matthias (Hrsg.): Regulierung in der Energiewirtschaft, Köln 2011 (zitiert: Bearbeiter, in: Baur/Salje/Schmidt-Preuß)

Bork, Reinhard: Über die Billigkeitsprüfung nach § 315 BGB bei Preisabsprachen über die Stromnetznutzung, JZ 2006, S. 682

Britz, Gabriele; Hellermann, Johannes; Hermes, Georg (Hrsg.): Energiewirtschaftsgesetz, 2. Auflage München 2010 (zitiert: Bearbeiter, in: Britz/Hellermann/Hermes)

Büdenbender, Ulrich: Verbändevereinbarungen im Energierecht, Köln/Berlin/Bonn 2003

Immenga, Ulrich; Mestmäcker, Ernst-Joachim (Hrsg.): Wettbewerbsrecht, Band 2, GWB, 4. Auflage München 2007 (zitiert: Bearbeiter, in: Immenga/Mestmäcker)

Kopp, Ferdinand; Ramsauer, Ulrich: Verwaltungsverfahrensgesetz, 14. Auflage München 2013

Kühne, Gunther: Gerichtliche Entgeltkontrolle im Energierecht, NJW 2006, S. 654

ders.: Das Konzept der Anreizregulierung und das Konzept einer sicheren Energieversorgung, in: Bayer, Walter (Hrsg.): Anreizregulierung in der Bewährung: Notwendige Investitionen in die Netzinfrastruktur?, Jena 2011

Ludwigs, Markus: Regulierungsermessen: Spielräume gerichtlich eingeschränkter Kontrolle im Regulierungsrecht, RdE 2012, S. 297

Martinek, Michael; Semler, Franz-Jörg; Habermeier, Stefan; Flohr, Eckhard (Hrsg.): Handbuch des Vertriebsrechts, 3. Auflage München 2010 (zitiert: Bearbeiter, in: Handbuch des Vertriebsrechts)

May, Rüdiger: Kooperative Gesetzeskonkretisierung am Beispiel der Verbändevereinbarung Strom, Baden-Baden 2004

Meinzenbach, Jörg: Die Anreizregulierung als Instrument zur Regulierung von Netznutzungsentgelten im neuen EnWG, Baden-Baden 2008

Säcker, Franz Jürgen (Hrsg.): Berliner Kommentar zum Energierecht, 1. Auflage München 2004 (zitiert: Bearbeiter, in: Berliner Kommentar zum Energierecht 2004)

ders.: Berliner Kommentar zum Energierecht, 3. Auflage München 2014 (zitiert: Bearbeiter, in: Berliner Kommentar zum Energierecht 2014)

ders.: Zum Verhältnis von § 315 BGB zu §§ 19 GWB, 29 RegE GWB - Konsequenzen aus den Entscheidungen des Achten Senats des Bundesgerichtshofes vom 28.3 und 13.6.2007, ZNER 2007, S. 114

Scholtka, Boris: Das neue Energiewirtschaftsgesetz, NJW 2005, S. 2421

Schröder, Stefan: Die rechtlichen Rahmenbedingungen der Qualitätsregulierung in der Anreizregulierung der Energieversorgungsnetze, KSzW 2011, Heft 3, S. 315

Schütte, Christian: Gerichtliche Kontrolldichte im Energieregulierungsrecht, ER 2012, S. 108

Seeger, Bernhard Johannes: Die Durchleitung elektrischer Energie nach neuem Recht, Köln 2001

Westermann, Ralf; Krämer, Michael: Die Qualitätsregulierung im Strombereich aus der Perspektive großstädtischer Verteilnetzbetreiber, Energiewirtschaftliche Tagesfragen 2011, Heft 4, S. 16

Wolf, Thomas: Anmerkung zum Urteil des BGH vom 30.03.2011 (KZR 69/10) - Zu zivilrechtlichen Rückforderungsansprüchen wegen angeblich überhöhter Netznutzungsentgelte, RdE 2011, S. 261

EU-rechtliche Vorgaben für die Planung, Genehmigung und Finanzierung von Stromnetzen – Anerkennung, Privilegierung und Rechtsschutz unter dem Regime von TEN-E und CEF (Kapitel 3.3)

Armbrecht, Stefanie: Infrastrukturplanung auf europäischer Ebene - Entwurf einer Verordnung zu Leitlinien für die transeuropäische Energieinfrastruktur, DVBl. 2013, S. 479 ff.

Büdenbender, Ulrich: Die Bedeutung der Preismissbrauchskontrolle nach § 315 BGB in der Energiewirtschaft, NJW 2007, S. 2945 ff.

Calliess, Christian/Ruffert, Matthias (Hrsg.): EUV/AEUV, 4. Aufl. 2011

Danner,Wolfgang/Theobald, Christian (Hrsg.): Energierecht, 79. Erg.-lfg. 2013

De Witt, Siegfried/Scheuten, Frank-Jochen (Hrsg.): NABEG, Kommentar, 2013

Dietrich, Sascha/Steinbach, Armin: (Kein) Änderungsbedarf im Energie- und Netzausbaurecht aufgrund der neuen TEN-E-Verordnung?, DVBl. 2014, S. 488 ff.

Faßbender, Kurt/Gläß, Anne-Christin: Planrechtfertigung und Planungsleitsätze, in: Posser, Herbert/Faßbender, Kurt (Hrsg.): Praxishandbuch Netzplanung und Netzausbau, 2013, Kap. 10.

Fischerauer, Sven: Die Verordnung zu Leitlinien für die transeuropäische Energieinfrastruktur, EnWZ 2013, S. 56 ff.

Giesberts, Ludger/Tiedge, Andreas: Die Verordnung zu Leitlinien für die transeuropäische Energieinfrastruktur, NVwZ 2013, S. 836 ff.

Giesberts, Ludger/Tiedge, Andreas: Vorhaben von gemeinsamem Interesse nach der TEN-E-Verordnung: Anforderungen, Verfahren, Rechtsschutz, EurUP 2013, S. 166 ff.

Grabitz, Eberhard/Hilf, Meinhard/Nettesheim, Martin (Hrsg.): Das Recht der Europäischen Union, 52. Erg.-lfg. 2014

Gundel, Jörg: Europäisches Energieverwaltungsrecht, in: Terhechte (Hrsg.): Verwaltungsrecht der Europäischen Union, 2011, § 23

Jauernig, Othmar: BGB, 15. Aufl. 2014

Korte, Klaus/Gawel, Erik: Anreizregulierung und Energiewende – eine Mesalliance?, IR 2013, S. 250 ff.

Leidinger Tobias: Bedarfsplanung, in: Posser, Herbert/Faßbender, Kurt (Hrsg.): Praxishandbuch Netzplanung und Stromausbau, 2013, Kap. 3

Linsmeier, Petra: Anmerkung zu BGH, Urt. v. 15.5.2012 – EnZR 105/10, NJW 2012, S. 3095

Linßen, Ronja Maria/Aubel, Claudia: (Noch) schnellerer Netzausbau durch die neue TEN-E-VO?, DVBl. 2013, S. 965 ff.

Nettesheim, Martin: Transeuropäische Energieinfrastruktur und EU-Binnenmarkt – Die Neuregelung der TEN-E, in: Giegerich, Thomas (Hrsg.), Herausforderungen und Perspektiven der EU, 2012, S. 77 ff.

Pechstein, Matthias: EU-Prozessrecht, 4. Aufl. 2011

Petzold, Hans Arno: Was sind "Rechtsakte mit Verordnungscharakter" (Art. 263 Abs. 4 AEUV)? - Zur Entscheidung des EuG in der Rechtssache Inuit, EuR 2012, S. 443 ff.

Säcker, Franz Jürgen (Hrsg.): Energierecht, 3. Aufl. 2014

Schadtle, Kai: Neue Leitungen braucht das Land – und Europa!, ZNER 2013, S. 126 ff.

Schmitz, Holger/Jornitz, Philipp: Regulierung des deutschen und des europäischen Energienetzes: Der Bundesgesetzgeber setzt Maßstäbe für den kontinentalen Netzausbau, NVwZ 2012, S. 332 ff.

Schoch, Friedrich/Schneider, Jens-Peter/Bier, Wolfgang (Hrsg.): VwGO, Kommentar, 25. Erg.-lfg. 2013

Schwarze, Jürgen/Becker, Ulrich/Hatje, Armin/Schoo, Johann (Hrsg.): EU-Kommentar, 3. Aufl. 2012

Strobel, Tobias: Die Verordnung zu Leitlinien für die transeuropäische Energieinfrastruktur: Primärrechtliche Einordnung und genehmigungsrechtliche Implikationen, ZEuS 2013, S. 167 ff.

Thiele, Alexander: Europäisches Prozessrecht, 2007

Entflechtungsregelungen (Kapitel 3.5)

Bourwieg, Karsten; Miller, Dennis, Gesellschaftsrechtliche Hindernisse auf dem Weg zu einer effektiven Entflechtung - zur Vereinbarkeit von GmbH-Aufsichtsräten mit §§ 8, 9 EnWG, RdE 2008, S. 230-236 (zitiert als *Bourwieg/Miller*, RdE 2008, 230)

Büdenbender, Ulrich; Rosin, Peter, Eckpunkte der Energierechtsreform 2011, RdE 2010, S. 197-232 (zitiert als *Büdenbender/Rosin*, RdE 2010, 197)

Bundesnetzagentur, Zertifizierungsverfahren, Hinweispapier zur Antragstellung, BK6-11-157 und BK7-11-157, 12. Dezember 2011 (zitiert als BNetzA, Hinweispapier 2011)

Bundesnetzagentur, Monitoringbericht 2011, Monitoringbericht gemäß § 63 Abs. 4 EnWG i.V.m. § 35 EnWG, (zitiert als BNetzA, Monitoringbericht 2011)

Bundesnetzagentur und Bundeskartellamt, Monitoringbericht 2012, Monitoringbericht gemäß § 63 Abs. 3 i.V.m. § 35 EnWG und § 48 Abs. 3 i.V.m. § 53 Abs. 3 GWB, 3. Aufl., Stand: 5. Februar 2013 (zitiert als BNetzA/BKartA, Monitoringbericht 2012)

Bundesnetzagentur und Bundeskartellamt, Monitoringbericht 2013, Monitoringbericht gemäß § 63 Abs. 3 i.V.m. § 35 EnWG und § 48 Abs. 3 i. V. m. § 53 Abs. 3 GWB, Stand: Dezember 2013 (zitiert als BNetzA/BKartA, Monitoringbericht 2013)

Busse von Colbe, Walther, in: Berliner Kommentar zum Energierecht, Säcker (Hrsg.), Band 1 (Halbband 1), 3. Aufl., Frankfurt am Main, 2014 (zitiert als BerlKommEnR/*Busse von Colbe,* EnWG)

Commission Staff Working Paper, Interpretative Note on Directive 2009/72/EC Concerning Common Rules for the Internal Market in Electricity and Directive 2009/73/EC Concerning

Common Rules for the Internal Market in Natural Gas, The Unbundling Regime, 22 January 2010 (zitiert als Commission Staff Working Paper, The Unbundling Regime 2010)

Commission Staff Working Paper on certification of Transmission System Operators of networks for electricity and natural gas in the European Union, SEC(2011) 1095 final, 21 September 2011 (zitiert als Commission Staff Working Paper, Certification 2011)

Commission Staff Working Document, Ownership Unbundling, The Commission's Practice in Assessing the Presence of a Conflict of Interest Including in Case of Financial Investors, SWD(2013) 117 final, 8 May 2013 (zitiert als Commission Staff Working Document, Ownership Unbundling 2013)

Eder, Jost, in: Danner/Theobald, Energierecht, 53. Ergänzungslieferung, München, 2006 (zitiert als *Eder* in: Danner/Theobald, EnWG)

Gemeinsame Auslegungsgrundsätze der Regulierungsbehörden des Bundes und der Länder zu den Entflechtungsbestimmungen in §§ 6-10 EnWG, 1. März 2006 (zitiert als Gemeinsame Auslegungsgrundsätze der Regulierungsbehörden zu den Entflechtungsbestimmungen 2006)

Gemeinsame Richtlinie der Regulierungsbehörden des Bundes und der Länder zur Umsetzung der informatorischen Entflechtung nach § 9 EnWG, BNetzA, 13. Juni 2007 (zitiert als Gemeinsame Richtlinie der Regulierungsbehörden zur Umsetzung der informatorischen Entflechtung 2007)

Gemeinsame Auslegungsgrundsätze III der Regulierungsbehörden des Bundes und der Länder zu den Anforderungen an die Markenpolitik und das Kommunikationsverhalten bei Verteilernetzbetreibern (§ 7a Abs. 6 EnWG), 16. Juli 2012 (zitiert als Gemeinsame Auslegungsgrundsätze III der Regulierungsbehörden zu den Anforderungen an die Markenpolitik 2012)

Gundel, Jörg; Germelmann, Claas Friedrich, Kein Schlussstein für die Liberalisierung der Energiemärkte: Das Dritte Binnenmarktpaket, EuZW 2009, S. 763-770 (zitiert als *Gundel/Germelmann*, EuZW 2009, 763)

Hampel, Christian, Energieregulierung – Neues aus Gesetzgebung und (Behörden-)Praxis – III/2003, RdE 2013, 291-295 (zitiert als *Hampel*, RdE 2013, 291)

Hampel, Christian, Energieregulierung – Neues aus Gesetzgebung und Praxis – I/2014, RdE 2014, 48-51 (zitiert als *Hampel*, RdE 2014, 48)

Harjes, Katrin, in: Berliner Kommentar zum Energierecht, Säcker (Hrsg.), Band 1 (Halbband 1), 3. Aufl., Frankfurt am Main, 2014 (zitiert als BerlKommEnR/*Harjes*, EnWG)

Heitling, Tim; Wiegemann, Ann-Christin, Fallstrick für Finanzinvestoren? Die eigentumsrechtliche Entflechtung von Transportnetzbetreibern nach dem neuen EnWG, N&R 2011, S. 233-241 (zitiert als *Heitling/Wiegemann*, N&R 2011, 233)

Hölscher, Frank, in: Britz/Hellermann/Hermes, Energiewirtschaftsgesetz, Kommentar, 2. Aufl., München, 2010 (zitiert als *Hölscher* in: Britz/Hellermann/Hermes, EnWG)

IDW Stellungnahme zur Rechnungslegung: Rechnungslegung nach § 6b Energiewirtschaftsgesetz, IDW RS ÖFA 2, Stand: 3. September 2013 (zitiert als IDW RS ÖFA 2 zu § 6b EnWG)

Cord, Matthias; Hannes, Berthold; Hartmann, Bernhard; Kellerhoff, Jens; Weber-Rey, Daniela, Konsequenzen der Unbundling-Vorgaben für die deutsche Energiewirtschaft – Skizze möglicher Umsetzungsmodelle und Hypothesen zum Marktauftritt, ZfE 2003, S. 251-259 (zitiert als *Kellerhoff/Weber-Rey u.a.*, ZfE 2003, 251)

Koenig, Christian; Kühling, Jürgen; Rasbach, Winfried, Das energierechtliche Unbundling-Regime, RdE 2003, S. 221-229 (zitiert als *Koenig/Kühling/Rasbach*, RdE 2003, 221)

Koenig, Christian; Schellberg, Margret; Spiekermann, Kristin, Energierechtliche Entflechtungsvorgaben versus gesellschaftsrechtliche Kontrollkompetenzen? Regelungskonflikte am Beispiel der Tätigkeiten von Aufsichtsräten in vertikal integrierten Energieversorgungsunternehmen, RdE 2007, S. 72-76 (zitiert als *Koenig/Schellberg/Spiekermann*, RdE 2007, 72)

Konkretisierung der gemeinsamen Auslegungsgrundsätze der Regulierungsbehörden des Bundes und der Länder zu den Entflechtungsbestimmungen in §§ 6-10 EnWG, 21. Oktober 2008 (zitiert als Konkretisierung der gemeinsamen Auslegungsgrundsätze der Regulierungsbehörden zu den Entflechtungsbestimmungen 2008)

Kühling, Jürgen; Rasbach, Winfried, Kernpunkte des novellierten EnWG 2011 – Regulierungsausbau im Zeichen der „Energiewende", RdE 2011, S. 332-337 (zitiert als *Kühling/Rasbach*, RdE 2011, 332)

Kühling, Jürgen; Pisal, Ruben, Die Umsetzung der EU-Entflechtungsvorgaben im EnWG 2011, ET 1,2/2012, S. 127-134 (zitiert als *Kühling/Pisal*, ET 1,2/2012, 127)

Michaelis, Lars Oliver; Kemper, Sebastian, Die Umsetzung des sog. ITO-Models des 3. EU-Energiepaketes in Deutschland und Frankreich, RdE 2012, S. 10-19 (zitiert als *Michaelis/Kemper*, RdE 2012, 10)

Möschel, Wernhard, Entflechtung von Energieversorgungsunternehmen? Zum Vorschlag des Bundeswirtschaftsministeriums, ZNER 2011, S. 101-105 (zitiert als *Möschel*, ZNER 2011, 101)

Note of DG Energy & Transport on Directives 2003/54/EC and 2003/55/EC on the Internal Market in Electricity and Natural Gas, The Unbundling Regime, 16 January 2004 (zitiert als Note DG Energy, The Unbundling Regime 2004)

Säcker, Franz Jürgen, Entflechtung von Netzgeschäft und Vertrieb bei den Energieversorgungsunternehmen: Gesellschaftsrechtliche Möglichkeiten zur Umsetzung des sog. Legal Unbundling, DB 2004, S. 691-695 (zitiert als *Säcker*, DB 2004, 691)

Säcker, Franz Jürgen, Aktuelle Rechtsfragen des Unbundling in der Energiewirtschaft, RdE 2005, S. 85-93 (zitiert als *Säcker*, RdE 2005, 85)

Säcker, Franz Jürgen, Die Zusammensetzung des Aufsichtsratsorgans beim Independent Transmission Operator (ITO), ET 11/2009, S. 80-81 (*Säcker*, ET 11/2009, 80)

Säcker, Franz Jürgen; Mohr, Jochen, Die Entflechtung der Transportnetzbetreiber durch das Modell des „Independent Transmission Operator" (ITO), N&R 2012, Beilage 2, S. 1-16 (zitiert als *Säcker/Mohr*, N&R 2/2012, 1)

Säcker, Franz Jürgen; Mohr, Jochen, in: Berliner Kommentar zum Energierecht, Säcker (Hrsg.), Band 1 (Halbband 1), 3. Aufl., Frankfurt am Main, 2014 (zitiert als BerlKommEnR/*Säcker/Mohr*, EnWG)

Säcker, Franz Jürgen; Schönborn, Ansgar, in: Berliner Kommentar zum Energierecht, Säcker (Hrsg.), Band 1 (Halbband 1), 3. Aufl., Frankfurt am Main, 2014 (zitiert als BerlKommEnR/*Säcker/Schönborn*, EnWG)

Salje, Peter: Energiewirtschaftsgesetz, Kommentar, 1. Aufl., Köln/Berlin/München, 2006 (zitiert als *Salje*, EnWG)

Schellberg, Margret; Böhme, Markus, Das novellierte Energiewirtschaftsgesetz - die wichtigsten Änderungen, ET 12/2011, S. 93-98 (zitiert als *Schellberg/Böhme*, ET 12/2011, 93)

Schmidt-Preuß, Matthias, OU – ISO – ITO: Die Unbundling-Optionen des 3. EU-Liberalisierungspakets, ET 9/2009, S. 82-89 (zitiert als *Schmidt-Preuß*, ET 9/2009, 82)

Schmidt-Preuß, Matthias, Unbundling und Mathematik – Zum Aufsichtsorgan beim Independent Transmission Operator (ITO), ET 12/2009, S. 74-75 (zitiert als *Schmidt-Preuß*, ET 12/2009, 74)

Schmitz, Juliane, in: Berliner Kommentar zum Energierecht, Säcker (Hrsg.), Band 1 (Halbband 1), 3. Aufl., Frankfurt am Main, 2014 (zitiert als BerlKommEnR/*Schmitz*, EnWG)

Schulte-Beckhausen, Sabine, in: Hempel/Franke, Recht der Energie- und Wasserversorgung, Kommentar, Band 1, 83. Aktualisierungslieferung, Köln, 2006 (zitiert als Schulte-Beckhausen in: Hempel/Franke, EnWG)

Sicherungsinteressen der Kreditgeber bei der Finanzierung von Stromleitungsnetzen (Kapitel 3.7)

Bechtold, Rainer; Bosch, Wolfgang; Brinke, Ingo; Hirsbrunner, Simon (Hrsg.): EG-Kartellrecht, Kommentar, 2. Auflage, München 2009

Butler, Janet; Heinickel, Caroline; Hinderer, Hermann Ali: Der Rechtsrahmen für Investitionen in Offshore-Windparks und Anbindungsleitungen, NVwZ 2013, S. 1377 ff.

Danner, Wolfgang; Theobald, Christian: Energierecht, Bd.1, Kommentar, Loseblattsammlung, München, Stand 79. EL

Diekamp, Tilman: Sicherungsübereignung von Offshore-Windenergieanlagen, ZBB 1/2004, S. 10 ff.

Dinger, Felix; Goldner, Thies: Sicherungsübereignung von Windenergieanlagen in der Ausschließlichen Wirtschaftszone, ZBB 2009, S. 204 ff.

Giesberts, Ludger; Kleve, Guido: Private-Investor-Test im EG-Beihilfenrecht – Das Ryanair-Urteil des EuGH, EuZW 2009, S. 287 ff.

Grabitz, Eberhard (Begr.); Hilf, Meinhard; Nettesheim, Martin (Hrsg.): Das Recht der Europäischen Union, Kommentar, Loseblattsammlung, Stand: 52. EL

Hadding, Walther: Die Bürgschaft der öffentlichen Hand bei einem Verstoß gegen das Durchführungsverbot von Beihilfen, WM 2005, S. 485 ff.

Held, Friedrich Wilhelm; Becke, Ernst; Decker, Heinrich; Faber, Markus; Kirchhof, Roland; Klieve, Lars Martin; Krämer, Franz; Plückhahn, Detlev; Sennewald, Jörg; Wansleben, Rudolf; Winkel, Johannes; Kotzea, Udo: Praxis der Kommunalverwaltung, Bd. B 1 NW, Beck Online, Abruf: 23.06.2014

Hellner, Thorwald; Steuer, Stephan (Hrsg.): Bankrecht und Bankpraxis, Bd. 2, Kreditsicherung, Kommentar, Loseblattsammlung, Köln, Stand 81. EL

Henneke, Hans-Günter; Ritgen, Klaus: Praxis der Kommunalverwaltung, Bd. D 3 Bund, Kommentar, Beck Online, Abruf: 23.06.2014

Hofmann, Ruben; Baumann, Hendrik: Die zivilrechtliche Behandlung von Hochseekabeln in der Nordsee, RdE 2012, S. 53 ff.

Kießling, Friedrich; Nefzger, Peter; Kaintzyk, Ulf: Freileitungen: Planung, Berechnung, Ausführung, 5. Auflage, Berlin 2001

Kopp, Ferdinand; Ramsauer, Ulrich (Hrsg.): Verwaltungsverfahrensgesetz, Kommentar, 11. Auflage 2013

Libbe, Jens: Rekommunalisierung - eine Bestandsaufnahme, Konzessionsverträge Handlungsoptionen für Kommunen und Stadtwerke, VKU (Hrsg.) 2012

Mahne, Helene: Eigentum an Versorgungsleitungen, Diss., Freie Univ. Berlin, Berlin 2008

Müller-Helle/Adrian/Theilmann, Timm: Eigentum und Eigentumsvorbehalt an Offshore-Windkraftanlagen, RdE 2010, S. 369 ff.

Palandt, Otto (Hrsg.): Bürgerliches Gesetzbuch, Kommentar, 73. Auflage 2014

Pippke, Nicole; Gaßner, Hartmut: Neuabschluss, Verlängerung und Änderung von Konzessionsverträgen nach dem neuen EnWG, RdE, 2006, S. 33 ff.

Posser, Herbert; Faßbender, Kurt (Hrsg.): Praxishandbuch Netzplanung und Netzausbau: die Infrastrukturplanung der Energiewende in Recht und Praxis, Berlin 2013

Prieß, Hans-Joachim: Handbuch des europäischen Vergaberechts, 3. Auflage, Köln 2005

PwC AG WPG (Hrsg.): Entflechtung und Regulierung in der deutschen Energiewirtschaft, Freiburg und München, 3. Auflage 2012

Reichert-Facilides, Daniel: Eigentumsschutz und Verwertung von Windenergieanlagen in der Ausschließlichen Wirtschaftszone, WM 2011, S. 1544 ff.

Rose, Joachim: Kommunale Finanzwirtschaft Niedersachsen, 4. Auflage Kiel, 2009

Säcker, Franz Jürgen (Hrsg.): Berliner Kommentar zum Energierecht, Bd. 1, 2. Auflage 2010, Berliner Kommentar zum Energierecht, Bd. 2, 2. Auflage 2010

Säcker, Franz Jürgen; Rixecker, Roland (Hrsg.): Münchner Kommentar zum Bürgerlichen Gesetzbuch, Bd. 1, Allgemeiner Teil, §§ 1-240, ProstG, AGG, 6. Auflage 2012

Salje, Peter: Energiewirtschaftsgesetz, Kommentar, Köln 2006

Schimansky, Herbert; Bunte, Hermann-Josef; Lwowski, Hans-Jürgen (Hrsg.): Bankrechtshandbuch, Bd. 1, 4. Auflage, München 2011; Bd. 2, 4. Auflage, München 2011, Bankrechtshandbuch, Bd. 1, 3. Auflage, München 2007; Bd. 2, 3. Auflage, München 2007

Schneider, Jens-Peter; Theobald, Christian (Hrsg.): Recht der Energiewirtschaft, 3. Auflage, München, 2011, Recht der Energiewirtschaft, 4. Auflage München, 2013

Siebel, Ulf; Röver Jan-Henrik; Knütel, Christian (Hrsg.): Rechtshandbuch Projektfinanzierung und PPP, 2. Auflage, Köln und München 2008

Soltész, Ulrich; Pfeffer, Jan Christoph; Wagner, Christian: Patronatserklärungen für öffentliche Unternehmen im Konflikt mit EU-Beihilfenrecht, WM 2013, S. 831 ff.

Soltész, Ulrich: Risiken für Kreditinstitute beihilferechtswidrigen Staatsbürgschaften - Das Residex-Urteil des EuGH, WM 2012, S. 923 ff.

Soltész, Ulrich: Gemeinschaftsrechtswidrige Staatsbürgschaften - Geht die Bank leer aus?, WM 2005, S. 2265 ff.

Stelkens, Paul; Bonk, Joachim; Sachs, Michael (Hrsg.): Verwaltungsverfahrensgesetz, Kommentar, 8. Auflage, München 2014

Theobald, Christian: Auslaufende Konzessionsverträge Strom und Gas: was ist seitens der Kommunen zu tun?, DÖV 2009, S. 360 ff.

Ziekow, Jan; Völlink, Uwe-Carsten (Hrsg.): Vergaberecht: Gesetz gegen Wettbewerbsbeschränkung, Kommentar. 2. Auflage, München 2013

Ökonomische Aspekte von Stromleitungsnetzen (Kapitel 4.1)

Abegg, P., Brinkmann, M., Brunekreeft, G., Götz, G., Krancke, J., Müller, C. und Schmidt, C. (2014), Entflechtung in Netzsektoren – Ein Vergleich, Schmalenbach Gesellschaft – AK Regulierung (forthcoming)

Andor, M. (2009), Die Bestimmung von individuellen Effizienzvorgaben – Alternativen zum Best-of-Four-Verfahren, Zeitschrift für Energiewirtschaft, Heft 3, S. 195-204

ARegV (2007), Verordnung über die Anreizregulierung der Energieversorgungsnetze (Anreizregulierungsverordnung - ARegV), Anreizregulierungsverordnung vom 29. Oktober 2007 (BGBl. I S. 2529), die zuletzt durch Artikel 4 der Verordnung vom 14. August 2013 (BGBl. I S. 3250) geändert worden ist

Averch, H. und L.L. Johnson (1962), Behavior of the Firm under Regulatory Constraint, American Economic Review, Vol. 52, S 1059-1069

Bailey, E., Panzar, J. (1981), The contestability of airline markets during the transition to deregulation, Law and Contemporary Problems, Vol. 44, S. 125—145

Bailey, E. (1973), Economic Theory of Regulatory Constraint, Lexington, D.C. Heath and Company, Lexington Books

Baumol, W., Contestable Markets: An Uprising in the Theory of Industry Structure, American Economic Review, Vol. 72, No. 1, S. 1-15

Baumol, W. Panzar, J. und Willig, R. (1982), Contestable Markets and the Theory of Industry Structure. New York: Harcourt Brace Jovanovich, Inc.

Borrmann, J., Finsinger, J. (1999), Markt und Regulierung, Vahlen

Brunekreeft, G. (2003), Regulation and competition policy in the electricity market: Economic analysis and German experience, Univ. Habil. University of Freiburg, Nomos

Brunekreeft, G., Twelemann, S. (2005), Regulation, Competition and Investment in the German Electricity Market: RegTP or REGTP, The Energy Journal, Vol. 26, S. 99-126

Bundesnetzagentur, Bundeskartellamt (2013), Monitoringbericht, Monitoringbericht gemäß § 63 Abs. 3 i. V. m. § 35 EnWG und § 48 Abs. 3 i. V. m. § 53 Abs. 3 GWB

Bundestarifordnung Elektrizität (BTOElt), vom 18. Dezember 1989 (BGBl I S. 2255), zuletzt geändert durch Artikel 345 der 7. Zuständigkeitsanpassungs-Verordnung vom 29. Oktober 2001 (BGBl I S. 2785).

Crew, M., Fernando, C. und Kleindorfer, P. (1995), The Theory of Peak-Load Pricing: A Survey, Journal of Regulatory Economics, Vol. 8, S. 215-248

Dehmel, F. (2011), Anreizregulierung von Stromübertragungsnetzen: Eine Systemanalyse in Bezug auf ausgewählte Renditeeffekte, Hochschulschriften Online der Katholischen Universität Eichstätt-Ingolstadt, Dissertation

Diekmann, J., Leprich, U. und Ziesing, H. (2007), Regulierung der Stromnetze in Deutschland – Ökonomische Anreize für Effizienz und Qualität einer zukunftsfähigen Netzinfrastrukturen, edition der Hans Böckler Stiftung, Nr. 187

Elsenbast W., Bandulet, U. (2008), Benchmarking von Verteilnetzbetreibern. Vortrag vom 6. Juni 2008 für E-Bridge Consulting. URL: http://www.kim.tu-berlin.de/fileadmin/fg280/veranstaltungen/kim/konferenz_2008/vortraege/ vortrag---elsenbast_bandulet.pdf

EnWG (2005), Gesetz über die Elektrizitäts- und Gasversorgung (Energiewirtschaftsgesetz – EnWG), Energiewirtschaftsgesetz vom 7. Juli 2005 (BGBl. I S. 1970, 3621), das zuletzt durch Artikel 3 Absatz 4 des Gesetzes vom 4. Oktober 2013 (BGBl. I S. 3746) geändert worden ist

Erdmann, G., Zweifel, P. (2008), Energieökonomik- Theorie und Anwendung, Springer

Evans, L. T., Guthrie, G. A. (2005), Risk, price regulation, and irreversible investment, International Journal of Industrial Organization, Jg. 23, S. 109–128

Evans, L. T., Guthrie, G. A. (2012), Price-cap regulation and the scale and timing of investment, RAND Journal of Economics, Jg. 43, S. 537–561

Fama, E. F., French, K. (1992), The cross-section of expected stock returns, The Journal of Finance, Jg. 47, S. 427–465

Filippini, M., Wild, J. (2002), Berücksichtigung von regionalen Unterschieden beim Benchmarking von Stromverteilnetzen, Zeitschrift für Energiewirtschaft, Jg. 26, S. 51-59

Frontier Economics, Consentec (2011), Bedeutung von etablierten nationalen Gebotszonen für die Integration des europäischen Strommarkts – ein Ansatz zur wohlfahrtsorientierten Beurteilung, Ein Bericht für die Bundesnetzagentur

Froot, K. A., Scharfstein, D. S., und Stein, J. C. (1993), Risk management: Coordinating corporate investment and financing policies, Journal of Finance, Jg. 48, S. 1629–1658

Gugler, K., Rammersdorfer, M. und Schmitt, S. (2013), Ownership Unbundling and Investment in Electricity Markets–A Cross Country Study, Energy Economics, Vol. 40, S.702-713

Gugler,K, Liebensteiner, M. und Schmitt, S. (2014), Assessing the Economies of Scope from Vertical integration: Empirical Evidence from European Utilities, Working Paper, Vienna university of Economics and Business, Research Institute for Regulatory Economics

Hense, A., Schäffner, D. (2004), Regulatorische Aufgaben im Energiebereich – ein europäischer Vergleich, WIK Diskussionsbeitrag, Nr. 254

Hirschhausen C., Hess, B. (2007), Das volkswirtschaftliche Profil einer effizienten Anreizregulierung. In: Säcker, F., Busse von Colb, W. (Hrsg.): Wettbewerbsfördernde Anreizregulierung – Zum Anreizregulierungsbericht der Bundesnetzagentur vom 30. Juni 2006. Lang, Frankfurt/M., S. 1–9

Hunt, S. (2002), Making competition work in electricity, Wiley, New York.

Holmström, B., Tirole, J. (2000), Liquidity and risk management, Journal of Money, Credit and Banking, Jg. 32, S. 295–319

Joskow, P. (2005), Regulation of Natural Monopolies, In: Polinsky, M., Shavell, S. (Hrsg.): Handbook of Law and Economics, Elsevier, Edition 1, Vol. 2, No. 2

Joskow, P. (2006), Incentive Regulation in Theory and Practice: Electricity Distribution and Transmission Networks, Cambridge Working Papers in Economics 0607, Faculty of Economics, University of Cambridge

Joskow, P. (2008), Lessons Learned From Electricity Market Liberalization. The Energy Journal (Special Issue), S. 9–42

Klevorick, A. (1973), The Behavior of the Firm Subject to Stochastic Regulatory Review, Bell Journal of Economics, Vol. 4, S. 57-8

Knieps, G. (2001), Wettbewerbsökonomie: Regulierungstheorie, Industrieökonomik, Wettbewerbspolitik. 1. Auflage, Springer

Knieps, G. (2009), Theorie und Praxis der Price-Cap-Regulierung, Diskussionsbeitrag Institut für Verkehrswissenschaft und Regionalpolitik, Nr. 127

Knieps, G., Küpper, H.-U./Langen, R. (2001), Abschreibungen bei fallenden Wiederbeschaffungspreisen in stationären und nicht stationäre Märkten, Zeitschrift für betriebswirtschaftliche Forschung, Jg. 53, S. 759-776

Kraus, M. (2005), Liberalised Energy Markets – Do We Need Re-Regulation?. Applied Research in Environmental Economics, ZEW Economic Studies Vol. 31, S. 197-218

Kremp, R., Radtke, O. (2009), Kostenmanagement im Rahmen der Anreizregulierung, Energiewirtschaftliche Tagesfragen, Jg. 59, Heft 1/2, S. 62-65

Küpper, H.-U. (2002), Kostenorientierte Preisbestimmung für regulierte Märkte – Analyse eines Beispiels der Bedeutung betriebswirtschaftlicher Begriffe und Konzepte, Zeitschrift für betriebswirtschaftliche Forschung, Sonderheft 48, S. 27-56

Laffont, J., Tirole, J. (1993), A theory of incentives in regulation and procurement, MIT Press

Laffont, J., Tirole, J. (1996), Creating competition through interconnection: Theory and practice. Journal of Regulatory Economics, Vol. 10 (3), S. 227-256

Loeb, M., Magat, W. (1979), A decentralized method for utility regulation. Journal of Law and Economics, Vol. 22 (2), S. 399–404

Littlechild, S. (1983), Regulation of British Telecommunications' Profitability, Department of Industry, Report to the Secretary of State, London

Lyon, T. (1996), A Model of the Sliding Scale," Journal of Regulatory Economics, Vol. 9 (3), S. 227-247

Müller, C, Growitsch, C. and Wissner, M. (2011), Regulierung und Investitionsanreize in der ökonomischen Theorie, WIK Diskussionsbeitrag, Nr. 349

Nikogosian, V., Veith, T. (2011), Vertical Integration, Separation and Non-Price Discrimination: An Empirical Analysis of German Electricity Markets for Residential Customers, ZEW Discussion Paper No. 11-069, Mannheim

Pindyck, R., Rubinfeld, D. (2013), Microeconomics. 8th Edition, Pearson

Plaut Economics (2006), Anreizregulierung – Gutachten zum Berichtsentwurf der BNetzA nach § 112a EnWG zur Einführung der Anreizregulierung nach § 21a EnWG im Auftrag des Bundesverband der deutschen Gas- und Wasserwirtschaft (BGW), URL: http://www.bundesnetzagentur.de/SharedDocs/Downloads/DE/BNetzA/ Sachgebiete/Energie/Anreizregulierung/StellungnahmenBerichEntw/ BGWBundesverbandder-deutscId6730pdf.pdf?__blob=publicationFile

Plinke, W., Reese, M. (2002), Industrielle Kostenrechnung. 6.Aufl., Springer, Heidelberg

RWE(2006), RWE-Stellungnahme zum Entwurf eines Berichtes der BNetzA zur Einführung der Anreizregulierung vom 2. Mai 2006, URL: http://www.bundesnetzagentur.de/SharedDocs/Downloads/DE/BNetzA/Sachgebite/Energie/Anreizregulierung/StellungnahmenBerichEntw/RWEId6503pdf.pdf?__blob=publicationFile

Ross, S. (1976), The arbitrage theory of capital asset pricing, Journal of Economic Theory, Jg. 13, S. 341–360

Sappington, D. (2002), Price Regulation and Incentives, In: Cave, M., Majumdar, S. and Vogelsang, I. (Hrsg.): Handbook of Telecommunications Economics, Vol. 1, Elsevier Publishers, S. 225-293

Schober, D., Schaeffler, S./Weber, C. (2014), Idiosyncratic Risk and the Cost of Capital – The Case of Electricity Networks, forthcoming Journal of Regulatory Economics

Schober, D./Weber, C. (2013), Vergleichbarkeit und regulatorische Kostenstandardisierung in der Stromverteilnetzregulierung, Betriebswirtschaftliche Forschung und Praxis, Jg. 4/2013, S. 373-390

Seel, A., Timm, M. (2009), Aktivierungspraxis im Netzbetrieb, Energiewirtschaftliche Tagesfragen, Jg. 59, Heft 5, S. 38-40

Sharkey, W. (1982), The Theory of Natural Monopoly. New York: Cambridge University Press

Sharpe, W. F. (1964), Capital asset prices: A theory of market equilibrium under conditions of risk, The Journal of Finance, Jg. 19, S. 425–442

Shleifer, A. (1985), A Theory of Yardstick Competition," Rand Journal of Economics, Vol. 16 (3), S. 319-327

Smith, C., Stulz, R. (1985), The determinants of firms' hedging policies, Journal of Financial and Quantitative Analysis, Jg. 20, S. 391–405

StromNEV (2005), Verordnung über die Entgelte für den Zugang zu Elektrizitätsversorgungsnetzen (Stromnetzentgeltverordnung - StromNEV). Stromnetzentgeltverordnung vom 25. Juli 2005 (BGBl. I S. 2225), die zuletzt durch Artikel 1 u. 2 der Verordnung vom 14. August 2013 (BGBl. I S. 3250) geändert worden ist

Stulz, R. (1984), Optimal hedging policies, Journal of Financial and Quantitative Analysis, Jg. 19, 127–140

VDEW/VDN/VRE (2006), Bewertung des BNetzA-Vorschlages zur Vergleichbarkeitsrechnung für den Effizienzvergleich von Verteilnetzbetreibern durch die Elektrizitätswirtschaft. Verband der Elektrizitätswirtschaft – VDEW – e.V., Verband der Netzbetreiber – VDN – e.V. beim VDEW, Verband der Verbundunternehmen und Regionalen Energieversorger in Deutschland - VRE - e.V., URL: http://www.bundesnetzagentur.de/SharedDocs/Downloads/DE/BNetzA/Sachgebite/Energie/Anreizregulierung/StellungnahmenBerichEntw/VRE-VerbanddderVerbundunterId6736pdf.pdf?__blob=publicationFile

Weber, C., Schober, D. (2007), Ist ein nachhaltiger Netzbetrieb bei Benchmarking mit heterogenen Kapitalstrukturen möglich? Zeitschrift für Energiewirtschaft, Jg. 31, S. 3-14

Wöhe, G./Döring, U. (2010) Einführung in die Allgemeine Betriebswirtschaftslehre. 24.Aufl., Vahlen

Wirtschaftlichkeit und Ausgestaltung einer geeigneten Finanzierungsstruktur (Kapitel 4.7)

Böttcher, Jörg: Finanzierung von Erneuerbare-Energien-Vorhaben, München und Wien 2009

Böttcher, Jörg; Blattner, Peter: Projektfinanzierung, München und Wien 2006

Nevitt, Peter K.; Fabozzi, Frank J.: Project Financing, Seventh Edition, London 2000

www.ingramcontent.com/pod-product-compliance
Lightning Source LLC
LaVergne TN
LVHW080803011026
849160LV00015B/1522
* 9 7 8 3 1 1 0 3 4 6 4 4 2 *